Elektromagnetische Strahlungsfelder

Eine Einführung in die Theorie der Strahlungsfelder in dispersionsfreien Medien

von

Dr.-Ing. Harry Zuhrt
Zentrallaboratorium der Siemens & Halske AG.
Berlin-Siemensstadt

Mit 170 Abbildungen

Springer-Verlag
Berlin / Göttingen / Heidelberg
1953

ISBN-13: 978-3-642-92613-6 e-ISBN-13: 978-3-642-92612-9
DOI: 10.1007/978-3-642-92612-9

Softcover reprint of the hardcover 1st edition 1953

Vorwort.

Durch die Entwicklung der Hochfrequenztechnik nach immer kürzeren Wellen hat die Theorie der elektromagnetischen Strahlungsfelder in den letzten beiden Jahrzehnten erhebliche Ergänzungen erfahren. Insbesondere ist die theoretische Behandlung der Felder in Wellenleitern und eine wesentliche Weiterentwicklung der Antennen- und Ausbreitungstheorien hinzugekommen. Diese Entwicklung hat jetzt einen derartigen Stand erreicht, daß es wünschenswert erscheint, die an den verschiedenen Stellen und in den verschiedensten Darstellungen veröffentlichten Theorien einheitlich zusammenzufassen. Diesem Zweck soll das vorliegende Buch dienen.

Das Buch soll die theoretischen Grundlagen der elektromagnetischen Strahlungsfelder und die wesentlichen Ergebnisse der neueren Rechnungen systematisch und vollständig ableiten. Durch die Ableitung und Anwendung der verschiedenen Berechnungsmethoden und die vollständig durchgerechneten Beispiele einfacher und schwierigerer Strahlungsfelder soll es Wege zur selbständigen Lösung ähnlicher Probleme zeigen. Selbstverständlich kann die gestellte Aufgabe nicht ohne Benutzung der höheren Mathematik gelöst werden. Trotzdem setzt das Buch nur die normalen Kenntnisse der Differential-, Integral- und Vektorrechnung, allerdings auch eine gewisse Vertrautheit mit ihnen, voraus. Alles, was über diese Kenntnisse hinausgeht, ist besonders angegeben. Die Ableitungen sind auch bei den schwierigeren Theorien stets so durchgeführt, daß der Leser sie mit Ausnahme einiger einfacher Fälle ohne zusätzliche Nebenrechnungen verfolgen kann. Außerdem wurde Wert darauf gelegt, die Rechnungen immer bis zu zahlenmäßigen, für die Praxis anwendbaren Ergebnissen durchzuführen.

Für die Ableitung der Strahlungsfelder wurde als einheitliche und einfachste Darstellung die Lösung mit dem HERTZschen Vektor und seinem magnetischen Analogon gewählt. Im einzelnen werden in Teil A die allgemeinen Grundlagen der Strahlungsfelder behandelt, insbesondere die verschiedenen Lösungsmethoden der MAXWELLschen Gleichungen und die Energieverhältnisse der Strahlungsfelder. Ein besonderes Kapitel über die Hauptlösungen der Wellengleichung kann als eine Einführung in die Zylinder- und Kugelfunktionen gelten. Teil B bringt die Grundlagen der Felder von normalen Leitungen und Wellenleitern, während Teil C eine ausführliche Darstellung der Antennen und Teil D die Theorie der Wellenausbreitung enthält. Mit Rücksicht auf den Umfang des Buches mußte ich mir in der Auswahl des Stoffes einige Beschränkungen auferlegen, so wurden insbesondere die Ionosphärenausbreitung ausgeschieden und bei der Troposphärenausbreitung nur die Grundzüge behandelt. Ebenso werden bei den Wellenleitern nur die Grundlagen, aber keine speziellen Theorien über Stoßstellen u. dgl., gebracht. Dafür konnten die Theorien der Antennen und die grundlegenden Rechnungen über Ausbreitungsvorgänge ausführlicher behandelt werden.

In der äußeren Darstellung habe ich für sämtliche Formelzeichen entsprechend der Gepflogenheit in der gesamten ausländischen Literatur nur lateinische und griechische Buchstaben benutzt. Räumliche Vektoren sind durch Fettdruck gekennzeichnet. Eine Unterscheidung zwischen reellen und komplexen Größen ist nur in Ausnahmefällen gemacht. Als Maßsystem ist einheitlich das international eingeführte GIORGIsche Maßsystem benutzt, eine Umrechnung auf andere Maßsysteme kann nach der Tabelle am Schluß des Buches vorgenommen werden.

Das Buch wurde durch meine jahrelange Beschäftigung mit wissenschaftlichen Fragen der Hochfrequenztechnik im Zentrallaboratorium der Siemens & Halske A.G. ermöglicht. Der Firma Siemens danke ich für ihr Entgegenkommen, Herrn Dipl.-Ing. DIEBOLD für das Mitlesen der Korrekturbogen und dem Springer-Verlag für die gute Ausstattung des Buches und das bereitwillige Eingehen auf alle meine Wünsche.

Berlin, im Dezember 1952.

Harry Zuhrt.

Inhaltsverzeichnis[1].

A. Allgemeine Grundlagen der Strahlungsfelder.

[1] Die schwierigeren Abschnitte sind mit einem * bezeichnet.

B. Leitungsgeführte Strahlung.

C. Antennenstrahlung.

Übersicht über die wichtigsten Bezeichnungen.

Allgemeine Richtlinien.

1. Physikalische Größen und dimensionslose Begriffe, unbestimmte Zahlen und unbestimmte Funktionen sind durch *Kursivschrift* oder schräge griechische Buchstaben gekennzeichnet, räumliche Vektoren durch Fettdruck, mathematische Funktionen, Operatoren, bestimmte Zahlen sowie Einheiten durch Antiqua oder steile griechische Buchstaben.

2. Komplexe Zahlen sind im allgemeinen nicht besonders gekennzeichnet, außer bei den Leistungsgrößen. Hier bedeutet der einfache Buchstabe die mittlere reelle Leistung, der überstrichene Buchstabe die mittlere komplexe Leistung (Scheinleistung), der Zusatz (t) den Augenblickswert. Alle übrigen Größen und Zahlen, z. B. auch die Dielektrizitätskonstante, können reell oder komplex sein. Nur die in der folgenden Liste besonders gekennzeichneten Größen sind stets reell. Ein hochgestellter Index k bei dem Buchstaben bedeutet den konjugiert komplexen Wert. In einigen besonders angegebenen Ausnahmefällen wird der komplexe Wert wie bei den Leistungsgrößen durch Überstreichen gekennzeichnet, der reelle oder imaginäre Wert durch ein hochgestelltes r bzw. i.

3. Bei den zeitlich veränderlichen linearen Größen (Feldstärken, Spannung und Strom) bedeutet der einfache Buchstabe im allgemeinen die reelle oder komplexe Amplitude. Augenblickswerte sind durch den Zusatz (t) gekennzeichnet. Dieser Zusatz ist nur fortgelassen, wenn aus dem Text oder der Gleichung, z. B. durch das Vorhandensein des Differentialquotienten $\partial/\partial t$, einwandfrei hervorgeht, daß es sich um Augenblickswerte handelt. Effektivwerte sind stets durch den Index eff gekennzeichnet.

4. Der Zeitfaktor der komplexen Rechnung ist $\mathrm{e}^{\mathrm{i}\omega t}$, $\sqrt{-1} = \mathrm{i}$.

Zeitlich veränderliche Größen.

Elektrische Feldstärke	$\boldsymbol{E}$	Magnetische Feldstärke	$\boldsymbol{H}$
Komponenten	$\boldsymbol{E}_x, E_x \ldots$	Komponenten	$\boldsymbol{H}_x, H_x \ldots$
Elektrische Verschiebung	$\boldsymbol{D}$	Magnetische Induktion	$\boldsymbol{B}$
Dichte des elektrischen Stromes	$\boldsymbol{J}$	Fiktive magnetische Stromdichte	$\boldsymbol{J}_m$
Flächendichte des elektrischen Stromes	$\boldsymbol{J}_f$	Flächendichte des fiktiven magnetischen Stromes	$\boldsymbol{J}_{mf}$
Elektrischer Verschiebungsstrom	$\frac{\partial \boldsymbol{D}}{\partial t}$	Magnetischer Verschiebungsstrom	$-\frac{\partial \boldsymbol{B}}{\partial t}$
Dichte des elektrischen Gesamtstromes	$\boldsymbol{C}$	Dichte des fiktiven magnetischen Gesamtstromes	$\boldsymbol{C}_m$
Elektrische Stromstärke	I	Fiktive magnetische Stromstärke	I_m
Elektrische Ladungsdichte	ϱ	Fiktive magnetische Ladungsdichte	ϱ_m
Flächendichte der elektrischen Ladung	ϱ_f	Flächendichte der fiktiven magnetischen Ladung	ϱ_{mf}
Elektrische Ladung	Q	Magnetischer Induktionsfluß	Φ
Elektrische Spannung	U	—	

Skalares elektrisches Potential . . . φ
Elektrisches Strahlungspotential (HERTZscher Vektor) . . . . . . $\mathbf{P}$
Für geradlinige Komponenten statt P_x, P_z . . . auch . . . . Π
Mittlere elektrische Energiedichte . W_e
Augenblickswert . . . . . . $W_e(t)$

Vektorpotential . . . . $\mathbf{A}$
Magnetisches Strahlungspotential (FITZGERALDscher Vektor) . . . . $\mathbf{Q}$
Für geradlinige Komponenten statt Q_x, Q_z . . . auch . . . . Π
Mittlere magnetische Energiedichte W_m
Augenblickswert . . . . . . $W_m(t)$

Gesamte mittlere Energiedichte . . . . W
Mittlere reelle Leistungsdichte (POYNTINGscher Vektor) . . . . $\mathbf{S}$
Mittlere komplexe Leistungsdichte (komplexer POYNTINGscher Vektor) . . . $\mathbf{S}$
Reeller Augenblickswert der Leistungsdichte . . . . $\mathbf{S}(t)$
Mittlere Wirkleistung . . . . P
Mittlere komplexe Leistung . . . . $\bar{P}$
Reeller Augenblickswert der Leistung . . . . $P(t)$

Zeitlich konstante Größen.

Die mit * bezeichneten Größen sind stets reell, alle übrigen reell oder komplex.

Dielektrizitätskonstante . . . . . . ε
*Realteil (falls besonders gekennzeichnet) . . . . ε^r
*Imaginärteil . . . . ε^i
*Dielektrizitätskonstante des Vakuums . . . . ε_0
*Relative Dielektrizitätskonstante (Realteil) . . . . ε_r
Permeabilität . . . . μ
*Permeabilität des Vakuums . . . μ_0
*Relative Permeabilität (Realteil) . μ_r
*Elektrische Leitfähigkeit . . . . . σ
Komplexe Leitfähigkeit . . . . . . $\bar{\sigma}$
Widerstand . . . . Z
*OHMscher Widerstand . . . . . . R
*Blindwiderstand X
Wellenwiderstand . . . . Z
*Wellenwiderstand des Vakuums . . Z_0
Leitwert . . . . Y
*OHMscher Leitwert . . . . G
*Blindleitwert . . . . B
*Kapazität C
*Induktivität L
*Widerstands-, Leitwerts-, Kapazitäts- und Induktivitätsbelag R', G', C', L'
Antennenwiderstand . $Z_A = R_A + \mathrm{i}\,X_A$
Antennenleitwert . . . $Y_A = G_A + \mathrm{i}\,B_A$
Strahlungswiderstand . . . . Z_{str}, R_{str}
Äußerer Belastungswiderstand . Z_a, Z_v
Äußerer Leitwert . . . . Y_a, Y_v

*Schwingungsdauer . . . . T
*Zeit allgemein . . . . t
*Frequenz . . . . f
*Kreisfrequenz . . . . ω
Wellenlänge . . . . λ
*Wellenlänge im Vakuum . . . . . λ_0
Fortpflanzungsgeschwindigkeit . . v, $\mathbf{v}$
*Lichtgeschwindigkeit . . . . . . c, $\mathbf{c}$
Wellenzahl . . . . k
*Wellenzahl im Vakuum . . . . . k_0
Fortpflanzungsmaß . . . . k, h, g
Fortpflanzungsmaß bei Leitungen . . . . $\gamma = \mathrm{i}\alpha + \beta$
*Länge allgemein . . . . . . l, s, L
*Fläche allgemein . . . . . . A, F, f
*Volumen allgemein . . . . . . τ, V
*Vektor der Flächennormalen . . . $\mathbf{n}$
*Geometrische Antennenlänge $L = 2\,l$
Wirksame Antennenlänge . . . l_w, L_w
*Antennendurchmesser . . . $d = 2\,\varrho_0$
*Geometrische Antennenfläche F, F_A
*Absorptionsfläche einer Antenne . A
*Leistungsgewinn einer Antenne bezogen auf den HERTZschen Dipol G
*Leistungsgewinn bezogen auf den Kugelstrahler . . . . G^K
Richtcharakteristik allgemein $R(\psi, \vartheta)$
Relative Richtcharakteristik . . $r(\psi, \vartheta)$
Gruppencharakteristik . . . $G(\psi, \vartheta)$
Einzelcharakteristik . . . . $F(\psi, \vartheta)$
Physikalische Konstanten A, B, C, D

Mathematische Größen und Funktionen.

$\sqrt{-1}$	i
Realteil	Re
Imaginärteil	Im
Ebene Koordinaten	$x, y, z; \xi, \eta, \zeta$
Zylinderkoordinaten	ϱ, ψ, z
Kugelkoordinaten	r, ϑ, ψ
Allgemeine rechtwinklig krummlinige Koordinaten	u, v, w
Linienelemente	U, V, W
Einheitsvektoren	$\boldsymbol{i}, \boldsymbol{j}, \boldsymbol{k}$
Konstante Zahlen	$a, b, c \ldots$
Ganze Zahlen	m, n, s, k, l, M, N
Beliebige, auch komplexe Zahlen	μ, ν
Potentialfunktionen	U, V, u, φ
Wellenfunktionen	w, w', Π, Ψ
Vektorfunktionen	$\boldsymbol{u}, \boldsymbol{v}$
Vektorprodukt	$\boldsymbol{u} \times \boldsymbol{v}$
Exponentialfunktionen	e^x, exp. (x)
Hyperbelfunktionen	sinh, cosh, tgh, ctgh
Zylinderfunktionen	Z_0, Z_n, Z
BESSELsche Funktionen	J_0, J_n, J
HANKELsche Funktionen	$H_0^{(1)}, H_n^{(2)}$ $H_\nu^{(1)}, H_\nu^{(2)}$
Wellenfunktionen in Kugelkoordinaten analog J_m	ψ_m, Ψ_m
analog H_m	ζ_m, Z_m
Kugelfunktionen 1. Art	P_n, P_ν
Zugeordnete Kugelfunktionen 1. Art	P_n^m, P_ν^m
Kugelfunktionen 2. Art	Q_n, Q_ν
Exponentialintegral	$\mathrm{Ei}(x), \mathrm{Ein}(x)$
Integralsinus	$\mathrm{Si}\,x, \mathrm{Sin}\,x$
Integralkosinus	$\mathrm{Ci}\,x, \mathrm{Cin}\,x$
EULERsche Konstante	$C = \ln \gamma = 0{,}5772\ldots$
Gammafunktion	$x!, \Pi(x)$
Logarithmische Ableitung der Gammafunktion	$\Psi(x)$

A. Allgemeine Grundlagen der Strahlungsfelder.

1. Kapitel.

Die Grundgleichungen des elektromagnetischen Feldes.

1. Grundgrößen und Grundgleichungen in Integralform.

Das elektromagnetische Feld in Nichtleitern ist durch vier Vektoren gekennzeichnet: die elektrische Feldstärke $\boldsymbol{E}$, die elektrische Verschiebung $\boldsymbol{D}$, die magnetische Feldstärke $\boldsymbol{H}$ und die magnetische Induktion $\boldsymbol{B}$. Der benutzte Fettdruck kennzeichnet den Vektorcharakter, vgl. die Richtlinien über die Bezeichnungsweise auf S. XII. Zu den vier Grundvektoren tritt in Leitern die elektrische Stromdichte $\boldsymbol{J}$ als Vektor und die elektrische Ladungsdichte ϱ als skalare Größe. Die zeitlichen Änderungen von $\boldsymbol{D}$ und $\boldsymbol{B}$ ergeben die Dichte des elektrischen bzw. magnetischen Verschiebungsstromes $\partial \boldsymbol{D}/\partial t$ und $-\partial \boldsymbol{B}/\partial t$. Die Summe aus Leitungsstrom und elektrischem Verschiebungsstrom ist die Dichte des elektrischen Gesamtstromes $\boldsymbol{C} = \boldsymbol{J} + \partial \boldsymbol{D}/\partial t$. Damit sind sämtliche Größen des elektromagnetischen Feldes gegeben. Zu ihnen treten noch die äußeren elektrischen Spannungen U. Der Stromdichte $\boldsymbol{J}$ und der Ladungsdichte ϱ würden im magnetischen Fall eine magnetische Stromdichte $\boldsymbol{J}_m$ und eine magnetische Ladungsdichte ϱ_m entsprechen. Wir werden diese physikalisch nicht vorhandenen (fiktiven) Größen in einigen Fällen als reine Rechengrößen zur Vereinfachung der Rechnung benutzen.

Die Größen des elektromagnetischen Feldes sind durch zwei Erfahrungsgesetze, das Durchflutungsgesetz und das Induktionsgesetz, verbunden. Das erste besagt, daß in ruhenden Körpern, auf die wir uns in dem vorliegenden Buch beschränken, also insbesondere auf Felder ohne freie Elektronen, das geschlossene Umlaufsintegral der magnetischen Feldstärke proportional dem durch die Fläche tretenden elektrischen Gesamtstrom ist, das zweite, daß das elektrische Umlaufsintegral proportional dem magnetischen Verschiebungsstrom, vermehrt oder vermindert um eventuell vorhandene äußere Spannungen, ist.

Die Proportionalitätskonstanten hängen von der Wahl des Maßsystems, die Vorzeichen von der Wahl des Koordinatensystems ab. Als

Koordinatensysteme werden wir im folgenden ausschließlich die üblichen Rechtssysteme, als Maßsystem einheitlich das international festgelegte GIORGIsche M-K-S-(μ_0)-System benutzen, das mit dem technischen V-A-m-sec-System (mit den absoluten Einheiten von Volt und Ampere) identisch ist. Sämtliche benutzten Gleichungen sind diesem System angepaßte Größengleichungen. Durch die Verwendung von Größengleichungen sind Zweifel bei der Zahlenauswertung vermieden und Umrechnungen auf andere Maßsysteme ohne weiteres möglich. Wegen der Anpassung der Gleichungen an das GIORGIsche Maßsystem können für die Zahlenauswertung in sämtlichen angegebenen Gleichungen die technischen Einheiten des V-A-m-sec-Systems ohne weitere Dimensionsüberlegungen eingesetzt werden. Für die Auswertung in anderen Maßsystemen werden entweder die Zahlenwerte vor Benutzung der Gleichungen auf diese Einheiten umgerechnet und das erhaltene Resultat zurückgerechnet, oder es wird die betreffende Gleichung in das gewünschte System umgewandelt. Für die Umwandlung sei auf die Tabelle am Schluß des Buches und die dort aufgeführten Beispiele verwiesen.

Bei der Benutzung des GIORGIschen Maßsystems werden die Proportionalitätskonstanten im Durchflutungs- und Induktionsgesetz 1. Die Vorzeichen sind bei Benutzung eines Rechtssystems so zu wählen, daß beim Umfahren der positiven Fläche in mathematisch positivem Sinn das magnetische Umlaufsintegral gleiches, das elektrische entgegengesetztes Vorzeichen wie das zugehörige Flächenintegral hat. Mithin lauten die beiden Grundgleichungen

$$\oint \boldsymbol{H}\,\mathrm{d}\boldsymbol{l} = \int_F \boldsymbol{C}\,\mathrm{d}\boldsymbol{f} = \int_F \left(\boldsymbol{J} + \frac{\partial \boldsymbol{D}}{\partial t}\right) \mathrm{d}\boldsymbol{f}, \tag{1}$$

$$\oint \boldsymbol{E}\,\mathrm{d}\boldsymbol{l} = \sum U - \int_F \frac{\partial \boldsymbol{B}}{\partial t}\,\mathrm{d}\boldsymbol{f}. \tag{2}$$

Sämtliche zeitlich veränderlichen Größen sind bis zur Einführung der komplexen Rechnung in Kap. 3.3 Augenblickswerte.

Um eine einheitliche mathematische Darstellung zu gewinnen, kann man die äußeren Spannungen U durch fiktive eingeprägte Feldstärken ersetzen auf Grund der Definitionsgleichung

$$U = \oint \boldsymbol{E}_e\,\mathrm{d}\boldsymbol{l}, \tag{3}$$

die für jeden die Zuführungspunkte der Spannung enthaltenden Umlauf gelten soll. Die zweite Grundgleichung wird dann

$$\oint (\boldsymbol{E} - \boldsymbol{E}_e)\,\mathrm{d}\boldsymbol{l} = -\int_F \frac{\partial \boldsymbol{B}}{\partial t}\,\mathrm{d}\boldsymbol{f}. \tag{2a}$$

In der gewählten Darstellung ist die Feldstärke $\boldsymbol{E}$ die gesamte elektrische Feldstärke, der die elektrische Stromdichte direkt proportional ist, während die vom Magnetfeld hervorgerufene Feldstärke $\boldsymbol{E} - \boldsymbol{E}_e$ ist. Die Einführung der eingeprägten Feldstärke ist willkürlich. Man könnte auch die äußeren Stromquellen durch eingeprägte Ströme ersetzen. Wir werden im folgenden jedoch nur die angegebene Darstellung benutzen oder aber, und das wegen der mathematisch unstetigen Funktion $\boldsymbol{E}_e$ sehr häufig, von den eingeprägten Kräften ganz absehen und die äußeren Stromquellen nur in den Grenzbedingungen berücksichtigen.

2. Die MAXWELLschen Gleichungen.

Setzt man die beiden Gl. (1 u. 2a) im Sinne MAXWELLS auch für differentielle Gebiete als gültig voraus, so erhält man die beiden MAXWELLschen Gleichungen

$$\operatorname{rot} \boldsymbol{H} = \boldsymbol{C} = \boldsymbol{J} + \frac{\partial \boldsymbol{D}}{\partial t}, \tag{4}$$

$$\operatorname{rot} (\boldsymbol{E} - \boldsymbol{E}_e) = -\frac{\partial \boldsymbol{B}}{\partial t}, \tag{5}$$

die die Grundgleichungen für sämtliche elektromagnetischen Felder bei ruhenden Körpern sind. Da die Divergenz eines Rotors 0 ist, folgen unmittelbar die Kontinuitätsgleichungen des elektrischen und magnetischen Stromes

$$\operatorname{div} \boldsymbol{C} = \operatorname{div} \left(\boldsymbol{J} + \frac{\partial \boldsymbol{D}}{\partial t}\right) = 0, \tag{6}$$

$$\operatorname{div} \boldsymbol{B} = 0. \tag{7}$$

Aus der zweiten MAXWELLschen Gl. (5) würde zunächst nur $\operatorname{div} \boldsymbol{B} = \text{const}$ folgen, was physikalisch aber nur Sinn hat, wenn die Konstante 0 ist, da ein überall konstantes $\boldsymbol{B}$ sich nicht bemerkbar macht. Die Kontinuitätsgleichung (6) des elektrischen Stromes kann umgeschrieben werden in

$$\operatorname{div} \boldsymbol{J} = -\frac{\partial}{\partial t} (\operatorname{div} \boldsymbol{D}) = -\frac{\partial \varrho}{\partial t}, \tag{8}$$

wo mit

$$\operatorname{div} \boldsymbol{D} = \varrho \tag{9}$$

die elektrische Ladung ϱ als Quelle der elektrischen Verschiebung eingeführt ist. In Worten besagt das Kontinuitätsgesetz, daß in jedem Volumenelement der Überschuß zwischen dem aus- und eintretenden Strom, also $\operatorname{div} \boldsymbol{J}$, gleich der zeitlichen Abnahme der Ladung an dieser Stelle ist, oder daß der elektrische Gesamtstrom ebenso wie die magnetische Induktion quellenfrei sind.

Damit nun die Grundgleichungen (4 u. 5) eine Lösung des elektromagnetischen Feldes ergeben, müssen noch Zusatzbedingungen über den Zusammenhang der einzelnen Größen gegeben sein. Diese lauten

$$\boldsymbol{J} = \sigma \boldsymbol{E}, \qquad \boldsymbol{D} = \varepsilon \boldsymbol{E}, \qquad \boldsymbol{B} = \mu \boldsymbol{H}, \tag{10}$$

wo die Leitfähigkeit σ, die Dielektrizitätskonstante ε und die Permeabilität μ Materialkonstanten sind. Daher gelten diese Gleichungen nicht mehr mit derselben Strenge wie die Grundgleichungen. Wir wollen für das Folgende annehmen, daß σ, ε, μ zwar beliebige Funktionen des Ortes, aber unabhängig von der Zeit, sowie von Größe, Richtung und Frequenz des Feldes sind. Wir setzen also ein zeitlich konstantes, lineares, isotropes und dispersionsfreies Medium voraus. Während die drei ersten Voraussetzungen für die Anwendungen praktisch keine Einschränkungen bedeuten, scheidet die Dispersionsfreiheit die Ausbreitung in der Ionosphäre aus.

Mit Einsetzen der Werte (10) in die MAXWELLschen Gl. (4 u. 5) und die Kontinuitätsgleichungen (9 u. 7) erhält man für zeitlich konstantes σ, ε und μ die Grundgleichungen

$$\operatorname{rot} \boldsymbol{H} = \boldsymbol{J} + \varepsilon \frac{\partial \boldsymbol{E}}{\partial t} = \sigma \boldsymbol{E} + \varepsilon \frac{\partial \boldsymbol{E}}{\partial t}, \tag{11a}$$

$$\operatorname{rot} (\boldsymbol{E} - \boldsymbol{E}_e) = -\mu \frac{\partial \boldsymbol{H}}{\partial t}, \tag{11b}$$

$$\operatorname{div} \boldsymbol{E} = \frac{\varrho}{\varepsilon}, \tag{12a}$$

$$\operatorname{div} \boldsymbol{H} = 0. \tag{12b}$$

Zu ihnen tritt als weitere Grundgleichung die Kontinuitätsbeziehung (8), nach der Strom und Ladung nicht unabhängig voneinander gegeben sein können. Die Gl. (11) sind die Ausgangsgleichungen unserer Rechnungen, wobei wir jedoch zur Vermeidung der unstetigen Funktion $\boldsymbol{E}_e$ im allgemeinen von den reinen Feldgleichungen mit $\boldsymbol{E}_e = 0$ ausgehen und die äußeren Stromquellen nur durch die äußeren Grenzbedingungen, z. B. in Form der angelegten äußeren Spannung, einführen werden. Gl. (11b) nimmt in diesem Fall als reine Feldgleichung die Form

$$\operatorname{rot} \boldsymbol{E} = -\mu \frac{\partial \boldsymbol{H}}{\partial t} \tag{11c}$$

an.

Während im stationären und quasistationären Fall die Grundgleichungen (11, 12 u. 8) wesentliche Vereinfachungen zulassen, müssen im Strahlungsfeld die MAXWELLschen Gl. (11) in ihrer allgemeinen Form gelöst werden. Im vorliegenden Teil A werden wir zunächst die verschiedenen Lösungsmethoden allgemein behandeln, bevor wir in Teil B bis D auf die Anwendungen eingehen.

2. Kapitel.

Berechnung des Strahlungsfeldes aus Strom- und Ladungsverteilung.

1. Die elektrodynamischen Potentiale.

Wir nehmen zunächst an, daß Strom und Ladung an jeder Stelle des Raumes bekannt sind, wobei beide die Bedingung (1.8) erfüllen. Dann ergibt sich folgende Lösung der Grundgleichungen (1.11 u 1.12).

Wir führen einen Vektor $\boldsymbol{A}$ ein, der durch seine Wirbel und Quellen definiert sei, und zwar gelte zunächst für die Wirbel

$$\boldsymbol{H} = \operatorname{rot} \boldsymbol{A} . \tag{1}$$

$\boldsymbol{A}$ entspricht also dem normalen magnetischen Vektorpotential stationärer Ströme. Durch diese Festsetzung ist Gl. (1.12b) von selbst erfüllt, da die Divergenz eines Rotors 0 ist, während aus Gl. (1.11c)

$$\operatorname{rot}\left(\boldsymbol{E} + \mu \frac{\partial \boldsymbol{A}}{\partial t}\right) = 0 \tag{2}$$

folgt. Da der Rotor eines Gradienten 0 ist, ist die Gleichung erfüllt, wenn

$$\boldsymbol{E} = -\mu \frac{\partial \boldsymbol{A}}{\partial t} - \operatorname{grad} \varphi \tag{3}$$

ist, wobei φ ein noch zu bestimmender Skalar ist, der im stationären Feld dem elektrischen Potential entsprechen und allein vorhanden sein würde. Im Strahlungsfeld tritt zu diesem vom elektrischen Potential herrührenden Anteil $-\operatorname{grad} \varphi$ noch ein vom magnetischen Feld herrührender Anteil der elektrischen Feldstärke $-\mu \frac{\partial \boldsymbol{A}}{\partial t}$ hinzu. $\boldsymbol{A}$ und φ heißen die elektrodynamischen Potentiale.

Setzt man die Werte für $\boldsymbol{H}$ und $\boldsymbol{E}$ in die noch zu erfüllenden Gl. (1.11a u. 1.12a) ein, so wird mit einer bekannten Vektorbeziehung für die geradlinigen Komponenten von rot rot $\boldsymbol{A}$ (vgl. die angegebene mathematische Literatur und Kap. 3.6)

$$\operatorname{rot} \operatorname{rot} \boldsymbol{A} = \operatorname{grad} \operatorname{div} \boldsymbol{A} - \Delta \boldsymbol{A} = \boldsymbol{J} - \varepsilon \mu \frac{\partial^2 \boldsymbol{A}}{\partial t^2} - \varepsilon \operatorname{grad} \frac{\partial \varphi}{\partial t} \tag{4}$$

und

$$-\mu \operatorname{div} \frac{\partial \boldsymbol{A}}{\partial t} - \Delta \varphi = \frac{\varrho}{\varepsilon} . \tag{5}$$

Dabei ist Δ der doppelte Differentialquotient div grad, vgl. Kap. 3.6.

Definiert man jetzt die Quellen des Vektors $\boldsymbol{A}$ durch

$$\operatorname{div} \boldsymbol{A} = -\varepsilon \frac{\partial \varphi}{\partial t} , \tag{6}$$

so gehen die beiden Gleichungen über in

$$\begin{aligned} \Delta \boldsymbol{A} - \varepsilon\mu \frac{\partial^2 \boldsymbol{A}}{\partial t^2} &= -\boldsymbol{J}, \\ \Delta \varphi - \varepsilon\mu \frac{\partial^2 \varphi}{\partial t^2} &= -\frac{\varrho}{\varepsilon}. \end{aligned} \tag{7}$$

Wir haben damit die MAXWELLschen Gleichungen für $\boldsymbol{H}$ und $\boldsymbol{E}$ in zwei Gleichungen für $\boldsymbol{A}$ und φ übergeführt, die beide vom Typ der Wellengleichung sind. Das allgemeine Integral dieser Gleichungen lautet, wie weiter unten bewiesen wird,

$$\begin{aligned} \boldsymbol{A}(x, y, z, t) &= \frac{1}{4\pi} \iiint \frac{\boldsymbol{J}\left(\xi, \eta, \zeta, t - \frac{r}{v}\right)}{r} \mathrm{d}\xi\, \mathrm{d}\eta\, \mathrm{d}\zeta \\ \varphi(x, y, z, t) &= \frac{1}{4\pi\varepsilon} \iiint \frac{\varrho\left(\xi, \eta, \zeta, t - \frac{r}{v}\right)}{r} \mathrm{d}\xi\, \mathrm{d}\eta\, \mathrm{d}\zeta \end{aligned} \tag{8}$$

mit

$$r = \sqrt{(x-\xi)^2 + (y-\eta)^2 + (z-\zeta)^2} \quad \text{und} \quad v = \frac{1}{\sqrt{\varepsilon\mu}}. \tag{8a}$$

Da die bei der Ableitung von Gl. (7) benutzte Vektorbeziehung für rot rot $\boldsymbol{A}$ nur für geradlinige Komponenten (auch in krummlinigen Koordinaten, z. B. auch für die z-Komponente in Zylinderkoordinaten) gilt, gilt die angegebene Lösung (8) nur für Skalare und für die geradlinigen Komponenten von Vektoren. Eine unmittelbare Lösung für krummlinige Komponenten wird bei der 2. Lösungsmethode in Kap. 3 behandelt.

Aus den durch die Gl. (8) formal bekannten und bei gegebenen einfachen Strom- und Ladungsverteilungen auch praktisch auswertbaren Potentialen $\boldsymbol{A}$ und φ erhält man die gesuchten Feldstärken $\boldsymbol{H}$ und $\boldsymbol{E}$ nach den Gl. (1 u. 3), wobei für die Komponenten die später in Kap. 3.6 für verschiedene Koordinatensysteme angegebenen Komponentendarstellungen zu benutzen sind.

Die Lösung für die Potentiale ist eine Integraldarstellung. Der Integrand gibt den Beitrag eines einzelnen Volumenelementes $\mathrm{d}\xi\,\mathrm{d}\eta\,\mathrm{d}\zeta$ zu dem Potential im Punkte x, y, z. Dieser Beitrag unterscheidet sich vom statischen Fall lediglich dadurch, daß für $\boldsymbol{J}$ und ϱ die Werte genommen werden müssen, die zur Zeit $t - \frac{r}{v}$ vorhanden waren, daß also die Zeit um den Betrag $t_r = r/v$ retardiert ist (retardierte Potentiale). Das bedeutet aber, daß das elektromagnetische Feld in dieser Zeit den Weg vom Entstehungspunkt zum Beobachtungspunkt zurückgelegt haben muß, daß sich also das Feld mit der Geschwindigkeit v fortpflanzt. Es geht also hiernach von jedem Ladungs- bzw. Stromelement eine sich kugelförmig ausbreitende Elementarwelle mit der

Geschwindigkeit $v = 1/\sqrt{\varepsilon\mu}$ aus. Im Vakuum wird $v = c$ wegen $\varepsilon_0\mu_0 = 1/c^2$. Die Gesamtlösung ist die Summe aller Elementarwellen. Wenn die Laufzeit t_r klein gegen die Schwingungszeit oder allgemein klein gegen die Zeit ist, in der sich der erregende Zustand merklich ändert, geht die Lösung (8) in die quasistationäre Lösung [Gl. (8) mit $v = \infty$] über, die man aus den MAXWELLschen Gleichungen bei Vernachlässigung des elektrischen Verschiebungsstromes erhält. Die quasistationären Rechnungen sind daher nur zulässig, solange die Laufzeit bis zu den fernsten in Betracht kommenden Feldpunkten klein gegen die Schwingungszeit oder die Entfernungen selbst klein gegen die Wellenlänge sind.

Ist die Strom- oder Ladungsverteilung nicht bekannt, so geben die Gl. (8) eine Integralgleichung für die unbekannte Strom- oder Ladungsverteilung, die mit Erfüllung der vorliegenden Randbedingungen zu lösen ist; vgl. z. B. Kap. 14.

Zu dem noch fehlenden Beweis von (8) genügt es, den Beweis für eine der Gleichungen, z. B. für φ, zu führen. Hierzu denken wir uns zunächst die Ladung in jedem Punkt ξ, η, ζ als Funktion der Zeit in eine FOURIER-Reihe bzw. in ein FOURIER-Integral mit den Elementaramplituden $\bar{\varrho}_\nu\, d\omega_\nu$ zerlegt, setzen also in komplexer Schreibung

$$\varrho(\xi, \eta, \zeta, t) = \mathrm{Re}\left[\int\limits_{\nu=-\infty}^{\infty} \bar{\varrho}_\nu(\xi, \eta, \zeta)\, e^{i\omega_\nu t}\, d\omega_\nu\right] \tag{9}$$

(Re = Realteil von) und entsprechend für die retardierte Ladung

$$\varrho\left(\xi, \eta, \zeta, t - \frac{r}{v}\right) = \mathrm{Re}\left[\int\limits_{\nu=-\infty}^{\infty} \bar{\varrho}_\nu(\xi, \eta, \zeta)\, e^{i\omega_\nu\left(t - \frac{r}{v}\right)}\, d\omega_\nu\right]. \tag{9a}$$

Führen wir den oberen Wert in die Wellengleichung (7) ein, so muß wegen der linearen Superposition jede Teilschwingung der Frequenz ω_ν die Wellengleichung (7) erfüllen. Also ist, wenn wir die Bezeichnung Re und den Zeitfaktor $e^{i\omega_\nu t}$ fortlassen und nach (8a) $\varepsilon\mu = 1/v^2$ setzen,

$$\Delta\bar{\varphi}_\nu + \frac{\omega_\nu^2}{v^2}\bar{\varphi}_\nu = -\frac{\bar{\varrho}_\nu}{\varepsilon}. \tag{10}$$

Wir wenden jetzt den in jedem Lehrbuch der Vektoranalysis abgeleiteten GREENschen Satz an. Nach ihm gilt für zwei beliebige, im ganzen Integrationsgebiet einschließlich des Randes reguläre Ortsfunktionen U und V die Integralbeziehung

$$\int\limits_\tau (U\Delta V - V\Delta U)\, d\tau = -\int\limits_{(F)} \left(U\frac{\partial V}{\partial n} - V\frac{\partial U}{\partial n}\right) df, \tag{11}$$

wobei die Normale $\boldsymbol{n}$ in das Innere des Integrationsraumes zeigt. Wir wählen als U die gesuchte Funktion $\bar{\varphi}_\nu$ und als V die Funktion

$$V = \bar{\psi}_\nu = \frac{e^{-i\omega_\nu \frac{r}{v}}}{r}. \tag{12}$$

Für eine nur von r abhängige Funktion gilt nun, wie später in Kap. 3, Gl. (3.51) abgeleitet wird,

$$\Delta f(r) = \frac{1}{r}\frac{\partial^2}{\partial r^2}[r f(r)], \quad \text{mithin} \quad \Delta \bar{\psi}_\nu = -\frac{\omega_\nu^2}{v^2 r} e^{-i\omega_\nu \frac{r}{v}} = -\frac{\omega_\nu^2}{v^2}\bar{\psi}_\nu. \tag{13}$$

Mit diesem Wert und dem aus der Wellengleichung (10) folgenden Wert für $\Delta\bar{\varphi}_\nu$ wird das Volumenintegral des GREENschen Satzes (11)

$$\int\limits_\tau (\bar{\varphi}_\nu \Delta \bar{\psi}_\nu - \bar{\psi}_\nu \Delta \bar{\varphi}_\nu)\, d\tau = \int\limits_\tau \frac{\bar{\varrho}_\nu}{\varepsilon} \bar{\psi}_\nu\, d\tau = \frac{1}{\varepsilon}\int\limits_\tau \frac{\bar{\varrho}_\nu(\xi,\eta,\zeta)}{r} e^{-i\omega_\nu \frac{r}{v}}\, d\tau. \tag{14}$$

Das gleich große Oberflächenintegral des GREENschen Satzes ist über sämtliche Begrenzungsflächen zu erstrecken, also über die unendlich ferne Fläche und den vom Integrationsgebiet auszuschließenden Unstetigkeitspunkt P mit $r = 0$. Wir nehmen zunächst an, daß das Integral über die unendlich ferne Fläche verschwindet. Für die Integration um P umgeben wir P mit einer unendlich kleinen Kugel vom Radius $r = r_0$. Dann wird, da die Normale in bezug auf den Feldraum nach innen, also von P weg in Richtung r zeigen soll,

$$\frac{\partial \bar{\psi}_\nu}{\partial n} = \frac{\partial \bar{\psi}_\nu}{\partial r} = -\left(i\frac{\omega_\nu}{v r} + \frac{1}{r^2}\right) e^{-i\omega_\nu \frac{r}{v}}. \tag{15}$$

Da man ferner bei der in P stetigen Funktion $\bar{\varphi}_\nu$ die Werte auf der Kugel durch die Werte im Mittelpunkt P ersetzen kann und $d f = r_0^2\, d\Omega$ (Ω = Raumwinkel) ist, wird das Oberflächenintegral von Gl. (11)

$$-\int\limits_{(F)} \cdots = -\int\limits_{(P)} \cdots = \lim_{r_0\to 0}\int\limits_{(P)}\left[-\bar{\varphi}_{\nu_P}\frac{\partial \bar{\psi}_\nu}{\partial n} + \bar{\psi}_\nu\left(\frac{\partial \bar{\varphi}_\nu}{\partial n}\right)_P\right] d f$$

$$= \lim_{r_0\to 0}\int\limits_{(P)} \bar{\varphi}_{\nu_P}\frac{1}{r_0^2} e^{-i\omega_\nu \frac{r_0}{v}} r_0^2\, d\Omega + \cdots = 4\pi\bar{\varphi}_{\nu_P}, \tag{16}$$

da die nichtangeschriebenen Glieder für $r_0 \to 0$ fortfallen.

Wegen der Gleichheit der beiden Integrale (14) und (16) wird

$$\bar{\varphi}_{\nu_P} = \frac{1}{4\pi\varepsilon}\int\limits_\tau \frac{\bar{\varrho}_\nu(\xi,\eta,\zeta)}{r} e^{-i\omega_\nu \frac{r}{v}}\, d\tau, \tag{17}$$

woraus nach Wiedereinführung des Zeitfaktors $e^{i\omega_\nu t}$ und Integration über sämtliche Teilschwingungen ω_ν mit Rücksicht auf die FOURIER-

Darstellung Gl. (9a) unmittelbar die zu beweisende Gl. (8) folgt. Zur Vollständigkeit ist noch zu beweisen, daß für dieses φ das GREENsche Oberflächenintegral über die unendlich ferne Fläche wirklich verschwindet. Statt eines strengen Beweises begnügen wir uns damit, daß bei einer im Endlichen begrenzten Ladungsverteilung der Absolutwert von $\bar{\varphi}_\nu$ ebenso wie $\bar{\psi}_\nu$ mit wachsendem r wie $1/r$ abnimmt, $\partial\varphi/\partial r$ und $\partial\psi/\partial r$ daher im wesentlichen wie $1/r^2$, mithin der Integrand im GREENschen Integral wie $1/r^3$. Da die Fläche nur mit r^2 wächst, verschwindet das Integral tatsächlich.

2. Der HERTZsche Vektor oder das elektrische Strahlungspotential.

Die in Abschn. 1 abgeleiteten elektrodynamischen Potentiale sind durch die Kontinuitätsbedingung (1.8) verbunden, so daß sich mit Hilfe dieser Gleichung das gesamte Strahlungsfeld auf eines der beiden Potentiale als Bezugsgröße zurückführen läßt. Selbstverständlich kann als Bezugsgröße statt $\boldsymbol{A}$ oder φ auch ein abgeleiteter Wert genommen werden. Hier wird nun die Lösung des Strahlungsfeldes, insbesondere bei der Lösung mit Wellengleichung in Kap. 3, besonders einfach, wenn man als Bezugsgröße den von HERTZ eingeführten und nach ihm benannten HERTZschen Vektor nimmt, da sich dann sämtliche Feldgrößen durch reine Differentiationen ergeben. Der HERTZsche Vektor hat daher für das Strahlungsfeld dieselbe Bedeutung wie das elektrische Potential oder das magnetische Vektorpotential für die statischen Felder und kann daher als Strahlungspotential bezeichnet werden.

Wir führen den HERTZschen Vektor $\boldsymbol{P}$ ein, indem wir

$$\boldsymbol{A} = \varepsilon \frac{\partial \boldsymbol{P}}{\partial t} \tag{18}$$

setzen. Dann ist nach Gl. (6)

$$\varphi = -\operatorname{div} \boldsymbol{P}. \tag{19}$$

Führt man diese Werte in die Gl. (1 u. 3) ein, so werden die elektrischen und magnetischen Feldstärken

$$\begin{aligned} \boldsymbol{H} &= \varepsilon \operatorname{rot} \frac{\partial \boldsymbol{P}}{\partial t}, \\ \boldsymbol{E} &= -\varepsilon\mu \frac{\partial^2 \boldsymbol{P}}{\partial t^2} + \operatorname{grad} \operatorname{div} \boldsymbol{P}. \end{aligned} \tag{20}$$

Der Wert von $\boldsymbol{P}$ ergibt sich nach den Gl. (18 u. 8) zu

$$\boldsymbol{P}(x, y, z, t) = \frac{1}{4\pi\varepsilon} \int \mathrm{d}t \iiint \frac{\boldsymbol{J}\left(\xi, \eta, \zeta, t - \frac{r}{v}\right)}{r} \mathrm{d}\xi\, \mathrm{d}\eta\, \mathrm{d}\zeta, \tag{21}$$

wobei das Volumenintegral über den gesamten Raum zu erstrecken ist. Die Gleichung gilt entsprechend der Ableitung für jede geradlinige

Komponente von $\boldsymbol{P}$. Bei flächenhaftem Strom, z. B. an Grenzflächen, ist an Stelle der räumlichen Integration von Gl. (21) der Vektor der Flächenstromdichte $\boldsymbol{J}_f$ über alle Flächenelemente zu integrieren, also

$$\boldsymbol{P}(x, y, z, t) = \frac{1}{4\pi\varepsilon}\int \mathrm{d}t \iint \frac{\boldsymbol{J}_f\left(\xi, \eta, t - \frac{r}{v}\right)}{r}\,\mathrm{d}\xi\,\mathrm{d}\eta \tag{21a}$$

zu setzen.

Die komplexe Darstellung der HERTZschen Vektoren (21 u. 21a) zeigen die späteren Gl. (10.11 bzw. 5.17).

Ist der HERTZsche Vektor bekannt, z. B. durch Integration der Gl. (21) oder als Lösung der Wellengleichung mit Erfüllung der Randbedingungen (vgl. das nächste Kapitel), so ergeben sich die Feldstärken $\boldsymbol{H}$ und $\boldsymbol{E}$ aus den Gl. (20). Wir wollen diese Gleichungen zum besseren Verständnis in rechtwinkligen Koordinaten ausdrücken. Wir nehmen zur Vereinfachung an, daß sämtliche das Feld erregenden Ströme parallel zur z-Richtung sind. Dann hat nach Gl. (21) der HERTZsche Vektor nur eine z-Komponente

$$\boldsymbol{P} = P_z. \tag{22}$$

Mithin werden die Komponenten von $\boldsymbol{H}$ und $\boldsymbol{E}$ nach den Gl. (20) mit Benutzung der in Kap. 3.6 zusammengestellten Komponentendarstellungen der Vektoroperationen

$$\begin{aligned} H_x &= \varepsilon\frac{\partial^2 P_z}{\partial y\,\partial t}, & H_y &= -\varepsilon\frac{\partial^2 P_z}{\partial x\,\partial t}, & H_z &= 0, \\ E_x &= \frac{\partial^2 P_z}{\partial x\,\partial z}, & E_y &= \frac{\partial^2 P_z}{\partial y\,\partial z}, & E_z &= -\varepsilon\mu\frac{\partial^2 P_z}{\partial t^2} + \frac{\partial^2 P_z}{\partial z^2}. \end{aligned} \tag{23}$$

Hat der HERTZsche Vektor im allgemeinsten Fall auch die Komponenten P_x und P_y, so ergeben sich hierfür entsprechende Teilkomponenten der Feldstärken. Die einzelnen Teilkomponenten sind wegen der Linearität der Feldstärkengleichungen (20) linear zu addieren.

3. Das Strahlungsfeld des HERTZschen Dipols.

Als grundlegendes Beispiel eines Strahlungsfeldes betrachten wir die Strahlung eines einzelnen Stromelementes mit der Stromstärke I. Wir rechnen in rechtwinkligen Koordinaten und legen die z-Achse in die Richtung des Stromes und den Nullpunkt des Systems nach Bild 2.1 in die Mitte des den Strom führenden Leiterelementes mit dem Querschnitt $q = \mathrm{d}\xi\,\mathrm{d}\eta$ und der Länge $\mathrm{d}l = \mathrm{d}\zeta$. Der Strom $I = J_\zeta\,\mathrm{d}\xi\,\mathrm{d}\eta$ möge sich nach einer beliebigen Funktion der Zeit ändern.

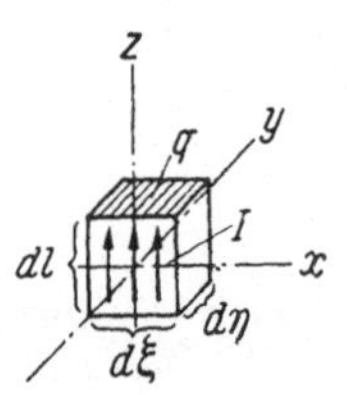

Bild 2.1. HERTZscher Dipol als Stromelement.

Die Gleichungen des Feldes sind nun sofort angebbar. Da die räumliche Integration bei einem Leiterelement wegfällt, wird der HERTZsche Vektor nach Gl. (21)

$$\boldsymbol{P} = P_z = \frac{1}{4\pi\varepsilon}\int \mathrm{d}t \frac{J_\zeta\left(t-\frac{r}{v}\right)}{r}\mathrm{d}\xi\,\mathrm{d}\eta\,\mathrm{d}\zeta \quad \text{mit} \quad r = \sqrt{x^2+y^2+z^2}. \tag{24}$$

Gl. (21) stellt hiernach umgekehrt die Summation des Feldes aus HERTZschen Dipollösungen dar. Wir setzen, um in Übereinstimmung mit den in der Literatur üblichen Bezeichnungen zu bleiben, für die zeitliche Änderung des Gesamtstromes

$$J_\zeta(t)\,\mathrm{d}\xi\,\mathrm{d}\eta = I(t) = \frac{4\pi\varepsilon}{\mathrm{d}l}f'(t). \tag{25}$$

Mit dieser Bezeichnung wird der HERTZsche Vektor nach Gl. (24), da $\mathrm{d}l = \mathrm{d}\zeta$ ist,

$$P_z = \frac{f\left(t-\frac{r}{v}\right)}{r}. \tag{26}$$

Damit ist das Strahlungsfeld bekannt. Die Komponenten der magnetischen und elektrischen Feldstärken werden in rechtwinkligen Koordinaten nach den Gl. (23) durch einfache Differentiation unter Weglassung des Argumentes $t - r/v$

$$\begin{aligned}
&H_x = -\varepsilon\frac{y f'}{r^3} - \varepsilon\frac{y f''}{v r^2}, \qquad H_y = \varepsilon\frac{x f'}{r^3} + \varepsilon\frac{x f''}{v r^2}, \qquad H_z = 0\\
&E_x = \frac{3xzf}{r^5} + \frac{3xzf'}{v r^4} + \frac{xzf''}{v^2 r^3}, \qquad E_y = \frac{3yzf}{r^5} + \frac{3yzf'}{v r^4} + \frac{yzf''}{v^2 r^3},\\
&E_z = \frac{3z^2-r^2}{r^5}f + \frac{3z^2-r^2}{v r^4}f' + \frac{z^2-r^2}{v^2 r^3}f''.
\end{aligned} \tag{27}$$

Auf die Diskussion des Feldes, insbesondere auf den Unterschied von Fern- und Nahfeld, gehen wir hier nicht ein, da wir diese Überlegungen bei den Strahlungsfeldern der Antennen in Teil C durchführen werden.

Die Ableitung von Gl. (26) setzte voraus, daß $\mathrm{d}\zeta = \mathrm{d}l$ unendlich klein ist. Um keinen Widerspruch innerhalb der Lösung zu bekommen, damit insbesondere $\oint \boldsymbol{H}\,\mathrm{d}\boldsymbol{l}$ um das Stromelement mit den abgeleiteten Werten von $\boldsymbol{H}$ den angesetzten Strom I ergibt, müssen wir bei quadratischem Querschnitt $\mathrm{d}\xi = \mathrm{d}\eta = \frac{2\sqrt{2}}{\pi}\mathrm{d}l$, bei zylindrischem Querschnitt $\mathrm{d}l = 2\mathrm{d}\varrho$ wählen; vgl. Kap. 11.

Wir haben das Feld des HERTZschen Dipols als Feld eines Stromelementes von der Länge $\mathrm{d}l = \mathrm{d}\zeta$ abgeleitet. Da der Strom außerhalb des Elementes 0 ist, muß an beiden Enden zwangsläufig eine zeitlich wechselnde Ladungsanhäufung stattfinden, deren Größe sich aus der Beziehung (1.8) berechnen läßt. Da nach der Definition der Divergenz als der im Volumenelement entspringenden Strömung $\operatorname{div}\boldsymbol{J} = -\frac{I}{\mathrm{d}\tau}$

für den oberen Punkt, an dem der Strom I verschwindet, und $+\frac{I}{\mathrm{d}\tau}$ für den unteren Punkt, an dem der Strom I entspringt, ist, werden die beiden Ladungen mit Benutzung von (1.8 u. 25)

$$Q_{1,2}(t) = \varrho(t)\,\mathrm{d}\tau = \pm\int I(t)\,\mathrm{d}t = \pm\,\frac{4\pi\varepsilon}{\mathrm{d}l}\,f(t)\,, \tag{28}$$

wobei das $+$-Zeichen für die obere, das $-$-Zeichen für die untere Ladung gilt; vgl. Bild 2.2. Wir haben also zwei entgegengesetzt gleiche Ladungen, d. h. einen elektrischen Dipol, als gleichbedeutend mit dem betrachteten Stromelement gefunden. Im Strahlungsfeld ändern sich gegenüber dem statischen Dipol die Ladungen zeitlich, wobei durch den verbindenden Draht der Strom I fließt.

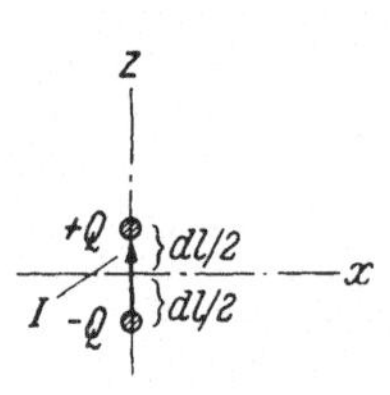

Bild 2.2. HERTZscher Dipol als veränderliche Dipolladung.

Die Bedeutung des Dipolfeldes liegt darin, daß 1. entsprechend der Integraldarstellung (21) jedes beliebige Strahlungsfeld als Summe von Dipolfeldern abgeleitet werden kann und daß 2. für große Entfernungen jede beliebige Antenne mit räumlich konstanter Stromverteilung näherungsweise als HERTZscher Dipol aufgefaßt werden kann.

4. Der FITZGERALDsche Vektor oder das magnetische Strahlungspotential.

Wir haben bisher das Strahlungsfeld aus elektrischen Strömen und Ladungen und damit nach dem letzten Abschnitt aus elektrischen Dipolen aufgebaut und haben gesehen, daß die Lösung durch den HERTZschen Vektor gegeben ist. Eine zweite, allerdings weniger gebräuchliche Methode ist, das Feld aus magnetischen Dipolen, die physikalisch durch elementare Kreisströme gegeben sind, aufzubauen. Den elektrischen Strömen und Ladungen würden in diesem Fall fiktive magnetische Ströme und Ladungen entsprechen, die in den Grundgleichungen (1.11b u. 1.12b) stehen würden, während $\boldsymbol{J}$ und ϱ Null wären. Es ergibt sich dann für die so abgeänderten Grundgleichungen als Lösung ein genaues magnetisches Analogon des HERTZschen Vektors, der von FITZGERALD eingeführte und nach ihm benannte magnetische Strahlungsvektor, der sich von dem HERTZschen Vektor durch Vertauschung der elektrischen und magnetischen Größen unterscheidet. Aus dem Feld des HERTZschen Dipols entsteht das des magnetischen Dipols, der kleinen Rahmenantenne; vgl. Kap. 17.1.

Wir wollen auf das magnetische Strahlungspotential hier nicht näher eingehen, da die Darstellung mit magnetischen Dipolen bei gegebener Strom- und Ladungsverteilung ungebräuchlich ist. Wir kommen aber auf den FITZGERALDschen Vektor bei der zweiten allgemeinen Lösung der MAXWELLschen Gleichungen mit Wellengleichung zurück, da hier das magnetische Strahlungspotential zur Vollständigkeit des Lösungsansatzes erforderlich ist.

3. Kapitel.

Berechnung des Strahlungsfeldes mit Wellengleichung.

1. Wellengleichung und HERTZscher Vektor in isotropen Medien.

Durch die Integraldarstellung der elektrodynamischen Potentiale in Gl. (2.8) oder des HERTZschen Vektors in Gl. (2.21) ist das Strahlungsfeld bei bekannter Strom- oder Ladungsverteilung allgemein gelöst. Wir werden von dieser Lösung insbesondere bei der Berechnung der Linearantennen in Kap. 12 und 13 Gebrauch machen. Die Lösung entspricht genau der Lösung eines statischen Potentialfeldes aus den bekannten Strömen bzw. Ladungen.

Nun ist die Stromverteilung im allgemeinen nicht bekannt, sondern muß erst aus dem Strahlungsfeld selbst berechnet werden. Bei Ansatz der Gl. (2.8 bzw. 2.21) ergibt sich daher im allgemeinen eine Integralgleichung mit gewissen Nebenbedingungen für die unbekannte Strom- oder Ladungsverteilung. Als Beispiel sei auf die Berechnung der Linearantenne in Kap. 14 verwiesen. Die Lösung mit Integralgleichung kann nun durch die Lösung einer Differentialgleichung ersetzt werden. Ebenso wie man im statischen Feld bei unbekannter Ladungsverteilung an Stelle der Integrallösung versucht, die Potentialgleichung $\Delta\varphi = 0$ in dem ladungsfreien Außenraum und dem ladungsführenden Innenraum unter Erfüllung der Grenzbedingungen zu lösen, kann man auch im Strahlungsfeld in diesem Fall versuchen, die Differentialgleichung für den HERTZschen Vektor in den verschiedenen Räumen in geeigneten Koordinaten unter Erfüllung der Grenzbedingungen zu lösen. Wir werden von dieser Lösung z. B. bei der strengen Berechnung der Dipolantennen in den Kap. 15 u. 16 und der Berechnung der Beugung in Kap. 27 Gebrauch machen. Im folgenden sollen zunächst die allgemeinen Grundlagen der Lösung gegeben werden.

Wir teilen den gesamten Strahlungsraum in ein oder mehrere Außen- und Innenräume, wobei sich die einzelnen Räume durch verschiedene Materialkonstanten ε, μ und σ unterscheiden, und betrachten zunächst den HERTZschen Vektor im materie- und damit stromfreien Außenraum. Der HERTZsche Vektor $\boldsymbol{P}$ erfüllt nach den Gl. (2.18 u. 2.7) im stromfreien Außenraum die Gleichung

$$\Delta \boldsymbol{P} - \varepsilon\mu \frac{\partial^2 \boldsymbol{P}}{\partial t^2} = 0. \tag{1}$$

Das ist die normale Wellengleichung. Wir wollen die Gleichung unabhängig von der bisherigen Lösung unmittelbar aus den MAXWELLschen Gl. (1.11a u. 1.11c) ableiten. Für den stromfreien Außenraum lauten die MAXWELLschen Gleichungen

$$\operatorname{rot} \boldsymbol{H} = \varepsilon \frac{\partial \boldsymbol{E}}{\partial t}, \qquad \operatorname{rot} \boldsymbol{E} = -\mu \frac{\partial \boldsymbol{H}}{\partial t}. \tag{2a, b}$$

Wir versuchen die Lösung, indem wir die Werte (2,20) als Ansatz wählen. Der Ansatz befriedigt, wie durch Einsetzen unmittelbar folgt, die Gl. (2b), während das Einsetzen in (2a) die obige Wellengleichung (1) als Bestimmungsgleichung für $\boldsymbol{P}$ liefert. Beim Einsetzen sind die in Kap. 2 bereits benutzten Vektorbeziehungen

$$\operatorname{rot}\operatorname{rot} \boldsymbol{P} = \operatorname{grad}\operatorname{div} \boldsymbol{P} - \Delta \boldsymbol{P} \qquad \text{und} \qquad \operatorname{rot}\operatorname{grad} \boldsymbol{P} = 0 \tag{3}$$

zu berücksichtigen.

Für die stromführenden Innenräume des Strahlungsfeldes müssen die MAXWELLschen Gleichungen in ihrer allgemeinen Form (1.11a u. 1.11c) genommen werden, und zwar die 1. Gleichung in der Form mit σE, also

$$\operatorname{rot} \boldsymbol{H} = \sigma \boldsymbol{E} + \varepsilon \frac{\partial \boldsymbol{E}}{\partial t}, \qquad \operatorname{rot} \boldsymbol{E} = -\mu \frac{\partial \boldsymbol{H}}{\partial t}. \tag{4a, b}$$

Während im Vergleich zum stromlosen Raum mit den Gl. (2a, b) die 2. Gleichung unverändert geblieben ist, ist in der 1. Gleichung der Differentialoperator $\varepsilon\, \partial/\partial t$ durch den Operator $\sigma + \varepsilon\, \partial/\partial t$ ersetzt. Wir machen daher in Analogie zu dem Ansatz (2.20) für den Innenraum den Ansatz

$$\begin{aligned} \boldsymbol{H} &= \operatorname{rot}\left(\sigma \boldsymbol{P} + \varepsilon \frac{\partial \boldsymbol{P}}{\partial t}\right), \\ \boldsymbol{E} &= -\sigma\mu \frac{\partial \boldsymbol{P}}{\partial t} - \varepsilon\mu \frac{\partial^2 \boldsymbol{P}}{\partial t^2} + \operatorname{grad}\operatorname{div} \boldsymbol{P}. \end{aligned} \tag{5}$$

Der Ansatz erfüllt wieder mit Benutzung von (3) die Gl. (4b), während (4a) mit Berücksichtigung von (3) für $\boldsymbol{P}$ die Bestimmungsgleichung

$$\begin{aligned} &\operatorname{grad}\operatorname{div}\left(\sigma \boldsymbol{P} + \varepsilon \frac{\partial \boldsymbol{P}}{\partial t}\right) - \Delta\left(\sigma \boldsymbol{P} + \varepsilon \frac{\partial \boldsymbol{P}}{\partial t}\right) \\ &= \sigma\left(-\sigma\mu \frac{\partial \boldsymbol{P}}{\partial t} - \varepsilon\mu \frac{\partial^2 \boldsymbol{P}}{\partial t^2} + \operatorname{grad}\operatorname{div} \boldsymbol{P}\right) \\ &\quad + \varepsilon \frac{\partial}{\partial t}\left(-\sigma\mu \frac{\partial \boldsymbol{P}}{\partial t} - \varepsilon\mu \frac{\partial^2 \boldsymbol{P}}{\partial t^2} + \operatorname{grad}\operatorname{div} \boldsymbol{P}\right) \end{aligned} \tag{6}$$

liefert. Die Gleichung ist erfüllt, wenn $\boldsymbol{P}$ der Differentialgleichung

$$\Delta \boldsymbol{P} - \sigma\mu \frac{\partial \boldsymbol{P}}{\partial t} - \varepsilon\mu \frac{\partial^2 \boldsymbol{P}}{\partial t^2} = 0 \tag{7}$$

genügt, die an die Stelle der Gl. (1) für den stromlosen Außenraum tritt.

Die prinzipielle Lösung des Strahlungsfeldes aus den Randbedingungen besteht nun ähnlich wie bei den statischen Feldern darin, daß in einem geeignet gewählten Koordinatensystem für die verschiedenen Räume solche Lösungen der Wellengleichungen (1 bzw. 7) gesucht werden, die die Grenzbedingungen an den vorhandenen Strahlungsquellen (HERTZscher Dipol, Antenne) und sonstigen vorhandenen Trennflächen erfüllen; vgl. Abschn. 2. Dabei sind 2 grundsätzliche Fälle zu unterscheiden:

1. Die Berechnung eines reinen Ausstrahlungs- oder Antennenfeldes: Ist der Erreger, also die Antenne, in seiner geometrischen Form und mit den vorhandenen eingeprägten Kräften gegeben, so hat man in einem der Antenne angepaßten Koordinatensystem eine Lösung der Wellengleichung zu suchen, die die Grenzbedingungen an der Antenne erfüllt und sich im Unendlichen wie eine fortschreitende Welle verhält. Beispiele enthalten Kap. 15 u. 16.

2. Das eigentliche Beugungsproblem: Sind außer dem Strahlungserreger ein oder mehrere beugende Körper vorhanden, so werden die geforderten Bedingungen dadurch befriedigt, daß man a) den nach Kap. 2 oder den vorstehenden Angaben bekannten HERTZschen Vektor der Strahlungsquelle für den betreffenden Raum als Primärlösung ansetzt, wobei die Lösung auf das gewählte, dem beugenden Körper angepaßte Koordinatensystem umzurechnen ist, und daß man b) eine Lösung der Wellengleichung mit unbestimmten Koeffizienten als Sekundärlösung ansetzt und die Konstanten derart bestimmt, daß die Gesamtlösung aus Primärlösung und angesetzter Sekundärlösung die Grenzbedingungen an den Trennflächen erfüllt. Die so erhaltene Lösung ist die strenge Lösung des Strahlungsfeldes bei Vorhandensein beugender Körper. Sie gibt über sämtliche Fragen der Intensität, Polarisation u. dgl. Aufschluß. Die praktische Durchführung ist jedoch nur bei mathematisch einfachen Körpern möglich. Wir werden die Rechnung insbesondere bei der Beugung um die Erdkugel in Kap. 27 durchführen. In Fällen, bei denen es nur auf die Form der möglichen Wellen ankommt, werden wir auf die primäre Lösung verzichten können, z. B. bei der Wellenfortpflanzung in Hohlleitern in Kap. 8.

2. Grenzbedingungen, Ausstrahlungs- und Kantenbedingung des Strahlungsfeldes.

An den Grenzflächen im Strahlungsfeld müssen ebenso wie im stationären Feld die tangentialen Feldstärkenkomponenten und die normalen Induktionskomponenten stetig sein. Die Stetigkeit der tangentialen Feldstärkenkomponenten in einer beliebigen Tangentenrichtung $\boldsymbol{t}$

(Index t) auf beiden Seiten (Index 1 bzw. 2) einer Grenzschicht zwischen den beiden Medien I und II:

$$E_{t1} = E_{t2}, \qquad H_{t1} = H_{t2} \tag{8}$$

folgt unmittelbar aus den MAXWELLschen Gleichungen, wenn man das Umlaufsintegral in unmittelbarer Nähe der Grenzschicht ausführt; vgl. Bild 3.1. Da man die senkrechten Umlaufslinien von höherer Ordnung klein machen kann, müssen die Liniendifferentiale auf den Flächen 1 und 2 gleich sein, wenn man aus physikalischen Gründen unendliche Stromdichten ausschaltet. Da diese Bedingung für jede beliebige Richtung längs der Oberfläche besteht, muß Gl. (8) gelten. Eine tiefere physikalische Begründung folgt aus Leistungsgesetzen in Kap. 6.

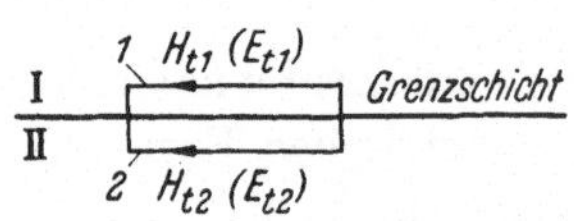

Bild 3.1. Zur Ableitung der Grenzbedingungen an Trennflächen.

Die Bedingung (8) ist für die Berechnung des Strahlungsfeldes ausreichend. Da $\boldsymbol{H}$ und $\boldsymbol{E}$ durch die Feldgleichungen verbunden sind, ergibt sich aus ihr von selbst die Bedingung für die Normalkomponenten. Da nämlich nach (8) für einen Umlauf auf der Grenzfläche rot $\boldsymbol{H}$ bzw. rot $\boldsymbol{E}$ auf beiden Seiten der Grenzfläche gleich ist, folgt aus (4) für die auf der rechten Seite stehenden Normalkomponenten

$$\mu_1 H_{n1} = \mu_2 H_{n2}, \qquad \sigma_1 E_{n1} + \varepsilon_1 \frac{\partial E_{n1}}{\partial t} = \sigma_2 E_{n2} + \varepsilon_2 \frac{\partial E_{n2}}{\partial t}. \tag{9}$$

Die letzte Gleichung geht bei Verschwinden der Leitfähigkeit in die Grenzbedingung der Elektrostatik über:

$$\varepsilon_1 E_{n1} = \varepsilon_2 E_{n2}. \tag{9a}$$

Grenzen die beiden Strahlungsräume I und II nicht unmittelbar aneinander, sondern sind sie durch eine Schicht der beliebig kleinen, aber endlichen Dicke δ mit der Flächenstromdichte $\boldsymbol{J}_f = \boldsymbol{J}\,\delta$ getrennt, vgl. Bild 3.2, so liefert der Umlauf nach der 1. MAXWELLschen Gleichung an Stelle der 2. Gl. (8) für die auf $\boldsymbol{n}$ und $\boldsymbol{t}$ im Sinne einer Rechtsschraubung senkrechte Komponente J_f

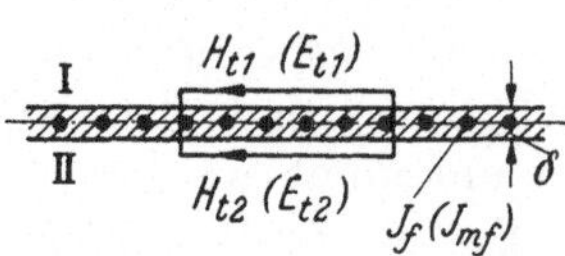

Bild 3.2. Zur Ableitung der Grenzbedingungen bei Stromschichten.

$$H_{t1} - H_{t2} = J_f. \tag{10}$$

Ebenso würde bei Vorhandensein einer fiktiven magnetischen Flächenstromdichte $\boldsymbol{J}_{mf}$ an Stelle der 1. Gl. (8)

$$E_{t1} - E_{t2} = J_{mf} \tag{10a}$$

gelten, wo J_{mf} wie in Gl. (10) die auf $\boldsymbol{n}$ und $\boldsymbol{t}$ senkrechte Komponente der Flächenstromdichte ist.

Die Grenzbedingungen für $\boldsymbol{H}$ und $\boldsymbol{E}$ können mit Hilfe der Gl. (5) in jedem Einzelfall in Grenzbedingungen für $\boldsymbol{P}$ umgerechnet werden.

Zu den angegebenen Grenzbedingungen an Trennflächen tritt nun noch als weitere Grenzbedingung die der äußeren Spannungsquelle hinzu, die bei der Lösung der reinen Feldgleichungen ohne äußere Kräfte als zusätzliche Grenzbedingung erfüllt werden muß. Ist die äußere Spannung zwischen zwei eng benachbarten Speisepunkten vorgeschrieben, so muß diese Spannung gleich der Differenz der durch Gl. (2.19) durch den HERTZschen Vektor ausgedrückten elektrischen Potentiale gesetzt werden. Als Beispiel sei auf Kap. 14 verwiesen. Die Spannungsbedingung kann durch Einführung der eingeprägten Feldstärken nach Gl. (1.3) auf eine Feldstärkenbedingung umgerechnet werden, ein typisches Beispiel zeigen die Kap. 13 u. 15.

Neben den Grenzbedingungen ist im Strahlungsfeld noch die Ausstrahlungsbedingung zu beachten. Während im statischen Feld durch die vorgeschriebenen Quellen und das Verschwinden der Lösung im Unendlichen die Lösung eindeutig ist, können im Strahlungsfeld bei verschwindender Leitfähigkeit noch unendlich viele Lösungen hinzukommen, die im Unendlichen und an den begrenzenden Körpern verschwinden und damit sämtliche Grenzbedingungen erfüllen. Diese zusätzlichen Eigenlösungen kommen physikalisch durch die Superposition hin- und rücklaufender Wellen zustande, werden also ausgeschaltet, wenn man nur derartige Lösungen wählt, die sich in großer Entfernung wie eine fortschreitende Welle verhalten. Wir nennen diese Bedingung die Ausstrahlungsbedingung. Mathematisch läßt sich die Ausstrahlungsbedingung in die SOMMERFELDsche Form kleiden: Es muß in komplexer Rechnung, vgl. den folgenden Abschn. 3, bei dem Zeitfaktor $e^{i\omega t}$

$$\lim_{r\to\infty} r\left(\frac{\partial w}{\partial r} + i k w\right) = 0 \tag{11}$$

sein. In der Tat wird diese Ausstrahlungsbedingung von der fortlaufenden Kugelwelle $w = \frac{e^{-ikr}}{r}$ und sämtlichen fortschreitenden Wellen von Kap. 4, dagegen nicht von den rücklaufenden Wellen erfüllt.

Als weitere Bedingung kommt für die strenge Beugungslösung an unendlich gut leitenden unendlich dünnen Schirmen noch eine Kantenbedingung hinzu. In diesen Fällen werden nämlich die Feldstärken an der Kante unendlich. Da aber die Energie in jedem endlichen Volumen an der Kante endlich bleiben muß, dürfen die Feldstärken nicht stärker als mit $\varrho^{-1/2}$ gegen ∞ gehen, wenn ϱ der senkrechte Abstand von der Kante ist (Kantenbedingung). Durch Erfüllung dieser Bedingung wird die Lösung derartiger Felder erst eindeutig, vgl. z. B. die im Literaturverzeichnis angegebenen Arbeiten von BOUWKAMP und MEIXNER.

3. Wellengleichung und Hertzscher Vektor für zeitlich harmonische Vorgänge. Die komplexe Dielektrizitätskonstante und Wellenzahl.

Wir haben bisher stets mit einer beliebigen zeitlichen Änderung des Feldes gerechnet. Im allgemeinen interessieren nur eingeschwungene Zustände, so daß sämtliche zeitlichen Vorgänge nach harmonischen Funktionen verlaufen. Wir setzen demgemäß in komplexer Rechnung mit dem Zeitfaktor $e^{i\omega t}$ den Hertzschen Vektor

$$\boldsymbol{P}(x, y, z, t) = \mathrm{Re}\,[\boldsymbol{P}(x, y, z)\, e^{i\omega t}] \tag{12}$$

und entsprechend sämtliche zeitlich veränderlichen vektoriellen und skalaren Größen und verstehen von jetzt an unter dem Symbol der Größe, z. B. $\boldsymbol{P}$, stets die komplexe Amplitude, während wir den Augenblickswert durch $\boldsymbol{P}(t)$ kennzeichnen. Wir setzen also in Abkürzung von Gl. (12)

$$\boldsymbol{P}(t) = \mathrm{Re}\,[\boldsymbol{P}\, e^{i\omega t}]. \tag{12a}$$

Bei der Rechnung lassen wir dann, wie üblich, die Bezeichnung Re und den Zeitfaktor $e^{i\omega t}$ fort.

Für kompliziertere zeitliche Vorgänge ist für die zeitliche Abhängigkeit eine Fourier-Reihe bzw. ein Fourier-Integral zu nehmen, wodurch die komplexe Rechnung entsprechend (12) allgemeine Gültigkeit hat.

Führt man den Wert (12) in die Wellengleichung (1) ein, so erhält man für den nur vom Ort abhängigen Vektor $\boldsymbol{P}$ im stromlosen Außenraum die vereinfachte Wellengleichung

$$\Delta \boldsymbol{P} + k^2 \boldsymbol{P} = 0 \tag{13}$$

mit

$$k^2 = \omega^2 \varepsilon \mu. \tag{14}$$

Für den freien Raum wird

$$k_0^2 = \omega^2 \varepsilon_0 \mu_0 = \frac{\omega^2}{c^2} = \frac{4\pi^2}{\lambda^2}. \tag{14a}$$

Führt man den Wert (12) in die Wellengleichung (7) für leitende Räume ein, so erhält man dieselbe Wellengleichung (13), nur daß der Koeffizient von $\boldsymbol{P}$, also die Wellenzahl k, komplex wird, nämlich

$$k^2 = \omega^2 \varepsilon^r \mu - i\omega\sigma\mu = \omega^2 \varepsilon \mu, \tag{15}$$

wo ε^r die reelle Dielektrizitätskonstante und

$$\varepsilon = \varepsilon^r - i\varepsilon^i = \varepsilon^r + \frac{\sigma}{i\omega} \tag{16}$$

jetzt die komplexe Dielektrizitätskonstante ist.

Für harmonische Vorgänge hat sich mithin die Lösung des Feldes mit Wellengleichung wesentlich vereinfacht, indem für den nur noch vom Ort abhängigen Teil des Hertzschen Vektors in allen Räumen dieselbe Wellengleichung und damit dieselbe Lösung, nur mit anderen Konstanten, gilt.

Da mit der komplexen Dielektrizitätskonstanten (16) auch die Werte (5) für die elektrischen und magnetischen Feldstärken in komplexer Schreibung in die den Gl. (2.20) entsprechende Form

$$\boldsymbol{H} = \mathrm{i}\,\omega\,\varepsilon \operatorname{rot} \boldsymbol{P}, \qquad \boldsymbol{E} = k^2 \boldsymbol{P} + \operatorname{grad} \operatorname{div} \boldsymbol{P} \tag{17}$$

übergehen, gelten für die Feldstärken und ihre Komponenten auch die in Kap. 2.2 u. 2.3 für reelles ε abgeleiteten Gleichungen. Ebenso geht die Grenzbedingung (9) für die elektrischen Normalkomponenten in die einfache Form (9a), nur mit komplexer Dielektrizitätskonstante, über. Die MAXWELLschen Gleichungen selbst lauten für harmonische Vorgänge mit der komplexen Dielektrizitätskonstanten ε

$$\operatorname{rot} \boldsymbol{H} = \mathrm{i}\,\omega\,\varepsilon\,\boldsymbol{E}, \qquad \operatorname{rot} \boldsymbol{E} = -\mathrm{i}\,\omega\,\mu\,\boldsymbol{H}. \tag{18}$$

Sämtliche Gleichungen entsprechen also den normalen Gleichungen für reelles ε und $\sigma = 0$, nur daß ε komplex ist und die zeitliche Ableitung $\partial/\partial t$ durch $\mathrm{i}\,\omega$ zu ersetzen ist.

Wir werden im folgenden entsprechend unseren späteren Anwendungen die komplexe Darstellung bevorzugen. Man erhält aus den allgemeinen komplexen Gleichungen ohne weiteres die Gleichungen für beliebige zeitliche Vorgänge, wenn man 1. den nach Wiedereinführung des Zeitfaktors $e^{\mathrm{i}\,\omega t}$ vorhandenen Exponentialfaktor entsprechend den Gl. (12, 2.9 u. 2.9a) durch Einführen der Zeit t bzw. der retartierten Zeit $t - r/v$ ersetzt, und wenn man 2. bei den übrigen Faktoren nach den vorstehenden Ableitungen rückwärts

$$\begin{aligned} &\mathrm{i}\,\omega\,\mu \quad \text{durch} \quad \mu\frac{\partial}{\partial t}, \qquad \mathrm{i}\,\omega\,\varepsilon \quad \text{durch} \quad \sigma + \varepsilon^r\frac{\partial}{\partial t}, \\ &k^2 = -\mathrm{i}\,\omega\,\varepsilon\cdot\mathrm{i}\,\omega\,\mu \quad \text{durch} \quad -\left(\sigma + \varepsilon^r\frac{\partial}{\partial t}\right)\mu\frac{\partial}{\partial t} \end{aligned} \tag{19}$$

ersetzt, also z. B.

$$k^2\boldsymbol{P} \quad \text{durch} \quad -\left(\sigma + \varepsilon^r\frac{\partial}{\partial t}\right)\mu\frac{\partial \boldsymbol{P}}{\partial t} = -\sigma\,\mu\frac{\partial \boldsymbol{P}}{\partial t} - \varepsilon^r\,\mu\frac{\partial^2 \boldsymbol{P}}{\partial t^2}. \tag{19a}$$

Nach dieser Einführung der komplexen Rechnung setzen wir die in Abschn. 1 u. 2 begonnene Lösungsmethode fort.

4. Das magnetische Strahlungspotential und die allgemeine Lösung der MAXWELLschen Gleichungen für geradlinige Komponenten.

Die beiden MAXWELLschen Gleichungen stellen ein System partieller Differentialgleichungen für $\boldsymbol{H}$ und $\boldsymbol{E}$ dar. Eliminiert man eine Größe durch nochmalige Bildung des rot, so erhält man für $\boldsymbol{H}$ bzw. $\boldsymbol{E}$ eine partielle Differentialgleichung 2. Ordnung. Die allgemeine Lösung muß daher zwei willkürliche Funktionen enthalten. Wir haben bisher $\boldsymbol{H}$ und $\boldsymbol{E}$ durch den HERTZschen Vektor $\boldsymbol{P}$ ausgedrückt, dessen geradlinige Komponenten beliebige Lösungen der Wellengleichung sein können, und haben damit eine dieser Funktionen gefunden. Die vollkommene Symmetrie der MAXWELLschen Gleichungen, die besonders in der komplexen Form (18) deutlich hervortritt, legt es nun nahe, als 2. Lösung einen Vektor $\boldsymbol{Q}$ anzusetzen, bei dem gegenüber $\boldsymbol{P}$ die elektrischen und magnetischen Größen vertauscht sind. Wir kommen so zu dem schon in Kap. 1.4 behandelten FITZGERALDschen Vektor oder dem Vektor des magnetischen Strahlungspotentials. Der den Gl. (17) analoge Ansatz

$$\boldsymbol{E} = -\mathrm{i}\,\omega\,\mu \,\mathrm{rot}\, \boldsymbol{Q}, \qquad \boldsymbol{H} = k^2\, \boldsymbol{Q} + \mathrm{grad}\,\mathrm{div}\, \boldsymbol{Q} \tag{20}$$

erfüllt in der Tat die MAXWELLschen Gl. (18), wenn Q der Wellengleichung

$$\Delta \boldsymbol{Q} + k^2\, \boldsymbol{Q} = 0 \tag{21}$$

genügt, wie durch Einsetzen von (20) in (18) mit Berücksichtigung von (3) unmittelbar folgt.

Die allgemeine Lösung der MAXWELLschen Gleichungen ist daher als Summe beider Lösungen

$$\begin{aligned} \boldsymbol{H} &= \mathrm{i}\,\omega\,\varepsilon \,\mathrm{rot}\, \boldsymbol{P} + k^2\, \boldsymbol{Q} + \mathrm{grad}\,\mathrm{div}\, \boldsymbol{Q}, \\ \boldsymbol{E} &= -\mathrm{i}\,\omega\,\mu \,\mathrm{rot}\, \boldsymbol{Q} + k^2\, \boldsymbol{P} + \mathrm{grad}\,\mathrm{div}\, \boldsymbol{P}, \end{aligned} \tag{22}$$

wo $\boldsymbol{P}$ und $\boldsymbol{Q}$ beliebige Lösungen der Wellengleichung (13 bzw. 21) sind. Mit Benutzung der Wellengleichung und der Vektorbeziehung (3) kann man an Stelle von (22) auch schreiben

$$\begin{aligned} \boldsymbol{H} &= \mathrm{i}\,\omega\,\varepsilon \,\mathrm{rot}\, \boldsymbol{P} + \mathrm{rot}\,\mathrm{rot}\, \boldsymbol{Q}, \\ \boldsymbol{E} &= -\mathrm{i}\,\omega\,\mu \,\mathrm{rot}\, \boldsymbol{Q} + \mathrm{rot}\,\mathrm{rot}\, \boldsymbol{P}. \end{aligned} \tag{22a}$$

Die Gl. (22 u. 22a) gelten im Gegensatz zur Wellengleichung auch für krummlinige Komponenten; vgl. den nächsten Abschn. 5.

Für allgemeine zeitliche Vorgänge nehmen die Gl. (22) mit den Substitutionen (19) speziell für Vorgänge im leeren Raum $\sigma = 0$ die Form

$$\begin{aligned} \boldsymbol{H} &= \varepsilon^r \,\mathrm{rot}\, \frac{\partial \boldsymbol{P}}{\partial t} - \varepsilon^r \mu \frac{\partial_2 \boldsymbol{Q}}{\partial t^2} + \mathrm{grad}\,\mathrm{div}\, \boldsymbol{Q}, \\ \boldsymbol{E} &= -\mu \,\mathrm{rot}\, \frac{\partial \boldsymbol{Q}}{\partial t} - \varepsilon^r \mu \frac{\partial^2 \boldsymbol{P}}{\partial t^2} + \mathrm{grad}\,\mathrm{div}\, \boldsymbol{P} \end{aligned} \tag{22b}$$

an.

Wir werden in den späteren Anwendungen beide Lösungen $\boldsymbol{P}$ und $\boldsymbol{Q}$ benutzen müssen. Während der HERTZsche Vektor $\boldsymbol{P}$ wegen des Zusammenhanges (2.21) mit dem elektrischen Strom bei allen Feldern leiterförmiger Antennen auftritt, werden wir den magnetischen Strahlungsvektor $\boldsymbol{Q}$ vor allem für die H-Wellen in Hohlleitern gebrauchen.

5. Lösung der Maxwellschen Gleichungen für krummlinige Komponenten.

Durch die Benutzung der Vektorformel (3) gelten die Wellengleichungen (13 u. 21) nur für die geradlinigen Komponenten der Strahlungsvektoren, dann allerdings auch in krummlinigen Koordinaten, z. B. für die axialen Komponenten in Zylinderkoordinaten. Für krummlinige Komponenten, z. B. für die radiale Komponente in Zylinderkoordinaten oder für die krummlinigen Komponenten in Kugelkoordinaten, kann der Ansatz (22) beibehalten werden. Das Einsetzen in (18) liefert jetzt aber für $\boldsymbol{P}$ und $\boldsymbol{Q}$ nicht mehr die einfache Wellengleichung, sondern die allgemeinere Gleichung

$$\operatorname{grad}\operatorname{div}\boldsymbol{P} - \operatorname{rot}\operatorname{rot}\boldsymbol{P} + k^2\boldsymbol{P} = 0. \tag{23}$$

Auf Grund dieser Gleichung bleibt auch der Ansatz (22a) gültig.

Die Lösung von Gl. (23) ist wesentlich schwieriger als die der normalen Wellengleichung. Insbesondere liefert die Komponentendarstellung nach den Formeln in Abschn. 6 keine getrennten Gleichungen für die einzelnen Komponenten. Im allgemeinen empfiehlt es sich daher, bei krummlinigen Komponenten entweder direkt die Maxwellschen Gleichungen nach $\boldsymbol{E}$ und $\boldsymbol{H}$ aufzulösen oder den Ansatz (17) oder (22) etwas allgemeiner zu fassen, indem man den Skalar div $\boldsymbol{P}$ bzw. div $\boldsymbol{Q}$ durch einen allgemeineren Skalar U oder V ersetzt, dessen Zusammenhang mit $\boldsymbol{P}$ bzw. $\boldsymbol{Q}$ sich erst aus weiteren Grenzbedingungen ergibt.

Wir machen also bei krummlinigen Komponenten an Stelle von Gl. (17) den Ansatz

$$\boldsymbol{H} = \mathrm{i}\,\omega\varepsilon\operatorname{rot}\boldsymbol{P}, \qquad \boldsymbol{E} = k^2\boldsymbol{P} + \operatorname{grad}U. \tag{24}$$

Der Ansatz befriedigt die 2. Maxwellsche Gl. (18), während die 1. Gleichung für $\boldsymbol{P}$ und U die Bestimmungsgleichung

$$\operatorname{grad}U - \operatorname{rot}\operatorname{rot}\boldsymbol{P} + k^2\boldsymbol{P} = 0 \tag{25}$$

liefert. Der analoge Ansatz für den magnetischen Strahlungsvektor

$$\boldsymbol{E} = -\mathrm{i}\,\omega\mu\operatorname{rot}\boldsymbol{Q}, \qquad \boldsymbol{H} = k^2\boldsymbol{Q} + \operatorname{grad}V \tag{24a}$$

befriedigt die 1. Maxwellsche Gleichung, während aus der 2. die Bestimmungsgleichung

$$\operatorname{grad}V - \operatorname{rot}\operatorname{rot}\boldsymbol{Q} + k^2\boldsymbol{Q} = 0 \tag{25a}$$

folgt.

Der für die Lösung der Gl. (25 bzw. 25a) fehlende Zusammenhang zwischen $\boldsymbol{P}$ und U bzw. $\boldsymbol{Q}$ und V ergibt sich aus physikalischen Bedingungen, z. B. aus der Bedingung, daß bestimmte Komponenten 0 sein sollen. Wir werden die Lösung am besten an einem Beispiel, und zwar an dem praktisch wichtigen Fall der Lösung in Kugelkoordinaten zeigen.

Zu diesem Zweck müssen wir die erweiterte Wellengleichung (25 bzw. 25a) in Kugelkoordinaten anschreiben, und zwar für jede Komponente getrennt. Da derartige Koordinatendarstellungen bei der vorliegenden Lösungsmethode mit Wellengleichung stets wiederkehren, werden wir im nächsten Abschnitt zunächst die Ausdrücke für die verschiedenen Vektoroperationen in allgemeinen krummlinigen Koordinaten und daraus speziell in ebenen, Zylinder- und Kugelkoordinaten ableiten.

6. Vektorrechnung in krummlinigen Orthogonalkoordinaten.

a) Allgemeine krummlinige Koordinaten.

Es seien u, v, w die krummlinigen Orthogonalkoordinaten eines Raumpunktes, dessen rechtwinklige Koordinaten x, y, z sich aus u, v, w durch die Funktionen

$$x = x(u, v, w), \qquad y = y(u, v, w), \qquad z = z(u, v, w) \tag{26}$$

bestimmen. u, v, w mögen in dieser Reihenfolge ein Rechtssystem bilden.

Schreitet man in Richtung u um $\mathrm{d}u$ vorwärts, so ist die Bogenlänge dieses Stückes

$$\mathrm{d}s_u = \sqrt{\left(\frac{\partial x}{\partial u}\right)^2 + \left(\frac{\partial y}{\partial u}\right)^2 + \left(\frac{\partial z}{\partial u}\right)^2} \equiv U\,\mathrm{d}u. \tag{27}$$

Ebenso wird

$$\begin{aligned} \mathrm{d}s_v &= \sqrt{\left(\frac{\partial x}{\partial v}\right)^2 + \left(\frac{\partial y}{\partial v}\right)^2 + \left(\frac{\partial z}{\partial v}\right)^2} \equiv V\,\mathrm{d}v, \\ \mathrm{d}s_w &= \sqrt{\left(\frac{\partial x}{\partial w}\right)^2 + \left(\frac{\partial y}{\partial w}\right)^2 + \left(\frac{\partial z}{\partial w}\right)^2} \equiv W\,\mathrm{d}w. \end{aligned} \tag{27a}$$

Wir betrachten jetzt die Vektoroperationen in diesen krummlinigen Koordinaten.

Ist $\varphi = \varphi(u, v, w)$ eine skalare Ortsfunktion, so ist nach der Definition des Gradienten, wenn $\boldsymbol{i}, \boldsymbol{j}, \boldsymbol{k}$ die Einheitsvektoren in den 3 senkrechten Koordinatenrichtungen sind,

$$\begin{aligned} \operatorname{grad}\varphi &= \boldsymbol{i}\frac{\partial\varphi}{\partial s_u} + \boldsymbol{j}\frac{\partial\varphi}{\partial s_v} + \boldsymbol{k}\frac{\partial\varphi}{\partial s_w} \\ &= \boldsymbol{i}\frac{1}{U}\frac{\partial\varphi}{\partial u} + \boldsymbol{j}\frac{1}{V}\frac{\partial\varphi}{\partial v} + \boldsymbol{k}\frac{1}{W}\frac{\partial\varphi}{\partial w}. \end{aligned} \tag{28}$$

Ist ferner $\boldsymbol{v} = \boldsymbol{v}(u, v, w)$ ein Vektor mit den Komponenten v_u, v_v, v_w, so ist nach der Definition der Divergenz als Ausströmung aus einem Volumenelement für die w-Komponente nach Bild 3.3a

$$\begin{aligned} \operatorname{div}\boldsymbol{v}_w &= \frac{1}{\mathrm{d}\tau}\iint v_w\,\mathrm{d}f_w = \frac{1}{U\,V\,W\,\mathrm{d}u\,\mathrm{d}v\,\mathrm{d}w}\Big[(v_w\,\mathrm{d}s_u\,\mathrm{d}s_v)_{w+\mathrm{d}w} \\ &\quad - (v_w\,\mathrm{d}s_u\,\mathrm{d}s_v)_w\Big] = \frac{1}{U\,V\,W}\,\frac{\partial(v_w\,U\,V)}{\partial w}. \end{aligned} \tag{29}$$

Mithin wird insgesamt

$$\operatorname{div} \boldsymbol{v} = \frac{1}{U V W}\left[\frac{\partial(v_u V W)}{\partial u} + \frac{\partial(v_v W U)}{\partial v} + \frac{\partial(v_w U V)}{\partial w}\right]. \tag{30}$$

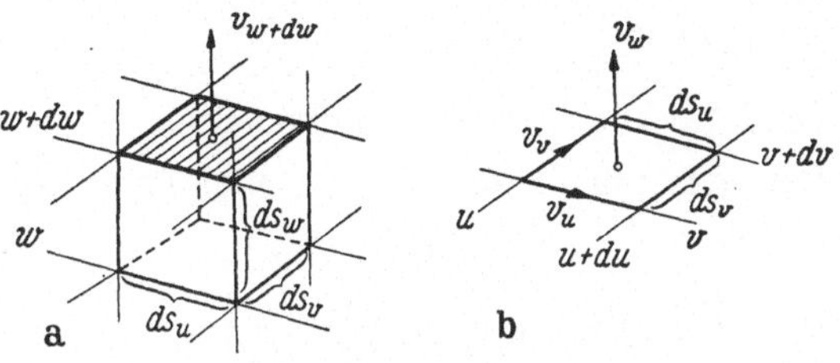

Bild 3.3. Zur Ableitung von Divergenz und Rotor in rechtwinklig krummlinigen Koordinaten.

Ebenso wird nach der Definition des Rotors als Umlaufsintegral um ein Flächenelement für die w-Komponente nach Bild 3.3b

$$\operatorname{rot}_w \boldsymbol{v} = \frac{1}{\mathrm{d} f_w} \oint \boldsymbol{v}\, \mathbf{d}\boldsymbol{s}$$

$$= \frac{1}{U V \,\mathrm{d}u\, \mathrm{d}v}\left[(v_v\, \mathrm{d}s_v)_{u+\mathrm{d}u} - (v_v\, \mathrm{d}s_v)_u - (v_u\, \mathrm{d}s_u)_{v+\mathrm{d}v} + (v_u\, \mathrm{d}s_u)_v\right] \tag{31}$$

$$= \frac{1}{U V}\left[\frac{\partial(v_v V)}{\partial u} - \frac{\partial(v_u U)}{\partial v}\right]$$

und ebenso durch zyklische Vertauschung

$$\begin{aligned} \operatorname{rot}_u \boldsymbol{v} &= \frac{1}{V W}\left[\frac{\partial(v_w W)}{\partial v} - \frac{\partial(v_v V)}{\partial w}\right], \\ \operatorname{rot}_v \boldsymbol{v} &= \frac{1}{W U}\left[\frac{\partial(v_u U)}{\partial w} - \frac{\partial(v_w W)}{\partial u}\right]. \end{aligned} \tag{31a}$$

Nach diesen Formeln erhält man die Komponentendarstellung der Maxwellschen Gl. (18) in beliebigen krummlinigen Orthogonalkoordinaten sofort zu

$$\begin{aligned} \frac{1}{U V}\left[\frac{\partial(H_v V)}{\partial u} - \frac{\partial(H_u U)}{\partial v}\right] &= \mathrm{i}\,\omega\,\varepsilon\, E_w, \\ \frac{1}{V W}\left[\frac{\partial(H_w W)}{\partial v} - \frac{\partial(H_v V)}{\partial w}\right] &= \mathrm{i}\,\omega\,\varepsilon\, E_u, \\ \frac{1}{W U}\left[\frac{\partial(H_u U)}{\partial w} - \frac{\partial(H_w W)}{\partial u}\right] &= \mathrm{i}\,\omega\,\varepsilon\, E_v \end{aligned} \tag{32}$$

und

$$\begin{aligned} \frac{1}{U V}\left[\frac{\partial(E_v V)}{\partial u} - \frac{\partial(E_u U)}{\partial v}\right] &= -\mathrm{i}\,\omega\,\mu\, H_w, \\ \frac{1}{V W}\left[\frac{\partial(E_w W)}{\partial v} - \frac{\partial(E_v V)}{\partial w}\right] &= -\mathrm{i}\,\omega\,\mu\, H_u, \\ \frac{1}{W U}\left[\frac{\partial(E_u U)}{\partial w} - \frac{\partial(E_w W)}{\partial u}\right] &= -\mathrm{i}\,\omega\,\mu\, H_v, \end{aligned} \tag{32a}$$

sowie die Komponentendarstellung der Feldstärken (22) zu

$$\begin{aligned} H_u = \mathrm{i}\,\omega\,\varepsilon \frac{1}{V W}\left[\frac{\partial (P_w W)}{\partial v} - \frac{\partial (P_v V)}{\partial w}\right] + k^2 Q_u \\ + \frac{1}{U}\frac{\partial}{\partial u}\left[\frac{1}{U V W}\left\{\frac{\partial (Q_u V W)}{\partial u} + \frac{\partial (Q_v W U)}{\partial v} + \frac{\partial (Q_w U V)}{\partial w}\right\}\right] \end{aligned} \tag{33}$$

und entsprechend für die übrigen Komponenten.

Aus den Formeln (30 u. 28) für div und grad folgt unmittelbar für einen Skalar φ

$$\begin{aligned} &\operatorname{div}\operatorname{grad}\varphi = \Delta\,\varphi \\ &= \frac{1}{U V W}\left[\frac{\partial}{\partial u}\left(\frac{V W}{U}\frac{\partial \varphi}{\partial u}\right) + \frac{\partial}{\partial v}\left(\frac{W U}{V}\frac{\partial \varphi}{\partial v}\right) + \frac{\partial}{\partial w}\left(\frac{U V}{W}\frac{\partial \varphi}{\partial w}\right)\right] \end{aligned} \tag{34}$$

und mithin die normale Wellengleichung in beliebigen krummlinigen Orthogonalkoordinaten

$$\begin{aligned} \Delta\varphi + k^2\varphi = \frac{1}{U V W}\left[\frac{\partial}{\partial u}\left(\frac{V W}{U}\frac{\partial \varphi}{\partial u}\right) + \frac{\partial}{\partial v}\left(\frac{W U}{V}\frac{\partial \varphi}{\partial v}\right)\right. \\ \left. + \frac{\partial}{\partial w}\left(\frac{U V}{W}\frac{\partial \varphi}{\partial w}\right)\right] + k^2\varphi = 0\,. \end{aligned} \tag{35}$$

Für die in der allgemeineren Wellengleichung (23) auftretenden Werte $\operatorname{rot}\operatorname{rot}\boldsymbol{v}$ und $\operatorname{grad}\operatorname{div}\boldsymbol{v}$ erhält man nach den obigen Gleichungen z. B. für die w-Komponente

$$\begin{aligned} \operatorname{rot}_w \operatorname{rot}\boldsymbol{v} &= \frac{1}{U V}\left[\frac{\partial}{\partial u}(\operatorname{rot}_v \boldsymbol{v}\, V) - \frac{\partial}{\partial v}(\operatorname{rot}_u \boldsymbol{v}\, U)\right] \\ &= \frac{1}{U V}\left[\frac{\partial}{\partial u}\left\{\frac{V}{W U}\left\{\frac{\partial (v_u U)}{\partial w} - \frac{\partial (v_w W)}{\partial u}\right\}\right\}\right. \\ &\quad \left. - \frac{\partial}{\partial v}\left\{\frac{U}{V W}\left\{\frac{\partial (v_w W)}{\partial v} - \frac{\partial (v_v V)}{\partial w}\right\}\right\}\right] \end{aligned} \tag{36}$$

und

$$\begin{aligned} &\operatorname{grad}_w \operatorname{div}\boldsymbol{v} = \frac{1}{W}\frac{\partial}{\partial w}(\operatorname{div}\boldsymbol{v}) \\ &= \frac{1}{W}\frac{\partial}{\partial w}\left[\frac{1}{U V W}\left\{\frac{\partial (v_u V W)}{\partial u} + \frac{\partial (v_v W U)}{\partial v} + \frac{\partial (v_w U V)}{\partial w}\right\}\right]. \end{aligned} \tag{37}$$

Die übrigen Komponenten folgen durch zyklische Vertauschung.

Durch Differenzbildung $\operatorname{grad}_w \operatorname{div}\boldsymbol{v} - \operatorname{rot}_w \operatorname{rot}\boldsymbol{v}$ erhält man die w-Komponente des Vektors $\operatorname{grad}\operatorname{div}\boldsymbol{v} - \operatorname{rot}\operatorname{rot}\boldsymbol{v}$. Für den Fall rechtwinkliger Koordinaten x, y, z mit $U = V = W = 1$ wird

$$\operatorname{grad}_z \operatorname{div}\boldsymbol{v} - \operatorname{rot}_z \operatorname{rot}\boldsymbol{v} = \frac{\partial^2 v_z}{\partial x^2} + \frac{\partial^2 v_z}{\partial y^2} + \frac{\partial^2 v_z}{\partial z^2} = \Delta\, v_z \tag{38}$$

und dasselbe für die übrigen Komponenten, so daß für rechtwinklige Komponenten allgemein die mehrfach benutzte Vektorbeziehung

$$\operatorname{rot}\operatorname{rot}\boldsymbol{v} = \operatorname{grad}\operatorname{div}\boldsymbol{v} - \Delta\boldsymbol{v} \tag{39}$$

abgeleitet ist. Ersichtlich gilt die Gleichung nicht mehr für krummlinige Komponenten, wohl aber für eine geradlinige Komponente in krummlinigen Koordinaten. Ist nämlich eine Koordinate geradlinig, z. B. $w = z$, so gibt die Differenz von (36 u. 37) wegen $W = 1$ und U und V unabhängig von $w = z$ tatsächlich denselben Wert, den (34) für diesen Fall ergibt, nämlich

$$\begin{aligned} &\operatorname{grad}_z \operatorname{div} \boldsymbol{v} - \operatorname{rot}_z \operatorname{rot} \boldsymbol{v} \\ &= \frac{1}{UV}\left[\frac{\partial}{\partial u}\left(\frac{V}{U}\frac{\partial v_z}{\partial u}\right) + \frac{\partial}{\partial v}\left(\frac{U}{V}\frac{\partial v_z}{\partial v}\right)\right] + \frac{\partial^2 v_z}{\partial z^2} = \Delta v_z. \end{aligned} \tag{40}$$

b) Spezielle Koordinaten.

Wir spezialisieren die oben für allgemeine krummlinige Koordinaten abgeleiteten Ausdrücke für die 3 wichtigsten Fälle der ebenen, Zylinder- und Kugelkoordinaten.

α) **Ebene Koordinaten.** Für die ebenen Koordinaten x, y, z wird $U = V = W = 1$. Mithin wird nach den abgeleiteten Gleichungen

$$\begin{aligned} \operatorname{grad} \varphi &= \boldsymbol{i}\frac{\partial \varphi}{\partial x} + \boldsymbol{j}\frac{\partial \varphi}{\partial y} + \boldsymbol{k}\frac{\partial \varphi}{\partial z}, \\ \operatorname{div} \boldsymbol{v} &= \frac{\partial v_x}{\partial x} + \frac{\partial v_y}{\partial y} + \frac{\partial v_z}{\partial z}, \\ \operatorname{rot} \boldsymbol{v} &= \boldsymbol{i}\left(\frac{\partial v_z}{\partial y} - \frac{\partial v_y}{\partial z}\right) + \boldsymbol{j}\left(\frac{\partial v_x}{\partial z} - \frac{\partial v_z}{\partial x}\right) + \boldsymbol{k}\left(\frac{\partial v_y}{\partial x} - \frac{\partial v_x}{\partial y}\right). \end{aligned} \tag{41}$$

Die letzte Gleichung läßt sich symbolisch in Determinantenform schreiben als

$$\operatorname{rot} \boldsymbol{v} = \begin{vmatrix} \boldsymbol{i} & \boldsymbol{j} & \boldsymbol{k} \\ \frac{\partial}{\partial x} & \frac{\partial}{\partial y} & \frac{\partial}{\partial z} \\ v_x & v_y & v_z \end{vmatrix}. \tag{41a}$$

Der Operator $\Delta \varphi$ wird in rechtwinkligen Koordinaten

$$\Delta \varphi = \frac{\partial^2 \varphi}{\partial x^2} + \frac{\partial^2 \varphi}{\partial y^2} + \frac{\partial^2 \varphi}{\partial z^2} \tag{42}$$

und mithin die Wellengleichung

$$\Delta \varphi + k^2 \varphi = \frac{\partial^2 \varphi}{\partial x^2} + \frac{\partial^2 \varphi}{\partial y^2} + \frac{\partial^2 \varphi}{\partial z^2} + k^2 \varphi = 0. \tag{43}$$

β) **Zylinderkoordinaten.** Für die Zylinderkoordinaten ϱ, ψ, z ist

$$x = \varrho \cos\psi, \qquad y = \varrho \sin\psi, \qquad z = z. \tag{44}$$

Mithin wird, wenn wir ϱ mit u, ψ mit v und z mit w identifizieren,

$$U = 1, \qquad V = \varrho, \qquad W = 1 \tag{45}$$

und daraus nach den allgemeinen Gleichungen von Abschnitt a

$$\begin{aligned}
&\operatorname{grad}_\varrho \varphi = \frac{\partial \varphi}{\partial \varrho}, \quad \operatorname{grad}_\psi \varphi = \frac{1}{\varrho}\frac{\partial \varphi}{\partial \psi}, \quad \operatorname{grad}_z \varphi = \frac{\partial \varphi}{\partial z};\\
&\operatorname{div} \boldsymbol{v} = \frac{1}{\varrho}\left[\frac{\partial(\varrho v_\varrho)}{\partial \varrho} + \frac{\partial v_\psi}{\partial \psi} + \frac{\partial(\varrho v_z)}{\partial z}\right] = \frac{1}{\varrho}\frac{\partial(\varrho v_\varrho)}{\partial \varrho} + \frac{1}{\varrho}\frac{\partial v_\psi}{\partial \psi} + \frac{\partial v_z}{\partial z},\\
&\operatorname{rot}_\varrho \boldsymbol{v} = \frac{1}{\varrho}\frac{\partial v_z}{\partial \psi} - \frac{\partial v_\psi}{\partial z}, \qquad \operatorname{rot}_\psi \boldsymbol{v} = \frac{\partial v_\varrho}{\partial z} - \frac{\partial v_z}{\partial \varrho},\\
&\qquad \operatorname{rot}_z \boldsymbol{v} = \frac{1}{\varrho}\left[\frac{\partial(\varrho v_\psi)}{\partial \varrho} - \frac{\partial v_\varrho}{\partial \psi}\right],
\end{aligned} \tag{46}$$

sowie

$$\begin{aligned}
\Delta \varphi &= \frac{1}{\varrho}\frac{\partial}{\partial \varrho}\left(\varrho \frac{\partial \varphi}{\partial \varrho}\right) + \frac{1}{\varrho^2}\frac{\partial^2 \varphi}{\partial \psi^2} + \frac{\partial^2 \varphi}{\partial z^2}\\
&= \frac{\partial^2 \varphi}{\partial \varrho^2} + \frac{1}{\varrho}\frac{\partial \varphi}{\partial \varrho} + \frac{1}{\varrho^2}\frac{\partial^2 \varphi}{\partial \psi^2} + \frac{\partial^2 \varphi}{\partial z^2}
\end{aligned} \tag{47}$$

und mithin die Wellengleichung

$$\Delta \varphi + k^2 \varphi = \frac{\partial^2 \varphi}{\partial \varrho^2} + \frac{1}{\varrho}\frac{\partial \varphi}{\partial \varrho} + \frac{1}{\varrho^2}\frac{\partial^2 \varphi}{\partial \psi^2} + \frac{\partial^2 \varphi}{\partial z^2} + k^2 \varphi = 0. \tag{47a}$$

γ) **Kugelkoordinaten.** Für die Kugelkoordinaten r, ϑ, ψ ist

$$x = r \sin\vartheta \cos\psi, \qquad y = r \sin\vartheta \sin\psi, \qquad z = r\cos\vartheta. \tag{48}$$

Identifizieren wir wieder r mit u, ϑ mit v und ψ mit w, so wird

$$\begin{aligned}
U &= \sqrt{\sin^2\vartheta\cos^2\psi + \sin^2\vartheta\sin^2\psi + \cos^2\vartheta} = 1,\\
V &= \sqrt{r^2\cos^2\vartheta\cos^2\psi + r^2\cos^2\vartheta\sin^2\psi + r^2\sin^2\vartheta} = r,\\
W &= \sqrt{r^2\sin^2\vartheta\sin^2\psi + r^2\sin^2\vartheta\cos^2\psi} = r\sin\vartheta
\end{aligned} \tag{49}$$

und mithin nach den allgemeinen Gleichungen von Abschnitt a

$$\begin{aligned}
&\operatorname{grad}_r \varphi = \frac{\partial \varphi}{\partial r}, \quad \operatorname{grad}_\vartheta \varphi = \frac{1}{r}\frac{\partial \varphi}{\partial \vartheta}, \quad \operatorname{grad}_\psi \varphi = \frac{1}{r\sin\vartheta}\frac{\partial \varphi}{\partial \psi},\\
&\operatorname{div} \boldsymbol{v} = \frac{1}{r^2\sin\vartheta}\left[\frac{\partial}{\partial r}(r^2\sin\vartheta\, v_r) + \frac{\partial}{\partial \vartheta}(r\sin\vartheta\, v_\vartheta) + \frac{\partial}{\partial \psi}(r\, v_\psi)\right]\\
&\qquad = \frac{1}{r^2}\frac{\partial}{\partial r}(r^2 v_r) + \frac{1}{r\sin\vartheta}\frac{\partial}{\partial \vartheta}(\sin\vartheta\, v_\vartheta) + \frac{1}{r\sin\vartheta}\frac{\partial v_\psi}{\partial \psi},\\
&\operatorname{rot}_r \boldsymbol{v} = \frac{1}{r^2\sin\vartheta}\left[\frac{\partial}{\partial \vartheta}(r\sin\vartheta\, v_\psi) - \frac{\partial}{\partial \psi}(r\, v_\vartheta)\right]\\
&\qquad = \frac{1}{r\sin\vartheta}\left[\frac{\partial}{\partial \vartheta}(\sin\vartheta\, v_\psi) - \frac{\partial v_\vartheta}{\partial \psi}\right],\\
&\operatorname{rot}_\vartheta \boldsymbol{v} = \frac{1}{r\sin\vartheta}\frac{\partial v_r}{\partial \psi} - \frac{1}{r}\frac{\partial}{\partial r}(r\, v_\psi), \quad \operatorname{rot}_\psi \boldsymbol{v} = \frac{1}{r}\left[\frac{\partial}{\partial r}(r\, v_\vartheta) - \frac{\partial v_r}{\partial \vartheta}\right]
\end{aligned} \tag{50}$$

und

$$\Delta \varphi = \frac{1}{r^2}\frac{\partial}{\partial r}\left(r^2\frac{\partial \varphi}{\partial r}\right) + \frac{1}{r^2\sin\vartheta}\frac{\partial}{\partial \vartheta}\left(\sin\vartheta\frac{\partial \varphi}{\partial \vartheta}\right) + \frac{1}{r^2\sin^2\vartheta}\frac{\partial^2 \varphi}{\partial \psi^2}. \tag{51}$$

Für das 1. Glied der rechten Seite kann auch $\frac{1}{r}\frac{\partial^2}{\partial r^2}(r\varphi)$ geschrieben werden, was mit dem obigen Ausdruck identisch ist, da beide Ausdrücke aufgelöst den Wert $\frac{\partial^2\varphi}{\partial r^2}+\frac{2}{r}\frac{\partial\varphi}{\partial r}$ ergeben.

c) Umrechnung von Vektoren.

Für die Umwandlung der rechtwinklig geradlinigen Komponenten A_x, A_y, A_z eines Vektors in die krummlinigen Komponenten A_u, A_v, A_w gelten, wie durch einfaches Projizieren auf die neuen Koordinaten folgt, die Beziehungen

$$\begin{aligned} A_u &= A_x\cos(x\,u) + A_y\cos(y\,u) + A_z\cos(z\,u) \\ &= A_x\frac{\partial x}{\partial s_u} + A_y\frac{\partial y}{\partial s_u} + A_z\frac{\partial z}{\partial s_u} \end{aligned} \tag{52}$$

usw., also mit (27 u. 27a)

und ebenso

$$\begin{aligned} A_u &= \frac{1}{U}\left[A_x\frac{\partial x}{\partial u} + A_y\frac{\partial y}{\partial u} + A_z\frac{\partial z}{\partial u}\right] \\ A_v &= \frac{1}{V}\left[A_x\frac{\partial x}{\partial v} + A_y\frac{\partial y}{\partial v} + A_z\frac{\partial z}{\partial v}\right], \\ A_w &= \frac{1}{W}\left[A_x\frac{\partial x}{\partial w} + A_y\frac{\partial y}{\partial w} + A_z\frac{\partial z}{\partial w}\right]. \end{aligned} \tag{53}$$

In Zylinderkoordinaten wird daher mit (44 u. 45)

$$A_\varrho = A_x\cos\psi + A_y\sin\psi,\quad A_\psi = -A_x\sin\psi + A_y\cos\psi,\quad A_w = A_z. \tag{54}$$

In Kugelkoordinaten wird mit (48 u. 49)

$$\begin{aligned} A_r &= A_x\sin\vartheta\cos\psi + A_y\sin\vartheta\sin\psi + A_z\cos\vartheta, \\ A_\vartheta &= A_x\cos\vartheta\cos\psi + A_y\cos\vartheta\sin\psi - A_z\sin\vartheta, \\ A_\psi &= -A_x\sin\psi + A_y\cos\psi. \end{aligned} \tag{55}$$

Für die umgekehrte Umwandlung der krummlinigen auf geradlinige Komponenten gelten entsprechende Gleichungen, die man durch einfache Auflösung der Gl. (54 bzw. 55) erhält.

7. Lösung der MAXWELLschen Gleichungen in Kugelkoordinaten.

Wir wollen jetzt die in Abschn. 5 angegebene Lösung der MAXWELLschen Gleichungen in Kugelkoordinaten durchführen. Wir suchen eine Lösung der verallgemeinerten Wellengleichung (23) in Kugelkoordinaten r, ϑ, ψ, bei der der HERTZsche Vektor nur eine r-Komponente P_r hat. P_r und das noch zu bestimmende Potential U habe der Wellengleichung (25)

$$\operatorname{grad} U - \operatorname{rot}\operatorname{rot}\boldsymbol{P}_r + k^2\boldsymbol{P}_r = 0 \tag{56}$$

zu genügen. Diese Gleichung muß für alle 3 Komponenten erfüllt sein. Die Zerlegung ergibt nach den abgeleiteten Formeln (50) für Kugelkoordinaten

für die r-Komponente

$$\frac{\partial U}{\partial r} + \frac{1}{r^2 \sin\vartheta}\frac{\partial}{\partial\vartheta}\left(\sin\vartheta\frac{\partial P_r}{\partial\vartheta}\right) + \frac{1}{r^2\sin^2\vartheta}\frac{\partial^2 P_r}{\partial\psi^2} + k^2 P_r = 0, \quad (57)$$

für die ϑ-Komponente

$$\frac{1}{r}\frac{\partial U}{\partial\vartheta} - \frac{1}{r}\frac{\partial^2 P_r}{\partial r\,\partial\vartheta} = 0 \quad (57\,\mathrm{a})$$

und für die ψ-Komponente

$$\frac{1}{r\sin\vartheta}\frac{\partial U}{\partial\psi} - \frac{1}{r\sin\vartheta}\frac{\partial^2 P_r}{\partial r\,\partial\psi} = 0. \quad (57\,\mathrm{b})$$

Die beiden letzten Gleichungen sind erfüllt für

$$U = \frac{\partial P_r}{\partial r}. \quad (58)$$

Die 1. Gleichung liefert dann die Differentialgleichung für P_r. Setzt man unter Einführung eines neuen Potentials w

$$P_r = r w, \quad (59)$$

so geht die 1. Gl. (57) nach Division durch r und Berücksichtigung von

$$\begin{aligned}\frac{1}{r}\frac{\partial U}{\partial r} &= \frac{1}{r}\frac{\partial^2(r w)}{\partial r^2} = \frac{1}{r}\frac{\partial}{\partial r}\left(w + r\frac{\partial w}{\partial r}\right)\\ &= \frac{\partial^2 w}{\partial r^2} + \frac{2}{r}\frac{\partial w}{\partial r} = \frac{1}{r^2}\frac{\partial}{\partial r}\left(r^2\frac{\partial w}{\partial r}\right)\end{aligned} \quad (60)$$

über in

$$\begin{aligned}\frac{1}{r^2}\frac{\partial}{\partial r}\left(r^2\frac{\partial w}{\partial r}\right) + \frac{1}{r^2\sin\vartheta}\frac{\partial}{\partial\vartheta}\left(\sin\vartheta\frac{\partial w}{\partial\vartheta}\right) + \frac{1}{r^2\sin^2\vartheta}\frac{\partial^2 w}{\partial\psi^2}\\ + k^2 w = \Delta w + k^2 w = 0,\end{aligned} \quad (61)$$

wobei die letzte Umformung aus Gl. (51) folgt. Das Potential w ist also eine Lösung der normalen Wellengleichung. Aus der Lösung w, die in den späteren Anwendungen praktisch durchgeführt wird, errechnen sich dann nach Gl. (24) die magnetischen und elektrischen Feldstärken zu

$$\boldsymbol{H} = \mathrm{i}\,\omega\,\varepsilon\,\mathrm{rot}\,\boldsymbol{P}_r, \qquad \boldsymbol{E} = k^2\boldsymbol{P}_r + \mathrm{grad}\,U, \quad (62)$$

also in Komponenten mit (58 u. 59) und den Komponentendarstellungen (50)

$$\begin{aligned}E_r &= k^2 P_r + \frac{\partial U}{\partial r} = k^2 r w + \frac{\partial^2(r w)}{\partial r^2}, \qquad E_\vartheta = \frac{1}{r}\frac{\partial U}{\partial\vartheta} = \frac{1}{r}\frac{\partial^2(r w)}{\partial r\,\partial\vartheta},\\ E_\psi &= \frac{1}{r\sin\vartheta}\frac{\partial U}{\partial\psi} = \frac{1}{r\sin\vartheta}\frac{\partial^2(r w)}{\partial r\,\partial\psi}\end{aligned} \quad (63)$$

und

$$H_r = 0, \qquad H_\vartheta = \mathrm{i}\,\omega\,\varepsilon\frac{1}{\sin\vartheta}\frac{\partial w}{\partial\psi}, \qquad H_\psi = -\mathrm{i}\,\omega\,\varepsilon\frac{\partial w}{\partial\vartheta}. \quad (63\,\mathrm{a})$$

Der Ansatz der reinen r-Komponente P_r liefert hiernach ein Feld mit $H_r = 0$. Der Ansatz kann zu einem allgemeinen Ansatz ergänzt werden durch ein analoges Feld mit dem magnetischen Vektor Q_r. Da sämtliche Ableitungen unverändert bleiben, ergibt sich als Lösung ein Potential w', das eine beliebige Lösung der Wellengleichung $\Delta w' + k^2 w' = 0$ ist und aus dem sich der Strahlungsvektor $Q_r = r w'$ und die Feldstärken nach Gl. (24a) zu

$$\begin{aligned} E_r &= 0, & E_\vartheta &= -\mathrm{i}\,\omega\,\mu \frac{1}{\sin\vartheta}\frac{\partial w'}{\partial\psi}, & E_\psi &= \mathrm{i}\,\omega\,\mu \frac{\partial w'}{\partial\vartheta}, \\ H_r &= k^2 r w' + \frac{\partial^2(r w')}{\partial r^2}, & H_\vartheta &= \frac{1}{r}\frac{\partial^2(r w')}{\partial r\,\partial\vartheta}, & H_\psi &= \frac{1}{r\sin\vartheta}\frac{(\partial^2 r w')}{\partial r\,\partial\psi} \end{aligned} \tag{64}$$

ergeben. Wir haben damit als Beispiel für die Lösung der MAXWELLschen Gleichungen in krummlinigen Koordinaten die allgemeine Lösung in Kugelkoordinaten abgeleitet. Die wirkliche Durchführung der Lösung mit Integration der Differentialgleichungen für w und w' bis zur zahlenmäßigen Auswertung des Feldes erfolgt später bei der Beugung um die Erde, vgl. Kap. 27.

8. Direkte Lösung der MAXWELLschen Gleichungen.

Wir hatten bisher in einheitlicher Weiterführung der Lösung aus bekannter Strom- und Ladungsverteilung auch bei der Lösung des Feldes mit Wellengleichung die MAXWELLschen Gleichungen mit Hilfe des elektrischen und magnetischen Strahlungspotentials gelöst und hatten gefunden, daß das Strahlungsfeld durch 2 Vektoren gegeben ist, deren geradlinige Komponenten die normale Wellengleichung erfüllen und aus denen sich durch einfache Differentiationen sämtliche Feldstärken ergeben. Man könnte nun bei der Lösung des Feldes aus Randbedingungen daran denken, die MAXWELLschen Gleichungen in den einzelnen Medien direkt zu lösen. Zur Erzielung der Vollständigkeit der Lösungsmethoden wollen wir diese direkte Lösung im folgenden näher betrachten.

Eliminiert man aus den beiden MAXWELLschen Gl. (18) $\boldsymbol{H}$ bzw. $\boldsymbol{E}$ durch nochmalige Bildung des Rotors und Ersatz der rechten Seite durch die zeitliche Ableitung der 2. Gleichung, so erhält man für $\boldsymbol{H}$ und $\boldsymbol{E}$ die beiden Differentialgleichungen

$$\operatorname{rot}\operatorname{rot}\boldsymbol{H} = k^2\boldsymbol{H}, \qquad \operatorname{rot}\operatorname{rot}\boldsymbol{E} = k^2\boldsymbol{E}. \tag{65}$$

Für die geradlinigen Komponenten der Feldstärken wird daher nach Gl. (3)

$$\operatorname{grad}\operatorname{div}\boldsymbol{H} - \Delta\boldsymbol{H} = k^2\boldsymbol{H}, \qquad \operatorname{grad}\operatorname{div}\boldsymbol{E} - \Delta\boldsymbol{E} = k^2\boldsymbol{E} \tag{66}$$

oder wegen $\operatorname{div}\boldsymbol{H} = \operatorname{div}\boldsymbol{E} = 0$

$$\Delta\boldsymbol{H} + k^2\boldsymbol{H} = 0, \qquad \Delta\boldsymbol{E} + k^2\boldsymbol{E} = 0. \tag{67}$$

Die geradlinigen Komponenten der Feldstärken erfüllen also die normale Wellengleichung ebenso wie die geradlinigen Komponenten der Strahlungspotentiale. Während aber je 3 beliebige Lösungen der Wellengleichung 2 Vektoren $\boldsymbol{P}$ und $\boldsymbol{Q}$ geben, die nach (22) durch reine Differentiation 2 die MAXWELLschen Gleichungen befriedigende Werte $\boldsymbol{E}$ und $\boldsymbol{H}$ und damit eine mögliche Lösung des Strahlungsfeldes liefern, können von den 6 Feldstärkenkomponenten nur 2 als willkürliche Lösungen der Wellengleichung (67) gewählt werden, während sich die übrigen 4 dann aus den MAXWELLschen Gleichungen ergeben, da diese durch je 2 Komponenten eine 3. festlegen; vgl. die Komponentenformeln (32 u. 32a). Die Auflösung nach diesen 4 Komponenten enthält Integrale, ist daher komplizierter als die Ableitung der Feldstärken aus dem Strahlungspotential. Da außerdem in fast allen praktischen Anwendungen wegen des Zusammenhangs des HERTZschen Vektors mit dem Strom das Feld durch eine Komponente des Strahlungspotentials gegeben ist, bietet die direkte Lösung der MAXWELLschen Gleichungen bei geradlinigen Komponenten keinen Vorteil, so daß wir sie im folgenden nicht benutzen werden.

Bei krummlinigen Komponenten gilt Gl. (65). Die Gleichung ist ebenso wie bei den krummlinigen Komponenten der Strahlungspotentiale wesentlich komplizierter als die normale Wellengleichung. Insbesondere liefert die Komponentendarstellung der Gl. (65) nach den Werten von Abschn. 6 im allgemeinen keine Gleichung für eine Feldstärkenkomponente allein, vielmehr ergeben sich für $\boldsymbol{H}$ und $\boldsymbol{E}$ je 3 Gleichungen mit den zugehörigen 3 $\boldsymbol{H}$- bzw. $\boldsymbol{E}$-Komponenten. Durch Eliminieren von 2 Komponenten würde man prinzipiell eine Gleichung für die 3. Komponente erhalten, aus deren Lösung sich die beiden anderen Komponenten aus den Eliminationsgleichungen zwangsläufig ergeben. Die wirkliche Auflösung nach einer Komponente ist jedoch wegen der Abhängigkeit der Linienelemente von den Koordinaten nur in Spezialfällen möglich. Zum Beispiel ergibt bei rotationssymmetrischen Feldern, bei denen die Ableitungen nach dem Rotationswinkel $w = \psi$ fortfallen, die w-Komponente von Gl. (65) nach Gl. (36) eine nur die Komponente H_w bzw. E_w enthaltende Gleichung

$$\frac{1}{UV}\left[\frac{\partial}{\partial u}\left\{\frac{V}{WU}\,\frac{\partial(H_w W)}{\partial u}\right\} + \frac{\partial}{\partial v}\left\{\frac{U}{VW}\,\frac{\partial(H_w W)}{\partial v}\right\}\right] + k^2 H_w = 0\,. \qquad (68)$$

Aus den Lösungen H_w bzw. E_w dieser Gleichung ergeben sich dann die übrigen Komponenten aus den beiden anderen Komponentengleichungen von Gl. (65) oder aus den Komponentendarstellungen (32 u. 32a) der MAXWELLschen Gleichungen. Als durchgeführtes Beispiel sei auf die Berechnung der rotationselliptischen Antennen in Kap. 16 verwiesen.

4. Kapitel.

Die Hauptlösungen der Wellengleichung.

1. Ebene Welle in homogenen Medien.

a) Ebene Welle in x-Richtung.

Nachdem wir in Kap. 3 die allgemeine Lösungsmethode abgeleitet haben, wollen wir in diesem Kapitel die bei der Auflösung der Wellengleichung in den wichtigsten Koordinatensystemen auftretenden allgemeinen Lösungen oder Wellenformen näher betrachten. Hier ergibt sich zunächst als wichtigste Lösung wegen ihrer allgemeinen Bedeutung für das Strahlungsfeld die ebene Welle.

Wir definieren als ebene Welle ein Strahlungsfeld, bei dem der elektrische Zustand in Ebenen senkrecht zur Fortpflanzungsrichtung konstant ist. Legen wir die Fortpflanzungsrichtung in die x Achse, so lautet die Wellengleichung für zeitlich harmonische Vorgänge nach Gl. (3.43), da die Ableitungen nach y und z verschwinden,

$$\frac{\partial^2 \boldsymbol{P}}{\partial x^2} + k^2 \boldsymbol{P} = 0. \tag{1}$$

Die Gleichung besteht für jede Komponente von $\boldsymbol{P}$. Da aber für P_x wegen des Verschwindens der Ableitungen nach y und z nach den Gl. (3.18 u. 3.41) auch die zugehörigen Feldstärken verschwinden, existieren nur die Komponenten P_y und P_z. Wir betrachten zunächst eine linear polarisierte Welle mit dem HERTZschen Vektor P_z.

Für P_z ist Gl. (1) die normale Schwingungsgleichung mit der Lösung

$$P_z = A e^{-ikx} + B e^{ikx}. \tag{2}$$

Wegen des Zeitfaktors $e^{i\omega t}$ ist die Phase des ersten Gliedes $\omega t - kx$. Diese bleibt konstant, wenn $kx = \omega t$ ist. Mithin stellt der erste Ausdruck eine mit der Phasengeschwindigkeit

$$v = \frac{dx}{dt} = \frac{\omega}{k} = \frac{1}{\sqrt{\varepsilon\mu}} \tag{3}$$

fortlaufende, der zweite Ausdruck eine mit der gleichen Geschwindigkeit rücklaufende Welle dar. Bei komplexem ε wird die Geschwindigkeit komplex, wobei nach obigen Gleichungen der Realteil die eigentliche Geschwindigkeit, der nach Gl. (3.16) positive Imaginärteil von v bzw. der negative Imaginärteil von k die Dämpfung ergibt.

Da wegen dieses negativen Imaginärteils die rücklaufende Welle mit wachsendem x ansteigt, muß bei Ausschaltung von Reflexionen $B = 0$, also nur die fortlaufende Welle in (2) vorhanden sein. Aus dem so reduzierten P_z sind die Komponenten der Feldstärken $\boldsymbol{H}$ und $\boldsymbol{E}$ nach den allgemeinen Gl. (3.17) mit den Komponentendarstellungen (3.41)zu berechnen. Da die Ableitungen nach y und z verschwinden, wird

$$\begin{aligned} H_y &= -\mathrm{i}\,\omega\,\varepsilon\,\frac{\partial P_z}{\partial x} = -A\,\omega\,\varepsilon\,k\,\mathrm{e}^{-\mathrm{i}kx}\,, \\ E_z &= k^2 P_z = A\,k^2\,\mathrm{e}^{-\mathrm{i}kx}\,, \end{aligned} \tag{4}$$

während sämtliche übrigen Komponenten 0 sind. Die elektrischen und magnetischen Vektoren stehen nach (4) senkrecht auf der Fortpflanzungsrichtung, die elektrischen Wellen sind daher transversal. Im leeren Raum mit $\varepsilon = \varepsilon_0$ und $\mu = \mu_0$ sind die Feldstärken ungedämpft und zeitlich in Phase. Das Verhältnis der Augenblickswerte ist unabhängig vom Ort

$$\frac{E_z}{H_y} = \frac{k_0}{\omega\,\varepsilon_0} = Z_0\,. \tag{5}$$

Diese Größe Z_0 wird als Wellenwiderstand des leeren Raumes bezeichnet, da sie für die Fortpflanzung der ebenen Wellen im Raum eine ähnliche Bedeutung hat wie der Wellenwiderstand von Leitungen bei der Fortpflanzung auf Leitungen. Mit Benutzung von (3.14a) ergeben sich für Z_0 die Ausdrücke

$$Z_0 = \frac{k_0}{\omega\,\varepsilon_0} = \frac{\omega\,\mu_0}{k_0} = \sqrt{\frac{\mu_0}{\varepsilon_0}}\,. \tag{5a}$$

Zahlenmäßig wird mit $\mu_0 = 0{,}4\,\pi\,10^{-6}$ Vs/Am $= 1{,}2566 \cdot 10^{-6}$ Henry/m und $\varepsilon_0 = \frac{1}{c^2\mu_0} = 8{,}855 \cdot 10^{-12}$ As/Vm $\approx \frac{1}{36\,\pi} \cdot 10^{-9}$ Farad/m der Wellenwiderstand $Z_0 = 376{,}7$ Ohm oder angenähert

$$Z_0 \approx 120\,\pi \text{ Ohm} = 377 \text{ Ohm}, \tag{6}$$

wobei die genauen Werte aus $c = 2{,}9978 \cdot 10^8$ m/s, die angenäherten Werte aus $c = 3 \cdot 10^8$ m/s folgen.

Ist ε komplex, so sind die Feldstärken (4) in der Fortpflanzungsrichtung gedämpft und die elektrischen und magnetischen Feldstärken zeitlich nicht in Phase. Das vom Ort unabhängige Verhältnis der komplexen Feldstärkenamplituden gibt in diesem Fall den komplexen Wellenwiderstand Z des betreffenden Raumes. Mit (4) wird entsprechend (5a)

$$Z = \frac{k}{\omega\,\varepsilon} = \frac{\omega\,\mu}{k} = \sqrt{\frac{\mu}{\varepsilon}}\,. \tag{5b}$$

Wir haben bisher die Lösung für P_z abgeleitet. Eine entsprechende Lösung besteht für den HERTZschen Vektor P_y. Da die zugehörigen Feldstärken H_z und E_y ebenfalls senkrecht auf der x-Richtung stehen, die Konstante A' aber beliebig ist, sind die elektrischen Wellen im allgemeinen elliptisch polarisierte Transversalwellen, wobei das Verhältnis der senkrecht aufeinanderstehenden elektrischen und magnetischen Feldstärken eine für die Wellenart und den Raum charakteristische

Konstante, der Wellenwiderstand des betreffenden Raumes, ist. Der zur Vervollständigung der Lösung erforderliche magnetische Ansatz (3.20) würde dieselben Resultate mit Vertauschung der Richtungen von $\boldsymbol{H}$ und $\boldsymbol{E}$ liefern.

Die Bedeutung der abgeleiteten Beziehungen der ebenen Welle für die Theorie der Strahlung liegt darin, daß in genügender Entfernung vom Strahlungsursprung jedes beliebige Strahlungsfeld für ein genügend kleines Stück, z. B. für den Bereich einer Empfangsantenne, als ebene Welle aufgefaßt werden kann. Dadurch kommt der betrachteten ebenen Welle für das Strahlungsfeld eine ähnlich fundamentale Bedeutung wie dem HERTZschen Dipol zu. Die Leistung der ebenen Welle wird in Kap. 6 abgeleitet.

b) Homogene und inhomogene Wellen beliebiger Richtung.

Wir haben bisher eine in x-Richtung fortschreitende Welle betrachtet. Fällt die Fortpflanzungsrichtung nicht mit einer Koordinatenrichtung zusammen, so ist die Wellengleichung in rechtwinkligen Koordinaten allgemein zu lösen.

Macht man zur Lösung von Gl. (3.43) mit w statt φ (w eine rechtwinklige Komponente von $\boldsymbol{P}$) den Ansatz

$$w = X(x)\,Y(y)\,Z(z), \tag{7}$$

wo $X(x)$ nur von x, $Y(y)$ nur von y und $Z(z)$ nur von z abhängen, so erhält man durch Einsetzen von (7) in (3.43) und Division durch w

$$\frac{1}{X}\frac{\mathrm{d}^2 X}{\mathrm{d}x^2} + \frac{1}{Y}\frac{\mathrm{d}^2 Y}{\mathrm{d}y^2} + \frac{1}{Z}\frac{\mathrm{d}^2 Z}{\mathrm{d}z^2} + k^2 = 0. \tag{8}$$

Diese Gleichung kann nur bestehen, wenn jedes Glied gleich einer Konstanten ist, was unmittelbar daraus folgt, daß die partiellen Ableitungen von Gl. (8) nach x, y und z Null sind. Mithin gelten für X, Y und Z mit willkürlichen Konstanten c_1, c_2, c_3 die gewöhnlichen Differentialgleichungen

$$X'' = -k^2 c_1^2 X, \qquad Y'' = -k^2 c_2^2 Y, \qquad Z'' = -k^2 c_3^2 Z. \tag{9}$$

Damit (8) erfüllt ist, muß für die Konstanten die Beziehung

$$c_1^2 + c_2^2 + c_3^2 = 1 \tag{10}$$

gelten. Die Lösungen der Differentialgleichungen (9) sind aber als Lösungen der normalen Schwingungsgleichung Exponential- bzw. trigonometrische Funktionen

$$X = A_1 \mathrm{e}^{-\mathrm{i}kc_1x} + A_2 \mathrm{e}^{\mathrm{i}kc_1'x} \quad \text{usw.} \tag{11}$$

Die allgemeine Lösung der ebenen Wellengleichung wird daher

$$w = A\,\mathrm{e}^{-\mathrm{i}k(c_1x + c_2y + c_3z)} \tag{12}$$

oder eine beliebige Summe derartiger Ausdrücke, wobei nur in jedem Glied zwischen den Konstanten c die Beziehung (10) bestehen muß.

Bei zunächst reellen Werten von c (homogene Welle) kann man daher die Größen c_1, c_2, c_3 als die Komponenten eines Einheitsvektors $\boldsymbol{c}$ deuten; vgl. Bild 4.1. Da x, y, z die Komponenten des Ortsvektors $\boldsymbol{r}$ sind, steht im Exponenten von Gl. (12) das skalare Produkt $\boldsymbol{c}\,\boldsymbol{r}$, das ist aber die Projektion p von $\boldsymbol{r}$ auf die Richtung $\boldsymbol{c}$. Gl. (12) wird daher

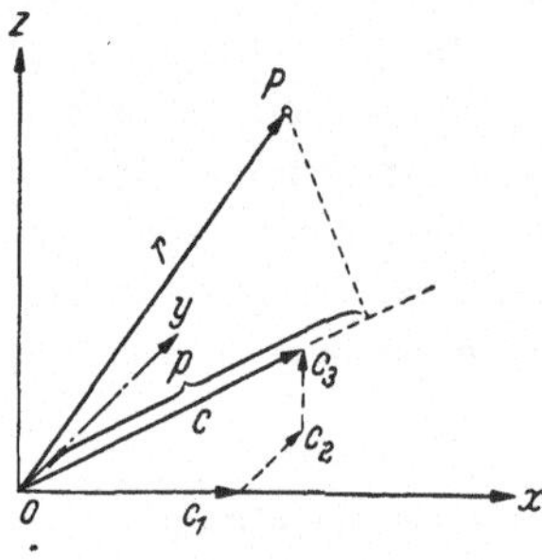

Bild 4.1. Zur Gleichung der ebenen Welle.

$$w = A\,\mathrm{e}^{-\mathrm{i}k\boldsymbol{c}\boldsymbol{r}} = A\,\mathrm{e}^{-\mathrm{i}kp} \text{ für reelle } c. \qquad (12\mathrm{a})$$

Für alle Werte, für die die Projektion p konstant ist, also für die Ebene senkrecht $\boldsymbol{c}$ im Abstand p, sind nach (12a) Amplitude und Phase der Wellenfunktion w konstant, wir haben eine in Richtung $\boldsymbol{c}$ fortschreitende ebene Welle. Bei reellem k ist die Welle ungedämpft, bei komplexem k tritt eine exponentielle Dämpfung in Richtung $\boldsymbol{c}$ ein. Komplexes A würde nur eine Phasenverschiebung der Welle bedeuten. Daß die Welle (12a) in positiver Richtung $+\boldsymbol{c}$ fortschreitet, ergibt sich durch Hinzufügen des Zeitfaktors $\mathrm{e}^{\mathrm{i}\omega t}$ und Übergang zu dem Realteil als wirklich vorhandener physikalischer Welle. Dieser wird nach der Definitionsgleichung (3.12) $A\cos(\omega t - kp)$. Die Phase verschiebt sich also mit wachsender Zeit zu größeren Werten von p mit der Geschwindigkeit

$$v = \frac{\mathrm{d}p}{\mathrm{d}t} = +\frac{\omega}{k}. \qquad (13)$$

Da c_1, c_2, c_3 die Komponenten und damit die Richtungskosinusse des Vektors $\boldsymbol{c}$ sind, kann Gl. (12) in der Form

$$w = A\,\mathrm{e}^{-\mathrm{i}k(x\cos\alpha + y\cos\beta + z\cos\gamma)} \qquad (12\mathrm{b})$$

geschrieben werden. Liegt die Fortpflanzungsrichtung $\boldsymbol{c}$ in der xy-Ebene unter dem Winkel ψ_0, so wird in Polarkoordinaten

$$w = A\,\mathrm{e}^{-\mathrm{i}k\varrho\cos(\psi-\psi_0)}. \qquad (12\mathrm{c})$$

Für eine in Richtung $-\boldsymbol{c}$ einfallende Welle ändert sich das Vorzeichen des Exponenten.

Im allgemeinen Fall können nun die c-Werte in Gl. (12) auch komplex sein: $c_\nu = c_\nu^r + \mathrm{i}c_\nu^i$ mit $\nu = 1, 2, 3$ (inhomogene Welle). Faßt man wieder die Realteile als Komponenten eines Vektors $\boldsymbol{c}^r$ und die Imaginärteile als Komponenten eines Vektors $\boldsymbol{c}^i$ auf, so sind dadurch zwei Richtungen definiert, die wegen Gl. (10) aufeinander senkrecht stehen. Denn damit (10) erfüllt ist, muß

$$\boldsymbol{c}^r\boldsymbol{c}^i = c_1^r c_1^i + c_2^r c_2^i + c_3^r c_3^i = 0 \qquad (14)$$

sein. Setzt man die Werte c_ν in Gl. (12) ein, so wird mit $k = k^r - \mathrm{i}k^i$

$$w = A\,\mathrm{e}^{-\mathrm{i}(k^r - \mathrm{i}k^i)(\boldsymbol{c}^r \boldsymbol{r} + \mathrm{i}\boldsymbol{c}^i \boldsymbol{r})} \quad \text{für komplexe } c\,. \tag{15}$$

Hiernach liegen die Werte konstanter Amplitude und die Werte konstanter Phase in zwei getrennten Ebenen. Ist insbesondere k reell, so stehen die Ebenen senkrecht, da $\boldsymbol{c}^r$ und $\boldsymbol{c}^i$ senkrecht stehen. Die Welle erscheint dann senkrecht zur Fortpflanzungsrichtung gedämpft trotz des verlustlosen Ausbreitungsmediums. Derartige Wellen mit komplexen Konstanten treten z. B. bei der Fortpflanzung ebener Wellen längs leitender Ebenen auf.

Die physikalisch vorhandenen Wellenwerte erhält man wie stets durch Hinzufügen des Zeitfaktors $\mathrm{e}^{\mathrm{i}\omega t}$ und Übergang zum Realteil der angegebenen komplexen Werte. So wird der Augenblickswert von Gl. (15)

$$w(t) = \mathrm{Re}\,[w\,\mathrm{e}^{\mathrm{i}\omega t}] = A\,\mathrm{e}^{-k^i \boldsymbol{c}^r \boldsymbol{r} + k^r \boldsymbol{c}^i \boldsymbol{r}} \cos(\omega t - k^r \boldsymbol{c}^r \boldsymbol{r} - k^i \boldsymbol{c}^i \boldsymbol{r}). \tag{15a}$$

c) Addition ebener Wellen.

Durch Addition ebener Wellen können die verschiedensten anderen Wellen erzeugt werden. Als einfachstes Beispiel erhält man durch Addition zweier gleich großer, in entgegengesetzten Richtungen $+\boldsymbol{c}$ und $-\boldsymbol{c}$ fortschreitender Wellen eine stehende Welle

$$w = A\,\mathrm{e}^{-\mathrm{i}k\boldsymbol{c}\boldsymbol{r}} + A\,\mathrm{e}^{\mathrm{i}k\boldsymbol{c}\boldsymbol{r}} = 2\,A\cos(k\,\boldsymbol{c}\,\boldsymbol{r})\,. \tag{16}$$

Die Amplitude ist in diesem Fall räumlich sinusförmig verteilt.

2. Die symmetrischen Kugelwellen.

a) Ableitung der Kugelwellen aus der Summation ebener Wellen.

Man kann die Kugelwellen rein formal durch Lösung der Wellengleichung in sphärischen Koordinaten finden. Wir wollen jedoch hier eine physikalisch anschaulichere Ableitung wählen, die uns in gleicher Weise auch bei den Zylinderwellen einen tieferen physikalischen Einblick in das Wesen dieser Wellen gibt.

Denken wir uns von einem Punkt des Raumes aus nach sämtlichen Punkten der Einheitskugel die Richtungen $\boldsymbol{c}$ gezeichnet und überlagern wir die zu diesen Richtungen gehörenden homogenen ebenen Wellen gleicher Amplitude, so erhalten wir offenbar eine vom Nullpunkt gleichmäßig nach allen Seiten ausstrahlende Kugelwelle, und zwar eine stehende Kugelwelle, da ja die zu je zwei entgegengesetzten Richtungen gehörenden ebenen Wellen stehende Wellen bilden. Wegen der Symmetrie können wir sowohl in $+\boldsymbol{c}$- als in $-\boldsymbol{c}$-Richtung fortschreitende ebene Wellen wählen. Wir nehmen aus mathematischen Gründen die letzteren, also ebene Wellen der Form (12a) mit positivem Vorzeichen des Exponenten. Legen wir, was wegen der Unabhängigkeit von ψ und ϑ zulässig ist, den Ortsvektor $\boldsymbol{r}$ in die z-Achse eines sphärischen Koordinatensystems, so daß entsprechend Bild 4.2 ϑ der Winkel zwischen $\boldsymbol{r}$ und $\boldsymbol{c}$, also $\boldsymbol{r}\,\boldsymbol{c} = r\cos\vartheta$ und $\mathrm{d}f = \sin\vartheta\,\mathrm{d}\psi\,\mathrm{d}\vartheta$ das zu der Richtung $\boldsymbol{c}$ gehörende Flächenelement der Einheitskugel ist, so liefert die angegebene Addition mit Division durch 4π (Fläche der Einheitskugel) für die stehende Kugelwelle den Ausdruck

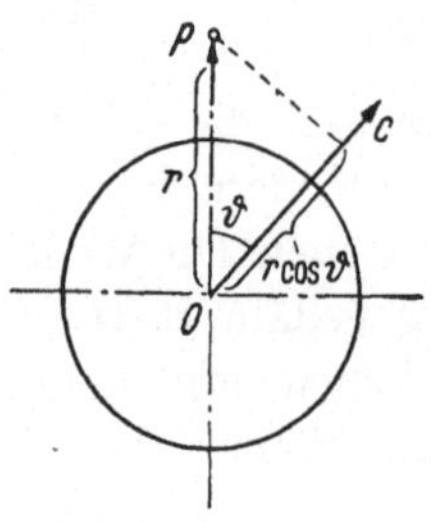

Bild 4.2. Zur Ableitung der Kugelwelle.

$$\begin{aligned} w &= \frac{1}{4\pi}\int\limits_{\vartheta=0}^{\pi}\int\limits_{\psi=0}^{2\pi} \mathrm{e}^{\mathrm{i}kr\cos\vartheta}\sin\vartheta\,\mathrm{d}\psi\,\mathrm{d}\vartheta = -\frac{1}{2}\int\limits_{0}^{\pi}\mathrm{e}^{\mathrm{i}kr\cos\vartheta}\,\mathrm{d}(\cos\vartheta) \\ &= -\frac{1}{2}\left[\frac{\mathrm{e}^{\mathrm{i}kr\cos\vartheta}}{\mathrm{i}kr}\right]_0^{\pi} = -\frac{\mathrm{e}^{-\mathrm{i}kr}-\mathrm{e}^{\mathrm{i}kr}}{2\mathrm{i}kr} = \frac{\sin kr}{kr}\,. \end{aligned} \tag{17}$$

Um die von einem Punkt ausstrahlenden fortschreitenden Kugelwellen zu erhalten, muß man bei der Integration auch inhomogene ebene Wellen mit komplexen Richtungen nehmen, entsprechend den komplexen c-Werten der ebenen Welle. In unserem Integral (17) müssen wir daher komplexe Grenzen einführen. Damit der erhaltene Wert der Welle als symmetrische Kugelwelle nur von r abhängt, müssen diese Grenzwerte auf der reellen Achse Vielfache von π sein, auf der imaginären Achse sich ins Unendliche erstrecken, wobei der Integrationsweg so zu wählen ist, daß der Integrand endlich bleibt. Da $\mathrm{i}kr\cos\vartheta$ bei reellem k in den schraffierten Gebieten von Bild 4.3 einen negativen Realteil hat und daher der Integrand im Unendlichen verschwindet, können wir die Integration auf dem eingezeichneten Weg I durchführen. Da der Kosinus eine gerade Funktion ist und der Integrand an den unendlich fernen Grenzen verschwindet, liefert die Integration mit Benutzung von Gl. (17)

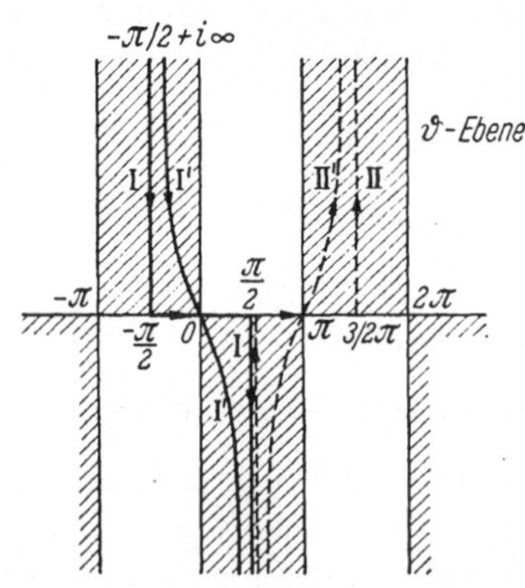

Bild 4.3. Integrationswege der Kugelwellen.

$$\begin{aligned} w_1 &= -\frac{1}{2}\int\limits_{\vartheta=-\pi/2+\mathrm{i}\infty}^{\pi/2-\mathrm{i}\infty} \mathrm{e}^{\mathrm{i}kr\cos\vartheta}\,\mathrm{d}(\cos\vartheta) = -\int\limits_{\vartheta=0}^{\pi/2-\mathrm{i}\infty}\cdots \\ &= -\left\{\left[\frac{\mathrm{e}^{\mathrm{i}kr\cos\vartheta}}{\mathrm{i}kr}\right]_0^{\pi/2} + \left[\frac{\mathrm{e}^{\mathrm{i}kr\cos\vartheta}}{\mathrm{i}kr}\right]_{\pi/2-\mathrm{i}0}^{\pi/2-\mathrm{i}\infty}\right\} = \frac{\mathrm{e}^{\mathrm{i}kr}}{\mathrm{i}kr} \end{aligned} \tag{18}$$

als Ausdruck für eine nach dem Nullpunkt hinlaufende Kugelwelle. Den angegebenen Integrationsweg kann man nach dem CAUCHYschen Integralsatz verformen, z. B. in den Weg I', ohne daß der Wert des Integrals geändert wird. Durch die Verformung wird lediglich die Konvergenz verbessert, so daß man auch unter dem Integral differenzieren kann.

Wählt man als Integrationsweg den Weg II, so erhält man auf die gleiche Weise als Lösung

$$w_2 = \frac{e^{-ikr}}{-i\,k\,r} \tag{19}$$

und damit wegen des Zeitfaktors $e^{i\omega t}$ eine vom Nullpunkt nach allen Seiten symmetrisch fortschreitende Welle.

Die halbe Summe beider Wellen w_1 und w_2 gibt die obige stehende Welle w. Die halbe Differenz beider Wellen ergibt in

$$w_3 = \frac{w_1 - w_2}{2} = \frac{1}{i}\,\frac{\cos k\,r}{k\,r} \tag{20}$$

eine im Nullpunkt divergierende stehende Kugelwelle. Der Faktor $1/i$ ist für die Wellenform belanglos und kann weggelassen werden.

Die abgeleiteten vier Kugelwellen unterscheiden sich von den gleichartigen ebenen Wellen nur durch den Nenner, der der Abnahme der Energiedichte bei gleichmäßiger kugelförmiger Ausbreitung mit $1/r^2$ entspricht.

b) Die Differentialgleichung der Kugelwellen.

Sämtliche erhaltenen Kugelwellen sind als Summe von Lösungen der Wellengleichung gebildet und müssen daher ebenfalls die Wellengleichung erfüllen, und zwar, da das Resultat nur von r abhängt, die von ϑ und ψ unabhängige Wellengleichung in Kugelkoordinaten, also nach (3.51 oder 3.61) die Gleichung

$$\frac{\partial^2 w}{\partial r^2} + \frac{2}{r}\,\frac{\partial w}{\partial r} + k^2 w = 0, \tag{21}$$

was durch direktes Einsetzen leicht zu bestätigen ist.

Außer den behandelten symmetrischen Kugelwellen erhält man weitere Kugelwellen, wenn man die ebenen Teilwellen nicht mit gleicher Amplitude annimmt, sondern mit Amplituden, die Funktionen von ϑ und ψ sind. Wir werden diese Kugelwellen nach den Zylinderwellen in Abschn. 4 behandeln.

3. Zylinderwellen.

a) Ableitung der Zylinderwellen aus der Summation ebener Wellen.

Genau wie wir im vorigen Abschnitt die Kugelwellen durch Summation aller durch einen Punkt gehenden ebenen Wellen bekommen haben, wollen wir die Zylinderwellen als Summation aller durch eine feste Gerade, die Zylinderachse, gehenden ebenen Wellen ableiten.

Die Gleichung einer ebenen Welle, deren Normale auf der z-Achse senkrecht steht und mit der x-Achse den Winkel α' bildet, ist nach Gl. (12c), wenn wir wieder wie im vorigen Abschnitt aus mathematischen Gründen die zur Achse hinlaufende Welle nehmen,

$$w = C\,e^{i k \varrho \cos(\alpha' - \varphi)} \equiv C\,e^{i k \varrho \cos \alpha}. \tag{22}$$

Haben alle Wellen unabhängig von der Einfallsrichtung α' gleiche Amplitude C, die wir zu $C = \frac{1}{2\pi}$ wählen, damit die normalen Definitionen der Zylinderfunktionen entstehen, so gibt zunächst bei reellem α die Summation in

$$w = \frac{1}{2\pi} \int\limits_{\alpha=0}^{2\pi} e^{i k \varrho \cos \alpha}\, d\alpha = \frac{1}{\pi} \int\limits_{0}^{\pi} \cos(k \varrho \cos \alpha)\, d\alpha = J_0(k\varrho) \tag{23}$$

die einfachste Zylinderwelle, eine im Nullpunkt endliche, stehende Zylinderwelle. Wir bezeichnen sie als BESSELsche Funktion 0. Ordnung.

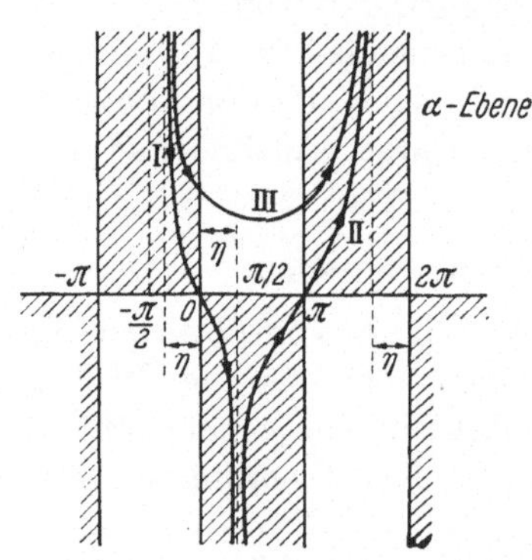

Bild 4.4.
Integrationswege der Zylinderfunktionen.

Um fortschreitende Zylinderwellen zu erhalten, müssen wir wie im vorigen Abschnitt inhomogene Wellen mit den gleichen Integrationsgrenzen für α wie bei der Kugelwelle nehmen. Bei der Integration über den Weg I von Bild 4.4 erhalten wir damit eine auf die Zylinderachse zulaufende Zylinderwelle. Wählen wir den Amplitudenfaktor doppelt so groß wie in (23), so erhalten wir die Welle

$$w_1 = \frac{1}{\pi} \int\limits_{I} e^{i k \varrho \cos \alpha}\, d\alpha = H_0^{(1)}(k\varrho), \tag{24}$$

die wir als 1. HANKELsche Funktion 0. Ordnung bezeichnen, während wir mit dem Integrationsweg II in der 2. HANKELschen Funktion 0. Ordnung eine von der Achse ausstrahlende Zylinderwelle haben:

$$w_2 = \frac{1}{\pi} \int\limits_{II} e^{i k \varrho \cos \alpha}\, d\alpha = H_0^{(2)}(k\varrho). \tag{25}$$

Durch Vertauschen des Zeitfaktors $e^{i\omega t}$ mit $e^{-i\omega t}$ vertauscht sich genau wie bei der ebenen Welle natürlich auch die Bedeutung von $H_0^{(1)}$ und $H_0^{(2)}$ als vor- und rücklaufende Welle.

Da die unteren Wege von $H_0^{(1)}$ und $H_0^{(2)}$ in Bild 4.4 zusammengezogen werden können und sich dann aufheben, ist die Summe der Integrale in (24 u. 25) gleich dem Integral über den Weg III. Dieser ist aber mit dem Integrationsweg 0 bis 2π in (23) identisch, da sich die Beiträge der senkrechten Wege wegen des gleichen Integranden aufheben. Mithin ist mit Berücksichtignng des Faktors 1/2 in Gl. (23)

$$J_0(k\varrho) = \frac{1}{2}[H_0^{(1)}(k\varrho) + H_0^{(2)}(k\varrho)] \tag{26}$$

in vollkommener Analogie zu den stehenden ebenen Wellen und Kugelwellen.

Außer dieser stehenden Zylinderwelle gibt die Differenz von $H_0^{(1)}$ und $H_0^{(2)}$ eine im Nullpunkt divergierende stehende Zylinderwelle

$$N_0(k\varrho) = \frac{1}{2i}[H_0^{(1)}(k\varrho) - H_0^{(2)}(k\varrho)], \tag{27}$$

die sogenannte NEUMANNsche Zylinderfunktion. Sämtliche Werte sind den im vorigen Kapitel behandelten Kugelwellen analog, nur daß die Integrale nicht geschlossen darstellbar sind.

Weitere Zylinderwellen erhalten wir offenbar, wenn wir die Amplituden der zu überlagernden ebenen Wellen nicht gleich, sondern mit α' veränderlich annehmen. Als einfachste Anordnung wählen wir für die Amplitudenabhängigkeit eine periodische Funktion von α', etwa $C = c_\nu e^{i\nu\alpha'}$, wobei wir unter ν zunächst eine ganze Zahl, später eine beliebige Zahl verstehen wollen. Im letzteren Fall wird die Funktion vieldeutig. Wir müssen uns dann ähnlich wie beim Logarithmus auf das Hauptblatt beschränken. Da sich jede beliebige Abhängigkeit von α' als FOURIER-Reihe oder -Integral darstellen läßt, ist durch diesen Ansatz der allgemeinste Fall gegeben. Die Konstante c_ν wird traditionsgemäß $c_\nu = \frac{1}{\pi} e^{-i\nu\pi/2}$ gesetzt.

Hiermit liefert die Summation der Teilwellen (22)

$$w = \frac{1}{\pi}\int e^{ik\varrho\cos(\alpha'-\psi)} e^{i\nu(\alpha'-\pi/2)} d\alpha' = \frac{1}{\pi}\int e^{ik\varrho\cos\alpha} e^{i\nu(\psi+\alpha-\pi/2)} d\alpha \tag{28}$$

als Wellenfunktion in dem Punkt mit den Koordinaten ϱ, ψ, z. Der von ψ unabhängige Teil stellt die allgemeine Zylinderfunktion ν-ter Ordnung dar, wobei je nach den Grenzen wieder die HANKELschen oder BESSELschen Funktionen entstehen. Die Grenzen für α sind z. B. für $H_\nu^{(1)}$ von $-\eta + i\infty$ bis $+\eta - i\infty$, Weg I in Bild 4.4, wobei η für reelles Argument zwischen 0 und π liegt, damit der Integrand von (28) im Unendlichen wie in Abschn. 2 verschwindet. Die übrigen Grenzen ergeben sich aus Bild 4.4 entsprechend. Da sich die unteren Wege von $H_\nu^{(1)}$ und $H_\nu^{(2)}$ aufheben, gilt allgemein Gl. (26). Verformt man den Integrationsweg III für J_ν wie oben in einen eckigen Weg durch π, so heben sich bei ganzzahligem ν die senkrechten Wege auf, so daß die Integration von 0 bis 2π wie bei J_0 in Gl. (23) übrigbleibt. Durch die angegebenen Integrationswege sind die Funktionen eindeutig. Die Mehrdeutigkeit in $e^{i\nu\alpha}$ bei nicht ganzzahligem ν würde den verschiedenen nach beiden Seiten anschließenden Integrationsbereichen in Bild 4.3 und 4.4 entsprechen.

Zusammenfassend ergibt sich also nach Gl. (28) mit Einführung der Zylinderfunktion für die allgemeine Zylinderwelle der Wert

$$w = e^{i\nu\psi}\frac{1}{\pi}\int\limits_{\alpha}^{\beta} e^{ik\varrho\cos\alpha}\, e^{i\nu(\alpha-\pi/2)}\, d\alpha = e^{i\nu\psi} Z_\nu(k\varrho). \tag{29}$$

Dabei ergibt die Zylinderfunktion $Z_\nu(k\varrho)$ für den Integrationsweg

$\alpha = -\eta + i\infty$ bis $\beta = \eta - i\infty$ die Hankelsche Funktion 1. Art,
$\alpha = \eta - i\infty$ bis $\beta = 2\pi - \eta + i\infty$ die Hankelsche Funktion 2. Art,
$\alpha = -\eta + i\infty$ bis $\beta = 2\pi - \eta + i\infty$ die doppelte Besselsche Funktion.

Erstere entsprechen nach den vorstehenden Ausführungen den Exponentialfunktionen e^{ikr} bzw. e^{-ikr} im ebenen Fall, die letztere den trigonometrischen Funktionen, wie besonders aus den in Kap. 7.1 angegebenen asymptotischen Näherungsformeln für große Argumente hervorgeht. Insbesondere geht $H_\nu^{(2)}$ bei großem negativ imaginärem Argument exponentiell gegen 0. $H_\nu^{(1)}$ und $H_\nu^{(2)}$ sind konjugiert komplex, wenn die Argumente und Indexe konjugiert komplex sind. Bei den Besselschen Funktionen heben sich bei ganzzahligem Index die Anteile der imaginären Wege auf, so daß eine Integration von 0 bis 2π bleibt.

b) Die Differentialgleichung der Zylinderfunktionen.

Da die Wellenfunktion (29) als Summe ebener Wellen eine Lösung der Wellengleichung ist, und zwar eine von z unabhängige Lösung der Wellengleichung in Zylinderkoordinaten, ergibt sich durch Einsetzen des letzten Ausdruckes von Gl. (29) in die Wellengleichung (3.47a):

$$\frac{\partial^2 w}{\partial\varrho^2} + \frac{1}{\varrho}\frac{\partial w}{\partial\varrho} + \frac{1}{\varrho^2}\frac{\partial^2 w}{\partial\psi^2} + \frac{\partial^2 w}{\partial z^2} + k^2 w = 0 \tag{30}$$

für $Z_\nu(k\varrho)$ die Differentialgleichung

$$\frac{d^2 Z_\nu(k\varrho)}{d\varrho^2} + \frac{1}{\varrho}\frac{dZ_\nu(k\varrho)}{d\varrho} + \left(k^2 - \frac{\nu^2}{\varrho^2}\right) Z_\nu(k\varrho) = 0, \tag{31}$$

die mit der Substitution $k\varrho = z$ in die Besselsche Differentialgleichung

$$\frac{d^2 Z_\nu}{dz^2} + \frac{1}{z}\frac{dZ_\nu}{dz} + \left(1 - \frac{\nu^2}{z^2}\right) Z_\nu = 0 \tag{32}$$

übergeht. Die Lösungen dieser Gleichung sind mit den oben durch die Integraldarstellungen definierten Zylinderfunktionen identisch. Da die Differentialgleichung von 2. Ordnung ist, folgt, daß mit zwei linear unabhängigen Lösungen J_ν und $H_\nu^{(1)}$ bzw. $H_\nu^{(2)}$ oder J_ν und N_ν oder $H_\nu^{(1)}$ und $H_\nu^{(2)}$ die allgemeine Lösung erfaßt ist. Die allgemeinste Zylinderfunktion hat daher mit beliebigen komplexen Konstanten a, b die Form

$$Z = a Z_1 + b Z_2, \tag{33}$$

wo Z_1 und Z_2 zwei linear unabhängige Zylinderfunktionen sind.

Auf Grund der Integraldarstellungen oder durch Lösung der BESSELschen Differentialgleichung mit Reihenansatz ergeben sich für die zahlenmäßige Berechnung der verschiedenen Zylinderfunktionen Reihenentwicklungen, die in jedem Buch über Zylinderfunktionen enthalten sind. Hiernach können die Zahlenwerte berechnet werden, so daß die Zylinderfunktionen ähnlich wie die Exponentialfunktionen bei der ebenen Welle im folgenden als bekannt angesehen werden können. Sämtliche in diesem Buch benutzten Beziehungen über Zylinderfunktionen sind im JAHNKE-EMDE enthalten.

c) Die allgemeine Lösung der Wellengleichung in Zylinderkoordinaten.

Die in a) und b) abgeleiteten Zylinderfunktionen und Zylinderwellen treten bei allen Lösungen der Wellengleichung in Zylinderkoordinaten auf, bei denen sich die Lösung als ein Produkt je einer nur von ϱ, ψ und z abhängigen Funktion darstellt. Macht man zur Lösung der Wellengleichung (30) den Produktansatz

$$w = w_\varrho(\varrho)\, w_\psi(\psi)\, w_z(z), \tag{34}$$

so erhält man durch Einsetzen in (30) nach Division durch w

$$\frac{1}{w_\varrho}\left(\frac{\mathrm{d}^2 w_\varrho}{\mathrm{d}\varrho^2} + \frac{1}{\varrho}\frac{\mathrm{d} w_\varrho}{\mathrm{d}\varrho}\right) + \frac{1}{w_\psi}\frac{1}{\varrho^2}\frac{\mathrm{d}^2 w_\psi}{\mathrm{d}\psi^2} + \frac{1}{w_z}\frac{\mathrm{d}^2 w_z}{\mathrm{d}z^2} + k^2 = 0. \tag{35}$$

Die Gleichung kann für beliebige Argumente nur bestehen, wenn jedes Glied gleich einer Konstanten ist. Man erhält daher mit Einführung willkürlicher Konstanten ν^2 und h^2 die drei getrennten Differentialgleichungen

$$\begin{gathered}\frac{\mathrm{d}^2 w_\psi}{\mathrm{d}\psi^2} = -\nu^2 w_\psi, \qquad \frac{\mathrm{d}^2 w_z}{\mathrm{d}z^2} = -h^2 w_z, \\ \frac{\mathrm{d}^2 w_\varrho}{\mathrm{d}\varrho^2} + \frac{1}{\varrho}\frac{\mathrm{d} w_\varrho}{\mathrm{d}\varrho} + \left(k^2 - h^2 - \frac{\nu^2}{\varrho^2}\right) w_\varrho = 0.\end{gathered} \tag{35a}$$

Das ist für w_ψ und w_z die normale Schwingungsgleichung, für w_ϱ die BESSELsche Differentialgleichung (31), so daß die Produktlösung der Wellengleichung in Zylinderkoordinaten bei Wahl von J_ν und $H_\nu^{(2)}$ als unabhängige Zylinderfunktionen mit beliebigen Konstanten

$$\begin{aligned} w = {} & \left[c_1\, J_\nu\left(\sqrt{k^2 - h^2}\,\varrho\right) + c_2\, H_\nu^{(2)}\left(\sqrt{k^2 - h^2}\,\varrho\right)\right] \\ & \cdot \left[c_3 \cos\nu\psi + c_4 \sin\nu\psi\right]\left[c_5\, e^{-ihz} + c_6^{\,ihz}\right] \end{aligned} \tag{36}$$

wird. Die allgemeine Lösung ist eine Summe derartiger Partikulärlösungen. Dieser Produktansatz, der der ebenen Lösung Gl. (12) vollkommen entspricht, wird uns bei allen zylindrischen Strahlungsfeldern entgegentreten. Selbstverständlich kann man die Exponentialfunktionen in (36) auch durch Sinus- und Kosinusfunktionen ersetzen.

4. Allgemeine Kugelwellen. Die allgemeine Lösung der Wellengleichung in Kugelkoordinaten.

Wir haben in Abschn. 2 durch Summation ebener Wellen mit gleichen Amplituden nur die einfachen symmetrischen Kugelwellen erhalten, während wir in Abschn. 3 sämtliche Zylinderwellen durch Summation ebener Wellen mit verschiedenen Amplituden oder aus der Lösung der Wellengleichung in Zylinderkoordinaten erhalten haben. Auf gleiche Weise ergeben sich sämtliche Kugelwellen. Für die Ableitung wählen wir das zweite Verfahren, also die Lösung der Wellengleichung. Die Wellengleichung in sphärischen Koordinaten r, ϑ, ψ lautet nach Gl. (3.51)

$$\begin{aligned} \Delta w + k^2 w = \frac{\partial^2 w}{\partial r^2} + \frac{2}{r}\frac{\partial w}{\partial r} + \frac{1}{r^2 \sin\vartheta}\frac{\partial}{\partial\vartheta}\left(\sin\vartheta\frac{\partial w}{\partial\vartheta}\right) \\ + \frac{1}{r^2\sin^2\vartheta}\frac{\partial^2 w}{\partial\psi^2} + k^2 w = 0. \end{aligned} \tag{37}$$

Der Produktansatz

$$w = w_r(r)\, w_\vartheta(\vartheta)\, w_\psi(\psi) \tag{38}$$

liefert nach Division durch w

$$\begin{aligned} \frac{1}{w_r}\left(\frac{\mathrm{d}^2 w_r}{\mathrm{d}r^2} + \frac{2}{r}\frac{\mathrm{d}w_r}{\mathrm{d}r}\right) + \frac{1}{w_\vartheta}\frac{1}{r^2\sin\vartheta}\frac{\mathrm{d}}{\mathrm{d}\vartheta}\left(\sin\vartheta\frac{\mathrm{d}w_\vartheta}{\mathrm{d}\vartheta}\right) \\ + \frac{1}{w_\psi}\frac{1}{r^2\sin^2\vartheta}\frac{\mathrm{d}^2 w_\psi}{\mathrm{d}\psi^2} + k^2 = 0, \end{aligned} \tag{39}$$

mithin die 3 getrennten Differentialgleichungen

$$\frac{\mathrm{d}^2 w_\psi}{\mathrm{d}\psi^2} + m^2 w_\psi = 0, \tag{40a}$$

$$\frac{1}{\sin\vartheta}\frac{\mathrm{d}}{\mathrm{d}\vartheta}\left(\sin\vartheta\frac{\mathrm{d}w_\vartheta}{\mathrm{d}\vartheta}\right) + \left[n(n+1) - \frac{m^2}{\sin^2\vartheta}\right] w_\vartheta = 0 \tag{40b}$$

und

$$\frac{\mathrm{d}^2 w_r}{\mathrm{d}r^2} + \frac{2}{r}\frac{\mathrm{d}w_r}{\mathrm{d}r} + \left[k^2 - \frac{n(n+1)}{r^2}\right] w_r = 0. \tag{40c}$$

Dabei sind die Konstanten m und $n\,(n+1)$ passend gewählt, da nur in dieser Form für ganzzahliges m und n endliche und eindeutige Funktionen auf der Kugeloberfläche entstehen.

Die 1. Gleichung ist die normale Schwingungsgleichung mit der Lösung

$$w_\psi = a_m \cos m\psi + b_m \sin m\psi. \tag{41}$$

Die 2. Gleichung ist die Differentialgleichung der Kugelfunktionen, und zwar ist Gl. (40b) die Differentialgleichung der zugeordneten Kugelfunktion, die für $m = 0$ in die Differentialgleichung der gewöhnlichen Kugelfunktionen übergeht. Ihre Lösung ist die zugeordnete Kugelfunktion (vgl. z. B. JAHNKE-EMDE)

$$\mathrm{P}_n^m(\cos\vartheta) = \sin^m\vartheta\,\frac{\mathrm{d}^m\,\mathrm{P}_n(\cos\vartheta)}{\mathrm{d}(\cos\vartheta)^m}, \tag{42}$$

wo $\mathrm{P}_n(\cos\vartheta)$ die durch die endliche Reihe

$$\begin{aligned} \mathrm{P}_n(\cos\vartheta) &= \mathrm{P}_n(x) = \frac{1\cdot3\cdot5\cdots(2n-1)}{n!} \\ &\cdot\left[x^n - \frac{n(n-1)}{2(2n-1)}x^{n-2} + \frac{n(n-1)(n-2)(n-3)}{2\cdot4(2n-1)(2n-3)}x^{n-4} + \cdots\right] \end{aligned} \tag{43}$$

dargestellte gewöhnliche Kugelfunktion ist. Da die 2. unabhängige Lösung der Gl. (40b), die sogenannte Kugelfunktion 2. Art, für $\cos\vartheta = \pm 1$ unendlich wird, ist für w_ϑ gewöhnlich nur die oben definierte Lösung

$$w_\vartheta = \mathrm{P}_n^m(\cos\vartheta) \tag{44}$$

zu nehmen; vgl. jedoch Kap. 16.3.

Die 3. Gl. (40c) schließlich führt auf eine Zylinderfunktion, und zwar auf die Lösung

$$w_r = \frac{1}{\sqrt{r}}\,\mathrm{Z}_{n+\frac{1}{2}}(k\,r), \tag{45}$$

wo $\mathrm{Z}_{n+\frac{1}{2}}(kr)$ eine allgemeine Zylinderfunktion entsprechend Gl. (33) ist. Setzt man nämlich den Wert (45) in Gl. (40c) ein, so wird unter Beachtung der BESSELschen Differentialgleichung (31) Gl. (40c) erfüllt.

Die Zylinderfunktionen mit dem Index $n + \frac{1}{2}$ mit ganzzahligem n zeichnen sich von allen anderen Zylinderfunktionen dadurch aus, daß die Reihenentwicklungen auf endliche trigonometrische Reihen führen. Es sind also ebenso wie die in der Lösung auftretenden Kugelfunktionen auch die bei der Lösung der Kugelwellen auftretenden Zylinderfunktionen elementare Funktionen. Wir werden aber die obigen Bezeichnungen aus Zweckmäßigkeitsgründen beibehalten. Die allgemeine Partikularlösung der Wellengleichung in Kugelkoordinaten ist dann, da man über eine beliebige Anzahl von Teillösungen summieren kann,

$$w = \sum_n \sum_m \frac{1}{\sqrt{r}}\,\mathrm{Z}_{n+\frac{1}{2}}(k\,r)\,[a_m\cos m\,\psi + b_m\sin m\,\psi]\,\mathrm{P}_n^m(\cos\vartheta). \tag{46}$$

Für n und $m = 0$ geht dies in die symmetrischen Kugelwellen von Abschn. 2 über, da nach (43) $\mathrm{P}_0 = 1$ und nach bekannten Formeln der Zylinderfunktionen $\mathrm{Z}_{\frac{1}{2}}(kr) = \frac{1}{\sqrt{r}}e^{\pm \mathrm{i}kr}$ ist, was man leicht durch Einsetzen in Gl. (31) mit $\nu = \frac{1}{2}$ bestätigt. Die Lösung (46) tritt uns bei allen

Beugungsproblemen an Kugeln entgegen, z. B. bei der Berechnung der Beugung eines Dipolfeldes an der kugelförmigen Erde in Kap. 27. Der für die weitere Lösung und Berechnung der Feldstärke erforderliche HERTZsche Vektor ist nach Kap. 3.7 $P_r = rw$.

Wir haben in Abschn. 2 bis 4 Zylinder- und Kugelwellen betrachtet. Für elliptische Koordinaten ergeben sich entsprechende Lösungen der Wellengleichung, vgl. Kap. 16.1.

5. Kapitel.

Angenäherte Berechnung des Strahlungsfeldes nach optischen Methoden.

1. Das Prinzip der Lösung.

Die in Kap. 2 und 3 abgeleiteten strengen Lösungsmethoden der Strahlungsfelder verlangen zur Erfüllung der Grenzbedingungen an den im Feld vorhandenen strahlenden oder beugenden Körpern die Rechnung in Koordinaten, die diesen Körpern angepaßt sind. Das ist nur bei mathematisch einfachen Körpern möglich und durchgeführt. Die praktische Durchführung versagt dagegen bei komplizierteren Körpern, z. B. einer im Endlichen begrenzten Parabel- oder Hohlleiterantenne.

Bei komplizierteren Begrenzungsflächen ist man für die Berechnung des Strahlungsfeldes auf eine Näherungslösung angewiesen, die von dem HUYGENSschen Prinzip der Optik ausgeht. Nach diesem Prinzip kann jeder Punkt einer im Strahlungsfeld befindlichen Fläche als Ausgangspunkt einer kugelförmigen Elementarwelle angesehen werden. Der Feldwert in irgendeinem Raumpunkt P ergibt sich aus der Summation der einzelnen Elementarwellen in P, wobei mit der von FRESNEL eingeführten Verbesserung der Gangunterschied der einzelnen Wellen zu berücksichtigen ist. Die mathematische Formulierung des Verfahrens ist für skalare Wellenfunktionen durch die KIRCHHOFFsche Formel gegeben. Die Lösung wäre streng, wenn die Größen der Elementarwellen oder die diese Größen ergebenden Strom- und Ladungsverteilungen auf der Fläche bekannt wären. Die Näherung besteht darin, daß man für diese Werte in der KIRCHHOFFschen Formel auf der beleuchteten bzw. strahlenden Fläche die ungestörten, also ohne Beugungskörper vorhandenen Werte einsetzt, auf der abgeschirmten Seite der Fläche dagegen die Werte Null. Die ungestörten Werte sind höchstens auf der inneren Fläche, bestimmt nicht am Rande vorhanden, so daß die Randwirkung durch diese Näherung nicht richtig berücksichtigt ist. Da die Größe der Randzone von der Wellenlänge abhängt, ist die Näherung nur zulässig, wenn die linearen Abmessungen der beugenden Fläche groß gegen die Wellenlänge sind. Daher erklärt es sich, daß die KIRCHHOFFsche Formel in der Optik sehr gute, bei kurzen elektrischen Wellen nach experimentellen Vergleichen noch brauchbare Näherungswerte liefert. Praktisch genügt der Näherungswert in den meisten Fällen, wenn die Abmessungen der beugenden Fläche wenige Wellenlängen groß sind.

2. Ableitung der KIRCHHOFFschen Formel für skalare Wellenfunktionen.

Die in Abschn. 1 angeführte KIRCHHOFFsche Formel für skalare Wellenfunktionen ergibt sich nach der Ableitung von KOTTLER als die exakte Lösung des folgenden Sprungwertproblems:

Gesucht wird eine Lösung w der Wellengleichung, die in einem Lichtpunkt L, vgl. Bild 5.1, einen Pol wie $1/r_{LP}$ für lim P → L und an der berandeten Beugungsfläche F_0 die Sprungwerte $w_+ - w_- = W$ und $\left(\frac{\partial w}{\partial n}\right)_+ - \left(\frac{\partial w}{\partial n}\right)_- = W'$ hat, wobei die durch + gekennzeichnete positive, strahlende Seite ins Innere des Strahlungsraumes zeigt, und die im Unendlichen derart verschwindet, daß das später definierte Integral über eine unendlich ferne Fläche verschwindet. Die gesuchte Lösung soll den Wert der Welle in dem beliebigen Empfangspunkt P darstellen.

Zur Ableitung gehen wir von dem GREENschen Satz (2.11)

$$\int_\tau (U\Delta V - V\Delta U)\,\mathrm{d}\tau = -\int_{(F)}\left(U\frac{\partial V}{\partial n} - V\frac{\partial U}{\partial n}\right)\mathrm{d}f \tag{1}$$

aus. Darin sind U und V zwei im gesamten Integrationsgebiet mit Einschluß des Randes reguläre Funktionen, und es ist das Volumenintegral über den gesamten durch die geschlossene Fläche F der rechten Seite begrenzten Raum τ zu erstrecken. Die Normale zeigt dabei in das Innere des Gebietes. Sind Unstetigkeitsstellen vorhanden, so sind diese vom Integrationsgebiet auszuschließen, so daß das Flächenintegral über sämtliche Unstetigkeitsstellen zu erstrecken ist.

Wenden wir den GREENschen Satz auf zwei Lösungen w und w' der Wellengleichung $\Delta w + k^2 w = 0$ bzw. $\Delta w' + k^2 w' = 0$ an, so wird $w\Delta w' - w'\Delta w$ und mithin das rechte Flächenintegral 0. Wählen wir daher als w die gesuchte Lösung mit den angegebenen Unstetigkeiten in L und F_0 und als w' eine Grundlösung der Wellengleichung, nämlich die nur im Aufpunkt P unstetige Kugelwelle

$$w' = \frac{\mathrm{e}^{-ikr}}{r}, \tag{2}$$

wo r der Abstand von P gerechnet ist, so liefert der GREENsche Satz

$$\int_{(L)}\cdots + \int_{(P)}\cdots + \int_{(F_1)}\cdots + \int_{(F_\infty)}\left[w\frac{\partial}{\partial n}\left(\frac{\mathrm{e}^{-ikr}}{r}\right) - \frac{\mathrm{e}^{-ikr}}{r}\frac{\partial w}{\partial n}\right]\mathrm{d}f = 0. \tag{3}$$

Zur Auswertung der Integrale in Gl. (3) sind die einzelnen Integrationsgebiete in Bild 5.1 verdeutlicht. Die Integrationsgebiete über P und L sind kleine Kugeln mit verschwindendem Radius, das Gebiet F_1 eine Umhüllende der Beugungsfläche F_0 mit verschwindendem Abstand. Von den Integralen verschwindet zunächst laut Voraus-

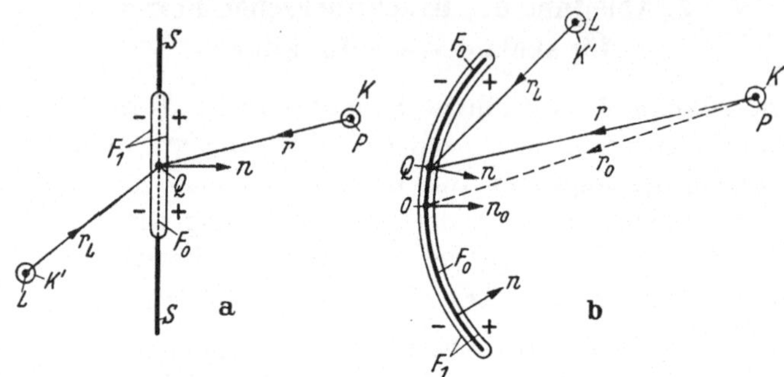

Bild 5.1. Bezeichnungen für die KIRCHHOFFsche Formel. a) Durchlaßfall, b) Reflexionsfall. F_0 Beugungsfläche (+ Seite strahlende Seite); S Schirm; P Feldpunkt; L primäre Lichtquelle; F_1, K, K' Integrationsflächen; $\boldsymbol{n}$ Normale: r, r_L Entfernung eines Flächenpunktes Q, r_0, r_{0L} des Bezugspunktes 0 von P bzw. L.

setzung das Integral über die unendlich ferne Fläche. Das Integral über F_1 ergibt im Grenzfall, wenn man die Fläche in unmittelbare Nähe von F_0 legt und berücksichtigt, daß w an F_0 die angegebenen Sprungwerte hat, w' dagegen an F_0 regulär ist, also auf beiden Seiten die gleichen Werte hat,

$$\begin{aligned}\int\limits_{(F_1)} \cdots &= \int\limits_{F_0} \left[(w_+ - w_-) \frac{\partial}{\partial n_+}\left(\frac{\mathrm{e}^{-\mathrm{i}kr}}{r}\right) - \frac{\mathrm{e}^{-\mathrm{i}kr}}{r}\left(\frac{\partial w}{\partial n_+} - \frac{\partial w}{\partial n_-}\right)\right] \mathrm{d}f \\ &= \int\limits_{F_0} \left[W \frac{\partial}{\partial n_+}\left(\frac{\mathrm{e}^{-\mathrm{i}kr}}{r}\right) - \frac{\mathrm{e}^{-\mathrm{i}kr}}{r} W'\right] \mathrm{d}f.\end{aligned} \tag{4}$$

Das Integral über die Kugel P ist im Grenzfall $r \to 0$ leicht auszuführen. Da w in P regulär ist, können für w und $\partial w/\partial n$ die Werte in P genommen werden. Da ferner für die Kugel $\boldsymbol{n} = \boldsymbol{n}_K$ in die Richtung von $\boldsymbol{r}$ fällt, vgl. Bild 5.1, $\mathrm{d}f = r^2 \mathrm{d}\Omega$ (Ω = Raumwinkel) und

$$\frac{\partial}{\partial n_K}\left(\frac{\mathrm{e}^{-\mathrm{i}kr}}{r}\right) = \frac{\partial}{\partial r}\left(\frac{\mathrm{e}^{-\mathrm{i}kr}}{r}\right) = -\left(\frac{1}{r^2} + \frac{\mathrm{i}k}{r}\right)\mathrm{e}^{-\mathrm{i}kr} \tag{5}$$

wird, erhält man für das Teilintegral über P in Gl. (3)

$$\int\limits_{(P)} \cdots = \lim_{r \to 0} \int\limits_{(K)} \left[w_P\left(-\frac{1}{r^2} - \frac{\mathrm{i}k}{r}\right)\mathrm{e}^{-\mathrm{i}kr} - \frac{\mathrm{e}^{-\mathrm{i}kr}}{r}\left(\frac{\partial w}{\partial n}\right)_P\right] r^2 \mathrm{d}\Omega = -4\pi w_P. \tag{6}$$

Da ohne beugende Fläche das Potential w_P gleich der primären Erregung w_{0P} in P ist, muß hiernach, da in diesem Fall nach Gl. (3) $\int\limits_{(L)}\cdots = -\int\limits_{(P)}\cdots$ wird, das Integral über L den Wert $4\pi\, w_{0P}$ ergeben. Mithin erhält man eingesetzt in Gl. (3) für die gesuchte Lösung des angesetzten Sprungwertproblems

$$w_P = w_{0P} + \frac{1}{4\pi}\int\limits_{F_0}\left[W\frac{\partial}{\partial n}\left(\frac{e^{-ikr}}{r}\right) - \frac{e^{-ikr}}{r}W'\right]df = w_{0P} + w_B, \quad (7)$$

wo w_B die von den einzelnen Flächenpunkten ausgehende Beugungswelle ist. Da in der Gleichung n für n_+ geschrieben ist, zeigt die Normale von der positiven, also strahlenden Fläche, in das Innere des Strahlungsgebietes.

Es wäre noch zu beweisen, daß für dieses w_P das Integral über die unendlich ferne Fläche wirklich verschwindet. An Stelle eines exakten Beweises begnügen wir uns damit, daß w_P als Summe der von den einzelnen Punkten ausgehenden Kugelwellen ebenso wie w' mit $1/r$ verschwindet, die Ableitungen also im wesentlichen mit $1/r^2$ und demnach der Integrand in Gl. (3) mit $1/r^3$, so daß das Integral über die mit r^2 wachsende Fläche für $r \to \infty$ tatsächlich verschwindet.

Setzt man jetzt in die exakte Gl. (7) für die unbekannten Sprungwerte die KIRCHHOFFschen Näherungen ein, indem man nach den Vorstellungen der Optik ohne Berücksichtigung der Randwirkung die Sprünge W und W' gleich den ungestörten Werten w_0 bzw. $\left(\frac{\partial w}{\partial n}\right)_0 = w_0'$ auf der Beugungsfläche setzt, so erhält man die KIRCHHOFFsche Formel

$$w_P = w_{0P} + \frac{1}{4\pi}\int\limits_{F_0}\left[w_0\frac{\partial}{\partial n}\left(\frac{e^{-ikr}}{r}\right) - \frac{e^{-ikr}}{r}\left(\frac{\partial w}{\partial n}\right)_0\right]df. \quad (8)$$

Hiernach kann die gesuchte Erregung in P aus der ungestörten Primärerregung in P (Index 0 P) und den ungestörten Erregungen auf der strahlenden Fläche (Index 0) berechnet werden. Die Flächenerregung w_0 ist dabei im Durchlaßfall Bild 5.1a bei einem beliebigen Schirm gleich der ungestörten Primärerregung w_{0p}. Dagegen muß im Reflexionsfall bei einem metallischen Schirm $w_0 = -w_{0p}$ gesetzt werden, damit die Gesamterregung auf der metallischen Fläche verschwindet, während die Ableitung $\partial w/\partial n$ in beiden Fällen gleich dem primären Wert ist, vgl. die entsprechenden Beziehungen für den Vektorfall in Abschn. 4.

Da die Ableitung von $\frac{e^{-ikr}}{r}$ nach n gleich der Ableitung nach r multipliziert mit dem $\cos(\boldsymbol{n}\,\boldsymbol{r})$ ist, kann man Gl. (8) mit Benutzung von Gl. (5) umschreiben in die Form

$$w_P = w_{0P} - \frac{1}{4\pi}\int\limits_{F_0}\frac{e^{-ikr}}{r}\left[w_0\left(\frac{1}{r} + ik\right)\cos(\boldsymbol{n}\,\boldsymbol{r}) + \left(\frac{\partial w}{\partial n}\right)_0\right]df. \quad (8a)$$

Für nicht harmonische Vorgänge ist nach den Ausführungen in Kap. 3.3 bei reellem $\varepsilon = \varepsilon_0\, \mathrm{i}\,\omega$ durch $\frac{\partial}{\partial t}$, also i$k$ durch $\frac{k}{\omega}\frac{\partial}{\partial t} = \frac{1}{c}\frac{\partial}{\partial t}$ und $\mathrm{e}^{-\mathrm{i}kr}$ durch Einführung der retardierten Zeit $t - r/c$ zu ersetzen. Für beliebige zeitliche Vorgänge gilt daher statt (8a)

$$w_{\mathrm{P}} = w_{0\,\mathrm{P}} - \frac{1}{4\pi}\int\limits_{F_0}\frac{1}{r}\left\{\left[\frac{1}{r}w_0 + \frac{1}{c}\frac{\partial w_0}{\partial t}\right]_{(t-r/c)}\cos(\boldsymbol{n}\,\boldsymbol{r}) + \left(\frac{\partial w}{\partial n}\right)_{0\,(t-r/c)}\right\}\mathrm{d}f. \tag{9}$$

Beschränkt man die Auswertung auf das Fernfeld, indem man in Gl. (8a) die Glieder mit höheren Potenzen von r im Nenner vernachlässigt und die Änderungen von r gegen ein festes r_0, z. B. den Abstand vom Mittelpunkt der strahlenden Fläche, nur in der Phase, also nur im Exponenten der Exponentialfunktion, berücksichtigt, so erhält man aus (8a) für die Beugungswelle in großer Entfernung

$$w_{B\infty} = -\frac{1}{4\pi}\,\frac{\mathrm{e}^{-\mathrm{i}kr_0}}{r_0}\int\limits_{F_0}\mathrm{e}^{-\mathrm{i}k(r-r_0)}\left[\mathrm{i}\,k\,w_0\cos(\boldsymbol{n}\,\boldsymbol{r}_0) + \left(\frac{\partial w}{\partial n}\right)_0\right]\mathrm{d}f. \tag{10}$$

Rührt im besonderen die Primärerregung entsprechend Bild 5.1a und b von einer weit entfernten Strahlungsquelle L im gleichen Medium her (Entfernung r_{L} groß gegen die Wellenlänge, $\cos(\boldsymbol{n}\,\boldsymbol{r}_{\mathrm{L}}) \approx \cos(\boldsymbol{n}\,\boldsymbol{r}_{0\,\mathrm{L}})$, gleiche Wellenzahl k), so wird wegen $w_{0\,p} = \mathrm{const}\,\frac{\mathrm{e}^{-\mathrm{i}kr_{\mathrm{L}}}}{r_{\mathrm{L}}}$ mit Vernachlässigung der höheren Glieder von r_{L} im Nenner

$$\left(\frac{\partial w}{\partial n}\right)_0 = \left(\frac{\partial w_{0\,p}}{\partial r_{\mathrm{L}}}\right)\cos(\boldsymbol{n}\,\boldsymbol{r}_{\mathrm{L}}) \approx -\mathrm{i}\,k\,w_{0\,p}\cos(\boldsymbol{n}\,\boldsymbol{r}_{0\,\mathrm{L}}). \tag{11}$$

Führt man dies in Gl. (10) ein und setzt außerdem nach den Ausführungen bei Gl. (8) $w_{0\,p} = w_0$ für den Durchlaßfall und $w_{0\,p} = -w_0$ für den Reflexionsfall, so geht Gl. (10) mit $k = 2\pi/\lambda$ über in

$$w_{B\infty} = -\mathrm{i}\,\frac{\mathrm{e}^{-\mathrm{i}kr_0}}{2\lambda\,r_0}\int\limits_{F_0}\mathrm{e}^{-\mathrm{i}k(r-r_0)}\,w_0\left[\cos(\boldsymbol{n}\,\boldsymbol{r}_0) \mp \cos(\boldsymbol{n}\,\boldsymbol{r}_{0\,\mathrm{L}})\right]\mathrm{d}f, \tag{12}$$

wobei das obere Zeichen für den Durchlaßfall, das untere für den Reflexionsfall gilt. $\boldsymbol{n}$ zeigt bei allen Formeln in das Innere des Strahlungsraumes, $\boldsymbol{r}_0$ und $\boldsymbol{r}_{0\,\mathrm{L}}$ von P bzw. L auf die strahlende Fläche zu.

Für die Hauptdurchlaß- bzw. die Hauptreflexionsrichtung $\boldsymbol{r}_0 \parallel \boldsymbol{r}_{0\,\mathrm{L}}$ erhält man aus Gl. (12) in beiden Fällen

$$w_{B\infty} = -\mathrm{i}\,\frac{\mathrm{e}^{-\mathrm{i}kr_0}}{\lambda\,r_0}\int\limits_{F_0}\mathrm{e}^{-\mathrm{i}k(r-r_0)}\,w_0\cos(\boldsymbol{n}\,\boldsymbol{r}_0)\,\mathrm{d}f, \tag{13}$$

da im durchgelassenen Feld nach Bild 5.1 $\cos(\boldsymbol{n}\,\boldsymbol{r}_{0\,\mathrm{L}}) = -\cos(\boldsymbol{n}\,\boldsymbol{r}_0)$, im reflektierten Feld $\cos(\boldsymbol{n}\,\boldsymbol{r}_{0\,\mathrm{L}}) = \cos(\boldsymbol{n}\,\boldsymbol{r}_0)$ ist. Für das Beugungsfeld der Hauptrichtung einer von der beugenden Fläche weit entfernten Strahlungsquelle im freien Raum (bzw. allgemeiner im gleichen Raum) und nur hierfür gilt daher die vereinfachte Formel (13) und nicht allgemein. So gilt sie z. B. nicht für die bei den Hohlleiterantennen Kap. 22 abgestrahlten Hohlleiterwellen wegen der anderen Wellenzahl.

Für eine ebene Fläche mit senkrechter Hauptrichtung liefert (13) wegen $r - r_0 = 0$ und $\cos(\boldsymbol{n}\,\boldsymbol{r}_0) = -1$ einfach die Summation der Flächenwerte

$$w_{B\infty} = +\mathrm{i}\,\frac{e^{-\mathrm{i}kr_0}}{\lambda r_0}\int\limits_{F_0} w_0\,\mathrm{d}f. \tag{14}$$

Entwickelt man den Exponenten $r - r_0$ in den Gl. (10 bis 14) nach den Koordinaten der Beugungsfläche, was bei bekannter, z. B. ebener Beugungsfläche ohne weiteres durchführbar ist, vgl. Kap. 22, 23 u. 30, so erhält man im Exponenten eine Reihe mit linearen, quadratischen und höheren Gliedern und damit steigende Näherungslösungen der KIRCHHOFFschen Beugungsformel. Berücksichtigt man nur die linearen Glieder, so hat man die FRAUENHOFERsche Näherung, berücksichtigt man die linearen und quadratischen Glieder, so hat man die FRESNELsche Näherung.

3. Erweiterung der KIRCHHOFFschen Formel auf die elektromagnetischen Feldvektoren.

Die KIRCHHOFFsche Formel gilt nur für eine skalare Lösung der Wellengleichung. Man kann die Lösung nicht ohne weiteres auf die 6 Komponenten der elektromagnetischen Feldvektoren übertragen, da die Feldvektoren außerdem die MAXWELLschen Gleichungen erfüllen müssen, und damit bestimmte Beziehungen zwischen den einzelnen Komponenten und den Randwerten bestehen. Die der KIRCHHOFFschen Lösung für skalare Wellenfunktionen entsprechende, zuerst von LARMOR und in der folgenden Form von KOTTLER durchgeführte Lösung der MAXWELLschen Gleichungen ergibt sich in Analogie zur KIRCHHOFFschen Formel als exakte Lösung des folgenden Sprungwertproblems:

Gesucht wird eine Lösung der MAXWELLschen Gleichungen, die sich im Erregungspunkt L wie ein HERTZscher Dipol verhält, an der berandeten Beugungsfläche F_0 die Sprungwerte der tangentialen Komponenten

$$H_{t+} - H_{t-} = H_{0t}, \qquad E_{t+} - E_{t-} = E_{0t} \tag{15}$$

hat und im Unendlichen derart verschwindet, daß das später definierte GREENsche Integral über eine unendlich ferne Fläche verschwindet. Weitere Sprünge können wegen des Bestehens der MAXWELLschen Gleichungen nicht willkürlich vorgegeben sein, sondern sind zwangsläufig vorhanden.

Für die Lösung des angegebenen Sprungwertproblens können wir in Anlehnung an den vorigen Abschnitt von einem vektoriellen Analogon des GREENschen Satzes ausgehen, wie es z. B. in neuerer Zeit von STRATTON und CHU dargestellt worden ist, und dessen Resultat auf die späteren Gl. (20) führt. Die Lösung gestaltet sich aber wesentlich einfacher mit Benutzung der Flächenströme. Der Sprung der tangentialen Feldstärken hat nämlich Flächenströme zur Folge. Ein Unterschied der tangentialen magnetischen Feldstärke auf beiden Seiten der Fläche F_0 von der unendlich kleinen Dicke $\delta \to 0$ kann nämlich nach dem Durchflutungsgesetz, also dem 1. MAXWELLschen Satz, nur bestehen, wenn in der Fläche ein elektrischer Strom von der endlichen Flächenstromdichte $J_f = H_{t+} - H_{t-} = \boldsymbol{H}_{0t}$ vorhanden ist, entsprechend der in Kap. 3.2 abgeleiteten Grenzbedingung (3.10). Da dieser Flächenstrom von der Größe der Tangentialkomponente senkrecht zu $\boldsymbol{H}_{0t}$ und senkrecht zur Flächennormale $\boldsymbol{n}$ gerichtet ist, und zwar so, daß $\boldsymbol{n}$, $\boldsymbol{H}_{0t}$ und $\boldsymbol{J}_f$ ein Rechtssystem bilden, kann vektoriell

$$\boldsymbol{J}_f = \boldsymbol{n} \times \boldsymbol{H}_0 \tag{16}$$

geschrieben werden, wo $\boldsymbol{H}_0$ die Gesamtfeldstärke ist. Analog hat der Sprung der elektrischen Feldstärke einen magnetischen Flächenstrom

$$\boldsymbol{J}_{mf} = \boldsymbol{n} \times \boldsymbol{E}_0 \tag{16a}$$

zur Folge, wobei wir, wie bereits in Gl. (3.10a), für den magnetischen Strom das gleiche Vorzeichen wie im elektrischen Fall gewählt haben. Nach dem allgemeinen Kontinuitätsgesetz Gl. (1.8) sind diese Ströme mit Flächenladungen und außerdem wegen Entspringens der Stromlinien an dem unstetigen Rande mit Randladungen verbunden, was bei der Bildung der Divergenz zu beachten ist. Durch die Flächenströme $\boldsymbol{J}_f$ und $\boldsymbol{J}_{mf}$ sind die angegebenen Sprungbedingungen eindeutig ersetzt. Das gesuchte Strahlungsfeld kann daher aus den Strömen $\boldsymbol{J}_f$ und $\boldsymbol{J}_{mf}$ berechnet werden.

Nach Kap. 2 erzeugt der Strom $\boldsymbol{J}_f$ ein Strahlungsfeld, das nach Gl. (2.21a) mit Einführung der komplexen Rechnung nach Gl. (3.12) und der Wellenzahl $k = \omega/v$ nach Gl. (3.14) durch den HERTZschen Vektor

$$\boldsymbol{P} = \frac{1}{4\pi\,\mathrm{i}\,\omega\,\varepsilon}\int\limits_{F_0}\frac{\mathrm{e}^{-\mathrm{i}kr}}{r}\boldsymbol{J}_f\,\mathrm{d}f = \frac{1}{4\pi\,\mathrm{i}\,\omega\,\varepsilon}\int\limits_{F_0}\frac{\mathrm{e}^{-\mathrm{i}kr}}{r}(\boldsymbol{n}\times\boldsymbol{H}_0)\,\mathrm{d}f \tag{17}$$

gegeben ist, wo r wie in Bild 5.1 und Abschn. 2 der Abstand des Feldpunktes von einem Punkt der Beugungsfläche ist. Analog ergibt sich das von $\boldsymbol{J}_{mf}$ erregte Feld aus einem magnetischen Strahlungsvektor

$$\boldsymbol{Q} = -\frac{1}{4\pi\,\mathrm{i}\,\omega\,\mu}\int\limits_{F_0}\frac{\mathrm{e}^{-\mathrm{i}kr}}{r}\boldsymbol{J}_{mf}\,\mathrm{d}f = -\frac{1}{4\pi\,\mathrm{i}\,\omega\,\mu}\int\limits_{F_0}\frac{\mathrm{e}^{-\mathrm{i}kr}}{r}(\boldsymbol{n}\times\boldsymbol{E}_0)\,\mathrm{d}f. \tag{17a}$$

Beschränkt man die Auswertung wieder auf das Fernfeld, für das ja die Methode praktisch nur Gültigkeit hat, so vereinfachen sich die in (17 u. 17a) auftretenden Integrale, da man den Unterschied der Entfernungen r gegen ein festes, z. B. das mittlere r_0, ebenso wie in Gl. (10) nur in der Phase zu berücksichtigen braucht, zu

$$\begin{aligned} \boldsymbol{P}_\infty &= \frac{1}{4\pi\,\mathrm{i}\,\omega\,\varepsilon}\,\frac{\mathrm{e}^{-\mathrm{i}kr_0}}{r_0}\int\limits_{F_0}\mathrm{e}^{-\mathrm{i}k(r-r_0)}\,\boldsymbol{J}_f\,\mathrm{d}f, \\ \boldsymbol{Q}_\infty &= -\frac{1}{4\pi\,\mathrm{i}\,\omega\,\mu}\,\frac{\mathrm{e}^{-\mathrm{i}kr_0}}{r_0}\int\limits_{F_0}\mathrm{e}^{-\mathrm{i}k(r-r_0)}\,\boldsymbol{J}_{mf}\,\mathrm{d}f. \end{aligned} \tag{18}$$

Durch den Wegfall des Nenners werden die Integrale häufig elementar lösbar. Beispiele enthalten die Kap. 22, 23 u. 30.

Entsprechend der Ableitung in Kap. 2 gelten die Gleichungen nur für die geradlinigen Komponenten der Strahlungspotentiale in beliebigen, auch krummlinigen Koordinaten. Aus $\boldsymbol{P}$ und $\boldsymbol{Q}$ ergeben sich die gesuchten Feldstärken des Beugungsfeldes nach den Gl. (3.22) zu

$$\begin{aligned} \boldsymbol{H} &= \mathrm{i}\,\omega\,\varepsilon\,\mathrm{rot}\,\boldsymbol{P} + k^2\boldsymbol{Q} + \mathrm{grad\,div}\,\boldsymbol{Q}, \\ \boldsymbol{E} &= -\mathrm{i}\,\omega\,\mu\,\mathrm{rot}\,\boldsymbol{Q} + k^2\boldsymbol{P} + \mathrm{grad\,div}\,\boldsymbol{P}. \end{aligned} \tag{19}$$

Nach diesen Formeln ist das gesamte Feld bekannt und kann auf zwei verschiedene Arten aus den in $\boldsymbol{P}$ und $\boldsymbol{Q}$ auftretenden Ersatzflächenströmen bzw. Feldstärken auf der beugenden Fläche berechnet werden. Nach der 1. Methode setzt man die als Funktion der Flächenpunkte bekannten Ersatzflächenströme bzw. Feldstärken $\boldsymbol{E}_0$, $\boldsymbol{H}_0$ auf der beugenden Fläche in die Strahlungspotentiale $\boldsymbol{P}$ und $\boldsymbol{Q}$ ein und erhält die gesuchten Feldstärken $\boldsymbol{E}$ und $\boldsymbol{H}$ nach (19) mit den bekannten Komponentendarstellungen der Vektoroperationen direkt als Funktion der Koordinaten. $\boldsymbol{E}_0$ und $\boldsymbol{H}_0$ treten in $\boldsymbol{E}$ und $\boldsymbol{H}$ nicht mehr auf. Bei der Ausrechnung ist zu beachten, daß sich die Vektoroperationen grad, div und rot und damit die Differentiationen auf die Koordinaten des Feldpunktes P, die Integrationen in (17 u. 18) auf die Koordinaten der Beugungsfläche beziehen und daß die Feldstärken $\boldsymbol{E}_0$ und $\boldsymbol{H}_0$ auf der beugenden Fläche im Durchlaß- und Reflexionsfall verschieden sind; vgl. Abschn. 4 und die Anwendungen in Kap. 22 u. 23.

Nach der 2. Methode setzt man zunächst die allgemeinen Werte (17 u. 17a) der Strahlungspotentiale in (19) ein und erhält die Feldstärken $\boldsymbol{E}$ und $\boldsymbol{H}$ des Beugungsfeldes allgemein ausgedrückt durch die Werte $\boldsymbol{E}_0$ und $\boldsymbol{H}_0$ auf der beugenden Fläche. Durch Einsetzen der als Funktion der Flächenpunkte bekannten Werte für $\boldsymbol{E}_0$ und $\boldsymbol{H}_0$ in diese Gleichungen erhält man dann die gesuchte Darstellung von $\boldsymbol{E}$ und $\boldsymbol{H}$ als Funktion der Koordinaten. Die zahlenmäßige Auswertung ist im allgemeinen umständlicher als die 1. Methode, so daß wir sie nicht anwenden werden. Da die allgemeinen Formeln für $\boldsymbol{E}$ und $\boldsymbol{H}$ jedoch häufig benutzt werden und außerdem den Unterschied gegen die KIRCHHOFFsche Formel für skalare

Wellenfunktionen zeigen, wollen wir sie der Vollständigkeit wegen ohne genauere Ableitung angeben.

Beim Einsetzen von (17 u. 17a) ist zu beachten, daß die Divergenz des Flächenstromes sich auf der Beugungsfläche aus der Differenz zweier Feldstärkenwerte, auf dem unstetigen Rande aus der Randfeldstärke allein ergibt, so daß das Integral auf der Beugungsfläche in ein Flächenintegral und ein Randintegral mit anderen Integranden zerfällt. (Bei der 1. Methode sind die unstetigen Randladungen automatisch mit enthalten, genau wie bei der Integration der HERTZschen Dipole der Linearantenne die End- und Innenladungen automatisch enthalten sind.) Mit dieser Berücksichtigung erhält man dann mit bekannten Beziehungen der Vektoranalysis für $\boldsymbol{E}$ und $\boldsymbol{H}$ die Werte

$$\begin{aligned} \boldsymbol{H} = & \frac{1}{4\pi \mathrm{i}\,\omega\,\mu} \oint \operatorname{grad} \psi\, \boldsymbol{E}_0\, \mathbf{d s} + \frac{1}{4\pi} \oint \psi (\mathbf{d s} \times \boldsymbol{H}_0) \\ & + \frac{1}{4\pi} \int\limits_{F_0} \left[\boldsymbol{H}_0 \frac{\partial \psi}{\partial n} - \psi \frac{\partial \boldsymbol{H}_0}{\partial n} \right] \mathrm{d} f, \end{aligned} \tag{20}$$

$$\begin{aligned} \boldsymbol{E} = & -\frac{1}{4\pi \mathrm{i}\,\omega\,\varepsilon} \oint \operatorname{grad} \psi\, \boldsymbol{H}_0\, \mathbf{d s} + \frac{1}{4\pi} \oint \psi (\mathbf{d s} \times \boldsymbol{E}_0) \\ & + \frac{1}{4\pi} \int\limits_{F_0} \left[\boldsymbol{E}_0 \frac{\partial \psi}{\partial n} - \psi \frac{\partial \boldsymbol{E}_0}{\partial n} \right] \mathrm{d} f \end{aligned} \tag{20a}$$

mit

$$\psi = \frac{e^{-\mathrm{i} k r}}{r}. \tag{20b}$$

Die Gradientenbildung bezieht sich auf die Koordinaten der Beugungsfläche.

Ein Vergleich dieser Formeln mit der KIRCHHOFFschen Formel (8) für eine skalare Wellenfunktion zeigt, daß man bei Anwendung der KIRCHHOFFschen Formel auf die elektrodynamischen Feldvektoren die in den Gl. (20 u. 20a) als Folge der Unstetigkeiten der Feldkomponenten am Rande der Beugungsfläche auftretenden Randintegrale vernachlässigen würde.

Die abgeleitete Lösung (17 bzw. 20) wäre genau wie die einfache KIRCHHOFFsche Formel streng, wenn die auf der Beugungsfläche anzusetzenden Sprungwerte H_{0t} und E_{0t} streng bekannt wären. Die Näherung besteht wieder darin, daß die Sprungwerte an der Beugungsfläche im absoluten Wert gleich den ungestörten Werten des Primärfeldes gesetzt werden, vgl. Abschn. 4, was nur zulässig ist, wenn die beugende Fläche groß gegen die Wellenlänge ist. Diese Forderung ist bei den Anwendungen meist erfüllt, da sie mit der Forderung nach großer Richtwirkung praktisch identisch ist.

Für das Gesamtfeld tritt zu den durch die Beugung erzeugten Feldstärken (19 bzw. 20) genau wie in Abschn. 2 noch die primäre Strahlung, soweit sie im betrachteten Strahlungsraum vorhanden ist.

4. Zurückführung der Sprungwerte auf die primären Feldstärken im durchgelassenen und reflektierten Feld.

Bei den praktischen Anwendungen des HUYGENSschen Prinzips handelt es sich entweder um das durch eine beliebige Öffnung in einem beliebigen Schirm hindurchgelassene Feld oder um das an einer beliebigen endlichen metallischen Fläche reflektierte Feld; vgl. Bild 5.1a und 5.1b.

Für das erste Problem können unmittelbar die oben angegebenen Gleichungen benutzt werden, wobei mangels anderer Unterlagen auf der Öffnungsfläche für $\boldsymbol{E}_0$ und $\boldsymbol{H}_0$ die unveränderten Werte $\boldsymbol{E}_{0p}$ und $\boldsymbol{H}_{0p}$ des Primärfeldes, die ohne den beugenden Körper vorhanden wären, genommen werden. Die Belegungsströme des durchgelassenen Feldes sind daher auf der Öffnungsfläche nach den Gl. (16 u. 16a)

$$\boldsymbol{J}_f = \boldsymbol{n} \times \boldsymbol{H}_0 = \boldsymbol{n} \times \boldsymbol{H}_{0p}, \qquad \boldsymbol{J}_{mf} = \boldsymbol{n} \times \boldsymbol{E}_0 = \boldsymbol{n} \times \boldsymbol{E}_{0p}. \tag{21}$$

Mit diesen Belegungsströmen kann das Feld näherungsweise nach den Gl. (18 u. 19) berechnet werden; vgl. die Anwendungen in Kap. 22 u. 30.4.

Außerhalb der strahlenden Fläche wird im Sinne der KIRCHHOFFschen Näherung sowohl im skalaren Fall als auch im Vektorfall keine Erregung angenommen. Die KIRCHHOFFsche Näherung gilt daher im Durchlaßfall Bild 5.1a physikalisch am besten für einen sogenannten schwarzen Schirm, d. h. einen Schirm, der theoretisch sämtliche auftreffenden Wellen vollkommen ohne Reflexion absorbiert und somit die geringste Störung auf das Feld in der Öffnungsfläche ausübt. Bei allen wirklichen Schirmen ist der Einfluß des Schirmes größer. Für die Störung geht außer der in (18 u. 19) enthaltenen Form des Randes Form und Material des Schirmes ein, da hiervon die Verteilung und Größe der auf dem Schirm erzeugten Ströme abhängt, die ein in den KIRCHHOFFschen Formeln nicht berücksichtigtes zusätzliches Feld und eine Änderung der ursprünglich in der Öffnung herrschenden Feldverteilung hervorrufen. Ist die Öffnung groß im Verhältnis zur Wellenlänge, so wird dieser Einfluß, abgesehen von der Nähe der Kante, vernachlässigbar klein sein. Da die praktisch vorkommenden Öffnungen zur Erzielung guter Richtwirkungen immer groß gegen die Wellenlänge sind und im allgemeinen nur das Feld in der Nähe der Achse interessiert, werden wir daher bei allen Öffnungen das durchgelassene Feld für die Nähe der Achse aus den Belegungsströmen (21) genügend genau berechnen können. Dagegen ist durch die in den KIRCHHOFFschen Formeln liegenden Vernachlässigungen auch bei großen Öffnungen das Feld in der Nähe der Kanten stets ungenau oder z. B. eine Unterscheidung der in Bild 5.2a und b dargestellten Fälle der Abstrahlung einer primären Welle aus einem Hohlleiter ohne und mit Schirm prinzipiell unmöglich, da ja nur die in beiden Fällen gleichen Werte auf der Öffnungsfläche das Feld der Näherungstheorie bestimmen. Der Unterschied kann nur durch eine strenge Lösung mit Erfüllung der Randbedingungen entsprechend den Ausführungen am Schluß von Kap. 3.1 oder mit einer entsprechenden Integrallösung erfaßt werden.

Als Sonderfall eines durchgelassenen Feldes betrachten wir noch das durchgelassene Feld bei komplementären Schirmen. Zwei Schirme heißen komplementär, wenn sie zusammen eine geschlossene Fläche bilden. Für den zu Bild 5.3a komplementären Schirm 5.3b könnte das durchgelassene Feld im Raum II für unpolarisierte optische Wellen nach

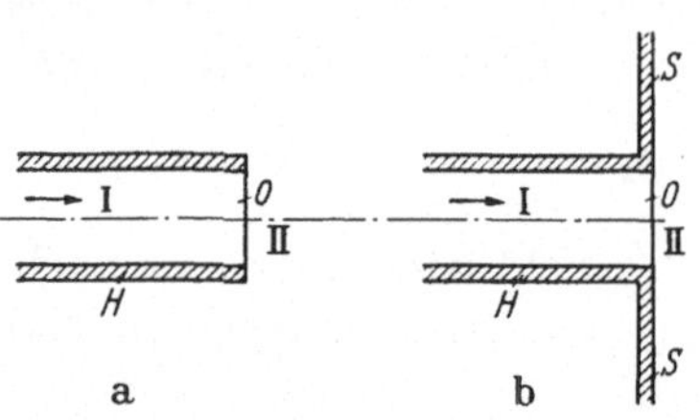

Bild 5.2. Abstrahlung einer Welle aus einem Hohlleiter H ohne und mit Schirm S. Öffnung O.

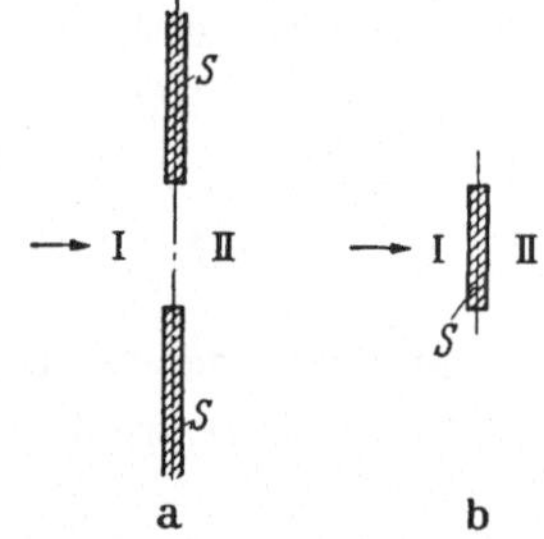

Bild 5.3. Komplementäre Schirme.

den obigen Angaben berechnet werden, indem man die ungestörten Feldwerte auf einer beliebigen Fläche außerhalb S zugrunde legt und die Werte auf S gleich 0 setzt. Da die Summe aus beiden Feldern a) und b) das unveränderte primäre Feld ergeben muß, muß der Feldwert im komplementären Fall einfach gleich der Differenz der direkten Lösung und der für den komplementären Fall a) berechneten Lösung sein, wodurch sich die Rechnung wesentlich vereinfachen kann.

Daß die Summe der beiden Lösungen bei komplementären Schirmen das unveränderte Feld ergibt, ist das sogenannte BABINETsche Prinzip, das in der Optik bei unpolarisierten Wellen streng und nicht nur, wie hier bewiesen, für die Näherungslösung des HUYGENSschen Prinzips gilt, während bei elektrischen Feldern auch die Strahlungsquellen beim Übergang zum komplementären Schirm durch komplementäre Strahlungsquellen mit vertauschtem $\boldsymbol{E}$ und $\boldsymbol{H}$ zu ersetzen sind; vgl. z. B. die im Literaturverzeichnis angegebenen Arbeiten von MEIXNER.

Wir wenden uns nun dem reflektierten Feld Bild 5.1b zu. Da an dem Schirm die auftretende Leistung reflektiert wird, wobei in erster Näherung bei unendlich guter Leitfähigkeit die tangentiale elektrische Feldstärke verschwinden muß, muß für das reflektierte Feld auf dem Schirm $E_{0\,\mathrm{tang}} = -E_{0\,p\,\mathrm{tang}}$ gesetzt werden. Dagegen muß $H_{0\,\mathrm{tang}} = H_{0\,p\,\mathrm{tang}}$ sein, damit der POYNTINGsche Leistungsvektor die entgegengesetzte Richtung bekommt. Da das reflektierte Feld die MAXWELLschen Gleichungen befolgen muß, nach denen die Normalkomponente von $\boldsymbol{H}$ mit den Tangentialkomponenten von $\boldsymbol{E}$ zusammenhängt und die Normalkomponente von $\boldsymbol{E}$ mit den Tangentialkomponenten von $\boldsymbol{H}$, gelten für die Normalkomponenten die entgegengesetzten Vorzeichen. Insgesamt ergeben sich daher für die Berechnung des reflektierten Feldes die auf der Reflexionsfläche anzusetzenden Feldstärken aus den Primärfeldstärken zu

$$\begin{aligned} E_{0\,\text{tang}} &= -E_{0\,p\,\text{tang}}, & H_{0\,\text{tang}} &= H_{0\,p\,\text{tang}}, \\ E_{0n} &= E_{0pn}, & H_{0n} &= -H_{0pn}. \end{aligned} \tag{22}$$

Diese Werte, die den normalen Reflexionsgesetzen entsprechen, müssen z. B. bei Anwendung der Gl. (20 u. 20a) benutzt werden.

Da in den Ersatzflächenströmen nur das die Normalkomponente nicht enthaltende Vektorprodukt $\boldsymbol{n} \times \boldsymbol{H}_0$ bzw. $\boldsymbol{n} \times \boldsymbol{E}_0$ auftritt, kann in diesen Ausdrücken ausnahmsweise für das gesamte $\boldsymbol{E}_0$ die negative, für $\boldsymbol{H}_0$ die positive primäre Feldstärke genommen werden. Die Flächenbelegungsströme des reflektierten Feldes werden daher

$$\boldsymbol{J}_f = \boldsymbol{n} \times \boldsymbol{H}_0 = \boldsymbol{n} \times \boldsymbol{H}_{0p}, \quad \boldsymbol{J}_{mf} = \boldsymbol{n} \times \boldsymbol{E}_0 = -(\boldsymbol{n} \times \boldsymbol{E}_{0p}). \tag{23}$$

Mit diesen Ersatzströmen bzw. den durch Gl. (22) gegebenen Feldstärken kann das reflektierte Feld dann nach den in Abschn. 3 abgeleiteten Gleichungen berechnet werden, vgl. die Anwendungen in Kap. 23 und 30.5. Die bei endlichen Flächen gemachten Vernachlässigungen sind dieselben wie beim Durchgang durch Öffnungen, indem beim Ansetzen des ungestörten Feldes die Änderung des Primärfeldes durch die Randwirkungen und das Herumgreifen des Stromes auf die Rückseite des Schirmes vernachlässigt wird.

6. Kapitel.

Die Energieverhältnisse im Strahlungsfeld.

1. Die Strahlungsleistung und der POYNTINGsche Vektor.

Wir haben bisher, ausgehend von den eigentlichen Feldgleichungen (1.11a u. 1.11c), die elektrischen und magnetischen Feldstärken des Strahlungsfeldes einschließlich der im Feld vorhandenen Ströme und Ladungen betrachtet. Als Abschluß des allgemeinen Teiles wollen wir jetzt die Energieverhältnisse des Strahlungsfeldes allgemein behandeln. Da wir die äußeren Leistungen einbeziehen müssen, gehen wir von den MAXWELLschen Gl. (1.11a u. 1.11b) mit Einschluß eingeprägter Kräfte aus, also von

$$\operatorname{rot} \boldsymbol{H} = \boldsymbol{J} + \varepsilon \frac{\partial \boldsymbol{E}}{\partial t}, \qquad \operatorname{rot}(\boldsymbol{E} - \boldsymbol{E}_e) = -\mu \frac{\partial \boldsymbol{H}}{\partial t}. \tag{1}$$

Die äußeren Feldstärken $\boldsymbol{E}_e$ hängen dabei mit den äußeren Spannungen U_a durch Gl. (1.3) zusammen, also durch

$$U_a = \oint \boldsymbol{E}_e \,\mathrm{d}\boldsymbol{l}. \qquad (1\mathrm{a})$$

Sämtliche Werte sind im vorliegenden Abschn. 1 Augenblickswerte, ε und μ im ganzen Kapitel reelle Zahlen.

Multipliziert man die 2. Gl. (1) mit $\boldsymbol{H}$, die 1. Gleichung mit $\boldsymbol{E} - \boldsymbol{E}_e$ und subtrahiert, so wird mit Benutzung der allgemeinen Vektorbeziehung

$$\operatorname{div}(\boldsymbol{u} \times \boldsymbol{v}) = \boldsymbol{v} \operatorname{rot} \boldsymbol{u} - \boldsymbol{u} \operatorname{rot} \boldsymbol{v} \qquad (2)$$

$$\begin{aligned} \boldsymbol{H} \operatorname{rot}(\boldsymbol{E} - \boldsymbol{E}_e) - (\boldsymbol{E} - \boldsymbol{E}_e) \operatorname{rot} \boldsymbol{H} &= \operatorname{div}[(\boldsymbol{E} - \boldsymbol{E}_e) \times \boldsymbol{H}] \\ &= -\mu \boldsymbol{H} \frac{\partial \boldsymbol{H}}{\partial t} - \varepsilon(\boldsymbol{E} - \boldsymbol{E}_e) \frac{\partial \boldsymbol{E}}{\partial t} - (\boldsymbol{E} - \boldsymbol{E}_e) \boldsymbol{J}. \end{aligned} \qquad (3)$$

Integriert man jetzt über ein geschlossenes Volumen τ, dessen Oberfläche nicht durch eingeprägte Feldstärken, also nicht durch äußere Spannungsquellen geht, was praktisch keine Einschränkung bedeutet, und ersetzt das Volumenintegral über $\operatorname{div}[(\boldsymbol{E} - \boldsymbol{E}_e) \times \boldsymbol{H}]$ nach dem Gaussschen Satz durch das entsprechende Oberflächenintegral über die Normalkomponente von $(\boldsymbol{E} - \boldsymbol{E}_e) \times \boldsymbol{H}$, so verschwindet das Integral über $\boldsymbol{E}_e \times \boldsymbol{H}$, weil laut Voraussetzung in der Oberfläche überall $\boldsymbol{E}_e = 0$ ist. Ebenso verschwindet das Volumenintegral über $\varepsilon \boldsymbol{E}_e \frac{\partial \boldsymbol{E}}{\partial t}$, da wenigstens bei allen Anwendungen der Hochfrequenztechnik eingeprägte Kräfte nur in Leitern, also an Stellen mit verschwindenden Verschiebungsströmen $\varepsilon \frac{\partial \boldsymbol{E}}{\partial t} = 0$ vorkommen. Mithin erhält man

$$-\int\limits_{\tau} \left(\varepsilon \boldsymbol{E} \frac{\partial \boldsymbol{E}}{\partial t} + \mu \boldsymbol{H} \frac{\partial \boldsymbol{H}}{\partial t} \right) \mathrm{d}\tau = \int\limits_{\tau} \boldsymbol{E} \boldsymbol{J} \,\mathrm{d}\tau - \int\limits_{\tau} \boldsymbol{E}_e \boldsymbol{J} \,\mathrm{d}\tau + \int\limits_{(F)} (\boldsymbol{E} \times \boldsymbol{H}) \,\mathrm{d}\boldsymbol{f}. \qquad (4)$$

Diese Gleichung läßt sich folgendermaßen deuten: Bei den stationären Feldern sind die elektrischen bzw. magnetischen Feldenergien

$$W_e = \tfrac{1}{2} \boldsymbol{D} \boldsymbol{E} = \tfrac{1}{2} \varepsilon E^2, \qquad W_m = \tfrac{1}{2} \boldsymbol{B} \boldsymbol{H} = \tfrac{1}{2} \mu H^2. \qquad (5)$$

Sieht man auch im nichtstationären Feld bei veränderlichen Feldgrößen die Summe beider Ausdrücke als die augenblickliche elektromagnetische Gesamtenergie des Feldes an, so stellt die linke Seite von Gl. (4) die zeitliche Abnahme der elektromagnetischen Feldenergie $W = W_e + W_m$ dar. Das 1. Glied der rechten Seite $\int \boldsymbol{E} \boldsymbol{J} \,\mathrm{d}\tau = \int \sigma E^2 \,\mathrm{d}\tau$ ist offenbar die in den Leitern in Wärme umgesetzte Leistung P_q, während das 2. Glied, das mit Rücksicht auf Gl. (1a) als $-\sum U_a I_a$ geschrieben werden kann, die in dem betrachteten Augenblick gegen die äußere Kraft geleistete Arbeit P_a darstellt. Das letzte Glied schließlich stellt eine durch die Oberfläche austretende Leistung, die für alle Strahlungsfelder charakteristische Strahlungsleistung P_{str} dar. Der durch Gl. (4) gegebene Zusammenhang zwischen den einzelnen Leistungen oder die Leistungsbilanz des Strahlungsfeldes besagt nun, daß in einem geschlossenen Volumen in jedem Augenblick die zeitliche Abnahme der elektromagnetischen Feldenergie gleich der von den Feldkomponenten in diesem Raum ausgeübten Leistung, nämlich gleich der im Innern sekundlich in Wärme umgesetzten und gegen die äußeren Feldkräfte geleisteten Arbeit und der aus der Oberfläche austretenden Strahlungsleistung ist:

$$-\frac{\partial W(t)}{\partial t} = P_q(t) - P_a(t) + P_{str}(t). \tag{6}$$

Dabei bedeutet ein positives P_a, daß gegen die äußere Kraft Arbeit geleistet wird, also dem Feld Leistung zugeführt wird, während ein negatives P_a eine abgegebene Leistung bedeutet.

Der physikalische Inhalt von Gl. (4 bzw. 6) läßt sich auch folgendermaßen ausdrücken:

Die dem Strahlungsfeld zugeführte äußere Leistung ist in jedem Augenblick gleich der Summe aus Wärmeleistung, Strahlungsleistung und Zunahme der elektromagnetischen Feldenergie.

Die durch das letzte Glied von Gl. (6) definierte Strahlungsleistung war nach Gl. (4)

$$P_{str}(t) = \int_{(F)} [\boldsymbol{E}(t) \times \boldsymbol{H}(t)]\, \mathbf{d}\boldsymbol{f} = \int_{(F)} \boldsymbol{S}(t)\, \mathbf{d}\boldsymbol{f}, \tag{7}$$

wobei das Integral über eine den Raum umschließende Fläche zu erstrecken ist, und zwar so, daß der Vektor $\mathbf{d}\boldsymbol{f}$ nach außen in bezug auf den betrachteten Feldraum gerichtet ist. Der durch die Gl. (7) eingeführte reelle POYNTINGsche Vektor

$$\boldsymbol{S}(t) = \boldsymbol{E}(t) \times \boldsymbol{H}(t) \tag{8}$$

gibt offenbar die Strahlungsleistung durch die Flächeneinheit, also die Strahlungsleistungsdichte oder kurz die Strahlungsdichte, und zwar den Augenblickswert [Bezeichung $\boldsymbol{S}(t)$]. Er ist bei bekanntem Feld als Vektorprodukt von $\boldsymbol{E}(t)$ und $\boldsymbol{H}(t)$ an jeder Stelle berechenbar. Die Integration über eine geschlossene Fläche ergibt dann nach Gl. (4 u. 7) die aus dem umschlossenen Raum austretende Strahlungsleistung. Um die gesamte Strahlungsleistung des Feldes zu erhalten, muß die Integrationsfläche sämtliche Leiter umschließen. Zur Vereinfachung der Rechnung nimmt man entweder eine unendlich große Kugel, oder man legt die Integrationsfläche unmittelbar um die einzelnen Leiter herum. Das hat gegenüber der ersten Methode den Vorteil, daß man den Strahlungsanteil der einzelnen Leiter für sich und damit die für die Strahlungskopplung wichtigen Strahlungskoeffizienten bekommt. Bei der Integration um die Leiter sind die Leiter ähnlich wie bei der Lösungsmethode mit Randbedingungen in Kap. 3 aus dem Strahlungsfeld ausgenommen. Da der POYNTINGsche Vektor die aus dem Feld austretende, also in diesem Fall die in die Leiter eintretende Leistung liefert, ergibt die Integration um die Leiter die negative Strahlungsleistung der Quelle, die Integration um die äußere Umhüllungsfläche die positive Leistung. Hiernach ist die gesamte aufzubringende Strahlungsleistung

$$P_{\mathrm{str}}(t) = \int_{(F_\infty)} [\boldsymbol{E}(t) \times \boldsymbol{H}(t)]\, \mathrm{d}\boldsymbol{f} = -\int_{(\mathrm{Leiter})} [\boldsymbol{E}(t) \times \boldsymbol{H}(t)]\, \mathrm{d}\boldsymbol{f}. \tag{9}$$

2. Der komplexe POYNTINGsche Vektor. Mittlere Strahlungsleistung und Strahlungswiderstand.

Während unsere bisherigen Betrachtungen der Leistung für beliebige zeitliche Vorgänge gelten, wollen wir uns jetzt auf zeitlich harmonische Vorgänge beschränken. Es sei also

$$\begin{aligned} \boldsymbol{E}(t) &= \mathrm{Re}\,[\boldsymbol{E}\,\mathrm{e}^{\mathrm{i}\omega t}] = \mathrm{Re}\,[|\boldsymbol{E}|\,\mathrm{e}^{\mathrm{i}\alpha}\mathrm{e}^{\mathrm{i}\omega t}], \\ \boldsymbol{H}(t) &= \mathrm{Re}\,[\boldsymbol{H}\,\mathrm{e}^{\mathrm{i}\omega t}] = \mathrm{Re}\,[|\boldsymbol{H}|\,\mathrm{e}^{\mathrm{i}\beta}\mathrm{e}^{\mathrm{i}\omega t}]. \end{aligned} \tag{10}$$

Mit diesen Werten wird der POYNTINGsche Vektor (8)

$$\begin{aligned} \boldsymbol{S}(t) &= \mathrm{Re}\,[|\boldsymbol{E}|\,\mathrm{e}^{\mathrm{i}\alpha}\mathrm{e}^{\mathrm{i}\omega t}] \times \mathrm{Re}\,[|\boldsymbol{H}|\,\mathrm{e}^{\mathrm{i}\beta}\mathrm{e}^{\mathrm{i}\omega t}] \\ &= [|\boldsymbol{E}|\cos(\alpha + \omega t)] \times [|\boldsymbol{H}|\cos(\beta + \omega t)]. \end{aligned} \tag{11}$$

Im allgemeinen interessiert bei zeitlich harmonischen Vorgängen nur der zeitliche Mittelwert der Leistung. Dieser ist nach Gl. (11), wenn wir die reellen Mittelwerte der Leistungsgrößen durch den einfachen Buchstaben kennzeichnen (vgl. die Übersicht über die Bezeichnungen auf S. XIII),

$$\boldsymbol{S} = \tfrac{1}{2}(|\boldsymbol{E}| \times |\boldsymbol{H}|)\cos(\alpha - \beta). \tag{12}$$

Mit Einführung des zum Vektor $\boldsymbol{H} = |\boldsymbol{H}|\,\mathrm{e}^{\mathrm{i}\beta}$ konjugiert komplexen Vektors

$$\boldsymbol{H}^k = |\boldsymbol{H}|\,\mathrm{e}^{-\mathrm{i}\beta} \tag{13}$$

läßt sich dafür schreiben:

$$\boldsymbol{S} = \tfrac{1}{2}\,\mathrm{Re}\,[\boldsymbol{E} \times \boldsymbol{H}^k], \tag{14}$$

wodurch die Berechnung im allgemeinen wesentlich vereinfacht wird. So erhält man z. B. für eine ebene Welle mit den Gl. (4.4 u. 4.5b) sofort die durch die Flächeneinheit strömende Leistung zu

$$\boldsymbol{S} = S_x = \tfrac{1}{2}\,\mathrm{Re}\,[E_z(-H_y^k)] = \frac{|E_z|^2}{2Z}. \tag{15}$$

Man bezeichnet den in Gl. (14) auftretenden komplexen Vektor

$$\overline{\boldsymbol{S}} = \tfrac{1}{2}(\boldsymbol{E} \times \boldsymbol{H}^k) \tag{16}$$

als den komplexen POYNTINGschen Vektor. Wir wollen ihn wie alle komplexen mittleren Leistungsgrößen durch einen überstrichenen Buchstaben kennzeichnen. Der Realteil dieses Vektors ist nach der obigen Ableitung gleich der mittleren Strahlungsleistungsdichte, das über eine geschlossene Fläche genommene Integral des Realteils mithin die aus dem Raum austretende mittlere Strahlungsleistung

$$P_{\mathrm{str}} = \oint_{(F)} \mathrm{Re}\,[\bar{\boldsymbol{S}}\,\mathrm{d}\boldsymbol{f}] = \tfrac{1}{2}\oint_{(F)} \mathrm{Re}\,[(\boldsymbol{E}\times\boldsymbol{H}^k)\,\mathrm{d}\boldsymbol{f}]. \tag{17}$$

Bezieht man diese Leistung auf einen beliebigen Bezugsstrom, z. B. auf den Strom im Speisepunkt der Antenne, so kann man genau wie bei der Definition eines Verlustwiderstandes aus der Wärmeleistung einen Strahlungswiderstand für den betreffenden Bezugsstrom definieren:

$$R_{\mathrm{str}} = \frac{P_{\mathrm{str}}}{I_{\mathrm{eff}}^2} = \frac{\int \frac{1}{2}\,\mathrm{Re}\,[(\boldsymbol{E}\times\boldsymbol{H}^k)\,\mathrm{d}\boldsymbol{f}]}{\frac{1}{2}I^2}. \tag{18}$$

Außer dem bisher betrachteten Realteil hat nun auch der Imaginärteil des Vektors (16) eine physikalische Bedeutung. Zur Ableitung gehen wir von den MAXWELLschen Gl. (1) aus. Für zeitlich harmonische Vorgänge sind für $\boldsymbol{E}(t)$ und $\boldsymbol{H}(t)$ und entsprechend für $\boldsymbol{J}(t)$ die Werte (10) zu setzen. Mit Benutzung der konjugiert komplexen Vektoren nach Gl. (13) kann man hierfür z. B. für die magnetische Feldstärke

$$\boldsymbol{H}(t) = \mathrm{Re}\,[\boldsymbol{H}\,\mathrm{e}^{\mathrm{i}\omega t}] = \tfrac{1}{2}(\boldsymbol{H}\,\mathrm{e}^{\mathrm{i}\omega t} + \boldsymbol{H}^k\,\mathrm{e}^{-\mathrm{i}\omega t}) \tag{19}$$

schreiben. Entsprechende Gleichungen gelten für $\boldsymbol{E}(t)$ und $\boldsymbol{J}(t)$. Denkt man sich diese Werte in die MAXWELLschen Gleichungen eingesetzt, so müssen, da die Gleichungen für alle Zeiten identisch erfüllt sein sollen, sowohl die Koeffizienten von $\mathrm{e}^{\mathrm{i}\omega t}$ als auch die von $\mathrm{e}^{-\mathrm{i}\omega t}$ für sich übereinstimmen. Nimmt man vom Induktionsgesetz die Koeffizienten von $\mathrm{e}^{\mathrm{i}\omega t}$, vom Durchflutungsgesetz die Koeffizienten von $\mathrm{e}^{-\mathrm{i}\omega t}$, so erhält man das Gleichungssystem

$$\begin{aligned} \tfrac{1}{2}\,\mathrm{rot}\,(\boldsymbol{E}-\boldsymbol{E}_e) &= -\tfrac{1}{2}\,\mathrm{i}\,\omega\,\mu\,\boldsymbol{H}, \\ \tfrac{1}{2}\,\mathrm{rot}\,\boldsymbol{H}^k &= \tfrac{1}{2}(\boldsymbol{J}^k - \mathrm{i}\,\omega\,\varepsilon\,\boldsymbol{E}^k). \end{aligned} \tag{20}$$

Multipliziert man in Analogie zu der Ableitung in Abschn. 1 die 1. Gleichung mit $\boldsymbol{H}^k$, die 2. Gleichung mit $\boldsymbol{E}-\boldsymbol{E}_e$ und subtrahiert beide, so erhält man mit Benutzung der Vektorbeziehung (2) die zu Gl. (3) analoge Beziehung

$$\begin{aligned} \mathrm{div}\,\tfrac{1}{2}[(\boldsymbol{E}-\boldsymbol{E}_e)\times\boldsymbol{H}^k] = {} & -\tfrac{1}{2}\,\mathrm{i}\,\omega\,\mu\,\boldsymbol{H}\boldsymbol{H}^k - \tfrac{1}{2}(\boldsymbol{E}-\boldsymbol{E}_e)\,\boldsymbol{J}^k \\ & + \tfrac{1}{2}\,\mathrm{i}\,\omega\varepsilon\,(\boldsymbol{E}-\boldsymbol{E}_e)\,\boldsymbol{E}^k. \end{aligned} \tag{21}$$

Integriert man wieder über ein geschlossenes Volumen, so erhält man für den praktisch allein wichtigen Fall, daß eingeprägte Kräfte nur in Leitern vorkommen und die Integrationsfläche nicht durch Spannungsquellen geführt wird,

$$\begin{aligned}\oint_{(F)} \tfrac{1}{2}(\boldsymbol{E}\times\boldsymbol{H}^k)\,\mathrm{d}\boldsymbol{f} &= \int_\tau \tfrac{1}{2}\,\boldsymbol{E}_e\boldsymbol{J}^k\,\mathrm{d}\tau - \int_\tau \tfrac{1}{2}\,\boldsymbol{E}\boldsymbol{J}^k\,\mathrm{d}\tau \\ &\quad - \mathrm{i}\,\omega\int_\tau \tfrac{1}{2}\,\mu\,\boldsymbol{H}\boldsymbol{H}^k\,\mathrm{d}\tau + \mathrm{i}\,\omega\int_\tau \tfrac{1}{2}\,\varepsilon\,\boldsymbol{E}\boldsymbol{E}^k\,\mathrm{d}\tau.\end{aligned} \tag{22}$$

Nun ist $\frac{1}{2}\boldsymbol{E}\boldsymbol{E}^k = \frac{1}{2}|\boldsymbol{E}|^2$ der zeitliche Mittelwert vom Quadrat der reellen Feldstärke $\boldsymbol{E}(t) = \mathrm{Re}[\boldsymbol{E}\mathrm{e}^{\mathrm{i}\omega t}]$. Mithin stellt nach Gl. (5) $\int\frac{1}{2}\varepsilon\cdot\frac{1}{2}\boldsymbol{E}\boldsymbol{E}^k\mathrm{d}\tau$ den zeitlichen Mittelwert W_e der gesamten in dem betrachteten Volumen vorhandenen elektrischen Energie dar. Entsprechend gibt $W_m = \int\frac{1}{2}\mu\cdot\frac{1}{2}\boldsymbol{H}\boldsymbol{H}^k\mathrm{d}\tau$ die mittlere magnetische Energie W_m. Das 2. Glied der rechten Seite liefert wegen $\boldsymbol{J} = \sigma\boldsymbol{E}$ die in dem Gebiet sekundlich entwickelte mittlere Wärmeleistung P_q. Das 1. Integral der rechten Seite stellt nach der Definition der eingeprägten Kräfte (1a) das von sämtlichen äußeren Spannungen herrührende Produkt $\sum\frac{1}{2}U_a I_a^k$ dar, dessen Realteil die gesamte zugeführte mittlere Wirkleistung $P_a^r = \sum\frac{1}{2}U_a I_a\cos\varphi_a$ und dessen Imaginärteil die gesamte zugeführte Blindleistung $P_a^i = \sum\frac{1}{2}U_a I_a\sin\varphi_a$ darstellt.

Mit Einführung dieser Bezeichnungen in Gl. (22) wird, da die linke Seite das Integral über den komplexen POYNTINGschen Vektor darstellt,

$$\oint_{(F)} \boldsymbol{S}\,\mathrm{d}\boldsymbol{f} = \oint_{(F)} \tfrac{1}{2}(\boldsymbol{E}\times\boldsymbol{H}^k)\,\mathrm{d}\boldsymbol{f} = P_a^r + \mathrm{i}\,P_a^i - P_q - \mathrm{i}\,2\omega(W_m - W_e). \tag{23}$$

Die Gleichung stellt die der Gl. (4 bzw. 6) entsprechende allgemeine Leistungsbilanz für eingeschwungene Zustände dar. Aus ihr können z. B. Ströme und Widerstände des Strahlungsfeldes im eingeschwungenen Zustand aus den bekannten mittleren Leistungen berechnet werden. Bei der Integration über einen Leiter ergibt sich die in den Leiter eindringende Leistung und daraus Wirk- und Blindwiderstand für die betreffende Frequenz, also die Widerstandsänderung durch Stromverdrängung. In Worten besagt die Gleichung: Das über eine geschlossene Oberfläche erstreckte Integral des Realteils des komplexen POYNTINGschen Vektors ist gleich der zugeführten Wirkleistung, vermindert um die in dem Volumen in Wärme umgesetzte Leistung; das Integral des Imaginärteils ist gleich der zugeführten Blindleistung, vermindert um die mit 2ω multiplizierte Differenz der zeitlichen Mittelwerte der magnetischen und elektrischen Energie des umschlossenen Gebietes.

3. Ableitung der Grundgesetze und Grenzbedingungen aus Leistungsgesetzen. Eindeutigkeitsbeweis.

Als Abschluß der Leistungsbetrachtungen wollen wir noch eine leistungsmäßige und damit tiefere Begründung der MAXWELLschen Gleichungen und der Grenzbedingungen geben.

Nimmt man die in den beiden letzten Kapiteln gefundenen Energiewerte als gegebene Ansätze an, also

1. die elektrische Energiedichte $W_e(t) = \frac{1}{2}\varepsilon \boldsymbol{E}(t)^2$,
2. die magnetische Energiedichte $W_m(t) = \frac{1}{2}\mu \boldsymbol{H}(t)^2$,
3. die Dichte der Energieströmung $\boldsymbol{S}(t) = \boldsymbol{E}(t) \times \boldsymbol{H}(t)$ und
4. die sekundlich im Kubikmeter in Wärme verwandelte elektrische Energie $P_q(t) = \sigma \boldsymbol{E}(t)^2$,

so ergeben sich die MAXWELLschen Gleichungen als einzig mögliche Form der Feldgleichungen, wenn man auf Grund der Erfahrungstatsache der linearen Superposition der elektromagnetischen Felder als 5. Ansatz nur noch verlangt, daß die Feldgleichungen in $\boldsymbol{E}$ und $\boldsymbol{H}$ linear und homogen sind. Dabei sehen wir von ferromagnetischen Erscheinungen ab.

Die Energiebilanz, daß die Abnahme der elektromagnetischen Energie $W_e(t) + W_m(t)$ gleich der ausgestrahlten Energie und der in Wärme verwandelten Energie ist, ergibt nämlich mit den angegebenen Werten unter Weglassung von (t) sofort

$$-\frac{\partial}{\partial t}\int\limits_{\tau}\left(\tfrac{1}{2}\,\varepsilon \boldsymbol{E}^2 + \tfrac{1}{2}\,\mu \boldsymbol{H}^2\right)\mathrm{d}\tau = \int\limits_{(F)}(\boldsymbol{E}\times\boldsymbol{H})\,\mathrm{d}\boldsymbol{f} + \int\limits_{\tau}\sigma \boldsymbol{E}^2\,\mathrm{d}\tau. \tag{24}$$

Führt man auf der linken Seite die Differentiation nach t aus, ersetzt das rechte Oberflächenintegral nach dem GAUSSschen Satz durch das Raumintegral $\int\limits_{\tau}\operatorname{div}(\boldsymbol{E}\times\boldsymbol{H})\,\mathrm{d}\tau$ und führt $\operatorname{div}(\boldsymbol{E}\times\boldsymbol{H}) = \boldsymbol{H}\operatorname{rot}\boldsymbol{E} - \boldsymbol{E}\operatorname{rot}\boldsymbol{H}$ nach Gl. (2) ein, so erhält man aus Gl. (24)

$$\int\limits_{\tau}\left(\varepsilon \boldsymbol{E}\frac{\partial \boldsymbol{E}}{\partial t} + \mu \boldsymbol{H}\frac{\partial \boldsymbol{H}}{\partial t} + \boldsymbol{H}\operatorname{rot}\boldsymbol{E} - \boldsymbol{E}\operatorname{rot}\boldsymbol{H} + \sigma \boldsymbol{E}^2\right)\mathrm{d}\tau = 0 \tag{25}$$

oder

$$\int\limits_{\tau}\left[\boldsymbol{E}\left(\varepsilon\frac{\partial \boldsymbol{E}}{\partial t} + \sigma \boldsymbol{E} - \operatorname{rot}\boldsymbol{H}\right) + \boldsymbol{H}\left(\mu\frac{\partial \boldsymbol{H}}{\partial t} + \operatorname{rot}\boldsymbol{E}\right)\right]\mathrm{d}\tau = 0. \tag{25a}$$

Da das Integral für jedes beliebige Volumen verschwinden soll, muß der Integrand verschwinden, was bei linearer Abhängigkeit von $\boldsymbol{E}$ und $\boldsymbol{H}$ nur möglich ist, wenn die beiden Klammern verschwinden. Das ergibt aber direkt die MAXWELLschen Gl. (1.11a u. 1.11b), womit die obige Behauptung bewiesen ist.

Ebenso erhalten wir aus der Leistungsbilanz eine strenge Begründung der Grenzbedingungen an Trennflächen. Da in der mathematischen Trennfläche bei endlicher Leitfähigkeit keine Leistung vernichtet werden kann, müssen ein- und ausströmende Energie, also die POYNTINGschen Vektoren, auf beiden Seiten der Trennfläche gleich sein. Wenn wir die Normale zur Trennfläche als z-Achse wählen und die beiden Seiten durch die Indexe 1 und 2 unterscheiden, muß also mit Weglassung von (t)

$$S_{z1}(t) \equiv S_{z1} = (\boldsymbol{E}_1 \times \boldsymbol{H}_1)_z = S_{z2} = (\boldsymbol{E}_2 \times \boldsymbol{H}_2)_z \tag{26}$$

oder

$$E_{x1} H_{y1} - H_{x1} E_{y1} = E_{x2} H_{y2} - H_{x2} E_{y2} \tag{26a}$$

sein. Da die benutzte Energiebilanz an allen Stellen und für alle Felder gelten soll, müssen zur Erfüllung von (26a) die elektrischen und magnetischen Feldkomponenten für sich übereinstimmen, also

$$E_{x1} = E_{x2}, \quad E_{y1} = E_{y2}, \quad H_{x1} = H_{x2}, \quad H_{y1} = H_{y2} \tag{27}$$

oder allgemein

$$E_{t1} = E_{t2}, \quad H_{t1} = H_{t2} \tag{28}$$

sein. Das ist aber die in Kap. 3.2 auf anderem Wege abgeleitete Grenzbedingung der Tangentialkomponenten, die nach Kap. 3.2 die Bedingung der Normalkomponenten mit enthält.

Schließlich folgt aus der Leistungsbilanz noch der Eindeutigkeitsbeweis für die periodische Lösung der MAXWELLschen Gleichungen. Da bei Feldern mit abgestrahlter Leistung, bei denen also die Strahlungsleistung an den äußeren Begrenzungen des Raumes nicht von selbst verschwindet, Strahlungsleistung P_{str} und Wärmeleistung P_q positiv sind, folgt aus der Leistungsbilanz (23) die selbstverständliche Tatsache, daß ein periodisches Feld ohne äußere Leistungszufuhr nicht möglich ist.

Seien nun $\boldsymbol{H}'$, $\boldsymbol{E}'$ und $\boldsymbol{H}''$, $\boldsymbol{E}''$ zwei periodische Lösungen der MAXWELLschen Gleichungen mit den gleichen eingeprägten Kräften, für die also beide die Gleichungen (1) mit gleichem $\boldsymbol{E}_e$ gelten, so ist durch Differenzbildung die Differenz $\boldsymbol{H} = \boldsymbol{H}' - \boldsymbol{H}''$, $\boldsymbol{E} = \boldsymbol{E}' - \boldsymbol{E}''$ ein Feld ohne äußere Kräfte, das nach der Leistungsbilanz (23) verschwinden muß. Folglich ist $\boldsymbol{H}' = \boldsymbol{H}''$, $\boldsymbol{E}' = \boldsymbol{E}''$, die angenommenen Lösungen also identisch. Der Beweis versagt, wenn die Strahlungsleistung auf den Begrenzungsflächen und die Wärmeleistung verschwindet, also für die Eigenlösungen abgeschlossener, verlustloser Räume; vgl. Kap. 3.2.

B. Leitungsgeführte Strahlung.

7. Kapitel.

Das Strahlungsfeld normaler Leitungen. Drahtwellen.

* 1. Das Feld der Einzelleitung.

a) Hauptwelle.

Wir betrachten als erste Anwendung die leitungsgeführten Strahlungsfelder, und zwar im vorliegenden Kapitel die Felder normaler Leitungssysteme, in Kap. 8 die Felder in Wellenleitern. Im 1. Fall interessiert das Außenfeld, im 2. Fall das Innenfeld der Leiter.

Wir beginnen mit dem Feld einer Einzelleitung in Luft, genauer im Vakuum, das 1899 von SOMMERFELD berechnet wurde. Die Leitung liege in z-Richtung und habe den Radius ϱ_1 und die Materialkonstanten σ_i, ε_i, μ_i. Wir setzen voraus, daß der Strom rein axial und rotationssymmetrisch sei. Für die Rechnung benutzen wir die dem System angepaßten Zylinderkoordinaten ϱ, ψ, z. Wegen der axialen Stromrichtung ist die Lösung des Feldes durch einen HERTZschen Vektor mit der alleinigen Komponente $P_z = \Pi$ gegeben, die als geradlinige Komponente die Wellengleichung erfüllt, mithin nach (4.36) unter Berücksichtigung der Rotationssymmetrie ($m = 0$) die Form

$$\Pi = [c_1 \, \mathrm{J}_0(\sqrt{k^2 - h^2}\varrho) + c_2 \, \mathrm{H}_0^{(2)}(\sqrt{k^2 - h^2}\varrho)]\,[c_3 \, \mathrm{e}^{-\mathrm{i}hz} + c_4 \, \mathrm{e}^{\mathrm{i}hz}] \tag{1}$$

hat. Die Konstanten c_1, c_2, c_3, c_4 und h können in den einzelnen Räumen verschieden sein.

Da für $\varrho \to 0$ nur die BESSELsche Funktion, für $\varrho \to \infty$ nur die HANKELsche Funktion endlich bleibt, und zwar die fortschreitende Welle $H_0^{(2)}$, wenn wir unter der Wurzel stets die mit negativem Imaginärteil verstehen, was unserem Zeitansatz $\mathrm{e}^{\mathrm{i}\omega t}$ und der daraus folgenden Formel (3.16) für das komplexe ε entspricht (vgl. Kap. 3.3 u. 4.3), muß im Außenraum $c_1 = 0$, im Innenraum $c_2 = 0$ sein. Wenn wir außerdem vom Leitungsende reflektierte Wellen ausschalten, also $c_4 = 0$ setzen, ergibt Gl. (1) für den Außenraum mit der Wellenzahl k_0 und für das Leiterinnere mit der Wellenzahl k_i die beiden getrennten Ansätze

$$\begin{aligned} \Pi_a &= C_a \, \mathrm{H}_0^{(2)}(\sqrt{k_0^2 - h_a^2}\varrho)\,\mathrm{e}^{-\mathrm{i}h_a z} \quad &\text{für } \varrho \geqq \varrho_1, \\ \Pi_i &= C_i \, \mathrm{J}_0(\sqrt{k_i^2 - h_i^2}\varrho)\,\mathrm{e}^{-\mathrm{i}h_i z} \quad &\text{für } \varrho \leqq \varrho_1. \end{aligned} \tag{2}$$

Für die rücklaufenden Wellen würde h durch $-h$ zu ersetzen sein.

Die unbekannten Konstanten C_a, C_i, h_a und h_i müssen aus den Grenzbedingungen, also der Gleichheit der tangentialen Feldstärkenkomponenten an der Grenzfläche $\varrho = \varrho_1$ bestimmt werden. Die Feldstärken ergeben sich nach den allgemeinen Gl. (3.17) zu

$$\boldsymbol{H} = \mathrm{i}\omega\varepsilon\,\mathrm{rot}\boldsymbol{P}, \qquad \boldsymbol{E} = k^2\boldsymbol{P} + \mathrm{grad\,div}\boldsymbol{P}. \tag{3}$$

Die Komponenten werden nach den Komponentendarstellungen (3.46), da $\boldsymbol{P}$ nur die Komponente $P_z = \Pi$ hat und wegen der Rotationssymmetrie die Ableitungen nach ψ fortfallen,

$$E_\varrho = \frac{\partial^2 \Pi}{\partial\varrho\,\partial z}, \qquad E_z = k^2\Pi + \frac{\partial^2\Pi}{\partial z^2}, \qquad H_\psi = -\mathrm{i}\,\omega\,\varepsilon\frac{\partial\Pi}{\partial\varrho}, \tag{4}$$

während die übrigen Komponenten 0 werden.

Wegen der angesetzten Form von Π wird $E_z = (k^2 - h^2)\Pi$. Daher können wegen der z-Abhängigkeit von Π die tangentialen Feldstärken an der Grenzfläche für alle Werte von z nur übereinstimmen, wenn die Fortpflanzungskonstanten gleich sind, also für

$$h_a = h_i = h. \tag{5}$$

Berücksichtigt man dies und bei der Bildung von H_ψ die für alle Zylinderfunktionen gültige Differentialbeziehung $\mathrm{Z}_0' = -\mathrm{Z}_1$, so liefert die Gleichheit der tangentialen Feldstärken E_z und H_ψ an der Oberfläche $\varrho = \varrho_1$

$$\begin{aligned}(k_0^2 - h^2)\,C_a\,\mathrm{H}_0^{(2)}\left(\sqrt{k_0^2 - h^2}\,\varrho_1\right) &= (k_i^2 - h^2)\,C_i\,\mathrm{J}_0\left(\sqrt{k_i^2 - h^2}\,\varrho_1\right),\\ \varepsilon_0\sqrt{k_0^2 - h^2}\,C_a\,\mathrm{H}_1^{(2)}\left(\sqrt{k_0^2 - h^2}\,\varrho_1\right) &= \varepsilon_i\sqrt{k_i^2 - h^2}\,C_i\,\mathrm{J}_1\left(\sqrt{k_i^2 - h^2}\,\varrho_1\right).\end{aligned} \tag{6}$$

Die Gleichungen können nur erfüllt sein, wenn die Quotienten auf beiden Seiten gleich sind, also für

$$\frac{\sqrt{k_0^2 - h^2}\,\mathrm{H}_0^{(2)}\left(\sqrt{k_0^2 - h^2}\,\varrho_1\right)}{\mathrm{H}_1^{(2)}\left(\sqrt{k_0^2 - h^2}\,\varrho_1\right)} = \frac{\varepsilon_0}{\varepsilon_i}\,\frac{\sqrt{k_i^2 - h^2}\,\mathrm{J}_0\left(\sqrt{k_i^2 - h^2}\,\varrho_1\right)}{\mathrm{J}_1\left(\sqrt{k_i^2 - h^2}\,\varrho_1\right)}. \tag{7}$$

Setzt man zur Abkürzung

$$\sqrt{k_0^2 - h^2}\,\varrho_1 = \xi, \qquad \sqrt{k_i^2 - h^2}\,\varrho_1 = \eta, \tag{8}$$

so wird (7)

$$\frac{\xi\,\mathrm{H}_0^{(2)}(\xi)}{\mathrm{H}_1^{(2)}(\xi)} = \frac{\varepsilon_0}{\varepsilon_i}\,\frac{\eta\,\mathrm{J}_0(\eta)}{\mathrm{J}_1(\eta)}. \tag{7a}$$

Gl. (7 bzw. 7a) ist eine Bestimmungsgleichung für die Fortpflanzungskonstante h. Die Wurzeln dieser Gleichung sind die Eigenwellen des Systems. Zu jeder Wurzel h_n ergibt sich aus (6) das zugehörige Amplitudenverhältnis C_{in}/C_{an}. Eine Amplitude, z. B. C_{an}, bleibt unbestimmt entsprechend der noch unbestimmten Größe des Feldes. Sie kann durch den Gesamtstrom oder die in Leitungsrichtung transportierte Leistung

$$I = \oint H_\psi \varrho_1 d\psi, \qquad P = \int_{\varrho_1}^{\infty} \tfrac{1}{2} \operatorname{Re}[\boldsymbol{E} \times \boldsymbol{H}^k]_z 2\pi\varrho \, d\varrho \tag{9}$$

ausgedrückt werden, so daß das Problem prinzipiell gelöst ist.

Die wirkliche Auflösung von Gl. (7) stößt wegen der komplexen Argumente auf Schwierigkeiten. Näherungslösungen sind bei guter Leitfähigkeit möglich. Für unendlich gute Leitfähigkeit wird, da k_i^2 und ε_i nach Kap. 3.3 wie σ gegen ∞ gehen, die rechte Seite von Gl. (7) gleich 0 und damit die Fortpflanzungskonstante $h = k_0$. Bei guter Leitfähigkeit wird daher, da die Lösungen stetig ineinander übergehen müssen, eine Lösung von h in der Nähe von k_0 liegen, so daß für diese Lösung die Argumente der linken Seite von Gl. (7) klein sind und für die Hankelschen Funktionen die asymptotischen Werte für kleine Argumente genommen werden können. Wegen

$$\lim_{\xi \to 0} \mathrm{H}_0^{(2)}(\xi) = -\frac{2\mathrm{i}}{\pi} \ln\left(\frac{\mathrm{i}\gamma\xi}{2}\right), \qquad \lim_{\xi \to 0} \mathrm{H}_1^{(2)}(\xi) = \frac{2\mathrm{i}}{\pi\,\xi}, \tag{10}$$

wo $\ln\gamma = C = 0{,}5772\ldots$ die Eulersche Konstante ($\gamma = 1{,}781\ldots$) ist, wird die linke Seite von (7a)

$$-\xi^2 \ln \frac{\mathrm{i}\gamma\xi}{2} = \frac{2}{\gamma^2} u \ln u \quad \text{mit} \quad u = \left(\frac{\mathrm{i}\gamma\xi}{2}\right)^2. \tag{11}$$

Im Gegensatz zu ξ ist das Argument der rechten Seite von Gl. (7a) wegen des großen k_i im allgemeinen eine große Zahl und nur bei extrem dünnen Drähten oder tiefen Frequenzen eine kleine Zahl. Im ersten Fall müssen für J_0 und J_1 die asymptotischen Näherungen für große Argumente

$$\begin{aligned} \lim_{\eta \to \infty} \mathrm{J}_n(\eta) &= \sqrt{\frac{2}{\pi\,\eta}} \cos\left(\eta - \frac{2n+1}{4}\pi\right) \\ &= \sqrt{\frac{1}{2\pi\,\eta}} \left[\mathrm{e}^{\mathrm{i}\left(\eta - \frac{2n+1}{4}\pi\right)} + \mathrm{e}^{-\mathrm{i}\left(\eta - \frac{2n+1}{4}\pi\right)}\right] \end{aligned} \tag{12}$$

genommen werden. Da η nach unserer obigen Betrachtung eine große Zahl mit negativem Imaginärteil ist, kann das zweite Exponentialglied in (12) vernachlässigt werden, so daß der Quotient in Gl. (7a)

$$\lim_{\eta \to \infty} \frac{\mathrm{J}_0(\eta)}{\mathrm{J}_1(\eta)} = \mathrm{e}^{\mathrm{i}\pi/2} = \mathrm{i} \tag{13}$$

wird. Da weiter η nach unserer Voraussetzung $h \approx k_0 \ll k_i$ nach Gl. (8)

$$\eta \approx k_i \varrho_1 \tag{8a}$$

ist, liefert die Bestimmungsgleichung (7a) mit Berücksichtigung von (11)

$$u \ln u = v \tag{14}$$

mit

$$v = \mathrm{i}\,\frac{\gamma^2}{2}\,\frac{\varepsilon_0}{\varepsilon_i}\,k_i\,\varrho_1\,. \tag{15}$$

Mit den Werten aus Kap. 3.3 für k_i, k_0 und $\varepsilon_i = \sigma_i/\mathrm{i}\omega$ für Metall wird

$$v = \mathrm{i}\,\frac{\gamma^2}{2}\sqrt{\frac{\varepsilon_0\,\mu_i}{\varepsilon_i\,\mu_0}}\,k_0\,\varrho_1 = \mathrm{i}\,\pi\,\gamma^2\sqrt{\frac{\mathrm{i}\,\omega\,\varepsilon_0\,\mu_i}{\sigma_i\,\mu_0}}\,\frac{\varrho_1}{\lambda}\,, \tag{15a}$$

so daß v bekannt ist.

Die Lösung der vereinfachten Bestimmungsgleichung (14) kann schrittweise angenähert werden. Nimmt man als 1. Näherungswert etwa $u_0 = v$, so ergeben sich aus (14), da $\ln u$ eine gegen u langsam veränderliche Größe ist, die verbesserten Näherungswerte

$$u_1 = \frac{v}{\ln u_0}\,, \qquad u_2 = \frac{v}{\ln u_1} \text{ usw.} \tag{16}$$

Die Zahlenrechnung vereinfacht sich, wenn man zunächst (14) in Absolutwert und Phase trennt. Setzt man

$$u = |u|\,\mathrm{e}^{\mathrm{i}\alpha}, \qquad v = -|v|\,\mathrm{e}^{\mathrm{i}\beta}, \tag{17}$$

so wird, da u eine kleine Zahl ist,

$$\ln u = \ln|u| + \mathrm{i}\,\alpha \approx \ln|u|\,\mathrm{e}^{\mathrm{i}\alpha/\ln|u|}. \tag{17a}$$

Hiermit liefert (14) die beiden Gleichungen

$$|u|\ln|u| = -|v|, \qquad \alpha = \beta\,\frac{\ln|u|}{\ln|u|+1}\,. \tag{18}$$

Aus der 1. Gleichung folgt graphisch oder nach der angegebenen Näherungsmethode (16) der Absolutwert $|u|$, mit dem sich aus der 2. Gleichung die Phase α ergibt. Aus u erhält man dann nach (11) und der 1. Gl. (8) ξ^2 und die gesuchte Fortpflanzungskonstante h.

Für extrem kleine Drahtstärken wird, wie oben angegeben, η eine kleine Zahl. In diesem Fall müssen für $\mathrm{J}_0(\eta)$ und $\mathrm{J}_1(\eta)$ in Gl. (7a) die asymptotischen Näherungswerte für kleine η

$$\lim_{\eta\to 0}\mathrm{J}_0(\eta) = 1\,, \qquad \lim_{\eta\to 0}\mathrm{J}_1(\eta) = \frac{\eta}{2} \tag{19}$$

genommen werden. Eingesetzt in (7a) ergibt sich mit Berücksichtigung von (11) dieselbe Bestimmungsgleichung (14), nur mit

$$v = \gamma^2\,\frac{\varepsilon_0}{\varepsilon_i}\,. \tag{20}$$

Als Zahlenbeispiel betrachten wir einen Kupferdraht von 5 mm Durchmesser ($\varrho_1 = 2{,}5$ mm) bei einer Frequenz von 3000 MHz ($\lambda = 0{,}1$ m). Im MKS-System ist $\sigma = 57 \cdot 10^6\ \mathrm{Ohm}^{-1}/\mathrm{m}$ und $\varepsilon_0 = \frac{10^{-9}}{36\pi}\,\frac{\mathrm{Farad}}{\mathrm{m}}$. Da nach Kap. 3.3 $k_i = k_0\sqrt{\frac{\varepsilon_i}{\varepsilon_0}}$ und für das metallische Innere $\varepsilon_i = \frac{\sigma_i}{\mathrm{i}\omega}$ ist, wird nach Gl. (8a) $\eta = 2{,}9 \cdot 10^3 \cdot \mathrm{e}^{-\mathrm{i}(\pi/4)}$ groß gegen 1, so daß für v der Wert

(15 bzw. 15a) zu nehmen ist. Mit den angegebenen Werten und $\gamma = 1{,}781$ wird nach Gl. (15a) $v = -1{,}35 \cdot 10^{-5} \cdot e^{-i(\pi/4)}$. Nimmt man diesen Wert als 1. Näherungswert von (18), so werden die weiteren Näherungen nach (16) $|u_1| = 1{,}2 \cdot 10^{-6}$, $|u_2| = 0{,}99 \cdot 10^{-6}$, $|u_3| = 0{,}98 \cdot 10^{-6}$, womit der Grenzwert praktisch erreicht ist. Aus der 2. Gleichung von (18) folgt die Phase $\alpha = \beta \cdot 1{,}08 = -48{,}6°$, so daß schließlich $u = 0{,}98 \cdot 10^{-6} \cdot e^{-i\,48{,}6°}$ wird. Mit diesem u ergibt (11) $\xi^2 = -4u/\gamma^2 = -1{,}23 \cdot 10^{-6} \cdot e^{-i\,48{,}6°}$ $= -(0{,}81 - 0{,}92i) \cdot 10^{-6}$ und die 1. Gleichung (8)

$$h = k_0 \sqrt{1 - \frac{\xi^2}{k_0^2 \varrho_1^2}} \approx k_0 \left(1 - \frac{\xi^2}{2 k_0^2 \varrho_1^2}\right) = k_0 [1 + (1{,}64 - 1{,}86i)\, 10^{-5}].$$

Die Fortpflanzungskonstante ist in dem betrachteten Fall nur sehr wenig gegen die der freien Ausbreitung vergrößert. Nur bei extrem dünnen Drähten mit $\eta \ll 1$ tritt eine merkliche Abweichung auf.

Mit der Kenntnis von h ist das gesamte Feld bekannt. Real- und Imaginärteil von h ergeben Fortpflanzungsgeschwindigkeit und Dämpfung der Drahtwellen (nähere Ausführung in Kap. 8.4 bei den Hohlleiterwellen), aus Gl. (6) erhält man das Amplitudenverhältnis C_i/C_a, durch Einsetzen in (2) und (4) sämtliche Feldstärken. Damit ist das gesamte Strahlungsfeld bis auf den absoluten Wert von C_a bekannt, der, wie oben angegeben, die Stärke des Feldes bestimmt.

Trotz der geringen Abweichung von h gegen k_0 ergibt sich ein wesentlicher Unterschied gegen den dämpfungsfreien Fall $h = k_0$. Im letzteren Fall würde die HANKELsche Funktion in (2) wegen des verschwindenden Arguments in den asymptotischen Grenzwert (10), also in $\ln \varrho$, übergehen, was nach Gl. (4) $E_z = 0$ und für E_ϱ und H_ψ eine Abhängigkeit proportional $1/\varrho$ wie beim normalen Kabel gibt. Da aber der Außenmantel fehlt, wird die Leistung des Feldes nach (9) logarithmisch unendlich. Bei endlicher Leistung würde daher $C_a = 0$, das Feld nicht möglich sein.

Durch die endliche Leitfähigkeit wird h etwas verschieden von k_0, und das Argument der HANKELschen Funktionen bekommt einen imaginären Anteil. Dadurch nimmt bei großem ϱ das Feld nach den asymptotischen Werten der HANKELschen Funktionen für große Argumente

$$\lim_{z\to\infty} H_n^{(1)}(z) = \sqrt{\frac{2}{\pi z}}\, e^{i\left(z - \frac{2n+1}{4}\pi\right)}, \qquad \lim_{z\to\infty} H_n^{(2)}(z) = \sqrt{\frac{2}{\pi z}}\, e^{-i\left(z - \frac{2n+1}{4}\pi\right)} \tag{21}$$

im Gegensatz zu vorhin exponentiell ab. Die außerhalb eines genügend großen Radius transportierte Leistung wird daher unmerklich klein, die Gesamtleistung bleibt bei endlichem C_a endlich. Das Feld wird gewissermaßen auf einen endlichen Raum zusammengedrängt und dadurch physikalisch erst möglich. Die mathematische Bedingung dafür ist offenbar, daß das Argument der HANKELschen Funktionen imaginär ist oder wenigstens einen imaginären Anteil hat. Das ist der Fall, wenn h wegen vorhandener Leitfähigkeit imaginär wird, aber auch, wenn h reell, aber größer als k_0, die Phasengeschwindigkeit also verkleinert ist. Eine derartige Verkleinerung der Phasengeschwindigkeit muß z. B. durch eine dielektrische Umhüllung des Drahtes eintreten. Diese bereits 1907 berechnete Anordnung hat in neuerer Zeit als Energiezuleitung bei cm-Wellen praktische Anwendung gefunden. An Stelle der dielektrischen Hülle kann auch eine ferromagnetische Hülle genommen werden oder ein dielektrischer oder ferromagnetischer Voll- oder Hohlleiter ohne metallischen Innenleiter (vgl. Kap, 8.3). Eine Verkleinerung der Fortpflanzungsgeschwindigkeit in z-Richtung und damit die gewünschte Wirkung tritt auch bei einem einfachen gewendelten Leiter durch die Führung der Welle längs der Wendel ein. Wir wollen im folgenden den Draht mit dielektrischer Hülle betrachten, für die übrigen Anordnungen vergleiche man die angegebene Literatur.

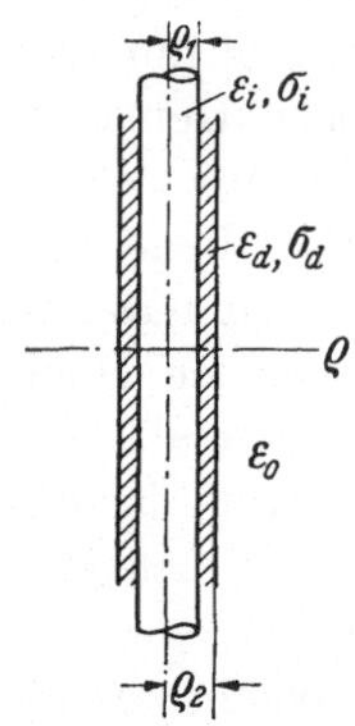

Bild 7.1. Draht mit dielektrischer Hülle.

Die dielektrische Hülle habe die Stärke $\varrho_2 - \varrho_1$, vgl. Bild 7.1, und die Materialkonstanten σ_d, ε_d und μ_d. Die strenge Lösung des Feldes würde an Stelle von Gl. (2) drei getrennte Ansätze für Außenraum, Dielektrikum und Innenraum erfordern, wobei im Dielektrikum eine Summe von BESSELscher und HANKELscher Funktion anzusetzen ist. Da der Einfluß des Dielektrikums auf die Fortpflanzungskonstante wesentlich stärker als der der endlichen Leitfähigkeit des Drahtes wird, wollen wir von vornherein mit unendlich gut leitendem Innenleiter rechnen. Dadurch haben wir nur zwei Ansätze für Außenraum und Dielektrikum zu machen:

$$\begin{aligned} \Pi_a &= A\,\mathrm{H}_0^{(2)}\left(\sqrt{k_0^2-h^2}\,\varrho\right)\mathrm{e}^{-\mathrm{i}hz} && \text{für } \varrho \geqq \varrho_2, \\ \Pi_d &= \left[B\,\mathrm{J}_0\left(\sqrt{k_d^2-h^2}\,\varrho\right) + C\,\mathrm{H}_0^{(2)}\left(\sqrt{k_d^2-h^2}\,\varrho\right)\right]\mathrm{e}^{-\mathrm{i}hz} && \text{für } \varrho_1 \leqq \varrho \leqq \varrho_2. \end{aligned} \tag{22}$$

Dabei haben wir für beide Räume gleich dieselbe Fortpflanzungskonstante h angesetzt. In Π_d könnte statt der HANKELschen Funktion auch die NEUMANNsche Zylinderfunktion genommen werden, die bei reellem Argument reell ist.

Die Konstanten A, B, C und h sind wieder aus den Grenzbedingungen zu bestimmen. Setzt man zur Abkürzung

$$\sqrt{k_0^2-h^2} = g_0, \qquad \sqrt{k_d^2-h^2} = g_d, \tag{23}$$

so liefert die Gleichheit von E_z und H_φ für $\varrho = \varrho_2$ entsprechend Gl. (6)

$$\begin{aligned} g_0^2\,A\,\mathrm{H}_0^{(2)}(g_0\,\varrho_2) &= g_d^2\left[B\,\mathrm{J}_0(g_d\,\varrho_2) + C\,\mathrm{H}_0^{(2)}(g_d\,\varrho_2)\right], \\ \varepsilon_0\,g_0\,A\,\mathrm{H}_1^{(2)}(g_0\,\varrho_2) &= \varepsilon_d\,g_d\left[B\,\mathrm{J}_1(g_d\,\varrho_2) + C\,\mathrm{H}_1^{(2)}(g_d\,\varrho_2)\right]. \end{aligned} \tag{24}$$

Das Verschwinden von E_z für $\varrho = \varrho_1$ liefert als 3. Gleichung

$$g_d^2[B\,J_0(g_d\,\varrho_1) + C\,H_0^{(2)}(g_d\,\varrho_1)] = 0. \tag{24a}$$

Da $g_d \neq 0$ ist, muß die Klammer 0 sein. Eliminiert man hieraus C, so erhält man durch Division der beiden ersten Gleichungen als Bestimmungsgleichung für h an Stelle von Gl. (7)

$$\frac{g_0\,H_0^{(2)}(g_0\,\varrho_2)}{H_1^{(2)}(g_0\,\varrho_2)} = \frac{\varepsilon_0}{\varepsilon_d}\,\frac{g_d[J_0(g_d\,\varrho_2)\,H_0^{(2)}(g_d\,\varrho_1) - J_0(g_d\,\varrho_1)\,H_0^{(2)}(g_d\,\varrho_2)]}{J_1(g_d\,\varrho_2)\,H_0^{(2)}(g_d\,\varrho_1) - J_0(g_d\,\varrho_1)\,H_1^{(2)}(g_d\,\varrho_2)}. \tag{25}$$

Die Gleichung läßt sich wie (7) nur näherungsweise lösen. Praktisch interessiert die Lösung für kleine ϱ_2. Multipliziert man (25) mit ϱ_2, so gilt für die linke Seite für die in der Nähe von k_0 liegende Hauptwurzel h genau dieselbe Näherung (11) wie beim einfachen Draht mit $\xi = g_0\,\varrho_2$. Im Gegensatz zum einfachen Draht ist aber k_d^2 nicht mehr sehr groß gegen k_0^2, sondern nur im Verhältnis $\varepsilon_d\,\mu_d/\varepsilon_0\,\mu_0$ vergrößert. Die Argumente der rechten Seite sind daher kleine Zahlen, falls

$$k_d\,\varrho_2 = 2\pi\sqrt{\frac{\varepsilon_d\,\mu_d}{\varepsilon_0\,\mu_0}}\,\frac{\varrho_2}{\lambda} \ll 1 \tag{26}$$

ist. Unter dieser Voraussetzung können die Zylinderfunktionen der rechten Seite durch die asymptotischen Näherungen (10 u. 19) ersetzt werden. Das ergibt für die mit ϱ_2 multiplizierte rechte Seite, da im Nenner das 1. Glied vernachlässigbar klein gegen das 2. wird,

$$-\frac{\varepsilon_0}{\varepsilon_d}\,g_d^2\,\varrho_2^2 \ln\frac{\varrho_2}{\varrho_1} = -\frac{\varepsilon_0}{\varepsilon_d}\,(k_d^2 - h^2)\,\varrho_2^2 \ln\frac{\varrho_2}{\varrho_1}. \tag{25a}$$

Wegen der Voraussetzung (26) ist der Einfluß des Dielektrikums gering, so daß h^2 angenähert gleich k_0^2 ist und mithin $k_d^2 - h^2$ durch $k_d^2 - k_0^2 = k_0^2\left(\frac{\varepsilon_d\,\mu_d}{\varepsilon_0\,\mu_0} - 1\right)$ angenähert werden kann. Mit diesen Umformungen gibt die Bestimmungsgleichung (25) unter Berücksichtigung von Gl. (11) für die linke Seite wieder die frühere Gl. (14)

$$u \ln u = v \tag{14}$$

mit

$$u = \left(\frac{i\,\gamma\,g_0\,\varrho_2}{2}\right)^2, \qquad v = -\frac{\gamma^2}{2}\,4\pi^2\,\frac{\varepsilon_d\,\mu_d - \varepsilon_0\,\mu_0}{\varepsilon_d\,\mu_0}\,\frac{\varrho_2^2}{\lambda^2}\ln\frac{\varrho_2}{\varrho_1}, \tag{27a,b}$$

die wie oben angegeben zu lösen ist.

Für verlustfreies Dielektrikum wird v negativ reell, mithin nach (14) u positiv reell. Dadurch wird g_0 nach (27a) rein imaginär, und zwar müssen wir wegen unserer Wurzelfestsetzung den negativ imaginären Wert nehmen: $g_0 = -i\,|g_0|$. Da bei großem negativ imaginärem Argument die Hankelschen Funktionen 2. Art nach (21) exponentiell abnehmen, wird das Feld durch das Dielektrikum ähnlich wie durch die endliche Leitfähigkeit beim einfachen Draht zusammengedrängt. Der reziproke Wert von g_0 hat die Dimension einer Länge. Wir setzen

$$g = |g_0| = \mathrm{i}\, g_0 = \frac{1}{\varrho_g} \tag{28}$$

und berechnen, wieviel von der gesamten Feldleistung außerhalb des Kreises mit dem durch (28) definierten Grenzradius ϱ_g vorhanden ist.

Da die Leistung nach (9) durch die z-Komponente von $\boldsymbol{E} \times \boldsymbol{H}^k$ und damit durch das Produkt aus E_ϱ und H_ψ gegeben ist, die nach (4, 22 u. 28) beide die reelle HANKELsche Funktion $\mathrm{H}_1^{(2)}(-\mathrm{i} g\varrho)$ enthalten, wird das gesuchte Verhältnis, wenn wir bei der Gesamtleistung die Leistung im Dielektrikum wegen der geringen Fläche und Voraussetzung (26) vernachlässigen,

$$\frac{P(\varrho_g)}{P(\varrho_2)} = \frac{\int\limits_{\varrho_g}^{\infty} \mathrm{Re}\,(E_\varrho H_\psi^k)\,\varrho\,\mathrm{d}\varrho}{\int\limits_{\varrho_2}^{\infty} \mathrm{Re}\,(E_\varrho H_\psi^k)\,\varrho\,\mathrm{d}\varrho} = \frac{\int\limits_{\varrho_g}^{\infty} [\mathrm{H}_1^{(2)}(-\mathrm{i}\,g\,\varrho)]^2\,\varrho\,\mathrm{d}\varrho}{\int\limits_{\varrho_2}^{\infty} [\mathrm{H}_1^{(2)}(-\mathrm{i}\,g\,\varrho)]^2\,\varrho\,\mathrm{d}\varrho}. \tag{29}$$

Nach einer bekannten Integralbeziehung der Zylinderfunktionen ist nun (vgl. z. B. JAHNKE-EMDE)

$$\int [\mathrm{H}_1^{(2)}(-\mathrm{i}g\varrho)]^2 \varrho\,\mathrm{d}\varrho = \frac{\varrho^2}{2}\{[\mathrm{H}_1^{(2)}(-\mathrm{i}g\varrho)]^2 - \mathrm{H}_0^{(2)}(-\mathrm{i}g\varrho)\,\mathrm{H}_2^{(2)}(-\mathrm{i}g\varrho)\}. \tag{30}$$

Die obere Grenze ∞ verschwindet nach (21). Das Argument der unteren Grenze ist im Nenner nach unseren Voraussetzungen eine kleine Zahl, so daß hier die asymptotischen Näherungswerte für kleine Argumente

$$\begin{aligned} &\mathrm{H}_0^{(2)}(-\mathrm{i}\,g\,\varrho_2) \approx -\frac{2\mathrm{i}}{\pi}\ln\frac{\gamma\,g\,\varrho_2}{2}, \qquad \mathrm{H}_1^{(2)}(-\mathrm{i}\,g\,\varrho_2) \approx -\frac{2}{\pi\,g\,\varrho_2}, \\ &\mathrm{H}_2^{(2)}(-\mathrm{i}\,g\,\varrho_2) \approx -\frac{4\mathrm{i}}{\pi\,g^2\,\varrho_2^2} \end{aligned} \tag{31}$$

gelten. Für die untere Grenze im Zähler ist das Argument $-\mathrm{i}g\varrho_g = -\mathrm{i}$, so daß hier die tabulierten Werte der HANKELschen Funktionen genommen werden müssen. Da nur H_0 und H_1 tabuliert sind, muß H_2 nach der für alle Zylinderfunktionen geltenden Rekursionsformel

$$\mathrm{Z}_{n+1}(x) + \mathrm{Z}_{n-1}(x) = \frac{2n}{x}\,\mathrm{Z}_n(x) \tag{32}$$

durch H_0 und H_1 ausgedrückt werden, was nach (30) für den Zähler von (29)

$$Z = -\frac{\varrho_g^2}{2}\left\{[\mathrm{H}_1^{(2)}(-\mathrm{i})]^2 + [\mathrm{H}_0^{(2)}(-\mathrm{i})]^2 + \frac{2}{\mathrm{i}}\mathrm{H}_0^{(2)}(-\mathrm{i})\,\mathrm{H}_1^{(2)}(-\mathrm{i})\right\} = \frac{\varrho_g^2}{2}\,0{,}131 \tag{33}$$

liefert. Da der Nenner mit (31) $-\dfrac{2}{\pi^2 g^2}\left[1 + 2\ln\dfrac{\gamma\,g\,\varrho_2}{2}\right]$ ist, wird das gesuchte Leistungsverhältnis (29) mit Berücksichtigung von $g = 1/\varrho_g$

$$\frac{P(\varrho_g)}{P(\varrho_2)} = \frac{0{,}162}{-\ln\left(\frac{\gamma}{2}\,\frac{\varrho_2}{\varrho_g}\right) - \frac{1}{2}}. \tag{34}$$

Da der ln wegen des kleinen Arguments eine große negative Zahl ist, sind nur wenige Prozent der Gesamtleistung außerhalb des Grenzradius ϱ_g vorhanden.

Wir betrachten als Zahlenbeispiel denselben Draht wie im 1. Beispiel mit $\varrho_1 = 2{,}5$ mm bei $\lambda = 10$ cm mit einer dielektrischen Hülle von 0,5 mm Stärke ($\varrho_2 = 3$ mm) mit $\sigma_d = 0$, $\varepsilon_d = 3\varepsilon_0$, $\mu_d = \mu_0$. Nach Gl. (27b) wird $v = -6{,}86 \cdot 10^{-3}$, was für u nach demselben Verfahren wie im 1. Zahlenbeispiel die Lösung $u = 1{,}0 \cdot 10^{-3}$ liefert. Hiermit wird nach den Gl. (27a, 28 u. 34) $\mathrm{i}\, g_0\, \varrho_2 = 0{,}0355$, $\varrho_g = 28{,}2\,\varrho_2 = 85$ mm und $P(\varrho_g)/P(\varrho_2) = 0{,}055 = 5{,}5\%$. Die Fortpflanzungskonstante h wird nach (23) und den obigen Zahlen $h \approx k_0\left(1 - \frac{g_0^2}{2\,k_0^2}\right) = k_0 \cdot 1{,}018$, also etwa 2% größer als in Luft gegen 0,002% im vorigen Beispiel.

Man sieht, daß etwa 95% der Leistung innerhalb des in der Größenordnung der Wellenlänge liegenden Grenzradius $\varrho_g = 8{,}5$ cm verlaufen, so daß bei cm-Wellen ein derartiger Draht als einfachste Energieleitung praktisch benutzt werden kann. Um die innerhalb des Grenzradius liegende Leistung aufzufangen, wird man auf der Empfangs- und entsprechend auf der Sendeseite den Außenmantel des anschließenden Kabels etwa bis zur Größe des Grenzradius trichterförmig erweitern; vgl. Bild 7.2.

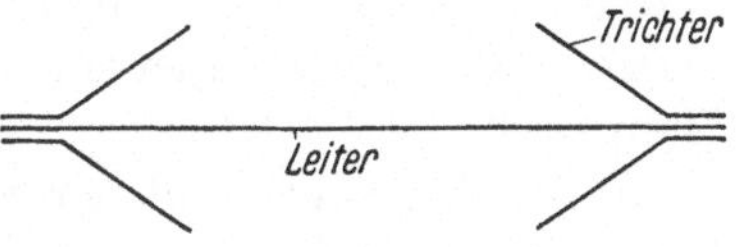

Bild 7.2.
Anregung und Empfang von Drahtwellen.

Die betrachtete Leitung hat wegen des fehlenden Außenmantels und des günstigeren Verhältnisses von Strom und Leistung eine wesentlich kleinere Dämpfung als ein normales Kabel. Die Dämpfung kann ähnlich wie in Kap. 8.6 näherungsweise berechnet werden, indem man bei nicht zu großer Dämpfung das berechnete dämpfungsfreie Feld als gute Näherungslösung betrachtet und aus den durch (4) gegebenen Feldstärken Nutzleistung und Strom und mit dem bekannten Widerstand des Leiters und dem Verlustwinkel des Dielektrikums die Verlustleistungen und damit die Dämpfung berechnet; vgl. die ähnliche Rechnung in Kap. 8.6 und die angegebene Literatur.

b) Nebenwellen.

Wir hatten bisher sowohl beim einfachen Draht als auch beim Draht mit dielektrischer Hülle durch die Annahme kleiner ξ nur die in der Nähe von k_0 liegende Hauptwurzel h betrachtet. Gl. (7 bzw. 25) besitzt aber noch eine Reihe anderer Wurzeln. Für großes ξ wird nämlich die linke Seite von (7a) nach der asymptotischen Näherung (21) gleich $-\mathrm{i}\,\xi$, also eine große Zahl. Andererseits hat die BESSELsche Funktion J_1 [und ebenso der Nenner in (25)] unendlich viele Nullstellen, die sämtlich reell sind. Daher wird es in der Nähe jeder Nullstelle einen nahezu reellen Wert von η geben, der Gl. (7a) erfüllt. Die zugehörigen Fortpflanzungskonstanten h haben einen großen Imaginärteil, da $k_i \varrho_1$ (vgl. 1. Zahlenbeispiel) einen großen imaginären Teil hat und η nahezu reell und klein ist. Die zugehörigen Wellen, die sogenannten Nebenwellen, sind daher stark gedämpft, so daß sie für die Beobachtung nicht in Betracht kommen. Da für die Nebenwellen das Argument der BESSELschen Funktion klein und reell, das der HANKELschen Funktionen groß ist, klingt im Gegensatz zur Hauptwelle das Außenfeld sehr schnell ab, wir haben einen Skineffekt im Äußern des Drahtes, während das Feld im Innern nahezu konstant ist. Dadurch erklärt sich die starke Dämpfung der Nebenwellen im metallischen Leiter, während in verlustarmen dielektrischen Leitern diese gleichen Wellen praktische Bedeutung erlangt haben; vgl. Kap. 8.

Außer den elektrischen Wellen gibt es für jedes Leitungssystem auch magnetische Wellen als Lösungen, die man erhält, wenn man an Stelle des HERTZschen Vektors einen magnetischen Strahlungsvektor von der Form (1) als Lösung ansetzt. Wegen des Fehlens eines magnetischen Leiters gibt es hier nur stark gedämpfte Nebenwellen und keine Hauptwelle.

Außer den betrachteten rotationssymmetrischen Lösungen (1) sind Lösungen möglich, die einem Ansatz (4.36) mit ganzzahligem $m > 0$ entsprechen. Alle diese nicht rotationsymmetrischen Wellen haben den Charakter von Nebenwellen.

2. Das Feld paralleler Leitungssysteme.

Bei mehreren parallelen Leitungen kann man die in Kap. 7.1 erhaltenen Lösungen des Einzeldrahtes nicht einfach superponieren, da durch die Anwesenheit der anderen Leiter die Rotationssymmetrie gestört ist. Eine Superposition wäre nur bei der bei Leitungssystemen im allgemeinen nicht erfüllten Voraussetzung, daß der Abstand groß gegen die Leiterdurchmesser ist, näherungsweise, ähnlich dem Ansatz für gekoppelte Antennen in Kap. 15.4, möglich. Für eine strenge Lösung müßte man für jeden einzelnen Draht eine Summe aus der Hauptwelle und sämtlichen Nebenwellen mit unbestimmten Koeffizienten ansetzen, was praktisch bisher zu keiner befriedigenden Lösung geführt hat. Man ist daher für die strenge Feldberechnung von Leitungssystemen auf die direkte Lösung der Wellengleichung oder auf Lösungen mit Integralgleichungen angewiesen. Wir wollen die strengen Berechnungen hier nur kurz andeuten, da für die Leitungssysteme im allgemeinen die bekannte quasistationäre Leitungstheorie ausreicht.

Bei einem beliebigen System paralleler Leitungen in z-Richtung ist das Strahlungsfeld genau wie bei der Einzelleitung durch einen

HERTZschen Vektor mit der alleinigen Komponente $P_z = \Pi$ gegeben. Die z-Abhängigkeit muß wieder durch $e^{\mp ihz}$ gegeben sein, so daß

$$\Pi(x, y, z) = \Pi_1(x, y)\, e^{\mp ihz} \tag{35}$$

ist. Setzt man diesen Wert in die Wellengleichung (3.43) für rechtwinklige Koordinaten ein, so erhält man für Π_1 die Differentialgleichung

$$\frac{\partial^2 \Pi_1}{\partial x^2} + \frac{\partial^2 \Pi_1}{\partial y^2} + (k^2 - h^2)\, \Pi_1 = 0\,. \tag{36}$$

Die Umformung auf Zylinderkoordinaten führt auf die BESSELsche Differentialgleichung und die Lösung der Einzelleitung von Abschn. 1, die Umformung auf Bipolarkoordinaten auf die zuerst von MIE durchgeführte Lösung der Doppelleitung. Da die Wellengleichung nach den Koordinaten nicht separierbar ist, muß man bereits hier nachträglich Näherungen einführen. Allgemeinere Systeme sind nur noch näherungsweise lösbar.

Die Näherungen gehen von dem dämpfungsfreien Fall aus, für den wie in Kap. 7.1 h gleich der Wellenzahl k_a des Außenraumes sein muß. Damit wird (36) für den Außenraum die normale Potentialgleichung. Es gelten in jeder Querschnittsebene $z = \text{const}$ die normalen quasistationären Begriffe Induktivität und Kapazität und man erhält die bekannten quasistationären Leitungsgleichungen mit $R = 0$ als strenge Lösung für den dämpfungsfreien Fall. Bei endlicher Leitfähigkeit des Leiters wird $h \neq k_a$, das Feld bekommt eine z-Komponente, die man nach den MAXWELLschen Gleichungen allgemein durch die Transversalkomponenten ausdrücken kann. Nimmt man für diese näherungsweise die Werte des verlustfreien Feldes, so ist das gesamte Feld bei gegebener Leitfähigkeit näherungsweise bekannt.

Statt dessen kann man in ähnlicher Näherung die Stromverteilung aus den normalen Leitungsgleichungen bestimmen und das Strahlungsfeld und sämtliche Strahlungswiderstände aus den HERTZschen Vektoren dieser Stromelemente genau wie bei der Leitungstheorie gekoppelter Antennen in Kap. 20 berechnen. Auf diese Weise kann man z. B. den Strahlungswiderstand einer Doppelleitung näherungsweise ableiten (vgl. z. B. GUNDLACH, Grundlagen der Höchstfrequenztechnik).

Nimmt man, insbesondere bei sehr dünnen Leitungen, an Stelle der normalen Leitungsströme der quasistationären Leitungstheorie unbekannte Stromfunktionen auf den einzelnen Leitungen an, so liefert die Erfüllung der Grenzbedingungen eine Serie von Integralgleichungen für die einzelnen Ströme als strenge Lösung des Leitungssystems ähnlich der in Kap. 14 behandelten strengen Antennentheorie.

8. Kapitel.

Wellenleiter.

1. Vorbemerkung.

Bei den normalen Leitungen ist das Außenfeld der Träger der Energie, bei den Wellenleitern das Innenfeld. Da die Dämpfung klein sein muß, kommen als Wellenleiter nur dielektrische Leiter einschließlich Luft in metallischer oder dielektrischer Hülle (sogenannte Hohlleiter) und dielektrische Leiter in Luft in Betracht. Wellen in dielektrischen Leitern wurden bereits 1897 von Lord RAYLEIGH theoretisch behandelt, praktische Bedeutung erlangten sie erst in der Dezimeter- und Zentimeterwellentechnik. Die Wellenleiterfelder sind mit den Feldern der in Kap. 7.1 behandelten Nebenwellen identisch. Ebenso wie dort sind wegen der Erfüllung der Grenzbindungen nur bestimmte Fortpflanzungskonstanten und damit bestimmte Wellenformen möglich.

2. Die Wellenformen in metallischen Hohlleitern.

a) Der kreisförmige Hohlleiter.

Wir leiten zunächst die in einem kreisförmigen Hohlleiter möglichen Wellenformen ohne Rücksicht auf ihre Erzeugung ab. Nach dem allgemeinen Teil A kann jedes Strahlungsfeld aus einem elektrischen oder magnetischen Strahlungsvektor abgeleitet werden, dessen geradlinige Komponenten Lösungen der Wellengleichung sind. Für den kreisförmigen Hohlleiter legen wir ein Zylinderkoordinatensystem ϱ, ψ, z zugrunde. Die Lösung der Wellengleichung ist dann durch Gl. (4.36) gegeben. Da $\varrho = 0$ zum Strahlungsfeld gehört, müssen BESSELsche Funktionen genommen werden. Damit die Lösung eindeutig ist, kann die Abhängigkeit von ψ nur durch eine periodische Funktion $\cos m\psi$ oder $\sin m\psi$ mit ganzem m gegeben sein. Als Lösung der Wellengleichung kommt daher nur

$$\Pi = \mathrm{J}_m\left(\sqrt{k^2 - h^2}\,\varrho\right) \cos m\,\psi \left[A\,\mathrm{e}^{-\mathrm{i}hz} + B\,\mathrm{e}^{\mathrm{i}hz}\right] \tag{1}$$

in Betracht. $\sin m\psi$ würde nur eine Nullpunktsverschiebung von ψ bedeuten. Die Abhängigkeit von z zeigt wie bei den normalen Leitungen beliebige Kombinationen hin- und rücklaufender Wellen. Beschränken wir uns zunächst auf die für die Energieübertragung in Hohlleitern wichtigen hinlaufenden Wellen, so ist

$$\Pi = A\,\mathrm{J}_m(g\,\varrho) \cos m\,\psi \quad \mathrm{e}^{-\mathrm{i}hz} \quad \text{mit} \quad g = \sqrt{k^2 - h^2}. \tag{2}$$

Betrachten wir diese Lösung Π als z-Komponente eines HERTZschen Vektors P_z, so ergeben sich die zugehörigen Feldstärken nach (3.17) mit den Komponentendarstellungen (3.46) zu

$$
\begin{aligned}
H_\varrho &= \mathrm{i}\,\omega\,\varepsilon \frac{\partial \Pi}{\varrho\,\partial \psi} &&= -\mathrm{i}\,\omega\,\varepsilon \frac{m}{\varrho} A\,\mathrm{J}_m(g\varrho) \sin m\psi \quad \mathrm{e}^{-\mathrm{i}hz},\\
H_\psi &= -\,\mathrm{i}\,\omega\,\varepsilon \frac{\partial \Pi}{\partial \varrho} &&= -\mathrm{i}\,\omega\,\varepsilon\, g\, A\,\mathrm{J}_m'(g\varrho) \cos m\psi \quad \mathrm{e}^{-\mathrm{i}hz},\\
H_z &= 0\,, \\
E_\varrho &= \frac{\partial^2 \Pi}{\partial \varrho\,\partial z} &&= -\mathrm{i}h\,g\,A\,\mathrm{J}_m'(g\varrho) \cos m\psi \quad \mathrm{e}^{-\mathrm{i}hz},\\
E_\psi &= \frac{\partial^2 \Pi}{\varrho\,\partial \psi\,\partial z} &&= \mathrm{i}h \frac{m}{\varrho} A\,\mathrm{J}_m(g\varrho) \sin m\psi \quad \mathrm{e}^{-\mathrm{i}hz},\\
E_z &= k^2 \Pi + \frac{\partial^2 \Pi}{\partial z^2} &&= g^2 A\,\mathrm{J}_m(g\varrho) \cos m\psi \quad \mathrm{e}^{-\mathrm{i}hz}.
\end{aligned} \tag{3}
$$

Betrachten wir die Lösung Π als z-Komponente eines magnetischen Strahlungsvektors Q_z, so ergeben sich die zugehörigen Feldstärken nach den zu (3.17) analogen Gl. (3.20) zu

$$
\begin{aligned}
H_\varrho &= \frac{\partial^2 \Pi}{\partial \varrho\,\partial z} &&= -\mathrm{i}h\,g\,A\,\mathrm{J}_m'(g\varrho) \cos m\psi \quad \mathrm{e}^{-\mathrm{i}hz},\\
H_\psi &= \frac{\partial^2 \Pi}{\varrho\,\partial \psi\,\partial z} &&= \mathrm{i}h \frac{m}{\varrho} A\,\mathrm{J}_m(g\varrho) \sin m\psi \quad \mathrm{e}^{-\mathrm{i}hz},\\
H_z &= k^2 \Pi + \frac{\partial^2 \Pi}{\partial z^2} &&= g^2 A\,\mathrm{J}_m(g\varrho) \cos m\psi \quad \mathrm{e}^{-\mathrm{i}hz},\\
E_\varrho &= -\mathrm{i}\,\omega\,\mu \frac{\partial \Pi}{\varrho\,\partial \psi} &&= \mathrm{i}\,\omega\,\mu \frac{m}{\varrho} A\,\mathrm{J}_m(g\varrho) \sin m\psi \quad \mathrm{e}^{-\mathrm{i}hz},\\
E_\psi &= \mathrm{i}\,\omega\,\mu \frac{\partial \Pi}{\partial \varrho} &&= \mathrm{i}\,\omega\,\mu\, g\, A\,\mathrm{J}_m'(g\varrho) \cos m\psi \quad \mathrm{e}^{-\mathrm{i}hz},\\
E_z &= 0.
\end{aligned} \tag{4}
$$

Häufig empfiehlt es sich, $\omega\varepsilon$ bzw. $\omega\mu$ nach Gl. (4.5b) durch Wellenwiderstand und Wellenzahl auszudrücken.

Wir wollen die aus dem elektrischen Strahlungspotential abgeleiteten Wellenformen (3) als elektrische oder E-Wellen bezeichnen, die aus dem magnetischen Strahlungspotential abgeleiteten Wellenformen (4) als magnetische oder H-Wellen. Erstere sind durch das Verschwinden der axialen magnetischen Feldstärke, letztere durch das Verschwinden der axialen elektrischen Feldstärke gekennzeichnet. Da bei den E-Wellen wegen $H_z = 0$ das Magnetfeld in Querschnittsebenen verläuft, werden die E-Wellen auch häufig als transversal magnetische (TM) Wellen, die H-Wellen entsprechend als transversal elektrische (TE) Wellen bezeichnet.

In den Gl. (3. u. 4) ist, abgesehen von der die Stärke des Feldes kennzeichnenden Amplitude A, die Fortpflanzungskonstante h aus den Grenzbedingungen zu bestimmen. Bei einem vollkommen leitenden

Außenmantel mit dem Innenradius ϱ_0 müssen die tangentialen elektrischen Feldstärken E_ψ und E_z für $\varrho = \varrho_0$ verschwinden. Das liefert für die E-Wellen die Bedingung

$$\mathrm{J}_m(g\varrho_0) = 0, \tag{5}$$

für die H-Wellen die Bedingung

$$\mathrm{J}'_m(g\varrho_0) = 0. \tag{5a}$$

Diese Gleichungen sind für bestimmte Werte von g, die sogenannten Eigenwellen, erfüllt, nämlich für diejenigen Werte von g, für die das Produkt $g\varrho_0$ eine Nullstelle der BESSELschen Funktion bzw. deren Ableitung ist, vgl. Bild 8.1. Bezeichnet j_{mn} die n-te Nullstelle der Funktion $\mathrm{J}_m(x)$ bzw. $\mathrm{J}'_m(x)$, so ist der zugehörige Eigenwert

$$g_{mn} = \frac{j_{mn}}{\varrho_0}. \tag{6}$$

Zu jedem Eigenwert g_{mn} ergibt sich die zugehörige Fortpflanzungs-Konstante $h = h_{mn}$ nach Gl. (2) zu

$$h_{mn} = \sqrt{k^2 - g_{mn}^2} = \sqrt{k^2 - \frac{j_{mn}^2}{\varrho_0^2}}. \tag{7}$$

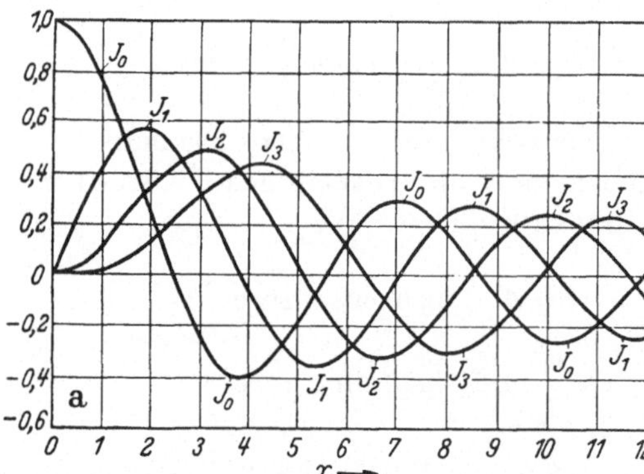

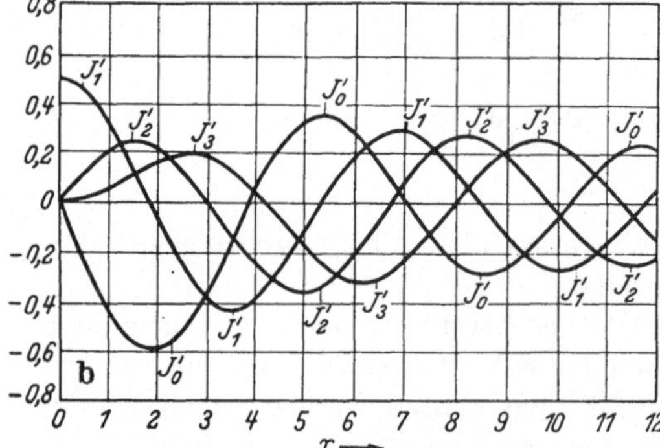

Bild 8.1. Verlauf der BESSELschen Funktionen J_0 bis J_3 und ihrer Ableitungen.
(Aus GUNDLACH: Grundlagen der Höchstfrequenztechnik.)

Da die Nullstellen j_{mn} aus den Tabellen oder Kurven der BESSELschen Funktionen bekannt sind, ist das gesamte Hohlleiterfeld bekannt. Die Zahl n gibt als n-te Nullstelle der BESSELschen Funktion die Zahl der Oberwellen in radialer Richtung, die Zahl m wegen $\cos m\psi$ und $\sin m\psi$ die Oberwellen in zirkularer Richtung. Die Zählung des zweiten Index beginnt in manchen Literaturstellen mit 0, bei der ersten radialen Welle wird der Index häufig weggelassen, H_0 statt H_{01} usw.

In Tab. 8.1 sind die ersten Nullstellen j_{mn} und unsere Bezeichnung der zugehörigen Wellenformen angegeben.

Tabelle 8.1

BESSELsche Funktion	Nullstelle j_{mn} Wellenform				BESSELsche Funktion	Nullstelle j_{mn} Wellenform			
J_0	2,405	5,52	8,65	11,79	J_1'	1,84	5,33	8,54	11,71
	E_{01}	E_{02}	E_{03}	E_{04}		H_{11}	H_{12}	H_{13}	H_{14}
J_0'	3,83	7,02	10,17	13,32	J_2	5,14	8,42	11,62	14,80
	H_{01}	H_{02}	H_{03}	H_{04}		E_{21}	E_{22}	E_{23}	E_{24}
J_1	3,83	7,02	10,17	13,32	J_2'	3,05	6,70	9,97	13,17
	E_{11}	E_{12}	E_{13}	E_{14}		H_{21}	H_{22}	H_{23}	H_{24}

Da die Wurzeln j_{mn} reelle Zahlen sind, ist die Fortpflanzungskonstante nach (7) reell, die Welle also ungedämpft, wenn k reell und

$$k^2 = \omega^2 \varepsilon \mu = \frac{4\pi^2}{\lambda^2} > \frac{j_{mn}^2}{\varrho_0^2}, \tag{8}$$

also

$$\lambda < \frac{2\pi \varrho_0}{j_{mn}} = \lambda_g \tag{8a}$$

ist. Dabei ist λ die Wellenlänge im Medium ε, μ, also, wenn λ_0 die Wellenlänge in Luft und ε_r und μ_r die relative Dielektrizitätskonstante und Permeabilität sind, $\lambda = \lambda_0/\sqrt{\varepsilon_r \mu_r}$.

Oberhalb der durch (8a) definierten Grenzwelle λ_g bzw. unterhalb der zugehörigen Grenzfrequenz

$$f_g = \frac{1}{\sqrt{\varepsilon \mu}\, \lambda_g} \tag{8b}$$

wird h rein imaginär und damit die Welle stark gedämpft. Da ϱ_0 praktisch die Größenordnung cm hat, kommen als Hohlleiterwellen nur kurze Wellen unter 30 cm etwa in Betracht. Die größte Grenzwelle, also kleinste Grenzfrequenz, hat nach Tab. 8.1 und Gl. (8a) die H_{11}-Welle mit $\lambda_g = 3{,}4\,\varrho_0$. Es folgt die E_{01}-Welle mit $\lambda_g = 2{,}6\,\varrho_0$, H_{21} mit $2{,}06\,\varrho_0$, H_{01} und E_{11} mit $1{,}64\,\varrho_0$ usw. Der Verlauf der Feldstärken folgt in radialer Richtung den in Bild 8.1 dargestellten BESSELschen Funktionen bis zu dem j_{mn} der betreffenden Welle. Um einen Überblick über das Gesamtfeld zu bekommen, sind in Bild 8.2 bei einigen Wellenformen die Quer- und Längsschnitte mit etwas schematisierten Feldlinienkurven aufgetragen. Dabei ist ein reelles h vorausgesetzt. Die Bilder sind Augenblickswerte, die sich mit der Phasengeschwindigkeit $v = \omega/h$ (Abschn. 4) in z-Richtung fortpflanzen. Das Feldbild ist nach Bild 8.2 für sämtliche Wellenformen ersichtlich. Aus dem E_{32}-Bild sieht man den prinzipiellen Verlauf sämtlicher E-Wellen. Die schematische Darstellung der H-Wellen erhält man, wenn man die $\boldsymbol{E}$- und $\boldsymbol{H}$-Linien vertauscht und die Außenwand durch die Mittelpunkte der jetzigen $\boldsymbol{H}$-Kurven legt.

Während die tangentialen elektrischen Feldstärken auf dem verlustlosen Außenmantel verschwinden, hat die magnetische Feldstärke auf der Innenseite des Außenmantels bestimmte Werte H_ψ und H_z, denen nach dem Durchflutungsgesetz die Flächenströme

$$J_{fz} = -H_{\psi_{\varrho=\varrho_0}} \quad \text{und} \quad J_{f\psi} = H_{z_{\varrho=\varrho_0}} \tag{9}$$

entsprechen.

Bei sämtlichen E-Wellen fließen demnach rein axiale Ströme, bei den H-Wellen axiale und zirkulare Ströme, bei den H_{0n}-Wellen wegen

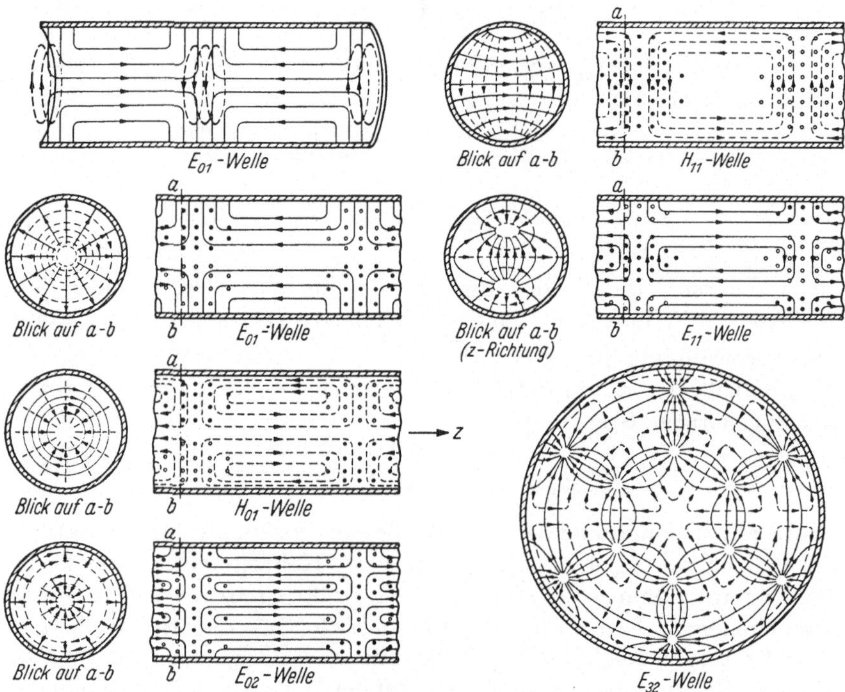

Bild 8.2. Feldbilder im zylindrischen Hohlleiter. Elektrische Feldlinien ausgezogen; magnetische Feldlinien gestrichelt; ausgefüllte Kreise Austritt nach vorn.

$H_\psi = 0$ für $m = 0$ rein zirkulare Ströme. Durch diese Ströme wird bei endlicher Leitfähigkeit des Außenmantels auch im Durchlaßbereich eine Dämpfung verursacht; vgl. Abschn. 6.

Ist der Außenmantel nicht unendlich gut leitend, sondern hat er eine endliche Leitfähigkeit σ_a, so genügt der einfache Ansatz (2) des Innenfeldes zur Erfüllung der Grenzbedingungen nicht mehr. Vielmehr muß für den Außenraum, den wir in den meisten praktisch vorkommenden Fällen als unendlich ausgedehnt annehmen können, ein Potential

$$\Pi_a = B\, H_m^{(2)}(g_a \varrho) \cos m\psi \; e^{-\mathrm{i}hz} \quad \text{mit} \quad g_a = \sqrt{k_a^2 - h^2} \tag{10}$$

angesetzt und die Konstanten so bestimmt werden, daß die Gleichheit der tangentialen Feldstärken im Innen- und Außenraum gewährleistet ist.

Aus dem Ansatz (10) erhält man zunächst das Außenfeld durch dieselben Gl. (3 bzw. 4), je nachdem, ob man Π_a als elektrisches oder magnetisches Strahlungspotential betrachtet, wobei nur in den Gleichungen $J_m(g\varrho)$ bzw. $J'_m(g\varrho)$ durch $H_m^{(2)}(g_a\varrho)$ bzw. $H_m^{(2)\prime}(g_a\varrho)$ und g durch g_a zu ersetzen ist. Man sieht zunächst, daß die Grenzbedingungen durch Einsetzen einer einzigen Wellenart im allgemeinen nicht zu erfüllen sind. Denn die Grenzbedingungen

$$H_{\psi i} = H_{\psi a}, \quad H_{zi} = H_{za}, \quad E_{\psi i} = E_{\psi a}, \quad E_{zi} = E_{za} \quad \text{für } \varrho = \varrho_0 \tag{11}$$

liefern wegen $H_z = 0$ bzw. $E_z = 0$ 3 Gleichungen, denen nur 2 Unbekannte gegenüberstehen. Da nämlich dem vorliegenden Problem entsprechend eine Amplitude, z. B. die Innenamplitude A, unbestimmt bleiben muß, da sie sich erst aus der zugeführten Leistung bestimmt, ist nur die Fortpflanzungskonstante h, aus der sowohl g als auch g_a folgen, und das Amplitudenverhältnis B/A bzw. die zweite Amplitude B unbekannt. Eine Bestimmung dieser Unbekannten ist nur möglich für $m = 0$, also im rotationssymmetrischen Feld, in dem E_ψ bzw. H_ψ nach den Gl. (3 bzw. 4) von selbst verschwinden.

Für $m \neq 0$ muß als Lösung eine Summe von zwei gleichzahligen elektrischen und magnetischen Wellen angesetzt werden. Würden wir für die beiden Felder die Strahlungspotentiale (2 u. 10) mit $\cos m\psi$ ansetzen, also die Abhängigkeit von ψ für den elektrischen und magnetischen Strahlungsvektor als gleichphasig annehmen, so würden die Grenzbedingungen (11) nach den Gl. (3 u. 4), da sowohl die Koeffizienten von $\cos m\psi$ als auch die von $\sin m\psi$ übereinstimmen müssen, 6 Gleichungen liefern, denen nur 4 Unbekannte, nämlich die Fortpflanzungskonstante und 3 Amplituden bzw. Amplitudenverhältnisse (da 1 Amplitude physikalisch wieder unbestimmt bleiben muß), gegenüberstehen. Nehmen wir dagegen eine Phasenverschiebung zwischen dem elektrischen und magnetischen Strahlungsvektor in Richtung ψ um $\pi/2$ an, so wird die Lösung möglich. Denn durch die Vertauschung von $\cos m\psi$ und $\sin m\psi$ in dem einen Gleichungspaar der Gl. (3 u. 4) ergeben die Grenzbedingungen (11) 4 Gleichungen für die Bestimmung der 4 Unbekannten.

Wir führen die Rechnung im dielektrischen Leiter in Abschn. 3 durch und stellen hier nur fest, daß bei den Hohlleitern durch die endliche Leitfähigkeit des Außenmantels im allgemeinen ein Gemisch einer E- und H-Welle auftritt, wobei sich die Fortpflanzungskonstante h aus einer komplizierten transzendenten Gleichung ergibt und daß die Amplitudenverhältnisse der einzelnen Wellen von den Konstanten beider Medien abhängen. Nur bei sehr gut leitendem Außenmantel überwiegt eine der beiden Wellen sehr stark, so daß praktisch eine reine E- oder H-Welle vorhanden ist. In allen anderen Fällen, namentlich auch beim dielektrischen Leiter (vgl. Abschn. 3) sind die Wellen nicht rein.

Außer durch unvollkommene Leitfähigkeit des Außenmantels tritt eine Mischung der beiden Wellentypen bei Krümmungen auf, ein Verhalten, das für die Fortleitung der Energie in Hohlleitern über längere Strecken wichtig ist. Bei Krümmungen würden nämlich die bisher senkrecht zur Achse stehenden Komponenten schräg stehen und damit eine axiale Komponente bekommen. Bei der H_{01}-Welle bedeutet dies z. B., daß eine Komponente E_z und damit eine Welle vom E-Typ entsteht, nähere Einzelheiten in der angegebenen Literatur.

Wir haben bisher nur Wellen betrachtet, die einem axial gerichteten Strahlungsvektor entsprechen. Außer diesen praktisch wichtigsten Wellenformen sind andere Formen möglich, die von einem in der Querschnittsebene liegenden Strahlungsvektor abgeleitet sind, für den beim zylinderförmigen Hohlleiter nach Kap. 3.5 aber nicht mehr die normale Wellengleichung gilt. Wir wollen diese Formen nur bei dem mathematisch einfacheren rechteckigen Hohlleiter behandeln.

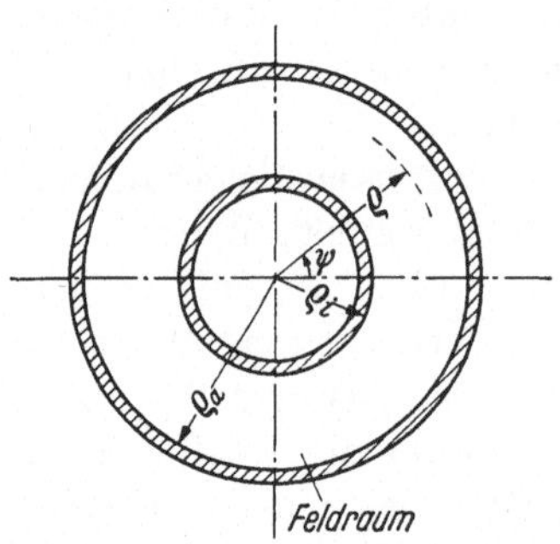

Bild 8.3. Querschnitt des ringförmigen Hohlleiters.

b) Der ringförmige Hohlleiter.

Bei einem ringförmigen Hohlleiter mit dem Querschnittsbild 8.3 genügt der Potentialansatz (2) nicht, da hiermit die Grenzbedingungen an beiden Leitern nicht erfüllt werden können. Wir müssen den Ansatz durch Hinzunehmen der HANKELschen Funktion erweitern. Da der Nullpunkt ausgeschieden ist, bleibt die HANKELsche Funktion im Feldraum endlich. Beschränken wir uns auf einen metallischen Hohlleiter mit unendlich gut leitender Innen- und Außenwand, so brauchen wir wie in Abschn. a nur ein Potential für den eigentlichen Hohlraum anzusetzen und erhalten die Grenzbedingungen

$$E_z = 0, \quad E_\psi = 0 \quad \text{für} \quad \varrho = \varrho_i \quad \text{und} \quad \varrho = \varrho_a \tag{12}$$

wieder durch reine E- oder H-Wellen erfüllt.

Betrachten wir z. B. den Ansatz

$$\Pi = [A\, \mathrm{J}_m(g\varrho) + B\, \mathrm{H}_m^{(2)}(g\varrho)] \cos m\psi \; e^{-ihz} \quad \text{mit} \quad g = \sqrt{k^2 - h^2} \tag{13}$$

als elektrischen Strahlungsvektor, so lauten die Feldstärken nach Gl. (3.17) analog den Gl. (3)

$$
\begin{aligned}
H_\varrho &= -\mathrm{i}\,\omega\,\varepsilon \frac{m}{\varrho}[A\,\mathrm{J}_m(g\varrho) + B\,\mathrm{H}_m^{(2)}(g\varrho)]\sin m\psi \quad e^{-\mathrm{i}hz},\\
H_\psi &= -\mathrm{i}\,\omega\,\varepsilon\, g[A\,\mathrm{J}_m'(g\varrho) + B\,\mathrm{H}_m^{(2)\prime}(g\varrho)]\cos m\psi \quad e^{-\mathrm{i}hz},\\
H_z &= 0,\\
E_\varrho &= -\mathrm{i}\,h\,g[A\,\mathrm{J}_m'(g\varrho) + B\,\mathrm{H}_m^{(2)\prime}(g\varrho)]\cos m\psi \quad e^{-\mathrm{i}hz},\\
E_\psi &= \mathrm{i}\,h\frac{m}{\varrho}[A\,\mathrm{J}_m(g\varrho) + B\,\mathrm{H}_m^{(2)}(g\varrho)]\sin m\psi \quad e^{-\mathrm{i}hz},\\
E_z &= g^2[A\,\mathrm{J}_m(g\varrho) + B\,\mathrm{H}_m^{(2)}(g\varrho)]\cos m\psi \quad e^{-\mathrm{i}hz}.
\end{aligned}
\tag{14}
$$

Die Grenzbedingung (12) wird erfüllt, wenn

$$A\,\mathrm{J}_m(g\varrho_i) + B\,\mathrm{H}_m^{(2)}(g\varrho_i) = 0$$

und

$$A\,\mathrm{J}_m(g\varrho_a) + B\,\mathrm{H}_m^{(2)}(g\varrho_a) = 0 \tag{15}$$

ist. Beide Gleichungen können bei nicht verschwindendem A und B nur bestehen, wenn die Determinante 0 ist. Das liefert für die Fortpflanzungskonstante h bzw. die Konstante g die Gleichung

$$\mathrm{J}_m(g\varrho_i)\,\mathrm{H}_m^{(2)}(g\varrho_a) - \mathrm{J}_m(g\varrho_a)\,\mathrm{H}_m^{(2)}(g\varrho_i) = 0 \tag{16}$$

oder

$$\mathrm{J}_m(g\varrho_i)\,\mathrm{N}_m(g\varrho_a) - \mathrm{J}_m(g\varrho_a)\,\mathrm{N}_m(g\varrho_i) = 0, \tag{16a}$$

wenn man $\mathrm{H}_m^{(2)}$ nach (4.26 u. 4.27) durch $\mathrm{J}_m - \mathrm{i}\,\mathrm{N}_m$ ersetzt[1]. Die Gl. (16a), die nur reelle Wurzeln hat, kann bei bekanntem ϱ_i und ϱ_a graphisch gelöst werden und ergibt dann die Eigenwerte von g und damit von h. Die ersten 6 Wurzeln sind für verschiedene Werte ϱ_a/ϱ_i z. B. im Jahnke-Emde angegeben. Aus den Gl. (15) folgt dann die Amplitude B, womit das Gesamtfeld nach den Gl. (14) bekannt ist.

Eine entsprechende Lösung folgt für die H-Wellen des ringförmigen Hohlleiters. Die Eigenwellen sind hier entsprechend dem Gleichungssystem (4) die Wurzeln der Gleichung

$$\mathrm{J}_m'(g\varrho_i)\,\mathrm{H}_m^{(2)\prime}(g\varrho_a) - \mathrm{J}_m'(g\varrho_a)\,\mathrm{H}_m^{(2)\prime}(g\varrho_i) = 0. \tag{17}$$

Der ringförmige Hohlleiter hat noch eine weitere Wellenform. Die Grenzbedingung (12) ist nach den Werten (14) für E_ψ und E_z außer durch (15) auch für $m = 0$ und $g = 0$ erfüllt. Während im Hohlleiter ohne Innenleiter für $g = 0$ das gesamte Feld verschwindet, liefert beim ringförmigen Hohlleiter $H_0^{(2)}(g\varrho)$ für verschwindendes Argument einen logarithmischen Wert, womit sich das normale symmetrische Kabelfeld als zusätzliche Lösung ergibt.

c) Der Hohlleiter mit rechteckigem Querschnitt.

Neben dem kreisförmigen Hohlleiter hat vor allem der Hohlleiter mit rechteckigem Querschnitt, Bild 8.4, praktische Bedeutung er-

[1] Die Neumannsche Funktion hat den Vorteil, daß sie bei reellem Argument reell ist.

langt. In seinen senkrechten Querschnitten treten bei bestimmten Wellenformen linear polarisierte Wellen auf, die für die Abstrahlung in den freien Raum wichtig sind; vgl. Kap. 22 über Hohlleiterantennen.

Für den rechteckigen Hohlleiter haben wir als Partikulärlösung der Wellengleichung nach Gl. (4.12)

$$\Pi = A\, e^{\pm i a x} e^{\pm i b y} e^{\pm i c z} \tag{18}$$

mit der Bedingung

$$a^2 + b^2 + c^2 = k^2. \tag{18a}$$

Da uns nur in z-Richtung fortschreitende Wellen interessieren, wollen wir die z-Abhängigkeit wieder in der Form e^{-ihz} ansetzen. Bei den übrigen Koordinaten müssen Sinus- und Kosinusfunktionen gewählt werden, und zwar so, daß die elektrischen Feldstärken bei unendlich gut leitendem Außenmantel an den Seitenflächen verschwinden, daß also

$$E_y = 0\,,\quad E_z = 0 \text{ für } x = \pm a \quad\text{und}\quad E_x = 0\,,\quad E_z = 0 \text{ für } y = \pm b \tag{19}$$

ist. Betrachten wir Π als HERTZschen Vektor, also als elektrischen Strahlungsvektor in z-Richtung, so müssen wir demnach

$$\Pi = A \sin\frac{\pi m\,(x+a)}{2a} \sin\frac{\pi n\,(y+b)}{2b}\, e^{-ihz} \tag{20}$$

mit

$$h^2 + \left(\frac{\pi m}{2a}\right)^2 + \left(\frac{\pi n}{2b}\right)^2 = k^2 \tag{21}$$

wählen, da nur hierfür die nach den Gl. (3.17) mit den Komponentendarstellungen (3.41) folgenden Feldstärken für ganzes m und n die Grenzbedingungen (19) erfüllen. Diese Feldstärken sind nämlich

$$\begin{aligned}
H_x &= i\omega\varepsilon \frac{\partial \Pi}{\partial y} &&= i\omega\varepsilon \frac{\pi n}{2b} A \sin\xi_m \cos\eta_n\, e^{-ihz},\\
H_y &= -i\omega\varepsilon \frac{\partial \Pi}{\partial x} &&= -i\omega\varepsilon \frac{\pi m}{2a} A \cos\xi_m \sin\eta_n\, e^{-ihz},\\
H_z &= 0,\\
E_x &= \frac{\partial^2 \Pi}{\partial x\,\partial z} &&= -ih \frac{\pi m}{2a} A \cos\xi_m \sin\eta_n\, e^{-ihz},\\
E_y &= \frac{\partial^2 \Pi}{\partial y\,\partial z} &&= -ih \frac{\pi n}{2b} A \sin\xi_m \cos\eta_n\, e^{-ihz},\\
E_z &= k^2\Pi + \frac{\partial^2 \Pi}{\partial z^2} &&= (k^2 - h^2) A \sin\xi_m \sin\eta_n\, e^{-ihz}
\end{aligned} \tag{22}$$

mit

$$\xi_m = \frac{\pi m\,(x+a)}{2a}, \qquad \eta_n = \frac{\pi n\,(y+b)}{2b}. \tag{22a}$$

Genau wie in den vorigen Fällen kennzeichnen die Gleichungen die E-Wellen. Die Ordnungszahl der Welle ist durch die ganzen Zahlen m und n gegeben, von denen die 1. Zahl die Zahl der Knotenabstände in

x-Richtung, die 2. die Zahl der Knotenabstände in y-Richtung angibt. Die Wellen sind ungedämpft, so lange die Fortpflanzungskonstante $h = h_{mn}$ nach Gl. (21) reell ist, solange also bei reellem k

$$k^2 = \omega^2 \varepsilon \mu = \frac{4\pi^2}{\lambda^2} > \left(\frac{\pi m}{2a}\right)^2 + \left(\frac{\pi n}{2b}\right)^2 \tag{23}$$

oder

$$\lambda = \frac{\lambda_0}{\sqrt{\varepsilon_r \mu_r}} < \frac{2}{\sqrt{\left(\frac{m}{2a}\right)^2 + \left(\frac{n}{2b}\right)^2}} = \lambda_g \tag{24}$$

ist.

Betrachten wir Π in Gl. (20) als magnetischen Strahlungsvektor, so müssen wir

$$\Pi = A \cos\frac{\pi m (x+a)}{2a} \cos\frac{\pi n (y+b)}{2b} e^{-ihz} \tag{25}$$

wählen. Die nach den Gl. (3.20 u. 3.41) folgenden Feldstärken

$$\begin{aligned}
H_x &= \frac{\partial^2 \Pi}{\partial x \partial z} &&= i h \frac{\pi m}{2a} A \sin\xi_m \cos\eta_n \; e^{-ihz}, \\
H_y &= \frac{\partial^2 \Pi}{\partial y \partial z} &&= i h \frac{\pi n}{2b} A \cos\xi_m \sin\eta_n \; e^{-ihz}, \\
H_z &= k^2 \Pi + \frac{\partial^2 \Pi}{\partial z^2} &&= (k^2 - h^2) A \cos\xi_m \cos\eta_n \; e^{-ihz}, \\
E_x &= -i\omega\mu \frac{\partial \Pi}{\partial y} &&= i\omega\mu \frac{\pi n}{2b} A \cos\xi_m \sin\eta_n \; e^{-ihz}, \\
E_y &= i\omega\mu \frac{\partial \Pi}{\partial x} &&= -i\omega\mu \frac{\pi m}{2a} A \sin\xi_m \cos\eta_n \; e^{-ihz}, \\
E_z &= 0
\end{aligned} \tag{26}$$

erfüllen dann wieder die Grenzbedingungen (19) am Mantel. Die Wellenformen stellen die H-Wellen oder die elektrischen Transversalwellen des rechteckigen Hohlleiters dar. Für Knotenzahl und Ordnungszahl der Wellen und die Fortpflanzungskonstante gilt dasselbe wie bei den E-Wellen.

Bemerkenswert ist, daß für $m = 0$ oder $n = 0$ die E-Wellen identisch verschwinden, die niedrigste E-Welle ist daher die Welle mit $m = n = 1$. Dagegen verschwindet die H-Welle nur, wenn m und n beide Null sind. Es existieren die H_{01}- und H_{10}-Wellen, die sich nur durch ihre Lage bezüglich des Hohlleiters unterscheiden, im wesentlichen aber gleich sind, was für alle Wertepaare m, n und n, m gilt. Die H_{10}-Welle hat die größte Grenzwellenlänge aller Schwingungsformen des rechteckigen Hohlleiters. Nach Gl. (24) wird die Grenzwelle der H_{10}-Welle

$$\lambda_g = 4a. \tag{27}$$

Sie hängt nur von a ab, ist also unabhängig von der Höhe b des Hohlleiters. Bei der H_{10}-Welle existieren nach (26) nur die Feldstärken H_x, H_z und E_y, wir haben eine linear polarisierte Welle, bei der im Gegensatz zur ebenen Welle nur die Feldstärke in der Querrichtung nicht konstant, sondern sinusförmig verteilt ist. Wegen der linearen Polarisation haben die H_{0n}- bzw. H_{m0}-Wellen im rechteckigen Hohlleiter bei der Abstrahlung in den freien Raum Bedeutung; vgl. Kap. 22.

Für die H_{10}-Welle und einige andere Wellen sind in Bild 8.4 die aus den Feldgleichungen (22 u. 26) folgenden Feldbilder entsprechend Bild 8.2 schematisch gezeichnet. Aus den Bildern erkennt man ohne weiteres die Feldbilder sämtlicher E- und H-Wellen. Für die entstehenden Mantelströme sowie für das Verhalten der Wellen bei Krümmungen und bei schlecht leitendem oder dielektrischem Außenmantel gelten die Angaben in Abschn. a beim kreisförmigen Hohlleiter.

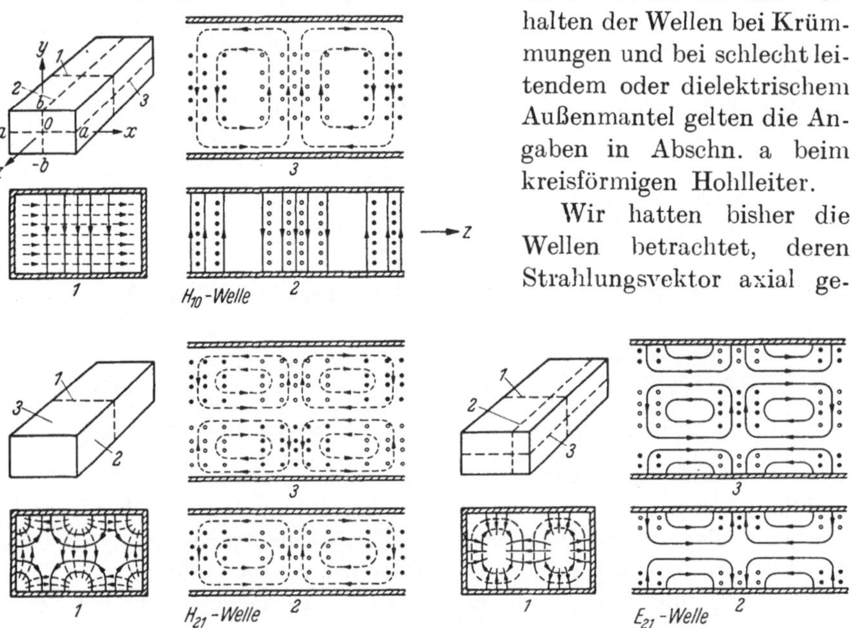

Bild 8.4. Feldbilder im rechteckigen Hohlleiter.
Elektrische Feldlinien ausgezogen; magnetische Feldlinien gestrichelt; ausgefüllte Kreise Austritt nach vorn.

Wir hatten bisher die Wellen betrachtet, deren Strahlungsvektor axial gerichtet ist. Weitere Formen ergeben sich, wenn wir die Grenzbedingungen (19) durch einen Strahlungsvektor in der Querschnittsebene zu erfüllen suchen. Wir wählen den Vektor parallel zur y-Achse. (Parallel zur x-Achse vertauschen sich nur die entsprechenden Buchstaben.) Da in diesem Fall E_y bzw. H_y verschwindet, liegt das elektrische bzw. magnetische Feld in der xz-Ebene, wir haben daher eine elektrische bzw. magnetische Längsschnittwelle in der xz-Ebene oder nach der anderen Bezeichnung eine H- bzw. E-Welle mit Strahlungsvektor in y-Richtung, also eine transversale H- bzw. E-Welle im Gegensatz zur axialen Welle.

Damit die Grenzbedingungen wie bisher erfüllt sind, lautet der elektrische Strahlungsvektor für die E-Welle oder die magnetische Längsschnittwelle

$$\Pi = P_y = A \sin \frac{\pi m (x + a)}{2a} \cos \frac{\pi n (y + b)}{2b} e^{-ihz} \tag{28}$$

und der magnetische Strahlungsvektor für die H-Welle oder elektrische Längsschnittwelle

$$\Pi = Q_y = A \cos \frac{\pi m (x + a)}{2a} \sin \frac{\pi n (y + b)}{2b} e^{-ihz}. \tag{29}$$

Hieraus sind die Feldstärken nach den allgemeinen Gl. (3.17 bzw. 3.20) aus Kap. 3 sofort abzuleiten. Für die E-Wellen erhält man z. B.

$$\begin{aligned}
H_x &= -i\omega\varepsilon \frac{\partial \Pi}{\partial z} &&= -\omega\varepsilon h A \sin\xi_m \cos\eta_n \; e^{-ihz}, \\
H_y &= 0, \\
H_z &= i\omega\varepsilon \frac{\partial \Pi}{\partial x} &&= i\omega\varepsilon \frac{\pi m}{2a} A \cos\xi_m \cos\eta_n \; e^{-ihz}, \\
E_x &= \frac{\partial^2 \Pi}{\partial x\, \partial y} &&= -\frac{\pi m}{2a} \frac{\pi n}{2b} A \cos\xi_m \sin\eta_n \; e^{-ihz}, \\
E_y &= k^2 \Pi + \frac{\partial^2 \Pi}{\partial y^2} &&= \left(k^2 - \frac{\pi^2 n^2}{4b^2}\right) A \sin\xi_m \cos\eta_n \; e^{-ihz}, \\
E_z &= \frac{\partial^2 \Pi}{\partial y\, \partial z} &&= ih \frac{\pi n}{2b} A \sin\xi_m \sin\eta_n \; e^{-ihz}.
\end{aligned} \tag{30}$$

Dabei sind für ganzzahliges m und n die Grenzbedingungen (19) tatsächlich erfüllt. Die Fortpflanzungskonstante $h = h_{mn}$ ergibt sich aus derselben Gl. (21) wie bei den Transversalwellen.

Durch Vertauschen der elektrischen und magnetischen Größen und der Funktionen cos und sin erhält man die entsprechenden H-Wellen. Die transversale E-Welle mit $m = m$, $n = 0$ stimmt nach den Gl. (30 u. 26) bis auf die Konstante mit der H_{m0}-Welle überein.

Wegen der gleichen Fortpflanzungskonstante der verschiedenen Wellen für gleiches m und n können die verschiedenen Wellentypen zusammengesetzt werden, z. B. zwei verschiedene Längsschnittwellen zu einer Querschnittswelle und dergleichen, was z. B. bei Krümmungen wichtig ist.

Ähnliche Wellen wie in den betrachteten kreisförmigen und rechteckigen Hohlleitern treten in beliebigen Hohlleitern auf, nur sind die Wellenformen hier nicht oder wenigstens nicht mehr so einfach zu berechnen. Einige derartige Wellen sowie Wellen mit gebrochenem Index m im kreisförmigen Hohlleiter findet man in dem Buch von SCHELKUNOFF.

d) Erzeugung der Wellen. Stoßstellen.

Wir haben bisher die auf Grund der Grenzbedingungen möglichen Wellenformen oder Eigenwellen abgeleitet und wollen jetzt ihre Erzeugung betrachten. Regt man einen Wellenleiter durch irgendeinen in den Wellenleiter hineinragenden stromdurchflossenen Leiter an, so werden durch das primäre Feld sämtliche möglichen Eigenwellen angeregt. Amplitude und Phase der einzelnen Wellen ergibt sich wie bei der im Prinzip ähnlichen Berechnung der Beugung um die Erde in Kap. 27 aus der Bedingung, daß die Sekundärwellen zusammen mit dem primären Feld die Grenzbedingungen an der Oberfläche des Wellenleiters erfüllen müssen. Je nach der Art der Erregung werden einzelne Wellen besonders stark vorhanden sein, nämlich diejenigen, deren Feldbild dem primären Feldbild des Erregers ähnelt. In den Wellenleiter in z-Richtung eintauchende Stäbe werden daher vor allem E-Wellen erregen, da das primäre Feld $H_z = 0$ hat, eintauchende Schleifen oder Stäbe in Querebenen vor allem H-Wellen, vgl. Bild 8.5, das die Anordnung der Erregung und das Ablösen der hauptsächlich erregten Hohlleiterwellen von der Speiseleitung schematisch zeigt.

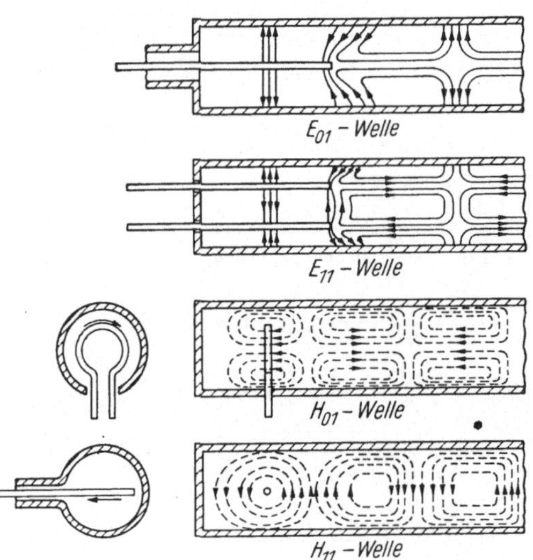

Bild 8.5. Anregung einiger Hohlleiterwellen. (Aus VILBIG-ZENNECK: Fortschritte der Hochfrequenztechnik, Bd. I.)

Da nun die höheren Eigenwellen eines Wellenleiters nach den Formeln in Abschn. a bis c stark gedämpft sind, werden in einiger Entfernung von der Erregungsstelle von den angeregten Wellen nur noch die tiefen Eigenwellen vorhanden sein. Dimensioniert man den Wellenleiter nach den angegebenen Formeln für die Grenzwellen so, daß die erregende Wellenlänge zwischen der 1. und 2. Eigenwelle liegt, z. B. im rechteckigen Hohlleiter $2a$ zwischen $\lambda/2$ und λ liegt, $2b$ kleiner als $\lambda/2$ ist, so ist in einiger Entfernung von der Erregungsstelle nur die längste Eigenwelle des betreffenden Wellenleiters als vollkommen stabile Welle vorhanden. Das ist im rechtwinkligen Hohlleiter die H_{10}- bzw. H_{01}-Welle, im kreisförmigen Rohr die H_{11}-Welle. Als stark vorherrschend und praktisch allein vorhanden können nach den vorstehenden Angaben aber auch noch die Wellen erzeugt werden, deren Feldbild von sämtlichen tieferen Eigenwellen stark abweicht, z. B. die E_{01}-Welle im kreisförmigen Rohr, wenn die Dimensionierung so erfolgt, daß die gewünschte Eigenwelle die letzte ungedämpfte Eigenwelle ist. Dagegen ist es schwierig, eine Welle rein zu erzeugen, deren Feldbild leicht in ein anderes übergehen kann. So wird bei einem E_{11}-Feld im runden Hohlleiter praktisch stets ein meßbares E_{01}-Feld vorhanden sein, entsprechend dem gleichzeitigen Vorhandensein einer Gegentakt- und Gleichtaktwelle bei der normalen Doppelleitung.

Ebenso wie an der Erregungsstelle die Primärwelle eine Summe von Eigenwellen erregt, wird an jeder Stoßstelle und jeder Reflexionsstelle, z. B. an hineinragenden Stiften und Blenden oder bei Abzweigungen, Richtungs- und Querschnittsänderungen, die ankommende Welle eine neue Summe von Eigenwellen des betreffenden Leiters erregen, für deren Abklingen dasselbe wie vorher gilt. In genügender Entfernung von der Erregungsstelle und sämtlichen Reflexionsstellen kann daher bei jedem Wellenleiter eine einzige von den tieferen Eigenwellenformen praktisch rein vorhanden sein, und zwar wegen der Reflexion genau wie bei den normalen Leitungen eine hin- und rücklaufende Welle der gleichen Wellenform. Größe und Phase der durchgelassenen und reflektierten Welle im Verhältnis zur einfallenden Welle und damit den für den Leistungsverlust wichtigen Reflexionsfaktor kann man experimentell durch Abtasten der Leitung wie bei einer normalen Leitung (vgl. den Schluß von Abschn. 6) oder aus einer strengen Rechnung erhalten.

Die strenge Rechnung kann zum Beispiel bei einer im Hohlleiter befindlichen Blende so erfolgen, daß man die durch die Blende verursachte sekundäre Feldstärke auf beiden Seiten der Blende, also die durchgelassene und reflektierte Welle, als eine Reihe von Eigenwellen mit unbekannten Koeffizienten ansetzt. Die Erfüllung der Grenzbedingungen an der Öffnungsfläche der Blende liefert dann bestimmte Beziehungen zwischen diesen Koeffizienten, was ähnlich wie in Kap. 15 auf ein unendliches Gleichungssystem führt, aus dem die Grundwelle zu berechnen wäre. Drückt man die Koeffizienten der angesetzten Reihe vorher nach den bekannten Formeln für die Fourier-Koeffizienten durch Integrale über die Feldstärken der Öffnungsfläche aus, so erhält man an Stelle des unendlichen Gleichungssystems für die Feldstärken der Öffnungsfläche eine Integralgleichung ähnlich Kap. 14, deren angenäherte Lösung die Grundwelle und damit den Reflexionsfaktor gibt. Beim Ansetzen der Grenzbedingungen ist zu beachten, daß die Bedingungen nur in der Öffnung und nicht im ganzen Querschnitt des Hohlleiters gelten (ähnlich wie die Feldstärkenbedingungen in Kap. 15). Beim Hohlleiter kann diese Bedingung durch Einführung anderer Variablen berücksichtigt werden. Für die wirkliche Durchführung der

Rechnung sei, da wir ähnliche Beugungsprobleme in Teil C und D behandeln, auf die Literatur, z. B. das Buch von LEWIN und die dort angegebenen Originalarbeiten, verwiesen.

3. Wellenformen im dielektrischen Leiter.

Die bisherigen Feldgleichungen, die eine Trennung in E- und H-Wellen ergaben, gelten nur für unendlich gut leitenden Außenmantel. Für den allgemeinen Fall, in dem der Hohlleiter die Konstanten ε, μ, σ und der umgebende Außenleiter die Konstanten $\varepsilon_a, \mu_a, \sigma_a$ mit endlichem σ_a hat, wobei insbesondere beim reinen dielektrischen Leiter σ und $\sigma_a = 0$ und $\varepsilon^r > \varepsilon^r_a$ sind, muß, wie in Abschn. 2a dargelegt ist, für den Strahlungsvektor des Feldes zur Erfüllung der Grenzbedingungen die Summe aus einem elektrischen und einem in Abhängigkeit von ψ um 90° verschobenen magnetischen Strahlungsvektor angesetzt werden. Für den zylinderförmigen Leiter mit axial gerichtetem Strahlungspotential, auf dessen prinzipielle Betrachtung wir uns hier beschränken wollen, setzen wir daher als Strahlungspotential für den Innenraum

$$\begin{aligned} \Pi_i = P_{zi} + Q_{zi} = A\, \mathrm{J}_m(g\varrho)\cos m\psi\ \mathrm{e}^{-ihz} \\ + B\, \mathrm{J}_m(g\varrho)\sin m\psi\ \mathrm{e}^{-ihz}, \end{aligned} \tag{31}$$

für den Außenraum

$$\begin{aligned} \Pi_a = P_{za} + Q_{za} = A_a \mathrm{H}_m^{(2)}(g_a\varrho)\cos m\psi\ \mathrm{e}^{-ihz} \\ + B_a \mathrm{H}_m^{(2)}(g_a\varrho)\sin m\psi\ \mathrm{e}^{-ihz}. \end{aligned} \tag{31a}$$

Dabei ist

$$g = \sqrt{k^2 - h^2}, \qquad g_a = \sqrt{k_a^2 - h^2}. \tag{31b}$$

Die Feldstärken sind nach den allgemeinen Gl. (3.22)

$$\begin{aligned} \boldsymbol{H} &= \mathrm{i}\,\omega\,\varepsilon \operatorname{rot} \boldsymbol{P} + k^2 \boldsymbol{Q} + \operatorname{grad}\operatorname{div}\boldsymbol{Q}, \\ \boldsymbol{E} &= k^2 \boldsymbol{P} + \operatorname{grad}\operatorname{div}\boldsymbol{P} - \mathrm{i}\,\omega\,\mu \operatorname{rot}\boldsymbol{Q} \end{aligned} \tag{32}$$

eine Summe der Ausdrücke (3 u. 4), wobei nur in (4) wegen der angesetzten Phasenverschiebung $m\psi$ durch $m\psi - \pi/2$ zu ersetzen ist und ferner im Außenfeld die HANKELsche Funktion an die Stelle der BESSELschen Funktion tritt. Die Grenzbedingungen (11) liefern daher sofort für die Bestimmung der 3 unbekannten Amplituden B, A_a und B_a und der Fortpflanzungskonstanten h in der Reihenfolge von Gl. (11) die 4 Gleichungen

$$\begin{aligned} &\omega\,\varepsilon\, g\, A\, \mathrm{J}_m'(g\varrho_0) + h\frac{m}{\varrho_0} B\, \mathrm{J}_m(g\varrho_0) \\ &\qquad = \omega\,\varepsilon_a\, g_a\, A_a\, \mathrm{H}_m^{(2)\prime}(g_a\varrho_0) + h\frac{m}{\varrho_0} B_a\, \mathrm{H}_m^{(2)}(g_a\varrho_0), \\ &g^2 B\, \mathrm{J}_m(g\varrho_0) = g_a^2 B_a\, \mathrm{H}_m^{(2)}(g_a\varrho_0), \\ &h\frac{m}{\varrho_0} A\, \mathrm{J}_m(g\varrho_0) + \omega\,\mu\, g\, B\, \mathrm{J}_m'(g\varrho_0) \\ &\qquad = h\frac{m}{\varrho_0} A_a\, \mathrm{H}_m^{(2)}(g_a\varrho_0) + \omega\,\mu_a\, g_a\, B_a\, \mathrm{H}_m^{(2)\prime}(g_a\varrho_0), \\ &g^2 A\, \mathrm{J}_m(g\varrho_0) = g_a^2 A_a\, \mathrm{H}_m^{(2)}(g_a\varrho_0). \end{aligned} \tag{33}$$

Für $\varepsilon_a \to \infty$ erhält man wegen des exponentiellen Verschwindens der HANKELschen Funktion die früheren Lösungen. Für $m = 0$ erhält man 2 getrennte Systeme für die elektrischen Größen A, A_a und die magnetischen B, B_a.

Eliminiert man für die anderen Fälle A_a und B_a, so erhält man mit Division durch $g^2 \, \mathrm{J}_m (g \varrho_0)$

$$\begin{aligned} A\,\omega \left[\frac{\varepsilon}{g} \frac{\mathrm{J}'_m(g\varrho_0)}{\mathrm{J}_m(g\varrho_0)} - \frac{\varepsilon_a}{g_a} \frac{\mathrm{H}_m^{(2)\prime}(g_a \varrho_0)}{\mathrm{H}_m^{(2)}(g_a \varrho_0)}\right] &= -B \frac{h\,m}{\varrho_0}\left[\frac{1}{g^2} - \frac{1}{g_a^2}\right], \\ A \frac{h\,m}{\varrho_0}\left[\frac{1}{g^2} - \frac{1}{g_a^2}\right] &= -B\,\omega \left[\frac{\mu}{g} \frac{\mathrm{J}'_m(g\varrho_0)}{\mathrm{J}_m(g\varrho_0)} - \frac{\mu_a}{g_a} \frac{\mathrm{H}_m^{(2)\prime}(g_a \varrho_0)}{\mathrm{H}_m^{(2)}(g_a \varrho_0)}\right] \end{aligned} \tag{34}$$

und daraus

$$\begin{aligned} \omega^2 \left[\frac{\varepsilon}{g} \frac{\mathrm{J}'_m(g\varrho_0)}{\mathrm{J}_m(g\varrho_0)} - \frac{\varepsilon_a}{g_a} \frac{\mathrm{H}_m^{(2)\prime}(g_a \varrho_0)}{\mathrm{H}_m^{(2)}(g_a \varrho_0)}\right] \left[\frac{\mu}{g} \frac{\mathrm{J}'_m(g\varrho_0)}{\mathrm{J}_m(g\varrho_0)} - \frac{\mu_a}{g_a} \frac{\mathrm{H}_m^{(2)\prime}(g_a \varrho_0)}{\mathrm{H}_m^{(2)}(g_a \varrho_0)}\right] \\ = \frac{h^2 m^2}{\varrho_0^2}\left[\frac{1}{g^2} - \frac{1}{g_a^2}\right]^2. \end{aligned} \tag{35}$$

Mit den Gl. (31 b) für g und g_a ist das eine transzendente Bestimmungsgleichung für die Fortpflanzungskonstante h. Zu jeder Lösung ergeben sich aus den Gl. (34) die unbekannten Amplituden, so daß das Feld prinzipiell berechnet ist.

Für einige Spezialfälle läßt sich die Lösung der transzendenten Gl. (35) diskutieren, z. B. für $m = 0$ und rein dielektrischen Leiter. Für die Ausführung sei wegen der wesentlich geringeren Bedeutung dieser Leiter auf die Literatur verwiesen, z. B. auf die Arbeit von CARSON, MEAD und SCHELKUNOFF. Für $m = 0$ stimmt die Gleichung mit Gl. (7) von Kap. 7 bei den Drahtwellen überein.

4. Wellenlänge, Phasen- und Gruppengeschwindigkeit der Hohlleiterwellen.

Die Abhängigkeit der betrachteten Hohlleiterwellen von der axialen Richtung z war durch den Faktor $e^{-i h z}$ gegeben. Wegen des unterdrückten Zeitfaktors $e^{i \omega t}$ bedeutet der Realteil h^r von h eine Wellenfortpflanzung im Innern des Hohlleiters mit der Phasengeschwindigkeit

$$v_R = \frac{\omega}{h^r} \tag{36}$$

bzw. der Wellenlänge

$$\lambda_R = \frac{v_R}{f} = \frac{2\pi}{h^r}, \tag{36a}$$

während der Imaginärteil eine Dämpfung ergibt. Da ohne Begrenzung durch den Hohlleiter Phasengeschwindigkeit und Wellenlänge der Wellen im Medium mit der Wellenzahl $k = \omega\sqrt{\varepsilon\mu}$ wegen e^{-ikz} durch

$v = \omega/k^r$, $\lambda = 2\pi/k^r$ gegeben sind, wird das Verhältnis der Werte im Hohlleiter zu den Werten bei freier Ausbreitung im gleichen Medium

$$\frac{v_R}{v} = \frac{\lambda_R}{\lambda} = \frac{k^r}{h^r}. \tag{37}$$

Die Fortpflanzungskonstante h war für den kreisförmigen Hohlleiter durch Gl. (7), für den rechteckigen Hohlleiter durch Gl. (21) gegeben. Führt man die durch (8a) und (24) definierten Grenzwellen ein, so erhält man die allgemeine Formel

$$h = \sqrt{k^2 - \frac{4\pi^2}{\lambda_g^2}}, \tag{38}$$

die in gleicher Form für alle Hohlleiter mit verlustloser Außenhülle gilt. Bei verlustfreiem Dielektrikum wird $k^2 = \omega^2 \varepsilon \mu = 4\pi^2/\lambda^2$ rein reell, mithin

$$h = k\sqrt{1 - \frac{\lambda^2}{\lambda_g^2}} = k\sqrt{1 - \nu^2}, \tag{39}$$

wobei ν das Wellenlängen- bzw. Frequenzverhältnis

$$\nu = \frac{\lambda}{\lambda_g} = \frac{f_g}{f} \tag{40}$$

ist. Im Durchlaßbereich $\nu < 1$ wird h rein reell und mithin nach (37)

$$\frac{v_R}{v} = \frac{\lambda_R}{\lambda} = \frac{1}{\sqrt{1 - \nu^2}}. \tag{41}$$

Wellenlänge und Phasengeschwindigkeit im Hohlleiter sind demnach stets größer als Wellenlänge und Geschwindigkeit im freien Medium und nähern sich bei der Grenzfrequenz dem Wert ∞. In der Nähe der Grenzfrequenz entstehen daher starke Phasen- und Laufzeitunterschiede der verschiedenen Frequenzen, die die praktische Verwendung derartiger Frequenzen im allgemeinen verbietet, vgl. Abschn. 6 und Kap. 22 u. 24.

Außer Phasengeschwindigkeit und Wellenlänge interessiert die für die Geschwindigkeit der Zeichenübertragung maßgebende Gruppengeschwindigkeit v_{Gr}, die allgemein gleich der Ableitung von ω nach h ist. Nach (38 u. 3.14) wird, da λ_g konstant ist, $h\,dh = \omega\varepsilon\mu\,d\omega$, mithin mit (36)

$$v_{Gr} = \frac{\partial\omega}{\partial h} = \frac{1}{\varepsilon\mu}\,\frac{h}{\omega} = \frac{v^2}{v_R} = v\sqrt{1 - \nu^2}, \tag{42}$$

wo $v = 1/\sqrt{\varepsilon\mu}$ die Geschwindigkeit im freien Medium ist.

Die Gruppengeschwindigkeit ist also kleiner als die Geschwindigkeit im freien Medium und wird bei der Grenzfrequenz 0. Mit zunehmender Frequenz nähert sich Gruppen- und Phasengeschwindigkeit dem Grenzwert v, da sich physikalisch die Ausbreitungsverhältnisse wegen der im Verhältnis zu den Rohrabmessungen kleiner werdenden Wellenlänge dem Verhältnis im freien Raum nähern.

5. Bildung der Hohlleiterwellen aus der Reflexion ebener Wellen.

Die im vorigen Abschnitt abgeleiteten, physikalisch zunächst unverständlichen Werte der Wellenlängen und Phasengeschwindigkeiten von Überlichtgeschwindigkeit erklären sich sehr einfach, wenn man die Hohlleiterwellen aus ebenen Wellen zusammensetzt. Daß eine solche Zusammensetzung möglich sein wird, bedarf nach der Ableitung der Kugelwellen und Zylinderwellen aus ebenen Wellen in Kap. 4 keiner besonderen Erklärung. Besonders einfach wird die Zusammensetzung bei den H_{m0}-Wellen im rechteckigen Querschnitt, da sich diese wegen der Unabhängigkeit des Feldes von der y-Richtung aus der Addition von nur zwei ebenen Wellen ergeben.

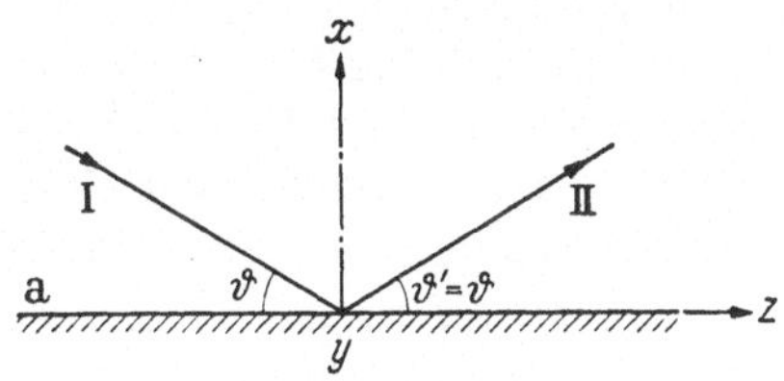

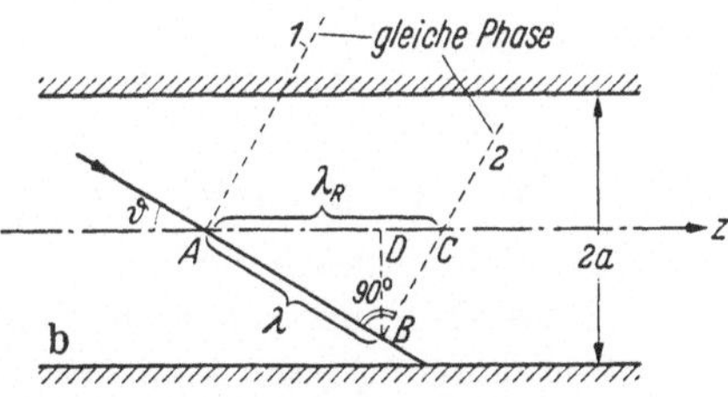

Bild 8.6. Zur physikalischen Erklärung der Hohlleiterwellen. a) Reflexion ebener Wellen. b) Wellenlänge im Hohlleiter.

Wir betrachten zur Ableitung in Bild 8.6a eine ebene, senkrecht zur Zeichenebene polarisierte Welle, die sich in Richtung I fortpflanze und unter dem Winkel ϑ auf eine parallel zur Polarisationsrichtung stehende Wand trifft. Genau wie im optischen Fall wird eine reflektierte Welle entgegengesetzt gleicher Stärke unter dem Winkel ϑ' in Richtung II entstehen, vgl. die Reflexionsgesetze in Kap. 26, so daß das gesamte Feld die Summe der beiden ebenen Wellen in den Richtungen I und II ist. Legen wir die y-Achse in die Richtung der elektrischen Feldstärke und die yz-Ebene in die Wand, so sind die beiden ebenen Wellen nach Gl. (4.12b) durch die HERTZschen Vektoren

$$P_{1y} = \frac{C}{2\mathrm{i}}\,\mathrm{e}^{-\mathrm{i}k(z\cos\vartheta - x\sin\vartheta)}, \qquad P_{2y} = \frac{C}{2\mathrm{i}}\,\mathrm{e}^{-\mathrm{i}k(z\cos\vartheta + x\sin\vartheta)} \tag{43}$$

gegeben. Mithin ist der HERTZsche Vektor der Gesamtwelle

$$P_y = P_{1y} + P_{2y} = C\sin(k\,x\sin\vartheta)\,\mathrm{e}^{-\mathrm{i}kz\cos\vartheta} \tag{44}$$

mit den Feldstärken

$$\begin{aligned} E_y &= k^2 P_y = k^2 C\sin(k\,x\sin\vartheta)\,\mathrm{e}^{-\mathrm{i}kz\cos\vartheta}, \\ H_x &= -\mathrm{i}\,\omega\,\varepsilon\frac{\partial P_y}{\partial z} = -\,\omega\,\varepsilon\,C\,k\cos\vartheta\sin(k\,x\sin\vartheta)\,\mathrm{e}^{-\mathrm{i}kz\cos\vartheta}, \\ H_z &= \mathrm{i}\,\omega\,\varepsilon\frac{\partial P_y}{\partial x} = \mathrm{i}\,\omega\,\varepsilon\,C\,k\sin\vartheta\cos(k\,x\sin\vartheta)\,\mathrm{e}^{-\mathrm{i}kz\cos\vartheta}. \end{aligned} \tag{44a}$$

E_y verschwindet wegen der sinusförmigen Feldverteilung in x-Richtung nicht nur für $x = 0$, sondern in allen parallelen Ebenen, die den Abstand

$$x = x_0 = 2a = \frac{m\pi}{k \sin\vartheta} \quad (m = 1, 2, 3, \cdots) \tag{45}$$

haben. Man kann also in der Entfernung $2a$ eine metallische Wand anbringen, ohne das Feld zu stören, und hat damit das obige Feld (44a) zwischen 2 parallelen Wänden. Da die elektrische Feldstärke nur die Komponente E_y hat, kann man weiter ohne Störung der Grenzbedingungen senkrecht zu E_y zwei parallele Metallwände in beliebigem Abstand $2b$ anbringen und hat damit einen rechteckigen Hohlleiter mit den Seiten $2a$ und $2b$ mit der obigen Feldverteilung, die aber nach den Gl. (26) genau die Feldverteilung der H_{m0}-Welle ist. Zur Überführung der Gleichungen hat man in (44a) zu setzen:

$$k \cos\vartheta = h, \qquad k \sin\vartheta = \frac{m\pi}{2a} \text{ entsprechend Gl. (45)}, \qquad x = x + a \tag{46}$$

und die Konstante

$$C = \frac{1}{\mathrm{i}\,\omega\,\varepsilon} \frac{\pi m}{2a} A\,. \tag{46a}$$

Die H_{m0}-Welle ist also identisch mit den beiden betrachteten mit normaler Lichtgeschwindigkeit zwischen den beiden Wänden im Abstand $2a$ sich ausbreitenden Reflexionswellen.

Den Vorgang kann man nun anders deuten, wenn man als Ausbreitungsrichtung nicht die wirkliche Richtung der Wellen, sondern die z-Richtung als Achse des Hohlleiters zugrunde legt. Nach Gl. (44 u. 44a) haben die Wellen für die z-Richtung eine scheinbare Fortpflanzungskonstante $h = k \cos\vartheta$, die also gegen die wirkliche Fortpflanzungskonstante um den Faktor $\cos\vartheta$ verkleinert ist. Demnach erscheint die Phasengeschwindigkeit und Wellenlänge um den Faktor $1/\cos\vartheta$ vergrößert oder physikalisch anschaulich gedeutet: Betrachten wir in Bild 8.6b zwei um λ entfernte Wellenfronten 1 und 2, so haben diese Stellen gleicher Phase in z-Richtung, also für den Hohlleiter, die scheinbare Wellenlänge

$$AC = \lambda_R = \frac{\lambda}{\cos\vartheta}\,. \tag{47}$$

Um denselben Faktor ist daher die Phasengeschwindigkeit vergrößert. Da nach Gl. (46) $\cos\vartheta = h/k$ wird, stimmt Gl. (47) mit der im vorigen Abschnitt bei den Hohlleiterwellen erhaltenen Gl. (37) überein.

Weiter wird nach Bild 8.6b die in einer Periode $T = 1/f$ in z-Richtung zurückgelegte Strecke $AD = \lambda \cos\vartheta$ und damit die wirkliche Signalgeschwindigkeit oder Gruppengeschwindigkeit für den Hohlleiter

$$v_{Gr} = \frac{\lambda \cos\vartheta}{T} = v \cos\vartheta = \frac{v^2}{v_R} \tag{48}$$

in Übereinstimmung mit Gl. (42). Sämtliche bei den Hohlleitern gefundenen Werte haben damit eine anschauliche physikalische Deutung gefunden. Für $\vartheta = 0$ ergibt sich die freie Ausbreitung, für $\vartheta = 90°$ der Fall der Grenzwelle, es findet keine Energieübertragung mehr statt, die Wellen pendeln nur zwischen den beiden Wänden hin und her.

6. Nutzleistung, Dämpfung und Wellenwiderstände der Hohlleiterwellen.

Die praktische Anwendung der Hohlleiter liegt erstens in der Verwendung als abgeschirmte, dämpfungsarme Energieleitung zur Fortleitung der Energie, insbesondere von und zur Antenne, zweitens in der Verwendung als abgeschirmtes Bauelement, z. B. als resonanzscharfer Schwingungskreis oder als Anpassungs- und Transformationsglied entsprechend der Transformation durch normale Leitungen und drittens in der Verwendung als Hohlleiterantennen. Demgegenüber tritt die praktische Anwendung der dielektrischen Leiter zurück, sie sind bisher fast nur als Antennen benutzt worden. Im vorliegenden Abschnitt wollen wir die Leitungseigenschaften der Hohlleiter näher betrachten und in Abschn. 7 die Hohlkreise, während wir die dielektrischen Antennen und die Hohlleiterantennen in Kap. 21.2 u. 22 behandeln.

Als Energieleitung interessiert die Dämpfung im Durchlaßbereich bei nicht unendlich gut leitendem Außenmantel und in gewissen Fällen, z. B. bei Fernsehübertragungen, die Phasen- oder Laufzeitverzerrung. Da nach Gl. (39) das Phasenmaß h und damit die Laufzeit hz/ω über eine Strecke z in der Nähe der Grenzfrequenz stark frequenzabhängig ist, wird man die Betriebswelle möglichst klein halten. Da andererseits bei kleiner Betriebswelle nach Abschn. 2d höhere Wellenformen möglich sind, ergibt sich z. B. für den rechteckigen Hohlleiter als günstigste Betriebswellenlänge in bezug auf kleine Laufzeitverzerrungen ein Wert von etwa $\lambda = 0{,}5\ \lambda_g$ bis $0{,}6\ \lambda_g$. Wird bei hohen Phasenanforderungen die Laufzeitverzerrung trotz dieser Dimensionierung zu groß, so müssen entweder kürzere Verbindungslängen oder konzentrische Kabel trotz schlechterer Dämpfung (vgl. Bild 8.7) oder drahtlose Übertragungen durch Umlenkspiegel am Boden und Antennenturm (vgl. Kap. 30) genommen werden.

Die zweite wichtige Größe ist die Dämpfung. Die in Abschn. 2a u. 3 angedeutete strenge Lösung des Feldes würde die Dämpfung unmittelbar ergeben. Durch die Berücksichtigung der endlichen Leitfähigkeit würde die Fortpflanzungskonstante h auch im Durchlaßbereich einen imaginären Anteil $-i\beta$ bekommen, wodurch sämtliche Feldstärken den Faktor $e^{-\beta z}$, die übertragene Leistung P den Faktor $e^{-2\beta z}$ erhält. Die Leistungsabnahme auf der Strecke dz folgt daraus zu $2\beta P dz$. Da diese Abnahme gleich der Verlustleistung im Außenmantel $P'_q dz$

ist, wo P'_q die Verlustleistung pro Längeneinheit ist, wird die Dämpfungskonstante

$$2\beta = \frac{P'_q}{P}. \tag{49}$$

Die strenge Berechnung von β bzw. P und P'_q ist nun nach den Ansätzen in Abschn. 3 sehr kompliziert. Daher begnügt man sich im allgemeinen mit einer Näherung, indem man bei nicht zu schlecht leitendem Außenmantel das in Abschn. 2 für einen verlustlosen Außenmantel berechnete Feld als eine gute Näherung betrachtet und mit diesen Feldstärken die übertragene Leistung P und die im Mantel fließenden Wandströme berechnet. Durch Multiplikation mit dem bekannten Verlustwiderstand des Außenmantels (unter Berücksichtigung der Stromverdrängung) erhält man hieraus einen Näherungswert für die Verlustleistung P'_q und damit nach (49) die Dämpfungskonstante des Hohlleiters.

Wir wollen als Beispiel die Dämpfung des zylindrischen Hohlleiters mit Luft als Dielektrikum berechnen. In Zylinderkoordinaten wird die z-Komponente des komplexen Poyntingschen Vektors (6.16)

$$\overline{S}_z = \tfrac{1}{2}(\boldsymbol{E}\times\boldsymbol{H}^k)_z = \tfrac{1}{2}(E_\varrho H^k_\psi - E_\psi H^k_\varrho) \tag{50}$$

und mithin die in z-Richtung übertragene komplexe Leistung

$$\overline{P} = \int_F \overline{S}_z \,\mathrm{d}f = \tfrac{1}{2}\int_{\varrho=0}^{\varrho_0}\int_{\psi=0}^{2\pi} (E_\varrho H^k_\psi - E_\psi H^k_\varrho)\,\varrho\,\mathrm{d}\varrho\,\mathrm{d}\psi. \tag{51}$$

Setzt man für $\boldsymbol{E}$ und $\boldsymbol{H}$ z. B. die Werte der H-Welle aus Gl. (4) ein, wobei zu beachten ist, daß für $\boldsymbol{H}$ der konjugiert komplexe Wert zu nehmen ist, so wird, da im Durchlaßbereich g und damit die Besselschen Funktionen reell sind, P reell

$$P = \tfrac{1}{2}A^2\omega\mu h \int_0^{\varrho_0}\int_0^{2\pi}\left[\frac{m^2}{\varrho^2}\mathrm{J}^2_m(g\varrho)\sin^2 m\psi + g^2\mathrm{J}'^2_m(g\varrho)\cos^2 m\psi\right]\varrho\,\mathrm{d}\varrho\,\mathrm{d}\psi. \tag{52}$$

Die Integration nach ψ ergibt zunächst

$$P = \delta A^2\omega\mu h\pi g^2 \int_0^{\varrho_0}\left[\frac{m^2}{g^2\varrho^2}\mathrm{J}^2_m(g\varrho) + \mathrm{J}'^2_m(g\varrho)\right]\varrho\,\mathrm{d}\varrho \tag{52a}$$

mit

$$\delta = \begin{cases} 1 \text{ für } m = 0, \\ \tfrac{1}{2} \text{ für } m \neq 0. \end{cases} \tag{53}$$

Nach bekannten Formeln der Zylinderfunktionen ist nun

$$\begin{aligned} \frac{m}{g\varrho}\mathrm{J}_m(g\varrho) &= \tfrac{1}{2}\mathrm{J}_{m-1}(g\varrho) + \tfrac{1}{2}\mathrm{J}_{m+1}(g\varrho), \\ \mathrm{J}'_m(g\varrho) &= \tfrac{1}{2}\mathrm{J}_{m-1}(g\varrho) - \tfrac{1}{2}\mathrm{J}_{m+1}(g\varrho). \\ \mathrm{J}'_0(g\varrho) &= -\mathrm{J}_1(g\varrho), \\ \int \mathrm{J}^2_m(g\varrho)\,\varrho\,\mathrm{d}\varrho &= \frac{\varrho^2}{2}[\mathrm{J}^2_m(g\varrho) - \mathrm{J}_{m-1}(g\varrho)\,\mathrm{J}_{m+1}(g\varrho)]. \end{aligned} \tag{54}$$

Hiermit liefert (52a), wenn man nach der Integration sämtliche BESSELschen Funktionen nach den beiden ersten Gl. (54) wieder durch J_m und J'_m ausdrückt, für die übertragene Nutzleistung den Wert

$$P = \delta A^2 \omega \mu h \pi g^2 \frac{\varrho_0^2}{2} \Big[J'^2_m(g\varrho_0) + J^2_m(g\varrho_0) - \frac{m^2}{g^2\varrho_0^2} J^2_m(g\varrho_0) + \frac{2}{g\varrho_0} J_m(g\varrho_0) J'_m(g\varrho_0) \Big]. \tag{55}$$

Die Gleichungen sind für die E-Wellen dieselben bis auf die Vertauschung von μ und ε, wie durch Einsetzen der Werte der E-Wellen aus Gl. (3) in (51) und Vergleich mit (52) folgt. Für die E-Wellen ist in (55) nach Gl. (5) $J_m(g\varrho_0) = 0$, für die H-Wellen $J'_m(g\varrho_0) = 0$ zu setzen. Mithin wird

$$P_E = \delta A^2 \omega \varepsilon h \pi g^2 \frac{\varrho_0^2}{2} J'^2_m(g\varrho_0), \tag{56}$$

$$P_H = \delta A^2 \omega \mu h \pi g^2 \frac{\varrho_0^2}{2} J^2_m(g\varrho_0) \left[1 - \frac{m^2}{g^2\varrho_0^2}\right]. \tag{56a}$$

Für die Berechnung der Verlustleistung nach der angegebenen Näherung ist zunächst das Stromquadrat auf dem Außenmantel

$$|J_f|^2 = |H_{\psi_{\varrho=\varrho_0}}|^2 + |H_{z_{\varrho=\varrho_0}}|^2, \tag{57}$$

während der Widerstand des Außenmantels pro m² Oberfläche mit Berücksichtigung der Stromverdrängung nach bekannten Formeln

$$R' = \sqrt{\frac{\pi f \mu_a}{\sigma_a}} \tag{58}$$

wird, so daß sich die Verlustleistung pro Längeneinheit durch Integration über den Umfang des Hohlleiters zu

$$P'_q = \int_{\psi=0}^{2\pi} \frac{1}{2} |J_f|^2 R' \varrho_0 \, d\psi = \frac{\varrho_0}{2} \sqrt{\frac{\pi f \mu_a}{\sigma_a}} \int_{\psi=0}^{2\pi} [|H_{\psi_{\varrho=\varrho_0}}|^2 + |H_{z_{\varrho=\varrho_0}}|^2] \, d\psi \tag{59}$$

ergibt. Das liefert mit Einsetzen der Feldstärken aus den Gl. (3 bzw. 4) für die E-Wellen

$$P'_{qE} = \delta A^2 \sqrt{\frac{\pi f \mu_a}{\sigma_a}} \omega^2 \varepsilon^2 \pi g^2 \varrho_0 J'^2_m(g\varrho_0), \tag{60}$$

für die H-Wellen

$$P'_{qH} = \delta A^2 \sqrt{\frac{\pi f \mu_a}{\sigma_a}} \pi g^2 \varrho_0 J^2_m(g\varrho_0) \left[g^2 + \frac{h^2 m^2}{g^2 \varrho_0^2}\right]. \tag{60a}$$

Durch Einsetzen der abgeleiteten Werte P und P'_q in (49) erhält man die gesuchten Dämpfungskonstanten. Mit Berücksichtigung von

$$h = \omega \sqrt{\varepsilon \mu} \sqrt{1 - \nu^2} \quad \text{und} \quad g = \frac{j_{mn}}{\varrho_0} = \nu \omega \sqrt{\varepsilon \mu} \tag{61}$$

nach den Gl. (39 sowie 6, 8a, b u. 40) ergibt sich für die E-Wellen

$$\beta_E = \frac{1}{\varrho_0}\sqrt{\frac{\pi f \varepsilon \mu_a}{\sigma_a \mu}}\,\frac{1}{\sqrt{1-\nu^2}} = \frac{\beta_0}{\sqrt{1-\nu^2}} \tag{62}$$

und für die H-Wellen

$$\beta_H = \frac{1}{\varrho_0}\sqrt{\frac{\pi f \mu_a}{\sigma_a}}\,\frac{1}{\omega \mu h}\,\frac{g^4 \varrho_0^2 + h^2 m^2}{g^2 \varrho_0^2 - m^2} = \frac{\beta_0}{\sqrt{1-\nu^2}}\,\frac{\nu^2 j_{mn}^2 + m^2(1-\nu^2)}{j_{mn}^2 - m^2}. \tag{62a}$$

Dabei ist j_{mn} die Nullstelle der betreffenden BESSELschen Funktion (Tab. 8.1) und $\nu = \lambda/\lambda_g$ mit der aus (8a) folgenden Grenzwelle λ_g.

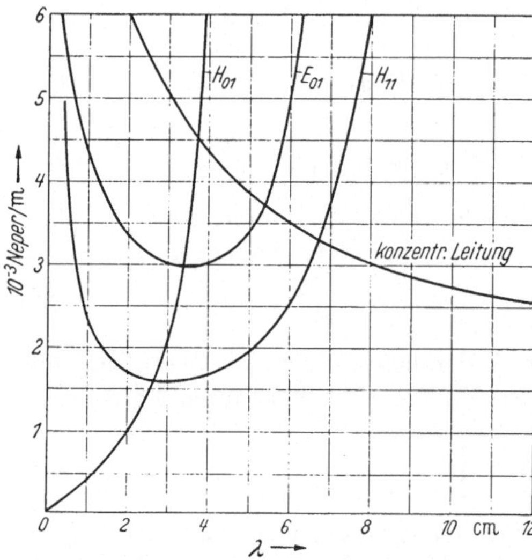

Bild 8.7. Dämpfung einiger kreiszylindrischer Wellen bei gleichem Außendurchmesser $d = 5$ cm.

In Bild 8.7 ist die Dämpfung der wichtigsten Wellenformen nach (62) und (62a) für einen zylindrischen Kupferleiter von 5 cm Durchmesser zusammen mit der Dämpfung eines koaxialen Kabels von gleichem Außendurchmesser und günstigstem Durchmesserverhältnis in Abhängigkeit von der Frequenz dargestellt. Die Kurven erreichen mit steigender Frequenz, abgesehen von der H_{01}-Kurve, ein Minimum, um dann wieder zu steigen. Die Dämpfung ist im Durchlaßbereich kleiner als die eines koaxialen Kabels von gleichem Außendurchmesser. Allerdings sind die bei höheren Frequenzen eintretenden größeren Verbesserungen ebenso wie das ständige Absinken der Dämpfung der H_{01}-Welle praktisch nicht ausnutzbar, da die Hohlleiter in diesen Gebieten wegen der Möglichkeit anderer Wellenformen nicht mehr stabil sind, vgl. Abschn. 2d, bei der H_{01}-Welle außerdem der normale Dämpfungsverlauf nur für vollkommene Kreissymmetrie gilt. Bei einem Abweichen von der Kreissymmetrie würden die elektrischen Feldlinien der H_{01} und H_{0n}-Wellen im Querschnittsbild von Bild 8.2 wie bei allen anderen Wellenformen auf den Rand treffen und damit zusätzliche Mantelströme und Verluste bewirken.

Zu der berechneten Dämpfung durch den Außenleiter tritt bei leitendem Dielektrikum noch ein Zusatzglied, das durch den bei komplexem ε auftretenden Imaginärteil der Fortpflanzungskonstante h in Gl. (7) gegeben ist.

Für den Hohlleiter mit rechteckigem Querschnitt kann die Rechnung genau so ausgeführt werden. Dabei muß die Verlustleistung auf sämtlichen Seitenflächen berechnet werden. Da nur Sinus- und Kosinusfunktionen auftreten, lassen sich sämtliche Werte elementar integrieren.

Man erhält für Nutzleistung und Dämpfungskonstante bei allen E-Wellen ($m, n > 0$)

$$P_E = \frac{1}{2} A^2 \omega \varepsilon h a b \left[\left(\frac{\pi m}{2a}\right)^2 + \left(\frac{\pi n}{2b}\right)^2\right], \tag{63}$$

$$\beta_E = \frac{1}{ab} \sqrt{\frac{\pi f \varepsilon \mu_a}{\sigma_a \mu}} \frac{1}{\sqrt{1-\nu^2}} \frac{b^3 m^2 + a^3 n^2}{b^2 m^2 + a^2 n^2}, \tag{63a}$$

bei den H-Wellen mit $m, n > 0$

$$P_H = \frac{1}{2} A^2 \omega \mu h a b \left[\left(\frac{\pi m}{2a}\right)^2 + \left(\frac{\pi n}{2b}\right)^2\right], \tag{64}$$

$$\beta_H = \frac{1}{ab} \sqrt{\frac{\pi f \varepsilon \mu_a}{\sigma_a \mu}} \frac{1}{\sqrt{1-\nu^2}} \frac{ab(bm^2 + an^2) + (b^3 m^2 + a^3 n^2)\nu^2}{b^2 m^2 + a^2 n^2}, \tag{64a}$$

während bei den H_{m0}-Wellen

$$P = A^2 \omega \mu h a b \left(\frac{\pi m}{2a}\right)^2, \quad \beta = \frac{1}{ab} \sqrt{\frac{\pi f \varepsilon \mu_a}{\sigma_a \mu}} \frac{1}{\sqrt{1-\nu^2}} \left(\frac{1}{2} a + b\nu^2\right) \tag{64b}$$

wird. In den Gleichungen ist ν der Wert (40) mit der Grenzwelle (24).

Der Dämpfungsverlauf in Abhängigkeit von der Wellenlänge bzw. Frequenz ist ähnlich wie Bild 8.7, ein anormaler Verlauf tritt nicht auf. Die Dämpfung hängt außer von der Frequenz von der Querschnittsform ab und erreicht bei konstantem Umfang bei einem bestimmten Seitenverhältnis ein Minimum, z. B. bei den E_{nn}-Wellen bei quadratischem Querschnitt.

Die Dämpfung ist bei den H-Wellen im allgemeinen, z. B. bei $a \approx b$ oder $a/b \approx m/n$, wegen des letzten Gliedes in (64a) höher als bei den E-Wellen gleicher Ordnungszahl. Bei der wegen der linearen Polarisation besonders wichtigen H_{10}-Welle ist die Dämpfung wegen des Faktors $\frac{1}{2}$ in Gl. (64b) im Vergleich zu den anderen Wellen relativ klein. Die Abnahme der Dämpfung mit wachsender Höhe b bei konstantem a kann aber ähnlich wie im runden Hohlleiter nur bis zur Stabilitätsgrenze (Abschn. 2d) ausgenutzt werden.

Zu dem Fortpflanzungsmaß tritt bei normalen Leitungen als zweite charakteristische Größe der Wellenwiderstand, der bei normalen Leitungen der Quotient aus Spannung und Strom oder aus Leistung und effektivem Stromquadrat ist, während das Verhältnis aus elektrischer und magnetischer Feldstärke der übertragenen Hauptwelle, der sogenannte Feldwellenwiderstand, gleich dem Wellenwiderstand Z_0 des freien Raumes bzw. des betreffenden Mediums ist. Da bei den Wellenleitern keine eindeutige Definition von Spannung und Strom möglich ist, hat auch ein in Analogie zum Wellenwiderstand normaler Leitungen irgendwie eingeführter „Wellenwiderstand" nur formale Bedeutung. Dagegen gibt der Feldwellenwiderstand, der nach den angegebenen Feldstärkengleichungen und den Gl. (39 u. 4.5b)

$$Z_{FE} = \frac{h}{\omega \varepsilon} = Z_0 \sqrt{1 - \nu^2} \quad \text{für alle E-Wellen} \tag{65}$$

und

$$Z_{FH} = \frac{\omega \mu}{h} = \frac{Z_0}{\sqrt{1 - \nu^2}} \quad \text{für alle H-Wellen} \tag{65a}$$

ist, ein gewisses Maß für die Anpassung, da er sich mit größer werdenden Abmessungen des Hohlleiters dem Wellenwiderstand des freien Raumes nähert.

Wichtiger als die mehr formalen Wellenwiderstände ist es, daß man durch Abtasten der Spannungs- oder Stromverteilung der Leitung genau wie beim Abtasten normaler Leitungen aus der Welligkeit, d. h. dem Verhältnis der Maxima und Minima, und der Lage der Knotenstellen die Größe der hin- und rücklaufenden Wellen experimentell feststellen und aus den so oder theoretisch (vgl. Abschn. 2d) ermittelten Reflexionskoeffizienten eine vollkommene Analogie zur gewöhnlichen Leitungstheorie erhält. Da dies quasistationäre Probleme sind, sei auf die Literatur verwiesen, z. B. das Buch von Meinke. Voraussetzung für die Anwendung der normalen Leitungstheorie ist, daß im Hohlleiter eine einzige Wellenart vorhanden ist, was nach den Ausführungen in Abschn. 2d für die tieferen Hohlleiterwellen möglich ist.

7. Hohlkreise.

Zum Schluß unserer Betrachtungen über Hohlleiter wollen wir kurz die Hohlkreise behandeln, die als schwachgedämpfte Resonanzkreise in der Zentimeter- und Dezimeterwellentechnik Bedeutung haben.

Schließt man einen Hohlleiter durch eine unendlich gut leitende metallische Platte kurz, so entsteht eine rücklaufende Welle gleicher Amplitude und damit stehende Wellen mit der Funktion $\sin hz$ bzw. $\cos hz$, also der Wellenlänge $2\pi/h$, wo h wie bisher die Fortpflanzungskonstante in z-Richtung ist. Bringt man an den Knotenstellen von E_ϱ und E_φ (bzw. von E_x und E_y), also in einem Abstand

$$2c = \frac{s\pi}{h} \quad (s = 1, 2, 3, \ldots), \tag{66}$$

metallische Scheiben an, so sind sämtliche Grenzbedingungen erfüllt, da die elektrischen Feldstärken an den metallischen Scheiben 0 sind, und es entsteht ein abgeschlossener Hohlraum oder Hohlkreis der Länge $2c$, der die zu dem betreffenden $h = h_{mn}$ gehörende Eigenwelle mit der Ordnungszahl m, n als Resonanzwelle hat. Die Resonanzfrequenz wird mit dem aus (66) folgenden Wert $h = s\pi/2c$ nach den Gl. (7 u. 21) für den kreisförmigen Hohlleiter

$$\omega_r^2 = \frac{k^2}{\varepsilon\mu} = \frac{1}{\varepsilon\mu}\left[\left(\frac{s\pi}{2c}\right)^2 + \frac{j_{mn}^2}{\varrho_0^2}\right] \tag{67}$$

und für den rechteckigen Hohlleiter

$$\omega_r^2 = \frac{k^2}{\varepsilon\mu} = \frac{1}{\varepsilon\mu}\left[\left(\frac{\pi m}{2a}\right)^2 + \left(\frac{\pi n}{2b}\right)^2 + \left(\frac{\pi s}{2c}\right)^2\right] \tag{68}$$

oder nach Division durch $\pi^2/\varepsilon\mu$ und Einführen der Wellenlänge im freien Medium ε, μ

$$\frac{\omega_r^2}{\pi^2}\varepsilon\mu = \frac{4}{\lambda_r^2} = \frac{m^2}{(2a)^2} + \frac{n^2}{(2b)^2} + \frac{s^2}{(2c)^2} \tag{68a}$$

und entsprechend für den runden Hohlleiter.

Die größte Resonanzwelle im rechteckigen Hohlraum entspricht dem Wertepaar 1, 1, 0 für m, n, s in beliebiger Reihenfolge.

Die Feldstärken des Hohlraumes ergeben sich, wenn man in den Feldstärkengleichungen der Hohlleiterwellen die Exponentialfunktion e^{-ihz} durch $\cos hz$ oder $\sin hz$ und entsprechend den Differentialquotienten $-ihe^{-ihz}$ durch $-h\sin hz$ bzw. $h\cos hz$ mit $h = s\pi/2c$ ersetzt. Damit ist das gesamte Feld bekannt.

Die Dämpfung kann in genau der gleichen Annäherung wie bei den Hohlleitern in Abschn. 6 berechnet werden, wobei die Dämpfung der Endplatten mit zu berücksichtigen ist. Entsprechend den Werten in Abschn. 6 wird die Dämpfung der Hohlleiterkreise wesentlich kleiner als die normaler Resonanzkreise mit konzentrischen Leitungen oder konzentrierten Elementen.

Die besprochenen Resonanzwellen entstehen natürlich nicht nur in abgegrenzten Hohlleiterstücken, sondern auch in abgeschlossenen Räumen beliebiger Form, wobei die Resonanzwellen dann nur in speziellen Fällen berechnet werden können, z. B. beim kugelförmigen Hohlraum, im allgemeinen aber experimentell bestimmt werden müssen.

C. Antennenstrahlung.

9. Kapitel.

Das Reziprozitätsgesetz der drahtlosen Verbindungen.

1. Ableitung des Reziprozitätsgesetzes.

Bevor wir auf die Theorie der Antennen selbst und damit im Gegensatz zu Teil B auf die freie Raumstrahlung eingehen, wollen wir ein allgemeines Gesetz beweisen, mit dessen Hilfe man wichtige Beziehungen zwischen Sende- und Empfangsantennen ableiten kann: das Reziprozitätsgesetz der drahtlosen Verbindungen.

Das Gesetz gilt in einem linearen Medium, also einem Medium, in dem die reellen Konstanten ε, μ, σ skalare Größen und unabhängig von den Feldvektoren sind, dagegen können ε, μ, σ beliebig ortsabhängig sein. Die Ausbreitung in der Ionosphäre fällt daher streng wegen der Wirkung des erdmagnetischen Feldes (Doppelbrechung) nicht unter das Gesetz, aber sonst alle praktischen Ausbreitungsvorgänge. Wir betrachten in diesem allgemeinen Medium ein Strahlungsfeld. Das Feld werde erregt durch die eingeprägten Feldstärken $\boldsymbol{E}_e$. Dann gelten nach Kap. 1.2 für die Augenblickswerte die Maxwellschen Gleichungen

$$\begin{aligned} \operatorname{rot} \boldsymbol{H}(t) &= \boldsymbol{C}(t) = \sigma \boldsymbol{E}(t) + \varepsilon \frac{\partial \boldsymbol{E}(t)}{\partial t}, \\ \operatorname{rot}\left[\boldsymbol{E}(t) - \boldsymbol{E}_e(t)\right] &= -\mu \frac{\partial \boldsymbol{H}(t)}{\partial t}, \end{aligned} \tag{1}$$

wobei die eingeprägten Feldstärken $\boldsymbol{E}_e(t)$ mit den äußeren Spannungen durch

$$U_0(t) = \oint \boldsymbol{E}_e(t)\, \mathbf{d}\boldsymbol{l} \tag{2}$$

zusammenhängen; vgl. Teil A, Gl. (1.3).

Für zeitlich harmonische Vorgänge wird für die komplexen Amplituden

$$\operatorname{rot} \boldsymbol{H} = \boldsymbol{C} = (\sigma + \mathrm{i}\,\omega\,\varepsilon)\,\boldsymbol{E}, \qquad \operatorname{rot}(\boldsymbol{E} - \boldsymbol{E}_e) = -\mathrm{i}\,\omega\,\mu\,\boldsymbol{H}. \tag{1a}$$

Setzen wir die vom Magnetfeld nach der 2. Gl. (1a) wirklich hervorgerufene Feldstärke

$$\boldsymbol{E} - \boldsymbol{E}_e = \boldsymbol{E}_w \tag{3}$$

und $\sigma + \mathrm{i}\,\omega\varepsilon = \bar{\sigma}$ als komplexe Leitfähigkeit, so gehen die Gleichungen über in

$$\operatorname{rot}\boldsymbol{H} = \boldsymbol{C} = \bar{\sigma}\,(\boldsymbol{E}_w + \boldsymbol{E}_e)\,, \qquad \operatorname{rot}\boldsymbol{E}_w = -\mathrm{i}\,\omega\,\mu\,\boldsymbol{H}\,. \tag{1b}$$

Wir betrachten jetzt zwei im gleichen Raum vorhandene, aber unabhängig voneinander durch die eingeprägten Feldstärken $\boldsymbol{E}_e'$ und $\boldsymbol{E}_e''$ erregte Strahlungsfelder. Die erregten Größen seien ebenfalls durch die Indexe $'$ und $''$ unterschieden. Wir multiplizieren die 1. Gleichung $\boldsymbol{C}' = \bar{\sigma}\,(\boldsymbol{E}_w' + \boldsymbol{E}_e')$ der 1. Verteilung mit dem Gesamtstrom $\boldsymbol{C}''$ der 2. Verteilung und umgekehrt die Gleichung $\boldsymbol{C}'' = \bar{\sigma}\,(\boldsymbol{E}_w'' + \boldsymbol{E}_e'')$ der 2. Verteilung mit $\boldsymbol{C}'$ der 1. Verteilung und bilden die Differenz

$$\begin{aligned}\boldsymbol{E}_e'\,\boldsymbol{C}'' - \boldsymbol{E}_e''\,\boldsymbol{C}' &= \left(\frac{1}{\bar{\sigma}}\,\boldsymbol{C}' - \boldsymbol{E}_w'\right)\boldsymbol{C}'' - \left(\frac{1}{\bar{\sigma}}\,\boldsymbol{C}'' - \boldsymbol{E}_w''\right)\boldsymbol{C}' \\ &= \boldsymbol{E}_w''\,\boldsymbol{C}' - \boldsymbol{E}_w'\,\boldsymbol{C}'' = \boldsymbol{E}_w''\operatorname{rot}\boldsymbol{H}' - \boldsymbol{E}_w'\operatorname{rot}\boldsymbol{H}''\,.\end{aligned} \tag{4}$$

In der Gleichung ist die letzte Umformung durch Einsetzen der 1. MAXWELLschen Gl. (1b) entstanden.

Nun ist nach einer schon früher benutzten Vektorbeziehung (6.2)

$$\begin{aligned}\boldsymbol{E}_w''\operatorname{rot}\boldsymbol{H}' &= \operatorname{div}(\boldsymbol{H}' \times \boldsymbol{E}_w'') + \boldsymbol{H}'\operatorname{rot}\boldsymbol{E}_w''\,, \\ \boldsymbol{E}_w'\operatorname{rot}\boldsymbol{H}'' &= \operatorname{div}(\boldsymbol{H}'' \times \boldsymbol{E}_w') + \boldsymbol{H}''\operatorname{rot}\boldsymbol{E}_w'\,.\end{aligned} \tag{5}$$

Mithin wird Gl. (4), wenn wir noch für $\operatorname{rot}\boldsymbol{E}_w'$ und $\operatorname{rot}\boldsymbol{E}_w''$ die Werte aus der 2. Gleichung von (1b) einführen,

$$\begin{aligned}\boldsymbol{E}_e'\,\boldsymbol{C}'' - \boldsymbol{E}_e''\,\boldsymbol{C}' &= \operatorname{div}(\boldsymbol{H}' \times \boldsymbol{E}_w'') - \operatorname{div}(\boldsymbol{H}'' \times \boldsymbol{E}_w') \\ &= \operatorname{div}(\boldsymbol{E}_w' \times \boldsymbol{H}'') - \operatorname{div}(\boldsymbol{E}_w'' \times \boldsymbol{H}')\,.\end{aligned} \tag{4a}$$

Integrieren wir dies über ein geschlossenes Volumen, wobei wir rechts den GAUSSschen Satz anwenden und dabei die Begrenzungsfläche so legen, daß keine eingeprägten Kräfte durchschnitten werden, auf der Begrenzungsfläche also überall $\boldsymbol{E}_w = \boldsymbol{E}$ wird, so erhalten wir schließlich das folgende allgemeine Reziprozitätsgesetz:

$$\iiint (\boldsymbol{E}_e'\,\boldsymbol{C}'' - \boldsymbol{E}_e''\,\boldsymbol{C}')\,\mathrm{d}\tau = \iint [(\boldsymbol{E}' \times \boldsymbol{H}'') - (\boldsymbol{E}'' \times \boldsymbol{H}')]\,\mathbf{d}\boldsymbol{f}\,. \tag{6}$$

Entsprechen die eingeprägten Feldstärken äußeren Spannungen, so geht das Volumenintegral auf Grund der Definition (2) über in die Summe $\sum (U_0'\,I_{0\,\mathrm{ges}}'' - U_0''\,I_{0\,\mathrm{ges}}')$, wo $I_{0\,\mathrm{ges}} = \int \boldsymbol{C}\,\mathbf{d}\boldsymbol{f}$ der gesamte durch die Spannungsquelle fließende Strom ist, der im allgemeinen ein reiner Leitungsstrom I_0 ist. Damit erhält Gl. (6) die Form

$$\sum (U_0'\,I_{0\,\mathrm{ges}}'' - U_0''\,I_{0\,\mathrm{ges}}') = \iint [(\boldsymbol{E}' \times \boldsymbol{H}'') - (\boldsymbol{E}'' \times \boldsymbol{H}')]\,\mathbf{d}\boldsymbol{f}\,. \tag{6a}$$

In Worten besagt das Gesetz (6 bzw. 6a): Sind $\boldsymbol{E}_e'$ und $\boldsymbol{E}_e''$ zwei beliebige Verteilungen eingeprägter Feldstärken bzw. U_0' und U_0'' zwei beliebige Verteilungen äußerer Spannungen und $\boldsymbol{E}'$, $\boldsymbol{H}'$, $\boldsymbol{C}'$ sowie $\boldsymbol{E}''$, $\boldsymbol{H}''$, $\boldsymbol{C}''$ die hierdurch hervorgerufenen Feldstärken und Ströme, so ist das Volumenintegral über die Differenz $\boldsymbol{E}_e'\,\boldsymbol{C}'' - \boldsymbol{E}_e''\,\boldsymbol{C}'$ bzw. die in einem beliebigen Volumen vorhandene Summe über die Differenz der Stromspannungsprodukte $U_0' I_{0\,\mathrm{ges}}'' - U_0'' I_{0\,\mathrm{ges}}'$ gleich dem über die zugehörige geschlossene Umhüllungsfläche erstreckten Oberflächenintegral über die Differenz der Feldstärkenprodukte $(\boldsymbol{E}_e' \times \boldsymbol{H}'') - (\boldsymbol{E}_e'' \times \boldsymbol{H}')$.

Zur praktischen Auswertung legen wir die Integrationsfläche ins Unendliche. Dann erstreckt sich das Volumenintegral über sämtliche eingeprägten Werte, während das Oberflächenintegral 0 wird. Das Verschwinden des Integrals folgt unmittelbar aus dem im allgemeinen Teil Kap. 2.3 und genauer in Kap. 11 abgeleiteten Strahlungsfeld eines HERTZschen Dipols. In größeren Entfernungen stehen hiernach, z. B. nach Gl. (11.16), $\boldsymbol{E}$ und $\boldsymbol{H}$ senkrecht aufeinander, ihr Größenverhältnis ist gleich dem Wellenwiderstand des leeren Raumes. Da jedes Strahlungsfeld als Summe von HERTZschen Dipolen aufgefaßt werden kann, gilt diese Beziehung für das Fernfeld jeder beliebigen Anordnung, also auch für $\boldsymbol{E}'$, $\boldsymbol{H}'$ einerseits und $\boldsymbol{E}''$, $\boldsymbol{H}''$ andererseits. Dann ist aber die Differenz $(\boldsymbol{E}' \times \boldsymbol{H}'') - (\boldsymbol{E}'' \times \boldsymbol{H}')$ an jedem Ort und mithin das obige Oberflächenintegral 0. Erstreckt man also das Integral über den gesamten Raum, so wird aus (6 u. 6a)

$$\iiint\limits_{\infty} (\boldsymbol{E}_e' \boldsymbol{C}'' - \boldsymbol{E}_e'' \boldsymbol{C}')\, d\tau = \iint\limits_{\infty} [(\boldsymbol{E}' \times \boldsymbol{H}'') - (\boldsymbol{E}'' \times \boldsymbol{H}')]\, \mathbf{d}\boldsymbol{f} = 0 \tag{7}$$

bzw.

$$\sum_{\infty} (U_0' I_{0\,\mathrm{ges}}'' - U_0'' I_{0\,\mathrm{ges}}') = 0\,. \tag{7a}$$

Diese speziellen Formen der Gl. (6 bzw. 6a) enthalten das eigentliche oder spezielle Reziprozitätsgesetz der drahtlosen Verbindungen. In Worten besagt das Gesetz: Sind $\boldsymbol{E}_e'$ und $\boldsymbol{E}_e''$ zwei beliebige Verteilungen eingeprägter Feldstärken bzw. U_0' und U_0'' zwei beliebige Verteilungen äußerer Spannungen und $\boldsymbol{E}'$, $\boldsymbol{H}'$, $\boldsymbol{C}'$ sowie $\boldsymbol{E}''$, $\boldsymbol{H}''$, $\boldsymbol{C}''$ die dadurch hervorgerufenen Feldstärken und Ströme, so verschwindet das über den gesamten Raum erstreckte Integral über die Differenz $\boldsymbol{E}_e' \boldsymbol{C}'' - \boldsymbol{E}_e'' \boldsymbol{C}'$ bzw. die Gesamtsumme über die Differenz der Stromspannungsprodukte $U_0' I_{0\,\mathrm{ges}}'' - U_0'' I_{0\,\mathrm{ges}}'$ oder das über eine unendlich ferne Fläche erstreckte Oberflächenintegral über die Differenz der Feldstärkenprodukte $(\boldsymbol{E}' \times \boldsymbol{H}'') - (\boldsymbol{E}'' \times \boldsymbol{H}')$. Die 1. Form entspricht der CARSONschen Fassung, die 2. Form der LORENTZschen Fassung des Reziprozitätsgesetzes.

Die Anwendungen und Bedeutung des abgeleiteten Gesetzes werden wir am besten an einigen Beispielen erkennen.

2. Folgerungen aus dem Reziprozitätsgesetz.

a) Gleichheit von Sende- und Empfangsdiagramm.

Die Bedeutung des Reziprozitätsgesetzes liegt für uns darin, daß wir ohne weitere Rechnung eine Reihe wichtiger Folgerungen über die

Beziehungen zwischen Sende- und Empfangsantennen ableiten können. Wir betrachten zwei beliebige Antennen A_1 und A_2, die in ihren Zuführungspunkten, deren zugehörige Größen wir allgemein durch den Index A kennzeichnen wollen, mit zwei gleichen Spannungen U'_A und U''_A erregt seien. Die Entfernungen und Lagen der Antennen seien beliebig; vgl. Bild 9.1. Dann ist nach dem Reziprozitätsgesetz (7a)

$$U'_A\, I''_{A\,\mathrm{ges}} - U''_A\, I'_{A\,\mathrm{ges}} = 0\,, \qquad (8)$$

wo $I'_{A\,\mathrm{ges}}$ und $I''_{A\,\mathrm{ges}}$ die in den Speisepunkten von den Gegenantennen erzeugten Empfangsströme sind. Da diese Ströme reine Leitungsströme I'_A bzw. I''_A sind und die Spannungen nach Voraussetzung gleich sind, wird

$$I''_A = I'_A\,. \qquad (9)$$

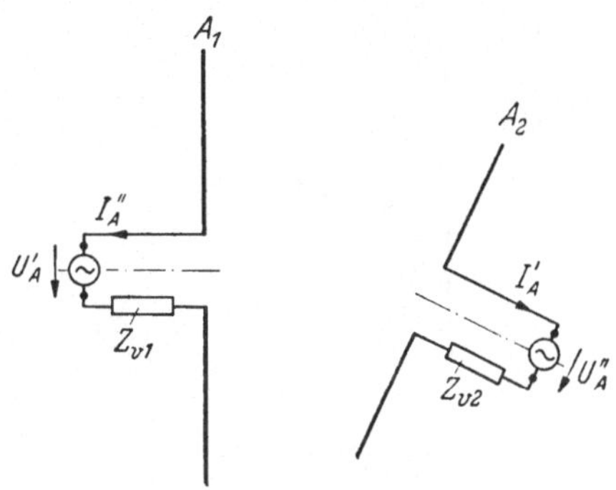

Bild 9.1. Zur Reziprozität zwischen Sende- und Empfangsantenne.

Wir haben damit die CARSONsche Fassung des Reziprozitätsgesetzes für Antennen abgeleitet: Wenn die elektrische Spannung U_A an den Klemmen der einen Antenne A_1 zwischen den Klemmen einer zweiten Antenne A_2 den Strom I_A erzeugt, so erzeugt dieselbe Spannung U_A, an die Klemmen der Antenne A_2 gelegt, zwischen den Klemmen der Antenne A_1 auch denselben Strom I_A. Dieser Satz ist allgemeiner als die von SOMMERFELD ausgesprochene, nur für HERTZsche Dipole geltende analoge Feldstärkenfassung.

Aus dem Satz folgt unmittelbar die Übereinstimmung von Sende- und Empfangsdiagramm einer beliebigen Antenne. Denn dreht man A_1 bei feststehender Antenne A_2 um einen beliebigen Winkel, so ändert sich der Empfangsstrom I'_A in A_2 entsprechend dem Sendediagramm von A_1. Nach Gl. (9) ändert sich aber der Empfangsstrom I''_A in A_1 in dem unveränderten Feld von A_2 um den gleichen Betrag, also ebenfalls nach dem Sendediagramm von A_1, das mithin auch das Empfangsdiagramm von A_1 ist. Aus demselben Grunde ist daher auch der Spannungs- und Leistungsgewinn einer beliebigen Richtantenne im Sende- und Empfangsfall gleich groß.

b) Wirksame Antennenlänge, Ersatzspannung der Empfangsantenne.

Wir stellen uns die Aufgabe, bei einer Empfangsantenne die Wirkung der verteilten Feldkräfte durch eine konzentrierte Spannung an den Antennenklemmen zu ersetzen, die den gleichen Klemmenstrom erzeugt. Der Empfangsklemmenstrom I'_A und die Antennenströme I'_x, vgl. Bild 9.2, werden hervorgerufen durch die unverzerrte Feldstärke E'_x des primären Feldes längs der Antenne, die wir mit den eingeprägten Feldstärken in dem Reziprozitätsgesetz identifizieren. Andererseits erzeugt die Ersatzspannung U''_A an der Stelle x den Antennenstrom I''_x, dessen Verteilung der Stromverteilung der Sendeantenne entspricht. Das Reziprozitätsgesetz (7 bzw. 7a) liefert nun

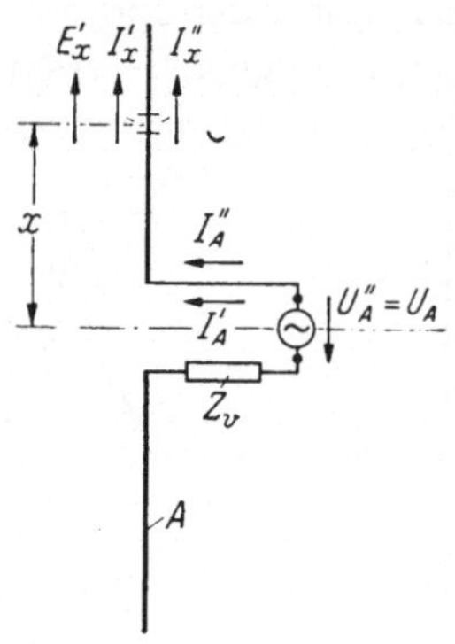

Bild 9.2. Zur Ersatzspannung der Empfangsantenne.

$$U''_A I'_A = \int_{l_1}^{l_2} E'_x I''_x \,\mathrm{d}x. \tag{10}$$

Da die Ersatzspannung so gewählt werden sollte, daß der von ihr im Speisepunkt erzeugte Klemmenstrom $I''_A = I'_A$ wird, wird die Ersatzspannung

$$U''_A = U_A = \int_{l_1}^{l_2} E'_x \frac{I''_x}{I''_A} \,\mathrm{d}x = E'_A \int_{l_1}^{l_2} \frac{E'_x}{E'_A} \frac{I''_x}{I''_A} \,\mathrm{d}x \equiv E'_A L_w. \tag{11}$$

Unter dem Integral steht die unverzerrte primäre Feldstärkenverteilung an der Antenne und die Sendestromverteilung der Antenne.

Für ein zur Antenne paralleles Feld mit konstantem $E'_x = E'_A = E_0$ liefert Gl. (11) unter Weglassung der Striche die spezielle Form

$$U_A = E_0 \int_{l_1}^{l_2} \frac{I_x}{I_A} \,\mathrm{d}x = E_0 \, l_w. \tag{11a}$$

Die durch das Integral (11a) definierte Größe

$$l_w = \int_{l_1}^{l_2} \frac{I_x}{I_A} \,\mathrm{d}x \tag{12}$$

wird als effektive Antennenlänge oder wirksame Antennenlänge bezeichnet.

Die wirksame Antennenlänge ist nach (11a) diejenige Ersatzlänge l_w, die in einem parallelen Feld durch Multiplikation mit E_0 die Ersatzspannung der Empfangsantenne ergibt. Sie ist ebenso wie die Ersatzspannung selbst nur von der Stromverteilung der Sendeantenne abhängig und unabhängig von der Stromverteilung der Empfangsantenne. Für eine rein sinusförmige Stromverteilung und Speisung im Strombauch ergibt sich z. B. für eine $\lambda/2$-Antenne die wirksame Antennenlänge nach (11a) zu

$$l_w = \int_{-\lambda/4}^{\lambda/4} \frac{I_0 \cos\left(2\pi \frac{x}{\lambda}\right)}{I_0} \,\mathrm{d}x = \left[\frac{\lambda}{2\pi} \sin\left(2\pi \frac{x}{\lambda}\right)\right]_{-\lambda/4}^{\lambda/4} = \frac{\lambda}{\pi}. \tag{13}$$

Die wirksame Antennenlänge l_w gilt nach (11a) für ein paralleles Feld, also für $\vartheta = \pi/2$. Für beliebige Richtungen tritt an die Stelle von l_w die durch Gl. (11) definierte (allerdings weniger gebräuchliche) allgemeine wirksame Antennenlänge

$$L_w = \int_{l_1}^{l_2} \frac{E_x}{E_A} \frac{I_x}{I_A} \, dx. \tag{14}$$

Unter dem Integral steht das Produkt aus der Sendestromverteilung und der primären Feldstärkenverteilung längs der Antenne, beide Verteilungen bezogen auf den Klemmenpunkt der Antenne. Statt auf den Klemmenstrom kann man beide Größen l_w und L_w durch einfache Umrechnung auf einen anderen Stromwert, insbesondere auf den Strombauch beziehen; vgl. Kap. 12. L_w und l_w können beide komplex sein; z. B. in Kap. 12.4d.

Die wirksame Antennenlänge hat nicht nur für die Empfangsantenne, sondern auch für die Sendeantenne Bedeutung. Da die Empfangsspannung des HERTZschen Dipols als Spannung an einem Stromelement der Länge dl

$$U_A = E_0 \, dl \sin\vartheta \tag{15}$$

ist, erhält man nach (11 u. 11a) die Empfangsspannung einer beliebigen Antenne, wenn man L_w bzw. l_w an die Stelle von $dl\sin\vartheta$ bzw. von dl setzt. Nach der unter a) bewiesenen Reziprozität zwischen Sende- und Empfangsantenne muß dieser Ersatz auch für die erzeugte Feldstärke gelten. Man erhält demnach die erzeugte Feldstärke und die Ersatzempfangsspannung einer beliebigen Antenne, wenn man in den Formeln des HERTZschen Dipols für allgemeine Richtungen den Wert $dl\sin\vartheta$ durch die allgemeine wirksame Antennenlänge L_w ersetzt, bzw. in den Formeln für die Hauptrichtung $\vartheta = \pi/2$ die Dipollänge dl durch die wirksame Antennenlänge l_w. Dieser Satz kann als Definition der wirksamen Antennenlänge gelten. Die wirksamen Antennenlängen geben einen unmittelbaren Vergleichswert verschiedener Antennen, da sie sich nach diesem Satz wie die bei gleichen Antennenströmen erzeugten Feldstärken bzw. die im gleichen Feld erhaltenen Ersatzspannungen verhalten, sie geben aber keinen Leistungsvergleich.

c) Gleichheit des Antennenwiderstandes im Sende- und Empfangsfall.

Die Gl. (11 u. 11a) gelten unabhängig vom Antennenwiderstand und unabhängig vom Belastungswiderstand Z_v. In jedem Fall ist der Empfangsstrom I_A gleich dem von der Ersatzspannung U_A erzeugten Sendestrom I_A. Der Sendestrom I_A ist aber aus der Spannung U_A und der bekannten Sendeimpedanz Z_A der Antenne gegeben zu

$$I_A = \frac{U_A}{Z_A + Z_v}. \tag{16}$$

Gl. (16) gibt daher auch den Empfangsstrom I_A. Dieser hängt also genau wie der Sendestrom von dem Belastungswiderstand und der Antennenimpedanz Z_A nach der normalen Zweipolbeziehung ab, d. h. aber: Der Widerstand einer Antenne ist unabhängig von der Verteilung des erregenden Feldes und dem Belastungswiderstand im Sende- und Empfangsfall gleich groß. Diese Tatsache ist, wie die entgegengesetzten Annahmen älterer Arbeiten zeigen, durchaus nicht selbstverständlich. Aus Gl. (16) folgt streng die allgemeine Gültigkeit des in Bild 9.3 gezeichneten Ersatzbildes für jede Empfangsantenne. Die in Abschn. b abgeleitete Ersatzspannung entspricht nach Gl. (16) und Bild 9.3 der Leerlaufspannung der Antenne.

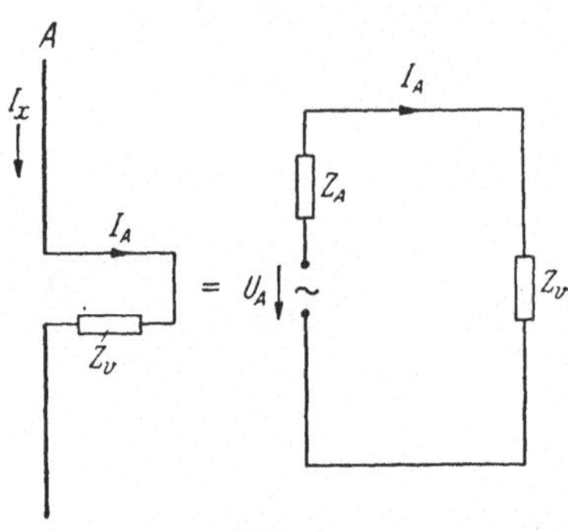

Bild 9.3.
Ersatzbild der Empfangsantenne.

d) Stromverteilung im Sende- und Empfangsfall.

Wir wollen schließlich noch über den Zusammenhang zwischen der Sende- und Empfangsstromverteilung eine Aussage machen. Das Reziprozitätsgesetz liefert nur die Gleichheit des Klemmenstromes, die Ströme auf der Antenne können im Sende- und Empfangsfall verschieden sein. Es sei $I_s(x, Z_v)$ und $I_e(x, Z_v)$ der an der Stelle x bei einem Belastungswiderstand Z_v fließende Sende- bzw. Empfangsstrom. Denken wir uns den Klemmenstrom I_A durch die Ersatzspannung U_A kompensiert, so bleibt an jeder Stelle die Differenz $I_e(x, Z_v) - I_s(x, Z_v)$ bestehen. Diese Differenz braucht trotz der Kompensation im Speisepunkt durchaus nicht 0 zu sein. Vielmehr bleibt als Differenz die Stromverteilung übrig, die dem Klemmenstrom 0 entspricht, also die Leerlaufstromverteilung $I_e(x, \infty)$. Mithin ist

$$I_e(x, Z_v) = I_s(x, Z_v) + I_e(x, \infty). \tag{17}$$

Die Abhängigkeit des Sendestromes I_s vom Belastungswiderstand ist aber bekannt, denn durch Einschalten von Z_v ändern sich der Sendespeisestrom und damit sämtliche Sendeströme im Verhältnis der Widerstände, so daß

$$I_s(x, Z_v) = I_s(x, 0) \frac{Z_A}{Z_A + Z_v} \tag{18}$$

ist. Damit wird

$$I_e(x, Z_v) = I_s(x, 0) \frac{Z_A}{Z_A + Z_v} + I_e(x, \infty). \tag{19}$$

Für die Ermittlung der Stromverteilung der Empfangsantenne ist daher nur die Kenntnis der Sendestromverteilung für den Belastungswiderstand 0 und die Kenntnis der Empfangsstromverteilung für die offene Antenne erforderlich.

Auf Grund der in a) bis d) bewiesenen Sätze können wir uns im folgenden mit Ausnahme der Stromverteilung auf eine Antennenart beschränken, wobei im allgemeinen die Betrachtung der Sendeantenne einfacher ist. Die abgeleiteten Werte über Richtdiagramme, Eingangswiderstand, Frequenzabhängigkeit u. dgl. gelten dann für beide Betriebsarten der Antenne.

10. Kapitel.

Allgemeine Grundgrößen und Berechnungsrichtlinien von Antennenfeldern.

1. Definitionen.

Wir behandeln in den folgenden Kap. 11 bis 24 die Antennenstrahlung ohne Berücksichtigung der Erde, abgesehen von dem Idealfall einer unendlich gut leitenden ebenen Erde. Der Einfluß der Erde auf die Feldstärke und die Form des Diagramms wird in Kap. 26 betrachtet. Ein kurzer Hinweis findet sich in Kap. 12.7. Im vorliegenden Kapitel behandeln wir zunächst einige allgemeine Antennenfragen und die wichtigsten Antennenbegriffe.

Unter einer Antenne (oder einem Strahler) verstehen wir jeden beliebigen Erreger oder Empfänger eines Strahlungsfeldes. Zur Speisung der Sendeantenne bzw. Leistungsentnahme der Empfangsantenne ist der Strahler im allgemeinen durch die Speise- oder Empfangsklemmen unterbrochen, nur bei den aus dem Strahlungsfeld erregten Reflektoren kann die Unterbrechung fehlen.

Jede Antenne ist im Prinzip ein elektrischer Schwingungskreis. Je nachdem ob dieser Schwingungskreis ein offener oder geschlossener Stromkreis ist, ergeben sich die beiden Grundtypen der elektrischen oder Dipolantennen und der magnetischen oder Rahmenantennen. Der Unterschied verwischt jedoch, wenn die Drahtlänge größer als die halbe Wellenlänge ist, vgl. z. B. den Faltdipol, Kap. 12.6, der in der Form eines schmalen rechteckigen Rahmens wegen der andersartigen Stromrichtungen als elektrischer Dipol wirkt.

Die gebräuchlichste und wichtigste Antenne ist die elektrische Dipolantenne, auf die ganz allgemein auch die Berechnung der Rahmenantenne zurückgeführt werden kann. Ihr auf die Größe eines Raumelementes idealisierter Grenzfall ist der in Kap. 2.3 und genauer im nächsten Kap. 11 behandelte Hertzsche Dipol. Im Gegensatz zum idealisierten Hertzschen Dipol bezeichnen wir eine mit Speisepunkten versehene elektrische Antenne endlicher Länge als Dipolantenne, kurz auch Dipol genannt. Unter einer Dipolantenne verstehen wir also ganz allgemein einen durch die Speise- oder Empfangsklemmen in zwei Teile geteilten leiterförmigen oder leiterähnlichen offenen Strahlungserreger endlicher Ausdehnung, dessen Form und Größe für die Struktur des erregten Feldes maßgebend ist. Der eine Teil einer senkrechten Dipolantenne kann dabei durch das Spiegelbild an der Erde ersetzt oder ergänzt sein. Die Dipolantenne kann auch einen die Antenne nicht wesentlich überragenden Reflektor besitzen. Dient der Dipol dagegen zur Erregung eines Feldes, dessen Struktur im wesentlichen durch die dem Dipol beigefügten Reflektoren oder sonstigen Führungsflächen bestimmt wird, so sprechen wir je nach der Form des Reflektors von Spiegelantennen (Parabelantennen, Paraboloidantennen usw.) oder Hohlleiter- und Linsenantennen. Bei allen diesen Formen kann die Erregung statt durch einen Dipol auch durch eine andere Anordnung, z. B. den Ausgang eines Hohlleiters, erfolgen. Weicht die Dipolform wesentlich von der Leiterform ab, z. B. bei kegelförmigen oder flächenförmigen Dipolen, so bezeichnen wir die Antenne als Kegelantenne, Flächenantenne u. dgl. Ist bei den normalen leiterförmigen Dipolantennen der Durchmesser des Leiters vernachlässigbar klein gegen die Antennenlänge und gegen die Wellenlänge, so wollen wir die Antenne eine Linearantenne nennen. Die älteren Berechnungen der Dipolantenne berücksichtigen nur die Linearantennen. Erst durch die bei sehr kurzen Wellen auftretende Forderung, die gleiche Antenne für ein breites Frequenzband zu benutzen, haben wesentlich dickere Antennen, bei denen die Voraussetzungen der Linearantennen nicht zutreffen, praktische Bedeutung gewonnen. Unter den Dipolantennen sind die in Resonanz arbeitenden praktisch am wichtigsten. Resonanz liegt vor, wenn die einzelnen Dipolhälften ungefähr $^1/_4$, $^1/_2$ . . . Wellenlängen lang sind. Wir wollen die zugehörigen Antennen im folgenden mit Halbwellenantenne oder Halbwellendipol bzw. Ganzwellenantenne oder Ganzwellendipol bezeichnen. Da die Resonanzwellenlänge nicht genau mit der Antennenlänge übereinstimmt (vgl. die späteren Rechnungen), ist die Halbwellenantenne nicht genau $\lambda/2$ lang.

In Analogie zur Definition der Dipolantenne kann man eine magnetische oder Rahmenantenne definieren als einen durch die Speise- oder Empfangsklemmen unterbrochenen leiterförmigen oder leiterähnlichen geschlossenen Strahlungserreger, dessen Form und Größe für die Struktur des erregten Feldes maßgebend ist. Die Berechnung erfolgt prinzipiell nach denselben Richtlinien wie bei der elektrischen Antenne, nur sind die strengen Rechnungen komplizierter wegen der komplizierteren Leiterform.

Als weitere grundsätzliche Antennenform ist die in neuerer Zeit entwickelte Schlitzantenne zu nennen; vgl. Kap. 17 u. 22.

Bei der einfachen Dipolantenne oder der einfachen Rahmenantenne ist das Feld rotationssymmetrisch, die Feldstärke also in der Ebene senkrecht zum Dipol gleichmäßig verteilt, wir haben einen Rundstrahler. Durch Anordnung mehrerer Einzelantennen auf einer Fläche oder durch die Größe der Antennenfläche bei Spiegel-, Hohlleiter- und Linsenantennen entstehen durch Interferenz der von den einzelnen Antennenteilen ausgehenden Strahlen je nach der Richtung Verstärkungen und Schwächungen und damit bestimmte Richtwirkungen. Antennen mit ausgeprägter Richtwirkung bezeichnen wir allgemein als Richtstrahler oder Richtantennen.

In den folgenden Abschnitten werden wir in Kap. 11 zunächst den Hertzschen Dipol, in den Kap. 12 bis 16 die zylindrischen und nichtzylindrischen Dipolantennen, in Kap. 17 die Rahmenantennen und den Schlitzdipol und in Kap. 18 bis 24 die wichtigsten Richtantennen behandeln. Dabei werden wir uns überall auf die eigentlichen Strahlungserscheinungen beschränken, Zusatzeinrichtungen und spezielle Formen dagegen nur streifen.

2. Die wichtigsten Antennengrößen.

Bei jeder Antenne interessiert, abgesehen von der allgemeinen Feldverteilung des Antennenfeldes, 1. die Größe der erzeugten Feldstärke im Fernfeld bzw. die Größe der erhaltenen Empfangsspannung in Abhängigkeit von der Richtung, wobei die relative Abhängigkeit von der Richtung als Richtcharakteristik oder Strahlungsverteilung, die den absoluten Wert enthaltende Größe als absolute Richtcharakteristik oder Strahlungsmaß bezeichnet wird, 2. die abgestrahlte bzw. empfangene Leistung und 3. der für die Anpassungsfragen wichtige Eingangswiderstand der Antenne, dessen Frequenzabhängigkeit ein Maß für den Breitbandcharakter der Antenne ist, also für die Fähigkeit der Antenne, ein breiteres Frequenzband ohne Nachstimmung abzustrahlen oder zu empfangen. Geringeres Interesse besitzt die Stromverteilung selbst. Sie interessiert im allgemeinen nur, soweit sie für die Berechnung der anderen Größen erforderlich ist.

Aus den angegebenen primären Werten ergeben sich als die wichtigsten abgeleiteten Größen der Strahlungswiderstand, die wirksame Antennenlänge, Gewinn und Absorptionsfläche, sowie die Welligkeit der Antenne.

Diese Größen sind folgendermaßen definiert:

Bezieht man die Strahlungsleistung auf einen beliebigen Bezugsstrom I_0, im allgemeinen auf den Strom im Strombauch oder den Klemmenstrom, so erhält man aus der normalen Leistungsgleichung

$$P_{str} = \tfrac{1}{2} |I_0|^2 R_{str} \tag{1}$$

einen Strahlungswiderstand R_{str} für den betreffenden Bezugsstrom. Ist der Bezugsstrom der Klemmenstrom, so ist der Strahlungswiderstand bei verlustloser Antenne mit dem Eingangswiderstand der Antenne identisch.

Unter der wirksamen Antennenlänge versteht man diejenige Ersatzlänge, die man in die Formeln des HERTZschen Dipols einsetzen muß, um bei gleichem Strom die richtige Feldstärke bzw. bei gleichem Feld die richtige Ersatzspannung der Antenne zu bekommen; vgl. Kap. 9.2.

Als Leistungsgewinn (bzw. Feldstärken- oder Spannungsgewinn) bezeichnet man das Verhältnis der von einer Antenne im Fernfeld erzeugten Leistungsdichte (bzw. Feldstärke oder Empfangsspannung) zu der von einer bestimmten Bezugsantenne (Kugelstrahler, HERTZscher Dipol oder Halbwellendipol) gleicher Leistung erzeugten Leistungsdichte (bzw. Feldstärke oder Spannung), während man unter der Absorptionsfläche einer Antenne die Größe derjenigen Fläche versteht, durch die bei einer ungestörten ebenen Welle die von der Antenne maximal aufnehmbare Leistung tritt. Beide Größen hängen nach dem Reziprozitätsgesetz miteinander und über den Antennenwiderstand mit der wirksamen Antennenlänge zusammen; nähere Ausführungen über Gewinn und Absorptionsfläche in Kap. 18 bei den Richtantennen.

Die Welligkeit schließlich gibt ein Maß für die Fehlanpassung der Antenne. Damit eine Antenne optimal arbeitet, muß sie wie jeder andere Widerstand an den Sender oder Empfänger bzw. das zwischengeschaltete Kabel angepaßt sein. Bei Fehlanpassung entsteht durch die reflektierte Welle erstens eine Verminderung der abgestrahlten oder empfangenen Leistung und zweitens bei Zwischenschaltung eines Kabels eine um die doppelte Laufzeit des Kabels nacheilende, an Antenne und Gerät, also doppelt reflektierte Welle, die bei großer Kabellänge störende Modulationsverzerrungen und Echowirkungen, z. B. die sogenannten Geisterbilder beim Fernsehen, hervorruft. Als weitere Störung tritt eine unter Umständen schädliche Rückwirkung auf den Sender ein. Die zur Vermeidung dieser Störungen erforderliche Anpassung kann für einige bestimmte Frequenzen durch Zwischenschaltung entsprechender Transformationsglieder immer durchgeführt werden. Die Anpassung ist aber nicht mehr möglich, wenn die Antenne in einem breiteren Frequenzband ohne Nachstimmung benutzt werden soll, was bei kurzen Wellen fast immer der Fall ist. In diesem Fall muß der Reflexionsfaktor r, das ist das Verhältnis der Amplitude $|U_2|$ der reflektierten Welle zur Amplitude $|U_1|$ der eintretenden Welle, genügend klein gehalten werden.

Ist Z der am Ausgang des Antennenkabels für eine beliebige Frequenz des gewünschten Frequenzbandes gemessene Antennenwiderstand, der gegenüber dem eigentlichen Antennenwiderstand durch dazwischenliegende Leitungen bereits transformiert sein kann, und Z_B der an den gleichen Klemmen gemessene Bezugswiderstand, im allgemeinen der Wellenwiderstand des Antennenkabels, so ist nach den normalen Leitungsgleichungen der Reflexionsfaktor

$$r = \frac{|U_2|}{|U_1|} = \left|\frac{Z - Z_B}{Z + Z_B}\right|. \tag{2}$$

Der daraus folgende Wert

$$m = \frac{1+r}{1-r} = \frac{|U_1| + |U_2|}{|U_1| - |U_2|} = \frac{U_{\max}}{U_{\min}} \tag{3}$$

oder der reziproke Wert $m' = 1/m$ wird als Welligkeit der Antenne bezeichnet. Da nach Gl. (3) m das Verhältnis von Maximum und Minimum der auf dem Antennenkabel sich ausbildenden stehenden

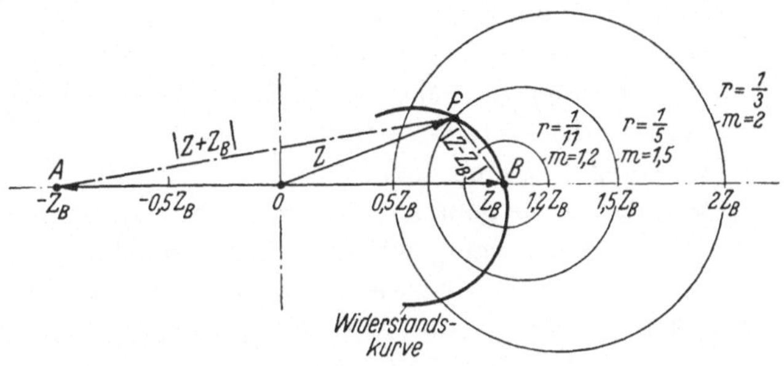

Bild 10.1. Kreise konstanter Welligkeit.

Welle ist, ist m durch Spannungsabtastung der Leitung leicht meßbar. Die Werte mit konstantem r und damit konstantem m liegen nach Gl. (2) in der Ebene der Z-Werte nach einem bekannten Satz der Geometrie auf den Appollonischen Kreisen über der Basis AB (vgl. Bild 10,1), wobei der Kreis mit dem Parameter m die Achse an den Stellen mZ_B und $\frac{1}{m} Z_B$ schneidet. Die in Bild 10.1 eingezeichnete Widerstandskurve braucht nicht durch den Punkt Z_B zu gehen.

Da $r = \frac{m-1}{m+1}$ klein bleiben soll, muß m in der Nähe von 1 liegen. r ist die prozentuale Amplitude der reflektierten Welle, mithin r^2 der durch die Fehlanpassung hervorgerufene prozentuale Leistungsverlust. Im allgemeinen ist die zulässige Grenze von r und damit m aber nicht durch den Leistungsverlust, sondern durch die obenerwähnten weiteren Störungen gegeben. Für Fernsehantennen darf m im allgemeinen nicht größer als 1,1 sein, für Rundfunkantennen und Richtfunkantennen für Mehrkanalverbindungen nicht größer als etwa 1,3. Der Antennenwiderstand muß dann in dem gewünschten Frequenzband innerhalb des vorgeschriebenen m-Kreises liegen. Dabei kommt es vor allem darauf an, daß der Wirkwiderstand der Antenne innerhalb dieses Kreises liegt, da der Blindwert durch eingeschaltete Kompensationsleitungen weitgehend kompensiert werden kann. Da für die praktisch interessierende Welligkeit der Wert des Antennenwiderstandes nach der Transformation auf das Kabel und evtl. durchgeführter Kompensation maßgebend ist, sind im folgenden keine Werte für m angegeben. Das für einen bestimmten Frequenzbereich ungefähr erreichbare m ersieht man aus dem Verlauf des Wirkwiderstandes der verschiedenen Antennenkurven und ihrer prozentualen Änderung.

3. Grenzbedingungen an der Antenne.

Alle in Abschn. 2 angegebenen primären Antennengrößen, die bis auf die Stromverteilung nach dem Reziprozitätsgesetz für Sende- und Empfangsantenne gleich sind, müssen sich aus der strengen Lösung des Strahlungsfeldes der Antenne unmittelbar ergeben. Die strenge Lösung ist dabei diejenige Lösung der MAXWELLschen Gleichungen, die die Grenzbedingungen an der Antenne erfüllt.

Eine solche strenge Lösung liefert insbesondere auch die Größe des Nahfeldes und damit die genauen Werte von Strom, Spannung und Eingangswiderstand der Antenne, während die gebräuchliche Leitungstheorie der Antenne als Näherungstheorie wegen teilweiser Nichterfüllung der Grenzbedingungen an der Antenne, vgl. Kap. 12, nur für das Fernfeld und die aus dem Fernfeld berechenbaren Werte der Richtcharakteristik und Strahlungsleistung brauchbare Werte liefert. Für die strengen Theorien der Antenne ist daher die Aufstellung und Erfüllung der Grenzbedingungen besonders wichtig.

Für den grundlegenden Fall, die an beiden Enden offene Linearantenne, gelten folgende Grenzbedingungen:

1. Der Strom muß an den Enden der Antenne 0 sein und an beiden Antennenklemmen $z_0 + \delta$ und $z_0 - \delta$ den gleichen Wert I_0 haben:

$$\begin{aligned} I &= 0 && \text{an den Antennenenden,} \\ I_{z_0+\delta} &= I_{z_0-\delta} = I_0 && \text{an den Antennenklemmen.} \end{aligned} \tag{4}$$

Im übrigen sind die Größe des Klemmenstromes und die Stromverteilung auf der Antenne unbekannt.

2. Die Spannung U_A zwischen den Antennenklemmen $z_0 + \delta$ und $z_0 - \delta$ muß bei der Sendeantenne gleich der angelegten Spannung U_0, bei der Empfangsantenne gleich dem Spannungsabfall $-I_0 Z_a$ am äußeren Widerstand Z_a sein:

$$U_A = \varphi_{z_0+\delta} - \varphi_{z_0-\delta} = \begin{cases} U_0 & \text{(Sendeantenne),} \\ -I_0 Z_a & \text{(Empfangsantenne).} \end{cases} \tag{5}$$

Dabei ist wie oben z_0 die Koordinate des Speisepunktes und 2δ die Breite der Unterbrechungsstelle an den Antennenklemmen (vgl. den Schluß des Abschnitts). φ ist das durch Gl. (2.19) durch den HERTZschen Vektor gegebene skalare Potential des Feldes.

3. und 4. Die Feldstärken an der Antenne müssen, bei der Empfangsantenne zusammen mit der primären Feldstärke des ursprünglichen Empfangsfeldes, die normalen Grenzbedingungen des elektromagnetischen Feldes, also Gleichheit der elektrischen und magnetischen Tangentialfeldstärken erfüllen. Es muß daher die elektrische Gesamtfeldstärke gleich dem OHMschen Spannungsabfall auf der Antenne, bei verlustlosen Antennen also Null sein:

$$E_{z\,\text{ges}} = I_z R' \quad \text{bzw. } 0 \tag{6}$$

(R' = OHMscher Widerstandsbelag der Antenne.)

Ferner muß das Umlaufsintegral der magnetischen Feldstärke an der Stelle ζ den Antennenstrom I_ζ ergeben, was z. B. für eine Linearantenne vom Radius ϱ_0

$$2\pi\varrho_0 H_{\psi_{\substack{\varrho=\varrho_0\\ z=\zeta}}} = I_\zeta \tag{7}$$

liefert.

Wir wollen diese vier Bedingungen, die in mehr oder minder abgeänderter Form bei allen Antennen auftreten, allgemein als Strom-, Spannungs-, Feldstärken- und Durchflutungsbedingungen bezeichnen. Eine Theorie kann nur dann als streng bezeichnet werden, wenn sie wenigstens mit zunehmender Annäherung diese Grenzbedingungen streng erfüllt. Bei Antennen, die an beliebigen Stellen z. B. mit konzentrierten Widerständen belastet sind oder andere Formen als den einfachen Zylinderdraht haben, ändern sich die Bedingungen entsprechend. Die Spannungsbedingung (5) kann durch Einführen einer eingeprägten Feldstärke nach Gl. (1.3) mit der Feldstärkenbedingung (6) zu einer gemeinsamen Feldstärkenbedingung zusammengezogen werden; vgl. z. B. Kap. 13 u. 15. Durch die vorstehenden Grenzbedingungen wird die allgemeine Leistungsbilanz Gl. (6.23) an jeder Stelle der Antenne erfüllt.

Die in den Gl. (4 u. 5) auftretende Schlitzbreite 2δ der Spannungszuführung wird in den theoretischen Antennenarbeiten 0 gesetzt. Das berechnete Antennenfeld ist das mit dieser Voraussetzung berechnete, außerhalb des Antennendurchmessers liegende Feld und der theoretische Antennenwiderstand der Quotient aus der an dem unendlich schmalen Schlitz vorausgesetzten Spannung zu dem Strom an der Schlitzstelle. In Wirklichkeit ist an der Speisestelle der Antenne eine endliche Schlitzbreite vorhanden und bei dickeren Antennen außerdem irgendein Übergang von dem kleinen Durchmesser der Spannungszuführung zu dem Antennenquerschnitt. Durch die veränderte Form ändert sich das Feld in der Nähe der Speisestelle und damit der an den

Spannungsklemmen liegende Widerstand gegenüber dem theoretischen Wert. Eine strenge Berechnung der Änderung ist praktisch kaum möglich. Näherungsrechnungen findet man z. B. bei KING und WHINNERY und in Kap. 15.1, 3. Ähnlich wird bei zylindrischen Antennen die Form des Antennenendes vernachlässigt, vgl. Kap. 13.1 u. 15.1.

4. Berechnungsmethoden der Antennenfelder.

Die Bestimmung des Strahlungsfeldes mit den geforderten Grenzbedingungen kann entsprechend den Angaben im allgemeinen Teil A genau wie die Berechnung der statischen Felder, z. B. des elektrostatischen Feldes, auf zwei verschiedene Arten erfolgen. Die erste Methode besteht in dem Zusammensetzen des Gesamtfeldes aus den Feldern der einzelnen Elementarladungen im statischen Feld (Quellpunktslösung des elektrostatischen Feldes) bzw. der Elementarantennen (der HERTZschen Dipole) im Strahlungsfeld. Die zweite Methode besteht in einer direkten Lösung der MAXWELLschen Gleichungen oder der daraus abgeleiteten Potentialgleichung im statischen Feld bzw. Wellengleichung im Strahlungsfeld. Die erste Methode verlangt die Kenntnis der Ladungs- oder Stromverteilung — andernfalls würde sich für die Verteilung eine Integralgleichung ergeben —, die zweite Methode verlangt die Lösung einer Differentialgleichung. Wir wollen im folgenden kurz die Grundlagen beider Methoden behandeln, bevor wir in den folgenden Kapiteln die einzelnen Anwendungen bringen.

a) Integration HERTZscher Dipole.

Der in Kap. 2.3 betrachtete HERTZsche Dipol, dessen genaue Behandlung in Kap. 11 erfolgt, war eine idealisierte Antenne von der Größe eines Raumelementes. Jedes beliebige Antennenfeld kann daher wegen der Linearität der MAXWELLschen Gleichungen als eine Integration HERTZscher Dipollösungen dargestellt werden, ebenso wie im statischen Fall jedes Potentialfeld als eine Integration von Quellpunktslösungen dargestellt werden kann, nämlich durch das DIRICHLETsche Potential

$$\varphi = \frac{1}{4\pi}\iiint \frac{q_\tau}{r_\tau}\,\mathrm{d}\tau\,. \tag{8}$$

Da das Strahlungsfeld des HERTZschen Dipols nach Kap. 2 durch den HERTZschen Vektor Gl. (2.24) vollständig gegeben war und das durch Summation entstehende Gesamtfeld durch Gl. (2.21), ist das Gl. (8) entsprechende Strahlungspotential oder der entsprechende HERTZsche Vektor des Strahlungsfeldes im freien Raum mit $v = c$

$$\boldsymbol{P}(t) = \frac{1}{4\pi\varepsilon_0}\int \mathrm{d}t \int\!\!\int\!\!\int \frac{\boldsymbol{J}\left(\xi,\eta,\zeta,t-\frac{r}{c}\right)}{r_\tau}\,\mathrm{d}\xi\,\mathrm{d}\eta\,\mathrm{d}\zeta \tag{9}$$

mit
$$r_\tau = \sqrt{(x-\xi)^2 + (y-\eta)^2 + (z-\zeta)^2}\,. \tag{10}$$

Für zeitlich harmonische Vorgänge geht Gl. (9) mit Einführung des Volumenelementes $d\tau = d\xi\, d\eta\, d\zeta$ und der Wellenzahl $k_0 = \omega/c$ nach Gl. (3.14a) über in
$$\boldsymbol{P} = \frac{1}{4\pi i \omega \varepsilon_0} \iiint \boldsymbol{J}_\tau \frac{e^{-i k_0 r_\tau}}{r_\tau}\, d\tau\,, \tag{11}$$

wo $\boldsymbol{J}$ und $\boldsymbol{P}$ die komplexen Amplituden von Stromdichte und Strahlungspotential sind.

Die Gleichung gilt entsprechend den Ableitungen in Kap. 2 für die geradlinigen Komponenten von $\boldsymbol{P}$. In den Gl. (8 bis 11) bedeutet ϱ_τ die Ladung, $\boldsymbol{J}_\tau$ die Stromdichte des Volumenelementes $d\tau$ und r_τ seine Entfernung von dem betrachteten Feldpunkt x, y, z. Dielektrizitätskonstante ε und Wellenzahl k sind durch den Index Null auf das Vakuum (näherungsweise Luft) spezialisiert.

Nur in seltenen Fällen ist die Stromverteilung bekannt, so daß der Strahlungsvektor des Feldes direkt integriert werden kann. Im allgemeinen ist die Stromverteilung nicht gegeben, denn ebenso wie im statischen Potentialfeld die Ladungen nicht beliebig gewählt werden können, sondern sich aus den Grenzbedingungen ergeben, können die Ströme der Hertzschen Dipole nicht beliebig gewählt werden, da dann die Grenzbedingungen an der betreffenden Antenne nicht erfüllt sind. Die Berechnung des Antennenfeldes mit dem Ansatz (11) führt daher auf eine Integralgleichung für die Stromverteilung, nach deren Lösung erst der Hertzsche Vektor (11) und damit sämtliche Daten des Feldes berechnet werden können. Eine derartige Lösung ist bisher nur für Linearantennen durchgeführt worden.

Das Integral (11) vereinfacht sich nämlich für Linearantennen wesentlich. Hat $\boldsymbol{J}_\tau$ überall die gleiche Richtung, nämlich die z-Richtung des Antennendrahtes, und ist wegen der konstanten Stromdichte auf dem kleinen Drahtquerschnitt $I_\zeta = J_\zeta\, dq$ der Strom an der Stelle ζ, so kann man offenbar für größere Entfernungen vom Strahler, für die der Antennenhalbmesser ϱ_0 klein gegen die Entfernung r ist und damit r für ein konstantes ζ praktisch konstant ist, vgl. Bild 10.2, die Integration über die Fläche ausführen und das Integral (11) ersetzen durch

$$\boldsymbol{P} = P_z = \Pi = \frac{1}{4\pi i \omega \varepsilon_0} \int_{l_1}^{l_2} I_\zeta \frac{e^{-i k_0 r_{z-\zeta}}}{r_{z-\zeta}}\, d\zeta \quad \text{mit} \quad r_{z-\zeta} = \sqrt{\varrho^2 + (z-\zeta)^2}\,, \tag{12}$$

wobei das Integral über die Antennenlänge, z. B. von $l_1 = -l$ bis $l_2 = +l$ zu erstrecken ist. Der Näherungswert von r setzt wegen der Näherung in der Phase voraus, daß ϱ_0 klein die Viertelwellenlänge ist.

Für Punkte in der Nähe der Antenne und insbesondere auf der Antenne gilt Gl. (12) wegen der ungleichen Entfernungen r, vgl. Bild 10.2, nicht mehr streng. Der Ersatz von (10) durch den r-Wert von (12) wird unzulässig, wenn sowohl ϱ^2 als auch $(z - \zeta)^2$ nicht mehr groß gegen ϱ_0^2 sind. Da der Integrand von (12) den Beitrag des Stromelementes an der Stelle ζ zum Feldwert im Punkt ϱ, z gibt, bedeutet dies, daß der Einfluß der unmittelbar benachbarten Stromelemente (Größenordnung einiger Durchmesser) nicht richtig wiedergegeben wird. Gl. (12) kann daher für Punkte auf oder in unmittelbarer Nähe der Oberfläche, insbesondere für die Werte des Speisepunktes und damit für den Antennenwiderstand, nur dann brauchbare Näherungswerte geben, wenn der Beitrag der unmittelbar benachbarten Punkte klein ist gegen die Summe der Beiträge der entfernteren Punkte, d. h. für Antennen, deren Durchmesser nicht nur klein gegen die Wellenlänge, sondern auch klein gegen die Antennenlänge ist, also nur für Linearantennen. Der Fehler bei Benutzung von Gl. (12) muß auch bei sonst strenger Lösung der Gleichung immer in der Größenordnung ϱ_0/l für die Werte des Nahfeldes liegen.

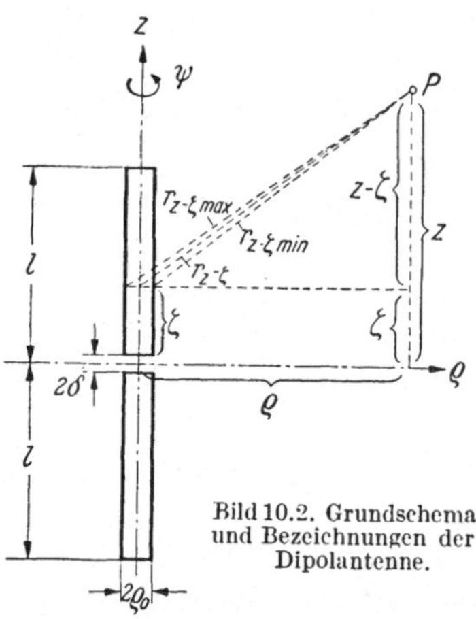

Bild 10.2. Grundschema und Bezeichnungen der Dipolantenne.

Hat der Strom eine andere Richtung, so gilt Gl. (12) für jede rechtwinklige Komponente.

b) Lösung der Wellengleichung.

Als 2. Lösungsmethode kann das Antennenfeld statt mit dem Integralansatz (11 oder 12) durch direkte Lösung der Feldgleichungen oder der daraus abgeleiteten Wellengleichung mit Erfüllung der Randbedingungen an der Antenne berechnet werden, ebenso wie im statischen Feld als 2. Lösungsmethode die direkte Lösung der Feldgleichungen in Form der LAPLACEschen Potentialgleichung möglich ist. Man setzt in diesem Fall genau wie im statischen Feld als Lösung eine Summe von Partikulärlösungen der Wellengleichung in dem gewählten, die Antennenoberfläche enthaltenden Koordinatensystem mit unbekannten Koeffizienten an und bestimmt die Koeffizienten so, daß sämtliche Grenzbedingungen erfüllt sind. Eine derartige Lösung wird in Kap. 15 für Dipolantennen mit zylindrischem Querschnitt und in Kap. 16 für nichtzylindrische Antennen durchgeführt.

11. Kapitel.

Der HERTZsche Dipol.

1. Das Strahlungsfeld des HERTZschen Dipols.

Das Urbild aller Antennen ist der HERTZsche Dipol im freien Raum, dessen Feld wir bereits im allgemeinen Teil in Kap. 2.3 abgeleitet haben.

Nach Gl. (2.26) ist das Feld des HERTZschen Dipols, wenn wir die z-Achse in die Richtung des Stromelementes legen, durch das elektrische Strahlungspotential oder den HERTZschen Vektor

$$P_z(t) = \Pi(t) = \frac{f\left(t - \frac{r}{c}\right)}{r} \tag{1}$$

gegeben, wobei die Funktion f mit der Stromstärke $I(t)$ nach Gl. (2.25) durch

$$I(t) = \frac{4\pi\varepsilon}{\mathrm{d}l} f'(t) \tag{2}$$

($\varepsilon = \varepsilon_0$, $\mathrm{d}l$ = Dipollänge) zusammenhängt. Aus dem HERTZschen Vektor (1) ergeben sich die Feldstärken nach den Gl. (2.20) des allgemeinen Teiles, insbesondere ist die Darstellung in rechtwinkligen Koordinaten in den Gl. (2.23) ausgeführt. Damit ist das Feld grundsätzlich bekannt.

Im folgenden werden wir die einzelnen Größen für zeitlich harmonische Vorgänge näher betrachten. Für zeitlich harmonische Vorgänge wird nach Gl. (2)

$$f'(t) = \mathrm{Re}\left[\frac{1}{4\pi\varepsilon} I\,\mathrm{d}l\,\mathrm{e}^{\mathrm{i}\omega t}\right], \tag{3}$$

also

$$f(t) = \mathrm{Re}\left[\frac{1}{4\pi\mathrm{i}\omega\varepsilon} I\,\mathrm{d}l\,\mathrm{e}^{\mathrm{i}\omega t}\right]. \tag{3a}$$

Mithin wird der HERTZsche Vektor (1) mit Einführung der Wellenzahl

$$k_0 = \frac{\omega}{c} = \frac{2\pi f}{c} = \frac{2\pi}{\lambda} \tag{4}$$

nach Gl. (3.14a)

$$\begin{aligned} P_z(t) = \Pi(t) &= \mathrm{Re}\left[\frac{1}{4\pi\mathrm{i}\omega\varepsilon} I\,\mathrm{d}l\,\frac{\mathrm{e}^{\mathrm{i}\omega(t-r/c)}}{r}\right] \\ &= \mathrm{Re}\left[\frac{1}{4\pi\mathrm{i}\omega\varepsilon} I\,\mathrm{d}l\,\frac{\mathrm{e}^{-\mathrm{i}k_0 r}}{r}\,\mathrm{e}^{\mathrm{i}\omega t}\right], \end{aligned} \tag{5}$$

also die komplexe Amplitude des HERTZschen Vektors

$$P_z = \Pi = \frac{1}{4\pi\mathrm{i}\omega\varepsilon} I\,\mathrm{d}l\,\frac{\mathrm{e}^{-\mathrm{i}k_0 r}}{r}. \tag{6}$$

Die allgemeinen Gl. (2.23) liefern dann mit $\mathrm{i}\omega$ statt $\partial/\partial t$ und Einsetzen von (6) für die komplexen Amplituden der zugehörigen Feldstärken in rechtwinkligen Koordinaten die Werte

$$H_x = \mathrm{i}\,\omega\,\varepsilon\frac{\partial\Pi}{\partial y} = -\frac{1}{4\pi}I\,\mathrm{d}l\left[\frac{y}{r^3} + \frac{\mathrm{i}\,k_0\,y}{r^2}\right]\mathrm{e}^{-\mathrm{i}\,k_0 r},$$

$$H_y = -\mathrm{i}\,\omega\,\varepsilon\frac{\partial\Pi}{\partial x} = \frac{1}{4\pi}I\,\mathrm{d}l\left[\frac{x}{r^3} + \frac{\mathrm{i}\,k_0\,x}{r^2}\right]\mathrm{e}^{-\mathrm{i}\,k_0 r}, \qquad H_z = 0,$$

$$E_x = \frac{\partial^2\Pi}{\partial x\,\partial z} = \frac{1}{4\pi\,\mathrm{i}\,\omega\,\varepsilon}I\,\mathrm{d}l\left[\frac{3\,x\,z}{r^5} + \mathrm{i}\,k_0\frac{3\,x\,z}{r^4} - k_0^2\frac{x\,z}{r^3}\right]\mathrm{e}^{-\mathrm{i}\,k_0 r}, \tag{7}$$

$$E_y = \frac{\partial^2\Pi}{\partial y\,\partial z} = \frac{1}{4\pi\,\mathrm{i}\,\omega\,\varepsilon}I\,\mathrm{d}l\left[\frac{3\,y\,z}{r^5} + \mathrm{i}\,k_0\frac{3\,y\,z}{r^4} - k_0^2\frac{y\,z}{r^3}\right]\mathrm{e}^{-\mathrm{i}\,k_0 r},$$

$$E_z = k_0^2\Pi + \frac{\partial^2\Pi}{\partial z^2} = \frac{1}{4\pi\,\mathrm{i}\,\omega\,\varepsilon}I\,\mathrm{d}l\left[\frac{3\,z^2-r^2}{r^5} + \mathrm{i}\,k_0\frac{3\,z^2-r^2}{r^4} - k_0^2\frac{z^2-r^2}{r^3}\right]\mathrm{e}^{-\mathrm{i}\,k_0 r}.$$

Für die Umrechnung der rechtwinkligen Komponenten in Zylinder- und die für die Richtcharakteristik wichtigen Kugelkoordinaten benutzen wir die in Kap. 3.6 Gl. (3.54 u. 3.55) abgeleiteten Beziehungen. Hiernach erhält man in Zylinderkoordinaten mit (3.44 u. 3.54)

$$\left.\begin{aligned} E_\varrho &= \frac{1}{4\pi\,\mathrm{i}\,\omega\,\varepsilon}I\,\mathrm{d}l\left[\frac{3\,\varrho\,z}{r^5} + \mathrm{i}\,k_0\frac{3\,\varrho^2}{r^4} - k_0^2\frac{\varrho\,z}{r^3}\right]\mathrm{e}^{-\mathrm{i}\,k_0 r},\\ H_\varphi &= \frac{1}{4\pi}I\,\mathrm{d}l\left[\frac{\varrho}{r^3} + \mathrm{i}\,k_0\frac{\varrho}{r^2}\right]\mathrm{e}^{-\mathrm{i}\,k_0 r}, \end{aligned}\right\} \tag{8}$$

während E_z unverändert bleibt und H_ϱ und $E_\varphi = 0$ werden. In Kugelkoordinaten wird mit (3.48 u. 3.55)

$$\left.\begin{aligned} E_r &= \frac{1}{4\pi\,\mathrm{i}\,\omega\,\varepsilon}I\,\mathrm{d}l\left[\frac{2}{r^3} + \mathrm{i}\,k_0\frac{2}{r^2}\right]\mathrm{e}^{-\mathrm{i}\,k_0 r}\cos\vartheta,\\ E_\vartheta &= \frac{1}{4\pi\,\mathrm{i}\,\omega\,\varepsilon}I\,\mathrm{d}l\left[\frac{1}{r^3} + \mathrm{i}\,k_0\frac{1}{r^2} - k_0^2\frac{1}{r}\right]\mathrm{e}^{-\mathrm{i}\,k_0 r}\sin\vartheta,\\ H_\varphi &= \frac{1}{4\pi}I\,\mathrm{d}l\left[\frac{1}{r^2} + \mathrm{i}\,k_0\frac{1}{r}\right]\mathrm{e}^{-\mathrm{i}\,k_0 r}\sin\vartheta, \end{aligned}\right\} \tag{9}$$

während die übrigen Komponenten 0 sind.

Die Gl. (8 und 9) kann man auch unmittelbar aus den Gl. (2.20) oder den entsprechenden komplexen Gl. (3.17) ableiten, wenn man die in Kap. 3.6 abgeleiteten Koordinatenbeziehungen anwendet, wobei in Kugelkoordinaten P_z die beiden Kugelkomponenten $P_r = P_z\cos\vartheta$ und $P_\vartheta = -P_z\sin\vartheta$ hat.

Entsprechend der Ableitung in Kap. 2.3 gelten die angegebenen Formeln für ein Linienelement $\mathrm{d}l$. Die Dipollänge kann also nicht beliebig groß werden. Um keinen Widerspruch innerhalb der Lösung zu bekommen, muß die Dipollänge sogar in einem bestimmten Verhältnis zu den übrigen Dimensionen stehen. Bildet man nämlich mit der magnetischen Feldstärke H_φ aus (8) oder (9) das Umlaufsintegral um den

Leiter mit dem (unendlich kleinen) Radius ϱ_0, so wird

$$2\pi\varrho_0 H_{\psi_{\varrho=\varrho_0, z=0}} = 2\pi\varrho_0 \frac{1}{4\pi} I \frac{\mathrm{d}l}{\varrho_0^2} + \cdots = I \frac{\mathrm{d}l}{2\varrho_0}, \tag{10}$$

da das nichtangeschriebene 2. Glied für $\varrho_0 \to 0$ gegen das 1. verschwindet.

Damit das Umlaufsintegral den Strom ergibt, muß daher $\mathrm{d}l = 2\varrho_0$ sein. Bei quadratischem Querschnitt $\mathrm{d}\xi = \mathrm{d}\eta$ würde sich mit der Feldstärke (7) durch Integration über den Querschnitt $\mathrm{d}l = \frac{\pi}{2\sqrt{2}}\mathrm{d}\xi$ ergeben. Jede Vergrößerung von $\mathrm{d}l$, die bei den wirklichen Antennen ja stets vorliegt, muß daher auch unabhängig von der falschen Spannungsverteilung (vgl. Kap. 12.1) wegen Nichterfüllung der strengen Grenzbedingungen des Stromes als Näherung insbesondere für die Werte des Nahfeldes angesehen werden.

Um uns einen Begriff von der Gestalt des Strahlungsfeldes des HERTZschen Dipols zu machen, betrachten wir am besten die Feldlinien. Das Magnetfeld ist nach den Gl. (8 u. 9) rein zirkular, mithin sind die magnetischen Feldlinien Kreise um die Dipolachse. Komplizierter ist der Verlauf des elektrischen Feldes. Einen Überblick geben die bekannten von HERTZ für verschiedene Zeiten gezeichneten Bilder der elektrischen Feldlinien um den Dipol, von denen Bild 11.1 als Beispiel den Verlauf der Feldlinien bei periodischer Zeitfunktion für die Zeiten $t = \frac{2}{8}T, \frac{3}{8}T, \frac{4}{8}T, \frac{6}{8}T$ und T (T = Schwingungsdauer) zeigt. Aus den Bildern erkennt man, wie sich die Feldlinien allmählich abschnüren, um als freie elektrische Wirbel in den Raum hinauszuwandern. Die für die Darstellung erforderliche Gleichung der elektrischen Feldlinien ergibt sich aus dem Richtungstangens der resultierenden elektrischen Feldstärken. Dieser ist nach Bild 11.2

$$\operatorname{tg}\alpha = \frac{r\,\mathrm{d}\vartheta}{\mathrm{d}r} = \frac{E_\vartheta}{E_r}. \tag{11}$$

Beim Einsetzen sind für die Feldstärken die wirklichen reellen Augenblickswerte und nicht die komplexen Amplituden zu nehmen. Diese sind aber mit Gl. (9)

$$\begin{aligned} E_r(t) &= \operatorname{Re}[E_r e^{\mathrm{i}\omega t}] = \frac{I\,\mathrm{d}l\cos\vartheta}{4\pi\omega\varepsilon}\left[\frac{2\sin(\omega t - k_0 r)}{r^3} + \frac{2k_0\cos(\omega t - k_0 r)}{r^2}\right], \\ E_\vartheta(t) &= \operatorname{Re}[E_\vartheta e^{\mathrm{i}\omega t}] = \frac{I\,\mathrm{d}l\sin\vartheta}{4\pi\omega\varepsilon}\left[\left(\frac{1}{r^3} - \frac{k_0^2}{r}\right)\sin(\omega t - k_0 r) + \frac{k_0\cos(\omega t - k_0 r)}{r^2}\right]. \end{aligned} \tag{12}$$

Eingesetzt in (11) und geordnet erhält man

$$\frac{\cos\vartheta\,\mathrm{d}\vartheta}{\sin\vartheta} = \frac{1}{2}\,\frac{\left(\frac{1}{k_0 r^2} - k_0\right)\sin(\omega t - k_0 r) + \frac{1}{r}\cos(\omega t - k_0 r)}{\frac{1}{k_0 r}\sin(\omega t - k_0 r) + \cos(\omega t - k_0 r)}\,\mathrm{d}r. \tag{13}$$

Da im Zähler auf beiden Seiten bis auf das Vorzeichen die Ableitung des Nenners steht, ergibt die Integration

$$2 \ln \sin \vartheta = -\ln \left[\frac{1}{k_0 r} \sin(\omega t - k_0 r) + \cos(\omega t - k_0 r)\right] + \text{const.} \qquad (14)$$

Mithin lautet die Gleichung der elektrischen Feldlinien

$$\sin^2 \vartheta \left[\frac{1}{k_0 r} \sin(\omega t - k_0 r) + \cos(\omega t - k_0 r)\right] = C. \qquad (15)$$

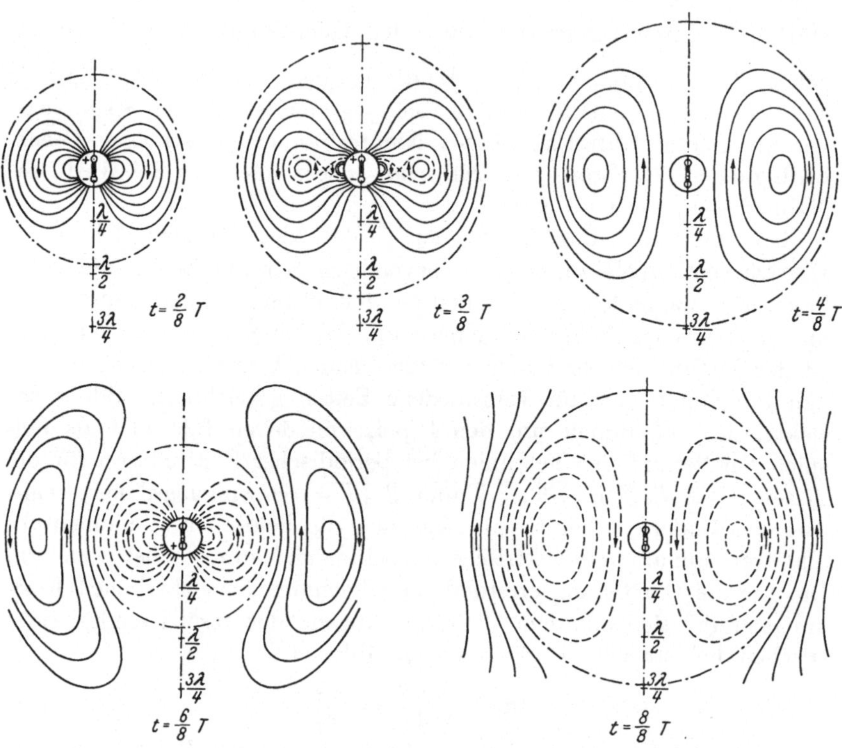

Bild 11.1. Elektrische Feldlinien des HERTZschen Dipols für verschiedene Zeiten.

Nach dieser Abschweifung über die Form der Feldlinien wenden wir uns wieder den Feldstärken selbst zu. Die Gl. (7 bis 9) für die Feldstärken gelten allgemein für alle Entfernungen r. Der Einfluß der einzelnen Glieder auf die Gesamtgröße hängt aber stark von der Größe von $k_0 r$ und damit von dem Verhältnis r/λ ab. Für $k_0 r = 1$, also $\frac{2\pi r}{\lambda} = 1$, haben die verschiedenen Anteile in Gl. (9) gleiche Amplitude. Bei kleinem r/λ, also im Nahfeld, überwiegt in allen Gleichungen das 1. Glied mit der größten Potenz von r im Nenner. $\boldsymbol{E}$ und $\boldsymbol{H}$ sind um $90°$ in der Phase verschoben. Im Fernfeld für großes r/λ überwiegt das letzte

Glied mit der kleinsten Potenz von r im Nenner. $\boldsymbol{E}$ und $\boldsymbol{H}$ sind, da $E_r \ll E_\vartheta$, senkrecht aufeinander und zeitlich in Phase, was eine dauernde Energieabstrahlung bedeutet. Das Verhältnis beider Feldstärken ist $k_0/\omega\varepsilon$, also nach Gl. (4.5) gleich dem Wellenwiderstand Z_0 des freien Raumes für eine ebene Welle. In der Zwischenzone sind sämtliche Glieder der Gl. (7 bis 9) zu berücksichtigen. Hier findet eine allmähliche Verschiebung der Phase zwischen $\boldsymbol{E}$ und $\boldsymbol{H}$ entsprechend dem Übergang vom Nah- zum Fernfeld statt. Außerdem verschiebt sich die Phase der einzelnen Komponenten von $\boldsymbol{E}$, so daß die elektrische Feldstärke an einem bestimmten Ort während einer Schwingung im allgemeinen nicht durch 0 geht, sondern eine Ellipse beschreibt, die an gewissen Stellen nahezu kreisförmig wird; nähere Ausführungen hierüber in der angegebenen Literatur. In den Feldbildern erkennt man das Auftreten ellipsenförmiger Polarisation daran, daß sich in gewissen Bereichen die um $T/4$ auseinanderliegenden Feldlinien nahezu senkrecht schneiden.

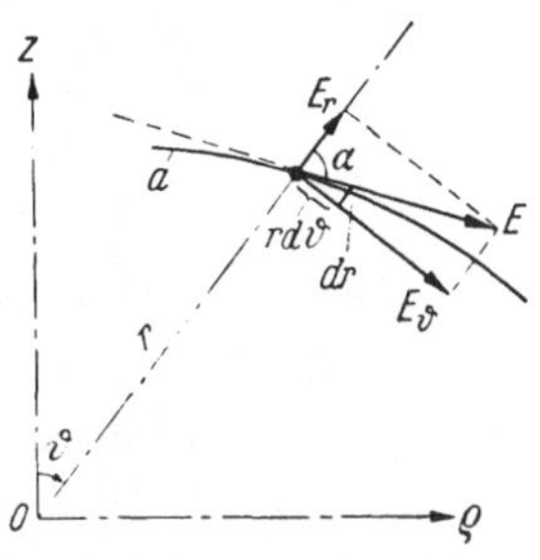

Bild 11.2. Zur Berechnung der elektrischen Feldlinien (a).

2. Die Richtcharakteristik oder Strahlungsverteilung des HERTZschen Dipols.

Unter der Richtcharakteristik einer Antenne verstehen wir, vgl. Kap. 10.2, allgemein die relative Richtungsabhängigkeit der elektrischen bzw. der dazu proportionalen magnetischen Feldstärke im Fernfeld. Diese Abhängigkeit ist durch das Verhältnis der Feldstärke in beliebiger Richtung zu der maximalen Feldstärke bzw. der Feldstärke in der Bezugsrichtung gegeben. Man drückt die Richtcharakteristik zweckmäßig in Kugelkoordi-

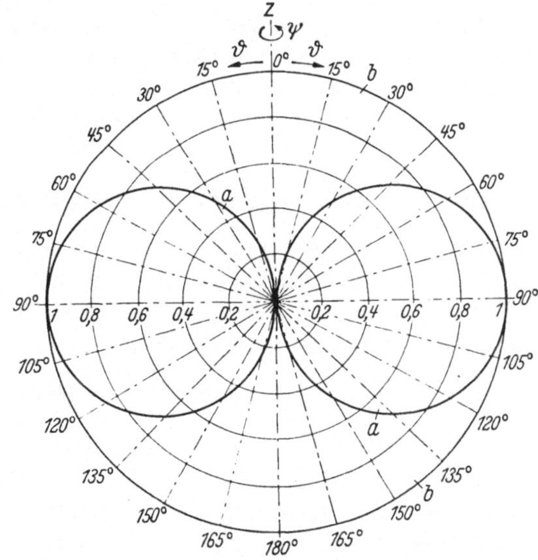

Bild 11.3. Richtcharakteristik des HERTZschen Dipols in Polarkoordinaten.
a) Vertikalcharakteristik, b) Horizontalcharakteristik.

naten aus. In diesen wird die Feldstärke im Fernfeld nach den Gleichungen (9), da nach den Ausführungen am Schluß des letzten Abschnittes die Glieder mit niedrigen Potenzen von r im Nenner vernachlässigt werden können,

$$\begin{aligned} E_{\vartheta\infty} &= -\frac{k_0^2}{4\pi\,\mathrm{i}\,\omega\,\varepsilon} I\,\mathrm{d}l \frac{\mathrm{e}^{-\mathrm{i}k_0 r}}{r} \sin\vartheta = \mathrm{i}\,Z_0 \frac{I\,\mathrm{d}l}{2\lambda} \frac{\mathrm{e}^{-\mathrm{i}k_0 r}}{r} \sin\vartheta, \\ H_{\psi\infty} &= \mathrm{i}\frac{k_0}{4\pi} I\,\mathrm{d}l \frac{\mathrm{e}^{-\mathrm{i}k_0 r}}{r} \sin\vartheta = \mathrm{i}\frac{I\,\mathrm{d}l}{2\lambda} \frac{\mathrm{e}^{-\mathrm{i}k_0 r}}{r} \sin\vartheta = \frac{E_{\vartheta\infty}}{Z_0}. \end{aligned} \tag{16}$$

E_r verschwindet gegen E_ϑ außer in unmittelbarer Nähe der Achse $\vartheta = 0$. In den Gleichungen ist Z_0 der durch Gl. (4.5) gegebene Wellenwiderstand des leeren Raumes.

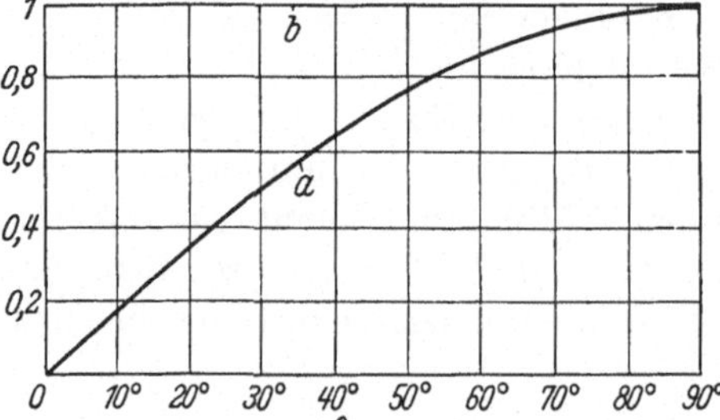

Bild 11.4. Richtcharakteristik des HERTZschen Dipols in Cartesischen Koordinaten.

Das Verhältnis der Feldstärken zu der maximalen Feldstärke in der Richtung $\vartheta = 90°$ liefert die Richtcharakteristik

$$f(\psi, \vartheta) = \frac{E_{\vartheta\infty}}{E_{\vartheta\,\max}} = \frac{H_{\psi\infty}}{H_{\psi\,\max}} = \sin\vartheta. \tag{17}$$

Während wegen der Unabhängigkeit von ψ die Horizontalcharakteristik ein Kreis ist, ergibt sich für die Vertikalcharakteristik die in Bild 11.3 u. 11.4 in CARTESIschen und Polarkoordinaten gezeichnete sinusförmige Abhängigkeit. Die größte Strahlung ist senkrecht zum Dipol, während die Strahlung in der Dipolachse verschwindet.

3. Strahlungsleistung und Widerstand des HERTZschen Dipols.

Außer der Richtcharakteristik interessiert bei allen Antennen, vgl. Kap. 10.2, die Strahlungsleistung und der Eingangswiderstand. Nach Kap. 6 ergibt sich die mittlere komplexe Strahlungsleistung aus dem komplexen POYNTINGschen Vektor

$$\bar{\boldsymbol{S}} = \tfrac{1}{2}(\boldsymbol{E} \times \boldsymbol{H}^k) \tag{18}$$

durch Integration über eine beliebige geschlossene Fläche. Nimmt man die unendlich ferne Kugelfläche, so sind für $\boldsymbol{E}$ und $\boldsymbol{H}$ die Werte (16) des Fernfeldes einzusetzen. Da nach (16) im Fernfeld nur E_ϑ und H_ψ vorhanden und zeitlich in Phase sind, hat das Vektorprodukt nur die reelle r-Komponente

$$(\boldsymbol{E} \times \boldsymbol{H}^k)_r = E_{\vartheta\infty} H^k_{\psi\infty} = |E_{\vartheta\infty}|\,|H_{\psi\infty}|. \tag{19}$$

Da ferner das Flächenelement in Kugelkoordinaten $\mathrm{d}f = r^2 \sin\vartheta\, \mathrm{d}\psi\, \mathrm{d}\vartheta$ wird, ist die reelle Gesamtleistung durch die Kugel

$$P_{\mathrm{str}} = \int\limits_{(K)} \frac{1}{2} (\boldsymbol{E} \times \boldsymbol{H}^k)\, \mathrm{d}\boldsymbol{f} = \lim_{r\to\infty} \int\limits_{(K)} \frac{1}{2} \frac{I^2 \mathrm{d}l^2}{4\lambda^2} Z_0 \sin^3\vartheta\, \mathrm{d}\psi\, \mathrm{d}\vartheta\,. \tag{20}$$

In dem Integral gehen die Integrationsgrenzen für ψ von 0 bis 2π, für ϑ von 0 bis π. Das Integral über $\sin^3\vartheta\, \mathrm{d}\vartheta$ wird mit der Substitution

$$\cos\vartheta = u, \qquad -\sin\vartheta\, \mathrm{d}\vartheta = \mathrm{d}u, \tag{21}$$

$$\int\limits_{\vartheta=0}^{\pi} \sin^3\vartheta\, \mathrm{d}\vartheta = -\int\limits_{u=1}^{-1} (1-u^2)\, \mathrm{d}u = \frac{4}{3}. \tag{22}$$

Mithin wird die Strahlungsleistung

$$P_{\mathrm{str}} = \frac{1}{2} I^2 \frac{2\pi}{3} Z_0 \frac{\mathrm{d}l^2}{\lambda^2} = I_{\mathrm{eff}}^2 \frac{2}{3} \pi Z_0 \frac{\mathrm{d}l^2}{\lambda^2} \tag{23}$$

und der Strahlungswiderstand

$$R_{\mathrm{str}} = R_A = \frac{P_{\mathrm{str}}}{I_{\mathrm{eff}}^2} = \frac{2}{3} \pi Z_0 \frac{\mathrm{d}l^2}{\lambda^2} = 80\,\pi^2 \frac{\mathrm{d}l^2}{\lambda^2}\,\mathrm{Ohm}, \tag{24}$$

wenn man für Z_0 den in Gl. (4.6) abgeleiteten, für $c = 3 \cdot 10^8$ m/s geltenden Wert von 120π Ohm einsetzt. Die Integration aus den Fernfeldstärken liefert wegen Gl. (19) nur die reelle Strahlungsleistung.

Statt die Umhüllungsfläche ins Unendliche zu legen, kann man sie unmittelbar um die Antenne selbst legen. Wir wollen diese Methode, die den prinzipiellen Vorteil hat, daß sie auch den Imaginärteil liefert und daß z. B. bei Mehrfachantennen sich nicht nur die Gesamtstrahlungsleistung, sondern auch die Strahlungsanteile der einzelnen Antennen ergeben, auch in dem vorliegenden Fall anwenden, wobei sich die Strahlungsleistung ohne jegliche Integration ergibt, da das Oberflächenintegral über ein Volumenelement zu erstrecken ist. Wir leiten die Methode zunächst allgemein für eine beliebige lineare Antenne ab.

Da der POYNTINGsche Vektor in bezug auf das Strahlungsfeld nach außen zeigt, ergibt die Integration um die Antenne, wie schon im allgemeinen Teil Gl. (6.9) ausgeführt wurde, die negative Strahlungsleistung. Mithin wird durch Integration von (18) über die Antenne die mittlere komplexe Strahlungsleistung einer Antenne allgemein

$$\overline{P} = -\int\limits_{(\mathrm{Antenne})} \frac{1}{2} (\boldsymbol{E} \times \boldsymbol{H}^k)\, \mathrm{d}\boldsymbol{f}. \tag{25}$$

Bei der Auswertung des Integrals um einen zylindrischen Leiter zunächst beliebiger Länge rechnen wir in Zylinderkoordinaten. Das Integral ist über die Mantelfläche und die beiden Endflächen der Antenne zu erstrecken. Da das Magnetfeld rein zirkular ist, also nur eine Komponente H_ψ besitzt, kommt für den Leistungsvektor auf der Mantelfläche nur E_z, auf den Endflächen E_ϱ in Betracht. Da nun wegen der Kreissymmetrie E_z und E_ϱ unabhängig von ψ sind und weiterhin das Feld derart abgeleitet ist, daß das Umlaufsintegral der magnetischen Feldstärke längs der Antenne an jeder Stelle z den Wert $2\pi\varrho_0 H_\psi = I_z$ hat und außerhalb der Antenne und an den Endflächen 0 ist, verschwinden in dem obigen Integral die Beiträge der Endflächen, während die Integration über die Mantelfläche als Strahlungsleistung den Wert

$$\begin{aligned}\overline{P} &= -\frac{1}{2}\int\limits_{z=l_1}^{l_2}\int\limits_{\psi=0}^{2\pi}(\boldsymbol{E}\times\boldsymbol{H}^k)\,\mathrm{d}\boldsymbol{f}\\ &= -\frac{1}{2}\int\limits_{z=l_1}^{l_2}\int\limits_{\psi=0}^{2\pi}E_z H_\psi^k \varrho_0\,\mathrm{d}\psi\,\mathrm{d}z = -\frac{1}{2}\int\limits_{l_1}^{l_2}E_z I_z^k\,\mathrm{d}z\end{aligned} \tag{26}$$

ergibt.

Für den HERTZschen Dipol wird nach Gl. (26), da es sich um ein Volumenelement an der Stelle $z = 0$ von der Länge $\mathrm{d}z = \mathrm{d}l$ handelt,

$$\overline{P} = -\tfrac{1}{2} I\,\mathrm{d}l\,E_{z(z=0,\,\varrho=\varrho_0)}\,. \tag{27}$$

Dabei ist E_z der Wert auf der Manteloberfläche, also der Wert (7) für $z = 0$ und $\varrho = \varrho_0$. Dieser wird für kleinen Radius

$$\begin{aligned}E_{z(z=0,\,\varrho=\varrho_0)} &= -\frac{I\,\mathrm{d}l}{4\pi\mathrm{i}\,\omega\varepsilon}\left[\frac{1}{\varrho_0^3}+\frac{\mathrm{i}\,k_0}{\varrho_0^2}-\frac{k_0^2}{\varrho_0}\right]\mathrm{e}^{-\mathrm{i}k_0\varrho_0}\\ &= -\frac{I\,\mathrm{d}l}{4\pi\omega\varepsilon}\left[\frac{k_0}{\varrho_0^2}-\mathrm{i}\left(\frac{1}{\varrho_0^3}-\frac{k_0^2}{\varrho_0}\right)\right]\\ &\quad\cdot\left[1-\mathrm{i}\,k_0\varrho_0-\frac{k_0^2\varrho_0^2}{2}+\mathrm{i}\frac{k_0^3\varrho_0^3}{3\,!}+\cdots\right]\\ &= -\frac{I\,\mathrm{d}l}{4\pi\omega\varepsilon}\left[\frac{2}{3}k_0^3-\mathrm{i}\left(\frac{1}{\varrho_0^3}-\frac{k_0^2}{2\varrho_0}\right)\right]+\cdots,\end{aligned} \tag{28}$$

wobei das nicht angeschriebene Restglied ϱ_0 in erster und höherer Potenz enthält, also für verschwindenden Radius verschwindet. Setzt man den Wert in Gl. (27) ein, so wird die Strahlungsleistung mit Berücksichtigung von (4.5)

$$\begin{aligned}\overline{P} &= \frac{1}{2}\,\frac{I^2\,\mathrm{d}l^2}{4\pi\omega\varepsilon}\left[\frac{2}{3}k_0^3-\mathrm{i}\left(\frac{1}{\varrho_0^3}-\frac{k_0^2}{2\varrho_0}\right)\right]\\ &= \frac{1}{2}I^2\,\frac{2}{3}\pi Z_0\,\frac{\mathrm{d}l^2}{\lambda^2}\left[1-\mathrm{i}\left(\frac{3}{2k_0^3\varrho_0^3}-\frac{3}{4k_0\varrho_0}\right)\right] = \frac{1}{2}I^2 Z_A\,.\end{aligned} \tag{29}$$

Der reelle Teil stimmt mit dem Wert in Gl. (23) überein. Der Faktor Z_A von $\frac{1}{2}I^2$ ist nach der normalen Leistungsgleichung der Widerstand des HERTZschen Dipols. Der Realteil stimmt, da die OHMschen Verluste der Antenne vernachlässigt sind, mit dem reellen Strahlungswiderstand (24) überein. Hinzu kommt eine kapazitive Komponente, die einen entsprechenden Frequenzgang bewirkt und um so größer wird, je kleiner der Drahtradius ist. Bei dünnen Antennen mit $\varrho_0 < 0{,}01\,\lambda$ überwiegt der kapazitive Reihenwiderstand bei weitem.

Ist der HERTZsche Dipol verlustlos, praktisch also der OHMsche Widerstand vernachlässigbar klein gegen den Strahlungswiderstand, so ist die berechnete reelle Strahlungsleistung P_{str} gleich der gesamten zugeführten Wirkleistung P des Dipols, andernfalls ist der Antennenwirkungsgrad zu berücksichtigen; vgl. Kap. 12.8.

Mit Hilfe von Gl. (23) kann man das in den abgeleiteten Feldstärkegleichungen auftretende Dipolmoment $I\,\mathrm{d}l$ durch die Strahlungsleistung bzw. die gesamte Dipolleistung $P = P_{\text{str}}$ ausdrücken. Insbesondere werden die Absolutwerte des Fernfeldes nach Gl. (16)

$$|E_{\vartheta\infty}| = Z_0\,|H_{\varphi\infty}| = \sqrt{\frac{3\,Z_0}{4\,\pi}}\,\frac{\sqrt{P}}{r}\sin\vartheta\,. \tag{30}$$

Mit den bei Ausbreitungsmessungen üblichen Einheiten P in Watt oder kW, r in km, E in mV/m ergibt das mit $Z_0 = 120\,\pi$ Ohm

$$\frac{|E_{\vartheta\infty}|}{\text{mV/m}} = 9{,}49\,\frac{\sqrt{P/\text{W}}}{r/\text{km}}\sin\vartheta = 300\,\frac{\sqrt{P/\text{kW}}}{r/\text{km}}\sin\vartheta\,. \tag{30a}$$

E ist in sämtlichen Gleichungen die Amplitude, für den Effektivwert der Feldstärke gilt daher

$$\frac{|E_{\text{eff}}|}{\text{m V/m}} = \frac{1}{\sqrt{2}}\,\frac{|E_{\vartheta\infty}|}{\text{m V/m}} = 6{,}7\,\frac{\sqrt{P/\text{W}}}{r/\text{km}}\sin\vartheta = 212\,\frac{\sqrt{P/\text{kW}}}{r/\text{km}}\sin\vartheta\,. \tag{30b}$$

Die Feldstärkengleichungen (30 bis 30b) sind in vielen Fällen zweckmäßiger als die in den Abschn. 1 u. 2 mit dem Strom angegebenen, da im allgemeinen die Antennenleistung gegeben ist. Die Gl. (30) bilden die Grundlage für die Berechnung der Ausbreitungsvorgänge in Teil D.

Als Schluß der Leistungsbetrachtungen wollen wir noch die Verteilung der Leistungsdichte im Fernfeld betrachten. Mit den Gl. (19 u. 16) hat der POYNTINGsche Vektor im Fernfeld die reelle r-Komponente

$$S_{r\infty} = \frac{1}{2}\,E_{\vartheta\infty}\,H^k_{\varphi\infty} = \frac{1}{2}\,\frac{E^2_{\vartheta\infty}}{Z_0} = \frac{1}{2}\,|I|^2\,\frac{\mathrm{d}l^2\,Z_0}{4\,\lambda^2\,r^2}\sin^2\vartheta = \frac{3}{2}\,\frac{P}{4\,\pi\,r^2}\sin^2\vartheta\,. \tag{31}$$

In der maximalen Strahlungsrichtung ist also die Leistungsdichte

$$S_{\max} = \frac{3}{2}\,\frac{P}{4\,\pi\,r^2} \qquad \text{gegenüber} \qquad S' = \frac{P}{4\,\pi\,r^2} \tag{31a}$$

bei gleichmäßiger kugelförmiger Ausstrahlung derselben Leistung. Die 50% Leistungserhöhung in der maximalen Richtung ist der Richtwirkung des HERTZschen Dipols zuzuschreiben.

4. Der HERTZsche Dipol als Empfangsantenne.

Nach dem in Kap. 9 bewiesenen Reziprozitätsgesetz stimmen Richtdiagramme und Strahlungsleistung für Sende- und Empfangsantenne überein. Mithin interessiert bei der Empfangsantenne nur noch die Größe der Empfangsleistung und für manche Zwecke die Rückwirkung der Empfangsantenne auf das primäre Feld.

Der HERTZsche Dipol sei mit einem Antennenbelastungswiderstand Z_v abgeschlossen und befinde sich in einem homogenen Empfangsfeld, dessen elektrische Feldstärke E_0 den Winkel $\pi/2 - \vartheta$ mit der Dipolachse bildet (ϑ = Winkel der Strahlrichtung). Da die Komponente der elektrischen Feldstärke in Richtung des Antennenelementes $E_0 \sin\vartheta$ ist, wird die wirksame Antennenspannung

$$U_A = E_0 \,\mathrm{d}l \sin\vartheta, \tag{32}$$

was unabhängig von (16 u. 17) die gleiche Richtcharakteristik wie bei der Sendeantenne ergibt.

Da der Gesamtwiderstand der Antenne sich aus dem Antennenwiderstand Z_A der Gl. (29) und dem Verbraucherwiderstand Z_v zusammensetzt, wird der Antennenstrom

$$I_A = \frac{U_A}{Z_A + Z_v} = \frac{E_0 \,\mathrm{d}l \sin\vartheta}{R_A + R_v + \mathrm{i}(X_A + X_v)} \tag{33}$$

und die im Widerstand R_v erzeugte Leistung

$$P_v = \frac{1}{2} |I_A|^2 R_v = \frac{1}{2} \frac{|E_0|^2 \,\mathrm{d}l^2 \sin^2\vartheta \, R_v}{(R_A + R_v)^2 + (X_A + X_v)^2}. \tag{34}$$

Die optimale Empfangsleistung erhält man daher für $\vartheta = \pi/2$ und Widerstandsanpassung $Z_v = Z_A^k = R_A - \mathrm{i}X_A$ zu

$$P_{v\max} = \frac{1}{2} \frac{E_0^2 \,\mathrm{d}l^2}{4 R_A} = \frac{3}{16} \frac{E_0^2 \lambda^2}{\pi Z_0}. \tag{35}$$

Die letzte Umformung folgt aus Gl. (29).

Da die Leistungsdichte des Empfangsfeldes nach Gl. (6.15) $S = \frac{E_0^2}{2 Z_0}$ ist, ist diese Leistung in einer Fläche

$$A = \frac{P_{v\max}}{S} = \frac{3}{8\pi} \lambda^2 \tag{36}$$

des ungestörten Feldes enthalten. A heißt nach RÜDENBERG die Absorptions- oder Empfangsfläche des HERTZschen Dipols, da der HERTZsche Dipol maximal die bei einer ungestörten Welle durch diese Fläche tretende Energie aufnehmen kann; vgl. die Definitionen in Kap. 10.2.

Denkt man sich die Absorptionsfläche als Kreis, so hat dieser Kreis den Radius

$$r_A = \sqrt{\frac{A}{\pi}} = \sqrt{\frac{3}{8}} \frac{\lambda}{\pi} = 0{,}195\,\lambda \approx 0{,}2\,\lambda. \tag{36a}$$

Der Wert ist ebenso wie die Absorptionsfläche selbst nur von der Wellenlänge abhängig und unabhängig von der sehr viel kleineren Antennenlänge des Dipols.

Schließlich betrachten wir noch die Rückwirkung der Empfangsantenne. Der in der Empfangsantenne erzeugte Strom übt eine Rückwirkung auf das primäre Feld aus. Durch die von der Empfangsantenne ausgehenden Wellen entstehen zusammen mit der primären Welle vor der Antenne stehende Wellen mit einer Konzentration der Feldlinien an der Antenne, hinter der Antenne eine Schattenwirkung. Feldbilder sind besonders von RÜDENBERG und DIECKMANN berechnet worden. Mit dem Strom aus Gl. (33) wird das Sekundärfeld in Entfernungen r_2 von der Empfangsantenne, die groß gegen λ sind, nach Gl. (16 u. 33)

$$E_2 = \mathrm{i}\, Z_0 \frac{I_2\, \mathrm{d}l_2}{2\lambda\, r_2} \mathrm{e}^{-\mathrm{i}k_0 r_2} \sin\vartheta_2 = \mathrm{i} \frac{E_0\, \mathrm{d}l_2^2}{2\lambda\, r_2} \frac{Z_0}{Z_{A_2} + Z_{v_2}} \mathrm{e}^{-\mathrm{i}k_0 r_2} \sin\vartheta_1 \sin\vartheta_2 . \quad (37)$$

Bei günstigster Anpassung wird daher das maximale Störverhältnis mit dem Wert (24) für R_{A_2}

$$\left|\frac{E_2}{E_0}\right| = \frac{Z_0}{2\, R_{A_2}} \frac{\mathrm{d}l_2^2}{2\lambda\, r_2} = \frac{3}{8\pi} \frac{\lambda}{r_2} . \quad (37\,\mathrm{a})$$

Im Abstand $r_2 = 12\,\lambda$ beträgt hiernach $|E_2|$ etwa $^1/_{100}\,|E_0|$. Der praktische Störungsbereich einer kurzen Empfangsantenne erstreckt sich daher ungefähr über 12 Wellenlängen.

5. Der waagerechte HERTZsche Dipol.

Wir haben bisher sämtliche Gesetze mit senkrechten HERTZschen Dipolen abgeleitet. Wir betrachten im folgenden einen waagerechten Dipol im freien Raum ohne Berücksichtigung der Erde. Die Achse des Dipols falle in die x-Richtung oder die Richtung $\psi = 0$. Infolge der anderen Orientierung des Koordinatensystems ändern sich die Gleichungen für die Feldstärken und die Richtungscharakteristiken. In rechtwinkligen Koordinaten sind nur die Koordinaten x, y, z durch die zyklisch vertauschten y, z, x zu ersetzen. Die Werte für Zylinder- und Kugelkoordinaten erhält man dann wie vorher durch Anwendung der Transformationsgleichungen von Kap. 3.6. Von praktischem Interesse

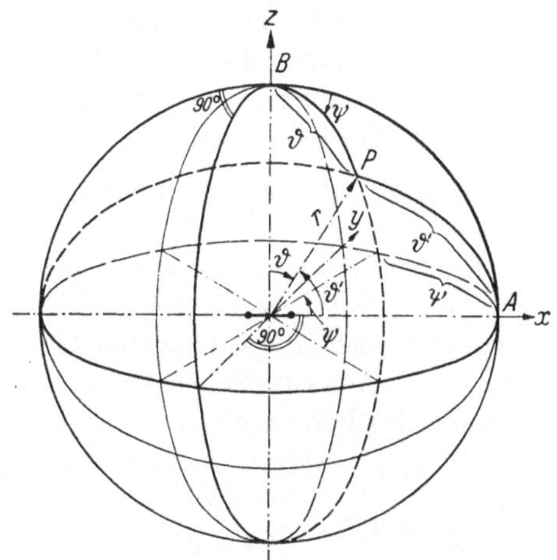

Bild 11.5. Koordinatenbezeichnungen beim waagerechten Dipol in x-Achse.

ist dabei der Ausdruck für die Richtcharakteristik. Hierfür erhält man an Stelle von $\sin\vartheta$ den Wert $f(\psi, \vartheta) = \sin\vartheta'$, wenn ϑ' der Winkel gegen die x-Achse ist. Nach dem Kosinussatz der sphärischen Trigonometrie, angewendet auf das rechtwinklige Dreieck APB in Bild 11.5, ist aber

$$\sin\vartheta' = f(\psi, \vartheta) = \sqrt{1 - \cos^2\vartheta'} = \sqrt{1 - \sin^2\vartheta \cos^2\psi}\,. \tag{38}$$

Die Feldstärke selbst wird daher nach Gl. (16)

$$E_{\vartheta\infty} = Z_0 H_{\psi\infty} = \mathrm{i}\,\frac{Z_0 I \,\mathrm{d}l}{2\lambda r}\, \mathrm{e}^{-\mathrm{i}k_0 r} \sqrt{1 - \sin^2\vartheta \cos^2\psi}\,. \tag{38a}$$

Über den Einfluß der Erde, der namentlich beim waagerechten Dipol in Betracht kommt, vergleiche man die späteren Kap. 12.7 u. 26.3b.

6. Der ABRAHAMsche Erreger.

Legt man durch die Äquatorebene des HERTZschen Dipols eine vollkommen leitende Ebene, so erhält man den sogenannten ABRAHAMschen Erreger, der praktisch durch eine kurze senkrechte Antenne auf gut leitender Erde näherungsweise verwirklicht wird; vgl. Bild 12.16a. Durch die vollkommen leitende Symmetrieebene wird an dem Feldbild des HERTZschen Dipols nichts geändert, da die elektrischen Feldlinien auf der Ebene $z = 0$ senkrecht stehen. Da jedoch bei gleichem Strom nur die halbe Leistung abgestrahlt wird, ist der Strahlungswiderstand halb so groß wie der des zugehörigen HERTZschen Dipols nach Gl. (24). Führt man statt $\mathrm{d}l$ die Höhe $\mathrm{d}h = \frac{1}{2}\,\mathrm{d}l$ ein, so erhält man daher aus (24) für den Strahlungswiderstand des ABRAHAMschen Erregers die RÜDENBERGsche Formel

$$R_{\mathrm{str}} = \frac{4}{3}\pi Z_0 \frac{\mathrm{d}h^2}{\lambda^2} = 160\,\pi^2 \frac{\mathrm{d}h^2}{\lambda^2}\,\mathrm{Ohm} = 1579\,\frac{\mathrm{d}h^2}{\lambda^2}\,\mathrm{Ohm}\,. \tag{39}$$

Ebenso hat man in sämtlichen anderen Formeln zur Berücksichtigung der Spiegelung für die Leistungen, Widerstände und die Antennenlänge die Werte der gespiegelten Antenne und damit die doppelten wahren Werte des ABRAHAMschen Erregers zu nehmen. Daher gilt für die Feldstärken des Fernfeldes an Stelle der Gl. (30a u. 30b), wenn P jetzt die Leistung des ABRAHAMschen Erregers ist,

$$\frac{|E_{\vartheta\infty}|}{\mathrm{mV/m}} = 300\sqrt{2}\,\frac{\sqrt{P/\mathrm{kW}}}{r/\mathrm{km}}\sin\vartheta\,, \qquad \frac{|E_{\mathrm{eff}}|}{\mathrm{mV/m}} = 300\,\frac{\sqrt{P/\mathrm{kW}}}{r/\mathrm{km}}\sin\vartheta\,. \tag{40}$$

Die erzeugte Feldstärke ist durch die Wirkung der Erde $\sqrt{2}$mal, die erzeugte Leistungsdichte daher doppelt so groß wie bei einem HERTZschen Dipol gleicher Leistung.

Das unveränderte Diagramm und die daraus abgeleiteten Beziehungen gelten für eine unendlich gut leitende und unendlich große Erdfläche. Bei endlicher Leitfähigkeit wird das Diagramm schräg nach oben gerichtet und die Feldstärke an der Erde in größerer Entfernung 0, vgl. Kap. 12.7 und 26.3. Wird die Erde durch eine leitende Erdungsplatte ersetzt, so muß deren Durchmesser groß gegen die Wellenlänge sein, da sonst ebenfalls ein schräg nach oben gerichtetes Diagramm mit einem kleineren Wert am Boden entsteht, wie z. B. die Rechnungen von LEITNER und SPENCE zeigen.

Kapitel 12.

Angenäherte Theorie (Leitungstheorie) der zylindrischen Linearantenne.

1. Die Voraussetzungen der Leitungstheorie der Antenne.

Das Feld des HERTZschen Dipols in Kap. 11 gilt für ein einzelnes Stromelement. Betrachten wir jetzt eine sehr dünne verlustlose Antenne von kleiner, aber endlicher Länge mit konstanter Stromverteilung, die wir uns experimentell zunächst durch kapazitive Endbelastungen einer gegen die Viertelwellenlänge kleinen Antenne erreicht denken, so können wir, da der Gangunterschied der einzelnen Strahlen bei der kleinen Antennenlänge vernachlässigbar ist, die von den einzelnen gleichen Stromelementen herrührenden gleichen Feldstärkenbeiträge linear addieren. In diesem Fall gelten daher für das eigentliche Antennenfeld ohne das Feld der Endbelastungen die Formeln des HERTZschen Dipols, nur daß überall statt $d l$ die endliche Antennenlänge $2l$ zu setzen ist. Daher gilt auch Gl. (11.7) für die Feldstärke E_z. Diese ergibt für $\varrho = \varrho_0$ die Feldstärke an der Antenne. Bei verlustloser Antenne muß diese Feldstärke offenbar von außen aufgebracht werden, d. h. zur Erregung des betrachteten Feldes brauchen wir eine längs der Antenne in bestimmter Weise verteilte eingeprägte Feldstärke. Bei der wirklichen Speisung der Antenne aus einer konzentrierten Spannungsquelle oder einem konstanten Empfangsfeld kann sich daher nicht das angenommene Feld und damit die konstante Stromstärke ausbilden. Vielmehr muß sich der Strom auch bei kapazitiver Endbelastung derart einstellen, daß die Feldstärke die Spannungs- und Feldstärkenbedingung aus Kap. 10.3 erfüllt. Die Übertragung des HERTZschen Dipolfeldes auf eine kurze Antenne kann daher nur ein Näherungswert sein. Die Abweichung von dem wirklichen Antennenfeld muß sich insbesondere im Nahfeld wegen der fehlenden Feldstärken- und Spannungsbedingung bemerkbar machen.

Ist die Antennenlänge nicht mehr klein gegen die Viertelwellenlänge, so können die einfachen Formeln des HERTZschen Dipols auch nicht mehr näherungsweise genommen werden, weil 1. die von den einzelnen

Stromelementen herrührenden Feldstärkenbeiträge wegen des größeren Wegunterschiedes verschiedene Phasen haben und weil 2. der Strom auf der Antenne nicht konstant ist, die einzelnen Stromelemente also nicht gleich sind. Das Feld ergibt sich jetzt als Summe der einzelnen Dipolfelder unter Berücksichtigung der Phasen- und Stromunterschiede. Die Summation ergibt für den HERTZschen Vektor nach Kap. 10.4 allgemein Gl. (10.11) und bei Beschränkung auf Linearantennen mit $\varrho_0 \ll l$ Gl. (10.12), die der Ausgangspunkt für die Berechnung der Linearantenne in den Kap. 12 bis 14 ist. In Kap. 10.4 wurde ausführlich dargelegt, daß der Ansatz (10.12) die Vernachlässigung $\varrho_0 \ll l$ enthält und damit nur für Linearantennen gilt. Darüber hinaus macht nun die Leitungstheorie der Antenne eine weitere, wesentliche Näherung:

Die Auswertung des HERTZschen Vektors (10.12) führt insofern auf Schwierigkeiten, als die Stromverteilung auf der Antenne nicht bekannt ist. Vielmehr ergibt sich die Stromverteilung erst aus der Leistungsbilanz des Strahlungsfeldes zwischen der zugeführten Leistung, der von der gesuchten Feldverteilung abhängigen Strahlungsleistung und der Wärmeleistung des Feldes, vgl. Kap. 6, Gl. (6.23), oder aus der damit identischen Forderung, daß die gesuchte Stromverteilung ein Strahlungsfeld liefern muß, bei dem die Feldstärke an der Antenne gleich dem OHMschen Spannungsabfall ist und an der Speisestelle einen Sprung entsprechend der zugeführten Spannung hat; vgl. Kap. 10.3. Wegen der Schwierigkeit der hieraus folgenden strengen Stromberechnung begnügt sich die älteste Antennendarstellung, die Leitungstheorie der Antenne, mit einem Näherungsansatz für den Strom.

Die Leitungstheorie der Antenne, wie sie von v. D. POL für die Berechnung des Strahlungswiderstandes und der Richtcharakteristik entwickelt wurde, geht davon aus, daß bei einer verlustlosen Doppelleitung eine sinusförmige Stromverteilung besteht, deren Wellenlänge gleich der Wellenlänge in Luft bzw. in dem betreffenden Außenmedium ist, und nimmt nun an, daß sich auch auf der Antenne in erster Näherung eine derartige Stromverteilung einstellt, obwohl durch das Auseinanderklappen der normalen Doppelleitung zur Antenne eine Feldänderung eintritt, die, schon rein quasistationär betrachtet, einen veränderlichen Kapazitäts- und Induktivitätsbelag und damit eine Abweichung von den normalen Leitungsgleichungen liefert.

Der Stromansatz der Leitungstheorie ist daher zunächst eine ziemlich willkürliche Annahme, die nur dadurch gerechtfertigt wurde, daß die aus dem Fernfeld berechenbaren Werte der Richtcharakteristik und des Strahlungswiderstandes mit dem Experiment gut übereinstimmten, die ihre eigentliche theoretische Rechtfertigung aber erst nachträglich durch die strengen Antennentheorien der zylinderförmigen Antenne erhielt, nach denen sich auf einer unendlich dünnen Linearantenne

($\varrho_0 \to 0$) tatsächlich die sinusförmige Stromverteilung der Leitungstheorie einstellt, vgl. insbesondere Kap. 14, so daß diese Verteilung als erster Näherungswert für dünne Antennen gelten kann. Da dieser Näherungswert für die Spannungsresonanzstellen den Antennenstrom 0 gibt, reicht die Leitungstheorie der Antenne für die Berechnung des Antennenwiderstandes, namentlich in der Nähe der Spannungsresonanzen, nicht aus. Hier müssen die in den strengen Antennentheorien enthaltenen höheren Glieder der Stromverteilung berücksichtigt werden. Durch die sinusförmige Stromverteilung der Leitungstheorie sind ebenso wie bei der oben besprochenen konstanten Stromverteilung von den 4 Grenzbedingungen von Kap. 10.3 nur die Strom- und Durchflutungsbedingung, nicht die Grenzbedingungen der Spannung und der elektrischen Feldstärke an der Antenne erfüllt, wodurch sich die ungenauen Widerstandswerte erklären. Das Potential besitzt nach den später abgeleiteten Gleichungen keinen Sprung an der Speisestelle, die Feldstärke wird an der verlustlosen Antenne nicht 0. Auch die in Abschn. 4 zu besprechenden Erweiterungen der Leitungstheorie nehmen auf die Erfüllung der Grenzbedingungen keine Rücksicht, wodurch auch diese Erweiterungen für den Antennenwiderstand keine ausreichenden Unterlagen liefern. Der Hauptwert der Leitungstheorie der Antenne liegt daher nicht in der Ermittlung des Antennenwiderstandes, sondern in der Ermittlung des Fernfeldes und der daraus abzuleitenden Größen. Diese Werte ergeben sich mit ausreichender Genauigkeit sehr viel einfacher und übersichtlicher als in den strengen Theorien, was sich besonders bei der Berechnung von Antennenkombinationen in den Kap. 19 bis 21 bemerkbar macht.

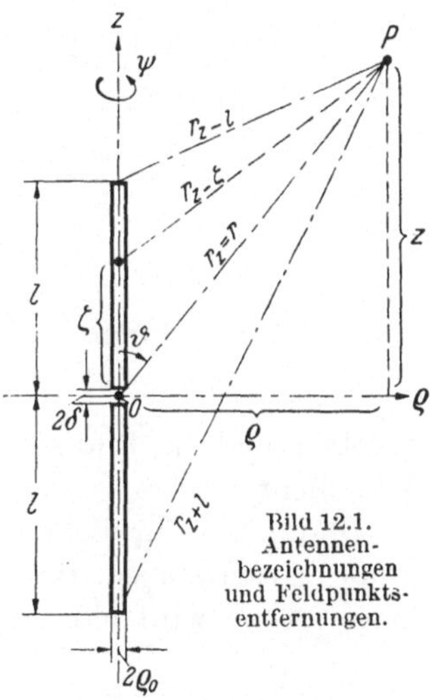

Bild 12.1. Antennenbezeichnungen und Feldpunktsentfernungen.

2. Die einfache Leitungstheorie der unbelasteten Linearantenne.

a) Fernfeldstärken und Richtcharakteristik der Linearantenne.

Wir behandeln nach der angegebenen Leitungstheorie zunächst eine symmetrisch gespeiste, unbelastete, also an beiden Enden offene Linearantenne beliebiger Länge im freien Raum. Die Länge sei allgemein $L = 2l$, der Durchmesser $d = 2\varrho_0$; vgl. Bild 12.1. Auf der Antenne setzen wir mit den obigen Voraussetzungen der Leitungstheorie eine symmetrische, sinusförmige Stromverteilung mit der Wellenlänge des freien Raumes, also der Wellenzahl k_0 an. Da die Antenne an den Enden offen sein soll, hat der Strom den in Bild 12.2 gezeichneten Verlauf mit der Gleichung

$$\begin{aligned} I_\zeta &= I_0 \sin k_0 (l - \zeta) \quad \text{für} \quad 0 \leqq \zeta \leqq l, \\ I_\zeta &= I_0 \sin k_0 (l + \zeta) \quad \text{für} \quad -l \leqq \zeta \leqq 0. \end{aligned} \tag{1}$$

Dabei ist die Schlitzbreite $2\delta = 0$ gesetzt, vgl. Kap. 10.3.

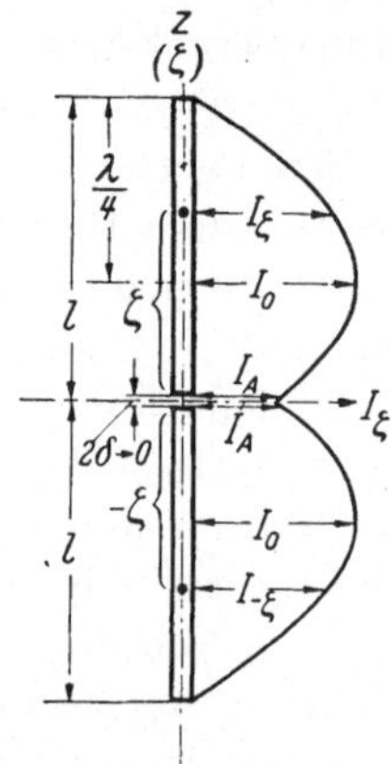

Bild 12.2. Sinusförmige Stromverteilung der Linearantenne.

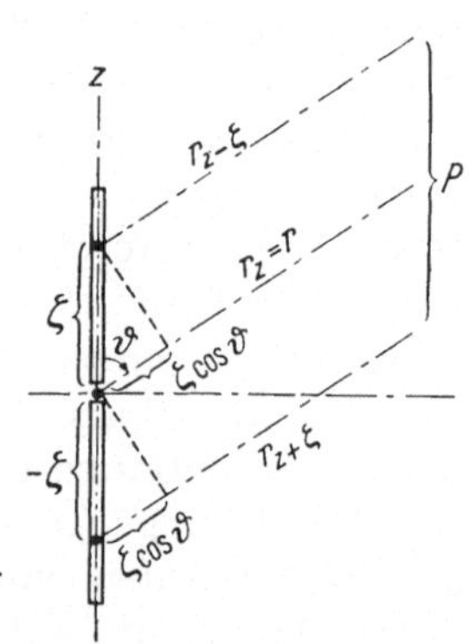

Bild 12.3. Feldpunktsentfernungen für das Fernfeld.

Der Strom (1) liefert nach Gl. (10.12) den HERTZschen Vektor

$$\begin{aligned} P_z = \Pi = \frac{I_0}{4\pi \mathrm{i}\,\omega\,\varepsilon_0} \Bigg[\int_{-l}^{0} \frac{\mathrm{e}^{-\mathrm{i} k_0 r_{z-\zeta}}}{r_{z-\zeta}} \sin k_0 (l + \zeta)\,\mathrm{d}\zeta \\ + \int_{0}^{l} \frac{\mathrm{e}^{-\mathrm{i} k_0 r_{z-\zeta}}}{r_{z-\zeta}} \sin k_0 (l - \zeta)\,\mathrm{d}\zeta \Bigg]. \end{aligned} \tag{2}$$

Dabei ist $r_{z-\zeta}$ durch

$$r_{z-\zeta} = \sqrt{\varrho^2 + (z - \zeta)^2} \tag{2a}$$

gegeben und in Bild 12.1 für die einzelnen Antennenpunkte veranschaulicht.

Gl. (2) gilt für beliebige Entfernungen. Beschränkt man sich auf große Entfernungen, für die r groß gegen Wellenlänge und Antennenlänge ist, so wird näherungsweise wegen $\varrho^2 + z^2 = r^2$

$$\begin{aligned} r_{z-\zeta} &= \sqrt{r^2 - 2\zeta z + \zeta^2} \\ &\approx r - \zeta \frac{z}{r} = r - \zeta \cos\vartheta, \end{aligned} \tag{3}$$

vgl. Bild 12.3. Mit (3) vereinfacht sich der HERTZsche Vektor (2), da das

Korrekturglied von r bei großem r nur in der Phase berücksichtigt werden muß, zu

$$P_{z\infty} = \Pi_\infty = \frac{I_0}{4\pi\,\mathrm{i}\,\omega\,\varepsilon_0}\,\frac{\mathrm{e}^{-\mathrm{i}k_0 r}}{r}\left[\int\limits_{-l}^{0} \mathrm{e}^{\mathrm{i}k_0\zeta\cos\vartheta}\sin k_0(l+\zeta)\,\mathrm{d}\zeta + \int\limits_{0}^{l} \mathrm{e}^{\mathrm{i}k_0\zeta\cos\vartheta}\sin k_0(l-\zeta)\,\mathrm{d}\zeta\right]. \tag{4}$$

Die Zerlegung der Sinusfunktion in Exponentialfunktionen und elementare Integration liefert als HERTZschen Vektor des Fernfeldes

$$\Pi_\infty = \frac{I_0}{4\pi\,\mathrm{i}\,\omega\,\varepsilon_0}\,\frac{\mathrm{e}^{-\mathrm{i}k_0 r}}{r}\,\frac{2}{k_0}\,\frac{\cos(k_0 l\cos\vartheta) - \cos k_0 l}{\sin^2\vartheta}. \tag{5}$$

Aus dem HERTZschen Vektor können durch reine Differentiation sämtliche Feldstärken abgeleitet werden, so daß das gesamte Antennenfeld des Fernfeldes in der Näherung der Leitungstheorie bekannt ist.

Am einfachsten gestaltet sich die Berechnung der Feldstärken in Zylinderkoordinaten, da der HERTZsche Vektor nur eine z-Komponente hat und das Feld rotationssymmetrisch ist. Die allgemeinen Gl. (3.17) liefern in Zylinderkoordinaten bei Rotationssymmetrie die Gl. (7.4), also für Luft mit $\varepsilon = \varepsilon_0$, $k = k_0$

$$H_\varphi = -\mathrm{i}\,\omega\,\varepsilon_0\frac{\partial\Pi}{\partial\varrho}, \qquad E_\varrho = \frac{\partial^2\Pi}{\partial\varrho\,\partial z}, \qquad E_z = k_0^2\,\Pi + \frac{\partial^2\Pi}{\partial z^2}. \tag{6}$$

Die übrigen Komponenten verschwinden genau wie beim HERTZschen Dipol wegen der Rotationssymmetrie. Hat man die magnetische Feldstärke H_φ nach der 1. Gleichung berechnet, so können die elektrischen Feldstärken auch unmittelbar aus der 1. MAXWELLschen Gleichung $\operatorname{rot}\boldsymbol{H} = \mathrm{i}\,\omega\,\varepsilon_0\,\boldsymbol{E}$ berechnet werden. Da $\boldsymbol{H}$ nur die Komponente H_φ hat, ergeben sich nach den allgemeinen Koordinatendarstellungen (3.46) die elektrischen Komponenten zu

$$E_\varrho = -\frac{1}{\mathrm{i}\,\omega\,\varepsilon_0}\,\frac{\partial H_\varphi}{\partial z}, \qquad E_z = \frac{1}{\mathrm{i}\,\omega\,\varepsilon_0\,\varrho}\,\frac{\partial(\varrho\,H_\varphi)}{\partial\varrho}. \tag{7}$$

Die Gl. (6 u. 7) gelten allgemein. Wir berechnen zunächst die Feldstärken des Fernfeldes. Setzt man für $\Pi = \Pi_\infty$ das unaufgelöste Integral (4) ein und beachtet, daß für das Fernfeld nur die Exponentialfunktion zu differenzieren ist, da die übrigen Glieder höhere Potenzen von $1/r$ enthalten und damit vernachlässigbar klein sind, so erhält man aus (6) die Feldstärken des Fernfeldes zu

$$H_{\varphi\infty} = -\omega\,\varepsilon_0\,k_0\,\frac{\varrho}{r}\,\Pi_\infty, \quad E_{\varrho\infty} = -k_0^2\,\frac{\varrho\,z}{r^2}\,\Pi_\infty, \quad E_{z\infty} = k_0^2\left(1 - \frac{z^2}{r^2}\right)\Pi_\infty. \tag{8}$$

Nun ist

$$\frac{\varrho}{r} = \sin\vartheta, \qquad \frac{z}{r} = \cos\vartheta, \qquad \frac{k_0}{\omega\,\varepsilon_0} = \sqrt{\frac{\mu_0}{\varepsilon_0}} = Z_0, \tag{9}$$

wo $Z_0 = 377$ Ohm der Wellenwiderstand des leeren Raumes ist. Mit dem Wert für Π_∞ aus Gl. (5) werden daher die Feldstärken endgültig

$$H_{\psi\infty} = \frac{\mathrm{i}\,I_0}{2\pi r}\,\mathrm{e}^{-\mathrm{i}k_0 r}\,\frac{\cos(k_0 l\cos\vartheta) - \cos k_0 l}{\sin\vartheta} \equiv \frac{\mathrm{i}I_0}{2\pi r}\,\mathrm{e}^{-\mathrm{i}k_0 r}\,F(\psi,\vartheta), \tag{10}$$

$$\begin{aligned} E_{\varrho\infty} &= \frac{\mathrm{i}\,I_0 Z_0}{2\pi r}\,\mathrm{e}^{-\mathrm{i}k_0 r}\,F(\psi,\vartheta)\cos\vartheta,\\ E_{z\infty} &= -\frac{\mathrm{i}\,I_0 Z_0}{2\pi r}\,\mathrm{e}^{-\mathrm{i}k_0 r}\,F(\psi,\vartheta)\sin\vartheta. \end{aligned} \tag{10a}$$

Die Zusammensetzung der beiden elektrischen Feldstärken liefert gerade die Feldstärke

$$E_{\vartheta\infty} = \frac{\mathrm{i}\,I_0 Z_0}{2\pi r}\,\mathrm{e}^{-\mathrm{i}k_0 r}\,F(\psi,\vartheta) = Z_0 H_{\psi\infty}, \tag{10b}$$

so daß das Fernfeld ebenso wie beim HERTZschen Dipol nur die Komponenten H_ψ und E_ϑ besitzt. Beide Komponenten stehen senkrecht aufeinander, das Verhältnis der absoluten Größe beträgt Z_0 genau wie bei der ebenen Welle.

Der in Gl. (10) auftretende Bruch

$$F(\psi,\vartheta) = \frac{\cos(k_0 l\cos\vartheta) - \cos k_0 l}{\sin\vartheta} \tag{11}$$

gibt die Richtungsabhängigkeit der Fernfeldstärken und damit die absolute Richtcharakteristik oder das Strahlungsmaß der Linearantenne. Da die Multiplikation mit $I_0/2\pi r$ bzw. $I_0 Z_0/2\pi r$ die absoluten Werte der magnetischen bzw. elektrischen Feldstärken gibt, ist $F(\psi, \vartheta)$ nach den Definitionen in Kap. 10.2 das auf den Strombauch bezogene Strahlungsmaß.

Als Spezialfall ergibt sich aus (11) für $l = \lambda/4$ ($k_0 l = \pi/2$) das Strahlungsmaß des Halbwellendipols (Index D) zu

$$F_D(\psi,\vartheta) = \frac{\cos\left(\frac{\pi}{2}\cos\vartheta\right)}{\sin\vartheta}, \tag{11a}$$

für $l = \lambda/2$ ($k_0 l = \pi$) das Strahlungsmaß des Ganzwellendipols (Index DD) zu

$$F_{DD}(\psi,\vartheta) = \frac{\cos(\pi\cos\vartheta) + 1}{\sin\vartheta} = \frac{2\cos^2\left(\frac{\pi}{2}\cos\vartheta\right)}{\sin\vartheta}. \tag{11b}$$

Für $\vartheta = \pi/2$, also in der Hauptrichtung senkrecht zur Antenne, erhält man aus (11) das Horizontalstrahlungsmaß

$$F(\psi,\vartheta)_{\vartheta=\pi/2} = 1 - \cos k_0 l. \tag{12}$$

Das Horizontalstrahlungsmaß entspricht dem Mittelwert des Stromes (1).

Wegen der Rotationssymmetrie sind sämtliche Werte unabhängig von ψ. Die Abhängigkeit von ϑ ist in Bild 12.4 für verschiedene Antennenlängen $k_0 l = 2\pi l/\lambda$ in rechtwinkligen Koordinaten dargestellt. Denkt man sich die negative Hälfte nach oben umgeklappt, so kann man sich leicht die Polardiagramme vorstellen. Bei Antennenlängen unter $2\frac{\lambda}{2}$ liegt der Maximalwert der Feldstärke in der Hauptrichtung $\vartheta = \pi/2$. Das Diagramm hat nur eine Hauptkeule. Bei Antennenlängen über $2\frac{\lambda}{2}$ heben sich die Feldstärkenbeiträge in der Hauptrichtung wegen der negativen Stromanteile teilweise auf, während in schrägen Richtungen durch den Gangunterschied eine Addition stattfinden kann. Daher nimmt der Horizontalwert (12) über $2\frac{\lambda}{2}$ ($k_0 l = 180°$) und insbesondere in der Gegend von 2λ ($k_0 l = 360°$) ab, während die Maxima der Strahlung symmetrisch zu beiden Seiten in zwei Seitenkeulen liegen. Bei noch größeren Antennenlängen entstehen entsprechend mehr Keulen des Diagramms; vgl. die Kurve für $k_0 l = 390°$.

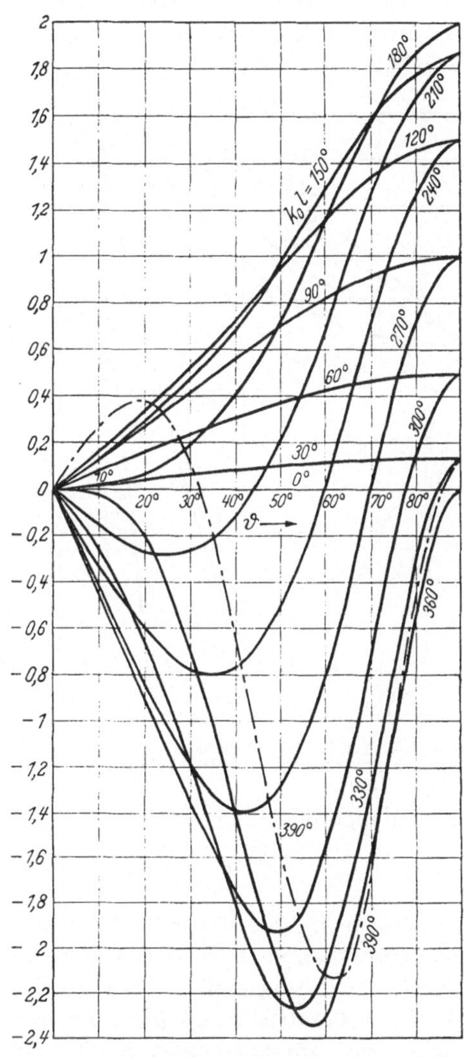

Bild 12.4. Strahlungsmaß von Linearantennen verschiedener relativer Länge $k_0 l = 2\pi l/\lambda$.

Dividiert man das Strahlungsmaß (11) durch den Wert (12) in der Hauptrichtung, so erhält man das auf die Hauptrichtung bezogene Strahlungsmaß, die Strahlungsverteilung oder die relative oder eigentliche Richtcharakteristik

$$f(\psi, \vartheta) = \frac{F(\psi, \vartheta)}{F(\psi, \pi/2)} = \frac{\cos(k_0 l \cos\vartheta) - \cos k_0 l}{\sin\vartheta\,(1 - \cos k_0 l)}. \tag{13}$$

Die graphische Darstellung zeigt Bild 12.5, das an die Stelle von Bild 12.4 tritt. Zum Vergleich ist die Strahlungsverteilung des HERTZschen Dipols ($k_0 l = 0$) mit eingetragen. Man sieht, daß die Charakteristik des Einfachdipols von der des HERTZschen Dipols noch nicht wesentlich abweicht, kleine Unterschiede der Stromverteilung daher auf die Charakteristik nichts ausmachen werden, woraus sich die guten Ergebnisse der Leitungstheorie der Antenne für das Fernfeld erklären.

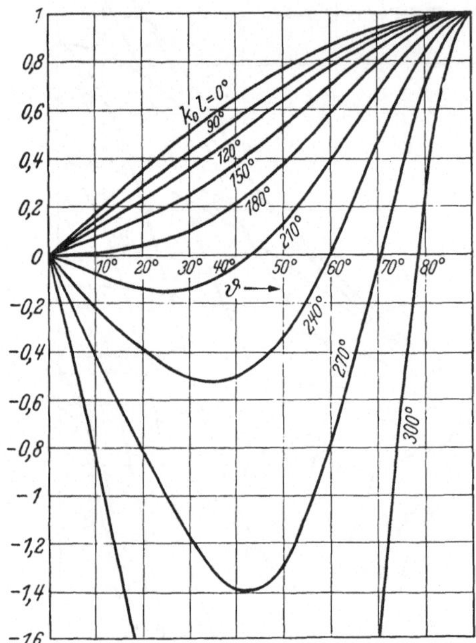

Bild 12.5. Vertikalcharakteristiken von Linearantennen verschiedener relativer Länge $k_0 l$.

Vergleicht man die Fernfeldstärken (10 u. 10b) mit den entsprechenden Formeln (11.16) für den HERTZschen Dipol, so erhält man durch Vergleich die wirksame Länge der Linearantenne (vgl. die Definition in Kap. 9.2 u. 10.2) zu

$$L_{w_0} = \frac{\lambda}{\pi} \frac{\cos(k_0 l \cos\vartheta) - \cos k_0 l}{\sin\vartheta} \tag{14}$$

bzw. für die Hauptrichtung $\vartheta = \pi/2$ zu

$$l_{w_0} = \frac{\lambda}{\pi}(1 - \cos k_0 l). \tag{15}$$

Beide Längen sind auf den Strombauch I_0 bezogen. Bezieht man die wirksame Antennenlänge wie üblich auf den Speisestrom der Antenne, der nach (1) den Wert $I_A = I_{\zeta=0} = I_0 \sin k_0 l$ hat, so wird die wirksame Antennenlänge der Linearantenne für die Hauptrichtung

$$l_w = \frac{\lambda}{\pi} \frac{1 - \cos k_0 l}{\sin k_0 l}. \tag{16}$$

Setzt man diese Länge in die Formel des HERTZschen Dipols (11.16) mit $\vartheta = \pi/2$ an Stelle von $d\,l$ ein, so erhält man mit Berücksichtigung von $I/\sin k_0 l = I_0$ tatsächlich die Fernfeldstärken (10) der Linearantenne für die Hauptrichtung $\vartheta = \pi/2$ entsprechend der Definition der wirksamen Antennenlänge in Kap. 9.2. Ferner zeigt eine einfache Nachrechnung, daß man den Wert (16) auch durch Integration der Stromverteilung (1) entsprechend der Definitionsgleichung (9.12) erhält.

Die Formeln (1 bis 16) beziehen sich auf eine senkrechte Antenne. Ersetzt man in Gl. (11) entsprechend Gl. (11.38) $\cos\vartheta$ durch $\sin\vartheta\cos\psi$, was einer Vertauschung der z- und x-Achsen entspricht, so erhält man das Strahlungsmaß der waagerechten Linearantenne ohne Berücksichtigung der Erde zu

$$F(\psi, \vartheta)_{\text{waag}} = \frac{\cos(k_0 l \sin\vartheta \cos\psi) - \cos k_0 l}{\sqrt{1 - \sin^2\vartheta \cos^2\psi}} . \tag{17}$$

Entsprechend ergeben sich die wirksamen Längen und durch Einsetzen von (17) in die Gl. (10 bis 10b) die Feldstärken der waagerechten Linearantenne.

b) Die Feldstärken des Nahfeldes.

Für beliebige Entfernungen, insbesondere für das Nahfeld bis zu einer Entfernung von einigen Wellenlängen (bzw. Antennenlängen bei größeren Antennen), muß Gl. (2) für den HERTZschen Vektor ohne die Näherung (3) integriert werden. Ersetzt man den Sinus durch die Exponentialfunktionen, so wird aus (2)

$$P_z = \Pi = \frac{I_0}{4\pi i \omega \varepsilon_0} \left[\int_{-l}^{0} \frac{e^{-ik_0 r_{z-\zeta}}}{r_{z-\zeta}} \frac{e^{ik_0(l+\zeta)} - e^{-ik_0(l+\zeta)}}{2i} d\zeta + \int_{0}^{l} \frac{e^{-ik_0 r_{z-\zeta}}}{r_{z-\zeta}} \frac{e^{ik_0(l-\zeta)} - e^{-ik_0(l-\zeta)}}{2i} d\zeta \right]. \tag{18}$$

Führt man die Substitutionen

$$-k_0[r_{z-\zeta} + (z-\zeta)] = v_{z-\zeta}, \qquad -k_0[r_{z-\zeta} - (z-\zeta)] = u_{z-\zeta} \tag{19}$$

ein, woraus differenziert mit Berücksichtigung von (2a)

$$\frac{dv_{z-\zeta}}{d\zeta} = -\frac{v_{z-\zeta}}{r_{z-\zeta}}, \qquad \frac{du_{z-\zeta}}{d\zeta} = \frac{u_{z-\zeta}}{r_{z-\zeta}} \tag{19a}$$

folgt, so wird unter Beibehaltung der Reihenfolge von (18)

$$\Pi = \frac{I_0}{8\pi\omega\varepsilon_0} \left[e^{ik_0(l+z)} \int_{v_{z+l}}^{v_z} \frac{e^{iv}}{v} dv + e^{-ik_0(l+z)} \int_{u_{z+l}}^{u_z} \frac{e^{iu}}{u} du - e^{ik_0(l-z)} \int_{u_z}^{u_{z-l}} \frac{e^{iu}}{u} du - e^{-ik_0(l-z)} \int_{v_z}^{v_{z-l}} \frac{e^{iv}}{v} dv \right]. \tag{20}$$

Die Integrale in (20) sind die Differenzen von zwei normalen Exponentialintegralen mit rein imaginärem Argument, die auf die tabulierten Funktionen Integralsinus und Integralkosinus führen. Letztere sind definiert durch

$$\operatorname{Si} x = \int_0^x \frac{\sin t}{t} dt = \int_{-\infty}^x \frac{\sin t}{t} dt - \frac{\pi}{2}, \qquad \operatorname{Ci} x = \int_{-\infty}^x \frac{\cos t}{t} dt \tag{21}$$

und z. B. im JAHNKE-EMDE tabuliert und durch Reihenentwicklungen dargestellt. (Die normalen Tafeln reichen für Antennenberechnungen im allgemeinen nicht aus, so daß man Zwischenwerte berechnen oder speziellere Tafeln benutzen muß.) Mit den hiernach bekannten Funktionen $\operatorname{Si} x$ und $\operatorname{Ci} x$ wird das Exponentialintegral

$$\int_{-\infty}^{x} \frac{e^{it}}{t}\, dt = \operatorname{Ei}(i x) = \operatorname{Ci} x + i \operatorname{Si} x + i\frac{\pi}{2}. \tag{22}$$

Da die Integrale in (20) die Differenz von zwei derartigen Exponentialintegralen (22) sind, wird der HERTZsche Vektor der Linearantenne endgültig mit Umstellung der beiden letzten Integrale

$$\begin{aligned} \Pi = {} & \frac{I_0}{8\pi\omega\varepsilon_0} \\ & \cdot \left[e^{i k_0 (z+l)}\{\operatorname{Ei}(i v_z) - \operatorname{Ei}(i v_{z+l})\} + e^{-i k_0 (z+l)}\{\operatorname{Ei}(i u_z) - \operatorname{Ei}(i u_{z+l})\}\right. \\ & \left. + e^{i k_0 (z-l)}\{\operatorname{Ei}(i v_z) - \operatorname{Ei}(i v_{z-l})\} + e^{-i k_0 (z-l)}\{\operatorname{Ei}(i u_z) - \operatorname{Ei}(i u_{z-l})\}\right]. \end{aligned} \tag{23}$$

Die auftretenden Argumente sind nach (19)

$$\begin{aligned} v_z &= -k_0\left[\sqrt{\varrho^2 + z^2} + z\right], & v_{z+l} &= -k_0\left[\sqrt{\varrho^2 + (z+l)^2} + z + l\right], \\ & & v_{z-l} &= -k_0\left[\sqrt{\varrho^2 + (z-l)^2} + z - l\right], \\ u_z &= -k_0\left[\sqrt{\varrho^2 + z^2} - z\right], & u_{z+l} &= -k_0\left[\sqrt{\varrho^2 + (z+l)^2} - z - l\right], \\ & & u_{z-l} &= -k_0\left[\sqrt{\varrho^2 + (z-l)^2} - z + l\right]. \end{aligned} \tag{23a}$$

Damit ist der HERTZsche Vektor der Linearantenne in der Näherung der Leitungstheorie bekannt.

Die magnetische Feldstärke H_ψ ergibt sich aus der ersten Gl. (6). Da nach (22) und (19) der Differentialquotient

$$\frac{\partial \operatorname{Ei}(i u)}{\partial \varrho} = \frac{e^{iu}}{u}\frac{\partial u}{\partial \varrho} = \frac{e^{iu}}{u}\frac{-k_0\varrho}{r} \tag{24}$$

und ebenso für v wird, liefert Gl. (6) mit (23 u. 24)

$$\begin{aligned} H_\psi = \frac{i I_0}{8\pi}\Big[& e^{i k_0 (z+l)}\left(\frac{k_0\varrho}{r_z}\frac{e^{i v_z}}{v_z} - \frac{k_0\varrho}{r_{z+l}}\frac{e^{i v_{z+l}}}{v_{z+l}}\right) \\ & + e^{-i k_0 (z+l)}\left(\frac{k_0\varrho}{r_z}\frac{e^{i u_z}}{u_z} - \frac{k_0\varrho}{r_{z+l}}\frac{e^{i u_{z+l}}}{u_{z+l}}\right) \\ & + e^{i k_0 (z-l)}\left(\frac{k_0\varrho}{r_z}\frac{e^{i v_z}}{v_z} - \frac{k_0\varrho}{r_{z-l}}\frac{e^{i v_{z-l}}}{v_{z-l}}\right) \\ & + e^{-i k_0 (z-l)}\left(\frac{k_0\varrho}{r_z}\frac{e^{i u_z}}{u_z} - \frac{k_0\varrho}{r_{z-l}}\frac{e^{i u_{z-l}}}{u_{z-l}}\right)\Big]. \end{aligned} \tag{25}$$

Nach Einsetzen der verschiedenen Werte für u und v nach Gl. (23a) in die Exponenten der Exponentialfunktionen wird

$$\begin{aligned} H_\psi = -\frac{i I_0}{8\pi} k_0\varrho\Big[& \frac{e^{-i k_0 r_{z+l}}}{r_{z+l}}\left(\frac{1}{u_{z+l}} + \frac{1}{v_{z+l}}\right) + \frac{e^{-i k_0 r_{z-l}}}{r_{z-l}}\left(\frac{1}{u_{z-l}} + \frac{1}{v_{z-l}}\right) \\ & - 2\cos k_0 l\,\frac{e^{-i k_0 r_z}}{r_z}\left(\frac{1}{u_z} + \frac{1}{v_z}\right)\Big] \end{aligned} \tag{26}$$

und weiter wegen der aus (19) für jeden Index folgenden Beziehung

$$\frac{1}{u} + \frac{1}{v} = \frac{u+v}{u\,v} = -\frac{2\,k_0\,r}{k_0^2\,\varrho^2}, \tag{27}$$

$$H_\varphi = \frac{\mathrm{i}\,I_0}{4\,\pi\,\varrho}\,[\mathrm{e}^{-\mathrm{i}k_0 r_{z+l}} + \mathrm{e}^{-\mathrm{i}k_0 r_{z-l}} - 2\cos k_0\,l\;\mathrm{e}^{-\mathrm{i}k_0 r_z}]\,. \tag{28}$$

Aus der magnetischen Feldstärke H_φ erhält man sofort die Komponenten der elektrischen Feldstärke nach den Gl. (7). Mit Berücksichtigung der letzten Gl. (9) wird

$$E_\varrho = \frac{\mathrm{i}I_0 Z_0}{4\pi\varrho}\left[\frac{z+l}{r_{z+l}}\,\mathrm{e}^{-\mathrm{i}k_0 r_{z+l}} + \frac{z-l}{r_{z-l}}\,\mathrm{e}^{-\mathrm{i}k_0 r_{z-l}} - 2\cos k_0\,l\,\frac{z}{r_z}\,\mathrm{e}^{-\mathrm{i}k_0 r_z}\right], \tag{29}$$

$$E_z = -\frac{\mathrm{i}\,I_0\,Z_0}{4\pi}\left[\frac{1}{r_{z+l}}\,\mathrm{e}^{-\mathrm{i}k_0 r_{z+l}} + \frac{1}{r_{z-l}}\,\mathrm{e}^{-\mathrm{i}k_0 r_{z-l}} - 2\cos k_0\,l\,\frac{1}{r_z}\,\mathrm{e}^{-\mathrm{i}k_0 r_z}\right]. \tag{29a}$$

Die in den Feldstärkengleichungen auftretenden r-Werte sind die Entfernungen des Feldpunktes $\mathrm{P}(\varrho, z)$ vom unteren, oberen und mittleren Antennenpunkt; vgl. Bild 12.1.

Durch die Gl. (28, 29 u. 29a) sind sämtliche Feldstärken bekannt und an jeder Stelle des Feldes mit elementaren Funktionen berechenbar. Insbesondere erhält man die Feldstärken des Halbwellen- und Ganzwellendipols und der verschiedenen Oberwellen, da eine Verkürzung bei der einfachen Leitungstheorie fortfällt, wenn man $l = n \cdot \lambda/4$ setzt. Das Feldlinienbild entsprechend Bild 11.1 für den Hertzschen Dipol, das man durch Konstruktion der Feldlinien aus den nach obigen Gleichungen berechenbaren Feldstärken erhalten kann, ähnelt für kleine Längen dem Feldbild des Hertzschen Dipols, für größere Längen machen sich die Bezirke der Oberwellen bemerkbar. Als Beispiel sei auf Bild 16.1 verwiesen, das das Feldbild einer in der 3. Oberwelle erregten Linearantenne nach Rechnungen in rotationselliptischen Koordinaten zeigt.

Die in Zylinderkoordinaten angegebenen Feldstärken können nach Kap. 3.6c auf rechtwinklige oder Kugelkoordinaten umgerechnet werden. Für große Werte von r erhält man mit $\varrho = r \sin\vartheta$ und der Näherung (3) für r die in Abschn. a abgeleiteten Fernfeldstärken. In unmittelbarer Antennennähe sind die Werte (28 bis 29a) nach Abschn. 1 fehlerhaft.

c) Strahlungsleistung und Gewinn der Linearantenne.

Die Strahlungsleistung der Linearantenne wurde zuerst von v. d. Pol durch Integration im Fernfeld geschlossen berechnet. Einfacher gestaltet sich die Berechnung aus dem Nahfeld durch Integration über die Antennenfläche. Nach der bei der Strahlungsleistung des Hertzschen Dipols in Kap. 11 abgeleiteten Gl. (11.26) ist die Strahlungsleistung einer Linearantenne allgemein, wenn wir die laufende Koordinate der

Antenne wie bisher mit ζ bezeichnen,

$$\overline{P} = -\frac{1}{2}\int_{-l}^{l} E_\zeta I_\zeta^k \, d\zeta . \tag{30}$$

Dabei ist I_ζ der Antennenstrom (1) und E_ζ die Feldstärke an der Antenne, also nach der Leitungstheorie Gl. (29a) für $\varrho = \varrho_0$, $z = \zeta$. Da sowohl I_ζ als auch E_ζ symmetrisch zum Nullpunkt sind, liefern die beiden Antennenhälften den gleichen Beitrag zur Strahlungsleistung. Man erhält daher mit Einsetzen der Werte aus den angegebenen Gleichungen

$$\overline{P} = -\int_0^l E_\zeta I_\zeta^k \, d\zeta$$

$$= \frac{\mathrm{i}|I_0|^2 Z_0}{4\pi}\int_0^l \left[\frac{e^{-\mathrm{i}k_0 r_{\zeta+l}}}{r_{\zeta+l}} + \frac{e^{-\mathrm{i}k_0 r_{\zeta-l}}}{r_{\zeta-l}} - 2\cos k_0 l \frac{e^{-\mathrm{i}k_0 r_\zeta}}{r_\zeta}\right] \sin k_0(l-\zeta)\, d\zeta . \tag{31}$$

Dabei sind die r-Werte durch Gl. (2a) mit $\varrho = \varrho_0$ gegeben.

Die in (31) auftretenden Integrale sind mit dem 2. Integral in Gl. (2 bzw. 18) für den HERTZschen Vektor identisch, da nach (2a) $r_{z-\zeta} = r_{\zeta-z}$ ist, führen also auf bereits gelöste Exponentialintegrale.

Die Lösung von Gl. (18) war durch Gl. (23) gegeben, wobei dem 2. Integral von (18) die beiden letzten Glieder von (23) entsprechen. Aus (18) und (23) erhält man daher

$$\int_0^l \frac{e^{-\mathrm{i}k_0 r_{\zeta-z}}}{r_{\zeta-z}} \sin k_0(l-\zeta)\, d\zeta$$

$$= \frac{\mathrm{i}}{2}\left[e^{\mathrm{i}k_0(z-l)}\{\mathrm{Ei}(\mathrm{i}v_z) - \mathrm{Ei}(\mathrm{i}v_{z-l})\} + e^{-\mathrm{i}k_0(z-l)}\{\mathrm{Ei}(\mathrm{i}u_z) - \mathrm{Ei}(\mathrm{i}u_{z-l})\}\right]. \tag{32}$$

Die Integrale (31) erhält man hieraus, wenn man für z die Werte $+l$, $-l$ und 0 setzt. Das liefert

$$\begin{aligned}\overline{P} = -\frac{|I_0|^2 Z_0}{8\pi}\big[&\mathrm{Ei}(\mathrm{i}v_l) - \mathrm{Ei}(\mathrm{i}v_0) + \mathrm{Ei}(\mathrm{i}u_l) - \mathrm{Ei}(\mathrm{i}u_0) \\ &+ e^{-\mathrm{i}k_0 2l}\{\mathrm{Ei}(\mathrm{i}v_{-l}) - \mathrm{Ei}(\mathrm{i}v_{-2l})\} + e^{\mathrm{i}k_0 2l}\{\mathrm{Ei}(\mathrm{i}u_{-l}) - \mathrm{Ei}(\mathrm{i}u_{-2l})\} \\ &- 2\cos k_0 l\{e^{-\mathrm{i}k_0 l}\{\mathrm{Ei}(\mathrm{i}v_0) - \mathrm{Ei}(\mathrm{i}v_{-l})\} + e^{\mathrm{i}k_0 l}\{\mathrm{Ei}(\mathrm{i}u_0) - \mathrm{Ei}(\mathrm{i}u_{-l})\}\}\big].\end{aligned} \tag{33}$$

Ersetzt man sämtliche u-Werte durch v-Werte auf Grund der aus den Definitionsgleichungen (19) folgenden Beziehung $u_x = v_{-x}$ und ferner $2\cos k_0 l$ durch $e^{\mathrm{i}k_0 l} + e^{-\mathrm{i}k_0 l}$, so erhält man als endgültigen Ausdruck für die komplexe Strahlungsleistung der Linearantenne

$$\begin{aligned}\overline{P} = \frac{1}{2}|I_0|^2 \frac{Z_0}{4\pi}\big[&2\{2\,\mathrm{Ei}(\mathrm{i}v_0) - \mathrm{Ei}(\mathrm{i}v_l) - \mathrm{Ei}(\mathrm{i}v_{-l})\} \\ &- e^{\mathrm{i}2k_0 l}\{2\,\mathrm{Ei}(\mathrm{i}v_l) - \mathrm{Ei}(\mathrm{i}v_{2l}) - \mathrm{Ei}(\mathrm{i}v_0)\} \\ &- e^{-\mathrm{i}2k_0 l}\{2\,\mathrm{Ei}(\mathrm{i}v_{-l}) - \mathrm{Ei}(\mathrm{i}v_0) - \mathrm{Ei}(\mathrm{i}v_{-2l})\}\big].\end{aligned} \tag{34}$$

Man beachte den symmetrischen Aufbau, die Indexe der Argumente sind in der 2. und 3. Klammer um $+l$ bzw. $-l$ gegen die der 1. Klammer verschoben. Die auftretenden Argumente sind durch Gl. (19) mit $\varrho = \varrho_0$ für die Antennenoberfläche gegeben, also durch

$$\begin{aligned} v_0 = -k_0\,\varrho_0\,, \quad v_{\pm l} &= -k_0\left[\sqrt{\varrho_0^2 + l^2} \pm l\right], \\ v_{\pm 2l} &= -k_0\left[\sqrt{\varrho_0^2 + 4\,l^2} \pm 2\,l\right]. \end{aligned} \tag{34a}$$

Setzt man diese Werte in (34) ein und ordnet nach den Exponentialintegralen, so erhält man die Strahlungsleistung in der häufig benutzten Form

$$\begin{aligned} \overline{P} = \tfrac{1}{2}\,|I_0|^2\,Z_{A_0} = \tfrac{1}{2}\,|I_0|^2\,\frac{Z_0}{2\pi}\Big[&(2 + \cos 2\,k_0\,l)\,\mathrm{Ei}\,(-\mathrm{i}\,k_0\,\varrho_0) \\ &- (1 + e^{\mathrm{i}\,2\,k_0\,l})\,\mathrm{Ei}\,(-\,\mathrm{i}\,k_0\,\{\sqrt{\varrho_0^2 + l^2} + l\}) \\ &- (1 + e^{-\mathrm{i}\,2\,k_0\,l})\,\mathrm{Ei}\,(-\,\mathrm{i}\,k_0\,\{\sqrt{\varrho_0^2 + l^2} - l\}) \\ &+ \tfrac{1}{2}\,e^{\mathrm{i}\,2\,k_0\,l}\,\mathrm{Ei}\,(-\,\mathrm{i}\,k_0\,\{\sqrt{\varrho_0^2 + 4\,l^2} + 2\,l\}) \\ &+ \tfrac{1}{2}\,e^{-\mathrm{i}\,2\,k_0\,l}\,\mathrm{Ei}\,(-\,\mathrm{i}\,k_0\,\{\sqrt{\varrho_0^2 + 4\,l^2} - 2\,l\})\Big]. \end{aligned} \tag{35}$$

Nach Gl. (10.1) ist der bei $\frac{1}{2}\,|I_0|^2$ stehende Faktor in (34 u. 35) der auf den Strombauch I_0 bezogene komplexe Strahlungswiderstand der Linearantenne, der Realteil der normale Strahlungswiderstand. Real- und Imaginärteil erhält man, wenn man in (34) die Exponentialfunktionen und die Exponentialintegrale in Real- und Imaginärteil zerlegt. Für letztere gilt nach (22), wenn man $v = -x$ setzt,

$$\mathrm{Ei}\,(\mathrm{i}\,v) = \mathrm{Ei}\,(-\mathrm{i}\,x) = \mathfrak{C}\mathrm{i}\,x - \mathrm{i}\,\mathrm{Si}\,x - \mathrm{i}\,\frac{\pi}{2}. \tag{36}$$

Wir können Gl. (34 bzw. 35) noch etwas umformen, wenn wir die Voraussetzung der Linearantenne $\varrho_0 \ll l$ berücksichtigen. Mit dieser Voraussetzung werden die Argumente (34a)

$$\begin{aligned} v_0 = -k_0\,\varrho_0\,, \quad v_l \approx -2\,k_0\,l\,, \quad v_{-l} \approx -\frac{k_0\,\varrho_0^2}{2\,l}\,, \\ v_{2l} \approx -4\,k_0\,l\,, \quad v_{-2l} \approx -\frac{k_0\,\varrho_0^2}{4\,l}. \end{aligned} \tag{37}$$

v_0, v_{-l} und v_{-2l} sind klein gegen 1. Daher können für Integralsinus und Integralkosinus die Werte für kleine Argumente (vgl. z. B. JAHNKE-EMDE)

$$\lim_{x\to 0}\mathfrak{C}\mathrm{i}\,x = \ln \gamma x = \mathrm{C} + \ln x\,, \qquad \lim_{x\to 0}\mathrm{Si}\,x = x \approx 0 \tag{38}$$

genommen werden, wobei $\mathrm{C} = \ln\gamma = 0{,}5772\ldots$ die EULERsche Konstante ist.

Mit Berücksichtigung von (38) liefert das Einsetzen von (36 u. 37) in (34) mit Zerlegung der Exponentialfunktionen und Zusammenfassung der logarithmischen Glieder für den Strahlungswiderstand den Wert

$$Z_{A_0} = Z_{\text{str}} = R_{\text{str}} + \mathrm{i}\, X_{\text{str}} \tag{39}$$

mit

$$\begin{aligned} R_{\text{str}} = \frac{Z_0}{4\pi} [&2\,(C + \ln 2\,k_0 l - \mathrm{Ci}\, 2\,k_0 l) \\ &+ \cos 2\,k_0 l\,(C + \ln k_0 l + \mathrm{Ci}\, 4\,k_0 l - 2\,\mathrm{Ci}\, 2\,k_0 l) \\ &+ \sin 2\,k_0 l\,(\mathrm{Si}\, 4\,k_0 l - 2\,\mathrm{Si}\, 2\,k_0 l)] \end{aligned} \tag{39a}$$

und

$$\begin{aligned} X_{\text{str}} = \frac{Z_0}{4\pi} [&2\,\mathrm{Si}\, 2\,k_0 l + \cos 2\,k_0 l\,(2\,\mathrm{Si}\, 2\,k_0 l - \mathrm{Si}\, 4\,k_0 l) \\ &+ \sin 2\,k_0 l\,(C + \ln \frac{k_0^2 \varrho_0^2}{k_0 l} + \mathrm{Ci}\, 4\,k_0 l - 2\,\mathrm{Ci}\, 2\,k_0 l)]\,. \end{aligned} \tag{39b}$$

Hiernach kann der Strahlungswiderstand mit den Tabellen und Reihendarstellungen von $\mathrm{Si}\, x$ und $\mathrm{Ci}\, x$ zahlenmäßig berechnet werden. Die graphische Darstellung des reellen Strahlungswiderstandes als Funktion von $2\,k_0 l$ bzw. $2\,l/\lambda$ zeigt Bild 12.6. Der Strahlungswiderstand steigt mit wachsender Antennenlänge zunächst stetig, dann wellenförmig an. Die Maxima liegen etwas vor den Spannungsresonanzlängen mit $l = m\,\frac{\lambda}{2}$, die Minima etwas vor den Stromresonanzstellen mit $l = (2m + 1) \cdot \lambda/4$.

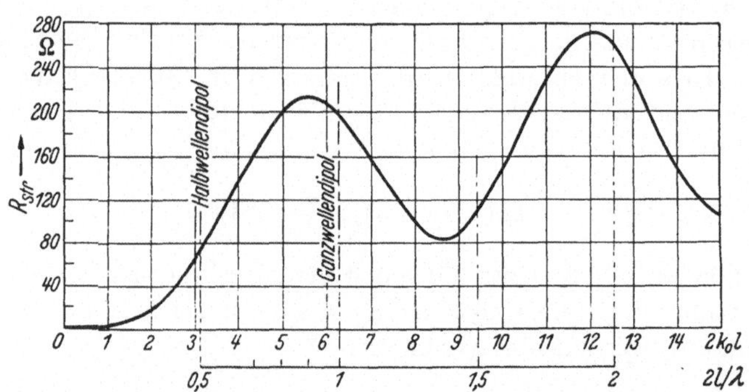

Bild 12.6. Der Strahlungswiderstand von Linearantennen verschiedener Länge.

Für die Resonanzlängen $l = n \cdot \lambda/4$, deren Stromverteilung Bild 12.7 zeigt, erhält man nach (39) die Strahlungswiderstände

$$Z_{\text{str}} = \frac{Z_0}{4\pi} [C + \ln 2\,n\,\pi - \mathrm{Ci}\, 2\,n\,\pi + \mathrm{i}\,\mathrm{Si}\, 2\,n\,\pi] \quad \text{für ungerade } n, \tag{40}$$

$$\begin{aligned} Z_{\text{str}} = \frac{Z_0}{4\pi} [&3\,C - \ln 2 + 3 \ln n\,\pi + \mathrm{Ci}\, 2\,n\,\pi - 4\,\mathrm{Ci}\, n\,\pi \\ &+ \mathrm{i}\,(4\,\mathrm{Si}\, n\,\pi - \mathrm{Si}\, 2\,n\,\pi)] \quad \text{für gerade } n. \end{aligned} \tag{40a}$$

Das ergibt für $n = 1$ als Wert des Halbwellendipols

$$Z_{\text{str}_D} = 73{,}13\ \text{Ohm} + \mathrm{i} \cdot 42{,}55\ \text{Ohm}, \tag{41}$$

für $n = 2$ als Wert des Ganzwellendipols

$$Z_{\mathrm{str}_{DD}} = 199{,}1\ \mathrm{Ohm} + \mathrm{i} \cdot 125{,}4\ \mathrm{Ohm}. \tag{41a}$$

Aus der berechneten Strahlungsleistung ergibt sich außer dem Strahlungswiderstand auch der Eingangswiderstand der Antenne. Der Strahlungswiderstand war das Verhältnis aus der Strahlungsleistung und dem halben Quadrat des Maximalstromes und damit eine reine Rechengröße und kein Widerstand, der zwischen zwei bestimmten Anschlußpunkten liegt. Der zwischen den Antennenklemmen liegende Eingangswiderstand der Antenne ist das Verhältnis aus der Strahlungsleistung und dem halben Quadrat des Antennenstromes I_A. Da der Klemmenstrom nach Gl. (1)

$$I_A = I_{\zeta=0} = I_0 \sin k_0 l \tag{42}$$

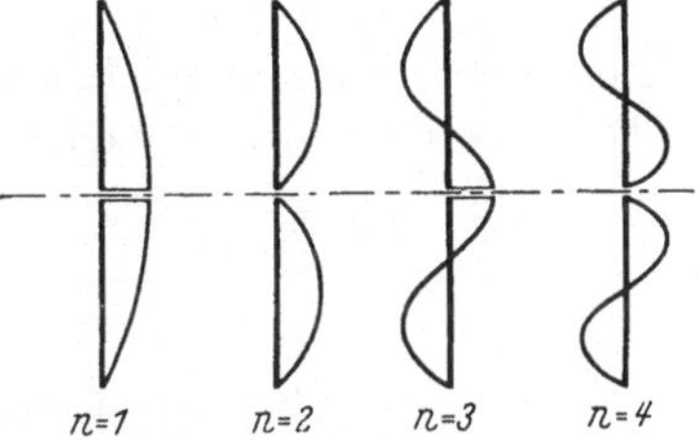

Bild 12.7. Stromverteilung der Resonanzwellen.

ist, wird der Eingangswiderstand nach der einfachen Leitungstheorie der Antenne

$$Z_A = \frac{\overline{P}}{\frac{1}{2}|I_A|^2} = Z_{A_0} \frac{|I_0|^2}{|I_A|^2} = \frac{Z_{A_0}}{\sin^2 k_0 l}, \tag{43}$$

wobei für Z_{A_0} der komplexe Wert (39) einzusetzen ist. Für die Stromresonanzen stimmt der Eingangswiderstand mit dem Strahlungswiderstand überein, für die Spannungsresonanzen wird der Widerstand wegen des willkürlichen Stromansatzes der Leitungstheorie unendlich, die Unendlichkeitsstellen werden durch die Ansätze von Abschn. 4 vermieden.

Schließlich erhält man aus den berechneten Werten von Strahlungsleistung und Strahlungswiderstand noch eine Umformung der Feldstärken auf Leistungsgrößen sowie den Gewinn der Linearantenne.

Die in Abschn. 1 u. 2 abgeleiteten Feldstärkengleichungen drückten die Feldstärken durch das Strommaximum I_0 aus. Auf Grund der normalen Leistungsgleichung $P_{\mathrm{str}} = \frac{1}{2} |I_0|^2 R_{\mathrm{str}}$ kann man den Absolutwert von I_0 und damit die Absolutwerte der Feldstärken durch die reelle Strahlungsleistung und den reellen Strahlungswiderstand, also durch reine Leistungsgrößen ausdrücken. Für die Feldstärken im Fernfeld erhält man z. B. aus Gl. (10b) auf diese Weise

$$E_{\vartheta\infty} = Z_0 H_{\psi\infty} = \mathrm{i} \frac{I_0}{|I_0|} e^{-\mathrm{i} k_0 r} \frac{Z_0}{2\pi r} \sqrt{\frac{2 P_{\mathrm{str}}}{R_{\mathrm{str}}}} F(\psi, \vartheta), \tag{44}$$

wobei für $F(\psi, \vartheta)$ der Wert (11) und für R_{str} der Wert (39a) zu setzen ist, während die reelle Strahlungsleistung P_{str} in den praktischen Anwendungen im allgemeinen gegeben ist und bis auf den in den meisten

Fällen vernachlässigbaren Wirkungsgrad (vgl. Abschn. 8) mit der gesamten zugeführten Antennenleistung P übereinstimmt

Vergleicht man den aus (44) für $\vartheta = \pi/2$ folgenden Feldstärkenwert der Hauptrichtung mit dem entsprechenden Wert (11.30) des HERTZschen Dipols, so ist die Feldstärke der Linearantenne bei gleicher Strahlungsleistung um den Faktor

$$g = \sqrt{\frac{2 Z_0}{3\pi R_{\text{str}}}}\, F(\psi, \vartheta)_{\vartheta=\pi/2} = \sqrt{\frac{2 Z_0}{3\pi R_{\text{str}}}}\,(1 - \cos k_0 l) \tag{45}$$

vergrößert. Man bezeichnet diesen Wert als den auf den HERTZschen Dipol bezogenen Feldstärkengewinn der Hauptrichtung; vgl. Kap. 10.2.

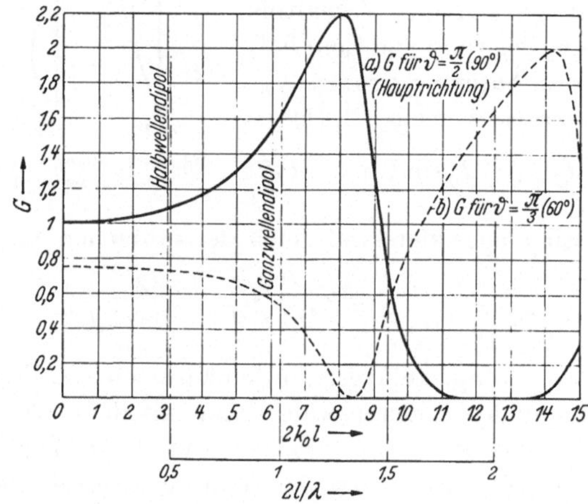

Bild 12.8. Leistungsgewinn der Linearantenne (HERTZscher Dipol $G = 1$).

Für die praktisch interessierenden Antennen mit Längen bis etwa $2 \cdot \frac{2}{3}\lambda$ ($k_0 l = 240°$) ist es nach Bild 12.4 zugleich der Maximalgewinn. Da der Gewinn für E_ϑ und H_ψ gilt, ist der Leistungsgewinn G das Quadrat von g:

$$G = \frac{2 Z_0}{3\pi R_{\text{str}}}(1 - \cos k_0 l)^2. \tag{46}$$

Für den Halbwellendipol und den Ganzwellendipol erhält man hieraus mit den Strahlungswiderständen (41 u. 41a) die Werte

$$G_D = \frac{2 Z_0}{3\pi R_{\text{str}_D}} = 1{,}09, \qquad G_{DD} = \frac{8 Z_0}{3\pi R_{\text{str}_{DD}}} = 1{,}62. \tag{46a}$$

Der geringe Gewinn des Halbwellendipols entspricht der geringen Diagrammänderung gegenüber dem HERTZschen Dipol.

Die gesamte Kurve des Gewinns (46) in Abhängigkeit von der Antennenlänge zeigt Bild 12.8, Kurve a. Der Maximalgewinn liegt bei $2l = 1{,}29\lambda$ mit dem Wert $G = 2{,}2$. Der Vorteil der auf Resonanz abgestimmten Antennen liegt also nicht in der größten Leistung, sondern in dem Fehlen bzw. dem kleinen Wert des Blindwiderstandes und der geringeren Frequenzabhängigkeit des Antennenwiderstandes.

Ersetzt man in (45 u. 46) $1 - \cos k_0 l$ durch den allgemeinen Wert $F(\psi, \vartheta)$, so erhält man den Gewinn in beliebiger Richtung im Vergleich zum Maximalwert des HERTZschen Dipols. Kurve *b* in Bild 12.8 zeigt den Wert für $\vartheta = \pi/3 = 60°$. Der Maximalwert wird mit größerem Erhebungswinkel bei immer größeren Antennenlängen erreicht. Das Maximum ist für $\vartheta = 60°$ bei einer Antennenlänge von $2l = 2{,}26\lambda$ $G = 2$, also nahezu ebenso groß wie in der Hauptrichtung.

Die in (45 u. 46) angegebenen Gewinne sind wie sämtliche im vorliegenden Buch mit G bzw. g bezeichneten Gewinnangaben auf den HERTZschen Dipol als Vergleichsantenne bezogen. Da der Gewinn des HERTZschen Dipols gegenüber dem Kugelstrahler nach Gl. (11.31a) 1,5 ist, sind die auf den Kugelstrahler bezogenen Gewinne G^K 1,5 mal so groß wie die auf den HERTZschen Dipol bezogenen Gewinne G, während die auf den Halbwellendipol bezogenen Gewinne G^D nach Gl. (46a) etwa 9% kleiner sind:

$$G^K = 1{,}5\,G, \qquad G^D = \frac{G}{1{,}09}. \tag{47}$$

3. Die einfache Leitungstheorie der belasteten Linearantenne.

Wir haben bisher die bei kürzeren Wellen allein in Betracht kommende unbelastete Linearantenne behandelt. Bei langen Wellen ist die praktisch mögliche Antennenlänge und damit der Strahlungswiderstand nach Bild 12.6 sehr klein. Um bessere Strahlungsverhältnisse und insbesondere einen besseren Wirkungsgrad zu erreichen, belastet man die Enden durch zusätzliche Kapazitäten. Die Endkapazität besteht im allgemeinen aus einem oder mehreren parallelen Drähten mit Mittel- oder Endzuführung (T- oder L-Antenne), bei größerem C aus strahlenförmig ausgehenden waagerechten oder schräg nach unten gespannten Drähten mit oder ohne ringförmige Außenverbindung (Dach- oder Schirmantennen). Die Größe der Kapazität kann im allgemeinen nur aus Meßkurven entnommen werden, die auf Grund von Feldstärkemessungen und rückwärtiger Benutzung der abgeleiteten Gleichungen gewonnen sind.

Die im folgenden als gegeben angenommene Endkapazität C_e bewirkt nach der normalen Leitungstheorie als Abschluß einer verlustlosen Doppelleitung mit dem reellen Wellenwiderstand Z eine sinusförmige Stromverteilung mit einer scheinbaren Leitungsverlängerung l_v, deren Größe sich aus

$$\operatorname{tg} k_0 l_v = \omega C_e Z \tag{48}$$

ergibt und daher stets kleiner als 90° ist. Mit den Voraussetzungen der Leitungstheorie der Antenne wird der Strom der verlängerten Leitung wieder als Antennenstrom angenommen, so daß der Strom auf dem senkrechten Leiter der belasteten Linearantenne

$$I_\zeta = I_0 \sin k_0 (l + l_v - |\zeta|) \tag{49}$$

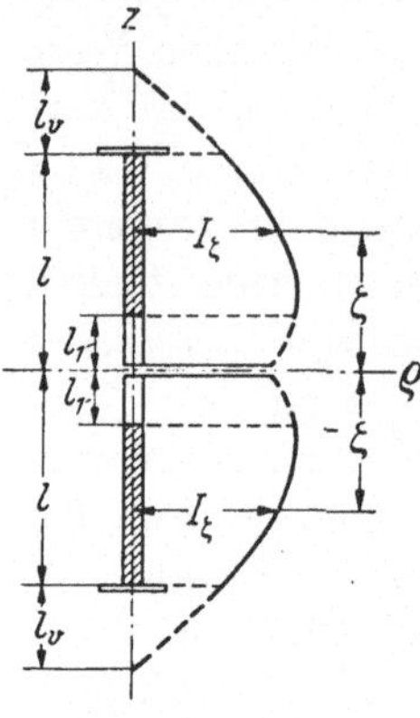

Bild 12.9. Stromverteilung der belasteten Linearantenne.

an Stelle von Gl. (2) ist. Bei beliebigen Zwischenbelastungen oder Wellenwiderstandssprüngen besteht der Strom aus verschiedenen derartigen Abschnitten.

Mit der Stromverteilung (49) ergibt sich das Strahlungsfeld der belasteten Antenne genau wie das der unbelasteten im vorigen Abschnitt. Durch Zerlegung des Sinus in die Exponentialfunktionen und Einsetzen in den HERTZschen Vektor (1) erhält man die gleichen Integrale wie in Gl. (3) im unbelasteten Fall, nur mit zusätzlichen konstanten Faktoren und anderen Grenzen.

Wir beschränken uns auf die Berechnung des Fernfeldes eines derartigen, in Bild 12.9 schraffiert gezeichneten Stromstückes. Der HERTZsche Vektor des Fernfeldes wird entsprechend Gl. (4)

$$\begin{aligned} P_{z\infty} = \Pi_\infty = \frac{I_0}{4\pi \mathrm{i}\,\omega\,\varepsilon_0} \frac{\mathrm{e}^{-\mathrm{i}k_0 r}}{r} \Bigg[& \int_{-l}^{-l_1} \mathrm{e}^{\mathrm{i}k_0\zeta\cos\vartheta} \sin k_0 (l + l_v + \zeta)\,\mathrm{d}\zeta \\ & + \int_{l_1}^{l} \mathrm{e}^{\mathrm{i}k_0\zeta\cos\vartheta} \sin k_0 (l + l_v - \zeta)\,\mathrm{d}\zeta \Bigg]. \end{aligned} \tag{50}$$

Zerlegung des Sinus in Exponentialfunktionen und elementare Integration liefert

$$\begin{aligned} \Pi_\infty = \frac{I_0}{4\pi \mathrm{i}\,\omega\,\varepsilon_0} \frac{\mathrm{e}^{-\mathrm{i}k_0 r}}{r} \frac{2}{k_0 \sin^2\vartheta} & [\cos k_0 l_v \cos (k_0 l \cos\vartheta) \\ & - \cos k_0 (l + l_v - l_1) \cos (k_0 l_1 \cos\vartheta) \\ & - \cos\vartheta \{\sin k_0 l_v \sin (k_0 l \cos\vartheta) \\ & - \sin k_0 (l + l_v - l_1) \sin (k_0 l_1 \cos\vartheta)\}]. \end{aligned} \tag{51}$$

Hieraus erhält man genau wie in Abschn. 2a die Feldstärken des Fernfeldes

$$H_{\psi\infty} = \frac{E_{\vartheta\infty}}{Z_0} = -\mathrm{i}\,\omega\varepsilon_0 \frac{\partial \Pi_\infty}{\partial \varrho} = \mathrm{i} \frac{I_0}{2\pi r} \mathrm{e}^{-\mathrm{i}k_0 r} F(\psi, \vartheta) \tag{52}$$

mit dem Strahlungsmaß

$$\begin{aligned} F(\psi, \vartheta) = \frac{1}{\sin\vartheta} & [\cos k_0 l_v \cos (k_0 l \cos\vartheta) \\ & - \cos k_0 (l + l_v - l_1) \cos (k_0 l_1 \cos\vartheta) \\ & - \cos\vartheta \{\sin k_0 l_v \sin (k_0 l \cos\vartheta) \\ & - \sin k_0 (l + l_v - l_1) \sin (k_0 l_1 \cos\vartheta)\}], \end{aligned} \tag{53}$$

aus dem Horizontalstrahlungsmaß und wirksame Antennenlänge

$$F\left(\psi, \frac{\pi}{2}\right) = \frac{\pi}{\lambda} l_{w_0} = \cos k_0 l_v - \cos k_0 (l + l_v - l_1) \tag{53a}$$

und die auf die Horizontalrichtung bezogene Richtcharakteristik

$$f(\psi, \vartheta) = \frac{F(\psi, \vartheta)}{F(\psi, \pi/2)} \tag{53b}$$

folgen. Sämtliche Größen sind reell und unabhängig von ψ wie bei der unbelasteten Antenne.

Bild 12.10 zeigt die aus (53b) folgenden Charakteristiken für eine Grundlänge $k_0 l = 150°$ und $l_1 = 0$ für verschiedene Verlängerungen zwischen 0 und 90°. Die Kurven ähneln den Diagrammen der offenen Antenne für gleiche Gesamtlänge, sind aber nicht identisch.

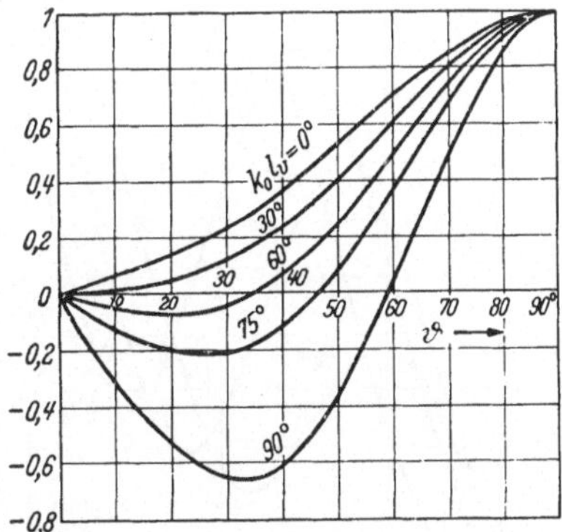

Bild 12.10. Vertikaldiagramme einer senkrechten Linearantenne der Länge $k_0 l = 150°$ für verschiedene wirksame Verlängerungen l_v.

Bei zusammengesetzten Antennen sind die von den einzelnen Teilen herrührenden Feldstärken (52) zu addieren. Ferner kommen allgemein die von den waagerechten Endbelastungen herrührenden Feldstärken hinzu, die aus der Stromverteilung der Belastung und dem daraus folgenden Strahlungspotential Π_∞ genau so berechnet werden können und einen Feldbeitrag in schräger Richtung und bei Vorhandensein senkrechter Stromkomponenten auch in der Horizontalebene geben.

Durch Integration des aus dem gesamten $H_{\psi\infty}$ und $E_{\vartheta\infty}$ folgenden POYNTINGschen Vektors über die unendliche Kugel oder durch Integration der genannten Werte um die Antenne kann man die gesamte Strahlungsleistung und daraus den Strahlungswiderstand und weiter den Gewinn nach Gl. (18.6) in Kap. 18 berechnen. Betrachtet man nur die Strahlung der senkrechten Antenne, so wird der Strahlungswiderstand für $l_1 = 0$ an Stelle von Gl. (39a) nach einer vollkommen analogen Rechnung

$$\begin{aligned} R_{\text{str}} = \frac{Z_0}{4\pi}\Big\{ & 2\left[\mathrm{C} + \ln 2k_0 l - \mathrm{Ci}\, 2k_0 l + \sin^2 k_0 l \left(\frac{\sin 2k_0 l}{2k_0 l} - 1\right)\right] \\ & + \cos 2k_0 (l + l_v)\,[\mathrm{C} + \ln k_0 l + \mathrm{Ci}\, 4k_0 l - 2\,\mathrm{Ci}\, 2k_0 l] \\ & + \sin 2k_0 (l + l_v)\,[\mathrm{Si}\, 4k_0 l - 2\,\mathrm{Si}\, 2k_0 l]\Big\}. \end{aligned} \tag{54}$$

Die graphische Darstellung in Bild 12.11 zeigt die Vergrößerung des Strahlungswiderstandes bei kurzen Antennenlängen.

Schließlich betrachten wir noch die Resonanzwellen der ungedämpften belasteten Antenne. Sie ergeben sich mit der Verlängerung l_v aus

$$l + l_v = n \frac{\lambda}{4} \qquad (n = 1, 2, 3 \ldots) . \tag{55}$$

Da l_v nach (48) frequenzabhängig ist, liegen die Oberwellen nicht mehr harmonisch. Man erhält sie aus (55) mit dem Wert (48) für $k_0 l_v$ als Lösungen der transzendenten Gleichung

$$\operatorname{tg} k_0 l_v = \omega C_e Z = \operatorname{tg} \left(n \frac{\pi}{2} - k_0 l \right) , \tag{55 a}$$

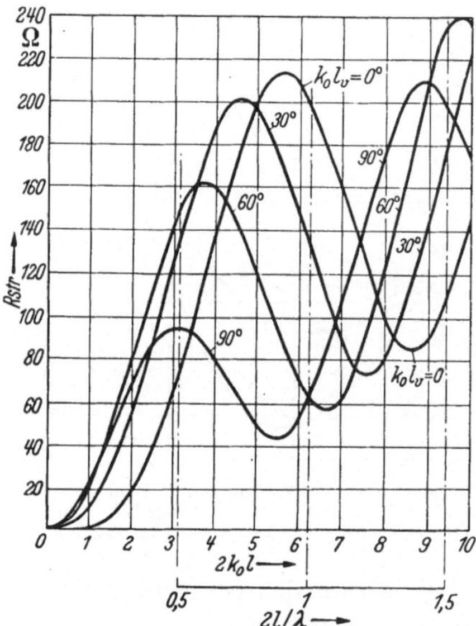

Bild 12.11. Strahlungswiderstand in Abhängigkeit von der Antennenlänge für verschiedene wirksame Antennenverlängerungen l_v.

also graphisch aus den Schnittpunkten der Geraden $\omega C_e Z$ mit der negativen Tangenslinie (gerade Oberwellen, Spannungsresonanz) bzw. positiven Kotangenslinie (ungerade Oberwellen, Stromresonanz).

Ist im Speisepunkt der Antenne zur Abstimmung auf optimale Empfangsleistung und damit nach dem Reziprozitätsgesetz zur Erzeugung optimaler Feldstärke ein Reihenglied mit dem Blindwiderstand iX oder ein Parallelwiderstand mit dem Blindleitwert iB eingeschaltet, so muß für die Resonanzwellen der gesamte Blindwiderstand (Stromresonanz) bzw. Blindleitwert (Spannungsresonanz) 0 werden. Da der Antennenwiderstand der ungedämpften Antenne nach den Leitungsgleichungen $-\mathrm{i}Z \operatorname{ctg} k_0 (l + l_v)$ ist, erhält man die Strom- und Spannungsresonanzen bei Reihenschaltung aus

$$\operatorname{ctg} k_0 (l + l_v) - \frac{X}{Z} = 0 \text{ (Stromresonanz)} \qquad \text{bzw.} = \infty \text{ (Spannungsresonanz)}, \tag{56}$$

bei Parallelschaltung aus

$$\operatorname{tg} k_0 (l + l_v) + Z B = 0 \text{ (Spannungsresonanz)} \qquad \text{bzw.} = \infty \text{ (Stromresonanz)}. \tag{56a}$$

Die Stromresonanz kann bei der verlustlosen Leitung nur durch Reihenwiderstände, die Parallelresonanz nur durch Parallelwiderstände gegenüber den Werten (55) merklich verändert werden. Die Gl. (56 u. 56a) geben bei gegebener Frequenz die zur Abstimmung erforderlichen Werte von X oder B, während sich bei gegebenen Abstimmgliedern die Eigenfrequenzen mit Einsetzen von (48) graphisch aus den Schnittpunkten der tg- und ctg-Linien mit den Widerstandslinien ergeben.

4. Die erweiterte Leitungstheorie der Linearantenne.

a) Notwendigkeit und verschiedene Ausführungen der Erweiterung.

Während die bisher angenommene sinusförmige Stromverteilung auf der Antenne für Richtcharakteristik und Strahlungsleistung brauchbare Näherungswerte liefert, reicht sie zur Berechnung des Eingangswiderstandes nicht aus. Die angenommene Stromverteilung würde bei bestimmten Antennenlängen den Speisestrom 0, also unendlich hohen Eingangswiderstand ergeben. Die wirkliche Stromverteilung ist durch die Abstrahlung und die Wirkung der offenen Enden anders und kann nur aus einer strengen Berechnung des Strahlungsfeldes gewonnen werden; vgl. Kap. 13 bis 16. Um die strenge Rechnung zu vermeiden und trotzdem brauchbare Näherungswerte für den Eingangswiderstand der Antenne zu bekommen, hat man die Antenne in Erweiterung der bisher gemachten Näherung als Leitung mit gleichmäßig verteiltem Induktivitäts- und Kapazitätsbelag und aus der Strahlungsleistung berechnetem Widerstands- und Ableitungsbelag aufgefaßt und die aus der normalen Leitungstheorie bekannten Gleichungen für den Eingangswiderstand einer gedämpften Leitung als Eingangswiderstand der Antenne benutzt.

Die Konstanten der Ersatzleitung werden dabei verschieden bestimmt. Während SIEGEL und LABUS, die die Erweiterung erstmalig durchführten, den mittleren Wellenwiderstand durch einen angenäherten Vergleich zwischen dem Potential einer Doppelleitung und dem mit sinusförmiger Stromverteilung berechneten elektrodynamischen Potential $\varphi = -\operatorname{div} \boldsymbol{P} = -\partial P_z/\partial z$ des Strahlungsfeldes ermitteln, nehmen die meisten späteren Arbeiten für Induktivität, Kapazität und Wellenwiderstand die statischen Werte. Dabei wird für den Kapazitätsbelag die statische Gesamtkapazität der Antenne gleichmäßig auf die Antennenlänge verteilt, entsprechend der Induktivitätsbelag. Während weiter SIEGEL und LABUS und die meisten anderen Arbeiten die durch die Strahlung hervorgerufene Dämpfung durch eine reine Widerstandsdämpfung ersetzen, indem sie den Widerstandsbelag R' der Ersatzleistung so bestimmen, daß die aus R' und dem Antennenstrom erhaltene Verlustleistung gleich der gesamten Strahlungsleistung ist, wird in einigen Arbeiten der Strahlungsverlust gleichmäßig auf Widerstands- und Ableitungsverlust verteilt. Während fast alle Arbeiten die

Dämpfungskonstanten aus der mit sinusförmiger Stromverteilung erhaltenen Strahlungsleistung bestimmen, berücksichtigen einige Arbeiten, daß durch die erhaltenen Dämpfungskonstanten die sinusförmige Stromverteilung in eine gedämpfte Sinuswelle mit veränderter Fortpflanzungskonstanten übergeht, die angegebene Bestimmung der Dämpfungskonstanten also nur den ersten Schritt eines Iterationsverfahrens darstellt, und erhalten ihr R' durch sukzessive Näherung oder graphisch aus der späteren Gl. (61), wenn man hier für den Strom die von R' abhängige Stromverteilung einer gedämpften Leitung und für die Strahlungsleistung die mit diesem Strom berechnete und damit ebenfalls von R' abhängige Strahlungsleistung einsetzt. In neuerer Zeit hat ZINKE die Antenne durch einen Kettenleiter mit transformatorisch angekoppelten Verlustwiderständen ersetzt.

Wir wollen im folgenden mit dem Ersatz der Antenne durch eine homogene Leitung mit einer reinen, aus der sinusförmigen Stromverteilung und der zugehörigen Strahlungsleistung berechneten Widerstandsdämpfung rechnen und für den Wellenwiderstand die statischen Werte nehmen, da die anderen Darstellungen keine ersichtlichen Verbesserungen bringen. In allen Fällen wird nach experimentellen Vergleichen die Größe des Eingangswiderstandes relativ gut wiedergegeben, während die Phase und damit die Resonanzstellen und Resonanzverkürzungen starke Fehler haben, letztere z. B. bei Annahme gleicher Ableitungs- und Widerstandsdämpfung Null sein würden. Der Fehler liegt darin, daß die Spannungs- und Feldstärkenbedingungen an der Antenne nicht erfüllt sind. Durch die Aufteilung des Strahlungswiderstandes längs der Antenne tritt Energie aus der ganzen Antenne aus, während die Strahlungsenergie in Wirklichkeit nur an den Klemmen austritt und an der Antenne entlangläuft, wie insbesondere die Betrachtungen in Kap. 16.3a zeigen.

b) Festlegung der Leitungskonstanten.

Wir beschränken uns wie bisher auf die symmetrische Antenne im freien Raum und betrachten zunächst die statische Kapazität. Denken wir uns die beiden Antennenhälften von Bild 12.1 gleichmäßig mit ruhender Ladung von +- bzw. $-q$-Ladungseinheiten pro Längeneinheit belegt, so wird das statische Potential in einem Punkt $P(\varrho, z)$ als gewöhnliches Quellinienpotential [Gl. (2.8) ohne Retardierung]

$$\begin{aligned}\varphi(\varrho, z) &= \frac{q}{4\pi\varepsilon_0}\left[\int_{\delta}^{l}\frac{d\zeta}{\sqrt{\varrho^2+(z-\zeta)^2}} - \int_{-l}^{-\delta}\frac{d\zeta}{\sqrt{\varrho^2+(z-\zeta)^2}}\right]\\ &= \frac{q}{4\pi\varepsilon_0}\ln\left[\frac{\sqrt{\varrho^2+(z-\delta)^2}+z-\delta}{\sqrt{\varrho^2+(z-l)^2}+z-l}\;\frac{\sqrt{\varrho^2+(z+\delta)^2}+z+\delta}{\sqrt{\varrho^2+(z+l)^2}+z+l}\right].\end{aligned} \tag{57}$$

Wegen der Annahme gleichmäßiger Ladungsverteilung gilt das Potential für zylindrische Leiter nicht streng. Es ist streng das statische Potential von Körpern, die die Form der in Bild 12.12 gezeichneten Niveaulinien $\varphi = \text{const}$ haben. In der Mitte sind dies langgestreckte ellipsoidähnliche Leiter. Wir können daher Gl. (57) bei schmalen Antennen als brauchbaren Näherungswert für das statische Potential der Antenne nehmen. Die Spannung zwischen den beiden Niveaukörpern, deren Mittelquerschnitt mit dem Antennenquerschnitt übereinstimmt, ergibt sich aus (57) unter der Voraussetzung $\delta \ll l$ und $\varrho_0 \ll l$ unmittelbar zu

$$U = 2\,\varphi_{\substack{\varrho=\varrho_0\\ z=l/2}} \approx \frac{q}{2\pi\,\varepsilon_0} \ln \frac{l^2}{3\,\varrho_0^2} = \frac{q}{\pi\,\varepsilon_0}\left[\ln \frac{l}{\varrho_0} - \frac{1}{2}\ln 3\right]. \tag{57a}$$

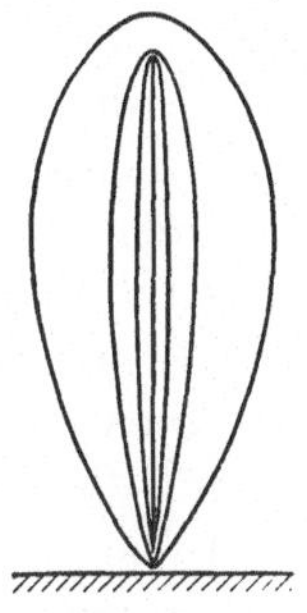

Bild 12.12. Niveaulinien der statisch geladenen Antenne. (Nach BRÜCKMANN.)

Da $q\,l$ die Gesamtladung ist, wird die Kapazität zwischen den beiden Niveaukörpern $C = q\,l/U$ und mithin die mittlere Kapazität pro Längeneinheit

$$C' = \frac{C}{l} = \frac{q}{U} = \frac{2\pi\,\varepsilon_0}{\ln l^2/3\,\varrho_0^2}. \tag{58}$$

Wir wollen diesen Wert nach den Ausführungen in Abschn. a in der erweiterten Leitungstheorie der Antenne als den Kapazitätsbelag der Linearantenne im freien Raum ansetzen.

Da die Fortpflanzungsgeschwindigkeit einer Welle auf einem Draht im freien Raum nahezu gleich der Lichtgeschwindigkeit c ist, vgl. Kap. 7.1, erhält man aus C' die mittlere Induktivität $L' = \frac{1}{c^2\,C'}$ und den mittleren reellen Wellenwiderstand Z mit Berücksichtigung von $1/c\varepsilon_0 = \sqrt{\mu_0/\varepsilon_0} = Z_0$ nach Gl. (4.5) zu

$$\boxed{Z = \sqrt{\frac{L'}{C'}} = \frac{1}{c\,C'} = \frac{Z_0}{2\pi} \ln \frac{l^2}{3\,\varrho_0^2} = \frac{Z_0}{\pi}\left[\ln \frac{l}{\varrho_0} - 0{,}55\right].} \tag{59}$$

Im Vergleich hierzu ist der von SIEGEL und LABUS nach der angegebenen Methode abgeleitete Wert mit $\mathrm{C} = 0{,}5772\ldots$

$$\begin{aligned} Z = \frac{Z_0}{\pi}\Big[\ln \frac{l}{\varrho_0} &- \frac{1}{2}(\mathrm{C} + 1 - \ln 2) \\ &- \frac{1}{2}\ln k_0 l + \frac{1}{2}\left(\mathrm{Ci}\,2\,k_0 l - \frac{\sin 2\,k_0 l}{2\,k_0 l}\right)\Big]. \end{aligned} \tag{60}$$

Der Wert ist im Gegensatz zu (59) von dem Verhältnis Antennenlänge zu Wellenlänge abhängig. Für den Halbwellendipol wird der Zahlenwert in der Klammer $-0{,}63$, für den Ganzwellendipol -1 gegenüber

$-0{,}55$ der obigen statischen Betrachtung. Wir benutzen im folgenden nur den von λ unabhängigen Wert (59).

Die angegebenen Werte gelten für eine Dipolantenne nach Bild 12.1. Für waagerechte Antennenteile, z. B. für eine waagerechte Antenne über Erde mit Berücksichtigung des Spiegelbildes oder für eine aus einem oder mehreren Drähten bestehende Endbelastung von Langwellenantennen erhält man nach derselben Methode ein anderes statisches Potential und damit andere Werte von C' und Z. Für die Konstanten der Ersatzleitung komplizierterer Endbelastungen müssen im allgemeinen experimentell ermittelte Werte genommen werden. Hierfür sei auf die Literatur, z. B. das Buch von BRÜCKMANN, verwiesen.

Außer Kapazitäts- und Induktivitätsbelag sind die Dämpfungskonstanten der Antennenersatzleitung festzulegen. Nach Abschn. a wollen wir die Strahlungsleistung durch eine reine Widerstandsdämpfung ersetzen, indem wir die Antennenersatzleitung mit einem konstanten Widerstandbelag R' versehen, dessen gesamte Verlustleistung gleich der reellen Strahlungsleistung ist. Wir setzen also

$$\int_0^l \frac{1}{2} |I_\zeta|^2 R' \,\mathrm{d}\zeta = P_{\mathrm{str}} = \frac{1}{2} |I_0|^2 R_{\mathrm{str}}. \tag{61}$$

Führt man hier nach der in Abschn. a festgelegten Näherung für die offene Leitung den sinusförmigen Strom (1) der verlustlosen Leitung oder allgemeiner für eine kapazitiv belastete Antenne mit der Leitungsverlängerung l_v nach Gl. (48) den sinusförmigen Strom (49), also den Wert $I_\zeta = I_0 \sin k_0 (l + l_v - \zeta)$ ein, so wird

$$R' = \frac{R_{\mathrm{str}}}{\int_0^l [\sin k_0 (l + l_v - \zeta)]^2 \,\mathrm{d}\zeta} = \frac{2 \, R_{\mathrm{str}}}{l\left[1 + \dfrac{\sin 2 k_0 l_v - \sin 2 k_0 (l + l_v)}{2 k_0 l}\right]}, \tag{62}$$

wobei für R_{str} der Wert aus Gl. (54) bzw. für $l_v = 0$ aus Gl. (39a) zu nehmen ist. Die graphische Darstellung des Gesamtwiderstandes $\frac{1}{2} R' l$ als Funktion von $2 k_0 l$ zeigt Bild 12.13 für eine unbelastete Antenne mit $l_v = 0$. Bei strengerer Lösung von (61) müßte man für I_ζ und R_{str} die aus der gedämpften Stromverteilung folgenden Werte nehmen; vgl. die entsprechenden Ausführungen in Abschn. a. Die Lösung ist dann nur graphisch möglich.

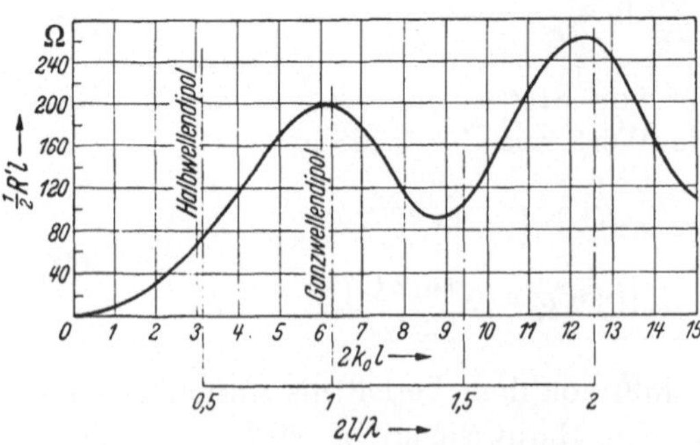

Bild 12.13. Widerstandsbelag der Antennenersatzleitung.

Durch den Ansatz (61) ist die gesamte Strahlungsleistung durch R' ersetzt, so daß $G' = 0$ wird. Aus den Konstanten C', L', R' folgen für das Fortpflanzungsmaß γ und den komplexen Wellenwiderstand Z_L der Antennenersatzleitung nach den normalen Leitungsformeln mit Berücksichtigung von $L' = 1/c^2 C'$ u. Gl. (59 u. 62) die Werte

$$\begin{aligned} \gamma &= \mathrm{i}\,\alpha + \beta = \sqrt{(R' + \mathrm{i}\,\omega L')\,\mathrm{i}\,\omega C'} \\ &= \mathrm{i}\,\omega \sqrt{L' C'} \sqrt{1 - \mathrm{i}\frac{R'}{\omega L'}} \approx \mathrm{i}\,\alpha_0 + \beta_0 \end{aligned} \tag{63}$$

mit

$$\begin{aligned} \alpha_0 &= \omega \sqrt{L' C'} = \frac{\omega}{c} = \frac{2\pi}{\lambda_0} = k_0, \\ \beta_0 &= \alpha_0 \frac{R'}{2\omega L'} = \frac{R'}{2Z} = \frac{R_{\text{str}}}{Z l \left[1 + \frac{\sin 2 k_0 l_r - \sin 2 k_0 (l + l_r)}{2 k_0 l}\right]} \end{aligned} \tag{63 a}$$

und

$$Z_L = \sqrt{\frac{R' + \mathrm{i}\,\omega L'}{\mathrm{i}\,\omega C'}} = \sqrt{\frac{L'}{C'}}\left(1 - \mathrm{i}\frac{R'}{\omega L'}\right) \approx Z\left(1 - \mathrm{i}\frac{\beta_0}{\alpha_0}\right). \tag{64}$$

Mit diesen Werten sind sämtliche Konstanten der Antennenersatzleitung in der erweiterten Leitungstheorie der Antenne festgelegt.

c) Berechnung des Antennenwiderstandes.

Nach den Ausführungen von Abschn. a setzen wir den Eingangswiderstand der Antenne in der erweiterten Leitungstheorie gleich dem Eingangswiderstand der zugehörigen Ersatzdoppelleitung mit den in Abschn. b berechneten Konstanten.

Der Allgemeinheit wegen wollen wir die Formeln gleich für eine Antenne mit beliebiger Endbelastung $Y_e = 1/Z_e$, z. B. $Y_e = \mathrm{i}\,\omega C_e$, angeben. Setzt man in Analogie zu Gl. (48) in der normalen Leitungstheorie für die Endbelastung einer gedämpften Leitung mit dem komplexen Wellenwiderstand Z_L und dem Fortpflanzungsmaß $\gamma = \mathrm{i}\alpha + \beta$

$$Z_L Y_e = \frac{Z_L}{Z_e} = \mathrm{i}\,a + b = \operatorname{tgh} \gamma l_v = \operatorname{tgh}(\mathrm{i}\,\alpha l_{v_\alpha} + \beta l_{v_\beta}), \tag{65}$$

so hat man die Endbelastung durch eine Leitungsverlängerung l_{v_α} für das Winkelmaß und eine davon verschiedene Verlängerung l_{v_β} für das Dämpfungsmaß ersetzt. l_{v_α} und l_{v_β} sind nach (65) aus den bekannten Werten a und b berechenbar. Zerlegung von (65) in Real- und Imaginärteil liefert nach bekannten Formeln und mit einfacher Umrechnung

$$\operatorname{tg} 2\alpha l_{v_\alpha} = \frac{2a}{1 - a^2 - b^2}, \qquad \operatorname{tgh} 2\beta l_v = \frac{2b}{1 + a^2 + b^2}. \tag{65 a}$$

Mit (65) lauten die normalen quasistationären Leitungsgleichungen des gedämpften Leitungssystems, da $Z_L I_e/U_e = Z_L Y_e = \operatorname{tgh} \gamma l_v$ wird,

$$\begin{aligned} U_x &= U_e \cosh \gamma (l - x) + Z_L I_e \sinh \gamma (l - x) = U_e \frac{\cosh \gamma (l + l_v - x)}{\cosh \gamma l_v}, \\ I_x &= I_e \cosh \gamma (l - x) + \frac{U_e}{Z_L} \sinh \gamma (l - x) = \frac{U_e}{Z_L} \frac{\sinh \gamma (l + l_v - x)}{\cosh \gamma l_v}. \end{aligned} \tag{66}$$

Eingangswiderstand und Eingangsleitwert der Doppelleitung werden daher mit $x = 0$ und Berücksichtigung von (65)

$$Z_A = \frac{U_{x=0}}{I_{x=0}} = Z_L \operatorname{ctgh} \gamma (l + l_v), \quad Y_A = \frac{1}{Z_A} = \frac{1}{Z_L} \operatorname{tgh} \gamma (l + l_v). \tag{67}$$

Das sind nach unseren Voraussetzungen der erweiterten Leitungstheorie der Antenne direkt die gesuchten Werte des Antennenwiderstandes bzw. Antennenleitwerts, wenn man für γ und Z_L die Werte (63) und (64) einsetzt.

Die Trennung in Real- und Imaginärteil gibt, wenn man nach (65) noch $\gamma l_v = \mathrm{i} \alpha l_{v_\alpha} + \beta l_{v_\beta} \approx \mathrm{i} \alpha_0 l_{v_\alpha} + \beta_0 l_{v_\beta}$ setzt, mit bekannten Formeln

$$Z_A = Z \left(1 - \mathrm{i} \frac{\beta_0}{\alpha_0}\right) \frac{\sinh 2 \beta_0 (l + l_{v_\beta}) - \mathrm{i} \sin 2 \alpha_0 (l + l_{v_\alpha})}{\cosh 2 \beta_0 (l + l_{v_\beta}) - \cos 2 \alpha_0 (l + l_{v_\alpha})}, \tag{68}$$

$$Y_A = \frac{1}{Z \left(1 - \mathrm{i} \frac{\beta_0}{\alpha_0}\right)} \frac{\sinh 2 \beta_0 (l + l_{v_\beta}) + \mathrm{i} \sin 2 \alpha_0 (l + l_{v_\alpha})}{\cosh 2 \beta_0 (l + l_{v_\beta}) + \cos 2 \alpha_0 (l + l_{v_\alpha})}. \tag{68a}$$

Danach wird der reelle Eingangswiderstand der Antenne

$$R_A = Z \frac{\sinh 2 \beta_0 (l + l_{v_\beta}) - \frac{\beta_0}{\alpha_0} \sin 2 \alpha_0 (l + l_{v_\alpha})}{\cosh 2 \beta_0 (l + l_{v_\beta}) - \cos 2 \alpha_0 (l + l_{v_\alpha})} \tag{69}$$

und der Blindwiderstand

$$X_A = -Z \frac{\sin 2 \alpha_0 (l + l_{v_\alpha}) + \frac{\beta_0}{\alpha_0} \sinh 2 \beta_0 (l + l_{v_\beta})}{\cosh 2 \beta_0 (l + l_{v_\beta}) - \cos 2 \alpha_0 (l + l_{v_\alpha})}. \tag{69a}$$

Ebenso erhält man für Wirkleitwert und Blindleitwert die Werte

$$G_A = \frac{1}{Z} \frac{\sinh 2 \beta_0 (l + l_{v_\beta}) - \frac{\beta_0}{\alpha_0} \sin 2 \alpha_0 (l + l_{v_\alpha})}{\cosh 2 \beta_0 (l + l_{v_\beta}) + \cos 2 \alpha_0 (l + l_{v_\alpha})}, \tag{70}$$

$$B_A = \frac{1}{Z} \frac{\sin 2 \alpha_0 (l + l_{v_\alpha}) + \frac{\beta_0}{\alpha_0} \sinh 2 \beta_0 (l + l_{v_\beta})}{\cosh 2 \beta_0 (l + l_{v_\beta}) + \cos 2 \alpha_0 (l + l_{v_\alpha})}. \tag{70a}$$

Dabei ist der Wellenwiderstand Z durch Gl. (59) gegeben, α_0, β_0 durch (63a) und die Verlängerungen l_{v_α} und l_{v_β} durch (65a). Für die offene Antenne wird $l_{v_\alpha} = l_{v_\beta} = 0$.

Bild 12.14 zeigt den nach (69 u. 69a) berechneten Eingangswiderstand verschiedener, durch den Wellenwiderstand gekennzeichneter offener Linearantennen. Die benutzten Wellenwiderstände $Z = 846$ Ohm, 570 Ohm und 294 Ohm entsprechen nach (59) einem Verhältnis $l/\varrho_0 = 2l/d = 2000$, 200 und 20. Das Verhältnis halbe Antennenlänge zu Antennenradius bzw. gesamte Antennenlänge zu Antennendurchmesser wird als Schlankheitsgrad der Antenne bezeichnet.

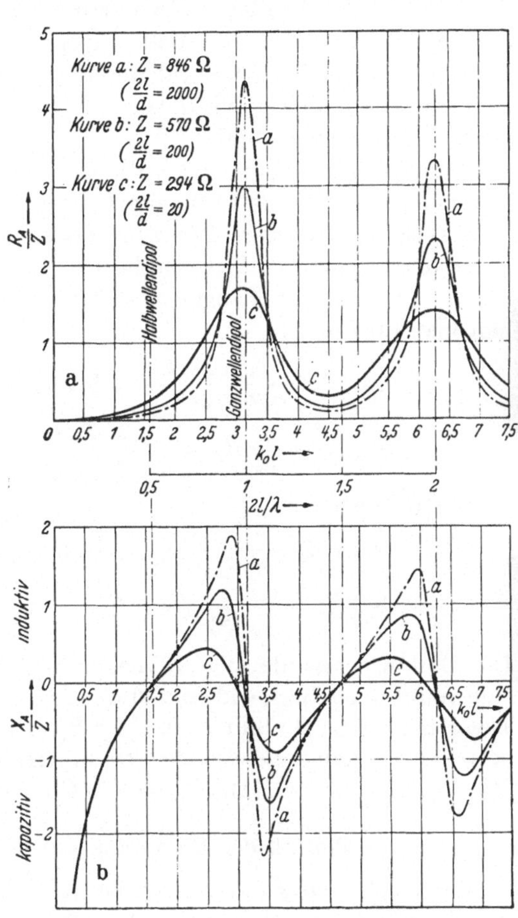

Bild 12.14.
Der Eingangswiderstand von Linearantennen nach der Leitungstheorie für verschiedene Wellenwiderstände.

Eine Diskussion der Kurven ergibt folgendes: Während sich der Antennenwiderstand gegenüber dem Wert der einfachen Leitungstheorie in der Nähe der Stromresonanz nicht wesentlich geändert hat, wird der Widerstand bei den Spannungsresonanzen nicht mehr unendlich, sondern um so kleiner, je dicker die Antenne ist. Aus den Kurven kann man die Resonanzwerte, die Resonanzverkürzungen und die Breite der Resonanzkurven, z. B. die Breite, bei der der Wirkwiderstand um 20% des Maximalwertes abgenommen hat, entnehmen. Bei direkter Berechnung der Werte würde man aus $X_A = 0$ die Resonanzlänge und mit dieser Länge den zugehörigen Resonanzwiderstand aus (69) bekommen. Vergleicht man die aus Bild 12.14 zu entnehmenden Resonanzwiderstände und Verkürzungen mit den in den späteren Bildern 16.8 u. 16.9 aufgetragenen Werten der strengen Antennentheorien, so sieht man, daß die Resonanzwiderstände gut stimmen, daß aber die Resonanzverkürzungen viel zu klein werden. Für diese Werte ist die Leitungstheorie der Antenne unzureichend. Man kann nur prinzipiell aus den Kurven erkennen, daß dickere Antennen eine stärkere Verkürzung und breitere Resonanzkurven und damit einen besseren Breitbandcharakter als dünne Antennen haben. Die genaueren Werte werden in Kap. 13 bis 16 diskutiert. Außerdem ist in bezug auf Breitbandigkeit der Ganzwellendipol geeigneter als der Halbwellendipol wegen der größeren Dämpfungskonstanten nach Gl. (63a) und weil der Widerstand auf der Kuppe der Resonanzkurve liegt und daher im Gegensatz zum Halbwellendipol nach beiden Seiten abfällt.

Zum Schluß wollen wir noch die Widerstandswerte der offenen Antenne nach (69 u. 69a) für die Längen $l = \lambda/4$ und $\lambda/2$ angeben, die man wegen der geringen Resonanzverkürzung als ungefähre Resonanzwiderstände nach der Leitungstheorie ansehen kann. Nach (63a) wird für $l_v = 0$ für beide Längen $\alpha_0 = 2\pi/\lambda$ und $\beta_0 = R_{\text{str}}/Zl$. Mithin erhält man für $l = \lambda/4$

$$\begin{aligned} R_A &= Z\frac{\sinh 2\beta_0 l}{\cosh 2\beta_0 l + 1} = Z \operatorname{tgh} \beta_0 l \approx Z\beta_0 l = R_{\text{str}}, \\ X_A &= -\frac{\beta_0}{\alpha_0} R_A \approx -\frac{2}{\pi}\frac{R_{\text{str}}^2}{Z}. \end{aligned} \tag{71}$$

Für $l = \lambda/2$ wird

$$\begin{aligned} R_A &= Z\frac{\sinh 2\beta_0 l}{\cosh 2\beta_0 l - 1} = Z \operatorname{ctgh} \beta_0 l \approx \frac{Z}{\beta_0 l} = \frac{Z^2}{R_{\text{str}}}, \\ X_A &= -\frac{\beta_0}{\alpha_0} R_A \approx -\frac{Z}{\pi}. \end{aligned} \tag{71a}$$

Die Blindwiderstände sind in beiden Fällen kapazitiv im Gegensatz zum induktiven Blindwiderstand der $2\cdot\lambda/4$-Antenne nach den strengen Theorien; vgl. z. B. Bild 15.6. Für R_{str} ist in den Gl. (71) der zu der betreffenden Länge gehörende Strahlungswiderstand einzusetzen, also $R_{\text{str}} = 73{,}1$ Ohm in (71), $R_{\text{str}} = 199$ Ohm in (71a).

d) Einfluß der Dämpfung auf die Charakteristik.

Wie bereits unter a) erwähnt, bewirkt die von der Sinusform abweichende Stromverteilung der gedämpften Antenne eine Änderung des Strahlungsdiagramms und der Strahlungsleistung. Um den Einfluß zu übersehen, berechnen wir die Charakteristik einer offenen Antenne mit den in b) angegebenen Konstanten. Der Strom (66) der gedämpften Leitung wird mit der Antennenkoordinate ζ statt x und $l_v = 0$

$$I_\zeta = \frac{U_e}{Z_L}\sinh\gamma(l - |\zeta|) \equiv -\,\mathrm{i}\, I_0 \sinh\gamma(l - |\zeta|), \tag{72}$$

wobei der Bezugsstrom I_0 im Gegensatz zu früher nicht genau der Strombauch ist. Für $\beta = 0$ und damit $\gamma = \mathrm{i}\alpha_0 = \mathrm{i}k_0$ geht (72) in den Strom (1) der ungedämpften Antenne über.

Für den Strom (72) wird der HERTZsche Vektor des Fernfeldes entsprechend Gl. (4)

$$P_{z\infty} = \Pi_\infty = \frac{-I_0}{4\pi\omega\varepsilon_0}\frac{\mathrm{e}^{-\mathrm{i}k_0 r}}{r}\left[\int_{-l}^{0}\mathrm{e}^{\mathrm{i}k_0\zeta\cos\vartheta}\sinh\gamma(l+\zeta)\,\mathrm{d}\zeta + \int_{0}^{l}\mathrm{e}^{\mathrm{i}k_0\zeta\cos\vartheta}\sinh\gamma(l-\zeta)\,\mathrm{d}\zeta\right]. \tag{73}$$

Die Zerlegung des Hyperbelsinus in Exponentialfunktionen und elementare Integration liefert entsprechend Gl. (5)

$$\Pi_\infty = -\frac{I_0}{4\pi\omega\varepsilon_0}\frac{\mathrm{e}^{-\mathrm{i}k_0 r}}{r}\frac{2\gamma}{\gamma^2+k_0^2\cos^2\vartheta}[\cosh\gamma l - \cos(k_0 l\cos\vartheta)]. \tag{73a}$$

Für $\gamma = \mathrm{i}k_0$ geht Π_∞ in den Wert (5) über.

Aus Π_∞ folgen die Fernfeldstärken entsprechend Gl. (10b)

$$\begin{aligned} H_{\psi\infty} &= \frac{E\vartheta_\infty}{Z_0} = -\mathrm{i}\omega\varepsilon_0\frac{\partial\Pi_\infty}{\partial\varrho} \\ &= \frac{I_0}{2\pi r}\mathrm{e}^{-\mathrm{i}k_0 r}\frac{k_0\gamma\sin\vartheta}{\gamma^2+k_0^2\cos^2\vartheta}[\cosh\gamma l - \cos(k_0 l\cos\vartheta)]. \end{aligned} \tag{74}$$

Daraus folgt das auf den Strom I_0 entsprechend den Gl. (10 bis 10b) bezogene Strahlungsmaß

$$F(\psi,\vartheta) = \frac{\mathrm{i}k_0\gamma\sin\vartheta}{\gamma^2+k_0^2\cos^2\vartheta}[\cos(k_0 l\cos\vartheta) - \cosh\gamma l] \tag{75}$$

und die auf die Horizontalrichtung $\vartheta = \pi/2$ bezogene Strahlungsverteilung

$$\begin{aligned} f(\psi,\vartheta) &= \frac{F(\psi,\vartheta)}{F(\psi,\pi/2)} = \frac{E_{\vartheta\infty}(\psi,\vartheta)}{E_{\vartheta\infty}(\psi,\pi/2)} \\ &= \frac{\gamma^2\sin\vartheta}{\gamma^2+k_0^2\cos^2\vartheta}\,\frac{\cos(k_0 l\cos\vartheta)-\cosh\gamma l}{1-\cosh\gamma l}. \end{aligned} \tag{76}$$

Strahlungsmaß und Strahlungsverteilung sind komplex als Folge der veränderlichen Phase des Antennenstromes. Für $\beta = 0$, $\alpha = \alpha_0 = k_0$ ergeben sich die Werte (11 u. 13) der verlustlosen Antenne.

Für die zahlenmäßige Auswertung von (76) setzen wir $\gamma = \mathrm{i}\alpha + \beta \approx \mathrm{i}k_0 + \beta_0$. Hiermit wird

$$f(\psi,\vartheta) = \frac{\left(1-2\mathrm{i}\frac{\beta_0}{k_0}-\frac{\beta_0^2}{k_0^2}\right)\sin\vartheta}{1-\cos^2\vartheta-2\mathrm{i}\frac{\beta_0}{k_0}-\frac{\beta_0^2}{k_0^2}} \cdot \frac{\cos(k_0 l\cos\vartheta)-\cosh\beta_0 l\cos k_0 l-\mathrm{i}\sinh\beta_0 l\sin k_0 l}{1-\cosh\beta_0 l\cos k_0 l-\mathrm{i}\sinh\beta_0 l\sin k_0 l} \tag{76a}$$

oder für kleine Verluste mit $\beta_0 l \ll 1$ und $\beta_0/k_0 \ll 1$

$$f(\psi, \vartheta) = \frac{1}{\sin\vartheta}\left(1 + \mathrm{i}\frac{\beta_0}{k_0} 2\operatorname{ctg}^2\vartheta\right) \cdot \frac{\cos(k_0 l \cos\vartheta) - \cos k_0 l - \mathrm{i}\,\beta_0 l \sin k_0 l}{1 - \cos k_0 l - \mathrm{i}\,\beta_0 l \sin k_0 l}. \tag{76b}$$

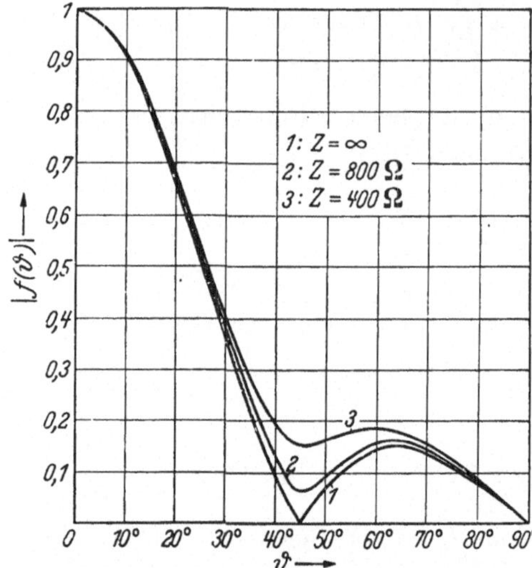

Bild 12.15. Absoluter Betrag der Richtcharakteristiken mit Berücksichtigung der Dämpfung für konstante Antennenlänge $l = 0{,}585\,\lambda$ und verschiedene Wellenwiderstände. (Nach Brückmann.)

Der Betrag, auf den es für den Empfang allein ankommt, ist für drei Antennen von gleicher Länge $l = 0{,}585\,\lambda$ und den Wellenwiderständen $Z = \infty$, $Z = 800$ Ohm und $Z = 400$ Ohm und den daraus nach (63a) berechneten Konstanten in Bild 12.15 gezeichnet. Der wesentliche Unterschied gegen das Diagramm der ungedämpften Antenne $Z = \infty$ ist, daß die Minima nicht mehr auf 0 einziehen. Dagegen bleibt die Hauptkeule in dem für die Strahlungsleistung maßgebenden Teil zunächst erhalten, wodurch Strahlungsleistung und Strahlungswiderstand erst bei größeren Dämpfungen (kleinerem Z) merklich beeinflußt werden.

5. Die Dipolantenne als Empfangsantenne.

Für die Empfangsantenne sind die Leerlaufspannung der Antenne und die optimale Empfangsleistung bei angepaßter Antenne die wichtigsten Größen. Nach den Ableitungen in Kap. 9.2 gilt für jede Empfangsantenne das Ersatzbild 9.3 mit dem inneren Widerstand Z_A und der Leerlaufspannung $U_A = E_0 l_w$, woraus für die optimale Empfangsleistung, wie in Kap. 11.4 ausführlich abgeleitet wurde,

$$P_{\max} = \frac{1}{2}\,\frac{|E_0|^2 l_w^2}{4 R_A} \tag{77}$$

folgt. Mit dem Wert (16) für die wirksame Antennenlänge der Hauptrichtung und dem Wert (43) für den reellen Eingangswiderstand R_A der einfachen Leitungstheorie der Antenne ergibt sich daraus

$$U_A = E_0 l_w = E_0 \frac{\lambda}{\pi}\,\frac{1 - \cos k_0 l}{\sin k_0 l} \tag{78}$$

und

$$P_{\max} = \frac{|E_0|^2 \lambda^2}{8\pi^2 R_A}\,\frac{(1 - \cos k_0 l)^2}{\sin^2 k_0 l} = \frac{|E_0|^2 \lambda^2}{8\pi^2 R_{\mathrm{str}}}(1 - \cos k_0 l)^2, \tag{79}$$

wobei für R_{str} der reelle Strahlungswiderstand (39a) zu setzen ist. Wegen der Benutzung der wirksamen Antennenlänge l_w ist E_0 nach Kap. 9.2b die Feldstärke im parallelen Feld. Bei schräger Einfallsrichtung unter dem Winkel ϑ gegen die Antenne ist (78 bzw. 79) mit der Richtcharakteristik (13) bzw. dem Quadrat zu multiplizieren. Für den Halbwellendipol ergibt sich aus (78) mit $k_0 l = \pi/2$ die Antennenleerlaufspannung im parallelen Feld zu

$$U_{A_D} = E_0 \frac{\lambda}{\pi}. \tag{78a}$$

6. Besondere Arten von Dipolantennen.

Außer den betrachteten unbelasteten und am Ende belasteten Antennen kommen weitere Abarten vor. Erwähnt seien Antennen mit stufenweise oder stetig verändertem Querschnitt, zu denen z. B. die nach der Spitze verjüngten selbststrahlenden Maste für längere Wellen gehören, für deren Berechnung die Gleichungen für Leitungen mit veränderlichem Wellenwiderstand zugrunde gelegt werden müssen, ferner die verschiedenen Arten der schwundmindernden Antennen, bei denen durch das Feld der entsprechend ausgebildeten Endbelastung die Höhenstrahlung der eigentlichen Antenne zwischen $\vartheta = 0°$ und etwa 45° zur Vermeidung der Reflexionen an der Ionosphäre möglichst kompensiert werden soll, sowie beliebig gekrümmte Linearantennen, z. B. herabhängende Flugzeugantennen, bei denen die Strahlung in einer bestimmten Richtung aus den HERTZschen Vektoren für die rechtwinkligen Stromkomponenten oder durch die verallgemeinerte wirksame Antennenlänge (9.14) mit Einsetzen der in die zugehörige Antennenrichtung fallenden Feldstärkenkomponenten gegeben ist.

Einige weitere Arten von Dipolantennen zeigt Bild 12.16.

Bei längeren Wellen ist im allgemeinen nur eine Antennenhälfte wirklich ausgeführt, während die andere durch das Spiegelbild an der Erde oder an einer künstlichen Erde (metallisches Netz) zu ersetzen ist; vgl. Bild 12.16a. Bei unendlich gut leitender und unendlich großer Erde bleibt das Diagramm erhalten, während Strahlungsleistung und Strahlungswiderstand bei gleichem Strom auf die Hälfte herabgehen, wie in Kap. 11.6 näher ausgeführt wurde. Bei zu kleiner Erdungsfläche tritt nach Kap. 11.6 eine Änderung des Diagramms ein. Bei kurzen Wellen ist die im Fußpunkt gespeiste Anordnung 16a durch einen aus einer abschirmenden Fläche herausragenden Kabelinnenleiter ersetzt; vgl. Bild 12.16b. Der herausragende, strahlende, im Bild schraffierte Teil ist im allgemeinen verdickt zur Erzielung größerer Breitbandigkeit. Die abschirmende Fläche ist mit dem Außenmantel des Kabels verbunden. Ohne Benutzung von Abschirmungsflächen kann man den Außenmantel des Kabels umbiegen und erhält so den in Bild 12.16c dargestellten Dipol. Der umgebogene bzw. angesetzte Teil des Mantels stellt die 2. Dipolhälfte dar. Der herausragende Innenleiter ist im allgemeinen auf den Außendurchmesser des angesetzten Teiles verdickt. Um ein Abfließen des Antennenstromes über den Außenmantel des Kabels zu verhindern, sind Sperrtöpfe in geeigneten Abständen unterhalb der Antenne anzubringen, falls nicht bereits das Innere des angesetzten Teiles bei geeigneter Dimensionierung genügend gut sperrt. Wirkt bei kleinem Wellenwiderstand das Innere weniger als Sperrtopf, sondern als Umwegleitung, so geht ein Strom gleicher Richtung (Um-

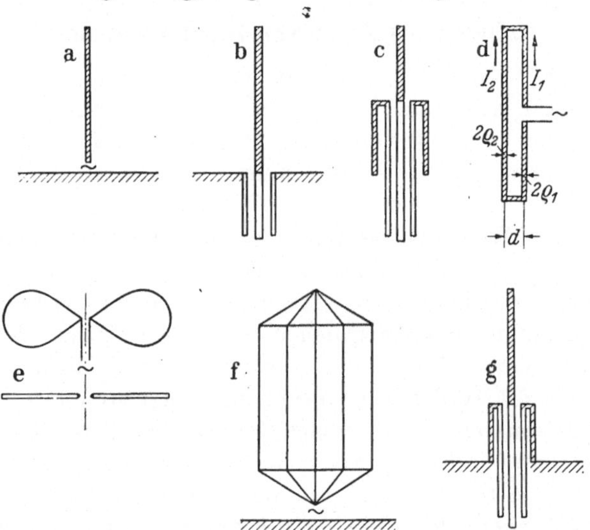

Bild 12.16. Verschiedene Antennenformen. a Langwellendipol, b Kurzwellendipol, c koaxialer Dipol, d Faltdipol, e Flächendipol, f Reusenantenne, g unsymmetrischer Dipol mit hochgezogenem Kabelmantel.

weg $\lambda/2$) auf den Kabelmantel über. Durch Wiederholung des Ansatzes in $\lambda/2$ Abstand kann man daher mehrere Dipole mit Einschluß der Zuführung in einer Linie anbringen (Kollinear-Antennen); vgl. z. B. die Anordnungen in dem Buch von KING.

Eine weitere in neuerer Zeit wegen des größeren und in gewissen Grenzen einstellbaren Antennenwiderstandes und einer größeren mechanischen Festigkeit vielfach benutzte Anordnung ist der in Bild 12.16d dargestellte Faltdipol. Die Länge entspricht der Länge eines Einfachdipols, also annähernd $2\,\lambda/4$. Da das Feld und damit der Strahlungswiderstand bei engem Abstand der Leiter dem Gesamtstrom $I_1 + I_2$, der Eingangswiderstand dagegen nur dem Strom I_1 entspricht, ist der Eingangswiderstand auf den Wert

$$Z_A = Z_{A_D}\left(\frac{I_1 + I_2}{I_1}\right)^2 \tag{80}$$

vergrößert. Bei gleichem Durchmesser beider Teile ist der Strom annähernd gleich und daher der Widerstand des Faltdipols 4 · 73,13 Ohm = 292,5 Ohm. Durch Änderung der Durchmesser und des Abstandes werden die Stromverhältnisse und damit der Eingangswiderstand verändert, so daß beim Faltdipol im Gegensatz zum einfachen Halbwellendipol eine Änderung des Widerstandes und damit eine gewisse Erleichterung der Anpassung an die Zuleitungen möglich ist. Nach quasistationären Näherungsrechnungen, auf die wir hier nicht eingehen wollen (vgl. die Arbeit von GUERTLER), wird das Stromverhältnis mit den Bezeichnungen von Bild 12.16d

$$\left|\frac{I_2}{I_1}\right| = \frac{\ln d/\varrho_1}{\ln d/\varrho_2}. \tag{80a}$$

Namentlich bei kurzen Wellen tritt die Forderung nach Breitbandantennen auf, d. h. nach Antennen, die in einem größeren Frequenzbereich ohne mechanische Nachstimmung benutzt werden können. Die Breitbandigkeit setzt voraus, daß 1. das Diagramm in dem vorgeschriebenen Frequenzbereich keine wesentliche Änderung erfährt und daß 2. wegen der meist mehrere Wellenlängen langen Zuführung die Anpassung an das Speisekabel, also der Antennenwiderstand sich nicht wesentlich ändert (vgl. Kap. 10.3). Die Widerstandsänderung darf im allgemeinen nicht mehr als 10 bis 30% betragen. Dabei kommt es im wesentlichen auf den Wirkwiderstand an. Eine eventuell störende Blindkomponente des Antennenwiderstandes kann in der Nähe der Resonanzstellen durch Reihen- oder Parallelkreise im Speisepunkt der Antenne kompensiert werden. Während die erste Forderung bei einfachen Dipolantennen ohne weiteres erfüllt ist, verlangt die zweite Forderung nach Abschn. 4c die Verwendung dicker Dipole. Außer dicken Rohren mit kreisförmigem oder elliptischem Querschnitt, der bei gleichem Umfang ungefähr denselben elektrischen, aber einen wesentlich kleineren Windwiderstand und damit eine kleinere mechanische Belastung des Antennenturmes gibt, werden bei kurzen Wellen die verschiedensten Arten von Flächendipolen benutzt, von denen Bild 12.16e ein Beispiel zeigt. Zur Verminderung des Luftwiderstandes besteht die Fläche meist aus einzelnen Stäben. Für etwas längere Wellen eignen sich die in Bild 12.16f dargestellten Reusenantennen. Auf kegelförmige Dipole wird in Kap. 16.3 näher eingegangen.

Eine Verbesserung der Breitbandigkeit kann auch durch unsymmetrische Speisung erreicht werden. Eine Berechnung nach der in Kap. 14 dargestellten strengen Antennentheorie von HALLÉN zeigt, daß sich bei unsymmetrischer Speisung in 1. Näherung auf beiden Antennenhälften der Strom einstellt, der der zugehörigen symmetrischen Antenne entspricht. Daher ist der Antennenwiderstand das arithmetische Mittel der zu den beiden Einzelantennen gehörenden Widerstände. Wählt man die eine Antennenlänge etwas kleiner als $\lambda/2$, die andere größer als $\lambda/2$, so wird nach Bild 12.14 bei Änderung der Frequenz der eine Wirkwiderstand größer, der andere kleiner, so daß eine teilweise Kompensation eintritt und die Antenne breitbandiger als eine symmetrische Antenne gleichen Durchmessers wird. Die Wirkung einer unsymmetrischen Speisung hat auch die in Bild 12.16g dargestellte Antennenausführung, bei der im Gegensatz zu Bild 12.16b der Außenleiter des Kabels nicht an der Platte endet, sondern noch eine gewisse Strecke als Hülle des Innenleiters hochgezogen wird.

Als weitere Dipolarten mögen noch die U- und V-Dipole erwähnt sein. Beim V-Dipol bilden die beiden $\lambda/4$-Dipolhälften einen schrägen

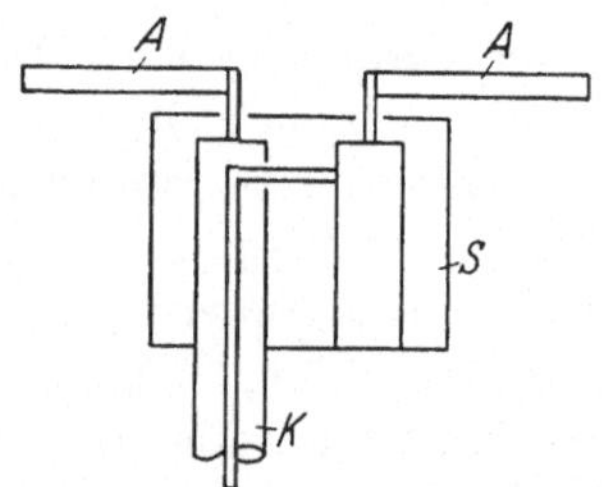

Bild 12.17. Symmetrierschleife. A Antenne, K Kabel, S Symmetriertopf.

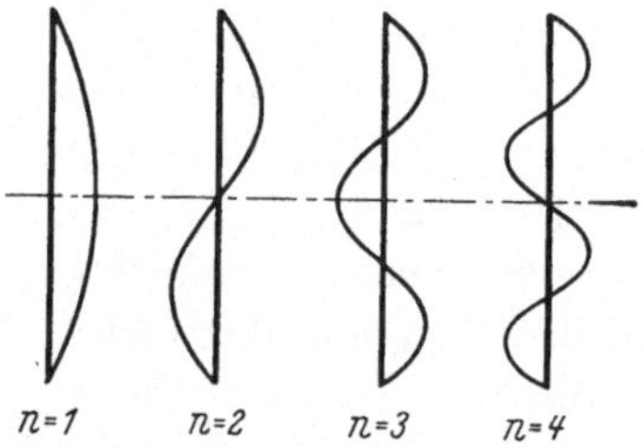

$n=1$ $n=2$ $n=3$ $n=4$

Bild 12.18. Stromverteilung von in Oberwellen erregten Linearantennen.

Winkel, während beim U-Dipol die äußeren Enden rechtwinklig abgebogen sind. Die Diagramme erhält man nach der Leitungstheorie, indem man eine sinusförmige Stromverteilung annimmt und die Feldstärken aus den Gl. (2) entsprechenden $\boldsymbol{P}$-Komponenten oder wie in Kap. 21.3 berechnet. Die Diagramme haben keine Nullstellen, so daß die Dipole bei nicht zu hohen Anforderungen als Einzelelement von horizontal polarisierten Rundstrahlantennen (vgl. Kap. 19.4) benutzt werden können.

Zum Schluß wollen wir noch die Speisung der Antennen betrachten. Die Verbindung der Antenne mit Sender oder Empfänger geschieht meist über Kabel. Beim Anschluß einer symmetrischen Antenne an das Kabel sind normale Symmetriereinrichtungen erforderlich, von denen Bild 12.17 eine gebräuchliche Anordnung schematisch zeigt. Die in dem Symmetriertopf S befindliche Doppelleitung von etwa $\lambda/4$ Länge macht die Anordnung zwischen den Antennenklemmen, abgesehen von dem strahlungsmäßig zu vernachlässigenden Übergangsstück zum Innenleiter des Kabels, symmetrisch. Der durch die abgeschirmte Doppelleitung des Topfes parallel zu den Antennenklemmen liegende Blindleitwert ist je nach der Dimensionierung vernachlässigbar klein oder kann zu Kompensationszwecken benutzt werden.

Erfolgt die Speisung der Antenne nicht durch Zuführung in der Mitte, sondern durch eine unsymmetrische Erregung, so können auch die den ungeradzahligen Oberwellen der symmetrischen Antenne entsprechenden, in Bild 12.18 dargestellten ganzzahligen Oberwellen angeregt werden, die statt der geradzahligen Oberwellen von Bild 12.7 auftreten. Für derartige Oberwellen gilt der Strahlungswiderstand (40)

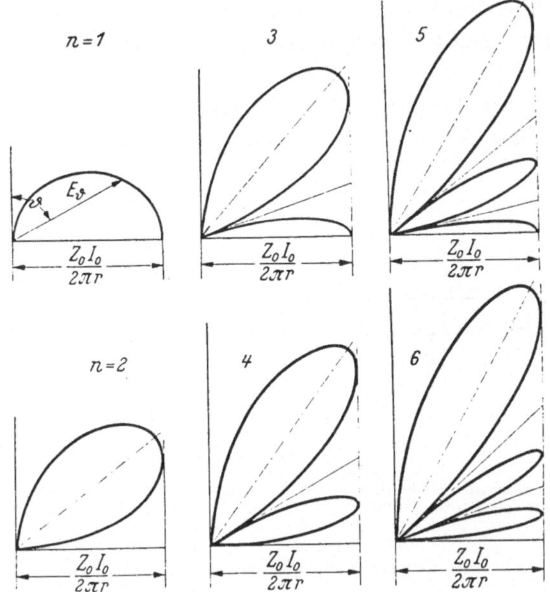

Bild 12.19. Vertikaldiagramme von in Oberwellen erregten Antennen. (Nach SIEGEL u. LABUS.)

für alle Werte von n, während das Strahlungsmaß in Analogie zu Gl. (11a)

$$F(\psi,\vartheta) = \frac{\cos\left(n\,\frac{\pi}{2}\cos\vartheta\right)}{\sin\vartheta} \quad \text{für ungerade } n, \tag{81}$$

$$F(\psi,\vartheta) = \frac{\sin\left(n\,\frac{\pi}{2}\cos\vartheta\right)}{\sin\vartheta} \quad \text{für gerade } n$$

wird. Die Diagramme dieser in Oberwellen erregten Antennen zeigt Bild 12.19.

Als besondere Speiseart sei schließlich noch die in Bild 12.20a dargestellte erwähnt, bei der die Speisung durch Zuführung an zwei Stellen eines durchgehenden Antennendrahtes erfolgt. Durch Ändern der Zuführungspunkte ist eine einfache Widerstandstransformation möglich. Eine strenge Berechnung dieser Antenne ist wegen der Schleife S nicht möglich. Eine gebräuchliche Näherung besteht darin, daß man sich die Antenne in der Mitte zusammengelegt denkt, die Stromverteilung aus der so entstehenden Leitungsverzweigung Bild 12.20b berechnet und bei der Ermittlung der Strahlung die Strahlung der Zuführungsschleife vernachlässigt.

7. Einfluß der Erde.

Zur Vervollständigung dieses Kapitels wollen wir kurz auf den Einfluß der Erde hinweisen, der genauere Einfluß wird in Kap. 26 und 27 behandelt. Der Einfluß einer leitenden Erdungsfläche ist in Kap. 11.6 betrachtet worden.

Nur wenn der Abstand der Erde von Antenne und Übertragungsweg eine größere Anzahl von Wellenlängen beträgt, wie es bei Dezi-

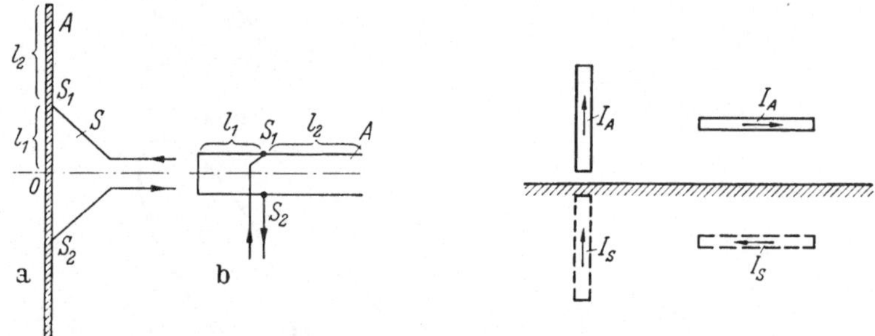

Bild 12.20. Speisung an Anzapfpunkten S_1, S_2. a Antenne; b Ersatzleitung.

Bild 12.21. Spiegelung der senkrechten und waagerechten Antenne.

meter- und vor allem Zentimeterwellen häufig der Fall ist, und die Erde diffus reflektiert, kann der Einfluß der Erde vernachlässigt werden; vgl. Kap. 25.3. In allen anderen Fällen tritt durch die Wirkung der Erde eine Änderung von Größe und Verteilung der erzeugten Feldstärke und damit eine Änderung des Diagramms und des Antennenwiderstandes ein.

Den Einfluß der Erde kann man prinzipiell an einer ebenen Erde erkennen. Wäre die Erde eine unendlich gut leitende, unendlich große Ebene, so würden die Grenzbedingungen an der Erde bei der senkrechten Antenne durch Anbringung eines Spiegelbildes mit gleich großem und gleichgerichtetem Strom, bei einer waagerechten Antenne durch ein Spiegelbild mit gleich großem und entgegengesetztgerichtetem Strom erfüllt, vgl. Bild 12.21, da sich in beiden Fällen die horizontalen elektrischen Feldstärken an der Erde aufheben. Die Feldstärke im Raum kommt durch Summation der von Antenne und Spiegelbild herrührenden Strahlen zustande; vgl. Kap. 26.3. Man erkennt, daß, abgesehen von der kurzen senkrechten Antenne unmittelbar auf der Erde, bei der die Feldstärke nur verdoppelt wird, durch die Zusammensetzung der Feldstärken eine wesentliche Änderung des Diagramms entsteht.

wobei bei der niedrigen Horizontalantenne eine erhebliche Schwächung durch die gegeneinander fließenden Ströme, bei größeren Höhen über Erde (groß gegen die Wellenlänge) dagegen bei beiden Antennenarten wegen der abwechselnden Addition und Subtraktion der Einzelfeldstärken ein fächerförmig aufgespaltenes Diagramm entstehen muß, bei dem die Feldstärke zwischen 0 und dem doppelten Wert der Einzelfeldstärke schwankt. In der Nähe der Erde ist die Feldstärke in größeren Entfernungen bei vertikalen Antennen verdoppelt, bei horizontalen Antennen 0. Durch die endliche Leitfähigkeit der Erde werden die Ausbuchtungen des Fächerdiagramms abgeschwächt, da die an der Erde reflektierte Feldstärke geringer wird. Weiter wird wegen des veränderten Reflexionskoeffizienten die Feldstärke an der Erde in größeren Entfernungen auch bei der vertikalen Antenne 0; vgl. Kap. 26.2 u. 3 und Bild 26.4.

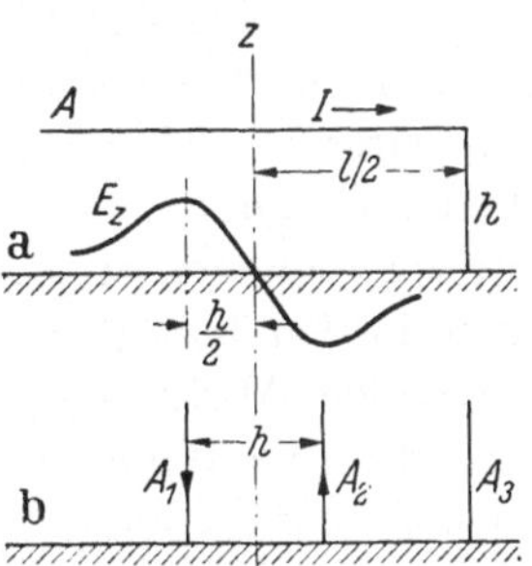

Bild 12.22. Ersatz der vertikalen Erdströme durch zwei vertikale Antennen A_1 und A_2. (Aus Bergmann-Lassen.)

Außerdem tritt bei der Horizontalantenne ein weiterer Einfluß auf. Während das Feld der Antenne im freien Raum und das Feld bei unendlich gut leitendem Boden durch einen Hertzschen Vektor in Richtung der Antenne gegeben sind, entsteht bei endlicher Leitfähigkeit des Bodens durch die Vertikalkomponenten der entstehenden Erdströme eine senkrechte Feldstärke E_z; vgl. Bild 12.22a. Näherungsweise kann man die Wirkung dieser Feldstärke für ein waagerechtes Antennenstück mit gleichgerichtetem Strom (bei langen Antennen also für jede Halbwelle) durch die Wirkung zweier entgegengesetzter Dipole nach Bild 12.22b ersetzt denken. Die Ersatzstromstärke dieser Dipole ist von Hörschelmann durch Vergleich mit dem strengen Feld berechnet worden. Durch die Wirkung dieser Ersatzdipole A_1 und A_2 zusammen mit dem senkrechten Antennenteil A_3 kommt erst die Horizontalcharakteristik der vertikalen Feldstärke mit einem Maximum in der Antennenrichtung und damit das eigentliche Empfangsdiagramm der kurzen Horizontalantenne in Erdnähe zustande.

Durch den Einfluß der Erde wird außer dem Diagramm und der damit verbundenen Strahlungsleistung auch der Antennenwiderstand verändert. Da für den Antennenwiderstand das Feld in unmittelbarer Nähe der Antenne maßgebend ist, hängt diese Änderung im wesentlichen nur von Entfernung und Art der Erde in unmittelbarer Nähe der Antenne ab. Bei geringer Antennenhöhe ist der Einfluß nicht zu vernachlässigen, wie aus der Änderung des Widerstandes einer senkrechten Dipolantenne unmittelbar auf der Erde auf die Hälfte des Wertes

(Kap. 11.6) hervorgeht. Exakte Widerstandsberechnungen bei beliebigem Boden entsprechend der exakten Widerstandsberechnung der freien Antenne in Kap. 13 bis 16 würden auf wesentliche mathematische Schwierigkeiten führen und sind bisher nicht bekanntgeworden. Näherungsweise kann die Änderung nach der Leitungstheorie gekoppelter Antennen (Antenne + Spiegelbild) von Kap. 20 berechnet werden.

8. Der Wirkungsgrad der Antenne.

Der Wirkungsgrad von Antennen spielt bei kurzen Wellen im Gegensatz zu Mittel- und Langwellen wegen der großen Strahlungswiderstände in der Resonanznähe der Dipolantenne und der fehlenden Erdverbindung im allgemeinen keine Rolle. Die Verluste sind bei abgestimmten Dipolen nur die vernachlässigbaren OHMschen Verluste im Leiter. Nur bei stark verstimmten, insbesondere stark verkürzten Antennen oder bei eng benachbarten Antennen mit gegenphasigen Strömen müssen wegen der kleinen Strahlungswiderstände die Verluste in den Leitern und in den z. B. aus kurzen Leitungsstücken bestehenden Abstimmgliedern berücksichtigt werden.

Eine wesentlich größere Rolle spielt der Wirkungsgrad bei Langwellenantennen wegen des kleinen erreichbaren Strahlungswiderstandes R_{str} und der relativ großen, zu den OHMschen Verlusten von Antenne R_{vA} und Abstimmkreisen R_{vK} hinzukommenden Erdverluste R_{vE}. Die Berechnung der Erdungswiderstände erfolgt aus den stationären Erdfeldern mit mittleren oder experimentell ermittelten Bodenkonstanten. Berechnungen und Zahlenwerte findet man insbesondere in dem Buch von BRÜCKMANN. Mit diesen Verlusten wird der Sende- und optimale Empfangswirkungsgrad bei Anpassung

$$\eta_s = \frac{R_{\text{str}}}{R_{\text{str}} + R_{vA} + R_{vK} + R_{vE}}, \qquad \eta_e = \frac{R_{\text{str}} - R_{vA} - R_{vK} - R_{vE}}{R_{\text{str}}}. \tag{82}$$

Als weitere Verluste können bei hohen Sendeleistungen infolge zu hoher Feldstärke am Antennenleiter Sprühverluste auftreten. Eine Berechnung der Feldstärken ist mit den bisherigen Voraussetzungen nicht möglich. Man müßte die Leitungstheorie auf Leiter mit größerem Durchmesser erweitern oder die strengen Theorien aus Kap. 13 bis 16 nehmen. Abschätzungswerte erhält man aus dem statischen Feld der Antenne. Für weitere Einzelheiten über den Wirkungsgrad sei auf die Literatur über Langwellenantennen verwiesen.

Von dem Antennenwirkungsgrad ist der Übertragungswirkungsgrad der gesamten Verbindung

$$\eta_{ü} = \frac{P_2}{P_1} \tag{83}$$

zu unterscheiden.

13. Kapitel.

Strenge Berechnung der zylindrischen Linearantenne mit Integration einer unbestimmten Stromreihe.

1. Prinzip der Lösung.

Das exakte Strahlungsfeld einer Linearantenne wurde zuerst von Abraham bei der Ermittlung der Eigenschwingungen eines stabförmigen Leiters in rotationselliptischen Koordinaten berechnet. In der Praxis interessieren weniger die Eigenschwingungen und das Feld eines freien Leiters als das Feld eines an zwei Klemmen gespeisten Leiters, wobei zwischen den beiden Klemmen ein beliebiger Widerstand mit oder ohne Spannungsquelle liegt. Für die strenge Berechnung einer derartigen Antenne mit zylinderförmigen Leitern, mit der wir uns zunächst beschäftigen, sind bisher 3 Lösungen angegeben worden, die wir in den folgenden 3 Kapiteln behandeln. Wir betrachten zuerst die Lösung von Hara, die sich an die Berechnung des vorigen Kapitels anlehnt, nur daß die Stromverteilung exakt bestimmt wird. Im vorigen Kapitel hatten wir die Stromverteilung willkürlich als sinusförmig mit der Wellenlänge in Luft angenommen und das dieser Stromverteilung entsprechende Strahlungsfeld berechnet. Das Feld ergibt am Antennenleiter eine bestimmte durch Gl. (12.29a) gegebene elektrische Feldstärke, die, da sie unabhängig vom Ohmschen Widerstand der Antenne und nicht identisch 0 ist, bestimmt nicht dem Ohmschen Spannungsabfall an der Antenne gleich ist, so daß die nach dem allgemeinen Kap. 10.3 mit der Leistungsbilanz identische Grenzbedingung der Gleichheit der tangentialen Feldstärken an der Antenne nicht erfüllt ist. Die strenge Lösung muß eine Stromverteilung nehmen, die derart ist, daß die daraus folgende Feldstärke die Grenzbedingungen an der Antenne erfüllt.

Zu diesem Zweck setzen wir den unbekannten Strom als Fourier-Reihe mit unbestimmten Koeffizienten an. Da bei der offenen Antenne entsprechend der Grenzbedingung (10.4) aus Kap. 10 der Strom an den Enden 0 ist, lautet der Stromansatz der offenen Antenne für den Fall eines symmetrischen Speisepunktes und damit symmetrischer Stromverteilung

$$I_\zeta = \sum_{n=1,3,5\ldots} A_n \cos\left(n \frac{\pi}{2} \frac{\zeta}{l}\right), \tag{1}$$

da der Strom in diesem Fall nur ungerade Kosinusfunktionen enthalten kann. Durch den Ansatz (1) ist die in Kap. 10 geforderte Grenzbedingung (10.4) erfüllt. Der Ansatz liefert nach der allgemeinen, nur für

Linearantennen geltenden Gl. (10.12) den HERTZschen Vektor

$$P_z = \Pi = \frac{1}{4\pi\,\mathrm{i}\,\omega\,\varepsilon_0}\int_{-l}^{l} I_\zeta \frac{\mathrm{e}^{-\mathrm{i}k_0 r_{z-\zeta}}}{r_{z-\zeta}}\,\mathrm{d}\zeta$$
$$= \frac{1}{4\pi\,\mathrm{i}\,\omega\,\varepsilon_0}\int_{-l}^{l}\sum_{n=1,3,5\ldots} A_n \cos\left(n\frac{\pi}{2}\frac{\zeta}{l}\right)\frac{\mathrm{e}^{-\mathrm{i}k_0 r_{z-\zeta}}}{r_{z-\zeta}}\,\mathrm{d}\zeta \tag{2}$$

mit

$$r_{z-\zeta} = \sqrt{\varrho^2 + (z-\zeta)^2}\,. \tag{2a}$$

Daraus folgt nach Gl. (12.6) die elektrische Feldstärke

$$E_z = k_0^2\,\Pi + \frac{\partial^2 \Pi}{\partial z^2} = k_0^2\,\Pi + \frac{1}{4\pi\,\mathrm{i}\,\omega\,\varepsilon_0}\int_{-l}^{l} I_\zeta\,\mathrm{d}\zeta\left[\frac{\partial^2}{\partial z^2}\left(\frac{\mathrm{e}^{-\mathrm{i}k_0 r_{z-\zeta}}}{r_{z-\zeta}}\right)\right]. \tag{3}$$

Da in der Klammer unter dem Integral eine Funktion von $z-\zeta$ steht und allgemein $\int \frac{\partial}{\partial z}[f(z-\zeta)]\,\mathrm{d}\zeta = -f(z-\zeta)$ wird, erhält man durch zweimalige partielle Integration

$$E_z = k_0^2\,\Pi + \frac{1}{4\pi\,\mathrm{i}\,\omega\,\varepsilon_0}\left[-I_\zeta\frac{\partial}{\partial z}\left(\frac{\mathrm{e}^{-\mathrm{i}k_0 r_{z-\zeta}}}{r_{z-\zeta}}\right)\right.$$
$$\left.-\frac{\partial I_\zeta}{\partial\zeta}\frac{\mathrm{e}^{-\mathrm{i}k_0 r_{z-\zeta}}}{r_{z-\zeta}} + \int\frac{\partial^2 I_\zeta}{\partial\zeta^2}\frac{\mathrm{e}^{-\mathrm{i}k_0 r_{z-\zeta}}}{r_{z-\zeta}}\,\mathrm{d}\zeta\right]_{-l}^{l}. \tag{3a}$$

Setzt man für I_ζ den obigen Stromansatz und für Π den Wert aus Gl. (2) ein, so wird nach Einsetzen der Grenzen und mit der Abkürzung

$$k_n = n\frac{\pi}{2l}, \tag{4}$$

$$E_z = \frac{1}{4\pi\,\mathrm{i}\,\omega\,\varepsilon_0}\sum_{n=1,3,5\ldots} k_n A_n (-1)^{\frac{n-1}{2}}\left[\frac{\mathrm{e}^{-\mathrm{i}k_0 r_{z-l}}}{r_{z-l}} + \frac{\mathrm{e}^{-\mathrm{i}k_0 r_{z+l}}}{r_{z+l}}\right]$$
$$+ \frac{1}{4\pi\,\mathrm{i}\,\omega\,\varepsilon_0}\int_{-l}^{l}\sum_{n=1,3,5\ldots}(k_0^2 - k_n^2)\,A_n\cos k_n\zeta\,\frac{\mathrm{e}^{-\mathrm{i}k_0 r_{z-\zeta}}}{r_{z-\zeta}}\,\mathrm{d}\zeta. \tag{5}$$

Sind die Speisepunkte nicht symmetrisch, so ist auch die Stromverteilung nicht symmetrisch zum Nullpunkt, so daß in diesem allgemeinsten Fall im Strom außer den Kosinusfunktionen (1) auch die an den Antennenenden verschwindenden Sinusfunktionen

$$I'_\zeta = \sum_{n'=2,4,6\ldots} A_{n'}\sin\left(n'\frac{\pi}{2}\frac{\zeta}{l}\right) \tag{6}$$

angesetzt werden müssen, die entsprechende Zusatzglieder für Π und E_z liefern. Die für die Berechnung von Π und E_z erforderlichen Integrale werden in den nächsten Abschnitten berechnet.

Die aus der Gleichung für E_z für den Antennenleiter $\varrho = \varrho_0$ folgende, die unbekannten Koeffizienten A_n und $A_{n'}$ enthaltende Feldstärke E_{z0} muß nun mit der an der Antenne vorgegebenen Feldstärke identisch sein. Vorgegeben ist aber eine Feldstärke, die am Leiter gleich dem OHMschen Spannungsabfall $I_\zeta R'_\zeta$ ist und an der Speisestelle einen Sprung hat, derart, daß bei beliebig kleinem Abstand $2\delta = 2\,\mathrm{d}l$ der Speisepunkte die Spannung $-E_e \cdot 2\,\mathrm{d}l$ zwischen dem oberen und unteren Speisepunkt bei der Sendeantenne gleich der zugeführten Antennenspannung U_0, bei der Empfangsantenne gleich dem Spannungsfall $U_0 = -I_0 Z_a$ ist. Die vorgeschriebene Feldstärke hat demnach bei differentieller Schlitzbreite die Form von Bild 13.1a, wo insbesondere der OHMsche Widerstand der Antenne 0 gesetzt ist. Diese vorgegebene Feldstärke muß bei der Sendeantenne mit der aus dem Strahlungsfeld berechneten Feldstärke E_{z0}, bei der Empfangsantenne mit der Summe von E_{z0} und der an der Antenne herrschenden primären Feldstärke des Empfangsfeldes als Gesamtfeldstärke des äußeren Feldes übereinstimmen, wodurch die Grenzbedingungen (10.5) und (10.6) erfüllt sind, während die Durchflutungsbedingung (10.7) als letzte Grenzbedingung bereits in dem Ansatz des HERTZschen Vektors (2) mit dem Wert (2a) für r entsprechend der Ableitung im allgemeinen Teil, Kap. 2, enthalten ist.

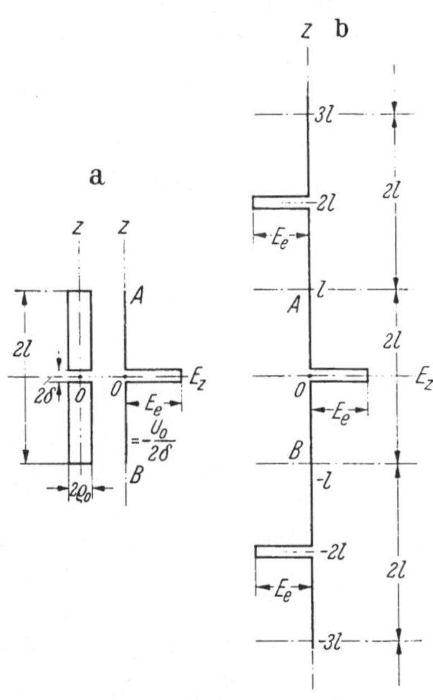

Bild 13.1. Feldstärke an der verlustlosen Antenne. a Vorgeschriebene Feldstärke der verlustlosen Antenne; b Spiegelung der vorgeschriebenen Feldstärke.

Die geforderte Gleichheit zwischen E_{z0} und der vorgeschriebenen Kurve Bild 13.1a erreichen wir nun, indem wir sowohl die aus dem Strahlungsfeld folgende Feldstärke E_{z0} als auch die vorgegebene Feldstärke entsprechend Bild 13.1b in FOURIER-Reihen mit der Antennenlänge als Periode entwickeln und die Koeffizienten gleichsetzen. Dadurch ergeben sich die erforderlichen Gleichungen zur Bestimmung der unbekannten Stromkoeffizienten und damit die Lösung des Feldes. Da nach Bestimmung der Stromkoeffizienten und der Auswertung der Integrale der HERTZsche Vektor bekannt ist, können sämtliche Feldstärken und die Strahlungsleistungen zahlenmäßig berechnet werden. Da aber auch der Strom im Speisepunkt exakt bekannt ist, ergibt sich im Gegensatz zu den Ergebnissen des vorigen Kapitels auch der Eingangswiderstand der Antenne streng, so daß sämtliche Werte der Antenne bekannt sind. Die einzigen Näherungen dieser Lösung bestehen darin, daß der Speiseschlitz wie in allen theoretischen Antennenarbeiten unendlich schmal angenommen ist (vgl. die Ausführungen in Kap. 10.3), und daß der Strom an den Antennenenden, also in der ganzen Endfläche, 0 gesetzt ist. Da diese Näherung eine Ungenauigkeitslänge von der Größe des Antennenradius bedeutet, geht sie nicht über die schon im Ansatz (2) enthaltene Näherung $\varrho_0 \ll l$ hinaus, die mithin die einzige wesentliche Näherung der vorliegenden Methode für die Berechnung des Antennenfeldes und des theoretischen Antennenwiderstandes ist.

Bei der praktischen Durchführung der angegebenen Methode wollen wir 1. den OHMschen Widerstand der Antenne vernachlässigen, was praktisch im allgemeinen zulässig ist und eine erhebliche Kürzung der Rechnung ergibt, und 2. den Speisepunkt symmetrisch annehmen, so daß nur die in den Gl. (1 bis 5) angegebenen Glieder existieren.

2. Durchführung der Lösung.

Zur Bestimmung der unbekannten Stromkoeffizienten nach der angegebenen Methode entwickeln wir zunächst die elektrische Feldstärke E_{z0} an der Antenne als FOURIER-Reihe.

Für die elektrische Feldstärke an der Antenne gilt Gl. (5) mit Gl. (2a) für r, wobei für ϱ der Wert ϱ_0 zu setzen ist und z nur von $-l$ bis $+l$ geht. Wir denken uns nun diesen auf den eigentlichen Antennenleiter entfallenden Teil der Feldstärke nach beiden Seiten ins Unendliche gespiegelt, wobei wir willkürlich die Spiegelung entsprechend Bild 13.1b abwechselnd positiv und negativ machen. Auf diese Weise entsteht eine periodische Funktion der Periodenlänge $4l$, die nur ungerade Kosinusfunktionen enthält. Der entsprechende Ansatz

$$E_{z0} = \sum_{m=1,3,5\ldots} C_m \cos\left(m \frac{\pi}{2} \frac{z}{l}\right) \equiv \sum_{m=1,3,5\ldots} C_m \cos k_m z \qquad (7)$$

liefert für die FOURIER-Koeffizienten C_m, da sämtliche Ausdrücke symmetrisch zum Nullpunkt sind, nach den bekannten Formeln für die FOURIER-Koeffizienten und Einsetzen des Wertes (5) für E_{z0}

$$\begin{aligned} C_m = \frac{2}{l}\int_0^l E_{z0} \cos k_m z \,\mathrm{d}z = \frac{2}{l}\,\frac{1}{4\pi\,\mathrm{i}\,\omega\,\varepsilon_0} \\ \cdot\left[\int_0^l \sum_{n=1,3,5\ldots} k_n A_n (-1)^{\frac{n-1}{2}} \left(\frac{\mathrm{e}^{-\mathrm{i}\,k_0 r_{z-l}}}{r_{z-l}} + \frac{\mathrm{e}^{-\mathrm{i}\,k_0 r_{z+l}}}{r_{z+l}}\right) \cos k_m z \,\mathrm{d}z \right. \qquad (8) \\ \left. + \int_0^l \cos k_m z \,\mathrm{d}z \int_{-l}^{l} \sum_{n=1,3,5\ldots} (k_0^2 - k_n^2)\, A_n \cos k_n \zeta \,\frac{\mathrm{e}^{-\mathrm{i}\,k_0 r_{z-\zeta}}}{r_{z-\zeta}}\,\mathrm{d}\zeta\right]. \end{aligned}$$

Die Auswertung der Integrale erfolgt im nächsten Kapitel.

Setzt man zur Abkürzung

$$
\begin{aligned}
Z_{mn} = -\frac{1}{2\pi\,\mathrm{i}\,\omega\,\varepsilon_0}\Bigg[&\int\limits_0^l k_n(-1)^{\frac{n-1}{2}}\left(\frac{\mathrm{e}^{-\mathrm{i}k_0 r_{z-l}}}{r_{z-}}+\frac{\mathrm{e}^{-\mathrm{i}k_0 r_{z+l}}}{r_{z+l}}\right)\cos k_m z\,\mathrm{d}z \\
&+\int\limits_0^l \cos k_m z\,\mathrm{d}z\int\limits_{-l}^{l}(k_0^2-k_n^2)\cos k_n\zeta\,\frac{\mathrm{e}^{-\mathrm{i}k_0 r_{z-\zeta}}}{r_{z-\zeta}}\,\mathrm{d}\zeta\Bigg],
\end{aligned} \tag{9}
$$

so wird mit Vertauschung von Summation und Integration

$$C_m = -\frac{1}{l}\sum_{n=1,3,5\ldots} A_n Z_{mn} \qquad \text{für } m = 1,3,5\cdots \tag{8a}$$

Die so abgeleitete Feldstärke (7) muß nun bei der Sendeantenne, auf die wir nach früherem (vgl. Kap. 9) unsere Betrachtungen beschränken können, mit der vorgegebenen Feldstärke übereinstimmen, also bei verschwindendem Widerstand der Antenne am Leiter 0 sein und an der Speisestelle einen Sprung entsprechend einer Feldstärke

$$E_e = -\frac{U_0}{2\,\mathrm{d}l} \tag{10}$$

haben. Mit Spiegelung nach Bild 13.1b ergibt sich daher für die geforderte Feldstärke die Entwicklung

$$E_z = \sum_{m=1,3,5\ldots} C'_m \cos k_m z \tag{11}$$

mit

$$
\begin{aligned}
C'_m &= \frac{2}{l}\int\limits_0^{\mathrm{d}l} E_e \cos k_m z\,\mathrm{d}z = \frac{2}{l}E_e\frac{\sin(k_m\,\mathrm{d}l)}{k_m\,\mathrm{d}l} \\
&= -\frac{U_0}{l}\,\frac{\sin(k_m\,\mathrm{d}l)}{k_m\,\mathrm{d}l} = -\frac{U_0}{l}.
\end{aligned} \tag{12}
$$

Die letzte Umformung gilt dabei für die 1. Werte von m, für die $k_m\,\mathrm{d}l \ll 1$ ist. Die spätere Auswertung zeigt, daß diese Glieder für die Zahlenrechnung ausreichen.

Damit nun beide Entwicklungen (7 u. 11) identisch sind, müssen sämtliche Koeffizienten übereinstimmen. Das Gleichsetzen der Koeffizienten C_m und C'_m liefert für die A_n die gesuchten Bestimmungsgleichungen

$$\sum_{n=1,3,5\ldots} A_n Z_{mn} = U_0 \qquad \text{für } m = 1,3,5\ldots. \tag{13}$$

Das ist ein unendliches lineares Gleichungssystem, das in ausführlicher Schreibung

$$
\begin{aligned}
A_1 Z_{11} + A_3 Z_{13} + A_5 Z_{15} + \cdots &= U_0, \\
A_1 Z_{31} + A_3 Z_{33} + A_5 Z_{35} + \cdots &= U_0 \\
\cdots\cdots\cdots\cdots\cdots\cdots&
\end{aligned} \tag{13a}
$$

lautet und mit beliebiger Annäherung gelöst werden kann, indem man der Reihe nach die Gleichungen für 1, 2, 3 ... Unbekannte löst.

Multipliziert man die einzelnen Gleichungen der Reihe nach mit den konjugiert komplexen Stromkoeffizienten A_1^k, A_3^k, A_5^k ..., so stellen die rechten Seiten und mithin auch die linken Seiten die doppelten Strahlungsleistungen der einzelnen räumlichen Oberwellen dar, und man erkennt, daß die Koeffizienten Z_{nn} die Eigenstrahlungswiderstände, die Koeffizienten Z_{mn} die gegenseitigen Strahlungswiderstände der räumlichen Oberwellen der Stromverteilung sind.

Sind die Stromkoeffizienten A_n bekannt, so ist das gesamte Antennenproblem gelöst. Durch Einsetzen in Gl. (1) ist die Stromverteilung der Sendeantenne bekannt. Für $z = 0$ ergibt sich der Strom im Speisepunkt

$$I_0 = \sum_{n=1,3,5\ldots} A_n . \tag{14}$$

Damit wird die aufgenommene Leistung

$$\overline{P} = \tfrac{1}{2} U_0 I_0^k = \tfrac{1}{2} U_0 \sum_{n=1,3,5\ldots} A_n^k . \tag{15}$$

Da keine Verluste auf der Antenne angenommen sind, ist der Realteil die Strahlungsleistung, der Imaginärteil die aufgenommene Blindleistung. Ferner wird der Eingangswiderstand der Antenne

$$Z_A = \frac{U_0}{I_0} = \frac{U_0}{\sum\limits_{n=1,3,5\ldots} A_n} \tag{16}$$

nach Wirk- und Blindteil. Setzt man den Imaginärteil $X_A = 0$, so ergibt sich die Resonanzlänge, die, wie später gezeigt wird, nicht mit der Wellenlänge in Luft übereinstimmt, sondern durch die strenge Berücksichtigung der Strahlungsdämpfung und Randwirkung kleiner ist.

Schließlich sind durch Einsetzen der Werte von A_n in Gl. (2) und die im nächsten Abschnitt zahlenmäßig durchgeführte Lösung der auftretenden Integrale der HERTZsche Vektor und damit durch reine Differentiationen sämtliche Feldstärken bekannt.

Für die Empfangsantenne ergibt sich aus der Sendestromverteilung nach Gl. (9.11) die wirksame Ersatzspannung und damit bei beliebigem Außenwiderstand die Empfangsleistung. Es fehlt nur noch die Stromverteilung der Empfangsantenne, die, wie in Kap. 9 gezeigt wurde, nicht mit der Stromverteilung der Sendeantenne übereinstimmt. Sie muß daher besonders berechnet werden. Wie in Abschn. 1 gezeigt wurde, muß bei der Empfangsantenne die gesamte Feldstärke, die aus der primären Feldstärke E_0 (bzw. $E_0 \sin\vartheta \, e^{i k_0 z \cos\vartheta}$ bei schrägem Einfall; vgl. Kap. 15.4b) und der sekundären Antennenfeldstärke (5) am Leiter besteht, gleich der vorgegebenen Verteilung Bild 13.1a sein, wobei für U_0 der Spannungsabfall $-I_0 Z_a = -Z_a \sum A_n$ zu setzen ist. Während bei

Entwicklung in FOURIER-Reihen C'_m in Gl. (12) unverändert bleibt, kommt zu C_m noch der durch die FOURIER-Entwicklung des Primärfeldes entstehende Koeffizient C''_m hinzu. Die Stromkoeffizienten der Empfangsantenne bestimmen sich daher aus dem Gleichungssystem

$$C_m + C''_m = C'_m. \tag{17}$$

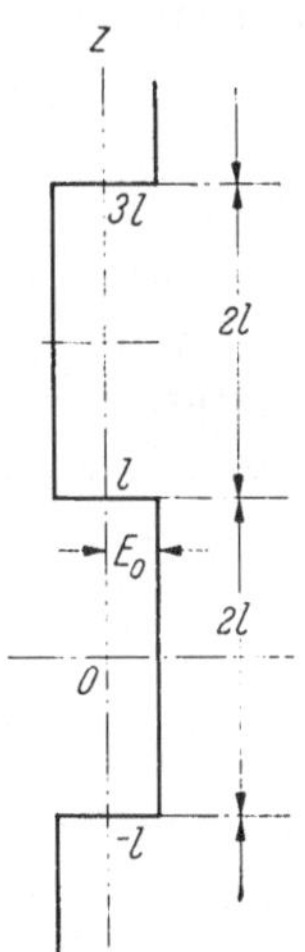

Bild 13.2. Spiegelung der primären Feldstärke.

Für die symmetrische, senkrecht zur Richtung des Empfangsfeldes stehende Antenne z. B. ist E_0 konstant und mithin mit der Bild 13.1b entsprechenden Spiegelung von Bild 13.2

$$\begin{aligned} C''_m &= \frac{2}{l}\int_0^l E_0 \cos k_m z \,\mathrm{d}z = \frac{2}{l} E_0 \frac{\sin k_m l}{k_m} \\ &= 2E_0 \frac{\sin\left(m\frac{\pi}{2}\right)}{m\frac{\pi}{2}} = 2E_0 \frac{(-1)^{\frac{m-1}{2}}}{m\frac{\pi}{2}}. \end{aligned} \tag{18}$$

Dabei wurde für k_m der Wert aus Gl. (7) eingesetzt. Mit (18) und den Werten (8a u. 12) liefert (17) für die Stromkoeffizienten einer Empfangsantenne im parallelen Feld an Stelle von Gl. (13) der symmetrischen Sendeantenne das Gleichungssystem

$$-\sum_{n=1,3,5\ldots} A_n Z_{mn} + \frac{4E_0 l}{\pi m}(-1)^{\frac{m-1}{2}} = -U_0 = Z_a \sum_{n=1,3,5\ldots} A_n \tag{19}$$

oder

$$\sum_{n=1,3,5\ldots} A_n (Z_{mn} + Z_a) = (-1)^{\frac{m-1}{2}} \frac{4E_0 l}{\pi m} \quad \text{für } m = 1, 3, 5\ldots \tag{19a}$$

Schließlich sei noch kurz auf den OHMschen Widerstand der Antenne eingegangen. Berücksichtigen wir den OHMschen Widerstand, so ist die vorgeschriebene Feldstärke am Antennendraht nicht 0, sondern $I_\zeta R'_\zeta$, also bei konstantem Widerstandsbelag R' und der Stromverteilung (1) $R' \sum_{n=1,3,5\ldots} A_n \cos k_n \zeta$. Das ist aber schon die gewünschte FOURIER-Entwicklung (11), so daß für die Koeffizienten der m-ten Oberwelle zu dem dort berechneten C'_m der Wert $R'A_m$ hinzukommt.

Folglich wird das Gleichungssystem (13)

$$\sum_{n=1,3,5\ldots} A_n Z_{mn} = U_0 - R' l A_m \qquad (m = 1, 3, 5\ldots) \tag{20}$$

oder ausführlich geschrieben mit $R'l = R$

$$\begin{aligned} &A_1(Z_{11} + R) + A_3 Z_{13} + A_5 Z_{15} + \cdots = U_0, \\ &A_1 Z_{31} + A_3(Z_{33} + R) + A_5 Z_{35} + \cdots = U_0. \\ &\ldots\ldots\ldots\ldots\ldots\ldots\ldots\ldots \end{aligned} \tag{20a}$$

In den Diagonalgliedern der Gleichungssysteme (13 u. 19) tritt also zu den Eigenstrahlungswiderständen der OHMsche Widerstand der halben Antenne $R'l = R = \frac{1}{2} R_{\text{ges}}$ hinzu, während die übrigen Glieder unverändert bleiben.

* 3. Auswertung der Integrale.

a) Zurückführung auf ein Grundintegral.

Für die zahlenmäßige Auswertung der Lösung sind die in Π und Z_{mn} auftretenden Integrale zu lösen. Sämtliche auftretenden Integrale lassen sich auf das Integral

$$S(k_n, x) = \int \frac{e^{-\mathrm{i} k_0 r_x}}{r_x} e^{-\mathrm{i} k_n x} \, d x \tag{21}$$

mit

$$r_x = \sqrt{\varrho^2 + x^2} \tag{21 a}$$

und beliebigem positivem oder negativem k_n zurückführen. Das Grundintegral $S(k_n, x)$ läßt sich, wie unter b) gezeigt wird, durch Reihendarstellungen lösen.

Mit $S(k_n, x)$ und dem entsprechenden Wert $S(-k_n, x)$ sind sofort die Integrale

$$\begin{aligned} \int \frac{e^{-\mathrm{i} k_0 r_x}}{r_x} \cos k_n x \, d x &= \frac{1}{2} [S(k_n, x) + S(-k_n, x)], \\ \int \frac{e^{-\mathrm{i} k_0 r_x}}{r_x} \sin k_n x \, d x &= \frac{\mathrm{i}}{2} [S(k_n, x) - S(-k_n, x)] \end{aligned} \tag{22}$$

bekannt.

Bei dem Antennenproblem ist im allgemeinen

$$r_x = r_{z-\zeta} = \sqrt{\varrho^2 + (z-\zeta)^2} \tag{23}$$

zu setzen. Je nachdem, ob z oder ζ als Veränderliche aufzufassen ist, erhält man verschiedene Integrale, die sich durch die Substitution $z-\zeta=x$ auf die obigen Integrale zurückführen lassen. So wird, wie durch Einsetzen der Definitionsgleichung (21) unmittelbar ersichtlich ist,

$$\begin{aligned} \int \frac{e^{-\mathrm{i} k_0 r_{z-\zeta}}}{r_{z-\zeta}} e^{-\mathrm{i} k_n z} \, d z &= e^{-\mathrm{i} k_n \zeta} S(k_n, z-\zeta), \\ \int \frac{e^{-\mathrm{i} k_0 r_{z-\zeta}}}{r_{z-\zeta}} e^{\mathrm{i} k_n z} \, d z &= e^{\mathrm{i} k_n \zeta} S(-k_n, z-\zeta), \\ \int \frac{e^{-\mathrm{i} k_0 r_{z-\zeta}}}{r_{z-\zeta}} e^{-\mathrm{i} k_n \zeta} \, d \zeta &= -e^{-\mathrm{i} k_n z} S(-k_n, z-\zeta), \\ \int \frac{e^{-\mathrm{i} k_0 r_{z-\zeta}}}{r_{z-\zeta}} e^{\mathrm{i} k_n \zeta} \, d \zeta &= -e^{\mathrm{i} k_n z} S(k_n, z-\zeta). \end{aligned} \tag{24}$$

Durch Zusammenfassung erhält man daraus die Integrale mit den trigonometrischen Funktionen, z. B.

$$\int \frac{e^{-ik_0 r_{z-\zeta}}}{r_{z-\zeta}} \cos k_n \zeta \, d\zeta = -\frac{1}{2}[e^{ik_n z} S(k_n, z-\zeta) + e^{-ik_n z} S(-k_n, z-\zeta)]. \tag{25}$$

Das letzte Integral ist aber gerade das im HERTZschen Vektor Π der Gl. (2) auftretende Integral, nur daß für ζ die Grenzen $+l$ und $-l$ einzusetzen sind. Mithin wird

$$\Pi = -\frac{1}{8\pi i \omega \varepsilon_0} \sum_{n=1,3,5\ldots} A_n [e^{ik_n z} S(k_n, z-l) + e^{-ik_n z} S(-k_n, z-l) - e^{ik_n z} S(k_n, z+l) - e^{-ik_n z} S(-k_n, z+l)]. \tag{26}$$

Ebenso wird das in den Strahlungswiderständen Z_{mn} von Gl. (9) auftretende einfache Integral, wenn man zunächst die Symmetrie zu $z = 0$ berücksichtigt und dann die obigen Beziehungen anwendet,

$$\int_0^l \left[\frac{e^{-ik_0 r_{z-l}}}{r_{z-l}} + \frac{e^{-ik_0 r_{z+l}}}{r_{z+l}}\right] \cos k_m z \, dz = \frac{1}{2}\int_{-l}^{l} \left[\frac{e^{-ik_0 r_{z-l}}}{r_{z-l}} + \frac{e^{-ik_0 r_{z+l}}}{r_{z+l}}\right] e^{-ik_m z} \, dz$$
$$= \frac{1}{2}[e^{-ik_m l} S(k_m, z-l) + e^{ik_m l} S(k_m, z+l)]_{z=-l}^{l}. \tag{27}$$

Nun ist nach Gl. (7) $k_m l = m\pi/2$ mit ungeradem m, mithin

$$\frac{e^{ik_m l}}{i} = e^{im\pi/2 - i\pi/2} = (-1)^{\frac{m-1}{2}}$$

und

$$i e^{-ik_m l} = e^{-im\pi/2 + i\pi/2} = (-1)^{\frac{m-1}{2}}. \tag{28}$$

Daher erhält man mit Einsetzen der Grenzen

$$\int_0^l \left[\frac{e^{-ik_0 r_{z-l}}}{r_{z-l}} + \frac{e^{-ik_0 r_{z+l}}}{r_{z+l}}\right] \cos k_m z \, dz = \frac{i}{2}(-1)^{\frac{m-1}{2}} \cdot [S(k_m, 2l) + S(k_m, -2l) - 2S(k_m, 0)]. \tag{27 a}$$

Schließlich lösen wir noch das in Z_{mn} von Gl. (9) auftretende Doppelintegral

$$S_d = \int_0^l \cos k_m z \, dz \int_{-l}^{l} \cos k_n \zeta \frac{e^{-ik_0 r_{z-\zeta}}}{r_{z-\zeta}} d\zeta. \tag{29}$$

Berücksichtigt man die Grenzen, so ist das innere Integral eine gerade Funktion von z. Mithin läßt sich genau wie beim obigen Integral (27)

$$S_d = \frac{1}{2}\int_{-l}^{l} e^{-ik_m z} \, dz \int_{-l}^{l} \cos k_n \zeta \frac{e^{-ik_0 r_{z-\zeta}}}{r_{z-\zeta}} d\zeta \tag{29 a}$$

schreiben, da ebenso wie in Gl. (27) das Integral mit $\sin k_m z$ den Wert 0 gibt und das Integral mit $\cos k_m z$ mit Gl. (29) übereinstimmt. Setzt man für das innere Integral die obige Lösung (25) ein, so wird

$$\begin{aligned} S_d = &-\frac{1}{4}\int_{-l}^{l} e^{i(k_n-k_m)z}\,[S(k_n, z-l) - S(k_n, z+l)]\,dz \\ &-\frac{1}{4}\int_{-l}^{l} e^{-i(k_n+k_m)z}\,[S(-k_n, z-l) - S(-k_n, z+l)]\,dz. \end{aligned} \tag{30}$$

Diese Integrale können partiell integriert werden. Setzt man die eckigen Klammern $= u$, so wird nach der Formel $\int u\,dv = uv - \int v\,du$ unter Berücksichtigung von Gl. (21) für den Differentialquotienten von S

$$\begin{aligned} S_d = &-\frac{1}{4}\left[\frac{e^{i(k_n-k_m)z}}{i(k_n-k_m)}\{S(k_n, z-l) - S(k_n, z+l)\}\right. \\ &\left.-\frac{e^{-i(k_n+k_m)z}}{i(k_n+k_m)}\{S(-k_n, z-l) - S(-k_n, z+l)\}\right]_{z=-l}^{l} \\ &+\frac{1}{4}\left[\int_{-l}^{l}\frac{e^{-ik_m z}}{i(k_n-k_m)}\left\{\frac{e^{-ik_0 r_{z-l}}}{r_{z-l}}e^{ik_n l} - \frac{e^{-ik_0 r_{z+l}}}{r_{z+l}}e^{-ik_n l}\right\}dz\right. \\ &\left.-\int_{-l}^{l}\frac{e^{-ik_m z}}{i(k_n+k_m)}\left\{\frac{e^{-ik_0 r_{z-l}}}{r_{z-l}}e^{-ik_n l} - \frac{e^{-ik_0 r_{z+l}}}{r_{z+l}}e^{ik_n l}\right\}dz\right]. \end{aligned} \tag{31}$$

Das in der Gleichung auftretende stets gleiche Integral ist aber nach Gl. (24) bekannt. Danach ist

$$\int\frac{e^{-ik_0 r_{z-a}}}{r_{z-a}}\,e^{-ik_m z}\,dz = e^{-ik_m a}\,S(k_m, z-a), \tag{32}$$

wobei l bzw. $-l$ für a zu setzen ist. Setzt man dies und sämtliche Grenzen ein und berücksichtigt ferner, daß wegen der ungeradzahligen Werte von m und n die Beziehungen (28) gelten und auf Grund der Definitionsgleichung (21)

$$S(-k_n, -x) = -S(k_n, x) \tag{33}$$

ist, so erhält man

$$\begin{aligned} S_d = &\frac{i}{4}(-1)^{\frac{n-1}{2}}(-1)^{\frac{m-1}{2}} \\ &\cdot\left[\{2S(k_n, 0) - S(k_n, 2l) - S(k_n, -2l)\}\left\{\frac{1}{k_r-k_m} - \frac{1}{k_n+k_m}\right\}\right. \\ &\left.-\{2S(k_m, 0) - S(k_m, 2l) - S(k_m, -2l)\}\left\{\frac{1}{k_n-k_m} + \frac{1}{k_n+k_m}\right\}\right] \end{aligned} \tag{34}$$

oder mit gemeinsamem Nenner

$$S_d = (-1)^{\frac{n-1}{2}} (-1)^{\frac{m-1}{2}} \frac{\mathrm{i}}{2} \frac{1}{k_n^2 - k_m^2} [k_m \{2 S(k_n, 0) - S(k_n, 2l) - S(k_n, -2l)\} - k_n \{2 S(k_m, 0) - S(k_m, 2l) - S(k_m, -2l)\}]. \tag{34a}$$

Setzt man diesen Wert und den Wert für das Einfachintegral (27a) in die Gl. (9) für Z_{mn} ein und berücksichtigt, daß

$$k_n + \frac{k_0^2 - k_n^2}{k_n^2 - k_m^2} k_n = \frac{k_0^2 - k_m^2}{k_n^2 - k_m^2} k_n \quad \text{und} \quad \frac{k_0}{\omega \varepsilon_0} = \sqrt{\frac{\mu_0}{\varepsilon_0}} = Z_0 \tag{35}$$

ist, so wird schließlich

$$Z_{mn} = -\frac{Z_0}{4\pi} (-1)^{\frac{n-1}{2}} (-1)^{\frac{m-1}{2}} \cdot \left[\frac{k_0^2 - k_n^2}{k_m^2 - k_n^2} \frac{k_m}{k_0} \{S(k_n, 2l) + S(k_n, -2l) - 2 S(k_n, 0)\} + \frac{k_0^2 - k_m^2}{k_n^2 - k_m^2} \frac{k_n}{k_0} \{S(k_m, 2l) + S(k_m, -2l) - 2 S(k_m, 0)\} \right]. \tag{36}$$

Das ist der gegenseitige Strahlungswiderstand. Wegen des Nenners $k_n - k_m$ in Gl. (31) gilt die Ableitung nicht für $m = n$, also nicht für den Eigenstrahlungswiderstand Z_{nn}. Der Grenzübergang aus Gl. (34) ist ebenfalls nicht zulässig, da bei den letzten Umformungen m und n ganzzahlig vorausgesetzt wurden, k_m also nicht kontinuierlich veränderlich ist. Man müßte den Grenzübergang aus einer früheren Gleichung ableiten. Einfacher erhält man den Wert, wenn man das Integral für $m = n$ neu löst. Wir müssen zu diesem Zweck das erste Teilintegral in Gl. (30) für $m = n$, also das Integral

$$S_1 = \frac{1}{4} \int_{-l}^{l} [S(k_n, z + l) - S(k_n, z - l)] \, \mathrm{d}z \tag{37}$$

berechnen. Durch partielle Integration erhält man zunächst allgemein mit Benutzung der Definitionsgleichung (21) für die Bildung der Ableitung

$$\int S(k_n, x) \, \mathrm{d}x = x\, S(k_n, x) - \int x \frac{\mathrm{e}^{-\mathrm{i} k_0 r_x}}{r_x} \mathrm{e}^{-\mathrm{i} k_n x} \, \mathrm{d}x = x\, S(k_n, x) - \mathrm{i}\, T(k_n, x), \tag{38}$$

wobei $\mathrm{i}\, T(k_n, x)$ für das letzte Integral gesetzt ist. Aus der Definitionsgleichung (21) ergibt sich durch Differentiation nach k_n die Beziehung

$$T(k_n, x) = \frac{\partial}{\partial k_n} [S(k_n, x)], \tag{39}$$

wodurch $T(k_n, x)$ in einfacher Weise auf das Grundintegral (21) zurückgeführt ist. Mit der Lösung (38) ergibt sich nun sofort die Lösung der

Gl. (37), wenn man im 1. Teil $z + l = x$, im 2. Teil $z - l = x$ setzt. Das ergibt

$$\begin{aligned} S_1 &= \tfrac{1}{4}\{[x\, S(k_n, x) - \mathrm{i}\, T(k_n, x)]_{x=0}^{2l} - [x\, S(k_n, x) - \mathrm{i}\, T(k_n, x)]_{-2l}^{0}\} \\ &= \tfrac{1}{4}[2l\{S(k_n, 2l) - S(k_n, -2l)\} \\ &\qquad - \mathrm{i}\{T(k_n, 2l) + T(k_n, -2l) - 2\, T(k_n, 0)\}]. \end{aligned} \tag{40}$$

Da das 2. Teilintegral von Gl. (30) mit dem Wert $k_n + k_m$ unverändert bleibt, nur daß $k_m = k_n$ wird, wird das Doppelintegral S_d für $m = n$ mit Gl. (34) für den 2. Teil

$$S_d = \frac{\mathrm{i}}{4 k_n}[S(k_n, 2l) + S(k_n, -2l) - 2\, S(k_n, 0)] + S_1. \tag{41}$$

Da ferner das Einfachintegral in Z_{nn} den Wert (27a) mit $m = n$ beibehält, ergibt sich für den Eigenstrahlungswiderstand Z_{nn} nach Gl. (9) mit Gl. (27a, 41 u. 40) und Einführen des Wellenwiderstandes Z_0 nach Gl. (35)

$$\begin{aligned} Z_{nn} = -\frac{Z_0}{4\pi k_0}\Big[&\frac{k_0^2 + k_n^2}{2 k_n}\{S(k_n, 2l) + S(k_n, -2l) - 2\, S(k_n, 0)\} \\ &- (k_0^2 - k_n^2)\Big\{\mathrm{i}\, l\{S(k_n, 2l) - S(k_n, -2l)\} \\ &\qquad + \tfrac{1}{2}\{T(k_n, 2l) + T(k_n, -2l) - 2\, T(k_n, 0)\}\Big\}\Big]. \end{aligned} \tag{42}$$

Damit sind sämtliche Strahlungskoeffizienten Z_{mn} und Z_{nn} bekannt, vorausgesetzt, daß das Integral $S(k_n, x)$ und damit nach (39) auch $T(k_n, x)$ berechenbar ist.

b) Lösung des Grundintegrals.

Die Integrale $S(k_n, x)$ und $T(k_n, x)$ lassen sich nicht durch geschlossene Funktionen darstellen. Man kann aber Reihendarstellungen entwickeln, die in den praktisch wichtigen Fällen genügend rasch konvergieren. Wir schließen uns der auf BESSELsche Funktionen führenden Reihendarstellung von HARA an, ohne jedoch dessen Einführung besonderer Integralfunktionen zu benutzen.

Zur Lösung des Integrals $S(k_n, x)$ führen wir in Gl. (21) statt x eine neue Variable t ein, indem wir mit dem Wert r_x von Gl. (21a)

$$r_x + x = \varrho t, \qquad r_x - x = \frac{\varrho}{t}, \tag{43}$$

also

$$r_x = \frac{1}{2}\varrho\left(t + \frac{1}{t}\right), \qquad x = \frac{1}{2}\varrho\left(t - \frac{1}{t}\right), \qquad \frac{d_x}{r_x} = \frac{dt}{t} \tag{43a}$$

setzen. Eingesetzt wird, wenn man noch die Abkürzungen

$$k_n' = \frac{k_0 + k_n}{2}, \qquad k_n'' = \frac{k_0 - k_n}{2} \tag{44}$$

sowie

$$X_n = \sqrt{k_n' k_n''}\,\varrho\,, \qquad Y_n = \sqrt{\frac{k_n'}{k_n''}} \tag{45}$$

einführt:

$$S(k_n, x) = \int \frac{e^{-i(k_n'\varrho t + k_n''\varrho/t)}}{t}\,dt = \int \frac{e^{-iX_n\left(Y_n t + \frac{1}{Y_n t}\right)}}{t}\,dt. \tag{46}$$

Entwickelt man jetzt die Exponentialfunktionen in Reihen und ordnet nach Potenzen von $Y_n t = u$, so erhält man

$$\begin{aligned} e^{-iX_n(u+1/u)} &= \sum_{s=0}^{\infty} \frac{(-i X_n u)^s}{s!} \sum_{\sigma=0}^{\infty} \frac{(-i X_n)^\sigma}{\sigma!\, u^\sigma} \\ &= \sum_{\nu=-\infty}^{\infty} u^{-\nu} \sum_{s=0}^{\infty} \frac{(-i X_n)^s}{s!} \frac{(-i X_n)^{\nu+s}}{(\nu+s)!} = \sum_{\nu=-\infty}^{\infty} J_\nu(2X_n)\,(-i)^\nu u^{-\nu}. \end{aligned} \tag{47}$$

Die letzte Umformung gilt, da die innere Summe die Definitionsgleichung der BESSELschen Funktion der Ordnung ν mit dem Argument $2X_n$ darstellt. Es ist nämlich (vgl. z. B. JAHNKE-EMDE)

$$\sum_{s=0}^{\infty} \frac{(-1)^s X_n^{\nu+2s}}{s!\,(\nu+s)!} = J_\nu(2X_n). \tag{48}$$

Setzt man die Entwicklung (47) in Gl. (46) ein und integriert gliedweise, so erhält man unter Berücksichtigung von $Y_n t = u$ und der für die BESSELschen Funktionen geltenden Beziehung

$$J_{-\nu}(2X_n) = (-1)^\nu J_\nu(2X_n), \text{ also } (-i)^\nu J_\nu(2X_n) = (-i)^{-\nu} J_{-\nu}(2X_n) \tag{49}$$

$$\begin{aligned} S(k_n, x) &= \int \sum_{\nu=-\infty}^{\infty} (-i)^\nu J_\nu(2X_n) \frac{1}{u^{\nu+1}}\,du \\ &= J_0(2X_n)\ln u + \sum_{\nu=1}^{\infty} \frac{(-i)^\nu J_\nu(2X_n)}{\nu}\left(u^\nu - \frac{1}{u^\nu}\right). \end{aligned} \tag{50}$$

Für die zahlenmäßige Auswertung formen wir den Ausdruck noch zweckmäßigerweise um. Da nach den obigen Einführungen (45 u. 43)

$$X_n u = X_n Y_n t = k_n'(r_x + x) \quad \text{und} \quad \frac{X_n}{u} = \frac{X_n}{Y_n t} = k_n''(r_x - x) \tag{51}$$

ist, läßt sich Gl. (50) in der Form schreiben:

$$\begin{aligned} S(k_n, x) &= \frac{1}{2} J_0(2X_n)\ln k_n'(r_x + x) + \sum_{\nu=1}^{\infty} \frac{(-i)^\nu J_\nu(2X_n)}{\nu X_n^\nu} k_n'^{\,\nu}(r_x + x)^\nu \\ &\quad - \frac{1}{2} J_0(2X_n)\ln k_n''(r_x - x) - \sum_{\nu=1}^{\infty} \frac{(-i)^\nu J_\nu(2X_n)}{\nu X_n^\nu} k_n''^{\,\nu}(r_x - x)^\nu. \end{aligned} \tag{50a}$$

Damit ist das Integral prinzipiell gelöst. Das Integral ist für jeden vorliegenden Wert von x und r_x zahlenmäßig auswertbar, wobei für die

BESSELschen Funktionen die Reihendarstellungen (48) genommen werden müssen, soweit vorhandene Tafeln nicht ausreichen.

Wir wollen den für die Anwendungen wichtigen Grenzfall $X_n \to 0$ betrachten. Für $X_n \to 0$, also für $\sqrt{k_n' k_n''}\,\varrho \to 0$, was für kleine Werte von ϱ, mithin an der Leiteroberfläche, sowie allgemein in der Nähe der Abstimmung bei Vielfachen der halben Wellenlänge erfüllt ist, können die BESSELschen Funktionen durch das 1. Glied der Reihe (48) ersetzt werden. Mithin wird

$$\begin{aligned}\lim_{X_n \to 0} S(k_n, x) &= \frac{1}{2} \ln \frac{k_n'(r_x + x)}{k_n''(r_x - x)} \\ &+ \sum_{\nu=1}^{\infty} \frac{(-\mathrm{i})^\nu}{\nu\,\nu\,!} \left[k_n'^{\,\nu}(r_x + x)^\nu - k_n''^{\,\nu}(r_x - x)^\nu\right].\end{aligned} \tag{52}$$

Das führt aber auf das normale Exponentialintegral mit rein imaginärem Argument. Bezeichnen wir im Gegensatz zu den üblichen Definitionen (12.21 u. 12.22) der Exponentialintegralfunktionen mit $\mathrm{Ein}(\mathrm{i}x)$ den Wert

$$\mathrm{Ein}(\mathrm{i}\,x) = \int_0^x \frac{\mathrm{e}^{\mathrm{i}t} - 1}{t}\,\mathrm{d}t = \sum_{\nu=1}^{\infty} \frac{(\mathrm{i}\,x)^\nu}{\nu\,\nu\,!}, \tag{53}$$

so wird aus (52)

$$\begin{aligned}\lim_{X_n \to 0} S(k_n, x) &= \frac{1}{2} \ln \frac{k_n'(r_x + x)}{k_n''(r_x - x)} \\ &+ \mathrm{Ein}[-\mathrm{i}\,k_n'(r_x + x)] - \mathrm{Ein}[-\mathrm{i}\,k_n''(r_x - x)].\end{aligned} \tag{54}$$

$\mathrm{Ein}(\mathrm{i}x)$ hat gegenüber dem normalen Exponentialintegral $\mathrm{Ei}(\mathrm{i}x)$ den Vorteil, daß es für alle x endlich bleibt und mit verschwindendem Argument gegen 0 geht. Da nach bekannten, z. B. im JAHNKE-EMDE angegebenen Formeln

$$\int_0^x \frac{\cos t - 1}{t}\,\mathrm{d}t = \mathrm{Ci}\,x - \ln\gamma\,x \tag{55}$$

ist, wobei $\ln\gamma = \mathrm{C} = 0{,}5772\ldots$ die EULERsche Konstante ist, wird $\mathrm{Ein}(\mathrm{i}x)$ nach (53)

$$\mathrm{Ein}(\mathrm{i}x) = \mathrm{Ci}\,x - \ln\gamma x + \mathrm{i}\,\mathrm{Si}\,x. \tag{56}$$

Damit ist $\mathrm{Ein}(\mathrm{i}x)$ und mithin (54) durch die normalen tabulierten Integralsinus- und Integralkosinusfunktionen ausgedrückt.

Da $S(-k_n, x)$ sich von $S(k_n, x)$ durch Vertauschen von k_n mit $-k_n$ und damit nach Gl. (44) durch Vertauschen von k_n' mit k_n'' unterscheidet, erhält man $S(-k_n, x)$, wenn man in sämtlichen Gleichungen k_n' und k_n'' vertauscht.

Zum Schluß ist noch das Integral $T(k_n, x)$ zu lösen. Dazu benutzen wir die Definitionsgleichung (39). Da wir das Integral nur für die Strahlungskoeffizienten und damit nur für den Leiterradius ϱ_0 gebrauchen, setzen wir für $S(k_n, x)$ den für $X_n \to 0$ abgeleiteten Wert (54) ein und erhalten mit Berücksichtigung von Gl. (44 u. 53)

$$\begin{aligned} T(k_n, x)_{X_n \to 0} &= \frac{\partial}{\partial k_n}\left[\frac{1}{2}\ln\frac{k_n'(r_x+x)}{k_n''(r_x-x)}\right. \\ &\quad \left.+ \operatorname{Ein}\{-\mathrm{i}\,k_n'(r_x+x)\} - \operatorname{Ein}\{-\mathrm{i}\,k_n''(r_x-x)\}\right] \\ &= \frac{1}{2}\,\frac{1}{2k_n'} + \frac{1}{2}\,\frac{1}{2k_n''} \\ &\quad + \frac{e^{-\mathrm{i}k_n'(r_x+x)}-1}{k_n'(r_x+x)}\left(\frac{r_x+x}{2}\right) - \frac{e^{-\mathrm{i}k_n''(r_x-x)}-1}{k_n''(r_x-x)}\left(-\frac{r_x-x}{2}\right), \end{aligned} \tag{57}$$

also

$$T(k_n, x)_{X_n \to 0} = \frac{1}{2k_n'}\left[e^{-\mathrm{i}\,k_n'(r_x+x)} - \frac{1}{2}\right] + \frac{1}{2k_n''}\left[e^{-\mathrm{i}\,k_n''(r_x-x)} - \frac{1}{2}\right]. \tag{57a}$$

c) Die Werte der Strahlungskoeffizienten.

Für die Strahlungskoeffizienten ist für ϱ der Wert an der Leiteroberfläche ϱ_0 zu nehmen. Infolgedessen können für die in Z_{mn} und Z_{nn} auftretenden Integrale die für $X_n \to 0$ geltenden Grenzwerte (54 u. 57a) genommen werden. Berücksichtigt man ferner, daß für $x = 0$ und $\pm 2l$ die schon in Gl. (12.37) benutzten Näherungen

$$\begin{aligned} (r_x \pm x)_{x=0} = \varrho_0, \qquad (r_x + x)_{x=2l} &= \sqrt{\varrho_0^2 + 4l^2} + 2l \approx 4l, \\ (r_x - x)_{x=2l} &= \sqrt{\varrho_0^2 + 4l^2} - 2l \approx \frac{\varrho_0^2}{4l} \end{aligned} \tag{58}$$

und entsprechend umgekehrt für $x = -2l$ gelten, so erhält man für die in Gl. (36 u. 42) auftretenden Werte

$$\begin{aligned} &S(k_n, 2l) + S(k_n, -2l) - 2S(k_n, 0) \\ &\quad = \frac{1}{2}\ln\frac{(4l)^2}{\varrho_0^2} + \operatorname{Ein}[-\mathrm{i}\,k_n' 4l] - \operatorname{Ein}\left[-\mathrm{i}\,k_n''\frac{\varrho_0^2}{4l}\right] \\ &\quad + \frac{1}{2}\ln\frac{\varrho_0^2}{(4l)^2} + \operatorname{Ein}\left[-\mathrm{i}\,k_n'\frac{\varrho_0^2}{4l}\right] - \operatorname{Ein}[-\mathrm{i}\,k_n'' 4l] \\ &\quad - 2\operatorname{Ein}[-\mathrm{i}\,k_n'\varrho_0] + 2\operatorname{Ein}[-\mathrm{i}\,k_n''\varrho_0]. \end{aligned} \tag{59}$$

Da die logarithmischen Glieder sich aufheben und nach (53) die Glieder mit dem Argument ϱ_0 für Linearantennen mit $\varrho_0/l \ll 1$ vernachlässigt werden können, liefert Gl. (59)

$$\begin{aligned} &S(k_n, 2l) + S(k_n, -2l) - 2S(k_n, 0) \\ &\quad = \operatorname{Ein}[-\mathrm{i}\,k_n' 4l] - \operatorname{Ein}[-\mathrm{i}\,k_n'' 4l]. \end{aligned} \tag{60}$$

Für die in Z_{nn} weiter auftretenden Glieder erhält man genau wie bei Gl. (59) mit Benutzung der dort angesetzten Werte unter Vernachlässigung von ϱ_0/l gegen 1

$$\begin{aligned} S(k_n, 2l) - S(k_n, -2l) &= \frac{1}{2}\ln\frac{(4l)^2}{\varrho_0^2} + \mathrm{Ein}[-\mathrm{i}\,k_n' 4l] - \mathrm{Ein}\left[-\mathrm{i}\,k_n''\frac{\varrho_0^2}{4l}\right] \\ &\quad - \frac{1}{2}\ln\frac{\varrho_0^2}{(4l)^2} - \mathrm{Ein}\left[-\mathrm{i}\,k_n'\frac{\varrho_0^2}{4l}\right] + \mathrm{Ein}[-\mathrm{i}\,k_n'' 4l] \\ &= 2\ln\frac{4l}{\varrho_0} + \mathrm{Ein}[-\mathrm{i}\,k_n' 4l] + \mathrm{Ein}[-\mathrm{i}\,k_n'' 4l]. \end{aligned} \tag{61}$$

Schließlich erhält man mit Benutzung von Gl. (57a)

$$\begin{aligned} &T(k_n, 2l) + T(k_n, -2l) - 2\,T(k_n, 0) \\ &= \frac{\mathrm{e}^{-\mathrm{i}k_n' 4l} + \mathrm{e}^{-\mathrm{i}k_n'\varrho_0^2/4l} - 2\,\mathrm{e}^{-\mathrm{i}k_n'\varrho_0}}{2\,k_n'} + \frac{\mathrm{e}^{-\mathrm{i}k_n'' 4l} + \mathrm{e}^{-\mathrm{i}k_n''\varrho_0^2/4l} - 2\,\mathrm{e}^{-\mathrm{i}k_n''\varrho_0}}{2\,k_n''}. \end{aligned} \tag{62}$$

Für $\varrho_0 \to 0$ geht das außer in den Punkten, in denen $k_n' 4l$ bzw. $k_n'' 4l$ ein Vielfaches von 2π wird, über in

$$\begin{aligned} &T(k_n, 2l) + T(k_n, -2l) - 2\,T(k_n, 0) \\ &\quad = \frac{1}{2\,k_n'}\left[\mathrm{e}^{-\mathrm{i}k_n' 4l} - 1\right] + \frac{1}{2\,k_n''}\left[\mathrm{e}^{-\mathrm{i}k_n'' 4l} - 1\right]. \end{aligned} \tag{63}$$

Damit sind sämtliche Integrale bekannt. Setzt man die Werte in die Gl. (36 u. 42) ein, so erhält man mit Berücksichtigung von $k_0^2 - k_n^2 = 4\,k_n' k_n''$ nach Gl. (44) die Eigenstrahlungswiderstände und gegenseitigen Strahlungswiderstände in der Form

$$\begin{aligned} Z_{nn} = -\frac{Z_0}{4\pi}\Bigg[&\frac{k_0^2 + k_n^2}{2\,k_0 k_n}\{\mathrm{Ein}(-\mathrm{i}\,k_n' 4l) - \mathrm{Ein}(-\mathrm{i}\,k_n'' 4l)\} \\ &-\mathrm{i}\,\frac{(k_0^2 - k_n^2)\,l}{k_0}\left\{\mathrm{Ein}(-\mathrm{i}\,k_n' 4l) + \mathrm{Ein}(-\mathrm{i}\,k_n'' 4l) + 2\ln\frac{4l}{\varrho_0}\right\} \\ &-\frac{k_n''}{k_0}\{\mathrm{e}^{-\mathrm{i}\,k_n' 4l} - 1\} - \frac{k_n'}{k_0}\{\mathrm{e}^{-\mathrm{i}\,k_n'' 4l} - 1\}\Bigg]. \end{aligned} \tag{64}$$

$$\begin{aligned} Z_{mn} = &-(-1)^{\frac{n-1}{2}}(-1)^{\frac{m-1}{2}}\frac{Z_0}{4\pi} \\ &\cdot\left[\frac{k_0^2 - k_n^2}{k_m^2 - k_n^2}\,\frac{k_m}{k_0}\{\mathrm{Ein}(-\mathrm{i}\,k_n' 4l) - \mathrm{Ein}(-\mathrm{i}\,k_n'' 4l)\}\right. \\ &\left.+\frac{k_0^2 - k_m^2}{k_n^2 - k_m^2}\,\frac{k_n}{k_0}\{\mathrm{Ein}(-\mathrm{i}\,k_m' 4l) - \mathrm{Ein}(-\mathrm{i}\,k_m'' 4l)\}\right]. \end{aligned} \tag{65}$$

Für die Überführung in die normalen Exponentialintegrale und die Zerlegung in Real- und Imaginärteil gilt Gl. (56).

Damit sind sämtliche Koeffizienten der Gl. (13, 19 u. 20) bekannt. Nach den Angaben in Abschn. 2 können dann sämtliche Stromkoeffizienten, Antennenwiderstände und Feldstärken in beliebiger Näherung berechnet werden. Charakteristisch für die strenge Lösung im Gegensatz zur Näherunglösung in Kap. 12 ist, daß sich die Antennengrößen nicht als geschlossene Ausdrücke darstellen wie in der Leitungstheorie der Antenne, sondern sich aus den Wurzeln eines unendlichen Gleichungssystems bzw. im nächsten Kapitel als Lösung einer Integralgleichung ergeben.

Erwähnt sei noch, daß für $k_n = k_0$, d. h. für $l = n \cdot \lambda/4$ $(n = 1, 3, 5 \ldots)$ der Wert Z_{nn} in den aus der Näherungstheorie bekannten Strahlungswiderstand (12.40) übergeht.

4. Erweiterungen der Theorie.

Wir haben bisher eine symmetrisch gespeiste Sendeantenne und eine symmetrische und symmetrisch erregte, also senkrecht zum ankommenden Feld stehende Empfangsantenne betrachtet. Als Stromansatz kam hier nur der symmetrische Kosinusansatz Gl. (1) mit ungeraden Koeffizienten A_n in Betracht. Bei unsymmetrischer Antenne oder schräg stehender Empfangsantenne muß dagegen der allgemeine Stromansatz mit Einschluß der unsymmetrischen Sinusglieder (6) mit geraden Koeffizienten $A_{n'}$ benutzt werden. Die Rechnung ist dann genau wie früher durchzuführen. Die bei der FOURIER-Zerlegung von E_{z0} auftretenden Koeffizienten C_m enthalten dabei Strahlungskoeffizienten, die auf die gleichen Hilfsintegrale $S(k_n, x)$ führen. Während sich für Z_{nn} bei geradem n derselbe Ausdruck (64) wie bei ungeradem n ergibt, tritt bei den gegenseitigen Strahlungswiderständen Z_{mn} in Gl. (65) für gerades m und n $(-1)^{m/2}$ und $(-1)^{n/2}$ an die Stelle von $(-1)^{\frac{m-1}{2}}$ und $(-1)^{\frac{n-1}{2}}$, während die gegenseitigen Strahlungswiderstände zwischen geradzahligen und ungeradzahligen Oberschwingungen 0 werden, wodurch zwei unabhängige Systeme für die geradzahligen und ungeradzahligen Koeffizienten entstehen, genau wie in der in Kap. 15 durchgeführten Antennentheorie für zylindrische Dipolantennen.

Da das Lösungssystem in beiden Theorien durch Erfüllung der elektrischen Feldstärkenbedingung an der Antenne entsteht und beide Theorien dieselben Gleichungssysteme, nur mit verschiedenen Strahlungskoeffizienten, liefern, können sämtliche in Kap. 15 genauer abgeleiteten Lösungssysteme für die unsymmetrische Antenne und die erweiterten Antennenanordnungen für die Lösung der Linearantenne nach der vorliegenden Methode übernommen werden, nur daß die dort abgeleiteten Z_{ms}-Werte durch die Werte (64 u. 65) für ungerade Indexe bzw. mit der oben angegebenen Abänderung für gerade Indexe ersetzt werden müssen.

5. Zahlenmäßige Ergebnisse.

Nach den abgeleiteten Formeln können für jede Antenne bei gegebenen Werten ϱ_0, l und λ die Stromkoeffizienten und damit sämtliche Antennenwerte berechnet werden. Die Lösung des unendlichen Gleichungssystems für die verschiedenen Stromkoeffizienten A_n erfolgt dabei durch sukzessive Annäherung, indem man als 1. Näherung nur A_1, als 2. Näherung A_1 und A_3, als 3. Näherung A_1, A_3 und A_5 ansetzt usw. und das entsprechend reduzierte Gleichungssystem (13a) löst. Hara hat auf diese Weise die Stromkoeffizienten für eine symmetrische Sende- und Empfangsantenne sowie die Strahlungsleistungen, Antennenwiderstände und Resonanzverkürzungen in der Nähe der Stromresonanz berechnet. Tab. 13.1 zeigt die Stromkoeffizienten A und den Gesamtstrom $\sum A$ der ersten drei Näherungen für eine kurzgeschlossene Empfangsantenne mit $\varrho_0 = 1{,}45$ mm bei $\lambda = 20$ m in der Nähe der Grundwelle in Ampere für eine Empfangsfeldstärke von 1 V/m nach Hara.

Stellt man $\sum A$ graphisch dar, so erhält man aus den Nullstellen des Imaginärteiles die Resonanzverkürzungen und die zugehörigen Ströme. Nimmt man als Antennenspanunng in ausreichender Näherung den Wert der Leitungstheorie $U_A = E_0\,\lambda/\pi$, so ergibt $E_0\,\lambda/\pi\sum A$ die zugehörigen Antennenwiderstände. Die 3. Näherung ergibt hiernach für die obige Antenne mit $l/\varrho_0 \approx 3400$ oder $2\ln 2l/\varrho_0 = 17{,}6$ eine Resonanzverkürzung von 3,2 % und einen Resonanzwiderstand von 71,5 Ohm. Ein Vergleich mit dem späteren Bild 16.9 zeigt, daß die Werte mit den Antennentheorien von Kap. 14 und 15 gut übereinstimmen.

Werte außerhalb der Stromresonanzen sind nach der vorliegenden Methode bisher nicht bekanntgeworden. Wie die Auswertung des analogen Lösungssystems in Kap. 15 zeigt, ergibt die Methode aber auch bei größeren Antennenlängen in der 3. Näherung brauchbare Werte, obwohl die Stromkurve von der Kosinusgrundwelle stark abweicht.

Tabelle 13.1. *Ströme der Empfangsantenne für eine Feldstärke* 1 V/m.

	$\frac{l}{\lambda/4}$	0,96	0,98	1,0
1. Näherung	A_1 in Amp.	0,0866 + i 0,0173	0,0848 − i 0,0178	0,0650 − i 0,0378
	$\|A_1\|$ in Amp.	0,0883	0,0866	0,0753
2. Näherung	A_1 in Amp.	0,0871 + i 0,0151	0,0838 − i 0,0193	0,0639 − i 0,0387
	A_3 in Amp.	−0,0016 − i 0,0003	−0,0014 + i 0,0003	−0,0010 + i 0,0005
	$A_1 + A_3$ in Amp.	0,0855 + i 0,0148	0,0824 − i 0,0190	0,0629 − i 0,0382
	$\|\Sigma A\|$ in Amp.	0,0868	0,0845	0,0736
3. Näherung	A_1 in Amp.	0,0872 + i 0,0143	0,0834 − i 0,0199	0,0635 − i 0,0384
	A_3 in Amp.	−0,0016 − i 0,0003	−0,0014 + i 0,0003	−0,0001 + i 0,0005
	A_5 in Amp.	0,0006 + i 0,0001	0,0005 − i 0,0001	0,0004 − i 0,0002
	$A_1 + A_3 + A_5$ in Amp.	0,0862 + i 0,0141	0,0825 − i 0,0197	0,0629 − i 0,0381
	$\|\Sigma A\|$ in Amp.	0,0874	0,0848	0,0755

14. Kapitel.

Strenge Berechnung der zylindrischen Linearantenne mit Integralgleichung.

1. Prinzip der Lösung.

Bei jeder strengen Berechnung einer Antenne muß, wie im vorigen Kapitel und in Kap. 10 näher ausgeführt wurde, der Antennenstrom derart bestimmt werden, daß das aus dieser Stromverteilung erhaltene Antennenfeld zusammen mit dem primären Empfangsfeld eine Feldstärke ergibt, die an jeder Stelle der Antenne gleich dem OHMschen Spannungsabfall ist und zwischen den beiden Speisepunkten eine Potentialdifferenz liefert, die gleich der angelegten Spannung bzw. bei der Empfangsantenne gleich dem Spannungsabfall an dem Belastungswiderstand ist. Da der HERTZsche Vektor nach Gl. (10.12) und damit die Feldstärken durch Integration über alle Stromelemente entstehen, ergibt sich für die gesuchte Stromverteilung eine Integralgleichung, vgl. Kap. 10.4, die von einem bisher nicht streng gelösten Typ ist. Im vorigen Abschnitt hatten wir die Integralgleichung dadurch vermieden, daß wir den Strom als FOURIER-Reihe mit unbekannten Koeffizienten ansetzten, woraus sich für die Koeffizienten ein unendliches lineares Gleichungssystem ergab. Ein Nachteil der Methode liegt in der Lösung dieses Systems, die nur durch sukzessive Annäherung erfolgen kann und keine geschlossenen Ausdrücke für den Antennenstrom liefert. Eine Berechnung des für alle Antennenfragen wichtigen Eingangswiderstandes entsprechend der in Kap. 12.4 gegebenen Näherungslösung erfordert daher umständliche Rechenarbeit.

In diesem Fall führt die Methode von HALLÉN zu einem schnelleren Ergebnis, da sie einen geschlossenen Näherungsausdruck für den Klemmenstrom der Antenne liefert. HALLÉN löst die Integralgleichung für den Strom nach einem sukzessiven Näherungsverfahren, das nach Potenzen von $\frac{1}{\Omega} = \frac{1}{2\ln\frac{2l}{\varrho_0}}$ fortschreitet, während er im übrigen $\frac{\varrho_0}{l}$ gegen 1 vernachlässigt. Diese Vernachlässigung geht nicht über die schon in dem ursprünglichen Ansatz (10.12) des HERTZschen Vektors enthaltene Näherung hinaus. Dagegen werden die Glieder mit $1/\Omega$, $1/\Omega^2$ usw. nicht vernachlässigt, wobei nur die Einschränkung zu machen ist, daß die Koeffizienten der Reihe schlecht konvergieren, so daß für eine ausreichende Konvergenz $\Omega \gg 1$ sein muß, und daß die Koeffizienten der höheren Glieder von $1/\Omega^2$ ab nicht geschlossen darstellbare bestimmte Integrale enthalten, so daß man sich bei der zahlenmäßigen Auswertung im allgemeinen wie HALLÉN selbst auf die 1. Näherung mit

$1/\Omega$ beschränken wird. Ein gewisser, praktisch allerdings unbedeutender Nachteil der Methode ist ferner, daß sich zwar der HERTZsche Vektor an der Antenne in einfacher Weise ergibt, aber der allgemeine HERTZsche Vektor nur durch komplizierte Integration, so daß die Berechnung der Feldstärken auf Schwierigkeiten stößt. Die Methode eignet sich daher im wesentlichen für die Bestimmung der aus dem Antennenstrom folgenden Antennengrößen selbst, insbesondere also für die Berechnung des Eingangswiderstandes nicht zu dicker Antennen.

Da die zahlenmäßigen Ergebnisse der HALLÉNschen Theorie wegen der relativ schlechten Konvergenz selbst in der von BOUWKAMP durchgeführten 2. Näherung für den Antennenwiderstand noch nicht ausreichen, sind von verschiedenen Seiten Abänderungen der ursprünglichen Theorie durchgeführt worden.

Wir werden in Abschn. 2 zuerst die allgemeine Theorie ableiten, wobei wir mit Rücksicht auf die späteren Abänderungen die von R. KING und MIDDLETON angegebene Form der Integralgleichung ableiten werden, und wobei wir ferner im Gegensatz zu HALLÉN den für die Zahlenrechnung praktisch nicht in Betracht kommenden OHMschen Widerstand der Antenne von vornherein vernachlässigen und statt der Empfangsantenne die einfachere Sendeantenne betrachten, die nach dem Reziprozitätsgesetz auch sämtliche Daten der Empfangsantenne bis auf die praktisch nicht interessierende Stromverteilung ergibt. In Abschn. 3 werden wir dann durch Einsetzen der HALLÉNschen Werte die ursprüngliche HALLÉNsche Theorie bis zur zahlenmäßigen Auswertung bringen und in Abschn. 4 auf die erwähnten Änderungen eingehen. Abschn. 5 bringt noch kurz die unsymmetrische Antenne.

*2. Durchführung der Lösung für die symmetrische Sendeantenne.

a) Aufstellung der Integralgleichung.

Wir gehen vom HERTZschen Vektor auf der Antennenoberfläche aus, der nach (10.12)

$$P_{z_{\varrho=\varrho_0}} = \Pi_0 = \frac{1}{4\pi\,\mathrm{i}\,\omega\,\varepsilon_0}\int_{-l}^{l} I_\zeta\,\frac{\mathrm{e}^{-\mathrm{i}\,k_0\,r_{z-\zeta}}}{r_{z-\zeta}}\,\mathrm{d}\zeta \tag{1}$$

mit

$$r_{z-\zeta} = \sqrt{\varrho_0^2 + (z-\zeta)^2} \tag{1a}$$

ist.

Der unter dem Integral stehende unbekannte Strom muß so bestimmt werden, daß die in Kap. 10.3 angegebenen strengen Grenzbedingungen an der Antenne erfüllt sind. Da der Integrand an jeder Stelle ζ nach der Ableitung der Formel die Durchflutungsbedingung erfüllt, sind noch die Bedingungen für End- und Klemmenstrom sowie für Klemmenspannung und elektrische Feldstärke an der Antenne zu erfüllen. Da der

Strom unter dem Integral auftritt, können wir zunächst nur die Feldstärken- und Spannungsbedingungen befriedigen.

Die Feldstärkenbedingung verlangt, daß die Feldstärke E_z am Antennenleiter $\varrho = \varrho_0$ gleich dem OHMschen Spannungsabfall, bei verlustloser Antenne also 0 ist. Da E_z durch Gl. (3.17 oder 12.6) gegeben ist, wird

$$E_{z_{\varrho=\varrho_0}} = \frac{\partial^2 \Pi_0}{\partial z^2} + k_0^2 \Pi_0 = 0. \quad (2)$$

Die Gleichung gilt für jeden der beiden durch die Speisepunkte der Antenne gebildeten Antennenabschnitte getrennt, da an der Speisestelle selbst ein Feldstärkensprung vorliegt. Gl. (2) ist aber die normale Schwingungsgleichung mit der Lösung

$$\Pi_0 = -\frac{1}{k_0}[A' \cos k_0 z + B' \sin k_0 z]. \quad (3)$$

Der HERTZsche Vektor und damit das Potential auf der Antenne sind also in der strengen Lösung rein sinusförmig im Gegensatz zu der in der Leitungstheorie der Antenne in Kap. 12 gemachten sinusförmigen Stromannahme. Da Gl. (2) nur für die beiden Antennenhälften, nicht für die gesamte Antenne mit Speisepunkt gilt, gilt auch Gl. (3) für beide Antennenhälften getrennt mit verschiedenen Konstanten, die wir durch die Indexe 1 und 2 kennzeichnen wollen. Da bei der symmetrischen und symmetrisch gespeisten Antenne I_ζ und damit nach (1) auch Π_0 auf beiden Antennenhälften gleich sein muß, ist $A_1' = A_2' = A$ und $B_1' = -B_2' = B$ und mithin

$$\Pi_0 = -\frac{1}{k_0}[A \cos k_0 z \pm B \sin k_0 z] \quad \text{für} \quad z \gtrless 0. \quad (3\text{a})$$

Bei Berücksichtigung des OHMschen Widerstandes wäre die rechte Seite von Gl. (2) $I_\zeta R'$, wenn R' der OHMsche Widerstandsbelag der Antenne ist. Dadurch erhält die Lösung (3) das Zusatzglied $+R'/k_0 \int\limits_0^z I_\zeta \sin k_0 (l - \zeta)\, d\zeta$, das in sämtlichen Gleichungen hinzutritt und ab Gl. (12) wegen der Kleinheit von R' genau wie die übrigen Korrekturglieder zu behandeln wäre. Da das Glied praktisch im allgemeinen nicht in Betracht kommt, verweisen wir für die Berücksichtigung von R' auf die Originalarbeit von HALLÉN.

Weiter können wir die Spannungsbedingung erfüllen. Da das skalare elektrische Potential φ auf der Antenne nach Kap. 2 Gl. (2.19) durch

$$\varphi_0 = -\operatorname{div} \boldsymbol{P}_{\varrho=\varrho_0} = -\frac{\partial \Pi_0}{\partial z} \quad (4)$$

gegeben ist, liefert die Spannungsbedingung (10.5) bei unendlich schmaler Schlitzbreite

$$\left(\frac{\partial \Pi_0}{\partial z}\right)_{z=-0} - \left(\frac{\partial \Pi_0}{\partial z}\right)_{z=+0} = U_A \equiv 2V. \quad (4\text{a})$$

Das ergibt mit Einsetzen von (3a) $B = U_A/2 = V$. Damit wird (3a), wenn wir noch den für negative z geltenden Wert $-V \sin k_0 z$ durch $+V \sin k_0 |z|$ ersetzen, einheitlich für alle z

$$\Pi_0 = -\frac{1}{k_0}[A \cos k_0 z + V \sin k_0 |z|]. \tag{5}$$

In diese Gleichung setzen wir jetzt für Π_0 den Wert (1) ein. Setzen wir zur Abkürzung für die auftretende Kugelwelle

$$\frac{e^{-i k_0 r_{z-\zeta}}}{r_{z-\zeta}} = w_{z-\zeta}, \tag{6}$$

so wird mit Berücksichtigung von Gl. (4.5a) für Z_0

$$\int_{-l}^{l} I_\zeta w_{z-\zeta} d\zeta = -i \frac{4\pi}{Z_0} [A \cos k_0 z + V \sin k_0 |z|]. \tag{7}$$

Diese Integralgleichung für I muß mit der Nebenbedingung, daß der Strom an den Enden $z = \pm l$ verschwindet und bei $z = 0$ keinen Sprung hat, gelöst werden.

Ein wesentlicher Nachteil der Integralgleichung (7) ist, daß der Gesamtstrom unter dem Integral steht. Wir können aber die linke Seite umformen, indem wir mit einem beliebigen Bezugsstrom I_0, der z. B. der Klemmenstrom sein kann,

$$I_z = I_0 f(z) \tag{8}$$

setzen, wobei $f(z)$ symmetrisch in $+z$ und $-z$ und bei $z = 0$ ohne Sprung sein soll. Mit (8) wird

$$I_\zeta = I_0 f(\zeta) = I_z \frac{f(\zeta)}{f(z)} = I_z g(z, \zeta). \tag{9}$$

Mit diesen Einführungen kann die linke Seite von (7) umgeschrieben werden in

$$\int_{-l}^{l} I_\zeta w_{z-\zeta} d\zeta = I_z \int_{-l}^{l} g(z, \zeta) w_{z-\zeta} d\zeta + \int_{-l}^{l} [I_\zeta - I_z g(z, \zeta)] w_{z-\zeta} d\zeta. \tag{10}$$

Der Vorteil ist folgender: Wäre $f(z)$ die richtige Stromverteilung, so wäre das 2. Integral auf der rechten Seite überhaupt 0. Ist $f(z)$ eine willkürlich gewählte Funktion, so wird das 2. Integral ein um so kleineres Korrekturglied, je genauer das willkürlich gewählte $f(z)$ mit der wirklichen Stromverteilung übereinstimmt. Wir können also das 2. Integral als ein Korrekturglied betrachten. Das 1. Glied von (10) muß daher nach (1), abgesehen von einem konstanten Faktor, annähernd gleich dem Strahlungspotential auf der Antenne an der Stelle z sein, das im 1. Glied enthaltene Integral also gleich dem Verhältnis vom Strahlungspotential auf der Antenne zum Antennenstrom an der gleichen Stelle z. Da aber das

Strahlungspotential an der Stelle z wegen des Nenners in (1), abgesehen von den Stellen, an denen $I_z = 0$ ist, im wesentlichen von den Strömen in unmittelbarer Nähe der Stelle z abhängt, da hierfür der Nenner sehr klein wird, muß dieser Quotient, abgesehen von den Enden der Antenne, nahezu konstant sein. Wir können daher

$$\int_{-l}^{l} g(z, \zeta)\, w_{z-\zeta}\, \mathrm{d}\zeta = \Psi(z) = \Psi + \delta(z) \tag{11}$$

setzen, wo Ψ ein passend gewählter Wert des Integrals und $\delta(z)$, abgesehen von den Enden, eine gegen Ψ kleine Größe ist. Führt man (10) und (11) in (7) ein, so erhält man

$$\begin{aligned} I_z = &- \mathrm{i}\frac{4\pi}{Z_0 \Psi}[A \cos k_0 z + V \sin k_0 |z|] \\ &- \frac{1}{\Psi}\left[I_z \delta(z) + \int_{-l}^{l} \{I_\zeta - I_z g(z, \zeta)\}\, w_{z-\zeta}\, \mathrm{d}\zeta\right]. \end{aligned} \tag{12}$$

Gl. (12) ist eine exakte Umformung von Gl. (7). Sie hat gegenüber (7) den Vorteil, daß der Strom nur noch in einem Korrekturglied unter dem Integral auftritt, wodurch das unten durchgeführte Iterationsverfahren für die Lösung benutzt werden kann. Da auch $\delta(z)$ klein gegen Ψ ist, sind die beiden letzten Glieder klein und der Strom in 0. Näherung rein sinusförmig verteilt wie in der Leitungstheorie der Antenne.

Die Integralgleichung (12) ist nun mit Erfüllung der noch fehlenden Grenzbedingungen

$$I_0 = I_{-0}, \qquad I_{+l} = I_{-l} = 0 \tag{13}$$

zu lösen. Die erste Bedingung ist von selbst erfüllt, wenn $\Psi(z)$ an der Stelle $z = 0$ keinen Sprung hat. Für $z = +l$ oder $-l$ ergibt (12) wegen der vorausgesetzten Symmetrie den gleichen Wert

$$0 = -\mathrm{i}\frac{4\pi}{Z_0 \Psi}[A \cos k_0 l + V \sin k_0 l] - \frac{1}{\Psi}\int_{-l}^{l} I_\zeta\, w_{l-\zeta}\, \mathrm{d}\zeta. \tag{14}$$

Subtrahiert man diesen Wert von (12), so erhält man die Integralgleichung

$$\begin{aligned} I_z = &- \mathrm{i}\frac{4\pi}{Z_0 \Psi}[A(\cos k_0 z - \cos k_0 l) + V(\sin k_0 |z| - \sin k_0 l)] \\ &- \frac{1}{\Psi}\left[I_z \delta(z) + \int_{-l}^{l} \{I_\zeta - I_z g(z, \zeta)\}\, w_{z-\zeta}\, \mathrm{d}\zeta - \int_{-l}^{l} I_\zeta\, w_{l-\zeta}\, \mathrm{d}\zeta\right], \end{aligned} \tag{15}$$

die sämtliche Grenzbedingungen an der Antenne streng erfüllt und die wir als eigentliche Ausgangsgleichung für I_z nehmen und nach einem Iterationsverfahren lösen werden.

b) Lösung der Integralgleichung.

Wegen der Kleinheit der 2. Reihe in Gl. (15) zerfällt der Strom I_z in einen sinusförmigen Hauptstrom und einen zusätzlichen Reststrom. Sieht man den Hauptstrom als 0. Näherungswert an, so erhält man einen verbesserten 1. Näherungswert, wenn man diesen Strom in die letzten Glieder der rechten Seite von (15) einführt. Führt man diese 1. Näherung wieder auf der rechten Seite ein, so erhält man eine verbesserte 2. Näherung usw. Wir setzen zur Abkürzung

$$\begin{aligned} F_0(z) &= \cos k_0 z, \qquad F_0(l) = \cos k_0 l, \\ G_0(z) &= \sin k_0 |z|, \qquad G_0(l) = \sin k_0 l, \end{aligned} \tag{16}$$

sowie für die weiteren Glieder entsprechend der unteren Reihe von Gl. (15).

$$\begin{aligned} F_n(z) = &-[F_{n-1}(z) - F_{n-1}(l)]\,\delta(z) - \int_{-l}^{l} [F_{n-1}(\zeta) - F_{n-1}(l)]\, w_{z-\zeta}\, d\zeta \\ &+ [F_{n-1}(z) - F_{n-1}(l)] \int_{-l}^{l} g(z,\zeta)\, w_{z-\zeta}\, d\zeta, \end{aligned} \tag{16a}$$

$$F_n(l) = -\int_{-l}^{l} [F_{n-1}(\zeta) - F_{n-1}(l)]\, w_{l-\zeta}\, d\zeta \tag{16b}$$

und entsprechend für $G_n(z)$ und $G_n(l)$. Dadurch erhalten wir nach dem besprochenen Verfahren für Gl. (15) die Lösung

$$\begin{aligned} I_z = &-i\frac{4\pi}{Z_0 \Psi} A \left[F_0(z) - F_0(l) + \frac{F_1(z) - F_1(l)}{\Psi} + \frac{F_2(z) - F_2(l)}{\Psi^2} + \cdots\right] \\ &-i\frac{4\pi}{Z_0 \Psi} V \left[G_0(z) - G_0(l) + \frac{G_1(z) - G_1(l)}{\Psi} + \frac{G_2(z) - G_2(l)}{\Psi^2} + \cdots\right]. \end{aligned} \tag{17}$$

Zur Bestimmung des noch unbestimmten Amplitudenfaktors A führen wir den Wert (17) für I_z in Gl. (14) ein, die das exakte Verschwinden des Endstromes bedingt. Das ergibt mit Benutzung von (16 u. 16b)

$$\begin{aligned} 0 = &A \left[F_0(l) + \frac{F_1(l)}{\Psi} + \frac{F_2(l)}{\Psi^2} + \cdots\right] \\ &+ V \left[G_0(l) + \frac{G_1(l)}{\Psi} + \frac{G_2(l)}{\Psi^2} + \cdots\right]. \end{aligned} \tag{18}$$

Setzt man den hieraus folgenden Wert von A in Gl. (17) ein, so erhält man die endgültige Lösung

$$\begin{aligned} I_z = i\frac{4\pi}{Z_0 \Psi} V \Bigg[&\frac{G_0(l) + \frac{G_1(l)}{\Psi} + \frac{G_2(l)}{\Psi^2} + \cdots}{F_0(l) + \frac{F_1(l)}{\Psi} + \frac{F_2(l)}{\Psi^2} + \cdots} \\ &\cdot \left\{F_0(z) - F_0(l) + \frac{F_1(z) - F_1(l)}{\Psi} + \frac{F_2(z) - F_2(l)}{\Psi^2} + \cdots\right\} \\ &- \left\{G_0(z) - G_0(l) + \frac{G_1(z) - G_1(l)}{\Psi} + \frac{G_2(z) - G_2(l)}{\Psi^2} + \cdots\right\}\Bigg]. \end{aligned} \tag{19}$$

Der m-te Näherungswert ergibt sich, wenn man sämtliche Reihen nach m Gliedern abbricht. Da bei endlicher Gliederzahl eine Umstellung der Reihenglieder in (19) ohne Bedenken möglich ist, vereinfacht sich (19) für den m-ten Näherungswert durch Auflösen der geschweiften Klammern zu

$$I_{zm} = \mathrm{i}\frac{4\pi}{Z_0\Psi} V \frac{\sum_{n=0}^{m} \frac{G_n(l)}{\Psi^n} \sum_{n=0}^{m} \frac{F_n(z)}{\Psi^n} - \sum_{n=0}^{m} \frac{F_n(l)}{\Psi^n} \sum_{n=0}^{m} \frac{G_n(z)}{\Psi^n}}{\sum_{n=0}^{m} \frac{F_n(l)}{\Psi^n}}. \tag{20}$$

Denkt man sich die Multiplikation im Zähler ausgeführt, so erhält man, da nach (16)

$$G_0(l)\,F_0(z) - F_0(l)\,G_0(z) = \sin k_0(l - |z|) \tag{21}$$

und $F_0(l) = \cos k_0 l$ ist, I_{zm} in der Form

$$I_{zm} = \mathrm{i}\frac{4\pi}{Z_0\Psi} V \frac{\sin k_0(l - |z|) + \sum_{n=1}^{m} \frac{M_n(z)}{\Psi^n}}{\cos k_0 l + \sum_{n=1}^{m} \frac{F_n(l)}{\Psi^n}}, \tag{22}$$

wo mit $M_n(z)$ der bei der Multiplikation des Zählers von Gl. (20) entstehende Koeffizient von $1/\Psi^n$ bezeichnet ist. Für die beiden 1. Korrekturglieder wird mit Einsetzen von (16)

$$\begin{aligned} M_1(z) &= F_1(z)\sin k_0 l - F_1(l)\sin k_0|z| + G_1(l)\cos k_0 z - G_1(z)\cos k_0 l,\\ M_2(z) &= F_2(z)\sin k_0 l - F_2(l)\sin k_0|z| + G_2(l)\cos k_0 z - G_2(z)\cos k_0 l\\ &\quad + G_1(l)\,F_1(z) - F_1(l)\,G_1(z). \end{aligned} \tag{23}$$

Durch (20 bzw. 22) ist die Integralgleichung und damit das strenge Antennenproblem gelöst. Zur zahlenmäßigen Auswertung sind die Integrale F_n und G_n zu berechnen, was in den nächsten Abschnitten durchgeführt wird. Der Strom ist dann an jeder Stelle berechenbar. Man erkennt aus (22), daß der 0. Näherungswert in den der Leitungstheorie der Antenne in Kap. 12, Gl. (12.1) angesetzten Strom übergeht, worauf bereits in Kap. 12 hingewiesen wurde. Für $z = 0$ erhält man aus (22) den Antennenstrom I_{Am} und daraus, da $U_A = 2V$ die Antennenspannung war, den Antennenwiderstand der m-ten Näherung zu

$$Z_{Am} = \frac{2V}{I_{Am}} = -\mathrm{i}\frac{Z_0}{2\pi}\Psi \frac{\cos k_0 l + \sum_{n=1}^{m} \frac{F_n(l)}{\Psi^n}}{\sin k_0 l + \sum_{n=1}^{m} \frac{M_n(0)}{\Psi^n}}. \tag{24}$$

Für die Empfangsantenne interessiert noch die maximale Empfangsleistung. Hierfür erhält man durch Integration der Stromverteilung (22) nach Gl. (9.14) die wirksame Länge der Antenne und daraus die

Leerlaufspannung nach Gl. (9.11). Vernachlässigt man für die wirksame Länge die Korrekturglieder im Strom, was für die Leistungsberechnung zulässig ist, so ergibt sich für die wirksame Antennenlänge der Wert der Leitungstheorie. Mit den angegebenen Gleichungen sind sämtliche Antennengrößen allgemein bekannt.

* 3. Zahlenmäßige Auswertung der ursprünglichen Theorie.

Für die zahlenmäßige Auswertung sind die in Gl. (20) auftretenden Werte Ψ, F_n und G_n zu berechnen, die allgemein durch die Gl. (11 u. 16a) gegeben sind. Die Rekursionsformel (16a) für die Berechnung der verschiedenen F_n läßt sich mit Berücksichtigung von Gl. (11) noch vereinfachen zu

$$F_n(z) = [F_{n-1}(z) - F_{n-1}(l)]\,\Psi - \int_{-l}^{l} [F_{n-1}(\zeta) - F_{n-1}(l)]\, w_{z-\zeta}\, \mathrm{d}\zeta. \tag{16c}$$

Dieselbe Gleichung gilt für $G_n(z)$.

Die Werte F_n und G_n hängen von der willkürlichen Wahl von $f(z)$ bzw. $g(z, \zeta)$ und der relativ willkürlichen Wahl von Ψ ab. Wir erhalten die ursprüngliche HALLÉNsche Theorie, wenn wir in den Formeln von Abschn. 2

$$g(z,\zeta) = \mathrm{e}^{\mathrm{i}k_0 r_{z-\zeta}} \quad \text{und} \quad \Psi = 2\ln\frac{2l}{\varrho_0} = \Omega \tag{25}$$

setzen. HALLÉN zerlegt nämlich das in (1) auftretende Integral entsprechend Gl. (10) in

$$\int_{-l}^{l} I_\zeta w_{z-\zeta}\,\mathrm{d}\zeta = \int_{-l}^{l} I_\zeta \frac{\mathrm{e}^{-\mathrm{i}k_0 r_{z-\zeta}}}{r_{z-\zeta}}\,\mathrm{d}\zeta = I_z \int_{-l}^{l} \frac{\mathrm{d}\zeta}{r_{z-\zeta}} + \int_{-l}^{l} \frac{I_\zeta \mathrm{e}^{-\mathrm{i}k_0 r_{z-\zeta}} - I_z}{r_{z-\zeta}}\,\mathrm{d}\zeta. \tag{26}$$

Das erste Integral ergibt mit elementarer Integration

$$\int_{-l}^{l} \frac{\mathrm{d}\zeta}{r_{z-\zeta}} = \int_{-l}^{l} \frac{\mathrm{d}\zeta}{\sqrt{\varrho_0^2 + (z-\zeta)^2}} = \ln\left[\frac{\sqrt{\varrho_0^2 + (z+l)^2} + (z+l)}{\sqrt{\varrho_0^2 + (z-l)^2} + (z-l)}\right] \tag{27}$$

oder mit leichter Umformung (Rationalisierung des Nenners und Erweiterung mit $4l^2$)

$$\int_{-l}^{l} \frac{\mathrm{d}\zeta}{r_{z-\zeta}} = \ln\frac{4l^2}{\varrho_0^2} + \ln\frac{\left(\sqrt{\varrho_0^2 + (l+z)^2} + l + z\right)\left(\sqrt{\varrho_0^2 + (l-z)^2} + l - z\right)}{4l^2} = \Omega + \ln h(z). \tag{27a}$$

Da wegen $\varrho_0 \ll l$ das Argument $h(z)$ klein gegen $4l^2/\varrho_0^2$ ist, entspricht (27a) der Zerlegung (11) mit $\Psi = \Omega$. Die HALLÉNschen Werte von

F_1 und G_1, die wir durch den Index H kennzeichnen wollen, werden daher nach (16c) mit den Werten (16) für F_0 und G_0 und $r_{\zeta-z}$ statt $r_{z-\zeta}$

$$F_{1\,\mathrm{H}}(z) = (\cos k_0 z - \cos k_0 l)\,\Omega - \int_{-l}^{l} (\cos k_0 \zeta - \cos k_0 l)\,\frac{e^{-i k_0 r_{\zeta-z}}}{r_{\zeta-z}}\,d\zeta, \tag{28}$$

$$G_{1\,\mathrm{H}}(z) = (\sin k_0 |z| - \sin k_0 l)\,\Omega - \int_{-l}^{l} (\sin k_0 |\zeta| - \sin k_0 l)\,\frac{e^{-i k_0 r_{\zeta-z}}}{r_{\zeta-z}}\,d\zeta. \tag{28a}$$

Das Integral mit $\sin k_0 |\zeta|$ zerfällt dabei in zwei Teilintegrale, indem von 0 bis l $\sin k_0 |\zeta| = \sin k_0 \zeta$, von $-l$ bis 0 $\sin k_0 |\zeta| = -\sin k_0 \zeta$ zu setzen ist.

Sämtliche in den Gl. (28 u. 28a) auftretenden Integrale sind bereits in Kap. 13 gelöst. Zerlegt man nämlich $\cos k_0 \zeta$ und $\sin k_0 \zeta$ in Exponentialfunktionen, so lassen sich sämtliche auftretenden Integrale durch das in Kap. 13 gelöste Grundintegral (13.21)

$$\int \frac{e^{-i k_0 r_x}}{r_x}\, e^{-i k_n x}\, dx = S(k_n, x) \tag{29}$$

mit $k_n = k_0$, $-k_0$ oder 0 ausdrücken. Mit Zerlegung von $\sin k_0 |\zeta|$ und Einführung von (29) mit den richtigen Grenzen liefern die Gl. (28 u. 28a), wenn man für die Grenzen $-l$ und 0 die aus (29) abzulesende Beziehung $S(k_n, x) = -S(-k_n, -x)$ berücksichtigt, für F_1 und G_1 unmittelbar die Werte

$$\begin{aligned} F_{1\,\mathrm{H}}(z) = {} & (\cos k_0 z - \cos k_0 l)\,\Omega + \cos k_0 l\,[S(0, l-z) + S(0, l+z)] \\ & - \tfrac{1}{2}\, e^{i k_0 z}[S(-k_0, l-z) + S(k_0, l+z)] \\ & - \tfrac{1}{2}\, e^{-i k_0 z}[S(k_0, l-z) + S(-k_0, l+z)] \end{aligned} \tag{30}$$

und

$$\begin{aligned} G_{1\,\mathrm{H}}(z) = {} & (\sin k_0 |z| - \sin k_0 l)\,\Omega + \sin k_0 l\,[S(0, l-z) + S(0, l+z)] \\ & + \frac{i}{2}\, e^{i k_0 z}[S(-k_0, l-z) + S(k_0, z)] \\ & - \frac{i}{2}\, e^{-i k_0 z}[S(k_0, l-z) + S(-k_0, z)] \\ & + \frac{i}{2}\, e^{i k_0 z}[-S(k_0, l+z) + S(k_0, z)] \\ & - \frac{i}{2}\, e^{-i k_0 z}[-S(-k_0, l+z) + S(-k_0, z)]. \end{aligned} \tag{30a}$$

Vertauscht man z mit $-z$, so bleiben beide Gleichungen unverändert, so daß man für die weitere Rechnung z als positiv und kleiner oder gleich l voraussetzen und im Endresultat z durch $|z|$ ersetzen kann.

Die Lösung des Integrals $S(k_n, x)$ ist nun für kleine ϱ_0 nach (13.54) mit Einsetzen von (13.44)

$$\begin{aligned} S(k_n, x) = \frac{1}{2} \ln \frac{(k_0 + k_n)(r_x + x)}{(k_0 - k_n)(r_x - x)} \\ + \operatorname{Ein}\left[-\mathrm{i}\frac{k_0 + k_n}{2}(r_x + x)\right] + \operatorname{Ein}\left[-\mathrm{i}\frac{k_0 - k_n}{2}(r_x - x)\right]. \end{aligned} \tag{31}$$

Dabei ist Ein das durch Gl. (13.53) definierte Exponentialintegral (beim Vergleich mit anderen Arbeiten Vorzeichen beachten!). Die Zerlegung in Real- und Imaginärteil ist durch Gl. (13.56) mittels tabulierter Funktionen gegeben. Für kleine Argumente y geht $\operatorname{Ein} y$ nach (13.53) mit y gegen 0.

Da in unserem Fall nach obiger Bemerkung z positiv und kleiner oder gleich l ist, ist x in sämtlichen Funktionen von (30) und (30a) positiv und damit $r_x - x = \sqrt{\varrho_0^2 + x^2} - x$ bei kleinem ϱ_0 sehr klein, so daß das letzte Glied in (31) gegen den Logarithmus zu vernachlässigen ist. Erweitert man noch unter dem Logarithmus mit $r_x + x$ und setzt im Argument des vorletzten Gliedes $r_x + x \approx 2x$, was nicht über die Voraussetzung $\varrho_0 \ll l$ hinausgeht, so wird schließlich für unseren Fall (positive x, kleines ϱ_0)

$$S(k_n, x) = \frac{1}{2} \ln \frac{k_0 + k_n}{k_0 - k_n} + \ln \frac{r_x + x}{\varrho_0} + \operatorname{Ein}[-\mathrm{i}(k_0 + k_n)x]. \tag{31a}$$

Wenn man beim Einsetzen von (31a) in (30 u. 30a) die logarithmischen Glieder zusammenfaßt und Gl. (27a) sowie Ein (0) = 0 und die Bemerkung bei Gl. (30a) berücksichtigt, erhält man mit einfacher Rechnung die endgültigen Ausdrücke

$$\begin{aligned} F_{1\mathrm{H}}(z) = &-(\cos k_0 z - \cos k_0 l) \ln h(z) \\ &+ \cos k_0 l\,[\operatorname{Ein}\{-\mathrm{i}\,k_0\,(l + z)\} + \operatorname{Ein}\{-\mathrm{i}\,k_0\,(l - z)\}] \\ &- \frac{1}{2}\cos k_0 z\,[\operatorname{Ein}\{-\mathrm{i}\,2\,k_0(l + z)\} + \operatorname{Ein}\{-\mathrm{i}\,2\,k_0(l - z)\}] \\ &- \frac{\mathrm{i}}{2}\sin k_0 z\,[\operatorname{Ein}\{-\mathrm{i}\,2\,k_0(l + z)\} - \operatorname{Ein}\{-\mathrm{i}\,2\,k_0(l - z)\}] \end{aligned} \tag{32}$$

und

$$\begin{aligned} G_{1\mathrm{H}}(z) = &-\sin k_0 |z| \ln h_1(|z|) + \sin k_0 l \ln h(z) \\ &+ \sin k_0 l\,[\operatorname{Ein}\{-\mathrm{i}\,k_0(l + z)\} + \operatorname{Ein}\{-\mathrm{i}\,k_0(l - z)\}] \\ &- \frac{\mathrm{i}}{2}\cos k_0 z\,[\operatorname{Ein}\{-\mathrm{i}\,2k_0(l + z)\} + \operatorname{Ein}\{-\mathrm{i}\,2k_0(l - z)\} \\ &\quad - 2\operatorname{Ein}\{-\mathrm{i}\,2k_0|z|\}] \\ &+ \frac{1}{2}\sin k_0|z|\,[\operatorname{Ein}\{-\mathrm{i}\,2k_0(l + |z|)\} - \operatorname{Ein}\{-\mathrm{i}\,2k_0(l - |z|\} \\ &\quad - 2\operatorname{Ein}\{-\mathrm{i}\,2k_0|z|\}]. \end{aligned} \tag{32a}$$

Dabei ist $h(z)$ durch Gl. (27a) gegeben und

$$\ln h_1(z) = \ln \left[\frac{(\sqrt{\varrho_0^2 + z^2} + z)^2}{4 l^2} \cdot \frac{\sqrt{\varrho_0^2 + (l - z)^2} + l - z}{\sqrt{\varrho_0^2 + (l + z)^2} + l + z} \right]. \tag{33}$$

Da Ein durch Gl. (13.56) durch tabulierte Funktionen gegeben ist, sind $F_{1\mathrm{H}}$ und $G_{1\mathrm{H}}$ für beliebige z berechenbar. Durch Einsetzen von $z = 0$

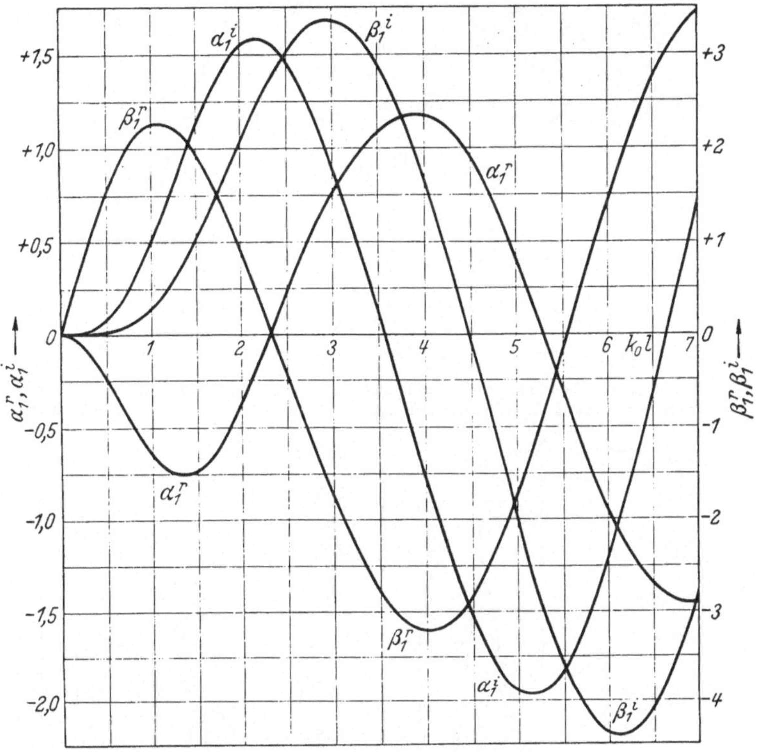

Bild 14.1. Die HALLÉNschen Widerstandskoeffizienten $F_{1\mathrm{H}}(l) = \alpha_1^r + i\alpha_1^i$ und $M_{1\mathrm{H}}(o) = \beta_1^r + i\beta_1^i$ der ersten Näherung in Abhängigkeit von der Antennenlänge. (Nach KING und BLAKE.)

und l erhält man unter Berücksichtigung von Ein(0) = 0 die vereinfachten Formeln für die Argumente 0 und l. Damit sind sämtliche im Strom (20) und (22) und im Widerstand (24) auftretenden Größen in 1. Näherung bekannt. Die im Widerstand (24) auftretenden Koeffizienten von $F_{1\mathrm{H}}(l)$ und $M_{1\mathrm{H}}(0)$ sind in Bild 14.1 in Abhängigkeit von der Antennenlänge graphisch dargestellt.

Setzt man die Werte (32 u. 32a) in die Rekursionsformel (16c) ein, so erhält man die Werte von $F_{2\mathrm{H}}$ und $G_{2\mathrm{H}}$ für die Berechnung der 2. Näherung. Die auftretenden Integrale sind nicht mehr geschlossen lösbar, sondern müssen graphisch oder numerisch für be-

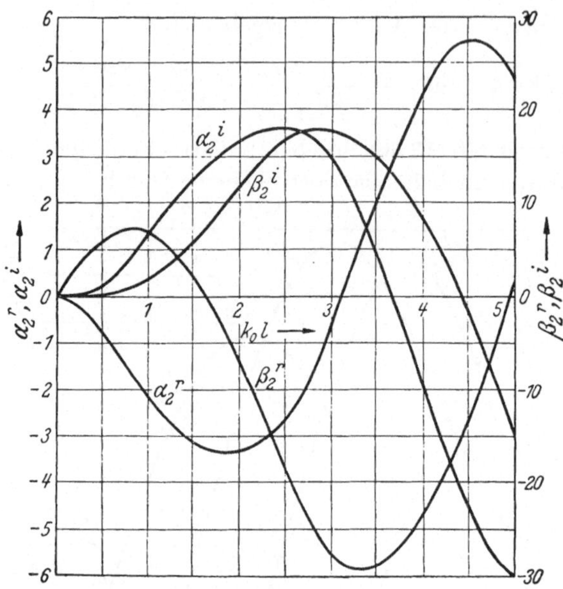

Bild 14.2. Die HALLÉNschen Widerstandskoeffizienten $F_{2\,\mathrm{H}}(l) = \alpha_2^r + \mathrm{i}\,\alpha_2^i$ und $M_{2\,\mathrm{H}}(o) = \beta_2^r + \mathrm{i}\,\beta_2^i$ der zweiten Näherung in Abhängigkeit von der Antennenlänge. (Nach BOUWKAMP.)

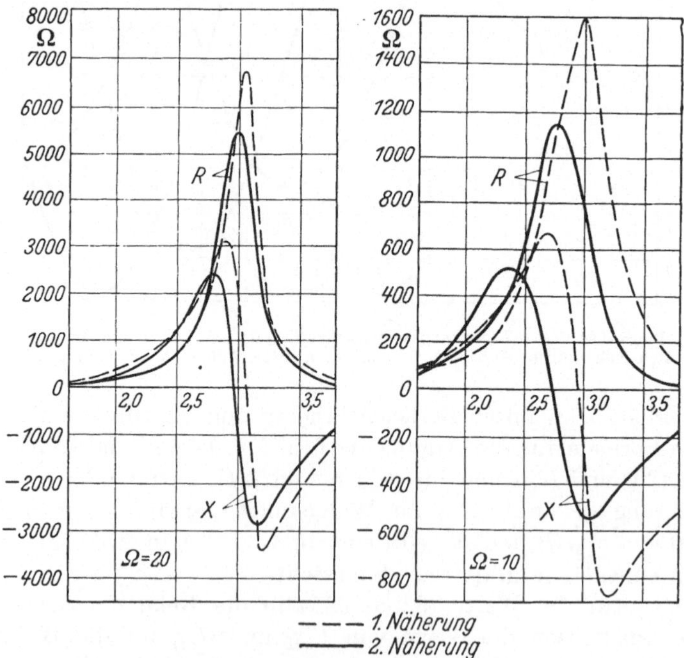

Bild 14.3. Der Eingangswiderstand zylindrischer Antennen nach der Theorie von HALLÉN. (Aus MIDDLETON und KING.)

stimmte Werte von z und l ausgewertet werden. Bei Beschränkung auf die Widerstandsberechnung genügen die Werte für $z = 0$ und $z = l$. Einsetzen in (23) ergibt das zugehörige $M_{2\mathrm{H}}$. Damit sind die Koeffizienten $F_{2\mathrm{H}}(l)$ und $M_{2\mathrm{H}}(0)$ der 2. Näherung des Antennenwiderstandes (24) prinzipiell bekannt. Die Rechnung ist von BOUWKAMP durchgeführt worden. Die Koeffizienten sind in Bild 14.2 aufgetragen. Mit Bild 14.1 u. 14.2 und dem Wert (25) für Ψ kann der Antennenwiderstand für beliebige Antennenlängen für jedes Ω in 1. und 2. Näherung berechnet werden. Bild 14.3 zeigt die 1. und 2. Näherungswerte für eine Antenne mit $\Omega = 10$ und 20, was nach (25) einem Schlankheitsgrad $l/\varrho_0 = 75$ bzw. 11000 entspricht. Ein Vergleich mit den späteren Bildern 14.5, 16.8 und 16.9 zeigt, daß die 2. Näherung mit den HALLÉNschen Werten für die Berechnung der Antennenwiderstände noch nicht ausreichend ist. Die Durchführung der 3. Näherung ist aber praktisch nicht mehr möglich, da hierzu der gesamte Verlauf von $F_2(z)$ und $G_2(z)$ berechnet werden müßte.

*4. Abgeänderte Ansätze.

Die unzureichende Konvergenz der HALLÉNschen Werte liegt offenbar daran, daß die willkürlich gewählte Funktion $f(z)$ nicht geeignet gewählt ist, indem sie keine genügende Näherung für den wirklichen Stromverlauf darstellt, wodurch die Korrekturglieder in Gl. (12) zu groß werden. Zur Verbesserung der Konvergenz sind daher andere Ausgangsfunktionen angesetzt worden. So nimmt MARION C. GRAY für $g(z, \zeta)$ den besser konvergierenden Wert

$$g(z, \zeta) = \cos(k_0 r_{z-\zeta})\, \mathrm{e}^{-\mathrm{i} k_0 r_{z-\zeta}} \tag{34}$$

und für Ψ den Mittelwert aus dem zugehörigen Integral (11), während KING und MIDDLETON als Näherungswert für $f(z)$ direkt die Stromverteilung der Leitungstheorie und damit eine wesentlich bessere Annäherung der wirklichen Stromverteilung nehmen. Dadurch werden die Korrekturglieder in Gl. (12) kleiner, wodurch der 2. Näherungswert der Lösung bereits genau genug ist.

Setzt man mit KING und MIDDLETON

$$f(z) = \sin k_0 (l - |z|), \tag{35}$$

so wird nach Gl. (9 u. 11)

$$g(z, \zeta) = \frac{\sin k_0 (l - |\zeta|)}{\sin k_0 (l - |z|)} \tag{35a}$$

und

$$\begin{aligned} \Psi(z = & \int_{-l}^{l} g(z, \zeta)\, w_{z-\zeta}\, \mathrm{d}\zeta \\ = & \frac{1}{\sin k_0 (l - |z|)} \int_{-l}^{l} \sin k_0 (l - |\zeta|)\, \frac{\mathrm{e}^{-\mathrm{i} k_0 r_{z-\zeta}}}{r_{z-\zeta}}\, \mathrm{d}\zeta. \end{aligned} \tag{36}$$

Das Integral ist aber genau das im HERTZschen Vektor der einfachen Leitungstheorie auftretende Integral, und zwar der Wert der eckigen Klammer in Gl. (12.2), wie man durch Trennung des Integrals für positive und negative ζ sieht. Aus der Lösung (12.23) folgt durch Vergleich mit (12.2), daß das Integral in (36) gleich i/2mal der eckigen Klammer in (12,23) ist, also

$$\begin{aligned}\Psi(z) = \frac{\mathrm{i}}{2\sin k_0(l-|z|)}\big[&e^{\mathrm{i}k_0(l+z)}\{\mathrm{Ei}(\mathrm{i}\,v_z)-\mathrm{Ei}(\mathrm{i}\,v_{z+l})\}\\ &+e^{-\mathrm{i}k_0(l+z)}\{\mathrm{Ei}(\mathrm{i}\,u_z)-\mathrm{Ei}(\mathrm{i}\,u_{z+l})\}\\ &+e^{\mathrm{i}k_0(l-z)}\ \{\mathrm{Ei}(\mathrm{i}\,u_z)-\mathrm{Ei}(\mathrm{i}\,u_{z-l})\}\\ &+e^{-\mathrm{i}k_0(l-z)}\{\mathrm{Ei}(\mathrm{i}\,v_z)-\mathrm{Ei}(\mathrm{i}\,v_{z-l})\}\big].\end{aligned} \tag{37}$$

Dabei sind die Argumente durch Gl. (12.23a) mit $\varrho = \varrho_0$ gegeben. Die Zerlegung der normalen Exponentialintegralfunktionen Ei in Real- und Imaginärteil mittels der tabulierten Funktionen von Integralsinus und Integralkosinus ist durch Gl. (12.22 oder 12.36) gegeben, so daß $\Psi(z)$ für jeden Wert von l und z berechnet werden kann. Für kleine Argumente sind dabei die Grenzwerte (12.38) zu nehmen.

Aus $\Psi(z)$ ist nun ein konstanter Wert Ψ entsprechend Gl. (11) und den Überlegungen in Abschn. 2 auszuwählen. Zeichnet man den absoluten Wert von $\Psi(z)$ für verschieden lange Antennen als Funktion von z auf, so sieht man, daß $|\Psi(z)|$ bei kürzeren Antennen abgesehen von den Enden nahezu konstant ist, wie es nach den Überlegungen in Abschn. 2 auch sein muß. Bei Antennenlängen über $l = \lambda/4$ ist außer an den Enden auch der Wert bei $z = 0$ durch den Nenner in (37) erhöht, der konstante Wert entspricht etwa dem Wert bei $z = l - \lambda/4$. Wir erhalten daher einen brauchbaren Wert für Ψ, wenn wir mit KING und MIDDLETON

$$\Psi = \Psi_{\mathrm{K}} = \begin{cases} |\Psi(0)| & \text{für} \quad k_0\, l \leqq \frac{\pi}{2}, \\ \left|\Psi\left(l-\frac{\lambda}{4}\right)\right| & \text{für} \quad k_0\, l \geqq \frac{\pi}{2} \end{cases} \tag{38}$$

wählen.

Durch Einsetzen von $z = 0$ bzw. $z = l - \lambda/4$ in (37), Einsetzen der Argumente (12.23a) mit den Näherungen (12.37) für kleine ϱ_0 und Zerlegung der Exponentialintegrale nach Gl. (12.36) mit den Näherungen (12.38) für die Funktionen mit kleinen Argumenten, erhält man aus (37)

$$\Psi(0) = \Omega - (1 - \mathrm{i}\operatorname{ctg} k_0 l)\,[\mathrm{C} + \ln 2k_0 l - \mathrm{Ci}\,2k_0 l + \mathrm{i}\,\mathrm{Si}\,2k_0 l] \tag{38a}$$

und

$$\begin{aligned}\Psi\left(l-\frac{\lambda}{4}\right) = {}&\frac{1}{2}e^{\mathrm{i}2k_0 l}[\mathrm{Ci}\,x_1 - \mathrm{i}\,\mathrm{Si}\,x_1 - \mathrm{Ci}(4k_0 l-\pi) + \mathrm{i}\,\mathrm{Si}(4k_0 l-\pi)]\\ &-\frac{1}{2}e^{-\mathrm{i}2k_0 l}\left[\mathrm{Ci}\,x_2 - \mathrm{i}\,\mathrm{Si}\,x_2 - \ln\frac{\gamma k_0^2\varrho_0^2}{4k_0 l-\pi}\right]\\ &-\frac{1}{2}\left[\mathrm{Ci}\,x_2 - \mathrm{i}\,\mathrm{Si}\,x_2 - \mathrm{Ci}\,\pi + \mathrm{i}\,\mathrm{Si}\,\pi - \mathrm{Ci}\,x_1 + \mathrm{i}\,\mathrm{Si}\,x_1 + \ln\frac{\lambda k_0^2\varrho_0^2}{\pi}\right]\end{aligned} \tag{38b}$$

mit

$$x_{1,2} = k_0 \left[\sqrt{\varrho_0^2 + \left(l - \frac{\lambda}{4}\right)^2} \pm \left(l - \frac{\lambda}{4}\right) \right]. \tag{38c}$$

Für $\varrho_0 \ll l - \frac{\lambda}{4}$ ist hiernach $x_1 \approx 2 k_0 l - \pi$ und mit (12.38)

$$\mathrm{Ci}\, x_2 - \mathrm{i}\, \mathrm{Si}\, x_2 \approx \ln \frac{\gamma k_0^2 \varrho_0^2}{2 k_0 l - \pi}. \tag{38d}$$

Nach den Gl. (38a bis d) kann der Absolutwert Ψ_K leicht berechnet werden. Wegen des kleinen Imaginärteils ist der Wert $\Psi_\mathrm{K} - \Omega$ nahezu unabhängig von Ω. Bild 14.4 zeigt den Wert $\Omega - \Psi_\mathrm{K}$ als Funktion der Antennenlänge $k_0 l$ nach Werten von KING und MIDDLETON. Aus der Darstellung kann $\Omega - \Psi_\mathrm{K}$ und daraus Ψ_K für jede Antennenlänge entnommen werden.

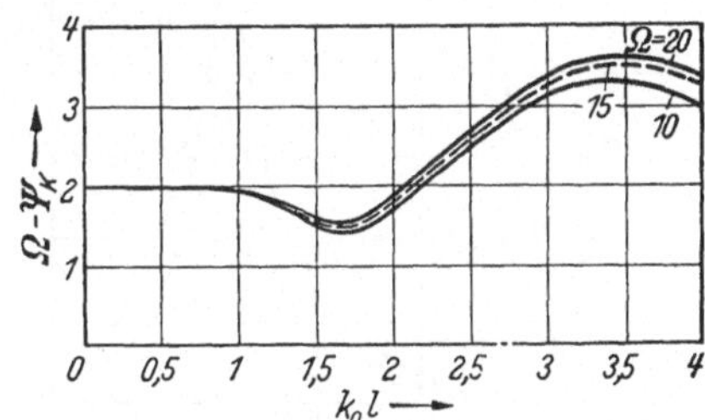

Bild 14.4. Der Wert $\Omega - \Psi_\mathrm{K}$ in Abhängigkeit von der Antennenlänge.

Für die Auswertungen der Gl. (20 bis 24) sind weiter die Werte F_n und G_n nach der Rekursionsformel (16c) zu berechnen. Mit Einsetzen der Werte F_0 aus (16) wird der Wert F_1 nach KING und MIDDLETON

$$F_{1\mathrm{K}}(z) = (\cos k_0 z - \cos k_0 l)\, \Psi_\mathrm{K} - \int_{-l}^{l} (\cos k_0 \zeta - \cos k_0 l)\, w_{z-\zeta}\, \mathrm{d}\zeta. \tag{39}$$

Ein Vergleich mit (28) zeigt, daß

$$F_{1\mathrm{K}}(z) = F_{1\mathrm{H}}(z) + (\Psi_\mathrm{K} - \Omega)(\cos k_0 z - \cos k_0 l) \tag{39a}$$

ist. Setzt man diese Werte in die Rekursionsformel (16c) ein, so erhält man, wie bei Beachtung von (28) leicht ersichtlich ist,

$$\begin{aligned} F_{2\mathrm{K}}(z) &= F_{2\mathrm{H}}(z) + (\Psi_\mathrm{K} - \Omega)\,[F_{1\mathrm{H}}(z) - F_{1\mathrm{H}}(l)] \\ &\quad + (\Psi_\mathrm{K} - \Omega)\, F_{1\mathrm{H}}(z) + (\Psi_\mathrm{K} - \Omega)^2 (\cos k_0 z - \cos k_0 l). \end{aligned} \tag{40}$$

Genau dieselben Gleichungen ergeben sich für $G_{1\mathrm{K}}$ und $G_{2\mathrm{K}}$, nur daß überall F durch G und $\cos k_0 z - \cos k_0 l$ durch $\sin k_0 |z| - \sin k_0 l$ zu ersetzen ist.

Das Einsetzen dieser Werte in die Gl. (23) liefert schließlich mit einfacher Ausrechnung die Koeffizienten

$$\begin{aligned} M_{1\mathrm{K}}(z) &= M_{1\mathrm{H}}(z) + (\Psi_\mathrm{K} - \Omega) \sin k_0 (l - |z|), \\ M_{2\mathrm{K}}(z) &= M_{2\mathrm{H}}(z) + 2(\Psi_\mathrm{K} - \Omega)\, M_{1\mathrm{H}}(z) \\ &\quad + (\Psi_\mathrm{K} - \Omega)^2 \sin k_0 (l - |z|). \end{aligned} \tag{41}$$

Damit sind sämtliche Koeffizienten des KING-MIDDLETONschen Ansatzes aus den HALLÉNschen Werten und dem in Bild 14.4 dargestellten Wert $\Omega - \Psi_K$ berechenbar. Bild 14.5 zeigt den mit diesen Koeffizienten berechneten Antennenwiderstand in 1. und 2. Näherung für die gleichen Antennen wie in Bild 14.3. Die in Bild 14.3 und 14.5 enthaltenen Resonanzwiderstände und Resonanzverkürzungen der 2. Näherung für den Halbwellen- und Ganzwellendipol sind für $\Omega = 2 \ln 2l/\varrho_0 = 10$ zusam-

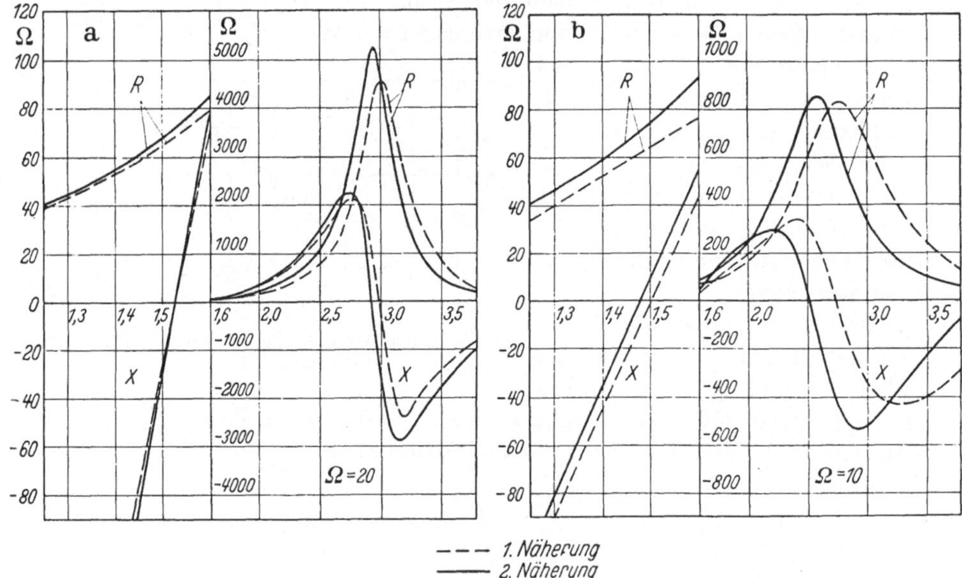

Bild 14.5. Der Eingangswiderstand zylindrischer Antennen nach KING und MIDDLETON.

men mit einem Meßwert von D. D. KING in der folgenden Tabelle zusammengestellt. Man sieht hier und ebenso in den späteren Bildern 16.8 und 16.9 die Brauchbarkeit der 2. Näherung des KING-MIDDLETONschen Ansatzes.

Tabelle 14.1. *Resonanzwiderstände und Verkürzungen.*

	Meßwert D. D. KING	HALLÉN-BOUWKAMP 2. Näherung	R. KING-D. MIDDLETON 2. Näherung
$R_{A\,DD}$	800 Ohm	1150 Ohm	860 Ohm
$k_0\left(\frac{\lambda}{2} - l_{\text{res}}\right)$	0,60	0,41	0,61
$R_{A\,D}$	71,5 Ohm	60,6 Ohm	70,0 Ohm
$k_0\left(\frac{\lambda}{4} - l_{\text{res}}\right)$	0,098	0,089	0,094

*5. Die unsymmetrische Sendeantenne.

Zum Schluß wollen wir noch kurz die unsymmetrische Sendeantenne nach der HALLÉNschen Theorie behandeln. Der Speisepunkt liege bei $z = 0$, der obere Antennenteil habe die Länge l_1 und den Durchmesser ϱ_1, der untere Antennenteil die Länge l_2 und den Durchmesser ϱ_2, vgl. Bild 14.6. Eine unsymmetrische Antenne hat den Nachteil, daß der Speisepunkt nicht in der Symmetrieachse liegt. Daher wird bei einer Speisung über Doppelleitung auf der Speiseleitung eine Gleichtaktwelle erregt, die nach Kap. 7.1 ein erhebliches Strahlungsfeld hat. Es kommt daher praktisch nur eine konzentrische Speisung in Betracht, wie sie z. B. der in Bild 14.7 gezeichnete Dipol hat (vgl. auch Bild 12.16g), der durch die Spiegelung an der Erde zusätzlich eine zweite Spannungsquelle hat und damit wegen der linearen Superposition der Felder die Summe der beiden in Bild 14.7 rechts gezeichneten unsymmetrischen Antennen ist.

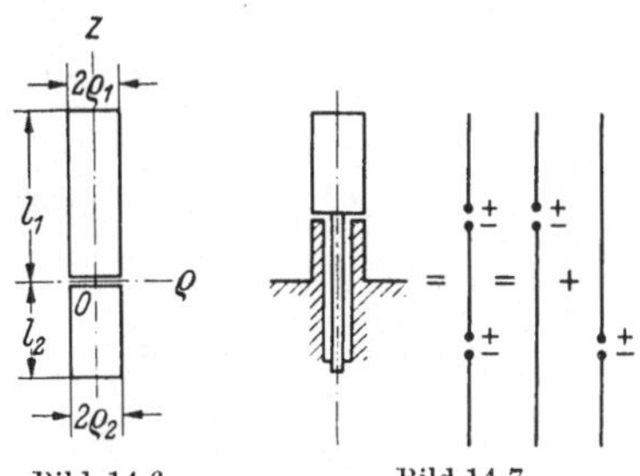

Bild 14.6. Unsymmetrische Antenne, Prinzipbild.

Bild 14.7. Unsymmetrische Koaxialantenne mit Ersatzbild.

Für die rechnerische Behandlung der unsymmetrischen Antenne gelten für die HERTZschen Vektoren auf beiden Antennenteilen wieder die Gl. (3) mit verschiedenen Konstanten. Wegen der Unsymmetrie kommt aber Gl. (3a) nicht mehr in Betracht.

Da der HERTZsche Vektor Π_0 an Stelle von Gl. (1) jetzt von den beiden verschiedenen Strömen $I_{1\zeta}$ des oberen Antennenteils und $I_{2\zeta}$ des unteren Antennenteils herrührt, erhält man an Stelle von Gl. (7) die beiden simultanen Integralgleichungen

$$\begin{aligned}
&\int_0^{l_1} I_{1\zeta}\, w^1_{z-\zeta}\, d\zeta + \int_{-l_2}^{0} I_{2\zeta}\, w^2_{z-\zeta}\, d\zeta = -i\frac{4\pi}{Z_0}\left[A_1 \cos k_0 z + V_1 \sin k_0 z\right] \\
&\qquad\qquad \text{für } 0 \leqq z \leqq l_1, \\
&\int_0^{l_1} I_{1\zeta}\, w^1_{z-\zeta}\, d\zeta + \int_{-l_2}^{0} I_{2\zeta}\, w^2_{z-\zeta}\, d\zeta = -i\frac{4\pi}{Z_0}\left[A_2 \cos k_0 z - V_2 \sin k_0 z\right] \\
&\qquad\qquad \text{für } -l_2 \leqq z \leqq 0.
\end{aligned} \tag{42}$$

Dabei sind $w^1_{z-\zeta}$ und $w^2_{z-\zeta}$ durch Gl. (6 u. 1a) mit ϱ_1 bzw. ϱ_2 statt ϱ_0 gegeben. Die beiden Gleichungen sind unter den Nebenbedingungen

$$I_{1z} = 0 \quad \text{für} \quad z = l_1, \qquad I_{2z} = 0 \quad \text{für} \quad z = -l_2, \tag{43}$$

$$I_{10} = I_{20} = I_0 \tag{43a}$$

und

$$\begin{aligned}\varphi_{z=+0} - \varphi_{z=-0} &= -\left(\frac{\partial \Pi_{01}}{\partial z}\right)_{z=+0} + \left(\frac{\partial \Pi_{02}}{\partial z}\right)_{z=-0} \\ &= V_1 + V_2 = 2V = U_A\end{aligned} \tag{44}$$

[siehe Gl. (4a)] zu lösen.

Führt man genau wie in Abschn. 2 für die beiden unbekannten, bei beiden Antennenteilen auf den gleichen Klemmenstrom bezogenen Stromverteilungsfunktionen I_{1z}/I_0 und I_{2z}/I_0 die willkürlich wählbaren Funktionen $f_1(z)$ und $f_2(z)$ entsprechend Gl. (8 u. 9) ein und setzt die verschiedenen möglichen Verhältnisse

$$\begin{aligned} g_{11}(z,\zeta) &= \frac{f_1(\zeta)}{f_1(z)}, \quad g_{12}(z,\zeta) = \frac{f_2(\zeta)}{f_1(z)}, \\ g_{22}(z,\zeta) &= \frac{f_2(\zeta)}{f_2(z)}, \quad g_{21}(z,\zeta) = \frac{f_1(\zeta)}{f_2(z)}, \end{aligned} \tag{45}$$

so kann man für die linke Seite der oberen Gl. (42) entsprechend Gl. (10)

$$\int_0^{l_1} I_{1\zeta}\, w^1_{z-\zeta}\, d\zeta + \int_{-l_2}^{0} I_{2\zeta}\, w^2_{z-\zeta}\, d\zeta = I_{1z}\,[\Psi_1 + \delta_1(z)] + \Pi_1(z) \tag{46}$$

mit

$$\Psi_1 + \delta_1(z) = \int_0^{l_1} g_{11}(z,\zeta)\, w^1_{z-\zeta}\, d\zeta + \int_{-l_2}^{0} g_{12}(z,\zeta)\, w^2_{z-\zeta}\, d\zeta, \tag{46a}$$

und

$$\begin{aligned}\Pi_1(z) &= \int_0^{l_1} [I_{1\zeta} - I_{1z}\, g_{11}(z,\zeta)]\, w^1_{z-\zeta}\, d\zeta \\ &+ \int_{-l_2}^{0} [I_{2\zeta} - I_{1z}\, g_{12}(z,\zeta)]\, w^2_{z-\zeta}\, d\zeta\end{aligned} \tag{46b}$$

schreiben. Die in $\Pi_1(z)$ auftretenden Integrale sind wieder klein, wenn $f_1(z)$ und $f_2(z)$ die Stromverteilungen gut annähern, ebenso ist $\delta_1(z)$ klein, wenn Ψ_1 ein passend gewählter fester Wert der rechten Seite von (46a) ist.

Setzt man (46) in die obere Gl. (42) ein, so wird

$$I_{1z} = -i\frac{4\pi}{Z_0\Psi_1}[A_1 \cos k_0 z + V_1 \sin k_0 z] - \frac{1}{\Psi_1}[I_{1z}\delta_1(z) + \Pi_1(z)] \quad \text{für } 0 \leqq z \leqq l_1. \tag{47}$$

Genau so liefert die untere Gleichung

$$I_{2z} = -i\frac{4\pi}{Z_0\Psi_2}[A_2 \cos k_0 z - V_2 \sin k_0 z] - \frac{1}{\Psi_2}[I_{2z}\delta_2(z) + \Pi_2(z)] \quad \text{für } -l_2 \leqq z \leqq 0, \tag{47a}$$

wobei Ψ_2, δ_2 und Π_2 durch dieselben Gl. (46a u. 46b) gegeben sind, wenn man hierin bei g_{11}, g_{12} und I_{1z} den 1. Index 1 durch 2 ersetzt.

Da die beiden letzten Glieder in den beiden Gl. (47 u. 47a) Korrekturglieder genau wie in Gl. (12) sind und die obere Gleichung nur für positive z, die untere nur für negative z gilt, entsprechen die Gl. (47 u. 47a) vollkommen der Gl. (12), nur daß in dem Korrekturglied $\Pi_1(z)$ nach (46b) nicht nur der Strom I_1, sondern auch der Strom I_2 unter dem Integral steht und ebenso in $\Pi_2(z)$ der Strom I_1. Da die Ströme andere Konstanten haben, können die Integralgleichungen nicht ohne weiteres streng gelöst werden. Man müßte sie ähnlich wie HALLÉN in Integralgleichungen für die Summe und Differenz der gleich weit von den Antennenenden entfernten Ströme umformen.

Statt den Antennenwiderstand der unsymmetrischen Antenne streng zu berechnen, wollen wir ihn nach den abgeleiteten Formeln näherungsweise aus den Widerständen der symmetrischen Antenne ermitteln.

Der Strom in Gl. (47) enthält auf der rechten Seite die Integrale (46a, b). Wie schon mehrfach betont, rühren in diesen Integralen wegen des Nenners in $w_{z-\zeta}$ die Hauptglieder von den Strömen in unmittelbarer Nähe des Punktes z her. Daher wird der Wert auf dem oberen Antennenteil in einiger Entfernung vom Klemmenpunkt im wesentlichen von den Strömen des oberen Teiles herrühren, während die Ströme des unteren Teiles einen vernachlässigbar kleinen Einfluß haben, so daß man wenigstens bei nicht allzu verschiedenen Antennenteilen in Gl. (47) ohne großen Fehler das vom unteren Antennenteil herrührende 2. Integral in (46b) durch das untere Integral der zugehörigen symmetrischen Antennenhälfte, also durch $\int\limits_{-l_1}^{0} [I_{1\zeta} - I_{1z}\, g_{11}(z,\zeta)]\, w^1_{z-\zeta}\, d\zeta$ ersetzen kann. Dasselbe gilt für (46a). Da der Wert bei $z = 0$ im wesentlichen von den Strömen in der Nähe von $z = 0$ herrührt, der Strom bei $z = 0$ aber kontinuierlich angesetzt ist, wird dieser Ersatz auch noch für Punkte bei $z = 0$ und damit für den gesamten oberen Antennenteil gelten. Mit diesem Ersatz ist aber die obere Gl. (47) mit Gl. (12) identisch, nur daß überall V durch V_1 und l durch l_1 zu ersetzen ist. Daher muß der Strom des oberen Antennenteiles näherungsweise gleich dem Strom der symmetrischen Antenne von der Länge $2l_1$ sein und der Widerstand $Z_1 = V_1/I_0$ näherungsweise gleich dem halben Widerstand der zugehörigen symmetrischen Antenne. Dasselbe gilt für die Stromverteilung und den Widerstand $Z_2 = V_2/I_0$ des unteren Antennenteiles. Die Addition der Werte Z_1 und Z_2 gibt aber den Widerstand der unsymmetrischen Antenne, da nach (43a u. 44) I_0 der Klemmenstrom und $V_1 + V_2$ die Klemmenspannung U_A ist. Der Gesamtwiderstand der unsymmetrischen Antenne ist daher in guter Näherung gleich dem arithmetischen Mittelwert der Widerstände der beiden zugehörigen symmetrischen Antennen mit den Längen $2l_1$ und $2l_2$, also

$$Z_A = Z_1 + Z_2 = \frac{V_1 + V_2}{I_0} \approx \frac{1}{2}(Z_{A1} + Z_{A2}). \tag{48}$$

Aus den Widerstandskurven der Einzelantennen erkennt man, daß man durch geeignete Wahl der Längen l_1 und l_2 den Frequenzgang von Z_{A1} und Z_{A2} teilweise kompensieren kann, durch unsymmetrische Speisung also eine größere Breitbandigkeit als bei einer symmetrischen Antenne gleicher Dicke erzielen kann, wie bereits in Kap. 12.6 erwähnt wurde.

Die im vorstehenden Kapitel benutzte Integralgleichungsmethode ist nicht auf eine einzelne und gerade Linearantenne beschränkt, sondern kann in entsprechend abgeänderter Form für die Berechnung beliebiger linearer Antennen- und Leitungssysteme benutzt werden, z. B. für die strenge Berechnung der Rahmenantenne (Hallén), für die Berechnung gekoppelter paralleler oder schräg stehender Antennen, des Strahlungswiderstandes von Doppelleitungen u. dgl. (King und Mitarbeiter).

15. Kapitel.

Strenge Berechnung zylindrischer Dipolantennen mit Differentialgleichung.

1. Prinzip der Lösung.

Die in den beiden vorigen Kapiteln durchgeführten Antennentheorien sind wegen Benutzung des Integralansatzes (10.12) auf Linearantennen beschränkt, ihre Ergebnisse daher bei dickeren Dipolantennen, wie sie z. B. für die Übertragung breiterer Frequenzbänder ohne Nachstimmen der Antennen erforderlich sind, nicht ohne weiteres anwendbar. Um Antennen beliebiger Dicke rechnerisch zu erfassen, muß, da eine Auflösung der strengen Integralgleichung (10.11) mit veränderlichem ϱ nicht durchführbar ist, das Antennenfeld als direkte Lösung der Wellengleichung mit Erfüllung der Grenzbedingungen berechnet werden. Eine derartige Lösung ist für den Fall des geraden, durchgehenden Leiters in rotationselliptischen Koordinaten von Abraham 1898 angegeben worden und in neuerer Zeit für elliptische Antennen mit Speisepunkt von Chu und Stratton; vgl. Kap. 16.2. Eine Lösung für die zylinderförmige Antenne stößt wegen der endlichen Länge der Antenne zunächst auf Schwierigkeiten, da die Antennenfläche nicht mit einer Koordinatenfläche übereinstimmt. Hier hat Zuhrt eine Lösung unter Benutzung eines besonderen Spiegelungsverfahrens durchgeführt.

Die Antenne bestehe aus einem an der Speisestelle $z = z_0$ unterbrochenen Rohr vom Durchmesser $2\varrho_0$ und der Länge $2l$. Die Unterbrechungsstelle sei als unendlich schmal vorausgesetzt. Der wirkliche, noch unbekannte Strom der Antenne, dessen Verlauf in Bild 15.1a prinzipiell angedeutet ist, kann jedenfalls genau wie bei der Lösung in Kap. 13 als eine FOURIER-Reihe mit unbekannten Koeffizienten angesetzt werden, deren Glieder an den Antennenenden verschwinden. Die so angesetzte Stromverteilung denken wir uns jetzt nach beiden Seiten bis ins Unendliche gespiegelt, um eine für die Lösung der Wellengleichung in Zylinderkoordinaten erforderliche periodische Grenzbedingung für die gesamte Koordinatenfläche $\varrho = \varrho_0$ zu erhalten. Dabei spiegeln wir aber nicht unmittelbar an den Enden der wirklichen Antenne von der Länge $2l$, sondern wir verlängern zunächst die Antenne nach beiden Seiten um ein beliebiges, aber gleich großes, stromloses und nichtmetallisches Stück auf die Länge $2l_v$ und setzen den Strom dieser verlängerten Antenne nach beiden Seiten spiegelsymmetrisch fort, so daß die in Bild 15.1b mit ihrer Stromverteilung gezeichnete periodische Antenne entsteht. Durch den Grenzübergang $l_v \to \infty$ erhält man dann offenbar die wirkliche Antenne.

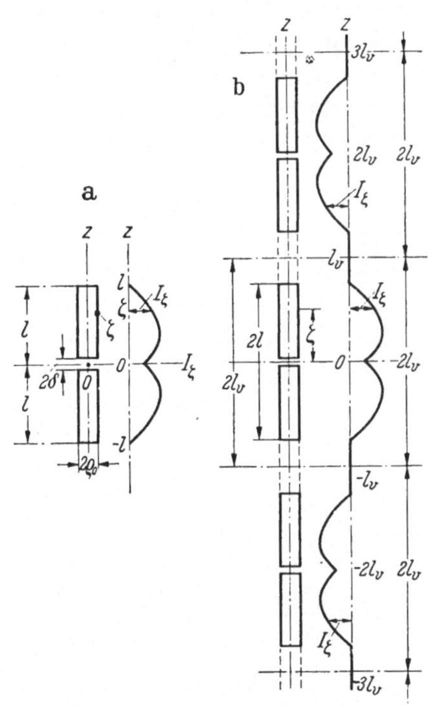

Bild 15.1. Stromverlauf und Spiegelung der Zylinderantenne. a Prinzipieller Stromverlauf der wirklichen Antenne. b Gespiegelte Antenne mit gespiegeltem Stromverlauf.

Für die Lösung des Feldes der beschriebenen Antenne suchen wir zunächst das zu der periodischen Stromverteilung gehörende, die Strom- und Durchflutungsbedingung erfüllende Strahlungsfeld. Der HERTZsche Vektor des Feldes enthält die angesetzten und in der neuen Stromreihe enthaltenen unbekannten Stromkoeffizienten. Diese bestimmen sich durch Erfüllung der noch fehlenden Grenzbedingungen, wobei zu beachten ist, daß die Feldstärkenbedingung nur auf der metallischen Antenne, nicht auf der stromlosen Verlängerung gilt. Das können wir dadurch erzwingen, daß wir von der aus dem Strahlungsfeld für den Antennenradius $\varrho = \varrho_0$ erhaltenen Feldstärke nur die Werte auf der wirklichen Antenne, also die Werte von $-l \leqq z \leqq +l$ als FOURIER-

Reihe entwickeln und die Koeffizienten dieser Reihe so bestimmen, daß die Grenzbedingungen erfüllt sind, wie später näher ausgeführt wird. Dadurch ergibt sich ähnlich wie in Kap. 13 eine unendliche Schar von Gleichungen zur Bestimmung der unendlich vielen unbekannten Stromkoeffizienten. Durch die Auflösung dieses Gleichungssystems ist das Strahlungsfeld der gespiegelten Antenne bekannt. Durch den Grenzübergang $l_v \to \infty$, der bereits an den Konstanten des Gleichungssystems vor der Auflösung des Systems vorgenommen werden kann, bekommen wir dann das strenge Strahlungsfeld der wirklichen Antenne, aus dem sich sämtliche Größen, vor allem auch der Eingangswiderstand der Dipolantenne, streng berechnen lassen. Bei den verschiedenen FOURIER-Entwicklungen ist zu beachten, daß nur solche Reihen benutzt werden, die summierbar sind, eventuell im erweiterten Sinn[1].

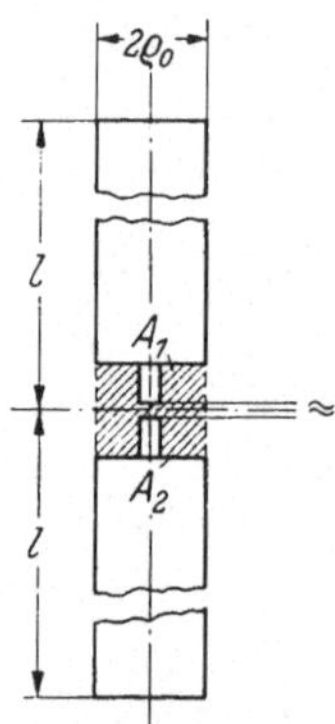

Bild 15.2. Schema einer symmetrischen Speisung mit Speisepunktskorrektur.

Die einzigen Voraussetzungen, die die Theorie noch enthält, sind der unendlich schmale, symmetrisch gespeiste Schlitz (vgl. die Ausführungen in Kap. 10.3) und das Verschwinden der Endströme. Die symmetrische Speisung kann man z. B. prinzipiell durch eine Zuführung in der Mitte entsprechend Bild 15.2 erreichen. Durch eine derartige Anordnung ändert sich das Feld in der Nähe der Speisestelle. Entsprechend dem in Bild 15.2 schraffierten Feldgebiet kommt zu dem berechneten Antennenwiderstand im Speisepunkt in 1. Näherung der kapazitive Widerstand zwischen den beiden Platten A_1 und A_2 als Parallelwiderstand und der der schraffierten Fläche in Bild 15.2 entsprechende induktive Widerstand als Reihenwiderstand hinzu. Für beide Werte kann, wenn der Abstand zwischen A_1 und A_2 klein gegen die Antennenlänge ist, näherungsweise der bekannte quasistationäre Wert genommen werden; vgl. Abschn. 3. In 2. Näherung kann man den Übergang durch einen Vierpol ersetzen; vgl. die in Kap. 10.3 angegebenen Arbeiten.

Während so die Speisestelle in quasistationärer Näherung berücksichtigt werden kann, ist dies bei den Enden nicht möglich. In der Theorie wird der Strom an den Enden der rohrförmigen Antenne gleich Null gesetzt. In Wirklichkeit greift der Strom nach innen über, so daß der Endstrom nicht genau Null ist. Den Endstrom Null kann man experimentell besser durch angesetzte kegel- oder kugelförmige Kappen erreichen. Hierbei wird der Durchmesser verkleinert. In beiden Fällen tritt ein Fehler in der Größenordnung ϱ_0/l auf. Während aber der in

[1] Vgl. FRANK-MISES, Bd. 1, S. 199.

Kap. 13 u. 14 benutzte Integralansatz die Vernachlässigung ϱ_0 gegen l bei allen Antennenpunkten enthält, ist in der vorliegenden Theorie diese Vernachlässigung nur an den Enden vorhanden, an denen der Strom klein ist und damit einen schwächeren Einfluß hat. Die Theorie muß daher für die Berechnung des theoretischen Antennenwiderstandes noch für wesentlich dickere Antennen als die mit dem Integralansatz (10.12) arbeitenden Theorien gelten.

* 2. Durchführung der Lösung für die symmetrische Sendeantenne.

Bei der wirklichen Durchführung der angegebenen Lösung betrachten wir zunächst als wichtigsten Fall die symmetrische, an beiden Enden offene Sendeantenne entsprechend Bild 15.1a. Die Berechnung anderer Sendeantennen sowie die zusätzlichen Änderungen für die Empfangsantennen werden in Abschn. 4 angegeben. Den OHMschen Widerstand der Antenne wollen wir als Null annehmen, eine Berücksichtigung wäre in der Theorie wie in Kap. 13 ohne Schwierigkeit möglich, ist aber praktisch im allgemeinen nicht erforderlich.

Entsprechend dem angegebenen Prinzip setzen wir zunächst den Strom der Antenne an. Da die Unterbrechungsstelle $z = 0$ durch die Speise- bzw. Empfangsklemmen unendlich dünn angenommen ist, liegt eine durchgehende Stromkurve auf der Antenne vor, die wir ganz allgemein durch eine FOURIER-Reihe ausdrücken können. Da der Strom an den Enden $z = \pm l$ gleich 0 ist, lautet der allgemeine Ansatz für die Stromkurve auf der wirklichen Antenne, also für $-l \leqq z \leqq +l$, bei beliebiger Lage des Speisepunktes

$$\begin{aligned} I = I(z) &= \sum_{s=1,3,5\ldots} A_s \cos\left(s\frac{\pi}{2}\frac{z}{l}\right) + \sum_{s'=2,4,6\ldots} A_{s'} \sin\left(s'\frac{\pi}{2}\frac{z}{l}\right) \\ &= I_1(z) + I_2(z). \end{aligned} \tag{1}$$

Für die stromfreie Verlängerung $l < |z| < l_v$ ist der Strom

$$I = 0. \tag{1a}$$

Für die übrigen Werte von z ist der Ansatz periodisch zu wiederholen entsprechend Bild 15.1b. Diesen periodischen Strom können wir in eine FOURIER-Reihe mit der Grundlänge $4l_v$ entwickeln. Diese Reihe enthält aus Symmetriegründen nur ungerade Kosinusfunktionen, herrührend von der Entwicklung von I_1, und gerade Sinusfunktionen, herrührend von der Entwicklung von I_2. Die gesuchte FOURIER-Entwicklung der gespiegelten Antenne hat daher die Gleichung

$$I(z) = \sum_{n=1,3,5\ldots} B_n \cos\left(n\frac{\pi}{2}\frac{z}{l_v}\right) + \sum_{n'=2,4,6\ldots} B_{n'} \sin\left(n'\frac{\pi}{2}\frac{z}{l_v}\right). \tag{2}$$

Dabei sind die FOURIER-Koeffizienten gegeben durch

$$B_n = \frac{1}{2l_v}\int\limits_{-2l_v}^{2l_v} I_1(z)\cos\left(n\frac{\pi}{2}\frac{z}{l_v}\right)\mathrm{d}z = \frac{2}{l_v}\int\limits_0^l \left[\sum_{s=1,3,5\ldots} A_s \cos\left(s\frac{\pi}{2}\frac{z}{l}\right)\right]\cos\left(n\frac{\pi}{2}\frac{z}{l_v}\right)\mathrm{d}z \tag{2a}$$

und

$$B_{n'} = \frac{1}{2l_v}\int\limits_{-2l_v}^{2l_v} I_2(z)\sin\left(n'\frac{\pi}{2}\frac{z}{l_v}\right)\mathrm{d}z = \frac{2}{l_v}\int\limits_0^l \left[\sum_{s'=2,4,6\ldots} A_{s'} \sin\left(s'\frac{\pi}{2}\frac{z}{l}\right)\right]\sin\left(n'\frac{\pi}{2}\frac{z}{l_v}\right)\mathrm{d}z. \tag{2b}$$

Die Integrale ergeben mit elementaren Rechnungen [Anwendung der Additionstheoreme für $\cos(\alpha+\beta) \pm \cos(\alpha-\beta)$] mit der Abkürzung

$$\gamma = \frac{l}{l_v}, \tag{3}$$

$$B_n = \frac{4\gamma}{\pi}\sum_{s=1,3,5\ldots} A_s (-1)^{\frac{s-1}{2}} \frac{s}{s^2-\gamma^2 n^2}\cos\left(\frac{\pi}{2}\gamma n\right), \tag{4}$$

$$B_{n'} = \frac{4\gamma}{\pi}\sum_{s'=2,4,6\ldots} A_{s'} (-1)^{\frac{s'}{2}-1} \frac{s'}{s'^2-\gamma^2 n'^2}\sin\left(\frac{\pi}{2}\gamma n'\right). \tag{4a}$$

Liegt der Speisepunkt symmetrisch, so fallen wegen der erforderlichen Symmetrie zum Nullpunkt die Sinusglieder fort, so daß sich für die symmetrische Antenne der Stromansatz beschränkt auf

$$I = \sum_{s=1,3,5\ldots} A_s \cos\left(s\frac{\pi}{2}\frac{z}{l}\right) \tag{5}$$

für die wirkliche Antenne und

$$I = \sum_{n=1,3,5\ldots} B_n \cos\left(n\frac{\pi}{2}\frac{z}{l_v}\right) \equiv \sum_{n=1,3,5\ldots} B_n \cos k_n z \tag{6}$$

für die gespiegelte Antenne, wobei B_n durch Gl. (4) gegeben ist.

Wir suchen jetzt das zu dieser Stromverteilung gehörende Strahlungsfeld. Dazu setzen wir den HERTZschen Vektor des Feldes als eine Summe der in Gl. (4.36) abgeleiteten Partikulärlösungen der Wellengleichung in Zylinderkoordinaten mit $\nu = 0$ wegen der Rotationssymmetrie an. Wegen der aus dem Stromansatz (5) folgenden Grenzbedingungen kommen an Stelle der Exponentialfunktionen für den Ansatz nur Kosinusfunktionen mit dem Argument $k_n z = n\frac{\pi}{2}\frac{z}{l_v}$ $(n = 1, 3, 5\ldots)$ in Betracht. Da ferner für $\varrho = 0$ nur die BESSELschen, für $\varrho \to \infty$ nur die

HANKELschen Funktionen endlich bleiben, müssen für Innen- und Außenraum der Antenne getrennte Lösungen angesetzt werden. Der Ansatz für den HERTZschen Vektor lautet daher für den Außenraum

$$\Pi_a = \sum_{n=1,3,5\ldots} C_n \mathrm{H}_0^{(2)}\left(\sqrt{k_0^2 - k_n^2}\,\varrho\right) \cos k_n z \tag{7}$$

und für den Innenraum

$$\Pi_i = \sum_{n=1,3,5\ldots} D_n \mathrm{J}_0\left(\sqrt{k_0^2 - k_n^2}\,\varrho\right) \cos k_n z \tag{7a}$$

mit

$$k_n = \frac{\pi}{2 l_v}. \tag{8}$$

Dabei haben wir im Außenraum für die HANKELschen Funktionen die bei der Zeitfunktion $e^{i\omega t}$ einer fortschreitenden Welle entsprechende Funktion 2. Art $\mathrm{H}_0^{(2)}$ genommen. Da $\mathrm{H}_0^{(2)}$ bei unendlich großem negativem Imaginärteil des Arguments verschwindet, muß für $\sqrt{k_0^2 - k_n^2}$ stets die Wurzel mit negativem Imaginärteil genommen werden. Denkt man sich das umgebende Medium mit beliebig kleiner Leitfähigkeit, so erkennt man, daß diese Wurzel einen positiven Realteil hat, da nach Gl. (3.15) der Imaginärteil von k_0^2 bei endlichem σ negativ ist. Daher muß bei verschwindender Leitfähigkeit für $k_0^2 > k_n^2$ die positive Wurzel $+\left|\sqrt{k_0^2 - k_n^2}\right|$, für $k_0^2 < k_n^2$ die Wurzel mit negativem Imaginärteil $-\mathrm{i}\left|\sqrt{k_0^2 - k_n^2}\right|$ genommen werden. Durch diese Festsetzungen ist die Wurzel eindeutig festgelegt.

Wir haben bei unserem Ansatz nur für den äußeren und inneren Luftraum ein Potential angesetzt. Strenggenommen wären bei dem vorhandenen Problem 3 Bereiche vorhanden, wobei aber der mittlere Antennenteil unendlich schmal ist und nur in den Grenzbedingungen erscheint.

Die Grenzbedingungen, aus denen die Konstanten C_n und D_n der Gl. (7 u. 7a) zu bestimmen sind, sind gegen die in Kap. 10 angegebenen Bedingungen durch die Hinzunahme der Spiegelung und des Innenraumes der Antenne sinngemäß abzuändern bzw. zu erweitern. Zunächst bleiben bei der wirklichen Antenne die Spannungs- und elektrischen Feldstärkenbedingungen, also die Gl. (10.5 u. 10.6), bestehen, und zwar gelten diese Gleichungen auf beiden Seiten der Antenne, also für Π_a und Π_i. Auf der stromlosen Verlängerung ist dagegen E_z nicht gleich 0, vielmehr gilt hier als Grenzbedingung die Gleichheit sämtlicher aus Innen- und Außenfeld berechneten Feldstärken, da ja an dieser Stelle physikalisch gar keine Trennung vorhanden ist. Es gilt also hier, da E_ϑ wegen der Rotationssymmetrie identisch verschwindet,

$$E_{za} = E_{zi}, \qquad E_{\varrho a} = E_{\varrho i} \quad \text{für } \varrho = \varrho_0. \tag{9}$$

Die Bedingungen für E_z auf beiden Teilen erfordern, wenn man sich für E_z den Wert aus Gl. (12.6) eingesetzt denkt, als notwendige (aber nicht hinreichende) Bedingung die Gleichheit des Potentials auf beiden Seiten, also längs der gesamten gespiegelten Antenne:

$$\Pi_a = \Pi_i \quad \text{für} \quad \varrho = \varrho_0 . \tag{10}$$

Die magnetische Feldstärkenbedingung ändert sich gegenüber Gl. (10.7) durch das Vorhandensein des Innenfeldes. Das Durchflutungsgesetz liefert als neue Grenzbedingung, wie aus dem in Bild 15.3 angedeuteten Umlauf folgt, an Stelle von Gl. (10.7)

$$2\pi\varrho_0 [H_{\psi a} - H_{\psi i}]_{\varrho=\varrho_0} = 2\pi\varrho_0 \,\mathrm{i}\,\omega\,\varepsilon_0 \left[\frac{\partial \Pi_i}{\partial \varrho} - \frac{\partial \Pi_a}{\partial \varrho}\right]_{\varrho=\varrho_0} = I(z) . \tag{11}$$

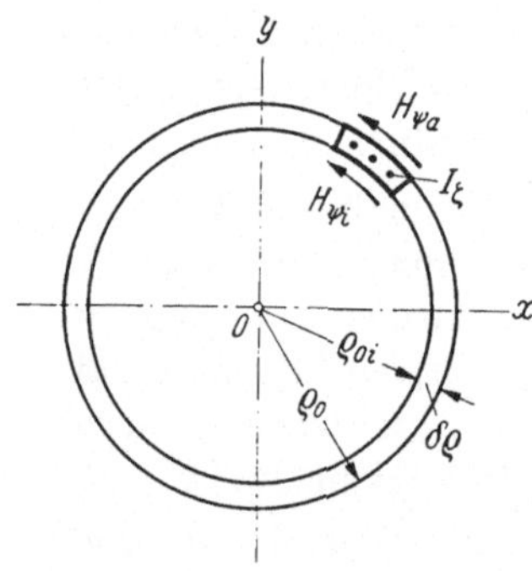

Bild 15.3. Umlauf für die Durchflutungsbedingung.

Damit sind sämtliche Grenzbedingungen gegeben. Wir erfüllen die angegebenen Grenzbedingungen in zwei Schritten, indem wir 1. Gl. (10 u. 11) erfüllen, wobei gleichzeitig die Bedingung (9) für den stromlosen Antennenteil erfüllt ist, und indem wir 2. zusätzlich die Grenzbedingungen der elektrischen Feldstärke und Spannung auf der wirklichen Antenne, also auf dem metallischen Teil der gespiegelten Antenne erfüllen.

Die Bedingung $\Pi_a = \Pi_i$ liefert mit dem Ansatz (7 u. 7a)

$$C_n \,\mathrm{H}_0^{(2)}\left(\sqrt{k_0^2 - k_n^2}\,\varrho_0\right) = D_n \,\mathrm{J}_0\left(\sqrt{k_0^2 - k_n^2}\,\varrho_0\right) . \tag{12}$$

Die Durchflutungsbedingung (11) liefert mit dem Potentialansatz (7) und dem Strom (6) mit Berücksichtigung der für alle Zylinderfunktionen gültigen Differentialbeziehung $\mathrm{Z}_0' = -\mathrm{Z}_1$

$$2\pi\varrho_0 \,\mathrm{i}\,\omega\,\varepsilon_0 \sum_{n=1,3,5\ldots} \left[C_n \,\mathrm{H}_1^{(2)}\left(\sqrt{k_0^2 - k_n^2}\,\varrho_0\right)\right.$$
$$\left. - D_n \,\mathrm{J}_1\left(\sqrt{k_0^2 - k_n^2}\,\varrho_0\right)\right] \sqrt{k_0^2 - k_n^2} \cos k_n z = \sum_{n=1,3,5\ldots} B_n \cos k_n z , \tag{13}$$

also

$$C_n \mathrm{H}_1^{(2)}\left(\sqrt{k_0^2 - k_n^2}\,\varrho_0\right) - D_n \,\mathrm{J}_1\left(\sqrt{k_0^2 - k_n^2}\,\varrho_0\right) = \frac{B_n}{2\pi\varrho_0 \,\mathrm{i}\,\omega\,\varepsilon_0 \sqrt{k_0^2 - k_n^2}} . \tag{13a}$$

Aus den Gl. (12 u. 13a) folgt mit der für beliebige komplexe Argumente geltenden Beziehung (vgl. z. B. JAHNKE-EMDE)

$$\mathrm{H}_1^{(2)}(x)\,\mathrm{J}_0(x) - \mathrm{H}_0^{(2)}(x)\,\mathrm{J}_1(x) = -\frac{2}{\mathrm{i}\pi x} , \tag{14}$$

$$C_n = -B_n \frac{\mathrm{J}_0\left(\sqrt{k_0^2 - k_n^2}\,\varrho_0\right)}{4\,\omega\,\varepsilon_0} , \qquad D_n = -B_n \frac{\mathrm{H}_0^{(2)}\left(\sqrt{k_0^2 - k_n^2}\,\varrho_0\right)}{4\,\omega\,\varepsilon_0} . \tag{15}$$

Mit diesen Werten lautet der Ansatz (7 u. 7a)

$$\begin{aligned} \Pi_a &= -\frac{1}{4\omega\varepsilon_0} \sum_{n=1,3,5\ldots} B_n \, \mathrm{J}_0\left(\sqrt{k_0^2 - k_n^2}\,\varrho_0\right) \mathrm{H}_0^{(2)}\left(\sqrt{k_0^2 - k_n^2}\,\varrho\right) \cos k_n z, \\ \Pi_i &= -\frac{1}{4\omega\varepsilon_0} \sum_{n=1,3,5\ldots} B_n \, \mathrm{H}_0^{(2)}\left(\sqrt{k_0^2 - k_n^2}\,\varrho_0\right) \mathrm{J}_0\left(\sqrt{k_0^2 - k_n^2}\,\varrho\right) \cos k_n z. \end{aligned} \tag{16}$$

Damit ist der 1. Teil der Grenzbedingungen erfüllt. Da nach Gl. (11) auf dem stromlosen Antennenteil $\left[\frac{\partial \Pi_i}{\partial \varrho} - \frac{\partial \Pi_a}{\partial \varrho}\right]_{\varrho=\varrho_0} = 0$ ist, ist wegen $E_\varrho = \frac{\partial^2 \Pi}{\partial z\, \partial \varrho}$ auch die in (9) geforderte Bedingung $E_{\varrho a} = E_{\varrho i}$ im stromlosen Gebiet erfüllt.

Es bleiben die Spannungsbedingung und die elektrische Feldstärkenbedingung auf der wirklichen Antenne. Da $\Pi_a = \Pi_i$ ist, können wir uns auf das Außenfeld beschränken. Es muß dann nach Gl. (10.5 u. 10.6), wenn man für die Feldstärken und Potentiale die Werte aus den Gl. (12.6 u. 14.4) einsetzt,

$$\frac{\partial \Pi_a}{\partial z}_{\varrho=\varrho_0,\, z=-0} - \frac{\partial \Pi_a}{\partial z}_{\varrho=\varrho_0,\, z=+0} = U_0 \tag{17}$$

an der Speisestelle und

$$E_{z_{\varrho=\varrho_0}} = \left[k_0^2 \Pi_a + \frac{\partial^2 \Pi_a}{\partial z^2}\right]_{\varrho=\varrho_0} = 0 \tag{18}$$

auf dem Antennenleiter bei Vernachlässigung des OHMschen Widerstandes sein.

Die 1. Bedingung ist aus dem Ansatz (7 bzw. 16) nicht unmittelbar zu erfüllen, da $\partial \Pi_a / \partial z$ aus lauter Sinusgliedern besteht, die bei $z = 0$ verschwinden, der durch Gl. (17) geforderte Spannungssprung daher erst bei unendlich vielen Gliedern entsteht.

Um die Bedingung trotzdem zu erfüllen, formen wir sie auf eine Feldstärkenbeziehung mit Reihenentwicklung um. Der Spannung U_0 an der Speisestelle entspricht eine eingeprägte Feldstärke

$$E_e = -\frac{U_0}{2\,\mathrm{d}l}, \tag{19}$$

wenn $2\,\mathrm{d}l = 2\delta$ die im Grenzfall gegen 0 gehende Breite der Unterbrechungsstelle ist. Der gesamte Feldstärkenverlauf der Antenne hat daher die bereits in Bild 13.1a gezeichnete Form, und es müssen die unbekannten Stromkoeffizienten so bestimmt werden, daß die aus dem HERTZschen Vektor (16) folgende Feldstärke auf der Antenne mit der Kurve Bild 13.1a übereinstimmt, damit die beiden Grenzbedingungen (17 u. 18) gleichzeitig erfüllt werden. Die geforderte Übereinstimmung können wir, wie bei der Erläuterung des Prinzips bereits gesagt, dadurch erzwingen, daß wir von dem aus dem HERTZschen Vektor (16) für den Antennenradius $\varrho = \varrho_0$ folgenden Wert E_{z0} den Bereich von

$-l$ bis $+l$, also den Bereich der wirklichen Antenne, und die für die Feldstärke vorgeschriebene Kurve Bild 13.1a in FOURIER-Reihen entwickeln und die Koeffizienten gleichsetzen. Diese Reihe würde die Periode $2l$ haben, wenn wir das zu entwickelnde Kurvenstück AB direkt spiegeln würden. Da der Verlauf außerhalb des Bereiches $-l$ bis $+l$ jedoch belanglos ist, können wir die Kurve genau wie in Kap. 13 erst spiegelsymmetrisch ergänzen nach Bild 13.1b, wodurch die Grundperiode entsprechend unseren bisherigen Entwicklungen die Länge $4l$ bekommt. Die zugehörige FOURIER-Reihe, die in dem Bereich $-l$ bis $+l$ mit der wirklichen Kurve genau übereinstimmt, enthält nur ungerade Kosinusfunktionen, hat daher die Gleichung

$$E_z = \sum_{m=1,3,5\ldots} C_m \cos\left(m \frac{\pi}{2} \frac{z}{l}\right) \equiv \sum_{m=1,3,5\ldots} C_m \cos k_m z \tag{20}$$

mit den FOURIER-Koeffizienten

$$C_m = \frac{2}{l} \int_0^l E_z(z) \cos k_m z \, \mathrm{d} z. \tag{20a}$$

Die durch Bild 13.1b auf der Antenne vorgeschriebene Kurve liefert hiernach mit Berücksichtigung von Gl. (19) sofort die Koeffizienten

$$\begin{aligned} C_m = C_{m1} &= \frac{2}{l} \int_0^{\mathrm{d}l} E_e \cos k_m z \, \mathrm{d} z \\ &= \frac{2}{l} E_e \frac{\sin(k_m \mathrm{d}l)}{k_m} = -\frac{U_0}{l} \frac{\sin(k_m \mathrm{d}l)}{k_m \mathrm{d}l}. \end{aligned} \tag{21}$$

Für den Grenzfall $\mathrm{d}l \to 0$ wird daher

$$C_{m1} = -\frac{U_0}{l} \tag{21a}$$

für alle endlichen Werte von m; vgl. Kap. 13, Gl. (13.12).

Für die Entwicklung der aus dem Strahlungspotential (16) folgenden Feldstärke bilden wir zunächst die Feldstärke am Antennenleiter $\varrho = \varrho_0$. Es wird nach Gl. (12.6 u. 16)

$$\begin{aligned} E_{z_A} = \left[k_0^2 \Pi_a + \frac{\partial^2 \Pi_a}{\partial z^2}\right]_{\varrho=\varrho_0} &= -\frac{1}{4\omega\varepsilon_0} \sum_{n=1,3,5\ldots} B_n (k_0^2 - k_n^2) \\ &\cdot \mathrm{J}_0\left(\sqrt{k_0^2 - k_n^2}\,\varrho_0\right) \mathrm{H}_0^{(2)}\left(\sqrt{k_0^2 - k_n^2}\,\varrho_0\right) \cos k_n z. \end{aligned} \tag{22}$$

Die angegebene Entwicklung (20a) liefert daher die Koeffizienten

$$\begin{aligned} C_{m2} = \frac{2}{l} \int_0^l \Big[&-\frac{1}{4\omega\varepsilon_0} \sum_{n=1,3,5\ldots} B_n (k_0^2 - k_n^2) \\ &\cdot \mathrm{J}_0 \mathrm{H}_0^{(2)}\left(\sqrt{k_0^2 - k_n^2}\,\varrho_0\right) \cos k_n z \Big] \cos k_m z \, \mathrm{d} z. \end{aligned} \tag{23}$$

Das ergibt mit elementarer Integration entsprechend den Gl. (2a bis 4a)

$$C_{m2} = -\frac{1}{4\,\omega\,\varepsilon_0}\,\frac{4}{\pi}\,(-1)^{\frac{m-1}{2}} \sum_{n=1,3,5\ldots} B_n (k_0^2 - k_n^2) \cdot \mathrm{J}_0\,\mathrm{H}_0^{(2)}\left(\sqrt{k_0^2 - k_n^2}\,\varrho_0\right) \frac{m}{m^2 - \gamma^2 n^2} \cos\left(\frac{\pi}{2}\,\gamma\, n\right). \tag{23a}$$

In den Gleichungen bezieht sich das Argument der Zylinderfunktion stets auf beide Funktionen. Das Gleichsetzen der gefundenen FOURIER-Koeffizienten C_{m1} und C_{m2} liefert die Bedingungsgleichung

$$\frac{1}{\pi\,\omega\,\varepsilon_0}(-1)^{\frac{m-1}{2}} \sum_{n=1,3,5\ldots} B_n (k_0^2 - k_n^2)\,\mathrm{J}_0\,\mathrm{H}_0^{(2)}\left(\sqrt{k_0^2 - k_n^2}\,\varrho_0\right) \cdot \frac{m}{m^2 - \gamma^2 n^2} \cos\left(\frac{\pi}{2}\,\gamma\, n\right) = \frac{U_0}{l} \quad \text{für} \quad m = 1, 3, 5\ldots \tag{24}$$

Setzt man für B_n den Wert aus Gl. (4) ein, so ergibt sich mit Vertauschung der Reihenfolge der Summationen als Bedingung für die unbekannten Stromkoeffizienten A_s das Gleichungssystem

$$\frac{2l}{\pi^2\,\omega\,\varepsilon_0} \sum_{s=1,3,5\ldots} \sum_{n=1,3,5\ldots} A_s\, s\, m (-1)^{\frac{s-1}{2}} (-1)^{\frac{m-1}{2}} \cdot 2\gamma\, \mathrm{J}_0\,\mathrm{H}_0^{(2)}\left(\sqrt{k_0^2 - k_n^2}\,\varrho_0\right) \frac{k_0^2 - k_n^2}{(s^2 - \gamma^2 n^2)\,(m^2 - \gamma^2 n^2)} \cos^2\left(\frac{\pi}{2}\,\gamma\, n\right) = U_0 \quad \text{für} \quad m = 1, 3, 5\ldots \tag{25}$$

Wir wollen diese Gleichungen übersichtlicher schreiben. Führt man den Wellenwiderstand des leeren Raumes

$$Z_0 = \sqrt{\frac{\mu_0}{\varepsilon_0}} = \frac{k_0}{\omega\,\varepsilon_0} \approx 120\,\pi\ \text{Ohm} = 377\ \text{Ohm} \tag{26}$$

und die auf $\lambda/4$ Wellenlänge reduzierte Antennenlänge

$$l_r = \frac{l}{\lambda/4} = \frac{4\,l}{\lambda} \tag{27}$$

ein, mit der nach den Gl. (3.14a u. 8)

$$k_0^2 - k_n^2 = \frac{\pi^2}{4\,l^2}(l_r^2 - \gamma^2 n^2) \tag{28}$$

wird, und setzt dann zur Abkürzung

$$\frac{Z_0}{\pi\, l_r}\, s\, m (-1)^{\frac{s-1}{2}} (-1)^{\frac{m-1}{2}} \sum_{n=1,3,5\ldots} 2\gamma\, \mathrm{J}_0\,\mathrm{H}_0^{(2)}\left(\frac{\pi}{2}\,\frac{\varrho_0}{l}\sqrt{l_r^2 - \gamma^2 n^2}\right) \cdot \frac{l_r^2 - \gamma^2 n^2}{(s^2 - \gamma^2 n^2)\,(m^2 - \gamma^2 n^2)} \cos^2\left(\frac{\pi}{2}\,\gamma\, n\right) = Z_{ms}, \tag{29}$$

so wird nach den Gl. (23a u. 25)

$$C_{m2} = -\frac{1}{l} \sum_{s=1,3,5\ldots} A_s Z_{ms}, \tag{23b}$$

und das Gleichungssystem (25) lautet

$$\sum_{s=1,3,5\ldots} A_s Z_{ms} = U_0 \quad \text{für} \quad m = 1, 3, 5\ldots \tag{30}$$

oder in ausführlicher Schreibung

$$\begin{aligned} A_1 Z_{11} + A_3 Z_{13} + A_5 Z_{15} + \cdots &= U_0, \\ A_1 Z_{31} + A_3 Z_{33} + A_5 Z_{35} + \cdots &= U_0, \\ A_1 Z_{51} + A_3 Z_{35} + A_5 Z_{55} + \cdots &= U_0, \\ \ldots\ldots\ldots\ldots\ldots\ldots\ldots\ldots\ldots\ldots&, \end{aligned} \tag{30a}$$

vgl. die analogen Systeme (13.13 u. 13.13a) bei der Berechnung der Linearantenne in Kap. 13.

Da die Koeffizienten Z_{ms} nach Gl. (29) bekannt sind und z. B. mit Hilfe der im JAHNKE-EMDE tabulierten Werte der Zylinderfunktionen berechnet werden können, sind die unbekannten Stromkoeffizienten aus diesem Gleichungssystem mit beliebiger Annäherung berechenbar, indem man der Reihe nach die Gleichungen für 1, 2, 3 . . . Unbekannte löst, wie in Abschn. 3 bei der zahlenmäßigen Auswertung näher ausgeführt wird.

Sind aber die Stromkoeffizienten A_s bekannt, so ist das gesamte Antennenproblem gelöst. Durch Einsetzen in Gl. (5) ist die Stromverteilung der Sendeantenne bekannt. Für $z = 0$ ergibt sich als wichtigster Wert der Strom im Speisepunkt

$$I_0 = \sum_{s=1,3,5\ldots} A_s. \tag{31}$$

Aus I_0 ergibt sich die aufgenommene Leistung

$$\overline{P} = \tfrac{1}{2} U_0 I_0^k = \tfrac{1}{2} U_0 \sum_{s=1,3\,5\ldots} A_s^k. \tag{32}$$

Da keine Verluste auf der Antenne angenommen sind, ist der Realteil die Strahlungsleistung, der Imaginärteil die aufgenommene Blindleistung. Ferner ergibt sich aus I_0 der Eingangswiderstand der Antenne

$$Z_A = \frac{U_0}{I_0} = \frac{U_0}{\sum\limits_{s=1,3\,5\ldots} A_s} \tag{33}$$

nach Wirk- und Blindteil. Schließlich sind durch Einsetzen der berechneten Werte von A_s in Gl. (4) und weiter in (16) der HERTZsche Vektor und damit durch reine Differentiation nach den allgemeinen Gl. (3.17) sämtliche Feldstärken bekannt. Die Gl. (31 bis 33) sind dieselben wie in Kap. 13.

Multipliziert man die einzelnen Gl. (30a) der Reihe nach mit den konjugiert komplexen Stromkoeffizienten $\frac{1}{2} A_1^k$, $\frac{1}{2} A_3^k \ldots$, so stellen genau wie in Kap. 13 die rechten Seiten und mithin auch die linken

Seiten die Strahlungsleistungen der einzelnen räumlichen Oberwellen dar, und man erkennt, daß die Koeffizienten Z_{ss} die Eigenstrahlungswiderstände, die Koeffizienten Z_{ms} die gegenseitigen Strahlungswiderstände der räumlichen Oberwellen der Stromverteilung sind.

Die bisherige Lösung ergibt die Größe der gespiegelten Antenne. Für die Lösung der wirklichen Antenne ist der Grenzübergang $l_v \to \infty$ durchzuführen. Dadurch gehen die Summen in Gl. (29) in Integrale über. Da die Größe γn bei jedem Summand von Gl. (29) wegen der ungeraden n um 2γ steigt, können wir γn durch x und 2γ durch $\mathrm{d}x$ ersetzen, erhalten also für die wirkliche Antenne an Stelle von Gl. (29) die Widerstandskoeffizienten zu

$$Z_{ms} = \frac{Z_0}{\pi l_r} s m (-1)^{\frac{s-1}{2}} (-1)^{\frac{m-1}{2}} \int_0^\infty \mathrm{J}_0 \mathrm{H}_0^{(2)}\left(\frac{\pi}{2} \frac{\varrho_0}{l} \sqrt{l_r^2 - x^2}\right) \cdot \frac{l_r^2 - x^2}{(s^2 - x^2)(m^2 - x^2)} \cos^2\left(\frac{\pi}{2} x\right) \mathrm{d}x . \tag{34}$$

Setzt man diese durch graphische Integration berechenbaren Koeffizienten in das Gleichungssystem (30) ein, so erhält man als Lösung unmittelbar die Stromkoeffizienten und damit sämtliche Größen der wirklichen Antenne mit beliebiger Genauigkeit.

In der durchgeführten Lösung ist verschiedentlich eine Umstellung der Summationen in den FOURIER-Reihen vorgenommen worden. Es ist daher vom mathematischen Standpunkt aus eine Konvergenzbetrachtung über die Zulässigkeit der Lösung erforderlich. Wir gehen davon aus, daß die FOURIER-Koeffizienten einer stückweise stetigen, beschränkten Funktion wie $1/s$ abnehmen (vgl. z. B. FRANK-MISES, Band I), die der zugehörigen Integralkurve also wie $1/s^2$. Eine derartige Kurve ist aber die gesuchte Stromkurve, da der Strom überall kontinuierlich ist, an der Speisestelle jedoch eine Spitze mit zwei verschiedenen Tangenten, also einen endlichen Sprung im Differentialquotienten haben kann. Daher konvergieren die angesetzten Stromkoeffizienten A_s wie $1/s^2$. Ebenso konvergieren die Koeffizienten B_n wie $1/n^2$, da nur ein zusätzlicher endlicher Sprung im Differentialquotienten an den Antennenenden hinzukommt. Da ferner die in den Doppelreihen (25) bei den einzelnen A_s-Werten auftretenden Zahlenfaktoren bei konstantem n wie $1/s$, bei konstantem s sogar stärker als $1/n$ abnehmen, sind sämtliche auftretenden Reihen absolut konvergent, eine Umstellung der Glieder also zulässig.

Aus den eben durchgeführten Konvergenzbetrachtungen ergibt sich auch streng die für die Auflösung der unendlichen Gleichungssysteme erforderliche Auflösungsvorschrift. Da nämlich das Gleichungssystem (30 bzw. 30a) nicht absolut konvergent ist, muß für die Annäherung an den wirklichen Wert eine bestimmte Reihenfolge bei der Auflösung eingehalten werden. Aus der Konvergenz der FOURIER-Reihen folgt, daß man beim Ansatz einer endlichen Gliederzahl für den Strom aus den ersten n Gleichungen des Systems eine Lösung bekommt, die mit wachsender Gliederzahl beliebig gut angenähert wird. Bei der Auflösung ist also die Reihenfolge der Gleichungen entsprechend der steigenden Oberwellenzahl einzuhalten.

3. Zahlenmäßige Ergebnisse und Vergleich mit der Messung.

Für die zahlenmäßige Auswertung des Gleichungssystems (30) sind zunächst die auftretenden Koeffizienten zu berechnen. Die in den Koeffizienten Z_{ms} der Gl. (34) auftretenden Integrale sind von der Form

$$S = \int_0^\infty \mathrm{J}_0 \mathrm{H}_0^{(2)}\left(\frac{\pi}{2}\,\frac{\varrho_0}{l}\,\sqrt{l_r^2 - x^2}\right) f(x)\,\mathrm{d}x\,, \tag{35}$$

wo $f(x)$ eine reelle Funktion ist. Da das Argument der Zylinderfunktionen $\frac{\pi}{2}\,\frac{\varrho_0}{l}\sqrt{l_r^2 - x^2}$ für $x \leqq l_r$ reell, und zwar nach unserer im Anschluß an Gl. (7) getroffenen Vereinbarung positiv reell ist und für $x \geqq l_r$ rein imaginär, und zwar negativ imaginär, zerfällt das Integral in zwei Teile. Setzt man im 1. Teil $\mathrm{H}_0^{(2)} = \mathrm{J}_0 - \mathrm{i}\,\mathrm{N}_0$, so wird

$$\begin{aligned} S = &\int_0^{l_r} \mathrm{J}_0^2\left(\frac{\pi}{2}\,\frac{\varrho_0}{l}\,\sqrt{l_r^2 - x^2}\right) f(x)\,\mathrm{d}x - \mathrm{i}\left[\int_0^{l_r} \mathrm{J}_0 \mathrm{N}_0\left(\frac{\pi}{2}\,\frac{\varrho_0}{l}\sqrt{l_r^2 - x^2}\right) f(x)\,\mathrm{d}x\right. \\ &\left. + \int_{l_r}^\infty \mathrm{i}\,\mathrm{J}_0 \mathrm{H}_0^{(2)}\left(-\mathrm{i}\,\frac{\pi}{2}\,\frac{\varrho_0}{l}\,\sqrt{x^2 - l_r^2}\right) f(x)\,\mathrm{d}x\right] = A - \mathrm{i}\,B\,. \end{aligned} \tag{35a}$$

Dabei ist unter der Wurzel jetzt der positive Wert verstanden.

Die in Gl. (35a) auftretenden Funktionen J_0, N_0 und $\mathrm{i}\,\mathrm{H}_0$ sind rein reell und z. B. im JAHNKE-EMDE tabuliert. Da eine geschlossene Integration von (35a) nicht möglich ist, müssen die Integrale graphisch gelöst werden. Dabei genügt es, wenigstens für die praktisch in Betracht kommenden ersten Glieder das unendliche Integral bis etwa $x = 10$ auszuwerten und das Restintegral von $x = 10$ bis ∞ abzuschätzen. Für die Abschätzung kann in $f(x)$ s^2, m^2 und l_r^2 gegen x^2 vernachlässigt und nach den asymptotischen Näherungsformeln der Zylinderfunktionen $-\mathrm{i}\,\pi\,y\,\mathrm{J}_0\mathrm{H}_0^{(2)}(-\mathrm{i}\,y) = 1$ gesetzt werden, falls das Argument y aus Gl. (35a) für $x = 10$ größer als etwa 0,3 ist. Bei kleinem ϱ_0 wird der letzte Wert anfangs kleiner als 1, was erforderlichenfalls (im allgemeinen ist das Restintegral bei kleinem ϱ_0 überhaupt zu vernachlässigen) durch Unterteilung des Restintegrals in zwei oder drei Stufen berücksichtigt werden kann. Ohne diese Unterteilung liefert die angegebene Abschätzung für das Restintegral von (35a) mit dem Wert $f(x)$ aus (34)

$$\int_{10}^{\infty} \mathrm{i}\, J_0 H_0^{(2)}\left(-\mathrm{i}\,\frac{\pi}{2}\,\frac{\varrho_0}{l}\,\sqrt{x^2-l_r^2}\right)\frac{l_r^2-x^2}{(s^2-x^2)\,(m^2-x^2)}\cos^2\left(\frac{\pi}{2}\,x\right)\mathrm{d}x$$

$$= \frac{1}{\frac{\pi^2}{2}\,\frac{\varrho_0}{l}}\int_{10}^{\infty}\frac{\cos^2\left(\frac{\pi}{2}\,x\right)}{x^3}\,\mathrm{d}x \approx \frac{1}{2}\,\frac{1}{\frac{\pi^2}{2}\,\frac{\varrho_0}{l}}\int_{10}^{\infty}\frac{\mathrm{d}x}{x^3} = \frac{1}{200\,\pi^2\,\frac{\varrho_0}{l}}\,. \tag{36}$$

Mit den Gl. (35a u. 36) sind die Widerstandskoeffizienten Z_{ms} nach Gl. (34) zahlenmäßig berechenbar.

Nach Berechnung der Koeffizienten können die Gl. (30) gelöst werden, wobei man zweckmäßig, um ein Maß für die erreichte Konvergenz zu haben, der Reihe nach die 1., 2., 3. ... Näherung berechnet. Das ergibt folgende Gleichungssysteme für die Näherungslösungen:

$$\begin{aligned}
&\text{1. Näherung:} && A_1 Z_{11} = U_0,\\
&\text{2. Näherung:} && A_1 Z_{11} + A_3 Z_{13} = U_0,\\
& && A_1 Z_{31} + A_3 Z_{33} = U_0,\\
&\text{3. Näherung:} && A_1 Z_{11} + A_3 Z_{13} + A_5 Z_{15} = U_0,\\
& && A_1 Z_{31} + A_3 Z_{33} + A_5 Z_{35} = U_0,\\
& && A_1 Z_{51} + A_3 Z_{35} + A_5 Z_{55} = U_0 \text{ usw.}
\end{aligned} \tag{37}$$

Aus den hieraus berechneten Stromkoeffizienten erhält man dann die zugehörigen Näherungswerte der gesuchten Antennengröße, z. B. des Eingangswiderstandes Gl. (33).

Wir wollen als zahlenmäßiges Beispiel den Eingangswiderstand einer relativ dicken Antenne mit einem Verhältnis $l/\varrho_0 = 20$ für verschiedene Frequenzen, also verschiedene reduzierte Antennenlängen l_r und damit die Ortskurve des Antenneneingangswiderstandes berechnen. Die durch graphische Integration berechneten Koeffizienten Z_{ms} sind in Bild 15.4 dargestellt. Tab. 15.1 zeigt die hiermit erhaltenen ersten 3 Näherungswerte des Widerstandes für einige Längen von $l_r = 1$ bis 2. Zeichnet man die Näherungswerte oder noch besser die reziproken Leitwerte graphisch auf, so sieht man, daß das Verfahren gut konvergiert und selbst in der Nähe der Spannungsresonanz, wo die Stromkurve am stärksten von der Kosinus-Grundwelle abweicht, der 3. Näherungswert schon für die meisten Fälle praktisch ausreichen wird. Mit dem 3. Näherungswert ergibt sich für den Eingangswiderstand die in Bild 15.5 gezeichnete Ortskurve bzw. die in Bild 15.6 aufgetragene Resonanzkurve.

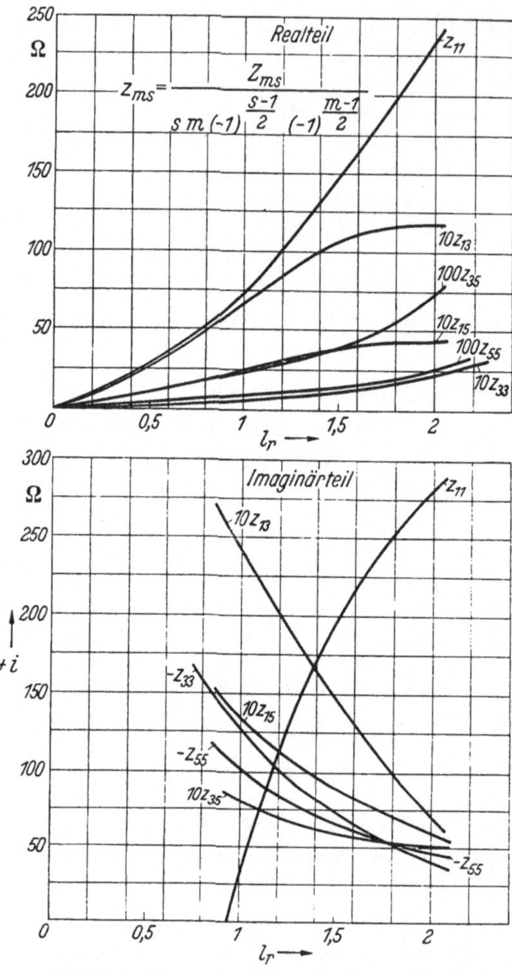

Bild 15.4. Die gegenseitigen Strahlungswiderstände Z_{ms} der Zylinderantenne für einen Schlankheitsgrad $l/\varrho_0 = 20$.

Zum Vergleich mit der Messung ist in Bild 15.5 eine Meßkurve für ein nur um etwa 10% größeres Verhältnis l/ϱ_0 eingezeichnet. Die Kurven stimmen bereits ohne Korrektur gut überein. Durch die bei der Messung auftretende Verjüngung der Antenne entsprechend Bild 15.2 (nur mit unsymmetrischer Anordnung) ist die Messung in 1. Näherung (vgl. Abschn. 1) mit einem zusätzlichen kapazitiven und induktiven Fußpunktswiderstand belastet. Bei den für die Messung benutzten Daten betrug der kapazitive Widerstand etwa 4000 Ohm, der induktive Widerstand bei $l_r = 1$ etwa 28 Ohm, bei $l_r = 2$ etwa 40 Ohm. Da der induktive Widerstand für den Vergleich mit der theoretischen Kurve von dem Meßwert abzuziehen ist, muß die Meßkurve in dem in Betracht kommenden Bereich um 28 bis 40 Ohm nach unten verschoben werden. Dadurch kommen die Kurven noch besser zur Deckung, die korri-

Tabelle 15.1.

Reduzierte Antennenlänge	Antennenwiderstand für $l/\varrho_0 = 20$		
	1. Näherungswert in Ohm	2. Näherungswert in Ohm	3. Näherungswert in Ohm
1	73,2 + i 35,6	94,3 + i 35,3	91,8 + i 35,4
1,2	101,3 + i 110,4	168 + i 113,2	169,5 + i 109,2
1,4	131 + i 171,5	278 + i 156,8	294 + i 138,8
1,6	164,9 + i 217,6	416 + i 99,5	428 + i 46,8
1,8	198 + i 252	460 − i 65,5	429 − i 135,5
2	233,5 + i 291,5	337,5 − i 242	289 − i 244

gierte Meßkurve würde etwas außerhalb der berechneten Kurve verlaufen, was dem etwas größeren Verhältnis l/ϱ_0 entspricht. Außerdem sind die Punkte für die größeren l_r-Werte etwas verschoben. Man sieht aus dem Verlauf der Näherungen in Tab. 15.1, daß die weiteren, ohne grundsätzliche Schwierigkeiten berechenbaren Näherungen den vorhandenen Unterschied verkleinern werden. Die aus Bild 15.5 oder 15.6 folgenden Resonanzwerte und Resonanzverkürzungen sind zusammen mit den Werten der anderen strengen Theorien in den späteren Bildern 16.8 und 16.9 eingetragen. Man

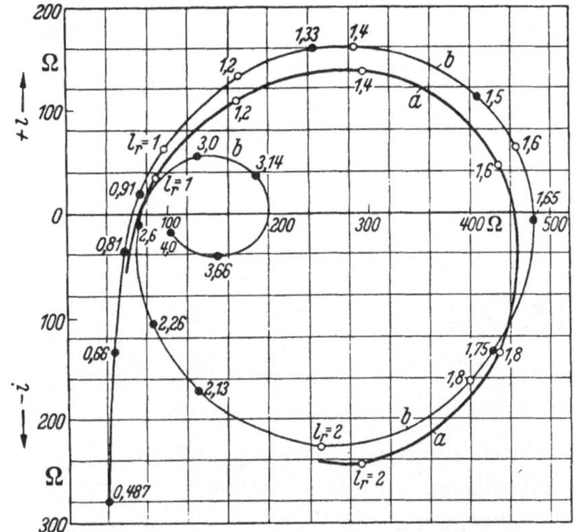

Bild 15.5. Ortskurve des Antennenwiderstandes für $l/\varrho_0 = 20$ nach der Theorie von ZUHRT, 3. Näherung. *a* berechnete Kurve, *b* Meßkurve DIECKMANN.

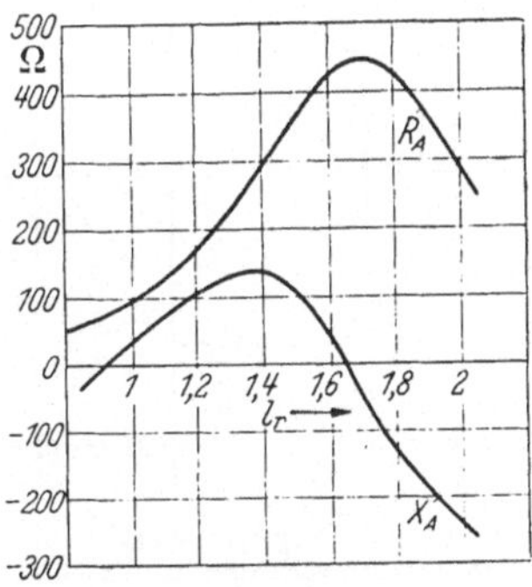

Bild 15.6. Resonanzkurve des Antennenwiderstandes in dritter Näherung.

sieht auch dort, daß die Resonanzverkürzung der Spannungsresonanz in der 3. Näherung noch etwas zu klein ist. Die übrigen Werte stimmen gut überein.

* 4. Erweiterungen der Theorie.

a) Die unsymmetrische Sendeantenne.

Die Theorie läßt sich auf beliebige Dipolantennen und parallele Antennengruppen erweitern. Wir betrachten zuerst die unsymmetrische Sendeantenne. Hier muß der allgemeine Stromansatz (1) mit Einschluß der unsymmetrischen Sinusglieder mit geraden Koeffizienten $A_{s'}$ benutzt werden. Die FOURIER-Entwicklung liefert mit der in Bild 15.1 dargestellten Spiegelung den Wert (2), der an die Stelle von Gl. (6) tritt. Daher muß für die Lösung auch der den Gl. (7 u. 7a) entsprechende Potentialansatz ein 2. Glied mit geraden Sinuswerten und neuen Konstanten erhalten. Die Lösung ist dann genau wie vorher, nur daß bei der Entwicklung der elektrischen Feldstärke an der Antenne und der

Entwicklung der unsymmetrischen nach Bild 15.7 vorgegebenen Feldstärke FOURIER-Reihen entstehen, die genau wie der Strom ungerade Kosinus- und gerade Sinusglieder enthalten. Das Gleichsetzen der Koeffizienten der Kosinusglieder sowie der Sinusglieder liefert dann an Stelle von Gl. (30) die beiden getrennten Gleichungssysteme

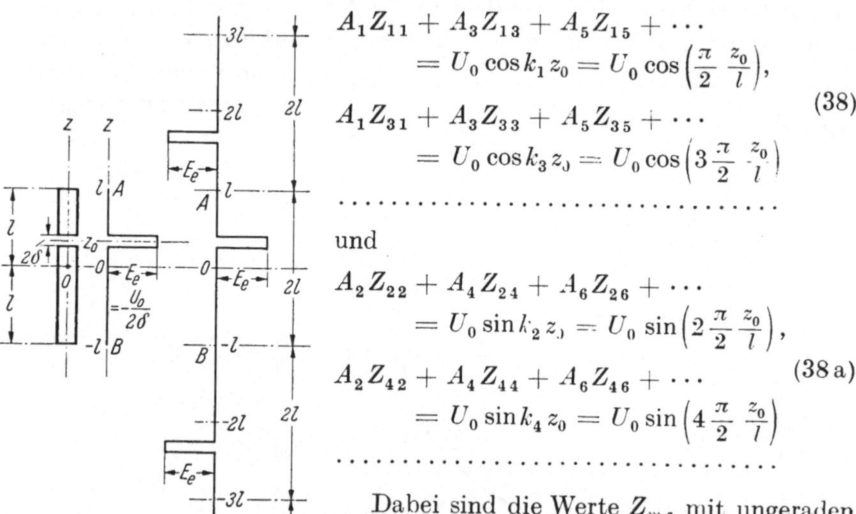

$$\begin{aligned} A_1 Z_{11} + A_3 Z_{13} + A_5 Z_{15} + \cdots \\ = U_0 \cos k_1 z_0 = U_0 \cos\left(\frac{\pi}{2}\frac{z_0}{l}\right), \\ A_1 Z_{31} + A_3 Z_{33} + A_5 Z_{35} + \cdots \\ = U_0 \cos k_3 z_0 = U_0 \cos\left(3\frac{\pi}{2}\frac{z_0}{l}\right) \\ \cdots\cdots\cdots\cdots\cdots\cdots \end{aligned} \tag{38}$$

und

$$\begin{aligned} A_2 Z_{22} + A_4 Z_{24} + A_6 Z_{26} + \cdots \\ = U_0 \sin k_2 z_0 = U_0 \sin\left(2\frac{\pi}{2}\frac{z_0}{l}\right), \\ A_2 Z_{42} + A_4 Z_{44} + A_6 Z_{46} + \cdots \\ = U_0 \sin k_4 z_0 = U_0 \sin\left(4\frac{\pi}{2}\frac{z_0}{l}\right) \\ \cdots\cdots\cdots\cdots\cdots\cdots \end{aligned} \tag{38a}$$

Bild 15.7. Vorgeschriebene Feldstärke der verlustlosen Antenne bei unsymmetrischer Speisung nebst Spiegelung.

Dabei sind die Werte Z_{ms} mit ungeraden Koeffizienten durch dieselbe Gl. (29) wie oben angegeben, die Werte $Z_{m's'}$ mit geraden Koeffizienten durch

$$\begin{aligned} Z_{m's'} = \frac{Z_0}{\pi l_r} s' m' (-1)^{\frac{s'}{2}-1} (-1)^{\frac{m'}{2}-1} \\ \cdot \sum_{n'=2,4,6\ldots} 2\gamma J_0 H_0^{(2)}\left(\frac{\pi}{2}\frac{\varrho_0}{l}\sqrt{l_r^2-\gamma^2 n'^2}\right) \\ \cdot \frac{l_r^2-\gamma^2 n'^2}{(s'^2-\gamma^2 n'^2)(m'^2-\gamma^2 n'^2)} \sin^2\left(\frac{\pi}{2}\gamma n'\right). \end{aligned} \tag{39}$$

Mit den hiernach berechenbaren Stromkoeffizienten ist das gesamte Strahlungsfeld der Sendeantenne wieder bekannt. Der für Leistung und Widerstand wichtige Speisestrom ergibt sich in diesem Fall entsprechend dem Stromansatz (1) zu

$$\begin{aligned} I_0 = I(z_0) = \sum_{s=1,3,5\ldots} A_s \cos\left(s\frac{\pi}{2}\frac{z_0}{l}\right) \\ + \sum_{s'=2,4,6\ldots} A_{s'} \sin\left(s'\frac{\pi}{2}\frac{z_0}{l}\right). \end{aligned} \tag{40}$$

Bei der zahlenmäßigen Auswertung sind für die wirkliche Antenne in den Gl. (38 u. 38a) für die Strahlungskoeffizienten an Stelle der Gl. (29 u. 39) wieder die Gl. (34) entsprechenden Integrale zu nehmen.

b) Die symmetrische und unsymmetrische Empfangsantenne.

Nach dem Reziprozitätsgesetz sind Richtcharakteristik und Eingangswiderstand von Sende- und Empfangsantenne gleich. Dagegen ist die Stromverteilung verschieden, indem bei der Empfangsantenne zu der der Klemmenspannung entsprechenden Sendestromverteilung noch die durch das Empfangsfeld erregte Leerlaufstromverteilung der an dem Empfangsklemmen offenen Antenne hinzukommt, wie in Kap. 9 abgeleitet wurde. Für die Berechnung der Stromverteilung und damit des erzeugten Sekundärfeldes ist daher eine besondere Berechnung der Empfangsantenne erforderlich.

Die Rechnung ist für die Empfangsantenne im Prinzip die gleiche wie für die Sendeantenne. Sie ändert sich nur dadurch, daß 1. für die Spannungsbedingung die Klemmenspannung nicht bekannt ist, sondern sich erst aus dem gesuchten Klemmenstrom zu $U_0 = -I_0 Z_a$ ergibt, so daß in dem oben gefundenen Lösungssystem an Stelle von U_0 überall der Wert $-I_0 Z_a$ tritt, wobei I_0 durch Gl. (31 bzw. 40) durch die unbekannten Stromkoeffizienten auszudrücken ist, und daß 2. für die Feldstärkenbedingung die Feldstärke am Antennenleiter aus der primären Feldstärke des ungestörten Empfangsfeldes und der vom Antennenstrom erzeugten Sekundärfeldstärke besteht, die auf der Sendeantenne bisher allein berücksichtigt war. Daher tritt in dem Gleichungssystem (30 bzw. 38) zu den vom Antennenstrom herrührenden Fourier-Koeffizienten $C_{m2} = -\frac{1}{l}\sum_s A_s Z_{ms}$ noch der zugehörige Koeffizient der primären Feldstärkenentwicklung C_{m3}.

Bei schrägem Einfall der ankommenden Welle unter dem Winkel $\alpha = \frac{\pi}{2} - \vartheta$ und schräger Polarisationsrichtung unter dem Winkel β gegen die Ebene durch Antenne und Einfallsrichtung, also im allgemeinsten Fall, wird nun nach Bild 15.8 die in die Antennenrichtung fallende Komponente mit Berücksichtigung der Phase

$$\begin{aligned} E_{0A} &= E_0 \cos\beta \cos\alpha\, e^{-i k_0 (r_0 - z \sin\alpha)} \\ &= E_{z0}\, e^{i k_0 z \sin\alpha}. \end{aligned} \tag{41}$$

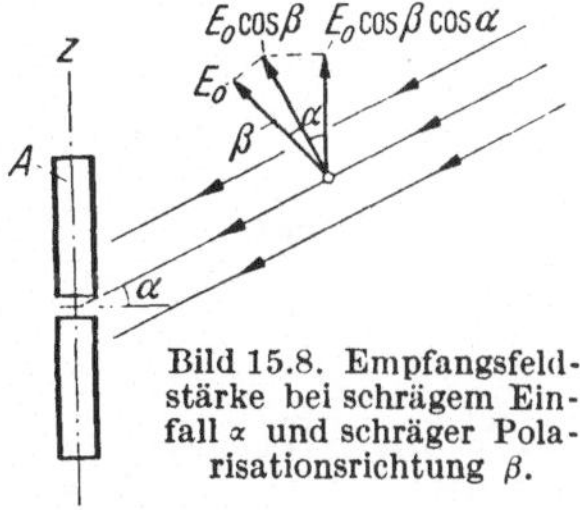

Bild 15.8. Empfangsfeldstärke bei schrägem Einfall α und schräger Polarisationsrichtung β.

Die in den einzelnen Antennenpunkten herrschende Feldstärke ist also bei schrägem Einfall verschieden. Die Fourier-Entwicklung dieser Feldstärke entsprechend der Spiegelung von Bild 13.2 liefert ungerade Kosinus- und gerade Sinusfunktionen. Eine elementare Rechnung ergibt für die ungeraden Koeffizienten mit Berücksichtigung von $k_m l = m\frac{\pi}{2}$ nach Gl. (20).

$$\begin{aligned} C_{m3} &= \frac{1}{l} E_{z0} \int_{-l}^{l} e^{i k_0 z \sin\alpha} \cos k_m z \, dz = \frac{1}{l} E_{z0} \int_{-l}^{l} e^{i k_0 z \sin\alpha} \frac{e^{i k_m z} + e^{-i k_m z}}{2} dz \\ &= \frac{1}{2l} E_{z0} \left[\frac{e^{iz(k_0 \sin\alpha + k_m)}}{i(k_0 \sin\alpha + k_m)} + \frac{e^{iz(k_0 \sin\alpha - k_m)}}{i(k_0 \sin\alpha - k_m)} \right]_{-l}^{l} \\ &= \frac{1}{l} (-1)^{\frac{m-1}{2}} 2 E_{z0} \frac{k_m}{k_m^2 - k_0^2 \sin^2\alpha} \cos(k_0 l \sin\alpha). \end{aligned} \tag{42}$$

Mit Erweiterung mit l^2 und den Werten für k_m und k_0 wird

$$C_{m3} = (-1)^{\frac{m-1}{2}} \frac{4}{\pi} E_{z0} \frac{m}{m^2 - l_r^2 \sin^2\alpha} \cos\left(\frac{\pi}{2} l_r \sin\alpha\right) \quad \text{für } m = 1, 3, 5 \ldots \tag{42a}$$

Entsprechend wird für die geraden Koeffizienten

$$\begin{aligned} C_{m'3} &= \frac{1}{l} E_{z0} \int_{-l}^{l} e^{i k_0 z \sin\alpha} \sin k_{m'} z \, dz \\ &= i(-1)^{\frac{m'}{2} - 1} \frac{4}{\pi} E_{z0} \frac{m'}{m'^2 - l_r^2 \sin^2\alpha} \sin\left(\frac{\pi}{2} l_r \sin\alpha\right) \\ &\qquad \text{für } m' = 2, 4, 6 \ldots \end{aligned} \tag{43}$$

Setzt man diese Koeffizienten zusammen mit den Koeffizienten des Antennenfeldes C_{m2} gleich den vorgegebenen Koeffizienten C_{m1}, wobei U_0 durch $-I_0 Z_a$ mit dem Stromwert (40) zu ersetzen ist, so erhält man an Stelle der Gleichungssysteme (38) für die Empfangsantenne die Systeme

$$\begin{aligned} &\sum_{s=1,3,5\ldots} A_s Z_{ms} + \left[\sum_{s=1,3,5\ldots} A_s \cos\left(s \frac{\pi}{2} \frac{z_0}{l}\right) \right. \\ &\qquad \left. + \sum_{s'=2,4,6\ldots} A_{s'} \sin\left(s' \frac{\pi}{2} \frac{z_0}{l}\right) \right] Z_a \cos k_m z_0 \\ &= (-1)^{\frac{m-1}{2}} \frac{4l}{\pi} E_{z0} \frac{m}{m^2 - l_r^2 \sin^2\alpha} \cos\left(\frac{\pi}{2} l_r \sin\alpha\right) \quad \text{für } m = 1\ 3, 5 \ldots \end{aligned} \tag{44}$$

und

$$\begin{aligned} &\sum_{s'=2,4,6\ldots} A_{s'} Z_{m's'} + \left[\sum_{s=1,3,5\ldots} A_s \cos\left(s \frac{\pi}{2} \frac{z_0}{l}\right) \right. \\ &\qquad \left. + \sum_{s'=2,4,6\ldots} A_{s'} \sin\left(s' \frac{\pi}{2} \frac{z_0}{l}\right) \right] Z_a \sin k_{m'} z_0 \\ &= i(-1)^{\frac{m'}{2} - 1} \frac{4l}{\pi} E_{z0} \frac{m'}{m'^2 - l_r^2 \sin^2\alpha} \sin\left(\frac{\pi}{2} l_r \sin\alpha\right) \quad \text{für } m' = 2, 4, 6 \ldots \end{aligned} \tag{44a}$$

Für $z_0 = 0$ und senkrechten Einfall $\alpha = 0$, also für eine symmetrisch gebaute und symmetrisch erregte Empfangsantenne, reduzieren sich die beiden Systeme auf das System

$$\sum_{s=1,3,5\ldots} A_s (Z_{ms} + Z_a) = \frac{1}{m} (-1)^{\frac{m-1}{2}} \frac{4l}{\pi} E_{z0}. \tag{45}$$

Bei Beschränkung auf das 1. Glied $s = 1$ und $m = 1$ würde man die normale Zweipolbeziehung

$$I_0 (Z_{11} + Z_a) = \frac{2}{\pi} 2l E_{z0} = U_0 \tag{46}$$

erhalten, wobei U_0 die aus dem Empfangsfeld folgende Leerlaufspannung und Z_{11} der Eigenwiderstand der Antenne ist. In Wirklichkeit gilt eine derartige Beziehung für jede Oberwelle mit Berücksichtigung der gegenseitigen Kopplungen.

Nach den angegebenen Gleichungen kann jede Empfangsantenne ebenso wie die Sendeantenne beliebig genau berechnet werden.

c) Antennen mit konzentrierten Belastungen.

Sind nicht nur an der Stelle z_0, sondern an beliebigen Stellen z_1, z_2, $z_3 \ldots$ Speise- oder Entnahmestellen vorhanden, so sind in den Gleichungssystemen (38 u. 38a) bzw. (44 u. 44a) die Glieder mit z_0 für jede einzelne Stelle einzusetzen, so daß hiernach auch Antennen mit beliebigen Belastungen, z. B. beliebigen Verkürzungs- oder Verlängerungseinschaltungen, berechnet werden können, wobei nur vorausgesetzt ist, daß die zusätzlichen Belastungswiderstände nicht strahlen.

Liegt der Widerstand unmittelbar an den Antennenklemmen, so vereinfacht sich die Rechnung, indem ein derartiger Reihenwiderstand einfach zu dem ohne Zusatzwiderstand berechneten Antennenwiderstand hinzukommt, ebenso wie eine zwischen den Klemmen liegende Kapazität als Parallelkapazität zu berücksichtigen wäre; vgl. die in Abschn. 3 angegebene Speisepunktskorrektur.

d) Berechnung einer Dipolantenne mit ebenem Reflektor.

Mit der entwickelten Theorie lassen sich nicht nur die einfachen Dipolantennen, sondern auch parallele Dipolgruppen berechnen. Wir beginnen mit dem Einfluß eines ebenen Reflektors, der theoretisch als unendlich groß und unendlich gut leitend angenommen werde. Ein solcher läßt sich durch Anbringung eines Spiegelbildes mit entgegengesetzt gleichem Strom ersetzen, da hierdurch die Grenzbedingungen $E_{\text{tang}} = 0$ am Reflektor erfüllt sind. Es handelt sich also um den einfachsten Fall einer Strahlungskopplung, bei der beide Strahler den gleichen Strom haben.

Wir wollen die Rechnung für eine symmetrische Antenne durchführen und setzen daher für den unbekannten Antennenstrom wie beim einfachen Dipol die allgemeine Gl. (5) an. Der Strom des Spiegelbildes wird dann durch dieselbe Gleichung mit entgegengesetztem Vorzeichen gegeben. Ein Unterschied ergibt sich im HERTZschen Vektor, der sich jetzt aus zwei Teilen zusammensetzt, von denen der eine vom Strahler, der andere vom Spiegelbild herrührt. Da auf Grund des Stromansatzes die Koeffizienten entgegengesetzt gleich sind, wird in Erweiterung von Gl. (7) das Potential im Außenraum

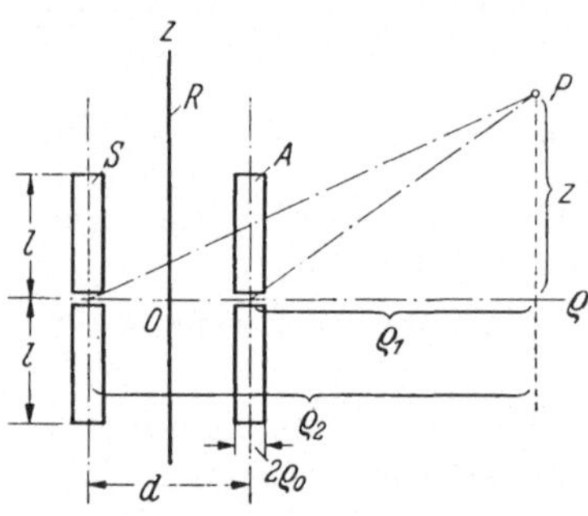

Bild 15.9. Zur Strahlungskopplung zweier Antennen. A Antenne, R Reflektor, S gespiegelter bzw. zweiter Strahler.

$$\begin{aligned} \Pi_a = \sum_{n=1,3,5\ldots} C_n \left[\mathrm{H}_0^{(2)}\left(\sqrt{k_0^2 - k_n^2}\,\varrho_1\right)\right. \\ \left. - \mathrm{H}_0^{(2)}\left(\sqrt{k_0^2 - k_n^2}\,\varrho_2\right)\right] \cos k_n z \\ = \Pi_{a1} + \Pi_{a2}. \end{aligned} \tag{47}$$

Dabei ist ϱ_1 der Abstand von der Strahlerachse, ϱ_2 der Abstand von der Achse des Spiegelbildes; vgl. Bild 15.9. Für den Innenraum wird entsprechend

$$\begin{aligned} \Pi_i = \sum_{n=1,3,5\ldots} \left[D_n \mathrm{J}_0\left(\sqrt{k_0^2 - k_n^2}\,\varrho_1\right)\right. \\ \left. - C_n \mathrm{H}_0^{(2)}\left(\sqrt{k_0^2 - k_n^2}\,\varrho_2\right)\right] \cos k_n z = \Pi_{i1} + \Pi_{a2}. \end{aligned} \tag{47a}$$

Die Konstanten C_n und D_n ergeben sich wieder aus den Grenzbedingungen (10 u. 11), also aus der Gleichheit des Potentials und dem Gleichsetzen von Strom und magnetischer Umlaufsspannung. Da für das Sekundärpotential Π_2 am Antennenradius $\varrho_1 = \varrho_0$ das Potential gleich ist und das Umlaufsintegral der magnetischen Feldstärke verschwindet, ergeben sich für C_n und D_n die unveränderten Werte (15). Der HERTZsche Vektor wird mithin

$$\begin{aligned} \Pi_a = -\frac{1}{4\,\omega\,\varepsilon_0} \sum_{n=1,3,5\ldots} B_n \mathrm{J}_0\left(\sqrt{k_0^2 - k_n^2}\,\varrho_0\right) \\ \cdot \left[\mathrm{H}_0^{(2)}\left(\sqrt{k_0^2 - k_n^2}\,\varrho_1\right) - \mathrm{H}_0^{(2)}\left(\sqrt{k_0^2 - k_n^2}\,\varrho_2\right)\right] \cos k_n z \end{aligned} \tag{48}$$

bzw.

$$\begin{aligned} \Pi_i = -\frac{1}{4\,\omega\,\varepsilon_0} \sum_{n=1,3,5\ldots} B_n \left[\mathrm{H}_0^{(2)}\left(\sqrt{k_0^2 - k_n^2}\,\varrho_0\right) \mathrm{J}_0\left(\sqrt{k_0^2 - k_n^2}\,\varrho_1\right)\right. \\ \left. - \mathrm{J}_0\left(\sqrt{k_0^2 - k_n^2}\,\varrho_0\right) \mathrm{H}_0^{(2)}\left(\sqrt{k_0^2 - k_n^2}\,\varrho_2\right)\right] \cos k_n z. \end{aligned} \tag{48a}$$

Der eigentliche Unterschied gegen den einzelnen Strahler ergibt sich erst bei der Erfüllung der elektrischen Feldstärken- und Spannungsbedingungen, indem jetzt die aus dem Gesamtpotential (48) folgende Feldstärke E_{zA} am Antennenleiter mit der geforderten Feldstärkenkurve Bild 13.1a übereinstimmen muß. Man sieht, daß die aus dem Sekundärpotential folgende Feldstärke wegen des ungleichen, zwischen $d - \varrho_0$ und $d + \varrho_0$ schwankenden Abstandes ϱ_2 vom Winkel ψ abhängig wird, was mit dem nur von z abhängigen Stromansatz nicht verträglich ist. Bei strenger Berechnung müßte man daher den Strom als eine von z und ψ abhängige Doppelreihe ansetzen und als erforderliche neue Grenzbedingung das Verschwinden der zirkularen elektrischen Feldstärke E_ψ hinzunehmen. Nun bewirkt der Reflektor bei nicht zu kleinem Abstand nur eine Korrektur der ursprünglichen Stromkoeffizienten und damit des Antennenwiderstandes. Wir werden keinen großen Fehler machen, wenn wir in dieser Korrektur mit einem konstanten mittleren Abstand $\varrho_2 = d$ rechnen. Bei den praktisch vorkommenden Größen dürfte diese Näherung ausreichend sein, bei extrem kleinem Reflektorabstand dagegen versagen. Durch diese Näherung verschwindet die Winkelabhängigkeit der Feldstärke, und wir erhalten aus dem HERTZschen Vektor (48) die Feldstärke am Antennenleiter zu

$$\begin{aligned} E_{zA} &= \left[k_0^2 \Pi_a + \frac{\partial^2 \Pi_a}{\partial z^2}\right]_{\varrho_1=\varrho_0,\, \varrho_2=d} \\ &= -\frac{1}{4\omega\varepsilon_0} \sum_{n=1,3,5\ldots} B_n (k_0^2 - k_n^2)\, \mathrm{J}_0\left(\sqrt{k_0^2 - k_n^2}\,\varrho_0\right) \\ &\quad \cdot \left[\mathrm{H}_0^{(2)}\left(\sqrt{k_0^2 - k_n^2}\,\varrho_0\right) - \mathrm{H}_0^{(2)}\left(\sqrt{k_0^2 - k_n^2}\,d\right)\right] \cos k_n z\,. \end{aligned} \tag{49}$$

Diese Gleichung unterscheidet sich von der entsprechenden Gl. (22) nur dadurch, daß an die Stelle der HANKELschen Funktion $\mathrm{H}_0^{(2)}\left(\sqrt{k_0^2 - k_n^2}\,\varrho_0\right)$ die Differenz $\mathrm{H}_0^{(2)}\left(\sqrt{k_0^2 - k_n^2}\,\varrho_0\right) - \mathrm{H}_0^{(2)}\left(\sqrt{k_0^2 - k_n^2}\,d\right)$ tritt. Daher bleibt die übrige Lösung unverändert, und man erhält als Bestimmungsgleichungen für die unbekannten Stromkoeffizienten wieder das unendliche Gleichungssystem (30 bzw. 30a), wobei aber jetzt die Koeffizienten an Stelle von Gl. (34) durch die Werte

$$\begin{aligned} Z_{ms} &= \frac{Z_0}{\pi l_r}\, s\, m\, (-1)^{\frac{s-1}{2}} (-1)^{\frac{m-1}{2}} \\ &\quad \cdot \int_0^\infty \mathrm{J}_0\left(\frac{\pi}{2}\frac{\varrho_0}{l}\sqrt{l_r^2 - x^2}\right)\left[\mathrm{H}_0^{(2)}\left(\frac{\pi}{2}\frac{\varrho_0}{l}\sqrt{l_r^2 - x^2}\right)\right. \\ &\quad \left. - \mathrm{H}_0^{(2)}\left(\frac{\pi}{2}\frac{d}{l}\sqrt{l_r^2 - x^2}\right)\right] \frac{l_r^2 - x^2}{(s^2 - x^2)(m^2 - x^2)} \cos^2\left(\frac{\pi}{2}x\right) \mathrm{d}x \end{aligned} \tag{50}$$

gegeben sind. Das 1. Integral stellt wegen der Übereinstimmung mit Gl. (34) die Eigen- und gegenseitigen Strahlungswiderstände der räumlichen Oberwellen des Antennenleiters selbst dar, so daß das 2. Integral die gegenseitigen Strahlungskopplungskoeffizienten der einzelnen räumlichen Oberwellen von Strahler und Spiegelbild darstellt.

Die zahlenmäßige Auswertung ist die gleiche wie beim Einzelstrahler. Als Beispiel zeigt Tab. 15.2 den Widerstand der oben berechneten Antenne mit $l/\varrho_0 = 20$ für die Länge $l_r = 1{,}6$, also in der Nähe der Spannungsresonanz, wenn ein Reflektor a) im Abstand $\lambda/4$, b) im Abstand $0{,}3\,\lambda$ vorhanden ist. Die Werte der ersten 3 Näherungen sind in Tab. 15.2 zusammengestellt. Man sieht, daß beim normalen Reflektorabstand $\lambda/4$ eine Vergrößerung des Resonanzwiderstandes eintritt, während bei größerem Reflektorabstand der Widerstand wieder kleiner wird. Man erkennt ferner aus der kapazitiven Verschiebung in beiden Fällen, daß die Resonanzverkürzung wesentlich stärker wird.

Tabelle 15.2. *Antennenwiderstand bei Strahlungskopplung.*
$l/\varrho_0 = 20\,,\quad l_r = 1{,}6$

Anordnung	1. Näherungswert	2. Näherungswert	3. Näherungswert
Antenne allein	164,9 + i 217,6	416 + i 99,5	428 + i 46,8
Reflektor 0,25 λ	197,5 + i 282,7	568 − i 13,8	551 − i 154
Reflektor 0,3 λ	221 + i 249,4	467 + i 35,3	450 − i 95,4
2. Strahler 0,5 λ	132,3 + i 152,5	256 + i 114,2	268,5 + i 92,8

e) Berechnung paralleler Dipolgruppen.

In dem im vorigen Abschnitt berechneten Fall hatte der 2. Strahler als Spiegelbild entgegengesetzten Strom. Hat der Strom des 2. Strahlers gleiche Größe und Richtung, handelt es sich also um eine symmetrisch gespeiste Dipolgruppe aus zwei Strahlern, so ändern sich in den Gl. (47 bis 50) nur die Vorzeichen der vom 2. Strahler herrührenden Größen. Für den normalen Strahlerabstand von $0{,}5\,\lambda$ ergibt sich für obige Antenne bei $l_r = 1{,}6$ der in der letzten Reihe von Tab. 15.2 angegebene Wert. Man erkennt die starke Verkleinerung des Widerstandes durch die Strahlungskopplung, wodurch gleichzeitig eine Verbreiterung der Resonanzkurve und damit eine größere Breitbandigkeit erzielt wird. Das entspricht ebenso wie die anderen Rechnungsdaten den Meßergebnissen.

Nach den durchgeführten Berechnungen zweier Strahler läßt sich nun sofort der Rechnungsgang für beliebige Dipolgruppen übersehen. Wir machen dabei nur die praktisch im allgemeinen zutreffende Voraussetzung, daß sämtliche Strahler parallel sind und daß die einzelnen Strahler entweder in der gleichen Achse liegen oder der Achsenabstand groß gegen den Antennendurchmesser ist. Im übrigen seien die N Strahler $A_1, A_2 \ldots A_N$ als eigentliche Strahler mit beliebigen, nach Größe und Phase bekannten Spannungen $U_1, U_2, U_3 \ldots U_{N_1}$ symmetrisch oder unsymmetrisch gespeist oder als Reflektoren mit beliebigen bekannten Widerständen Z_{a1}, $Z_{a1} \ldots Z_{aN_2}$ beliebig belastet, wobei der Belastungswiderstand selbstverständlich auch Null sein kann.

Wir setzen für jeden Strahler einen Strom nach Gl. (1) bzw. bei symmetrischer Anordnung nach Gl. (5) an, erhalten also für den ν-ten Strahler, wenn z_ν die z-Koordinate seines Mittelpunktes und $2l_\nu$ seine Länge ist,

$$\begin{aligned} I_\nu(z) = & \sum_{s=1,3,5\ldots} A_{\nu s} \cos\left(s \frac{\pi}{2} \frac{z - z_\nu}{l_\nu}\right) \\ & + \sum_{s'=2,4,6\ldots} A_{\nu s'} \sin\left(s' \frac{\pi}{2} \frac{z - z_\nu}{l_\nu}\right) \qquad \nu = 1 \ldots N. \end{aligned} \tag{51}$$

Jeder Strahler erzeugt für sich allein ein Feld, dessen HERTZscher Vektor sich aus $\Pi_a = \Pi_i$ und dem Gleichsetzen der magnetischen Umlaufsspannung mit der gespiegelten Stromverteilung nach den früheren Rechnungen zu

$$\begin{aligned} \Pi_{a\nu} = -\frac{1}{4\omega\varepsilon_0} \Big[& \sum_{n=1,3,5\ldots} B_{\nu n} \mathrm{J}_0\left(\sqrt{k_0^2 - k_{\nu n}^2}\, \varrho_{0\nu}\right) \\ & \cdot \mathrm{H}_0^{(2)}\left(\sqrt{k_0^2 - k_{\nu n}^2}\, \varrho_\nu\right) \cos k_{\nu n} z \\ & + \sum_{n'=2,4,6\ldots} B_{\nu n'} \mathrm{J}_0\left(\sqrt{k_0^2 - k_{\nu n'}^2}\, \varrho_{0\nu}\right) \\ & \cdot \mathrm{H}_0^{(2)}\left(\sqrt{k_0^2 - k_{\nu n'}^2}\, \varrho_\nu\right) \sin k_{\nu n'} z \Big] \end{aligned} \tag{52}$$

ergibt. Dabei ist ϱ_ν der Abstand des Feldpunktes von der ν-ten Antennenachse, $\varrho_{0\nu}$ der eigene Antennenradius und die in $k_{\nu n} = n \frac{\pi}{2l_{r_\nu}}$ bzw. in $k_{\nu n'} = n' \frac{\pi}{2l_{r_\nu}}$ auftretende Größe $2l_{r_\nu}$ die im Grenzfall gegen ∞ gehende Grundlänge der gespiegelten Antennen. Die Konstanten $B_{\nu n}$ und $B_{\nu n'}$ ergeben sich aus den Stromkoeffizienten $A_{\nu s}$ bzw. $A_{\nu s'}$ nach den früheren Gl. (4 u. 4a). Für das Potential im Innenfeld sind die HANKELschen und BESSELschen Funktionen zu vertauschen.

Das gesamte Strahlungspotential ist nun die Summe sämtlicher Π_ν. Berechnet man hieraus die elektrische Feldstärke auf jedem einzelnen, z. B. dem μ-ten Antennendraht, wobei auf Grund unserer Voraussetzungen in sämtlichen Potentialen für ϱ_ν der konstante Achsenabstand $d_{\mu\nu}$ bzw. bei Antennen auf gleicher Achse der Antennendurchmesser $\varrho_{0\mu}$ zu setzen ist, und entwickelt den Bereich der wirklichen Antenne $-l_\mu \leqq z - z_\mu \leqq +l_\mu$ als FOURIER-Reihe und setzt die entstehenden Koeffizienten $C_{m2\mu}$ gleich den Entwicklungskoeffizienten $C_{m1\mu}$ der auf der betreffenden Antenne vorgegebenen Feldstärkenkurve, so erhält man insgesamt N unendliche Gleichungssysteme zur Bestimmung der N unendlich vielen unbekannten Stromkoeffizienten. Damit sind sämtliche Stromkoeffizienten bekannt, und es kann für jede gespeiste Antenne der Eingangswiderstand $Z_{A\nu} = \frac{U_{0\nu}}{I_{0\nu}}$ berechnet werden. Unter Berücksichtigung der bei der Zusammenschaltung der einzelnen Antennen stattfindenden Leitungstransformationen ergibt sich daraus der Gesamtwiderstand der Richtantenne an den beiden Antennenklemmen. Ebenso kann jede andere Größe des Strahlungsfeldes berechnet werden.

Bei den symmetrischen Anordnungen der Dipolgruppen aus 2 oder 4 Strahlern mit oder ohne ebenen Reflektor vereinfacht sich die Rechnung insofern, als der Stromansatz für alle Strahler die gleichen Koeffizienten hat, mithin nur ein unendliches Gleichungssystem wie in den durchgeführten Zahlenrechnungen entsteht.

f) Von der Theorie nicht erfaßte Fälle.

Wir haben im vorstehenden eine Anzahl Erweiterungen der entwickelten Theorie der Dipolantenne gegeben. Es bleiben jedoch einige Fälle, bei denen die Theorie mit Differentialgleichung nicht anwendbar ist. Voraussetzung der durchgeführten Lösung war die Lösung der Wellengleichung mit Erfüllung der an der Koordinatenfläche $\varrho = \varrho_0$ vorgeschriebenen Grenzbedingung. Nicht durchführbar sind daher jene Fälle, bei denen noch zusätzliche Grenzbedingungen an anderen Flächen vorliegen. So können z. B. eine abgesetzte, also eine aus zwei oder mehr Teilen verschiedenen Durchmessers bestehende Antenne, oder eine geknickte Antenne oder der Einfluß einer Endfläche (Endkapazität) nach der vorliegenden Methode nicht streng berechnet werden, während in diesen Fällen eine von der Integralgleichung (10.12) ausgehende Theorie noch prinzipiell möglich ist.

16. Kapitel.

Nichtzylindrische Dipolantennen.

1. Vorbemerkung.

Die bisherigen Rechnungen bezogen sich durchweg auf zylindrische Dipolantennen. Dipolantennen nichtzylindrischer Form sind teils aus mathematischen Gründen behandelt, teils aus technischen Gründen zur Erreichung besonderer Zwecke benutzt worden. Zur 1. Gruppe gehören insbesondere die elliptischen Antennen mit der Ausartung der Kugelantennen und die Kegelantennen, zur 2. Gruppe Antennen, bei denen die Dipole besonders geformte Flächen, auch Teile von Flugzeugflächen od. dgl., sind. Wir befassen uns im folgenden nur mit der 1. Gruppe. Bei der theoretischen Behandlung nichtzylindrischer Dipolantennen ist zu beachten, daß die Wellengleichung $\Delta \boldsymbol{P} + k^2 \boldsymbol{P} = 0$

nur für die geradlinigen Komponenten des HERTZschen Vektors gilt, für andere Koordinatensysteme dagegen die MAXWELLschen Gleichungen direkt zu lösen sind (Kap. 3.8) oder die im Kap. 3.5 angegebene Methode zu verwenden ist.

*2. Rotationselliptische Antennen.

a) Berechnung der ungeschlitzten Antenne.

Es liegt nahe, die normale relativ dünne stabförmige Antenne durch ein langgestrecktes Rotationsellipsoid zu ersetzen. Das hat den Vorteil, daß in rotationselliptischen Koordinaten die Antennenfläche eine geschlossene Koordinatenfläche wird, wodurch die in Zylinderkoordinaten wegen der endlichen Länge auftretenden mathematischen Schwierigkeiten wegfallen. Da die MAXWELLschen Gleichungen bzw. die Wellengleichung in rotationselliptischen Koordinaten ebenso wie in Zylinder- und Kugelkoordinaten nach den einzelnen Koordinaten separierbar sind, ist die Erfüllung der Grenzbedingungen und damit die gesamte Rechnung durchführbar und das Resultat in geschlossenen Ausdrücken darstellbar. Als Nachteil muß in Kauf genommen werden, daß die auftretenden Funktionen, die LAMÉschen Funktionen und ihre Abarten, nicht genügend bekannt und tabuliert sind, weshalb wir im folgenden im Gegensatz zu den sonstigen Ableitungen nur die Grundzüge der Theorie entwickeln wollen.

Als erstes Problem ergibt sich die Bestimmung des Feldes und der Eigenschwingungen einer ungeschlitzten Antenne. Lösungen hierfür wurden erstmalig 1898 von ABRAHAM und unabhängig von MACLAURIN für die Grenzform des stabförmigen Leiters als die ersten strengen Berechnungen eines Strahlungsfeldes gegeben. In neuerer Zeit wurden insbesondere von PAGE und ADAMS mit einer anderen Reihendarstellung der Eigenfunktionen die Eigenschwingungen eines ungeschlitzten Ellipsoids für beliebige Exzentrizitäten zwischen Stab und Kugel und die in einem homogenen Feld erzwungenen Schwingungen bei schmalen ungeschlitzten Ellipsoiden berechnet.

Schwieriger gestaltet sich das zweite Problem, die Berechnung der wirklichen Antenne mit Speiseschlitz und eingeprägter Spannung. Hier haben CHU und STRATTON eine Lösung der Feldgleichungen mit Erfüllung der Grenzbedingungen analog der in Kap. 15 entwickelten Theorie für Zylinderantennen gegeben, wobei nur die eingeprägten Kräfte in anderer Weise angesetzt sind.

Sämtliche angeführten Arbeiten rechnen mit Differentialgleichungen. Lösungen mit Integralgleichungen sind bisher nicht bekanntgeworden. Wir wollen uns daher im wesentlichen an die angeführten Differentialgleichungsmethoden halten.

Für die Durchführung der Rechnungen führen wir zunächst die Koordinaten des langgestreckten Rotationsellipsoides u, v, ψ ein durch die Transformationsgleichungen

$$x = \varrho \cos\psi, \quad y = \varrho \sin\psi \quad \text{mit} \quad \varrho = f\sqrt{(u^2-1)(1-v^2)}, \quad z = f u v. \tag{1}$$

Die gesamte Ebene ist erfaßt für

$$u \geqq 1, \qquad -1 \leqq v \leqq +1, \qquad 0 \leqq \psi < 2\pi. \tag{2}$$

Die Linien $u = \text{const}$ ergeben in der ϱz-Ebene eine Schar konfokaler Ellipsen mit der Brennweite f, die Linien $v = \text{const}$ die zugehörigen konfokalen Hyperbeln, wie eine Auflösung der Gl. (1) nach u und v ergibt. Die Exzentrizität der Ellipsen beträgt $1/u$, die Halbachsen sind $a = fu$ und $b = f\sqrt{u^2-1}$.

Die Maßstabszahlen U, V, W der Linienelemente werden nach den allgemeinen Gleichungen (3.27 u. 3.27a) in Kap. 3.6

$$U = f\sqrt{\frac{u^2-v^2}{u^2-1}}, \quad V = f\sqrt{\frac{u^2-v^2}{1-v^2}}, \quad W = \varrho = f\sqrt{(u^2-1)(1-v^2)}. \tag{3}$$

Die MAXWELLschen Gleichungen im Außenraum ergeben nun in beliebigen rotationssymmetrischen Koordinaten u, v, $w = \psi$ wegen $W = \varrho$ und $\partial/\partial\psi = \partial/\partial w = 0$ bei rotationssymmetrischem Feld nach den allgemeinen Gl. (3.32 u. 3.32a) in Kap. 3.6 die 6 Gleichungen

$$\begin{aligned}
\frac{1}{V\varrho}\frac{\partial(H_\psi \varrho)}{\partial v} &= \mathrm{i}\,\omega\,\varepsilon_0 E_u, \\
\frac{1}{U\varrho}\frac{\partial(H_\psi \varrho)}{\partial u} &= -\mathrm{i}\,\omega\,\varepsilon_0 E_v, \\
\frac{1}{UV}\left[\frac{\partial(E_v V)}{\partial u} - \frac{\partial(E_u U)}{\partial v}\right] &= -\mathrm{i}\,\omega\,\mu_0 H_\psi
\end{aligned} \tag{4}$$

und

$$\begin{aligned}
\frac{1}{V\varrho}\frac{\partial(E_\psi \varrho)}{\partial v} &= -\mathrm{i}\,\omega\,\mu_0 H_u, \\
\frac{1}{U\varrho}\frac{\partial(E_\psi \varrho)}{\partial u} &= \mathrm{i}\,\omega\,\mu_0 H_v. \\
\frac{1}{UV}\left[\frac{\partial(H_v V)}{\partial u} - \frac{\partial(H_u U)}{\partial v}\right] &= \mathrm{i}\,\omega\,\varepsilon_0 E_\psi.
\end{aligned} \tag{4a}$$

Das sind zwei getrennte Systeme mit den Feldstärken E_u, E_v, H_ψ bzw. H_u, H_v, E_ψ. Für die elektrischen Eigenschwingungen des stabförmigen Leiters oder für Speisung in Längsrichtung senkrecht E_ψ kommt nur das 1. System in Betracht. Eliminiert man hier E_u und E_v, so ergibt sich zur Bestimmung von H_ψ die Differentialgleichung

$$\frac{1}{UV}\left[\frac{\partial}{\partial u}\left\{\frac{V}{U\varrho}\frac{\partial(H_\psi\varrho)}{\partial u}\right\} + \frac{\partial}{\partial v}\left\{\frac{U}{V\varrho}\frac{\partial(H_\psi\varrho)}{\partial v}\right\}\right] + k^2 H_\psi = 0. \tag{5}$$

Die Gleichung würde man aus der im allgemeinen Kap. 3.8 abgeleiteten Gl. (3.68) auch unmittelbar erhalten.

Multipliziert man Gl. (5) mit $2\pi\varrho$ und setzt die magnetische Umlaufsspannung

$$2\pi\varrho H_\varphi = M, \tag{6}$$

so wird

$$\frac{\varrho}{UV}\left[\frac{\partial}{\partial u}\left\{\frac{V}{U\varrho}\frac{\partial M}{\partial u}\right\} + \frac{\partial}{\partial v}\left\{\frac{U}{V\varrho}\frac{\partial M}{\partial v}\right\}\right] + k^2 M = 0 \tag{7}$$

oder mit den Werten (3) für die speziellen rotationssymmetrischen Koordinaten (1)

$$(u^2-1)\frac{\partial^2 M}{\partial u^2} + (1-v^2)\frac{\partial^2 M}{\partial v^2} + k^2 f^2 (u^2-v^2) M = 0. \tag{8}$$

Führt man den Produktansatz

$$M = M_u(u)\, M_v(v) \tag{9}$$

ein, so erhält man mit einer noch zu bestimmenden Konstanten a_n die zwei gewöhnlichen Differentialgleichungen

$$\begin{aligned}(u^2-1)\frac{\mathrm{d}^2 M_u}{\mathrm{d}u^2} + (k^2 f^2 u^2 - a_n) M_u &= 0,\\ (1-v^2)\frac{\mathrm{d}^2 M_v}{\mathrm{d}v^2} - (k^2 f^2 v^2 - a_n) M_v &= 0.\end{aligned} \tag{10}$$

Die beiden identischen Differentialgleichungen (10) führen mit der Substitution $M_x = \sqrt{1-x^2}\,L_x$ auf die Differentialgleichungen der LAMÉschen Funktionen. Die Gleichungen müssen zur Erfüllung der Ausstrahlungs- und Grenzbedingungen so gelöst werden, daß sich 1. für große Entfernungen, also für großes u, M und damit M_u wie eine fortschreitende Welle verhält, 2. auf der Antenne, also für $u = u_0$, der Strom und damit M_v an den Antennenenden $v = \pm 1$ verschwindet und 3. die Feldstärke E_v und damit nach Gl. (4) $\partial M/\partial u$ auf der ganzen Antennenfläche verschwindet, also M_u' für $u = u_0$ gleich 0 ist.

Die 2. Bedingung ist nur für eine bestimmte Reihe von Eigenwerten a_n zu erfüllen, die den ganzen Zahlen bei den trigonometrischen Funktionen oder den Werten $n(n+1)$ bei den Kugelfunktionen in Gl. (4.40b) entsprechen und sich im vorliegenden Fall ebenso wie die zugehörigen Eigenfunktionen durch Reihendarstellungen näherungsweise berechnen lassen; vgl. die ähnliche Ableitung der Eigenwerte in Abschn. 3 und die angegebene Literatur, insbesondere die Arbeit von PAGE und ADAMS und das Buch von STRUTT über LAMÉsche, MATTHIEUsche und verwandte Funktionen. Die 1. Bedingung wählt unter den möglichen Eigenfunktionen für u eine bestimmte Art aus entsprechend den HANKELschen Funktionen 2. Art bei den Zylinderfunktionen. Die 3. Bedingung liefert schließlich ähnlich wie Gl. (8.5) bei den

Hohlleiterwellen für jede Eigenfunktion einen bestimmten komplexen Wert $k = k_n$, dessen Real- und Imaginärteil die Frequenz und das logarithmische Dämpfungsdekrement δ_n der betreffenden Eigenwelle entsprechend der Gleichung

$$k_n = \omega_n \sqrt{\varepsilon_0 \mu_0} = (2\pi f_n + \mathrm{i}\, \delta_n f_n) \sqrt{\varepsilon_0 \mu_0} \tag{11}$$

liefert.

Für die erzwungenen Schwingungen in einem homogenen Feld muß an Stelle der 3. Bedingung die Feldstärke E_v zusammen mit der Feldstärke E_0 des Primärfeldes verschwinden. Entwickelt man E_0 nach den Eigenfunktionen und setzt E_v als eine Summe von Eigenfunktionen mit unbestimmten Koeffizienten an, so bestimmen sich diese Koeffizienten ähnlich wie bei der Berechnung der Beugung um die Erde in Kap. 27 aus der Grenzbedingung $E_v + E_0 = 0$, womit das Problem gelöst ist, z. B. der in der Antenne erzeugte Strom und der Strahlungswiderstand berechnet werden kann.

Die Rechnungen sind in den angegebenen Arbeiten durchgeführt. Wir verweisen wegen der Kompliziertheit der Rechnungen auf die Literatur und geben in Tab. 16.1 als ein Ergebnis der Rechnung Eigenwelle und Dämpfung der Grundwelle für beliebige Exzentrizitäten

Tabelle 16.1. *Eigenwelle und Dämpfung rotationselliptischer Antennen.*

	Dicke Antennen			Schmale Antennen		
$\frac{1}{u}$	$\frac{a}{b}$	$\frac{\lambda}{4a}$	δ	$\frac{a}{b}$	$\frac{\lambda}{4a}$	δ
0,0	1	1,814	3,628	∞	1,000	0,000
0,1	1,01	1,809	3,618	$0{,}98 \cdot 10^{11}$	1,001	0,098
0,2	1,02	1,794	3,588	$3 \cdot 10^{4}$	1,004	0,247
0,4	1,09	1,734	3,461	700	1,009	0,396
0,6	1,25	1,625	3,214	200	1,015	0,494
0,8	1,67	1,455	2,772	74	1,023	0,613

$1/u$ bzw. Achsenverhältnisse a/b nach Page und Adams. Das angegebene Verhältnis a/b entspricht dem Verhältnis l/ϱ_0 bei Zylinderantennen. Die besonders interessierenden Eigenwellen für schmale Antennen (rechter Teil der Tabelle) zeigen eine Verkürzung der Antennenlänge gegen die Wellenlänge, die wesentlich kleiner ist als die bei Zylinderantennen gemessenen und nach den strengen Theorien der Zylinderantennen berechneten Verkürzungen. So ist die Verkürzung bei einem Schlankheitsgrad $a/b = 74$ nur 2,3 %, während sie bei Zylinderantennen bei dem gleichen Schlankheitsgrad $(2 \ln 2\, l/\varrho_0 = 10)$ nach Bild 16.8 mindestens 15 % beträgt.

Als ein weiteres Ergebnis zeigt Bild 16.1 die aus den Abrahamschen rotationselliptischen Feldstärken E_u und E_v von Hack berechneten elektrischen Feldlinien einer in der Grundwelle und der 3. Oberwelle erregten Antenne zur Zeit $t = 3/8\,T$. Die Bilder der Grundwelle entsprechen den Feldlinienbildern des HERTZschen Dipols in Bild 11.1.

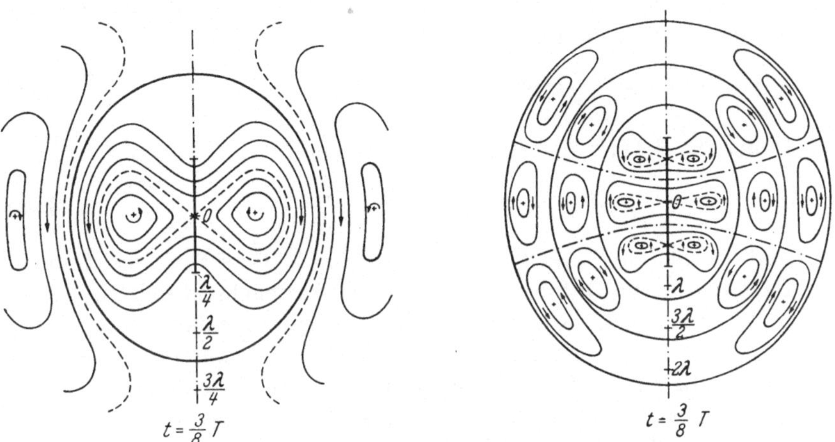

Bild 16.1. Elektrische Feldlinien der Grundwelle und dritten Oberwelle einer schmalen rotationselliptischen Antenne. (Nach HACK.)

b) Berechnung der geschlitzten Antenne.

Setzt man

$$\frac{H_\varphi}{\varrho} = K\,, \qquad \text{also} \qquad M = 2\pi\,\varrho^2 K \tag{12}$$

mit dem Wert (1) für ϱ in Gl. (8) ein, so erhält man mit Ausrechnen des 2. Differentialquotienten und Division durch $2\pi\varrho^2$ die Gleichung

$$\begin{gathered}(u^2-1)\frac{\partial^2 K}{\partial u^2} + (1-v^2)\frac{\partial^2 K}{\partial v^2} + 4u\frac{\partial K}{\partial u} - 4v\frac{\partial K}{\partial v} \\ + k^2 f^2 (u^2 - v^2)\,K = 0\,.\end{gathered} \tag{13}$$

Der Produktansatz $K = K_u K_v$ liefert zwei gewöhnliche, identische Differentialgleichungen von der Form

$$(1-v^2)\frac{\mathrm{d}^2 K_v}{\mathrm{d}v^2} - 4v\frac{\mathrm{d}K_v}{\mathrm{d}v} + (b_l - k^2 f^2 v^2)\,K_v = 0\,. \tag{14}$$

Diese Gleichung ist die Ausgangsgleichung von CHU und STRATTON für die Berechnung der geschlitzten Antenne.

Für die Auflösung gelten dieselben Bedingungen wie in Abschn. a, insbesondere gehört b_l einer Reihe von Zahlen an, für die die Lösung K_v an den Grenzen $v = \pm 1$ verschwindet, während für die Abhängigkeit von u, also für K_u, eine Lösung genommen werden muß, die sich für große u wie eine fortschreitende Welle verhält. Die zugehörigen Funktionen sind den LAMÉschen Funktionen des Rotationsellipsoids ähnlich. Für nähere Einzelheiten sei auf die angegebenen Arbeiten von CHU und STRATTON verwiesen. Wir beschränken uns auf die Angabe der für unseren Zweck erforderlichen Lösungen. Die für $v = \pm 1$ verschwindende Funktion K_v ist die Sphäroidfunktion 1. Art, die als Reihe von Kugelfunktionen dargestellt werden kann, und zwar ist mit den Bezeichnungen von CHU und STRATTON

$$K_v = \mathrm{S}^1_{e1,l}(fk, v) = \frac{1}{\sqrt{v^2-1}} \sum_n{}' \frac{a_n \, \mathrm{i}^{n-l} n!}{(n+2)!} \mathrm{P}^1_{n+1}(v). \tag{15}$$

Dabei ist $\mathrm{P}^1_{n+1}(v)$ die zugeordnete Kugelfunktion 1. Art

$$\mathrm{P}^1_{n+1}(v) = -\sqrt{1-v^2}\,\frac{\mathrm{d}\,\mathrm{P}_{n+1}(v)}{\mathrm{d}v}. \tag{15a}$$

a_n sind unbekannte Koeffizienten, die durch Einsetzen des Reihenansatzes (15) in die Differentialgleichung (14) zunächst durch die Eigenwerte b_l ausgedrückt erscheinen und dann direkt zahlenmäßig, wenn die Eigenwerte b_l eingesetzt werden. Der Apostroph in der Summe bedeutet, daß $n = 0, 2, 4 \ldots$ zu nehmen ist, wenn l eine gerade ganze Zahl ist, dagegen $n = 1, 3, 5 \ldots$, wenn l ungerade ist.

Für K_u muß die Sphäroidfunktion 4. Art gewählt werden, die nach CHU und STRATTON dargestellt werden kann als

$$K_u = \mathrm{R}^4_{e1,l}(fk, u) = \sqrt{\frac{\pi}{2(fku)^3}}\,\frac{1}{\sum_n{}' a_n \mathrm{i}^{n-l}} \sum_n{}' a_n \mathrm{H}^{(2)}_{n+3/2}(fku). \tag{16}$$

Dabei sind a_n die obigen Koeffizienten und $\mathrm{H}^{(2)}_{n+3/2}$ die HANKELschen Funktionen 2. Art der Ordnung $n + 3/2$, die bekanntlich auf elementare Funktionen führen; vgl. Kap. 4.3.

Durch Einsetzen der Lösungen (15 u. 16) in Gl. (12) erhält man mit Zusammenfassung der Konstanten für die magnetische Feldstärke als endgültige Lösung der erzwungenen Schwingungen mit u und v statt fk, u und fk, v im Argument der Sphäroidfunktionen

$$H_\varphi = \varrho K = f\sqrt{(u^2-1)(1-v^2)} \sum_{l=0}^{\infty} A_l \mathrm{R}^4_{e1,l}(u)\,\mathrm{S}^1_{e1,l}(v). \tag{17}$$

Für die elektrischen Feldstärken folgen hieraus nach den Gl. (4) die Werte

$$\left.\begin{aligned} E_u &= \frac{1}{\mathrm{i}\,\omega\,\varepsilon_0}\sqrt{\frac{u^2-1}{u^2-v^2}} \sum_{l=0}^{\infty} A_l \mathrm{R}^4_{e1,l}(u)\,\frac{\mathrm{d}}{\mathrm{d}v}[(1-v^2)\,\mathrm{S}^1_{e1,l}(v)], \\ E_v &= \frac{1}{\mathrm{i}\,\omega\,\varepsilon_0}\sqrt{\frac{1-v^2}{u^2-v^2}} \sum_{l=0}^{\infty} A_l \mathrm{S}^1_{e1,l}(v)\,\frac{\mathrm{d}}{\mathrm{d}u}[(u^2-1)\,\mathrm{R}^4_{e1,l}(u)]. \end{aligned}\right\} \tag{18}$$

Die Konstanten A_l bestimmen sich aus der noch zu erfüllenden Feldstärkenbedingung, nach der die Feldstärke E_v auf dem Ellipsoid $u = u_0$ gleich der vorgegebenen Feldstärke sein muß, also bei verlustlosen Leitern und Speisung im Mittelpunkt die in Bild 13.1a bei der

Zylinderantenne dargestellte Form haben muß. Entwickelt man diese vorgegebene Feldstärke E'_v als eine Reihe nach den obigen Eigenfunktionen $S_{e1,l}$:

$$E'_v = -\frac{1}{i\omega\varepsilon_0}\sqrt{\frac{1-v^2}{u_0^2-v^2}}\sum_{l=0}^{\infty} B_l S^1_{e1,l}(v), \tag{19}$$

so liefert ein Vergleich mit Gl. (18) die gesuchten Koeffizienten

$$A_l = -\frac{B_l}{\left\{\frac{d}{du}[(u^2-1)R^4_{e1,l}(u)]\right\}_{u=u_0}}. \tag{20}$$

B_l selbst ergibt sich aus Gl. (19) und den Orthogonalitätsbedingungen der Funktionen $S^1_{e1,l}(v)$ (vgl. die angegebene Literatur). Für die Sprungfunktion in Bild 13.1a, also für $E'_v = -\frac{U_A}{V\Delta v}$ am Speiseschlitz mit der Länge $V\Delta v$ und $E'_v = 0$ im übrigen Raum wird

$$B_l = \frac{i\omega\varepsilon_0 U_A}{f}\,\frac{S^1_{e1,l}(0)}{2\sum_n{}' \frac{a_n^2}{(n+1)(n+2)(2n+3)}} \tag{21}$$

Dabei ist $S^1_{e1,l}(0) = 0$ für ungerade l, so daß l in sämtlichen Gleichungen nur gerade Werte annimmt. Die Werte (21) gelten genau wie die aus der gleichen Sprungfunktion erhaltenen Koeffizienten in Kap. 13 u. 15 für die ersten Werte von l, während sie für sehr hohe, für die praktischen Rechnungen nicht mehr in Betracht kommenden Werte von l wegen der endlichen Schlitzbreite kleiner sein würden.

Mit den angegebenen Gleichungen ist das gesamte Feld bekannt, insbesondere wird der Antennenstrom

$$I = 2\pi\varrho H_{\varphi_{u=u_0}} = 2\pi f^2(u_0^2-1)(1-v^2)\sum_{l=0}{}' A_l R^4_{e1,l}(u_0)\,S^1_{e1,l}(v). \tag{22}$$

Für $v = 0$ ergibt sich der Speisestrom und daraus mit Einsetzen der Werte A_l und Einsetzen von $\omega\varepsilon_0 = k_0/Z_0$ nach Gl. (4.5) der Eingangsleitwert der Antenne

$$Y_A = \frac{I_0}{U_A} = -\frac{2\pi i f k}{Z_0}$$

$$\cdot\sum_{l=0}{}' \frac{(u_0^2-1)R^4_{e1,l}(u_0)[S^1_{e1,l}(0)]^2}{2\sum_n{}'\frac{a_n^2}{(n+1)(n+2)(2n+3)}\left\{\frac{d}{du}[(u^2-1)R^4_{e1,l}(u)]\right\}_{u=u_0}}. \tag{23}$$

Der Leitwert ist die Summe aus den Leitwerten verschiedener Wellenformen, die den sinusförmigen Oberwellen der Zylinderantenne in Kap. 13 u. 15 entsprechen und ebenso wie bei den Zylinderantennen in Kap. 13 u. 15 für dickere Antennen und größere Längen langsamer konvergieren. Mit den bekannten Koeffizienten a_n (vgl. oben) und den aus der angegebenen Literatur bekannten Funktionswerten kann der Widerstand zahlenmäßig berechnet werden. Für die Berechnung genügen bei normal langen Antennen wie in Kap. 15 wenige Werte der Reihe. Bild 16.2 zeigt den Real- und Imaginärteil der einzelnen Glieder von Gl. (23) für zwei verschieden

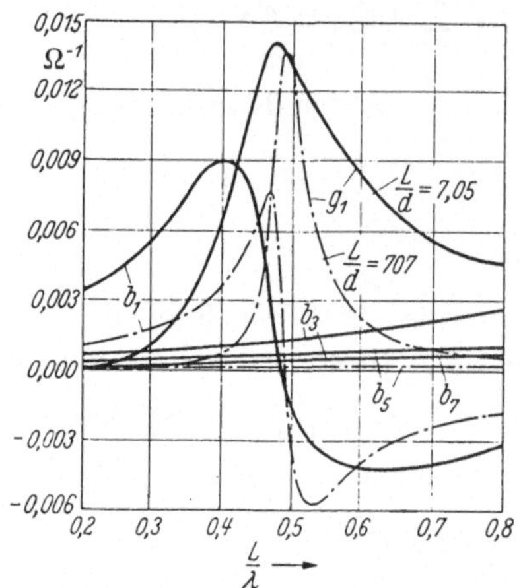

Bild 16.2. Real- und Imaginärteil der Koeffizienten des Antennenleitwertes von rotationselliptischen Antennen nach CHU und STRATTON. g_n = Realteil; b_n = Imaginärteil n-ter Ordnung.

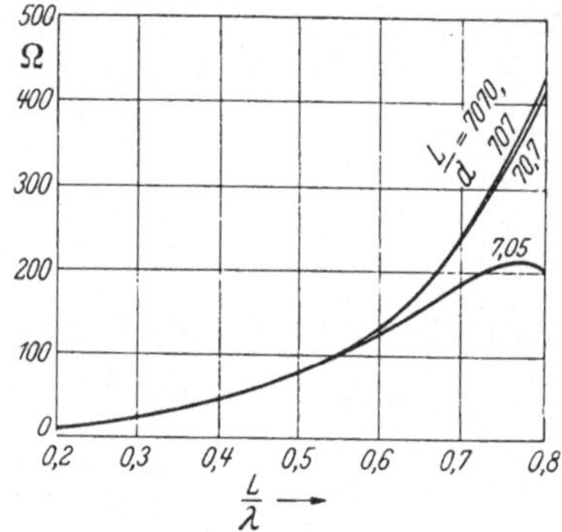

Bild 16.3. Realteil des Eingangswiderstandes rotationselliptischer Antennen nach CHU und STRATTON.

dicke Antennen, Bild 16.3 den hiernach berechneten reellen Eingangswiderstand der Antennen nach CHU und STRATTON.

*3. Doppelkonische Antennen oder Kegelantennen.

a) Vergleich mit der Zylinderantenne.

Die normale Leitungstheorie der zylindrischen Antenne hat, selbst wenn man die aus der quasistationären Leitungstheorie übernommenen Begriffe von Induktivität und Kapazität gelten lassen will, den Nachteil, daß Induktivität und Kapazität zweier zusammengehöriger, gleich weit von der Speisestelle entfernter Antennenelemente nicht überall gleich sind und damit der Wellenwiderstand ortsabhängig wird, während die für die Leitungtheorie der Antenne benutzten Gleichungen Konstanz dieser Werte voraussetzen. Nimmt man jedoch an Stelle der zylinderförmigen Dipole zwei mit der Spitze zusammenstoßende Kegel nach Bild 16.4, so verlaufen bei unendlich langen und unendlich gut leitenden Kegeln die elektrischen Feldlinien aus Symmetriegründen kugelsymmetrisch von einem Kegel zum anderen. Dabei würde im elektrostatischen Feld bei konstantem Potential der Kegel die Feldliniendichte (man denke an die bekannte graphische Kapazitätsermittlung ebener Felder) und damit die Ladungsdichte proportional mit der Entfernung abnehmen. Da jedoch der Kegelumfang proportional mit der

Entfernung wächst, bleibt die Gesamtladung und damit die Kapazität pro Längeneinheit, mithin aber auch die Induktivität pro Längeneinheit und der Wellenwiderstand konstant. Wenn das angenommene Feldbild bei endlicher Länge der Kegel auch nicht mehr zutrifft, so müßte doch die doppelkonische Antenne durch die normale Leitungstheorie der Antenne, d. h. durch den Ansatz der Leitungsgleichungen mit hin- und rücklaufenden Wellen mit den aus dem kugelsymmetrischen Feldbild folgenden Werten von L und C besser darstellbar sein als die zylinderförmige Antenne.

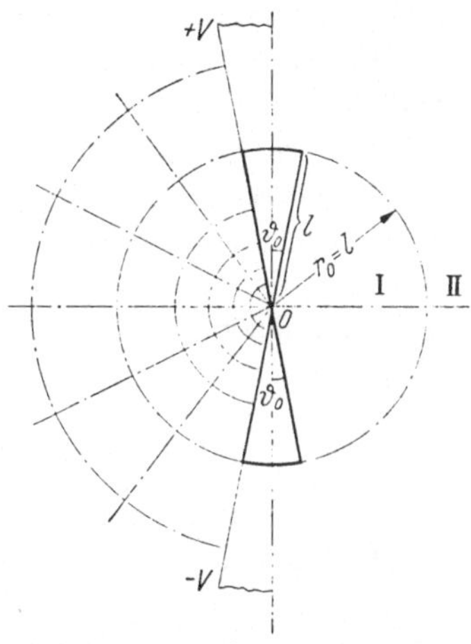

Bild. 16.4. Kegelantenne mit Grenzkugel r_0. Links: Statisches elektrisches Feldlinienbild für einen unendlich langen Kegel.

Die skizzierte einfache Leitungstheorie der Kegelantenne berücksichtigt nur die kugelsymmetrische Hauptwelle des durch die beiden Kegel gebildeten Leitersystems und erfüllt ebenso wie die Leitungstheorie der Zylinderantenne nicht die Grenzbedingungen an der Antenne. Insbesondere ist zur Vermeidung eines unendlich hohen Antennenwiderstandes wieder die Zusatzhypothese eines Widerstandsbelages erforderlich, da sonst der Strom bei den Resonanzlängen 0 wird.

Wir können nun den Luftraum zwischen den beiden Kegeln als einen von den Kegeln begrenzten Hohlleiterraum ansehen. Ebenso wie bei jedem Hohlleiter und auch bei der normalen Doppelleitung, vgl. Kap. 7 u. 8, sind auch in dem Raum zwischen den beiden Kegeln außer der Hauptwellenform unendlich viele weitere Wellenformen möglich, die an jeder Stoßstelle und bei jeder Reflexion und damit auch bei der Reflexion der ausstrahlenden Welle am Antennenende erregt werden. Durch Hinzunahme dieser höheren Wellenformen zu der Hauptwelle im Antennenraum $r \leqq l$ und Hinzunahme der Wellenformen des freien Außenraums $r \geqq l$ muß man die Grenzbedingungen an der Antenne prinzipiell erfüllen können und damit eine wesentliche Verbesserung der Leitungstheorie der kegelförmigen Dipolantenne erreichen. Diese Verbesserung hat Schelkunoff durchgeführt, indem er mit Hilfe dieser Nebenwellen die strengen Grenzbedingungen an der Antenne und an der Übergangsfläche zwischen Antennenraum und freiem Außenraum in schrittweiser Näherung zu erfüllen sucht. Obwohl, wie wir sehen werden, nur der 1. Schritt für sehr schmale Kegel praktisch durchführbar ist, sind die erhaltenen Werte für die Berechnung schmaler Kegelantennen ausreichend und auch für die Berechnung von Dipolantennen mit zylinderförmigem Querschnitt oder beliebigen anderen Querschnittsformen, wenn man nachträglich den veränderlichen Wellenwiderstand bei diesen Querschnitten nach der quasistationären Theorie von Leitungen mit veränderlichen Konstanten berücksichtigt.

Gegenüber den strengen Theorien von Kap. 13 bis 16.2 hat die Methode, die wir im folgenden Abschnitt darstellen werden, den Vorteil, daß die Endformeln einfacher auswertbar und nur wenig komplizierter als die Formeln der normalen Leitungstheorie der Antenne sind. Außerdem hat die Methode den didaktischen Vorteil, daß sie einen Einblick in das physikalische Wesen der Antennenstrahlung gibt, indem das Strahlungsfeld als eine von dem Speisepunkt ausgehende Kugelwelle erscheint, die von dem Antennenleiter geführt wird und beim Erreichen des Antennenendes eine Reflexion erfährt, wobei außer der reflektierten Welle Wellen höherer Ordnung erzeugt werden.

b) Theorie der Kegelantenne.

Die Rechnung kann durch direkte Auflösung der Maxwellschen Gleichungen wie im vorigen Kapitel, nur mit Kugelkoordinaten an Stelle der elliptischen, oder nach der in Kap. 3.5 u. 3.7 für krummlinige Koordinaten, insbesondere für Kugelkoordinaten, behandelten Methode erfolgen. Im 1. Fall zerfallen die Maxwellschen Gleichungen wegen der Rotationssymmetrie wieder in die beiden getrennten Systeme (4 u. 4a), von denen das 1. System mit den Feldstärken $E_u = E_r$, $E_v = E_\vartheta$ und H_φ, welches bei sehr dünnem Konus allein bestehen kann, als Hauptsystem in Frage kommt, während das 2. System nur herangezogen werden muß, wenn nicht sämtliche Grenzbedingungen mit dem 1. System erfüllt werden können. Nach der 2. Methode führt der Ansatz eines Hertzschen Vektors in r-Richtung

$$P_r = \Pi = r w \tag{24}$$

bei rotationssymmetrischem Feld nach den Gl. (3.63) auf die Feldstärken

$$E_r = k_0^2 \Pi + \frac{\partial^2 \Pi}{\partial r^2}, \qquad E_\vartheta = \frac{1}{r} \frac{\partial^2 \Pi}{\partial r \, \partial \vartheta}, \qquad H_\varphi = -\mathrm{i} \, \omega \, \varepsilon \frac{1}{r} \frac{\partial \Pi}{\partial \vartheta}, \tag{25}$$

also auf die Feldstärken, die das 1. System der Gl. (4) enthält, so daß die Lösungen identisch sein müssen, während der entsprechende Ansatz eines magnetischen Vektors auf das 2. System führt. Das in den Gl. (24 u. 25) auftretende Strahlungspotential Π ist nach den Gl. (3.60 u. 3.61) bei Rotationssymmetrie eine Lösung der Differentialgleichung

$$\frac{\partial^2 \Pi}{\partial r^2} + \frac{1}{r^2 \sin\vartheta} \frac{\partial}{\partial \vartheta} \left(\sin\vartheta \frac{\partial \Pi}{\partial \vartheta} \right) + k_0^2 \Pi = 0, \tag{26}$$

die mit dem Produktansatz

$$\Pi = \Pi_r(r) \, \Pi_\vartheta(\vartheta) \tag{27}$$

und einer willkürlichen Konstanten $n(n+1)$ die beiden getrennten Gleichungen

$$\frac{\mathrm{d}^2\Pi_r}{\mathrm{d}r^2} + \left(k_0^2 - \frac{n(n+1)}{r^2}\right)\Pi_r = 0, \tag{28a}$$

$$\frac{1}{\sin\vartheta}\,\frac{\mathrm{d}}{\mathrm{d}\vartheta}\left(\sin\vartheta\,\frac{\mathrm{d}\Pi\vartheta}{\mathrm{d}\vartheta}\right) + n(n+1)\,\Pi_\vartheta = 0 \tag{28b}$$

liefert. Für $n = 0$ sind beide Gleichungen elementar integrierbar und liefern als Lösung die Hauptwelle

$$\Pi_0 = \Pi_{0r}\,\Pi_{0\vartheta} = [A_0 \sin k_0(l-r) + B_0 \cos k_0(l-r)]\left[\ln\operatorname{ctg}\frac{\vartheta}{2} + c_0\right]. \tag{29}$$

Da die Konstante c_0 beim Einsetzen in (25) in sämtlichen Feldstärken herausfällt, können wir $c_0 = 0$ setzen. Da die Lösung für $\vartheta = 0$ unendlich wird, kommt sie nur für den Innenraum in Betracht. Für beliebiges n ist die Lösung der Gl. (28a, b) bzw. des Potentials (24) nach Kap. 4.4, Gl. (4.46) mit $m = 0$ oder nach der späteren Gl. (27.2) [da das in (4.46 u. 27.2) benutzte w wegen (3.59 u. 3.61) mit unserem w identisch ist]

$$\Pi = \sum_n \Pi_{nr}\,\Pi_{n\vartheta} = \sum_n a_n \sqrt{k_0 r}\,\mathrm{Z}_{n+1/2}(k_0 r)\,\mathrm{L}_n(\cos\vartheta). \tag{30}$$

Dabei ist $\mathrm{Z}_{n+1/2}(k_0 r)$ eine Zylinderfunktion der Ordnung $n + \frac{1}{2}$ und $\mathrm{L}_n(\cos\vartheta)$ eine beliebige Kugelfunktion. Beim Ansetzen von (30) müssen wir wie immer für den Außenraum $r \geqq l$ und den Innenraum $r \leqq l$ getrennte Ansätze mit verschiedenen Zylinder- und verschiedenen Kugelfunktionen machen.

Genau wie die allgemeine Lösung der Besselschen Differentialgleichung (28a) nach Kap. 4.3 die Summe aus zwei linear unabhängigen Zylinderfunktionen ist, ist auch $\mathrm{L}_n(\cos\vartheta)$ eine Summe von zwei linear unabhängigen Lösungen der Differentialgleichung (28b). Nach der Theorie der Differentialgleichungen kann man diese Lösungen erhalten, wenn man sie als Potenzreihen mit unbekannten Koeffizienten ansetzt und die Koeffizienten durch Einsetzen in die Differentialgleichung und Koeffizientenvergleich bestimmt. Man erhält auf diese Weise durch den Ansatz einer Potenzreihe von $\frac{1-\cos\vartheta}{2} = \left(\sin\frac{\vartheta}{2}\right)^2$ als Lösung von (28b) für beliebiges n die Reihe

$$\mathrm{P}_n(\cos\vartheta) = \sum_{s=0}^{\infty} (-1)^s \frac{(n+s)!}{(n-s)!\,(s!)^2}\left(\sin\frac{\vartheta}{2}\right)^{2s}, \tag{31}$$

vgl. die Literatur über Kugelfunktionen. Für $\vartheta = \pi - \vartheta$ kann man die Reihe nach Hobson[1] umformen in

$$\mathrm{P}_n(-\cos\vartheta) = \sum_{s=0}^{\infty} (-1)^s \frac{(n+s)!}{(n-s)!\,(s!)^2} \cdot \left[\cos n\pi - \frac{2}{\pi}\sin n\pi\left\{\ln\operatorname{ctg}\frac{\vartheta}{2} + \Psi(s) - \Psi(n)\right\}\right]\left(\sin\frac{\vartheta}{2}\right)^{2s}, \tag{31a}$$

[1] Hobson, E. W.: The theory of spherical and ellipsoidal harmonics. Cambridge 1931. S. 231.

wo Ψ die logarithmische Ableitung der Gammafunktion

$$\Psi(n) = \frac{d(\ln n!)}{dn} = \lim_{N\to\infty}\left[\ln N - \frac{1}{1+n} - \frac{1}{2+n} - \cdots - \frac{1}{N+n}\right], \quad (31\,b)$$

$$\Psi(0) = \lim_{N\to\infty}\left[\ln N - \frac{1}{1} - \frac{1}{2} - \cdots - \frac{1}{N}\right] = -C = -0{,}5772\cdots \quad (31\,c)$$

ist. Für kleine Winkel $\vartheta_0 \to 0$ liefern die Reihen (31 u. 31 a) die Grenzwerte

$$\mathrm{P}_n(\cos\vartheta_0) = 1, \quad \mathrm{P}_n(-\cos\vartheta_0) = \cos n\pi - \frac{2}{\pi}\sin n\pi \ln \operatorname{ctg}\frac{\vartheta_0}{2}. \quad (32)$$

Da sich die Differentialgleichung (28 b) beim Vertauschen von ϑ mit $\pi - \vartheta$ nicht ändert, sind beide Reihen (31 u. 31 a) Lösungen von (28 b). Für nicht ganzzahliges n sind das aber zwei linear unabhängige Funktionen, so daß die allgemeine Lösung von (28 b)

$$\mathrm{L}_n(\cos\vartheta) = \tfrac{1}{2}\left[\mathrm{P}_n(\cos\vartheta) + b_n \mathrm{P}_n(-\cos\vartheta)\right] \quad (33)$$

ist. Für ganzzahliges n wird wegen $\cos n\pi = (-1)^n$ und $\sin n\pi = 0$

$$\mathrm{P}_n(-\cos\vartheta) = (-1)^n \mathrm{P}_n(\cos\vartheta). \quad (34)$$

Die beiden Funktionen sind also linear abhängig, so daß hier für die allgemeine Lösung von (28 b) als zweite unabhängige Funktion an Stelle von $\mathrm{P}_n(-\cos\vartheta)$ die in Kap. 4.4 erwähnte Kugelfunktion 2. Art $\mathrm{Q}_n(\cos\vartheta)$ genommen werden muß.

Für ganzzahliges n brechen die Reihen (31) mit $s = n$ als endliche Summen ab und stimmen mit den in Kap. 4.4 angegebenen Kugelfunktionen P_n überein. Wegen des Abbrechens ist $\mathrm{P}_n(\cos\vartheta)$ bei ganzzahligem n für alle Werte von ϑ endlich, während alle übrigen Kugelfunktionen für $\vartheta = 0$ oder π unendlich werden. Daher kommt für unseren Ansatz (30) im Außenraum $r \geqq l$ nur die Kugelfunktion $\mathrm{P}_n(\cos\vartheta)$ mit positiv ganzzahligem n in Betracht, während im Innenraum für die Kugelfunktionen keine Beschränkungen gelten, da die Punkte $\vartheta = 0$ und π für $r \leqq l$ nicht zum Feld gehören. Da sich ergeben wird, daß n im Innenraum nicht ganzzahlig ist, können wir für $r \leqq l$ die Kugelfunktion (33) als allgemeine Lösung ansetzen. Da weiter von den Zylinderfunktionen im Innenraum nur die Besselsche Funktion, im Außenraum nur die Hankelsche Funktion 2. Art in Betracht kommt, machen wir für Außen- und Innenraum nach Gl. (30) die Potentialansätze

$$2\pi i\omega\varepsilon_0 \Pi_a = \sum_{n=0}^{\infty} c_n \sqrt{k_0 r}\, \mathrm{H}^{(2)}_{n+1/2}(k_0 r)\, \mathrm{P}_n(\cos\vartheta) \quad (35)$$

$$n = 1, 2, 3 \ldots \quad \text{für} \quad r \geqq l,$$

$$2\pi i\omega\varepsilon_0 \Pi_i = \sum_{n} a_n \sqrt{k_0 r}\, \mathrm{J}_{n+1/2}(k_0 r)\, \mathrm{L}_n(\cos\vartheta) \quad \text{für} \quad r \leqq l, \quad (35\,a)$$

wobei in der letzten Gleichung L_n durch (33) gegeben und n zunächst noch unbekannt ist.

Die Werte von n bestimmen sich aus den Grenzbedingungen, und zwar aus der Bedingung, daß auf der Antennenfläche (bei Voraussetzung gleicher Antennenkegel also für $\vartheta = \vartheta_0$ und $\vartheta = \pi - \vartheta_0$, vgl. Bild 16.4) die elektrische Feldstärke $E_r = 0$ ist. E_r ist durch die 1. Gl. (25) gegeben. Der Wert der rechten Seite ist aber nach den Gl. (26 u. 28b) $\frac{n(n+1)}{r^2}\Pi$, mithin verlangt die Feldstärkenbedingung auf der Antenne

$$E_r = \frac{n(n+1)}{r^2}\Pi = \frac{n(n+1)}{r^2}\Pi_r \, \mathrm{L}_n(\cos\vartheta)_{\substack{\vartheta=\vartheta_0 \\ \text{und } \vartheta = \pi - \vartheta_0}} = 0. \tag{36}$$

Die Gleichung ist nur für bestimmte Werte von n, die sogenannten Eigenwerte, erfüllt, nämlich 1. für $n = 0$ oder $n = -1$ und 2. für diejenigen Werte $n = n_\nu$, für die

$$\mathrm{L}_{n_\nu}(\cos\vartheta_0) = \mathrm{L}_{n_\nu}(\cos[\pi - \vartheta_0]) = 0 \tag{37}$$

ist. Mit den Werten (33) ergibt diese Bedingung die beiden Gleichungen

$$\begin{aligned} \mathrm{P}_n(\cos\vartheta_0) \quad &+ b_n \mathrm{P}_n(-\cos\vartheta_0) = 0, \\ \mathrm{P}_n(-\cos\vartheta_0) &+ b_n \mathrm{P}_n(\cos\vartheta_0) \quad = 0, \end{aligned} \tag{38}$$

die nur für verschwindende Determinante, also für

$$\mathrm{P}_n(-\cos\vartheta_0) = \pm \mathrm{P}_n(\cos\vartheta_0) \tag{39}$$

gleichzeitig erfüllt sein können. Durch Einsetzen in (38) folgt

$$b_n = \mp 1. \tag{40}$$

Die Wurzeln n_ν der Gl. (39) sind die gesuchten Eigenwerte. Durch Einsetzen der Reihen (31 u. 31a) für die Kugelfunktionen lassen sich die Werte n_ν näherungsweise berechnen. Die wirkliche Durchführung vereinfacht sich für schmale Antennen, wie später gezeigt wird. Die zu den Eigenwerten n_ν gehörenden Eigenfunktionen erhält man durch Einsetzen der Werte n_ν für n und des Wertes (40) für b_n in Gl. (33) zu

$$\mathrm{L}_{n_\nu}(\cos\vartheta) = \tfrac{1}{2}\left[\mathrm{P}_{n_\nu}(\cos\vartheta) \mp \mathrm{P}_{n_\nu}(-\cos\vartheta)\right]. \tag{41}$$

Durch Vertauschen von $\cos\vartheta$ und $-\cos\vartheta$ sieht man, daß die zu dem oberen Vorzeichen gehörenden Eigenfunktionen ungerade Funktionen, ihre Ableitungen nach ϑ also gerade Funktionen sind, während zu dem unteren Vorzeichen umgekehrt gerade Eigenfunktionen und ungerade Ableitungsfunktionen gehören. Es ist

$$\mathrm{L}_{n_\nu}(\cos\vartheta) = \mp \mathrm{L}_{n_\nu}(-\cos\vartheta), \tag{42}$$

$$\left[\frac{d\mathrm{L}_{n_\nu}(\cos\vartheta)}{d\vartheta}\right]_\vartheta = \pm \left[\frac{d\mathrm{L}_{n_\nu}(\cos\vartheta)}{d\vartheta}\right]_{\pi-\vartheta}. \tag{42a}$$

Wir werden später sehen, daß bei symmetrischer Speisung der Antenne nur die ungeraden Eigenfunktionen und damit nur die oberen Vorzeichen in den Gl. (39 bis 42a) in Betracht kommen.

Durch die angegebene Rechnung sind die zu den Eigenwerten n_ν gehörenden Eigenfunktionen prinzipiell bekannt. Die zahlenmäßige Ausrechnung erfolgt S. 246, siehe Gl. (63). Da zu den weiteren Eigenwerten $n = 0$ und $n = -1$ die Eigenfunktion (29) gehört, ergibt sich durch Einsetzen der ermittelten Eigenfunktionen in (35a) für das Potential im Innenraum

$$\begin{aligned} 2\pi \mathrm{i}\,\omega\,\varepsilon_0\,\Pi_i &= [A_0 \sin k_0(l-r) + B_0 \cos k_0 (l-r)] \ln \operatorname{ctg}\frac{\vartheta}{2} \\ &\quad + \sum_\nu a_{n_\nu} \sqrt{k_0 r}\, \mathrm{J}_{n_\nu+1/2}(k_0 r)\, \mathrm{L}_{n_\nu}(\cos\vartheta), \end{aligned} \tag{43}$$

während das Potential im Außenraum unverändert durch Gl. (35) gegeben ist.

Der 1. Teil in (43) stellt die in Abschn. a allein betrachtete Hauptwelle, die Summe die Nebenwellen des trichterförmigen Hohlraumes dar. Die Lösung erfüllt die elektrische Feldstärkenbedingung an der Antenne.

Die unbekannten Konstanten A_0, B_0, a_{n_ν} und c_n sind daher aus den übrigen Grenzbedingungen an der Antenne und an der Trennfläche $r = l$ zu bestimmen.

Wir erfüllen zunächst die fehlenden Grenzbedingungen an der Antenne. Das sind nach Kap. 10.3 die Strom-, Spannungs- und Durchflutungsbedingungen (10.4, 10.5 u. 10.7). Letztere liefert mit (25), $\varrho = r \sin\vartheta_0$ und Einsetzen von (43) für Π_i nur den Ausdruck für den Strom, den wir bisher nicht angesetzt hatten, und keine Bestimmungsgleichung für die Konstanten. Für den oberen Kegel $\vartheta = \vartheta_0$ wird der Strom

$$\begin{aligned} I(r) &= 2\pi\,\varrho\, H_{\varphi\,\vartheta=\vartheta_0} = -2\pi \mathrm{i}\,\omega\,\varepsilon_0 \sin\vartheta_0 \left[\frac{\partial \Pi_i}{\partial\vartheta}\right]_{\vartheta_0} \\ &= A_0 \sin k_0 (l-r) + B_0 \cos k_0 (l-r) \\ &\quad - \sum_n a_{n_\nu} \sqrt{k_0 r}\, \mathrm{J}_{n_\nu+1/2}(k_0 r) \sin\vartheta_0 \left[\frac{\mathrm{d}\mathrm{L}_{n_\nu}(\cos\vartheta)}{\mathrm{d}\vartheta}\right]_{\vartheta=\vartheta_0} = I_0(r) + I_R(r). \end{aligned} \tag{44}$$

Für den unteren Kegel $\vartheta = \pi - \vartheta_0$ ergibt sich derselbe Wert, nur daß die Ableitungen von L_{n_ν} für $\vartheta = \pi - \vartheta_0$ zu nehmen sind.

Die ersten beiden Glieder I_0 entsprechen dem Strom einer normalen Leitung mit dem Endstrom B_0, das Restglied I_R stellt die Abweichung von dem sinusförmigen Strom der Leitungstheorie dar. Die Strombedingung aus Kap. 10.3 verlangt, daß der Strom im Speisepunkt $r = 0$ auf beiden Kegeln ϑ_0 und $\pi - \vartheta_0$ gleich ist und an den Enden $r = l$ verschwindet. Für $r = 0$ wird $I_R = 0$, da alle Besselschen Funktionen mit $n > 0$ im Nullpunkt verschwinden, so daß die 1. Bedingung erfüllt ist. Der Speisestrom wird

$$I_A = I(0) = A_0 \sin k_0 l + B_0 \cos k_0 l, \tag{44a}$$

besteht also nur aus dem Strom der Hauptwelle. Die Bedingung für den Endstrom enthält wieder, da wir den Endstrom 0 an der Stelle $r = l$ und nicht in der Mitte der Endfläche annehmen, die in Kap. 15.1 näher besprochene Vernachlässigung und ist nur bei schmalen Kegeln zulässig, beschränkt also die weitere Lösung auf schmale Kegel mit kleinem ϑ_0 oder mit $\varrho_0/l \ll 1$, wenn ϱ_0 der Radius der Endfläche ist Die Bedingung $I(l) = 0$ liefert durch Einsetzen von $r = l$ in (44) für den oberen Kegel als 1. Bestimmungsgleichung für die angesetzten Konstanten

$$B_0 = -I_R(l) = \sum_\nu a_{n_\nu} \sqrt{k_0 l}\, \mathrm{J}_{n_\nu + 1/2}(k_0 l) \sin\vartheta_0 \left[\frac{\mathrm{d\,L}_{n_\nu}(\cos\vartheta)}{\mathrm{d}\vartheta}\right]_{\vartheta=\vartheta_0}. \quad (45)$$

Damit die Strombedingung auch für den unteren Kegel erfüllt ist, muß die rechte Seite für $\vartheta = \pi - \vartheta_0$ denselben Wert haben, die Ableitung von L_{n_ν} nach ϑ mithin eine gerade Funktion von $\cos\vartheta$ sein. Dadurch kommen in Gl. (42a) und damit auch in den Gl. (39 bis 42) nur die oberen Vorzeichen in Betracht, mithin auch nur die Eigenwerte, die sich aus dem oberen Vorzeichen in (39) ergeben. Gl. (44) stellt mit diesen Werten den Strom auf beiden Antennenkegeln dar.

Als letzte Bedingung an der Antenne ist die Spannungsbedingung zu erfüllen. Das skalare elektrodynamische Potential φ ist nach den Gl. (3.24 u. 3.58) (dort mit $-U$ bezeichnet)

$$\varphi = -\frac{\partial \Pi_i}{\partial r}. \quad (46)$$

Definieren wir als Spannung zwischen zwei auf dem gleichen Radius r gelegenen Punkten den Unterschied der skalaren Potentiale, so wird die Antennenspannung

$$U(r) = \varphi(\vartheta_0) - \varphi(\pi - \vartheta_0) = \left[\frac{\partial \Pi_i}{\partial r}\right]_{\pi-\vartheta_0} - \left[\frac{\partial \Pi_i}{\partial r}\right]_{\vartheta_0}. \quad (47)$$

Das ist nach Gl. (25) tatsächlich identisch mit dem Linienintegral der Feldstärke

$$U = \int_{\vartheta_0}^{\pi-\vartheta_0} E_\vartheta\, r\, \mathrm{d}\vartheta = \int_{\vartheta_0}^{\pi-\vartheta_0} \frac{\partial^2 \Pi_i}{\partial r\, \partial\vartheta}\, \mathrm{d}\vartheta = \left[\frac{\partial \Pi_i}{\partial r}\right]_{\pi-\vartheta_0} - \left[\frac{\partial \Pi_i}{\partial r}\right]_{\vartheta_0}. \quad (47\mathrm{a})$$

Da nun wegen Gl. (37) Π_i und $\partial \Pi_i/\partial r$ auf den Dipolen für alle Eigenwellen n_ν verschwinden, wird mit Einsetzen von (43)

$$U(r) = -\mathrm{i} Z\left[A_0 \cos k_0(l - r) - B_0 \sin k_0(l - r)\right] \quad (48)$$

mit

$$Z = \frac{k_0}{2\pi\omega\varepsilon_0}\, 2 \ln \operatorname{ctg}\frac{\vartheta_0}{2} = \frac{Z_0}{\pi} \ln \operatorname{ctg}\frac{\vartheta_0}{2}. \quad (49)$$

Die Spannung ist wie in der strengen Theorie der Zylinderantenne rein sinusförmig. Die Größe Z entspricht dem Wellenwiderstand. Tatsächlich stimmt der durch Gl. (49) definierte Wert Z mit dem aus den statischen Werten der Kapazität und Induktivität berechneten Wellenwiderstand der konischen Antenne überein. Aus dem statischen Feld (also der normalen Potentialgleichung) ergibt sich nämlich für einen unendlich langen Kegel die Kapazität und Induktivität pro Längeneinheit zu

$$C' = \frac{\pi\,\varepsilon_0}{\ln \operatorname{ctg} \vartheta_0/2}\,, \qquad L' = \frac{\mu_0}{\pi} \ln \operatorname{ctg} \frac{\vartheta_0}{2} \tag{49a}$$

und mithin der Wellenwiderstand (49). Für $r = 0$ folgt aus (48) die Antennenspannung

$$U_A = U(0) = -\mathrm{i}Z\,[A_0 \cos k_0 l - B_0 \sin k_0 l]\,. \tag{50}$$

Gl. (50) ist, da die Antennenspannung gegeben oder durch den Antennenstrom (44a) ausdrückbar ist, die 2. Bestimmungsgleichung für die unbekannten Konstanten.

Bevor wir die erforderlichen weiteren Bestimmungsgleichungen ableiten, wollen wir die Strom- und Spannungsgleichungen (44 u. 48) näher betrachten. Die Gleichungen stellen die verbesserte Leitungstheorie einer schmalen konischen Antenne dar. Wären die Werte a_{n_ν} bereits bekannt, so könnten wir den in (44) auftretenden Reststrom I_R auf die Form

$$I_R(r) = \mathrm{i}\,\frac{A_0}{Z}\,\bar{G}(k_0 r) = \mathrm{i}\,\frac{A_0}{Z}\,[G(k_0 r) + \mathrm{i}F(k_0 r)] \tag{51}$$

bringen, wo G und F bekannte reelle Funktionen von r sind, die für $r = 0$ verschwinden. Mit der Bezeichnung (51) wird die Konstante B_0 nach Gl. (45)

$$B_0 = -\mathrm{i}\,\frac{A_0}{Z}\,\bar{G}(k_0 l) = -\mathrm{i}\,\frac{A_0}{Z}\,[G(k_0 l) + \mathrm{i}F(k_0 l)]\,, \tag{52}$$

während A_0 bei gegebener Antennenspannung aus (50) berechnet werden kann. Damit wären sämtliche Werte in den Gl. (44 u. 48) bekannt.

Während die Spannung (48) nur die sinusförmige Hauptwelle enthält, besteht der Strom (44) aus der sinusförmigen Hauptwelle und der Summe der nicht sinusförmigen Nebenwellen. Es ist

$$U(r) = U_0(r)\,, \qquad I(r) = I_0(r) + I_R(r)\,. \tag{53}$$

Da der Strom sämtlicher Nebenwellen für $r = 0$ verschwindet, kommt für den Eingangsstrom und damit für Widerstand und Leistung der Antenne nur die Hauptwelle in Betracht. Spannung und Strom der Hauptwelle sind nach (48 u. 44)

$$\left.\begin{aligned} U_0(r) &= -\mathrm{i}Z\left[A_0 \cos k_0(l-r) - B_0 \sin k_0(l-r)\right] \\ I_0(r) &= \phantom{-\mathrm{i}Z[} A_0 \sin k_0(l-r) + B_0 \cos k_0(l-r)\,. \end{aligned}\right\} \tag{53a}$$

Das sind nach Gl. (12.66) die Gleichungen einer verlustlosen Leitung mit den Endwerten

$$U_e = -\mathrm{i} Z A_0, \quad I_e = B_0, \quad Y_e = \frac{I_e}{U_e} = \frac{B_0}{-\mathrm{i} Z A_0} = \frac{G(k_0 l) + \mathrm{i} F(k_0 l)}{Z^2}. \tag{54}$$

Für Eingangsstrom und Spannung und mithin für den Antennenwiderstand und die Leistung kann daher die kegelförmige Antenne streng durch eine verlustlose Leitung mit der Endbelastung (54) ersetzt werden, während der Reststrom I_R nur für den Strom an einer beliebigen Stelle und mithin für die Berechnung des Strahlungspotentials und der Feldstärken erforderlich ist. Der Eingangswiderstand der Antenne wird nach den angegebenen Gleichungen

$$\begin{aligned} Z_A = \frac{U_0(0)}{I_0(0)} &= -\mathrm{i} Z \frac{A_0 \cos k_0 l - B_0 \sin k_0 l}{A_0 \sin k_0 l + B_0 \cos k_0 l} \\ &= Z \frac{[G(k_0 l) + \mathrm{i} F(k_0 l)] \sin k_0 l - \mathrm{i} Z \cos k_0 l}{Z \sin k_0 l - \mathrm{i}[G(k_0 l) + \mathrm{i} F(k_0 l)] \cos k_0 l}. \end{aligned} \tag{55}$$

Damit sind sämtliche Werte der Antenne bekannt. Für die zahlenmäßige Auswertung sämtlicher Antennengrößen bleibt uns nur noch die Aufgabe, die Konstanten a_{n_ν} und die daraus folgenden Funktionen $G(k_0 r)$ und $F(k_0 r)$ zu berechnen.

Wir haben bisher für die Bestimmung der Konstanten A_0, B_0, a_{n_ν} und c_n die beiden Gl. (45 u. 50) aus den Grenzbedingungen an der Antenne abgeleitet. Die weiteren Bestimmungsgleichungen erhalten wir aus den Grenzbedingungen an der Außenfläche $r = l$, an der sämtliche Feldstärken übereinstimmen müssen. Nach (25) existieren nur die Feldstärken E_r, E_ϑ und H_φ. Würde man die Werte Π_a und Π_i in E_ϑ und H_φ einsetzen und die entstehenden Ausdrücke nach den Kugelfunktionen entwickeln, so erhielte man durch Koeffizientenvergleich $2 \cdot \infty$ viele Gleichungen, die zusammen mit den beiden Gl. (45 u. 50) die Bestimmungsgleichungen für die $2 \cdot \infty$ vielen unbekannten Koeffizienten a_{n_ν} und c_n und die beiden Konstanten A_0 und B_0 wären. Da E_r nach (25 u. 26) im wesentlichen die Ableitung von $H_\varphi \sin\vartheta$ nach ϑ ist, wären auch die Gleichheit von E_r und damit sämtliche Grenzbedingungen an der Außenfläche unter der Voraussetzung schmaler Kegel erfüllt.

Da die angedeutete Lösung praktisch kaum durchführbar ist, werden wir für die weitere zahlenmäßige Durchführung der Rechnung verschiedene Näherungen nach SCHELKUNOFF einführen. Von den drei für $r = l$ geltenden Grenzbedingungen wollen wir in 1. Näherung nur die Gleichheit der radialen elektrischen Feldstärke E_r erfüllen. Nach den Gl. (36 u. 35a) ist im Innenraum

$$2\pi \mathrm{i} \omega \varepsilon_0 r^2 E_r = \sum_{n_\nu} a_{n_\nu} n_\nu (n_\nu + 1) \sqrt{k_0 r}\, \mathrm{J}_{n_\nu + 1/2}(k_0 r)\, \mathrm{L}_{n_\nu}(\cos\vartheta) \tag{56}$$

und nach den Gl. (36 u. 35) im Außenraum

$$2\pi i \omega \varepsilon_0 r^2 E_r = \sum_{n=1}^{\infty} c_n n(n+1) \sqrt{k_0 r}\, \mathrm{H}^{(2)}_{n+1/2}(k_0 r)\, \mathrm{P}_n \cos\vartheta . \tag{57}$$

Für $r = l$ gilt daher, da E_r gleich sein soll,

$$\begin{aligned} &\sum_{n_\nu} a_{n_\nu} n_\nu (n_\nu + 1)\, \mathrm{J}_{n_\nu + 1/2}(k_0 l)\, \mathrm{L}_{n_\nu}(\cos\vartheta) \\ &= \sum_{n=1}^{\infty} c_n n(n+1)\, \mathrm{H}^{(2)}_{n+1/2}(k_0 l)\, \mathrm{P}_n(\cos\vartheta) . \end{aligned} \tag{58}$$

Nun läßt sich aus den Reihendarstellungen (31 u. 31 a) der Kugelfunktionen mit beliebigem Index zeigen, daß für schmale Antennen $\vartheta_0 \to 0$ bzw. $Z \to \infty$ die Eigenwerte n_ν in die ganzzahligen n-Werte und die Eigenfunktionen L_{n_ν} in die normalen Kugelfunktionen P_n übergehen, was auch unmittelbar aus dem analytischen Charakter der Kugelfunktionen folgt, so daß für schmale Antennen

$$n_\nu \approx n, \qquad \mathrm{L}_{n_\nu}(\cos\vartheta) \approx \mathrm{P}_n(\cos\vartheta) \tag{59}$$

und mithin nach (58)

$$a_{n_\nu} \mathrm{J}_{n_\nu + 1/2}(k_0 l) \approx c_n \mathrm{H}^{(2)}_{n+1/2}(k_0 l) \tag{60}$$

wird.

Für $\vartheta_0 \to 0$ liefert nämlich die Bestimmungsgleichung (39) für n_ν durch Einsetzen der Grenzwerte (32)

$$\cos n_\nu \pi - \frac{2}{\pi} \sin n_\nu \pi \ln \operatorname{ctg} \frac{\vartheta_0}{2} = \pm 1 . \tag{61}$$

Das ergibt für das obere Zeichen, das nach den Ausführungen im Anschluß an Gl. (45) allein in Betracht kommt,

$$\frac{\sin n_\nu \pi}{1 - \cos n_\nu \pi} = \operatorname{ctg} n_\nu \frac{\pi}{2} = - \frac{\pi}{2 \ln \operatorname{ctg} \vartheta_0/2} = - \frac{Z_0}{2Z} . \tag{61 a}$$

Dabei haben wir in der letzten Umformung den Wellenwiderstand aus Gl. (49) eingeführt. Da die rechte Seite bei kleinem ϑ_0 klein gegen 1 ist, liegen die Wurzeln in der Nähe ungerader Vielfache von $\pi/2$, und zwar bei

$$n_\nu = 2m + 1 + \frac{Z_0}{\pi Z} \equiv 2m + 1 + \Delta . \tag{62}$$

Die zugehörigen Eigenfunktionen sind daher nach (41)

$$\mathrm{L}_{n_\nu}(\cos\vartheta) = \tfrac{1}{2} [\mathrm{P}_{2m+1+\Delta}(\cos\vartheta) - \mathrm{P}_{2m+1+\Delta}(-\cos\vartheta)] . \tag{63}$$

Beide Gleichungen geben aber für $\vartheta_0 \to 0$ bzw. $Z \to \infty$ und $\Delta = 0$ bei Beachtung von Gl. (34) die zu beweisenden Gl. (59) mit der Beschränkung auf ungerade Werte von n. Damit gilt auch Gl. (60) mit ungeraden Werten von n.

Weiter ergibt die Differentiation von (63) nach Einsetzen der Reihen (31 u. 31 a) für kleine Winkel $\vartheta \to 0$

$$\lim_{\vartheta \to 0} \left[\frac{\mathrm{d\,L}_{n_\nu}(\cos\vartheta)}{\mathrm{d}\vartheta} \right] = -\frac{\sin n_\nu \pi}{\pi \sin\vartheta} = \frac{\sin\Delta\pi}{\pi\sin\vartheta} \approx \frac{\Delta}{\sin\vartheta} = \frac{Z_0}{\pi Z}\,\frac{1}{\sin\vartheta}. \tag{64}$$

Dabei wurde für n_ν nach der Differentiation der Wert (62) eingesetzt. Durch Einsetzen von (64) in (44 u. 45) sieht man, daß mit $\delta_0 \to 0$ oder $Z \to \infty$ sämtliche Oberwellenströme und B_0 gegen 0 gehen, so daß im Grenzfall der Strom (44) $A_0 \sin k_0 (l - r)$ wird. Das ist aber der in der normalen Leitungstheorie der Antenne angenommene Strom (12.1). Im Grenzfall $\vartheta_0 \to 0$ muß daher wie in Kap. 13 bis 15 das Feld in großer Entfernung mit dem aus der Leitungstheorie bekannten Feld übereinstimmen. Daraus ergeben sich aber sofort die Konstanten c_n und damit nach (60) auch die gesuchten Konstanten a_{n_ν} folgendermaßen:

Für den Strom (12.1) der Leitungstheorie wird die magnetische Feldstärke im Fernfeld für eine Stromamplitude A_0 nach Gl. (12.10)

$$H_{\psi\infty} = \frac{\mathrm{i}A_0}{2\pi r}\,\frac{\cos(k_0 l\cos\vartheta) - \cos k_0 l}{\sin\vartheta}\,\mathrm{e}^{-\mathrm{i}k_0 r}. \tag{65}$$

Nach der 1. MAXWELLschen Gleichung $\mathrm{rot}\,\boldsymbol{H} = \mathrm{i}\omega\varepsilon_0 \boldsymbol{E}$ ergibt sich hieraus mit der Komponentendarstellung (3.50)

$$2\pi\,\mathrm{i}\,\omega\,\varepsilon_0 r^2 E_{r\infty} = \frac{2\pi}{\sin\vartheta}\,\frac{\partial}{\partial\vartheta}(r\sin\vartheta\, H_\psi) = \mathrm{i}\,A_0 k_0 l \sin(k_0 l\cos\vartheta)\,\mathrm{e}^{-\mathrm{i}k_0 r}. \tag{66}$$

Andererseits wird nach Gl. (57) für große Entfernungen r mit der asymptotischen Darstellung (7.21) der HANKELschen Funktionen die Feldstärke E_r der Kegelantenne im Fernfeld

$$2\pi\,\mathrm{i}\,\omega\,\varepsilon_0 r^2 E_{r\infty} = \sum_{n=1,3,5\ldots} c_n n(n+1)\sqrt{\frac{2}{\pi}}\,\mathrm{i}^{n+1}\,\mathrm{e}^{-\mathrm{i}k_0 r}\,\mathrm{P}_n(\cos\vartheta). \tag{67}$$

Zur Bestimmung von c_n aus der Gleichheit der beiden Werte (66 u. 67) hat man daher nur $\sin(k_0 l\cos\vartheta)$ in eine Reihe nach Kugelfunktionen zu entwickeln. Nun ist nach einer bekannten Entwicklung (Ableitung z. B. in FRANK-MISES I, S. 440)

$$\sin(k_0 l\cos\vartheta) = \sum_{m=0}^{\infty} (-1)^m (4m+3)\sqrt{\frac{\pi}{2k_0 l}}\,\mathrm{J}_{2m+3/2}(k_0 l)\,\mathrm{P}_{2m+1}(\cos\vartheta). \tag{68}$$

Durch Einsetzen in (66) und Vergleich mit (67) erhält man die gesuchten Koeffizienten

$$c_{2m+1} = -\mathrm{i}A_0\sqrt{k_0 l}\,\frac{\pi}{2}\,\frac{4m+3}{(2m+1)(2m+2)}\,\mathrm{J}_{2m+3/2}(k_0 l), \qquad c_{2m} = 0. \tag{69}$$

Die geraden Koeffizienten verschwinden in Übereinstimmung mit (62 u. 67). Aus c_{2m+1} ergeben sich nach Gl. (60) die Konstanten

$$a_{n_\nu} = a_{2m+1} = -\mathrm{i}A_0\sqrt{k_0 l}\,\frac{\pi}{2}\,\frac{4m+3}{(2m+1)(2m+2)}\,\mathrm{H}^{(2)}_{2m+3/2}(k_0 l) \tag{70}$$

und hiermit durch Einsetzen in (44) mit Berücksichtigung von (64 u. 51) der Reststrom der Oberwellen

$$\begin{aligned} I_R(r) &= \mathrm{i}\, A_0 \frac{Z_0}{Z} k_0 \sqrt{l r} \sum_{m=0}^{\infty} \frac{4m+3}{2(2m+1)(2m+2)} \mathrm{J}_{2m+3/2}(k_0 r)\, \mathrm{H}^{(2)}_{2m+3/2}(k_0 l) \\ &= \frac{\mathrm{i}\, A_0}{Z} [G(k_0 r) + \mathrm{i} F(k_0 r)]\,. \end{aligned} \tag{71}$$

Da die durch (51) eingeführten Funktionen G und F nach (71) berechenbar sind, lassen sich die Leitungsgleichungen (44 u. 48) und die daraus abgeleiteten Werte, insbesondere der Antennenwiderstand (55), aber auch der HERTZsche Vektor und daraus sämtliche Feldstärken berechnen.

Die durchgeführte Lösung mit dem Vergleich der radialen elektrischen Feldstärke E_r kann als der 1. Schritt einer Folge sukzessiver Näherungen betrachtet werden. Würde man mit den erhaltenen Konstanten die Feldstärken E_ϑ berechnen, so würde man sehen, daß diese an der Grenze $r = l$ diskontinuierlich sind im Gegensatz zu der oben angedeuteten strengen Bestimmung der Konstanten. Durch Zusatz geeigneter Glieder könnte man E_ϑ kontinuierlich machen und erhielte durch erneuten Vergleich von E_r eine verbesserte Näherung. Doch würde dieser Vergleich bereits wesentlich schwierigere Reihenentwicklungen erfordern.

Die durch (71) gegebenen Werte G und F lassen sich nun noch durch eine weitere Rechnung in eine Summe von Exponentialintegralen überführen, wodurch die zahlenmäßige Ausrechnung vereinfacht und der Zusammenhang mit der normalen Leitungstheorie der Antenne noch deutlicher wird. Für die Ableitung betrachten wir die Funktion

$$\begin{aligned} \bar{G}(k_0 r, \vartheta) &= Z_0 k_0 \sqrt{l r} \sum_{m=0}^{\infty} \frac{4m+3}{2(2m+1)(2m+2)} \\ &\quad \cdot \mathrm{H}^{(2)}_{2m+3/2}(k_0 l)\, \mathrm{J}_{2m+3/2}(k_0 r)\, \mathrm{P}_{2m+1}(\cos\vartheta)\,, \end{aligned} \tag{72}$$

die nach Gl. (71) für $\vartheta \to 0$ wegen $\mathrm{P}_n(1) = 1$ offenbar unsere Funktion $\bar{G}(k_0 r)$ gibt. Für die auf der rechten Seite auftretenden Kugelfunktionen gilt nun nach der Differentialgleichung (28b) die Beziehung

$$\frac{1}{\sin\vartheta} \frac{\mathrm{d}}{\mathrm{d}\vartheta}\left(\sin\vartheta \frac{\mathrm{d}\mathrm{P}_{2m+1}}{\mathrm{d}\vartheta}\right) = -(2m+1)(2m+2)\, \mathrm{P}_{2m+1}(\cos\vartheta)\,. \tag{73}$$

Mithin wird

$$\begin{aligned} &\frac{1}{\sin\vartheta} \frac{\partial}{\partial\vartheta}\left[\sin\vartheta \frac{\partial \bar{G}(k_0 r, \vartheta)}{\partial\vartheta}\right] \\ &= -Z_0 k_0 \sqrt{l r} \sum_{m=0}^{\infty} \frac{4m+3}{2} \mathrm{H}^{(2)}_{2m+3/2}(k_0 l)\, \mathrm{J}_{2m+3/2}(k_0 r)\, \mathrm{P}_{2m+1}(\cos\vartheta)\,. \end{aligned} \tag{74}$$

Nach der später in Kap. 27 bei der Beugung um die Erde abgeleiteten Reihendarstellung der normalen Kugelwelle gilt nun für $r \leqq l$ nach den Gl. (27.21) mit Einsetzen von (27.4) die Entwicklung

$$\frac{e^{-ik_0 D_1}}{-ik_0 D_1} = \sum_{n=0}^{\infty} \frac{\pi}{2k_0\sqrt{lr}} (2n+1) H^{(2)}_{n+1/2}(k_0 l) J_{n+1/2}(k_0 r) P_n(\cos\vartheta) \tag{75}$$

mit

$$D_1 = \sqrt{l^2 + r^2 - 2rl\cos\vartheta}. \tag{75a}$$

Für $\vartheta = \pi - \vartheta$ folgt wegen Gl. (34)

$$\frac{e^{-ik_0 D_2}}{-ik_0 D_2} = \sum_{n=0}^{\infty} \frac{\pi}{2k_0\sqrt{lr}} (2n+1) H^{(2)}_{n+1/2}(k_0 l) J_{n+1/2}(k_0 r)(-1)^n P_n(\cos\vartheta) \tag{75b}$$

mit

$$D_2 = \sqrt{l^2 + r^2 + 2rl\cos\vartheta}. \tag{75c}$$

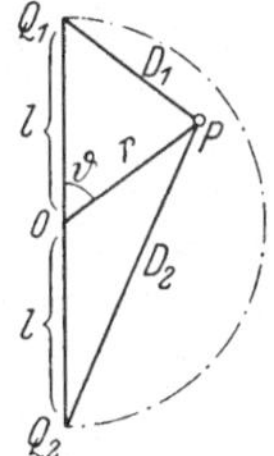

Bild 16.5. Zur Umformung der Lösung.

D_1 und D_2 sind die Abstände von den Antennenenden; vgl. Bild 16.5. Subtrahiert man beide Gleichungen, so bleiben nur die Glieder mit ungeraden Exponenten $n = 2m + 1$ übrig und man erhält

$$\frac{e^{-ik_0 D_1}}{-ik_0 D_1} - \frac{e^{-ik_0 D_2}}{-ik_0 D_2} = \sum_{m=0}^{\infty} \frac{\pi}{k_0\sqrt{lr}} (4m+3) H^{(2)}_{2m+3/2}(k_0 l) J_{2m+3/2}(k_0 r) P_{2m+1}(\cos\vartheta). \tag{76}$$

Mithin ist nach (74)

$$\frac{1}{\sin\vartheta}\frac{\partial}{\partial\vartheta}\left[\sin\vartheta\frac{\partial\overline{G}(k_0 r,\vartheta)}{\partial\vartheta}\right] = \frac{Z_0}{2\pi} k_0^2 l r\left[\frac{e^{-ik_0 D_2}}{-ik_0 D_2} - \frac{e^{-ik_0 D_1}}{-ik_0 D_1}\right]. \tag{77}$$

Nach Multiplikation mit $\sin\vartheta$ ergibt die 1. Integration zwischen den Grenzen $\vartheta = 0$ (an der das Integral der linken Seite verschwindet) und ϑ mit elementarer Integration

$$\sin\vartheta\frac{\partial\overline{G}}{\partial\vartheta} = \frac{Z_0}{2\pi}[e^{-ik_0 D_2} - e^{-ik_0(l+r)}] + \frac{Z_0}{2\pi}[e^{-ik_0 D_1} - e^{-ik_0(l-r)}]. \tag{78}$$

Division durch $\sin\vartheta$ und nochmalige Integration zwischen $\vartheta = 0$ und $\pi/2$ liefert, da nach Gl. (72) $\overline{G}$ an der oberen Grenze $\vartheta = \pi/2$ wegen $P_{2m+1}(0) = 0$ verschwindet und an der unteren Grenze $\vartheta \to 0$ das gesuchte $\overline{G}(k_0 r)$ liefert,

$$-\overline{G}(k_0 r) = \frac{Z_0}{2\pi}\int_0^{\pi/2}\frac{d\vartheta}{\sin\vartheta}\{[e^{-ik_0 D_2} - e^{-ik_0(l+r)}] + [e^{-ik_0 D_1} - e^{-ik_0(l-r)}]\}. \tag{79}$$

Substituiert man im 1. Integral $D_2^2 = l^2 + r^2 + 2rl\cos\vartheta = x^2$ und im 2. Integral $D_1^2 = l^2 + r^2 - 2rl\cos\vartheta = x^2$, so erhält man mit Ausrechnen von $\mathrm{d}\vartheta$ und $\sin\vartheta$ und den Abkürzungen $l+r=a$ und $l-r=b$

$$-\bar{G}(k_0 r) = \frac{Z_0}{2\pi}\left[\int_a^{\sqrt{l^2+r^2}} 4 r l \frac{x\,[\mathrm{e}^{-\mathrm{i}k_0 x} - \mathrm{e}^{-\mathrm{i}k_0 a}]}{(a^2-x^2)(b^2-x^2)}\,\mathrm{d}x - \int_b^{\sqrt{l^2+r^2}} 4 r l \frac{x\,[\mathrm{e}^{-\mathrm{i}k_0 x} - \mathrm{e}^{-\mathrm{i}k_0 b}]}{(a^2-x^2)(b^2-x^2)}\,\mathrm{d}x\right]. \tag{79a}$$

Die normale Partialbruchzerlegung liefert für das 1. Integral

$$\bar{G}_1(a) = \frac{Z_0}{4\pi}\int_a^{\sqrt{l^2+r^2}} [\mathrm{e}^{-\mathrm{i}k_0 x} - \mathrm{e}^{-\mathrm{i}k_0 a}]\left[\frac{1}{x+a} + \frac{1}{x-a} - \frac{1}{x+b} - \frac{1}{x-b}\right]\mathrm{d}x, \tag{80}$$

während das 2. Integral durch Vertauschen von a und b entsteht. Die in (80) auftretenden Integrale sind aber normale Exponentialintegral- und Logarithmenfunktionen. Da nach der Definitionsgleichung (12.22)

$$\int_{x_1}^{x_2} \frac{\mathrm{e}^{-\mathrm{i}k_0 x}}{x+c}\,\mathrm{d}x = \mathrm{e}^{\mathrm{i}k_0 c}\int_{x_1}^{x_2} \frac{\mathrm{e}^{-\mathrm{i}k_0(x+c)}}{x+c}\,\mathrm{d}x = \mathrm{e}^{\mathrm{i}k_0 c}\,[\mathrm{Ei}\{-\mathrm{i}k_0(x+c)\}]_{x_1}^{x_2} \tag{81}$$

ist, wird (79a), wenn man die gemeinsame obere Grenze beachtet,

$$\begin{aligned}\bar{G}(k_0 r) = \frac{Z_0}{4\pi}\Big\{&[\mathrm{e}^{\mathrm{i}k_0 a}\,\mathrm{Ei}\{-\mathrm{i}k_0(x+a)\} + \mathrm{e}^{-\mathrm{i}k_0 a}\,\mathrm{Ei}\{-\mathrm{i}k_0(x-a)\}\\ &- \mathrm{e}^{\mathrm{i}k_0 b}\,\mathrm{Ei}\{-\mathrm{i}k_0(x+b)\} - \mathrm{e}^{-\mathrm{i}k_0 b}\,\mathrm{Ei}\{-\mathrm{i}k_0(x-b)\}]_b^a\\ &- \mathrm{e}^{-\mathrm{i}k_0 a}\left[\ln\frac{x^2-a^2}{x^2-b^2}\right]_{\sqrt{l^2+r^2}}^{a} + \mathrm{e}^{-\mathrm{i}k_0 b}\left[\ln\frac{x^2-a^2}{x^2-b^2}\right]_{\sqrt{l^2+r^2}}^{b}\Big\}.\end{aligned} \tag{82}$$

Das liefert mit Einsetzen der Grenzen und Berücksichtigung von

$$\frac{l^2+r^2-a^2}{l^2+r^2-b^2} = -1 \quad \text{und} \quad \lim_{u\to 0}\mathrm{Ei}(-\mathrm{i}k_0 u) = \ln(-\mathrm{i}\gamma k_0 u) \tag{83}$$

[letzteres folgt aus Gl. (12.36 u. 12.38)]

$$\begin{aligned}\bar{G}(k_0 r) = \frac{Z_0}{4\pi}\Big[&\mathrm{e}^{\mathrm{i}k_0(l+r)}\,\{\mathrm{Ei}(-\mathrm{i}k_0 2[l+r]) - \mathrm{Ei}(-\mathrm{i}k_0 2l)\}\\ &+ \mathrm{e}^{\mathrm{i}k_0(l-r)}\,\{\mathrm{Ei}(-\mathrm{i}k_0 2[l-r]) - \mathrm{Ei}(-\mathrm{i}k_0 2l)\}\\ &+ \mathrm{e}^{-\mathrm{i}k_0(l+r)}\left\{\ln\left(\mathrm{i}\gamma\frac{2k_0 l r}{l+r}\right) - \mathrm{Ei}(\mathrm{i}k_0 2r)\right\}\\ &+ \mathrm{e}^{-\mathrm{i}k_0(l-r)}\left\{\ln\left(-\mathrm{i}\gamma\frac{2k_0 l r}{l-r}\right) - \mathrm{Ei}(-\mathrm{i}k_0 2r)\right\}\Big].\end{aligned} \tag{84}$$

Damit ist die Umformung von $\bar{G}(k_0 r)$ durchgeführt. Zerlegt man die Exponentialfunktionen und die Exponentialintegrale nach (12.36) in Real- und Imaginärteil, so ist, da $\ln\gamma = C = 0{,}5772\ldots$ und $\ln(\pm\mathrm{i}) = \pm\mathrm{i}\pi/2$ ist, Real- und Imaginärteil von $\bar{G}(k_0 r)$ für jeden Wert von r

mit tabulierten Funktionen berechenbar. Für Real- und Imaginärteil des für den Eingangswiderstand wichtigen Wertes $\overline{G}(k_0 l)$ ergibt diese Zerlegung mit nochmaliger Benutzung von (83) unmittelbar

$$\begin{aligned} G(k_0 l) = \frac{Z_0}{4\pi} [2 (\mathrm{C} + \ln 2 k_0 l - \mathrm{Ci}\, 2 k_0 l) \\ + \cos 2 k_0 l (\mathrm{C} + \ln k_0 l + \mathrm{Ci}\, 4 k_0 l - 2\, \mathrm{Ci}\, 2 k_0 l) \\ + \sin 2 k_0 l (\mathrm{Si}\, 4 k_0 l - 2\, \mathrm{Si}\, 2 k_0 l)] \qquad (85) \\ F(k_0 l) = \frac{Z_0}{4\pi} [2\, \mathrm{Si}\, 2 k_0 l - \sin 2 k_0 l (\mathrm{C} + \ln k_0 l - \mathrm{Ci}\, 4 k_0 l) \\ - \cos 2 k_0 l\, \mathrm{Si}\, 4 k_0 l]. \end{aligned}$$

Darin sind Ci und Si die normalen, z. B. im JAHNKE-EMDE tabulierten Integralkosinus- und Integralsinusfunktionen, C = 0,5772 . . . die EULERsche Konstante.

Die Werte ähneln den Gl. (12.39) für den Strahlungswiderstand der normalen Leitungstheorie in Kap. 12, die Realteile stimmen sogar vollkommen überein. Die graphische Darstellung von $G(k_0 l)$ und $F(k_0 l)$ zeigt Bild 16.6. Nach Gl. (55) können dann mit diesen Werten die Eingangswiderstände von Kegelantennen mit beliebigem Wellenwiderstand, also beliebigem Öffnungswinkel, als Funktion der Antennenlänge berechnet werden. Die Kurven K in Bild 16.8 und 16.9 zeigen die aus derartigen Kurven erhaltenen Resonanzwiderstände und Resonanzverkürzungen von Kegelantennen. Auffallend ist, daß die Resonanzverkürzung bei der Stromresonanz stärker als bei der Spannungsresonanz ist.

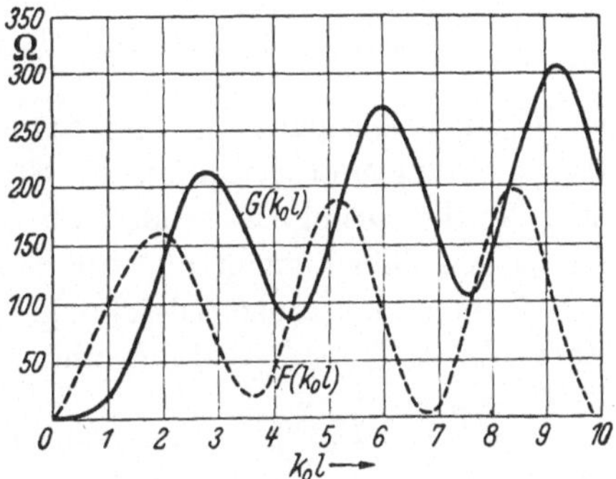

Bild 16.6. Real- und Imaginärteil der Funktion $\overline{G}(k_0 l) = G(k_0 l) + \mathrm{i} F(k_0 l)$. (Nach SCHELKUNOFF.)

c) Erweiterung der Theorie auf Antennen beliebiger Form.

Die in Abschn. b berechneten Kegelantennen waren Leitungen mit gleichförmigem Wellenwiderstand. Die ausgehenden Wellen sind reine Kugelwellen. Strom- und Spannungsverteilung und damit sämtliche Größen erscheinen als Folge der Reflexion dieser Wellen am offenen Antennenende, also als Folge einer reinen Endwirkung. Diese Endwirkung, die wir durch Einführung des Endleitwertes Y_e aus Gl. (54) berücksichtigen konnten, ändert die Werte gegenüber der freien Leitung. Bei Antennen anderer Form, z. B. zylinderförmigen Antennen, kommt eine 2. Änderung hinzu, die durch eine zusätzliche Reflexion infolge des kontinuierlich veränderlichen Wellenwiderstandes hervorgerufen wird und die die Größenordnung der Endwirkung haben kann. SCHELKUNOFF erweitert daher die in Abschn. b abgeleitete Theorie näherungsweise auf Antennen von beliebiger Form, indem er Eingangswiderstand und Stromverteilung der Antenne gleich dem Eingangswiderstand und der Stromverteilung einer Leitung mit kontinuierlich veränderlichem Wellenwiderstand und der durch (54) gegebenen Endbelastung Y_e (berechnet für den mittleren Wellenwiderstand) setzt.

Da die Leitungsgleichungen für eine Leitung mit veränderlichen Daten weniger bekannt sind, wollen wir sie zunächst kurz ableiten. Für eine Leitung mit dem konstanten Wellenwiderstand $Z_a = \sqrt{Z_a'/Y_a'}$ und dem konstanten Fortpflanzungsmaß $\gamma_a = \sqrt{Z_a' Y_a'}$ gelten die bekannten Leitungsgleichungen

$$\begin{aligned} U(x) \equiv U_0(x) &= U_0 \cosh \gamma_a x - Z_a I_0 \sinh \gamma_a x, \\ Z_a I(x) \equiv Z_a I_0(x) &= -U_0 \sinh \gamma_a x + Z_a I_0 \cosh \gamma_a x, \end{aligned} \tag{86}$$

wo U_0 und I_0 Spannung und Strom am Leitungsanfang $x = 0$ sind. Ist Spannung und Strom an der Stelle $x = \xi$ durch irgendeine zusätzliche Quelle sprunghaft erhöht um den Betrag $-U_\xi$ und $-I_\xi$, so gelten die obigen Gleichungen nur für den Bereich $0 \leqq x < \xi$, während für $x > \xi$ nach denselben Gleichungen [mit Einsetzen von $U_0(\xi) - U_\xi$ statt U_0, $I_0(\xi) - I_\xi$ statt I_0 und $x - \xi$ statt x]

$$\begin{aligned} U(x) &= U_0(x) - U_\xi \cosh \gamma_a(x-\xi) + Z_a I_\xi \sinh \gamma_a (x-\xi), \\ Z_a I(x) &= Z_a I_0(x) + U_\xi \sinh \gamma_a (x-\xi) - Z_a I_\xi \cosh \gamma_a (x-\xi) \end{aligned} \tag{87}$$

wird. Für eine 2. Stelle ξ_1 würde ein entsprechender Betrag hinzukommen usw.

Betrachten wir jetzt eine Leitung mit kontinuierlich veränderlichem Widerstands- und Leitwertsbelag

$$Z'(x) = Z_a' + Z_x' = Z_a'(1 + z_x), \quad Y'(x) = Y_a' + Y_x' = Y_a'(1 + y_x), \tag{88}$$

wo Z_x' und Y_x' die absoluten, z_x und y_x die relativen Abweichungen von den konstanten Werten Z_a' bzw. Y_a' an der Stelle x sind, so liefern die KIRCHHOFFschen Sätze bei Anwendung auf ein Leitungsstück der Länge $\mathrm{d}x$ in bekannter Weise

$$\frac{\partial U}{\partial x} = -Z_a' I - Z_x' I, \qquad \frac{\partial I}{\partial x} = -Y_a' U - Y_x' U. \tag{89}$$

Das letzte Glied jeder Gleichung fehlt bei den normalen Leitungen mit konstanten Leitungsdaten. Das bedeutet aber, daß wir an jeder Stelle $x = \xi$ zusätzliche Spannungs- und Stromquellen von der Größe $\mathrm{d}U_\xi = -Z_\xi' I_\xi \mathrm{d}\xi$ und $\mathrm{d}I_\xi = -Y_\xi' U_\xi \mathrm{d}\xi$ haben. Daher gelten nach

(87) die Gleichungen

$$\begin{aligned} U(x) &= U_0(x) - \int_0^x Z'_\xi I_\xi \cosh\gamma_a(x-\xi)\,\mathrm{d}\xi \\ &\quad + Z_a \int_0^x Y'_\xi U_\xi \sinh\gamma_a(x-\xi)\,\mathrm{d}\xi, \\ Z_a I(x) &= Z_a I_0(x) + \int_0^x Z'_\xi I_\xi \sinh\gamma_a(x-\xi)\,\mathrm{d}\xi \\ &\quad - Z_a \int_0^x Y'_\xi U_\xi \cosh\gamma_a(x-\xi)\,\mathrm{d}\xi. \end{aligned} \tag{90}$$

Das sind zwei Integralgleichungen für Spannung und Strom, die ähnlich wie in Kap. 14 durch sukzessive Annäherung gelöst werden können, indem man einen 1. Näherungswert $U_1(x)$ bzw. $I_1(x)$ erhält, wenn man in den rechten Integralen für Strom und Spannung die Werte $U_0(x)$ bzw. $I_0(x)$ einsetzt, einen 2. Näherungswert, wenn man für Strom und Spannung unter dem Integral die erhaltenen Werte $U_1(x)$ bzw. $I_1(x)$ einsetzt usw. Sind die Abweichungen z_x und y_x klein gegen 1, so genügt im allgemeinen der 1. Näherungswert. Hierfür erhält man durch Einsetzen von (86) in (90) mit Benutzung bekannter Umformungen der Hyperbelfunktionen und Beachtung von (88) und $Z_a = \sqrt{Z'_a/Y'_a}$, $\gamma_a = \sqrt{Z'_a Y'_a}$

$$\begin{aligned} U_x &= U_0 \quad [(1+A_x)\cosh\gamma_a x - (B_x - C_x)\sinh\gamma_a x] \\ &\quad - Z_a I_0 \,[(1-A_x)\sinh\gamma_a x + (B_x + C_x)\cosh\gamma_a x], \\ Z_a I_x &= -U_0[(1+A_x)\sinh\gamma_a x - (B_x - C_x)\cosh\gamma_a x] \\ &\quad + Z_a I_0 \,[(1-A_x)\cosh\gamma_a x + (B_x + C_x)\sinh\gamma_a x] \end{aligned} \tag{91}$$

mit

$$A_x = \frac{\gamma_a}{2}\int_0^x (z_\xi - y_\xi)\sinh 2\gamma_a\xi\,\mathrm{d}\xi, \quad B_x = \frac{\gamma_a}{2}\int_0^x (z_\xi - y_\xi)\cosh 2\gamma_a\xi\,\mathrm{d}\xi,$$
$$C_x = \frac{\gamma_a}{2}\int_0^x (z_\xi + y_\xi)\,\mathrm{d}\xi. \tag{91a}$$

Für kleine Änderungen sind die halben Klammerwerte gerade die relativen Änderungen von Z und γ, so daß für kleine Abweichungen

$$A_x = \frac{\gamma_a}{Z_a}\int_0^x \Delta Z_\xi \sinh 2\gamma_a\xi\,\mathrm{d}\xi, \quad B_x = \frac{\gamma_a}{Z_a}\int_0^x \Delta Z_\xi \cosh 2\gamma_a\xi\,\mathrm{d}\xi,$$
$$C_x = \int_0^x \Delta\gamma_\xi\,\mathrm{d}\xi \tag{91b}$$

wird. Für Leitungen mit konstantem Fortpflanzungsmaß wird $C_x = 0$.

Durch die Gl. (91) sind mit den bekannten Werten (91a, b) sämtliche Werte der ungleichförmigen Leitung in 1. Näherung gegeben. Insbesondere erhält man durch Division der beiden Gleichungen (91) den Eingangswiderstand $Z_0 = U_0/I_0$: Bezeichnet man die eckigen Klammern in den Gl. (91) für $x = l$ der Reihe nach mit a, b, c, d, so wird der Endleitwert Y_e

$$Z_a Y_e = -\frac{Z_0 c - Z_a d}{Z_0 a - Z_a b} \quad \text{und daraus} \quad Z_0 = Z_a \frac{d + b Z_a Y_e}{c + a Z_a Y_e}. \qquad (92\text{a,b})$$

Nach dieser kurzen Übersicht über ungleichförmige Leitungen wenden wir uns wieder der Antenne zu. Wir können eine Antenne beliebiger Form, z. B. eine zylinderförmige Antenne, als eine Summe von unendlich dünnen Scheibenpaaren auffassen, die zu Kegeln verschiedener Öffnung und damit verschiedenen Wellenwiderstandes gehören. Ist $2\varrho(r)$ der im allgemeinen Fall von r abhängige Scheibendurchmesser in der Entfernung r, so ist der zugehörige Wellenwiderstand, wenn man näherungsweise die Formel für unendlich lange Kegel benutzt, nach Gl. (49) bei Voraussetzung dünner Antennen

$$Z(r) = \frac{Z_0}{\pi} \ln \operatorname{ctg} \frac{\vartheta(r)}{2} \approx \frac{Z_0}{\pi} \ln \frac{2}{\vartheta(r)} = \frac{Z_0}{\pi} \ln \frac{2r}{\varrho(r)}. \qquad (93)$$

Die gesamte Antenne kann dann in 1. Näherung durch eine Kegelantenne mit dem konstanten mittleren Wellenwiderstand

$$Z_m = Z_a = \frac{1}{l} \int_0^l Z(r)\,\mathrm{d}r \qquad (94)$$

und damit durch eine gleichförmige Leitung mit dem Wellenwiderstand Z_m und der Endbelastung Y_e aus (54) mit $Z = Z_m$ ersetzt werden. In 2. Näherung kann man die Antenne durch eine verlustlose Leitung mit einem wegen der logarithmischen Abhängigkeit schwach veränderlichen Wellenwiderstand und konstantem Fortpflanzungsmaß $\gamma_a = \mathrm{i}k_0$ ersetzen, die mit einem aus (54) für den mittleren Wellenwiderstand Z_m berechneten Endleitwert versehen ist. Das konstante Fortpflanzungsmaß folgt aus (49a). Strom- und Spannungsverteilung ergeben sich dann in 1. Näherung aus den Gl. (91) mit $x = r$, $\gamma_a = \mathrm{i}k_0$ und $C_x = 0$, der Antennenwiderstand folgt aus (92b). Da die Endbelastung $Z_m Y_e$ klein ist (bei unendlich dünner Antenne würde $Y_e = 0$), können in Gl. (92b) die Korrekturglieder in a und b vernachlässigt, also $a = \cos k_0 l$ und $b = -\mathrm{i}\sin k_0 l$ gesetzt werden. Für c und d sind die beiden letzten eckigen Klammern aus (91) für $x = l$ mit den aus (91b) folgenden Werten

$$\begin{aligned} A_l &= \frac{k_0}{Z_a} \int_0^l [Z_a - Z(r)] \sin 2k_0 r\,\mathrm{d}r \equiv \frac{M}{Z_a}, \\ B_l &= -\frac{\mathrm{i}k_0}{Z_a} \int_0^l [Z_a - Z(r)] \cos 2k_0 r\,\mathrm{d}r \equiv -\mathrm{i}\frac{N}{Z_a} \end{aligned} \qquad (95)$$

und $C_l = 0$ einzusetzen. Für Y_e ist der Wert (54) mit $Z = Z_m$ zu nehmen. Damit gibt (92b) für den Eingangswiderstand einer Antenne mit beliebigem Querschnitt (bei Erweiterung mit $-$i) den Wert

$$Z_A = Z_a \frac{[G(k_0 l) + \mathrm{i}\, F(k_0 l)] \sin k_0 l - \mathrm{i}[Z_a - M] \cos k_0 l - \mathrm{i}\, N \sin k_0 l}{[Z_a + M] \sin k_0 l + N \cos k_0 l - \mathrm{i}[G(k_0 l) + \mathrm{i}\, F(k_0 l)] \cos k_0 l}\,. \tag{96}$$

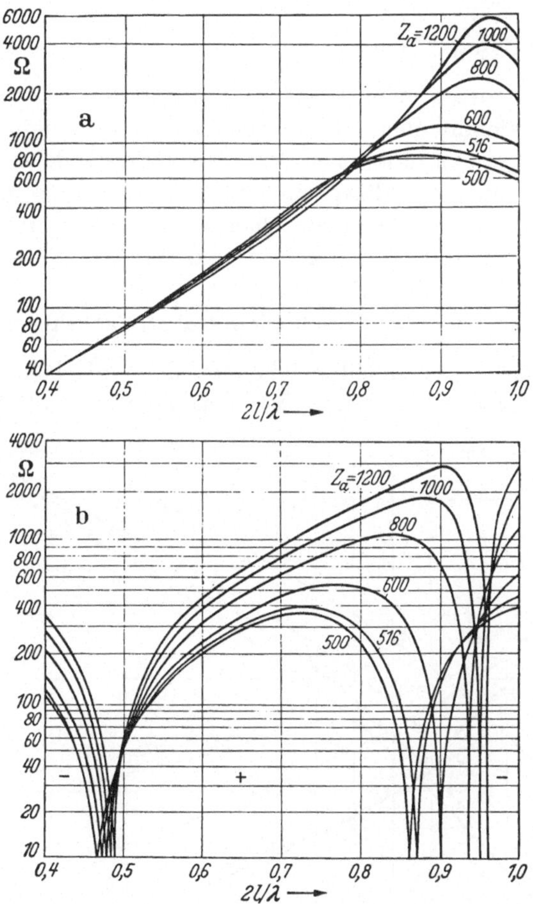

Bild 16.7. Real- a und Imaginärteil b des Eingangswiderstandes von Zylinderantennen nach SCHELKUNOFF.

Da G und F nach Gl. (85) und Bild 16.6 und bei gegebenem $Z(r)$ M und N nach (95) bekannt sind, kann der Widerstand einer beliebigen Antenne nach Gl. (96) berechnet werden. Für die zylinderförmige Antenne z. B. wird in (93) $\varrho(r) = \varrho_0 = \text{const}$ und damit nach (94)

$$Z_a = \frac{Z_0}{2\pi} \int_0^l \ln \frac{2r}{\varrho_0}\, \mathrm{d}r = \frac{Z_0}{2\pi}\left[\ln \frac{2l}{\varrho_0} - 1\right]. \tag{97}$$

Der Wert weicht nur wenig von dem Wert (12.59) der Leitungstheorie ab.

Die Integrale M und N werden nach (95), da das Integral mit $\ln r$ durch partielle Integration auf den Integralkosinus bzw. -sinus führt,

$$\begin{aligned} M &= \frac{Z_0}{2\pi}\left[\ln 2\,k_0\,l - \operatorname{Ci} 2\,k_0\,l + \mathrm{C} - 1 + \cos 2\,k_0\,l\right], \\ N &= \frac{Z_0}{2\pi}\left[\operatorname{Ci} 2\,k_0\,l - \sin 2\,k_0\,l\right]. \end{aligned} \tag{98}$$

Die mit diesen Formeln berechneten Werte des Eingangswiderstandes von Zylinderantennen mit verschiedenem Schlankheitsgrad zeigt Bild 16.7, die daraus erhaltenen Resonanzwiderstände und Resonanzverkürzungen für den Halbwellen- und Ganzwellendipol die Kurven 4 in Bild 16.8 und 16.9. Für andere Querschnittsformen ergeben sich entsprechend abgeänderte Werte Z_a, M und N.

4. Vergleich der verschiedenen Antennentheorien.

Mit den bisher behandelten Theorien der einfachen Dipolantenne ist die Reihe der mathematisch zu behandelnden Fälle ungefähr er-

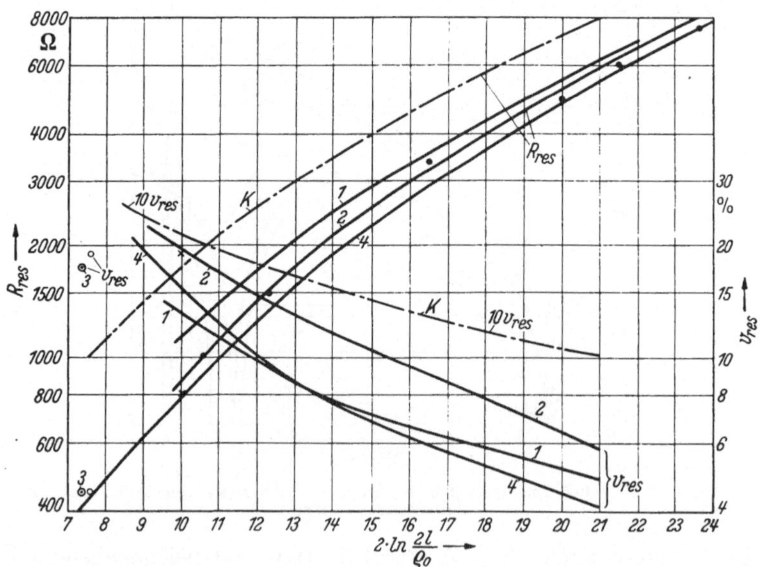

Bild 16.8. Vergleich verschiedener Antennentheorien: Widerstand und Verkürzung bei Spannungsresonanz. *K* Kegelantennen nach SCHELKUNOFF; *1*—*4* Zylinderantennen: *1* zweite Näherung HALLÉN; *2* zweite Näherung KING-MIDDLETON; *3* dritte Näherung ZUHRT; *4* Theorie von SCHELKUNOFF. • Meßpunkte nach Angaben von SCHELKUNOFF, × D. D. KING, ○ DIECKMANN.

schöpft, insbesondere die Methoden der Differentialgleichungen. Als Abschluß wollen wir die Ergebnisse der verschiedenen Antennentheorien der zylinderförmigen Dipolantennen miteinander vergleichen. Dazu sind in den Bildern 16.8 und 16.9 außer den Werten von SCHELKUNOFF die Resonanzwiderstände und Resonanzverkürzungen nach den verschie-

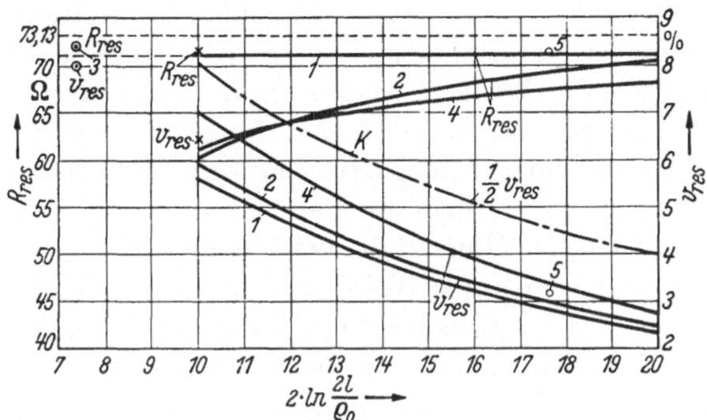

Bild 16.9. Vergleich verschiedener Antennentheorien: Widerstand und Verkürzung bei Stromresonanz. *K* Kegelantennen; *1–5* Zylinderantennen; *1–4* wie Bild 16.8; *5* dritte Näherung HARA.

denen anderen strengen Methoden und einige Meßpunkte eingetragen. Als Abszisse ist der Wert $2 \ln 2l/\varrho_0$, also das Ω der HALLÉNschen Theorie, aufgetragen. Die Kurven und Punkte sind den angegebenen Originalarbeiten entnommen, Kurve *4* wurde für Abszissenwerte unter 10 nach der Rechnung von Abschn. 3c ergänzt.

Die Bilder zeigen, daß die strengen Theorien der zylinderförmigen Dipolantennen aus Kap. 13 bis 15 bei genügend weiter Annäherung (3. Näherung der Theorien von HARA und ZUHRT, 2. Näherung der KING-MIDDLETONschen Werte in der HALLÉNschen Theorie) untereinander und mit den Messungen gut übereinstimmen (die noch vorhandenen Abweichungen sind bei der Besprechung der einzelnen Theorien erwähnt) und daß die Theorie von SCHELKUNOFF bis auf die etwas niedrigeren Resonanzwiderstände des Halbwellendipols praktisch die gleichen Werte liefert.

17. Kapitel.

Rahmenantenne und Schlitzdipol.

1. Der magnetische Dipol und die kleine Rahmenantenne.

Das magnetische Analogon des HERTZschen Dipols wäre ein sinusförmig veränderliches magnetisches Stromelement vom magnetischen Moment $I_m dl$. Für einen derartigen magnetischen Dipol gelten die in Kap. 11 angegebenen Formeln, wenn man sämtliche elektrischen und magnetischen Größen vertauscht, also die elektrischen und magnetischen Feldstärken sowie ε und $-\mu$ wechselseitig vertauscht und das elektrische Moment $I\,\mathrm{d}l$ durch das magnetische Moment $I_m\,\mathrm{d}l$ mit dem fiktiven magnetischen Strom I_m ersetzt. Die praktische Verwirklichung eines derartigen magnetischen Dipols stellt ein geschlossener elektrischer Strom konstanter Stärke dar, also ein kreisförmig oder beliebig geformter kleiner Rahmen. Solange die Abmessungen des Rahmens klein gegen die Wellenlänge sind und mithin der Strom örtlich konstant ist, stimmt das Rahmenfeld abgesehen vom unmittelbaren Nahfeld mit dem Feld des magnetischen Dipols überein. Durch Vergleich der Fernfelder kann man aus Rahmendaten und Stromstärke das äquivalente magnetische Moment des betreffenden Rahmens bestimmen.

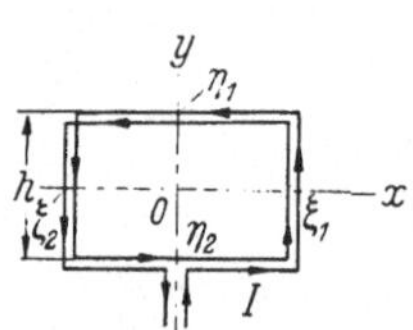

Bild 17.1. Rechteckige Rahmenantenne.

Um das Feld einer kleinen Rahmenantenne aus den geometrischen Daten des Rahmens und der Stromstärke zu bekommen, betrachten wir einen rechteckigen Rahmen aus w Windungen mit den Seitenlängen h und d und der Stromstärke I im freien Raum. Der Rahmen liege in der xy-Ebene parallel zu den Achsen entsprechend Bild 17.1. Sämtliche Rahmenabmessungen seien klein gegen die Wellenlänge. Das Feld ist durch die beiden HERTZschen Vektoren P_x und P_y gegeben, von denen P_x von den beiden waagerechten, P_y von den beiden senkrechten Rahmenseiten herrührt. Beschränken wir uns auf das Fernfeld, so wird die Entfernung des Feldpunktes $P(x, y, z)$ von dem Stromelement ξ, η, ζ

$$r' = \sqrt{(x-\xi)^2 + (y-\eta)^2 + (z-\zeta)^2} \approx r - \frac{x}{r}\xi - \frac{y}{r}\eta - \frac{z}{r}\zeta \tag{1}$$

und mithin der HERTZsche Vektor nach Gl. (10.12) aus Kap. 10, da der Unterschied von r' gegen r wie in Gl. (12.4) aus Kap. 12 nur in der Phase zu berücksichtigen ist,

$$P_y = \frac{1}{4\pi\,\mathrm{i}\,\omega\,\varepsilon_0}\,\frac{\mathrm{e}^{-\mathrm{i}k_0 r}}{r}\int\limits_{\eta_2}^{\eta_1}\left[\mathrm{e}^{\mathrm{i}k_0\xi_1\frac{x}{r}} - \mathrm{e}^{\mathrm{i}k_0\xi_2\frac{x}{r}}\right]\mathrm{e}^{\mathrm{i}k_0\eta\frac{y}{r}}\,w\,I\,\mathrm{d}\eta \tag{2}$$

und entsprechend P_x. Da die Exponenten unter dem Integral nach der obigen Voraussetzung klein gegen 1 sind, erhält man, wenn man die Exponentialfunktionen durch das erste bzw. bei der Differenz durch die beiden ersten Reihenglieder ersetzt,

$$\begin{aligned} P_y &= \frac{1}{4\pi\,\mathrm{i}\,\omega\,\varepsilon_0}\,\frac{\mathrm{e}^{-\mathrm{i}k_0 r}}{r}\int\limits_{\eta_2}^{\eta_1}\mathrm{i}\,k_0(\xi_1-\xi_2)\,\frac{x}{r}\,w\,I\,\mathrm{d}\eta \\ &= \frac{w\,I}{4\pi\,\omega\,\varepsilon_0}\,\frac{\mathrm{e}^{-\mathrm{i}k_0 r}}{r}\,k_0\,h\,d\,\frac{x}{r} \end{aligned} \tag{3}$$

und ebenso

$$P_x = -\frac{w\,I}{4\pi\,\omega\,\varepsilon_0}\,\frac{\mathrm{e}^{-\mathrm{i}k_0 r}}{r}\,k_0\,h\,d\,\frac{y}{r}. \tag{3a}$$

Die Zusammensetzung von P_x und P_y ergibt einen zirkularen Hertzschen Vektor in Richtung ψ von der Größe

$$P_\psi = \frac{w\,I}{4\pi\,\omega\,\varepsilon_0}\,\frac{e^{-i k_0 r}}{r}\,k_0\,h\,d\,\frac{\varrho}{r}. \tag{4}$$

Führt man den Wellenwiderstand $Z_0 = k_0/\omega\varepsilon_0$, die Rahmenfläche $F = h\,d$ und sphärische Koordinaten r, ϑ, ψ ein, so wird schließlich

$$P_\psi = w\,I\,\frac{Z_0}{4\pi}\,\frac{e^{-i k_0 r}}{r}\,F\sin\vartheta. \tag{4a}$$

Durch P_x und P_y bzw. durch P_ψ ist das gesamte Fernfeld bekannt. Die Feldstärken ergeben sich aus P_ψ nach den allgemeinen Gl. (3.17) mit den Komponentendarstellungen (3.50) zu

$$\begin{aligned} E_\psi &= k_0^2\,P_\psi = \frac{4\pi^2}{\lambda^2}\,P_\psi = I\,Z_0\,\frac{\pi\,w\,F}{\lambda^2\,r}\,e^{-i k_0 r}\sin\vartheta, \\ H_\vartheta &= -i\,\omega\,\varepsilon_0\,\frac{1}{r}\,\frac{\partial}{\partial r}\,(r\,P_\psi) = -I\,\frac{\pi\,w\,F}{\lambda^2\,r}\,e^{-i k_0 r}\sin\vartheta. \end{aligned} \tag{5}$$

Die übrigen Komponenten sind 0 bis auf H_r, das mit $1/r^2$ gegenüber H_ϑ im Fernfeld verschwindet wie E_r beim elektrischen Dipol.

Die Gl. (5) haben die Form der Dipolgleichungen (11.16). Das obenerwähnte magnetische Moment der Rahmenantenne wird $I_m\,\mathrm{d}l = i\,I\,Z_0\,\frac{2\pi\,w\,F}{\lambda}$, da man durch Vertauschen der elektrischen und magnetischen Größen in den Gl. (11.16) [wobei Z_0 nach (4.5a) in $1/Z_0$ übergeht] und Einsetzen dieses fiktiven Momentes die Gl. (5) erhält. Weiter liefert der Vergleich der Feldstärken (5) mit den Feldstärken (11.16) des elektrischen Dipols die effektive Antennenlänge der Rahmenantenne nach der Definition in Kap. 10.2 zu

$$l_{\mathrm{eff}} = \frac{2\pi\,w\,F}{\lambda} \tag{6}$$

oder den Faktor, um den die Feldstärke des Rahmens gegenüber der Feldstärke eines Hertzschen Dipols der gleichen Stromstärke und der Länge l verändert ist, zu

$$s = \frac{E_{\mathrm{Rahmen}}}{E_{\mathrm{Dipol}}} = \frac{2\pi\,w\,F}{\lambda\,l}. \tag{6a}$$

Da die Leistungen um s^2 geändert sind, erhält man aus (6a) und dem Strahlungswiderstand (11.24) des Hertzschen Dipols sofort den Strahlungswiderstand der Rahmenantenne zu

$$R = \frac{2}{3}\,\pi\,Z_0\,\frac{l^2}{\lambda^2}\,s^2 = \frac{2}{3}\,\pi\,Z_0\,\frac{4\pi^2\,w^2\,F^2}{\lambda^4} = 80\pi^2\,\frac{4\pi^2\,w^2\,F^2}{\lambda^4}\ \text{Ohm}. \tag{7}$$

Der Strahlungswiderstand stellt, abgesehen von den Verlusten, den reellen Eingangswiderstand des Rahmens dar. Der Blindteil des Eingangswiderstandes ist praktisch gleich der statischen Induktivität des

Rahmens, so daß eine Anpassung für die betreffende Welle mit einem aus der Resonanzbedingung zu berechnenden Kondensator möglich ist.

Befindet sich der Rahmen in geringer Höhe über der leitenden Erde, so ist der Rahmen durch sein Spiegelbild mit entgegengesetztem Strom zu ergänzen. Das liefert bei einem waagerechten Rahmen zwei parallele Rahmen mit entgegengesetztem Umlaufssinn des Stromes, also zwei magnetische Dipole entgegengesetzter Richtung, für den senkrechten Rahmen zwei Rahmen mit gleichem Umlaufssinn, vgl. Bild 17.2, also zwei gleichgerichtete magnetische Dipole. Der 2. Fall entspricht daher einer kurzen geerdeten Dipolantenne und liefert bei unendlich gut leitender und unendlich großer Erdfläche ein unverändertes Diagramm und für den Strahlungswiderstand entsprechend Gl. (11.39)

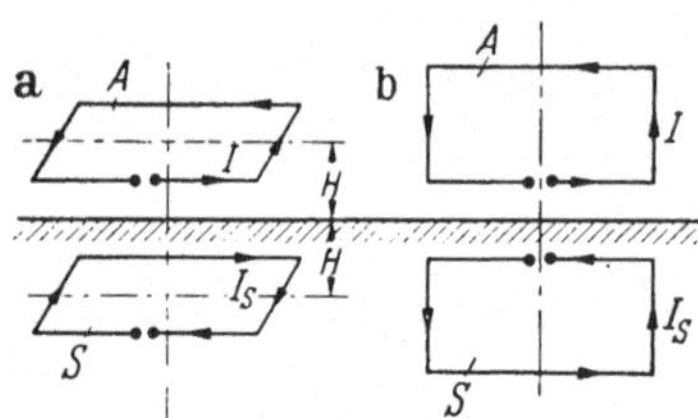

Bild 17.2. Spiegelung eines waagerechten a und eines senkrechten b Rahmens.

$$R = \frac{4}{3}\pi Z_0 \frac{4\pi^2 w^2 F^2}{\lambda^4}. \tag{8}$$

Beim waagerechten Rahmen über Erde ändert sich die Charakteristik um die in dem späteren Kap. 19 abgeleitete Gruppencharakteristik (19.13).

Die für den rechteckigen Rahmen abgeleiteten Formeln (5 bis 8) gelten allgemein für kleine Rahmen beliebiger Form, da sich jede beliebige Fläche in eine Schar schmaler Rechtecke von differentiellen Höhen zerlegen läßt, deren Strahlungswirkungen sich wegen des konstanten Stromes und der kleinen Abmessungen linear addieren.

In dem Faktor s von Gl. (7), der für einen rechteckigen Rahmen mit dem Verhältnis $d/\lambda = 1/500$ gegenüber einem Dipol gleicher Länge $l = h$ nach Gl. (6a) nur $2\pi d/\lambda = 2\pi/500 = 1{,}26\%$ pro Windung beträgt, drückt sich keine schlechtere Strahlungseigenschaft, sondern nur die Niederohmigkeit der Rahmenantenne gegenüber einer gleichhohen Dipolantenne aus. Bei gleicher Strahlungsleistung ist der Strom der Rahmenantenne um $\sqrt{\lambda/2\pi w d}$ vergrößert. Trotzdem können die Gesamtverluste des Rahmens, insbesondere bei längeren Wellen wegen der fehlenden Erdverluste, kleiner sein, so daß der Rahmen unter Umständen größere Feldstärken als eine gleich hohe geerdete Dipolantenne bei gleicher aufgenommener Leistung liefern kann. Ohne Berücksichtigung der Verluste ist die bei gleicher Leistung erzeugte Leistungsdichte bzw. die in einem gegebenen Felde optimal aufnehmbare Leistung die gleiche wie beim Hertzschen Dipol, so daß die in Kap. 11 abgeleiteten Leistungsgleichungen gelten.

Schließlich betrachten wir noch die Richtcharakteristik des Rahmens, die nach Gl. (5) ebenso wie beim Hertzschen Dipol durch $\sin\vartheta$

und damit durch den Doppelkreis von Bild 11.3 gegeben ist. In Richtung der Rahmenachse, also senkrecht zur Fläche ist Strahlung und Empfang 0, während die Hauptstrahlung bzw. der maximale Empfang in Richtung der Rahmenfläche liegt. Während beim HERTZschen Dipol die Empfangsspannung durch die parallele Komponente der elektrischen Feldstärke erzeugt wird, kann die im Rahmen erzeugte Spannung als eine Folge der Änderung der den Rahmen durchsetzenden magnetischen Feldstärke oder als eine Folge der Differenz der elektrischen Feldstärken in der Fortpflanzungsrichtung der Welle angesehen werden. In der Minimumstellung (Fläche senkrecht zur Welle) ist die Differenz 0 und die magnetische Feldstärke parallel zur Fläche. Beides gibt die Rahmenspannung 0.

Durch die Verluste im Rahmen zieht das Minimum entsprechend den Ableitungen in Kap. 12 und Bild 12.15 nicht vollkommen auf 0 ein, bleibt aber bei geringen Verlusten scharf genug, so daß der Rahmen bei senkrechter Aufstellung als einfachstes Peilgerät benutzt wird. Dabei sind zwei Störeffekte zu beachten. Der Antenneneffekt besteht darin, daß bei Unsymmetrie im Rahmen oder in der Schaltung sich die von der elektrischen Feldstärke in der Minimumstellung erzeugten Ströme nicht aufheben, so daß eine Restspannung bleibt. Der dielektrische Effekt besteht darin, daß bei einem mehrwindigen Rahmen mit größerer Windungstiefe durch den Gangunterschied Spannungen erzeugt werden, die gerade im Hauptminimum ihre maximale Stärke haben: Man kann sich die Spannung in einer gedachten Windungsschleife entstanden denken, die 90° gegen die Hauptschleife gedreht und durch die gegenseitige Kapazität der einzelnen Windungen geschlossen ist. Der Antenneneffekt kann durch genaues Symmetrieren (sogenanntes Enttrüben) oder durch Aufstellung einer einstellbaren Hilfsantenne, der dielektrische Effekt durch geringe Windungstiefe verkleinert werden. Ferner muß bei der Peilung der Einfluß benachbarter Metallteile eingeeicht werden (sogenannte Funkbeschickung). Die Peilung mit Rahmen ist doppeldeutig, was z. B. durch Kombination des Rahmens mit einem Einzelstrahler vermieden werden kann; vgl. Bild 19.15. Über weitere Einzelheiten des Peilens sowie den Einfluß der Polarisationsdrehungen sei auf die Literatur verwiesen.

2. Die Rahmenantenne größerer Länge.

Ist die Rahmenlänge nicht mehr klein gegen die Wellenlänge, so ist der Strom örtlich nicht mehr konstant, und es müssen für die Berechnung des Rahmenfeldes dieselben Methoden wie bei der elektrischen Dipolantenne endlicher Länge benutzt werden, wobei wie dort der Strom nach der Leitungstheorie angenommen oder bei strenger Berechnung als unbekannte FOURIER-Reihe oder FOURIER-Integral angesetzt werden muß. Wegen der komplizierteren Form sind die strengen Rechnungen im allgemeinen komplizierter als bei der Dipolantenne, insbesondere fallen die Differentialgleichungsmethoden aus, möglich sind die Integralgleichungsmethoden. Wir verweisen hierfür auf die von HALLÉN nach der Integralgleichungsmethode von Kap. 14 durchgeführte Berechnung der kreisförmigen Rahmenantenne mit relativ dünner Drahtstärke.

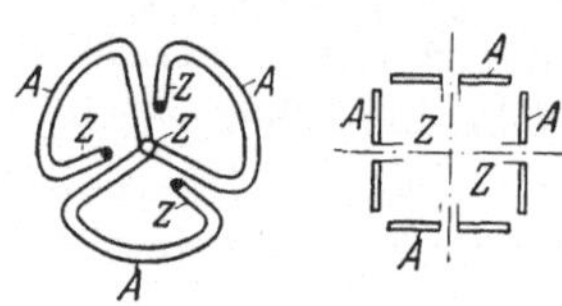

Bild 17.3. Beispiele von Ringanordnungen.

Eine praktisch oft angewendete Möglichkeit, trotz großer, durch Wellenlänge und Aufbaumöglichkeit bedingter Rahmenlänge die horizontale Rundstrahlcharakteristik des einfachen Rahmens zu erhalten, ist die Unterteilung des Rahmens in mehrere Einzelteile, die mit Strömen gleicher Richtung gespeist werden. Man erhält so die namentlich als Einzelelement von senkrecht gebündelten Rundstrahlantennen im Meterwellengebiet (vgl. Kap. 19.4) benutzten Ringanordnungen, von denen Bild 17.3 zwei Beispiele, die sogenannte Kleeblattantenne und eine Anordnung mit 4 Dipolen, die oft noch mit Reflektoren versehen sind, zeigt. Abgesehen von geringen Verzerrungen entspricht die Strahlung der einer kurzen Rahmenantenne.

3. Der Schlitzdipol.

Man kann, wie wir es bei den Hohlleitern in Kap. 8.5 und beim ABRAHAMschen Erreger in Kap. 11.6 getan haben, jede Fläche eines Strahlungsfeldes, auf der die elektrischen Feldstärken senkrecht stehen, durch eine unendlich gut leitende Metallfläche ersetzen, ohne das Feldbild zu ändern. Die magnetischen Feldlinien in der Fläche werden dabei durch entsprechende Flächenströme senkrecht zur magnetischen Feldstärke ersetzt. Beim kurzen kreisförmigen Rahmen ist jede durch die Rahmenachse gehende Ebene eine solche Fläche, so daß die in Bild 17.4a angedeutete Anordnung bei gleichen Rahmenströmen das gleiche Feldbild und damit die gleiche Strahlungsleistung wie der freie Rahmen hat. Da wegen der Unterbrechung durch die Fläche der Strom auf beiden Seiten zugeführt werden muß, der Strom also verdoppelt ist, geht der Widerstand auf $^1/_4$ zurück. Die Verdopplung des Stromes entspricht genau der Halbierung der Spannung beim ABRAHAMschen Erreger. Nach dem HUYGENSschen Prinzip können wir uns das betrachtete

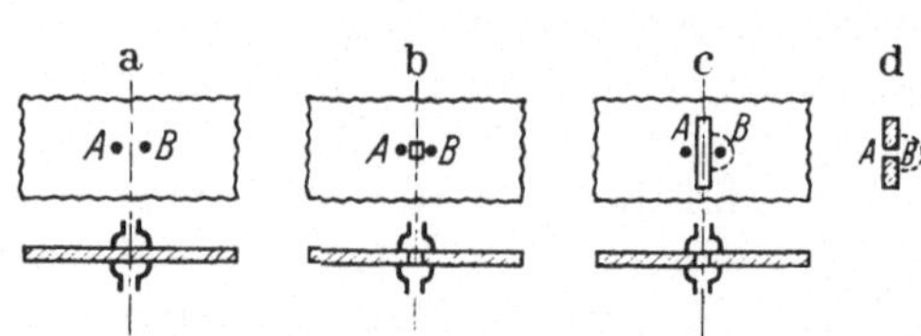

Bild 17.4. Entwicklung eines Schlitzdipols. a Rahmen mit Trennwand, b elementarer Schlitzdipol, c Schlitzdipol endlicher Länge, d analoge Dipolantenne.

Feld streng durch die Flächenströme und die zugehörigen Feldstärken auf der Metallfläche statt durch den Rahmenstrom erzeugt denken.

In der Anordnung 4a gehen die den magnetischen Feldstärken entsprechenden Flächenströme senkrecht zu den magnetischen Kraftlinien von A nach B. Ein zwischen A und B angebrachter, in Richtung senkrecht AB unendlich schmaler Schlitz stört daher die Ströme nicht, so daß die Anordnung b das gleiche Feld liefert, also das Feld des HERTZschen Dipols mit Vertauschung von $\boldsymbol{E}$ und $\boldsymbol{H}$.

Verlängert man jetzt den Schlitz entsprechend Bild 17.4c, wodurch der eigentliche Schlitzdipol entsteht, so muß das Feldbild dieses Schlitzdipols genau dem Feldbild einer gleich großen, unendlich gut leitenden Dipolantenne mit Vertauschung von $\boldsymbol{E}$ und $\boldsymbol{H}$ entsprechen, da die Grenzbedingungen für $\boldsymbol{E}$ und $\boldsymbol{H}$ am Dipol bzw. Schlitz dieselben sind. Beide müssen nämlich senkrecht auf der Wandung stehen, da die Flächenströme keine senkrechte Komponente am Schlitz haben können, und die Umlaufsintegrale um A oder B müssen gleich dem zugeführten Strom bzw. der angelegten Spannung sein. Auch das Feld im Schlitz ist analog, indem die senkrecht übergehenden elektrischen Feldlinien den magnetischen Feldlinien auf der Dipolfläche entsprechen. Es gilt daher streng, wenn wir die Größen des Dipols durch den Index D, die des Schlitzdipols durch den Index S bezeichnen, für den Schlitzdipol in einer ebenen Fläche die Beziehung

$$\frac{U_D}{I_S} = \frac{E_D}{H_S}. \tag{9}$$

Die Gleichung gilt zunächst für die Feldstärken am Speisepunkt, da aber alle Feldstärken diesen Werten proportional sein müssen, allgemein für die Feldstärken eines beliebigen Feldpunktes.

Weiter werden die Leistungen der beiden Dipole, wenn Z_D bzw. Z_S die Eingangswiderstände der Antennen sind, unter Berücksichtigung der oben erklärten Stromverdopplung beim Schlitzdipol

$$\overline{P}_D = \frac{1}{2}\,\frac{|U_D|^2}{Z_D}, \qquad \overline{P}_S = \frac{1}{2}\,|2\,I_S|^2 Z_S. \tag{10}$$

Da die Felder beider Antennen bis auf die Vertauschung von $\boldsymbol{E}$ und $\boldsymbol{H}$ übereinstimmen, werden die Leistungen gleich, wenn an jeder Stelle des Raumes $E_D = Z_0 H_S$ und damit nach (9) $U_D = Z_0 I_S$ ist. Daraus folgt aus Gl. (10) unmittelbar als strenge Beziehung

$$Z_D Z_S = \frac{1}{4} Z_0^2. \tag{11}$$

Nach dieser Gleichung kann der Widerstand des Schlitzdipols aus dem bekannten Antennenwiderstand Z_D der analogen Dipolantenne berechnet werden. Setzen wir für Z_D den Wert (12.41) des Halbwellendipols nach der Leitungstheorie ein, so erhalten wir für den Widerstand einer schmalen Schlitzantenne der Länge $2\lambda/4$

$$Z_S = \frac{1}{4}\frac{Z_0^2}{Z_D} = \frac{1}{4}\frac{377^2\,\text{Ohm}^2}{(73{,}13 + \mathrm{i}\,42{,}55)\,\text{Ohm}} = 363\,\text{Ohm} - \mathrm{i}\,211\,\text{Ohm}, \quad (12)$$

während der Resonanzwiderstand mit dem Wert $Z_D = 71$ Ohm aus Bild 16.9 $Z_S = 500$ Ohm wird.

Die durchgeführten Rechnungen gelten für einen Schlitzdipol in einer unendlich großen und unendlich gut leitenden Ebene. Das Strahlungsfeld entspricht den Flächenströmen auf der ebenen Metallfläche. Da es für die Gestalt des Feldes im wesentlichen auf die Flächenströme in der Nähe der Speisestelle ankommt, kann das Metall in einiger Entfernung von A und B abgeschnitten oder zu einem Rohr herumgebogen werden. Man erhält so die wegen ihres einfachen und turmartigen Aufbaus einzeln oder in Reihe (vgl. Kap. 19.4) als horizontal polarisierte Rundstrahlantennen bei Meterwellen vielfach benutzten Schlitzdipolantennen (Pylonantennen). Durch die veränderte Form ändern sich natürlich die Flächenströme und damit das Feld; für genauere Einzelheiten, Einfluß der Schlitzbreite, Rechnungen für Zylinderanordnungen mit 1 und mehr Schlitzen usw. sei auf die Literatur verwiesen. Die im Gegensatz zu den Schlitzpolen von Hohlleiterwellen gespeisten Schlitzantennen werden in Kap. 22.2 behandelt.

18. Kapitel.

Allgemeine Beziehungen bei Richtantennen.

1. Zusammenhang zwischen Richtcharakteristik und Antennengewinn.

Der Hertzsche Dipol und die einfache Linearantenne haben in Ebenen senkrecht zur Achse Rundstrahlcharakteristik, während in Ebenen durch die Achse schon beim Hertzschen Dipol durch die Orientierung des Stromes eine gewisse Richtwirkung vorhanden ist. Stärkere Richtwirkungen entstehen jedoch erst durch Interferenz, indem durch die Addition der von den einzelnen Strahlern einer Antennengruppe oder von den einzelnen Stellen einer strahlenden Fläche erzeugten Feldstärken infolge der verschiedenen Größe und Phase der erzeugenden Ströme und infolge des Gangunterschiedes durch die verschieden langen Wege in gewissen Gebieten eine Vergrößerung, in anderen Gebieten ein teilweises oder vollkommenes Auslöschen der einzelnen Feldstärken eintritt. Die räumliche Charakteristik, das ist der Körper, den man erhält, wenn man die absoluten Werte der elektrischen oder magnetischen Feldstärken des Fernfeldes für eine konstante Entfernung in der zugehörigen Richtung von einem Punkt aus aufträgt, zerfällt durch die Auslöschzonen in mehrere Teile, im allgemeinen einen Hauptbereich und mehrere Nebenbereiche. Für die gewünschte Richtverbindung interessiert im allgemeinen nur die Größe und Form des Hauptbereiches, für Störungen auf andere Antennen auch die Größe der Nebenbereiche und die Rückstrahlung. Je nachdem, ob der Hauptbereich quer zur Hauptausdehnung der Antenne oder in der Richtung der Hauptausdehnung liegt, unterscheidet man Quer- und Längsstrahler. Der Schnitt der räumlichen Charakteristik mit der Horizontalebene gibt die Horizontalcharakteristik oder Horizontalkennlinie der Antenne, der Schnitt mit einer vertikalen Ebene unter dem Winkel ψ die Vertikalkennlinie in der betreffenden Ebene.

Als Maß der Richt- oder Bündelungsschärfe in einer bestimmten Ebene wird der Winkel definiert, bei dem das Maximum der Feldstärke auf einen bestimmten Bruchteil, insbesondere auf $1/\sqrt{2}$ gesunken ist. Dieser Wert entspricht der Halbwertsbreite normaler Resonanzkurven. Der Winkel hängt von Form und Speisung der Antenne ab und kann für das Horizontal- und die verschiedenen Vertikaldiagramme verschieden sein. Im allgemeinen bezieht man die Halbwertsbreite auf den Hauptbereich des Diagramms. Die Definition kann aber auch auf jeden Nebenbereich angewendet werden. Der Winkel gibt an, in welcher Richtung die ausgestrahlte bzw. empfangene Leistung auf die Hälfte gesunken ist, gibt aber kein Maß für den genauen Gewinn der Antenne.

Ein näherungsweiser Zusammenhang zwischen Gewinn und Halbwertsbreite wird in Abschn. 2 angegeben. Streng hängen Gewinn und Charakteristik folgendermaßen zusammen:

Nach Gl. (11.16) stehen die von einem HERTZschen Dipol und damit die von jedem einzelnen Antennenelement erzeugten Feldstärken $\boldsymbol{E}_e$ und $\boldsymbol{H}_e$ des Fernfeldes aufeinander senkrecht so, daß $\boldsymbol{E}_e$, $\boldsymbol{H}_e$ und $\boldsymbol{r}$ ein Rechtssystem bilden, während der Quotient der absoluten Beträge gleich dem Wellenwiderstand Z_0 des freien Raumes ist. Da diese Beziehungen für alle Einzelfeldstärken gelten, gelten sie auch für die Gesamtfeldstärken $\boldsymbol{E}$ und $\boldsymbol{H}$ in jedem fernen Punkt. Der POYNTINGsche Vektor des Fernfeldes ist daher

$$\overline{\boldsymbol{S}} = \tfrac{1}{2}\,(\boldsymbol{E}\times\boldsymbol{H}^k) = \tfrac{1}{2}\,Z_0\,\boldsymbol{H}\,\boldsymbol{H}^k = \tfrac{1}{2}\,Z_0\,|\boldsymbol{H}|^2. \tag{1}$$

$\boldsymbol{S}$ ist also reell, und die gesamte reelle Strahlungsleistung durch eine Kugel mit dem Radius r_0 wird

$$P = \tfrac{1}{2}\int\limits_{(K)} \boldsymbol{S}\,d\boldsymbol{f} = \tfrac{1}{2}\,Z_0\int\limits_{(K)} |\boldsymbol{H}|^2\,d\boldsymbol{f} = \tfrac{1}{2}\,Z_0\,|\boldsymbol{H}_0|^2\,r_0^2\int\limits_{(K)} \frac{|\boldsymbol{H}|^2}{|\boldsymbol{H}_0|^2}\,d\Omega, \tag{2}$$

wo $\boldsymbol{H}_0$ die magnetische Feldstärke am Empfangsort, also in der Bezugsrichtung ψ_0, ϑ_0 und $\mathrm{d}\Omega = 1/r^2 \cdot \mathrm{d}f = \sin\vartheta \,\mathrm{d}\psi \,\mathrm{d}\vartheta$ das Oberflächenelement der Einheitskugel ist.

Aus der Strahlungsleistung erhält man den Gewinn der Antenne, also die neben dem Eingangswiderstand wichtigste Antennengröße, durch Vergleich mit der Leistung eines HERTZschen Dipols (bzw. eines hypothetischen Kugelstrahlers). Zur Erzeugung der gleichen Feldstärke $|\boldsymbol{H}_0|$ braucht ein HERTZscher Dipol nach Gl. (11.30) die Leistung

$$P_{HD} = \frac{4\pi}{3} r_0^2 Z_0 |\boldsymbol{H}_0|^2. \tag{3}$$

Das Verhältnis beider Leistungen ist nach der Definition von Kap. 10.2 der Antennengewinn. Mithin ist der Gewinn allgemein

$$G = \frac{\frac{8\pi}{3}}{\oint \frac{|\boldsymbol{H}|^2}{|\boldsymbol{H}_0|^2} \mathrm{d}\Omega}. \tag{4}$$

Da es nur auf das Verhältnis von $|\boldsymbol{H}|$ zu $|\boldsymbol{H}_0|$ ankommt, kann in Gl. (4) statt der magnetischen auch die elektrische Feldstärke genommen werden, die aber im allgemeinen komplizierter zu berechnen ist. Das in (4) auftretende Feldstärkenverhältnis ist nach der oben und in Kap. 10.2 angegebenen Definition die räumliche Richtcharakteristik der Richtantenne:

$$\frac{|\boldsymbol{H}|}{|\boldsymbol{H}_0|} = \frac{|\boldsymbol{E}|}{|\boldsymbol{E}_0|} = \frac{R(\psi, \vartheta)}{R(\psi_0, \vartheta_0)} = r(\psi, \vartheta), \tag{5}$$

so daß statt (4) auch

$$G = \frac{\frac{8\pi}{3}}{\oint r^2(\psi, \vartheta)\,\mathrm{d}\Omega} = \frac{\frac{8\pi}{3}}{\oint r^2(\psi, \vartheta) \sin\vartheta \,\mathrm{d}\psi \,\mathrm{d}\vartheta} \tag{4a}$$

geschrieben werden kann.

Drückt man das Integral in Gl. (4) nach Gl. (2) durch die Strahlungsleistung aus, so erhält man für den Gewinn als eine weitere allgemeine Formel

$$G = \frac{4\pi}{3} \frac{Z_0 r_0^2 |\boldsymbol{H}_0|^2}{P}. \tag{6}$$

Nach den Gl. (4 bzw. 4a) ist der Gewinn bei bekannter Richtcharakteristik berechenbar. In den praktisch wichtigsten Fällen ist die Integration durchführbar, wie wir in den folgenden Kapiteln sehen werden. In schwierigen Fällen oder bei experimentell vorliegender Richtcharakteristik muß die Integration numerisch oder graphisch erfolgen, indem z. B. für eine Reihe konstanter ψ-Werte die Integrale nach ϑ ausgewertet und die erhaltenen Werte über ψ integriert werden. Bei rotationssymmetrischen Strahlungskörpern fällt die Integration um die Rotationsachse fort, so daß hier nur eine einfache Integration übrigbleibt. Ist nur das Horizontal- und Vertikaldiagramm gegeben, so ist die Integration nur näherungsweise durchführbar, indem man z. B. den Gewinn des mittleren Rotationskörpers berechnet.

Die Berechnung des Gewinns nach (4 bzw. 4a) ist streng, wenn das Richtdiagramm streng ist. Für die Auswertung ist zu beachten, daß bei der Berechnung der Richtcharakteristik von nichtparallelen Einzelelementen, z. B. beim Kreuzdipol in Kap. 19.3, die Feldstärken und nicht die Einzelcharakteristiken addiert werden, die nach Gl. (5) die Richtung nicht mehr enthalten. In diesem Fall verwendet man besser Gl. (4) statt (4a). Die angegebenen Gewinne sind auf den HERTZschen Dipol bezogen; vgl. Kap. 12.2c. Die auf den Kugelstrahler bezogenen Gewinne sind nach (12.47) 1,5mal so groß. Die Gewinne beziehen sich auf die Strahlungsleistung. Die auf die gesamte zugeführte Leistung bezogenen Gewinne erhält man durch Multiplikation mit dem Antennenwirkungsgrad, was bei niederohmigen Antennen (vgl. Kap. 12.8 u. 18.3) zu beachten ist.

Statt des Gewinns wird namentlich bei Empfangsantennen häufig die Absorptionsfläche als Maß der Leistungsverbesserung angegeben. Nach der Definition in Kap. 10.2 ist die Absorptionsfläche A einer Antenne diejenige Fläche, durch die bei einer ungestörten ebenen Welle die von der Antenne maximal aufnehmbare Leistung tritt. Nach dem Reziprozitätsgesetz verhalten sich wegen der Gleichheit von Sende- und Empfangsantennen die Absorptionsflächen zweier Antennen wie ihre Gewinne. Mithin ist, wenn A_{HD} die Absorptionsfläche des HERTZschen Dipols ist,

$$G = \frac{A}{A_{HD}}. \tag{7}$$

Setzt man für A_{HD} den Wert (11.36) ein, so wird die Absorptionsfläche einer beliebigen Richtantenne

$$A = \frac{3}{8\pi} \lambda^2 G, \tag{8}$$

wobei für G der Wert (4 bzw. 4a) zu setzen ist.

Während Gewinn und Absorptionsfläche nach den angegebenen Gleichungen aus der Charakteristik der Richtantenne ohne eine Kenntnis der speziellen Antennenform abgeleitet werden können, hängt der Antennenwiderstand vom Nahfeld und damit von Form und Speisung der betreffenden Richtantenne ab, so daß sich für den Antennenwiderstand keine allgemeingültigen Beziehungen angeben lassen.

2. Näherungsweiser Zusammenhang zwischen Bündelungsschärfe und Gewinn.

In der Praxis liegen häufig die beiden durch die Hauptachse der räumlichen Charakteristik gehenden Horizontal- und Vertikaldiagramme einer Antenne vor, und es besteht der Wunsch, aus den Halbwertsbreiten $\pm\varphi_h$ und $\pm\varphi_v$ direkt den Antennengewinn zu erhalten. Da für den Gewinn nach Gl. (4) die Integration der gesamten Charakteristik erforderlich ist, genügen die Angaben für die Berechnung des Gewinns nicht. Unter der Voraussetzung, daß die Charakteristik einen einzigen Hauptbereich mit leistungsmäßig verschwindenden Nebenbereichen hat, läßt sich aber ein näherungsweiser Zusammenhang angeben.

Da bei der Halbwertsbreite die Strahlungsleistung auf die Hälfte gesunken ist, würde die doppelte Halbwertsbreite bei leistungsmäßig vernachlässigbaren Nebenbereichen den Winkelbereich angeben, in dem man sich die Strahlung in der betreffenden Ebene mit konstanter Stärke gleich dem Maximalwert konzentriert denken kann, wenn die Leistungsabnahme linear erfolgen und zu den einzelnen Strahlen gleiche räumliche Winkelbereiche gehören würden. Der gesamte räumliche Ersatzwinkel wäre dann näherungsweise $\Omega \approx 2\,\varphi_h \cdot 2\,\varphi_v$. Da in dem Ersatzwinkel Ω die Feldstärke konstant gleich dem Maximalwert ist, wird das in (4) auftretende Integral näherungsweise gleich Ω und mithin der Gewinn mit dem angegebenen Wert von Ω näherungsweise

$$G \approx \frac{2\pi}{3}\,\frac{1}{\varphi_h\,\varphi_v} = \frac{2{,}1}{\varphi_h\,\varphi_v}. \tag{9}$$

Für die wirklichen Verhältnisse gibt die Gleichung nur einen groben Näherungswert. Da zu den kleinen Feldstärken des Diagramms größere Strahlungsräume gehören als zu den Feldstärken in der Nähe des Maximums, ist der wirkliche Ersatzwinkel größer als der angenommene Wert Ω und damit der Gewinn kleiner als nach Gl. (9). Der Einfluß des Raumes wird durch die nicht geradlinige Form der Leistungskurve zwar etwas kompensiert, aber nicht vollkommen aufgehoben. Vergleicht man (9) mit den später in Kapitel 19 und 20 für Dipolreihen und Dipolebenen und in Kapitel 22 für Hohlleiterantennen berechneten Halbwertsbreiten und Gewinnen, so sieht man, daß der Zahlenfaktor in Gl. (9) für eine gleichmäßige Erregung der Antennenfläche etwa 1,7 statt 2,1 wird, bei einer in einer Richtung sinusförmig verteilten Erregung wie bei den Hohlleiterantennen in Kapitel 22.2 maximal 1,83 und bei einer in beiden Richtungen sinusförmig verteilten Erregung wie bei den Trichterantennen in Kapitel 22.3 etwa 1,8 bis 2. Mit dem Zahlenfaktor 1,83 gibt Gl. (9) für eine Halbwertsbreite von $\pm 1^\circ$ in beiden Richtungen den Gewinn $G = 6000$. Da ein Winkel von 1° aus Stabilitätsgründen (Stabilität des Antennenturmes und der Ausbreitung) im allgemeinen nicht unterschritten werden kann, ist das etwa der maximal ausführbare Leistungsgewinn einer Richtantenne.

Für senkrecht gebündelte Rundstrahlantennen ist der Ersatzwinkel nach der gleichen Näherungsmethode $\Omega \approx 2\,\pi \cdot 2\,\varphi_v$ und mithin der

Gewinn eines Rundstrahlers näherungsweise

$$G \approx \frac{2}{3\,\varphi_v} = \frac{0{,}67}{\varphi_v}. \tag{9a}$$

Nach den späteren Gleichungen (19.26) und (19.35) wird der Zahlenfaktor in Gl. (9a) für größere Antennenlängen bei gleichphasiger Erregung 0,59 statt 0,67.

3. Näherungsweiser Zusammenhang zwischen Gewinn und Antennengröße.

Haben die Ströme in den einzelnen Elementen einer Richtantenne in jedem Augenblick gleiche Richtung, so wird sich die Wirkung sämtlicher Elemente in der Richtung quer zur Antennenfläche addieren, die Antenne wirkt als Querstrahler. Bei derartigen Antennen besteht ein näherungsweiser Zusammenhang zwischen Bündelungsschärfe und Antennengröße und damit zwischen Gewinn und Antennengröße.

Nehmen wir an, die verschiedenen parallelen Ströme sind gleich und gleichmäßig verteilt, ihre größte Entfernung z. B. in horizontaler Richtung sei L. Dann kann sich in der zugehörigen Horizontalebene die 1. Nullstelle des Diagramms ausbilden, wenn jeder Strahl der einen Antennenhälfte durch einen entsprechenden Strahl der 2. Antennenhälfte kompensiert wird, wenn also, vgl. Bild 18.1, der Gangunterschied zweier um $L/2$ entfernter Elemente

$$\Delta = \frac{L}{2}\sin\varphi_0 = \frac{\lambda}{2} \tag{10}$$

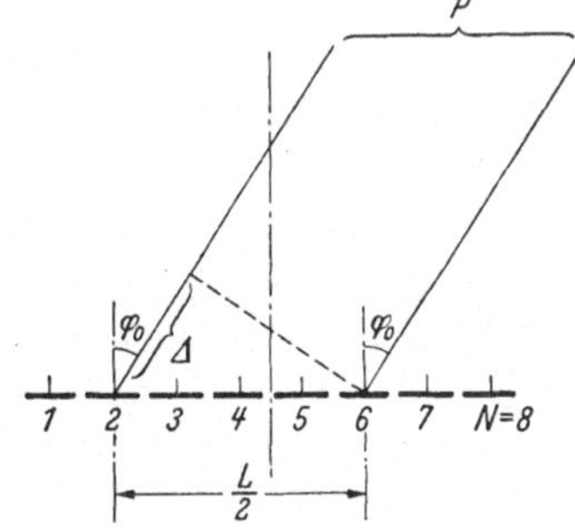

Bild 18.1. Wegunterschied zweier Strahlen einer Richtantenne.

ist. Daraus folgt für den Winkel der 1. Nullstelle

$$\varphi_0 = \arcsin\frac{\lambda}{L}. \tag{10a}$$

Ist die Antennenlänge groß gegen die Wellenlänge ($L \geqq 2\lambda$), so wird näherungsweise

$$\varphi_0 \approx \frac{\lambda}{L} = \frac{1}{n} \quad \text{bzw.} \quad \varphi_0^0 \approx \frac{180^\circ}{\pi}\,\frac{1}{n} \approx \frac{57^\circ}{n}, \tag{11}$$

wo

$$n = \frac{L}{\lambda} \tag{12}$$

die Breite der Antennenfläche in Wellenlängen ist. Ist die senkrechte Ausdehnung der Antenne $L' = m\lambda$, so wird die zugehörige vertikale Nullpunktsbreite entsprechend $\varphi_{v0} = \frac{\lambda}{L'} = \frac{1}{m}$.

Sind die Einzelströme verschieden groß, so wird eine geringe, aber keine wesentliche Änderung der abgeleiteten Nullpunktsbreite eintreten können. Zu jeder Antennenlänge gehört demnach bei gleichphasiger Erregung eine ganz bestimmte Nullpunktsbreite und mithin, da der Übergang vom Nullpunkt zum Maximum kontinuierlich erfolgt, eine ganz bestimmte Halbwertsbreite, die nicht unterschritten werden kann. Damit gehört aber nach dem vorigen Abschnitt zu jeder gleichphasig erregten Antennenfläche ein maximaler Gewinn bzw. eine maximale Absorptionsfläche. Nimmt man als Halbwertsbreite näherungsweise die halbe Nullpunktsbreite (11), so wird nach der Näherungsformel (9) und Gl. (8) die Absorptionsfläche $A \approx LL'$, also etwa gleich der geometrischen Antennenfläche. Wir werden an den späteren Beispielen sehen, daß die Absorptionsfläche einer gleichphasig erregten Antenne bei gleichmäßiger Flächenbelegung tatsächlich etwa gleich der geometrischen Fläche ist, bei nach außen abnehmender Belegung kleiner wird. Das Verhältnis Absorptionsfläche zu Antennenfläche wird als Flächenfaktor oder Flächenwirkungsgrad bezeichnet.

Als zweite Antennenart betrachten wir Antennen, deren einzelne Elemente mit Strömen verschiedener Richtung gespeist werden, wobei im allgemeinen $\sum I = 0$ ist. Da sich hierbei die Feldstärken in der Richtung quer zur Antennenfläche aufheben, während in der Längsrichtung eine Feldstärke zustande kommt, handelt es sich um Längsstrahler. Im Gegensatz zum Querstrahler läßt sich kein Zusammenhang zwischen Absorptionsfläche und Antennenfläche aus den üblichen Näherungsformeln ableiten. Bei Längsstrahlern, bei denen der Phasenunterschied der Ströme dem Wegunterschied entspricht, so daß sich in Längsrichtung der Antenne die Wirkung der einzelnen Ströme addiert, wird der Gewinn im Vergleich zur Antennenausdehnung nicht größer als bei den obigen Querstrahlern. Es lassen sich aber Stromverteilungen angeben, die nach den üblichen, in Kapitel 19 und 20 abgeleiteten, für normale Anordnungen ausreichenden Näherungstheorien einen wesentlich stärkeren Gewinn liefern, z. B. die in Kapitel 19.4 erwähnten Längsstrahler mit stark verkürzter Wellenlänge, oder die in Kap. 19.8 behandelte Stromverteilung nach Binomialkoeffizienten. Das Kennzeichnende derartiger Antennensysteme ist, daß der Abstand der Elemente mit verschiedenen Stromrichtungen sehr klein ist und das Strahlungsmaximum in Längsrichtung liegt. Für extrem kleine Abstände enthält aber die Rechnung zwei nicht mehr zulässige Vernachlässigungen.

Erstens kommt wegen der kleinen Abstände nicht die Summe der maximalen Feldstärken, sondern nur eine kleine, dem kleinen Wegunterschied entsprechende Differenz zur Wirkung. Für größere Gewinne werden die Ströme mehrere Zehnerpotenzen größer. Dadurch sind aber die OHMschen Widerstände auch bei bester Antennenausführung nicht mehr klein gegen die Strahlungswiderstände, so daß die OHMschen Verluste nicht mehr vernachlässigt werden können. Ihre Berücksichtigung setzt aber den Gewinn herab, und zwar sehr schnell unter den Wert der Querstrahler. Außerdem müssen die für das Diagramm berechneten Ströme, da nur eine sehr kleine Differenz zur Wirkung kommt, mit einer selbst für eine einzige Frequenz praktisch nicht möglichen Genauigkeit eingehalten werden. Aus beiden Gründen ist die Ausführung von Antennen, deren Gewinne über die der Querstrahler merklich hinausgehen, praktisch nicht möglich.

Zweitens tritt bei extrem kleinen Abständen eine einseitige Stromverdrängung ein, wodurch sämtliche mit gleichmäßiger Stromverteilung längs des Umfanges arbeitende Theorien unzulässig sind und gerade die Strahlung in Längsrichtung geschwächt werden muß. Daher ist nicht nur die praktische Ausführung der Antennen unmöglich, sondern auch die theoretische Berechtigung der benutzten Rechnungen anzuzweifeln. Eine strenge Berechnung derartiger Anordnungen mit Berücksichtigung der Stromänderung ist bisher nicht durchgeführt worden. Experimentell sind keine über die Werte der Querstrahler merklich hinausgehenden Gewinne erreicht worden.

4. Die Hauptarten der Richtantennen.

Die hauptsächlichsten Vertreter der Richtantennen sind Dipolgruppen, Langdrahtantennen, Hohlleiterantennen, Spiegelantennen und Linsenantennen. Die theoretische Behandlung dieser Antennen erfolgt im allgemeinen nach Näherungstheorien, bei den beiden 1. Gruppen nach der Leitungstheorie der Antenne, bei den übrigen nach optischen Näherungsmethoden. Ebenso wie bei der Näherungstheorie der einfachen Linearantenne geben die Näherungstheorien die Richtcharakteristik und Strahlungsleistung mit praktisch ausreichender Genauigkeit wieder, während das Nahfeld und der Widerstand nicht oder nur ungenau zu berechnen sind.

Da die strengen Theorien einen großen mathematischen Aufwand erfordern und die Grundlagen der Rechnungen in den früheren Kapiteln enthalten sind, werden wir uns in den folgenden Kap. 19 bis 24 im wesentlichen auf die Näherungstheorien beschränken und die strengen Theorien nur kurz erwähnen.

19. Kapitel.

Die Richtcharakteristiken von Antennengruppen bei gegebener Stromverteilung.

1. Allgemeine Formeln.

Wir wollen im folgenden Kapitel die Richtcharakteristiken und Gewinne von Antennengruppen ohne Berücksichtigung der gegenseitigen Strahlungskopplung ableiten, also allein auf Grund der geometrischen Anordnung und der gegebenen oder willkürlich angenommenen Stromverteilungen der Einzelelemente ohne Rücksicht darauf, ob und wie derartige Stromverteilungen physikalisch möglich sind. Auf Grund dieser Voraussetzung nehmen wir also die Stromkurven oder die Richtcharakteristiken der einzelnen Elemente unverändert wie bei einem einzelnen Element an und schreiben Größe und Phase der Bezugsströme der einzelnen Antennen willkürlich vor. Der Einfluß der Strahlungskopplung der einzelnen Antennen wird für Dipolgruppen nachträglich in Kap. 20 berücksichtigt. Bei Hohlleiter-, Spiegel- und Linsenantennen als Einzelelemente ist der Einfluß praktisch vernachlässigbar.

Die Richtcharakteristik interessiert nur für Entfernungen, die groß gegen die Wellenlänge sind. Mithin kann für die von jedem Einzelstrahler erzeugten Feldstärken $\boldsymbol{E}_n$ und $\boldsymbol{H}_n$ der Wert des Fernfeldes genommen werden. Dieser läßt sich, wenn wir zunächst von der räumlichen Richtung absehen, entsprechend den Gl. (11.16 u. 12.10b) stets auf die Form

$$E_n = Z_0 H_n = \mathrm{i}\,\frac{Z_0}{2\pi}\, I_{an} F_n(\psi, \vartheta)\, \frac{\mathrm{e}^{-\mathrm{i}\,k_0 r_n}}{r_n} \tag{1}$$

bringen. Dabei ist I_{an} der Bezugsstrom, r_n der Abstand des Antennenbezugspunktes vom Feldpunkt und F_n die Einzelcharakteristik, und zwar nach der Definition in Kap. 10.2 das auf I_{an} bezogene Strahlungsmaß der n-ten Antenne. Die Einzelelemente können dabei beliebige Antennen sein, so daß die allgemeinen Formeln dieses Kapitels für beliebige Antennengruppen gelten und nur die die Einzelcharakteristik der Linearantenne enthaltenden Formeln auf Dipolantennen beschränkt sind.

Sind sämtliche Einzelelemente parallel, so haben im Fernfeld auch die von den einzelnen Elementen erzeugten Feldstärken in jedem Punkt gleiche Richtung, so daß die Gesamtfeldstärke die algebraische Summe der Ausdrücke (1) ist. Sind die Einzelströme nicht parallel, so müssen die von den einzelnen rechtwinkligen Komponenten der Einzelströme erzeugten Feldstärken für sich addiert und dann rechtwinklig zusammengesetzt werden; vgl. Abschn. 3. Im folgenden beschränken wir uns auf parallele Einzelelemente bzw. die Berechnung einer Komponente.

Bezieht man jeden Einzelstrahler der Antennengruppe auf einen gedachten oder wirklich vorhandenen Bezugsstrahler, z. B. im Mittelpunkt oder an einem Ende der Gruppe, der den Bezugsstrom I_0 und die Entfernung r_0 vom Feldpunkt P hat, und bezeichnet man das Verhältnis der Bezugsströme

$$\frac{I_{an}}{I_0} = p_n \mathrm{e}^{-\mathrm{i}\delta_n} \tag{2}$$

(positives δ_n = Nacheilung von I_{an} gegen I_0), so ist die gesamte Feldstärke irgendeiner Gruppe von N Strahlern als algebraische Summe der Ausdrücke (1)

$$\begin{aligned} E = Z_0 H = \sum_{n=1}^{N} E_n &= \mathrm{i}\frac{Z_0}{2\pi} I_0 \frac{\mathrm{e}^{-\mathrm{i}k_0 r_0}}{r_0} \sum_{n=1}^{N} F_n(\psi,\vartheta)\, p_n \mathrm{e}^{-\mathrm{i}[\delta_n + k_0(r_n - r_0)]} \\ &= E_0\, R(\psi,\vartheta). \end{aligned} \tag{3}$$

Dabei haben wir im Fernfeld den Unterschied der verschiedenen Entfernungen r_n nur in der Phase berücksichtigt, im Nenner dagegen überall $r_n = r_0$ gesetzt.

In Gl. (3) ist $E_0 = \mathrm{i}\frac{Z_0}{2\pi} I_0 \frac{\mathrm{e}^{-\mathrm{i}k_0 r_0}}{r_0}$ nach Gl. (12.10b u. 12.11) die von einem Halbwellendipol mit dem Strombauch I_0 erzeugte maximale Feldstärke. Daher ist

$$R(\psi,\vartheta) = \sum_{n=1}^{N} F_n(\psi,\vartheta)\, p_n \mathrm{e}^{-\mathrm{i}[k_0(r_n - r_0) + \delta_n]} \tag{4}$$

die Richtcharakteristik der Antennengruppe, und zwar nach den Definitionen in Kap. 10.2 und den früheren Bezeichnungen bei der Linearantenne die absolute Richtcharakteristik, während die auf eine beliebige Richtung ψ_0, ϑ_0 bezogene relative Richtcharakteristik

$$r(\psi,\vartheta) = \frac{E(\psi,\vartheta)}{E(\psi_0,\vartheta_0)} = \frac{H(\psi,\vartheta)}{H(\psi_0,\vartheta_0)} = \frac{R(\psi,\vartheta)}{R(\psi_0,\vartheta_0)} \tag{5}$$

ist.

Handelt es sich, was praktisch meist der Fall ist, um Strahler mit gleichen Einzelcharakteristiken, so fällt bei gleicher Wahl der Einzelbezugspunkte die Einzelcharakteristik für das Fernfeld, da hier alle F_n gleich werden, aus der Charakteristik heraus, so daß die Gesamtcharakteristik (4) in diesem Fall gleich dem Produkt aus der gemeinsamen Einzelcharakteristik $F_n(\psi,\vartheta) = F(\psi,\vartheta)$ und der von der Einzelcharakteristik unabhängigen Gruppencharakteristik

$$G(\psi,\vartheta) = \sum_{n=1}^{N} p_n \mathrm{e}^{-\mathrm{i}[k_0(r_n - r_0) + \delta_n]} \tag{6}$$

wird. Ist die Gruppe das Einzelelement einer neuen Gruppe, so ergibt sich die Charakteristik dieser neuen Gruppe wieder durch Multiplikation mit der Gruppencharakteristik der neuen Anordnung usw. Allgemein gilt daher für die Feldstärke einer beliebigen Richtantenne mit gleichen Elementen, wenn E_0 die Feldstärke des Bezugsstrahlers ist,

$$E = E_0 F(\psi, \vartheta) G_1(\psi, \vartheta) G_2(\psi, \vartheta) \cdots = E_0 R(\psi, \vartheta). \tag{7}$$

Die Gruppencharakteristik entsteht nach Gl. (6) durch geometrische Addition der einzelnen Teilbeiträge. Für die Richtcharakteristik interessiert, solange es sich um eine einzelne Gruppe handelt, nur der Betrag von $G(\psi, \vartheta)$. Nur bei der additiven Zusammensetzung eines Feldes aus verschiedenen räumlich getrennten Gruppen ist die Phase zu berücksichtigen.

Die in der Praxis vorkommenden Strahlergruppen sind im allgemeinen spiegelsymmetrisch zu einem Mittelpunkt, indem zu jedem Strahler mit der Stärke $p_n = p_\nu$, der auf den Mittelpunkt bezogenen Phase δ_ν und dem Gangunterschied $r_\nu - r_0$ ein spiegelsymmetrischer Strahler der gleichen Stärke $p'_n = p_\nu$, aber von entgegengesetzter Phase $-\delta_\nu$ und entgegengesetztem Gangunterschied $-(r_\nu - r_0)$ gehört. Für derartige Anordnungen und nur für diese geht die geometrische Addition für die Charakteristik des Fernfeldes in eine algebraische über, da die Summe der Exponentialfunktionen eines jeden Strahlerpaares in Gl. (6) eine Kosinusfunktion ergibt. Die Gruppencharakteristik spiegelsymmetrischer Anordnungen wird daher

$$G(\psi, \vartheta) = p_0 + 2 \sum_\nu p_\nu \cos[k_0 (r_\nu - r_0) + \delta_\nu], \tag{8}$$

wobei die Summe über sämtliche Strahlerpaare, also von $\nu = 1$ bis $N/2$ bzw. $(N-1)/2$ zu erstrecken ist. Bei gerader Strahlerzahl fällt p_0 weg, da im Mittelpunkt kein Strahler vorhanden ist.

Zum Schluß wollen wir noch r_n durch die Koordinaten ausdrücken. Sind x_n, y_n, z_n die rechtwinkligen Koordinaten des Antennenbezugspunktes, so ist der Abstand r_n vom Punkt $P(x, y, z)$ für große Entfernungen mit Übergang auf Kugelkoordinaten

$$\begin{aligned} r_n &= \sqrt{(x-x_n)^2 + (y-y_n)^2 + (z-z_n)^2} \approx r_0 - x_n \frac{x}{r_0} - y_n \frac{y}{r_0} - z_n \frac{z}{r_0} \\ &= r_0 - x_n \cos\psi \sin\vartheta - y_n \sin\psi \sin\vartheta - z_n \cos\vartheta . \end{aligned} \tag{9}$$

Mithin ergibt sich die Gruppencharakteristik in Kugelkoordinaten zu

$$G(\psi, \vartheta) = \sum_{n=1}^{N} p_n \, \mathrm{e}^{\mathrm{i}(k_0 x_n \cos\psi \sin\vartheta + k_0 y_n \sin\psi \sin\vartheta + k_0 z_n \cos\vartheta - \delta_n)} \tag{10}$$

und für spiegelsymmetrische Anordnungen

$$\begin{aligned} G(\psi, \vartheta) = p_0 + 2 \sum_\nu p_\nu \cos(&k_0 x_\nu \cos\psi \sin\vartheta \\ &+ k_0 y_\nu \sin\psi \sin\vartheta + k_0 z_\nu \cos\vartheta - \delta_\nu). \end{aligned} \tag{11}$$

Nach den allgemeinen Gl. (3 bis 11) können beliebige Richtcharakteristiken bei gegebenen Einzelcharakteristiken berechnet werden.

2. Richtcharakteristiken eines Strahlerpaares.

Unter einem Strahlerpaar verstehen wir zwei parallele Einzelstrahler mit gleicher Einzelcharakteristik. Die Strahler seien a) nebeneinander (Bild 19.1 a) und b) übereinander (Bild 19.1 b) im Abstand $2a$ angeordnet. Wir beziehen die Einzelwerte in beiden Fällen auf den Mittelpunkt der Gruppe und setzen für beliebige Ströme mit beliebiger Phasenverschiebung

$$I_{a1} = I_0 e^{-i\delta}, \qquad I_{a2} = p I_0 e^{+i\delta}. \tag{12}$$

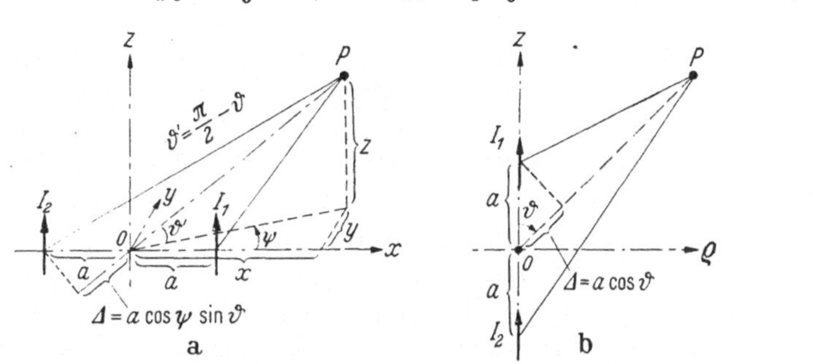

Bild 19.1. Anordnung eines Strahlerpaares. a nebeneinander, b übereinander.

Dann wird für gleich große Ströme $p = 1$ die Gruppencharakteristik nach Gl. (11) wegen $p_0 = 0$ für Anordnung a)

$$G(\psi, \vartheta) = 2 \cos(k_0 a \cos\psi \sin\vartheta - \delta) \tag{13}$$

und für Anordnung b)

$$G(\psi, \vartheta) = 2 \cos(k_0 a \cos\vartheta - \delta). \tag{13a}$$

Für beliebige Stromverhältnisse wird nach Gl. (10) für Anordnung a)

$$\begin{aligned} G(\psi, \vartheta) &= e^{i(k_0 a \cos\psi \sin\vartheta - \delta)} + p e^{-i(k_0 a \cos\psi \sin\vartheta - \delta)} \equiv e^{ix} + p e^{-ix} \\ &= (1 + p) \cos x + i(1 - p) \sin x = |G(\psi, \vartheta)| e^{-i\gamma(\psi, \vartheta)} \end{aligned} \tag{14}$$

mit

$$|G(\psi, \vartheta)| = \sqrt{1 + p^2 + 2p \cos 2x}, \qquad \operatorname{tg}\gamma(\psi, \vartheta) = \frac{1 - p}{1 + p} \operatorname{tg} x. \tag{14a}$$

Für Anordnung b) gilt dieselbe Gleichung mit $x = k_0 a \cos\vartheta - \delta$.

Die Gesamtcharakteristik erhält man durch Multiplikation mit der Einzelcharakteristik, also z. B. für HERTZsche Dipole mit $F(\psi, \vartheta) = \sin\vartheta$, für Halbwellendipole mit $\frac{\cos(\pi/2 \cos\vartheta)}{\sin\vartheta}$ usw.

Die verschiedenen, durch Änderung von a, p und δ möglichen Formen des Diagramms erkennt man am besten aus der später zu behandelnden graphischen Konstruktion von Richtkennlinien in Abschn. 7. Durch eine Änderung der Phase δ entsteht z. B. nach Gl. (13) eine Verschiebung des Maximums und damit das für manche Peilanordnungen wichtige

Schwenken der Charakteristik. Zur Erhöhung der Peilgenauigkeit benutzt man an Stelle der Einzelantennen Richtantennen; vgl. Abschn. 4, Bild 19.8.

Der Gewinn des Strahlerpaares ist für HERTZsche Dipole und Linearantennen als Einzelelemente in den allgemeinen Formeln der linearen Gruppen in Kap. 19.4 u. 20.3 enthalten.

3. Der Kreuzdipol.

Außer der Parallelanordnung von zwei Dipolantennen nach Abschn. 2 findet man häufig als Einzelelement von horizontalpolarisierten Rundstrahlantennen die in Bild 19.2 dargestellten gekreuzten Dipole mit zwei aufeinander senkrecht stehenden, mit 90° Phasenverschiebung gespeisten Einzeldipolen. Die Anordnung wird als Drehkreuzantenne (englisch turnstile) bezeichnet. Sie hat in Richtung der Achse zirkulare Polarisation, in der zum Empfang benutzten Horizontalebene dagegen lineare Polarisation, da hier die von den beiden Einzeldipolen erzeugten Feldstärken in jedem Punkt gleiche räumliche Richtung haben.

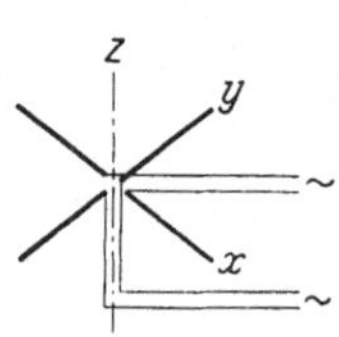

Bild 19.2. Kreuzdipol.

Da die Einzelcharakteristiken beim Kreuzdipol nicht gleich sind, kann Gl. (6 oder 10) nicht benutzt werden. Die Feldstärke und damit die Charakteristik ergibt sich durch direkte Addition der Feldstärken der Einzelantennen, wobei wegen der verschiedenen Richtungen die einzelnen Komponenten für sich zu addieren sind. Am einfachsten wird die Rechnung mit den rechtwinkligen Komponenten der magnetischen Feldstärken.

Sind die Einzelantennen HERTZsche Dipole in x- und y-Richtung, so werden die Komponenten von $\boldsymbol{H}$ nach den Gl. (11.7) mit zyklischer Vertauschung der Koordinaten und Beschränkung auf die Fernfeldglieder mit der kleinsten Potenz von r im Nenner für die Antenne in x-Richtung

$$H_{y1} = -\frac{\mathrm{i}k_0}{4\pi} I_1 \,\mathrm{d}l \frac{z}{r^2} \mathrm{e}^{-\mathrm{i}k_0 r} \equiv -C_1 \frac{z}{r}, \quad H_{z1} = C_1 \frac{y}{r}, \quad H_{x1} = 0, \qquad (15)$$

für die Antenne in y-Richtung

$$H_{z2} = -\frac{\mathrm{i}k_0}{4\pi} I_2 \,\mathrm{d}l \frac{x}{r^2} \mathrm{e}^{-\mathrm{i}k_0 r} \equiv -C_2 \frac{x}{r}, \quad H_{x2} = C_2 \frac{z}{r}, \quad H_{y2} = 0. \qquad (15\mathrm{a})$$

Die gesamte Feldstärke wird daher bei 90° Phasenverschiebung, also bei $I_2 = \mathrm{i} I_1$,

$$H_x = \mathrm{i} C_1 \frac{z}{r}, \qquad H_y = -C_1 \frac{z}{r}, \qquad H_z = C_1 \left(\frac{y}{r} - \mathrm{i}\frac{x}{r}\right) \qquad (16)$$

oder mit Kugelkoordinaten nach den Gl. (3.48)

$$H_x = \mathrm{i} C_1 \cos\vartheta, \quad H_y = -C_1 \cos\vartheta, \quad H_z = C_1 \sin\vartheta\,(\sin\psi - \mathrm{i}\cos\psi). \qquad (16\mathrm{a})$$

In der Horizontalebene $\vartheta = \pi/2$ ist hiernach eine lineare Polarisation mit der konstanten Rundstrahlamplitude $|\boldsymbol{H}_0| = C_1$ vorhanden, während für $\vartheta = 0$ zirkulare Polarisation mit der doppelten Leistungsdichte herrscht.

Da das Quadrat vom Absolutwert $|\boldsymbol{H}|^2 = |H_x|^2 + |H_y|^2 + |H_z|^2 = C_1^2[2\cos^2\vartheta + \sin^2\vartheta] = C_1^2(1+\cos^2\vartheta)$ ist, wird das in Gl. (18.4) auftretende Integral

$$\oint \frac{|\boldsymbol{H}|^2}{|\boldsymbol{H}_0|^2}\,\mathrm{d}\Omega = \int\limits_{\vartheta=0}^{\pi}\int\limits_{\psi=0}^{2\pi}(1+\cos^2\vartheta)\sin\vartheta\,\mathrm{d}\psi\,\mathrm{d}\vartheta = 2\pi\int\limits_{u=-1}^{1}(1+u^2)\,\mathrm{d}u = \frac{16\pi}{3} \tag{17}$$

und mithin der Gewinn des einfachen Drehkreuzes in der Horizontalebene

$$G = \tfrac{1}{2}. \tag{18}$$

4. Lineare Gruppen.

Unter einer linearen Gruppe verstehen wir eine Gruppe, deren Einzelelemente in einer geraden Linie angeordnet sind. Sind die Einzelelemente Dipolantennen, deren Achsen in der Linie liegen (Bild 19.3a), so wollen wir von einer Dipollinie sprechen. Liegen die Achsen senkrecht zur Linie wie die Buchstaben einer Zeile (Bild 19.3b), so wollen wir von einer Dipolzeile sprechen, während wir den Ausdruck Dipolreihe allgemein verwenden werden.

Die Charakteristik berechnet sich in allgemeinen Fällen aus Gl. (6), wenn die Gruppe aus symmetrisch angeordneten und symmetrisch gespeisten Strahlerpaaren besteht, aus Gl. (8). Im letzteren Fall läßt sich die Charakteristik der linearen Gruppe in geschlossener Form angeben, wenn noch folgende 3 Bedingungen erfüllt sind:

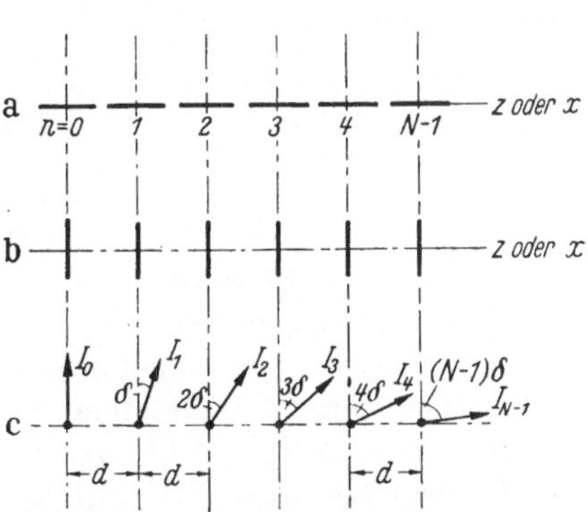

Bild 19.3. Anordnungen und Ströme der linearen Gruppen. a Dipollinie, b Dipolzeile, c Ströme für die Charakteristik (22).

1. Die Ströme sind in sämtlichen Strahlern gleich groß.
2. Benachbarte Strahler haben den gleichen Abstand.
3. Benachbarte Strahler haben die gleiche Phasendifferenz gegeneinander, so daß sich die Phase von Strahler zu Strahler gleichmäßig ändert entsprechend Bild 19.3c.

Sämtliche Bedingungen werden von den praktisch meist benutzten Dipolgruppen erfüllt.

Für die Berechnung der Gruppencharakteristik nehmen wir den 1. Strahler als Bezugspunkt und rechnen nach der allgemeinen Gl. (6). Für gleich große Ströme wird $p_n = 1$ und wegen der gleichen Phasenverschiebung $\delta_n = n\delta$. Weiter wird nach Gl. (9) für senkrechte Anordnung der Strahler in der z-Achse und gleichmäßigen Abstand d $r_n - r_0 = -nd\cos\vartheta$, für waagerechte Anordnung in der x-Achse $r_n - r_0 = -nd\cos\psi\sin\vartheta$. Mit diesen Werten liefert Gl. (6) für die auf den Strahler 1 bezogene Gruppencharakteristik

$$G_1(\psi,\vartheta) = \sum_{n=0}^{N-1} \mathrm{e}^{-\mathrm{i}2nu} \tag{19}$$

mit

$$2u = \delta - k_0 d\cos\vartheta \tag{20}$$

für senkrechte Anordnung und

$$2u = \delta - k_0 d\cos\psi\sin\vartheta \tag{20a}$$

für waagerechte Anordnung. Hat bei der waagerechten Anordnung die Gruppenachse die Richtung ψ_1 gegen die x-Achse, so ist $\cos(\psi - \psi_1)$ an die Stelle von $\cos\psi$ zu setzen.

Die Summe von Gl. (19) ergibt sich nach der Summenformel der geometrischen Reihe zu

$$\begin{aligned} G_1(\psi,\vartheta) &= \sum_{n=0}^{N-1} \mathrm{e}^{-\mathrm{i}2nu} = \frac{\mathrm{e}^{-\mathrm{i}2Nu}-1}{\mathrm{e}^{-\mathrm{i}2u}-1} = \mathrm{e}^{-\mathrm{i}(N-1)u}\,\frac{\mathrm{e}^{-\mathrm{i}Nu}-\mathrm{e}^{\mathrm{i}Nu}}{\mathrm{e}^{-\mathrm{i}u}-\mathrm{e}^{\mathrm{i}u}} \\ &= N\,\mathrm{e}^{-\mathrm{i}(N-1)u}\,\frac{\sin Nu}{N\sin u}. \end{aligned} \tag{21}$$

Der Exponentialfaktor vor dem Bruch verschiebt nach (3 u. 20) gerade den Bezugspunkt von der Anfangsantenne 1 auf die Mitte der Gruppe, während der konstante Faktor N beim Einsetzen von Gl. (21) in die allgemeine Gl. (3) einen Übergang von dem Bezugsstrom I auf die Stromsumme $I_S = N|I|$ als Bezugsstrom bedeutet. Die auf die Mitte der Gruppe und die Stromsumme bezogene Charakteristik wird daher

$$G(\psi,\vartheta) = \frac{\sin Nu}{N\sin u}. \tag{22}$$

Für den Grenzfall unendlich dichter Belegung geht (22), da n differentiell klein wird, über in

$$G_\infty(\psi,\vartheta) = \frac{\sin x}{x} \tag{23}$$

mit

$$2x = \delta_a - k_0 d_a\cos\vartheta \quad \text{bzw.} \quad 2x = \delta_a - k_0 d_a\cos\psi\sin\vartheta, \tag{23a}$$

wobei δ_a die Phasendifferenz und d_a der Abstand der äußersten Elemente ist.

Die Gruppencharakteristik $G(\psi, \vartheta)$ aus Gl. (22) ist in Bild 19.4 für verschiedene N als Funktion von u dargestellt. Wegen der Periodizität genügt die Darstellung von $u = 0$ bis $\pi/2$. Den Wert der Gruppencharakteristik für den wirklichen räumlichen Winkel ψ, ϑ erhält man bei gegebenem δ, d und N, wenn man aus (20 bzw. 20a) zunächst u berechnet und dann aus (22) bzw. Bild 19.4 den zugehörigen Wert von G entnimmt. Das ergibt z. B. für $N = 2, 4$ und 8 gleichphasige Elemente in $\lambda/2$ Abstand die Diagramme von Bild 19.5 für die Meridianebenen der Antennenreihe (ϑ = Winkel gegen die Reihe).

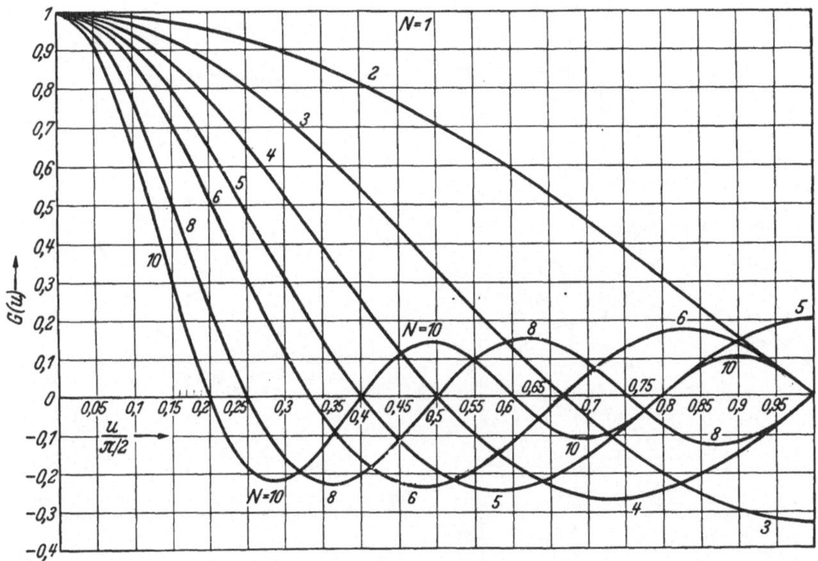

Bild 19.4. Gruppencharakteristik $\frac{\sin N u}{N \sin u}$ der linearen Gruppe für 2 bis 10 Elemente.

Die Gruppencharakteristik (22) hat den Maximalwert 1 für $u = 0$ und $m\pi$ ($m = 1, 2, 3 \ldots$) und erreicht zwischen je zwei Nullstellen ein allmählich kleiner werdendes Nebenmaximum. Das 1. Nebenmaximum ist relativ unabhängig von der Strahlerzahl etwas über 20%; vgl. Bild 19.4. Setzt man den Wert des Hauptmaximums $u = m\pi$ in Gl. (20) bzw. (20a) ein, so erhält man bei gegebener Phasendifferenz δ und gegebenem Abstand d den bzw. die räumlichen Winkel ψ_M, ϑ_M der Hauptmaxima. Für eine senkrechte Strahleranordnung in z-Richtung wird nach Gl. (20)

$$\cos\vartheta_M = \frac{\delta - 2m\pi}{k_0 d}, \tag{24}$$

für eine waagerechte Antennenreihe in der Richtung ψ_1 gegen die x-Achse nach Gl. (20a)

$$\cos(\psi_M - \psi_1)\sin\vartheta_M = \frac{\delta - 2m\pi}{k_0 d}. \tag{24a}$$

Umgekehrt kann hieraus die einzustellende Phase δ berechnet werden, wenn das Strahlungsmaximum in eine gewünschte Richtung ψ_M, ϑ_M fallen soll. Man sieht aus den Gl. (24 u. 24a), da die rechte Seite kleiner als 1 sein muß, daß bei gleichphasigen Strahlern $\delta = 0$ und kleinem Abstand d/λ nur ein Hauptmaximum für $m = 0$ senkrecht zur Antenne besteht, die Antenne also als Querstrahler wirkt, vgl. Bild 19.5, daß bei größerem Abstand sämtliche ganzzahligen Werte $m < d/\lambda$ ein Hauptmaximum liefern, wodurch ein Fächerdiagramm entsprechend dem späteren Bild 26.4 entsteht, und daß sich schließlich bei vorhandener Phasenverschiebung δ das Maximum verschiebt, und zwar in der Richtung der positiven δ, also der nacheilenden Ströme. Durch Änderung von δ kann daher die Charakteristik geschwenkt werden. Wenn $\delta = k_0 d = 2\pi\, d/\lambda$ ist, die Phasenverschiebung also der Laufzeit von einer Antenne zur nächsten entspricht, fällt das Hauptmaximum in die Antennenrichtung, die Antenne arbeitet als Längsstrahler. Bild 19.6 zeigt als Beispiel die Gruppencharakteristik für 8 Elemente mit 90° Phasenverschiebung in $\lambda/4$ Abstand. Zur Vermeidung einer Schwenkung bei Änderung der Frequenz müssen bei Breitbandrichtantennen die Phasen

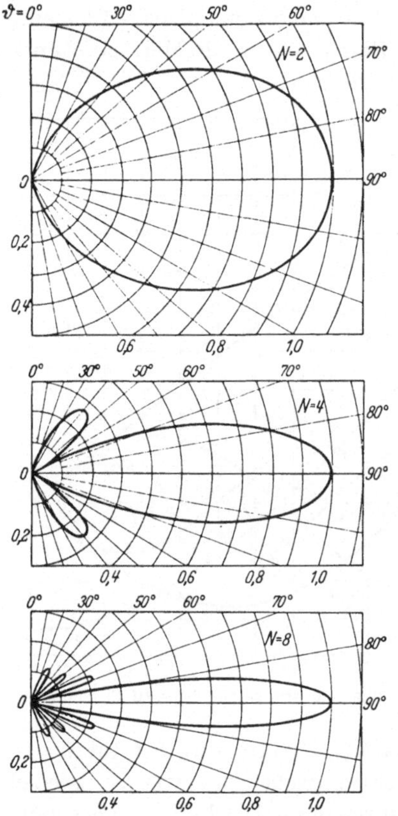

Bild 19.5. Gruppencharakteristik von 2, 4 und 8 gleichphasigen Elementen in $\lambda/2$ Abständen in den Meridianebenen, Feldstärkendiagramme einer Dipolzeile in der Hauptmeridianebene.

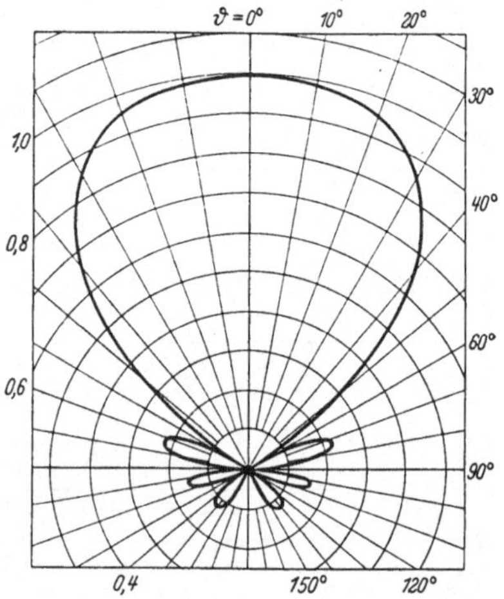

Bild 19.6. Gruppencharakteristik für 8 Elemente mit 90° Phasenverschiebung in $\lambda/4$ Abständen.

sämtlicher Strahler und damit die Zuführungslängen der einzelnen Antennen gleich sein (vgl. die Breitbandspeisung Bild 20.7b), während für einen (schmalbandigen) Längsstrahler das Abzweigen von einer durchgehenden Speiseleitung das gegebene ist.

Schließlich betrachten wir noch die Nullstellen und Halbwertsbreiten der Gruppencharakteristik (22). Die Nullstellen liegen bei

$$|N u_0| = m\pi \quad (m = 1, 2 \cdots N-1), \tag{25}$$

die 1. Nullstelle also bei $|u_0| = \pi/N$. Setzt man für u den Wert (20) für das Vertikaldiagramm bzw. (20a) mit $\sin\vartheta = 1$ für das Horizontaldiagramm ein, so erhält man wieder die zugehörigen räumlichen Winkel ϑ_0 bzw. ψ_0 der Nullstellen. Bei gleichphasiger Erregung $\delta = 0$ liegt das Strahlungsmaximum $u = 0$ bei $\vartheta = \pi/2$ bzw. $\psi = \pi/2$, mithin ist der zugehörige Diagrammwinkel in diesem Fall $\varphi_0 = \pi/2 - \vartheta_0$ bzw. $\pi/2 - \psi_0$. Bei gleichphasiger Erregung erhält man daher durch Einsetzen von $2u_0 = -k_0 d \sin\varphi_0$ in (25) für den Diagrammwinkel der 1. Nullstelle

$$\sin\varphi_0 \approx \varphi_0 = \frac{2\pi}{N k_0 d} = \frac{\lambda}{N d}. \tag{25a}$$

Da die Länge der Gruppe $L = (N-1)d$ ist, stimmt der Wert bei größerer Strahlerzahl gut mit dem Näherungswert (18.11) überein.

Die Halbwertsbreiten erhält man, wenn man (22) gleich $1/\sqrt{2}$ (bzw. $1/\sqrt{2}$ des zugehörigen Nebenmaximums) setzt und aus der Lösung u nach (20 bzw. 20a) die zugehörigen Winkel berechnet.

Bei unendlich dichter Belegung ist statt (22) die Gruppencharakteristik (23) zu nehmen. Sie liefert für die Nullpunktswinkel Gl. (25a) mit $d_a = L$ statt Nd und für den Halbwertswinkel des Hauptbereichs die Gleichung $\frac{\sin x}{x} = \frac{1}{\sqrt{2}}$ mit der Lösung $x = 1{,}39$. Daraus folgt nach (23a) für die Halbwertsbreite einer unendlich dicht mit gleich großen und gleichphasigen Strömen belegten Antennenlänge L der Wert

$$2\varphi_h = 2\arcsin\left(\frac{1{,}39}{\pi}\,\frac{\lambda}{L}\right) \approx \frac{2{,}78}{\pi}\,\frac{\lambda}{L} \quad \text{oder} \quad 2\varphi_h^0 = 51^\circ\,\frac{\lambda}{L}. \tag{26}$$

Die betrachtete Gl. (22) gibt nur die Gruppencharakteristik einer Antennenreihe mit gleichen Einzelelementen. Die gesamte Richtcharakteristik der Reihe erhält man nach (7) durch Multiplikation mit der Charakteristik des Einzelelementes. Das ergibt folgende Änderungen:

Ist das Einzelelement ein Hertzscher Dipol, eine Linearantenne, ein Schlitzdipol oder eine Rahmenantenne mit der Achse in Richtung der Reihe (Dipollinie), so bleibt die Rundstrahlcharakteristik senkrecht zur Reihe bestehen, während die Charakteristik in der Meridianebene durch die Multiplikation mit der Einzelcharakteristik etwas schmaler und damit auch die Halbwertsbreite etwas kleiner als (26) wird. Als

Beispiel zeigt Bild 19.7 die Feldstärkendiagramme in den Meridianebenen für eine Dipollinie aus 2 und 4 gleich großen und gleichphasigen HERTZschen Dipolen. Ein Vergleich mit Bild 19.5 zeigt die Änderung durch die Einzelcharakteristik $\sin\vartheta$ des HERTZschen Dipols.

Ist das Einzelelement ein Drehkreuz aus HERTZschen Dipolen bzw. Halbwellendipolen mit 90° Phasenverschiebung mit der Achse in Richtung der Reihe (Drehkreuzantenne), so bleibt nach Abschn. 3 die Rundstrahlung für HERTZsche Dipole streng (für Halbwellendipole nahezu) erhalten. Das Diagramm in den Meridianebenen wird aber etwas breiter als die Gruppencharakteristik Bild 19.5, da der Absolutwert der Einzelcharakteristik nach Abschn. 3 in Achsenrichtung anwächst. Da das Volumen der Gesamtcharakteristik die Strahlungsleistung gibt, ist die Strahlungsleistung der Drehkreuzantenne etwas größer, der Gewinn daher nach Gl. (18.6) etwas kleiner als der einer gleich langen Dipollinie. Der prozentuale Unterschied muß aber mit wachsender Gliederzahl kleiner werden. Beide Antennenarten werden als senkrecht gebündelte Rundstrahlantennen im Meterwellengebiet benutzt.

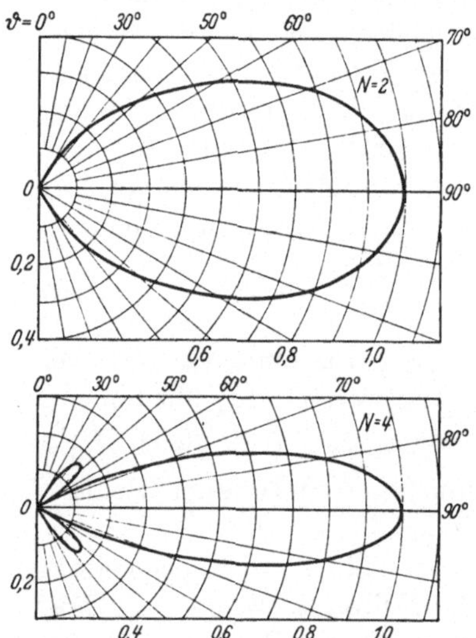

Bild 19.7. Feldstärkendiagramme einer Dipollinie aus 2 und 4 gleichphasigen HERTZschen Dipolen in $\lambda/2$ Abständen.

Ist das Einzelelement der Reihe ein HERTZscher Dipol oder eine Linearantenne mit der Achse senkrecht zur Reihe (Dipolzeile), so bleibt die Gruppencharakteristik in der Hauptmeridianebene senkrecht zur Dipolrichtung erhalten, da die Einzelcharakteristik hier reinen Rundstrahlcharakter hat, so daß die Diagramme Bild 19.5 unmittelbar die Feldstärkendiagramme einer Dipolzeile in der Hauptebene geben. In den übrigen Meridianebenen wird dagegen der Wert entsprechend der Charakteristik der Einzelantenne verkleinert, so daß der Rundstrahlcharakter verlorengeht. Da durch die Einzelcharakteristik der gesamte ursprüngliche Rotationskörper eingeschnürt wird, während bei der Dipollinie nur eine geringe Verflachung des Rotationskörpers eintritt, wird die Strahlungsleistung bei gleicher Maximalamplitude wesentlich kleiner und damit der Gewinn erheblich größer als der einer gleich großen Dipollinie. Eine Parallelanordnung von Einzelstrahlern liefert demnach einen größeren Gewinn und ist bei Richtantennen vorzuziehen.

Ist schließlich das Einzelelement eine Gruppe aus Einzelantennen, so sind beide Gruppencharakteristiken zu multiplizieren. Als Beispiel zeigt Bild 19.8 die Vertikalkennlinie einer Anordnung von 8 gleichen Einzelelementen in $\lambda/2$ Abstand, von denen die ersten 4 gleichphasig, die zweiten 4 mit 90° Phasenverschiebung gegen die ersten gespeist sind. Das Diagramm ist also das Produkt einer Vierergruppe mit $\delta = 0$, $d = \lambda/2$ mit einer Zweiergruppe mit $\delta = \pi/2$ und $d = 2\lambda$; vgl. die Anordnung in Bild 19.8. Ein Vergleich des Diagramms mit dem letzten Bild 19.5 zeigt die durch die Phasenverschiebung entstandene Schwenkung des Diagramms und das hierbei auftretende charakteristische Anwachsen der Nebenmaxima. In Bild 19.8 hat die obere Gruppe Nacheilung, bei Vertauschung einer Gruppe um 180° würde das Hauptmaximum nach unten zeigen.

Zum Schluß wollen wir noch die qualitativ diskutierten Gewinne der verschiedenen Dipolreihen aus der Integration der Richtcharakteristik nach Gl. (18.4) berechnen. Wir beschränken uns auf HERTZsche Dipole als Einzelelemente, wobei die Integration elementar durchführbar ist. Bei Linearantennen führt die Integration auf den Integralsinus, wir werden diese Werte einfacher durch Integration im Nahfeld in Kap. 20.3 berechnen. Bei komplizierteren Einzelelementen muß das Integral in (18.4) graphisch ausgewertet werden, wie bereits in Kap. 18 angegeben wurde.

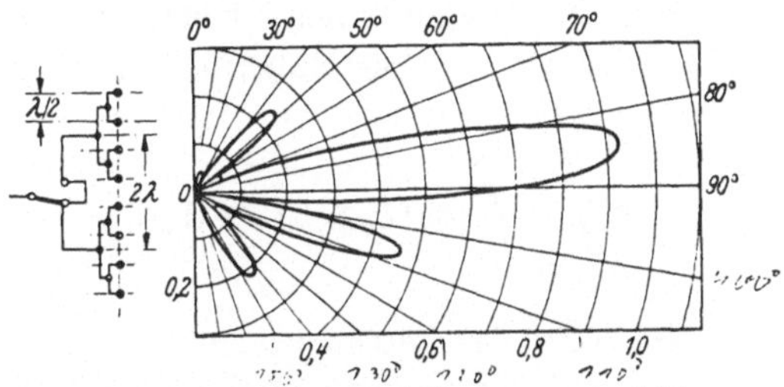

Bild 19.8. Vertikalcharakteristik von zwei gleichphasigen Vierergruppen. Obere Gruppe 90° Nacheilung gegen die untere Gruppe.

Für die Berechnung legen wir die z-Achse in die Richtung der Antennenreihe, so daß u durch Gl. (20) gegeben ist. Die Gruppencharakteristik (22) ist nach (21)

$$G(\psi, \vartheta) = \frac{\sin N u}{N \sin u} = \frac{1}{N} \sum_{n=0}^{N-1} e^{i(N-1-2n)u}. \tag{27}$$

Mithin wird

$$\begin{aligned} G^2(\psi, \vartheta) &= \frac{1}{N^2} \sum_{n=0}^{N-1} e^{i(N-1-2n)u} \sum_{n'=0}^{N-1} e^{i(N-1-2n')u} \\ &= \frac{1}{N^2} \sum_{n=0}^{N-1} \sum_{n'=0}^{N-1} e^{2i(N-1-n-n')u}. \end{aligned} \tag{28}$$

Das ist aber, wenn man die Glieder mit gleichen Exponenten zusammenfaßt,

$$G^2(\psi, \vartheta) = \frac{1}{N} + \frac{1}{N^2} \sum_{n=1}^{N-1} 2(N-n)\cos(2nu). \tag{29}$$

Dieser Wert ist für das in Gl. (18.4 bzw. 18.4a) auftretende Quadrat der relativen Richtcharakteristik durch das G^2 der Bezugsrichtung zu dividieren und mit dem Quadrat des Absolutwertes der relativen Einzelcharakteristik für die betreffende Bezugsrichtung $f^2(\psi, \vartheta) = F^2(\psi, \vartheta)/F^2(\psi_0, \vartheta_0)$ zu multiplizieren. Für den Gewinn einer Antennenreihe gilt daher nach Gl. (18.4a) allgemein, wenn u_0 der Wert von u in der Bezugsrichtung ist,

$$\frac{1}{G} = \frac{3}{8\pi N}\left(\frac{N\sin u_0}{\sin N u_0}\right)^2 \frac{1}{F^2(\psi_0, \vartheta_0)} \cdot \int_{\vartheta=0}^{\pi} \int_{\psi=0}^{2\pi} \left[1 + \sum_{n=1}^{N-1} 2\left(1 - \frac{n}{N}\right)\cos(2nu)\right] F^2(\psi, \vartheta)\sin\vartheta\,d\psi\,d\vartheta. \tag{30}$$

Für eine gleichphasig erregte Dipollinie aus HERTZschen Dipolen oder Rahmenantennen (Index DL) wird $F^2(\psi, \vartheta) = \sin^2\vartheta$ und $2u = -k_0 d\cos\vartheta$. Die Substitution $\cos\vartheta = v$ liefert für die auftretenden Integrale

$$S_n = \int_{\vartheta=0}^{\pi} \int_{\psi=0}^{2\pi} \cos(2nu)\sin^3\vartheta\,d\psi\,d\vartheta = 2\pi \int_{v=-1}^{1} \cos(n k_0 d v)(1 - v^2)\,dv. \tag{31}$$

Mit partieller Integration wird

$$\begin{aligned} S_n &= 2\pi\left[\frac{\sin(n k_0 d v)}{n k_0 d} - \frac{v^2\sin(n k_0 d v)}{n k_0 d} - \frac{2v\cos(n k_0 d v)}{(n k_0 d)^2} + \frac{2\sin(n k_0 d v)}{(n k_0 d)^3}\right]_{-1}^{1} \\ &= 8\pi\left[\frac{\sin(n k_0 d)}{(n k_0 d)^3} - \frac{\cos(n k_0 d)}{(n k_0 d)^2}\right], \qquad S_0 = \frac{8\pi}{3}. \end{aligned} \tag{31a}$$

Mithin ist der Gewinn der gleichphasigen Dipollinie in der Hauptrichtung $\vartheta = \pi/2$ $(u_0 = 0)$

$$\frac{1}{G_{DL}} = \frac{1}{N}\left\{1 - 6\sum_{n=1}^{N-1}\left(1 - \frac{n}{N}\right)\left[\frac{\cos(n k_0 d)}{(n k_0 d)^2} - \frac{\sin(n k_0 d)}{(n k_0 d)^3}\right]\right\}. \tag{32}$$

Für einen HERTZschen Dipol in x-Richtung als Einzelelement, also für eine Dipolzeile (Index DZ), wird nach Gl. (11.38) die Einzelcharakteristik $F^2(\psi, \vartheta) = 1 - \cos^2\psi\sin^2\vartheta$. Mithin liefert Gl. (30), da das 2. Glied von F^2 nach Integration über ψ den Wert $-\frac{1}{2}\frac{1}{G_{DL}}$ ergibt, für gleichphasige Elemente mit der gleichen Substitution $\cos\vartheta = v$ für die Hauptrichtung $\vartheta = \pi/2$, $\psi = \pi/2$

$$\frac{1}{G_{DZ}} = \frac{3}{8\pi N}\int_{v=-1}^{1}\int_{\psi=0}^{2\pi}\left[1 + \sum_{n=1}^{N-1} 2\left(1 - \frac{n}{N}\right)\cos(n k_0 d v)\right] dv\,d\psi - \frac{1}{2G_{DL}} = S' - \frac{1}{2G_{DL}}. \tag{33}$$

Durch Ausrechnen von S' und Einsetzen von G_{DL} wird

$$\frac{1}{G_{Dz}} = \frac{1}{N}\left\{1 + 3\sum_{n=1}^{N-1}\left(1 - \frac{n}{N}\right)\left[\frac{\sin(n\,k_0\,d)}{n\,k_0\,d} + \frac{\cos(n\,k_0\,d)}{(n\,k_0\,d)^2} - \frac{\sin(n\,k_0\,d)}{(n\,k_0\,d)^3}\right]\right\}. \tag{34}$$

Die aus (32 u. 34) berechneten Gewinne sind in Bild 19.9 für verschiedene Werte von N als Funktion des Abstandes d graphisch dargestellt. Der Gewinn der parallel angeordneten Dipole ist entsprechend den obigen Überlegungen größer. Der Gewinn steigt nach Bild 19.9 bei gleicher Strahlerzahl für beide Anordnungen mit wachsendem Abstand zunächst an und fällt bei weiterwachsendem Abstand namentlich bei der Dipolzeile sehr steil wieder ab. Die optimalen Abstände liegen kurz vor λ bei der Dipollinie, zwischen $^3/_4\,\lambda$ und λ bei der Dipolzeile. Der Abfall erklärt sich daraus, daß man für diese Abstände nach den Gl. (20, 24) und Bild 19.4 in die Bereiche neuer Hauptmaxima der Gruppencharakteristik kommt. Der Unterschied ist durch die Einzelcharakteristik bedingt. Bei gegebener Strahlerzahl ist es leistungsmäßig günstig, den optimalen Abstand einzustellen. Da jedoch bei Abständen über $\lambda/2$ die Breitbandeigenschaften von Dipolgruppen wegen der größeren Frequenzabhängigkeit der Kopplungskoeffizienten (vgl. Kap. 20.2) schlechter werden, können bei Breitbandantennen für größere Frequenzbereiche die optimalen Abstände praktisch nicht angewendet werden, vgl. z. B. die Messungen von KÖRNER und STÖHR.

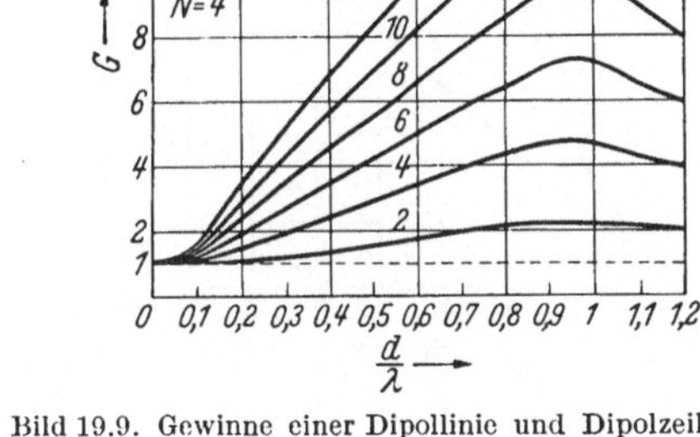

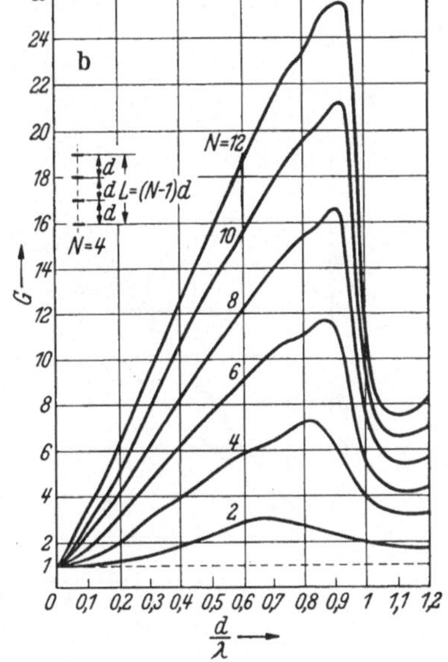

Bild 19.9. Gewinne einer Dipollinie und Dipolzeile aus N Elementen als Funktion des Abstandes.

Bei den Kurven in Bild 19.9 ändert sich die gesamte Antennenlänge $L = (N - 1)\,d$ mit wachsendem Abstand. Um die günstigste Anordnung bei gegebener Gesamtlänge zu beurteilen, sind in Bild 19.10 die aus Bild 19.9 für gleichen Abstand entnommenen Werte als Funktion der Gesamtlänge aufgetragen. Es ergeben sich, abgesehen von den Werten in der Nähe des steilen Abfalls, praktisch gerade Linien. Die optimalen Abstände für eine konstante Gesamtlänge sind etwa $^3/_4\,\lambda$ für die Dipollinie, etwas kleiner für die Dipolzeile. Die optimalen Gewinne können nach Bild 19.10 ziemlich gut durch die Näherungsformeln

$$G_{DL} \approx 1 + \frac{4}{3}\,\frac{L}{\lambda}, \qquad G_{DZ} \approx 1 + \frac{8}{3}\,\frac{L}{\lambda} \tag{35}$$

Bild 19.10. Gewinne einer Dipollinie und Dipolzeile aus N Elementen als Funktion der Antennenlänge. a Dipollinie, b Dipolzeile.

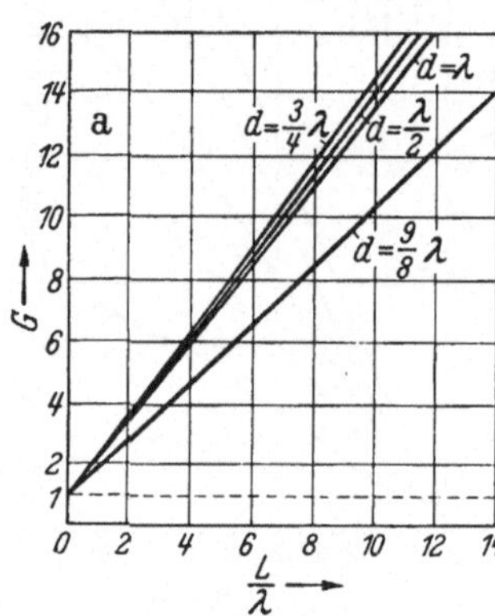

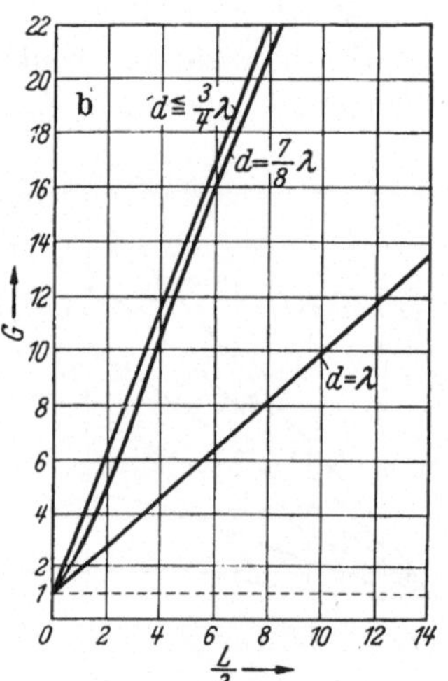

dargestellt werden. Der Gewinn der Dipolzeile ist bei gleicher Antennenlänge also nahezu doppelt so groß wie der Gewinn der Dipollinie.

Wir hatten bisher HERTZsche Dipole als Einzelelement betrachtet. Für einen Kreuzdipol (Index KD) als Einzelelement wird nach Abschn. 3, Gl. (17) das Quadrat der auf die Horizontalebene bezogenen Einzelcharakteristik $f^2(\psi, \vartheta) = 1 + \cos^2\vartheta = 2 - \sin^2\vartheta$. Eingesetzt in (30) wird mit den Bezeichnungen von (33)

$$\frac{1}{G_{KD}} = 2\,S' - \frac{1}{G_{DL}}. \tag{36}$$

Drückt man S' nach (33) durch G_{DZ} und G_{DL} aus, so hebt sich G_{DL} fort, und es wird

$$\frac{1}{G_{KD}} = \frac{2}{G_{DZ}} \quad \text{oder} \quad G_{KD} = \frac{1}{2}\,G_{DZ}. \tag{36a}$$

Der Gewinn der Drehkreuzantenne ist also halb so groß wie der einer gleichen Dipolzeile. Aus Bild 19.10 sieht man, daß der Gewinn dann gerade etwas kleiner als der einer gleichen Dipollinie ist, wie es nach den oben angestellten qualitativen Überlegungen auch sein muß. Dasselbe gilt für die sogenannte Superturnstileantenne, bei der die Einzeldipole des Drehkreuzes Gitterflächen von etwa $\lambda/2$ Höhe sind, deren Enden mit dem Antennenmast verbunden sind. Bild 19.10a gibt daher allgemein den maximalen Gewinn von vertikal gebündelten Rundstrahlantennen.

Haben die Einzelelemente einer Reihe eine Phasenverschiebung δ, so kann der in (30) auftretende Kosinuswert zerlegt werden in

$$\begin{aligned}\cos(2nu) &= \cos(n\delta - nk_0 d\cos\vartheta)\\ &= \cos n\delta\cos(nk_0 d\cos\vartheta) + \sin n\delta\sin(nk_0 d\cos\vartheta).\end{aligned}\tag{37}$$

Der 1. Teil liefert beim Einsetzen die Integrale S' und S_n, der 2. Teil ganz entsprechende Integrale. Die letzteren werden, da der Sinus eine ungerade Funktion von v ist, bei symmetrischer Einzelcharakteristik 0. Daher erhält man z. B. für parallel gestellte Dipole mit der Phasenverschiebung δ für die Bezugsrichtung $\psi_0 = \pi/2$, ϑ_0 mit $2u_0 = \delta - k_0 d\cos\vartheta_0$ an Stelle von (34)

$$\begin{aligned}\frac{1}{G} = \frac{1}{N}\left(\frac{N\sin u_0}{\sin N u_0}\right)^2 \Bigg\{1 + 3\sum_{n=1}^{N-1}\left(1-\frac{n}{N}\right)\cos n\delta\\ \cdot\left[\frac{\sin(nk_0 d)}{nk_0 d} + \frac{\cos(nk_0 d)}{(nk_0 d)^2} - \frac{\sin(nk_0 d)}{(nk_0 d)^3}\right]\Bigg\}.\end{aligned}\tag{38}$$

Für einen Längsstrahler aus 8 Dipolen in $\lambda/4$ Entfernung erhält man hiernach bei der normalen, dem Wegunterschied entsprechenden Phasenverschiebung von 90°, die die Kennlinie Bild 19.6 gab, in der Hauptrichtung $\vartheta = 0$ einen Gewinn $G = 6{,}28$. Der Gewinn entspricht nach Bild 19.10 dem Gewinn einer gleich langen Dipolzeile. Bei Abständen über $^3/_8\,\lambda$ sinkt der Gewinn ab, bei $\lambda/2$ Abständen würde die Strahlung bereits gleichmäßig nach beiden Seiten gehen, der Gewinn nur noch halb so groß sein.

Betreibt man die Anordnung mit einem größeren Phasenunterschied, also mit einer verkürzten Aufeinanderfolge der Maxima und Minima, (praktisch macht man wegen der stark anwachsenden Nebenzipfel die zusätzliche Phasenverschiebung höchstens π/n pro Stufe), so liefert (Gl. 38) wesentlich größere Gewinne. In den Gewinnen sind jedoch keine Verluste berücksichtigt; vgl. hierzu die Ausführungen in Kap. 18.3.

Wir haben in Abschn. 4 bisher nur Gruppen mit gleich großen Einzelströmen behandelt. Bei ungleicher Größe der Einzelströme muß an Stelle von Gl. (22) die allgemeine Gl. (6 bzw. 8) benutzt werden. Für nach außen abnehmende Erregung ergibt die Zahlenauswertung im Vergleich zu Bild 19.5 ein breiteres Hauptmaximum und kleinere Nebenzipfel, wie die Diagramme in Abschn. 7 sowie Kap. 22 u. 23 zeigen. Umgekehrt wachsen die Nebenzipfel stark an, wenn die äußeren Ströme größer sind, wie ebenfalls aus Abschn. 7 folgt.

5. Ebene Gruppen.

Durch Multiplikation zweier linearer Gruppencharakteristiken erhält man die Charakteristik der ebenen Gruppe. Ist N_s die Anzahl der in der senkrechten, also in z-Richtung angeordneten Einzelelemente, N_w die Anzahl der in der waagerechten x-Richtung angeordneten Einzelelemente, vgl. Bild 19.11, so wird die Gruppencharakteristik nach Gl. (22)

$$G(\psi, \vartheta) = G_s(\psi, \vartheta)\, G_w(\psi, \vartheta) = \frac{\sin N_s u_s}{N_s \sin u_s} \frac{\sin N_w u_w}{N_w \sin u_w} \tag{39}$$

mit

$$2u_s = \delta_s - k_0 d_s \cos\vartheta, \quad 2u_w = \delta_w - k_0 d_w \cos\psi \sin\vartheta. \tag{39a}$$

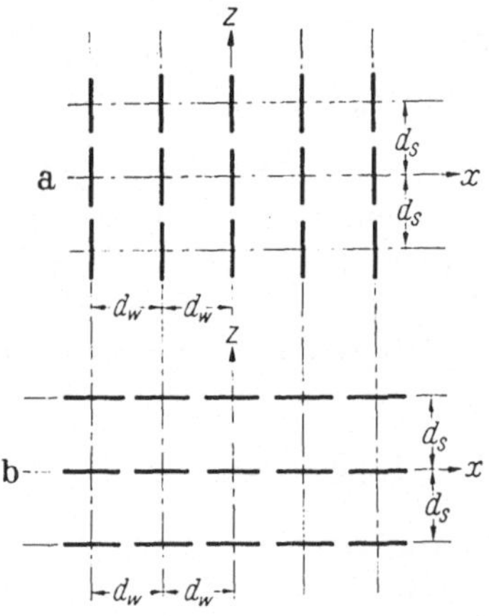

Bild 19.11. Ebene Gruppe mit $N_s = 3$ senkrechten und $N_w = 5$ waagerechten Elementen. a vertikale, b horizontale Polarisation.

Für die Gesamtcharakteristik der Antenne kommt als Faktor erstens die Einzelcharakteristik $F(\psi, \vartheta)$ hinzu, die z. B. für vertikale Dipolantennen durch Gl. (12.11), für waagerechte Dipolantennen durch Gl. (12.17) gegeben ist, sowie zweitens bei vorhandenem Reflektor die Gruppencharakteristik $G_R(\psi, \vartheta)$ von Antenne und Reflektor. Ist der Reflektor eine unendlich gut leitende Ebene im Abstand a, so ist die Wirkung streng, bei gitterförmiger und endlich begrenzter Reflektorebene angenähert durch das Spiegelbild im Abstand $2a$ zu ersetzen, so daß nach Gl. (13) mit $2\delta = \pi$ und Anordnung in y- statt x-Richtung

$$G_R(\psi, \vartheta) = 2\sin(k_0 a \sin\psi \sin\vartheta) \tag{40}$$

wird. Besteht der Reflektor aus ungespeisten Antennenstäben, so muß zunächst Größe und Phase des Reflektorstromes ermittelt und dann Gl. (14) statt (13) benutzt werden; vgl. die Reflektorberechnungen in Kap. 20.4. Da der Reflektorstrom stets kleiner als der Antennenstrom ist, ist die Rückstrahlung bei einzelnen Reflektoren größer als bei einer Reflektorebene.

Die Integration der Gesamtcharakteristik wird durch die auftretenden Produkte komplizierter als in Abschn. 4. Wir berechnen die Gewinne in Kap. 20 durch die einfachere Integration im Nahfeld. Da bei normalem

Reflektorabstand und nicht zu schwacher Bündelung der Reflektorterm (40) im Hauptbereich des Diagramms nahezu konstant ist und damit das Integral in Gl. (18.4) durch Hinzutreten des Reflektorterms bis auf den Wegfall einer Hälfte praktisch unverändert bleibt, bringt der Reflektor bei nicht zu schwacher Bündelung den Leistungsgewinn 2.

6. Kreisgruppen.

Unter einer Kreisgruppe verstehen wir eine Gruppe, bei der N parallele Einzelstrahler in gleichem Abstand ψ_0 auf einem Kreise angeordnet sind. Wir wollen zwei spezielle Anordnungen betrachten.

In der 1. Anordnung sollen die Einzelströme und die Phasendifferenzen δ zwischen je zwei benachbarten Strahlern gleich sein (Anordnung von CHIREIX). Da bei einer vollen Umdrehung die Anfangsphase erreicht sein muß, muß $N\delta = 2\pi m$, also

$$\delta = m\frac{2\pi}{N} = m\psi_0 \tag{41}$$

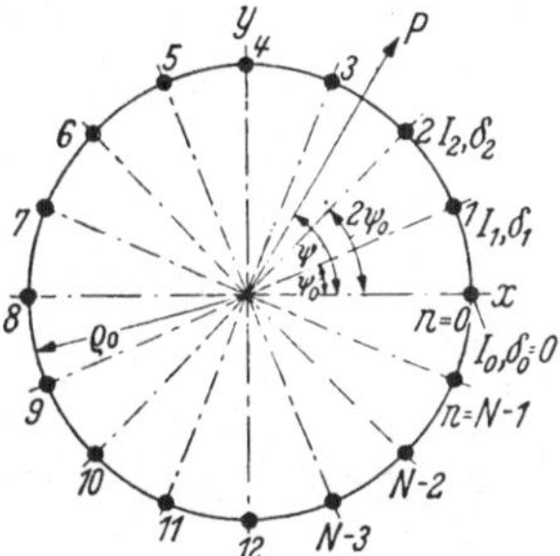

Bild 19.12. Anordnung einer Kreisgruppe aus $N = 16$ Elementen.

sein. Legen wir den Kreis in die xy-Ebene und die x-Achse durch einen Strahler, vgl. Bild 19.12, so werden die Koordinaten und die Phase des n-ten Strahlers

$$x_n = \varrho_0 \cos n\psi_0, \qquad y_n = \varrho_0 \sin n\psi_0, \qquad \delta_n = n\delta = mn\psi_0 \tag{42}$$

und mithin die auf die Stromsumme $N I_0$ bezogene Gruppencharakteristik nach Gl. (10)

$$G(\psi,\vartheta) = \frac{1}{N}\sum_{n=0}^{N-1} e^{i[k_0\varrho_0 \sin\vartheta \cos(n\psi_0-\psi) - mn\psi_0]}. \tag{43}$$

Ist die Zahl der Strahler unendlich groß, so geht die Summe mit $n\psi_0 = \psi'$ und $\psi_0 = d\psi'$ über in das Integral

$$G(\psi,\vartheta) = \frac{1}{2\pi}\int_{\psi'=0}^{2\pi} e^{i[k_0\varrho_0 \sin\vartheta \cos(\psi'-\psi) - m\psi']}\, d\psi'. \tag{44}$$

Das führt aber nach der Integraldarstellung der Zylinderfunktionen in Kap. 4.3 auf die BESSELsche Funktion $J_m(k_0\varrho_0 \sin\vartheta)$, und zwar wird nach Gl. (4.29) mit $\psi - \psi' = \alpha$, $m = \nu$

$$G(\psi,\vartheta) = -i^m e^{-im\psi} J_m(k_0\varrho_0 \sin\vartheta). \tag{45}$$

Die Horizontalstrahlung ist hiernach nach allen Richtungen gleich groß, doch ändert sich die Phase mit $m\psi$. Diese Änderung kann durch Kombination der Gruppe mit einem Einzelstrahler in Kreismitte zur

Erzielung besonderer Richtwirkungen ausgenutzt werden. Die Vertikalcharakteristik ändert sich nach der BESSELschen Funktion J_m; vgl. die graphische Darstellung von J_0 bis J_2 in Bild 8.1. Durch Wahl von m und ϱ_0 lassen sich bestimmte Vertikalstrahlungen z. B. für Zwecke der Schwundminderung erzielen. So wird z. B. für $m = 0$ und $k_0 \varrho_0 = 2{,}405$ die Horizontalstrahlung 0, das Diagramm schräg nach oben gerichtet, Kurve a in Bild 19.13. Durch Kombination mit einem gegenphasigen Mittelstrahler geeigneter Größe (Kurve b in Bild 19.13) kann man die Strahlung unter einem bestimmten Winkel auslöschen und die übrige Höhenstrahlung vermindern; Kuve c in Bild 19.13.

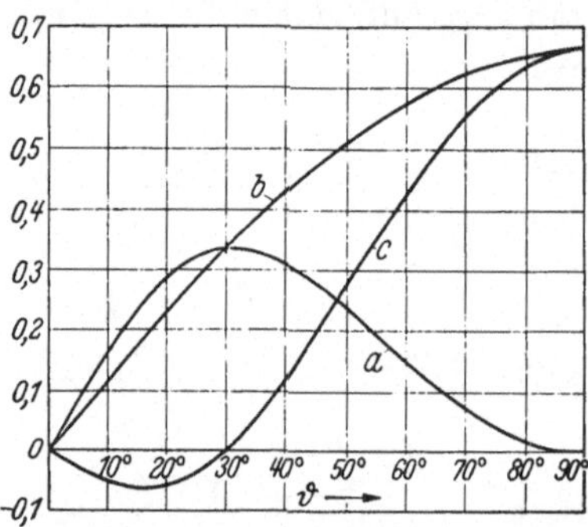

Bild 19.13. Vertikaldiagramm c einer schwundmindernden Antenne durch Kombination einer Kreisgruppe a aus sehr vielen Einzelstrahlern mit sinusförmiger Strahlungsverteilung und einem mittleren Einzelstrahler b mit sinusförmiger Strahlungsverteilung und $^2/_3$ des Gesamtstromes der Gruppe. Radius der Kreisgruppe $\varrho_0 = 0{,}383\ \lambda$.

Ist die Zahl der Strahler nicht unendlich groß, so überlagert sich der gleichmäßigen Rundstrahlung (45) eine von der Strahlerzahl abhängige Wellenlinie. Die Abweichung von der Kreisform kann vernachlässigt werden, wenn $N \geqq k_0 \varrho_0 + 2$ ist.

Als 2. Anordnung betrachten wir eine Gruppe mit gerader Strahlerzahl und gleich großen Strömen, deren Phasen so eingestellt sind, daß je zwei auf einem Durchmesser liegende Strahler entgegengesetzt gleiche Phase haben und damit ein Strahlerpaar bilden. Die auf den Einzelstrahler bezogene Gruppencharakteristik wird nach Gl. (11) mit den Koordinaten (42)

$$G(\psi, \vartheta) = 2 \sum_{n=0}^{N/2-1} \cos[\delta_n - k_0 \varrho_0 \sin\vartheta \cos(n\,\psi_0 - \psi)]. \tag{46}$$

Stellt man die einzelnen Phasen so ein, daß mit einem beliebig gewählten ψ_M, ϑ_M

$$\delta_n = k_0 \varrho_0 \sin \vartheta_M \cos(n\,\psi_0 - \psi_M) \tag{47}$$

wird, so liegt das Maximum von (46) in der Richtung ψ_M, ϑ_M. Für $\vartheta_M = \pi/2$ und $\vartheta = \pi/2$ liefern (46 u. 47) die Horizontalcharakteristik

$$G(\psi, \pi/2) = 2 \sum_{n=0}^{N/2-1} \cos[2\,k_0 \varrho_0 \{\cos(n\,\psi_0 - \psi_M) - \cos(n\,\psi_0 - \psi)\}]. \tag{48}$$

Setzt man $\psi_M = m\,\psi_0$, so sieht man, daß die Summe nur von $\psi_M - \psi$ abhängig ist. Man kann daher durch Ändern von ψ_M und damit der Phase eine Drehung des Diagramms ohne Änderung der Bündelung bewirken, was bei ebenen Gruppen nicht möglich ist. Bei der Auswertung von (46) ergibt sich, daß die Bündelung von der Gruppenausdehnung, also dem Durchmesser $2\varrho_0$, etwa ebenso wie bei der linearen Gruppe abhängt, daß aber die Nebenzipfel größer sind.

7. Graphische Konstruktion von Richtkennlinien. Verwirklichung vorgeschriebener Diagramme.

Für spiegelsymmetrische Anordnungen ergibt sich aus Gl. (8) eine einfache graphische Konstruktion der Richtkennlinie für alle Ebenen, in denen die Entfernungsdifferenz durch

$$r_0 - r_n = a_n d_0 \sin\beta, \tag{49}$$

das Diagramm also nach Gl. (8) durch

$$G(\psi, \vartheta) = p_0 + 2 \sum_{n=0}^{N/2 \text{ bzw. } (N-1)/2} p_n \cos[k_0 a_n d_0 \sin\beta - \delta_n] \tag{50}$$

dargestellt werden kann, wobei β der veränderliche räumliche Winkel in der gewählten Ebene und d_0 ein geeignet gewählter fester Bezugsabstand ist. a_n, p_n und δ_n sind durch die Charakteristik gegeben. Für eine in der y-Achse angeordnete lineare Gruppe wäre z. B. für die Vertikalkennlinie in der Ebene ψ nach Gl. (11) bei gleichen Entfernungen $y_n = nd$ $\beta = \vartheta$, $d_0 = d$ und $a_n = n \sin\psi$. Für ungleiche Entfernungen y_n wäre $a_n = y_n/d_0 \cdot \sin\psi$ mit beliebig wählbarem d_0. In diesem Fall würde a_n nicht ganzzahlig fortschreiten.

Gl. (50) läßt sich nun bei gewähltem d_0 und gegebenem p_n, $k_0 = 2\pi/\lambda$, a_n und δ_n leicht konstruieren. Offenbar ist, wenn man

$$x = d_0 \sin\beta \tag{51}$$

setzt, $G(\psi, \vartheta)$ die Summe aus einer Konstanten p_0 und einer Summe von Kosinuswellen mit den Amplituden $2p_n$ und den Periodenlängen λ/a_n, deren Anfangspunkte um den Winkel δ_n (bei positivem, induktivem δ_n also nach rechts) gegen den Nullpunkt $x = 0$ verschoben sind. Hiernach läßt sich die rechte Seite von (50) als Funktion von x leicht zeichnen; vgl. Bild 19.14 u. 19.15.

Andererseits ist $x = d_0 \sin\beta$ in einem Kreis mit dem Radius d_0 die Projektion des in der Stellung β stehenden Radius d_0 auf die Horizontale. Zeichnet man daher diesen Kreis unter die obige Kurve mit dem Mittelpunkt in der Achse $x = 0$, vgl. Bild 19.14, so erhält man durch Herunterprojizieren der Kurvenwerte und Übertragen auf den zugehörigen Radius sofort die gesuchte Charakteristik. Die Schnittpunkte der verschiedenen Durchmesser mit dem Kreisumfang werden auf die darüberstehende Kurve projiziert und der Kurvenwert auf dem zugehörigen Kreisdurchmesser aufgetragen. Auf diese Weise läßt sich das

Diagramm leicht konstruieren und als Hauptvorteil der Einfluß von Größe und Phase der Einzelströme gut übersehen.

Als Beispiel zeigt Bild 19.14 die Horizontalkennlinie eines Strahlerpaares, also einer einzelnen Kosinuslinie (13) für $\beta = \pi/2 - \psi$, $d_0 = 0{,}2\,\lambda$ und $\delta = \pi/4$, also für eine Entfernung $d = 2d_0 = 0{,}4\,\lambda$ und eine Phasenverschiebung $2\delta = \pi/2$ zwischen den beiden Strahlern. Der vordere Strahler $x = +d_0$ hat die Phasenverschiebung $+\pi/2$, also Nacheilung gegen den hinteren Strahler, die Hauptstrahlung liegt in positiver x-Richtung. Man übersieht leicht, wie sich ein Ändern von Abstand und Phase auf das Diagramm auswirkt. Für $d = \lambda/4$ und $\delta = \pm\,\pi/4$ z. B. erhält man eine Kardioide (Hauptstrahlung in Richtung der Verbindungslinie), für $\delta = 0$ und $\pi/2$ wird die Charakteristik in allen vier Quadranten symmetrisch, für $d = \lambda/2$ und $\delta = 0$ und $\pi/2$ erhält man Diagramme ähnlich der Dipolcharakteristik Bild 11.3 aus Kap. 11 usw.

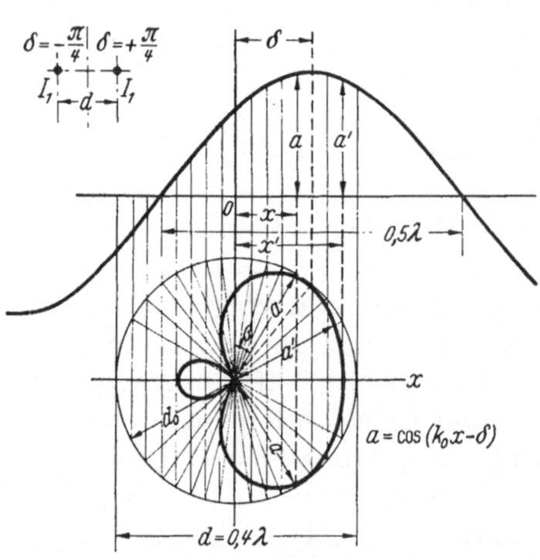

Bild 19.14. Konstruktion des Strahlungsdiagramms eines Strahlerpaares im Abstand $d = 0{,}4\,\lambda$ bei einer Phasenverschiebung von 90°. (Nach BERNDT.)

Als 2. Beispiel zeigt Bild 19.15 die Kombination von drei Antennen, also die Kurve

$$G = p_0 + 2\cos(k_0 x - \delta), \quad (52)$$

die auch die in Kap. 17.1 erwähnte Kombination einer kurzen Rahmenantenne mit einem Rundstrahler darstellt. Je nach der Größe von p_0 ist die Nullinie zu verschieben entsprechend den in Bild 19.15 angegebenen Zahlen. Man sieht, daß man durch Wahl von p_0 sowie der Phase das Diagramm wesentlich beeinflussen kann. Bei Gleichphasigkeit aller drei Antennen (Phasenverschiebung 0) ergeben sich z. B. aus dem Bild als günstigste Werte für kleine Nebenzipfel bei schmaler Hauptcharakteristik etwa $p_0 = 1{,}8$ und $d = d_0 = 0{,}62\,\lambda$. Für diese Werte ist die Charakteristik gezeichnet. Der Mittelstrahler hat hierbei nahezu doppelten Strom wie die Seitenstrahler. Durch die Verringerung der Ströme der Seitenstrahler sind die Nebenzipfel wesentlich kleiner geworden gegenüber den Diagrammen bei gleicher Stromstärke. Umgekehrt werden bei größerer Stromstärke in den Seitenstrahlern die Nebenzipfel größer, wie ebenfalls aus Bild 19.15 ersichtlich ist.

Die Konstruktion mit mehr als drei Strahlern einer linearen Gruppe ist genau so durchzuführen. Man erkennt, daß man durch Kombination der verschiedenen Möglichkeiten die verschiedensten Diagrammformen erhält. Beschränkt man sich insbesondere auf lineare Gruppen mit gleichen Abständen, so stellt Gl. (50) die normale FOURIER-Entwicklung einer beliebigen Kurve dar, und man hat damit eine Möglichkeit zur Verwirklichung eines vorgegebenen Richtdiagramms, indem Größe und Phase der FOURIER-Koeffizienten Größe und Phase der einzustellenden Antennenströme geben. Aus der FOURIER-Entwicklung erkennt man ohne weiteres, daß Diagramme mit kleinen Nebenzipfeln kleine Oberwellen haben müssen, also nur durch eine nach außen abnehmende Erregung erzeugt werden können, während größere äußere Ströme starke Nebenzipfel hervorrufen müssen.

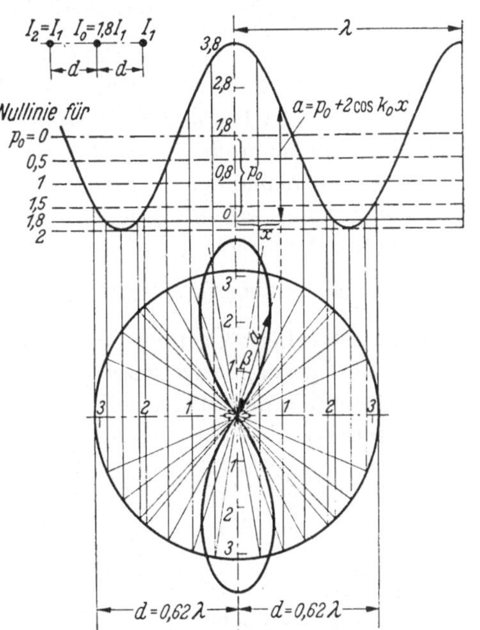

Bild 19.15. Konstruktion des Strahlungsdiagramms eines Strahlerpaares mit Mittelstrahler von 1,8fachem Strom der Außenstrahler. Phasenverschiebung 0, gegenseitiger Abstand $d = 0{,}62\,\lambda$. (Nach BERNDT.)

Drückt man bei gleichen Längen- und Phasenabständen die Kosinuswerte $\cos n\alpha$ der FOURIER-Reihe (50) nach bekannten Formeln durch Potenzen von $y = \cos\alpha$ aus, so kann man die FOURIER-Reihe (50) für N Elemente in ein Polynom $(N-1)$-ten Grades überführen und die Stromgrößen p_n für willkürlich angenommenen Abstand aus dem Vergleich mit bekannten Polynomen bestimmen. Für den Vergleich eignen sich die TSCHEBYSCHEFFschen Polynome, da bei ihnen sämtliche Maximalstellen zwischen -1 und $+1$ mit der Größe ± 1 liegen und die Kurven außerhalb ± 1 steiler als jedes andere Polynom gleichen Grades ansteigen. Je höher man die ansteigenden Äste als vorgeschriebenes Strahlungsdiagramm ansetzt, um so kleiner werden die Nebenmaxima bei optimaler Bandbreite; nähere Einzelheiten z. B. in der Arbeit von DOLPH oder dem Buch von KRAUS. Man darf die Methode, nach der sich scheinbar beliebige Diagramme mit beliebig kleinen Antennen verwirklichen lassen, nicht überschätzen. Bei zu klein angesetzten Abständen ergeben sich äußerst schmalbandige und niederohmige Anordnungen und damit keine größeren Gewinne und schließlich Ströme abwechselnder Richtung mit geringen, praktisch nicht einstellbaren Größenunterschieden. Beliebig vorgeschriebene Diagramme können daher nur bei ausreichender Antennengröße hergestellt werden; vgl. hierzu die Arbeit von YARU und die Ausführungen in Kap. 18.3.

Im Grenzfall Hauptmaximum zu Nebenmaximum gleich unendlich liefern die TSCHEBYSCHEFFschen Polynome die im nächsten Abschnitt unabhängig von diesen Ausführungen abgeleitete Stromverteilung nach Binomialkoeffizienten.

8. Stromverteilung nach Binomialkoeffizienten.

Zum Schluß betrachten wir aus theoretischem Interesse eine Stromverteilung nach Binomialkoeffizienten, da diese nach den abzuleitenden Gleichungen scharfe Bündelung ohne Nebenmaxima und bei beliebig kleiner Antennengröße zeigt. Die horizontale Gruppencharakteristik von zwei nebeneinander in dem beliebigen, auch beliebig kleinem Abstand a auf der y-Achse angeordneten gleich großen Einzelstrahlern wird nach Gl. (13) für gleichphasige und gegenphasige Erregung

$$G_1 = 2\cos(k_0 a \sin\psi) \quad \text{bzw.} \quad G_1' = 2\sin(k_0 a \sin\psi). \tag{53}$$

Faßt man diese Gruppen als neue Einzelelemente auf, so gibt die gleich- bzw. gegenphasige Zusammensetzung zweier Elemente im gleichen Abstand a der Mittelpunkte nach der allgemeinen Regel (7) die Charakteristiken

$$G_2 = 2^2\cos^2(k_0 a \sin\psi) \quad \text{bzw.} \quad G_2' = 2^2\sin^2(k_0 a \sin\psi) \tag{54}$$

und bei n-facher Wiederholung

$$G_n = 2^n\cos^n(k_0 a \sin\psi) \quad \text{bzw.} \quad G_n' = 2^n\sin^n(k_0 a \sin\psi). \tag{55}$$

Die vorgenommene Operation ergibt aber gerade eine Stromverteilung nach Binomialkoeffizienten, da die Addition zweier um eine Stufe verschobener Binomialreihen die nächst höhere Reihe ergibt.

Die Kennlinien (55) haben keine Nullstellen, trotzdem hat die gegenphasige Anordnung scharfe Bündelung. Wir betrachten speziell den Fall $k_0 a \ll 1$. Hierfür erhält man die Näherungswerte

$$G_n \approx 2^n\left[1 - \frac{n}{2}(k_0 a \sin\psi)^2\right] \quad \text{bzw.} \quad G_n' \approx (2k_0 a)^n \sin^n\psi. \tag{56}$$

Die Maximalamplitude ist bei der Gegenanordnung klein. Da aber $\sin^n\psi$ bei $\psi = \pi/2$ mit wachsendem n beliebig schmal wird, hat die gegenphasige Anordnung bei beliebig kleinem a und damit bei beliebig kleiner Antennenausdehnung $2na$ eine scharfe Bündelung. Größere Gewinne sind jedoch nach den allgemeinen Betrachtungen in Kap. 18.3 praktisch nicht herstellbar.

Bei der gleichphasigen Anordnung, bei der die dem Strom entsprechende Maximalamplitude 2^n bei $\psi = 0$ erreicht wird, ist die Antennenbreite nicht vernachlässigbar klein. Die Halbwertsbreite wird nämlich bei der 1. Gl. (56) für kleine Antennenlänge $2na$ überhaupt nicht erreicht (angenäherte Rundstrahlung), während sie bei großer Länge größer als die Halbwertsbreite (26) für gleichmäßige Belegung wird.

20. Kapitel.

Die Strahlungskopplung von Dipolgruppen.

1. Die Strahlungskoeffizienten der Dipolantennen.

In Kap. 19 war die Strahlungskopplung unberücksichtigt geblieben. Die strenge Theorie gekoppelter Antennen kann nicht von willkürlich angenommenen Strömen in den einzelnen Antennen ausgehen, sondern muß mit Hilfe der MAXWELLschen Gleichungen Feld- und Stromverteilung aus den angelegten Spannungen und der Form und Verteilung der Einzelantennen und der an ihnen herrschenden Grenzbedingungen bestimmen. Die Bestimmung hängt daher wesentlich von der Art der Einzelantennen ab. Eine merkbare gegenseitige Beeinflussung tritt nur bei offenen, ungeschirmten Einzelantennen, also bei Gruppen aus einzelnen Rahmen- oder Dipolantennen, auf. Im folgenden behandeln wir nur derartige Gruppen.

Die Möglichkeit der strengen Berechnung beliebiger Dipolgruppen mit geraden Antennen ist in Kap. 14 u. 15 gezeigt worden. Wegen der Schwierigkeit der strengen Berechnung begnügt man sich im allgemeinen mit einer Näherung, indem man entsprechend der angenäherten Leitungstheorie der einfachen Linearantenne die Stromverteilung auf den einzelnen Antennen als sinusförmig annimmt und nur noch die Amplituden der einzelnen Antennenströme unter Berücksichtigung der gegenseitigen Kopplung der einzelnen Antennen ermittelt. Das Verfahren hat natürlich dieselben Fehler wie die Leitungstheorie der einfachen Antenne und kann wie diese nur die Werte des Fernfeldes und damit Strahlungswiderstände und Gewinn mit ausreichender Genauigkeit geben, dagegen nur rohe Näherungswerte der Eingangswiderstände, insbesondere werden die Imaginärteile und damit die Phasen falsch. Ein Vorteil der Betrachtung liegt darin, daß man die Abhängigkeiten und Einflüsse der gegenseitigen Strahlungskopplungen übersichtlicher als in den strengen Theorien erhält. Während die Formeln von Abschn. 1 allgemein gelten, beschränken wir uns in Abschn. 2 bis 4 auf die Näherungswerte der Leitungstheorie.

Zur Ermittlung der Strahlungskopplung betrachten wir eine beliebige Gruppe von N linearen Einzelstrahlern. Eine beliebige Antenne habe den Index n, eine beliebige 2. Antenne den Index m. Es sei I_n der

Strom der n-ten Antenne und E_n die Feldstärke in Richtung der Antenne. Dann ist die komplexe Leistung der Antenne n nach Gl. (11.26) durch Integration über die gesamte Antennenlänge l_n

$$\overline{P}_n = -\tfrac{1}{2}\int\limits_{l_n} E_n I_n^k \, \mathrm{d}l. \tag{1}$$

Die Feldstärke E_n rührt von sämtlichen Strahlern her. Derjenige Teil der Feldstärke an der Antenne n, der auftreten würde, wenn die übrigen Leiter nicht vorhanden wären, sei E_{nn}, die von der Antenne 1 bei Abwesenheit der anderen Antennen herrührende Feldstärke sei E_{n1} usw. Dann ist die gesamte Feldstärke wegen der linearen Superposition der Feldstärken

$$E_n = E_{n1} + E_{n2} + \cdots + E_{nn} + \cdots + E_{nN}. \tag{2}$$

Sind $I_{a1}, I_{a2}, \ldots, I_{aN}$ die im Gegensatz zu I_n konstanten Bezugsströme der einzelnen Antennen, $I_{a1}^k, I_{a2}^k, \ldots, I_{aN}^k$ die konjugiert komplexen Werte, so ergibt sich daher die Strahlungsleistung der Antenne n nach Gl. (1) mit leicht ersichtlichen Erweiterungen zu

$$\overline{P}_n = -\frac{1}{2} I_{a1} I_{an}^k \int\limits_{l_n} \frac{E_{n1}}{I_{a1}} \frac{I_n^k}{I_{an}^k} \, \mathrm{d}l - \frac{1}{2} I_{a2} I_{an}^k \int\limits_{l_n} \frac{E_{n2}}{I_{a2}} \frac{I_n^k}{I_{an}^k} \, \mathrm{d}l - \cdots. \tag{3}$$

Die einzelnen Feldstärken hängen von dem Strom der erzeugenden Antenne ab, und zwar sind sie bei gegebener Antennenanordnung und Frequenz dem Bezugsstrom der erregenden Antenne, der z. B. der Klemmenstrom sein kann, proportional. Die Größen unter den Integralen in Gl. (3) hängen daher nur von der Stromkurve und damit von der Frequenz sowie von Größe und Lage der Antennen und der Lage der Bezugspunkte ab, sind aber unabhängig von Größe und Phase der Bezugsströme, also unabhängig von der jeweiligen Speisung des Systems. Da die Integrale die Dimension eines Widerstandes haben und die Form der Gl. (3) der Gleichung beliebiger, z. B. induktiv gekoppelter quasistationärer Kreise entspricht, definieren wir die Größe

$$Z_{nn} = -\int\limits_{l_n} \frac{E_{nn}}{I_{an}} \frac{I_n^k}{I_{an}^k} \, \mathrm{d}l \tag{4}$$

als Eigenstrahlungswiderstand der Antenne n und die Größe

$$Z_{nm} = -\int\limits_{l_n} \frac{E_{nm}}{I_{am}} \frac{I_n^k}{I_{an}^k} \, \mathrm{d}l \tag{4a}$$

als gegenseitigen Strahlungswiderstand oder Gegenstrahlungswiderstand der Antennen n und m. Z_{nn} ist mit dem gewöhnlichen Strahlungswiderstand der einzelnen Antenne für den gewählten Bezugspunkt identisch. Die Berechnung der Strahlungswiderstände erfolgt in Abschn. 2.

Mit den Bezeichnungen (4 u. 4a) wird die Strahlungsleistung (3) der n-ten Antenne

$$\overline{P}_n = \tfrac{1}{2} I_{an}^k (I_{a1} Z_{n1} + I_{a2} Z_{n2} + \cdots + I_{an} Z_{nn} + \cdots + I_{aN} Z_{nN}). \quad (5)$$

Nach der normalen Leistungsgleichung

$$\overline{P}_n = \tfrac{1}{2} |I_{an}|^2 \dot{Z}_n = \tfrac{1}{2} I_{an} I_{an}^k Z_n \quad (6)$$

entspricht dieser Leistung ein Antennenwiderstand

$$Z_n = Z_{n1} \frac{I_{a1}}{I_{an}} + Z_{n2} \frac{I_{a2}}{I_{an}} + \cdots + Z_{nn} + \cdots + Z_{nN} \frac{I_{aN}}{I_{an}}. \quad (7)$$

Der Widerstand hängt wie bei den Kopplungen in quasistationären Kreisen von den Kopplungswiderständen und dem Verhältnis der Ströme ab. Ist der Bezugsstrom der Strombauch, so stellt der Widerstand (7) den Strahlungswiderstand der n-ten Antenne dar, ist der Bezugsstrom der Klemmenstrom, so gibt (7) den Eingangswiderstand der n-ten Antenne und

$$\dot{U}_n = I_{an} Z_n = I_{a1} Z_{n1} + I_{a2} Z_{n2} + \cdots + I_{aN} Z_{nN} \quad (8)$$

die Antennenspannung. Ist nur eine Antenne vorhanden, so wird Z_n mit dem Strahlungs- bzw. Eingangswiderstand der Einzelantenne identisch.

Aus dem Reziprozitätsgesetz folgt mit Benutzung von (8) noch, daß ebenso wie z. B. bei der Gegeninduktivität auch im Strahlungsfeld für die gegenseitigen Kopplungswiderstände die Beziehung

$$Z_{nm} = Z_{mn} \quad (9)$$

gilt. Sind nämlich sämtliche Ströme außer I_n und I_m gleich 0, so haben wir einen Vierpol, für den nach dem Reziprozitätsgesetz der Umkehrungssatz von Kap. 9.2, Gl. (9.9) gelten muß: Erzeugt die Spannung U_n den Strom I_{am} zwischen den Klemmen der m-ten Antenne, so erzeugt dieselbe Spannung $U_m = U_n$ an den Klemmen der m-ten Antenne zwischen den Klemmen der n-ten Antenne den gleichen Strom $I'_{an} = I_{am}$. Sind die äußeren Belastungswiderstände Null, so werden die Spannungen der Antennen n und m nach Gl. (8) bei Speisung der Antenne n

$$U_n = I_{an} Z_{nn} + I_{am} Z_{nm}, \qquad 0 = I_{am} Z_{mm} + I_{an} Z_{mn}, \quad (10)$$

bei Speisung der Antenne m

$$0 = I'_{an} Z_{nn} + I'_{am} Z_{nm}, \qquad U_m = I'_{am} Z_{mm} + I'_{an} Z_{mn}. \quad (10\text{a})$$

Eliminiert man im 1. Gleichungspaar I_{an}, im 2. I'_{am}, so wird

$$U_n = I_{am} \frac{Z_{nm} Z_{mn} - Z_{nn} Z_{mm}}{Z_{mn}}, \qquad U_m = I'_{an} \frac{Z_{nm} Z_{mn} - Z_{nn} Z_{mm}}{Z_{nm}}, \quad (11)$$

woraus für $U_m = U_n$ und $I'_{an} = I_{am}$ Gl. (9) folgt.

$\overline{P}_n$ und Z_n waren Leistung und Widerstand einer einzelnen Antenne. Für die Gesamtantenne interessiert die Gesamtleistung, der Gesamtwiderstand und der Gewinn.

Die gesamte Strahlungsleistung der Antennengruppe wird als Summe der Einzelleistungen (6)

$$\overline{P} = \sum_{n=1}^{N} P_n \doteq \sum_{n=1}^{N} \tfrac{1}{2} |I_{an}|^2 Z_n \tag{12}$$

und mithin der auf einen beliebigen Bezugsstrom I_0 bezogene gesamte Antennenwiderstand

$$Z_A = R_A + \mathrm{i} X_A = \sum_{n=1}^{N} \frac{|I_{an}|^2}{|I_0|^2} Z_n = \frac{1}{|I_0|^2} \sum_{n=1}^{N} I_{an} I_{an}^k Z_n . \tag{13}$$

Setzt man für die verschiedenen Z_n die Werte (7) ein, so wird

$$Z_A = \frac{1}{|I_0|^2} \sum_{n=1}^{N} (I_{a1} I_{an}^k Z_{n1} + I_{a2} I_{an}^k Z_{n2} + \cdots + I_{aN} I_{an}^k Z_{nN}) . \tag{14}$$

In der Summe tritt jeder Eigenstrahlungswiderstand Z_{nn} einfach mit dem Koeffizienten $|I_{an}|^2$ auf, jeder Kopplungswiderstand Z_{nm} mit Berücksichtigung von Gl. (9) dagegen doppelt, so daß der Koeffizient $I_{am} I_{an}^k + I_{an} I_{am}^k = 2|I_{an}|\,|I_{am}| \cos\delta_{nm}$ wird, wo δ_{nm} die Phasenverschiebung zwischen den Bezugsströmen I_{an} und I_{am} ist. Mithin wird der gesamte Strahlungswiderstand (14) in ausführlicher Schreibung

$$\begin{aligned} Z_A = \frac{1}{|I_0|^2} [Z_{11} |I_{a1}|^2 + Z_{22} |I_{a2}|^2 + \cdots \\ + 2 Z_{12} |I_{a1}|\,|I_{a2}| \cos\delta_{12} + \cdots] . \end{aligned} \tag{15}$$

Da die bei den Strahlungswiderständen stehenden Stromkoeffizienten reell sind, gehen in den reellen Strahlungswiderstand und die reelle Strahlungsleistung nur die Realteile der Strahlungskoeffizienten ein, in den imaginären Teil nur die Imaginärteile.

Aus der gesamten Strahlungsleistung erhält man den Gewinn der Antenne aus der allgemeinen Gl. (18.6). In dieser Gleichung ist P die reelle Strahlungsleistung, also der reelle Teil von Gl. (12) $P = \frac{1}{2} |I_0|^2 R_A$ und $|\boldsymbol{H}_0|^2$ das Quadrat der magnetischen Fernfeldstärke im Empfangspunkt r_0, ψ_0, ϑ_0. Dieses wird aber nach Gl. (19.3) für eine beliebige Antennengruppe

$$|\boldsymbol{H}_0|^2 = \frac{|I_0|^2}{4\pi^2 r_0^2} |R(\psi_0, \vartheta_0)|^2 \tag{16}$$

mit

$$|R(\psi_0, \vartheta_0)|^2 = \Big|\sum_{n=1}^{N} F_n(\psi_0, \vartheta_0)\, p_n \,\mathrm{e}^{-\mathrm{i}(k_0 d_n + \delta_n)}\Big|^2 . \tag{17}$$

wo $F_n(\psi_0, \vartheta_0)$ das Strahlungsmaß in der Bezugsrichtung, p_n, δ_n und d_n Stromverhältnis, Phasenverschiebung und Wegunterschied des n-ten Strahlers gegen den Bezugsstrahler sind. (Positives δ_n und positives d_n bedeuten Nacheilung in Phase bzw. Weg.)

Durch Einsetzen in Gl. (18.6) erhält man, wenn man das Strahlungsmaß und den Antennenwiderstand auf den gleichen Bezugsstrom I_0 bezieht, den Gewinn zu

$$G = \frac{2 Z_0}{3\pi} \frac{|R(\psi_0, \vartheta_0)|^2}{R_A}. \tag{18}$$

Dabei ist für $|R(\psi_0, \vartheta_0)|^2$ der Wert (17) und für R_A der reelle Teil von (15) einzusetzen. Nach den abgeleiteten Gleichungen sind sämtliche Antennengrößen bekannt, wenn die Strahlungskoeffizienten zahlenmäßig bekannt sind.

2. Zahlenmäßige Auswertung der Strahlungswiderstände nach der Leitungstheorie der Antenne.

Zur Berechnung der Strahlungswiderstände (4 u. 4a) ist die Kenntnis der Stromverteilung der verschiedenen Strahler erforderlich. Nehmen wir nach der einfachen Leitungstheorie der Antenne den Strom näherungsweise als sinusförmig und dämpfungsfrei an, so gilt nach Gl. (12.49) für den Strom einer einzelnen Antenne

$$I_n = I_{0n} \sin k_0 (l_n + l_{vn} - |l|). \tag{19}$$

Darin ist I_{0n} der Strombauch der n-ten Antenne, l_n die Antennenlänge, l_{vn} eine eventuell vorhandene Leitungsverlängerung (vgl. Kap. 12.3) und l die laufende Koordinate entsprechend Bild 20.1.

Aus dem Strom I_m der m-ten Antenne erhält man die von dieser Antenne erzeugte elektrische Feldstärke nach den Gl. (12.29 u. 12.29a) für eine offene Antenne mit $l_{vm} = 0$, aus den entsprechend abzuleitenden, z. B. in dem Buch von BRÜCKMANN angegebenen Feldstärkenformeln die Feldstärke für eine Antenne mit Leitungsverlängerung l_{vm}. Die elektrische Feldstärke liegt in den Meridianebenen der Antenne m. Durch einfache Koordinatenzerlegung erhält man hieraus die Feldstärkenkomponenten E_{nm} an der n-ten Antenne, womit sämtliche Werte unter den Integralen (4a bzw. 4) bekannt sind. Die auftretenden Integrale führen bei parallelen Anordnungen der Einzelstrahler auf die bereits in Kap. 12.2 gelösten Exponentialintegrale, während bei komplizierteren räumlichen Anordnungen graphisch oder numerisch zu lösende Teilintegrale bestehen bleiben.

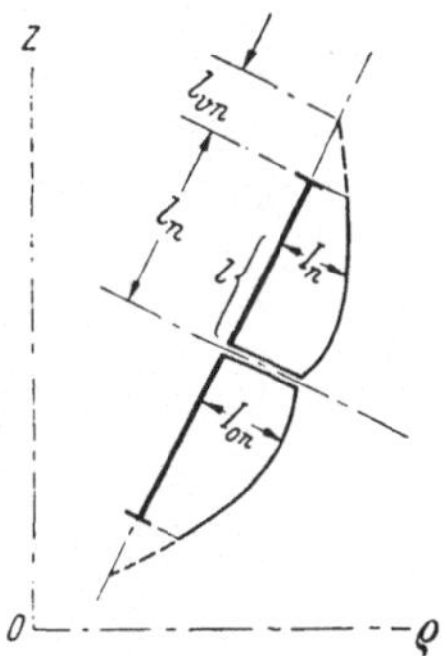

Bild 20.1. Stromverteilung einer Einzelantenne in beliebiger Lage.

Wir beschränken uns für die zahlenmäßige Auswertung auf den praktisch wichtigsten Fall zweier paralleler, an beiden Enden offener Einzelstrahler und berechnen den auf die Strombäuche I_{01} und I_{02} bezogenen

Strahlungswiderstand Z_{12}. Der auf zwei beliebige Ströme I_{a1} und I_{a2} bezogene Wert folgt daraus nach Gl. (4 u. 4a) durch Multiplikation mit $I_{01}\, I_{02}/I_{a1}\, I_{a2}$.

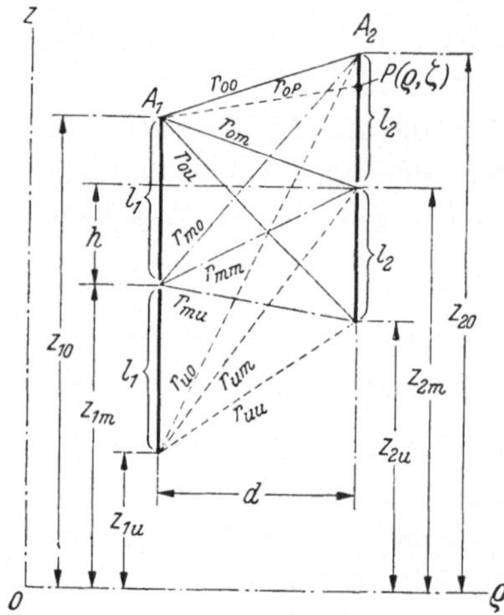

Bild 20.2. Bezeichnungen für die Strahlungskopplung zweier paralleler Antennen.

Die Antennen liegen in z-Richtung, der waagerechte Abstand sei d, der senkrechte Abstand der Mittelpunkte h, die halben Antennenlängen l_1 und l_2, vgl. Bild 20.2. Unterer, mittlerer und oberer Punkt der Antennen seien durch die Indexe u, m und o gekennzeichnet, so daß z. B. z_{1u} der z-Wert des unteren Punktes der Antenne 1 ist usw. Die laufende Koordinate auf der 2. Antenne sei $z_2 = \zeta$.

Mit diesen Bezeichnungen wird die von der Antenne 1 an der Antenne 2 erzeugte elektrische Feldstärke nach Gl. (12.29a) mit Umstellung der beiden 1. Glieder und Einsetzen der richtigen Entfernungen r

$$E_{21} = E_{z\,21} = -\mathrm{i}\,\frac{I_{01} Z_0}{4\pi}\left[\frac{\mathrm{e}^{-\mathrm{i}k_0 r_{\zeta - z_{1o}}}}{r_{\zeta - z_{1o}}} + \frac{\mathrm{e}^{-\mathrm{i}k_0 r_{\zeta - z_{1u}}}}{r_{\zeta - z_{1u}}} - 2\cos k_0 l_1 \frac{\mathrm{e}^{-\mathrm{i}k_0 r_{\zeta - z_{1m}}}}{r_{\zeta - z_{1m}}}\right] \equiv -\mathrm{i}\,\frac{I_{01} Z_0}{4\pi}\, F_{21}. \tag{20}$$

Der Strom auf der Antenne 2 ist nach Gl. (19)

$$\begin{aligned} I_2 &= I_{02}\sin k_0 (z_{2o} - \zeta) && \text{für die obere,}\\ I_2 &= I_{02}\sin k_0 (\zeta - z_{2u}) = -I_{02}\sin k_0 (z_{2u} - \zeta) && \text{für die untere} \end{aligned} \tag{21}$$

Antennenhälfte. Mithin wird der Strahlungswiderstand Z_{21} nach Gl. (4a) mit Umkehrung der Integrationsgrenzen im 2. Integral

$$Z_{21} = Z_{12} = \frac{\mathrm{i} Z_0}{4\pi}\left[\int_{z_{2m}}^{z_{2o}} F_{21}\sin k_0 (z_{2o} - \zeta)\,\mathrm{d}\zeta + \int_{z_{2m}}^{z_{2u}} F_{21}\sin k_0 (z_{2u} - \zeta)\,\mathrm{d}\zeta\right] \tag{22}$$

oder mit der Substitution $\zeta = \zeta' + z_{2m}$

$$Z_{12} = \frac{\mathrm{i} Z_0}{4\pi}\left[\int_0^{z_{2o} - z_{2m}} F_{21}\sin k_0 (z_{2o} - z_{2m} - \zeta')\,\mathrm{d}\zeta' + \int_0^{z_{2u} - z_{2m}} F_{21}\sin k_0 (z_{2u} - z_{2m} - \zeta')\,\mathrm{d}\zeta'\right]. \tag{22a}$$

Setzt man für F_{21} den Wert (20) mit derselben Substitution für ζ ein, so hat man 6 Integrale der Form (12.32), so daß die Lösung sofort anzuschreiben ist. Wir bezeichnen zur Abkürzung die Entfernungen und Höhenunterschiede zwischen zwei Punkten der Antennen 1 und 2 und die zu diesen Abständen nach den Gl. (12.19) gehörigen u- und v-Werte mit Doppelindexen, wobei sich der 1. Index auf die 1. Antenne, der 2. Index auf die zweite Antenne beziehen soll, schreiben also z. B. für den Höhenunterschied und die Entfernung zwischen dem Mittelpunkt der 1. Antenne und dem oberen Ende der 2. Antenne und die zugehörigen u und v Werte

$$\begin{aligned} z_{mo} &= z_{1m} - z_{2o}, & r_{mo} &= \sqrt{d^2 + z_{mo}^2}, \\ u_{mo} &= -k_0(r_{mo} - z_{mo}) & v_{mo} &= -k_0(r_{mo} + z_{mo}) \end{aligned} \tag{23}$$

und entsprechend die anderen Werte; vgl. die Entfernungsbezeichnungen in Bild 20.2. Mit diesen Bezeichnungen wird die Lösung von (22a) nach (12.32) unmittelbar

$$\begin{aligned} Z_{12} = \frac{Z_0}{8\pi}\Big[& e^{ik_0 z_{oo}}\{\mathrm{Ei}(iv_{oo}) - \mathrm{Ei}(iv_{om})\} + e^{-ik_0 z_{oo}}\{\mathrm{Ei}(iu_{oo}) - \mathrm{Ei}(iu_{om})\} \\ & + e^{ik_0 z_{ou}}\{\mathrm{Ei}(iv_{ou}) - \mathrm{Ei}(iv_{om})\} + e^{-ik_0 z_{ou}}\{\mathrm{Ei}(iu_{ou}) - \mathrm{Ei}(iu_{om})\} \\ & + e^{ik_0 z_{uo}}\{\mathrm{Ei}(iv_{uo}) - \mathrm{Ei}(iv_{um})\} + e^{-ik_0 z_{uo}}\{\mathrm{Ei}(iu_{uo}) - \mathrm{Ei}(iu_{um})\} \\ & + e^{ik_0 z_{uu}}\{\mathrm{Ei}(iv_{uu}) - \mathrm{Ei}(iv_{um})\} + e^{-ik_0 z_{uu}}\{\mathrm{Ei}(iu_{uu}) - \mathrm{Ei}(iu_{um})\} \\ & -2\cos k_0 l_1 \big\{e^{ik_0 z_{mo}}\{\mathrm{Ei}(iv_{mo}) - \mathrm{Ei}(iv_{mm})\} + e^{-ik_0 z_{mo}}\{\mathrm{Ei}(iu_{mo}) - \mathrm{Ei}(iu_{mm})\} \\ & + e^{ik_0 z_{mu}}\{\mathrm{Ei}(iv_{mu}) - \mathrm{Ei}(iv_{mm})\} + e^{-ik_0 z_{mu}}\{\mathrm{Ei}(iu_{mu}) - \mathrm{Ei}(iu_{mm})\}\big\}\Big]. \end{aligned} \tag{24}$$

Faßt man noch die Glieder mit gleichen Exponentialintegralen zusammen, so erhält man unter der Berücksichtigung, daß nach Bild 20.2

$$z_{2o} - z_{2m} = z_{2m} - z_{2u} = l_2 \tag{25}$$

und mithin nach der 1. Gl. (23)

$$z_{\mu o} = z_{\mu m} - l_2, \qquad z_{\mu u} = z_{\mu m} + l_2 \tag{25a}$$

mit $\mu = o, m$ oder u ist, Z_{12} in der leicht zu merkenden Doppelsummenform

$$\begin{aligned} Z_{12} = \frac{Z_0}{8\pi} \sum_{\mu=o,m,u} \sum_{\nu=o,m,u} & \left[e^{ik_0 z_{\mu\nu}}\,\mathrm{Ei}(iv_{\mu\nu}) + e^{-ik_0 z_{\mu\nu}}\,\mathrm{Ei}(iu_{\mu\nu})\right] \\ & \cdot (\overline{-2\cos k_0 l_1})_{m_1} (\overline{-2\cos k_0 l_2})_{m_2}. \end{aligned} \tag{24a}$$

Dabei sollen die beiden Querstriche sowie die Indexe m_1 bzw. m_2 andeuten, daß der Faktor $-2\cos k_0 l_1$ bzw. $-2\cos k_0 l_2$ nur bei den Mittelpunktswerten mit m_1 bzw. m_2 steht, bei den oberen und unteren Punkten dagegen durch $+1$ zu ersetzen ist. Die Doppelsumme (24a) enthält $3 \cdot 3$ Glieder. Für Halbwellendipole reduziert sich die Summe auf 4 Glieder, da wegen $k_0 l = \pi/2$ die Mittelpunktsglieder fortfallen.

Als wichtige Spezialfälle betrachten wir noch zwei gleich lange Antennen $l_1 = l_2 = l$, die a) in gleicher Höhe im Abstand d nebeneinander. b) auf gleicher Achse im Abstand δ übereinander angeordnet sind; vgl. Bild 20.3. Für den 1. Fall wird nach Gl. (24a), wenn man immer die Glieder mit gleichen Entfernungen zusammenfaßt und für u und v die Werte aus (23) einsetzt,

$$\begin{aligned} Z_{12} = \frac{Z_0}{8\pi}\Big[& 2\,(2 + 4\cos^2 k_0 l)\,\mathrm{Ei}(-\mathrm{i}k_0 d) \\ & - 8\cos k_0 l \,\big\{\mathrm{e}^{\mathrm{i}k_0 l}\,\mathrm{Ei}(-\mathrm{i}k_0(\sqrt{d^2+l^2}+l)) \\ & \qquad + \mathrm{e}^{-\mathrm{i}k_0 l}\,\mathrm{Ei}(-\mathrm{i}k_0(\sqrt{d^2+l^2}-l))\big\} \\ & + 2\,\big\{\mathrm{e}^{\mathrm{i}2k_0 l}\,\mathrm{Ei}(-\mathrm{i}k_0(\sqrt{d^2+4l^2}+2l)) \\ & \qquad + \mathrm{e}^{-\mathrm{i}2k_0 l}\,\mathrm{Ei}(-\mathrm{i}k_0(\sqrt{d^2+4l^2}-2l))\big\}\Big]. \end{aligned} \tag{26}$$

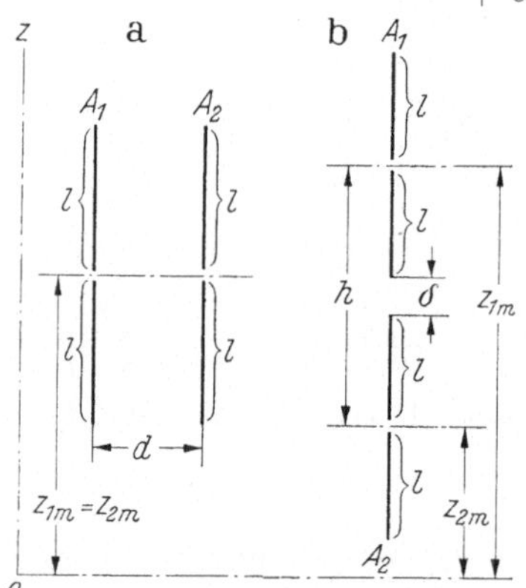

Bild 20.3. Anordnung von zwei gleich langen Antennen. a in gleicher Höhe im Abstand d, b mit gleicher Achse im Abstand δ.

Der Wert stimmt nach einfachen trigonometrischen Umformungen mit dem in (12.35) auftretenden Widerstand mit d statt ϱ_0 überein. Für $d = \varrho_0$ ergibt sich daher der normale Eigenstrahlungswiderstand der Leitungstheorie (12.39).

Für den 2. Fall wird wegen des kleinen ϱ_0 der in den Argumenten u und v auftretende Wert

$$\begin{aligned} \sqrt{\varrho_0^2 + z^2} + z &\approx 2z\,, \\ \sqrt{\varrho_0^2 + z^2} - z &\approx \frac{\varrho_0^2}{2z} \end{aligned} \tag{27}$$

für beliebiges z und mithin der Strahlungswiderstand nach (24a), wenn man wieder die Glieder mit gleichen Abständen zusammenfaßt,

$$\begin{aligned} Z_{12} = \frac{Z_0}{8\pi}\Big[& \mathrm{e}^{\mathrm{i}k_0\delta}\,\mathrm{Ei}(-\mathrm{i}k_0 2\delta) + \mathrm{e}^{-\mathrm{i}k_0\delta}\,\mathrm{Ei}\Big(-\mathrm{i}\frac{k_0\varrho_0^2}{2\delta}\Big) \\ & - 4\cos k_0 l\Big\{\mathrm{e}^{\mathrm{i}k_0(\delta+l)}\,\mathrm{Ei}(-\mathrm{i}k_0 2(\delta+l)) + \mathrm{e}^{-\mathrm{i}k_0(\delta+l)}\,\mathrm{Ei}\Big(-\mathrm{i}k_0\frac{\varrho_0^2}{2(\delta+l)}\Big)\Big\} \\ & + (2 + 4\cos^2 k_0 l)\Big\{\mathrm{e}^{\mathrm{i}k_0(\delta+2l)}\,\mathrm{Ei}(-\mathrm{i}k_0 2(\delta+2l)) \\ & \qquad + \mathrm{e}^{-\mathrm{i}k_0(\delta+2l)}\,\mathrm{Ei}\Big(-\mathrm{i}k_0\frac{\varrho_0^2}{2(\delta+2l)}\Big)\Big\} \\ & - 4\cos k_0 l\Big\{\mathrm{e}^{\mathrm{i}k_0(\delta+3l)}\,\mathrm{Ei}(-\mathrm{i}k_0 2(\delta+3l)) \\ & \qquad + \mathrm{e}^{-\mathrm{i}k_0(\delta+3l)}\,\mathrm{Ei}\Big(-\mathrm{i}k_0\frac{\varrho_0^2}{2(\delta+3l)}\Big)\Big\} \\ & + \mathrm{e}^{\mathrm{i}k_0(\delta+4l)}\,\mathrm{Ei}(-\mathrm{i}k_0 2(\delta+4l)) + \mathrm{e}^{-\mathrm{i}k_0(\delta+4l)}\,\mathrm{Ei}\Big(-\mathrm{i}k_0\frac{\varrho_0^2}{2(\delta+4l)}\Big)\Big]. \end{aligned} \tag{28}$$

Für die zahlenmäßige Auswertung ist dabei für die Exponentialintegrale mit kleinen Argumenten nach (12.36 u. 12.38) der Grenzwert

$$\mathrm{Ei}\left(-\mathrm{i}\,k_0\,\frac{\varrho_0^2}{2z}\right) = C + \ln\frac{k_0\,\varrho_0^2}{2z} - \mathrm{i}\,\frac{\pi}{2}, \tag{29}$$

für die übrigen Exponentialintegrale direkt (12.36) zu setzen. Beim

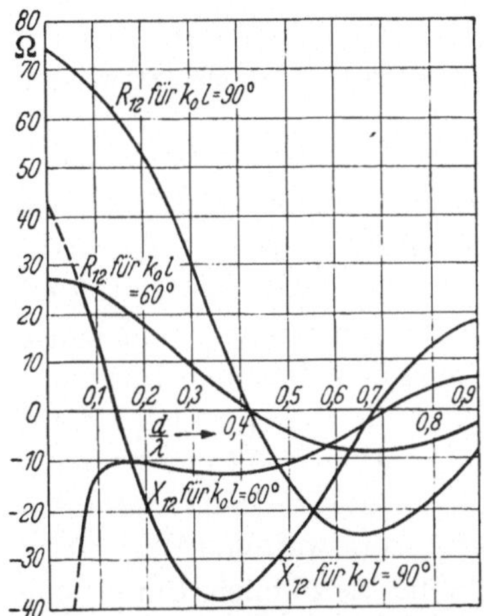

Bild 20.4. Real- und Imaginärteil der gegenseitigen Strahlungswiderstände von zwei parallelen Antennen der Länge $2l$ in Abhängigkeit von ihrem Abstand. (Nach BRÜCKMANN.)

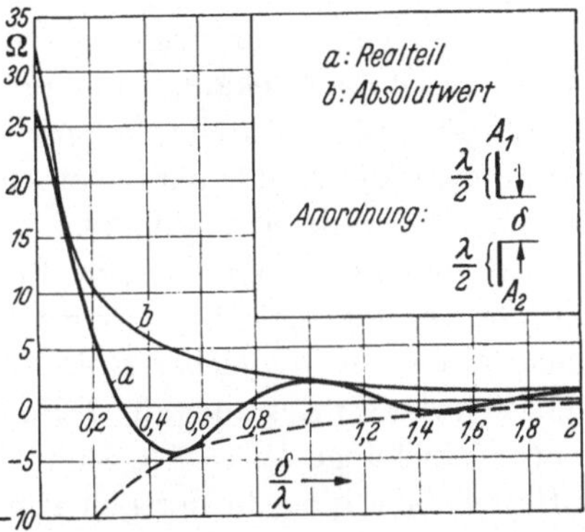

Bild 20.6. Realteil und Absolutwert der Strahlungswiderstände von zwei in gleicher Linie liegenden Halbwellenantennen in Abhängigkeit vom Abstand.

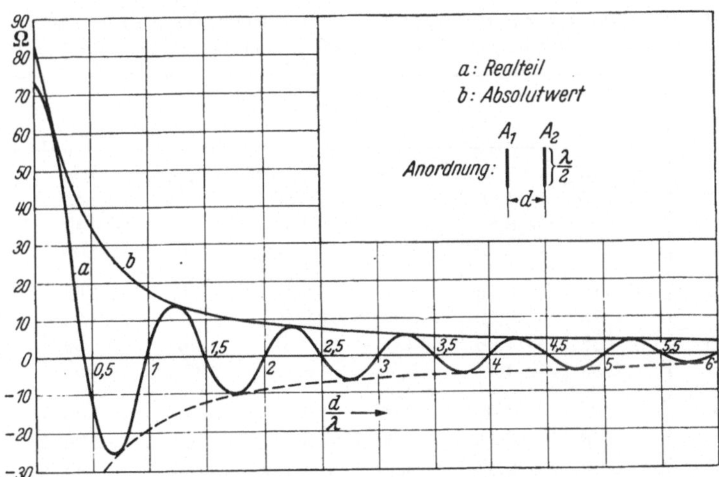

Bild 20.5. Realteil und Absolutwert der gegenseitigen Strahlungswiderstände von zwei parallelen Halbwellenantennen in Abhängigkeit vom Abstand.

Einsetzen heben sich die Glieder mit C, $\ln\frac{k_0^2\,\varrho_0^2}{2}$ und $\mathrm{i}\pi/2$ fort. Für Halbwellendipole erhält man z. B. mit (29) und $k_0 l = \pi/2$ die einfache Formel

$$Z_{12} = \frac{Z_0}{8\pi}\Big[e^{\mathrm{i}k_0\delta}\{\mathrm{Ei}(-\mathrm{i}k_0 2\delta) - 2\,\mathrm{Ei}(-\mathrm{i}k_0 2(\delta + 2l)) + \mathrm{Ei}(-\mathrm{i}k_0 2(\delta + 4l))\} + e^{-\mathrm{i}k_0\delta}\ln\frac{(\delta+2l)^2}{\delta(\delta+4l)}\Big]. \tag{30}$$

Für $\delta \to 0$ ist in (28 u. 30) auch das 1. Exponentialintegral durch (29) auszudrücken, während in allen übrigen Gliedern $\delta = 0$ gesetzt werden kann.

Da bei gegebener Lage und Größe der Antennen die Argumente nach den Gl. (23) bekannt sind und die Exponentialintegrale nach den Gl. (12.36 u. 12.38) durch tabulierte Funktionen gegeben sind, können die Strahlungswiderstände paralleler Antennen nach den abgeleiteten Gl. (24) bzw. den Spezialwerten (26, 28 u. 30) für jede beliebige Lage und Länge der Antennen berechnet werden. Bild 20.4 zeigt den Real- und Imaginärteil des gegenseitigen Strahlungswiderstandes für zwei parallele, gleich lange Antennen in gleicher Höhe entsprechend Bild 20.3a in Abhängigkeit von der Entfernung für 2 Halbwellendipole ($k_0 l = \pi/2$) und 2 Antennen der Länge $k_0 l = \pi/3$. Bild 20.5 zeigt Absolutwert und Realteil für 2 Halbwellendipole in der gleichen Anordnung bis zu einer Entfernung $d = 6\lambda$, Bild 20.6 Absolutwert und Realteil für 2 Halbwellendipole in gleicher Achse nach Bild 20.3b in Abhängigkeit vom Abstand δ. Aus Absolutwert und Realteil kann der Imaginärteil ohne weiteres berechnet

Tabelle 20.1. *Realteil des gegenseitigen Strahlungswiderstandes zwischen zwei parallelen Halbwellenantennen für verschiedene Abstände d und Höhenunterschiede h in Ohm.*

d in Wellen-längen	h in Wellenlängen						
	0,0	0,5	1,0	1,5	2,0	2,5	3,0
0,0	+73,13	+26,40	−4,065	+1,78	−0,96	+0,58	−0,43
0,5	−12,36	−11,80	−0,78	+0,80	−1,00	+0,45	−0,30
1,0	+ 4,08	+ 8,83	+3,56	−2,92	+1,13	−0,42	+0,13
1,5	− 1,77	− 5,75	−6,26	+1,96	+0,56	−0,96	+0,85
2,0	+ 1,18	+ 3,76	+6,05	+0,16	−2,55	+1,59	−0,45
2,5	− 0,75	− 2,79	−5,67	−2,40	+2,74	−0,28	−0,10
3,0	+ 0,42	+ 1,86	+4,51	+3,24	−2,07	−1,59	+1,74
3,5	− 0,33	− 1,54	−3,94	−3,76	+0,74	+2,66	−1,03
4,0	+ 0,21	+ 1,08	+3,08	+3,68	+0,51	−2,49	−0,09
4,5	− 0,18	− 0,85	−2,50	−3,40	−1,30	+2,00	+1,12
5,0	+ 0,15	+ 0,69	+2,10	+3,14	+1,82	−1,35	−1,87
5,5	− 0,12	− 0,57	−1,80	−2,90	−2,24	+0,49	+1,77
6,0	+ 0,12	+ 0,51	+1,56	+2,61	+2,28	−0,06	−2,02
6,5	− 0,10	− 0,45	−1,18	−2,31	−2,29	−0,45	+1,71
7,0	+ 0,06	+ 0,36	+1,14	+2,06	+2,26	+0,85	−1,32
7,5	− 0,03	− 0,30	−1,00	−1,86	−2,14	−1,03	+0,66

werden. Das Vorzeichen ergibt sich daraus, daß der Imaginärteil für $d = 0$ bzw. $\delta = 0$ positiv ist und dann abwechselt. Schließlich zeigt Tab. 20.1 die reellen Strahlungswiderstände von parallelen Halbwellendipolen für Abstände d und Höhenunterschiede h, die Vielfache von $\lambda/2$ sind. Sämtliche Werte sind die auf den Strombauch I_0 bezogenen Strahlungswiderstände. Der auf einen beliebigen Strom I_a bezogene Wert folgt daraus nach Gl. (4 u. 4a) durch Multiplikation mit I_0^2/I_a^2.

Alle Zahlenwerte sind mit $Z_0 = 120\,\pi$ Ohm entsprechend einer Lichtgeschwindigkeit $c = 3 \cdot 10^8$ m/s berechnet.

3. Berechnung von Dipolgruppen.

Bild 20.7 zeigt einige besondere Ausführungen und Speisungen von Dipolgruppen.

Nach den in Abschn. 1 u. 2 abgeleiteten Formeln kann jede beliebige Antennengruppe berechnet werden. Setzt man zunächst in allen Antennen gleiche Strombäuche, z. B. durch getrennte Einstellung äußerer Spannungen, voraus, so wird der Strahlungswiderstand der Einzelantennen nach Gl. (7)

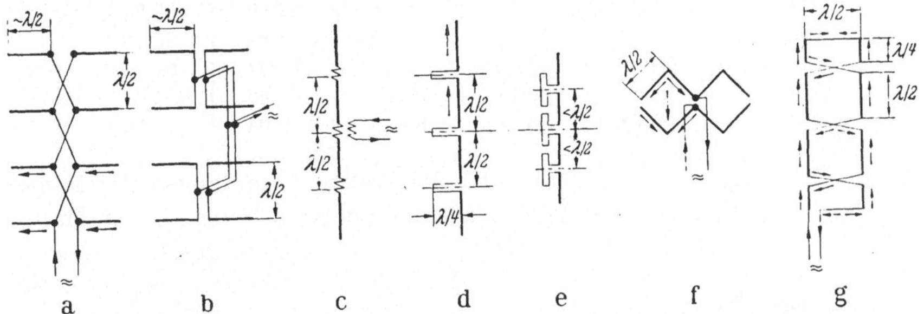

Bild 20.7. Einige Ausführungen und Speisungen von Dipolgruppen. a Reihenspeisung (Telefunken-Tannenbaum-Antenne), b Parallelspeisung (Breitbandantennen), c Zwischenschaltung von Spulen, d und e von Umwegleitungen (MARCONI-FRANKLIN-Antenne), f Prinzip der CHIREIX-MESNY-Antenne (Pfeile = Augenblicksrichtungen der Ströme), g STERBA-Antenne.

$$Z_n = \sum_{m=1}^{N} Z_{nm} \tag{31}$$

und der gesamte auf den Einzelstrombauch bezogene Strahlungswiderstand nach Gl. (13)

$$Z_A = \sum_{n=1}^{N} Z_n = \sum_{n=1}^{N} \sum_{m=1}^{N} Z_{nm}. \tag{32}$$

Das ist die Summe sämtlicher Kopplungswiderstände, wobei ebenso wie bei der Kopplung von Spulen jeder Einzelwiderstand einfach, jeder Kopplungswiderstand doppelt auftritt.

Aus dem Strahlungswiderstand ergibt sich der Gewinn in der Hauptrichtung nach Gl. (18 u. 17) zu

$$G = \frac{2Z_0}{3\pi} \frac{N^2}{R_A}. \tag{33}$$

Als 1. Beispiel zeigt Tab. 20.2 die nach Gl. (31) berechneten reellen Strahlungswiderstände der einzelnen Antennen einer Anordnung aus 6 · 6 waagerechten Halbwellendipolen in $\lambda/2$ Abständen. Da die Abstände Mehrfache von $\lambda/2$ sind, sind die Einzelwerte R_{nm} direkt in Tab. 20.1 enthalten. Durch die Strahlungskopplung haben die äußeren und inneren Antennen verschiedene Widerstände, Der gesamte Strahlungswiderstand der Anordnung ist mit den angegebenen Werten als Summe sämtlicher R_n-Werte 2630 Ohm und damit der Gewinn nach Gl. (33) $G = 39{,}4$.

Tabelle 20.2. *Realteil der Strahlungswiderstände der einzelnen Antennen bei einer Gruppe ans 6 · 6 Halbwellendipolen, berechnet mit den Werten von Tabelle 20.1.*

75,25	92,94	85,86	85,86	92,94	75,25
59,71	67,66	69,21	69,21	67,66	59,71
63,78	78,81	74,19	74,19	78,81	63,78
63,78	78,81	74,19	74,19	78,81	63,78
59,71	67,66	69,21	69,21	67,66	59,71
75,25	92,94	85,86	85,86	92,94	75,25

Als 2. Beispiel sind in Tab. 20.3 die reellen Strahlungswiderstände und Gewinne der in Bild 20.8 gezeichneten Anordnungen von Halbwellendipolen berechnet. Da der gegenseitige Abstand Mehrfache von $\lambda/2$ bzw. λ beträgt, können die R_{nm}-Werte wieder direkt aus Tab. 20.1 entnommen werden. Durch Vergleich mit dieser Tabelle ist das Zustandekommen der Einzelwerte in Tab. 20.3 ersichtlich.

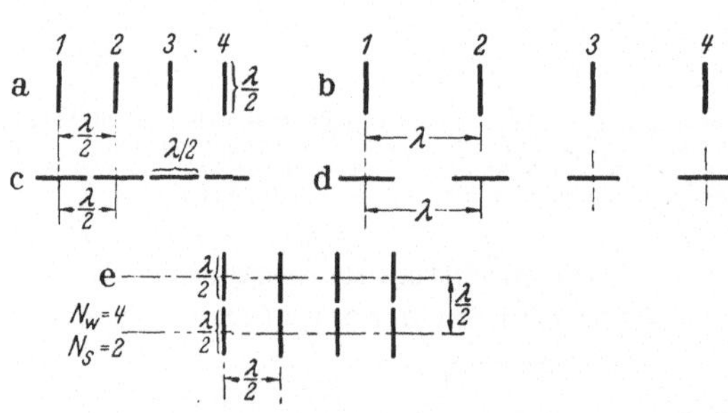

Bild 20.8. Strahleranordnungen zu Tabelle 20.3.

Ebenso können beliebige andere Anordnungen berechnet werden, wenn die Kopplungswiderstände für die betreffenden Abstände und Antennenlängen nach den angegebenen Gleichungen berechnet sind.

Die Gewinne einer einzelnen Dipolreihe (Anordnung a bis d) stimmen bis auf eine geringe Vergrößerung infolge der zusätzlichen Bündelung des Halbwellendipols mit den Werten aus Bild 19.9 und 19.10 für Hertzsche Dipole überein, so daß diese Bilder und die Näherungswerte (19.35) in guter Näherung auch für die Gewinne G^D einer Linie bzw.

Tabelle 20.3. *Strahlungswiderstände der Dipolanordnungen von Bild 20.8.*

Anordnung	Strahlungswiderstand	Gewinn
a	$4 \cdot 73{,}13 - 6 \cdot 12{,}36 + 4 \cdot 4{,}08 - 2 \cdot 1{,}77 = 231{,}1$ Ohm	5,55
b	$4 \cdot 73{,}13 + 6 \cdot 4{,}08 + 4 \cdot 1{,}18 + 2 \cdot 0{,}42 = 322{,}5$ Ohm	3,97
c	$4 \cdot 73{,}13 + 6 \cdot 26{,}40 - 4 \cdot 4{,}06 + 2 \cdot 1{,}78 = 438{,}2$ Ohm	2,92
d	$4 \cdot 73{,}13 - 6 \cdot 4{,}06 - 4 \cdot 0{,}96 - 2 \cdot 0{,}43 = 263{,}5$ Ohm	4,87
e	$8 \cdot 73{,}13 + 8 \cdot 26{,}40 - 12 \cdot 12{,}36 - 12 \cdot 11{,}80$	
	$+ 8 \cdot 4{,}08 + 8 \cdot 8{,}83 - 4 \cdot 1{,}77 - 4 \cdot 5{,}75 = 579{,}4$ Ohm	8,85

Zeile aus Dipolantennen gegenüber einem Einzelelement gelten. Insbesondere ist der Gewinn unterhalb des optimalen Abstandes nur von der gesamten Antennenlänge und nicht vom Abstand der Einzelelemente abhängig.

Für Halbwellendipole in $\lambda/2$ Abstand wird der Gewinn nach den Näherungsformeln (19.35) $^2/_3 N + ^1/_3$ für die Dipollinie bzw. $^4/_3 N - ^1/_3$ für die Dipolzeile. Der Unterschied zwischen Dipollinie und Dipolzeile muß sich bei ebenen Anordnungen mit mehr als einer Reihe ausgleichen. Tatsächlich ist der Gewinn von Tab. 20.2 und Anordnung e von Tab. 20.3 nahezu N. Weiter muß der Gewinn einer Dipolebene ebenso wie der einer Einzelreihe unterhalb des optimalen Abstandes unabhängig vom Abstand, also nur von der Größe der Fläche abhängig sein. Da bei den Halbwellendipolen in $\lambda/2$ Abständen zu einem Dipol die Fläche $\lambda^2/4$ gehört, also $n = 4F/\lambda^2$ ist, muß der Gewinn für beliebige Abstände bei quadratischer Ebene ungefähr

$$G^D \approx \frac{4F}{\lambda^2} \quad \text{oder} \quad G \approx 1{,}09 \cdot \frac{4F}{\lambda^2} \tag{34}$$

sein. Bei rechteckiger Anordnung wird der Wert bei mehr Linien als Zeilen etwas kleiner, bei mehr Zeilen als Linien etwas größer, im Grenzfall $^2/_3$ bzw. $^4/_3$ des angegebenen Wertes. Dem Gewinn (34) entspricht nach (18.8) eine Absorptionsfläche $A = 0{,}52\,F$, so daß die Absorptionsfläche einer gleichmäßig belegten Dipolebene mit Reflektor annähernd gleich der geometrischen Antennenfläche ist. Drückt man F durch die in guter Näherung geltenden Halbwertsbreiten (19.26) aus, so erhält man für den Gewinn einer gleichmäßig erregten Ebene mit Reflektor die Gl. (18.9) mit dem Zahlenfaktor 1,7 statt 2,1.

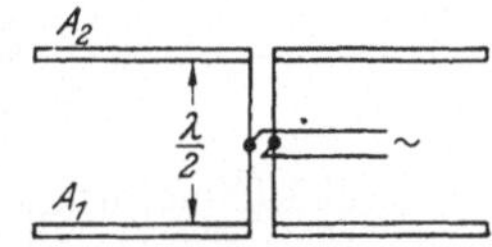

Bild 20.9. Gleichphasig gespeiste Dipole (Breitbandspeisung).

Als 3. Beispiel wollen wir den Eingangswiderstand eines Ganzwellendipols mit dem Schlankheitsgrad $l/\varrho_0 = 20$ berechnen, der nach Bild 20.9 mit einem gleich großen und gleich erregten Strahler in $\lambda/2$ Abstand gekoppelt ist. Sind Z_{11} und Z_{12} die auf den Strombauch I_0 bezogenen Strahlungswiderstände, Z_{A11} und Z_{A12} die auf den Klemmenstrom I_A bezogenen Werte, so ist der Eingangswiderstand nach Gl. (7)

$$Z_A = Z_{A\,11} + Z_{A\,12} = Z_{A\,11}\left(1 + \frac{Z_{12}}{Z_{11}}\right). \tag{35}$$

Dabei ist bei der letzten Umformung das Verhältnis der Z_A Werte durch das gleich große Verhältnis der Z Werte ersetzt. Berechnet man die Strahlungswiderstände Z_{11} und Z_{12} nach (26 u. 12.39) für $l = d = \lambda/2$, so wird die Klammer 0,66 — i 0,17. Nimmt man für $Z_{A\,11}$, da der Eingangswiderstand des Ganzwellendipols nach der einfachen Leitungstheorie der Antenne unendlich wird, den Wert (12.71 a) der erweiterten Leitungstheorie mit dem Wellenwiderstand (12,59), so wird $Z_{A\,11} = 435$ Ohm — i 94 Ohm und mithin nach (35) $Z_A = 271$ Ohm — i 136 Ohm. Die Abnahme des Realteils durch die Strahlungskopplung entspricht gut der strengen Berechnung in der letzten Zeile von Tabelle 15.2, während der Imaginärteil wie stets bei der Leitungstheorie falsch ist.

Bisher waren die Ströme der einzelnen Antennen gleich groß angenommen. Sind die Ströme verschieden, so müssen an Stelle der Gl. (31 bis 33) die allgemeinen Gleichungen (7, 15, 17 u. 18) genommen werden. Sind statt der Ströme die Spannungen der einzelnen Antennen gegeben, so müssen zur Berechnung der Antennengrößen zunächst die N Antennenströme aus den N Gl. (8) berechnet werden. Im allgemeinen sind weder die Ströme noch die Spannungen der einzelnen Antennen bekannt, vielmehr sind die Einzelantennen durch Speiseleitungen von bekannter Länge und bekanntem Wellenwiderstand verbunden und nur die gesamte angelegte Spannung gegeben. In diesem Falle bestimmen sich die Antennenströme aus den N Gl. (8) und den für die Zusammenschaltung geltenden Leitungsgleichungen. Für die Berechnung der in Bild 20.10 dargestellten Zweiergruppe mit Reihenspeisung (Schmalbandspeisung) z. B. hat man die beiden Antennengleichungen

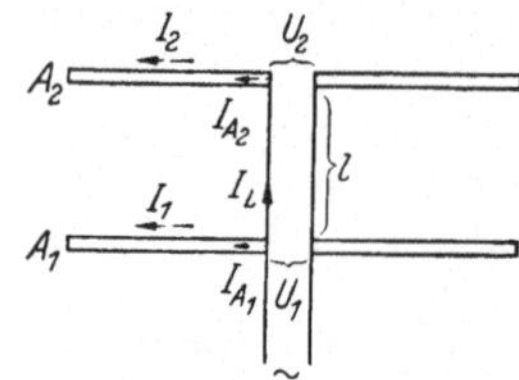

Bild 20.10. Zweiergruppe mit Reihenspeisung (Schmalbandspeisung).

$$U_1 = I_{A\,1} Z_{11} + I_{A\,2} Z_{12}, \qquad U_2 = I_{A\,1} Z_{12} + I_{A\,2} Z_{22} \tag{36}$$

und die beiden Leitungsgleichungen [vgl. (12.66)]

$$\begin{aligned} U_1 &= U_2 \cosh\gamma l + Z_L I_{A\,2} \sinh\gamma l, \\ Z_L I_L &= U_2 \sinh\gamma l + Z_L I_{A\,2} \cosh\gamma l. \end{aligned} \tag{36a}$$

Das sind 4 Gleichungen mit den Unbekannten $I_{A\,1}$, $I_{A\,2}$, U_2 und I_L. Nach Auflösung der Gleichungen sind sämtliche Antennengrößen berechenbar, z. B. der Eingangswiderstand

$$Z_A = \frac{U_1}{I_{A1} + I_L} \tag{36b}$$

oder die Kennlinien nach den Formeln von Kap. 19 mit Einsetzen der berechneten Antennenströme.

4. Berechnung von Reflektoranordnungen.

a) Reflektorflächen.

Liegt hinter einer Dipolgruppe im Abstand a eine unendlich gut leitende Reflektorfläche, so wird die Grenzbedingung $E_{\text{tang}} = 0$ auf der Fläche durch Annahme einer genau gleichen Spiegelanordnung mit entgegengesetztem Strom erfüllt. Mit diesem Ersatz der Reflektorfläche kann die Gesamtanordnung wie in Abschn. 3 berechnet werden, da sämtliche Strahlungswiderstände und Ströme bekannt sind. Während

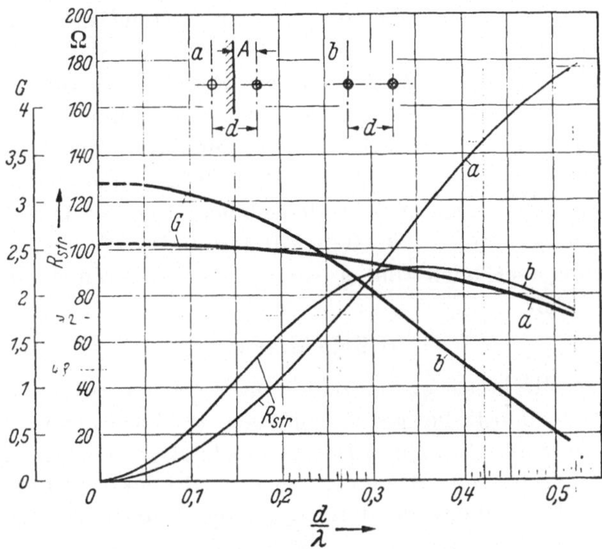

Bild 20.11. Gewinn und Strahlungswiderstand eines Halbwellendipols a mit Reflektorebene, b mit gleich langem Reflektordipol.

bei stärkerer Bündelung der Reflektor nach Kap. 19.5 eine Gewinnerhöhung um den Faktor 2 bringt, können bei schwächerer Bündelung Unterschiede eintreten. Zum Beispiel wird für einen Halbwellendipol mit Reflektorfläche der reelle Strahlungswiderstand der Anordnung nach Gl. (15)

$$R_A = R_{\text{str}} = 2\,R_{11} - 2\,R_{12} \tag{37}$$

und der Gewinn nach Gl. (18 u. 17)

$$G = \frac{2 Z_0}{3\pi R_A} |1 - \mathrm{e}^{-\mathrm{i}\,2\,k_0 a}|^2 = \frac{2 Z_0}{3\pi R_A}\,(2 - 2\cos 2\,k_0\,a) = \frac{8\,Z_0 \sin^2 k_0\,a}{3\pi\,R_A}. \tag{38}$$

Den hiernach mit Hilfe von Bild 20.4 berechneten Strahlungswiderstand und Gewinn zeigen die Kurven a in Bild 20.11. Der Gewinn wird mit kleiner werdendem Abstand immer größer. Dabei sind keine Verluste berücksichtigt. Da der Strahlungswiderstand mit kleiner werdendem Abstand gegen 0 geht, würde der Gewinn bei Berücksichtigung der Verluste bei kleinen Abständen abbiegen und durch 0 gehen. Bei einem Verlustwiderstand von 1 Ohm nimmt der Gewinn unter $\lambda/8$ bereits wieder ab. Außerdem wird die Anordnung mit kleiner werdendem Abstand schmalbandiger. Die extrem kleinen Abstände können daher praktisch nicht ausgenutzt werden. Der durch den Reflektor praktisch erzielbare Gewinn gegenüber einem Halbwellendipol liegt zwischen 2 und 2,5, wobei der für den Gewinn günstigste Abstand etwa 0,1 bis 0,15 λ ist. Mit Rücksicht auf bessere Breitbandigkeit wird der Abstand meist größer gewählt.

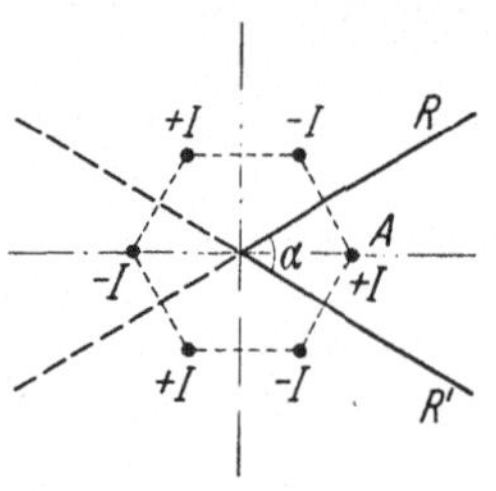

Bild 20.12. Winkelantenne mit einem Öffnungswinkel $\alpha = 2\pi/6$ mit Spiegelbildern.

Außer ebenen Reflektoren treten Winkelreflektoren auf. Ist der Winkel ein Bruchteil von 360°, so kann die durch Mehrfachreflexion entsprechend Bild 20.12 entstehende Anordnung nach den obigen Angaben berechnet werden. Andererseits können die Reflektoranordnungen auch nach optischen Näherungsmethoden ähnlich wie die Parabelantennen in Kap. 23 berechnet werden.

b) Reflektoren.

Besteht der Reflektor aus einzelnen ungespeisten Antennen, so muß im Gegensatz zu den bisherigen Rechnungen zunächst der im Reflektor erzeugte Strom nach Größe und Phase berechnet werden. Im allgemeinsten Fall ist zwischen den Klemmen des n-ten Reflektors ein beliebiger, nicht strahlender Außenwiderstand Z_{an} eingeschaltet, so daß für die Spannung

$$U_n = -I_{An} Z_{an} \tag{39}$$

gilt. Mithin ergibt sich aus Gl. (8), wenn wir die Einschaltstelle als Bezugspunkt wählen,

$$\begin{aligned} I_{A1} Z_{n1} + I_{A2} Z_{n2} + \cdots + I_{An} (Z_{nn} + Z_{an}) + \cdots \\ + I_{AN} Z_{nN} = 0 \end{aligned} \tag{40}$$

und entsprechend für die anderen Reflektoren. Da die Strahlungskoeffizienten nach den vorigen Abschnitten aus den Antennenabmessungen und der Anordnung der Antennen bekannt sind, sind dies r Gleichungen zur Bestimmung der r Reflektorströme. Sind ferner die Speisebedingungen, z. B. die Speisespannungen der erregten Leiter bekannt, so ergeben sich weitere $N - r$ Gleichungen zur Bestimmung der übrigen Ströme. Mit den bekannten Strömen können dann sämtliche Werte wie in Abschn. 3 berechnet werden. Um eine Wirkung auf die Strahlungsverteilung zu erzielen, dürfen die Reflektoren im allgemeinen nicht wesentlich kürzer als die gespeisten Dipole ausgeführt und in nicht zu großem Abstand von diesen angeordnet werden.

Als Beispiel betrachten wir eine Antenne 1 mit einem Reflektor 2. Nach Gl. (40) wird für den Reflektor $n = 2$

$$I_{A1} Z_{21} + I_{A2}(Z_{22} + Z_{a2}) = 0, \tag{41}$$

also das Stromverhältnis

$$\frac{I_{A2}}{I_{A1}} = p_2 e^{-i\delta_2} = -\frac{Z_{21}}{Z_{22} + Z_{a2}}. \tag{42}$$

Praktisch ist Z_{a2} stets ein reiner Blindwiderstand, da sonst Leistung vernichtet wird. Durch Z_{a2} kann das Amplitudenverhältnis p_2 und die Phase δ_2 beeinflußt werden. Amplitudengleichheit ist nur bei sehr kleinen Abständen nahezu erreichbar. Für Phasengleichheit muß

$$\frac{X_{21}}{R_{21}} = \pm \frac{X_{22} + X_{a2}}{R_{22}} \quad \text{oder} \quad X_{a2} = -X_{22} \pm \frac{X_{21}}{R_{21}} R_{22} \tag{43}$$

sein. Der Reflektor ist also für Gleichphasigkeit gegen die Resonanz $X_{a2} = -X_{22}$ zu verstimmen.

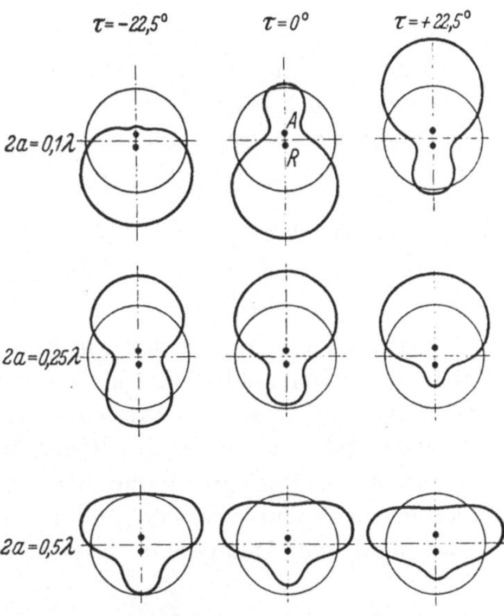

Bild 20.13. Horizontalstrahlungskennlinien eines Strahlerpaares aus senkrechten Halbwellendipolen für verschiedene Abstände $d = 2a$ und Verstimmungen τ des Reflektors bei gleicher Strahlungsleistung. A Antenne, R Reflektor. Dünn ausgezogene Kreise = Einzelstrahler allein zum Vergleich. (Nach BROWN.)

Nach Kenntnis des Reflektorstromes ergeben sich sämtliche Werte: der Eingangswiderstand des gespeisten Strahlers nach Gl. (7), Strahlungswiderstand (und daraus Strahlungsleistung) nach Gl. (15), die Charakteristik nach Gl. (17), wobei bei gleicher Länge der Einzelstrahler der Wert in die Einzelcharakteristik (12.11) und die Gruppencharakteristik (19.6) zerfällt, und der Gewinn nach Gl. (18).

Die Kurven b in Bild 20.11 zeigen den hiernach berechneten Strahlungswiderstand und Gewinn eines Halbwellendipols mit einem gleich langen, nicht unterbrochenen Reflektor für verschiedene Abstände, Bild 20.13 die für gleiche Strahlungsleistung ($I_{A1}^2 R_A = \text{const}$) berechneten Horizontalkennlinien eines senkrechten Halbwellendipols für verschiedene Abstände und verschiedene Blindwiderstände eines gleich langen Reflektors.

Der eingeschaltete Blindwiderstand ist durch die Verstimmung $\operatorname{tg}\tau = (X_{22} + X_{a2})/R_{22}$ gegeben. $\tau = 0$ ist die Resonanzverstimmung, positives τ eine induktive Verstimmung, die auch durch eine größere Länge des Reflektors erreicht werden kann. Die Bilder zeigen, daß eine strahlungsgekoppelte ungespeiste Antenne je nach Entfernung und Abstimmung das Diagramm nach vorn oder hinten richten kann, also als Reflektor oder Direktor wirken kann. Eine günstige Direktoranordnung mit geringer Rückstrahlung ergibt sich nach Bild 20.13 für einen Abstand von etwa 0,1 λ und kapazitive Verstimmung, also Verkürzung des Reflektors gegenüber der Antenne. Die Kombination einer Antenne mit einem Reflektor und einer oder mehreren Direktorantennen wird als YAGI bezeichnet. Eine einfache YAGI-Anordnung nach Bild 20.14 hat einen Gewinn von 3 bis 4. Die Berechnung kann nach den obigen Angaben erfolgen.

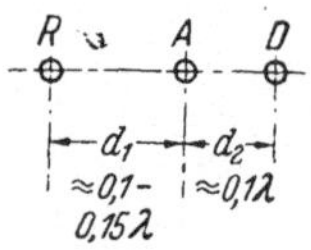

R A D
d_1 d_2
$\approx 0{,}1$- $0{,}15\lambda$ $\approx 0{,}1\lambda$

Bild 20.14. YAGI-Anordnung. A Antenne, R Reflektor, D Direktor.

c) Empfangsantennen.

Eine Empfangsantenne ist eine strahlungserregte Antenne, die keine Rückwirkung auf die Sendeantenne ausübt. Da der Sendestrom I_1 unabhängig von I_2 sein soll, können wir

$$I_{A1} Z_{21} = U_{2l} \tag{44}$$

setzen und erhalten nach (42)

$$I_{A2} = -\frac{U_{2l}}{Z_{22} + Z_{a2}}, \qquad U_2 = -I_{A2} Z_{a2} = U_{2l} \frac{Z_{a2}}{Z_{22} + Z_{a2}}. \tag{45}$$

Daraus geht hervor, daß die Ersatzschaltung der Empfangsantenne eine Spannungsquelle mit der Leerlaufspannung U_{2l} und dem Innenwiderstand Z_{22} ist, was wir bereits in Kap. 9.2 aus dem Reziprozitätsgesetz abgeleitet haben. Nach den Gl. (44 u. 45) kann Spannung und Strom der Empfangsantenne bei relativ kleinen Abständen berechnet werden, während sich bei großen Entfernungen die Rechnungen entsprechend den Angaben in Kap. 25 vereinfachen.

21. Kapitel.

Langdrahtantennen.

1. Wirkungsweise und Arten der Langdrahtantennen.

Neben den in Kap. 20 besprochenen Dipolgruppen werden insbesondere für den Kurzwellenverkehr über große Entfernungen Langdrahtantennen benutzt, d. h. Antennen, bei denen im Gegensatz zu den normalen Dipolgruppen die einzelne Antenne groß gegen die halbe Wellenlänge ist. Durch die abwechselnde Stromrichtung auf der Antenne heben sich die Strahlungen in der Richtung quer zur Antenne mehr oder weniger auf, während in schrägen Richtungen eine Addition erfolgt, so daß die Hauptstrahlung unter einem bestimmten Winkel gegen die Antennenachse erfolgt, wie die Charakteristiken einer in Oberwellen erregten Antenne in Bild 12.19 oder einer Antenne mit der Länge $k_0 l = 390°$ in Bild 12.4 zeigen. Stellt man die Langdrahtantennen horizontal auf, so wird daher die Hauptenergie unter einem relativ flachen Winkel nach oben abgestrahlt, wie es für die Reflexion an der Ionosphäre günstig ist. Die Antennen eignen sich daher besonders für Kurzwellenverbindungen nach Übersee. Bei horizontaler Aufstellung ist wegen der im Verhältnis zur Wellenlänge kleinen Entfernung von der Erde für das Diagramm stets die Wirkung der Erde zu berücksichtigen, vgl. Abschn. 3.

Die wichtigsten Typen der Langdrahtantennen sind die BEVERAGE-Antenne (ein einfacher, horizontal ausgespannter Draht) die MARCONI-Antenne (ein waagerechter Draht mit kurzer senkrechter Antenne als Zuführung), die Winkel- oder V-Antenne (die erste Hälfte der Rhombusantenne) und vor allem die in Bild 21.1 dargestellte Rhombusantenne.

Sind die Antennen am Ende offen, so bilden sich auf dem Leiter stehende Wellen und es entstehen symmetrische Diagramme entsprechend Bild 12.19. Die Leistung wird nach zwei Seiten ausgestrahlt. Dagegen erzeugt eine fortlaufende Welle ein einseitiges Diagramm entsprechend dem Diagramm von Bild 19.6. Die Langdrahtantennen werden daher im wesentlichen mit fortschreitenden Wellen betrieben. Zur Unterdrückung der reflektierten Welle schließt man die Antenne im allgemeinen mit dem Wellenwiderstand der Ersatzleitung ab. Der Abschlußwiderstand ist häufig eine Doppelleitung aus Eisendraht. Zur Vermeidung des entstehenden Leistungsverlustes kann man den Abschlußwiderstand durch eine auf einem besonderen Wege zugeführte Kompensationsspannung ersetzen.

Bei der Rhombusantenne entstehen noch weitere Reflexionen durch die Knickstellen und den ungleichmäßigen Wellenwiderstand der gespeisten Leitung. Diese inneren Reflexionen können dadurch verkleinert werden, daß man den Querschnitt der einzelnen Leitungen nach den Knickstellen zu durch dicker werdende Drähte oder durch reusenförmige Anordnungen an Stelle der Einzelleitungen vergrößert.

Wegen des Fehlens bzw. der Schwächung der reflektierten Welle ist der Eingangswiderstand der Langdrahtantennen nahezu gleich dem mittleren Wellenwiderstand der zugehörigen Leitung und damit im Gegensatz zu dem Widerstand der Dipolantennen in einem ziemlich großen Frequenzbereich nahezu konstant, so daß die Antennen einen sehr guten Breitbandcharakter haben. Praktisch wird ein Frequenzbereich von ungefähr 3 : 1 bis 4 : 1 übertragen, der Eingangswiderstand liegt etwa in der Größe von 500 bis 800 Ohm.

2. Dielektrische Antennen und Spulenantennen.

Ist die Fortpflanzungsgeschwindigkeit der Wellen längs des Drahtes, wie es bei den angegebenen Antennen der Fall ist, annähernd gleich der Lichtgeschwindigkeit, so ist der Gewinn praktisch ebenso groß wie der einer gleich langen Dipolreihe, wie die Berechnung der Längsstrahleranordnungen in Kapitel 19.4 gezeigt haben. Dagegen ergibt sich nach den dortigen Gleichungen ein größerer Gewinn, wenn die Wellenlänge auf dem Draht merklich kleiner als die Wellenlänge in Luft ist.

Langdrahtantennen mit verkürzter Wellenlänge sind die dielektrischen Strahler. Bei ihnen besteht die Antenne aus einem oder mehreren parallelen Stäben oder Rohren aus dielektrischem Material, die an einem Ende durch einen Dipol angeregt werden. Das andere Ende ist im allgemeinen offen. Wegen der Strahlungsdämpfung ist bei größeren Antennenlängen die am Ende reflektierte Welle bereits wesentlich geschwächt. Um eine möglichst einseitige Strahlung zu erhalten, ist der Strahler am Speiseende meist noch mit einer Metallplatte abgeschlossen, die als Reflektor für den Dipol wirkt. Die Geschwindigkeit v der Welle im Leiter liegt je nach der Dicke des Strahlers zwischen c und $c/\sqrt{\varepsilon}$. Die Verkleinerung der Geschwindigkeit gibt nach Kapitel 19.4 einen größeren Gewinn. Da aber bei größerem ε die Nebenzipfel und die Verluste ansteigen und die Breitbandeigenschaften schlechter werden (vgl. die allgemeinen Ausführungen über derartige Antennen in Kapitel 18.3), müssen Materialien mit kleinem ε oder dielektrische Rohre benutzt werden; nähere Einzelheiten in der angegebenen Literatur, z. B. in der Arbeit von Mallach oder dem Aufsatz von Heilmann. Bei der Anwendung von mehreren parallelen Stäben muß der Abstand der einzelnen Stäbe größer als $\lambda/2$ sein, bei den praktischen Ausführungen etwa 1,5 λ. Der erreichbare Gewinn entspricht ungefähr den Flächenabmessungen wie bei den Dipolflächen.

Eine weitere Langdrahtantenne ist die Spulenantenne. Das ist eine weitläufig gewickelte Spule, deren Windungsumfang die Größenordnung der Wellenlänge hat. Die Speisung erfolgt wie in Bild 12.16b an einem Ende, während das andere im allgemeinen wie bei den elektrischen Strahlern offen bleibt. Die Charakteristik der Spulenantenne ist das Produkt aus der Einzelcharakteristik der Windung und der von den einzelnen Windungen im Abstand S (Steighöhe) gebildeten Gruppencharakteristik. Wählt man die Windungslänge so, daß die auf gleichem Radius nebeneinanderliegenden Stellen der Spule gleiche Phase haben, macht also die Windungslänge gleich der Wellenlänge auf dem Draht oder $L = \lambda_0 \cdot v/c$, wo λ_0 die Wellenlänge in Luft und v die Geschwindigkeit auf dem Spulenleiter ist, so hat die Gruppencharakteristik Querstrahlung. Wählt man die Windungslänge so, daß die Phase der übereinanderliegenden Punkte in Achsenrichtung entsprechend der Lichtgeschwindigkeit fortschreitet, macht also $L = (\lambda_0 + S)\, v/c$, so erfolgt die Strahlung in Richtung der Achse wie bei einem normalen Längsstrahler mit normalem Gewinn, nur daß die Strahlung wegen der Einzelcharakteristik der Windung in der Achsenrichtung zirkular, in schrägen Richtungen elliptisch polarisiert ist.

Genau wie bei den normalen Längsstrahlern in Kapitel 19.4 kann man durch einen größeren Phasenunterschied, also eine größere Windungslänge, theoretisch einen höheren Gewinn erzielen. Genau wie dort darf jedoch die gesamte Phasenvergrößerung höchstens π sein, was bei n Spulenwindungen einer Vergrößerung der Windungslänge um $\frac{\lambda_0}{2n}\,\frac{v}{c}$ entspricht, damit das Anwachsen der Nebenzipfel und der Verluste tragbar bleibt. Genau wie bei den früher besprochenen Fällen kann daher auch bei diesen Antennen der Gewinn nicht merklich erhöht werden. Ebenso bringt genau wie bei den Dipolgruppen eine Parallelanordnung mehrerer Einzelelemente unterhalb eines gewissen Mindestabstandes keine Vergrößerung des Gewinns gegenüber einem Einzelelement. Dabei ist der Mindestabstand bei den Spulenantennen ebenso wie bei den dielektrischen Strahlern größer als bei normalen Dipolantennen, da ein Element gewissermaßen mehrere Dipole ersetzt. Der erreichbare Gewinn einer Gruppe entspricht ungefähr der gesamten Antennenfläche wie bei den Dipolgruppen. Die Diagramme der Spulenantenne können aus den Abmessungen der Spulenantenne für verschiedene v Werte auf dem Spulenleiter nach den Angaben in Kapitel 19 berechnet werden.

Die Breitbandeigenschaft ist wie bei allen Langdrahtantennen relativ gut, der ausnutzbare Frequenzbereich beträgt etwa 2 : 1. Nähere Einzelheiten über Spulenantennen findet man in den angegebenen Arbeiten und dem Antennenbuch von KRAUS.

Erwähnt sei noch, daß eine Spulenantenne, deren Abmessungen klein gegen die Wellenlänge sind, eine zirkular polarisierte Dipolstrahlung gibt, nämlich die Summe aus einem elektrischen Längsdipol (herrührend von der axialen Stromkomponente) und einem magnetischen Dipol (herrührend von den Komponenten in der Spulenebene). Die Hauptstrahlung ist senkrecht zur Spulenachse.

3. Die Rhombusantenne.

Im folgenden wollen wir die Charakteristik einer Rhombusantenne als der wichtigsten Langdrahtantenne ableiten. Aus der Charakteristik können sämtliche Antennengrößen, insbesondere auch der Gewinn nach

Gl. (18.4) berechnet werden. Wir können die Richtcharakteristik nach dem Reziprozitätsgesetz aus der Sendeantenne oder der Empfangsantenne ableiten. Im 1. Fall müssen wir wie in Kap. 12 den HERTZschen Vektor berechnen. Da die Antenne mit Einschluß des Spiegelbildes an der Erde aus 8 Einzelantennen mit verschiedenen Richtungen besteht, hat der HERTZsche Vektor 8 verschiedene Anteile mit je einer x- und y-Komponente, die sich nach Gl. (12.2) aus dem Strom und den Abstandsentfernungen des betreffenden Antennenteiles berechnen lassen. Während bei unendlich gut leitendem Boden das Spiegelbild entgegengesetzten Strom hat, müssen bei schlechter leitendem Boden die reflektierten Werte entsprechend dem Reflexionsfaktor geschwächt werden. Dabei ist zu beachten, daß in schrägen Richtungen die Feldstärke an der Reflexionsstelle Komponenten parallel und senkrecht zur brechenden Kante hat, die verschieden reflektiert werden, vgl. Kapitel 26.3b. Im zweiten Fall müssen wir die von einer ebenen Welle erzeugte Antennenspannung nach Gl. (9.11) aus der Empfangsfeldstärke und der Sendestromverteilung berechnen. Wir wählen diesen im vorliegenden Fall einfacheren Weg und betrachten eine aus der Richtung ψ, ϑ einfallende horizontal polarisierte Welle.

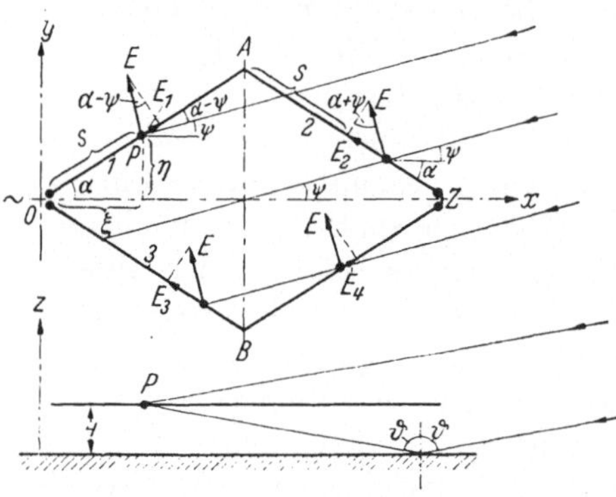

Bild 21.1.
Rhombusantenne mit Empfangsfeldstärken.

Die elektrische Empfangsfeldstärke $\boldsymbol{E}$ hat die in Bild 21.1 eingezeichnete Richtung. Die Komponenten in Richtung der Antennenleiter werden daher mit den in Bild 21.1 eingezeichneten Richtungen $E' \sin(\alpha - \psi)$ für die Leiter *1* und *4*, $E' \sin(\alpha + \psi)$ für die Leiter *2* und *3*, wo E' die Werte der Empfangsfeldstärke am Leiterpunkt sind. Für die reflektierten Strahlen E_r sind die Werte mit dem von den Bodenkonstanten und dem Einfallswinkel abhängigen Reflexionsfaktor $R_h = |R_h| \, e^{-i\varphi_h}$ für horizontale Polarisation zu multiplizieren, dessen Wert in Kap. 26, Gl. (26.9) abgeleitet ist. Bei unendlich gut leitendem Boden ist $R_h = -1$.

Die einzelnen Werte E' sind in der Phase unterschieden. Der Gangunterschied eines Punktes mit den Koordinaten ξ, η, ζ gegenüber dem Nullpunkt ist nach Gl. (17.1) für das Fernfeld allgemein

$$\Delta r = -\xi \frac{x}{r} - \eta \frac{y}{r} - \zeta \frac{z}{r} = -\sin\vartheta\,(\xi \cos\psi + \eta \sin\psi) - \zeta \cos\vartheta\,. \quad (1)$$

Da für Seite 1 nach Bild 21.1 $\xi = s\cos\alpha$, $\eta = s\,\sin\alpha$, $\zeta = 0$ ist, wird

$$E_1 = E_1' \sin(\alpha - \psi) = E_0 \sin(\alpha - \psi)\, e^{i k_0 s \cos(\alpha-\psi) \sin\vartheta}\,. \quad (2)$$

Da für den reflektierten Strahl zusätzlich $\zeta = -2H$ ist und der Reflexionsfaktor hinzukommt, wird

$$E_{1r} = E_1 \,|R_h|\, e^{-i\varphi_h} e^{-i k_0 2H \cos\vartheta}. \tag{2a}$$

Ebenso erhält man für die Seite 3

$$\begin{aligned} E_3 &= E_0 \sin(\alpha + \psi)\, e^{i k_0 s \cos(\alpha+\psi) \sin\vartheta}, \\ E_{3r} &= E_3 \,|R_h|\, e^{-i\varphi_h} e^{-i k_0 2H \cos\vartheta} \end{aligned} \tag{3}$$

und für die Seiten 2 und 4, wenn s wieder von 0 bis l zählt, wobei der Nullpunkt der Punkt A bzw. B ist,

$$E_2 = E_3\, e^{i k_0 l \cos(\alpha-\psi)\sin\vartheta}, \qquad E_4 = E_1\, e^{i k_0 l \cos(\alpha+\psi)\sin\vartheta} \tag{4}$$

und ebenso für E_{2r} und E_{4r}.

Weiter gebrauchen wir für die Antennenspannung (9.11) die Sendestromverteilung der Antenne. Setzen wir hier entsprechend unserer Voraussetzung eine fortschreitende Welle ein, so wird

$$I_{1,3} = \pm I_0 e^{-iks}, \qquad I_{2,4} = \pm I_0 e^{-ik(l+s)}. \tag{5}$$

Eingesetzt in Gl. (9.11) wird die Antennenspannung unter Berücksichtigung der Richtungen nach Bild 21.1 und mit Umkehren der Integrationsgrenzen auf den Seiten 3 und 4

$$\begin{aligned} U &= \int_0^l (E_1 + E_{1r} + E_3 + E_{3r})\, e^{-iks}\, ds \\ &\quad - \int_0^l (E_2 + E_{2r} + E_4 + E_{4r})\, e^{-ik(l+s)}\, ds. \end{aligned} \tag{6}$$

Dabei können die Fortpflanzungskonstanten k im Leiter und k_0 im Ausbreitungsraum im allgemeinen Fall verschieden sein. Die Integration ist in jedem Fall elementar durchführbar. Für $k = k_0$ erhält man mit Einsetzen der obigen Werte

$$\begin{aligned} U &= i \frac{E_0 \lambda}{2\pi} \left[\frac{\sin(\alpha+\psi)}{1 - \cos(\alpha+\psi)\sin\vartheta} + \frac{\sin(\alpha-\psi)}{1-\cos(\alpha-\psi)\sin\vartheta} \right] \\ &\quad \cdot \left[1 - e^{-i k_0 l \{1-\cos(\alpha-\psi)\sin\vartheta\}}\right] \left[1 - e^{-i k_0 l\{1-\cos(\alpha+\psi)\sin\vartheta\}}\right] \\ &\quad \cdot \left[1 + |R_h|\, e^{-i\varphi_h - i k_0 2H\cos\vartheta}\right]. \end{aligned} \tag{7}$$

Das ergibt für den Absolutwert mit Ausrechnung der 1. Klammer

$$\begin{aligned} |U| &= \frac{4|E_0|\lambda}{\pi} \sin\alpha\, (\cos\psi - \cos\alpha \sin\vartheta) \frac{\sin\left[\frac{\pi l}{\lambda}\{1-\cos(\alpha-\psi)\sin\vartheta\}\right]}{1-\cos(\alpha-\psi)\sin\vartheta} \cdot \\ &\quad \cdot \frac{\sin\left[\frac{\pi l}{\lambda}\{1-\cos(\alpha+\psi)\sin\vartheta\}\right]}{1-\cos(\alpha+\psi)\sin\vartheta} \sqrt{1 + |R_h|^2 + 2\,|R_h| \cos(\varphi_h + 2k_0 H\cos\vartheta)}. \end{aligned} \tag{8}$$

Bild 21.2 zeigt das hiernach berechnete Diagramm einer Rhombusantenne für $l = 4{,}1\ \lambda$, $H = 0{,}83\ \lambda$ und $\alpha = 17°\,30'$ für unendlich gut leitenden Boden, also $R_h = -1$. Das Hauptmaximum des Diagramms liegt unter einem Winkel von 17,5° schräg nach oben.

Allgemein wird für $R_h = -1$, also unendlich gut leitenden Boden, die Wurzel in Gl. (8) gleich $2 \sin\left(\frac{2\pi H}{\lambda}\cos\vartheta\right)$. Für das erste Maximum muß das Argument gleich $\pi/2$ sein, so daß sich für den Zusammenhang zwischen optimalem Einfallswinkel und Antennenhöhe über Erde

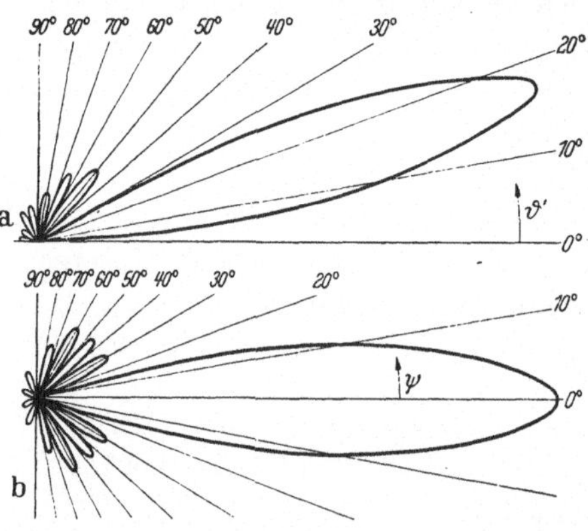

Bild 21.2. a vertikales und b horizontales Diagramm einer Rhombusantenne für $l = 4{,}1\ \lambda$, $h = 0{,}83\ \lambda$ und $\alpha = 17°\,30'$. (Nach BRUCE, BECK und LOWRY.)

$$\frac{H}{\lambda} = \frac{1}{4\cos\vartheta} = \frac{1}{4\sin\vartheta'} \tag{9}$$

(ϑ' = Erhebungswinkel) ergibt. Der übrigbleibende Ausdruck in Gl. (8) wird für den Empfang aus der Hauptrichtung $\psi = 0$ maximal für

$$\cos\alpha = \sin\vartheta = \cos\vartheta' \quad \text{und}$$

$$\frac{l}{\lambda} = \frac{1}{2\cos^2\vartheta} = \frac{1}{2\sin^2\vartheta'}, \tag{9a}$$

wie man leicht nachrechnet. Für $\vartheta' = 17{,}5°$ wäre hiernach die optimale Höhe $H = 0{,}83\ \lambda$, die optimale Seitenlänge $l = 5{,}5\ \lambda$. Mit wachsender Seitenlänge wird die Bündelung stärker. Um bei den schwankenden Einfallswinkeln bei der Ionosphärenausbreitung keine zu scharfe Bündelung in der Vertikalen zu haben, geht man im allgemeinen mit der Seitenlänge nicht über $6\ \lambda$.

Der Erhebungswinkel kann durch Anordnung mehrerer Rhombusantennen über dem Boden mit phasenverschobenen Strömen ähnlich wie bei den Dipolgruppen in Bild 19.8 verändert werden. Man erhält so die sogenannten Musa- (multiple unit steerable antenna) Anordnungen, bei denen durch Ändern der Phasenverschiebung jeweils der günstigste Empfangswinkel eingestellt wird. Derartige Anordnungen sind im Überseeverkehr in Betrieb.

Wir hatten bisher nur eine horizontal polarisierte Empfangswelle betrachtet. Bei nicht unendlich gut leitendem Boden wird aber auch eine vertikal polarisierte Welle empfangen, vgl. Kapitel 12.7 und 26.3b. Bei einer unter dem Winkel ϑ ankommenden vertikal polarisierten Welle liegt die Feldstärke E_v in der durch die Strahlrichtung gehenden senkrechten Ebene senkrecht zum ankommenden Strahl. Die in die waagerechte Ebene fallende Komponente $E_v \cos\vartheta$ erzeugt eine Empfangsspannung genau wie das frühere E, nur daß erstens im Reflexionsfaktor von Gl. (7 u. 8) der vertikale Reflexionskoeffizient $R_v = |R_v|\, e^{-i\varphi_v}$ steht, und daß zweitens die Komponente in die Richtung des Strahles statt senkrecht dazu wie in Bild 21.1 fällt. Dadurch steht, wie man ohne weiteres erkennt, im Zähler der ersten Klammer von Gl. (7) cos statt sin und außerdem — statt + zwischen den Brüchen. Die Empfangsspannung der vertikal polarisierten Welle wird daher entsprechend Gl. (8) mit Ausrechnung der ersten Klammer

$$|U'| = \frac{4\,|E_v|\,\lambda}{\pi} \cos\vartheta \sin\alpha \sin\psi \, \frac{\sin\left[\frac{\pi l}{\lambda}\{1-\cos(\alpha-\psi)\sin\vartheta\}\right]}{1-\cos(\alpha-\psi)\sin\vartheta} \cdot \frac{\sin\left[\frac{\pi l}{\lambda}\{1-\cos(\alpha+\psi)\sin\vartheta\}\right]}{1-\cos(\alpha+\psi)\sin\vartheta} \sqrt{1+|R_v|^2+2\,|R_v|\cos(\varphi_v+2k_0 H\cos\vartheta)}. \quad (10)$$

Sie verschwindet für $\vartheta = \pi/2$ und für die Hauptrichtung $\psi = 0$.

Nach dem Reziprozitätsgesetz werden die beiden abgeleiteten Charakteristiken (8. u. 10) auch bei der Sendeantenne erzeugt. Da die Komponenten senkrecht stehen, ist die Gesamtcharakteristik die quadratische Summe beider Charakteristiken. Aus der Integration dieser Gesamtcharakteristik ergibt sich nach Gl. (18.4) der Gewinn der Rhombusantenne. Er hängt außer von Form und Höhe der Antenne von den Erdbodeneigenschaften ab. Die erhaltenen Werte entsprechen dem Gewinn einer gleich großen Dipolfläche und liegen bei den praktischen Ausführungen bei einem Leistungsgewinn von etwa 10 bis 100.

22. Kapitel.

Hohlleiterantennen.

1. Strenge und angenäherte Berechnung der Hohlleiterantennen.

Während bei den bisher betrachteten Antennen mit Ausnahme des Schlitzdipols das Strahlungsfeld von mehr oder weniger linienförmigen Einzelströmen erregt wurde, betrachten wir in den folgenden drei Kapiteln Antennen, bei denen das Strahlungsfeld dadurch entsteht, daß entweder elektromagnetische Energie aus der Öffnung eines Hohlleiters wie die akustische Energie aus den akustischen Strahlungsquellen austritt, oder daß die aus einer beliebigen Quelle divergent austretende elektromagnetische Energie von einer metallenen Voll- oder Gitterfläche nach einer bestimmten Richtung reflektiert wird wie das Licht an reflektierenden Spiegeln, oder daß schließlich die divergent austretende Energie durch eine den optischen Linsen entsprechende Anordnung konzentriert wird. Wir wollen die drei Gruppen allgemein als Hohlleiterantennen, Spiegelantennen und Linsenantennen bezeichnen. In allen Fällen können wir als Strahlungsquelle eine Fläche ansehen, deren sämtliche Punkte Energie ausstrahlen.

Im vorliegenden Kapitel behandeln wir zunächst die Hohlleiterantennen. Die an das offene Ende eines beliebigen Hohlleiters kommende Energie wird zum Teil reflektiert, zum Teil in den freien Raum abgestrahlt. Die strenge Berechnung beider Teile kann erfolgen, indem man ähnlich wie in Kap. 16.3 bei der Berechnung der Kegelantenne, die ja eigentlich, vgl. Kap. 16, eine Hohlleiterantenne ist und nur durch die Beschränkung auf Öffnungswinkel von nahezu 180° eine Dipolantenne ergab, das abgestrahlte und das reflektierte Feld als eine Summe von Eigenwellen des freien Raumes bzw. des betreffenden Hohlleiters mit unbekannten Konstanten ansetzt und die Konstanten aus der Erfüllung der Grenzbedingungen an den Grenz- und Trennflächen bestimmt. Strenge Berechnungen sind z. B. für die Abstrahlung der Hohlleiterwellen aus einem kreisförmigen Hohlleiter von Buchholz, Levine und Schwinger und anderen durchgeführt worden. Rechnungen für die Abstrahlung aus rechteckigen Hohlleitern findet man mit weiteren Literaturangaben in dem Buch von Lewin. Die strengen Rechnungen liefern sowohl die abgestrahlte Welle und damit die Charakteristik, als auch die reflektierte Welle und damit die Anpassungsmöglichkeiten oder die Welligkeit der Antenne.

Begnügen wir uns mit der Charakteristik in der Nähe der Hauptstrahlrichtung, so genügt für die Berechnung bei größeren Öffnungen die in Kap. 5 entwickelte, auf dem Huygensschen Prinzip beruhende Näherungslösung. Ist die Öffnung des Hohlleiters klein gegen die Wellenlänge, so wird eine starke Reflexion eintreten. Ist dagegen die Öffnung groß gegen die Wellenlänge, so wird, wie anschaulich ohne weiteres klar ist und mathematisch daraus folgt, daß der Feldwellenwiderstand der Hohlleitung nach Gl. (8.65) sich mit wachsender Hohlleitergröße dem Wellenwiderstand des freien Raumes nähert, der größte Teil der Energie ungehindert abgestrahlt und nur ein kleiner Teil reflektiert werden. Vernachlässigen wir diese Rückstrahlung und damit die Randwirkung der Öffnungsfläche, so können wir in 1. Näherung auf der Öffnungsfläche das unveränderte Feld des unendlich langen Hohlleiters ansetzen, das entsprechend Kap. 8.2 berechnet werden kann. Den so erhaltenen primären Feldstärken $\boldsymbol{H}_{0p}$ und $\boldsymbol{E}_{0p}$ auf der Öffnungsfläche entsprechen nach den Gl. (5.21) für das durchgelassene Feld die elektrischen und magnetischen Flächenstromdichten

$$\boldsymbol{J}_f = \boldsymbol{n} \times \boldsymbol{H}_{0p}, \qquad \boldsymbol{J}_{mf} = \boldsymbol{n} \times \boldsymbol{E}_{0p}, \tag{1}$$

wobei $\boldsymbol{n}$ die in das Innere des Strahlungsraumes zeigende Normale auf der Öffnungsfläche ist. Das gesuchte Strahlungsfeld ist nach Kap. 5.4

mit dem von diesen Ersatzströmen erzeugten Feld identisch und daher durch die beiden Strahlungsvektoren (5.17) gegeben, bzw. bei Beschränkung auf das Fernfeld, für das die Methode wegen der Vernachlässigung der Randwirkung der Öffnungsfläche allein Gültigkeit hat, durch die Strahlungsvektoren (5.18). Bezeichnen wir im Gegensatz zu (5.18) die Entfernung des Feldpunktes P von den einzelnen Flächenpunkten mit r_F statt r und die Entfernung vom festen Bezugspunkt, der zugleich der Koordinatennullpunkt für das Strahlungsfeld sein soll, mit r statt r_0, so sind nach (5.18) mit den Konstanten ε_0, μ_0, k_0 die Strahlungsvektoren

$$\begin{aligned} \boldsymbol{P}_\infty &= \frac{1}{4\pi\,\mathrm{i}\,\omega\,\varepsilon_0}\,\frac{\mathrm{e}^{-\mathrm{i}k_0 r}}{r}\int\limits_F \mathrm{e}^{-\mathrm{i}k_0(r_F-r)}\,\boldsymbol{J}_f\,\mathrm{d}f, \\ \boldsymbol{Q}_\infty &= -\frac{1}{4\pi\,\mathrm{i}\,\omega\,\mu_0}\,\frac{\mathrm{e}^{-\mathrm{i}k_0 r}}{r}\int\limits_F \mathrm{e}^{-\mathrm{i}k_0(r_F-r)}\,\boldsymbol{J}_{mf}\,\mathrm{d}f. \end{aligned} \tag{2}$$

Entsprechend der Ableitung in Kap. 2 gelten die Gleichungen nur für die geradlinigen Komponenten der Strahlungsvektoren, so daß die Ströme in die rechtwinkligen Komponenten zerlegt werden müssen. Aus den so erhaltenen rechtwinkligen Komponenten von $\boldsymbol{P}$ und $\boldsymbol{Q}$ erhält man die rechtwinkligen Komponenten der Feldstärken nach den allgemeinen Gl. (3.22) mit den Komponentendarstellungen (3.41). Hiernach wird z. B. die Feldstärke

$$\begin{aligned} E_z &= -\mathrm{i}\,\omega\,\mu_0\,\mathrm{rot}_z\,\boldsymbol{Q} + k_0^2\,P_z + \mathrm{grad}_z\,\mathrm{div}\,\boldsymbol{P} \\ &= -\mathrm{i}\,\omega\,\mu_0\left(\frac{\partial Q_y}{\partial x} - \frac{\partial Q_x}{\partial y}\right) + k_0^2 P_z + \frac{\partial}{\partial z}\left(\frac{\partial P_x}{\partial x} + \frac{\partial P_y}{\partial y} + \frac{\partial P_z}{\partial z}\right). \end{aligned} \tag{3}$$

E_x und E_y erhält man durch zyklische Vertauschung der Koordinaten, die magnetischen Feldstärken durch Vertauschung der Größen $\boldsymbol{E}$, $\boldsymbol{Q}$, $\boldsymbol{P}$, $-\mu_0$ mit den analogen Größen $\boldsymbol{H}$, $\boldsymbol{P}$, $\boldsymbol{Q}$, ε_0. Da im Fernfeld die beiden Feldstärken senkrecht aufeinander stehen und das Größenverhältnis Z_0 haben, braucht nur eine Feldstärke berechnet zu werden. Beim Einsetzen von $\boldsymbol{P}$ und $\boldsymbol{Q}$ aus (2) und Ausführung der Differentiation ist zu beachten, daß für das Fernfeld nur die Exponentialfunktion $\mathrm{e}^{-\mathrm{i}k_0 r}$ zu differenzieren ist, da das Integral und r im Fernfeld langsam veränderliche Funktionen sind, daß daher für die Differentiation einer beliebigen Komponente

$$\frac{\partial\Pi}{\partial x} = -\mathrm{i}\,k_0\frac{x}{r}\,\Pi, \qquad \frac{\partial\Pi}{\partial y} = -\mathrm{i}\,k_0\frac{y}{r}\,\Pi, \qquad \frac{\partial\Pi}{\partial z} = -\mathrm{i}\,k_0\frac{z}{r}\,\Pi \tag{4}$$

gilt.

Durch die vorstehenden Ableitungen ist das gesamte Fernfeld der Antenne und mithin Charakteristik, Strahlungswiderstand und Gewinn in ausreichender Näherung bekannt, während das Nahfeld prinzipiell wegen der auf der Öffnungsfläche gemachten Voraussetzungen nach dem HUYGENSschen Prinzip nicht berechnet werden kann.

2. Abstrahlung der H_{10}-Welle aus einem rechteckigen Hohlleiter. Schlitzantennen.

Für die Antennenstrahlung kommt im wesentlichen die Abstrahlung derjenigen Hohlleiterwellen in Betracht, bei denen die elektrische Feldstärke auf der ganzen Öffnungsfläche parallel und gleichgerichtet ist. Das ist nach Kap. 8.2 im rechteckigen Hohlleiter die H_{10}- bzw. H_{01}-Welle, im kreisförmigen Hohlleiter annähernd die H_{11}-Welle. Bei den übrigen Hohlleitern ergeben sich ähnliche Wellen; vgl. Abschn. 3. Wir betrachten im folgenden die Abstrahlung der H_{10}-Welle im rechteckigen Hohlleiter.

Die H_{10}-Welle hat in einem unendlich langen Hohlleiter nach den Gl. (8.26) mit $m = 1$ und $n = 0$ für eine Querschnittsebene $z = \text{const}$ die tangentialen Feldstärken

$$H_x = \mathrm{i}\, h \frac{\pi}{2a} C \cos\frac{\pi x}{2a}, \qquad E_y = -\mathrm{i}\, \omega \mu_0 \frac{\pi}{2a} C \cos\frac{\pi x}{2a}, \tag{5}$$

während H_y und E_x Null sind. Bei der H_{01}-Welle sind nur die x- und y-Achsen vertauscht. Die Fortpflanzungskonstante h ist nach Gl. (8.21) für $m = 1$ und $n = 0$

$$h = k_0 \sqrt{1 - \left(\frac{\pi}{2k_0 a}\right)^2}. \tag{6}$$

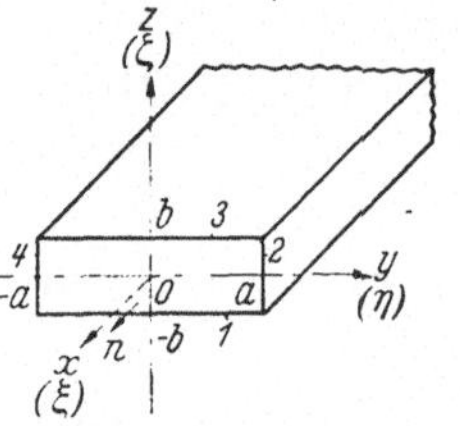

Bild 22.1. Zur Abstrahlung aus einem rechteckigen Hohlleiter.

Vertauschen wir für eine waagerecht liegende Hohlleiterantenne entsprechend Bild 22.1 gegenüber den Gl. (8.26) die z- und x-Achsen und entsprechend die übrigen Koordinaten zyklisch und bezeichnen die Koordinaten auf der Oberfläche $x = 0$ mit η und ζ, so liefert (5) mit $\frac{\pi}{2a} C = A$ für die tangentialen Feldstärken auf der Öffnungsfläche die Werte

$$H_\eta = \mathrm{i}\, h A \cos\frac{\pi \eta}{2a}, \qquad E_\zeta = -\mathrm{i}\, \omega \mu_0 A \cos\frac{\pi \eta}{2a}. \tag{7}$$

Damit haben wir die primären, in Kap. 5 und Gl. (1) mit $\boldsymbol{H}_{0p}$ und $\boldsymbol{E}_{0p}$ bezeichneten Feldstärken auf der Öffnungsfläche bestimmt. Diesen Feldstärken entsprechen nach den Gl. (1), da die Normale in das Innere des Strahlungsraumes, also in positive x-Richtung zeigt, die elektrischen und magnetischen Flächenstromdichten

$$\begin{aligned} J_{f\zeta} &= H_\eta = \mathrm{i}\, h A \cos\frac{\pi \eta}{2a}, \\ J_{mf\eta} &= -E_\zeta = \mathrm{i}\, \omega \mu_0 A \cos\frac{\pi \eta}{2a}. \end{aligned} \tag{7a}$$

Diese Ströme liefern ein Fernfeld, das durch die elektrischen und magnetischen Strahlungspotentiale (2) gegeben ist. Setzt man das beim

Einsetzen auftretende Flächenintegral

$$\frac{1}{4\pi}\int\limits_F e^{-i k_0 (r_F - r)} \cos\frac{\pi\eta}{2a}\, df = -S, \tag{8}$$

so werden die Strahlungspotentiale (2) mit Weglassung des Index ∞

$$P_z = -\frac{hA}{i\omega\varepsilon_0}\frac{e^{-ik_0 r}}{r} S, \qquad Q_y = A\frac{e^{-ik_0 r}}{r} S. \tag{9}$$

Das Integral S ist elementar lösbar. Für das Fernfeld wird nämlich bei Beschränkung auf die ersten, in diesem Fall linearen Glieder (FRAUNHOFERsche Beugung, vgl. Kap. 5.2)

$$r_F = \sqrt{x^2 + (y-\eta)^2 + (z-\zeta)^2} \approx r - \frac{y}{r}\eta - \frac{z}{r}\zeta. \tag{10}$$

Mithin wird S mit $df = d\eta\, d\zeta$ und Zerlegen des Sinus in Exponentialfunktionen

$$S = -\frac{1}{8\pi}\int\limits_{\eta=-a}^{a}\int\limits_{\zeta=-b}^{b} e^{ik_0\left(\frac{y}{r}\eta + \frac{z}{r}\zeta\right)}\left[e^{i\frac{\pi\eta}{2a}} + e^{-i\frac{\pi\eta}{2a}}\right] d\eta\, d\zeta. \tag{11}$$

Das liefert mit elementarer Integration der Exponentialfunktionen und Einsetzen der Kugelkoordinaten r, ϑ, ψ durch $x = r\cos\psi\sin\vartheta$, $y = r\sin\psi\sin\vartheta$, $z = r\cos\vartheta$ entsprechend Gl. (3.48)

$$S = ab\frac{\sin(k_0 b\cos\vartheta)}{k_0 b\cos\vartheta}\,\frac{\cos(k_0 a\sin\psi\sin\vartheta)}{(k_0 a\sin\psi\sin\vartheta)^2 - (\pi/2)^2}. \tag{12}$$

Damit sind die Strahlungspotentiale (9) des Fernfeldes und mithin das gesamte Fernfeld bekannt. Die elektrischen Feldstärken werden nach Gl. (3) und den entsprechenden Gleichungen für E_x und E_y bei alleinigem Vorhandensein von P_z und Q_y

$$\begin{aligned} E_z &= -i\omega\mu_0\frac{\partial Q_y}{\partial x} + k_0^2 P_z + \frac{\partial^2 P_z}{\partial z^2}, \\ E_x &= i\omega\mu_0\frac{\partial Q_y}{\partial z} + \frac{\partial^2 P_z}{\partial x\,\partial z}, \qquad E_y = \frac{\partial^2 P_z}{\partial y\,\partial z}. \end{aligned} \tag{13}$$

Das ergibt mit Einsetzen der Strahlungspotentiale (9) unter Berücksichtigung von Gl. (4) und der in (4.5a) angegebenen Beziehung $Z_0 = k_0/\omega\varepsilon_0 = \omega\mu_0/k_0$ die Fernfeldstärken

$$\begin{aligned} E_x &= A k_0^2 Z_0\left(\frac{z}{r} + \frac{h}{k_0}\frac{xz}{r^2}\right)\frac{e^{-ik_0 r}}{r} S, \\ E_y &= A k_0^2 Z_0\frac{h}{k_0}\frac{yz}{r^2}\frac{e^{-ik_0 r}}{r} S, \\ E_z &= -A k_0^2 Z_0\left(\frac{x}{r} + \frac{h}{k_0}\left\{1 - \frac{z^2}{r^2}\right\}\right)\frac{e^{-ik_0 r}}{r} S. \end{aligned} \tag{14}$$

Die Umrechnungsformeln (3.55) ergeben mit Einführung von Kugelkoordinaten r, ϑ, ψ wie bei Gl. (12) die Kugelkomponenten

$$\begin{aligned} E_\vartheta &= A\,k_0^2 Z_0 \left(\cos\psi + \frac{h}{k_0}\sin\vartheta\right)\frac{e^{-ik_0 r}}{r}\,S, \\ E_\psi &= -A\,k_0^2 Z_0 \sin\psi\cos\vartheta\,\frac{e^{-ik_0 r}}{r}\,S, \end{aligned} \tag{14a}$$

während $E_r = 0$ wird. Die entsprechende Berechnung der magnetischen Feldstärke würde 2 Komponenten $H_\psi = E_\vartheta/Z_0$ und $H_\vartheta = -E_\psi/Z_0$ liefern. Für S ist in den Gl. (14 u. 14a) der Wert (12) einzusetzen. Damit sind sämtliche Fernfeldstärken bekannt. Die Feldstärken unterscheiden sich von den Werten, die man nach der einfachen KIRCHHOFFschen Formel (5.8) für skalare Funktionen bekommen würde. Danach würde z. B. $E_x = 0$ im Gegensatz zu Gl. (14).

Die Richtwirkung der Antenne ist im wesentlichen durch die beiden letzten Faktoren der Gl. (12) gegeben. Der 1. Faktor entspricht der gleichmäßigen Strombelegung in z-Richtung und stimmt mit der Gruppencharakteristik (19.23) einer eng mit Dipolen belegten Reihe überein. Der 2. Faktor weicht wegen der sinusförmigen Feldstärkenverteilung in y-Richtung der Öffnungsfläche von der Kennlinie der gleichmäßig belegten Dipolreihe ab. Das Diagramm wird breiter und die Nebenzipfel kleiner wie bei jeder nach außen schwächer erregten Antennengruppe. Bild 22.2 zeigt als Beispiel das nach (14a u. 12) für $\vartheta = \pi/2$ berechnete Horizontaldiagramm einer rechteckigen Hohlleiterantenne der Breite $2a = 12\lambda$ im Vergleich zu einer mit 24 Dipolen im Abstand $\lambda/2$ belegten Dipolzeile. Für die Halbwertsbreite ergibt sich aus (12) für $\vartheta = \pi/2$ und $S/S_{\max} = 1/\sqrt{2}$ der Wert

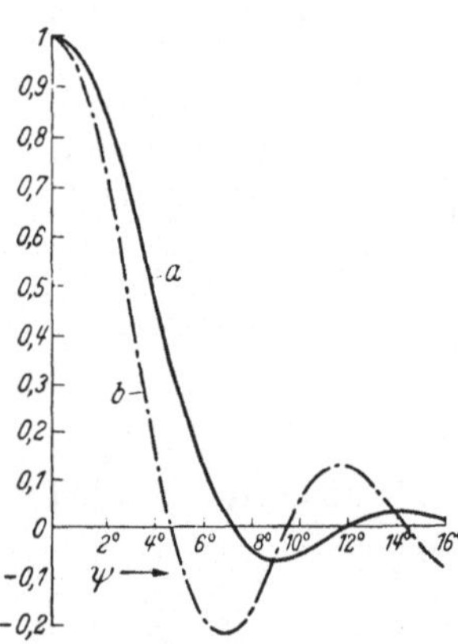

Bild 22.2. Horizontaldiagramm einer rechteckigen Hohlleiterantenne der Breite 12 λ. *a* im Vergleich zu einer gleichmäßig belegten Dipolreihe *b*.

$$2\sin\varphi_h \approx 2\varphi_h = \frac{3{,}74}{\pi}\,\frac{\lambda}{2a} = 1{,}19\,\frac{\lambda}{L} \quad \text{oder} \quad 2\varphi_h{}^\circ = 68^\circ\,\frac{\lambda}{L}, \tag{15}$$

der allgemein bei sinusförmig verteilter Erregung einer Länge L an die Stelle von Gl. (19.26) bei gleichmäßiger Erregung tritt.

Entsprechend dem Diagramm ist der Gewinn und die Absorptionsfläche kleiner als der einer gleichmäßig belegten Dipolfläche. Für den Gewinn brauchen wir nach Gl. (18.6) das Feldstärkenquadrat im Empfangspunkt und die gesamte abgestrahlte Leistung. Die in der Hauptrichtung $\vartheta = \pi/2$, $\psi = 0$ in der Entfernung r_0 erzeugte Feldstärke ist nach den Gl. (14a u. 12)

$$|E_\vartheta|_{\substack{\vartheta=\pi/2\\ \psi=0}} = |E_{\max}| = |E_0| = Z_0\,|H_0| = \frac{A\,k_0^2 Z_0}{r_0}\left(1+\frac{h}{k_0}\right)\frac{2\,a\,b}{\pi^2}. \tag{16}$$

Die gesamte abgestrahlte Leistung ergibt sich am einfachsten aus der Integration des POYNTINGschen Vektors über die Öffnungsfläche. Da die Feldstärken auf der Öffnungsfläche mit der Voraussetzung der vorliegenden Näherungsmethode durch die Gl. (7) gegeben sind, ist die gesamte Strahlungsleistung in der gleichen Näherung

$$P = \tfrac{1}{2}\int_F (\boldsymbol{E}\times\boldsymbol{H}^k)\,\mathbf{d}\boldsymbol{f} = -\tfrac{1}{2}\int_{\eta=-a}^{a}\int_{\zeta=-b}^{b} E_\zeta\,H_\psi^k\,\mathrm{d}\eta\,\mathrm{d}\zeta = \omega\,\mu_0\,h\,A^2\,a\,b. \tag{17}$$

Mithin wird der Gewinn nach Gl. (18.6) wegen $\omega\mu_0 = Z_0 k_0$

$$G = \frac{4\pi Z_0\,r_0^2\,|H_0|^2}{3P} = \frac{16}{3}\,\frac{k_0^2\,a\,b}{\pi^3}\,\frac{k_0}{h}\left(1+\frac{h}{k_0}\right)^2. \tag{18}$$

Dabei wäre für h der Wert (6) einzusetzen. Da aber die Lösung nach dem HUYGENSschen Prinzip nur für große Öffnungen und damit für $a \gg \lambda$ gilt, ist $h \approx k_0$. Mithin erhält man mit $k_0 = 2\pi/\lambda$ und Einführung der Öffnungsfläche $F = 4ab$ als Endformel für den Gewinn und die Absorptionsfläche, die nach (18.8) durch Multiplikation von G mit $\frac{3}{8\pi}\,\lambda^2$ gegeben ist, die Werte

$$G = \frac{64}{3\pi}\,\frac{F}{\lambda^2}, \qquad A = \frac{8}{\pi^2}\,F = \alpha\,F. \tag{19}$$

Der Flächenfaktor α, das Verhältnis von Absorptionsfläche und geometrischer Antennenfläche, wird also für die offene Hohlleitung

$$\alpha = \frac{A}{F} = \frac{8}{\pi^2} = 0{,}81, \tag{19a}$$

während er bei gleichmäßig belegter Dipolfläche etwa 1 war.

Zur Erzielung eines praktisch brauchbaren Gewinns muß die Öffnungsfläche F groß gegen λ^2 sein. Das widerspricht den in Kap. 8 angegebenen Stabilitätsforderungen, nach denen für die H_{10}-Welle $2b < \lambda/2$ sein und $2a$ zwischen $\lambda/2$ und λ liegen sollte. Um bei einer stabilen Hohlleiterwelle, also einem Hohlleiter mit relativ kleinem Querschnitt, trotzdem gute Bündelung, also eine große Öffnungsfläche zu haben, kann man entweder die Hohlleiteröffnung nach einer Seite oder nach beiden Seiten trichterförmig erweitern, was die im nächsten Abschnitt zu besprechenden Hornantennen ergibt, oder man kann mehrere Einzelöffnungen in richtigen Abständen an einer Hohlleiterwand anbringen, was auf die sogenannten Schlitzantennen führt, von denen Bild 22.3 ein Beispiel zeigt. Die Schlitze können auch in der Seitenwand liegen. Sie müssen dort im allgemeinen schräg gestellt werden, da für die

Erregung entsprechend Bild 17.4 der Schlitz die ursprünglichen Flächenströme senkrecht schneiden muß.

Im Gegensatz zu den Schlitzdipolen in Kap. 17.3 erfolgt die Speisung der einzelnen Schlitze von einer Hohlleiterwelle aus. Die Berechnung des einzelnen Schlitzes erfolgt wie in dem durchgeführten Fall aus der unverzerrten Primärfeldstärke auf der Öffnungsfläche. Die Charakteristik und der Gewinn der Gesamtantenne kann nach den Formeln von Kap. 19 für beliebige Antennengruppen berechnet werden, wobei die Bezugsgrößen der Einzelschlitze in 1. Näherung aus der geometrischen Lage der Schlitze ohne Berücksichtigung einer Rückwirkung folgen, während bei strengerer Rechnung die Rückwirkung der entnommenen Leistung auf die primäre Hohlleiterwelle berücksichtigt werden muß. Durch eine Reihenanordnung nach Bild 22.3 wird namentlich bei mehreren Schlitzen die Breitbandigkeit der Hohlleiterantennen (vgl. den Schluß von Abschn. 3) genau wie bei den Dipolantennen mit Reihenspeisung verschlechtert. Man kann die Breitbandigkeit wieder verbessern, indem man die einzelnen Schlitze zu Gruppen mit getrennten und gleich langen Zuführungsleitungen zusammenfaßt, weitere Einzelheiten und Berechnungen von Schlitzantennen in der Literatur, z. B. den Büchern von Kraus und Silver.

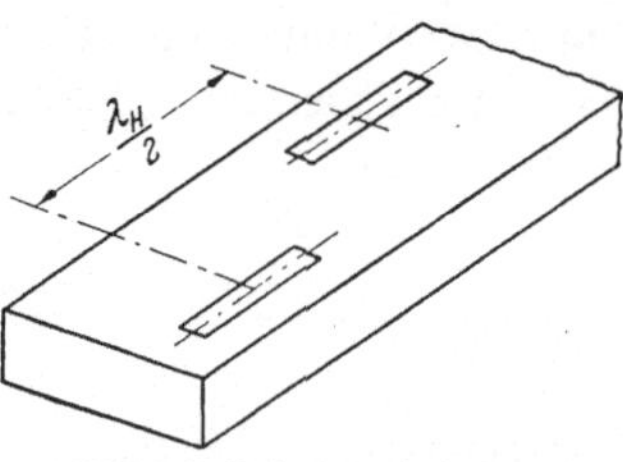

Bild 22.3. Beispiel einer Schlitzantennenanordnung im rechteckigen Hohlleiter.

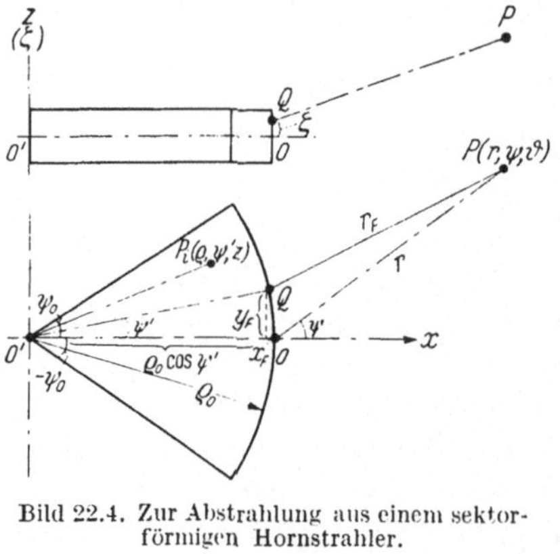

Bild 22.4. Zur Abstrahlung aus einem sektorförmigen Hornstrahler.

3. Hornstrahler (Trichterantennen).

Als einfachsten Hornstrahler betrachten wir den nur in einer Richtung ausgeweiteten sektorförmigen Hornstrahler von Bild 22.4. Zur Berechnung gehen wir wie in Abschn. 2 von der ungestörten Primärwelle auf der Öffnungsfläche $\varrho = \varrho_0$ aus. Wir müssen daher zunächst die Hohlleiterwellen in einem unendlich langen sektorförmigen Hohlleiter berechnen, und zwar wollen wir diejenigen Wellen auswählen, die den H_{10}- bzw. H_{01}-Wellen im rechteckigen Hohlleiter entsprechen, die also nur eine E-Komponente auf der Öffnungsfläche haben. In Kap. 8, Gl. (8.30) hatten wir die H_{m0}-Wellen im rechteckigen Hohlleiter statt von einem axialen Strahlungsvektor von einem Strahlungsvektor in der Querschnittsebene abgeleitet. Wir werden daher auch hier versuchen, die gesuchten Wellen aus einem elektrischen oder magnetischen Strahlungsvektor Π in z-Richtung abzuleiten, für den als geradlinige Komponente nach Kap. 3 die normale Wellengleichung gilt. Daher muß Π die Form (4.36) der allgemeinen Lösung der Wellengleichung in Zylinderkoordinaten ϱ, ψ, z haben. Da sich die Wellen in ϱ-Richtung fortpflanzen sollen, kommt von den Zylinderfunktionen nur die HANKELsche Funktion 2. Art $\mathrm{H}_\nu^{(2)}$ in Betracht, während die Abhängigkeit von ψ und z wegen der Hohlleiterwände periodisch mit der Periodenlänge $2\psi_0$ bzw. $2b$ sein muß. Das Strahlungspotential Π muß daher die Form

$$\Pi = \mathrm{H}_\nu^{(2)}\left(\sqrt{k_0^2 - h^2}\,\varrho\right)[c_1 \cos\nu\,\psi + c_2 \sin\nu\,\psi]\,[c_3 \cosh z + c_4 \sinh z] \tag{20}$$

mit

$$\nu = \frac{m\,\pi}{2\psi_0}, \qquad h = \frac{n\,\pi}{2b} \tag{20a}$$

haben.

Die Feldstärken ergeben sich nach den allgemeinen Gl. (3.22) mit den Komponentendarstellungen (3.46) für einen elektrischen Vektor $\Pi = P_z$ zu

$$\begin{aligned} H_\varrho &= \mathrm{i}\,\omega\,\varepsilon_0 \frac{\partial P_z}{\varrho\,\partial\psi}, & H_\psi &= -\mathrm{i}\,\omega\,\varepsilon_0 \frac{\partial P_z}{\partial\varrho}, & H_z &= 0, \\ E_\varrho &= \frac{\partial^2 P_z}{\partial\varrho\,\partial z}, & E_\psi &= \frac{1}{\varrho}\,\frac{\partial^2 P_z}{\partial\psi\,\partial z}, & E_z &= k_0^2 P_z + \frac{\partial^2 P_z}{\partial z^2} \end{aligned} \tag{21}$$

und entsprechend für einen magnetischen Vektor $\Pi = Q_z$ durch Vertauschen der elektrischen und magnetischen Größen $\boldsymbol{H}$ mit $\boldsymbol{E}$, $\boldsymbol{P}$ mit $\boldsymbol{Q}$ und ε_0 mit $-\mu_0$. Soll wie bei der $\mathrm{H}_{1\,0}$- bzw. $\mathrm{H}_{0\,1}$-Welle der elektrische Vektor nur eine Komponente auf der Öffnungsfläche haben, so muß nach den Gl. (21) ein elektrischer Strahlungsvektor P_z unabhängig von z, also $n = 0$, sein, da dann als elektrische Feldstärke nur $E_z = k_0^2 P_z$ bleibt, ein magnetischer Strahlungsvektor Q_z dagegen unabhängig von ψ, also $m = 0$, sein, da dann nur $E_\psi = \mathrm{i}\,\omega\,\mu_0\,\partial Q_z/\partial\varrho$ bleibt. Wählen wir für die übrigbleibende Abhängigkeit von ψ bzw. z die Grundwelle, so haben wir für die gesuchten Wellen die beiden Möglichkeiten

$$P_z = C\,\mathrm{H}_{\pi/2\psi_0}^{(2)}(k_0\,\varrho)\cos\frac{\pi\,\psi}{2\psi_0}, \quad Q_z = C\,\mathrm{H}_0^{(2)}\left(\sqrt{k_0^2 - \left(\frac{\pi}{2b}\right)^2}\,\varrho\right)\cos\frac{\pi\,z}{2b}. \tag{22}$$

Ein Sinusglied fällt fort, da dieses die Grenzbedingungen der elektrischen Feldstärke an den Wänden $\pm\psi_0$ und $\pm b$ nicht erfüllen würde.

Durch Einsetzen von (22) in (21) bzw. die analogen Gleichungen mit Q_z ergeben sich sämtliche Feldstärken. Die für die Berechnung der Abstrahlung interessierenden tangentialen Feldstärken in der Querschnittsebene werden

$$\begin{aligned} H_\psi &= -\mathrm{i}\,\omega\,\varepsilon_0\,k_0\,C\,\mathrm{H}_{\pi/2\psi_0}^{(2)\prime}(k_0\,\varrho)\cos\frac{\pi\,\psi}{2\psi_0}, \\ E_z &= k_0^2\,C\,\mathrm{H}_{\pi/2\psi_0}^{(2)}(k_0\,\varrho)\cos\frac{\pi\,\psi}{2\psi_0} \end{aligned} \tag{23}$$

bzw.

$$H_z = g^2\, C\, \mathrm{H}_0^{(2)}(g\,\varrho) \cos\frac{\pi z}{2b}, \qquad E_\psi = i\,\omega\,\mu_0\, g\, C\, \mathrm{H}_0^{(2)\prime}(g\,\varrho) \cos\frac{\pi z}{2b} \tag{23a}$$

mit

$$g = \sqrt{k_0^2 - \left(\frac{\pi}{2b}\right)^2}. \tag{23b}$$

Für eine bestimmte Querschnittsfläche $\varrho = \varrho_0$ stellt die HANKELsche Funktion einen konstanten Wert dar, der für die Feldstärkenverteilung nicht weiter interessiert und den wir gleich einer Konstanten setzen können. Erforderlich ist nur das Verhältnis von $\mathrm{H}_\nu^{(2)\prime}$ zu $\mathrm{H}_\nu^{(2)}$. Da in den praktisch interessierenden Fällen der Radius ϱ_0 der Öffnungsfläche groß gegen λ ist, gelten für die HANKELschen Funktionen die asymptotischen Näherungswerte für große Argumente. Nach der für beliebige, auch gebrochene Indexe geltenden Gl. (7.21) wird dann aber

$$\lim_{x\to\infty} \mathrm{H}_\nu^{(2)\prime}(x) = -\,\mathrm{i} \lim_{x\to\infty} \mathrm{H}_\nu^{(2)}(x). \tag{24}$$

Mit dieser Beziehung ergeben sich aus (23 u. 23a) die gesuchten primären Feldstärken auf der Öffnungsfläche des betrachteten Hornstrahlers, wenn wir die Koordinaten der Öffnungsfläche $\varrho = \varrho_0$ mit ψ' und ζ bezeichnen, zu

$$H_{\psi'} = -\,\omega\,\varepsilon_0\, A \cos\frac{\pi\,\psi'}{2\,\psi_0}, \qquad E_\zeta = k_0\, A \cos\frac{\pi\,\psi'}{2\,\psi_0} \tag{25}$$

bzw.

$$H_\zeta = g\, B \cos\frac{\pi\,\zeta}{2b}, \qquad E_{\psi'} = \omega\,\mu_0\, B \cos\frac{\pi\,\zeta}{2b}. \tag{25a}$$

Im 1. Fall A liegt der elektrische Vektor quer zur Ausdehnung des Trichters analog zu einer Dipolzeile, im 2. Fall B in Richtung der Trichterausdehnung analog zu einer Dipollinie. Die Größe ist in der zu $\boldsymbol{E}$ senkrechten Richtung sinusförmig verteilt.

Nach Ermittlung der Primärfeldstärken gestaltet sich die übrige Rechnung wie in Abschn. 1 u. 2. Wir berechnen zunächst den Fall A. Den Feldstärken $H_{\psi'}$ und E_ζ entsprechen nach den Gl. (1), da die Flächennormale $\boldsymbol{n}$ in die positive ϱ-Richtung zeigt, die elektrischen und magnetischen Flächenströme

$$J_\zeta = H_{\psi'} = -\,\omega\,\varepsilon_0\, A \cos\frac{\pi\,\psi'}{2\,\psi_0}, \quad J_{m\,\psi'} = -\,E_\zeta = -\,k_0\, A \cos\frac{\pi\,\psi'}{2\,\psi_0}. \tag{26}$$

Zerlegt man $J_{m\,\psi'}$ in die beiden rechtwinkligen Komponenten $J_{m\,x} = -J_{m\,\psi'} \sin\psi'$, $J_{m\,y} = J_{m\,\psi'} \cos\psi'$ (vgl. Bild 22.4), so werden die rechtwinkligen Komponenten der Strahlungsvektoren nach den Gl. (2) ohne den Index ∞

$$P_z = \frac{\mathrm{i}\,A}{4\pi}\,\frac{\mathrm{e}^{-\mathrm{i}\,k_0\,r}}{r}\,T, \qquad Q_x = \frac{\mathrm{i}\,k_0\,A}{4\pi\,\omega\,\mu_0}\,\frac{\mathrm{e}^{-\mathrm{i}\,k_0\,r}}{r}\,T_1, \qquad Q_y = \frac{-\,\mathrm{i}\,k_0\,A}{4\pi\,\omega\,\mu_0}\,\frac{\mathrm{e}^{-\mathrm{i}\,k_0\,r}}{r}\,T_2. \tag{27}$$

Dabei ist

$$T = \int_F e^{-i k_0 (r_F - r)} \cos\frac{\pi \psi'}{2\psi_0} \, df, \tag{28}$$

während T_1 und T_2 dasselbe Integral mit einem zusätzlichen Faktor $\sin\psi'$ bzw. $\cos\psi'$ unter dem Integral sind.

Zur Berechnung der Integrale ist r_F zu bestimmen. Die Koordinaten eines beliebigen Flächenpunktes Q in bezug auf das Koordinatensystem x, y, z des Strahlungsfeldes sind nach Bild 22.4

$$x_F = -\varrho_0(1 - \cos\psi') \approx -\varrho_0 \frac{\psi'^2}{2}, \quad y_F = \varrho_0 \sin\psi' \approx \varrho_0 \psi', \quad z_F = \zeta, \tag{29}$$

wobei die Näherungswerte für nicht zu breite Öffnungen, etwa für $\psi_0 \leqq 30°$ und damit für die meisten praktischen Fälle, ausreichen. Mit den Werten (29) wird r_F entsprechend Gl. (10 oder 19.9)

$$r_F \approx r - \frac{x}{r} x_F - \frac{y}{r} y_F - \frac{z}{r} z_F = r + \frac{x}{r} \frac{\varrho_0 \psi'^2}{2} - \frac{y}{r} \varrho_0 \psi' - \frac{z}{r} \zeta. \tag{30}$$

Das Einsetzen in die Integrale (28) führt für ζ auf elementare, für ψ' wegen des quadratischen Gliedes auf FRESNELsche Integrale (FRESNELsche Beugung, vgl. Kap. 5.2). Zerlegt man die in T_1 und T_2 auftretenden trigonometrischen Funktionen von ψ' in Exponentialfunktionen, so lassen sich die Integrale für ψ' mit einfachen Substitutionen (Hinzufügen der quadratischen Ergänzung) auf die Form

$$\int_0^u e^{i\frac{\pi}{2}t^2} dt = \int_0^u \cos\left(\frac{\pi}{2}t^2\right) dt + i\int_0^u \sin\left(\frac{\pi}{2}t^2\right) dt = \mathrm{C}(u) + i\,\mathrm{S}(u) \tag{31}$$

bringen, wo $\mathrm{C}(u)$ und $\mathrm{S}(u)$ die normalen, z. B. im JAHNKE-EMDE tabulierten FRESNELschen Integrale sind. Damit ist das gesamte Strahlungsfernfeld mit tabulierten Funktionen berechenbar.

Wir beschränken uns auf die Berechnung des Gewinns. Dazu gebrauchen wir nach (18.6) nur die Feldstärke in der Hauptrichtung, also für $y = z = 0$, $x = r = r_0$. Hierfür wird nach Gl. (30) $r_F - r = \varrho_0 \psi'^2/2$ und damit der Integrand von T und T_1 gerade, der von T_1 wegen $\sin\psi'$ ungerade, so daß T_1 und damit Q_x Null wird. Weiter werden nach (4) sämtliche Differentialquotienten nach y und z Null, so daß nach (3 u. 4) $\boldsymbol{E}$ nur die Komponente

$$\begin{aligned} E_z &= -i\omega\mu_0 \frac{\partial Q_y}{\partial x} + k_0^2 P_z \\ &= -\omega\mu_0 k_0 Q_y + k_0^2 P_z = \frac{i k_0^2 A}{4\pi} \frac{e^{-i k_0 r}}{r} (T + T_2) \end{aligned} \tag{32}$$

hat. Das entspricht der elektrischen Feldstärke E_ζ auf der Öffnungsfläche. Der Wert E_z stimmt mit dem Wert überein, den man nach der einfachen KIRCHHOFFschen Formel (5.13) erhalten würde, dagegen nicht die oben abgeleiteten allgemeinen Werte.

Da die ausgestrahlte Leistung durch Integration über die Öffnungsfläche wie in Abschn. 2, Gl. (17) mit den Feldstärken (26)

$$\begin{aligned} P &= \tfrac{1}{2}\int\limits_F (\boldsymbol{E}\times\boldsymbol{H}^k)\,\mathrm{d}\boldsymbol{f} = -\tfrac{1}{2}\int\limits_{-\psi_0}^{\psi_0}\int\limits_{-b}^{b} E_\zeta H^k_{\psi'}\,\varrho_0\,\mathrm{d}\psi'\,\mathrm{d}\zeta \\ &= b\,\varrho_0\,\psi_0\,\omega\,\varepsilon_0\,k_0\,A^2 = \frac{k_0^2}{Z_0}A^2\,b\,\varrho_0\,\psi_0 \end{aligned} \tag{33}$$

ist, wird der Gewinn nach Gl. (18.6)

$$G = \frac{1}{12\pi}\,\frac{k_0^2}{b\,\varrho_0\,\psi_0}\,|\,T + T_2\,|^2 = \frac{\pi}{3\lambda^2\,b\,\varrho_0\,\psi_0}\,|\,T + T_2\,|^2. \tag{34}$$

T und T_2 sind durch (28) mit $r_F - r = \varrho_0\,\psi'^2/2$ und $\mathrm{d}f = \varrho_0\,\mathrm{d}\,\psi'\,\mathrm{d}\zeta$ gegeben.

Zerlegt man den in T_2 unter dem Integral auftretenden Wert $\cos\frac{\pi\,\psi'}{2\,\psi_0}\cos\psi' = \frac{1}{2}\cos\left(\frac{\pi}{2\psi_0}+1\right)\psi' + \frac{1}{2}\cos\left(\frac{\pi}{2\,\psi_0}-1\right)\psi'$, so hat man 3 Integrale der Form

$$\begin{aligned} T(\alpha) &= \int\limits_{-\psi_0}^{\psi_0}\int\limits_{-b}^{b} \mathrm{e}^{-\mathrm{i}\,k_0\,\varrho_0\frac{\psi'^2}{2}}\cos\alpha\,\psi'\,\varrho_0\,\mathrm{d}\,\psi'\,\mathrm{d}\zeta \\ &= 2b\,\frac{\varrho_0}{2}\int\limits_{-\psi_0}^{\psi_0} \mathrm{e}^{-\mathrm{i}\frac{\pi}{2}\frac{2\varrho_0}{\lambda}\psi'^2}\,[\mathrm{e}^{\mathrm{i}\,\alpha\,\psi'} + \mathrm{e}^{-\mathrm{i}\,\alpha\,\psi'}]\,\mathrm{d}\,\psi'. \end{aligned} \tag{35}$$

Da wegen der symmetrischen Grenzen beide Teilintegrale gleich sind, wird mit der Substitution

$$\frac{2\varrho_0}{\lambda}\,\psi'^2 + 2\frac{\alpha}{\pi}\,\psi' + \frac{\lambda}{2\varrho_0}\,\frac{\alpha^2}{\pi^2} = \left(\sqrt{\frac{2\varrho_0}{\lambda}}\,\psi' + \sqrt{\frac{\lambda}{2\varrho_0}}\,\frac{\alpha}{\pi}\right)^2 = t^2 \tag{36}$$

und (31)

$$T(\alpha) = 2\,b\,\varrho_0\,\mathrm{e}^{\mathrm{i}\frac{\pi}{2}\frac{\lambda}{2\varrho_0}\frac{\alpha^2}{\pi^2}}\sqrt{\frac{\lambda}{2\varrho_0}}\,[\{\mathrm{C}(u_\alpha) - \mathrm{C}(v_\alpha)\} - \mathrm{i}\,\{\mathrm{S}(u_\alpha) - \mathrm{S}(v_\alpha)\}] \tag{37}$$

mit

$$u_\alpha = \sqrt{\frac{\lambda}{2\varrho_0}}\,\frac{\alpha}{\pi} + \sqrt{\frac{2\varrho_0}{\lambda}}\,\psi_0\,, \qquad v_\alpha = \sqrt{\frac{\lambda}{2\varrho_0}}\,\frac{\alpha}{\pi} - \sqrt{\frac{2\varrho_0}{\lambda}}\,\psi_0\,. \tag{37a}$$

Da die Fresnelschen Integrale C und S tabuliert sind, ist $T(\alpha)$ zahlenmäßig bekannt. Der in (34) auftretende Wert wird mit Einführung des Integrals (37) und Beachtung der vor Gl. (35) angegebenen Zerlegung

$$T + T_2 = T\left(\frac{\pi}{2\psi_0}\right) + \frac{1}{2}\,T\left(\frac{\pi}{2\psi_0}+1\right) + \frac{1}{2}\,T\left(\frac{\pi}{2\psi_0}-1\right), \tag{38}$$

womit der Gewinn zahlenmäßig bekannt ist. Einen einfacheren Näherungswert erhält man, wenn man im ursprünglichen Integranden von T_2 $\cos\psi'$ durch 1 annähert. Dadurch wird $T_2 = T = T\left(\frac{\pi}{2\psi_0}\right)$ und man erhält eingesetzt in (34) den Gewinn zu

$$G = \frac{8\pi}{3}\,\frac{b}{\lambda\,\psi_0}\,[\{\mathrm{C}(u_\alpha) - \mathrm{C}(v_\alpha)\}^2 + \{\mathrm{S}(u_\alpha) - \mathrm{S}(v_\alpha)\}^2]. \tag{39}$$

Dabei sind u_α und v_α durch Gl. (37a) mit $\alpha = \pi/2\,\psi_0$ gegeben, so daß G mit den tabulierten FRESNELschen Integralen berechenbar ist. Nimmt man die bekannte, z. B. im JAHNKE-EMDE dargestellte CORNUsche Spirale, in der $\mathrm{S}(u)$ als Funktion von $\mathrm{C}(u)$ aufgetragen ist, so ist die eckige Klammer in (39) direkt das Quadrat des Abstandes zwischen den beiden Punkten der Spirale mit den Argumenten u_α und v_α.

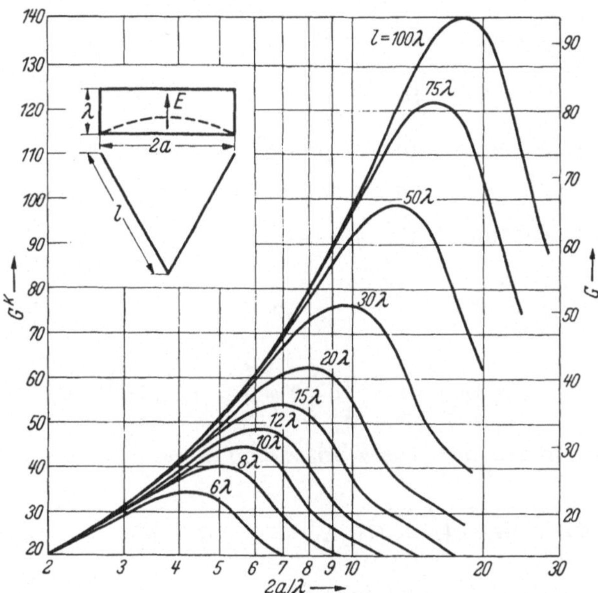

Bild 22.5. Gewinn eines Hornstrahlers mit Ausweitung senkrecht zur elektrischen Feldstärke. (Nach SCHELKUNOFF.)

Aus dem Gewinn ergibt sich die Absorptionsfläche und der Flächenfaktor wie in Abschn. 2 mit der Öffnungsfläche $F = 4b\varrho_0\psi_0 \approx 4ab$ zu

$$A = \alpha F = \frac{3}{8\pi}\,\lambda^2 G = \frac{b\,\lambda}{\psi_0}\,[\{\mathrm{C}(u_\alpha) - \mathrm{C}(v_\alpha)\}^2 + \{\mathrm{S}(u_\alpha) - \mathrm{S}(v_\alpha)\}^2]. \tag{40}$$

Bild 22.5 zeigt den nach (39) berechneten Gewinn für $2b = \lambda$ und verschiedene Öffnungsweiten $2a$ und Antennentiefen $l = \varrho_0$. Für die Rechnung ist näherungsweise $\psi_0 = a/\varrho_0$ gesetzt. Für konstante Öffnungsweiten nähert sich der Gewinn nach Bild 22.5 mit wachsender Antennentiefe einem Grenzwert, der dem Flächenfaktor $\alpha = 8/\pi^2$ von Abschn. 2 entspricht, während sich für eine konstante Antennentiefe eine optimale Öffnungsweite ergibt, die einem Flächenfaktor von etwa 65% entspricht, so daß für optimale Dimensionierung bei gegebener

Antennentiefe $\alpha = 0{,}65$ gilt. Die Kurven fallen bei konstanter Antennentiefe mit kleiner werdendem a ab, weil die Fläche kleiner wird, dagegen mit wachsendem a, weil die Seiten weniger ausgeleuchtet sind und die Wegunterschiede größer werden. Letztere kann man durch Vorsetzen einer Linse (vgl. Kap. 24) verkleinern.

Wir hatten bisher den Fall A betrachtet. Der Fall B ergibt mit einer vollkommen analogen Rechnung für die Feldstärke der Hauptrichtung an Stelle von Gl. (32) als alleinige E-Komponente

$$E_y = \frac{\mathrm{i}\, k_0^2 Z_0 B}{4\pi} \frac{\mathrm{e}^{-\mathrm{i} k_0 r}}{r} \left(T' + \frac{g}{k_0} T_2' \right) \tag{41}$$

und als Gewinn an Stelle von Gl. (34)

$$G = \frac{\pi}{3\lambda^2 b\, \varrho_0 \psi_0} \frac{k_0}{g} \left| T' + \frac{g}{k_0} T_2' \right|^2. \tag{42}$$

In den Gleichungen sind T' und T_2' dieselben Integrale wie oben in Gl. (28), nur mit $\cos\frac{\pi\zeta}{2b}$ an Stelle von $\cos\frac{\pi\psi'}{2\psi_0}$. Daher wird T' nach (31) mit der Substitution $2\varrho_0/\lambda \cdot \psi'^2 = t^2$

$$\begin{aligned} T' &= \int\limits_{-\psi_0}^{\psi_0} \int\limits_{-b}^{b} \mathrm{e}^{-\mathrm{i} k_0 \varrho_0 \frac{\psi'^2}{2}} \cos\frac{\pi\zeta}{2b}\, \varrho_0\, \mathrm{d}\psi'\, \mathrm{d}\zeta \\ &= \frac{4b}{\pi} 2\varrho_0 \sqrt{\frac{\lambda}{2\varrho_0}} \left[\mathrm{C}\left(\sqrt{\frac{2\varrho_0}{\lambda}}\, \psi_0 \right) - \mathrm{i}\, \mathrm{S}\left(\sqrt{\frac{2\varrho_0}{\lambda}}\, \psi_0 \right) \right], \end{aligned} \tag{43}$$

während T_2', in dem noch $\cos\psi'$ unter dem Integral steht, mit Benutzung von (37)

$$T_2' = \frac{4b\varrho_0}{\pi} \mathrm{e}^{\mathrm{i}\frac{\pi}{2}\frac{\lambda}{2\varrho_0}\frac{1}{\pi^2}} \sqrt{\frac{\lambda}{2\varrho_0}} [\{\mathrm{C}(u_1) - \mathrm{C}(v_1)\} - \mathrm{i}\{\mathrm{S}(u_1) - \mathrm{S}(v_1)\}] \tag{44}$$

wird. u_1 und v_1 sind durch Gl. (37a) mit $\alpha = 1$ gegeben. Durch Einsetzen in (42) ist G bekannt. Setzt man wieder wie oben $\cos\psi'$ im Integranden von T_2' näherungsweise gleich 1, wodurch $T_2' = T'$ wird, und setzt außerdem $g/k_0 = 1$, so erhält man für den Gewinn den Näherungswert

$$G = \frac{128}{3\pi} \frac{b}{\lambda\psi_0} \left[\left\{ \mathrm{C}\left(\sqrt{\frac{2\varrho_0}{\lambda}}\, \psi_0 \right) \right\}^2 + \left\{ \mathrm{S}\left(\sqrt{\frac{2\varrho_0}{\lambda}}\, \psi_0 \right) \right\}^2 \right]. \tag{45}$$

Die Näherung $g/k_0 = 1$ ist ebenso wie die entsprechende Näherung bei Gl. (19) im Sinne unserer Näherung zulässig und sogar erforderlich, da die Lösung nur für große Öffnungen gilt und hier nach (23b) $g \approx k_0$ wird. Den nach (45) berechneten Gewinn zeigt Bild 22.6. Die optimalen Gewinne für gegebene Antennentiefe $l = \varrho_0$ sind etwas kleiner und liegen bei etwas kleineren Antennenöffnungen als in Bild 22.5.

Die Näherungsformeln (39 u. 45) für den Gewinn hätte man auch erhalten, wenn man an Stelle der nach Ableitung des Diagramms vorgenommenen Näherungen von Anfang an von einer sinusförmig verteilten Feldstärkenbelegung auf der Öffnungsfläche ausgegangen wäre und für die Feldstärken der Hauptrichtung die einfache KIRCHHOFF-sche Formel (5.13) angewendet hätte. Wir wollen dieses Näherungs-

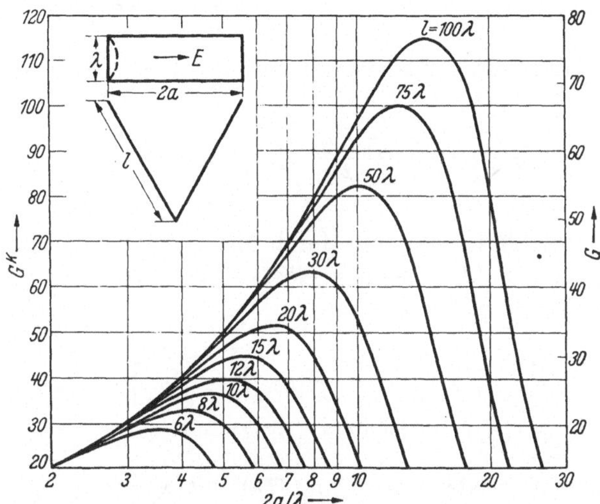

Bild 22.6. Gewinn eines Hornstrahlers mit Ausweitung in Richtung der elektrischen Feldstärke. (Nach SCHELKUNOFF.)

verfahren jetzt auf einen Hornstrahler anwenden, der entsprechend Bild 22.7 in beiden Richtungen ausgeweitet ist, wobei die Belegungsfeldstärke auf der Öffnungsfläche nur in der Richtung ψ' senkrecht zur elektrischen Feldstärke sinusförmig abnehmen, in der anderen Richtung φ' konstant sein soll. Die primäre Feldstärkenbelegung ist daher

$$E = E_0 \cos \frac{\pi \psi'}{2 \psi_0}. \tag{46}$$

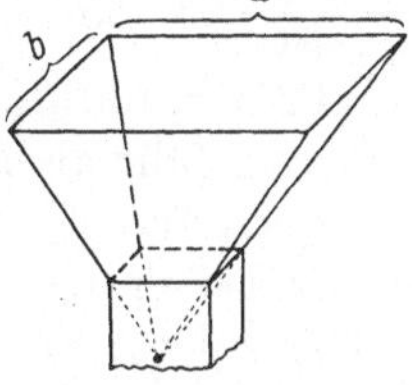

Bild 22.7. Trichter oder Hornstrahler.

Im Gegensatz zum Ansatz (25a) soll diese Feldstärke bereits die parallele Komponente auf der Öffnungsfläche sein, was der früheren Näherung kleiner Öffnungswinkel entspricht. Gl. (46) ist eine Näherung. Wir rechnen mit dieser Näherung, da der genaue Verlauf der ungestörten Feldstärke in dem Hornstrahler von Bild 22.7 wegen des Fehlens geeigneter Koordinaten nicht bekannt ist.

Der Wegunterschied $r_F - r$ für die Hauptrichtung $y = z = 0$ wird, da die Oberfläche in beiden Richtungen ausgeweitet ist, an Stelle von Gl. (30)

$$r_F - r = \frac{\varrho_0 \psi'^2}{2} + \frac{\varrho_0 \varphi'^2}{2}. \tag{47}$$

Mithin ergibt sich die Fernfeldstärke in der Hauptrichtung nach Gl. (5.13) mit den Näherungen $\cos\psi' \approx 1$, $\cos\varphi' \approx 1$ zu

$$E_{\max} = \frac{\mathrm{i}\,\mathrm{e}^{-\mathrm{i}k_0 r}}{\lambda r} \int_{-\psi_0}^{\psi_0} \int_{-\varphi_0}^{\varphi_0} E_0\, \mathrm{e}^{-\mathrm{i}\frac{k_0 \varrho_0}{2}(\psi'^2+\varphi'^2)} \cos\frac{\pi\psi'}{2\psi_0}\, \varrho_0^2\, \mathrm{d}\psi'\, \mathrm{d}\varphi', \tag{48}$$

während die ausgestrahlte Leistung durch Integration über die Öffnungsfläche

$$P = \frac{E_0^2}{2Z_0} \int_{-\psi_0}^{\psi_0} \int_{-\varphi_0}^{\varphi_0} \cos^2\frac{\pi\psi'}{2\psi_0}\, \varrho_0^2\, \mathrm{d}\psi'\, \mathrm{d}\varphi' = \frac{E_0^2}{Z_0}\, \varrho_0^2\, \psi_0\, \varphi_0 \tag{49}$$

wird. Die Integrale in (48) sind durch die Gl. (37 u. 43) mit jeweiliger Streichung des 1. Faktors bereits gelöst. Durch Einsetzen von (48 u. 49) in (18.6) erhält man den Gewinn zu

$$\begin{aligned} G = \frac{4\pi}{3}\,\frac{1}{\psi_0\varphi_0} \left[\left\{\mathrm{C}\left(\sqrt{\frac{2\varrho_0}{\lambda}}\,\varphi_0\right)\right\}^2 + \left\{\mathrm{S}\left(\sqrt{\frac{2\varrho_0}{\lambda}}\,\varphi_0\right)\right\}^2\right] \\ \cdot \left[\{\mathrm{C}(u_\alpha) - \mathrm{C}(v_\alpha)\}^2 + \{\mathrm{S}(u_\alpha) - \mathrm{S}(v_\alpha)\}^2\right], \end{aligned} \tag{50}$$

wobei u_α und v_α wieder durch Gl. (37a) mit $\alpha = \pi/2\psi_0$ gegeben sind. φ_0 und ψ_0 können näherungsweise gleich b/ϱ_0 bzw. a/ϱ_0 gesetzt werden. Der Vergleich von (50) mit (39 u. 45) zeigt, daß man den Gewinn eines nach beiden Seiten ausgeweiteten Hornstrahlers als das Produkt der zu den beiden Öffnungsweiten für eine Höhe $2b = \lambda$ gehörigen Gewinne, multipliziert mit $3\pi/64$ erhält. Für eine Antennentiefe $\varrho_0 = 50\lambda$ erhält man daher nach Bild 22.5 u. 22.6 als günstigste Dimensionierung einen Hornstrahler mit $2a = 12{,}5\lambda$, $2b = 10\lambda$ mit einem Gewinn von $G = \frac{3\pi}{64} \cdot 65 \cdot 55 = 528$. Dem Gewinn entspricht eine Absorptionsfläche $A = 62{,}8\lambda^2$, mithin ein Flächenfaktor $\alpha = 62{,}8/125 \approx 0{,}5$. Dieser Wert kann ungefähr als normal für einen Hornstrahler bei optimaler Dimensionierung für gegebene Antennentiefe angesehen werden, während der Faktor bei großer Tiefe wieder 0,81 wird.

Die zuletzt bei der doppelt ausgeweiteten Trichterantenne durchgeführte Rechnung ist die einfachste Näherungsmethode zur Gewinnberechnung. Allgemein erhält man hiernach, wenn wie in Gl. (46) E die auf der Antennenfläche angesetzte parallele Feldstärke und $\mathrm{d}f$ die Projektion des Flächenelementes in der zugehörigen Hauptrichtung, mithin $P = \frac{1}{2Z_0}\int E^2 \mathrm{d}f$ die abgestrahlte Leistung ist, nach den Gl. (5.13, 18.6 u. 18.8) den auf die Hauptrichtung bezogenen Gewinn und Flächenfaktor zu

$$G = \frac{8\pi}{3\lambda^2}\,\frac{\left|\int E\,\mathrm{e}^{-\mathrm{i}k_0(r_F - r)}\,\mathrm{d}f\right|^2}{\int E^2\mathrm{d}f}, \qquad \alpha = \frac{\left|\int E\,\mathrm{e}^{-\mathrm{i}k_0(r_F - r)}\,\mathrm{d}f\right|^2}{F\int E^2\mathrm{d}f}. \tag{51}$$

Für ebene Flächen $r_F - r = 0$ und sinusförmige Verteilung in einer Richtung ergibt das den Wert $\alpha = 8/\pi^2 = 0{,}81$.

Zum Schluß wollen wir noch kurz die Rückstrahlung und Welligkeit der Hohlleiterantennen betrachten, die nach dem HUYGENSschen Prinzip nicht berechnet werden können.

Die Seiten- und Rückstrahlung der Hohlleiterantennen ist gering und wird im wesentlichen wie bei den Dipolantennen mit Reflektorfläche durch die über den Antennenrand greifenden Ströme verursacht. Sie kann durch Ränder aus absorbierenden Stoffen noch etwas verbessert werden. Die Welligkeit und Breitbandeigenschaften der Hohlleiterantennen sind im Vergleich zu den Dipolgruppen gut, da keine Resonanzkreise, wie sie die einzelnen Dipole darstellen, vorhanden sind. Da die untere Frequenzgrenze durch die Grenzwelle der zuführenden Hohlleitung, die obere Frequenzgrenze durch das Auftreten von Oberwellen, insbesondere der H_{03}-Welle, gegeben ist, bleibt die Wellenform in einem Frequenzband 1 : 3 erhalten. Da sich weder die Rückwirkung noch die Diagrammform mit Änderung der Frequenz wesentlich ändern, kann ein relativ großer Frequenzbereich innerhalb dieses Bandes mit geringer Welligkeit abgestrahlt werden. Den angegebenen Vorteilen steht der Nachteil gegenüber, daß nach den Gewinnkurven der für größere Gewinne allein in Betracht kommenden Hornstrahler für eine große Bündelung eine große Tiefe des Trichters erforderlich ist, wodurch die Dimensionen für längere Wellen zu groß werden. Das Anwendungsgebiet der Hornstrahler liegt daher im wesentlichen im Wellengebiet unter 30 cm. Die Antennen werden außer als direkte Antennen häufig zur Vorbündelung in Verbindung mit Linsenantennen oder zur Erregung von Parabelantennen benutzt; vgl. Kap. 23 u. 24.

23. Kapitel.

Spiegelantennen.

1. Anordnungen und Berechnungsgrundlagen von Spiegelantennen.

Während die in Kap. 22 behandelten Hohlleiterantennen den akustischen Strahlungsquellen ähneln, gehen die Spiegelantennen von optischen Gesichtspunkten aus. Da eine im Brennpunkt einer Parabel stehende punktförmige Lichtquelle ein paralleles Strahlenbündel erzeugt, wird man auch bei den kurzen elektrischen Wellen bei derartigen Reflexionen eine gute Bündelung des reflektierten Strahles erwarten können. Die Spiegelantennen haben daher als Reflektor im allgemeinen ein zylindrisches Paraboloid oder ein allseitiges Rotationsparaboloid, in dessen Brennlinie bzw. Brennpunkt der primäre Strahlungserreger steht.

Abweichende Anordnungen des Erregers kommen für besondere Zwecke vor, z. B. zwei nach beiden Seiten aus der Brennlinie versetzte, abwechselnd eingeschaltete Erreger zum Schwenken der Charakteristik für Peilzwecke. Der Erreger ist entweder ein normaler Einfachdipol (seltener eine kürzere Dipolantenne) oder häufig der Ausgang eines Hohlleiters. Zur Abdeckung des direkten Feldes wird bei Dipolerregern mitunter eine meist halbkugelförmige Kalotte angeordnet. Der erregende Hohlleiter ist meist durch die Parabelfläche durchgeführt und vorn zur Bestrahlung der Parabelfläche umgebogen oder mit reflektierenden Hilfsspiegeln versehen.

Zur Erzielung einer starken Bündelung muß der Radius bzw. die Breite der Parabelöffnung groß gegen die Wellenlänge sein. Da hierbei bei kleinem Brennpunktsabstand (tiefe Paraboloide) die Ausleuchtung der Fläche, d. h. die Verteilung der unverzerrten primären Feldstärke, sehr ungleichmäßig wird, werden die praktischen Spiegelantennen im allgemeinen als flache Paraboloide ausgeführt, so daß auch der Brennpunktsabstand groß gegen die Wellenlänge wird. In den praktischen Ausführungen liegt der Brennpunkt ungefähr in der Öffnungsfläche.

Strenge Berechnungen der Parabelantenne stoßen wegen der endlichen Begrenzung des Reflektors auf große mathematische Schwierigkeiten und sind bisher nicht durchgeführt worden. Für die praktische Berechnung des Strahlungsfeldes ist man auf Näherungsmethoden angewiesen, in denen nach dem in Kap. 5 abgeleiteten KIRCHHOFF-HUYGENSschen Prinzip jedes Flächenelement des Reflektors zum Ausgang einer Sekundärwelle gemacht wird und die einzelnen Wellen unter Berücksichtigung der Phase addiert werden. Da die Erregung der Flächenelemente nur näherungsweise bekannt ist, ist das genaue Nahfeld und damit der Eingangswiderstand der Antenne prinzipiell nicht berechenbar. Hinsichtlich des Widerstandes kann man aus den nach Kap. 15 für die Dipolantennen mit ebenem Reflektor möglichen strengen Berechnungen oder den Näherungsrechnungen in Kap. 20 nur folgern, daß sich der Eingangswiderstand der Antenne gegenüber dem Widerstand des primären Strahlers ohne Reflektor bei flachen Parabolspiegeln mit großem Brennpunktsabstand nur wenig ändern wird, selbst wenn man berücksichtigt, daß die Rückwirkung bei gleichem Abstand größer als bei der ebenen Fläche ist, da die Strahlen nach der Reflexion nicht mehr divergieren. Die Welligkeit und Breitbandigkeit der Parabelantennen wird daher im wesentlichen von der Welligkeit des Erregers abhängen, mithin bei Hohlleitererregungen nach Kap. 22 in einem Frequenzbereich von nahezu 1 : 3 gut sein. Ebenso wie der Widerstand ist die Seiten- und Rückstrahlung wegen der Vernachlässigung der Randwirkung nach dem HUYGENSschen Prinzip nicht berechenbar. (Sie ist im allgemeinen etwas größer als bei den Hornstrahlern und

Linsenantennen, weil das über den Spiegelrand greifende Feld durch die direkte Bestrahlung vom Erreger größer ist.) Dagegen ist die Näherungslösung für den Hauptbereich der Charakteristik und den Gewinn bei größeren Öffnungsflächen praktisch ausreichend.

Bei der Anwendung des KIRCHHOFF-HUYGENSschen Prinzips, und zwar des auf die elektromagnetischen Vektorfelder erweiterten Prinzips, werden nach Kap. 5.3 die ohne Vorhandensein des Reflektors am Ort des Reflektors herrschenden primären Feldstärken bzw. die diesen Feldstärken entsprechenden Belegungsströme mit Berücksichtigung der Vorzeichenumkehr bei der Reflexion (vgl. Kap. 5.4) zum Ausgangspunkt der Feldberechnung nach den Gl. (5.18 bzw. 22.2) gemacht. Da diese Feldstärken von der Entfernung von der Strahlungsquelle abhängen, führt die Integration bei den Parabelantennen auch für das Fernfeld auf nicht lösbare Integrale im Gegensatz zu den im vorigen Kapitel behandelten Hohlleiterantennen. Nur für flache allseitige Paraboloidantennen ist die Lösung mit Einführung einiger weiterer zulässiger Näherungen im Integranden möglich und damit die Verstärkung der Antenne und das Diagramm berechenbar.

Für die zylinderförmige Parabelantenne sind die Integrale trotz ähnlicher Näherungen wegen der unterschiedlichen Phase nicht lösbar. Bei diesen Antennen ist bisher außer der groben Näherung einer gleichmäßigen Belegung der Öffnungsfläche, die zu dem in Kap. 30.5 berechneten Diagramm führt, keine genauere Berechnung durchgeführt worden. Insbesondere liegen auch keine Berechnungen über die günstigste Höhe vor, die experimentell bei einem Halbwellendipol als Erreger zu etwa 1 bis 2λ gefunden wurde, während bei größeren Höhen durch den auftretenden Phasenunterschied wieder Auslöschungen in der Hauptrichtung auftreten.

2. Berechnung der allseitigen Paraboloidantenne.

a) Ableitung der Ausgangsformel.

Für die Berechnung des Feldes nach den Gl. (5.18) müssen wir genau wie im vorigen Kapitel zunächst die primären Feldstärken auf der beugenden Fläche und die daraus folgenden Ersatzströme ermitteln. Im Gegensatz zum durchgelassenen Feld in Kap. 22 sind die Belegungsströme aus den primären Feldstärken $\boldsymbol{H}_{0p}$ und $\boldsymbol{E}_{0p}$ durch die Gl. (5.23) gegeben, also an Stelle von Gl. (22.1) durch

$$\boldsymbol{J}_f = \boldsymbol{n} \times \boldsymbol{H}_{0p}, \qquad \boldsymbol{J}_{mf} = -(\boldsymbol{n} \times \boldsymbol{E}_{0p}), \tag{1}$$

während die Strahlungspotentiale durch dieselben Gl. (22.2) gegeben sind.

Wir betrachten ein Rotationsparaboloid mit der x- bzw. ξ-Achse als Rotationsachse und der Parabelgleichung (vgl. Bild 23.1)

$$\varrho^2 = \eta^2 + \zeta^2 = 2p\xi. \tag{2}$$

Das Paraboloid werde durch einen im Brennpunkt F, also im Abstand $p/2$ vom Scheitel 0 befindlichen HERTZschen Dipol in z- bzw. ζ-Richtung erregt. Für flache Paraboloide mit großer Öffnungsweite, also für $p/2 \gg \lambda$, können für die primären Feldstärken auf der Parabel die Werte des Fernfeldes genommen werden. Diese sind nach Gl. (11.16), wenn entsprechend Bild 23.1 $P'F = d$ der Abstand eines Parabelpunktes vom Erreger und d, δ, φ die Kugelkoordinaten in bezug auf den Strahlermittelpunkt F sind, mit Berücksichtigung der Phase

$$\boldsymbol{E}_{p\delta} = \boldsymbol{E}_p = Z_0 H_{p\varphi} = Z_0 \boldsymbol{H}_p = \mathrm{i} Z_0 \frac{I\,\mathrm{d}l}{2\lambda} \frac{\mathrm{e}^{-\mathrm{i}k_0 d}}{d} \sin\delta = \frac{A_p}{d} \sin\delta \tag{3}$$

mit

$$A_p = \mathrm{i} Z_0 \frac{I\,\mathrm{d}l}{2\lambda} \mathrm{e}^{-\mathrm{i}k_0 d} = A_0 \mathrm{e}^{-\mathrm{i}k_0 (d-d_0)}. \tag{3a}$$

$\boldsymbol{E}_p$ liegt hiernach in der senkrechten Meridianebene $P'P'_1F$ von Bild 23.1, $\boldsymbol{H}_p$ in der waagerechten Ebene, beide senkrecht auf d. Die

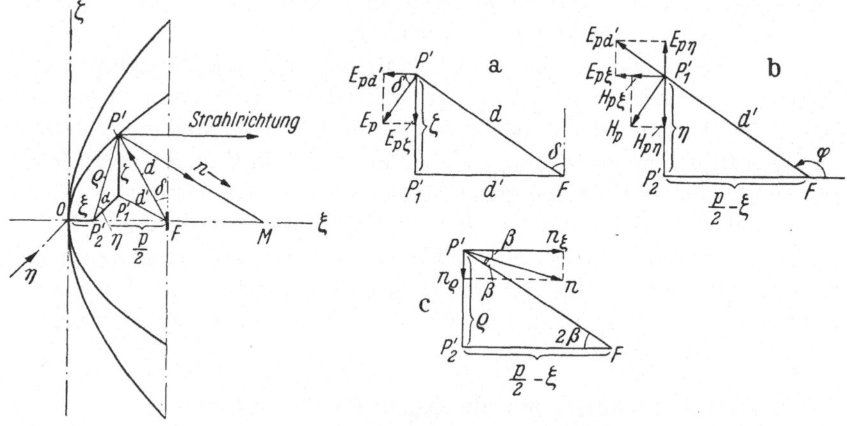

Bild 23.1. Bezeichnungen bei der Paraboloidantenne. a, b, c Projektionen vom Hauptbild.

Komponenten der elektrischen Feldstärke sind daher nach den Projektionsbildern 23.1a u. 23.1b

$$\begin{aligned}
E_{p\zeta} &= -E_p \sin\delta = -\frac{A_p}{d} \sin^2\delta, \\
E_{pd'} &= E_p \cos\delta = \frac{A_p}{d} \sin\delta\cos\delta, \\
E_{p\xi} &= E_{pd'} \cos\varphi = \frac{A_p}{d} \sin\delta\cos\delta\cos\varphi, \\
E_{p\eta} &= E_{pd'} \sin\varphi = \frac{A_p}{d} \sin\delta\cos\delta\sin\varphi
\end{aligned} \tag{4}$$

und die der magnetischen Feldstärke nach Bild 23.1b

$$\begin{aligned} H_{p\xi} &= -H_p \sin\varphi = -\frac{A_p}{Z_0 d}\sin\delta\sin\varphi\,, \\ H_{p\eta} &= H_p\cos\varphi = \frac{A_p}{Z_0 d}\sin\delta\cos\varphi\,, \\ H_{p\zeta} &= 0\,. \end{aligned} \qquad 4(\mathrm{a})$$

Für die auftretenden Strecken und Winkelfunktionen ergibt sich nach Bild 23.1 und der Parabelgleichung (2)

$$d = \sqrt{\varrho^2 + \left(\frac{p}{2} - \xi\right)^2} = \frac{p}{2} + \xi = \frac{p^2+\varrho^2}{2p}, \qquad d' = \sqrt{d^2 - \zeta^2},$$

$$\sin\delta = \frac{d'}{d} = \frac{\sqrt{d^2-\zeta^2}}{d}, \qquad \cos\delta = \frac{\zeta}{d}, \qquad \sin\varphi = \frac{\eta}{d'}, \qquad (5)$$

$$\cos\varphi = -\frac{\frac{p}{2} - \xi}{d'} = -\frac{p^2-\varrho^2}{2p\,d'}.$$

Mithin werden die rechtwinkligen Komponenten der Feldstärken

$$E_{p\xi} = -A_p\frac{\zeta(p^2-\varrho^2)}{2p\,d^3}, \qquad E_{p\eta} = A_p\frac{\eta\zeta}{d^3}, \qquad E_{p\zeta} = -A_p\frac{d^2-\zeta^2}{d^3} \qquad (6)$$

und

$$H_{p\xi} = -\frac{A_p}{Z_0}\frac{\eta}{d^2}, \qquad H_{p\eta} = -\frac{A_p}{Z_0}\frac{p^2-\varrho^2}{2p\,d^2}, \qquad H_{p\zeta} = 0 \qquad (6\mathrm{a})$$

mit

$$A_p = A_0\,\mathrm{e}^{-\mathrm{i}k_0(d-d_0)} = A_0\,\mathrm{e}^{-\mathrm{i}k_0\xi} = A_0\,\mathrm{e}^{-\mathrm{i}k_0\varrho^2/2p} \qquad (6\mathrm{b})$$

nach Gl. (3a u. 5). Die gesamten primären Feldstärken sind, wenn wir die Einheitsvektoren der 3 Achsen $\boldsymbol{i}$, $\boldsymbol{j}$, $\boldsymbol{k}$ mitschreiben,

$$\boldsymbol{E}_p = E_{p\xi}\boldsymbol{i} + E_{p\eta}\boldsymbol{j} + E_{p\zeta}\boldsymbol{k}, \qquad \boldsymbol{H}_p = H_{p\xi}\boldsymbol{i} + H_{p\eta}\boldsymbol{j}. \qquad (7)$$

Für die Berechnung der Flächenbelegungsströme gebrauchen wir ferner den in das Innere des Strahlungsfeldes zeigenden Normalvektor $\boldsymbol{n}$. Da die Normale in P' beim Rotationsparaboloid im Gegensatz zum zylindrischen Paraboloid durch die Rotationsachse, also die x- bzw. ξ-Achse geht und damit in der Ebene durch P' und die Rotationsachse $OP_2'F$ liegt, wobei der Winkel zwischen Brennstrahl und Parallelstrahl halbiert wird, sind die Komponenten von $\boldsymbol{n}$ nach Bild 23.1 und 23.1c, da der Absolutwert $|\boldsymbol{n}| = 1$ ist,

$$\begin{aligned} n_\xi &= \cos\beta\,, & n_\varrho &= -\sin\beta\,, \\ n_\eta &= n_\varrho\cos\alpha = -\sin\beta\cos\alpha\,, & n_\zeta &= n_\varrho\sin\alpha = -\sin\beta\sin\alpha\,. \end{aligned} \qquad (8)$$

Für die Winkelfunktionen gelten nach Bild 23.1 und 23.1c sowie den Gl. (2 u. 5) die Beziehungen

$$\cos\alpha = \frac{\eta}{\varrho}, \qquad \sin\alpha = \frac{\zeta}{\varrho}, \qquad \cos 2\beta = \frac{\frac{p}{2} - \xi}{d} = \frac{p^2-\varrho^2}{2pd} = \frac{p^2-\varrho^2}{p^2+\varrho^2} \qquad (9)$$

und damit

$$\cos\beta = \sqrt{\frac{1+\cos 2\beta}{2}} = \frac{p}{\sqrt{p^2+\varrho^2}}, \quad \sin\beta = \sqrt{\frac{1-\cos 2\beta}{2}} = \frac{\varrho}{\sqrt{p^2+\varrho^2}}. \tag{9a}$$

Mithin wird nach Gl. (8) der Vektor $\boldsymbol{n}$

$$\boldsymbol{n} = n_\xi \boldsymbol{i} + n_\eta \boldsymbol{j} + n_\zeta \boldsymbol{k} = \frac{p}{\sqrt{p^2+\varrho^2}} \boldsymbol{i} - \frac{\eta}{\sqrt{p^2+\varrho^2}} \boldsymbol{j} - \frac{\zeta}{\sqrt{p^2+\varrho^2}} \boldsymbol{k}. \tag{10}$$

Mit den abgeleiteten Werten von Feldstärken und Normale werden die das Feld erzeugenden Flächenströme nach Gl. (1) für den Reflexionsfall

$$\begin{aligned} \boldsymbol{J}_f = \boldsymbol{n} \times \boldsymbol{H}_p = \begin{vmatrix} \boldsymbol{i} & \boldsymbol{j} & \boldsymbol{k} \\ n_\xi & n_\eta & n_\zeta \\ H_{p\xi} & H_{p\eta} & H_{p\zeta} \end{vmatrix} &= \boldsymbol{i}(H_{p\zeta} n_\eta - H_{p\eta} n_\zeta) + \boldsymbol{j}(H_{p\xi} n_\zeta - H_{p\zeta} n_\xi) \\ &\quad + \boldsymbol{k}(H_{p\eta} n_\xi - H_{p\xi} n_\eta) \\ &= -\frac{A_p}{Z_0 \sqrt{p^2+\varrho^2}} \left[\frac{\zeta(p^2-\varrho^2)}{2p d^2} \boldsymbol{i} - \frac{\eta\zeta}{d^2} \boldsymbol{j} + \left\{\frac{p^2-\varrho^2}{2d^2} + \frac{\eta^2}{d^2}\right\} \boldsymbol{k}\right] \end{aligned} \tag{11}$$

und ebenso

$$\begin{aligned} \boldsymbol{J}_{mf} = -(\boldsymbol{n} \times \boldsymbol{E}_p) = -\frac{A_p}{\sqrt{p^2+\varrho^2}} &\left[\frac{\eta}{d} \boldsymbol{i} + \left\{\frac{p(d^2-\zeta^2)}{d^3} + \frac{\zeta^2(p^2-\varrho^2)}{2p d^3}\right\} \boldsymbol{j} \right. \\ &\left. + \left\{\frac{\eta\zeta(\varrho^2-p^2)}{2p d^3} + \frac{p\eta\zeta}{d^3}\right\} \boldsymbol{k}\right]. \end{aligned} \tag{11a}$$

Mit $d = (p^2 + \varrho^2)/2p$ nach (5), Einführung der Polarkoordinaten ϱ, α durch $\eta = \varrho\cos\alpha$, $\zeta = \varrho\sin\alpha$ entsprechend Bild 23.1 und Beachtung von $\cos 2\alpha = 2\cos^2\alpha - 1 = 1 - 2\sin^2\alpha$ ergibt das

$$\begin{aligned} \boldsymbol{J}_f &= -\frac{A_p}{Z_0} \frac{p}{\sqrt{p^2+\varrho^2}} \frac{2p}{(p^2+\varrho^2)^2} \\ &\quad \cdot \left[(p^2-\varrho^2)\frac{\varrho}{p} \sin\alpha\, \boldsymbol{i} - \varrho^2 \sin 2\alpha\, \boldsymbol{j} + (p^2 + \varrho^2\cos 2\alpha)\, \boldsymbol{k}\right]. \\ \boldsymbol{J}_{mf} &= -A_p \frac{p}{\sqrt{p^2+\varrho^2}} \frac{2p}{(p^2+\varrho^2)^2} \\ &\quad \cdot \left[(p^2+\varrho^2)\frac{\varrho}{p} \cos\alpha\, \boldsymbol{i} + (p^2 + \varrho^2\cos 2\alpha)\boldsymbol{j} + \varrho^2 \sin 2\alpha\, \boldsymbol{k}\right]. \end{aligned} \tag{12}$$

Damit sind die in den Gl. (22.2) auftretenden Flächenströme bekannt. Das weiterhin auftretende, zu den einzelnen Stromelementen gehörige Flächenelement des Paraboloids wird nach der Parabelgleichung (2)

$$\begin{aligned} \mathrm{d}f &= \varrho\, \mathrm{d}\alpha\, \mathrm{d}s = \varrho\, \mathrm{d}\alpha \sqrt{\mathrm{d}\varrho^2 + \mathrm{d}\xi^2} \\ &= \varrho\, \mathrm{d}\alpha\, \mathrm{d}\varrho \sqrt{1 + \frac{\varrho^2}{p^2}} = \frac{\varrho}{p} \sqrt{p^2+\varrho^2}\, \mathrm{d}\varrho\, \mathrm{d}\alpha. \end{aligned} \tag{13}$$

Die Integration ist für α von 0 bis 2π, für ϱ von 0 bis zum Öffnungsradius R durchzuführen. Schließlich wird der in den Gl. (22.2) auftretende Wegunterschied für große Entfernungen

$$r_F - r = \sqrt{(x-\xi)^2 + (y-\eta)^2 + (z-\zeta)^2} - \sqrt{x^2+y^2+z^2}$$
$$\approx -\frac{x}{r}\xi - \frac{y}{r}\eta - \frac{z}{r}\zeta = -\left[\frac{\varrho^2}{2p}\frac{x}{r} + \varrho\cos\alpha\frac{y}{r} + \varrho\sin\alpha\frac{z}{r}\right]. \tag{14}$$

Setzt man die abgeleiteten Werte der Flächenströme, Flächenelemente und Phasendifferenzen in die Gl. (22.2) ein, so erhält man als Strahlungspotentiale des gesuchten Antennenfeldes für das Fernfeld

$$\boldsymbol{P}_\infty = -\frac{1}{4\pi\,\mathrm{i}\,\omega\,\varepsilon_0}\frac{\mathrm{e}^{-\mathrm{i}k_0 r}}{r}\frac{A_0}{Z_0}\int\limits_{\varrho=0}^{R}\int\limits_{\alpha=0}^{2\pi}\mathrm{e}^{\mathrm{i}f(\varrho,\alpha)}\frac{2p}{(p^2+\varrho^2)^2}\Big[(p^2-\varrho^2)\frac{\varrho\sin\alpha}{p}\boldsymbol{i}$$
$$-\varrho^2\sin 2\alpha\boldsymbol{j} + (p^2+\varrho^2\cos 2\alpha)\boldsymbol{k}\Big]\varrho\,\mathrm{d}\varrho\,\mathrm{d}\alpha,$$
$$\boldsymbol{Q}_\infty = \frac{1}{4\pi\,\mathrm{i}\,\omega\,\mu_0}\frac{\mathrm{e}^{-\mathrm{i}k_0 r}}{r}A_0\int\limits_{\varrho=0}^{R}\int\limits_{\alpha=0}^{2\pi}\mathrm{e}^{\mathrm{i}f(\varrho,\alpha)}\frac{2p}{(p^2+\varrho^2)^2}\Big[(p^2+\varrho^2)\frac{\varrho\cos\alpha}{p}\boldsymbol{i} \tag{15}$$
$$+(p^2+\varrho^2\cos 2\alpha)\boldsymbol{j} + \varrho^2\sin 2\alpha\,\boldsymbol{k}\Big]\varrho\,\mathrm{d}\varrho\,\mathrm{d}\alpha$$

mit

$$f(\varrho,\alpha) = k_0\left[\frac{\varrho^2}{2p}\left(\frac{x}{r}-1\right) + \varrho\cos\alpha\frac{y}{r} + \varrho\sin\alpha\frac{z}{r}\right]. \tag{15a}$$

Durch die Gl. (15) ist das Feld prinzipiell gelöst. Die Integration werden wir in den nächsten beiden Abschnitten für die Verstärkung streng, für die Charakteristik mit Näherungen durchführen. Die gesuchten Feldstärken ergeben sich aus den Strahlungspotentialen (15) nach den Gl. (22.3) unter Berücksichtigung von (22.4). Wir beschränken uns im folgenden auf die E_z-Komponente, die bei den bei scharfer Bündelung in Betracht kommenden kleinen Winkeln praktisch mit E_ϑ zusammenfällt. E_z ist nach Gl. (22.3) mit Berücksichtigung von (22.4)

$$E_z = k_0^2\left[P_z\left(1-\frac{z^2}{r^2}\right) - \frac{xz}{r^2}P_x - \frac{yz}{r^2}P_y\right] - \omega\mu_0 k_0\left[\frac{x}{r}Q_y - \frac{y}{r}Q_x\right]. \tag{16}$$

b) Berechnung der Verstärkung.

Für die durch den Reflektor erreichte Verstärkung interessiert die Feldstärke E_z in der Hauptrichtung $y = z = 0$, $x = r$. Hierfür wird $f(\varrho,\alpha) = 0$, mithin fallen in den Gl. (15) bei der Integration nach α sämtliche Glieder mit den trigonometrischen Funktionen fort, und man erhält ohne zusätzliche Näherungen

$$\boldsymbol{P}_\infty = P_{z\infty} = -\frac{1}{4\pi\,\mathrm{i}\,\omega\,\varepsilon_0}\frac{\mathrm{e}^{-\mathrm{i}k_0 r}}{r}\frac{A_0}{Z_0}\int\limits_{\varrho=0}^{R}\int\limits_{\alpha=0}^{2\pi}\frac{2p^3}{(p^2+\varrho^2)^2}\varrho\,\mathrm{d}\varrho\,\mathrm{d}\alpha$$
$$= -\frac{1}{4\pi\,\mathrm{i}\,\omega\,\varepsilon_0}\frac{\mathrm{e}^{-\mathrm{i}k_0 r}}{r}\frac{A_0}{Z_0}2\pi p\left[-\frac{p^2}{p^2+\varrho^2}\right]_{\varrho=0}^{R} = \frac{\mathrm{i}A_0}{2k_0}\frac{\mathrm{e}^{-\mathrm{i}k_0 r}}{r}\frac{pR^2}{p^2+R^2}. \tag{17}$$

In der letzten Umformung ist $Z_0 = k_0/\omega\,\varepsilon_0$ gesetzt. Wegen des gleichen Integrals wird

$$\boldsymbol{Q}_\infty = Q_{y\infty} = -\frac{\mathrm{i}\,A_0}{2\,\omega\,\mu_0}\,\frac{\mathrm{e}^{-\mathrm{i}k_0 r}}{r}\,\frac{p\,R^2}{p^2+R^2}. \tag{17a}$$

Mit diesen Werten der Strahlungspotentiale wird E_z nach Gl. (16) für die Hauptrichtung $y = z = 0$, $x = R$ mit Einsetzen von $k_0 = 2\pi/\lambda$

$$E_z = k_0^2\,P_z - \omega\,\mu_0\,k_0\,Q_y = \mathrm{i}\,A_0\,\frac{\mathrm{e}^{-\mathrm{i}k_0 r}}{r}\,\frac{2\pi\,p}{\lambda}\,\frac{R^2}{p^2+R^2}. \tag{18}$$

Die gesamte abgestrahlte Leistung ist gleich der Strahlungsleistung des erregenden Dipols. Da die maximale Feldstärke dieses Dipols ohne Reflektor nach Gl. (3) A_0/r ist, wird der durch den Reflektor hervorgerufene Spannungsgewinn nach der Definition in Kap. 10.2 bei Vernachlässigung der Rückwirkung (vgl. oben)

$$g = \sqrt{G} = \frac{2\pi\,p}{\lambda}\,\frac{R^2}{p^2+R^2}. \tag{19}$$

Setzt man zum Abfangen der rückwärtigen Strahlung eine halbkugelförmige Kalotte vom Radius r_K in einen derartigen Abstand vor den Erreger, daß die durch den Brennpunkt zurückreflektierten Strahlen die primären verstärken, so wird die Leistung theoretisch verdoppelt und g mithin um $\sqrt{2}$ vergrößert. Dafür ist aber die Integration von Gl. (17) nur von r_K bis R zu erstrecken, mithin wird

$$g_K = \sqrt{G_K} = \frac{2\pi\,p\sqrt{2}}{\lambda}\left[\frac{p^2}{p^2+r_K^2} - \frac{p^2}{p^2+R^2}\right] = \frac{2\pi\,p\sqrt{2}}{\lambda}\,\frac{p^2\,(R^2-r_K^2)}{(p^2+R^2)\,(p^2+r_K^2)}. \tag{20}$$

Die Absorptionsfläche der Parabelantenne ergibt sich aus (19) zu

$$A = \frac{3}{8\pi}\,\lambda^2 G = \pi\,R^2\,\frac{3}{2}\,\frac{p^2\,R^2}{(p^2+R^2)^2} = \pi\,R^2\,\alpha. \tag{21}$$

Da $\pi\,R^2$ die geometrische Öffnungsfläche ist, ist α der Flächenfaktor. Für $p = R$ (Brennpunkt in der Öffnungsfläche) wird $\alpha = \frac{3}{8} = 0{,}375$, während der entsprechende Wert mit einer Kalotte mit $r_K = 0{,}2\,\lambda$ nach Gl. (20) $\alpha = 0{,}64$ wird.

c) Ermittlung der Charakteristik.

Für die Hauptrichtung konnten die in den Potentialen $\boldsymbol{P}_\infty$ und $\boldsymbol{Q}_\infty$ auftretenden Integrale ohne zusätzliche Näherungen gelöst und damit die Verstärkung berechnet werden. Für beliebige Richtungen sind die Integrale nicht lösbar und damit die Charakteristik allgemein nicht berechenbar. Wegen der starken Bündelung der gebräuchlichen Spiegelantennen interessieren jedoch für die Charakteristik im wesentlichen nur die Werte in der Nähe der Hauptrichtung. Hier lassen sich weitere Näherungen einführen.

Zu einer Antennenbreite $2\varrho_{\max} = 2R = n\lambda$ gehört bei gleichmäßiger Belegung der Fläche nach Kap. 18.3 ein Diagramm, dessen 1. Nullstelle etwa bei einem Winkel $\varphi \approx 1/n = \lambda/2R$ liegt. Durch die ungleichmäßige Ausleuchtung wird das Diagramm breiter. Selbst wenn wir mit einem doppelten Winkel rechnen, interessieren für unser Diagramm nur Werte

$$\begin{gathered}\frac{y}{r} \text{ und } \frac{z}{r} \leqq \frac{\lambda}{R} \ll 1, \\ \frac{x}{r} = \sqrt{1 - \frac{y^2}{r^2} - \frac{z^2}{r^2}} \text{ zwischen 1 und } 1 - \frac{\lambda^2}{R^2}.\end{gathered} \tag{22}$$

Hiernach können in Gl. (16) sämtliche Glieder bis auf das erste und vorletzte Glied vernachlässigt werden, zumal die übrigbleibenden Komponenten P_z und Q_y nach den Gl. (15) gegen die anderen Komponenten bei weitem überwiegen müssen, da die zugehörigen Belegungsströme im Gegensatz zu den anderen Strömen auf der ganzen Fläche gleiche Richtung haben. Mithin wird für das Hauptdiagramm in guter Näherung

$$E_z = k_0^2 P_z - \omega \mu_0 k_0 Q_y. \tag{23}$$

Ferner werden die in dem Exponenten (15a) auftretenden Glieder nach Gl. (22) maximal

$$\begin{gathered}k_0^2 \frac{\varrho^2}{2p}\left(\frac{x}{r} - 1\right) \leqq \frac{2\pi}{\lambda}\,\frac{R^2}{2p}\,\frac{\lambda^2}{R^2} = \pi\,\frac{\lambda}{p}, \\ k_0 \varrho \cos\alpha \frac{y}{r} \text{ und } k_0 \varrho \sin\alpha \frac{z}{r} \leqq \frac{2\pi}{\lambda} R \frac{\lambda}{R} = 2\pi.\end{gathered} \tag{24}$$

Da voraussetzungsgemäß $p \gg \lambda$ ist, kann das 1. Glied vernachlässigt werden, so daß angenähert der Exponent in den Gl. (15)

$$\mathrm{i} f(\varrho, \alpha) = \mathrm{i} k_0 \varrho \cos\alpha \frac{y}{r} + \mathrm{i} k_0 \varrho \sin\alpha \frac{z}{r} \tag{25}$$

wird. Setzt man diesen Wert in die genannten Gleichungen und Gl. (23) ein, so wird E_z unter Berücksichtigung von $Z_0 = k_0/\omega\varepsilon_0$ und $k_0 = 2\pi/\lambda$

$$E_z = \mathrm{i} A_0 \frac{e^{-\mathrm{i} k_0 r}}{\lambda r} \int\limits_{\varrho=0}^{R} \int\limits_{\alpha=0}^{2\pi} e^{\mathrm{i} k_0 \varrho (\cos\alpha \cdot y/r + \sin\alpha \cdot z/r)} \frac{2p(p^2 + \varrho^2 \cos 2\alpha)}{(p^2 + \varrho^2)^2} \varrho \, d\varrho \, d\alpha. \tag{26}$$

Für das Horizontaldiagramm ist $z = 0$, für das Vertikaldiagramm $y = 0$ zu setzen.

Unsere Näherungsgleichung (26) stimmt mit derjenigen überein, die man erhält, wenn man nach der üblichen Darstellung der Paraboloidantenne auf der Öffnungsebene lauter gleichphasige E_z-Komponenten ansetzt, deren absolute Größe gleich dem E_z für den Parabelpunkt auf dem zugehörigen Parallelstrahl (unter Berücksichtigung der Vorzeichenumkehr der ursprünglichen primären Tangentialkomponente) ist, und die einfache KIRCHHOFFsche Formel für eine skalare Wellenfunktion anwendet. Die gleiche Phase entspricht unserer 2. Näherung Gl. (25), die skalare Formel der alleinigen Benutzung von P_z und Q_y entsprechend unserer 1. Näherung (23). Unsere Ableitung zeigt, daß diese Darstellung nur für kleine Winkel in der Nähe der Hauptrichtung zulässig ist.

Das Integral (26) läßt sich nun durch Reihen BESSELscher Funktionen höherer Ordnung lösen. Wir führen zunächst an Stelle der rechtwinkligen Koordinaten x, y, z Polarkoordinaten bezüglich der x-Achse als Hauptachse ein, indem wir setzen

$$x = r\cos\vartheta', \qquad y = r\cos\psi'\sin\vartheta', \qquad z = r\sin\psi'\sin\vartheta'. \tag{27}$$

Für das Horizontaldiagramm wird dann $\psi' = 0$, für das Vertikaldiagramm $\psi' = \pi/2$.

Wenn wir außerdem α statt von 0 bis 2π von $-\pi + \psi'$ bis $+\pi + \psi'$ laufen lassen, wird

$$E_z = \mathrm{i} A_0 \frac{e^{-\mathrm{i}k_0 r}}{r} \frac{2p}{\lambda} \int\limits_{\varrho=0}^{R} \int\limits_{\alpha=-\pi+\psi'}^{\pi+\psi'} e^{\mathrm{i}k_0\varrho\sin\vartheta'\cos(\alpha-\psi')} \frac{p^2 + \varrho^2\cos 2\alpha}{(p^2+\varrho^2)^2}\,\varrho\,\mathrm{d}\varrho\,\mathrm{d}\alpha. \tag{28}$$

Die Integration nach α liefert zunächst BESSELsche Funktionen 0. und 2. Ordnung. Es wird nach der z. B. aus Gl. (4.29) folgenden bekannten Integraldarstellung der BESSELschen Funktionen

$$\mathrm{J}_n(z) = \frac{\mathrm{i}^{-n}}{\pi} \int\limits_0^{\pi} e^{\mathrm{i}z\cos\varphi} \cos n\varphi\,\mathrm{d}\varphi \tag{29}$$

mit der Substitution $\alpha - \psi' = \varphi$

$$\begin{aligned} E_z = \mathrm{i}A_0 \frac{e^{-\mathrm{i}k_0 r}}{r} \frac{4\pi p}{\lambda} \int\limits_{\varrho=0}^{R} &[p^2\,\mathrm{J}_0(k_0\varrho\sin\vartheta') \\ &- \varrho^2\cos 2\psi'\,\mathrm{J}_2(k_0\varrho_0\sin\vartheta')] \frac{\varrho\,\mathrm{d}\varrho}{(p^2+\varrho^2)^2}\,. \end{aligned} \tag{30}$$

Die Integrale lassen sich mit Benutzung der für beliebige Zylinderfunktionen geltenden Integralformel

$$\int z^{\nu+1}\,\mathrm{J}_\nu(z)\,\mathrm{d}z = z^{\nu+1}\,\mathrm{J}_{\nu+1}(z)\,, \tag{31}$$

aus der für $z = \alpha z$

$$\int z^{\nu+1}\,\mathrm{J}_\nu(\alpha z)\,\mathrm{d}z = \frac{z^{\nu+1}}{\alpha}\,\mathrm{J}_{\nu+1}(\alpha z) \tag{31a}$$

folgt, durch wiederholte partielle Integration in Reihen entwickeln. Es wird partiell integriert mit Benutzung von (31a)

$$\int\limits_0^R \frac{1}{(p^2+\varrho^2)^2}\varrho\,\mathrm{J}_0(\alpha\varrho)\,\mathrm{d}\varrho = \frac{1}{(p^2+R^2)^2}\frac{R\,\mathrm{J}_1(\alpha R)}{\alpha} + \int\limits_0^R \frac{2\cdot 2!}{(p^2+\varrho^2)^3}\frac{\varrho^2\,\mathrm{J}_1(\alpha\varrho)}{\alpha^2}\,\mathrm{d}\varrho \tag{32}$$

und durch wiederholte Anwendung

$$\int_0^R \frac{1}{(p^2+\varrho^2)^2}\,\varrho\,\mathrm{J}_0(\alpha\varrho)\,\mathrm{d}\varrho = \frac{1}{(p^2+R^2)^2}\,\frac{R\,\mathrm{J}_1(\alpha R)}{\alpha} + \frac{2\cdot 2!}{(p^2+R^2)^3}\,\frac{R^2\,\mathrm{J}_2(\alpha R)}{\alpha^2}$$
$$+ \frac{2^2\cdot 3!}{(p^2+R^2)^4}\,\frac{R^3\,\mathrm{J}_3(\alpha R)}{\alpha^3} + \cdots = \sum_{n=1}^{\infty} 2^{n-1}\,n!\,\frac{R^{2n}}{(p^2+R^2)^{n+1}}\,\frac{\mathrm{J}_n(\alpha R)}{(\alpha R)^n}. \qquad (32\,\mathrm{a})$$

Ebenso wird

$$\int_0^R \frac{1}{(p^2+\varrho^2)^2}\,\varrho^3\,\mathrm{J}_2(\alpha\varrho)\,\mathrm{d}\varrho = \sum_{n=1}^{\infty} 2^{n-1}\,n!\,\frac{R^{2n+2}}{(p^2+R^2)^{n+1}}\,\frac{\mathrm{J}_{n+2}(\alpha R)}{(\alpha R)^n}. \qquad (33)$$

Mit diesen Werten und den Abkürzungen

$$\alpha R = k_0 R \sin\vartheta' = u, \qquad \frac{p^2}{R^2} = v \qquad (34)$$

wird E_z nach Gl. (30)

$$E_z = \mathrm{i}\,A_0\,\frac{e^{-\mathrm{i}k_0 r}}{r}\,\frac{4\pi p}{\lambda}\sum_{n=1}^{\infty}\frac{2^{n-1}\,n!}{(1+v)^{n+1}}\,\frac{v\,\mathrm{J}_n(u) - \cos 2\psi'\,\mathrm{J}_{n+2}(u)}{u^n}. \qquad (35)$$

Für $\vartheta' = 0$ folgt wegen $\lim\limits_{u\to 0} J_n(u) = \frac{(u/2)^n}{n!}$ nach der Summenformel der geometrischen Reihe

$$E_{z\,\max} = \mathrm{i}\,A_0\,\frac{e^{-\mathrm{i}k_0 r}}{r}\,\frac{4\pi p}{\lambda}\sum_{n=1}^{\infty}\frac{1}{2}\,\frac{v}{(1+v)^{n+1}} = \mathrm{i}\,A_0\,\frac{e^{-\mathrm{i}k_0 r}}{r}\,\frac{2\pi p}{\lambda}\,\frac{1}{1+v} \qquad (36)$$

in Übereinstimmung mit Gl. (18) aus Abschn. b. Die relative Feldstärkenverteilung, also die Richtcharakteristik wird daher

$$r(\psi', \vartheta') = \frac{E_z}{E_{z\max}} = \sum_{n=1}^{\infty}\frac{2^n\,n!}{(1+v)^n}\,\frac{v\,\mathrm{J}_n(u) - \cos 2\psi'\,\mathrm{J}_{n+2}(u)}{u^n}. \qquad (37)$$

Da nach früheren Ausführungen die 1. Nullstelle des Diagramms unter $\sin\vartheta' \approx \vartheta' = \lambda/R$ liegt, interessieren für u nur Werte von 0 bis 10. Die zugehörigen, mit wachsendem n schnell konvergierenden Besselschen Funktionen $J_n(u)$ sind z. B. im Jahnke-Emde tabuliert, so daß E_z und $r(\psi', \vartheta')$ berechnet werden können. Bild 23.2 zeigt Horizontal- und Vertikaldiagramm für verschiedene Werte von v als Funktion von u. Für das Horizontaldiagramm ist dabei in Gl. (37) $\psi' = 0$, also $\cos 2\psi' = 1$, für das Vertikaldiagramm $\psi' = \pi/2$, also $\cos 2\psi' = -1$ zu setzen.

Beide Diagramme zeigen eine schwächere Bündelung und kleinere Nebenzipfel als eine gleichmäßig erregte Fläche. Da durch die Bündelung des erregenden Dipols die oberen und unteren Teile der Parabel schwächer als die linken und rechten Teile ausgeleuchtet sind, müssen die Vertikaldiagramme breiter sein und schwächere Nebenzipfel haben als die Horizontaldiagramme. Da bei gleicher Fläche, also bei gleichem R, mit kleiner werdendem p und v die Ausleuchtung der Fläche ungleichmäßiger wird, müssen mit kleiner werdendem v die Diagramme breiter

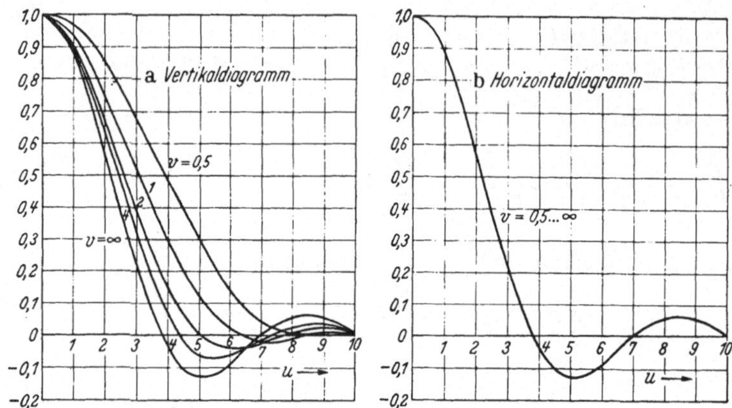

Bild 23.2. Vertikal- und Horizontaldiagramm der allseitigen Paraboloidantenne für verschiedene Werte von v.

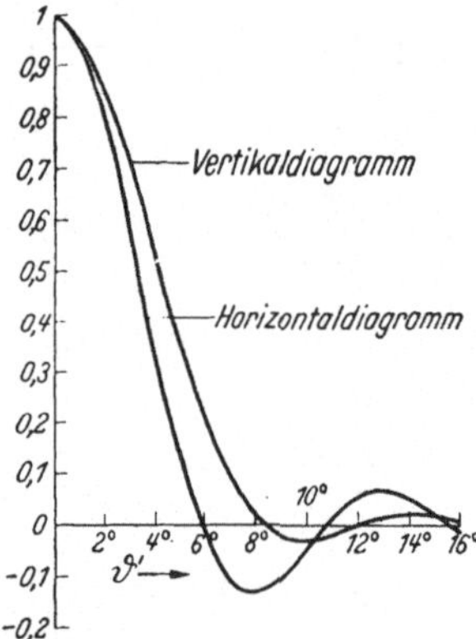

Bild 23.3. Vertikal- und Horizontaldiagramm einer allseitigen Paraboloidantenne der Öffnungsbreite 12 λ.

und die Nebenzipfel kleiner werden. Beim Horizontaldiagramm wird dieser Einfluß durch die schwächere Belegung in der Mittelsenkrechten infolge der Dipolbündelung gerade aufgehoben.

Als zahlenmäßiges Beispiel eines speziellen Diagramms zeigt Bild 23.3 die für eine Paraboloidantenne mit den Daten $p = 1{,}875$ m, $R = 1{,}5$ m, $\lambda = 0{,}25$ m berechneten Horizontal- und Vertikaldiagramme. Als Abszisse ist der Winkel $\sin\vartheta' \approx \vartheta'$ aufgetragen. Die Öffnungsbreite ist mit 12λ dieselbe wie bei der in Bild 22.2 gezeichneten Trichterantenne, so daß ein direkter Vergleich möglich ist.

24. Kapitel.

Linsenantennen.

1. Linsengleichung.

Die Bündelung der Spiegelantennen beruht darauf, daß die einzelnen reflektierten Strahlen an der ebenen Öffnungsfläche gleiche Richtung und gleiche Phase haben, also eine ebene Wellenfront bilden. Dasselbe erreicht man, wenn man die einzelnen in einem Medium mit der Geschwindigkeit $v_1 = 1/\sqrt{\varepsilon_1 \mu_1}$ divergent verlaufenden Strahlen wie bei den optischen Linsen eine verschieden lange Strecke durch ein Medium mit der Geschwindigkeit $v_2 = 1/\sqrt{\varepsilon_2 \mu_2}$ gehen läßt. Gleiche Richtung und Phase an einer ebenen Austrittsfläche, also eine ebene Wellenfront, ist vorhanden, wenn diese Fläche von allen Strahlen in gleichen Zeiten erreicht wird, wenn also die Wege von S zur Fläche in Bild 24.1 für einen beliebigen und den mittleren Strahl gleiche Zeiten erfordern, also bei der Form von Bild 24.1 mit einer äußeren ebenen Fläche

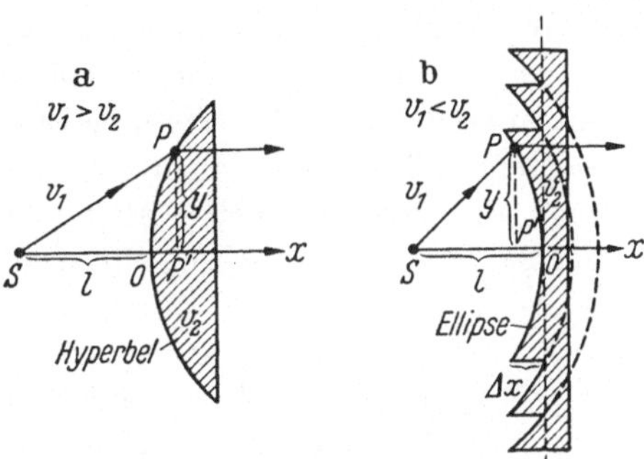

Bild 24.1. Zur Ableitung der Linsenform. a Verzögerungslinse, b Beschleunigungslinse.

$$\frac{\sqrt{y^2 + (l + x)^2}}{v_1} = \frac{l}{v_1} + \frac{x}{v_2} \tag{1}$$

ist. (In Bild 24.1a ist $OP' = x$ positiv, in Bild 24.1b negativ.)

Durch Quadrieren von (1) erhält man als Gleichung des Linsenquerschnitts

$$y^2 = x^2 \left[\left(\frac{v_1}{v_2} \right)^2 - 1 \right] + 2lx \left[\frac{v_1}{v_2} - 1 \right]. \tag{2}$$

Das ist für $v_1 > v_2$, also im Falle einer Verzögerungslinse, die Scheitelpunktsgleichung einer Hyperbel, für $v_1 < v_2$, also bei einer Beschleunigungslinse, die Scheitelpunktsgleichung einer Ellipse. Der Linsenkörper ist also im 1. Fall bei punktförmiger Lichtquelle der innere Teil eines Rotationshyperboloids, im 2. Fall der äußere Teil eines Rotationsellipsoids, bei linienförmiger Quelle der Teil eines entsprechenden Zylinders.

Um eine größere Tiefe der Linse zu vermeiden, kann man die Linse in gewissen Abschnitten um ein Stück Δx zurücksetzen, wie in Bild 24.1b schematisch dargestellt ist. Die Verschiebung der einzelnen Linsenflächen muß ein ganzes Vielfaches von

$$\Delta x = \frac{\lambda_1}{1 - \frac{v_1}{v_2}} = \frac{\lambda_1}{1 - n} \tag{3}$$

(n = Brechungsindex) sein. Denn setzt man für die verschiedenen Linsen (Bild 24.1b) $l' = l + m\Delta x$, $x' = x - m\Delta x$ $(m = 1, 2, 3, \ldots)$ in Gl. (1) statt l und x ein, so wird die rechte Seite um $m\lambda_1/v_1$, also um ein ganzes Vielfaches der Schwingungszeit und damit die Phase um ein Vielfaches von 2π verändert, so daß die Phasengleichheit der einzelnen Strahlen erhalten bleibt.

Um möglichst geringe Tiefenausdehnung, also kleine x-Werte in den Gl. (2 u. 3) zu erhalten, muß, da λ_1 durch die Frequenz und y durch die Bündelung vorgeschrieben sind, der Geschwindigkeitsunterschied v_1 gegen v_2 möglichst groß sein.

2. Ausführungsformen.

Während man im optischen Feld auf die natürlichen Dielektrika mit $v_2 < v_1$ angewiesen ist, können im elektrischen Feld, in dem wegen der großen Wellenlänge das Linsensystem keine mikroskopische Feinstruktur besitzen muß, sowohl kleinere als auch größere Phasengeschwindigkeiten durch die verschiedensten Mittel erreicht werden. Als Beispiel zeigt Bild 24.2a eine Verzögerungslinse mit einem künstlichen Dielektrikum, bei dem durch eingelegte schmale Metallstreifen eine Vergrößerung der Kapazität und damit von ε_2, also ein kleineres v_2 erzielt ist. Bild 24.2b zeigt eine Verzögerungslinse, eine sogenannte Umweglinse, bei der durch schräg gestellte Platten, deren gegenseitiger Abstand kleiner als eine halbe Wellenlänge ist, die Geschwindigkeit v_2 in x-Richtung in der Linse auf den Wert $v_2 = v_1 \cos\alpha$ verkleinert ist. Bild 24.2c schließlich zeigt eine Beschleunigungslinse. Sie besteht aus parallelen Platten, deren gegenseitiger Abstand etwas größer als die halbe Wellenlänge ist und die parallel zur elektrischen Feldstärke liegen. Unter diesen Umständen bilden sich zwischen den Platten fortlaufende Wellen aus, die den H_{01}-Wellen im rechteckigen Hohlleiter entsprechen. Nach Kap. 8.4 ist daher die Phasengeschwindigkeit v_2 im Linsensystem größer, so daß eine Beschleunigungslinse vorliegt, und zwar wird nach Gl. (8.41, 8.39 u. 8.27)

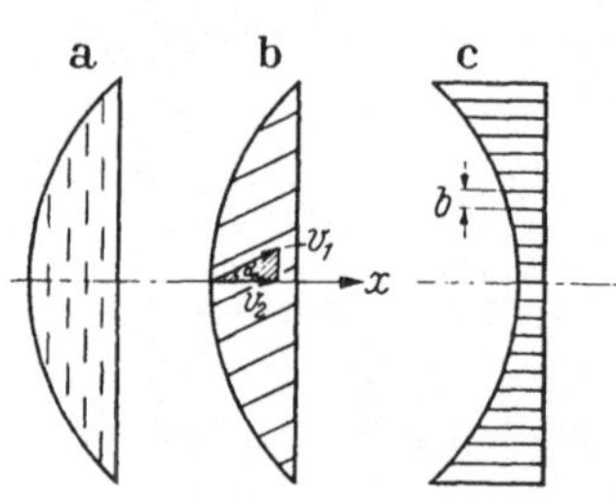

Bild 24.2. Linsen mit künstlichem Dielektrikum.

$$n = \frac{v_1}{v_2} = \frac{v_1}{v_R} = \sqrt{1 - \left(\frac{\lambda_1}{2b}\right)^2}. \tag{4}$$

Der Plattenabstand muß wenig größer als $\lambda/2$ sein, damit der Geschwindigkeitsunterschied möglichst groß wird. Der Brechungsindex ist dann allerdings stark frequenzabhängig, so daß die Linse im Gegensatz zu den beiden anderen Formen nur für ein schmales Frequenzband brauchbar ist. Für den häufig benutzten Wert $\lambda/b = 1{,}6$ wird $v_1/v_2 = 0{,}6$. Der Plattenabstand muß auf wenige Prozent genau eingehalten werden.

Während bei den drei besprochenen Ausführungsformen wie bei den optischen Linsen n konstant und der Weg im zweiten Medium verschieden ist, kann man umgekehrt den Weg konstant lassen und dafür den Brechungsindex ändern. Das ist z. B. bei der Lochlinse der Fall, einer dünnen Platte mit verschieden großen Löchern. Durchmesser und Zwischenwände der Löcher liegen etwas unter der halben Wellenlänge. Da bei extrem großem Durchmesser die Welle ohne Phasenverschiebung hindurchgeht, bei extrem kleinem Durchmesser eine Voreilung von 90° vorhanden ist, kann man durch Wahl der Lochdurchmesser die gewünschte ebene Wellenfront erreichen. Damit genügend Energie hindurchkommt, muß der Durchmesser ähnlich wie bei den Hohlleitern eine gewisse Mindestgröße haben, die wegen der dünnen Wandstärke kleiner als bei einem normalen zylindrischen Hohlleiter ist. Für größere Phasenverschiebungen werden mehrere Platten hintereinander angeordnet; nähere Angaben in der Arbeit von SIMON.

Der Flächenfaktor der Linsen ist bei den praktischen Ausführungen bei großen Öffnungen im allgemeinen 50 bis 65%. Als Frequenzbereich kommt praktisch nur der Zentimeterwellenbereich in Betracht. Die Speisung der Linsen erfolgt am vorteilhaftesten durch vorgesetzte Hornstrahler, da hierbei eine gute Ausleuchtung der Linse erzielt wird und der Raum zwischen Linse und Zuführungsleitung vollkommen abgeschirmt ist, wodurch die Seiten- und Rückstrahlung klein ist und eine gute Entkopplung mehrerer Antennen erreicht werden kann. Die Anpassung der Linsen ist im allgemeinen gut, da nur ein kleiner Teil der Energie auf die Speiseleitung zurückkommt. Die Rückwirkung kann noch dadurch verkleinert werden, daß die Linse etwas geneigt wird, so daß die reflektierte Energie an der Speisezuführung vorbeigeht, oder daß die Linse aus zwei um $\lambda/4$ versetzten Teilen aufgebaut wird, deren reflektierte Wellen sich weitgehend aufheben. Die Breitbandigkeit der Linsen ist im wesentlichen durch die Frequenzabhängigkeit des Brechungsindex und der Stufengröße gegeben. Die Anordnungen Bild 24.2a u. b sind daher ohne Stufenausführung breitbandiger als die übrigen angegebenen Anordnungen.

D. Theorie der Wellenausbreitung.

25. Kapitel.

Freie Ausbreitung.

1. Berechnung der Empfangsgrößen aus der Empfangsfeldstärke.

Bei allen Ausbreitungsfragen handelt es sich 1. um die Ermittlung der von einem bestimmten Sender am Empfangsort erzeugten Feldstärke bzw. Leistungsdichte, aus der dann 2. für eine bekannte Empfangsapparatur sämtliche interessierenden Größen, insbesondere die Antennenersatzspannung, die Eingangsspannung des Empfängers, die optimale Empfangsleistung und der Rauschabstand berechnet werden können. Wir behandeln zunächst den in allen Ausbreitungsfällen gleichen 2. Punkt, während die Bestimmung der Empfangsfeldstärke für die verschiedenen Ausbreitungsfälle in den folgenden Abschnitten und Kapiteln durchgeführt wird.

Der Sender sei im folgenden stets durch den Index 1, der Empfänger durch den Index 2 gekennzeichnet. Die Antennen seien durch ihre auf die Sende- bzw. Empfangsrichtung bezogenen Gewinne G gegenüber dem Maximalwert des Hertzschen Dipols oder die Gewinne G^K gegenüber einem hypothetischen Kugelstrahler bzw. ihre Absorptionsflächen A gegeben. Gewinn und Absorptionsfläche sind in Kap. 10.2 definiert. In dem Gewinn sei ein eventuell zu berücksichtigender Verlust bereits enthalten, so daß im folgenden kein Wirkungsgrad mehr zu berücksichtigen ist. Weiter sei der an den Klemmen der Empfangsantenne gemessene Antennenwiderstand $Z_{A_2} = R_{A_2} + \mathrm{i}\, X_{A_2}$, der an den Eingangsklemmen des Empfängers gemessene transformierte Antennenwiderstand $Z_2 = R_2 + \mathrm{i}\, X_2$, während der Eingangswiderstand des Empfängers $Z_e = R_e + \mathrm{i}\, X_e$ sei.

Das vom Sender am Ort der Empfangsantenne erzeugte Feld habe die effektive Feldstärke $E_{2\,\mathrm{eff}}$. Da elektrische und magnetische Feldstärke im Fernfeld senkrecht aufeinanderstehen und das Größenverhältnis Z_0 haben, entspricht der Feldstärke $E_{2\,\mathrm{eff}}$ die reelle Leistungsdichte $S_2 = |E_{2\,\text{eff}}|^2/Z_0$. In den meisten Fällen, nämlich dann, wenn die von allen Punkten der Sendeantenne zum Empfänger ausgehenden direkten und an der Erde reflektierten Strahlen praktisch gleiche Richtung haben, ist E_2 gleich der von einem HERTZschen Dipol in der Mitte der Sendeantenne am Ort der Empfangsantenne erzeugten Feldstärke E_0, multipliziert mit dem Antennengewinn $\sqrt{G_1}$ der betreffenden Richtung, so daß in diesem Fall

$$E_{2\,\text{eff}} = E_{0\,\text{eff}}\sqrt{G_1}, \qquad S_2 = S_0 G_1 = \frac{|E_{0\,\text{eff}}|^2}{Z_0} G_1. \tag{1}$$

wird.

Hat die Empfangsantenne die Absorptionsfläche A_2, so wird nach der Definition der Absorptionsfläche in Kap. 10.2 die von dem Empfänger in dem Feld E_2 optimal aufnehmbare Leistung

$$P_{2\,\text{opt}} = S_2 A_2 = \frac{|E_{2\,\text{eff}}|^2}{Z_0} A_2. \tag{2}$$

Da nach Kap. 9.2 und dem Ersatzbild 9.3 der Empfangsantenne die optimale Leistung bei Widerstandsanpassung zwischen dem Antennenwiderstand und dem Eingangswiderstand des Empfängers, also für $Z_e = Z_2^k$ erzielt wird, wird die zugehörige Klemmenspannung am Empfänger

$$|U_{2\,\text{eff}}|_{\text{opt}} = \sqrt{P_{2\,\text{opt}} R_2} = |E_{2\,\text{eff}}| \sqrt{\frac{R_2}{Z_0} A_2} \tag{3}$$

und die Leerlaufspannung am Empfängereingang

$$|U_{2\,0\,\text{eff}}| = 2\,|U_{2\,\text{eff}}|_{\text{opt}}. \tag{3a}$$

Die Antennenleerlaufspannung am Speisepunkt der Antenne ist entsprechend den Widerständen transformiert, also

$$|U_{A_2 0\,\text{eff}}| = 2\,|E_{2\,\text{eff}}| \sqrt{\frac{R_{A_2}}{Z_0} A_2} = |E_{2\,\text{eff}}|\, l_{w2}. \tag{4}$$

l_{w2} stimmt mit der in Kap. 9.2 definierten wirksamen Antennenlänge überein. Für einen HERTZschen Dipol z. B. erhält man nach den Gl. (11.24 u. 11.36) $l_{w2} = \mathrm{d}l$, für einen Halbwellendipol nach den Gl. (18.8 u. 12.46a) $l_{w2} = \lambda/\pi$. Die Leerlaufspannungen (3a u. 4) sind unabhängig vom Belastungswiderstand. Daher kann aus U_{20} bzw. $U_{A_2 0}$ Spannung und Leistung des Empfängers für einen beliebigen Empfängerwiderstand Z_e nach dem normalen Ersatzbild 9.3 berechnet werden. Praktisch interessiert nur der obige Anpassungsfall.

Die abgeleiteten Empfangswerte sind bei konstanter Absorptionsfläche A_2 unabhängig von der Wellenlänge.

Man kann in sämtlichen Formeln die Absorptionsfläche A_2 durch den Antennengewinn ausdrücken, indem man nach den Gl. (18.8 u. 12.47)

$$A_2 = \frac{3}{8\pi} \lambda^2 G_2 = \frac{1}{4\pi} \lambda^2 G_2^K \tag{5}$$

setzt. Hiermit wird die optimale Leistung und die Leerlaufspannung

$$P_{2\,\text{opt}} = \frac{|E_{2\,\text{eff}}|^2}{Z_0} \frac{3}{8\pi} \lambda^2 G_2, \qquad |U_{2\,0\,\text{eff}}| = |E_{2\,\text{eff}}|\,\lambda \sqrt{\frac{3\,R_2}{2\pi\,Z_0} G_2}. \quad (6\,\text{a, b})$$

Entsprechend werden die anderen Größen. Für $E_{2\,\text{eff}}$ kann bei gleicher Strahlenrichtung überall der Wert (1) gesetzt werden. Die Gl. (6) werden in diesem Fall

$$P_{2\,\text{opt}} = \frac{|E_{0\,\text{eff}}|^2}{Z_0} \frac{3}{8\pi} \lambda^2 G_1 G_2, \quad |U_{2\,0\,\text{eff}}| = |E_{0\,\text{eff}}|\,\lambda \sqrt{\frac{3\,R_2}{2\,\pi\,Z_0} G_1 G_2}. \quad (7\,\text{a, b})$$

Nach den angegebenen Formeln, insbesondere nach den Gl. (6 bzw. 7), können sämtliche Empfangsgrößen bei bekanntem E_2 berechnet werden.

Aus der ermittelten Leistung erhält man bei gegebener Rauschleistung des Empfängers den Störabstand. Ist P_2 die Trägerleistung und P_r die Rauschleistung am Empfängereingang für eine Breite B von der Größe des Niederfrequenzkanals, so ist das Verhältnis Nutz- zu Störspannung am Empfängerausgang bei 100% Amplitudenmodulation $s_0 = \sqrt{P_2/2\,P_r}$. (Die 2 rührt von beiden Seitenbändern her.) Hat der Empfänger auf Grund des Modulationsverfahrens, z. B. bei Frequenzmodulation, einen Störverbesserungsfaktor $v \lesseqgtr 1$ gegen 100% Amplitudenmodulation und gleiche Trägerleistung, so wird daher der Störabstand

$$s = v \sqrt{\frac{P_2}{2 P_r}}. \quad (8)$$

Umgekehrt gibt Gl. (8) bei vorgeschriebenem Störabstand und gegebener Rauschleistung die erforderliche Empfangsleistung und -feldstärke. Ist die Abhängigkeit der Feldstärke von der Entfernung bekannt, so liefert Gl. (8) weiter die maximale Reichweite.

Die für den Rauschabstand bzw. die Festlegung der erforderlichen Leistung P_2 wichtige Rauschleistung P_r ist eine Erfahrungsgröße. Sie hängt wesentlich von dem benutzten Wellenbereich ab. Sieht man von örtlichen Störungen, wie Störungen von Diathermiegeräten, Zündstörungen u. dgl. ab, so ist P_r bei längeren Wellen durch die atmosphärischen Störungen (Blitz), bei kurzen Wellen durch das Empfängerrauschen und in einem dazwischenliegenden Gebiet von etwa 3 bis 15 m Wellenlänge durch das kosmische Rauschen (Strahlung aus dem Weltenraum) gegeben. Kurve *1* in Bild 25.1 zeigt eine auf Grund zahlreicher Messungen ermittelte Störkurve. Aufgetragen ist die Amplitude $|E_{r0}|$ der äquivalenten Rauschfeldstärke, bezogen auf einen Halbwellendipol und eine Bandbreite von $B_0 = 10$ kHz des Empfängers. Die begrenzenden Kurven für atmosphärische Störungen bei Nacht und mittlere Breiten (die Tageswerte sind kleiner, die Werte am Äquator etwa 4- bis 5mal größer), kosmisches Rauschen und Eigenrauschen des Empfängers sind nach verschiedenen Literaturangaben[1] zusammengestellt. Der vom Empfängerrauschen und damit vom Stand der Technik abhängige Teil der Kurve ist gestrichelt. Die bei den kurzen Wellen angeschriebenen Zahlen sind die zugehörigen Rauschzahlen n, das sind die in kT_0-Einheiten gemessenen Rauschleistungen pro HERTZ Bandbreite, aus denen sich die gesamte Rauschleistung für eine Bandbreite B zu $P_r = nkT_0B$ ergibt. Dabei ist $k = 1{,}38 \cdot 10^{-23}$ Ws/° K die BOLTZMANNsche Konstante, T_0 die absolute Temperatur, mithin für mittlere Temperaturen $kT_0 = 4 \cdot 10^{-21}$ Ws. Die Kurve zeigt ein Minimum bei etwa 4 m Wellenlänge.

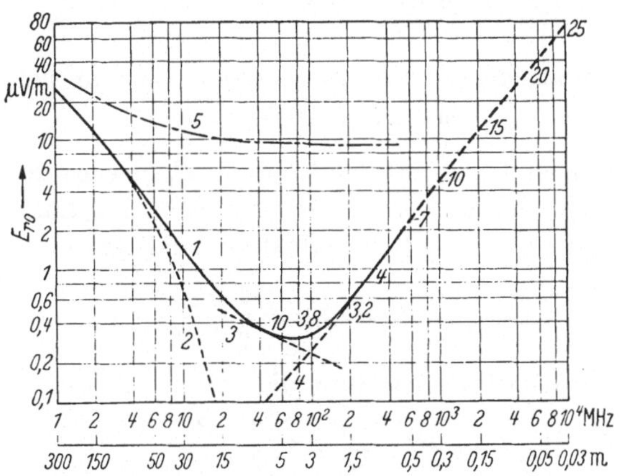

Bild 25.1. Minimale Empfangsfeldstärken (Rauschverhältnis 1:1) bezogen auf einen Halbwellendipol und 10 kHz Bandbreite. 1. Maximale Störfeldstärken ohne Berücksichtigung örtlicher Störungen. 2. Atmosphärisches Rauschen (Nacht). 3. Kosmisches Rauschen. 4. Empfängerrauschen. 5. Störfeldstärken mit Berücksichtigung örtlicher Störungen für mittlere Stadtverhältnisse.

Steht der Empfänger in ruhiger Gegend und in größerer Entfernung von Orten, so sind die örtlichen Störungen (man-made-noise) so gering oder selten, daß die Rauschwerte von Kurve *1* für eine Berechnung von P_r zugrunde gelegt werden können. In der Nähe von Ortschaften dagegen sind die örtlichen Störungen zu berücksichtigen. Diese sind naturgemäß stark schwankend und ortsabhängig. Die den gleichen Literaturangaben entnommene Kurve *5* von Bild 25.1 gibt einen ungefähren Mittelwert für mittlere Stadtverhältnisse.

Da die Rauschwerte von Bild 25.1 auf einen Halbwellendipol bezogen sind, ergibt sich die zugehörige Rauschleistung P_{r0} nach Gl. (6a) mit $G_2 = 1{,}09$. Hat der Empfänger die Bandbreite B, so wird daher

$$P_r = P_{r0}\frac{B}{B_0} = \frac{1}{2}\frac{|E_{r0}|^2}{Z_0}\frac{3}{8\pi}\lambda^2 \cdot 1{,}09\frac{B}{B_0}. \tag{9}$$

[1] Insbesondere nach NORTON u. OMBERG: Proc. I. R. E. Jan. 1947. — Reference Data for Radio Engineers, New York 1949. — W. KLEEN: Fernmeldetechn. Z. 1951.

Dieser Wert kann mit dem Wert E_{r_0} aus Bild 25.1 als mittlerer Erfahrungswert in Gl. (8) eingesetzt werden. Er gibt die Störleistung für 1 Funkstrecke mit 1 Niederfrequenzkanal. Für mehrere in Reihe geschaltete Strecken sind die einzelnen Rauschleistungen zu addieren. Bei Mehrkanalverbindungen kommt außerdem eine bei richtiger Aussteuerung etwa gleich große Störleistung durch Nebensprechen hinzu.

Die abgeleiteten Beziehungen (1 bis 9) gelten allgemein. Die in die Formeln einzusetzende Empfangsfeldstärke E_2 bzw. E_0 hängt dagegen von dem jeweiligen Ausbreitungsfall ab. Wir behandeln im folgenden Abschnitt zunächst die Ausbreitung im freien Raum.

2. Empfangsfeldstärken und optimale Empfangsleistung bei freier Ausbreitung.

Ein HERTZscher Dipol mit der Leistung P_1 erzeugt im freien Raum in der Richtung senkrecht zu seiner Achse in der Entfernung $r = d$ im Fernfeld nach Gl. (11.30) die effektive Feldstärke

$$|E_{0\,\mathrm{eff}}| = Z_0\,|H_{0\,\mathrm{eff}}| = \sqrt{\frac{3Z_0}{8\pi}}\,\frac{\sqrt{P_1}}{d} \tag{10}$$

und mithin die maximale Leistungsdichte

$$S_0 = \frac{|E_{0\,\mathrm{eff}}|^2}{Z_0} = \frac{3}{2}\,\frac{P_1}{4\pi d^2}. \tag{11}$$

Der Wert ist 1,5 mal so groß wie die Leistungsdichte bei gleichmäßiger kugelförmiger Abstrahlung der Leistung P_1 (Gewinn des HERTZschen Dipols gegenüber einem hypothetischen Kugelstrahler).

Für eine Richtung ϑ gegen die Antennenachse sind die Werte nach Gl. (11.30) mit $\sin\vartheta$ bzw. $\sin^2\vartheta$ zu multiplizieren, für eine beliebige Antenne nach der Definition des Antennengewinns in Kap. 10.2 mit $\sqrt{G_1}$ bzw. G_1, so daß die von einem beliebigen Sender am Empfangsort erzeugte Feldstärke bzw. Leistungsdichte

$$|E_{2\,\mathrm{eff}}| = \sqrt{\frac{3Z_0}{8\pi}}\,\frac{\sqrt{P_1 G_1}}{d}, \qquad S_2 = \frac{3}{2}\,\frac{P_1 G_1}{4\pi d^2} = \frac{P_1 G_1^K}{4\pi d^2} \tag{12a, b}$$

ist. Drückt man G_1 nach Gl. (5) durch die Absorptionsfläche der Antenne aus, so erhält man die gleichwertige Form

$$|E_{2\,\mathrm{eff}}| = \frac{\sqrt{Z_0 P_1 A_1}}{\lambda d}, \qquad S_2 = \frac{P_1 A_1}{\lambda^2 d^2}. \tag{13a, b}$$

Die Formeln für die Leistungsdichte sind übersichtlich, namentlich (12b) ist leicht zu reproduzieren. Die Abhängigkeit von der Entfernung mit $1/d^2$ in der Leistungsdichte entspricht der kugelförmigen Ausbreitung. Für die Zahlenauswertung wird vor allem Gl. (12a) benutzt.

Zahlenmäßig liefert die Feldstärkenformel (12a) mit $Z_0 = 120\pi$ Ohm und den in Ausbreitungsformeln üblichen Einheiten P in kW, d in km, E in mV/m (oder μV/m), vgl. auch (11.30b),

$$|E_{2\,\mathrm{eff}}| = \frac{300}{\sqrt{2}} \frac{\sqrt{P_1/\mathrm{kw}}}{d/\mathrm{km}} \sqrt{G_1} \frac{\mathrm{mV}}{\mathrm{m}} = 212 \frac{\sqrt{P_1/\mathrm{kw}}}{d/\mathrm{km}} \sqrt{G_1} \frac{\mathrm{mV}}{\mathrm{m}}. \tag{14}$$

Da die Feldstärkenwerte namentlich in den Fällen mit Berücksichtigung der Erde leicht um mehrere Zehnerpotenzen verschieden sind, ist es zweckmäßig, die Ausbreitungswerte im logarithmischen Maßstab anzugeben. Für die Feldstärken bzw. Spannungen kommt hierfür der natürliche Logarithmus (Neper) oder der 20fache BRIGGsche Logarithmus (Dezibel) der Feldstärkenverhältnisse (Verhältnis Feldstärke zu einer Bezugsfeldstärke) in Betracht. Die Angabe in Dezibel hat den Vorteil der dekadischen Einteilung, wobei eine Zehnerpotenz in der Spannung oder Feldstärke = 20 db ist. Für die Umrechnung von db auf N gilt, da der Feldstärkenfaktor 10 = 20 db bzw. 2,3 N ist,

$$1\,\mathrm{db} = 0{,}115\,\mathrm{N}, \qquad 1\,\mathrm{N} = 8{,}686\,\mathrm{db}. \tag{15}$$

In db über 1 μV/m als Bezugsfeldstärke liefert Gl. (14)

$$\begin{aligned} \frac{E_{2\,\mathrm{eff}}}{\mathrm{db\ über\ } 1\,\mu\mathrm{V/m}} &= 20 \log \frac{|E_{2\,\mathrm{eff}}|}{\mu\mathrm{V/m}} \\ &= 106{,}5 + 10 \log \frac{P_1}{\mathrm{kw}} + 10 \log G_1 - 20 \log \frac{d}{\mathrm{km}}. \end{aligned} \tag{14a}$$

Setzt man die für freie Ausbreitung geltenden Werte (13a bzw. 12a) in die Gl. (2 bzw. 6a) ein, so erhält man als optimale Empfangsleistung bei freier Ausbreitung die Werte

$$P_{2\,\mathrm{opt}} = P_1 \frac{A_1 A_2}{\lambda^2 d^2} = P_1 \frac{9}{64\pi^2} \frac{\lambda^2}{d^2} G_1 G_2. \tag{16}$$

Gl. (16) ist ebenso wie (14) für die Zahlenauswertung geeignet. Aus $P_{2\,\mathrm{opt}}$ ergeben sich sämtliche Spannungen. Das Verhältnis $P_1/P_{2\,\mathrm{opt}}$ wird als Streckendämpfung b bezeichnet. In logarithmischem Maß ist

$$b = 10 \log \frac{P_1}{P_{2\,\mathrm{opt}}} = 20 \log \frac{\lambda d}{\sqrt{A_1 A_2}}\,\mathrm{db} \quad \text{bzw.} \quad b = \ln \frac{\lambda d}{\sqrt{A_1 A_2}}\,\mathrm{N}. \tag{16a}$$

3. Geltungsbereich der freien Ausbreitung.

Die Formeln von Abschn. 2 gelten für Ausbreitung im freien Raum. In der Optik gilt eine Verbindung als frei, wenn die 1. FRESNEL-Zone frei ist. Die 1. FRESNEL-Zone ist dadurch definiert, daß der Weg über einen Punkt der Zone maximal eine halbe Wellenlänge größer ist als der direkte Weg. Sie ist daher durch das Rotationsellipsoid mit Sender und Empfänger als Brennpunkte (Brennweite $d/2$) und der Hauptachse

$2a_1 = d + \lambda/2$, also der kleinen Halbachse

$$b_1 = \sqrt{a_1^2 - e^2} = \sqrt{\frac{\lambda d}{4} + \frac{\lambda^2}{16}} \approx \sqrt{\frac{\lambda d}{4}} \qquad (17)$$

begrenzt; vgl. Bild 25.2. Bei den übrigen Zonen beträgt der maximale Umweg λ, $3/2\lambda \ldots n\lambda/2$, die Halbachsen $b_n = \sqrt{\frac{n\lambda d}{4} + \frac{n^2\lambda^2}{16}}$.

Da nach dem HUYGENSschen Prinzip die Feldstärke im Empfangspunkt P von allen Punkten einer Wellenfront herrührt und sich wegen der Wegunterschiede die Beiträge der 1. Zone addieren, die der übrigen Zonen abwechselnd subtrahieren und addieren, tritt im optischen Fall nur eine geringe Intensitätsänderung in P ein, wenn ein undurchsichtiges Hindernis oder eine diffus reflektierende Fläche in die äußeren FRESNEL-Zonen hineinragt. Dagegen kann eine spiegelnde Fläche auch bei optischen Wellen eine starke Änderung bewirken. Da für die längeren elektrischen Wellen die Erde eine solche spiegelnde Fläche ist und die elektrischen Wellen außerdem polarisiert sind, kann bei elektrischen Wellen die Erde auch bei voller Freiheit der 1. FRESNEL-Zone je nach der Entfernung eine Verdoppelung bis nahezu Auslöschung der Feldstärke in P bewirken. Das Kriterium der 1. FRESNEL-Zone ist daher bei elektrischen Wellen nur mit größter Vorsicht zu benutzen. Eine Verbindung kann nur dann als freie Raumausbreitung angesehen werden, wenn die 1. FRESNEL-Zone frei ist und außerdem die Erde genügend diffus reflektiert, während andererseits, da ja bei einer Reflexion an der 1. FRESNEL-Zone wegen der 180° Phasenumkehr bei der Reflexion eine Verdoppelung der Feldstärke eintritt, ein Hindernis noch etwas in die 1. FRESNEL-Zone hineinragen kann, ohne den Feldstärkenwert unter den Wert der freien Ausbreitung zu bringen. Nach Kap. 26.3, Gl. (26.16 u. 26.19) kann der Wegunterschied auf $\lambda/6$ statt $\lambda/2$ verkleinert werden, was ein Rotationsellipsoid mit der kleinen Halbachse $b' = \sqrt{\lambda d/12}$, also einen $\sqrt{3}$fach kleineren Wert ergibt.

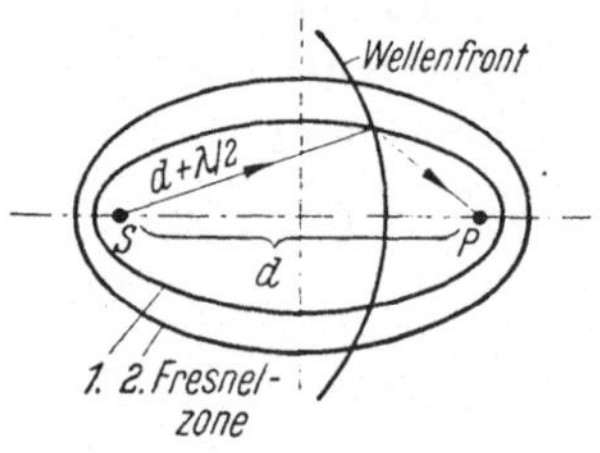

Bild 25.2. FRESNEL-Zonen.

Als Maß dafür, ob die Erde genügend diffus reflektiert, kann das RAYLEIGHsche Kriterium der Optik angesehen werden. Eine diffuse Reflexion tritt ein, wenn der Boden nicht vollkommen eben ist. Sei h die typische Höhe einer solchen kleinen Erhebung und φ der Winkel des einfallenden Strahles, so ist der Wegunterschied eines an der Spitze und am Boden reflektierten Strahles nach Bild 25.3

$$\Delta s = \mathrm{AB} - \mathrm{AC} = \mathrm{AB} - \mathrm{AB} \cdot \cos 2\varphi = \frac{h}{\sin\varphi}(1 - \cos 2\varphi) = 2h \sin\varphi \qquad (18)$$

und die zugehörige Phasendifferenz

$$\Delta\Phi = 2\pi\frac{\Delta s}{\lambda} = \frac{4\pi h}{\lambda}\sin\varphi. \tag{19}$$

Je kleiner h und je flacher φ ist, um so kleiner ist $\Delta\Phi$, um so regulärer die Reflexion. Das RAYLEIGHsche Kriterium besagt, daß die Reflexion als diffus angesprochen werden kann, wenn der Phasenunterschied mindestens 45°, also

$$\sin\varphi \approx \varphi > \frac{\lambda}{16h} \quad \text{oder} \quad h > \frac{\lambda}{16\varphi} \tag{20}$$

ist. Tatsächlich ist bei solchen Höhen der Reflexionsfaktor praktisch rund $^1/_5$ oder weniger des normalen Wertes. Für eine Verbindung über 40 km mit Antennenhöhen von je 200 m über dem Reflexionspunkt wird der Winkel in der Mitte $\varphi = \frac{1}{100}$, mithin müßten in diesem Fall die mittleren Bodenerhebungen $h > 6\lambda$ sein, damit die Formeln der freien Ausbreitung gelten. Man sieht, daß die Formeln der freien Ausbreitung im wesentlichen nur bei cm-Wellen über Land bei nicht zu flachen Einfallswinkeln benutzt werden können, bei längeren Wellen stets und bei cm-Wellen über See und bei flachen Einfallswinkeln der Einfluß der Erde berücksichtigt werden muß.

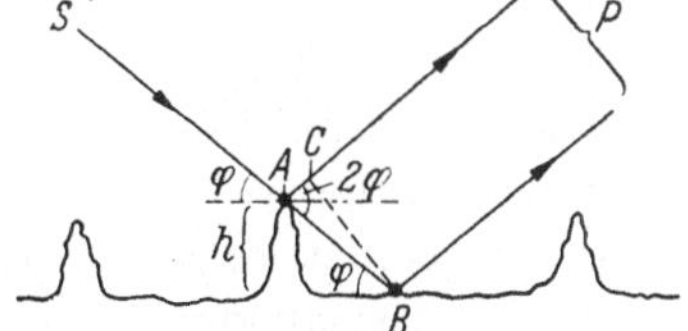

Bild 25.3. Zum RAYLEIGHschen Kriterium der Optik.

26. Kapitel.

Ausbreitung mit Berücksichtigung der Erde für Entfernungen innerhalb der geometrischen Sicht.

1. Prinzip der Lösung.

Die Erde hat, zunächst ohne Berücksichtigung der Erscheinungen in der Atmosphäre, auf die Ausbreitung der elektromagnetischen Wellen zwei Einflüsse:

1. werden die schräg auf die Erde fallenden Strahlen an der Erdoberfläche gebrochen und reflektiert, so daß sich die Feldstärke an einem Ort über der Erde innerhalb der geometrischen Sicht aus einem direkten Strahl und einem an der Erde reflektierten Strahl zusammensetzt,

2. ist durch die Beugung an der gekrümmten Erde auch außerhalb der geometrischen Sicht eine Feldstärke vorhanden.

Die strenge Lösung der Ausbreitung nach den MAXWELLschen Gleichungen enthält beide Einflüsse. Bevor wir die strenge Theorie der

Beugung mit Berücksichtigung der Erdkrümmung in Kap. 27 durchführen, wollen wir im folgenden eine Näherungstheorie ableiten, die zur Berechnung der Feldstärke innerhalb der geometrischen Sicht nicht zu nahe an der Sichtgrenze in den meisten Fällen ausreicht.

Diese Näherungstheorie besteht im Prinzip darin, daß wir a) für die Ermittlung des Reflexionskoeffizienten die Erde als eine leitende Ebene und die einfallende Welle als eine ebene Welle, die Entfernung der Strahlungsquelle von der Reflexionsstelle also als groß gegen die Wellenlänge ansehen und daß wir b) für die Ermittlung der Feldstärken den Wert innerhalb der Sicht als Summe der Feldstärken des direkten und des an der Erde reflektierten Strahles ansehen, wobei wir für die Einzelwerte die Werte der freien Raumausbreitung einer Kugelwelle nehmen und bei dem reflektierten Strahl die nach a) ermittelten Reflexionskoeffizienten berücksichtigen.

Diese optische Reflexionstheorie liefert, wie ein Vergleich mit der strengen Lösung von Kap. 27 zeigt, brauchbare Näherungswerte innerhalb der geometrischen Sicht namentlich für größere Entferungen und nicht zu nahe an der Erde.

2. Reflexion und Brechung ebener Wellen an einer leitenden Ebene.

Wir betrachten nach den Ausführungen von Abschn. 1 die Reflexion einer ebenen Welle an einer unendlich großen Ebene. Die Ebene $z = 0$ trenne die beiden Medien I und II mit den beliebigen reellen oder komplexen Konstanten ε_0, μ_0 und ε_i, μ_i, bzw. k_0, Z_0 und k_i, Z_i. Wir legen die Strahlrichtung der einfallenden Welle in die xz-Ebene, so daß die brechende Kante parallel zur y-Achse liegt und der Winkel der Strahlrichtung gegen die y-Achse $\beta = \pi/2$ wird. Die Richtungswinkel gegen die positiven z- und x-Achsen seien γ und $\alpha = \pi/2 - \gamma$; vgl. Bild 26.1. Die Feldstärken haben dann nach den Gl. (4.12b u. 4.5) der ebenen Welle die Größen

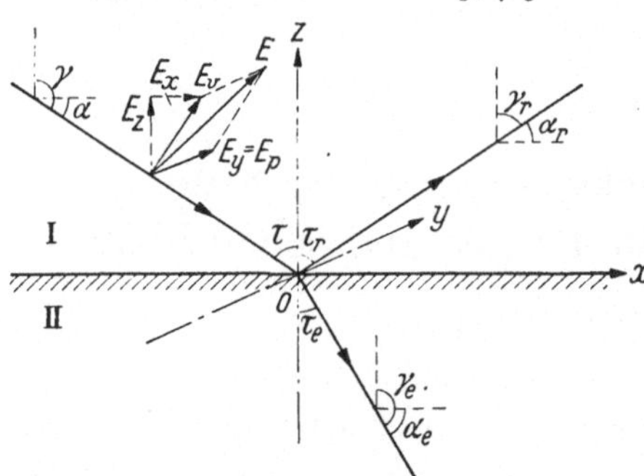

Bild 26.1. Reflexion einer ebenen Welle an einer ebenen Fläche.

$$E = ZH = A\,e^{-ik_0(x\cos\alpha + z\cos\gamma)} = A\,e^{-ik_0(x\sin\gamma + z\cos\gamma)}, \qquad (1)$$

während die Richtungen von $\boldsymbol{E}$ und $\boldsymbol{H}$ senkrecht aufeinander und auf der Fortpflanzungsrichtung unter einem beliebigen Winkel gegen die xz-Ebene stehen.

Beim Auftreffen auf die Grenzfläche $z = 0$ dringt ein Teil der Welle (Index e = eindringende Welle) als ebene Welle der Form (1) mit der

Stärke A_e und dem Winkel γ_e in das Medium II ein, während ein Teil (Index r = reflektierte Welle) mit der Stärke A_r und dem Winkel γ_r in das Medium I zurückkommt. Die Amplituden und Winkel beider Wellen müssen so bestimmt werden, daß die tangentialen elektrischen und magnetischen Feldstärken an der Ebene $z = 0$ gleich sind. Dazu müssen wir die Feldstärken in die rechtwinkligen Komponenten zerlegen.

Die Feldstärken jeder der drei Wellen stehen senkrecht aufeinander und auf der Fortpflanzungsrichtung derart, daß $\boldsymbol{E}$, $\boldsymbol{H}$ und die Fortpflanzungsrichtung ein Rechtssystem bilden. Wir zerlegen die elektrische Feldstärke jeder Welle in eine Komponente $E_p = E_y$ parallel zur brechenden Kante und eine Komponente E_v in der Einfallsebene senkrecht zur brechenden Kante, wobei wir die Richtung von E_v derart positiv zählen, daß E_p, E_v und die Fortpflanzungsrichtung ein Rechtssystem bilden. Bei dieser Vorzeichenwahl gehört nach den obigen Angaben zu jedem E_p eine magnetische Feldstärke $H_v = E_p/Z$ und zu jedem E_v eine magnetische Feldstärke $H_p = -E_v/Z$. Die in der xz-Ebene liegende Feldstärke E_v hat nach Bild 26.1 die Komponenten $E_x = -E_v \cos\gamma$, $E_z = E_v \sin\gamma$. Entsprechendes gilt für H_v, so daß jede der drei Wellen die 6 Feldstärkenkomponenten

$$\begin{aligned} E_x &= -E_v \cos\gamma\,, & E_z &= E_v \sin\gamma\,, & H_y &= -E_v/Z\,, \\ H_x &= -\frac{E_p}{Z}\cos\gamma\,, & H_z &= \frac{E_p}{Z}\sin\gamma\,, & E_y &= E_p \end{aligned} \tag{2}$$

hat. Die Gleichheit der tangentialen Feldstärkenkomponenten E_x, H_y, E_y und H_x an der Trennfläche verlangt daher, da das Luftfeld die Summe aus der einfallenden und reflektierten Welle, das Feld im Boden die eindringende Welle ist,

$$\begin{aligned} E_v \cos\gamma + E_{vr}\cos\gamma_r &= E_{ve}\cos\gamma_e\,, & E_p + E_{pr} &= E_{pe}\,, \\ \frac{E_v}{Z_0} + \frac{E_{vr}}{Z_0} &= \frac{E_{ve}}{Z_i}\,, & \frac{E_p}{Z_0}\cos\gamma + \frac{E_{pr}}{Z_0}\cos\gamma_r &= \frac{E_{pe}}{Z_i}\cos\gamma_e \end{aligned} \tag{3}$$

für $z = 0$. Das sind 4 Gleichungen zur Bestimmung der unbekannten Winkel und Amplituden.

Das Einsetzen der Form (1) in die verschiedenen Feldstärken in (3) ergibt für die Gleichheit der Phasen die Bedingungen

$$k_0 \sin\gamma = k_0 \sin\gamma_r = k_i \sin\gamma_e\,, \tag{4}$$

womit die Winkel bestimmt sind, während die Gleichheit der Amplituden dieselben Gl. (3) mit A_v statt E_v und A_p statt E_p für die Bestimmung der Amplituden liefert.

Die Phasenbedingung (4) enthält das normale Reflexions- und Brechungsgesetz. Führt man statt der Winkel γ die Einfallswinkel

$$\tau = \pi - \gamma\,, \qquad \tau_r = \gamma_r\,, \qquad \tau_e = \pi - \gamma_e \tag{5}$$

ein, vgl. Bild 26.1, so wird (4)

$$\sin\tau = \sin\tau_r = n \sin\tau_e . \tag{4a}$$

Dabei ist der Brechungsindex

$$n = \frac{k_i}{k_0} = \sqrt{\frac{\varepsilon_i \mu_i}{\varepsilon_0 \mu_0}} . \tag{6}$$

Für gleiche Permeabilität $\mu_i = \mu_0$ ist das Verhältnis k_i/k_0 nach (4.5a u. 4.5b) auch gleich dem Verhältnis Z_0/Z_i der Wellenwiderstände. Für gleiche Permeabilität wird daher n mit dem Wert (3.16) für die komplexe Dielektrizitätskonstante und Berücksichtigung von Gl. (4.5)

$$n = \frac{k_i}{k_0} = \frac{Z_0}{Z_i} = \sqrt{\frac{\varepsilon_i}{\varepsilon_0}} = \sqrt{\frac{\varepsilon}{\varepsilon_0} + \frac{\sigma}{\mathrm{i}\,\omega\,\varepsilon_0}} = \sqrt{\varepsilon_r - \mathrm{i}\frac{Z_0}{2\pi}\,\sigma\lambda} . \tag{6a}$$

Dabei ist ε_r die relative Dielektrizitätskonstante und σ die Leitfähigkeit des Bodens. Zahlenmäßig wird der Imaginärteil, wenn σ in $\mathrm{Ohm}^{-1}/\mathrm{m}$ und λ in m eingesetzt wird, $Z_0/2\pi \cdot \sigma\lambda = 60\sigma_{\mathrm{Ohm}^{-1}/\mathrm{m}}\lambda_{\mathrm{m}}$. Ist σ in elektromagnetischen Einheiten gegeben, so gilt für die Umrechnung $\sigma_{\mathrm{elm}} = \sigma_{\mathrm{Ohm}^{-1}/\mathrm{m}} \cdot 10^{-11}$. Bei komplexem n wird nach (4) $\sin\gamma_e$ komplex. Physikalisch bedeutet der Realteil die Richtung der eindringenden Welle, während der Imaginärteil eine Dämpfung in dieser Richtung bedeutet.

Die mit Gl. (3) identischen Gleichungen für die Amplituden zerfallen in zwei getrennte Systeme für die vertikale und horizontale Polarisation. Ersetzt man die Winkel γ durch die Einfallswinkel τ nach Gl. (5), so werden die auftretenden Kosinusfunktionen, da die Einfallswinkel im 1. Quadranten liegen, nach Gl. (4a)

$$\cos\tau_r = \cos\tau , \qquad \cos\tau_e = +\sqrt{1 - \frac{\sin^2\tau}{n^2}} = \frac{1}{n}\sqrt{n^2 - \sin^2\tau} . \tag{7}$$

Setzt man außerdem $Z_0/Z_i = n$ nach Gl. (6a), so liefert die Auflösung der Gl. (3) für die gesuchten Amplituden bei vertikaler Polarisation

$$\frac{E_{vr}}{E_v} = \frac{n\cos\tau - \cos\tau_e}{n\cos\tau + \cos\tau_e} = \frac{n^2\cos\tau - \sqrt{n^2 - \sin^2\tau}}{n^2\cos\tau + \sqrt{n^2 - \sin^2\tau}} = R_v = |R_v|\,\mathrm{e}^{-\mathrm{i}\varphi_v} , \tag{8}$$

$$\frac{E_{ve}}{E_v} = \frac{2\cos\tau}{n\cos\tau + \cos\tau_e} = \frac{2n\cos\tau}{n^2\cos\tau + \sqrt{n^2 - \sin^2\tau}} \tag{8a}$$

und bei horizontaler Polarisation

$$\frac{E_{pr}}{E_p} = \frac{\cos\tau - n\cos\tau_e}{\cos\tau + n\cos\tau_e} = \frac{\cos\tau - \sqrt{n^2 - \sin^2\tau}}{\cos\tau + \sqrt{n^2 - \sin^2\tau}} = R_h = |R_h|\,\mathrm{e}^{-\mathrm{i}\varphi_h} , \tag{9}$$

$$\frac{E_{pe}}{E_p} = \frac{2\cos\tau}{\cos\tau + n\cos\tau_e} = \frac{2\cos\tau}{\cos\tau + \sqrt{n^2 - \sin^2\tau}} . \tag{9a}$$

Für kleine Einfallswinkel $\alpha = \pi/2 - \tau$ (bei vertikaler Polarisation für kleines $n\alpha$) wird R_v und R_h näherungsweise

$$\begin{aligned} R_v &\approx -\left[1 - \frac{2n^2\alpha}{\sqrt{n^2-1}}\right], \\ R_h &\approx -\left[1 - \frac{2\alpha}{\sqrt{n^2-1}}\right]. \end{aligned} \tag{10}$$

Damit sind sämtliche Konstanten bestimmt. Da die Lösung der MAXWELLschen Gleichungen eindeutig ist, folgt noch, daß die stillschweigend angenommene Voraussetzung, daß der einfallende Strahl, der gebrochene und der reflektierte Strahl zusammen mit dem Einfallslot in einer Ebene liegen, richtig ist.

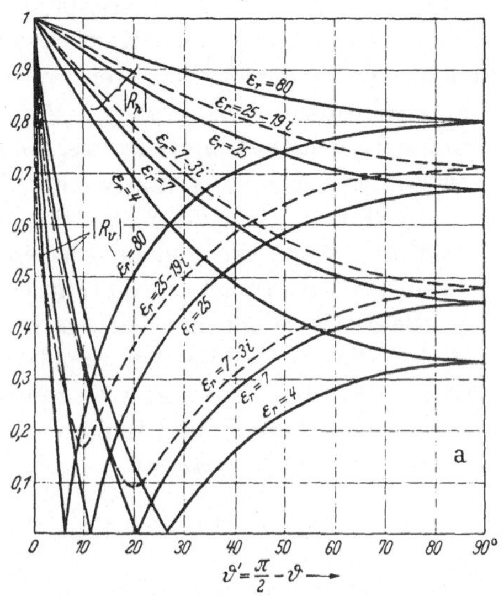

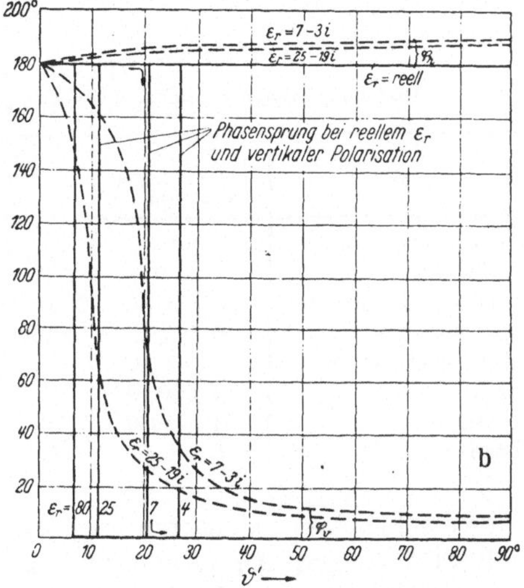

Bild 26.2. Absolutwert a und Phase b des Reflexionskoeffizienten für verschiedene Bodenkonstanten und Polarisationsarten in Abhängigkeit vom Erhebungswinkel. (Kurven z. T. aus BURROWS-ATTWOOD.)

Da das Feld in der Luft die Summe aus der primären und reflektierten Welle ist, interessieren für die Ausbreitungserscheinungen im wesentlichen nur die durch die Gl. (8 u. 9) gegebenen Reflexionskoeffizienten R_v und R_h. Wir wollen den Verlauf dieser Größen näher betrachten. Da der Brechungsindex n durch (6 bzw. 6a) gegeben ist, hängen die Reflexionskoeffizienten von dem Einfallswinkel τ, der Dielektrizitätskonstanten ε_r und dem Produkt $\sigma\lambda$, dem Leitwert für eine Wellenlänge, ab.

Für $\sigma = \infty$ und $\sigma = 0$ wird R reell und unabhängig von der Wellenlänge. Im 1. Fall, also für unendlich gut leitenden Boden, wird nach Gl. (6a) $n^2 = -i\,\infty$ und mithin nach (8 u. 9) $R_{v\infty} = +1$, $R_{h\infty} = -1$. Die Wellen werden für beide Reflexionsarten mit gleicher Amplitude reflektiert, wobei bei der vertikalen

Reflexion die Phase erhalten bleibt, bei der horizontalen ein Phasensprung von 180° eintritt.

Für $\sigma = 0$, also dielektrische Erde, gelten die Gl. (8 u. 9) mit $n^2 = \varepsilon_r$. Die ausgezogenen Kurven von Bild 26.2 zeigen die Abhängigkeit des Reflexionskoeffizienten vom Erhebungswinkel für diesen Fall für verschiedene Werte von ε_r. Man sieht, daß bei vertikaler Polarisation bei einem bestimmten von ε_r abhängigen Winkel, dem sogenannten BREWSTERschen Polarisationswinkel, keine Reflexion erfolgt. Bei Erhebungswinkeln, die größer als der BREWSTERsche Winkel sind, hat die reflektierte Welle die gleiche Phase, bei kleineren Erhebungswinkeln tritt ein Phasensprung von 180° ein. Da bei dem BREWSTERschen Winkel die reflektierte Welle nur bei der vertikalen Polarisation fehlt, erhält man bei diesem Winkel bei unpolarisierten optischen Wellen polarisiertes Licht. Bei dem BREWSTERschen Winkel stehen der reflektierte und der gebrochene Strahl senkrecht aufeinander. Denn aus dem Nullsetzen von Gl. (8) folgt $n \cos \tau = \cos \tau_e$, was durch Multiplikation mit (4a)

$$\sin 2\tau = \sin 2\tau_e \quad \text{oder} \quad \tau = \frac{\pi}{2} - \tau_e \tag{11}$$

liefert.

Zwischen den beiden Grenzfällen $\sigma = \infty$ und $\sigma = 0$ liegen die wirklichen Werte. In Tab. 26.1 sind mittlere Werte der Bodenkonstanten

Tabelle 26.1.
Dielektrizitätskonstante und Leitfähigkeit verschiedener Bodenarten.

Boden	Relative Dielektrizitätskonstante ε_r	Leitfähigkeit σ Ohm^{-1}/m	Leitfähigkeit σ elm. Einheiten
Seewasser	80	1 bis 4	10^{-11} bis $4 \cdot 10^{-11}$
Süßwasser	80	10^{-3} bis $5 \cdot 10^{-3}$	10^{-14} bis $5 \cdot 10^{-14}$
Nasser Ackerboden	20 bis 30	$2 \cdot 10^{-2}$ bis 10^{-1}	$2 \cdot 10^{-13}$ bis 10^{-12}
Mittlerer Ackerboden	10 bis 15	$5 \cdot 10^{-3}$ bis $2 \cdot 10^{-2}$	$5 \cdot 10^{-14}$ bis $2 \cdot 10^{-13}$
Trockener Boden	4 bis 10	10^{-3} bis 10^{-2}	10^{-14} bis 10^{-13}
Sand	4 bis 10	10^{-4} bis $2 \cdot 10^{-3}$	10^{-15} bis $2 \cdot 10^{-14}$
Gebirge	4 bis 10	10^{-3} bis $2 \cdot 10^{-3}$	10^{-14} bis $2 \cdot 10^{-14}$
Städte	3 bis 5	10^{-4} bis $2 \cdot 10^{-3}$	10^{-15} bis $2 \cdot 10^{-14}$

für verschiedene Bodenarten angegeben. Die gestrichelten Kurven von Bild 26.2 zeigen Amplitude und Phase der Reflexionskoeffizienten für die im gleichen Bild angegebenen Bodenkonstanten. Der Wert $\varepsilon_r^i = Z_0/2\pi \cdot \sigma\lambda = 3$ entspricht z. B. einer Leitfähigkeit von $10^{-2}\,\text{Ohm}^{-1}/\text{m}$ bei 5 m Wellenlänge. Für weitere Werte von ε_r und ε_r^i findet man Tabellen in der Literatur, z. B. in den angegebenen Arbeiten von BURROWS und McPETRIE.

Ist bei kleiner Leitfähigkeit oder ultrakurzen Wellen das Produkt $Z_0/2\pi \cdot \sigma\lambda$ klein gegen ε_r, so kann man nach Gl. (6a) mit rein dielektrischem

Boden, also mit den ausgezogenen Kurven von Bild 26.2 rechnen. Für die bei Ausbreitungen über größere Entfernungen interessierenden kleinen Winkel tritt dann bei beiden Reflexionsarten Phasenumkehr mit gleicher Amplitude und damit ein Auslöschen der direkten und reflektierten Feldstärke in unmittelbarer Nähe der Erde auf; vgl. Bild 26.4.

3. Die Berechnung der Feldstärken nach der Reflexionstheorie.

a) Die Zusammensetzung von direktem und reflektiertem Strahl bei ebener Erde.

Nach Abschn. 2 ist bei der Reflexion einer ebenen Welle die Welle im Luftraum die Summe aus der primären und reflektierten ebenen Welle, wobei die letztere aus der Spiegelrichtung kommt. Analog setzen wir in unserer optischen Näherungstheorie die vom Sender S am Empfangsort P erzeugte Feldstärke gleich der Summe der Feldstärken des direkten und des vom Spiegelbild S in Bild 26.3 herkommenden reflektierten Strahles an, also

$$\boldsymbol{E} = \boldsymbol{E}_{\text{dir}} + \boldsymbol{E}_r. \tag{12}$$

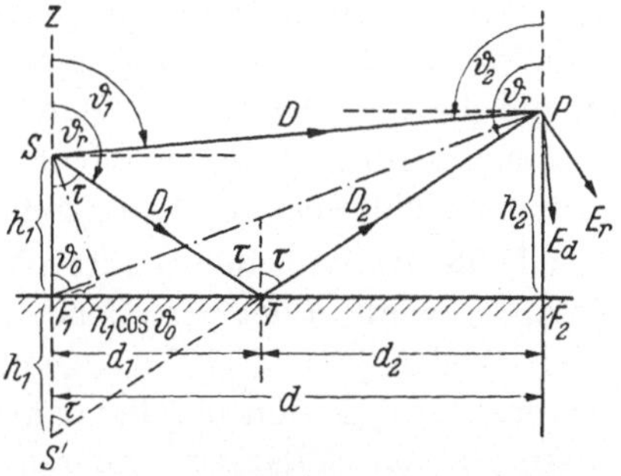

Bild 26.3. Zur Berechnung der Feldstärken bei ebener Erde.

Für die Feldstärken sind dabei entsprechend der in Abschn. 1 angegebenen Voraussetzung die Werte der freien Ausbreitung zu nehmen.

Ist E_0' die Feldstärke, die ein HERTZscher Dipol im Mittelpunkt der Sendeantenne am Ort der Empfangsantenne bei freier Ausbreitung erzeugen würde, und $G_1(\psi_1, \vartheta_1)$ der Leistungsgewinn der Sendeantenne in der Richtung ψ_1, ϑ_1 ohne Berücksichtigung der Erde, so ist die direkte Feldstärke ohne Berücksichtigung der Feldstärkenrichtung

$$E_{\text{dir}} = E_d = E_0' \sqrt{G_1(\psi_1, \vartheta_1)}. \tag{12a}$$

Da die reflektierte Welle einen größeren Weg $D_r = D + \Delta$ zurückzulegen hat, kommt für die reflektierte Feldstärke zu E_0' nach Gl. (11.16) ein Faktor $D/D_r \cdot e^{-ik_0\Delta}$ hinzu. Da außerdem die Abstrahlung in der Reflexionsrichtung ψ_1, ϑ_{1r} erfolgt, also der Gewinn $G_1(\psi_1, \vartheta_{1r})$ maßgebend ist und die Schwächung durch den Reflexionsfaktor $R = |R|\, e^{-i\varphi}$ hinzukommt, wird die reflektierte Feldstärke

$$E_r = E_d \frac{D}{D_r} \sqrt{\frac{G_1(\psi_1, \vartheta_{1r})}{G_1(\psi_1, \vartheta_1)}}\, |R|\, e^{-i(\varphi + k_0\Delta)} \tag{12b}$$

In der Gleichung ist für R bei vertikal polarisierten Antennen, bei denen die elektrischen Feldstärken in allen Punkten der Erde senkrecht zur brechenden Kante sind, der Wert R_v aus Gl. (8) zu nehmen, bei horizontal polarisierten Antennen für die Hauptrichtung senkrecht zur Antenne der Wert R_h aus Gl. (9), da hier die primären elektrischen Feldstärken auf der Erde parallel zur brechenden Kante sind. In schrägen Richtungen hat bei der horizontal polarisierten Antenne die primäre Feldstärke an der Erde eine Komponente parallel und eine senkrecht zur brechenden Kante, so daß Gl. (12a) aufzuspalten wäre. Wir schließen diesen praktisch weniger interessierenden Fall zunächst aus und bringen die Lösung in Abschn. b.

Da die direkte Feldstärke $\boldsymbol{E}_d$ senkrecht auf der Verbindungslinie SP, die reflektierte Feldstärke $\boldsymbol{E}_r$ senkrecht auf der Linie $S'P$ steht, vgl. Bild 26.3, sind die beiden Feldstärken (12a u. 12b) beim Einsetzen in (12) vektoriell zu addieren.

Praktisch interessiert im allgemeinen nicht die Vektorsumme, sondern nur die in der Empfangsantenne erzeugte Antennenspannung und Empfangsleistung. Die von einer einzelnen Welle erzeugte Leerlaufspannung erhält man nach Gl. (25.6b) durch Multiplikation der elektrischen Feldstärke mit dem Faktor $\lambda\sqrt{3R_2/2\pi Z_0}$ und der Wurzel aus dem Leistungsgewinn in der betreffenden Richtung. Mithin wird die von den beiden Wellen (12a u. 12b) erzeugte Leerlaufspannung, da wegen der linearen Superposition der Feldstärken die Spannungen linear und als skalare Größen skalar zu addieren sind (die Richtung ist in den verschiedenen Gewinnen enthalten),

$$U_0 = \lambda \sqrt{\frac{3\,R_2}{2\,\pi\,Z_0}} \left[E_d \sqrt{G_2(\psi_2, \vartheta_2)} + E_r \sqrt{G_2(\psi_2, \vartheta_{2r})}\right]. \tag{13}$$

Da E_d und E_r durch (12a u. 12b) gegeben sind, sind U_0 und damit sämtliche Empfangsgrößen bekannt. Setzt man den Wert (12b) für E_r ein und klammert $\sqrt{G_2(\psi_2, \vartheta_2)}$ aus, so wird Gl. (13) mit (25.6b bzw. 25,7b) identisch, wenn man unter den dort auftretenden Gewinnen G_1 und G_2 die Gewinne in Richtung Sender—Empfänger versteht und für die Feldstärke E_2 den Wert

$$\begin{aligned} E_2 &= E_d \left[1 + \frac{D}{D_r} \sqrt{\frac{G_1(\psi_1, \vartheta_{1r})}{G_1(\psi_1, \vartheta_1)} \frac{G_2(\psi_2, \vartheta_{2r})}{G_2(\psi_2, \vartheta_2)}}\, |R|\, \mathrm{e}^{-\mathrm{i}(\varphi + k_0 \Delta)}\right] \\ &= E_d\left[1 + |K|\, \mathrm{e}^{-\mathrm{i}(\varphi + k_0 \Delta)}\right] \end{aligned} \tag{14}$$

setzt. Mit dieser Ersatzfeldstärke und den Gewinnen G_1, G_2 in der Richtung Sender—Empfänger erhält man sämtliche Empfangsgrößen bei vorhandener Erde nach den allgemeinen Gleichungen in Kap. 25.1.

Der für diese Gleichungen allein interessierende Absolutwert von $E_{2\,\mathrm{eff}}$ wird mit Zerlegung der Exponentialfunktion

$$|E_{2\,\mathrm{eff}}| = |E_{d\,\mathrm{eff}}| \sqrt{1 + |K|^2 + 2\,|K| \cos(\varphi + k_0 \Delta)} \tag{15}$$

oder

$$|E_{2\,\mathrm{eff}}| = |E_{d\,\mathrm{eff}}| \sqrt{(1-|K|)^2 + 4|K| \cos^2\left(\frac{\varphi + k_0 \Delta}{2}\right)}. \qquad (15\text{a})$$

Da E_d die Feldstärke bei freier Raumausbreitung war, ist die Wurzel in Gl. (15) bzw. die Klammer in Gl. (14) der durch die Reflexion an der Erde hervorgerufene Schwächungsfaktor. Wie es sein muß, ist er hinsichtlich Sender und Empfänger vollkommen reziprok.

Zur Berechnung dieses Faktors ist der Wegunterschied Δ und der durch Gl. (14) definierte erweiterte Reflexionsfaktor K erforderlich. Der Wegunterschied Δ wird bei kleinen Erhebungswinkeln, für die der Abstand d der Fußpunkte von Sender und Empfänger, vgl. Bild 26.3, klein gegen die Summe der Antennenhöhen $h_1 + h_2$ ist,

$$\begin{aligned} \Delta = D_r - D &= \sqrt{d^2 + (h_1 + h_2)^2} - \sqrt{d^2 + (h_1 - h_2)^2} \\ &\approx \frac{2 h_1 h_2}{d}\left[1 - \frac{h_1^2 + h_2^2}{2 d^2} + \cdots\right] \approx \frac{2 h_1 h_2}{d}. \end{aligned} \qquad (16)$$

Für größere Erhebungswinkel, für die die Bedingung $d \gg h_1 + h_2$ nicht mehr erfüllt ist, dagegen der Abstand D groß gegen die Höhe h_1 bleibt, gilt statt (16) nach Bild 26.3 oder Gl. (19.9) die Näherung

$$\Delta \approx 2 h_1 \cos\vartheta_0. \qquad (16\text{a})$$

Zur Berechnung von K sind zunächst der Reflexionswinkel τ und die Abstrahlwinkel ϑ und ϑ_r erforderlich. Nach Bild 26.3 ist

$$\operatorname{ctg}\vartheta_1 = -\operatorname{ctg}\vartheta_2 = \frac{h_2 - h_1}{d}, \qquad \operatorname{ctg}\tau = -\operatorname{ctg}\vartheta_r = \frac{h_1 + h_2}{d}. \qquad (17)$$

Der zu τ gehörige Reflexionskoeffizient R ergibt sich aus Abschn. 2, die in (14) weiter einzusetzenden Gewinne aus dem Richtdiagramm der Antenne, da das Verhältnis der Gewinne gleich dem Verhältnis der Feldstärkenquadrate ist, so daß K und damit E_2 berechnet werden können.

Für große Entfernungen und nicht zu scharfe Richtdiagramme ist $K = R$. Gl. (14 bzw. 15) wird in diesem Fall unabhängig von den Daten der Empfangsantenne und gibt das Richtdiagramm der Sendeantenne mit Berücksichtigung der Erde. Da sich der Wegunterschied mit dem Winkel bei größerer Antennenhöhe um mehrere Wellenlängen ändert, tritt abwechselnd eine Addition und Subtraktion der beiden Feldstärken E_d und E_r ein, wodurch für E_2 das bekannte Zipfeldiagramm entsteht. Bild 26.4 zeigt als Beispiel das vertikale Strahlungsdiagramm eines vertikalen Hertzschen Dipols in 130 m Höhe für die Bodenkonstanten $\varepsilon_r = 7$, $\sigma = 5 \cdot 10^{-3}\,\mathrm{Ohm}^{-1}/\mathrm{m}$ und eine Wellenlänge von 9 m. Da in der Nähe des Brewsterschen Winkels der Reflexionsfaktor klein ist, sind die Maxima und Minima hier schwächer ausgebildet, während sie bei kleinen Winkeln, wo der Reflexionsfaktor nahezu -1 ist, am stärksten sind, so daß die Feldstärke hier zwischen nahezu 0 und 2 schwankt. Diese Interferenzschwankungen machen sich vor allem bei Reflexionen an glatten Wasseroberflächen bemerkbar. Durch Mehrfachempfang in zwei verschiedenen Höhen, also mit zwei verschiedenen Wegunterschieden (16), kann man (bei größeren Höhen) den vollkommenen Ausfall der Strecke vermeiden.

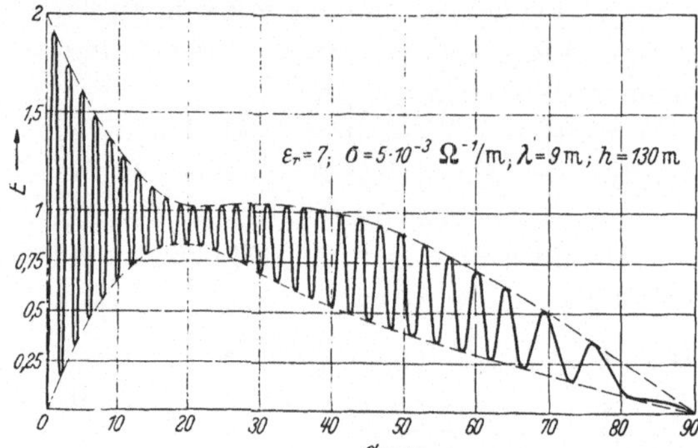

Bild 26.4. Vertikale Strahlungskennlinie eines vertikalen Dipols in 130 m Höhe über Erde, gerechnet mit Berücksichtigung der Leitfähigkeit (nach HANDEL und PFISTER).

Bei flachen Einfallswinkeln, also praktisch bei allen Bodenverbindungen über größere Entfernungen, befindet man sich im unteren Zipfel des Diagramms. Da für flache Einfallswinkel nach Abschn. 2 $R = |R|\ e^{-i\varphi} = -1$ ist, liefert Gl. (15a) mit Einsetzen von (16) für diesen Fall die wichtige Näherungsformel

$$E_2 = E_d \cdot 2 \sin \frac{2\pi h_1 h_2}{\lambda d} \approx E_d \frac{4\pi h_1 h_2}{\lambda d}. \tag{18}$$

Die Formel gilt für flache Einfallswinkel, nicht zu nahe am Sender und in der letzten Näherung für Höhen, für die das Argument kleiner als 30° ist, für die also

$$12 h_1 h_2 \leqq \lambda d \tag{19}$$

ist. Da die direkte Feldstärke proportional zu $1/d$ ist, nimmt die Feldstärke bei Anwesenheit der Erde bei kleinen Antennenhöhen im Gegensatz zur freien Ausbreitung quadratisch mit der Entfernung ab, während sie bei großen Antennenhöhen nach Gl. (15) und Bild 26.4 um den Wert der freien Ausbreitung schwankt. Für Punkte auf der Erde liefert Gl. (18) den Wert 0. Hier ist die Feldstärke durch die in der optischen Näherungslösung vernachlässigten höheren Glieder gegeben, die erst in der strengen Lösung von Kap. 27 enthalten sind.

Für die zahlenmäßige Berechnung der Feldstärken nach den Gl. (15 oder 18) ist noch die direkte Feldstärke durch die Sendeleistung auszudrücken. Nach Gl. (19.1) ist die Feldstärke einer beliebigen Antenne im Fernfeld

$$E_{\mathrm{dir}} = E_d = \mathrm{i}\,\frac{Z_0}{2\pi}\, I_0 F(\psi, \vartheta)\, \frac{e^{-\mathrm{i}k_0 r}}{r}, \tag{20}$$

wo I_0 der unbekannte Strom im Bezugspunkt und $F(\psi, \vartheta)$ die bekannte Richtcharakteristik der Antenne ist. Setzt man diesen Wert in Gl. (15)

ein und integriert die Leistungsdichte $|E_{2\,\mathrm{eff}}|^2/Z_0$ über eine Kugel mit dem Radius r, so wird die gesamte Strahlungsleistung

$$P_1 = \frac{I_0^2 Z_0^2}{8\pi^2} \int\limits_{\vartheta=0}^{\pi} \int\limits_{\psi=0}^{2\pi} F(\psi,\vartheta)^2 \cdot [1 + |K|^2 + 2|K|\cos(\varphi + k_0 \Delta)] \sin\vartheta \, d\psi \, d\vartheta . \tag{21}$$

Durch Ausführung der Integration sind I_0 und damit E_d und E_2 bei gegebener Sendeleistung P_1 prinzipiell berechenbar.

Die Integration ist kompliziert und nur graphisch möglich. Praktisch begnügt man sich mit einer für Ausbreitungsberechnungen ausreichenden Näherung, indem man die Grenzwerte des Integrals (21) betrachtet. Für große Sendehöhen wird die eckige Klammer 1, da der Einfluß des reflektierten Strahles zu vernachlässigen ist. Mithin hat I_0 und damit E_d den Wert der freien Ausbreitung Gl. (25.14). Für einen Sender unmittelbar auf unendlich gut leitender Erde hat die eckige Klammer wegen $|K| = |R| = 1$, $\varphi = k_0\Delta = 0$ den Wert 4. Da die Integration aber nur im Luftraum, also von $\vartheta = 0$ bis $\pi/2$ auszuführen ist, erhält das Integral in (21) den doppelten, I_0 und damit E_d den $1/\sqrt{2}$fachen Wert der freien Ausbreitung. Mit (25.14) ist daher

$$|E_{d\,\mathrm{eff}}| = 212 \frac{\sqrt{P_1/\mathrm{kw}}}{D/\mathrm{km}} \sqrt{G_1}\ \mathrm{mV/m} \quad \text{Sender in großer Höhe}, \tag{22}$$

$$|E_{d\,\mathrm{eff}}| = 150 \frac{\sqrt{P_1/\mathrm{kw}}}{D/\mathrm{km}} \sqrt{G_1}\ \mathrm{mV/m} \quad \text{Sender in unmittelbarer Erdnähe.} \tag{22a}$$

Da der Unterschied beider Werte nur ein Faktor $\sqrt{2}$ ist, genügt es für die Berechnung der Ausbreitungswerte, wenn man je nach der Höhe des Senders einen dieser Grenzwerte, eventuell einen geschätzten Zwischenwert, nimmt und hiermit die Empfangsfeldstärke $|E_{2\,\mathrm{eff}}|$ nach (15 oder 18) berechnet. Durch Einsetzen dieses Wertes in Kap. 25.1 erhält man sämtliche Empfangsgrößen wie in Kap. 25.2.

b) Die Zusammensetzung in schrägen Richtungen bei horizontal polarisierten Antennen.

In Abschn. a war dieser Fall ausgeschieden, weil die Feldstärke an der Erde zwei Komponenten hat, die bei der Reflexion verschieden geschwächt werden. Wir holen diesen Fall jetzt nach und betrachten die Reflexion in der schrägen Richtung ψ bei einem in der x-Richtung $\psi = 0$ liegenden waagerechten Dipol; vgl. das in 2 Projektionen gezeichnete Bild 26.5. Im Reflexionspunkt T an der Erde hat die brechende Kante den Winkel ψ gegen die y-Achse.

Die magnetische Feldstärke, deren Berechnung bei elektrischen Strahlungspotentialen im allgemeinen einfacher, jedenfalls nie schwieriger als die Berechnung der elektrischen Feldstärke ist, hat in dem laut Voraussetzung im Fernfeld gelegenen Punkt T nach Gl. (11.7) mit zyklischer Vertauschung der Indexe die beiden Komponenten

a

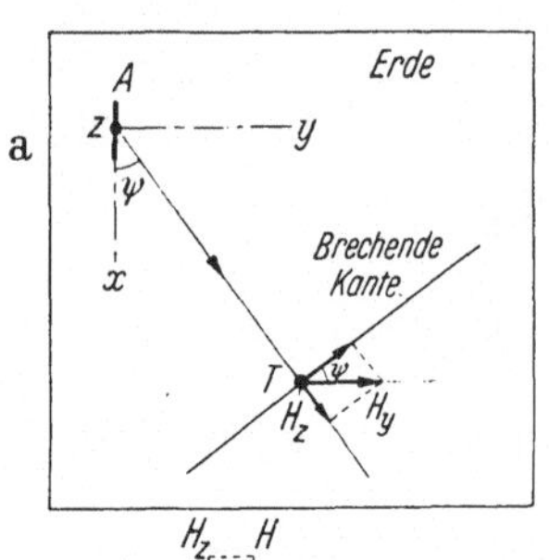

b

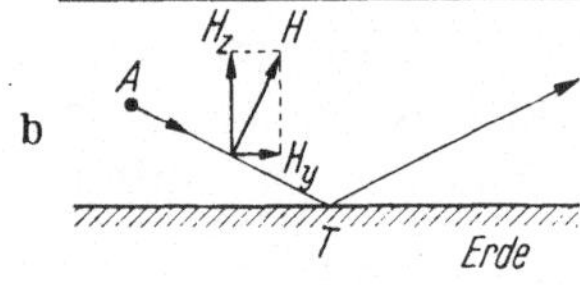

Bild 26.5. Zur Reflexion einer waagerechten Antenne in schrägen Richtungen.

$$H_y = -A\frac{z}{r} = -A\cos\vartheta\,,$$
$$H_z = A\,\frac{y}{r} = A\sin\psi\sin\vartheta\,. \tag{23}$$

H_y zerfällt nach Bild 26.5 in eine Komponente $H_y\cos\psi$ in Richtung der brechenden Kante und eine Komponente $H_y\sin\psi$ senkrecht zur brechenden Kante. Da auch H_z senkrecht zur brechenden Kante ist, ist die gesamte Komponente senkrecht zur brechenden Kante

$$H_v = \sqrt{H_z^2 + H_y^2\sin^2\psi} = A\sqrt{\sin^2\psi\sin^2\vartheta + \cos^2\vartheta\sin^2\psi} = A\sin\psi\,, \tag{24}$$

die Komponente parallel zur brechenden Kante

$$H_p = H_y\cos\psi = -A\cos\vartheta\cos\psi\,. \tag{25}$$

Da die zugehörigen elektrischen Feldstärken senkrecht stehen, ist bei der Reflexion die Komponente H_v mit dem horizontalen Reflexionskoeffizienten R_h, die Komponente H_p mit dem vertikalen Reflexionskoeffizienten R_v zu multiplizieren.

Hinsichtlich der Richtungen der reflektierten Feldstärken ergibt sich folgendes: Bei der Reflexion bleiben die Richtungen von H_p und H_z unverändert, während die Richtung der in der Einfallsebene senkrecht zu H_z liegenden Komponente in die entgegengesetzte Richtung fällt, da der reflektierte Strahl aus dem Spiegelbild kommt; vgl. Bild 26.5b. Die magnetische Feldstärke hat daher nach der Reflexion, wenn man die reflektierten Komponenten wieder zu rechtwinkligen Komponenten zusammenfügt, vgl. Bild 26.5, die rechtwinkligen Komponenten

$$\begin{aligned}
H_{zr} &= H_z R_h\,,\\
H_{yr} &= H_y\cos^2\psi\, R_v - H_y\sin^2\psi\, R_h = -H_y R_h + H_y\cos^2\psi(R_h + R_v)\,,\\
H_{xr} &= -H_y\cos\psi\sin\psi\, R_v - H_y\sin\psi\cos\psi\, R_h\\
&= -H_y\cos\psi\sin\psi\,(R_h + R_v)\,.
\end{aligned} \tag{26}$$

Damit sind sämtliche reflektierten magnetischen Feldstärken und mithin auch die elektrischen gegeben. Aus den 2. Formen von H_{yr} und H_{xr} sieht man, daß die Glieder mit R_h wegen $H_x = 0$ und der Richtungsumkehr von H_y einem HERTZschen Vektor in x-Richtung an der Stelle des Spiegelbildes entsprechen, während die Glieder mit $(R_h + R_v)$ wegen $H_z = 0$ einem zusätzlichen Vektor P_z in z-Richtung entsprechen. Dieser zusätzliche Vektor verschwindet nur für die Richtung $\psi = \pi/2$ senkrecht zur Antenne sowie für $n = 1$ und $n = \infty$, da hierfür $R_h + R_v$ verschwindet. Mit den Werten (8 u. 9) wird nämlich

$$R_h + R_v = -\frac{2\,(n^2 - 1)\sin^2\tau}{(\cos\tau + \sqrt{n^2 - \sin^2\tau})\,(n^2\cos\tau + \sqrt{n^2 - \sin^2\tau})}. \qquad (27)$$

Da in den angegebenen drei Fällen die Zusatzglieder in (26) verschwinden, berechnet sich die resultierende Feldstärke, Empfangsleistung und -spannung genau wie in Abschn. a, nur mit R_h statt R_v.

In allen übrigen Fällen ist ein zusätzlicher Vektor P_z vorhanden. Dieser ist physikalisch auf die bei endlicher Leitfähigkeit im Erdreich entstehenden senkrechten Ströme zurückzuführen, wie bereits in Kap. 12.7 angegeben wurde. Die durch P_z hervorgerufene Änderung des Diagramms macht sich namentlich in der Nähe der Erdoberfläche bemerkbar, wo jetzt die Feldstärke nicht verschwindet, sondern eine senkrechte elektrische Feldstärke bestehenbleibt.

Die zu den Feldstärken (26) mit Hinzunahme der primären Feldstärken gehörenden HERTZschen Vektoren sind

$$\begin{aligned} P_x &= \frac{A}{\omega\,\varepsilon_0\,k_0}\left[e^{-i k_0 r_1} + R_h\, e^{-i k_0 r_2}\right], \\ P_z &= -\frac{A}{\omega\,\varepsilon_0\,k_0}\cos\psi\cos\vartheta\,\frac{2\,(n^2 - 1)\sin\vartheta}{(\cos\vartheta + \sqrt{n^2 - \sin^2\vartheta})\,(n^2\cos\vartheta + \sqrt{n^2 - \sin^2\vartheta})}\,e^{-i k_0 r_2}. \end{aligned} \qquad (28)$$

Dabei sind r_1 und r_2 die Entfernungen von Antenne bzw. Spiegelbild.

Der Beweis ergibt sich leicht durch Berechnen von $\boldsymbol{H} = i\omega\varepsilon_0 \operatorname{rot} P$ für das Fernfeld mit Berücksichtigung von $\tau = \vartheta$.

Aus den Vektoren (28) können nach Kap. 11 sämtliche Feldstärkenkomponenten und damit nach Kap. 25 sämtliche Empfangsgrößen berechnet werden. Die Werte (28) stimmen mit den Werten von STRUTT überein.

c) Die Zusammensetzung der Feldstärken mit Berücksichtigung der Erdkrümmung.

In den bisherigen Ableitungen war eine ebene Erde vorausgesetzt. Die Erdkrümmung ruft 3 Änderungen hervor:

1. ergibt die geometrische Sichtweite zwischen Sender und Empfänger eine obere Grenze für den Geltungsbereich der optischen Methode,

2. ändern sich die für die Berechnung des Reflexionsfaktors R und des erweiterten Reflexionsfaktors K in Gl. (14) einzusetzenden Winkel sowie die Gleichung für den Wegunterschied und

3. tritt eine stärkere Divergenz des reflektierten Strahlenbündels ein, so daß die Feldstärke des reflektierten Strahles um einen Divergenzfaktor α kleiner als bei ebener Erde ist. Die effektive Feldstärke mit Berücksichtigung der gekrümmten Erde lautet daher an Stelle von Gl. (14)

$$E_2 = E_d \left[1 + \alpha \, |K| \, e^{-i(\varphi + k_0 \Delta)}\right], \tag{29}$$

Zur Berechnung der Sichtweite betrachten wir in Bild 26.6 zwei Punkte, deren Verbindungslinie die Erde gerade tangiert. Aus den entstehenden rechtwinkligen Dreiecken folgt

$$s = s_1 + s_2 = \sqrt{(a + h_1)^2 - a^2} + \sqrt{(a + h_2)^2 - a^2} \approx \sqrt{2 a h_1} + \sqrt{2 a h_2} \tag{30}$$

oder zahlenmäßig mit $a = 6370$ km

$$s_{\mathrm{km}} = 3{,}57 \left(\sqrt{h_{1\,\mathrm{m}}} + \sqrt{h_{2\,\mathrm{m}}}\right), \tag{30a}$$

wo s_{km} usw. abkürzend für s/km gesetzt ist. Die behandelte optische Näherungslösung gilt für Entfernungen kleiner s, nicht zu nahe an dieser Grenze.

Die Berechnung der verschiedenen Winkel ergibt sich aus Bild 26.7. Die Winkel lassen sich aus den gegebenen Antennenhöhen h_1 und h_2, der Entfernung $d = a\Theta$ und der Gleichheit der Reflexionswinkel τ aus den gezeichneten Dreiecken streng berechnen. Wegen des großen Erdradius kann man nach folgender Näherungsrechnung vorgehen:

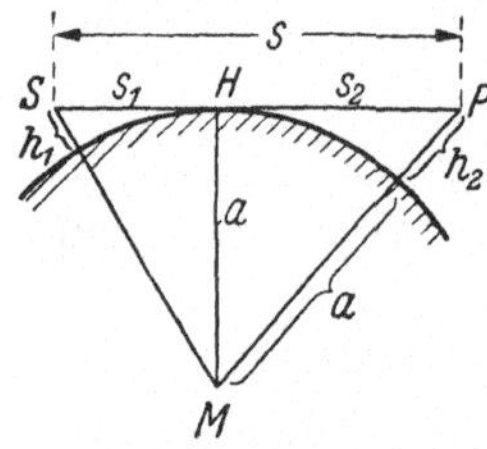

Bild 26.6. Zur Ableitung der geometrischen Sichtweite.

Da die Lote auf die Erde und die Tangentialebene im Reflexionspunkt T praktisch zusammenfallen (der Winkel ist bei einer Höhe von 10 km erst 0,009°), gelten für den Reflexionswinkel τ und die Abstrahlwinkel $\alpha = \pi/2 - \vartheta$ und $\alpha_r = \pi/2 - \vartheta_r$ gegen die Horizontale SH (Parallele zur Tangente im Fußpunkt P) nach Bild 26.7 die Gleichungen

$$\operatorname{ctg} \tau = \frac{h_1'}{d_1} = \frac{h_2'}{d_2} = \frac{h_1' + h_2'}{d}, \tag{31}$$

$$\alpha_{1r} = \frac{\pi}{2} - \vartheta_{1r} = -\left(\frac{\pi}{2} + \Theta_1 - \tau\right),$$

$$\alpha_1 = \frac{\pi}{2} - \vartheta_1 = -(\Theta_1 - \delta_1) \quad \text{mit} \quad \Theta_1 = \frac{d_1}{a}, \ \operatorname{tg} \delta_1 = \frac{h_2' - h_1'}{d}. \tag{31a}$$

Dieselben Gleichungen gelten für den Empfänger mit Vertauschung der Indexe 1 und 2. Diese Gleichungen treten an die Stelle der Gl. (17). Nach ihnen sind sämtliche Winkel und damit die in (14) bzw. (29) auftretenden Reflexionskoeffizienten R und K berechenbar, wenn die Lage des Reflexionspunktes und damit d_1, d_2 und die Höhen h_1' und h_2' über der Tangentialebene bekannt sind. Diese Werte erhält man folgendermaßen: Für die Höhen h' gilt nach Bild 26.7 mit Benutzung der Sichtformel (30)

$$h_1' = h_1 - h_1'' = h_1 - \frac{d_1^2}{2a}, \quad h_2' = h_2 - \frac{d_2^2}{2a}. \tag{32}$$

Setzt man diese Werte in den mittleren Teil von Gl. (31) ein, so wird

$$\frac{h_1}{d_1} - \frac{d_1}{2a} = \frac{h_2}{d_2} - \frac{d_2}{2a}, \tag{33}$$

was mit

$$d_1 = \frac{d}{2}(1 + x), \quad d_2 = \frac{d}{2}(1 - x), \tag{34}$$

$$\frac{4a}{d^2}(h_1 - h_2) = \frac{4a}{d^2}(h_1 + h_2)\,x + x\,(1 - x^2) \tag{33a}$$

liefert. Aus dieser Gleichung 3. Grades ist zunächst x zu berechnen. Im allgemeinen ist bei Bodenverbindungen über größere Entfernungen x derart klein, daß man einen 1. Näherungswert mit Vernachlässigung von x^3 erhält und diesen weiter annähern kann. Bei größeren Werten von x löst man Gl. (33a) am einfachsten, indem man umgekehrt die linke Seite als Funktion von x ausrechnet und aus der entstehenden Kurve den richtigen x-Wert für die bekannte linke Seite entnimmt. Aus x folgen nach den obigen Gleichungen der Reihe nach d_1 und d_2, h_1' und h_2' und hieraus die Winkel τ, δ, Θ, ϑ und ϑ_r.

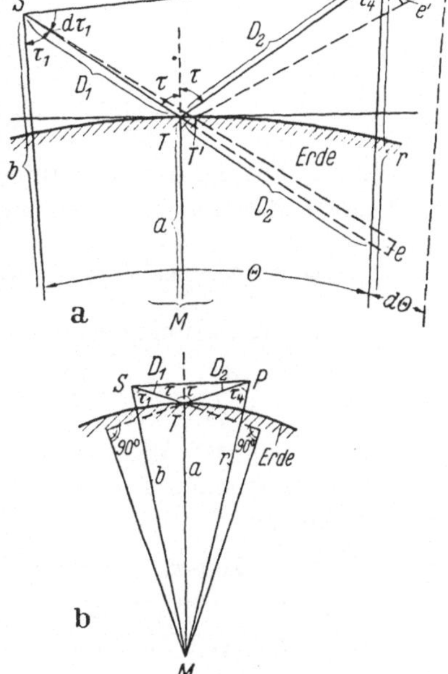

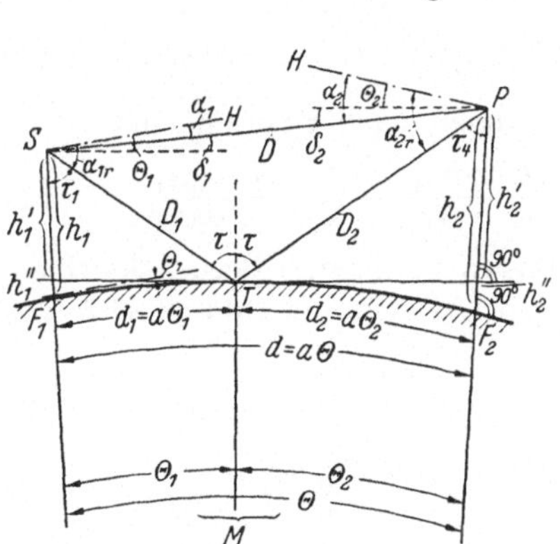

Bild 26.7. Zur Berechnung der Feldstärken bei kugelförmiger Erde.

Bild 26.8. Zur Berechnung des Divergenzfaktors bei kugelförmiger Erde.

Aus τ ergibt sich der Reflexionsfaktor $R = |R|\,e^{-i\varphi}$ aus Gl. (8 oder 9), je nachdem, ob es sich um vertikale oder horizontale Polarisation handelt. Aus den Winkeln ϑ und den Antennencharakteristiken ergeben sich die in (14) einzusetzenden Gewinn- bzw. Feldstärkenverhältnisse und damit $|K|$. Da der Wegunterschied Δ durch die frühere Gl. (16) mit h' statt h gegeben ist, sind sämtliche Werte in (29) bis auf den Divergenzfaktor α bekannt.

Betrachten wir in Bild 26.8 zwei in der gleichen Vertikalebene um den Winkel $d\tau_1$ auseinandergehende Strahlen, so ist der Abstand e' beider Strahlen am Empfangsort wegen der geneigten Einfallslote beider Strahlen größer als der Abstand e, der bei durchgehenden oder an der ebenen Erde reflektierten Strahlen in der gleichen Entfernung $D_1 + D_2$ vorhanden wäre. Da die gesamte Leistung in dem Raum verteilt ist und in ψ-Richtung keine zusätzliche Verbreiterung eintritt, verhalten sich die Leistungsdichten bei gekrümmter und ebener Erde wie $e:e'$ oder die Feldstärken wie $\sqrt{e}:\sqrt{e'}$. Da mit den Bezeichnungen von Bild 26.8a $e = (D_1 + D_2)\,\mathrm{d}\tau_1$ und $e' = e''\cos\tau_4 = r\,\mathrm{d}\Theta\cos\tau_4$ ist, wird der Divergenzfaktor

$$\alpha = \sqrt{\frac{e}{e'}} = \sqrt{\frac{D_1 + D_2}{r\cos\tau_4\,\mathrm{d}\Theta/\mathrm{d}\tau_1}}. \tag{35}$$

Nun folgt aus der Winkelsumme des Vierecks $MSTP$ (M = Mittelpunkt der Erde) und aus den beiden Dreiecken MST und MPT

$$\Theta = 2\tau - \tau_1 - \tau_4, \qquad \sin\tau = \frac{b}{a}\sin\tau_1 = \frac{r}{a}\sin\tau_4. \tag{36}$$

Aus der Differentiation dieser Gleichungen nach τ_1 erhält man

$$\frac{\mathrm{d}\Theta}{\mathrm{d}\tau_1} = 2\frac{\mathrm{d}\tau}{\mathrm{d}\tau_1} - 1 - \frac{\mathrm{d}\tau_4}{\mathrm{d}\tau_1} = 2\frac{b}{a}\frac{\cos\tau_1}{\cos\tau} - 1 - \frac{b}{r}\frac{\cos\tau_1}{\cos\tau_4}. \tag{37}$$

Führt man diesen Wert in (35) ein, so wird unter Berücksichtigung der aus den gestrichelten rechtwinkligen Dreiecken in Bild 26.8b folgenden Beziehungen

$$D_1 = b\cos\tau_1 - a\cos\tau, \qquad D_2 = r\cos\tau_4 - a\cos\tau, \tag{38}$$

$$\alpha = \sqrt{\frac{(D_1 + D_2)\,a\cos\tau}{rD_1\cos\tau_4 + bD_2\cos\tau_1}} = \sqrt{\frac{(D_1 + D_2)\,a\cos\tau}{2D_1D_2 + a\cos\tau\,(D_1 + D_2)}}. \tag{39}$$

Setzt man noch für D_1 und D_2 die aus Bild 26.7 folgenden Werte

$$D_1 = \frac{d_1}{\sin\tau}, \qquad D_2 = \frac{d_2}{\sin\tau}, \qquad D_1 + D_2 = \frac{d}{\sin\tau} \tag{38a}$$

ein, so liefert der 2. Ausdruck von Gl. (39) die für die praktische Berechnung besser geeignete Form

$$\alpha = \frac{1}{\sqrt{1 + \dfrac{4d_1d_2}{ad\sin 2\tau}}}, \tag{40}$$

während der 1. Ausdruck mit der später abgeleiteten Sattelpunktslösung (27.134) der strengen Lösung identisch wird.

Nach den abgeleiteten Gleichungen sind sämtliche auftretenden Winkel und Strecken und damit der Divergenzfaktor α und die gesuchten Feldstärken (29) berechenbar. Setzt man $\alpha K = K'$, so hat (29) dieselbe Form wie Gl. (14), so daß für den Absolutwert Gl. (15 oder 15a) mit αK statt K gilt.

Als Beispiel soll die Feldstärke eines vertikalen Dipols von 1 kW Leistung bei einer Wellenlänge von 10 m bei Ausbreitung über See mit $\varepsilon_r = 80$, $\sigma = 4\ \text{Ohm}^{-1}/\text{m}$ (vgl. die Zahlenbeispiele in Kap. 28) für eine Entfernung von 40 km bei Antennenhöhen von 200 und 100 m berechnet werden. Da die Sichtweite nach Gl. (30a) 86 km ist, ist die Reflexionstheorie anwendbar. Gl. (33a) gibt bei Vernachlässigung von x^3 als 1. Näherungswert $x_1 = 0{,}276$ und durch Einsetzen von $x_2 = x_1 + \Delta x$ als 2. Näherungswert $x_2 = 0{,}280$. Hiermit wird nach den obigen Gleichungen der Reihe nach $d_1 = 25{,}6$ km, $d_2 = 14{,}4$ km, $h_1' = 148{,}6$ m, $h_2' = 83{,}7$ m und $\operatorname{ctg}\tau \approx \pi/2 - \tau = 0{,}58 \cdot 10^{-2}$. Mit diesen Werten wird der Divergenzfaktor nach Gl. (40) $\alpha = 0{,}82$ und der Reflexionskoeffizient nach Gl. (8) $R_v = 0{,}673\ e^{-i\,157{,}0^\circ}$ bzw. nach (9) $R_h = -1{,}00$. Da die Korrekturfaktoren in Gl. (14) wegen der kleinen Winkel sämtlich 1 sind, ist $K = R$. Schließlich wird der Wegunterschied nach (16) mit h' statt h $\Delta = 0{,}62$ m, also $k_0\Delta = 0{,}39 = 22{,}3^\circ$. Da der Sender mehrere Wellenlängen von der Erde entfernt ist, kann die Feldstärke nach (29) mit dem Wert (22) berechnet werden. Das ergibt $E_{\text{eff}} = 5{,}3\,|1 + 0{,}55\ e^{-i\,179{,}3^\circ}|$ mV/m $= 2{,}38$ mV/m für vertikale Polarisation und $E_{\text{eff}} = 5{,}3\,|1 - 0{,}82\ e^{-i\,22{,}3^\circ}|$ mV/m $= 2{,}07$ mV/m bei horizontaler Polarisation für die Hauptrichtung senkrecht zur Antenne.

4. Das Feld in unmittelbarer Erdnähe.

Eine besondere Betrachtung verdient das Feld einer in unmittelbarer Nähe der Erdoberfläche sich ausbreitenden Welle. Wir betrachten zu diesem Zweck eine ebene Welle, deren Wellennormale den flachen Winkel α mit der Erde bildet. Das Feld im Luftraum ist nach Abschn. 2 die Summe der direkten und reflektierten Welle, wobei die Feldstärken auf den zugehörigen Strahlrichtungen senkrecht stehen; vgl. Bild 26.9.

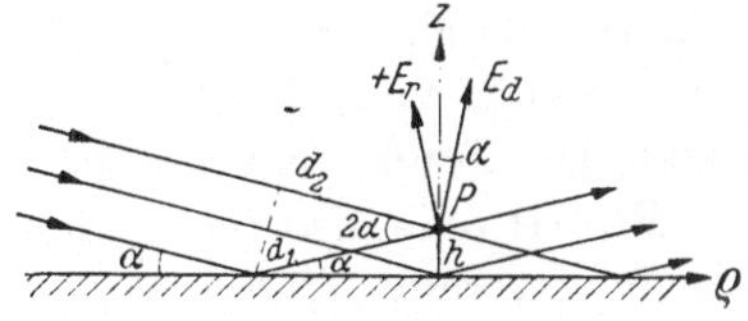

Bild 26.9.
Zur Berechnung der Oberflächenwelle.

Mithin hat die resultierende Feldstärke die beiden Komponenten

$$\begin{aligned} E_z &= E_d \cos\alpha + E_r \cos\alpha \approx E_d + E_r\,, \\ E_\varrho &= E_d \sin\alpha - E_r \sin\alpha \approx (E_d - E_r)\,\alpha\,. \end{aligned} \tag{41}$$

Die reflektierte Feldstärke ist gegenüber E_d um den Reflexionsfaktor geschwächt. Dieser ist nach Gl. (10) für kleine Winkel bei vertikaler

Polarisation

$$R = -\left[1 - \frac{2n^2\alpha}{\sqrt{n^2-1}}\right]. \tag{42}$$

Weiter ist E_r infolge des Wegunterschiedes in der Phase gedreht. Der Wegunterschied ist nach Bild 26.9

$$\Delta = d_1 - d_2 = d_1(1-\cos 2\alpha) = \frac{h}{\sin\alpha}(1-\cos 2\alpha) \approx 2h\alpha \tag{43}$$

und mithin die Phasendifferenz zwischen direktem und reflektiertem Strahl

$$k_0\Delta = \frac{4\pi h a}{\lambda}. \tag{43a}$$

Macht man

$$4\pi h \ll \lambda, \tag{44}$$

so wird der Phasenwinkel klein gegen α und damit klein gegen das Korrekturglied von R, so daß der Wegunterschied vernachlässigt und $E_r = RE_d$ gesetzt werden kann. Führt man dies in die beiden Gl. (41) ein, so werden die Komponenten in unmittelbarer Nähe der Erde

$$E_z = E_d\frac{2n^2\alpha}{\sqrt{n^2-1}}, \qquad E_\varrho = E_d\, 2\alpha \tag{45}$$

und das Feldstärkenverhältnis

$$\frac{E_\varrho}{E_z} = \frac{\sqrt{n^2-1}}{n^2} \tag{46}$$

oder für große Brechungsindexe $|n|^2 \gg 1$

$$\frac{E_\varrho}{E_z} \approx \frac{1}{n}. \tag{46a}$$

Der letzte Ausdruck ist der von Uller und Zenneck abgeleitete Wert der Zenneckschen Oberflächenwelle, die sich unabhängig von der durchgeführten Rechnung als eine Lösung der Maxwellschen Gleichungen für einen Raum aus zwei Medien mit ebener Trennfläche ergibt. Daß sich dabei für $n = 1$, also ohne Vorhandensein einer Trennebene, eine Neigung von 45° statt 0° ergibt, liegt daran, daß die Uller-Zennecksche Lösung nichts über die Erregungsstelle der Lösung aussagt, die Primärwelle also nicht unter einem flachen Winkel auftreffen muß wie in unserem definierten Problem.

Das erhaltene Resultat (46) besagt, daß in der Nähe der Erdoberfläche eine senkrecht polarisierte ebene Welle einen schrägen Feldvektor gegen die Erde hat. Die waagerechte Komponente entspricht physikalisch der in die Erde eindringenden Leistung. Der Quotient beider Feldstärkenkomponenten hängt nur vom Brechungsindex ab und gibt damit ein Mittel zur Messung der Erdbodenkonstanten. Wegen der geforderten Kleinheit von h entsprechend Gl. (44) ist das Verfahren für nicht zu kurze Wellen geeignet.

27. Kapitel.

Strenge Berechnung der Wellenausbreitung um eine homogene, kugelförmige Erde in homogener Atmosphäre.

1. Einleitung.

Eine strenge Berechnung der Wellenausbreitung unter Berücksichtigung einer homogenen leitenden Erde ist zuerst von SOMMERFELD für ebene Erde und einen senkrechten Dipol unmittelbar auf der Erde durchgeführt worden. Während SOMMERFELD die in der Form eines unendlichen Integrals mit BESSELschen Funktionen erscheinende Lösung durch bestimmte Integrationswege im Komplexen mathematisch in Raum- und Oberflächenwellen zerlegt, wobei aber nur die Gesamtwelle physikalische Bedeutung besitzt, führt WEYL andere Integrationen ein, die diese Trennung nicht ergeben. Einige weitere Arbeiten zur Ausbreitung über ebene Erde sind im Literaturverzeichnis angegeben.

Die schwierigere Berechnung der Ausbreitung mit Berücksichtigung der Erdkrümmung ist in neuerer Zeit durch die Arbeiten von ECKERSLEY nach der Methode des Phasenintegrals und von v. D. POL und BREMMER nach der gewöhnlichen Beugungstheorie zu einem befriedigenden Abschluß gebracht worden. Beide Arbeiten kommen praktisch zu den gleichen zahlenmäßigen Ergebnissen. Als Vorarbeit für die letzte Methode ist vor allem die Arbeit von WATSON zu erwähnen.

Wir wollen im folgenden gleich die strenge Ausbreitung über eine kugelförmige Erde behandeln. In dieser Lösung ist der Fall der ebenen Erde als Spezialfall für unendlich großen Erdradius oder kleine Entfernungen mit enthalten. Wir benutzen zur Darstellung die Beugungstheorie von v. D. POL und BREMMER, wobei für einen Vergleich mit der Originalarbeit darauf hingewiesen sei, daß durch die Benutzung des Zeitfaktors $e^{i\omega t}$ in unserer Darstellung i und —i und damit die Exponentialfunktionen und die HANKELschen Funktionen 1. und 2. Art gegenüber der Originalarbeit vertauscht sind. Die Voraussetzungen der folgenden Theorie sind eine kugelförmige, homogene Erde und eine homogene Atmosphäre. Eine inhomogene Atmosphäre wird in Kap. 29 betrachtet.

* 2. Ableitung der strengen Beugungslösung.

a) Ansatz der Strahlungspotentiale.

In der Höhe h_1 über der Erde, vgl. Bild 27.1, befinde sich eine Antenne, speziell ein senkrechter HERTZscher Dipol. Wir betrachten die Ausbreitung der Welle bei Vorhandensein einer homogenen kugelförmigen Erde mit dem Erdradius a und der komplexen Bodenkonstanten $\varepsilon_i = \varepsilon^r + \sigma/i\omega$. An der Erde sind die Grenzbedingungen, also die

Stetigkeit der tangentialen Feldstärken zu erfüllen. Um diese Bedingungen an der ganzen Oberfläche zu erfüllen, müssen wir eine Lösung der MAXWELLschen Gleichungen bzw. der Wellengleichung in den rechtwinklig krummlinigen Kugelkoordinaten r, ϑ, ψ suchen. Diese Lösung ist in Kap. 3.7 durchgeführt worden. Wir haben dort gezeigt, daß sich ein Feld mit $H_r = 0$ aus einem radialen HERTZschen Vektor

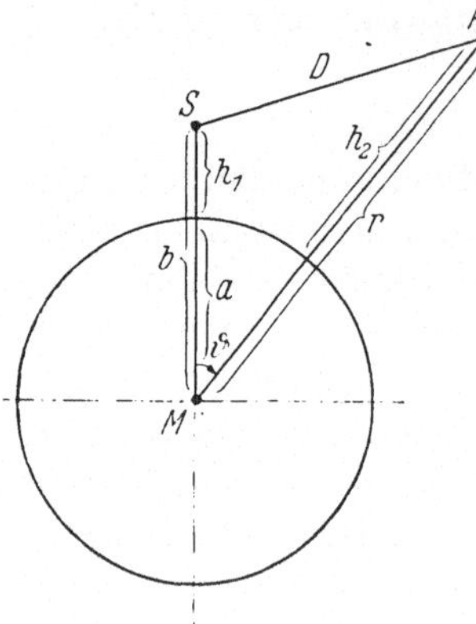

Bild 27.1. Bezeichnungen für die strenge Beugungslösung.

$$P_r = r\,w \tag{1}$$

ableiten läßt, wobei w die Wellengleichung $\Delta w + k^2 w = 0$ in Kugelkoordinaten erfüllt, also als eine Summe der in Gl. (4.46) abgeleiteten Partikulärlösungen

$$w = \sum_n \sum_m \frac{1}{\sqrt{r}} Z_{n+1/2}(k\,r)\left[a_m \cos m\psi + b_m \sin m\psi\right] \mathrm{P}_n^m(\cos\vartheta) \tag{2}$$

mit unbekannten Konstanten a_m und b_m angesetzt werden kann. In Gl. (2) ist $Z_{n+1/2}$ eine Zylinderfunktion der Ordnung $n + \frac{1}{2}$ und $\mathrm{P}_n^m(\cos\vartheta)$ eine zugeordnete Kugelfunktion; vgl. Kap. 4.4.

Die Feldstärken ergeben sich aus dem Strahlungspotential (1) nach Gl. (3.63) zu

$$\begin{aligned} E_r &= k^2 r w + \frac{\partial^2 (r\,w)}{\partial r^2}, \quad E_\vartheta = \frac{1}{r}\,\frac{\partial^2(r\,w)}{\partial r\,\partial\vartheta}, \quad E_\psi = \frac{1}{r\sin\vartheta}\,\frac{\partial^2(r w)}{\partial r\,\partial\psi}, \\ H_r &= 0, \quad H_\vartheta = \mathrm{i}\,\omega\,\varepsilon\,\frac{1}{\sin\vartheta}\,\frac{\partial w}{\partial\psi}, \quad H_\psi = -\mathrm{i}\,\omega\,\varepsilon\,\frac{\partial w}{\partial\vartheta}. \end{aligned} \tag{3}$$

Der Ansatz (1) liefert demnach ein Feld mit $H_r = 0$. Da das Primärfeld, wenn wir die Dipolachse in die Achse $\vartheta = 0$ legen, rotationssymmetrisch ist und nur eine zirkulare magnetische Feldstärke H_ψ und kein H_r besitzt, ist anzunehmen, daß wir mit dieser Lösung auskommen. In allgemeineren Fällen, z. B. bei der Beugung einer ebenen Welle an einer Kugel oder bei einem waagerechten HERTZschen Dipol, muß noch ein analoges Feld mit einem magnetischen Strahlungsvektor $Q_r = r w'$ hinzugenommen werden, bei dem entsprechend $E_r = 0$ ist.

Wegen der Rotationssymmetrie des Feldes vereinfachen sich für den senkrechten HERTZschen Dipol die Gl. (2 u. 3), indem in (3) sämtliche Differentialquotienten nach ψ und damit E_ψ und H_ϑ fortfallen, während in Gl. (2) wegen $m = 0$ die eckige Klammer eine Konstante und P_n^m die durch (4.43) gegebene normale Kugelfunktion P_n $(\cos\vartheta)$ mit ganzzahligem Exponenten n (da nur für ganzzahliges n P_n im ganzen Raum endlich bleibt) wird. Von den Zylinderfunktionen müssen, damit das Feld für $r = 0$ und ∞ endlich bleibt und sich für große Entfernungen r

wie eine fortschreitende Welle verhält, im Innern der Erde die BESSELschen Funktionen $J_{n+1/2}$, im Außenraum die HANKELschen Funktionen 2. Art $H^{(2)}_{n+1/2}$ genommen werden. Führen wir noch zur Abkürzung als spezielle Wellenfunktionen in Kugelkoordinaten die Werte

$$\psi_n(k r) = \sqrt{\frac{\pi}{2kr}}\, J_{n+1/2}(k r), \qquad \zeta_n^{\substack{(1)\\(2)}}(k r) = \sqrt{\frac{\pi}{2kr}}\, H^{\substack{(1)\\(2)}}_{n+1/2}(k r) \tag{4}$$

ein und nehmen im Außenraum den aus der Primärwelle zu bestimmenden Wert w_{prim} hinzu, so lautet unser Ansatz für w im Außenraum

$$\left.\begin{aligned} w_1 &= w_{\text{prim}} + w_{\text{sec}} = w_{\text{prim}} + \sum_n D_n\, \zeta_n^{(2)}(k_0 r)\, P_n(\cos\vartheta) \quad \text{für } r \geqq a \\ &\text{und im Innenraum} \\ w_2 &= w_{\text{sec}} \quad = \sum_n C_n\, \psi_n(k_i r)\, P_n(\cos\vartheta) \qquad\qquad \text{für } r \leqq a. \end{aligned}\right\} \tag{5}$$

Zur Bestimmung der Konstanten C_n und D_n muß zunächst w_{prim} aus dem Primärfeld des HERTZschen Dipols bestimmt und dann nach Kugelfunktionen entwickelt werden.

b) Entwicklung der Primärlösung nach Kugelfunktionen.

Das primäre Feld des senkrechten HERTZschen Dipols ist nach Gl. (11.6), abgesehen von einer Konstanten, durch den HERTZschen Vektor

$$P_z = \Pi_{\text{prim}} = \frac{e^{-i k_0 D}}{-i k_0 D} \tag{6}$$

gegeben, wo D der Abstand des Feldpunktes vom Dipol ist, also mit den Bezeichnungen von Bild 27.1

$$D = \sqrt{r^2 + b^2 - 2 r b \cos\vartheta}. \tag{6a}$$

Da Π_{prim} ebenso wie die Funktion w die Wellengleichung erfüllt und ein rotationssymmetrisches Feld mit $H_r = 0$ hervorruft, ist anzunehmen, daß wir Π_{prim} mit dem Kugelpotential w_{prim} identifizieren, also

$$\Pi_{\text{prim}} = w_{\text{prim}} \tag{7}$$

setzen können. Der Beweis ergibt sich daraus, daß die aus $P_z = \Pi_{\text{prim}}$ z. B. nach den Gl. (2.23) folgenden rechtwinkligen Komponenten der Feldstärke nach ihrer Umrechnung auf Kugelkomponenten nach den Gl. (3.55) bis auf den belanglosen konstanten Faktor b gerade die aus (3) für Rotationssymmetrie folgenden Komponenten ergeben, wenn man $\Pi_{\text{prim}} = w$ setzt.

Zur Bestimmung der Konstanten C_n und D_n in dem Ansatz (5) muß die Primärlösung $\Pi_{\text{prim}} = w_{\text{prim}}$ nach Kugelfunktionen entwickelt werden. Da $\Pi_{\text{prim}} = w_{\text{prim}}$ genau wie die in (5) angesetzte Sekundärlösung w_{sec} eine von ψ unabhängige Lösung der Wellengleichung ist, muß sich

Π_{prim} in Kugelkoordinaten durch die gleichen Reihenentwicklungen (5) darstellen lassen, also durch

$$w_{\text{prim}} = \Pi_{\text{prim}} = \frac{e^{-i k_0 D}}{-i k_0 D} = \begin{cases} \sum\limits_n c_{n1} \zeta_n^{(2)}(k_0 r) \, P_n(\cos\vartheta) & \text{für} \quad r > b \\ \sum\limits_n c_{n2} \psi_n(k_0 r) \, P_n(\cos\vartheta) & \text{für} \quad r < b, \end{cases} \tag{8}$$

wobei b entsprechend Bild 27.1 der r-Wert des Senders ist.

Damit für $r = b$ beide Reihen übereinstimmen, muß

$$c_{n1} \zeta_n^{(2)}(k_0 b) = c_{n2} \psi_n(k_0 b) \tag{9}$$

sein oder

$$w_{\text{prim}} = \frac{e^{-i k_0 D}}{-i k_0 D} = \begin{cases} \sum\limits_n c_n \psi_n(k_0 b) \, \zeta_n^{(2)}(k_0 r) \, P_n(\cos\vartheta) & \text{für} \quad r \geqq b \\ \sum\limits_n c_n \zeta_n^{(2)}(k_0 b) \, \psi_n(k_0 r) \, P_n(\cos\vartheta) & \text{für} \quad r \leqq b. \end{cases} \tag{10}$$

Die Reihe stellt als Funktion von ϑ eine Entwicklung nach Kugelfunktionen dar. Wegen der Orthogonalität der Kugelfunktionen, d. h. wegen der Beziehungen (vgl. z. B. Jahnke-Emde)

$$\left.\begin{aligned} \int_{-1}^{1} P_n(\mu) \, P_m(\mu) \, d\mu &= 0 \quad \text{für} \quad m \neq n, \\ \int_{-1}^{1} [P_n(\mu)]^2 \, d\mu &= \frac{2}{2n+1} \end{aligned}\right\} \tag{11}$$

läßt sich nun jede Funktion $f(\mu)$ von $\mu = \cos\vartheta$ in eine Reihe nach Kugelfunktionen entwickeln, wobei der Koeffizient des n-ten Gliedes auf Grund der obigen Beziehung

$$a_n = \frac{2n+1}{2} \int_{-1}^{1} f(\mu) \, P_n(\mu) \, d\mu \tag{12}$$

wird. Mithin ist der Koeffizient der unteren Gl. (10)

$$c_n \zeta_n^{(2)}(k_0 b) \, \psi_n(k_0 r) = \frac{2n+1}{2} \int_{-1}^{1} \frac{e^{-i k_0 D}}{-i k_0 D} P_n(\mu) \, d\mu. \tag{13}$$

Die Gl. (10 u. 13) gelten für beliebige Werte von k_0, r und b. c_n kann daher aus einem beliebig gewählten Spezialfall bestimmt werden. Setzen wir $b = \infty$, lassen also die Strahlungsquelle ins Unendliche der positiven z-Achse rücken, so wird die Primärlösung mit Berücksichtigung von

$$\lim_{b \to \infty} D = \lim_{b \to \infty} \sqrt{r^2 + b^2 - 2 r b \cos\vartheta} = b - r \cos\vartheta, \tag{14}$$

$$\lim_{b \to \infty} \frac{e^{-i k_0 D}}{-i k_0 D} = \frac{e^{-i k_0 b}}{-i k_0 b} e^{i k_0 r \cos\vartheta}. \tag{15}$$

Das ist, da der Bruch eine Konstante darstellt, tatsächlich eine in Richtung $-z = -r\cos\vartheta$ fortschreitende ebene Welle, wie es für $b = \infty$ sein muß. Weiter wird nach den asymptotischen Näherungen (7.21) der HANKELschen Funktionen unter Berücksichtigung von Gl. (4) der in (13) auftretende Wert

$$\lim_{b\to\infty} \zeta_n^{(2)}(k_0 b) = \frac{1}{k_0 b} e^{-i\left(k_0 b - \frac{n+1}{2}\pi\right)} = \frac{e^{-ik_0 b}}{k_0 b} i^{n+1}. \tag{16}$$

Setzt man die beiden Werte (15 u. 16) in Gl. (13) ein, so erhält man mit $\mu = \cos\vartheta$

$$c_n i^n \psi_n(k_0 r) = \frac{2n+1}{2} \int_{-1}^{1} e^{ik_0 r\mu} P_n(\mu)\, d\mu. \tag{17}$$

Vergleichen wir jetzt auf beiden Seiten die asymptotischen Werte für $k_0 r \to \infty$, so wird die linke Seite nach der aus Gl. (7.21) in Verbindung mit Gl. (4.26 u. 4) folgenden asymptotischen Darstellung von ψ_n

$$c_n i^n \psi_n(k_0 r) = c_n i^n \frac{1}{k_0 r} \sin\left(k_0 r - \frac{n\pi}{2}\right), \tag{18}$$

während das Integral auf der rechten Seite durch partielle Integration bei Vernachlässigung der Glieder höherer Ordnung in $1/k_0 r$ übergeht in

$$\begin{aligned} \int_{-1}^{1} e^{ik_0 r\mu} P_n(\mu)\, d\mu &= \left[\frac{e^{ik_0 r\mu}}{ik_0 r} P_n(\mu) + \cdots\right]_{\mu=-1}^{1} \\ &= \frac{e^{ik_0 r}}{ik_0 r} P_n(1) - \frac{e^{-ik_0 r}}{ik_0 r} P_n(-1). \end{aligned} \tag{19}$$

Da die Werte der Kugelfunktionen P_n bei ganzzahligem n z. B. nach Gl. (16.31 u. 16.34) $P_n(1) = 1$ und $P_n(-1) = (-1)^n = e^{i\pi n}$ sind, ergibt sich

$$\int_{-1}^{1} e^{ik_0 r\mu} P_n(\mu)\, d\mu = \frac{1}{ik_0 r}\left[e^{ik_0 r} - e^{-ik_0 r} e^{i\pi n}\right] = 2 i^n \frac{1}{k_0 r} \sin\left(k_0 r - \frac{n\pi}{2}\right). \tag{19a}$$

Setzt man die beiden Werte (18 u. 19a) in (17) ein, so wird die gesuchte Konstante

$$c_n = 2n + 1. \tag{20}$$

Mithin gilt nach (10) die Reihendarstellung

$$w_{\text{prim}} = \frac{e^{-ik_0 D}}{-ik_0 D} = \begin{cases} \sum_{n=0}^{\infty} (2n+1)\, \psi_n(k_0 b)\, \zeta_n^{(2)}(k_0 r)\, P_n(\cos\vartheta) & \text{für } r \geqq b, \\ \sum_{n=0}^{\infty} (2n+1)\, \zeta_n^{(2)}(k_0 b)\, \psi_n(k_0 r)\, P_n(\cos\vartheta) & \text{für } r \leqq b. \end{cases} \tag{21}$$

Mit dieser Reihendarstellung erhält die in den Gl. (5) abgeleitete Lösung für die drei durch die Erdoberfläche $r = a$ und die durch den Sender gehende Kugelfläche $r = b$ getrennten Räume die Form

$$w_1 = \sum_{n=0}^{\infty} [(2n+1)\psi_n(k_0 b) + D_n]\, \zeta_n^{(2)}(k_0 r)\, \mathrm{P}_n(\cos\vartheta) \qquad \text{für } r \geqq b,$$

$$w_1 = \sum_{n=0}^{\infty} [(2n+1)\zeta_n^{(2)}(k_0 b)\psi_n(k_0 r) + D_n \zeta_n^{(2)}(k_0 r)]\, \mathrm{P}_n(\cos\vartheta) \qquad \text{für } a \leqq r \leqq b, \tag{22}$$

$$w_2 = \sum_{n=0}^{\infty} C_n \psi_n(k_i r)\, \mathrm{P}_n(\cos\vartheta) \qquad \text{für } r \leqq a.$$

c) Bestimmung der Konstanten.

Die Konstanten C_n und D_n bestimmen sich nun aus den Grenzbedingungen auf der Kugel. Wegen der Rotationssymmetrie sind in den allgemeinen Komponentengleichungen (3) E_φ und $H_\vartheta = 0$. Die Stetigkeit der übrigen Tangentialkomponenten verlangt die Stetigkeit von $\partial(rw)/\partial r$ und εw bzw. wegen der gleichen Permeabilität μ im Innen- und Außenraum die von $k^2 w$ an der Kugelfläche $r = a$, also die Bedingungen

$$\left[\frac{\partial(r\, w_1)}{\partial r}\right]_{r=a} = \left[\frac{\partial(r\, w_2)}{\partial r}\right]_{r=a} \quad \text{und} \quad k_0^2 w_1 = k_i^2 w_2 \quad \text{für } r = a. \tag{23}$$

Wir führen zur Abkürzung mit großen griechischen Buchstaben die Funktionen

$$\Psi_n(x) = x\,\psi_n(x) = \sqrt{\frac{\pi}{2}\,x}\; \mathrm{J}_{n+1/2}(x),$$
$$\mathrm{Z}_n^{\substack{(1)\\(2)}}(x) = x\,\zeta_n^{\substack{(1)\\(2)}}(x) = \sqrt{\frac{\pi}{2}\,x}\; \mathrm{H}_{n+1/2}^{\substack{(1)\\(2)}}(x) \tag{24}$$

ein und bezeichnen ferner durch ′ die Ableitung nach dem Argument. Dann liefern die beiden Bedingungen (23) mit den w-Werten (22)

$$(2n+1)\,\zeta_n^{(2)}(k_0 b)\,\Psi_n'(k_0 a) + D_n \mathrm{Z}_n^{(2)\prime}(k_0 a) = C_n \Psi_n'(k_i a)$$
und
$$k_0[(2n+1)\,\zeta_n^{(2)}(k_0 b)\,\Psi_n(k_0 a) + D_n \mathrm{Z}_n^{(2)}(k_0 a)] = k_i C_n \Psi_n(k_i a). \tag{25}$$

Daraus folgt

$$D_n = -(2n+1)\,\zeta_n^{(2)}(k_0 b)\,\frac{k_i \Psi_n(k_i a)\,\Psi_n'(k_0 a) - k_0 \Psi_n'(k_i a)\,\Psi_n(k_0 a)}{k_i \Psi_n(k_i a)\,\mathrm{Z}_n^{(2)\prime}(k_0 a) - k_0 \Psi_n'(k_i a)\,\mathrm{Z}_n^{(2}(k_0 a)}\,.$$
$$C_n = (2n+1)\,\zeta_n^{(2)}(b_0 b)\,\frac{k_0 \Psi_n(k_0 a)\,\mathrm{Z}_n^{(2)\prime}(k_0 a) - k_0 \Psi_n'(k_0 a)\,\mathrm{Z}_n^{(2)}(k_0 a)}{k_i \Psi_n(k_i a)\,\mathrm{Z}_n^{(2)\prime}(k_0 a) - k_0 \Psi_n'(k_i a)\,\mathrm{Z}_n^{(2)}(k_0 a)}\,. \tag{26}$$

Damit ist das Problem der Beugung an einer Kugel allgemein gelöst. Das Einsetzen der Werte von C_n und D_n in die Potentiale w der Gl. (5 bzw. 22) ergibt eine strenge Reihendarstellung.

Vor dem Einsetzen formen wir die obigen Koeffizienten noch etwas um. Setzt man

$$R_n = \frac{-\left[\frac{1}{z}\frac{\mathrm{d}}{\mathrm{d}z}\ln \Psi_n(z)\right]_{z=k_0 a} + \left[\frac{1}{z}\frac{\mathrm{d}}{\mathrm{d}z}\ln \Psi_n(z)\right]_{z=k_i a}}{\left[\frac{1}{z}\frac{\mathrm{d}}{\mathrm{d}z}\ln Z_n^{(2)}(z)\right]_{z=k_0 a} - \left[\frac{1}{z}\frac{\mathrm{d}}{\mathrm{d}z}\ln \Psi_n(z)\right]_{z=k_i a}}, \tag{27}$$

so wird mit Berücksichtigung von

$$\frac{1}{z}\frac{\mathrm{d}}{\mathrm{d}z}\ln \Psi_n(z) = \frac{1}{z}\frac{\Psi_n'(z)}{\Psi_n(z)}, \tag{28}$$

$$R_n = -\frac{k_i \Psi_n(k_i a)\Psi_n'(k_0 a) - k_0 \Psi_n'(k_i a)\Psi_n(k_0 a)}{k_i \Psi_n(k_i a) Z_n^{(2)\prime}(k_0 a) - k_0 \Psi_n'(k_i a) Z_n^{(2)}(k_0 a)} \frac{Z_n^{(2)}(k_0 a)}{\Psi_n(k_0 a)} \tag{27a}$$

und mithin nach den Gl. (26)

$$D_n = (2n+1)\zeta_n^{(2)}(k_0 b) R_n \frac{\Psi_n(k_0 a)}{Z_n^{(2)}(k_0 a)} = (2n+1) R_n \frac{\psi_n(k_0 a)}{\zeta_n^{(2)}(k_0 a)} \zeta_n^{(2)}(k_0 b).$$

$$\begin{aligned} C_n &= \frac{k_0}{k_i}(2n+1)\zeta_n^{(2)}(k_0 b)\frac{\Psi_n(k_0 a)}{\Psi_n(k_i a)}(1+R_n) \\ &= \frac{k_0^2}{k_i^2}(2n+1)(1+R_n)\frac{\psi_n(k_0 a)}{\psi_n(k_i a)}\zeta_n^{(2)}(k_0 b). \end{aligned} \tag{29}$$

Setzt man diese Werte in die Gl. (5) ein, so erhält man die strenge Lösung unseres Beugungsproblems des HERTZschen Dipols an der gekrümmten leitenden Erde. Bezeichnet man die Kugelpotentiale wieder mit Π als HERTZsche Vektoren in z-Richtung, so wird

$$\begin{aligned} w_1 = \Pi_1 = \Pi_{\text{prim}} + \Pi_{\text{sec}} &= \frac{e^{-i k_0 D}}{-i k_0 D} + \sum_{n=0}^{\infty}(2n+1) R_n \\ &\cdot \frac{\psi_n(k_0 a)}{\zeta_n^{(2)}(k_0 a)}\zeta_n^{(2)}(k_0 b)\zeta_n^{(2)}(k_0 r) \mathrm{P}_n(\cos\vartheta) \quad \text{für } r \geqq a, \\ w_2 = \Pi_2 = \Pi_{\text{sec}} &= \frac{k_0^2}{k_i^2}\sum_{n=0}^{\infty}(2n+1)(1+R_n) \\ &\cdot \frac{\psi_n(k_0 a)}{\psi_n(k_i a)}\zeta_n^{(2)}(k_0 b)\psi_n(k_i r) \mathrm{P}_n(\cos\vartheta) \quad \text{für } r \leqq a. \end{aligned} \tag{30}$$

Die Darstellung ist jedoch für eine praktische Auswertung ungeeignet, da sie nur für den Fall $a \ll \lambda$ bzw. $k_0 a = 2\pi a/\lambda \ll 1$ genügend schnell konvergiert. Für die praktische Auswertung ist die Gleichung daher in eine schneller konvergierende Reihe umzuformen.

* 3. Darstellung der strengen Lösung als eine unendliche Reihe reflektierter und gebrochener Wellen.

Zu diesem Zweck stellen wir zunächst die strenge Beugungslösung der Gl. (30) in einer anderen Form dar, die physikalisch der Zerlegung des gesamten Strahlungsfeldes in eine Reihe reflektierter und gebrochener

Wellen entspricht. Zur Ableitung dieser Form gehen wir von der ursprünglichen Partikulärlösung aus. Diese ist nach den Gl. (2 u. 4) für Rotationssymmetrie $m = 0$ eine Summe von verschiedenen Kugelwellen der Form

$$w_n = \psi_n(kr)\,\mathrm{P}_n(\cos\vartheta) \quad \text{bzw.} \quad w_n = \zeta_n^{\binom{(1)}{(2)}}(kr)\,\mathrm{P}_n(\cos\vartheta), \tag{31}$$

je nachdem, ob wir für die Zylinderfunktionen in (2) die BESSELschen oder HANKELschen Funktionen wählen.

Bei der Zeitfunktion $e^{i\omega t}$ stellen die Werte $\zeta_n^{(2)}$ fortlaufende, $\zeta_n^{(1)}$ einfallende Wellen dar, während ψ_n stehende Wellen sind, die in fortlaufende und einfallende Wellen gemäß der Beziehung

$$\psi_n(kr) = \tfrac{1}{2}\left[\zeta_n^{(1)}(kr) + \zeta_n^{(2)}(kr)\right] \tag{32}$$

zerlegt werden können; vgl. (4.26) und die analogen Beziehungen der Exponential- und trigonometrischen Funktionen.

Betrachten wir jetzt eine auf eine Kugel mit dem Radius a einfallende elementare Kugelwelle

$$w_n = \zeta_n^{(1)}(k_0 r)\,\mathrm{P}_n(\cos\vartheta), \tag{33}$$

so wird diese, wie im ebenen Fall, eine reflektierte und eine in das 2. Medium eindringende Welle hervorrufen; vgl. die schematische Darstellung Bild 27.2. Wir schreiben diese Wellen in der Form

$$w_{rn} = R_{11}\,\zeta_n^{(1)}(k_0 a)\,\frac{\zeta_n^{(2)}(k_0 r)}{\zeta_n^{(2)}(k_0 a)}\,\mathrm{P}_n(\cos\vartheta) \tag{34}$$

und

$$w_{en} = R_{12}\,\zeta_n^{(1)}(k_0 a)\,\frac{\zeta_n^{(1)}(k_i r)}{\zeta_n^{(1)}(k_i a)}\,\mathrm{P}_n(\cos\vartheta). \tag{34a}$$

Die Reflexionskoeffizienten R_{11} und R_{12}, die so gewählt sind, daß sie das Verhältnis der Amplituden der einzelnen Wellen an der Kugeloberfläche $r = a$ geben, bestimmen sich aus den Grenzbedingungen an der Kugel. Dort war die Stetigkeit von $k^2 w$ und $\partial(rw)/\partial r$ bzw. $\partial(krw)/\partial(kr)$ verlangt. Das liefert mit Berücksichtigung der Primärwelle w_n und der Bezeichnung (24) nach Kürzung durch $P_n(\cos\vartheta)$ die beiden Gleichungen

$$\begin{gathered}(1 + R_{11})\,k_0^2\,\zeta_n^{(1)}(k_0 a) = R_{12}\,k_i^2\,\zeta_n^{(1)}(k_0 a),\\ \mathrm{Z}_n^{(1)\prime}(k_0 a) + R_{11}\,\mathrm{Z}_n^{(2)\prime}(k_0 a)\,\frac{\mathrm{Z}_n^{(1)}(k_0 a)}{\mathrm{Z}_n^{(2)}(k_0 a)} = R_{12}\,\mathrm{Z}_n^{(1)\prime}(k_i a)\,\frac{k_i}{k_0}\,\frac{\mathrm{Z}_n^{(1)}(k_0 a)}{\mathrm{Z}_n^{(1)}(k_i a)}.\end{gathered} \tag{35}$$

Nach der 1. Gleichung ist

$$R_{12} = \frac{k_0^2}{k_i^2}\,(1 + R_{11}). \tag{35a}$$

Mithin folgt aus der 2. Gleichung, wenn man noch durch $k_0 a Z_n^{(1)}(k_0 a)$ dividiert und Z'/Z gleich der Ableitung des Logarithmus setzt,

$$R_{11} = \frac{-\left[\frac{1}{z}\frac{\mathrm{d}}{\mathrm{d}z}\ln Z_n^{(1)}(z)\right]_{z=k_0 a} + \left[\frac{1}{z'}\frac{\mathrm{d}}{\mathrm{d}z'}\ln Z_n^{(1)}(z')\right]_{z'=k_i a}}{\left[\frac{1}{z}\frac{\mathrm{d}}{\mathrm{d}z}\ln Z_n^{(2)}(z)\right]_{z_0=k_0 a} - \left[\frac{1}{z'}\frac{\mathrm{d}}{\mathrm{d}z'}\ln Z_n^{(1)}(z')\right]_{z'=k_i a}}. \quad (36)$$

Der Ausdruck ist dem Wert von R_n in Gl. (27) analog. Mit den Reflexionskoeffizienten (36 u. 35a) sind die an der Erdoberfläche aus der Primärwelle (33) entstehenden reflektierten und gebrochenen Wellen (34 u. 34a) bekannt.

Unsere bei dem vorliegenden Beugungsproblem auftretende Primärwelle Gl. (21), und zwar die für $r = a$ geltende zweite Form, läßt sich nun nach Gl. (32) in einen einfallenden Teil

$$J_{-1}^{e} = \tfrac{1}{2}\sum_{n=0}^{\infty}(2n+1)\,\zeta_n^{(2)}(k_0 b)\,\zeta_n^{(1)}(k_0 r)\,\mathrm{P}_n(\cos\vartheta) \quad (37)$$

und einen austretenden Teil

$$J_{-1}^{e\prime} = \tfrac{1}{2}\sum_{n=0}^{\infty}(2n+1)\,\zeta_n^{(2)}(k_0 b)\,\zeta_n^{(2)}(k_0 r)\,\mathrm{P}_n(\cos\vartheta) \quad (37\mathrm{a})$$

aufspalten. Beide Gleichungen gelten für $r \leqq b$, während sich für $r \geqq b$ nach der gleichen Zerlegung der oberen Gl. (21) r und b vertauschen, was dem allgemeinen Reziprozitätsgesetz, Vertauschung von Sender und Empfänger, entspricht.

Nach den obigen Betrachtungen erzeugt nun der einfallende Teil an der Erdoberfläche $r = a < b$ eine reflektierte austretende Welle

$$O_{-1}^{e} = \frac{1}{2}\sum_{n=0}^{\infty}(2n+1)\,R_{11}\,\zeta_n^{(2)}(k_0 b)\,\zeta_n^{(1)}(k_0 a)\,\frac{\zeta_n^{(2)}(k_0 r)}{\zeta_n^{(2)}(k_0 a)}\,\mathrm{P}_n(\cos\vartheta) \quad (38)$$

und eine gebrochene, in das Erdinnere eindringende Welle

$$J_0^{i} = \frac{1}{2}\sum_{n=0}^{\infty}(2n+1)\,R_{12}\,\zeta_n^{(2)}(k_0 b)\,\zeta_n^{(1)}(k_0 a)\,\frac{\zeta_n^{(1)}(k_i r)}{\zeta_n^{(1)}(k_i a)}\,\mathrm{P}_n(\cos\vartheta), \quad (39)$$

wobei die Reflexionskoeffizienten durch die obigen Gl. (36 u. 35a) gegeben sind.

Bei einer ebenen Oberfläche wäre das Problem damit gelöst. Bei der Kugel wird aber die eintretende Welle J_0^i für $r = 0$ unstetig, indem im Mittelpunkt gleichsam ein Häufungspunkt der von allen Seiten eindringenden Wellen entsteht. Diese Unstetigkeit kann nur dadurch behoben werden, daß man, gewissermaßen als totale Reflexion im Kugelmittelpunkt, eine austretende Welle von gleicher Amplitude hinzufügt, also eine Welle

$$O_0^{i} = \frac{1}{2}\sum_{n=0}^{\infty}(2n+1)\,R_{12}\,\zeta_n^{(2)}(k_0 b)\,\zeta_n^{(1)}(k_0 a)\,\frac{\zeta_n^{(2)}(k_i r)}{\zeta_n^{(1)}(k_i a)}\,\mathrm{P}_n(\cos\vartheta). \quad (39\mathrm{a})$$

Diese austretende Welle wird an der Kugeloberfläche genau wie vorher die eintretende gebrochen, so daß eine reflektierte, in das Innere gehende Welle J_1^i und eine austretende Welle O_0^e entsteht; vgl. die schematische Darstellung in Bild 27.2. Der Unterschied gegen vorher liegt in den Reflexionskoeffizienten R_{22} und R_{21}, die sich von R_{11} und R_{12} durch Vertauschen von k_0 und k_i sowie der Indexe 1 und 2 in den ζ-Funktionen unterscheiden. Da die eintretende Welle J_1^i wieder eine austretende O_1^i erzeugt, diese wieder gebrochen wird beim Austritt aus der Erde usw., so ergibt sich als eine strenge Lösung der Wellengleichung für das Außenfeld die unendliche Reihe

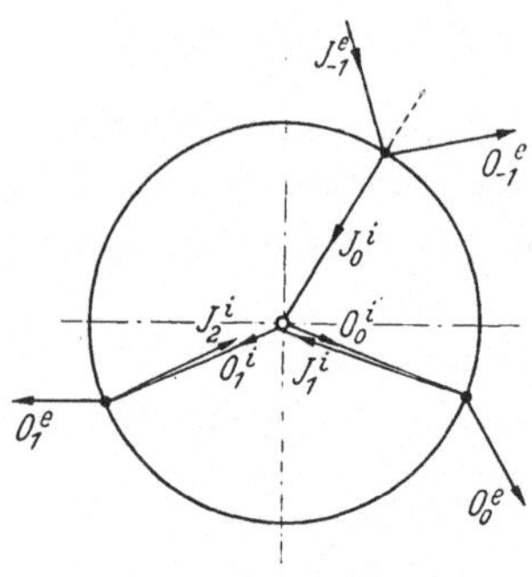

Bild 27.2. Schematische Zerlegung der einfallenden Welle in eine Schar reflektierter und gebrochener Wellen.

$$\Pi = w_1 = J_{-1}^e + O_{-1}^e + O_0^e + O_1^e + O_2^e + \cdots, \tag{40}$$

für das Innenfeld

$$\Pi = w_1 = J_0^i + O_0^i + J_1^i + O_1^i + J_2^i + O_2^i + \cdots. \tag{40a}$$

Da die K-te Welle K-mal an der Innenwand reflektiert wird, die i-Welle einmal beim Eintritt gebrochen, die e-Welle außerdem einmal beim Austritt gebrochen wird und bei jeder Reflexion oder Brechung entsprechend den obigen Gleichungen der Reflektionskoeffizient multipliziert mit dem betreffenden Wert der Funktionen ζ_n hinzukommt, wird

$$J_K^i = \tfrac{1}{2}\sum_{n=0}^{\infty}(2n+1)\,R_{12}\,R_{22}^K\,\zeta_n^{(2)}(k_0 b)\,\zeta_n^{(1)}(k_0 a) \cdot \left[\frac{\zeta_n^{(2)}(k_i a)}{\zeta_n^{(1)}(k_i a)}\right]^K \frac{\zeta_n^{(1)}(k_i r)}{\zeta_n^{(1)}(k_i a)}\,\mathrm{P}_n(\cos\vartheta). \tag{41}$$

Die Welle O_K^i hat $\zeta_n^{(2)}(k_i r)$ an Stelle von $\zeta_n^{(1)}(k_i r)$. Bei O_K^e kommt noch beim Austritt aus der Erde eine Brechung hinzu, also wird

$$O_K^e = \tfrac{1}{2}\sum_{n=0}^{\infty}(2n+1)\,R_{12}\,R_{22}^K\,R_{21}\,\zeta_n^{(2)}(k_0 b)\,\zeta_n^{(1)}(k_0 a) \cdot \left[\frac{\zeta_n^{(2)}(k_i a)}{\zeta_n^{(1)}(k_i a)}\right]^{K+1} \frac{\zeta_n^{(2)}(k_0 r)}{\zeta_n^{(2)}(k_0 a)}\,\mathrm{P}_n(\cos\vartheta). \tag{41a}$$

Die Werte J_{-1}^e und O_{-1}^e sind bereits oben durch die Gl. (37 u. 38) gegeben. Dabei bezog sich der Wert J_{-1}^e nur auf $r \leqq b$, für $r \geqq b$ muß entsprechend der allgemeinen Entwicklung (21) und der im Anschluß an (37a) gemachten Bemerkung

$$J_{-1}^e = \tfrac{1}{2}\sum_{n=0}^{\infty}(2n+1)\,\zeta_n^{(1)}(k_0 b)\,\zeta_n^{(2)}(k_0 r)\,\mathrm{P}_n(\cos\vartheta) \tag{42}$$

genommen werden.

Bisher war nur der eindringende Teil der primären Welle betrachtet worden. Es fehlt noch die austretende Welle Gl. (37a). Dieser Ausdruck gilt für den Rest der Primärwelle in beiden Zonen, also allgemein für $r > a$. Wir wollen auch hierfür die Sekundärwelle, die die Grundbedingungen an der Kugel erfüllt, ableiten und machen für den Außenraum den Ansatz

$$\Pi_{\text{sec}} = \tfrac{1}{2} \sum_{n=0}^{\infty} C_n (2n+1)\, \zeta_n^{(2)}(k_0 b)\, \zeta_n^{(2)}(k_0 r)\, \mathrm{P}_n(\cos\vartheta) \tag{43}$$

und für den Innenraum

$$\Pi_{\text{sec}} = \tfrac{1}{2} \sum_{n=0}^{\infty} D_n (2n+1)\, \zeta_n^{(2)}(k_0 b)\, \psi_n(k_i r)\, \mathrm{P}_n(\cos\vartheta). \tag{43a}$$

Eine andere Abhängigkeit von r und ϑ ist nicht möglich, wenn Unstetigkeitsstellen ausgeschieden werden sollen. Die Grenzbedingungen (23) verlangen mit Berücksichtigung der primären Welle $J_{-1}^{e\prime}$ aus Gl. (37a)

$$\left.\begin{aligned} k_0^2 (1 + C_n)\, \zeta_n^{(2)}(k_0 a) &= k_i^2 D_n\, \psi_n(k_i a), \\ (1 + C_n)\, \mathrm{Z}_n^{(2)\prime}(k_0 a) &= D_n \Psi_n'(k_i a). \end{aligned}\right\} \tag{44}$$

Diese Gleichungen können nur erfüllt sein für

$$1 + C_n = 0 \quad \text{und} \quad D_n = 0, \tag{45}$$

da die Determinante nicht verschwindet. Die Welle $J_{-1}^{e\prime}$ erzeugt daher ein Sekundärfeld, das das Gesamtfeld im ganzen Raum 0 werden läßt. Mithin sind die oben abgeleiteten Werte (40 u. 40a) die strenge Gesamtlösung unseres Beugungsproblems.

Die vorstehend mit Hilfe anschaulicher physikalischer Wellenbetrachtungen erhaltenen Ergebnisse können auch mathematisch unmittelbar aus der strengen Lösung (30) abgeleitet werden, wenn man die dort auftretenden Reflexionsfaktoren in geometrische Reihen entwickelt. Beide Darstellungen sind also identisch.

Betrachtet man die einzelnen Wellen (41 u. 41a), so sieht man, daß zwei verschiedene Dämpfungsfaktoren auftreten: einmal das Produkt der verschiedenen Reflexionskoeffizienten R, die Dämpfung und Phasendrehung durch die Reflexionen und Brechungen ergeben, dann die Werte $\left[\frac{\zeta_n^{(2)}(k_i a)}{\zeta_n^{(1)}(k_i a)}\right]^{K+1}$, die durch Dämpfung und Phasendrehung auf den $(K+1)$-Hin- und Hergängen durch die Erde hervorgerufen werden. Dieser Faktor stellt daher eine Dämpfung dar, die bei großem a, also im Fall der Ausbreitung an der Erde, derart groß ist, daß man nur die 1. Glieder der Reihe (40) berücksichtigen muß. Praktisch kommt man bei der Beugung um die Erde mit der primären und 1. reflektierten Welle aus. Es wird daher mit den Werten (37 u. 38)

$$\begin{aligned}\Pi \approx J^e_{-1} + O^e_{-1} = \tfrac{1}{2} \sum_{n=0}^{\infty} (2n+1)\,\zeta_n^{(2)}(k_0 b)\\ \cdot \left[\zeta_n^{(1)}(k_0 r) + R_{11}\,\zeta_n^{(1)}(k_0 a)\,\frac{\zeta_n^{(2)}(k_0 r)}{\zeta_n^{(2)}(k_0 a)}\right] \mathrm{P}_n(\cos\vartheta).\end{aligned} \tag{46}$$

Die Gleichung gilt für $r \leqq b$, während für $r \geqq b$ entsprechend der früheren Ableitung r und b zu vertauschen sind.

* 4. Umformung der Lösung in ein Residuenintegral und die Auswertung hinter der geometrischen Sicht.

Gl. (46) führen wir nun, um zum Zwecke der zahlenmäßigen Auswertung auf eine schneller konvergierende Reihe zu kommen, nach einer im wesentlichen von Watson eingeführten und von v. d. Pol und Bremmer weiter ausgebauten Umformung in ein komplexes Integral über, dessen Residuenlösung mit der strengen Lösung übereinstimmt, das aber durch Umformung des Integrationsweges andere Reihendarstellungen ergibt. Die Grundlage dieser Methode ist der Residuensatz der Funktionentheorie. Nach diesem Satz ist für eine beliebige komplexe Funktion $f(z) = f(x + \mathrm{i}y)$ das geschlossene Umlaufsintegral über einen beliebigen Weg der komplexen Ebene gleich der Summe der zu den umschlossenen Unendlichkeitsstellen von $f(z)$ gehörigen Residuen:

$$\frac{1}{2\pi \mathrm{i}} \oint f(z)\,\mathrm{d}z = \sum_{\nu=1}^{n} [\mathrm{Res}\, f(z)]_{z=z_\nu}. \tag{47}$$

Dabei sind z_ν die Unendlichkeitsstellen von $f(z)$ bzw. die Nullstellen des Nenners von $f(z)$ und das Residuum ist, wenn $f(z)$ die Form $f_1(z)/f_2(z)$ und $f_2(z)$ an der Stelle $z = z_\nu$ eine einfache Nullstelle hat, gegeben durch

$$[\mathrm{Res}\, f(z)]_{z=z_\nu} = \frac{f_1(z_\nu)}{f_2'(z)_{z=z_\nu}}. \tag{47a}$$

Bei der Anwendung dieses Satzes auf unsere Lösung (40 bzw. 46) haben wir die dort auftretenden Glieder als die Residuen einer noch zu bestimmenden komplexen Funktion zu deuten. Bei der Entwicklung beschränken wir uns auf den für die Beugung an der Erde ausreichenden Ausdruck (46) für Π. Wir wollen die Entwicklung für $r < b$ durchführen. Da nach dem Reziprozitätsgesetz und unserer obigen Ableitung r und b vertauschbar sind, haben wir damit die allgemeine Entwicklung.

Setzt man in Gl. (46) den Wert R_{11} aus Gl. (36)

$$R_{11} = \frac{-\left[\frac{1}{z}\frac{\mathrm{d}}{\mathrm{d}z}\ln \mathrm{Z}_n^{(1)}(z)\right]_{z=k_0 a} + \left[\frac{1}{z}\frac{\mathrm{d}}{\mathrm{d}z}\ln \mathrm{Z}_n^{(1)}(z)\right]_{z=k_i a}}{\left[\frac{1}{z}\frac{\mathrm{d}}{\mathrm{d}z}\ln \mathrm{Z}_n^{(2)}(z)\right]_{z=k_0 a} - \left[\frac{1}{z}\frac{\mathrm{d}}{\mathrm{d}z}\ln \mathrm{Z}_n^{(1)}(z)\right]_{z=k_i a}} = \frac{M_{1n}}{M_n} \tag{48}$$

ein, so wird

$$\Pi = \tfrac{1}{2} \sum_{n=0}^{\infty} (2n+1)\, \zeta_n^{(2)}(k_0 b) \cdot \left[\frac{\zeta_n^{(1)}(k_0 r)\, M_n + \zeta_n^{(1)}(k_0 a) \dfrac{\zeta_n^{(2)}(k_0 r)}{\zeta_n^{(2)}(k_0 a)} M_{1n}}{M_n} \right] \mathrm{P}_n(\cos\vartheta). \tag{49}$$

Zur Überführung dieser Summe in ein Residuenintegral hat man nun, da die Summe gleiche Abstände in der Veränderlichen n hat, im Nenner eine Funktion mit gleichen Nullpunktsabständen, also eine trigonometrische Funktion, z. B. $\cos\nu\pi$, hinzuzufügen. Da diese Funktion an den Stellen $\nu = 1/2, 3/2 \ldots$ Nullstellen hat, wird man in Gl. (49) überall n durch $\nu - 1/2$ ersetzen. Wenn wir gleich die Konstanten berücksichtigen, so wird die Summe (49) identisch mit dem Integral

$$\Pi = \frac{\mathrm{i}}{2} \int_{A} \frac{\nu\, \mathrm{d}\nu}{\cos\nu\pi} \frac{\zeta_{\nu-1/2}^{(2)}(k_0 b)}{\zeta_{\nu-1/2}^{(2)}(k_0 a)} \cdot \left[\frac{\zeta_{\nu-1/2}^{(1)}(k_0 r)\, \zeta_{\nu-1/2}^{(2)}(k_0 a)\, M_{\nu-1/2} + \zeta_{\nu-1/2}^{(1)}(k_0 a)\, \zeta_{\nu-1/2}^{(2)}(k_0 r)\, M_{1\,\nu-1/2}}{M_{\nu-1/2}} \right] \mathrm{P}_{\nu-1/2}[\cos(\pi-\vartheta)]. \tag{50}$$

Dabei verläuft der Integrationsweg A in unmittelbarer Nähe der reellen Achse nach Bild 27.3. Die Übereinstimmung des Integrals (50) mit der Summe (49) folgt unmittelbar aus dem Residuensatz (47), wenn man bei der Bildung der Residuen nach Gl. (47a) bedenkt, daß, wie später bewiesen wird, $M_{\nu-1/2}$ und $\zeta_{\nu-1/2}^{(2)}$ als Funktion von ν bzw. n keine Nullstellen auf der reellen Achse haben und für die Nullstellen $\nu_0 = 1/2, 3/2 \ldots (2n+1)/2$ von $\cos\nu\pi$

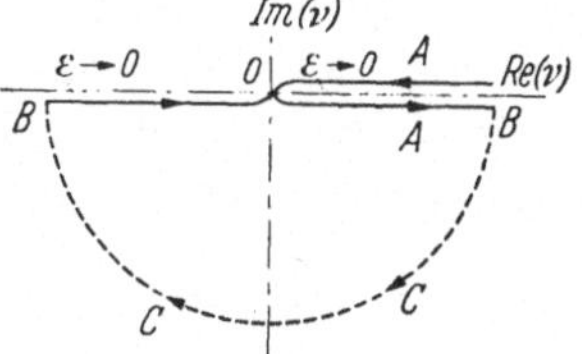

Bild 27.3. Deformation der Integrationswege für die Residuenlösung.

$$f_2'(\nu)_{\nu=\nu_0} = \left[\frac{\mathrm{d}\cos\nu\pi}{\mathrm{d}\nu}\right]_{\nu=\nu_0} = [-\pi\sin\nu\pi]_{\nu_0} = -\pi(-1)^{\nu_0-1/2} = -\pi(-1)^n \tag{51}$$

ist. Durch Einsetzen dieser Werte und Berücksichtigung der bekannten Beziehung der Kugelfunktionen

$$\mathrm{P}_n[\cos(\pi-\vartheta)] = \mathrm{P}_n(-\cos\vartheta) = (-1)^n \mathrm{P}_n(\cos\vartheta), \tag{52}$$

vgl. (16.34), geht Gl. (50) in die Summe (49) über.

Gl. (50) ist die Ausgangsgleichung für unsere weitere Lösung. Aus ihr werden wir in diesem und dem folgenden Abschnitt eine Umformung ableiten, die für eine zahlenmäßige Auswertung im Erdschatten und in der Nähe des Horizonts geeignet ist, und in Abschn. 6 u. 7 zwei Darstellungen, die für die zahlenmäßige Auswertung innerhalb der geometrischen Sicht nicht zu nahe am Horizont und in der Nähe des Senders brauchbar sind.

Für die 1. Lösung deformieren wir den Integrationsweg von Gl. (50). Wegen der im nächsten Kapitel abzuleitenden Beziehungen der auftretenden Zylinderfunktionen ist der Integrand eine ungerade Funktion von ν. Folglich kann, da $f(\nu + i\varepsilon) = -f(-\nu - i\varepsilon)$ ist, der Integrationsweg A in Bild 27.3 in den Weg B übergeführt werden, der ganz in der unteren Halbebene liegt. Diesen Weg können wir durch einen unendlich großen Bogen schließen, da der Integrand für unendlich große Werte von ν oder n in der negativen Halbebene exponentiell verschwindet und damit der Bogen keinen Beitrag zum Integral liefert. Das exponentielle Verschwinden ergibt sich folgendermaßen: Bei den Zylinderfunktionen und beim Reflexionsfaktor hebt sich der exponentielle Charakter wenigstens für Punkte auf der Erde $r = a$ auf, da entsprechend den asymptotischen Näherungsformeln (7.21) $\zeta_n^{(1)}$ und $\zeta_n^{(2)}$ entgegengesetzt exponentiellen Verlauf haben. Es bleibt das Glied $P_{\nu-1/2}[\cos(\pi - \vartheta)]/\cos\nu\pi$. Nun ist für große ν mit negativem Imaginärteil offenbar

$$\cos\nu\pi = \tfrac{1}{2}(e^{i\nu\pi} + e^{-i\nu\pi}) \approx \tfrac{1}{2}e^{i\nu\pi}, \tag{53}$$

da das 2. Glied wegen des negativen Realteils von $-i\nu\pi$ exponentiell verschwindet. Ferner gilt für die Kugelfunktionen mit beliebigen Exponenten n für große n und $\varepsilon < \vartheta < \pi - \varepsilon$, wo ε eine kleine Zahl ist, die asymptotische Näherungsformel (vgl. z. B. JAHNKE-EMDE)

$$\lim_{n\to\infty} P_n(\cos\vartheta) = \sqrt{\frac{2}{n\pi\sin\vartheta}}\sin\left[\left(n + \frac{1}{2}\right)\vartheta + \frac{\pi}{4}\right]. \tag{54}$$

Ersetzt man den Sinus analog Gl. (53) durch die Exponentialfunktionen, so erhält man für große n mit negativem Imaginärteil die asymptotische Näherungsformel

$$P_{\nu-1/2}[\cos(\pi - \vartheta)] \approx \frac{1}{\sqrt{2\nu\pi\sin\vartheta}}e^{i\nu(\pi-\vartheta)-i\pi/4}. \tag{54a}$$

Dabei ist im Absolutwert des Nenners ν statt $\nu - \frac{1}{2}$ geschrieben, was bei großem ν zulässig ist. Der gesuchte Quotient wird daher

$$\frac{P_{\nu-1/2}\cos[(\pi - \vartheta)]}{\cos\nu\pi} \approx \sqrt{\frac{2}{\nu\pi\sin\vartheta}}\,e^{-i\nu\vartheta-i\pi/4}. \tag{55}$$

Da dieser Wert und damit der gesamte Integrand von Gl. (50) in der negativen Halbebene von ν exponentiell verschwindet und damit auch das Integral über dem unteren Halbbogen, haben wir das Integral (50) in ein geschlossenes komplexes Integral mit dem Weg BC in Bild 27.3 übergeführt. Nach dem Residuensatz ist es dann aber als eine Summe von Residuen darstellbar, die durch die Nullstellen des Nenners von Gl. (50) gegeben sind. Da die Zylinderfunktionen des Nenners den Charakter fortschreitender Wellen, also keine Nullstellen haben und $\cos\nu\pi$ nur für reelles ν Nullstellen hat, ergeben sich die Nullstellen ν_s aus

$$M_{\nu_s-1/2} = \left[\frac{1}{z}\,\frac{\mathrm{d}}{\mathrm{d}z}\ln Z^{(2)}_{\nu_s-1/2}(z)\right]_{z=k_0 a} - \left[\frac{1}{z'}\,\frac{\mathrm{d}}{\mathrm{d}z'}\ln Z^{(1)}_{\nu_s-1/2}(z')\right]_{z'=k_i a} = 0\,. \tag{56}$$

Nach dem Residuensatz haben wir die hieraus folgenden Wurzeln in den nicht singulären Teil des Integranden von Gl. (50) einzusetzen.

Führt man die Wurzeln ν_s zunächst in den Zähler der eckigen Klammer von Gl. (50) ein, so wird mit Berücksichtigung von (56) das 1. Glied 0, während das 2. Glied nach Einsetzen des Wertes von M_{1n} aus Gl. (48) mit Berücksichtigung von (56 u. 24) und der Abkürzung $\nu_s - \frac{1}{2} = \mu$

$$\zeta^{(1)}_\mu(k_0 a)\,\zeta^{(2)}_\mu(k_0 r)\,\frac{1}{k_0 a}\left[\frac{Z^{(2)\prime}_\mu(k_0 a)}{Z^{(2)}_\mu(k_0 a)} - \frac{Z^{(1)\prime}_\mu(k_0 a)}{Z^{(1)}_\mu(k_0 a)}\right] = \frac{1}{(k_0 a)^3}\,\frac{\zeta^{(2)}_\mu(k_0 r)}{\zeta^{(2)}_\mu(k_0 a)} \cdot \left[Z^{(1)}_\mu(k_0 a)\,Z^{(2)\prime}_\mu(k_0 a) - Z^{(2)}_\mu(k_0 a)\,Z^{(1)\prime}_\mu(k_0 a)\right] \equiv Z \tag{57}$$

wird. Die Klammer hat aber den Wert $-2\mathrm{i}$. Nach einer bekannten Beziehung der Zylinderfunktionen ist nämlich für beliebigen Index ν

$$H^{(1)}_\nu(z)\,H^{(2)\prime}_\nu(z) - H^{(2)}_\nu(z)\,H^{(1)\prime}_\nu(z) = -\frac{4\mathrm{i}}{\pi z}, \tag{58}$$

also nach den Definitionsgleichungen (24)

$$Z^{(1)}_\mu(z)\,Z^{(2)\prime}_\mu(z) - Z^{(2)}_\mu(z)\,Z^{(1)\prime}_\mu(z) = -2\mathrm{i}\,. \tag{58a}$$

Mithin wird Gl. (57) und damit der Zähler in der geschweiften Klammer Gl. (50)

$$Z = \frac{-2\mathrm{i}}{(k_0 a)^3}\,\frac{\zeta^{(2)}_{\nu_s-1/2}(k_0 r)}{\zeta^{(2)}_{\nu_s-1/2}(k_0 a)}\,. \tag{57a}$$

Weiter formen wir $1/\cos\nu\pi$ um. Nach der Summenformel der geometrischen Reihe gilt für alle ν mit negativem Imaginärteil, für die also $|e^{-\mathrm{i}\pi(2\nu_s+1)}| < 1$ ist,

$$2e^{-\mathrm{i}\nu_s\pi}\sum_{m=0}^{\infty} e^{-\mathrm{i}\pi m(2\nu_s+1)} = 2e^{-\mathrm{i}\pi\nu_s}\,\frac{1}{1-e^{-\mathrm{i}\pi(2\nu_s+1)}} = \frac{2}{e^{\mathrm{i}\pi\nu_s}+e^{-\mathrm{i}\pi\nu_s}} = \frac{1}{\cos\nu\pi}\,. \tag{59}$$

Setzt man die Werte (57a u. 59) in Gl. (50) ein und wendet hierauf den Residuensatz nach (47 u. 47a) an, wobei zu beachten ist, daß das Integral nach Bild 27.3 im Uhrzeigersinn, also mathematisch negativ zu nehmen ist, sich also das Vorzeichen im Residuensatz (47) umkehrt, so erhält man

$$\Pi = \sum_{m=0}^{\infty} \Pi_m \tag{60}$$

mit

$$\Pi_m = -\frac{4\pi i}{(k_0 a)^3}(-1)^m \sum_{s=0}^{\infty} \frac{\nu_s e^{-i\pi\nu_s(2m+1)}}{\left(\frac{\partial M_{\nu-1/2}}{\partial \nu}\right)_{\nu=\nu_s}} \cdot \frac{\zeta^{(2)}_{\nu_s-1/2}(k_0 b)}{\zeta^{(2)}_{\nu_s-1/2}(k_0 a)} \frac{\zeta^{(2)}_{\nu_s-1/2}(k_0 r)}{\zeta^{(2)}_{\nu_s-1/2}(k_0 a)} P_{\nu_s-1/2}[\cos(\pi-\vartheta)] \tag{60a}$$

Die vorgenommene Umformung gilt streng. Ersetzt man, da die Wurzeln ν_s nach dem nächsten Kapitel bei großen Werten liegen, $P_{\nu_s-1/2}$ durch die asymptotische Näherungsformel (54a), so wird, wenn man außerdem $-i$ und -1 durch die entsprechenden Exponentialfunktionen ausdrückt,

$$\Pi_m = \frac{2\sqrt{2}\, e^{-i\pi(m+3/4)}}{(k_0 a)^3\sqrt{\sin\vartheta}} \sum_{s=0}^{\infty} \frac{\sqrt{\nu_s}\, e^{-i\nu_s(\vartheta+2\pi m)}}{\left(\frac{\partial M_{\nu-1/2}}{\partial \nu}\right)_{\nu=\nu_s}} f_s(h_1) f_s(h_2), \tag{61}$$

wobei zur Abkürzung

$$f_s(h_1) = \frac{\zeta^{(2)}_{\nu_s-1/2}(k_0 b)}{\zeta^{(2)}_{\nu_s-1/2}(k_0 a)}, \qquad f_s(h_2) = \frac{\zeta^{(2)}_{\nu_s-1/2}(k_0 r)}{\zeta^{(2)}_{\nu_s-1/2}(k_0 a)} \tag{62}$$

gesetzt ist.

Da ν_s nach dem nächsten Kapitel komplex mit negativem Imaginärteil wird, stellt die Exponentialfunktion gedämpfte Wellen dar. Durch die Kopplung von m mit dem Winkel ϑ in dem Argument $\vartheta + 2\pi m$ erkennt man, daß Π_m eine Welle ist, die m-mal um die Erde gegangen ist. Es ist klar, daß diese Welle stark gedämpft ist, so daß man für die Zahlenrechnung mit dem 1. Glied $m = 0$ auskommt, also in ausreichender Näherung nach der strengen Formel (60)

$$\Pi = \Pi_0 = -\frac{4\pi i}{(k_0 a)^3} \sum_{s=0}^{\infty} \frac{\nu_s e^{-i\pi\nu_s}}{\left(\frac{\partial M_{\nu-1/2}}{\partial \nu}\right)_{\nu=\nu_s}} f_s(h_1) f_s(h_2) P_{\nu_s-1/2}[\cos(\pi-\vartheta)] \tag{63}$$

wird. Entsprechend ergibt sich aus der Näherungformel (61) die in allen praktischen Fällen ausreichende Näherungsformel

$$\Pi = \Pi_0 = \frac{2\sqrt{2\pi}\, e^{-i3\pi/4}}{(k_0 a)^3\sqrt{\sin\vartheta}} \sum_{s=0}^{\infty} \frac{\sqrt{\nu_s}\, e^{-i\nu_s\vartheta}}{\left(\frac{\partial M_{\nu-1/2}}{\partial \nu}\right)_{\nu=\nu_s}} f_s(h_1) f_s(h_2). \tag{64}$$

Gl. (64) ist die Ausgangsgleichung für die weitere zahlenmäßige Berechnung, wobei man noch wegen der kleinen Winkel $\sin\vartheta \approx \vartheta$ setzen kann. Die Glieder $f_s(h_1)$ und $f_s(h_2)$ geben die Abhängigkeit von Sender- und Empfängerradius b und r bzw. von Sender- und Empfängerhöhe h_1 bzw. h_2 wieder und werden als Höhenfaktoren bezeichnet. Für Sender oder Empfänger auf der Erde (b bzw. $r = a$) wird der Höhenfaktor 1, so daß der Restfaktor in (63 bzw. 64) die Bodenfeldstärke gibt.

* 5. Formeln für die zahlenmäßige Auswertung der Residuenmethode.

a) Bestimmung der Nullstellen von $M_{\nu-1/2}$.

Für die zahlenmäßige Auswertung von Gl. (63 bzw. 64) müssen zunächst die Wurzeln ν_s der Gl. (56) bestimmt werden. Wir betrachten zuerst den Fall unendlich gut leitender Erde $k_i \to \infty$. In diesem Fall verschwindet das 2. Glied von (56), und es bleibt die Lösung von

$$M_{\nu_s-1/2\,\infty} = \left[\frac{1}{z}\,\frac{\mathrm{d}}{\mathrm{d}z}\ln \mathrm{Z}^{(2)}_{\nu_s-1/2}(z)\right]_{z=k_0 a} = 0\,. \tag{65}$$

Darin ist nach der Definitionsgleichung (24)

$$\mathrm{Z}^{(2)}_{\nu_s-1/2}(z) = \sqrt{\frac{\pi}{2}\,z}\;\mathrm{H}^{(2)}_{\nu_s}(z)\,. \tag{65a}$$

Das Argument $z = k_0 a$ ist eine sehr große reelle Zahl, der Exponent ν_s zunächst noch unbekannt. Da, wie eine nähere Betrachtung der HANKELschen Funktionen zeigt, die Nullstellen ν_s in der Nähe von z liegen müssen, können wir nicht die normalen asymptotischen Näherungsformeln (7.21) benutzen, sondern müssen die asymptotischen Näherungsformeln von WATSON für große Argumente und große Indexe nehmen. Setzen wir in die in JAHNKE-EMDE, 4. Aufl., S. 145, angegebenen Formeln $p = \nu$, so gilt in asymptotischer Näherung mit einem Fehler, der klein gegen $24/\nu$ ist,

$$\mathrm{H}^{(2)}_{\nu}\left(\sqrt{\nu^2+q^2}\right) = \frac{q}{\sqrt{3}\,\nu}\,\mathrm{e}^{-\mathrm{i}\,[\pi/6+q-q^3/3\,\nu^2-\nu\,\mathrm{arc\,tg}\,q/\nu]}\,\mathrm{H}^{(2)}_{1/3}\left(\frac{q^3}{3\,\nu^2}\right) \tag{66}$$

oder mit

$$\sqrt{\nu^2+q^2} = z\,,\qquad \frac{q}{\nu} = u\,, \tag{67}$$

$$\mathrm{H}^{(2)}_{\nu}(z) = \frac{u}{\sqrt{3}}\,\mathrm{e}^{-\mathrm{i}\pi/6}\,\mathrm{e}^{-\mathrm{i}\,\nu\,(u-u^3/3-\mathrm{arc\,tg}\,u)}\,\mathrm{H}^{(2)}_{1/3}\left(\frac{\nu}{3}\,u^3\right). \tag{66a}$$

Setzt man diesen Wert in (65a) ein und differenziert den Logarithmus nach z, so wird, da nach (67)

$$u = \sqrt{\frac{z^2}{\nu^2}-1}\,,\qquad \frac{\mathrm{d}u}{\mathrm{d}z} = \frac{1}{\nu^2}\,\frac{z}{u} \tag{67a}$$

ist und die Ableitung von $u - u^3/3 - \mathrm{arc\,tg}\,u$ nach u gleich $-u^4/(1+u^2) = -u^4\,\nu^2/z^2$ wird,

$$\frac{\mathrm{d}}{\mathrm{d}z}\ln \mathrm{Z}^{(2)}_{\nu-1/2}(z) = \frac{1}{2z} + \frac{z}{\nu^2 u^2} + \mathrm{i}\,\frac{\nu}{z}\,u^3 + \frac{\mathrm{H}^{(2)\prime}_{1/3}\left(\frac{\nu}{3}\,u^3\right)}{\mathrm{H}^{(2)}_{1/3}\left(\frac{\nu}{3}\,u^3\right)}\,\frac{z}{\nu}\,u\,. \tag{68}$$

Nun ist nach bekannten Beziehungen der Zylinderfunktionen für beliebige Indexe und Argumente

$$\mathrm{H}'_p(x) = -\frac{p}{x}\,\mathrm{H}_p(x) + \mathrm{H}_{p-1}(x)\quad\text{und}\quad \overset{(1)}{\mathrm{H}}{}^{(2)}_{-p}(x) = \mathrm{e}^{\pm\mathrm{i}\,p\,\pi}\,\overset{(1)}{\mathrm{H}}{}^{(2)}_{p}(x)\,, \tag{69}$$

mithin

$$H^{(2)\prime}_{1/3}(x) = -\frac{1}{3x} H^{(2)}_{1/3}(x) + e^{-i2\pi/3} H^{(2)}_{2/3}(x). \tag{69a}$$

In (68) eingesetzt wird

$$\frac{d}{dz} \ln Z^{(2)}_{\nu-1/2}(z) = \frac{1}{2z} + i\frac{\nu}{z} u^3 + e^{-i2\pi/3} \frac{z}{\nu} u \frac{H^{(2)}_{2/3}\left(\frac{\nu}{3} u^3\right)}{H^{(2)}_{1/3}\left(\frac{\nu}{3} u^3\right)}. \tag{70}$$

Gl. (70) ist bei konstantem z eine Funktion von ν. Genau wie bei den Exponentialfunktionen wird sich in Gl. (70) bei Änderung von ν und damit des Argumentes $\frac{1}{3}\nu u^3$ das Glied mit den HANKELschen Funktionen wesentlich stärker als die beiden 1. Glieder ändern. Die gesuchten Nullstellen werden wegen des großen z in der Nähe der Stellen liegen, bei denen das letzte Glied verschwindet, für die also

$$H^{(2)}_{2/3}\left(\frac{\nu}{3} u^3\right) = 0 \tag{71}$$

ist. Wir wollen zunächst die Wurzeln dieser Gleichung lösen und anschließend zeigen, daß die Wurzeln mit den gesuchten Wurzeln der Gl. (65) praktisch identisch sind.

Zur Lösung von (71) formen wir die HANKELschen Funktionen um. Nach einer bekannten Beziehung gilt für die HANKELschen Funktionen für beliebiges p und x

$$H^{(2)}_p(x) = -\frac{i}{\sin p\pi} \left[e^{ip\pi} J_p(x) - J_{-p}(x)\right]. \tag{72}$$

Weiter ist nach den sogenannten Umlaufsrelationen (vgl. z. B. MAGNUS-OBERHETTINGER) für beliebiges p und x

$$J_p(x\, e^{im\pi}) = e^{imp\pi} J_p(x). \tag{73}$$

Durch Einsetzen in die obige Gleichung erhält man für $m = -1$

$$H^{(2)}_p(x) = -\frac{i}{\sin p\pi} \left[e^{2ip\pi} J_p(x\, e^{-i\pi}) - e^{-ip\pi} J_{-p}(x\, e^{-i\pi})\right]. \tag{72a}$$

Das liefert für $p = \frac{2}{3}$

$$H^{(2)}_{2/3}(x) = \frac{-i\, e^{-i2\pi/3}}{\sin 2\pi/3} \left[J_{2/3}(x\, e^{-i\pi}) - J_{-2/3}(x\, e^{-i\pi})\right]. \tag{74}$$

Die Nullstellen von (71) sind daher identisch mit den Nullstellen von

$$J_{2/3}(x\, e^{-i\pi}) - J_{-2/3}(x\, e^{-i\pi}) = 0. \tag{75}$$

Nun hat die Gleichung

$$J_{2/3}(\alpha) - J_{-2/3}(\alpha) = 0 \tag{75a}$$

lauter positive reelle Wurzeln α_s. Sind diese Wurzeln aus Tabellen oder Kurven oder nach Einsetzen der Reihenentwicklungen der BESSELschen Funktionen durch graphische oder numerische Lösung der

Gl. (75a) bekannt, so sind auch die zugehörigen Wurzeln ν_s bekannt, da nach den obigen Substitutionen

$$\alpha_s = x_s e^{-i\pi} = \frac{\nu_s}{3} u_s^3 e^{-i\pi} = \frac{\nu_s}{3}\left(\frac{z^2}{\nu_s^2} - 1\right)^{3/2} e^{-i\pi} \tag{76}$$

ist. Da die ersten Wurzeln α_s Zahlen in der Größenordnung 1 sind, liegen die Wurzeln ν_s nach Gl. (76) in der Nähe von $z = k_0 a = 2\pi a/\lambda$. Bezeichnet man den Unterschied von ν_s und z mit $\tau_s z^{1/3}$, setzt also

$$\nu_s = z + \tau_s z^{1/3} \tag{77}$$

mit $\tau_s z^{-2/3} \ll 1$, so wird nach (76) mit Vernachlässigung der höheren Potenzen von $\tau_s z^{-2/3}$

$$\frac{\nu_s}{3}\left(\frac{z^2}{\nu_s^2} - 1\right)^{3/2} = \frac{1}{3}\left[-\frac{\nu_s^2 - z^2}{\nu_s^{4/3}}\right]^{3/2} \approx \frac{1}{3}\left[-2\tau_s\right]^{3/2} = \alpha_s e^{i\pi}. \tag{78}$$

Daraus folgt

$$\tau_s = \tfrac{1}{2}(3\alpha_s)^{2/3} e^{-i\pi/3}. \tag{78a}$$

Nach dieser Gleichung können aus den bekannten Wurzeln α_s die Werte τ_s und nach (77) die zugehörigen Wurzeln ν_s berechnet werden. Zahlenmäßig erhält man für die 1. Wurzeln τ_s, die wir mit $\tau_{s\infty}$ bezeichnen wollen, da die Werte für den Fall $k_i \to \infty$ gelten,

$$\begin{aligned} \tau_{0\infty} &= 0{,}808\, e^{-i\pi/3}, & \tau_{3\infty} &= 4{,}892\, e^{-i\pi/3},\\ \tau_{1\infty} &= 2{,}577\, e^{-i\pi/3}, & \tau_{4\infty} &= 5{,}851\, e^{-i\pi/3},\\ \tau_{2\infty} &= 3{,}824\, e^{-i\pi/3}, & \tau_{5\infty} &= 6{,}737\, e^{-i\pi/3}. \end{aligned} \tag{79}$$

Die weiteren Wurzeln ergeben sich mit guter Genauigkeit aus (78a) mit

$$\alpha_s = \pi(s + \tfrac{1}{4}). \tag{79a}$$

Die angegebenen Werte liefern zunächst die Wurzeln von Gl. (71) und noch nicht die gesuchten Wurzeln von Gl. (65). Nun ist z eine sehr große Zahl. Da die in Betracht kommenden Werte von τ nach (79) die Größenordnung 1 bis 5 haben, hat nach (78) das Argument $\frac{\nu}{3} u^3$ die Größenordnung 1 bis 10 und mithin, da nach (77) $\nu \approx z$ ist, u die Größenordnung (1,5 bis 3) $\cdot z^{-1/3}$. Mithin sind in Gl. (70) die beiden 1. Glieder um einen Faktor von der Größenordnung (2 bis 10) $\cdot z^{-2/3}$ kleiner als der Koeffizient $\frac{z}{\nu} u$ des letzten Gliedes. Die beiden 1. Glieder in Gl. (70) sind daher derart klein, daß die Nullstellen von (70) und damit von Gl. (65) mit den berechneten Werten $\tau_{s\infty}$ praktisch identisch sind.

Mit den Werten (79) ist ν_s nach (77) eine große Zahl mit einem negativen Imaginärteil. Dadurch ist zunächst die Anwendung der asymptotischen Näherungsformeln (53 u. 54) sowie (70) nachträglich gerechtfertigt, sowie die durchgeführte Residuenentwicklung, die auf der reellen Achse nur Nullstellen von $\cos\nu\pi$ und nicht von $M_{\nu-1/2}$ annahm.

Die berechneten Wurzeln gelten für $k_i \to \infty$. Für den allgemeinen Fall $k_i \neq \infty$ ist auch das 2. Glied von $M_{\nu_s-1/2}$ in Gl. (56) zu berücksichtigen. Da $k_i \gg k_0$ ist, wird wenigstens ein Teil der Nullstellen in der Nähe der bisherigen Werte $\nu_{s\infty}$ bleiben. Wegen des analogen Aufbaues beider Glieder in Gl. (56) werden auch Nullstellen in der Nähe von $k_i a$ existieren. Da diese einen großen negativen Imaginärteil haben, sind die zugehörigen Glieder in Gl. (64) wegen des Gliedes $e^{-i\nu_s\vartheta}$ gegen die Glieder der 1. Gruppe zu vernachlässigen, so daß nur die Nullstellen in der Nähe der bisherigen Nullstellen zu berücksichtigen sind.

In der Nähe der bisherigen Nullstellen können wir nun nach den obigen Ausführungen die beiden 1. Glieder in Gl. (70) vernachlässigen. Daher wird nach (70) mit Einführen von τ nach Gl. (78) und $\nu \approx z$ das 1. Glied von (56)

$$\frac{1}{z}\,\frac{d}{dz}\ln Z^{(2)}_{\nu-1/2}(z) = e^{-i2\pi/3}\,\frac{\sqrt{-2\tau}}{z^{4/3}}\,\frac{H^{(2)}_{2/3}[\frac{1}{3}(-2\tau)^{3/2}]}{H^{(2)}_{1/3}[\frac{1}{3}(-2\tau)^{3/2}]}\,. \tag{80}$$

Für das 2. Glied von (56) gilt zunächst wieder, da Argument und Index groß sind, die asymptotische Gl. (70), nur daß wegen der Vertauschung der Hankelschen Funktionen 1. und 2. Art auf der linken Seite auch rechts überall i durch $-$i und die Hankelschen Funktionen 2. Art durch die 1. Art zu ersetzen sind. Außerdem ist für u der Wert (67a) mit z' statt z einzusetzen. Nennen wir diesen Wert u', so wird nach Gl. (70) das 2. Glied von Gl. (56)

$$\frac{1}{z'}\,\frac{d}{dz'}\ln Z^{(1)}_{\nu-1/2}(z') = G_2 = \frac{1}{2z'^2} - i\,\frac{\nu}{z'^2}\,u'^3 + e^{i2\pi/3}\,\frac{u'}{\nu}\,\frac{H^{(1)}_{2/3}\left(\frac{\nu}{3}u'^3\right)}{H^{(1)}_{1/3}\left(\frac{\nu}{3}u'^3\right)}\,. \tag{81}$$

Da ν in der Nähe von z liegt und z' groß gegen z ist, ist u' im Gegensatz zu u eine große Zahl. Daher können in den Hankelschen Funktionen die normalen asymptotischen Näherungen (7.21) genommen werden. Diese geben für den in (81) auftretenden Bruch $e^{-i\pi/6}$. Mithin wird, wenn man noch das 1. Glied gegen die übrigen vernachlässigt und den Wert u' nach Gl. (67a) einsetzt,

$$G_2 = -i\,\frac{\nu u'^3}{z'^2} + i\,\frac{u'}{\nu} = i\,\frac{\nu}{z'^2}\sqrt{\frac{z'^2}{\nu^2} - 1}\,. \tag{82}$$

Da $z' = k_i a$ in allen praktischen Fällen groß gegen $z = k_0 a$ ist, kann man in (82) $\nu \approx z$ setzen und erhält mit $z'/z = k_i/k_0$

$$G_2 = \frac{i}{k_0 a}\,\frac{k_0^2}{k_i^2}\sqrt{\frac{k_i^2}{k_0^2} - 1} = \frac{1}{z^{4/3}\delta} = \frac{1}{(k_0 a)^{4/3}\delta}\,. \tag{83}$$

wo

$$\delta = -\frac{i}{(k_0 a)^{1/3}} \frac{k_i^2/k_0^2}{\sqrt{k_i^2/k_0^2 - 1}} \tag{84}$$

gesetzt ist.

Mit Einsetzen von (83 u. 80) liefert (56) für die gesuchten Wurzeln τ_s die Bestimmungsgleichung

$$e^{-i 2\pi/3} \frac{H_{2/3}^{(2)}[\frac{1}{3}(-2\tau_s)^{3/2}]}{H_{1/3}^{(2)}[\frac{1}{3}(-2\tau_s)^{3/2}]} = \frac{1}{\delta\sqrt{-2\tau_s}}. \tag{85}$$

Die Wurzeln hängen nur von der durch Gl. (84) eingeführten Konstanten δ ab, die abgesehen vom Erdradius von den Wellenzahlen und damit den Bodenkonstanten und der Wellenlänge abhängt; zahlenmäßige Auswertung vgl. Kap. 28.

δ ist in weiten Grenzen veränderlich. Für $k_i = k_0$ und $k_i \to \infty$ geht δ gegen ∞. Zwischen beiden Grenzen kann der Absolutwert von δ wegen des großen Nenners $z^{1/3}$ auf sehr kleine Werte nahe 0 heruntergehen. Wir müssen daher die Wurzeln von (85) für beliebige δ von 0 bis ∞ berechnen. Für $\delta = \infty$ muß nach Gl. (85) $H_{2/3}$ Null werden, und wir erhalten die früheren Werte $\tau_{s\infty}$. Für $\delta = 0$ muß $H_{1/3}$ Null werden. Die zugehörigen Wurzeln τ_{s0} ergeben sich daher mit der Umformung (72a) aus

$$\begin{aligned} H_{1/3}^{(2)}[\tfrac{1}{3}(-2\tau_{s0})^{3/2}] &= -\frac{i\, e^{i 2\pi/3}}{\sin\pi/3} \\ \cdot \left[J_{1/3}\{\tfrac{1}{3}(-2\tau_{s0})^{3/2} e^{-i\pi}\} + J_{-1/3}\{\tfrac{1}{3}(-2\tau_{s0})^{3/2} e^{-i\pi}\}\right] &= 0. \end{aligned} \tag{86}$$

Die Wurzeln der eckigen Klammer sind ebenso wie bei Gl. (75) positive Zahlen α_{s0}, die aus Tabellen oder Kurven (z. B. in JAHNKE-EMDE, 4. Aufl.) bekannt sind. Die zugehörigen Werte τ_{s0} werden nach Gl. (78a) zahlenmäßig

$$\begin{aligned} \tau_{00} &= 1{,}856\, e^{-i\pi/3}, & \tau_{30} &= 5{,}386\, e^{-i\pi/3}, \\ \tau_{10} &= 3{,}245\, e^{-i\pi/3}, & \tau_{40} &= 6{,}305\, e^{-i\pi/3}, \\ \tau_{20} &= 4{,}382\, e^{-i\pi/3}, & \tau_{50} &= 7{,}161\, e^{-i\pi/3}. \end{aligned} \tag{87}$$

Die weiteren Glieder erhält man aus (78a) mit

$$\alpha_s = \pi\left(s + \tfrac{3}{4}\right). \tag{87a}$$

Die allgemeinen Lösungen von Gl. (85) für beliebige Werte von δ ergeben sich nun, wenn man die Gl. (85), die eine Beziehung zwischen τ_s und δ darstellt, in Reihen entwickelt. Dabei setzen wir zwei verschiedene Reihen für kleine und große Werte von δ an. Die TAYLORsche Reihenentwicklung liefert, wenn wir den Index s im folgenden fortlassen, die beiden Darstellungen

$$\tau = f(\delta) = \sum_{n=0}^{\infty} a_n \delta^n \quad \text{mit} \quad a_0 = \tau_{s=0} = \tau_0, \qquad a_n = \frac{1}{n!}\left[\frac{d^n\tau}{d\delta^n}\right]_{\delta=0} \tag{88}$$

und

$$\tau = \varphi\left(\frac{1}{\delta}\right) = \varphi(\varepsilon) = \sum_{n=0}^{\infty} b_n \frac{1}{\delta^n} \quad \text{mit} \quad \begin{aligned} b_0 &= \tau_{\delta=\infty} = \tau_\infty , \\ b_n &= \frac{1}{n!}\left[\frac{d^n \tau}{d\varepsilon^n}\right]_{\varepsilon=0} . \end{aligned} \tag{89}$$

Die 1. Reihe konvergiert für kleine δ. die 2. für kleine ε, also große δ. Die für die Entwicklung erforderlichen Ableitungen von τ nach δ bzw. $\varepsilon = 1/\delta$ ergeben sich aus Gl. (85) folgendermaßen: Nach Multiplikation mit $-\sqrt{-2\tau}$ und Differentiation beider Seiten wird mit Benutzung der Gl. (68) für die HANKELschen Funktionen bei Weglassung des Argumentes und der Ordnungszahl 2

$$\begin{aligned} -\frac{e^{-i2\pi/3}}{(H_{1/3})^2}\Bigg[H_{1/3}\cdot\left\{-\frac{1}{\sqrt{-2\tau}}H_{2/3} + 2\tau\left(-\frac{2}{(-2\tau)^{3/2}}H_{2/3} + e^{-i\pi/3}H_{1/3}\right)\right\} \\ -2\tau H_{2/3}\cdot\left\{-\frac{1}{(-2\tau)^{3/2}}H_{1/3} + e^{-i2\pi/3}H_{2/3}\right\}\Bigg] = \frac{1}{\delta^2}\frac{d\delta}{d\tau}, \end{aligned} \tag{90}$$

woraus ausgerechnet mit Benutzung der Ausgangsgleichung (85)

$$\frac{d\delta}{d\tau} - 2\delta^2\tau + 1 = 0 \tag{90a}$$

folgt.

Aus dieser RICCATIschen Gleichung erhält man $d\tau/d\delta$ und daraus durch wiederholte Differentiation die für die Entwicklung (88) erforderlichen Ableitungen. Es wird für kleine δ

$$\begin{aligned} \frac{d\tau}{d\delta} &= \tau' = \frac{1}{2\delta^2\tau - 1}, \qquad \tau_0' = -1, \\ \frac{d^2\tau}{d\delta^2} &= \tau'' = -\frac{2\delta^2\tau' + 4\delta\tau}{(2\delta^2\tau - 1)^2}, \quad \tau_0'' = 0, \\ \frac{d^3\tau}{d\delta^3} &= \tau''' \\ &= -\frac{(2\delta^2\tau-1)^2(8\delta\tau'+2\delta^2\tau''+4\tau) - (2\delta^2\tau'+4\delta\tau)\,2(2\delta^2\tau-1)(4\delta\tau+2\delta^2\tau')}{(2\delta^2\tau - 1)^4}, \\ & \qquad \tau_0''' = -4\tau_0 \end{aligned} \tag{91}$$

usw. Da für $f(0) = \tau_0$ ein beliebiger Wert τ_{s0} genommen werden kann, erhält man die verschiedenen Wurzeln für $\delta \neq 0$ nach (88 u. 91) zu

$$\tau_s = \tau_{s0} - \delta - \frac{2}{3}\tau_{s0}\delta^3 + \frac{1}{2}\delta^4 - \frac{4}{5}\tau_{s0}^2\delta^5 + \frac{14}{9}\tau_{s0}\delta^6 - + \cdots. \tag{92}$$

Für die Reihenentwicklung (89) nach fallenden Potenzen von δ oder steigenden Potenzen von $\varepsilon = 1/\delta$ erhalten wir aus der Differentialbeziehung (90a) durch Einführen von $\delta = 1/\varepsilon$

$$-\frac{1}{\varepsilon^2}\frac{d\varepsilon}{d\tau} - \frac{2\tau}{\varepsilon^2} + 1 = 0 \tag{90b}$$

und daraus

$$\frac{d\tau}{d\varepsilon} = \frac{1}{\varepsilon^2 - 2\tau}, \qquad \text{also für } \varepsilon = 0 \qquad \tau_\infty' = -\frac{1}{2\tau_\infty} \tag{93}$$

und durch wiederholte Differentiation

$$\frac{d^2\tau}{d\varepsilon^2} = -\frac{2\varepsilon - 2\tau'}{(\varepsilon^2 - 2\tau)^2}, \qquad \tau''_\infty = \frac{\tau'_\infty}{2\tau^2_\infty} = -\frac{1}{4\tau^3_\infty} \tag{93a}$$

usw. Das ergibt nach (89) für jedes $\tau_{s\infty}$

$$\tau_s = \tau_{s\infty} - \frac{1}{2\tau_{s\infty}\delta} - \frac{1}{8\tau^3_{s\infty}\delta^2} - \frac{1}{12\tau^2_{s\infty}}\left(1 + \frac{3}{4\tau^3_{s\infty}}\right)\frac{1}{\delta^3}$$
$$- \frac{1}{32\tau^4_{s\infty}}\left(\frac{7}{3} + \frac{5}{4\tau^3_{s\infty}}\right)\frac{1}{\delta^4} - \cdots. \tag{94}$$

Nach (92 oder 94) können die gesuchten Wurzeln τ_s für jedes δ berechnet werden. Die Reihen konvergieren gut für $|\delta^2\tau| < \frac{1}{2}$ bzw. $|\delta^2\tau| > \frac{1}{2}$ auch für komplexes δ. Wichtig ist besonders der nach den Gl. (60 bis 64 u. 77) die Dämpfung bestimmende Imaginärteil. Real- und Imaginärteil der für die zahlenmäßige Auswertung wichtigsten Wurzel τ_0 ist in Bild 27.4 als Funktion von δ dargestellt. In Bild 27.4 ist $\delta = |\delta| e^{-i(135° - \varphi)}$ (vgl. Kap. 28) gesetzt, so daß nach Gl. (84) φ zwischen 0 und 45° liegt, wobei $\varphi = 0$ rein imaginärem k_i, also vernachlässigbarem Verschiebungsstrom entspricht.

b) Berechnung von $M'_{\nu-1/2}$ und der Höhenfaktoren.

Nachdem die Nullstellen von $M_{\nu-1/2}$ bestimmt sind, können alle Werte der Gl. (60 bis 64) zahlenmäßig bestimmt werden. Wir betrachten zunächst die Werte

$$\left(\frac{\partial M_{\nu-1/2}}{\partial \nu}\right)_{\nu=\nu_s} = \frac{1}{z^{1/3}}\left(\frac{\partial M_{\nu-1/2}}{\partial \tau}\right)_{\tau=\tau_s}. \tag{95}$$

Die Beziehung gilt wegen $\nu_s = z + \tau_s z^{1/3}$ nach Gl. (77). $M_{\nu-1/2}$ ist durch den Nenner von Gl. (48) bzw. durch Gl. (56) gegeben.

Setzt man für das 1. Glied von Gl. (56) den Wert (80), für das 2. Glied den 1. Wert (83) ein und differenziert nach τ, so erhält man mit der Ableitung (90) und Einsetzen von $d\delta/d\tau$ aus Gl. (90a) unmittelbar

$$\left(\frac{\partial M_{\nu-1/2}}{\partial \nu}\right)_{\nu=\nu_s} = \frac{1}{z^{5/3}}\left(\frac{1}{\delta^2} - 2\tau_s\right). \tag{96}$$

Als nächstes betrachten wir den Höhenfaktor (62)

$$f_s(h) = \frac{\zeta^{(2)}_{\nu_s-1/2}(k_0 b)}{\zeta^{(2)}_{\nu_s-1/2}(k_0 a)} = \frac{\zeta^{(2)}_{\nu_s-1/2}(k_0 a + k_0 h)}{\zeta^{(2)}_{\nu_s-1/2}(k_0 a)}. \tag{97}$$

Darin ist a der Erdradius und h die Höhe der Antenne über der Erde. Für kleine Werte von h wird man den Zähler als TAYLOR-Reihe entwickeln. Das ergibt, wenn man zunächst die Z-Funktionen nach

Bild 27.4. Real- und Imaginärteil von τ_0 als Funktion von $\delta = |\delta|\, e^{-i(135^\circ - \varphi)}$. (Nach VAN DER POL und BREMMER.)

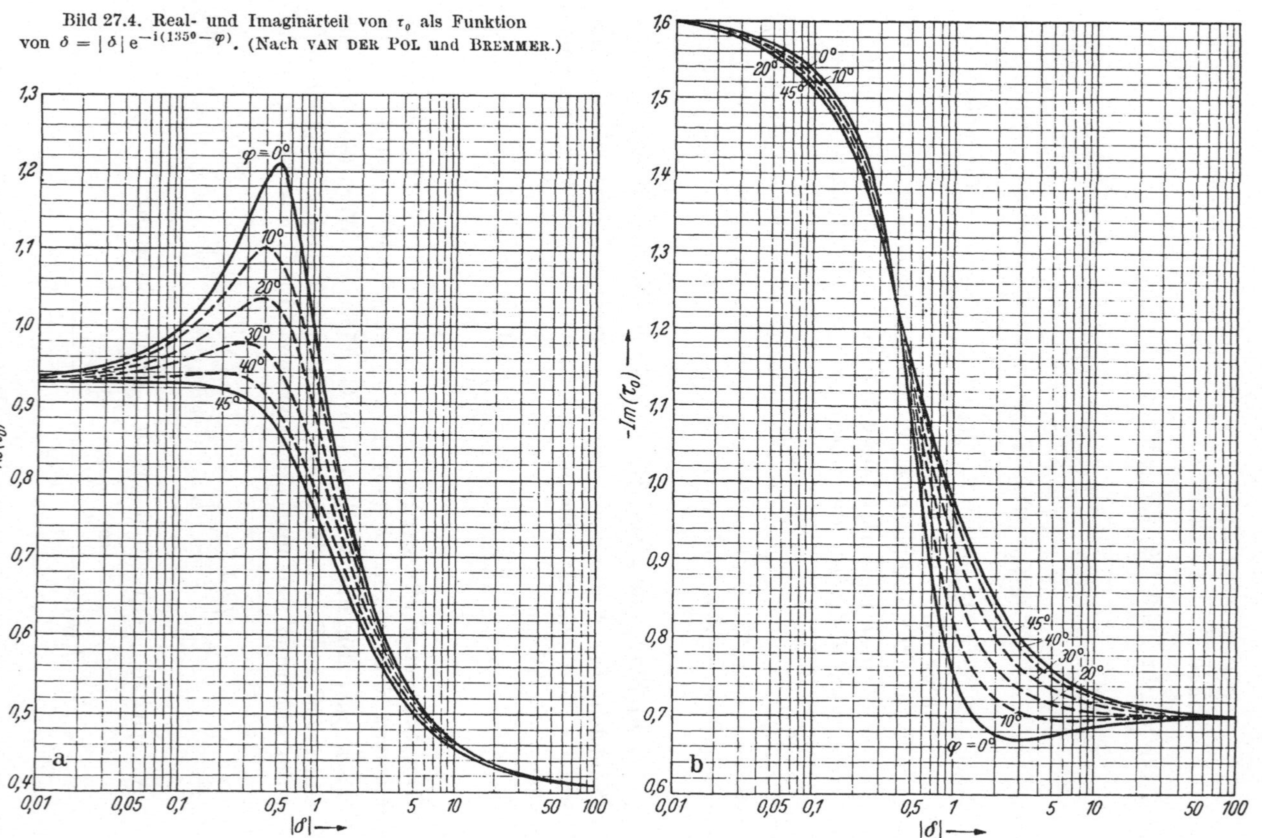

Gl. (24) einführt,

$$\begin{aligned} f_s(h) &= \frac{a}{b}\,\frac{Z^{(2)}_{\nu_s-1/2}(k_0 a + k_0 h)}{Z^{(2)}_{\nu_s-1/2}(k_0 a)} \\ &= \frac{a}{b}\left[1 + k_0 h\,\frac{Z^{(2)\prime}_{\nu_s-1/2}(k_0 a)}{Z^{(2)}_{\nu_s-1/2}(k_0 a)} + \frac{k_0^2 h^2}{2}\,\frac{Z^{(2)\prime\prime}_{\nu_s-1/2}(k_0 a)}{Z^{(2)}_{\nu_s-1/2}(k_0 a)} + \cdots\right]. \end{aligned} \tag{98}$$

Der 1. Bruch in der eckigen Klammer ist die Ableitung von $\ln Z^{(2)}_{\nu-1/2}(z)$ für die Nullstelle $\nu = \nu_s$, mithin nach Gl. (56, 81 u. 83) $1/(z^{1/3}\delta)$. Der 2. Bruch ergibt sich aus der Differentialgleichung für $Z^{(2)}_{\nu_s-1/2}$. Nach Abschn. 2 ist $\zeta_n(z)$ eine Lösung der Differentialgleichung (4.40c). Führt man hier $\zeta_n = 1/z \cdot Z_n$ nach Gl. (24) ein, so wird

$$Z_n''(k_0 a) + \left[1 - \frac{n\,(n+1)}{k_0^2 a^2}\right] Z_n(k_0 a) = 0\,. \tag{99}$$

Für $n = \nu_s - \frac{1}{2}$ wird daher mit Einführen von (77) und Vernachlässigung der höheren Glieder von τ_s

$$\frac{Z^{(2)\prime\prime}_{\nu_s-1/2}(k_0 a)}{Z^{(2)}_{\nu_s-1/2}(k_0 a)} = -\left[1 - \frac{\nu_s^2 - \frac{1}{4}}{k_0^2 a^2}\right] \approx \frac{2\tau_s}{(k_0 a)^{2/3}} - \frac{1}{4 k_0^2 a^2}\,. \tag{100}$$

Setzt man die beiden abgeleiteten Werte und außerdem mit einem Fehler kleiner als $1^0/_{00}$ $a/b = 1$ in (98) ein, so wird

$$f_s(h) = 1 + \frac{k_0 h}{(k_0 a)^{1/3}\,\delta} + \frac{k_0^2 h^2}{2}\left[\frac{2\tau_s}{(k_0 a)^{2/3}} - \frac{1}{4 k_0^2 a^2}\right] + \cdots \tag{101}$$

oder in weiterer Näherung

$$f_s(h) = 1 + \frac{k_0 h}{(k_0 a)^{1/3}\,\delta} = 1 + \frac{h}{h_0}\,, \tag{102}$$

wo mit h_0 eine kritische Antennenhöhe eingeführt ist, die zahlenmäßig in Kap. 28 näher betrachtet wird. Ist die Antennenhöhe klein gegen den Absolutwert von h_0, so ist der Höhenfaktor etwa 1. Ist die Antennenhöhe groß gegen den Absolutwert der kritischen Antennenhöhe, so steigt der Höhenfaktor linear mit der Antennenhöhe an. Den genauen Verlauf des Höhenfaktors zeigt Bild 27.5. Da die Näherungsformel (102) unabhängig von τ_s ist, sind die zu den einzelnen Gliedern der Lösung (60 bis 64) gehörenden Höhenfaktoren $f_s(h)$ bei kleinen Antennenhöhen gleich.

Für größere Antennenhöhen werden die Gl. (102 u. 101) ungenau. Um den Höhenfaktor für größere Antennenhöhen h zu erhalten, gehen wir wieder von der Definitionsgleichung (97) aus. Führt man für die ζ-Funktionen nach Gl. (4) die Hankelschen Funktionen ein und ersetzt diese durch die asymptotischen Näherungswerte (66a), so wird

$$f_s(h) = \sqrt{\frac{a}{b}\,\frac{u_1}{u}}\;\frac{e^{-i\nu_s(u_1 - u_1^3/3 - \operatorname{arc\,tg} u_1)}}{e^{-i\nu_s(u - u^3/3 - \operatorname{arc\,tg} u)}}\;\frac{H^{(2)}_{1/3}\left(\frac{\nu_s}{3}\,u_1^3\right)}{H^{(2)}_{1/3}\left(\frac{\nu_s}{3}\,u^3\right)}\,. \tag{103}$$

Hierin ist u der Wert (67a) mit $z = k_0 a$ wie bisher, u_1 der entsprechende Wert mit $z_1 = k_0 b$. Setzt man $z_1 = k_0 b = k_0(a + h)$ und $\nu_s = z + \tau_s z^{1/3}$ nach (77) in (67a) ein, so wird mit der zulässigen Vernachlässigung der höheren Glieder von h und τ_s

$$u^2 = \frac{z^2 - \nu_s^2}{\nu_s^2} \approx \frac{-2\tau_s}{z^{2/3}}, \quad u_1^2 = \frac{z_1^2 - \nu_s^2}{\nu_s^2} = \frac{2k_0^2 a h}{z^2} - \frac{2\tau_s}{z^{2/3}} = \frac{\zeta - 2\tau_s}{z^{2/3}}, \tag{104}$$

worin als neue Variable

$$\zeta = z^{2/3} \frac{2h}{a} = (k_0 a)^{2/3} \frac{2h}{a} \tag{105}$$

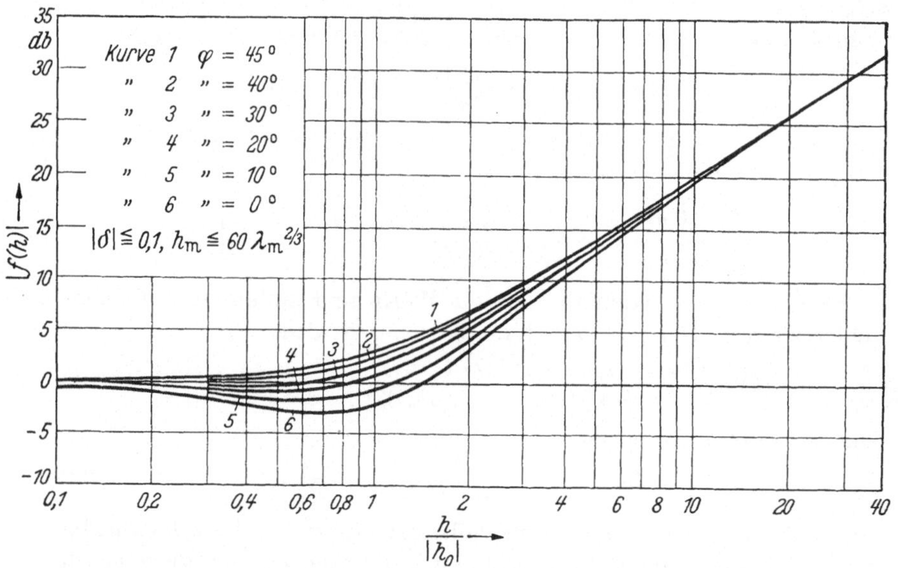

Bild 27.5. Höhenfaktor für kleine Antennenhöhen.

oder zahlenmäßig mit $a = 6370$ km

$$\zeta = 0{,}03674 \frac{h_m}{\lambda_m^{2/3}} \tag{105a}$$

eingeführt ist. ζ ist ein relatives Maß der Antennenhöhe und liegt bei nicht zu kleinen Antennenhöhen in der Größenordnung von etwa 1 bis 100. Für $h_m = 60\,\lambda_m^{2/3}$ z. B. wird $\zeta = 2{,}2$. Da auch die Wurzeln τ_s nach Abschn. a Zahlen normaler Größenordnung sind, sind die Argumente der HANKELschen Funktionen in (103) mit Einsetzen von (104) normal große Zahlen, dagegen die Argumente der Exponentialfunktionen Zahlen der Größenordnung $z^{-2/3}$ (da sich beim Einsetzen der arctg-Reihen die Glieder mit u und u^3 wegheben und $\nu u^5/5$ als 1. Glied bleibt), also sehr kleine Zahlen, so daß die Exponentialfunktionen in (103) ebenso wie a/b praktisch 1 sind. Mithin liefert das Einsetzen von (104) in (103)

$$fs(h) = \sqrt{\frac{\zeta - 2\tau_s}{-2\tau_s}}\, \frac{H^{(2)}_{1/3}[\frac{1}{3}(\zeta - 2\tau_s)^{3/2}]}{H^{(2)}_{1/3}[\frac{1}{3}(-2\tau_s)^{3/2}]}. \tag{106}$$

Dabei sind nach den Zahlenwerten von τ_s für die Wurzeln aus $-2\tau_s$ und $\zeta - 2\tau_s$ in den Argumenten die Wurzeln mit positivem Imaginärteil zu nehmen. [Die Wurzel mit negativem Imaginärteil würde nicht auf den Wert (78), also nicht auf die Nullstellen des Nenners führen.]

Zur weiteren Auswertung von Gl. (106) kann für große Antennenhöhen im Zähler die asymptotische Näherung der HANKELschen Funktionen (7.21) für große Argumente benutzt werden, also

$$H^{(2)}_{1/3}\left[\frac{1}{3}(\zeta - 2\tau_s)^{3/2}\right] = \sqrt{\frac{2}{\pi}\,\frac{3}{(\zeta - 2\tau_s)^{3/2}}}\, e^{-i\left[\frac{1}{3}(\zeta - 2\tau_s)^{3/2} - \frac{5}{12}\pi\right]}. \tag{107}$$

Die Näherung reicht aus, solange ζ und damit der Imaginärteil des Arguments nicht zu klein wird. Im Nenner kann die Entwicklung nicht genommen werden, da hier der Imaginärteil auf 0 heruntergehen kann. Hier muß die Entwicklung (86) mit τ_s statt τ_{s0} genommen werden. Für τ_s ist die Funktion (86) nicht 0, sondern kann mit Einsetzen der Reihen der BESSELschen Funktionen ausgewertet werden. Praktisch interessieren bei größeren Antennenhöhen nur kleine Werte von δ (vgl. die zahlenmäßigen Auswertungen in Kap. 28). Wir können daher für τ_s die Reihe (92) in (86) einsetzen und nach TAYLOR entwickeln. Da für τ_{s0} der Funktionswert $J_{1/3} + J_{-1/3} = 0$ war, ergibt sich bei Beschränkung auf das 1. Glied und nachträgliches Einsetzen von $\tau_{s0} = |\tau_{s0}|\, e^{-i\pi/3}$

$$\begin{aligned} H^{(2)}_{1/3}\left[\frac{1}{3}(-2\tau_s)^{3/2}\right] &= \frac{-i\, e^{i2\pi/3}}{\sin\pi/3}\,\delta\,\sqrt{-2\tau_{s0}}\, e^{-i\pi} \\ &\cdot\left[J'_{1/3}\left\{\frac{1}{3}|2\tau_{s0}|^{3/2}\right\} + J'_{-1/3}\left\{\frac{1}{3}|2\tau_{s0}|^{3/2}\right\}\right]. \end{aligned} \tag{108}$$

Durch Einsetzen der erhaltenen Werte in Gl. (106) erhält man den Höhenfaktor für große Höhen bei Voraussetzung kleiner δ zu

$$fs(h) = \frac{A_s}{\delta\sqrt[4]{\zeta - 2\tau_s}}\, e^{i[\pi/4 - 1/3(\zeta - 2\tau_s)^{3/2}]} \tag{109}$$

mit

$$A_s = \frac{3}{4}\sqrt{\frac{2}{\pi}}\, \frac{1}{\tau_{s0}[J'_{1/3}\{\frac{1}{3}|2\tau_{s0}|^{3/2}\} + J'_{-1/3}\{\frac{1}{3}|2\tau_{s0}|^{3/2}\}]}. \tag{109a}$$

Mit den aus (87) bekannten Werten τ_{s0} können die BESSELschen Funktionen berechnet oder aus Tabellen und Kurven entnommen und damit die Werte A_s berechnet werden. Zahlenmäßig wird

$$\begin{aligned} A_0 &= -0{,}358\ e^{i\pi/3}, & A_2 &= -0{,}2903\, e^{i\pi/3}, \\ A_1 &= 0{,}3129\, e^{i\pi/3}, & A_3 &= 0{,}2760\, e^{i\pi/3}, \\ A_s &= 0{,}3440\, \frac{(-1)^{s+1}}{(s+3/4)^{1/6}}\, e^{i\pi/3} \quad \text{für } s > 3. \end{aligned} \tag{109b}$$

Mit den aus δ und h nach (92 und 105) ermittelten Werten von τ_s und ζ erhält man dann weiter $f_s(h)$ nach (109).

Gl. (109) gilt für größere Antennenhöhen bis herab zu etwa $h_m = 60\,\lambda_m^{2/3}$, wo sie an die Gl. (102) für kleine Antennenhöhen gut anschließt. Im Gegensatz zu (102) steigt der Höhenfaktor für größere Antennenhöhen nach (109) exponentiell an und ist für die verschiedenen Werte von s verschieden, und zwar steigt der Höhenfaktor für größere Werte von s

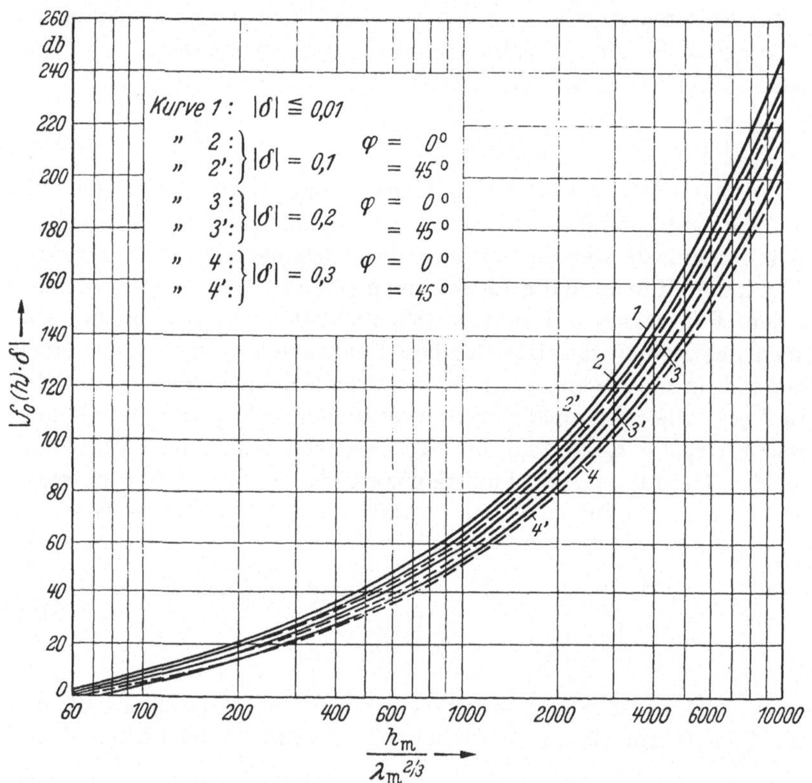

Bild 27.6. Höhenfaktor 0. Ordnung für große Antennenhöhen.

wegen des größeren Imaginärteils von τ_s im Exponenten von (109) etwas stärker an. Den für die praktische Anwendung (vgl. Kap. 28) besonders wichtigen Absolutwert für $s = 0$ zeigt Bild 27.6. Aufgetragen ist der Absolutwert des Produktes $|f_0(h)\,\delta|$ als Funktion von $h_m/\lambda_m^{2/3}$ für die praktisch in Betracht kommenden kleinen Werte von δ.

c) Die endgültige Residuenlösung.

Nach Berechnung des Höhenfaktors sind sämtliche Glieder in der Residuenlösung (60 bis 64) bekannt. Setzt man die Werte (77 u. 96) in die für die Zahlenrechnung ausreichende Gl. (64) ein, so wird mit $\nu_s \approx z = k_0 a$ im Zähler und $\sin\vartheta \approx \vartheta$ die endgültige Lösung für das gesuchte Strahlungspotential

$$\Pi = 2\,\frac{e^{-i k_0 a \vartheta}}{-i k_0 a \vartheta}\sqrt{-2\pi i (k_0 a)^{1/3}\vartheta}\,\sum_{s=0}^{\infty}\frac{e^{-i\tau_s (k_0 a)^{1/3}\vartheta}}{(2\tau_s - 1/\delta^2)}\,f_s(h_1)\,f_s(h_2). \quad (110)$$

Da ϑ der Winkel zwischen Sender und Empfänger, mithin $a\vartheta$ die auf der Erdoberfläche gemessene Entfernung $d \approx D$ ist, ist der 1. Bruch nach Gl. (6) das angesetzte Primärpotential Π_{prim}, der übrigbleibende Faktor mithin der Schwächungsfaktor $s = \Pi/\Pi_{\text{prim}}$. Da dieser Faktor im Verhältnis zu $e^{-i k_0 a \vartheta}$ eine langsam veränderliche Größe ist, kommt wie stets im Fernfeld bei der Differentiation von Π nur die von $e^{-i k_0 a \vartheta}$ in Betracht, wodurch der Schwächungsfaktor s auch für das Verhältnis der Feldstärken gilt. Daher ist, wenn man noch zur Abkürzung als numerisches Maß der Entfernung

$$X = (k_0 a)^{1/3}\vartheta = (k_0 a)^{1/3}\frac{d}{a} = \sqrt[3]{\frac{2\pi}{a^2\lambda}}\,d \quad (111)$$

setzt, die Feldstärke

$$E = 2\,E_{\text{prim}}\sqrt{-2\pi i X}\,\sum_{s=0}^{\infty}\frac{e^{-i\tau_s X}}{2\tau_s - 1/\delta^2}\,f_s(h_1)\,f_s(h_2) = E_{\text{prim}}\cdot s\,. \quad (112)$$

Für E_{prim} ist dabei genau wie in Kap. 26 streng der Wert (11.16) mit dem Dipolstrom einzusetzen, angenähert die Werte (26.22 oder 26.22a) mit der abgestrahlten Leistung. Beziehen wir im folgenden alle Zahlenwerte auf einen Sender in unmittelbarer Nähe der Erde, so wird nach (112) mit Gl. (26.22a) zahlenmäßig

$$|E_{\text{eff}}| = \frac{150\sqrt{P_1/\text{kW}}}{d/\text{km}}\sqrt{G_1}\,s \text{ mV/m}. \quad (112\text{a})$$

Bei erhöhtem Sender können nach (26.22) die Werte bis zu einem Faktor $\sqrt{2}$ höher liegen. Man kann diesen Faktor bei erhöhtem Sender je nach der Höhe durch einen Zuschlag berücksichtigen. Eine genauere Berechnung ist im allgemeinen nicht erforderlich, da der Einfluß der übrigen Größen, insbesondere der Entfernung und Wellenlänge, wesentlich stärker ist. Für die Abhängigkeit von Entfernung und Wellenlänge ist das Exponentialglied in s wesentlich. Der auftretende Dämpfungsexponent ist proportional zu $d/\sqrt[3]{\lambda}$.

Die zahlenmäßige Auswertung nach Gl. (112), vgl. Abschn. 8, zeigt, daß die Reihe hinter der geometrischen Sicht sehr gut konvergiert, während innerhalb der Sicht bei größerer Antennenhöhe und für nahe Entfernungen bei kleiner oder fehlender Antennenhöhe die Konvergenz schlecht wird, so daß hier viele Glieder genommen werden müssen. Für diese Fälle müssen daher andere Umformungen der ursprünglichen strengen Lösung (46) durchgeführt werden.

*6. Umformung der allgemeinen Lösung für Werte innerhalb der geometrischen Sicht nicht zu nahe am Horizont.

a) Allgemeine Sattelpunktsmethode.

Wegen der schlechten Konvergenz der Residuenmethode innerhalb der geometrischen Sicht gehen wir hier nach der Sattelpunktsmethode vor. Wir wollen diese Methode zunächst allgemein, soweit es für unsere Rechnung erforderlich ist, darstellen.

Ein komplexes Exponentialintegral $\int e^{f(z)}\,dz$ kann oft angenähert berechnet werden, indem man den Integrationsweg durch den Sattelpunkt z_0, der durch $f'(z_0) = 0$ gegeben ist, führt und die Integration entweder auf dem Wege des steilsten Abfalles $\operatorname{Jm}[f(z)] = \operatorname{Jm}[f(z_0)] = \text{const}$ oder auf dem Wege der stationären Phase $\operatorname{Re}[f(z)] = \operatorname{Re}[f(z_0)] = \text{const}$ ausführt. In beiden Fällen ist der Hauptteil des Integrals durch die Werte in unmittelbarer Nachbarschaft des Sattelpunktes z_0 gegeben. Im 1. Fall ändert sich nach Durchschreiten des Sattelpunktes, also des Maximums, der Realteil des Exponenten und damit der Absolutwert des Integranden, im 2. Fall der Imaginärteil des Exponenten und damit Phase und Vorzeichen des Integranden relativ schnell. In beiden Fällen werden daher die Punkte in unmittelbarer Nähe des Sattelpunktes den wesentlichen Beitrag liefern, während der Beitrag der entfernteren Punkte klein dagegen, der übrige Integrationsweg daher belanglos ist. Um nun das Integral nach dieser Methode auszuwerten, entwickeln wir $f(z)$ im Argument in eine TAYLORsche Reihe, also wegen $f'(z_0) = 0$

$$\begin{aligned} J &= \int\limits_C \exp[f(z)]\,dz \\ &= \int\limits_C \exp\left[f(z_0) + \frac{(z-z_0)^2}{2!} f''(z_0) + \frac{(z-z_0)^3}{3!} f'''(z_0) + \cdots\right] dz. \end{aligned} \tag{113}$$

Man bekommt so eine 1., 2., 3., ... Annäherung des Integrals durch Berücksichtigung von immer mehr Gliedern im Exponenten.

In dem vorliegenden Fall handelt es sich um eine mehrdimensionale Funktion im Exponenten.

Entwickelt man in einem derartigen Fall wieder die Funktion im Exponenten $f(z_1, z_2 \cdots z_n)$ in der Nähe des Sattelpunktes $z_{10}, z_{20} \cdots z_{n0}$, der durch $\partial f/\partial z_1 = \partial f/\partial z_2 = \cdots = \partial f/\partial z_n = 0$ definiert ist, so wird

$$\begin{aligned} J &= \int \cdots \int \exp[f(z_1, z_2 \cdots z_n)]\,dz_1\,dz_2 \cdots dz_n \\ &= \exp[f(z_{10}, z_{20} \cdots z_{n0})] \int \cdots \int \exp\left[\frac{1}{2}(z_1 - z_{10})^2 \left(\frac{\partial^2 f}{\partial z_1}\right)_0 \right. \\ &\quad \left. + (z_1 - z_{10})(z_2 - z_{20}) \left(\frac{\partial^2 f}{\partial z_1\,\partial z_2}\right)_0 + \cdots\right] dz_1 \cdots dz_n. \end{aligned} \tag{114}$$

Beschränken wir uns auf die 2. Näherung, so steht im Exponenten die Summe der 2. Differentialquotienten, also eine quadratische Form, die wir kurz als die Doppelsumme

$$\begin{aligned} Q &= \frac{1}{2} \sum_{i=1}^{n} \sum_{k=1}^{n} \left(\frac{\partial^2 f}{\partial z_i\, \partial z_k}\right)_0 (z_i - z_{i0})(z_k - z_{k0}) \\ &= \frac{1}{2} \sum_{i=0}^{n} \sum_{k=0}^{n} a_{ik} (z_i - z_{i0})(z_k - z_{k0}) \end{aligned} \tag{115}$$

bezeichnen können. Dabei bedeutet der Index 0, daß der Wert an der Stelle des Sattelpunktes zu nehmen ist. Eine derartige quadratische Form kann man ganz allgemein auf eine rein quadratische Form bringen; das sogenannte Hauptachsenproblem (vgl. z. B. FRANK-MISES, Bd. I, S. 55). Die Überführung kann auf unendlich viele Arten durch eine lineare Orthogonaltransformation der Form

$$z_i - z_{i0} = \sum_{k=1}^{n} p_{ik} u_k \tag{116}$$

erfolgen, wo die Komponenten p_{ik} außer der Symmetriebedingung $p_{ik} = p_{ki}$ die Orthogonalitätsbedingungen

$$\sum_{i=1}^{n} p_{ik} p_{ik'} = \begin{cases} 0 & \text{für} \quad k \neq k' \\ 1 & \text{für} \quad k = k' \end{cases} \tag{116a}$$

erfüllen. Betrachtet man die p_i auf Grund von (116a) als Einheitsvektoren in einem n-dimensionalen Raum und u als beliebigen Vektor, so sind in Analogie zur normalen Vektorrechnung im dreidimensionalen Raum nach (116) die Werte $z_i - z_{i0}$ die Komponenten von u in Richtung p_i, dz_i mithin die Komponenten von du, so daß bei dieser Transformation die mehrdimensiomalen Flächenelemente

$$dz_1\, dz_2 \cdots dz_n = du_1\, du_2 \cdots du_n \tag{117}$$

sind. Der Sattelpunkt liegt bei $z_i = z_{i0}$, also nach (116) bei $u = 0$. Die quadratische Form selbst geht bei geeigneter Wahl der p_i über in die rein quadratische Form

$$2Q = \sum_{k=1}^{n} a_k u_k^2, \tag{118}$$

wo die a_k die verschiedenen Wurzeln der dem System entsprechenden Säkulargleichung sind, die man aus der Systemdeterminanten der a_{ik} durch Hinzufügen der Unbekannten $-\lambda$ in der Hauptdiagonale erhält, also aus

$$\Delta(\lambda) = \begin{vmatrix} a_{11} - \lambda & a_{12} & \cdots & a_{1n} \\ a_{21} & a_{22} - \lambda & \cdots & a_{2n} \\ \cdots & \cdots & \cdots & \cdots \\ a_{n1} & a_{n2} & & a_{nn} - \lambda \end{vmatrix} = 0. \tag{119}$$

Das Integral (114) zerfällt mit (117 u. 118) in ein Produkt von lauter Einzelintegralen der Form $\int \exp(\frac{1}{2} a_k u_k^2)\, \mathrm{d}u_k$, das sich, wenn a_k eine negative Zahl ist, leicht auf das Fehlerintegral zurückführen läßt. Sind die Grenzen im z-System und damit wegen der linearen Transformation (116) auch im u-System unendlich (andernfalls kann man sie ins Unendliche verlängern, da der Weg außerhalb des Sattelpunktes, also des Nullpunktes, belanglos ist), so erhält man mit dem bekannten Wert für das Fehlerintegral

$$\int_{-\infty}^{\infty} e^{\frac{1}{2} a_k u_k^2}\, \mathrm{d}u_k = \frac{\sqrt{2}}{\sqrt{-a_k}} \int_{-\infty}^{\infty} e^{-t^2} \mathrm{d}t = \frac{\sqrt{2\pi}}{\sqrt{-a_k}} \tag{120}$$

und mithin für unser Integral (114)

$$J = \frac{(\sqrt{2\pi})^n}{\sqrt{a_1 a_2 \cdots a_n (-1)^n}}\, e^{f(z_{10}, z_{20} \cdots z_{n0})}. \tag{121}$$

Nun ist nach einem bekannten Satz über die Wurzeln von Gleichungen das in (121) auftretende Produkt der Wurzeln gleich dem absoluten Gliede multipliziert mit $(-1)^n$. Da das absolute Glied von (119) die Determinante mit $\lambda = 0$, also die Determinante Δ aus den Differentialquotienten a_{ik} ist, erhält man als endgültige Lösung

$$J = \frac{(\sqrt{2\pi})^n}{\sqrt{\Delta}}\, e^{f(z_{10}, z_{20} \cdots z_{n0})}. \tag{122}$$

Hat das ursprüngliche Integral (114) noch einen nicht exponentiellen, also langsam veränderlichen Faktor F unter dem Integral, so ist der Wert von F im Sattelpunkt als Faktor hinzuzufügen.

b) Anwendung auf den vorliegenden Fall.

Bei der Anwendung der Sattelpunktsmethode auf unseren Fall gehen wir von der ursprünglichen Lösung (50) aus und versuchen, den Integranden in eine Exponentialfunktion überzuführen. Führt man in Gl. (50) den Reflexionsfaktor (48) für $n = \nu - \frac{1}{2}$ und für $1/\cos \nu\pi$ den Wert (59) ein und nimmt als Integrationsweg den Weg B von Bild 27.3, so erhält man

$$\Pi = \sum_{m=0}^{\infty} \Pi_m \tag{123}$$

mit

$$\Pi_m = \mathrm{i}(-1)^m \int_B \nu\, \mathrm{d}\nu\, e^{-\mathrm{i}\pi\nu(2m+1)} \Big[\zeta^{(2)}_{\nu-1/2}(k_0 b)\, \zeta^{(2)}_{\nu-1/2}(k_0 r) + R_{11} \frac{\zeta^{(2)}_{\nu-1/2}(k_0 b)\, [\zeta^{(1)}_{\nu-1/2}(k_0 a)]^2\, \zeta^{(2)}_{\nu-1/2}(k_0 r)}{\zeta^{(1)}_{\nu-1/2}(k_0 a)\, \zeta^{(2)}_{\nu-1/2}(k_0 a)} \Big] P_{\nu-1/2}[\cos(\pi - \vartheta)]. \tag{123a}$$

Dabei ist nach Gl. (46) die Summe der 1. Glieder die einfallende Welle J^e_{-1}, die Summe der 2. Glieder die reflektierte Welle O^e_{-1}. Da genau wie in Abschn. 4 die höheren Werte von m Mehrfachumläufe um die Erde bedeuten, kommen für die zahlenmäßige Auswertung nur die beiden Glieder mit $m = 0$ in Betracht.

Wir formen zunächst die reflektierte Welle O^e_{-1} in Exponentialintegrale um. Da die HANKELschen Funktionen 1. und 2. Art und damit die ζ-Funktionen nach den Ableitungen in Kap. 4 rücklaufende und fortlaufende Wellen darstellen und den Exponentialfunktionen e^{ix} und e^{-ix} in der Ebene entsprechen, haben die ζ-Funktionen im Zähler von Gl. (123a) exponentiellen Charakter. Dagegen hat das Produkt bei gleichen Argumenten und damit der Nenner in Gl. (123a) genau wie das Produkt von e^{ix} und e^{-ix} keinen exponentiellen Charakter, ebenso der Logarithmus und damit nach Gl. (48) R_{11}. Wir können daher R_{11} und den Nenner in (123a) als langsam veränderliche Größen vor das Exponentialintegral ziehen, während wir für die Zählerfunktionen die den Exponentialcharakter enthaltende Integraldarstellung (4.29) der HANKELschen Funktionen nehmen, die nach Gl. (4) für die ζ-Funktionen

$$\zeta^{(1)}_{\nu-1/2}(x) = \frac{1}{\sqrt{2\pi x}} \int\limits_{-\eta+i\infty}^{\eta-i\infty} e^{ix\cos\tau + i\nu(\tau-\pi/2)}\, d\tau \tag{124}$$

liefert, wo η beliebig, aber so zu wählen ist, daß $-\arg x < \eta < \pi - \arg x$ ist. Bei $\zeta^{(2)}$ ist i mit $-$i zu vertauschen.

Für die in (123) weiter auftretende Kugelfunktion kann man nach der bekannten LAPLACEschen Integraldarstellung der Kugelfunktionen (vgl. z. B. JAHNKE-EMDE)

$$\begin{aligned} P_{\nu-1/2}[\cos(\pi-\vartheta)] &= \frac{1}{2\pi}\int\limits_{-\pi}^{\pi} [\cos(\pi-\vartheta) + i\sin(\pi-\vartheta)\cos\Phi]^{\nu-1/2}\, d\Phi \\ &= \frac{1}{2\pi}\int\limits_{-\pi}^{\pi} e^{(\nu-1/2)\ln y}\, d\Phi \end{aligned} \tag{125}$$

schreiben, wobei in der letzten Umformung die eckige Klammer im 1. Integral gleich y gesetzt ist.

Damit sind sämtliche Werte in Gl. (123a) umgeformt. Setzt man die Werte (124 u. 125) in das 2. Glied von (123a) ein, so wird die reflektierte Welle, wenn wir uns auf $m = 0$ beschränken (vgl. oben) und für das Quadrat von $\zeta^{(1)}_{\nu-1/2}(k_0 a)$ im Zähler zwei getrennte Integrale nehmen,

$$O^e_{-1} = \frac{i}{8\pi^3 k_0^2 a \sqrt{b r}} \cdot \int\limits_{\tau_1} \cdots \int\limits_{\nu} \frac{\nu R_{11} e^f}{\zeta^{(1)}_{\nu-1/2}(k_0 a)\, \zeta^{(2)}_{\nu-1/2}(k_0 a)}\, d\tau_1\, d\tau_2\, d\tau_3\, d\tau_4\, d\Phi\, d\nu, \tag{126}$$

wobei

$$\begin{aligned} f = &-\mathrm{i}\,k_0 b\cos\tau_1 + \mathrm{i}\,k_0 a\cos\tau_2 + \mathrm{i}\,k_0 a\cos\tau_3 - \mathrm{i}\,k_0 r\cos\tau_4 \\ &-\mathrm{i}\,\nu(\tau_1 - \tau_2 - \tau_3 + \tau_4 + \pi) \\ &+(\nu - \tfrac{1}{2})\ln[\cos(\pi - \vartheta) + \mathrm{i}\sin(\pi - \vartheta)\cos\Phi] \end{aligned} \tag{126a}$$

ist und die Grenzen den in (123 bis 125) angegebenen Grenzen entsprechen.

Wir lösen das Integral (126) nach der in Abschn. a beschriebenen Sattelpunktsmethode. (126) ist ein Integral mit sechs unabhängigen Variablen. Der Sattelpunkt ist gegeben durch

$$\frac{\partial f}{\partial \tau_1} = \frac{\partial f}{\partial \tau_2} = \frac{\partial f}{\partial \tau_3} = \frac{\partial f}{\partial \tau_4} = \frac{\partial f}{\partial \Phi} = \frac{\partial f}{\partial \nu} = 0. \tag{127}$$

Das Einsetzen von (126a) liefert, wenn wir die Werte des Sattelpunktes mit dem Index 0 versehen, für die Ableitungen nach den verschiedenen τ-Werten, sowie nach Φ und ν die Gleichungen

$$\begin{aligned} k_0 b\sin\tau_{10} = k_0 a\sin\tau_{20} = k_0 a\sin\tau_{30} &= k_0 r\sin\tau_{40} = \nu_0, \\ \Phi_0 &= 0, \\ (\tau_{20} - \tau_{10}) + (\tau_{30} - \tau_{40}) &= \vartheta. \end{aligned} \tag{128}$$

Aus diesen Gleichungen erkennt man die physikalische Bedeutung der Sattelpunktsmethode. Zu diesem Zweck identifizieren wir die zunächst als Integrationsvariablen eingeführten Winkel τ und Φ mit den Winkeln in Bild 27.7. Dann bestimmen die Sattelpunktswerte der Winkel den geometrisch optischen Strahl vom Sender S zum Empfangspunkt P. Denn die 2. und 3. Gleichung sagen aus, daß der Winkel ϑ zwischen S und P gleich der Summe der Winkel $\tau_{20} - \tau_{10}$ und $\tau_{30} - \tau_{40}$ (siehe Bild 27.7) in der Großkreisebene $\Phi_0 = 0$ ist, während die 1. Gleichung besagt, daß zwischen τ_{20} und τ_{30} das Reflexionsgesetz besteht. Bei den höheren Wellen der Gl. (40) würde man auch das Brechungsgesetz erhalten. Die Sattelpunktsmethode besagt also, daß wir als Integrationsweg den Weg des geometrisch optischen Strahles zu nehmen haben. Die Gl. (128) stimmen mit den Gl. (26.36) überein. Die Sattelpunktsmethode liefert aber noch mehr, indem die Auswertung des Integrals die Intensität ergibt. Im Gegensatz zu der optischen Näherungslösung von Kap. 26 erhält man außerdem aus der vorliegenden, auf der strengen Wellentheorie beruhenden Lösung durch Hinzunahme weiterer Glieder bei der Entwicklung des Exponenten von

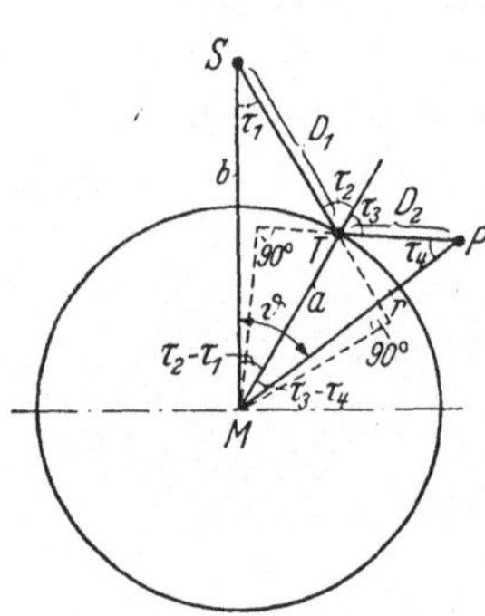

Bild 27.7. Geometrisch optische Deutung der Sattelpunktsmethode für den reflektierten Strahl.

Gl. (113 bzw. 126) die Intensität auch für beliebige Punkte hinter der optischen Sicht.

Wir beschränken uns aber bei der Auswertung auf die in Abschn. a angegebene 2. Näherung, die innerhalb der geometrischen Sicht ausreicht, da außerhalb der geometrischen Sicht die Lösung durch die Residuenlösung gegeben ist und unsere Lösung schon innerhalb der Sicht in die Residuenlösung übergeht, wie die zahlenmäßigen Auswertungen zeigen.

Wir erhalten nun die Lösung von Gl. (126) nach dem allgemeinen Weg von Abschn. a, indem wir die dortigen z mit den Werten $\tau_1 \cdots \tau_4$, Φ, ν identifizieren und die Gl. (122) als Lösung für das Exponentialintegral in (126) benutzen.

Hierfür brauchen wir den Funktionswert f_0 für den Sattelpunkt, die Determinante Δ aus den 2. Differentialquotienten und den Wert des nicht exponentiellen Faktors in (126) für den Sattelpunkt.

Der Wert (126a) wird, wenn man die Sattelpunktswerte (128) einsetzt,

$$f_0 = -\mathrm{i}\,[k_0 b \cos\tau_{10} - k_0 a \cos\tau_{20} - k_0 a \cos\tau_{30} + k_0 r \cos\tau_{40} + \tfrac{1}{2}(\pi - \vartheta)] \tag{129}$$

oder mit den aus den gestrichelten rechtwinkligen Dreiecken von Bild 27.7 folgenden Werten

$$D_1 = b\cos\tau_{10} - a\cos\tau_{20}, \qquad D_2 = r\cos\tau_{40} - a\cos\tau_{30}, \tag{130}$$

$$f_0 = -\mathrm{i}[k_0(D_1 + D_2) + \tfrac{1}{2}(\pi - \vartheta)]. \tag{129a}$$

Durch Bildung der 2. Differentialquotienten von (126a) und Einsetzen der Sattelpunktswerte (128) erhält man mit der Abkürzung $c_1 = \cos\tau_{10}$ usw. für die Determinante Δ [Gl. (119) mit $\lambda = 0$] den Wert

$$\Delta = \begin{vmatrix} \mathrm{i}k_0 b c_1 & 0 & 0 & 0 & 0 & -\mathrm{i} \\ & -\mathrm{i}k_0 a c_2 & 0 & 0 & 0 & \mathrm{i} \\ 0 & 0 & -\mathrm{i}k_0 a c_3 & 0 & 0 & \mathrm{i} \\ 0 & 0 & 0 & \mathrm{i}k_0 r c_4 & 0 & -\mathrm{i} \\ 0 & 0 & 0 & 0 & -\mathrm{i}(\nu_0 - \frac{1}{2})\sin(\pi - \vartheta)\,e^{-\mathrm{i}(\pi-\vartheta)} & 0 \\ -\mathrm{i} & \mathrm{i} & \mathrm{i} & -\mathrm{i} & 0 & 0 \end{vmatrix} \tag{131}$$

Die Auflösung liefert

$$\Delta = -(\nu_0 - \tfrac{1}{2})\sin\vartheta\, e^{-\mathrm{i}(\pi-\vartheta)}\, k_0^3\,[a^2 r\, c_2 c_3 c_4 - a b r\, c_1 c_3 c_4 - a b r\, c_1 c_2 c_4 + a^2 b\, c_1 c_2 c_3] \tag{131a}$$

oder mit (130)

$$\Delta = (\nu_0 - \tfrac{1}{2})\sin\vartheta\, e^{-\mathrm{i}(\pi-\vartheta)}\, k_0^3\, a\cos\tau_{20}\,[D_1 r\cos\tau_{40} + D_2 b\cos\tau_{10}]. \tag{131 b}$$

Dabei ist wegen des großen ν_0 $\nu_0 - \frac{1}{2} \approx \nu_0 = k_0 a \sin\tau_{20}$ außer in unmittelbarer Nähe des Senders.

Schließlich wird der nicht exponentielle Faktor von (126), wenn wir den Reflexionskoeffizienten für den Sattelpunktswinkel τ_{20} mit $R_{11}(\tau_{20})$ bezeichnen und für die ζ-Funktionen im Nenner zunächst nach Gl. (4) $\zeta_{\nu-1/2}(k_0 a) = \sqrt{\pi/2\, k_0 a}\, \mathrm{H}_\nu\,(k_0 a)$ setzen, dann für die HANKELschen Funktionen die asymptotischen Näherungswerte (66a) für große Argumente und Indexe (die Gleichung für $\mathrm{H}^{(1)}$ entsteht durch Vertauschen von i mit $-$i) und für das entstehende Produkt $\mathrm{H}^{(1)}_{1/3}\,\mathrm{H}^{(2)}_{1/3}$ die Werte (7.21) für große Argumente nehmen (wobei sich überall die Exponentialfunktionen wegen des entgegengesetzten Vorzeichens im Exponenten aufheben),

$$\left[\frac{\nu R_{11}}{\zeta^{(1)}_{\nu-1/2}(k_0 a)\,\zeta^{(2)}_{\nu-1/2}(k_0 a)}\right]_0 = \nu_0 R_{11}(\tau_{20})\, k_0 a \sqrt{k_0^2 a^2 - \nu_0^2} \\ = R_{11}(\tau_{20})\, k_0^3 a^3 \sin\tau_{20} \cos\tau_{20}\,. \tag{132}$$

Dabei wurde in der letzten Umformung für ν_0 der Wert $k_0 a \sin\tau_{20}$ nach (128) eingeführt. Da das Argument von $\mathrm{H}_{1/3}$ mit diesem Wert von ν_0 $k_0 a \cos^3\tau_{20}/3\sin^2\tau_{20}$ war, gilt Gl. (132) und damit die folgende Lösung nur, wenn

$$\frac{k_0 a \cos^3\tau_{20}}{3\sin^2\tau_{20}} \gg 1 \tag{133}$$

ist, also nicht zu nahe am Horizont, an dem der Bruch 0 wird.

Setzt man die erhaltenen Werte (129a und 131b) in Gl. (122) und (122 u. 132) anschließend in (126) ein, so wird die reflektierte Welle

$$O^e_{-1} = \alpha_{11} R_{11}(\tau_{20})\, \frac{e^{-ik_0(D_1+D_2)}}{-i k_0 (D_1+D_2)}$$

mit

$$\alpha_{11} = \frac{a(D_1 + D_2)\sqrt{\sin\tau_{20}\cos\tau_{20}}}{\sqrt{b r \sin\vartheta\,(D_1 r \cos\tau_{40} + D_2 b \cos\tau_{10})}}\,. \tag{134}$$

Das ist aber genau der in Kap. 26.3c mit Berücksichtigung der Erdkrümmung abgeleitete optische Näherungswert. α_{11} ist wegen $a\sin\vartheta \approx a\vartheta = d$ und $a \approx b \approx r$ mit dem dort für kugelförmige Erde abgeleiteten Divergenzfaktor α identisch, wie ein Vergleich mit Gl. (26.39) unter Berücksichtigung der letzten Gleichung von (26.38a) zeigt. Da wegen der Gl. (128 u. 26.36) auch die Reflexionswinkel übereinstimmen, sind beide Lösungen bis auf den Reflexionsfaktor identisch. Denn an Stelle des FRESNELschen Reflexionsfaktors in der optischen Lösung steht in (132) der Reflexionsfaktor $R_{11}(\tau_{20})$ für den Reflexionswinkel τ_{20}.

Der zahlenmäßige Unterschied dieser beiden Koeffizienten ist aber in fast allen praktisch auftretenden Fällen zu vernachlässigen. Der Reflexionskoeffizient $R_{11}(\tau_{20})$ ist nämlich nach der Ausgangsgleichung (126) durch Gl. (48) mit $n = \nu_0 - \frac{1}{2}$ gegeben, wo ν_0 der Sattelpunktswert $k_0 a \sin\tau_{20}$ ist. Für die einzelnen Glieder von (48) gelten wegen des großen Arguments und großen Index ($\tau_{20} \neq 0$) die Näherungswerte (70 bzw. 81) mit dem Wert (67a) für u bzw. u' und $\nu = \nu_0 = k_0 a \sin\tau_{20}$. Danach kann R_{11} für jeden Winkel τ_2 berechnet werden. Für den Fall, daß der Unterschied von Argument und ν_0 groß gegen $(k_0 a)^{1/3}$ ist, also nicht zu nahe am Horizont, kann die HANKELsche Funktion $H_{1/3}$ durch die asymptotische Näherung für große Argumente weiter angenähert werden, was für die einzelnen Glieder die der Gl. (82) entsprechenden Werte (für $Z^{(2)}$ gilt $-i$ statt i) gibt und mithin für R_{11} den Wert

$$R_{11}(\tau_{20}) = \frac{k_i^2 \sqrt{k_0^2 a^2 - \nu_0^2} - k_0^2 \sqrt{k_i^2 a^2 - \nu_0^2}}{k_i^2 \sqrt{k_0^2 a^2 - \nu_0^2} + k_0^2 \sqrt{k_i^2 a^2 - \nu_0^2}} = \frac{n^2 \cos\tau_{20} - \sqrt{n^2 - \sin^2\tau_{20}}}{n^2 \cos\tau_{20} + \sqrt{n^2 - \sin^2\tau_{20}}}. \quad (135)$$

Das ist aber der FRESNELsche Reflexionskoeffizient von Gl. (26.8). Für die Ermittlung des in (132 u. 135) auftretenden Reflexionswinkels τ_{20} und der übrigen Werte sei auf Kap. 26.3c verwiesen.

Für flache Einfallswinkel $\tau_{20} \approx \pi/2$ muß ein genauerer Wert genommen werden. Mit Einsetzen der Näherungswerte (70 u. 81) und der Näherungen der HANKELschen Funktionen für kleine Argumente erhält man für $\tau_{20} = \pi/2$

$$R_{11}\left(\frac{\pi}{2}\right) = \frac{1 - e^{i 2\pi/3} A\,\delta}{-1 + e^{-i 2\pi/3} A\,\delta} \qquad \text{mit} \qquad A = \frac{1}{2}\sqrt[3]{6}\,\frac{\Pi(\frac{2}{3})}{\Pi(\frac{1}{3})} = 0{,}919, \quad (135\text{a})$$

wo δ die durch Gl. (84) definierte Größe und Π die Gammafunktion ist. Für kleine Werte von δ, also bei kurzen Wellen, ist der zahlenmäßige Unterschied gegen den FRESNELschen Wert -1 auch hier zu vernachlässigen, so daß die Berechnung nach der Sattelpunktsmethode bei kurzen Wellen stets mit der Berechnung nach Kap. 26.3c übereinstimmt.

Wir hatten bisher die Sattelpunktsmethode nur für die reflektierte Welle durchgeführt. Führt man die Sattelpunktsmethode für die direkte Welle J_{-1}^e, also für das 1. Glied in Gl. (123a) durch, so erhält man, wie aus der physikalischen Deutung der reflektierten Welle ohne weiteres folgt und rechnungsmäßig leicht ersichtlich ist, da an Stelle von $\tau_1 \cdots \tau_4$ nur die Differentiationen mit τ_1' und τ_2' (vgl. Bild 27.8) bleiben und der Reflexionsfaktor fortfällt,

$$J_{-1}^e = \frac{e^{-i k_0 D}}{-i k_0 D}, \quad (136)$$

so daß die Gesamtlösung der Sattelpunktsmethode

$$\begin{aligned} \Pi &= \frac{e^{-i k_0 D}}{-i k_0 D} + \alpha_{11} R_{11} \frac{e^{-i k_0 (D_1 + D_2)}}{-i k_0 (D_1 + D_2)} \\ &= \Pi_{\text{prim}} \left[1 + \frac{D}{D_1 + D_2} \alpha_{11} R_{11} e^{-i k_0 (D_1 + D_2 - D)}\right] \end{aligned} \quad (137)$$

wird. Dieselbe Gleichung gilt für die Feldstärken entsprechend Gl. (112a). Die Lösung entspricht vollkommen der optischen Näherungslösung in Kap. 26. Es sei darauf hingewiesen, daß in der Residuenlösung (112a) die Fußpunktsentfernung d, in (137) ebenso wie in Kap. 26 dagegen die direkte Entfernung D zwischen Sender und Empfänger auftritt, was für kleine Entfernungen wichtig ist.

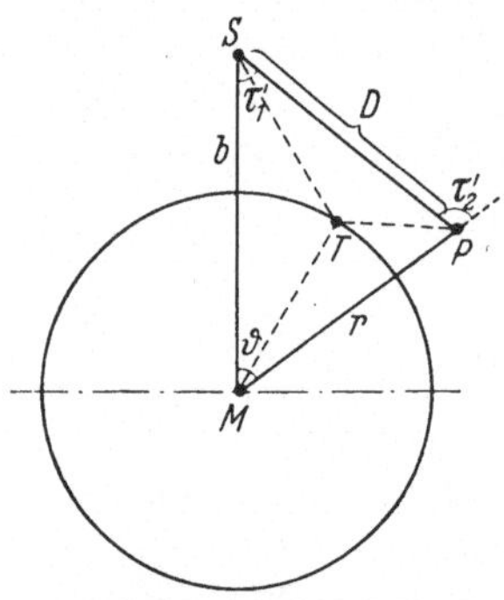

Bild 27.8. Geometrisch optische Deutung der Sattelpunktsmethode für den direkten Strahl.

Die durchgeführte Lösung versagt wegen der benutzten Näherungen in der Nähe des Horizonts und in der Nähe des Senders bei relativ niedrigen Antennenhöhen. Während im 1. Fall die Residuenlösung von Abschn. 5 gut überlappt, muß für den 2. Fall eine neue Entwicklung durchgeführt werden.

*7. Grenzfall ebener Erde. Zahlenmäßige Auswertung in der Nähe des Senders bei niedriger Antennenhöhe.

In der Nähe des Senders sind bei nicht extrem hohen Sendern sämtliche Abmessungen vernachlässigbar klein gegen den Erdradius a. Wir erhalten daher die gesuchte Lösung, wenn wir den Grenzfall $a \to \infty$ betrachten. Die abzuleitenden Formeln müssen daher mit den strengen Ausbreitungsformeln für ebene Erde identisch werden.

Für die Umformung gehen wir wieder von der strengen Lösung (50) aus. Mit Einführung des Reflexionsfaktors (48) und leicht ersichtlichen Erweiterungen wird

$$\Pi = \frac{\mathrm{i}}{2} \int\limits_{\overrightarrow{A}} \frac{\nu\,\mathrm{d}\nu}{\cos\nu\pi}\, \zeta_\mu^{(1)}(a')\, \zeta_\mu^{(2)}(a')\, \frac{\zeta_\mu^{(2)}(b')}{\zeta_\mu^{(2)}(a')} \cdot \left[\frac{\zeta_\mu^{(1)}(r')}{\zeta_\mu^{(1)}(a')} + R_{11}\, \frac{\zeta_\mu^{(2)}(r')}{\zeta_\mu^{(2)}(a')}\right] \mathrm{P}_\mu(-\cos\vartheta)\,, \tag{138}$$

wo zur Abkürzung

$$\mu = \nu - \tfrac{1}{2}\,, \qquad a' = k_0 a\,, \qquad b' = k_0 b\,, \qquad r' = k_0 r \tag{138a}$$

gesetzt ist. Der Integrationsweg A verläuft in unmittelbarer Nähe zu beiden Seiten der positiv reellen Achse; vgl. Bild 27.3.

Bei unendlich großem Argument können wir nun für beliebige Indexe ν in den asymptotischen Näherungsformeln (66a) der Hankelschen Funktionen für $\mathrm{H}_{1/3}$ die asymptotischen Näherungen (7.21) für große Argumente einsetzen, was für die durch Gl. (4) definierten ζ-Funktionen die Werte

$$\zeta^{(2)}_{\nu-1/2}(z) = \frac{1}{\sqrt{z\,\nu\,u}}\, \mathrm{e}^{\mathrm{i}\pi/4 - \mathrm{i}\,\nu\,(u - \operatorname{arctg} u)} \quad \text{mit} \quad u = \sqrt{\frac{z^2}{\nu^2} - 1} \tag{139}$$

ergibt. Für $\zeta^{(1)}$ ist i durch $-$i zu ersetzen. Daher wird zunächst das in (138) auftretende Produkt

$$\zeta^{(1)}_{\nu-1/2}(k_0 a)\,\zeta^{(2)}_{\nu-1/2}(k_0 a) = \frac{1}{k_0 a\sqrt{k_0^2 a^2 - \nu^2}} = \frac{1}{k_0 a^2\sqrt{k_0^2 - \lambda^2}}, \tag{140}$$

wenn wir als neue Integrationsvariable λ durch

$$\nu = a\lambda \tag{141}$$

einführen.

Weiter werden die in (138) auftretenden Brüche, da sich das Argument des Zählers bei unendlich großem a nur um differentielle Beträge von dem des Nenners unterscheidet, mithin nur der Unterschied der Exponentialfunktionen in Betracht kommt und hier mit dem 1. Glied der TAYLOR-Entwicklung der Unterschied der Exponenten

$$\begin{aligned}\nu\,[u - \operatorname{arctg} u]_{z=k_0 a}^{z=k_0 a + k_0 h_1} &= \nu\, k_0 h_1 \left[\left\{1 - \frac{1}{1+u^2}\right\}\frac{du}{dz}\right]_{z=k_0 a} \\ &= \frac{h_1}{a}\sqrt{k_0^2 a^2 - \nu^2}\end{aligned} \tag{142}$$

ist,

$$\frac{\zeta^{(2)}_{\nu-1/2}(k_0 b)}{\zeta^{(2)}_{\nu-1/2}(k_0 a)} = e^{-i\, h_1/a \sqrt{k_0^2 a^2 - \nu^2}} = e^{-i\, h_1 \sqrt{k_0^2 - \lambda^2}} \tag{143}$$

und entsprechend für $k_0 r$ mit h_2 statt h_1 und für die Funktionen 1. Art mit i statt $-$i.

Der Reflexionsfaktor R_{11} in (138) wird mit dem Wert (139) nach der Ableitung von Gl. (135) der normale FRESNELsche Reflexionskoeffizient, und zwar der 1. Wert von Gl. (135) mit ν statt ν_0.

Schließlich ist noch der Ausdruck $P_{\nu-1/2}(-\cos\vartheta)/\cos\nu\pi$ von Gl. (138) umzuformen. Für die Kugelfunktionen mit negativem Argument und beliebigem, auch nicht ganzzahligem Index gilt die Beziehung (vgl. z. B. MAGNUS-OBERHETTINGER, S. 76)

$$\begin{aligned}P_{\nu-1/2}(-\cos\vartheta) &= \cos\left[\left(\nu - \frac{1}{2}\right)\pi\right] P_{\nu-1/2}(\cos\vartheta) \\ &\quad - \frac{2}{\pi}\sin\left[\left(\nu - \frac{1}{2}\right)\pi\right] Q_{\nu-1/2}(\cos\vartheta) \\ &= \sin\nu\pi\, P_{\nu-1/2}(\cos\vartheta) + \frac{2}{\pi}\cos\nu\pi\, Q_{\nu-1/2}(\cos\vartheta)\end{aligned} \tag{144}$$

und mithin

$$\frac{P_{\nu-1/2}(-\cos\vartheta)}{\cos\nu\pi} = \operatorname{tg}\nu\pi\, P_{\nu-1/2}(\cos\vartheta) + \frac{2}{\pi}\, Q_{\nu-1/2}(\cos\vartheta), \tag{144a}$$

wo Q die Kugelfunktion 2. Art ist. Da durch die Substitution (141) ν für alle endlichen Werte von λ (außer $\lambda = 0$) gegen ∞ geht, haben wir den Grenzwert für $\nu \to \infty$ zu bilden. Unsere bisherigen Grenzwerte waren auf beiden Teilen des Integrationsweges A, also auf beiden Seiten der reellen Achse gleich. Dasselbe gilt für die Kugelfunktionen P und Q, dagegen wird der Grenzwert von $\mathrm{tg}\,\nu\pi$ verschieden, je nachdem ν einen positiven oder negativen Imaginärteil hat. Und zwar wird nach der bekannten Zerlegung

$$\mathrm{tg}(x + \mathrm{i}\,y) = \frac{\sin 2x + \mathrm{i}\sinh 2y}{\cos 2x + \cosh 2y} \tag{145}$$

der Grenzwert von $\mathrm{tg}\,\nu\pi$, wenn der Absolutwert von $\nu = |\nu|\,\mathrm{e}^{\mathrm{i}\delta}$ bei noch so kleinem von 0 verschiedenem δ gegen ∞ geht, $+\mathrm{i}$ oder $-\mathrm{i}$, je nachdem, ob δ und damit der Imaginärteil von ν positiv oder negativ ist. Die Differenz des Grenzwertes (144a) auf den beiden Zweigen des Integrationsweges A in Bild 27.3 wird daher $-2\mathrm{i}\,P_{\nu-1/2}(\cos\vartheta)$ für $\nu \to \infty$. Da wegen $a \to \infty$ ϑ angenähert 0 ist, kann für die Kugelfunktion nicht die asymptotische Näherung (54a) der Kugelfunktionen benutzt werden, da diese nur für $\nu\delta \gg 1$ gilt. Dagegen gilt für große Indexe und kleine Winkel die asymptotische Nähcrungsformel (vgl. MAGNUS-OBERHETTINGER, S. 93)

$$P_\mu(\cos\vartheta) \approx J_0\left[(2\mu + 1)\sin\frac{\vartheta}{2}\right], \tag{146}$$

so daß für die Differenz der Werte (144a) für $\nu \to \infty$

$$\begin{aligned} \mathrm{Diff}\left[\frac{P_{\nu-1/2}(-\cos\vartheta)}{\cos\nu\pi}\right] &= -2\mathrm{i}\,P_{\nu-1/2}(\cos\vartheta) \\ &= -2\mathrm{i}\,J_0(\nu\vartheta) = -2\mathrm{i}\,J_0(\lambda d) \end{aligned} \tag{147}$$

zu setzen ist.

Durch die Differenzbildung haben wir den Integrationsweg A in Bild 27.3 auf die reelle Achse zusammengezogen, so daß λ reell von 0 bis ∞ ist. Die in den abgeleiteten Grenzwerten auftretenden Wurzeln $\sqrt{k^2 - \lambda^2}$ haben bei dem Zeitfaktor $\mathrm{e}^{\mathrm{i}\omega t}$ einen negativen Imaginärteil. Wir setzen daher $\sqrt{k^2 - \lambda^2} = -\mathrm{i}\sqrt{\lambda^2 - k^2}$ und verstehen unter der 2. Wurzel die mit positivem Realteil. Setzt man sämtliche abgeleiteten Grenzwerte mit dieser Änderung in das Integral (138) ein, so erhält man als Lösung des Beugungsproblems für ebene Erde

$$\begin{aligned} \Pi = \frac{\mathrm{i}}{k_0}\int_0^\infty \frac{J_0(\lambda d)\,\lambda\,d\lambda}{\sqrt{\lambda^2 - k_0^2}} &\Bigg[\mathrm{e}^{-\sqrt{\lambda^2 - k_0^2}\,(h_1 - h_2)} \\ &+ \frac{k_i^2\sqrt{\lambda^2 - k_0^2} - k_0^2\sqrt{\lambda^2 - k_i^2}}{k_i^2\sqrt{\lambda^2 - k_0^2} + k_0^2\sqrt{\lambda^2 - k_i^2}}\,\mathrm{e}^{-\sqrt{\lambda^2 - k_0^2}\,(h_1 + h_2)}\Bigg]. \end{aligned} \tag{148}$$

Das 1. Glied entspricht nach der Ableitung von Gl. (50 oder 138) der direkten Welle, muß daher die Integraldarstellung von $\mathrm{e}^{-\mathrm{i}k_0 D}/-\mathrm{i}k_0 D$ sein, während das 2. Glied von (148) die an der Erde reflektierte Welle ist. Die Gleichung gilt entsprechend der Ableitung von Gl. (50) für $r < b$, also $h_1 < h_2$. Für $r > b$ ist r und b und damit h_1 und h_2 zu vertauschen, so daß bei der einfallenden Welle in der Klammer des Exponenten stets der absolute Höhenunterschied $|h_1 - h_2|$ steht. Für $h_1 = 0$, also Sender in unmittelbarer Erdnähe, ergibt (148) mit $h_2 = z$ und $d = \varrho$ die bekannte SOMMERFELDsche Lösung für ebene Erde

$$\Pi = \frac{\mathrm{i}}{k_0} \int_0^\infty \frac{2 k_i^2}{k_i^2 \sqrt{\lambda^2 - k_0^2} + k_0^2 \sqrt{\lambda^2 - k_i^2}} \, \mathrm{J}_0(\lambda \varrho) \, \mathrm{e}^{-\sqrt{\lambda^2 - k_0^2}\, z} \, \lambda \, \mathrm{d}\lambda . \quad (148\mathrm{a})$$

Wir haben damit gezeigt, daß die strenge Beugungslösung für kugelförmige Erde für kleine Entfernungen vom Sender in die SOMMERFELDsche Lösung für ebene Erde übergeht. Da die Lösung im wesentlichen für kurze Entfernungen und relativ niedrige Antennenhöhen gilt, liegt der Hauptanwendungsbereich bei längeren Wellen, während sie für Wellen unter 10 m praktisch kaum in Betracht kommt. Für die zahlenmäßige Auswertung muß das Integral umgeformt werden. Wir wollen nur das Resultat angeben. Man erhält mit einfachen Umformungen (Ableitung z. B. in dem Artikel von SOMMERFELD in FRANK-MISES und den Arbeiten von VAN DER POL-NIESSEN und NORTON) unter der Voraussetzung $k_i \gg k_0$ und $h_1 = 0$ (Sender bzw. Empfänger auf der Erde)

$$\Pi = 2 \Pi_{\mathrm{prim}} \left[1 + 2 \sqrt{\varrho_{n_0}} \, \mathrm{e}^{-\varrho_n} \int_{\sqrt{\varrho_n}}^{-\mathrm{i}\infty} \mathrm{e}^{t^2} \mathrm{d}t \right] = 2 \Pi_{\mathrm{prim}} \, y(\varrho_n) \quad (149)$$

mit

$$\varrho_n = \frac{-\mathrm{i} k_0}{2 \varrho k_i^2} (k_0 D + k_i z)^2 , \quad \varrho_{n_0} = \varrho_{n_{z=0}} . \quad (149\mathrm{a})$$

Für $z = 0$ ist ϱ_n die bekannte SOMMERFELDsche numerische Entfernung. Für $\varrho_n \gg 1$ kann für $y(\varrho)$ die asymptotische Reihe

$$y(\varrho_n) = 1 - \sqrt{\frac{\varrho_{n_0}}{\varrho_n}} \left(1 + \frac{1}{2 \varrho_n} + \frac{3}{4 \varrho_n^2} + \frac{15}{8 \varrho_n^3} + \cdots \right) \quad (150)$$

genommen werden. Weitere Auswertungen der Gl. (149) (auch für $h_1 \neq 0$) findet man in den oben und in Kap. 28.1d angegebenen Arbeiten.

Für den Fall, daß Sender und Empfänger auf der Erde stehen, schließen die Lösung (149) und die Residuenlösung (112) nicht vollkommen aneinander an (Unterschiede 10 bis 20%). Dadurch, daß man in der durchgeführten Ableitung weitere Glieder der asymptotischen Reihen berücksichtigt oder für den Grenzübergang auf kleine Entfernungen von der Residuenlösung (112) statt von Gl. (50) ausgeht, wobei man sämtliche Glieder berücksichtigen, also über s integrieren muß, erhält man zu (149) einen Korrekturfaktor, der einen besseren Anschluß herstellt; vgl. z. B. das Buch von BREMMER.

8. Zahlenmäßige Ergebnisse.

Als zahlenmäßige Ergebnisse der abgeleiteten Theorie zeigen wir im folgenden zunächst einige von v. d. Pol und Bremmer berechnete Kurven. Wir betrachten dabei im wesentlichen zwei verschiedene Bodenbeschaffenheiten, nämlich einen Erdboden mittlerer Beschaffenheit mit $\varepsilon_r = 4$ und $\sigma = 10^{-2}$ Ohm^{-1}/m $= 10^{-13}$ elm. Einheiten und Seewasser mit $\varepsilon_r = 80$ und $\sigma = 4$ Ohm^{-1}/m $= 4 \cdot 10^{-11}$ elm. Einheiten.

Zunächst zeigt Bild 27.9 den Verlauf des Schwächungsfaktors Π/Π_{pr} als Funktion der Entfernung für einen Sender von 100 m Höhe über Land bei einer Wellenlänge von 0,7 m. Die Sichtgrenze ist eingezeichnet. Die Kreise sind nach der Residuenmethode Gl. (112), die Punkte nach

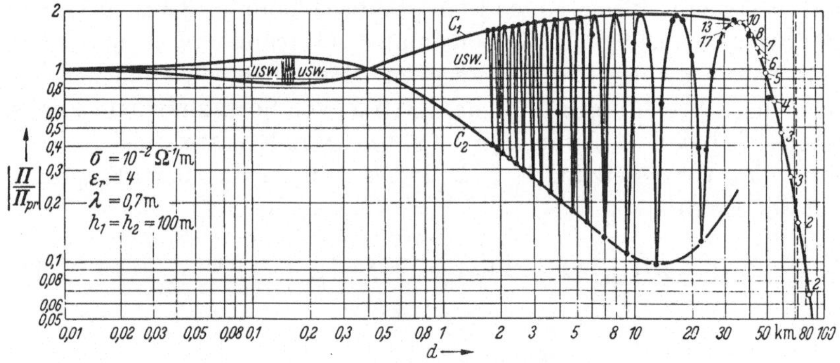

Bild 27.9. Feldstärkenverhältnis für $\lambda = 0{,}7$ m über Erdboden mittlerer Beschaffenheit nach der Sattelpunktsmethode (·) und der Residuenlösung (○). (Nach van der Pol und Bremmer.)

der Sattelpunktsmethode Gl. (137) berechnet. Dabei bedeuten die Zahlen in den Residuenlösungen die Anzahl von Gliedern, die zur Erreichung einer guten Konvergenz erforderlich waren. Man sieht, daß beide Lösungen gut ineinander übergehen und daß innerhalb der geometrischen Sicht entsprechend unseren früheren optischen Ergebnissen durch die Zusammensetzung des direkten und reflektierten Strahles Interferenzerscheinungen entstehen, wobei die Schwankungen entsprechend dem Brewsterschen Winkel in einer bestimmten Entfernung schwächer sind.

Als 2. Beispiel zeigen Bild 27.10a und b den Verlauf der Feldstärke für einen Sender von 100 m Höhe und einen Empfänger von 100 bzw. 0 m Höhe über Land für verschiedene Wellenlängen. Man sieht, wie mit kürzer werdender Wellenlänge die Feldstärke hinter der geometrischen Sichtgrenze stärker abnimmt, daß aber ein scharfer optischer Schatten auch bei den kürzesten Wellen nicht vorhanden ist. Bild 27.10b zeigt das typische Überschneiden der Kurven bei erhöhtem Empfänger kurz hinter der geometrischen Sichtweite.

Schließlich sind in Bild 27.11 und 27.12 die Effektivwerte der Feldstärken längs der Erdoberfläche (Sender und Empfänger auf dem Erdboden) für verschiedene Wellenlängen und die beiden verschiedenen Bodenarten für 1 kW Sendeleistung und Antennengewinn $G = 1$ (Hertzscher Dipol) als Funktion der Entfernung aufgetragen. Die Leistung ist dabei auf einen Sender in Erdnähe bezogen, so daß bei erhöhtem Sender die Feldstärke bis zu einem Faktor $\sqrt{2}$ größer sein kann; vgl. die Bemerkungen im Anschluß an Gl. (26.22 u. 112a).

Ein Vergleich der verschiedenen Kurven zeigt, daß bei langen Wellen der Einfluß der verschiedenen Bodenleitfähigkeit gering gegen die Wirkung der gekrümmten Erde ist, während bei kürzeren Wellen die Absorption infolge der endlichen Leitfähigkeit der Erde von erheblich größerem Einfluß als die Erdkrümmung ist, wie aus der starken Ver-

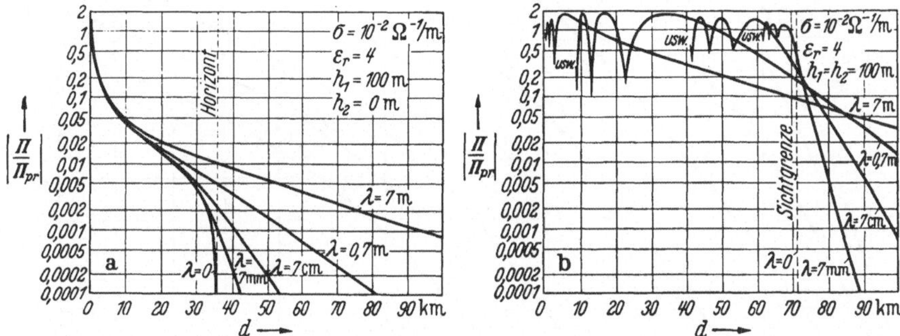

Bild 27.10. Schwächungsfaktor für verschiedene Wellenlängen. Senderhöhe 100 m, Empfängerhöhe a 0 m, b 100 m. Ausbreitung über Boden mittlerer Beschaffenheit. (Nach van der Pol und Bremmer.)

schlechterung der Bodenwerte bei der Ausbreitung über Land gegenüber der Ausbreitung über Seewasser ersichtlich ist. Der Unterschied wird bei erhöhten Antennen kleiner, vgl. Bild 27.5, 6 und Kap. 28.1b.

Sämtliche berechneten Werte sind experimentell gut bestätigt. Weitere Zahlenangaben sind in Kap. 28, Abweichungen von der Theorie in Kap. 29 enthalten.

9. Schlußbemerkung.

Die abgeleiteten Ergebnisse gelten für einen vertikalen Hertzschen Dipol. Für längere vertikale Antennen mit vorgegebener Stromverteilung erhält man die Werte durch Integration über sämtliche Elementardipole, wobei bei strenger, bisher nicht durchgeführter Rechnung der Schwächungsfaktor der einzelnen Dipole von der Höhe abhängig und damit verschieden ist. Eine praktisch ausreichende Näherung erhält man durch Multiplikation der obigen Lösung mit dem Antennengewinn. Hierbei gelten dann für die Empfangsgrößen die Gleichungen von Kap. 25.1.

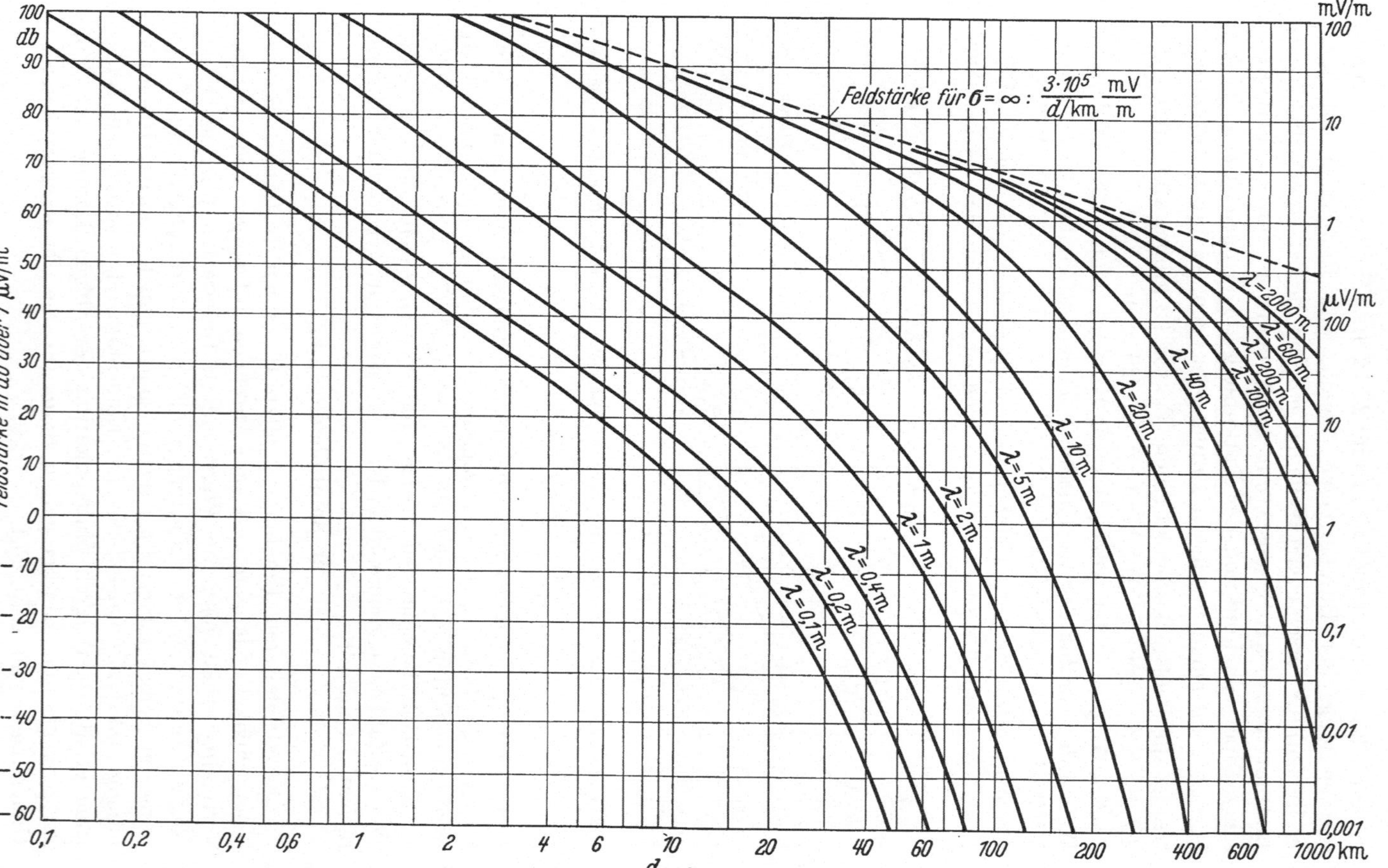

Bild 27.11. Effektive Feldstärke in Abhängigkeit von der Entfernung für Seewasser mit $\epsilon_r = 80$, $\sigma = 4$ Ohm^{-1}/m. Leistung 1 kW.

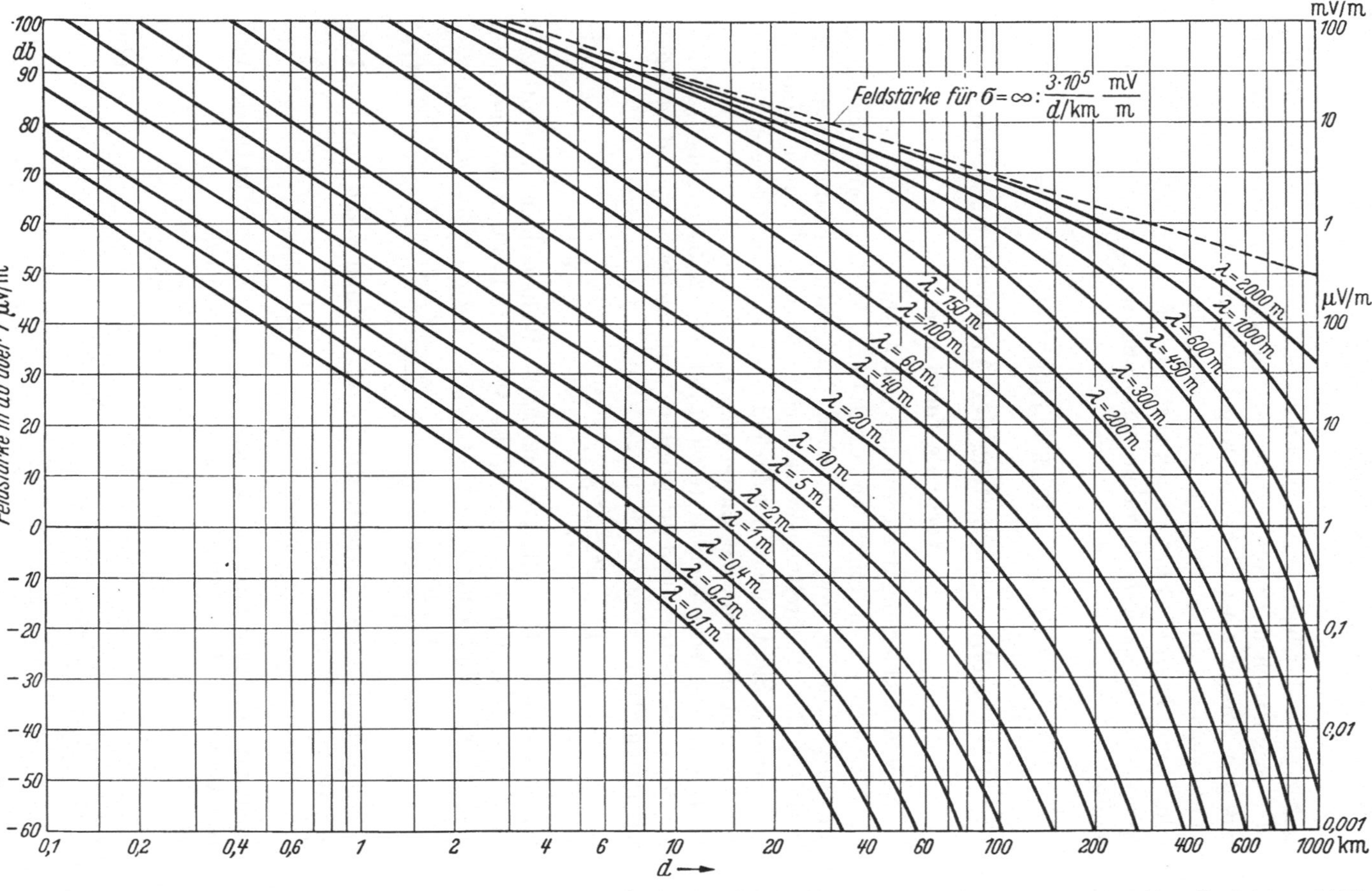

Bild 27.12. Effektive Feldstärke in Abhängigkeit von der Entfernung für Boden mittlerer Beschaffenheit mit $\varepsilon_r = 4$, $\sigma = 10^{-2}$ Ohm^{-1}/m Leistung 1 kW, Antennengewinn $G = 1$ (HERTZscher Dipol), Sender und Empfänger am Boden.

Eine der durchgeführten Darstellung ähnliche Lösung ergibt sich für einen magnetischen Vertikaldipol, vgl. Kap. 28.2, während die bisher nicht durchgeführte Berechnung des horizontalen elektrischen oder magnetischen Dipols wegen der fehlenden Rotationssymmetrie mit dem Ansatz eines einzelnen Kugelpotentials P_r nicht auskommen würde, sondern ein elektrisches und magnetisches Potential (vgl. Abschn. 2 und Kap. 12.7) bzw. einen zusätzlichen senkrechten Dipol entsprechend der optischen Näherungslösung in Kap. 26.3b ansetzen müßte.

28. Kapitel.

Praktische Berechnung der Ausbreitungswerte.

1. Vertikale Polarisation.

Nach der Ableitung der verschiedenen Ausbreitungsfälle in Kap. 25 bis 27 wollen wir im folgenden Kapitel eine kurze Zusammenstellung für die praktische Anwendung geben. Maßgebend für die bei der Berechnung der Ausbreitungswerte anzuwendenden Formeln sind die geometrische Sichtweite s, der Bodenfaktor δ, die kritische Antennenhöhe h_0 und die kritische Entfernung d_0.

Die geometrische Sichtweite ist durch Gl. (26.30) gegeben.

Der Bodenfaktor δ und die kritische Antennenhöhe h_0 sind nach den Definitionsgleichungen (27.84 u. 27.102)

$$h_0 = \frac{(k_0 a)^{1/3}}{k_0} \quad \delta = -\frac{\mathrm{i}}{k_0} \frac{k_i^2/k_0^2}{\sqrt{k_i^2/k_0^2 - 1}}. \tag{1}$$

Dabei sind a der Erdradius, k_0 und k_i die Wellenzahlen von Luft und Boden. Setzt man für k_0 und k_i die Werte (3.14a u. 3.15) und nach (4.5) $1/\omega\varepsilon_0 = Z_0/k_0$ ein, so wird bei gleicher Permeabilität $\mu_i = \mu_0$

$$h_0 = \sqrt[3]{\frac{a\lambda^2}{4\pi^2}} \quad \delta = -\frac{\mathrm{i}}{2\pi}\lambda \frac{\varepsilon_r - \mathrm{i}Z_0/2\pi\cdot\sigma\lambda}{\sqrt{\varepsilon_r - 1 - \mathrm{i}Z_0/2\pi\cdot\sigma\lambda}}, \tag{1a}$$

wobei ε_r die relative Dielektrizitäskonstante und σ die Leitfähigkeit des Bodens ist. Setzt man

$$h_0 = |h_0|\,\mathrm{e}^{-\mathrm{i}(3\pi/4-\varphi)}, \qquad \delta = |\delta|\,\mathrm{e}^{-\mathrm{i}(3\pi/4-\varphi)}, \tag{2}$$

so liefert (1a) zahlenmäßig mit $a = 6370$ km, $Z_0 = 120\pi$ Ohm, wenn zur Abkürzung h_{m} statt h/m usw. geschrieben wird,

$$\begin{aligned} |h_0|_{\mathrm{m}} &= \frac{\lambda_{\mathrm{m}}}{2\pi} \frac{\sqrt{\varepsilon_r^2 + 60^2\,\sigma_{\mathrm{Ohm}^{-1}/\mathrm{m}}^2\,\lambda_{\mathrm{m}}^2}}{\sqrt[4]{(\varepsilon_r - 1)^2 + 60^2\,\sigma_{\mathrm{Ohm}^{-1}/\mathrm{m}}^2\,\lambda_{\mathrm{m}}^2}}, \\ |\delta| &= 0{,}002924\,\lambda_{\mathrm{m}}^{1/3}\,\frac{2\pi\,|h_0|_{\mathrm{m}}}{\lambda_{\mathrm{m}}}, \end{aligned} \tag{2a}$$

$$\varphi = \operatorname{arctg}\frac{\varepsilon_r}{60\,\sigma_{\mathrm{Ohm}^{-1}/\mathrm{m}}\,\lambda_{\mathrm{m}}} - \frac{1}{2}\operatorname{arctg}\frac{\varepsilon_r - 1}{60\,\sigma_{\mathrm{Ohm}^{-1}/\mathrm{m}}\,\lambda_{\mathrm{m}}}. \tag{2b}$$

Nach diesen Gleichungen können bei gegebenen oder aus Tab. 26.1 entnommenen Bodenkonstanten δ und h_0 leicht berechnet werden. Für $\varepsilon_r - 1 \gg Z_0/2\pi \cdot \sigma\lambda$, also für kleine Wellenlängen, wird näherungsweise

$$|h_0|_{\mathrm{m}} \approx \frac{\lambda_{\mathrm{m}}}{2\pi} \frac{\varepsilon_r}{\sqrt{\varepsilon_r - 1}}, \qquad \varphi \approx 45°. \tag{2c}$$

Für $\varepsilon_r - 1 \ll Z_0/2\pi \cdot \sigma\lambda$, also für große Wellenlängen, wird

$$|h_0|_{\mathrm{m}} \approx \frac{\lambda_{\mathrm{m}}}{2\pi} \sqrt{60\,\sigma_{\mathrm{Ohm}^{-1}/\mathrm{m}}\,\lambda_{\mathrm{m}}}, \qquad \varphi \approx 0°. \tag{2d}$$

Den gesamten Verlauf des Absolutwertes $|h_0|/\lambda$ zeigt Bild 28.1 für verschiedene Bodenkonstanten. Durch Multiplikation mit $0{,}0184\sqrt[3]{\lambda_{\mathrm{m}}}$ erhält man den zugehörigen Wert von $|\delta|$.

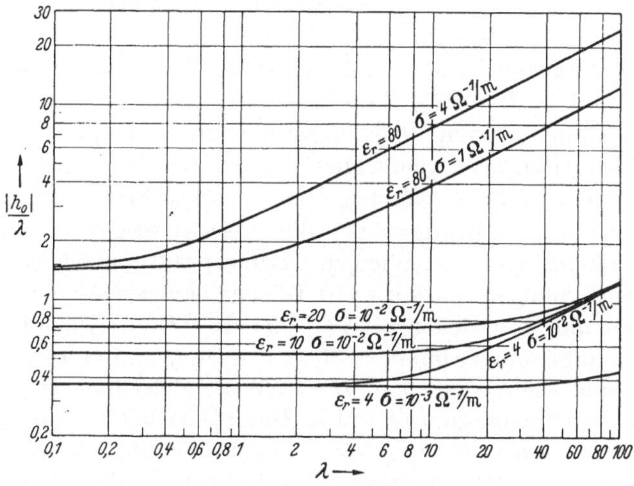

Bild 28.1. Absolutwert der kritischen Antennenhöhe.

Unter der kritischen Entfernung d_0 wollen wir die Entfernung

$$d_{0\,\mathrm{km}} = 20\,\lambda_{\mathrm{m}}^{1/3} \tag{3}$$

verstehen.

Nach der Größe von s, d_0, h_0 und den Antennenhöhen richten sich nun die verschiedenen bei der Berechnung der Ausbreitungswerte anzuwendenden Methoden.

a) Entfernung größer als $1/4\,d_0$, Antennenhöhen klein gegen die kritische Antennenhöhe.

In diesem Fall ist die Feldstärke nach der Residuenlösung (27.112) der strengen Beugungslösung durch eine Reihe der Form

$$E = \sum_{s=0}^{\infty} E_s \tag{4}$$

gegeben. Die Formel für E_s ist in Gl. (27.112) enthalten. Setzt man hier für die primäre Feldstärke den Zahlenwert (27.112a) ein und für X den Wert (27.111) mit $a = 6370$ km, so erhält man zahlenmäßig

$$E_{s\,\mathrm{eff}} = \frac{752{,}0 \cdot \sqrt{0{,}0537}}{\sqrt{d_{\mathrm{km}}}\,\sqrt[6]{\lambda_{\mathrm{m}}}} \sqrt{P_{1\,\mathrm{kw}}\, G_1}\, \frac{\exp(-i\,\tau_s 0{,}0537\, d_{\mathrm{km}}\, \lambda_{\mathrm{m}}^{-1/3})}{2\tau_s - 1/\delta^2}\ \mathrm{mV/m} \qquad (5)$$

oder in logarithmischer Schreibung in Dezibel über 1 μV/m

$$\begin{aligned} 20 \log \frac{|E_{s\,\mathrm{eff}}|}{\mu\,\mathrm{V/m}} &= 104{,}8 + 10 \log \frac{P_1 G_1}{\mathrm{kw}} - 10 \log \frac{d}{\mathrm{km}} - \frac{10}{3} \log \frac{\lambda}{\mathrm{m}} \\ &\quad - 20 \log |2\tau_s - 1/\delta^2| + 0{,}468\ \mathrm{Jm}(\tau_s)\, \frac{d_{\mathrm{km}}}{\lambda_{\mathrm{m}}^{1/3}}. \end{aligned} \qquad (5\mathrm{a})$$

Die in den Gleichungen auftretende Größe τ_s ist als Funktion von δ durch die Reihe (27.92) für $|\tau_s \delta| \leqq \frac{1}{2}$ bzw. durch die Reihe (27.94) für $|\tau_s \delta| \geqq \frac{1}{2}$ gegeben. Real- und Imaginärteil des besonders wichtigen Wertes τ_0 sind in Bild 27.4 dargestellt.

Nach den angegebenen Gleichungen können die Werte E_s für jeden Boden zahlenmäßig leicht berechnet werden. Bei der Berechnung des Nenners ist bei größeren Werten von δ zu beachten, daß τ_s und δ komplex sind. Die Konvergenz der Reihe (4) ist so gut, daß bei Entfernungen größer d_0 das 1. Glied der Reihe praktisch ausreicht. Für kleinere Entfernungen müssen mehr Glieder berücksichtigt werden.

Für einen mittleren Boden mit $\varepsilon_r = 4$, $\sigma = 10^{-2}\ \mathrm{Ohm}^{-1}/\mathrm{m} = 10^{-13}$ elm. Einheiten und Seewasser mit $\varepsilon_r = 80$, $\sigma = 4\ \mathrm{Ohm}^{-1}/\mathrm{m} = 4 \cdot 10^{-11}$ elm. Einheiten sind die Feldstärken für 1 kW Sendeleistung ($P_1 = 1$ kW) und einen Antennengewinn $G_1 = 1$ in Bild (27.12 u. 27.11) dargestellt. Da die Bodeneigenschaften in τ_s und δ eingehen, ergibt sich im allgemeinen kein einfacher Umrechnungsfaktor für verschiedene Bodenarten, außer bei kleinen Werten von δ. Bei kleinen δ-Werten, etwa $\delta < 0{,}02$, wie sie bei Ultrakurzwellen unter 10 m Wellenlänge über Land im allgemeinen vorliegen, ist τ_s gegen $1/\delta^2$ zu vernachlässigen und $\mathrm{Jm}(\tau_s)$ nahezu konstant. In diesem Fall verhalten sich daher die Feldstärken $E_1 : E_2$ von 2 verschiedenen Bodenarten 1 und 2 angenähert wie $\delta_1^2 : \delta_2^2$.

b) Empfänger hinter oder nahe der geometrischen Sichtgrenze bzw. in größerer Entfernung als 1/4 d_0, wenn die Sichtweite kleiner als 1/4 d_0 ist. Antennenhöhen beliebig.

In diesem Fall ist die Feldstärke nach der Residuenlösung (27.112) durch eine Summe der Form

$$E = \sum_{s=0}^{\infty} E_s\, f_s(h_1)\, f_s(h_2) \qquad (6)$$

gegeben.

Die zu (4) hinzukommenden Höhenfaktoren sind für kleine Antennenhöhen $h_m \leqq 60\lambda_m^{2/3}$ nach Gl. (27.102), für große Antennenhöhen $h_m \geqq 60\lambda_m^{2/3}$ nach Gl. (27.109) zu berechnen. Die Konvergenz der Reihe (6) ist bei großen Antennenhöhen etwas schlechter als die der Reihe (4). Im allgemeinen reicht aber auch hier hinter der geometrischen Sicht das 1. Glied der Reihe aus, so daß im wesentlichen die Höhenfaktoren für $s = 0$ in Frage kommen. Diese Werte können für kleine Antennenhöhen aus Bild 27.5, für große Höhen aus Bild 27.6 für beliebige Bodenkonstanten entnommen werden. Außerdem ist in Bild 28.2 der Höhenfaktor für die beiden unter a) angegebenen Bodenkonstanten direkt

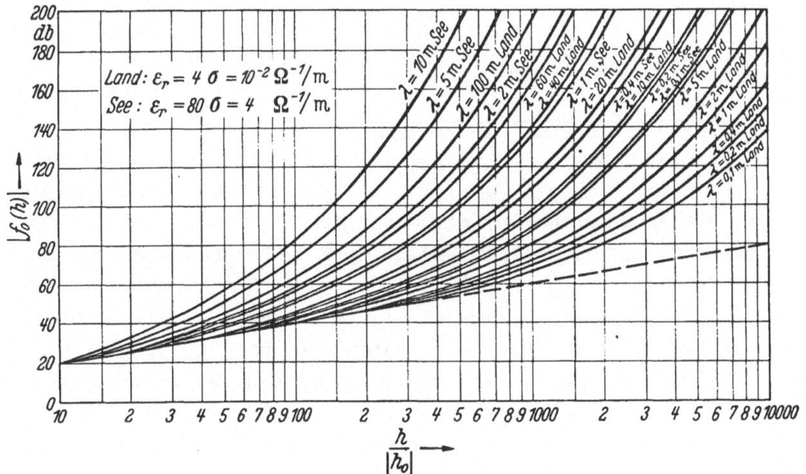

Bild 28.2. Höhenfaktor $|f_0(h)|$ hinter der geometrischen Sicht in Abhängigkeit von $h/|h_0|$.

als Funktion von $h/|h_0|$ gezeichnet, so daß für diese beiden Bodenarten mit Hilfe der Bilder 28.2 und 27.11 bzw. 27.12 die Feldstärke hinter der Sicht ohne weitere Rechnung entnommen werden kann; vgl. das untenstehende Beispiel.

Für die Umrechnung auf andere Bodenkonstanten gilt folgendes: Man sieht aus den für die Höhenfaktoren angegebenen Gleichungen und Kurven von Kap. 27, daß sich die Höhenfaktoren bei zwei verschiedenen Bodenarten bei Antennenhöhen, die größer als etwa die dreifache kritische Antennenhöhe sind, umgekehrt wie die zugehörigen Bodenkonstanten verhalten. Da sich die Bodenfeldstärken für zwei verschiedene Bodenarten nach Punkt a) bei kleinem δ wie die Quadrate der δ-Werte verhalten, hebt sich bei kleinem δ und größeren Antennenhöhen der Bodeneinfluß auf, so daß in diesem Fall die aus den angegebenen Kurven für Land und kurze Wellen erhaltenen Werte in guter Näherung für alle Bodenarten stimmen. Über See ist δ bei Meterwellen bereits so groß, daß hier ebenso wie bei längeren Wellen über

Land eine direkte Berechnung der Einzelwerte nach den angegebenen Gleichungen vorzuziehen ist.

Als zahlenmäßiges Beispiel wollen wir die Feldstärke und Empfangsspannung für eine Verbindung mit dem in Bild 28.3 gezeichneten Geländeschnitt und folgenden Werten berechnen: $P_1 = 1{,}5$ kW, $\lambda = 5$ m, Antennengewinne $G_1 = G_2 = 68$ (32 Dipole mit Reflektor, vgl. Kap. 20.3), Eingangswiderstand des Empfängers $R_2 = 60$ Ohm.

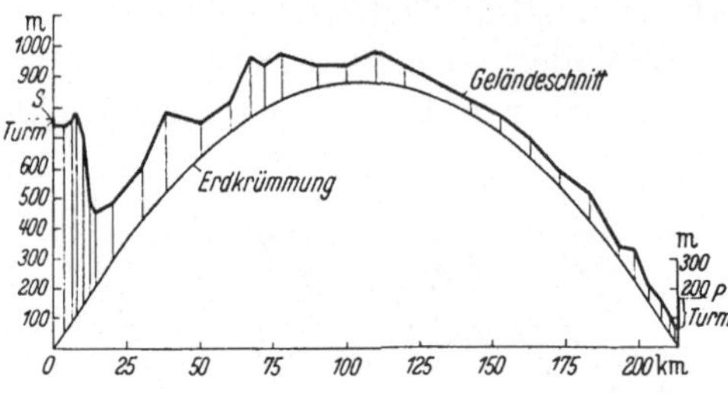

Bild 28.3. Geländeschnitt. Entfernung zu Höhe 1:100.

In dem Geländeschnitt in der Großkreisebene durch Sender und Empfänger sind über der Sehne zwischen Sender- und Empfängerfußpunkt zunächst die durch die Erdkrümmung bewirkten Höhen nach der späteren Gl. (30.14) und darüber die Bodenerhebungen aufgetragen. Man entnimmt dem Geländeschnitt eine Entfernung $d = 213$ km und die Antennenhöhen $h_1 = 550$ m und $h_2 = 110$ m. Dabei sind als Antennenhöhen die mittleren Höhen über dem umliegenden Gelände in etwa 5 bis 15 km genommen. Die zu den beiden Antennenhöhen bei ebenem Boden gehörenden Sichtweiten sind nach Gl. (26.30) 83,7 km bzw. 37,4 km, was mit dem Geländeschnitt bei Berücksichtigung der Unebenheiten gut übereinstimmt. Da eine Strecke von über 50 km ohne Sicht ist, muß man mit dem 1. Glied der Residuenlösung auskommen.

Für die Bodenkonstanten $\varepsilon_r = 4$, $\sigma = 10^{-2}$ Ohm^{-1}/m können die Werte unmittelbar aus den gezeichneten Bildern entnommen werden. Nach Bild 27.12 wird die Bodenfeldstärke in 148 km für 1 kW Sendeleistung und einen Hertzschen Dipol ($G = 1$) $E_0'' = -60$ db über 1 μV/m. Der Abfall der Kurve beträgt im unteren Teil 0,45 db/km. Mithin wird die Bodenfeldstärke für 213 km mit ausreichender Genauigkeit $E_0' = -60 - 0{,}45 \cdot 65 = -89{,}3$ db über 1 μV/m. Die kritische Antennenhöhe ist für $\lambda = 5$ m und den angegebenen Bodenkonstanten nach Bild 28.1 $|h_0| = 1{,}95$ m. Das ergibt $h/|h_0| = 282$ bzw. 56,4. Die zugehörigen Höhenfaktoren werden nach Bild 28.2 56 db und 35 db, so daß die Gesamtfeldstärke $E_0 = -89{,}3 + 56 + 35 = 1{,}7$ db über 1 μV/m $= 1{,}22$ μV/m wird. Sämtliche Werte sind Effektivwerte.

Ohne Benutzung der Kurven erhält man zunächst nach Gl. (2a u. 2b) mit den angegebenen Bodenkonstanten $|h_0| = 1{,}93$ m, $|\delta| = 0{,}01214$, $\varphi = 30{,}6°$. Aus Bild 27.4 oder Gl. (27.92) folgt $\mathrm{Jm}(\tau_0) = -1{,}595$. Mit den angegebenen Werten wird die Bodenfeldstärke für 1 kW und $G_1 = 1$ nach Gl. (5a) $E_0' = -90{,}1$ db über 1 μV/m oder $E_0' = 0{,}31 \cdot 10^{-4}\,\mu$V/m. Für die Berechnung des Höhenfaktors muß für $h_2 = 110$ m Gl. (27.102) oder Bild 27.5, für $h_1 = 550$ m Gl. (27.109) oder Bild 27.6 benutzt werden, da $h_{\rm m}/\lambda_{\rm m}^{2/3}$ im 1. Fall 37,6, im 2. Fall 188 ist. Der Höhenfaktor für 110 m wird daher nach Gl. (27.102) $|f(h_2)| \approx h/|h_0| = 110/1{,}93 = 57 = 35{,}1$ db. Für den 2. Wert erhält man aus Gl. (27.109 u. 27.105a) das Produkt $|f_0(h_1)\,\delta| = 18{,}8$ db. Mit dem obigen Wert von δ wird daher $|f_0(h_1)| = 57{,}1$ db $= 709$. Mit den berechneten Höhenfaktoren wird die gesuchte Feldstärke $E_0 = -90{,}1 + 57{,}1 + 35{,}1 = 2{,}1$ db über 1 μV/m $= 1{,}27\,\mu$V in guter Übereinstimmung mit dem aus den Kurven abgelesenen Wert.

Würde man als Bodenkonstanten $\varepsilon_r = 10$ statt 4 setzen, so ergibt sich nach der gleichen Rechnung $E_0 = -84{,}0 + 54{,}2 + 32{,}2 = 2{,}4$ db über 1 μV/m $= 1{,}32\,\mu$V/m. Bodenfeldstärke und Höhenfaktoren sind geändert, der Gesamtwert praktisch derselbe, da die Antennenhöhen genügend hoch sind, so daß der Einfluß der Bodenkonstanten nahezu verschwindet.

Aus der für 1 kW und $G = 1$ berechneten Feldstärke erhält man die optimale Klemmenspannung (halbe Leerlaufspannung) des Empfängers mit $G_2 = 68$, $R_2 = 60$ Ohm nach Gl. (25.6b) zu $U_{2\,\rm eff} = 73\,\mu$V. Der Wert ist ohne Berücksichtigung der Brechung in der Troposphäre berechnet, die den Wert vergrößert; vgl. die Fortsetzung der Zahlenrechnung in Kap. 29.2.

Für Entfernungen in der Nähe der geometrischen Sicht sind mehr Glieder der Reihe (6) zu berücksichtigen, wodurch die Rechnung wegen der verschiedenen Phasen der einzelnen Größen komplizierter wird.

c) Empfänger innerhalb der geometrischen Sicht nicht zu nahe am Horizont. Antennenhöhen groß gegen kritische Antennenhöhe.

In diesem Fall gelten für die Ausbreitung die Formeln der optischen Näherungsmethode in Kap. 26 oder die damit identischen Werte der Sattelpunktslösung der strengen Beugungslösung in Kap. 27.6. Für größere Antennenhöhen mit $h_1 h_2 \geqq \lambda d/12$ ergibt sich die Feldstärke aus Gl. (26.14) für ebene Erde (kleine Entfernung) bzw. Gl. (26.29) oder (27.137) für gekrümmte Erde (größere Entfernungen). Die Werte ändern sich mit Höhe und Entfernung entsprechend Bild 26.4. Ein Beispiel für die Berechnung ist in Kap. 26.3c durchgeführt.

Für relativ kleine Abstrahlwinkel, also größere Entfernungen, für die $h_1 h_2 \leqq \lambda d/12$ ist, gilt die Näherungsformel (26.18). Nach ihr ist

$$E = E_d \frac{4\pi\, h_1 h_2}{\lambda d} \quad \text{mit} \quad E_d = 212\, \frac{\sqrt{P_1/\text{kW}}}{d/\text{km}} \sqrt{G_1}\ \text{mV/m}, \tag{7}$$

wenn man für E_d Gl. (26.22) mit $D \approx d$ (vgl. Bild 26.3) setzt. h sind die Höhen über Erde bzw. über der Tangentialebene; vgl. Kap. 26.3.

d) Entfernung kleiner als 1/2 d_0 oder innerhalb der Sicht. Mindestens eine Antennenhöhe kleiner als etwa die dreifache kritische Antennenhöhe.

Im ersten Fall gelten für die Berechnung der Feldstärke die in Kap. 27.7 in Gl. (27.148 bis 27.150) angegebenen Formeln für ebene Erde. Die numerische Auswertung dieser Formeln ist in der Literatur in verschiedenen Arbeiten ausführlich behandelt. Wir verweisen insbesondere auf die Arbeiten von NORTON und BURROWS, aus denen für beliebige Bodenkonstanten und Wellenlängen die genauen Werte entnommen werden können.

Im folgenden wollen wir eine einfache Näherungsformel angeben. Nach Kap. 27.5b sind die in der strengen Residuenlösung (6) auftretenden Höhenfaktoren für Höhen $h_m \leqq 60\lambda_m^{2/3}$ für alle Ordnungszahlen s gleich, nämlich

$$f(h) = 1 + \frac{h}{h_0}. \tag{8}$$

Daher hat die Residuenlösung (6) die Form

$$E = E_b\left(1 + \frac{h_1}{h_0}\right)\left(1 + \frac{h_2}{h_0}\right). \tag{9}$$

In dieser Gleichung ist E_b streng der aus Gl. (27.149) für $h = 0$ folgende SOMMERFELDsche Wert. Nun muß Gl. (9) für größere Antennenhöhen, für die die 1 in den beiden Klammern gegen h/h_0 vernachlässigt werden kann, in Gl. (7) übergehen. E_b muß daher den Wert (7) mit h_0 statt h haben. Damit ergibt Gl. (9) die Näherungsformel

$$E = E_d \frac{4\pi h_0^2}{\lambda d}\left(1 + \frac{h_1}{h_0}\right)\left(1 + \frac{h_2}{h_0}\right) \tag{10}$$

für Fall d). Für $h_1 = h_2 = 0$ liefert (10) tatsächlich in sehr guter Näherung die strengen Bodenwerte, während für größere Höhen der Wert in die Gl. (7) für Werte innerhalb der geometrischen Sicht übergeht. Gl. (10) ist die Verallgemeinerung einer von CALLENDAR angegebenen Näherungsformel auf beliebige Bodenkonstanten.

Mit den unter a) bis d) angegebenen Werten können sämtliche Ausbreitungsfälle über ebenem homogenem Gelände mit praktisch ausreichender Genauigkeit berechnet werden. Auch das Zwischengebiet ist genügend erfaßt. Auf die z. B. in dem Buch von BREMMER noch angegebenen Formeln für das Zwischengebiet zwischen den Fällen a) und b) einerseits, c) und d) andererseits wollen wir daher nur hinweisen.

Die angegebenen Werte gelten für homogenen ebenen Boden. Der Einfluß von Hindernissen wird in Kap. 30 behandelt. Die praktisch häufig interessierende Ausbreitung über eine größere Land- und eine anschließende größere Seestrecke oder umgekehrt ist bisher streng nicht berechnet worden. Näherungsmethoden sind z. B. in den Arbeiten von KIRKE und HÖLLER angegeben.

2. Horizontale Polarisation. Vergleich beider Polarisationsarten.

In Kap. 27 war die strenge Beugungslösung für einen senkrechten HERTZschen Dipol durchgeführt worden. Für einen magnetischen Dipol ergibt sich eine vollkommen analoge Rechnung mit denselben Gleichungen, nur daß überall die elektrische Bodenkonstante von Gl. (2) durch die magnetische Bodenkonstante

$$\delta_m = -\frac{\mathrm{i}}{k_0}\frac{1}{\sqrt{k_i^2/k_0^2 - 1}} \tag{11}$$

zu ersetzen ist. Die Lösung des magnetischen Dipols gilt praktisch für die Wellenausbreitung einer Rahmenantenne und für die Werte in der Hauptrichtung eines waagerechten elektrischen Dipols, während in schrägen Richtungen hier ein 2. Glied hinzukommen würde; vgl. Kap. 26.3b u. 27.9.

Rechnet man nun die Werte der Residuenlösung (27.112) mit der Bodenkonstanten (11) aus, so erhält man für Werte hinter der geometrischen Sicht bei Antennenhöhen, die groß gegen die oben definierte kritische Antennenhöhe sind, praktisch die gleichen Werte wie für vertikale Polarisation. Mit abnehmender Antennenhöhe nimmt bei vertikaler Polarisation die Feldstärke entsprechend dem Verlauf des Höhenfaktors nach Bild 27.5 ab. Hier biegt nun die Feldstärke bei horizontaler Polarisation bei $h \approx |h_0|$ nicht auf einen konstanten Wert ein, sondern nimmt geradlinig weiter ab und geht erst kurz über der Erde in einen sehr viel kleineren konstanten Wert über. Bei kleinen Antennenhöhen ist daher die horizontale Polarisation hinter der geometrischen Sicht schlechter, so daß bei längeren Wellen, bei denen die kritische Antennenhöhe nach Bild 28.1 relativ groß ist, im allgemeinen nur vertikale Polarisation in Betracht kommt. Bei größeren Antennenhöhen sind dagegen beide Polarisationsarten gleich, während bei Antennenhöhen in der Nähe von $h = |h_0|$ an den Minimalstellen von Bild 27.5 die vertikale Polarisation etwas kleiner wird.

Innerhalb der geometrischen Sicht geht die strenge Lösung in die optische Näherungslösung von Kap. 26 über. Da die Reflexionskoeffizienten für vertikale und horizontale Polarisation verschieden sind, sind auch die Feldstärken verschieden. Für kleine Einfallswinkel, also bei Verbindungen über größere Entfernungen, gehen jedoch beide Reflexionskoeffizienten nach Kap. 26.2 gegen -1, so daß beide Polarisationsarten gleich werden entsprechend der Gleichheit hinter der geometrischen Sicht.

Zusammenfassend ergibt sich, daß für Weitverbindungen und Antennenhöhen über der kritischen Antennenhöhe vertikale und horizontale Polarisation gleich sind, während für Antennenhöhen unter der kritischen Antennenhöhe die vertikale Polarisation günstiger ist und bei steileren Winkeln innerhalb der geometrischen Sicht die Unterschiede beliebig sein können. Da bei Ultrakurzwellenverbindungen die Antennenhöhen immer groß gegen die kritische Antennenhöhe sind, ist hier für Weitverbindungen ausbreitungsmäßig kein Unterschied beider Reflexionsarten vorhanden. Da jedoch die Störungen meist vertikal polarisiert sind, wird die horizontale Polarisation bei ultrakurzen Wellen häufig bevorzugt, z. B. beim UKW-Rundfunk und -Fernsehen.

29. Kapitel.

Wellenausbreitung in der Troposphäre.

1. Dielektrizitätskonstante und Brechungsindex der Troposphäre.

Die Ausbreitungsberechnungen in Kap. 25 bis 28 setzen wegen der konstant angenommenen Wellenzahl k_0 als Ausbreitungsmedium Vakuum oder wenigstens eine homogene Atmosphäre voraus. In der wirklichen Atmosphäre ist die Dielektrizitätskonstante von Temperatur, Luftdruck und Wasserdampfdruck abhängig und damit namentlich in den unteren Luftschichten bis etwa 6000 m Höhe, der sogenannten Troposphäre, orts- und zeitabhängig. Dadurch tritt eine Brechung und Reflexion der Wellen in den unteren Schichten auf, während außerdem in den höheren, durch die Anwesenheit freier Ionen leitend gewordenen Schichten der Atmosphäre in etwa 80 bis 400 km Höhe, der Ionosphäre oder Kennelly-Heaviside-Schicht, ein von der Ionenkonzentration und der Frequenz abhängiger Brechungsindex und damit eine weitere Brechung und Reflexion eintritt, wobei Wellen über der von Tageszeit, Jahreszeit und Sonnenfleckentätigkeit abhängigen, normalerweise zwischen etwa 10 und 20 m liegenden Grenzwelle zur Erde zurück reflektiert werden und die großen Reichweiten der Kurzwellen erklären.

Wir wollen im Rahmen dieses Buches nur die dispersionsfreie 1. Erscheinung betrachten. Da normalerweise die Dichte der Atmosphäre mit ansteigender Höhe von der Erde kleiner wird, die nach oben gehenden Strahlen also von einem dichteren in ein dünneres Medium treten, werden sie vom Einfallslot weg und damit zur Erde hin gebrochen, so daß Feldstärkenwerte, die einem größeren Winkel entsprechen, in einer kleineren Höhe über der Erde erscheinen. Da die relative Dielektrizitätskonstante ε_r und damit der Brechungsindex $n = \sqrt{\varepsilon_r}$ sehr nahe an 1 liegt und die Änderung von n sehr gering ist, tritt eine merkliche Krümmung der Strahlen nur bei sehr flachen Einfallswinkeln auf, also bei Strahlen, die annähernd parallel zur Erdoberfläche verlaufen, wie in der Optik aus der Form der untergehenden Sonne bekannt ist. Die Änderung der Strahlenbahn kann bei Winkeln bis zu $^1/_2{}^\circ$ erheblich sein. Bei Winkeln zwischen $^1/_2$ und $1^1/_2{}^\circ$ ist der Einfluß wesentlich schwächer, bei Winkeln über $1^1/_2{}^\circ$ vernachlässigbar klein. Da bei flachen Einfallswinkeln der Feldstärkenwert dem unteren Teil des durch den Einfluß der Erde aufgezipfelten Antennendiagramms (vgl. Bild 26.4) entspricht, werden bei flachen Winkeln die Feldstärkenwerte in der Nähe der Erde durch den Einfluß der Brechung vergrößert, so daß die Brechung genau wie die Beugung eine größere Feldstärke in der Nähe der Erde hervorruft.

Zur rechnerischen Erfassung der Brechung müssen wir zunächst den Brechungsindex betrachten. Wenn wir eine Absorption in der Atmosphäre vernachlässigen, wird der reelle Brechungsindex der Luft

$$n = \sqrt{\varepsilon_r}. \tag{1}$$

Die relative Dielektrizitätskonstante der Luft ist nun durch einen Ausdruck der Form

$$\varepsilon_r = 1 + C\,\frac{p}{T} \tag{2}$$

gegeben[1]. Darin ist p der Druck und T die absolute Temperatur. Mißt man p in millibars (1 mm Hg = 1,334 mb), T in ° Kelvin, so ist C für trockene Luft $158 \cdot 10^{-6}\,{}^\circ/\mathrm{mb}$, so daß ε_r nur sehr wenig von 1 verschieden ist. Für 760 mm Hg und 0° C wird $\varepsilon_r - 1 = 5{,}86 \cdot 10^{-4}$. Für reinen Wasserdampf ist $C = 136 \cdot 10^{-6}\,(1 + 5582/T)\,{}^\circ/\mathrm{mb}$, also temperaturabhängig und wesentlich größer als für trockene Luft. Die Dielektrizitätskonstante für feuchte Luft erhält man, indem man die Werte für trockene Luft und Wasserdampf addiert. Bezeichnet p_w den Partialdruck des Wasserdampfes in mb und p den barometrischen Druck, so wird daher

$$\varepsilon_r - 1 = \frac{158 \cdot 10^{-6}}{T/{}^\circ\mathrm{K}} \left(\frac{p}{\mathrm{mb}} - \frac{0{,}14\, p_w}{\mathrm{mb}} + 4800\, \frac{p_w/mb}{T/{}^\circ\mathrm{K}} \right). \tag{3}$$

p_w ist mit der relativen Feuchtigkeit s durch die Beziehung

$$\frac{p_w}{\mathrm{mb}} = 0{,}00161\, \frac{p}{\mathrm{mb}}\, \frac{s}{\mathrm{g/kg}} \quad [s \text{ in g Wasser pro kg Luft}] \tag{3a}$$

verbunden. Der Ausdruck (3) ist unabhängig von der Frequenz bis zu den kürzesten Wellen herunter.

Da p_w etwa 1% von p ist, vgl. Tab. 29.1, kann das 2. Glied in (3) vernachlässigt werden. Da weiter die rechte Seite von (3) eine kleine Zahl ist, wird der Brechungsindex nach (3 u. 1)

$$n - 1 = \frac{79 \cdot 10^{-6}}{T/{}^\circ\mathrm{K}} \left(\frac{p}{\mathrm{mb}} + \frac{4800\, p_w/\mathrm{mb}}{T/{}^\circ\mathrm{K}} \right). \tag{3b}$$

---

[1] DEBYE, P.: Polare Molekeln. Leipzig: Hirzel, 1929.

Nach dieser Formel kann n aus dem barometrischen Druck p, dem Wasserdampfdruck p_w und der Temperatur T für jede Höhe berechnet werden. Tab. 29.1 zeigt die Werte von $n - 1$ für trockene Luft und eine mittelfeuchte Luft mit 60% Feuchtigkeit unter normalen atmosphärischen Verhältnissen, die in der Literatur als Normalatmosphäre (standard atmosphere) benutzt wird. ε_r und n nehmen mit wachsender Höhe normalerweise ab. Denkt man sich $n - 1 = f(a + h)$, wo a der Erdradius und h die Höhe über der Erde ist, als TAYLOR-Reihe entwickelt, so kann man sich in 1. Näherung mit dem linearen Glied begnügen, also

$$n - 1 = n_0 - 1 + \frac{\mathrm{d}n}{\mathrm{d}h} h = n_0 - 1 + bh \tag{4}$$

setzen. Da n angenähert 1 ist, folgt aus (4)

$$n = n_0 \left(1 + \frac{1}{n_0} \frac{\mathrm{d}n}{\mathrm{d}h} h\right) \approx n_0 \left(1 + \frac{\mathrm{d}n}{\mathrm{d}h} h\right). \tag{4a}$$

Man sieht aus Tab. 29.1, daß die Beziehung (4) sehr gut erfüllt ist.

Tabelle 29.1. *Normale Abhängigkeit des Brechungskoeffizienten und des modifizierten Brechungskoeffizienten von der Höhe für trockene Luft und mittelfeuchte Luft*[1].

			Trockene Luft		Mittelfeuchte Luft (60% Feuchtigkeit)		
h m	t °C	p mb	$(n-1)\,10^6$	$M \cdot 10^6$	p_w mb	$(n-1)\,10^6$	$M \cdot 10^6$
0	15,0	1013	278	278	10,2	325	325
150	14,0	995	274	298	9,6	318	342
300	13,0	977	270	317	9,0	312	359
500	11,7	955	265	343	8,3	304	382
1000	8,5	894	251	408	6,7	283	440
1500	5,2	845	240	475	5,3	266	501

Nach der Tabelle ist für trockene Luft $b = -0{,}027 \cdot 10^{-6}$/m, für mittelfeuchte Luft etwa $b = -0{,}04 \cdot 10^{-6}$/m. Für gesättigte Luft wird b etwa $-0{,}055 \cdot 10^{-6}$/m. Nach größeren Höhen nimmt $n - 1$ etwas langsamer ab. Für große Höhen erhält man daher eine bessere, z. B. von ECKARDT und PLENDL benutzte Näherung durch Hinzunahme des quadratischen Gliedes. Da die 1. Näherung den Vorteil einer leichten Berechnung der Strahlenbahn (vgl. Abschn. 2 u. 3) hat und für nicht zu große Höhen genau genug ist, wird sie für die Ermittlung der Strahlenbahnen meist benutzt.

ECKERSLEY setzt für die Abnahme der Dielektrizitätskonstanten eine Form

$$\varepsilon_r = 1 - \beta + \gamma \frac{a^2}{r^2} \tag{5}$$

[1] Aus BURROWS-ATTWOOD: Radio wave propagation. New York 1948, S. 143

an, wo a der Erdradius, $r = a + h$ der Radius der betreffenden Höhenschicht und β und γ aus meteorologischen Daten ermittelte Konstanten sind. Der Ansatz hat den Vorteil, daß er eine strenge Lösung der MAXWELLschen Gleichungen gestattet, wie wir im folgenden Abschnitt sehen werden.

2. Feldstärkenberechnung für normale Atmosphäre.

Für die Berechnung setzen wir voraus, daß sich die Dielektrizitätskonstante bzw. der Brechungsindex nur mit der Höhe ändert. Wir vernachlässigen also seitliche Schwankungen in Wetterrandgebieten. Dadurch, daß ε und damit die Wellenzahl $k = \omega\sqrt{\varepsilon\mu}$ von der Höhe oder vom Abstand vom Erdmittelpunkt abhängig sind, nehmen die MAXWELLschen Gl. (3.18) die Form

$$\operatorname{rot} \boldsymbol{H} = \mathrm{i}\,\omega\,\varepsilon(r)\,\boldsymbol{E} = \mathrm{i}\,\omega\,\varepsilon_0 \frac{k^2(r)}{k_0^2}\,\boldsymbol{E}, \qquad \operatorname{rot} \boldsymbol{E} = -\mathrm{i}\,\omega\,\mu\,\boldsymbol{H} \tag{6}$$

an. Für konstantes k hatten wir die Gleichungen für die Ausbreitung um die Erde nach Kap. 27 durch die Feldstärken (27.3) mit $\partial/\partial\psi = 0$ gelöst. Mit Berücksichtigung der Gl. (3.61 u. 3.60) waren die Feldstärken

$$E_r = -\frac{1}{r\sin\vartheta}\frac{\partial}{\partial\vartheta}\left(\sin\vartheta\frac{\partial w}{\partial\vartheta}\right), \quad E_\vartheta = \frac{1}{r}\frac{\partial^2(rw)}{\partial r\,\partial\vartheta}, \quad H_\psi = -\mathrm{i}\,\omega\,\varepsilon\frac{\partial w}{\partial\vartheta}, \tag{7}$$

wobei w die normale Wellengleichung $\Delta w + k^2 w = 0$ in Kugelkoordinaten, also Gl. (3.61) mit $\partial/\partial\psi = 0$ erfüllt.

Für eine nur von r abhängige Wellenzahl k können wir die MAXWELLschen Gl. (6) durch einen analogen Ansatz

$$E_r = -\frac{k_0}{k\,r\sin\vartheta}\frac{\partial}{\partial\vartheta}\left(\sin\vartheta\frac{\partial w}{\partial\vartheta}\right), \quad E_\vartheta = \frac{k_0}{k^2 r}\frac{\partial^2(k r w)}{\partial r\,\partial\vartheta}, \quad H_\psi = -\mathrm{i}\,\omega\,\varepsilon_0\frac{k}{k_0}\frac{\partial w}{\partial\vartheta},$$

$$E_\psi = H_r = H_\vartheta = 0 \tag{8}$$

lösen. Beim Einsetzen dieser Werte in die durch (3.50) gegebenen Komponentendarstellungen der MAXWELLschen Gl. (6) werden die Komponentengleichungen der 1. Gleichung von selbst erfüllt, während die 2. Gleichung mit Berücksichtigung von $k_0^2 = \omega^2\varepsilon_0\mu_0$ und einer Integration nach ϑ für w die Bestimmungsgleichung

$$\frac{k}{r}\frac{\partial}{\partial r}\left[\frac{1}{k^2}\frac{\partial(k r w)}{\partial r}\right] + \frac{1}{r^2\sin\vartheta}\frac{\partial}{\partial\vartheta}\left(\sin\vartheta\frac{\partial w}{\partial\vartheta}\right) + k^2 w = 0 \tag{9}$$

liefert. Das 1. Glied ist aber $\frac{1}{r}\frac{\partial^2}{\partial r^2}(rw) - k w\frac{\mathrm{d}^2}{\mathrm{d}r^2}\left(\frac{1}{k}\right)$, so daß Gl. (9) mit Berücksichtigung von (3.61) in der Form

$$\Delta w + k^2 w - k\frac{\mathrm{d}^2}{\mathrm{d}r^2}\left(\frac{1}{k}\right) w = 0 \tag{10}$$

geschrieben werden kann. Die Gleichung gilt allgemein für beliebige Funktionen $k = k(r)$.

Setzen wir für k den aus (5) folgenden ECKERSLEYschen Wert

$$k^2 = k_0^2\left(1 - \beta + \gamma\,\frac{a^2}{r^2}\right) \tag{5a}$$

ein, so erhalten wir, da das letzte Glied wegen des großen r vernachlässigt werden kann,

$$\Delta w + k_0^2\left(1 - \beta + \gamma\,\frac{a^2}{r^2}\right) w = 0\,. \tag{11}$$

Diese Gleichung tritt an die Stelle der normalen Wellengleichung bei homogener Atmosphäre. Die Lösung der normalen Wellengleichung war nach Kap. 27.1 im rotationssymmetrischen Fall durch Produkte der Form $\zeta_n(k_0 r)\,\mathrm{P}_n(\cos\vartheta)$ gegeben, wo die ζ_n-Funktionen nach Gl. (27.4) mit den HANKELschen Funktionen zusammenhängen. Die erweiterte Gl. (11) läßt sich ebenfalls streng lösen. Eine der Rechnung in Kap. 4.4 vollkommen analoge Rechnung führt auf HANKELsche Funktionen mit einem etwas veränderten Argument $\sqrt{1-\beta}\,k_0 r$ und einem etwas veränderten Index $\nu + \frac{1}{2} = \sqrt{(n+\frac{1}{2})^2 - k_0^2 a^2 \gamma}$. Die übrige Rechnung läßt sich dann ganz ähnlich wie in Kap. 27 durchführen. Man erhält als Endresultat, vgl. z. B. das Buch von BREMMER, für die Werte hinter der geometrischen Sicht an Stelle der Residuenlösung (27.112)

$$\begin{aligned} E_{\mathrm{eff}} &= \alpha^{2/3}\,\frac{300\sqrt{P_{1\,\mathrm{kW}}\,G_1}}{d_{\mathrm{km}}\,\alpha^{2/3}}\,\sqrt{-2\pi\,\mathrm{i}\,(k_0 a)^{1/3}\,\frac{d}{a}\,\alpha^{2/3}} \\ &\quad\cdot \sum_{s=0}^{\infty} \frac{\mathrm{e}^{-\mathrm{i}\,\tau_s (k_0 a)^{1/3}\frac{d}{a}\,\alpha^{2/3}}}{2\tau_s - 1/\delta^2\alpha^{2/3}}\, f_s(h_1')\, f_s(h_2')\,\frac{\mathrm{mV}}{\mathrm{m}} \end{aligned} \tag{12}$$

mit

$$\alpha = \frac{1-\beta}{1-\beta+\gamma} \quad \text{und} \quad h' = h\,\alpha^{1/3}\,. \tag{12a}$$

Genau wie bei Gl. (27.112) reicht für Entfernungen hinter der geometrischen Sicht das 1. Glied der Reihe aus. Ein Vergleich mit Gl. (27.112) zeigt, daß man, abgesehen von dem Faktor $\alpha^{2/3}$, die Feldstärke bei Berücksichtigung der Brechung mit dem ECKERSLEYschen Brechungsindex aus der Feldstärkenformel ohne Brechung erhält, wenn man die wirkliche Entfernung d durch $d\alpha^{2/3}$, die Bodenkonstante δ durch $\delta\alpha^{1/3}$ und die Antennenhöhen h durch die Werte $h\alpha^{1/3}$ ersetzt. Bezeichnet E die Feldstärke mit Brechung, E_0 die ohne Brechung, so gilt daher allgemein die Beziehung

$$E(d, h_1, h_2, \delta) = \alpha^{2/3}\,E_0(d\alpha^{2/3}, h_1\alpha^{1/3}, h_2\alpha^{1/3}, \delta\alpha^{1/3})\,. \tag{13}$$

Hiernach kann die Feldstärke mit Berücksichtigung der Brechung in normaler Atmosphäre aus den in Kap. 27 und 28 angegebenen Feldstärkenwerten ohne Brechung ohne weiteres abgelesen werden, wenn der Zahlenwert von α bekannt ist. Für die Berechnung von E_0 ist dabei als Wellenlänge nicht die Vakuumwellenlänge λ_0, sondern der dem ε-Wert auf der Erde $r = a$ entsprechende Wert $\lambda = \lambda_0/\sqrt{1-\beta+\gamma}$ einzusetzen, der aber praktisch gleich der Vakuumwelle λ_0 ist, da nach Meßwerten $\gamma - \beta \approx 0{,}006$ ist.

Für kleine Werte von δ, für die in (12) $2\tau_s$ gegen $1/\delta^2\alpha^{2/3}$ zu vernachlässigen ist, also insbesondere für ultrakurze Wellen unter 10 m, gilt statt (13) die einfachere Beziehung

$$E(d, h_1, h_2) = \alpha^{4/3} E_0(d\alpha^{2/3}, h_1\alpha^{1/3}, h_2\alpha^{1/3}). \tag{14}$$

Als Beispiel für den Einfluß der normalen Brechung zeigt Bild 29.1 die für verschiedene a_e bzw. α [vgl. (16 u. 17)] nach Gl. (13) ermittelten

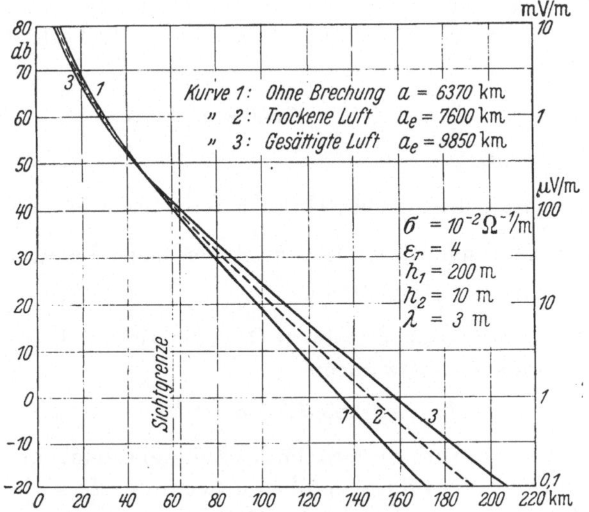

Bild 29.1. Einfluß der Brechung in der Troposphäre. $\lambda = 3$ m, $\varepsilon_r = 4$, $\sigma = 10^{-2}$ Ohm^{-1}/m, Antennenhöhen 200 m und 10 m. (Nach BREMMER.)

Feldstärken für eine Wellenlänge $\lambda = 3$ m und Antennenhöhen von 200 m und 10 m nach BREMMER. Man sieht, daß hinter der geometrischen Sicht eine Feldstärkenzunahme, innerhalb der Sicht eine geringfügige Verminderung eintritt.

Nach den früheren Gl. (27.111, 27.105 u. 12) gehen nun die Entfernungen und Antennenhöhen in dem durch die Erde hervorgerufenen Schwächungsfaktor nur mit den reduzierten Werten

$$X = (k_0 a)^{1/3}\frac{d}{a}, \qquad \zeta = (k_0 a)^{2/3}\frac{2h}{a} \tag{15}$$

ein. Beide Werte ergeben die in Gl. (14) geforderten Umformungen, wenn man die wirklichen Werte d und h beibehält, aber an Stelle des wirklichen Erdradius a einen Ersatzradius

$$a_e = \frac{a}{\alpha} = a \frac{1 - \beta + \gamma}{1 - \beta} \tag{16}$$

nimmt. Mit gewisser Näherung, nämlich der Voraussetzung kleiner δ und Vernachlässigung des Faktors $\alpha^{4/3}$ in Gl. (14), kann man daher die Feldstärke mit Brechung nach den Feldstärkenformeln ohne Brechung berechnen, wenn man an Stelle des wirklichen Erdradius den durch Gl. (16) definierten Ersatzradius nimmt. Diese Näherung wird bei Ausbreitungsberechnungen für Wellen unter 10 m allgemein benutzt.

Die Größe des Ersatzradius (16) bzw. des Umrechnungsfaktors α in Gl. (12a) erhält man aus den Werten von β und γ in Gl. (5 bzw. 5a), die am genauesten aus meteorologischen Daten bestimmt werden können. Sie hängen nach Abschn. 1 vom Wasserdampfgehalt, Druck und Temperaturgefälle mit der Höhe ab. Für normale Verhältnisse erhält man für trockene Luft etwa

$$a_e = \frac{a}{\alpha} = 1{,}20\, a = 7640\,\text{km}, \qquad \alpha = {}^5/_6,$$

für gesättigte Luft (17)

$$a_e = 1{,}5\, a = 9600\,\text{km}, \qquad \alpha = {}^2/_3.$$

Für mittlere atmosphärische Daten ist der meist benutzte Wert

$$a_e = \tfrac{4}{3} a = 8470\,\text{km}, \qquad \alpha = {}^3/_4 \tag{18}$$

(vgl. Abschn. 3) ein guter Mittelwert. Hierfür werden die in den Gl. (13 u. 14) auftretenden Ersatzlängen

$$d' = d\alpha^{2/3} = 0{,}83\, d, \qquad h' = h\alpha^{1/3} = 0{,}91\, h. \tag{18a}$$

Mit diesen Werten erhält man für das Zahlenbeispiel von Kap. 28. 1b nach der dort für $\varepsilon_r = 4$ durchgeführten Rechnung $E_0 = -73{,}5 + 55{,}3 + 34{,}3 = 16{,}1$ db über 1 μV/m statt 2,1 db, also einen um 14 db = 5fach höheren Wert und damit eine Empfangsspannung von 365 μV statt 73 μV. Dieser Wert stimmt gut mit dem auf dieser Strecke gemessenen Jahresmittelwert von 290 μV überein. Mit Berücksichtigung der Verluste in den Antennenkabeln und Filtern von etwa 4 bis 5 db und der Verbesserung durch den erhöhten Sender um etwa 2 db [vgl. (26.22 u. 26.22a)] würde der berechnete Wert nur wenige Prozent unter dem gemessenen Mittelwert liegen. Für sehr große Entfernungen hinter der Sicht werden die Unterschiede größer, vgl. Abschn. 4, S. 443.

3. Graphische Ermittlung der Strahlenbahnen und Feldstärken.

Die Berechnung des Brechungseinflusses gelang in Abschn. 2 durch Wahl eines besonderen Brechnungsexponenten (5), der ungefähr normalen Verhältnissen der Atmosphäre entspricht. Häufig zeigt der

Brechungsexponent aber ein anomales Verhalten, das durch Temperaturinversionen oder starke Unterschiede im Wasserdampfgehalt hervorgerufen werden kann. Die hieraus folgenden Änderungen der Ausbreitungsfeldstärken kann man durch graphische Konstruktion der Strahlenbahnen beurteilen. Die graphische Ermittlung der Strahlenbahnen geht wie die Berechnung der Feldstärken in Kap. 26 rein optisch vor. Die Grundlage bildet das SNELLIUSsche Brechungsgesetz, das wir für eine geschichtete Atmosphäre bei kugelförmiger Erde zunächst ableiten müssen.

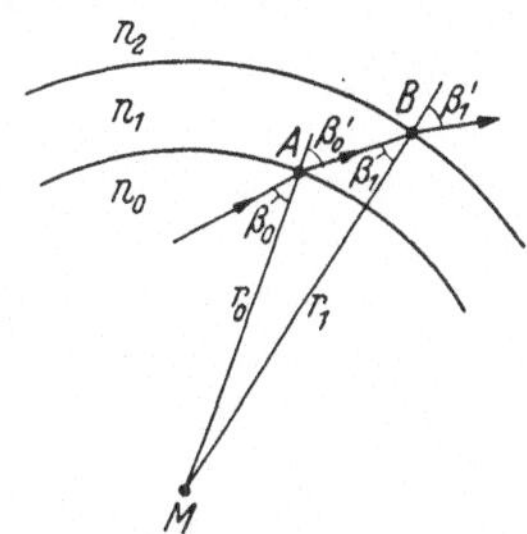

Bild 29.2. Zur Ableitung des Brechungsgesetzes in kugelförmigen Schichten.

Bild 29.2 zeigt drei verschiedene Schichten mit 2 Trennflächen. Nach dem SNELLIUSschen Brechungsgesetz gilt mit den Bezeichungen von Bild 29.2

$$\begin{aligned} n_0 \sin\beta_0 &= n_1 \sin\beta_0', \\ n_1 \sin\beta_1 &= n_2 \sin\beta_1' \quad \text{usw.} \end{aligned} \tag{19}$$

Multiplikation mit r_0, r_1 . . . ergibt

$$\begin{aligned} n_0 r_0 \sin\beta_0 &= n_1 r_0 \sin\beta_0', \\ n_1 r_1 \sin\beta_1 &= n_2 r_1 \sin\beta_1' \quad \text{usw.} \end{aligned} \tag{19a}$$

Aus dem Dreieck MAB folgt nach dem Sinussatz

$$r_0 \sin\beta_0' = r_1 \sin\beta_1 \quad \text{usw.} \tag{20}$$

Mithin gilt für die Brechung bei geschichteter Atmosphäre

$$n_0 r_0 \sin\beta_0 = n_1 r_1 \sin\beta_1 = n_2 r_2 \sin\beta_2 = \cdots \tag{21}$$

oder, wenn man die Einfallswinkel β durch die Winkel α gegen die Horizontale ersetzt,

$$n r \cos\alpha = n_0 r_0 \cos\alpha_0 = \text{const}. \tag{22}$$

Die Gleichung stellt die Erweiterung des SNELLIUSschen Brechungsgesetzes für eine geschichtete Atmosphäre dar.

Nehmen wir als Ausgangspunkt einen vom Sender S in der Höhe h_s über Erde unter dem Winkel α_s austretenden Strahl, vgl. Bild 29.3, so wird $r_0 = a + h_s = a(1 + h_s/a)$, $r = a(1 + h/a)$. Setzen wir weiter für den Brechungsindex den Wert (4a) ein, so ergibt Gl. (22)

$$\left[1 + \left(\frac{1}{a} + \frac{\mathrm{d}n}{\mathrm{d}h}\right) h\right] \cos\alpha = \left[1 + \left(\frac{1}{a} + \frac{\mathrm{d}n}{\mathrm{d}h}\right) h_s\right] \cos\alpha_s. \tag{23}$$

Bei homogener Atmosphäre würde in der runden Klammer nur der reziproke Erdradius $1/a$ stehen. Man sieht, daß man die Wirkung der geschichteten Atmosphäre bei konstantem $\mathrm{d}n/\mathrm{d}h = b$, vgl. Abschn. 1, durch einen veränderten Erdradius ersetzen kann (SCHELLENG, BURROWS und FERRELL). Setzt man

$$\frac{1}{a} + \frac{\mathrm{d}n}{\mathrm{d}h} = \frac{1}{a} + b = \frac{1}{ka}, \tag{24}$$

so wird der Vergrößerungsfaktor k mit $a = 6370$ km und den in Abschn. 1 angegebenen Werten von b für trockene Luft $k \approx 6/5$, für mittelfeuchte Atmosphäre $k \approx 4/3$ und für gesättigte Atmosphäre $k \approx 3/2$. Die Werte stimmen mit den Werten von Abschn. 2 überein. Die gemessenen Feldstärken liegen mitunter noch etwas höher, vgl. Abschn. 4, und entsprechen k-Werten von 1,2 bis 2,5, seltener höheren Werten.

Für die Berechnung der Strahlenbahn führen wir jetzt in Gl. (23) für beliebiges, auch nicht konstantes $\mathrm{d}n/\mathrm{d}h$ einen modifizierten Brechungsindex

$$M = \left(n - 1 + \frac{h}{a}\right) = n_0 - 1 + \frac{h}{a} + \frac{\mathrm{d}n}{\mathrm{d}h}h \tag{25}$$

ein, der die Veränderung des Brechungsindex mit der Höhe und die Wirkung der Erdkrümmung gleichzeitig enthält. Der Wert von M ist für trockene Luft und die mittelfeuchte Normalatmosphäre in Tab. 29.1 enthalten. M hat die Größenordnung von einigen 10^{-4}. (Daher wird häufig $M \cdot 10^6$ als modifizierter Brechungsindex genommen.)

Setzt man den Wert (25) und außerdem für kleine Winkel $\cos\alpha = 1 - \alpha^2/2$ in (23) ein, so erhält man mit Vernachlässigung höherer Glieder

$$M - M_s = \tfrac{1}{2}\left(\alpha^2 - \alpha_s^2\right), \tag{26}$$

also

$$\alpha = \sqrt{\alpha_s^2 + 2(M - M_s)}. \tag{26a}$$

Da M als Funktion der Höhe nach (25) bekannt ist, ist der Winkel α der Strahlenbahn für jede Höhe und jeden durch den modifizierten Brechungsindex M_s für die Senderhöhe h_s und den Austrittswinkel α_s gekennzeichneten Strahl gegeben.

α ist der Winkel gegen die Horizontale und damit der Differentialquotient der gesuchten Strahlenbahnen $h = f(x)$, wo h die Höhe über Erde und x die Entfernung vom Sender ist. Mithin gilt, vgl. Bild 29.3,

$$\alpha = \frac{\mathrm{d}h}{\mathrm{d}x}. \tag{27}$$

Daraus folgt mit Einsetzen von (26a)

$$x = \int\limits_{h_s}^{h} \frac{\mathrm{d}h}{\alpha} = \int\limits_{h_s}^{h} \left[\alpha_s^2 + 2(M - M_s)\right]^{-1/2} \mathrm{d}h. \tag{28}$$

Da M als Funktion von h gegeben ist, ist x und damit die Strahlenbahn für jeden Winkel α_s und jeden beliebigen Verlauf von M durch numerische oder graphische Integration von (28) berechenbar.

Bild 29.3 zeigt die Konstruktion der Strahlenbahn bei normaler Atmosphäre, also bei geradlinigem M. Links ist der gegebene Wert M als Funktion der Höhe aufgetragen. Die rechte Seite zeigt die konstruierte Strahlenbahn, wobei der Höhenmaßstab gegenüber dem Entfernungsmaßstab stark vergrößert ist, so daß die in Bild 29.3 gezeichneten Strahlen in Wirklichkeit eine kleine Gruppe nahezu horizontaler Strahlen sind.

Die Konstruktion erfolgt für eine gerade Abszisse, also eine ebene Erde. Die Erdkrümmung ist bereits in dem modifizierten Brechungsindex M enthalten. Für konstantes n werden die Bahnen nicht geradlinig, sondern erhalten eine der Erdkrümmung entgegengesetzte Krüm-

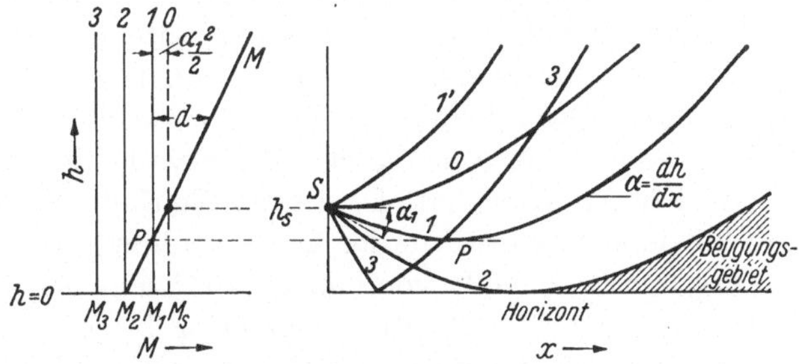

Bild 29.3. Konstruktion der Strahlenbahnen bei normalem M-Verlauf. (Aus BURROWS-ATTWOOD.)

mung nach oben. Beim Auftragen über der wirklichen Erde würden die Strahlenbahnen wegen der Brechung mit negativem b nach unten gehen, bei einer Kugel mit dem äquivalenten Erdradius nach Gl. (23) gerade Linien sein. Das gibt eine Möglichkeit, aus schmalen, in großen Entfernungen gemessenen Antennendiagrammen den äquivalenten Erdradius experimentell zu ermitteln.

Die Konstruktion von Bild 29.3 sei für den Strahl unter dem Winkel $\alpha_s = \alpha_1$ gezeigt. Dem Ausgangspunkt S entspricht der Wert M_s. Für den Strahl unter dem Winkel α_1 trage man $\alpha_1^2/2$ nach links ab und ziehe die senkrechte Linie

$$M_1 = M_s - \frac{\alpha_1^2}{2}. \tag{29}$$

(Beim Abtragen ist selbstverständlich der wirkliche Wert $\alpha_1 = \Delta h/\Delta x$ und nicht der Winkel der verzerrten Zeichnung zu nehmen.) Der Abstand der Linie M_1 von der M-Kurve hat dann den Wert

$$d = M - M_s + \frac{\alpha_1^2}{2}, \tag{30}$$

ist also der halbe Wert unter der Wurzel in (28).

Dadurch ist aber die Konstruktion sofort gegeben. Zu einem beliebig gewählten kleinen Wert Δh wird das zugehörige $\Delta x = \Delta h/\sqrt{2d}$.

Mit dem zu Δh gehörigen neuen d-Wert erhält man für ein beliebiges Δh_1 den neuen Wert Δx_1 usw. Da nach Bild 29.3 für den unter α_1 nach oben gehenden Strahl der Wert d immer größer wird, steigt die erhaltene Kurve immer steiler an, vgl. Kurve 1′ und Kurve 0, die für ein sehr kleines positives α_1 gilt. Da für den unter α_1 nach unten gehenden Strahl d kleiner wird, wird das zugehörige Δx immer größer, der Strahl also immer flacher, bis im Punkt P $d = 0$ und damit die Tangente waagerecht wird. Der Strahl kehrt die Richtung um, d und damit die Steilheit werden wieder größer. Der letzte mit waagerechter Tangente umkehrende Strahl entspricht dem Wert M_2 mit der Höhe $h_{\text{min}} = 0$. Der Strahl berührt die Erde, der Umkehrpunkt gibt den Horizont. Für größere Abstrahlwinkel, z.B. Strahl 3, erreicht der Strahl die Erde bei einem endlichen Wert von d und wird mit gleichem d, also gleichem Winkel reflektiert. Damit sind sämtliche Strahlenbahnen bekannt. Für große Abstrahlwinkel α_s liegt die zugehörige M_s-Linie sehr weit links, wodurch die Neigung der M-Kurve keinen merkbaren Einfluß auf die Konstruktion hat. Damit ein Einfluß vorhanden ist, muß die Verschiebung $\alpha_s^2/2$ etwa in der Größenordnung der M-Unterschiede, also etwa in der Größe von einigen 10^{-4} und damit α_s etwa in der Größenordnung $(1 \ldots 2) \cdot 10^{-2}$ oder etwa $1°$ sein.

In das schraffierte Gebiet von Bild 29.3 gelangen keine Strahlen. Hier ist das Gebiet der Beugung, in dem die durchgeführte optische Lösung nicht gilt. In dem übrigen Gebiet setzt sich die Feldstärke wie in Kap. 26.3 aus direkter und reflektierter Feldstärke zusammen. Da nach Konstruktion aller Strahlenbahnen für jeden Punkt aus Bild 29.3 die Ausgangswinkel α_s und der Wegunterschied der beiden Strahlen entnommen werden können, sind die beiden Einzelfeldstärken nach Größe und Phase und damit die Gesamtfeldstärke bekannt. Man kann auf diese Weise die Feldstärkenwerte in den einzelnen Punkten und damit das gesamte Diagramm berechnen. Für konstante Atmosphäre würde man die Diagramme von Kap. 26 erhalten.

Bei normal geschichteter Atmosphäre sind die M-Kurven nach Tab. 29.1 und Gl. (25) steiler als bei konstanter Atmosphäre. Dadurch wird der Abstrahlwinkel α_2 des Strahles, der gerade die Erde berührt, kleiner, der Horizont daher weiter hinausgeschoben, was der bereits behandelten Vergrößerung des Erdradius entspricht und größere Feldstärken in der Nähe der Erde liefert.

4. Anomale Brechung und Reflexion in der Troposphäre. Überreichweiten.

Die angegebene Konstruktion hat gegenüber der strengen Rechnung von Abschnitt 2 den Vorteil, daß sie genau so für beliebige M-Kurven anwendbar ist. Der Brechungsindex und damit M hat nämlich häufig einen von der angegebenen Form abweichenden Verlauf. Die normale Kurve entspricht einer allmählichen Abnahme der Temperatur und der Dichte mit der Höhe. Der Brechungsindex wird nur allmählich kleiner und M größer, vgl. Tab. 29.1. Häufig treten nun in der Nähe der Erde bis zu einigen 100 m, seltener 1000 m Höhe, Temperaturanstiege und damit Temperaturinversionen auf. Derartige Temperaturumkehrungen können z. B. durch die nächtliche Wärmeabstrahlung des Bodens, besonders in klaren Nächten, entstehen oder dadurch, daß in der Nähe von Küsten warme Luft vom Lande über kalte feuchte

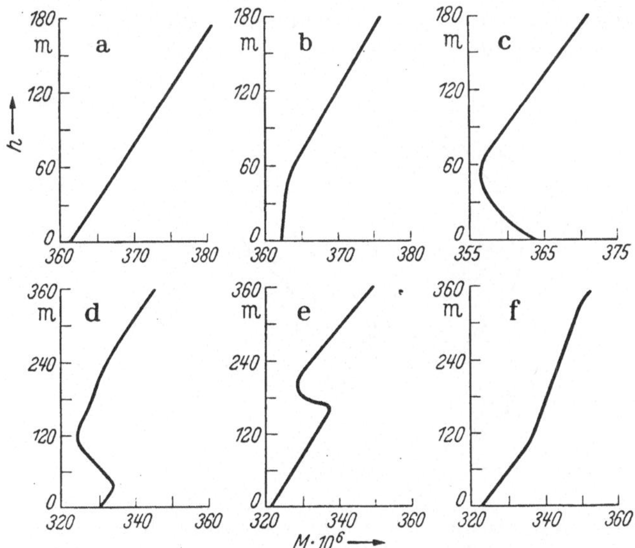

Bild 29.4. Verlauf des modifizierten Brechungskoeffizienten M nach amerikanischen Meßkurven. (Aus Burrows-Attwood.)

Luftschichten über See streicht. Durch die vergrößerte Temperatur in Verbindung mit dem verminderten Wasserdampfgehalt der Luft mit der Höhe kann der Brechungsexponent (3b) mit wachsender Höhe derart kleiner werden, daß die Wirkung des Gliedes h/a in Gl. (25) aufgehoben wird und M mit wachsender Höhe sinkt. In diesen Fällen bekommt daher M einen Verlauf, wie ihn die Bilder 29.4b—e zeigen. Die Kurven sind Meßkurven nach amerikanischen Literaturangaben aus dem Buch von Burrows-Attwood. Im allgemeinen beginnt die Abnahme von M gleich am Boden, in selteneren Fällen erst in einiger Höhe. Die Breite ΔM der Inversion beträgt im allgemeinen etwa $(10 \cdots 20) \cdot 10^{-6}$, in einigen Fällen sind Werte bis $40 \cdot 10^{-6}$ beobachtet worden. Da in großen Höhen die absolute Feuchtigkeit abnimmt und unregelmäßige Temperaturschwankungen seltener werden, müssen sämtliche M-Kurven für große Höhen wieder in den normalen M-Verlauf von Bild 29.4a übergehen.

Eine M-Kurve der Form 29.4b, die einer normalen Temperaturinversion mit schwacher Wasserdampfabnahme entspricht, liefert gegenüber einer normalen M-Kurve wegen des steileren Verlaufs nach den Schlußausführungen von Abschnitt 3 größere Feldstärken in der Nähe der Erde. Anschaulich erklärt sich diese Vergrößerung durch die stärkere Brechung infolge der dünner werdenden Schichten. Da eine normale Temperaturinversion eintritt, wenn nachts der Boden die aufgespeicherte Wärme abstrahlt, erklärt es sich, daß bei sämtlichen UKW-Verbindungen der Empfang nach Sonnenuntergang besser wird. Morgens hört die Inversion im allgemeinen auf, durch die Erwärmung des

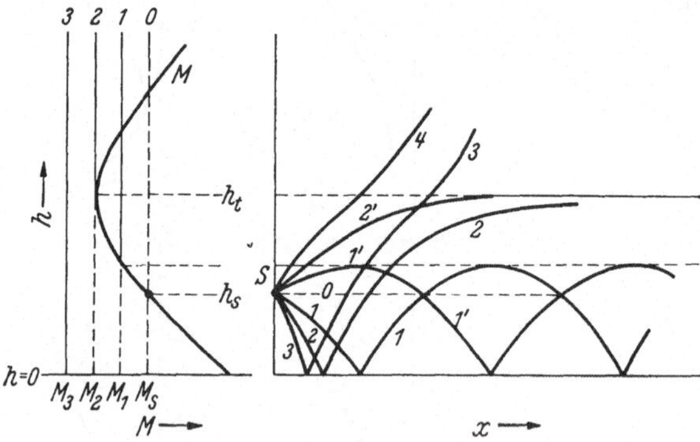

Bild 29.5. Konstruktion der Strahlenbahnen bei anomalem M-Verlauf. (Aus BURROWS-ATTWOOD.)

Bodens werden die unteren Luftschichten allmählich wärmer, wodurch die Empfangswerte am Tage, namentlich im Sommer, schlechter werden.

Bei stärkeren Temperaturinversionen, die mitunter ausgesprochene Knickstellen in der Temperaturkurve geben, entstehen vor allem in Verbindung mit einer stärkeren Abnahme des Wasserdampfs mit der Höhe z. B. durch Feuchtigkeitsverdampfung aus feuchtem Boden M-Kurven nach Bild 29.4c. Die zu einem M-Verlauf nach Bild 29.4c gehörenden Strahlenbahnen zeigt Bild 29.5. Befindet sich der Umkehrpunkt der M-Kurve oberhalb der Senderhöhe, so nimmt die Größe d nach Gl. (30) auch für die nach oben gehenden Strahlen ab. Geht die Abnahme bis auf Null, was für alle Werte bis M_2 erfüllt ist, so muß die Tangente parallel werden, die Strahlen kehren also um. Es entsteht eine direkte Reflexion an der Troposphäre. Die Folge davon ist, daß reflektierte Strahlen in das frühere Beugungsgebiet von Bild 29.3 kommen, wodurch Überreichweiten entstehen, die vollkommen den bekannten Reflexionen an der Ionosphäre entprechen; man kann genau wie dort durch Echomessungen die Höhe der Umkehrstelle ermitteln. Die Höhen der Temperaturinversionen stimmen mit diesen Höhen überein. Weiter entstehen durch die reflektierten Strahlen in Gebieten, die sonst normalen Beugungsempfang haben, durch die Zusammensetzung der normalen Werte mit diesen reflektierten Strahlen oder durch die Zusammensetzung mehrerer, auf verschiedenen Wegen ankommender Strahlen (vgl. die Mehrfachwege in Bild 29.5) starke Interferenzschwankungen und damit kurzzeitig sowohl starke als auch sehr schwache Empfangswerte.

Nach Bild 29.5 werden sämtliche Strahlen bis zu einem Abstrahlwinkel, der dem Punkt M_2 entspricht, zur Erde reflektiert, bleiben in der Nähe der Erde und rufen hier eine unter normalen atmosphärischen Bedingungen nicht vorhandene Empfangszone (nach der englischen Bezeichnung vielfach duct genannt) hervor. Sämtliche Strahlen, deren Abstrahlwinkel senkrechten Linien hinter M_2 in Bild 29.5 entsprechen, werden entweder an der Erde reflektiert und nach oben gelenkt (Strahl 3) oder direkt nach oben gelenkt (Strahl 4), wobei im Gegensatz zu Bild 29.3 die Tangente der Strahlenbahn erst schwächer wird und dann wieder ansteigt.

Betrachten wir jetzt einen M-Verlauf nach Bild 29.4d oder e, so werden die an den oberen Schichten reflektierten Strahlen wegen des unteren Knicks der M-Kurve wieder nach oben reflektiert, so daß bei einem solchen Verlauf eine Empfangszone mit größeren Feldstärken nicht unmittelbar an der Erde, sondern in einer höheren Schicht entsteht. Die Schichthöhe ist die Höhe zwischen dem oberen Umkehrpunkt und dem gleichen M-Wert auf dem unteren Kurventeil.

Außer den M-Kurven von Bild 29.4b bis e tritt, wenn auch weniger häufig, ein Verlauf entsprechend Bild 29.4f auf, bei dem die M-Kurve in größerer Höhe steiler wird, wodurch die Feldstärken an der Erde schwächer werden. Ein derartiger Verlauf tritt häufig, aber nicht immer, bei Nebel auf. Er erklärt sich durch eine Kondensation des Wassers und damit eine Abnahme des Wasserdampfs in den unteren Schichten.

Wir haben im vorstehenden die Grunderscheinungen der Wellenausbreitung in der Troposphäre aus der Betrachtung der Strahlenbahnen erklärt. Die benutzte optische Methode hat ihre Grenzen, sie gilt nicht im Beugungsgebiet und gibt keine Frequenzabhängigkeit im Interferenzgebiet, die vorhanden sein muß, da der duct etwas Ähnliches wie einen Hohlleiter, wenn auch nicht mit so scharfer Begrenzung, darstellt. Diese Abhängigkeit und die Werte im Beugungsgebiet kann nur die Wellentheorie liefern, die vor allem für einen exponentiellen M-Verlauf und eine aus zwei Geraden zusammengesetzte (bilineare) M-Kurve entwickelt ist, vgl. z. B. die Arbeit von PEKERIS und die von BURROWS-ATTWOOD und KERR herausgegebenen Bücher über Wellenausbreitung. Die Wellentheorie liefert als Lösung eine Anzahl von

Wellenformen [ähnlich den Wellenformen der Hohlleiter oder den einzelnen Summanden der Residuenlösung (12)], die sich durch die Feldstärkenverteilung mit der Höhe unterscheiden und deren von der Form der M-Kurve, der Senderhöhe und der Entfernung abhängige Zusammensetzung die gesuchte Feldstärkenverteilung liefert.

Da die unregelmäßigen, durch die Temperatur- und Dichteschwankungen hervorgerufenen M-Kurven starken Schwankungen unterliegen, sind auch die entstehenden Feldstärken, abgesehen von den Interferenzschwankungen, starken Schwankungen unterworfen. Trotzdem reicht die Unregelmäßigkeit der M-Kurven in vielen Fällen nicht aus, um die beobachteten starken Streuungen der Empfangswerte und die Überreichweiten zu erklären. Eine wichtige Ursache für beide sind die Teilreflexionen an erhöhten Inversionsschichten von einigen 100 bis etwa 6000 m Höhe. An jeder Inversionsschicht entsteht außer der Brechung eine vom Einfallswinkel, der Dicke der Inversionsschicht im Verhältnis zur Wellenlänge (bei kleinerer Wellenlänge wird die Reflexion einer einzelnen Schicht schwächer) und vom Verlauf des Brechungsindex abhängige Reflexion, vgl. z. B. die Arbeit von SAXTON. Eine zweite ähnliche Ursache für die beobachteten Schwankungen und Überreichweiten sind nach BOOKER und GORDON überall vorhandene Temperaturwirbel und Schlieren an Stelle der Temperaturschichten. Da sich die von den einzelnen Inversionsschichten und Störstellen reflektierten Teilwellen mit den verschiedensten Phasen addieren und ihre Summe in größerer Entfernung hinter der Sicht den Wert der normalen Bodenausbreitung übersteigt, werden die Feldstärken in großen Entfernungen hinter der Sicht ebenso wie bei der Reflexion an der Ionosphäre unabhängig von der Bodenwelle und den Antennenhöhen sein, mit wachsendem Abstand wesentlich langsamer abnehmen und mit größer werdender Entfernung und mit kürzer werdender Wellenlänge stärker schwanken

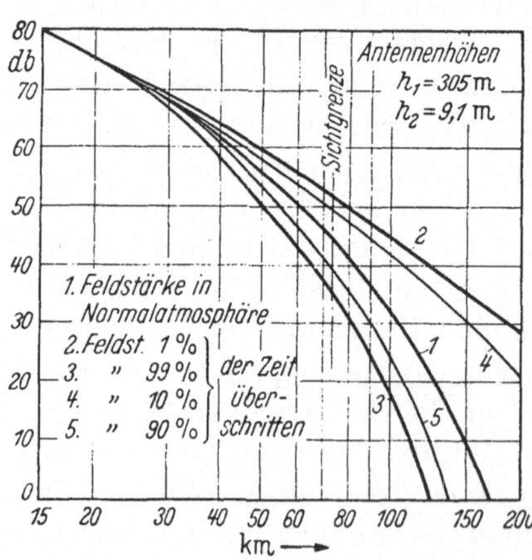

Bild 29.6. Feldstärkenschwankung in Abhängigkeit von der Entfernung. [Nach DE MARS: Proc. I. R. E. Bd. 35 (1947) S. 142.]

Bild 29.6 zeigt ein typisches Bild der Schwankungserscheinungen. Aufgetragen sind für die verschiedenen Entfernungen die Feldstärkenwerte, die in 1 und 10% der Zeit unter- oder überschritten werden. Trägt man für eine konstante Entfernung die Feldstärkenwerte, die in

p% der Zeit überschritten werden, logarithmisch, z. B. in Dezibel, über dem zugehörigen Prozentsatz der Zeit in GAUSSschen Wahrscheinlichkeitskoordinaten auf, so erhält man im allgemeinen eine normale geradlinige Wahrscheinlichkeitskurve. Die Steilheit der Kurve wächst mit größerer Entfernung und kürzerer Wellenlänge.

Während die gemessenen Mittelwerte bei normal langen Verbindungen gut mit den theoretischen Werten mit $^4/_3$ Erdradius übereinstimmen (vgl Abschn. 2) und mit kürzer werdender Wellenlänge und kleineren Antennenhöhen kleiner werden, gilt das nach den vorstehenden Betrachtungen nicht mehr für die kurzzeitig erreichten Höchstwerte und für große Entfernungen hinter der Sicht. Da die Schwankungen mit kürzer werdender Wellenlänge stärker und die Feldstärken unabhängig von den Antennenhöhen werden, müssen sich die kurzzeitig erreichten Feldstärkenwerte immer mehr nähern. Tatsächlich sind die Werte, die in 1 % der Zeit überschritten werden (Kurve *2* in Bild 29.6) nach den von der Federal Communications Commission (FCC) herausgegebenen Kurven in dem untersuchten Bereich von 50 bis 250 MHz bei größeren Entfernungen über etwa 250 km unabhängig von Wellenlänge und Antennenhöhen. Diese Werte sind aber für die Störungen von weit entfernten Stationen maßgebend. Während daher die theoretischen Berechnungen von Kapitel 25 bis 29.2 für die Berechnung der Verbindungsfeldstärken gültig bleiben, müssen für die Störfeldstärken ferner Sender höhere, auf Grund statistischer Messungen ermittelte Werte eingesetzt werden. Das ist z. B. bei der Planung von Funkverbindungen mit mehreren Relaisstrecken oder von Fernsehnetzen zu beachten. Auch die Mittelwerte, die in 50% der Zeit überschritten werden, sind aus den angegebenen Gründen in großen Entfernungen größer als die berechneten Feldstärken und nehmen langsamer ab, in dem angegebenen Bereich etwa um 0,1 db/km gegenüber etwa 0,5 db/km nach Bild 27.12. Die statistischen Verteilungskurven sind auch bei der Berechnung von Verbindungen zu berücksichtigen, die in einem bestimmten Prozentsatz der Zeit, z. B. in 95 oder 99% der Zeit, einen bestimmten Rauschabstand haben sollen. Hier muß zu den berechneten Mittelwerten ein entsprechender Zuschlag gemacht werden.

Eine gewisse Verminderung der Schwankungen kann man, soweit es sich um reine Interferenzschwankungen handelt, durch einen Mehrfachempfang (diversity-Empfang) erreichen, bei dem dasselbe Programm mit zwei verschiedenen Frequenzen übertragen oder an zwei weit genug entfernten Orten empfangen wird.

Die besprochenen Erscheinungen in der Troposphäre gelten für alle Wellenlängen. Bei sehr kurzen Wellen unter 5 cm tritt außerdem noch eine wellenlängenabhängige Dämpfung durch Nebel und Regentropfen ein, für die experimentelle Unterlagen in der Literatur vorliegen,

z. B. in der Arbeit von MUELLER. Diese Dämpfung setzt der Benutzung von Wellen unter etwa 3 cm für Funkverbindungen praktisch eine Grenze.

Im Zusammenhang mit den Reflexionen in der Troposphäre sei auf die Reflexionen an der Ionosphäre (vgl. Abschnitt 1) hingewiesen, die im Prinzip ähnlich sind, nur daß der Brechungsindex wellenlängenabhängig ist und wegen der größeren Höhe der reflektierenden Schichten die Entfernungen bis zum Wiederauftreffen der Strahlen auf der Erde wesentlich größer als in Bild 29.5 sind, wodurch kontinentale Entfernungen überbrückt werden können. Während die Reflexionen an der Ionosphäre bei Wellen über 10 m Wellenlänge die normalen Verbindungswerte der Kurzwellenverbindungen ergeben, kommen sie bei Wellen zwischen 6 und 10 m noch kurzzeitig und vereinzelt als störende Überreichweiten vor, während bei Wellen unter etwa 6 m Reflexionen an der Ionosphäre praktisch vernachlässigbar sind.

30. Kapitel.

Wellenausbreitung an Hindernissen.

1. Problemstellung und Lösungsmethoden.

Während wir in den Kap. 25 bis 29 die Wellenausbreitung im freien Raum und mit Berücksichtigung der Erde und Atmosphäre betrachteten, wollen wir im folgenden Kapitel für einige einfache Fälle die Wellenausbreitung bei Anwesenheit von Hindernissen behandeln. Unter die Ausbreitung an Hindernissen im weiteren Sinne zählt jedes Beugungsproblem, also auch die Beugung an der Erde oder die in Teil C behandelten Antennenfelder mit Reflektor. Sehen wir von derartigen Fällen ab, indem wir die in unmittelbarer Nähe der Antenne liegenden reflektierenden Flächen zur Antenne selbst zählen und ebenso wie die Wirkung der Erde im folgenden nicht betrachten, so bleibt für die Ausbreitung an Hindernissen im engeren Sinne die Beeinflussung der Wellenausbreitung durch Hindernisse, deren Entfernung von der Strahlungsquelle groß gegen die Wellenlänge ist. Die einfallende Welle kann in diesem Fall als ebene Welle aufgefaßt werden, und das Beugungsproblem besteht in der Beeinflussung einer primären ebenen Welle durch das betreffende Hindernis.

Bei beliebig geformten Hindernissen kann die Berechnung nur näherungsweise nach dem HUYGENSschen Prinzip durchgeführt werden, dessen allgemeine Grundlagen in Kap. 5.3 u. 5.4 behandelt sind. Eine strenge Lösung des Problems ist nur bei mathematisch einfachen Körpern möglich, z. B. nach der Methode der Reihenentwicklungen bei zylinderförmigen oder kugelförmigen Hindernissen u. dgl., mit Integralgleichungsansätzen bei der Beugung an ebenen Schirmen oder nach der SOMMERFELDschen Methode der verzweigten Lösungen der ebenen Welle bei der Beugung an ebenen Kanten u. dgl. Die 1. Methode würde der in Kap. 27 durchgeführten strengen Beugungsberechnung um die Erde vollkommen analog sein. Da die strenge Lösung entsprechend Kap. 27 bei Hindernissen, die groß gegen die Wellenlänge sind, im Gegensatz z. B. zu den optischen Gittern, schwierige Reihenumformungen erfordert und die Hindernisse im allgemeinen beliebige Gestalt haben, tritt die Bedeutung der strengen Lösungen für die Berechnung der Hindernisstörung hinter die Näherungslösungen zurück. Wir werden daher in Abschn. 4 und 5 nur die Näherungslösungen behandeln.

Bei der Wellenausbreitung mit Hindernissen interessiert praktisch sowohl die Stärke der durchgelassenen und gebeugten Welle für einen Empfang hinter dem Hindernis als auch das von dem Hindernis reflektierte Feld für die Ortsbestimmung beliebiger Hindernisse. Als grundlegendes Beispiel für diese 3 Fälle behandeln wir in Abschn. 2 die Schwächung einer ebenen Welle beim Durchgang durch eine unendlich ausgedehnte planparallele Platte beliebiger Leitfähigkeit streng nach den MAXWELLschen Gleichungen, in Abschn. 4 die Beugung um eine ebene Kante und in Abschn. 5 die Reflexion an einer ebenen Fläche, beide nach dem KIRCHHOFF-HUYGENSschen Prinzip. Abschn. 3 enthält eine mit den Ausbreitungserscheinungen nicht unmittelbar zusammenhängende Ergänzung von Abschn. 2 über den reflexionsfreien Abschluß einer Welle.

2. Der Durchgang einer ebenen Welle durch eine planparallele Schicht. Wellenausbreitung in Städten.

Als Beispiel für die Dämpfung einer durch ein Hindernis gehenden Welle betrachten wir als einfachsten Fall eine ebene Welle, die senkrecht auf eine unendlich große leitende Ebene der Dicke D und der komplexen Dielektrizitätskonstanten $\varepsilon_i = \varepsilon^r + \sigma/i\omega$ fällt. Legen wir die x-Achse in die Fortpflanzungsrichtung und die z-Achse in die Richtung des HERTZschen Vektors der einfallenden Welle, vgl. Bild 30.1, so gilt für das primäre Feld nach den Gl. (4.2 u. 4.4)

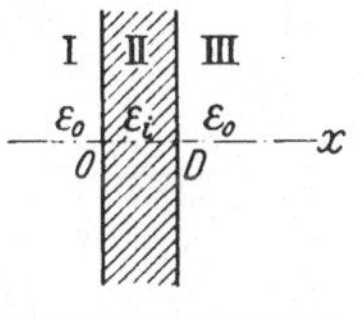

Bild 30.1. Zum Durchgang einer ebenen Welle durch eine planparallele Wand.

$$P_z = \Pi_0 = A_0 \, e^{-i k_0 x} = \frac{E_0}{k_0^2} \, e^{-i k_0 x} . \qquad (1)$$

Um die Reflexionsbedingungen an beiden Seiten der Trennflächen zu erfüllen, setzen wir für jeden Raum von Bild 30.1 eine durchgelassene und eine reflektierte Welle mit der Wellenzahl des betreffenden

Mediums an, machen also den Ansatz

$$\begin{aligned} k_0^2 \Pi_0 &= E_0 \, e^{-i k_0 x} + E_r \, e^{i k_0 x} && \text{vor der Wand,} \\ k_i^2 \Pi_1 &= E_1 \, e^{-i k_i x} + E_{r1} e^{i k_i x} && \text{in der Wand,} \\ k_0^2 \Pi_2 &= E_2 \, e^{-i k_0 x} && \text{hinter der Wand.} \end{aligned} \tag{2}$$

Die 4 Konstanten E_r, E_1, E_{r1} und E_2 bestimmen sich aus der Gleichheit der tangentialen elektrischen und magnetischen Feldstärkenkomponenten an beiden Grenzflächen. Da die angesetzten Wellen nach Gl. (4.4) die Feldstärken

$$E_z = k^2 \Pi, \qquad H_y = -i \omega \varepsilon \frac{\partial \Pi}{\partial x} \tag{3}$$

haben, ergibt die Gleichsetzung von E_z und H_y für $x = 0$ und $x = D$ mit Einführung des komplexen Brechungsexponenten $n = k_i/k_0 = \sqrt{\varepsilon_i/\varepsilon_0}$ nach Gl. (26.6) folgende Werte:

$$\begin{aligned} &E_0 + E_r = E_1 + E_{r1}, && E_0 - E_r = n(E_1 - E_{r1}), \\ &E_1 e^{-i k_i D} + E_{r1} e^{i k_i D} = E_2 e^{-i k_0 D}, && n(E_1 e^{-i k_i D} - E_{r1} e^{i k_i D}) = E_2 e^{-i k_0 D}. \end{aligned} \tag{4}$$

Die Auflösung der Gleichungen liefert für die durchgelassene und reflektierte Welle

$$\begin{aligned} \frac{E_2}{E_0} &= \frac{4 n \, e^{i k_0 D}}{(n+1)^2 e^{i k_i D} - (n-1)^2 e^{-i k_i D}} = \frac{e^{i k_0 D}}{\cosh i k_i D + \frac{1}{2}\left(n + \frac{1}{n}\right) \sinh i k_i D}, \\ \frac{E_r}{E_0} &= \frac{(1-n^2) e^{i k_i D} - (1-n^2) e^{-i k_i D}}{(n+1)^2 e^{i k_i D} - (n-1)^2 e^{-i k_i D}} = \frac{-\frac{1}{2}\left(n - \frac{1}{n}\right) \sinh i k_i D}{\cosh i k_i D + \frac{1}{2}\left(n + \frac{1}{n}\right) \sinh i k_i D}. \end{aligned} \tag{5}$$

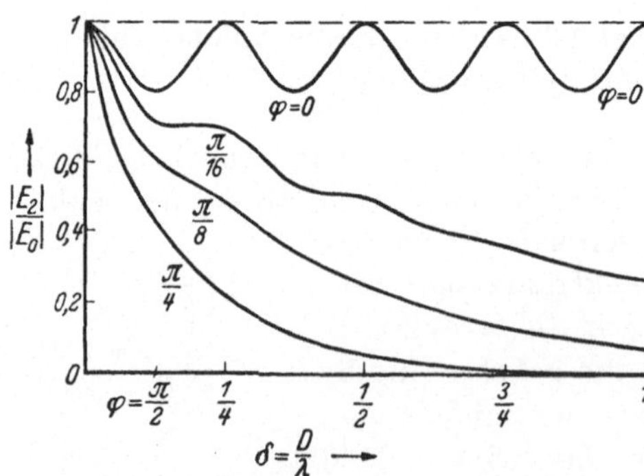

Bild 30.2. Größe der Feldstärke der durchgelassenen Welle für verschiedene Verlustwinkel in Abhängigkeit von der Wandstärke.

Bild 30.2 zeigt den Absolutwert von E_2/E_0, also das Verhältnis der Feldstärken der durchgelassenen und primären Welle für verschiedene relative Wandstärken $\delta = D/\lambda$ und verschiedene Verlustwinkel $\varphi = \operatorname{arctg} \sigma/\omega\varepsilon^r$. Die Größe des durchgelassenen Feldes ändert sich wellenförmig mit der Dicke der Wand, wobei mit wachsender Leitfähigkeit und wachsender Wandstärke eine immer stärkere Dämpfung eintritt. Ist D groß gegen die Wellenlänge, so ist auch bei kleinem φ eine beträchtliche Dämpfung vorhanden. Es werden daher im wesentlichen nur längere Wellen durchgelassen.

Die berechneten Werte können für eine Abschätzung der Wellenausbreitung in Städten dienen. Die Feldstärken in den Straßen und Häusern der Städte entstehen auf 2 Wegen. Einmal pflanzen sich die Wellen in Bodennähe durch die hintereinanderliegenden Häuserwände mit entsprechender Dämpfung fort, während sich die Wellen in größerer Höhe im freien Raum über den Dächern ausbreiten und von hier aus in die Straßen und Häuser eindringen. Da enge Straßen ebenso wie enge Täler als Hohlleiter wirken. können nach Kap. 8 von oben nur relativ kurze Wellen unterhalb der in Kap. 8 besprochenen Grenzwelle eindringen. Die Ausbreitung von Mittel- und Langwellen erfolgt daher im wesentlichen durch die Häuserwände hindurch, wobei die oben berechnete Dämpfung in Frage kommt, während Meterwellen und kürzere Wellen im wesentlichen von oben in die Straßen eindringen, wobei die Feldstärken in Dachhöhe etwa den normalen Ausbreitungswerten von Kap. 28 entsprechen, die eindringenden Werte mit wachsender Entfernung abnehmen. Die Abnahme erfolgt nach Messungen proportional mit der Höhe und ist z. B. bei 3 m-Wellenlängen und normalen vierstöckigen Häusern am Boden etwa einen Zehnerfaktor kleiner als in der Höhe der Dächer. Durch zusätzliche Reflexionen können bei den kurzen Wellen örtlich stark schwankende Feldstärkenwerte vorhanden sein. Durch die besprochenen Erscheinungen erklärt es sich, daß in Städten kürzere Wellen von z. B. 3 m mitunter bessere Empfangswerte als längere Wellen von z. B. 8 m Wellenlänge liefern können.

3. Reflexionsfreier Abschluß einer ebenen Welle oder Hohlleiterwelle.

Im Anschluß an die Berechnung von Abschn. 2 wollen wir einen reflexionsfreien Abschluß einer ebenen Welle betrachten. Man sieht aus den Ableitungen von Abschn. 2, insbesondere aus der 2. Gl. (5), daß es mit der Anordnung von Bild 30.1 nicht möglich ist, die reflektierte Welle $E_r = 0$ zu machen. Der reflexionsfreie Abschluß gelingt aber, wenn wir hinter der leitenden Wand mit der Dielektrizitätskonstanten $\varepsilon_i = \varepsilon^r + \sigma/\mathrm{i}\,\omega$ im Abstand $\lambda/4$ einen vollkommen reflektierenden Schirm anordnen, vgl. Bild 30.3.

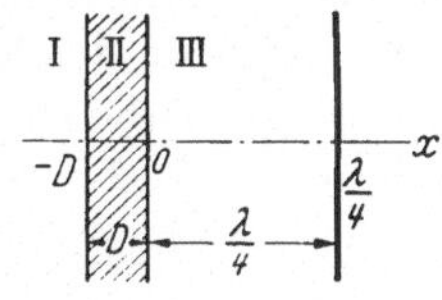

Bild 30.3. Reflexionsfreier Abschluß einer ebenen Welle.

Der den Gl. (2) entsprechende Ansatz lautet, wenn die reflektierte Welle im Raum I verschwinden soll,

$$\begin{aligned} k_0^2 \Pi_0 &= E_0 \mathrm{e}^{-\mathrm{i} k_0 x}, \\ k_i^2 \Pi_1 &= E_1 \mathrm{e}^{-\mathrm{i} k_i x} + E_{r1} \mathrm{e}^{\mathrm{i} k_i x}, \\ k_0^2 \Pi_2 &= E_2 \mathrm{e}^{-\mathrm{i} k_0 x} + E_{r2} \mathrm{e}^{\mathrm{i} k_0 x}. \end{aligned} \tag{6}$$

Die Gleichheit von E_z und H_y an den Stellen $x = -D$ und 0 sowie das Verschwinden von E_z an dem Schirm $x = \lambda/4$ ergibt mit Gl. (3)

und Benutzung des Wellenwiderstandes $Z_i = k_i/\omega\varepsilon_i$ nach Gl. (4.5) die Bedingungsgleichungen

$$E_0 e^{ik_0D} = E_1 e^{ik_0D} + E_{r1} e^{-ik_0D}, \quad E_1 + E_{r1} = E_2 + E_{r2},$$
$$\frac{E_0}{Z_0} e^{ik_0D} = \frac{E_1}{Z_i} e^{ik_iD} - \frac{E_{r1}}{Z_i} e^{-ik_iD}, \quad \frac{E_1}{Z_i} - \frac{E_{r1}}{Z_i} = \frac{E_2}{Z_0} - \frac{E_{r2}}{Z_0}, \tag{7}$$
$$E_2 - E_{r2} = 0.$$

Aus den Gleichungen für $x = 0$ und $\lambda/4$ folgt

$$E_{r2} = E_2 = E_{r1} = E_1 = E. \tag{8}$$

Die beiden Gleichungen für $x = -D$ sind dann nur zu erfüllen, wenn die Bedingung

$$e^{ik_iD} + e^{-ik_iD} = \frac{Z_0}{Z_i}(e^{ik_iD} - e^{-ik_iD}) \tag{9}$$

oder

$$i \operatorname{tg} k_i D = \frac{Z_i}{Z_0} \tag{9a}$$

besteht. Das ist eine transzendente Gleichung zur Bestimmung von D oder ε_i. Für große Leitfähigkeit und damit großes ε_i wird $|Z_i| \ll Z_0$, mithin näherungsweise

$$i k_i D \approx \frac{Z_i}{Z_0}. \tag{9b}$$

Setzt man $Z_i = k_i/\omega\varepsilon_i$ und $\varepsilon_i = \varepsilon^r + \sigma/i\omega \approx \sigma/i\omega$, so ergibt sich

$$\frac{Z_i}{i k_i D} = \frac{1}{i\omega\varepsilon_i D} \approx \frac{1}{\sigma D} = Z_0. \tag{10}$$

Die absorbierende Schicht muß also bei einer Dicke D die Leitfähigkeit $\sigma = 1/Z_0 D$ bekommen, um die ankommende Welle vollkommen zu absorbieren.

Man sieht, daß der Beweis nur davon abhängt, daß E und H auf der ganzen Ebene das konstante Feldstärkenverhältnis $Z = Z_0$ haben. Der Schluß gilt daher unverändert für die Absorption der in Kap. 8 behandelten Hohlleiterwellen, wenn man für Z_0 den Feldwellenwiderstand der betreffenden Hohlleiterwelle setzt.

4. Beugung an einer Kante. Schwächung der Wellenausbreitung durch Berge.

Bei Ausbreitung ultrakurzer Wellen tritt häufig der Fall auf, daß die freie Sicht zwischen Sender und Empfänger durch dazwischenliegende Berge mehr oder weniger gestört ist. Man erhält eine für die meisten praktischen Zwecke ausreichende Näherung, wenn man den störenden Berg durch eine vollkommen abschirmende Wand ersetzt und die Feldstärke am Empfangsort P nach dem Huygensschen Prinzip in seiner einfachsten skalaren Form (5.12) berechnet.

Bild 30.4 zeigt als Beispiel einen Geländeschnitt mit der Senderhöhe h_1, der Empfängerhöhe h_2 und einem dazwischenliegenden Hügel der Höhe h über der gekrümmten Erde. Maßgebend für die Störung ist die Entfernung H_0 zwischen der Hügelkuppe und der Verbindungslinie SP zwischen Sender und Empfänger. H_0 soll positiv gerechnet werden, wenn die Hügelkuppel unter der Verbindungslinie liegt, negativ, wenn der Hügel in die Verbindungslinie hineinragt, so daß der Empfänger im Schattenraum liegt. Für die Berechnungen von H_0 aus den gegebenen Höhen folgt aus Bild 30.4

$$H_0 = h_3 - h_E - h. \tag{11}$$

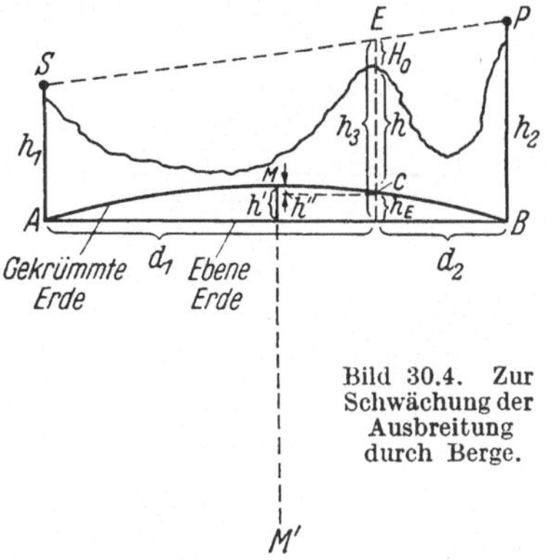

Bild 30.4. Zur Schwächung der Ausbreitung durch Berge.

Die Höhe h_3 über der Sehne AB ergibt sich aus dem Trapez $ABPS$. Es ist

$$\frac{h_2 - h_3}{h_3 - h_1} = \frac{d_2}{d_1}, \quad \text{mithin} \quad h_3 = \frac{h_1 d_2 + h_2 d_1}{d_1 + d_2}. \tag{12}$$

Ist M die Mitte zwischen AB und $MM' = 2a$ der Erddurchmesser, so folgt aus den bei A und C rechtwinkligen Dreiecken MAM' und MCM'

$$2a\,h' = \left(\frac{d_1 + d_2}{2}\right)^2, \qquad 2a\,h'' = \left(\frac{d_1 + d_2}{2} - d_2\right)^2 = \left(\frac{d_1 - d_2}{2}\right)^2 \tag{13}$$

und mithin die durch die Erdkrümmung hervorgerufene Erhöhung

$$h_E = h' - h'' = \frac{d_1 d_2}{2a}. \tag{14}$$

Mit diesen Werten wird die gesuchte Höhe (11)

$$H_0 = \frac{h_1 d_2 + h_2 d_1}{d_1 + d_2} - \frac{d_1 d_2}{2a} - h. \tag{15}$$

Mit Berücksichtigung der Atmosphäre ist statt $a = 6370$ km der äquivalente Erdradius ka mit z. B. $k = 4/3$ zu setzen; vgl. Kap. 29.2.

Für die Berechnung der durch den Hügel hervorgerufenen Abschirmung ersetzen wir nun den Hügel durch einen undurchlässigen Schirm senkrecht zu SP bzw. AB, so daß das Beugungsproblem von Bild 30.5 entsteht, das wir unter der Voraussetzung, daß die Entfernungen d_1 und d_2 groß gegen H_0 und groß gegen die Wellenlänge sind, nach dem einfachen Huygensschen Prinzip lösen können. Denken wir uns die Schirmebene nach oben fortgesetzt, so ist nach diesem Prinzip die Erregung in P gleich der Summe der von den beleuchteten Teilen der Schirmfläche herrührenden Einzelerregungen; vgl. (5.12). Ragt der

Schirm gerade bis an die Verbindungslinie heran, so ist daher die Feldstärke in $P = \frac{1}{2}E_0$, wenn E_0 die Feldstärke ohne Schirm ist. Ist die Schirmkante tiefer oder höher, so kommt die von dem Flächenstreifen EF in Bild 30.5 herrührende Erregung E' hinzu oder hinweg. Die Größe von E' ergibt sich, da die von den einzelnen Flächenelementen herrührenden Werte sich wegen unserer Voraussetzung nur in der Phase unterscheiden, mit den Bezeichnungen von Bild 30.5 zu

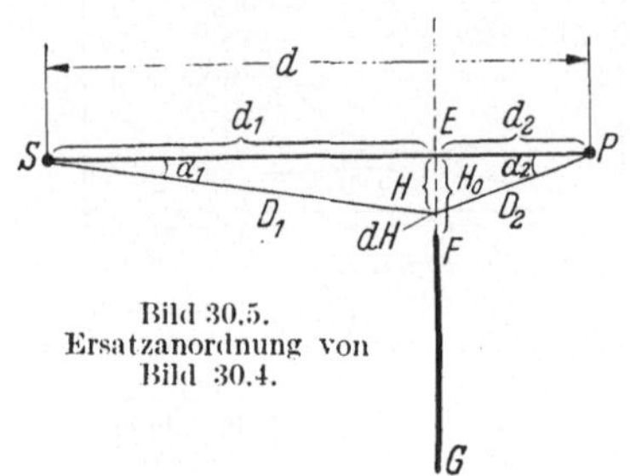

Bild 30.5. Ersatzanordnung von Bild 30.4.

$$E' = A\int\limits_0^{H_0} e^{-\mathrm{i}k_0(D_1+D_2-d_1-d_2)}\,\mathrm{d}H. \tag{16}$$

Dabei ist $k_0 = 2\pi/\lambda$ und nach Bild 30.5

$$D_1 + D_2 = \sqrt{d_1^2 + H^2} + \sqrt{d_2^2 + H^2} \approx d_1 + d_2 + \frac{H^2}{2d_1} + \frac{H^2}{2d_2}. \tag{16a}$$

Setzt man als neue Variable

$$v = H\sqrt{\frac{2}{\lambda}\left(\frac{1}{d_1} + \frac{1}{d_2}\right)}, \tag{17}$$

wobei das Vorzeichen von v mit dem von H übereinstimmen soll, so liefert (16) mit Einführung einer neuen Konstanten

$$E' = B\int\limits_0^{v_0} e^{-\mathrm{i}\frac{\pi}{2}v^2}\,\mathrm{d}v = B\left[\int\limits_0^{v_0}\cos\left(\frac{\pi}{2}v^2\right)\mathrm{d}v - \mathrm{i}\int\limits_0^{v_0}\sin\left(\frac{\pi}{2}v^2\right)\mathrm{d}v\right]. \tag{18}$$

Die in der Klammer stehenden Integrale sind die FRESNELschen Integrale, die bereits in Kap. 22.3 auftraten und z. B. im JAHNKE-EMDE tabuliert sind. Mithin ist

$$E' = B\,[\mathrm{C}(v_0) - \mathrm{i}\,\mathrm{S}(v_0)]. \tag{18a}$$

Die Konstante B erhält man, wenn man berücksichtigt, daß mit unserer Näherung das Integral von 0 bis ∞ den Wert $\frac{1}{2}E_0$ ergeben muß, zu

$$B = \frac{\frac{1}{2}E_0}{\mathrm{C}(\infty) - \mathrm{i}\,\mathrm{S}(\infty)} = \frac{\frac{1}{2}E_0}{1/2 - \mathrm{i}/2} = E_0\frac{1+\mathrm{i}}{2}. \tag{19}$$

Die Gesamterregung in P wird daher

$$E = \tfrac{1}{2}E_0 + E' = \tfrac{1}{2}E_0 + \tfrac{1}{2}E_0(1+\mathrm{i})\,[\mathrm{C}(v_0) - \mathrm{i}\,\mathrm{S}(v_0)] \tag{20}$$

oder auch

$$E = E_0\frac{1+\mathrm{i}}{2}\left[\frac{1}{2} + \mathrm{C}(v_0) - \frac{\mathrm{i}}{2} - \mathrm{i}\,\mathrm{S}(v_0)\right]. \tag{20a}$$

Das aus (20 bzw. 20a) folgende Verhältnis E/E_0 ist nach den tabulierten Werten der FRESNELschen Integrale in Bild 30.6 nach Betrag und Phase dargestellt. Im Schattenraum beträgt die Phase in guter Näherung

$$\varphi \approx \frac{\pi}{2} v_0^2 + \frac{\pi}{4} \tag{21}$$

und der Absolutwert für $v_0 < -1$

$$\left|\frac{E}{E_0}\right| = \frac{1}{\sqrt{2}\,\pi\, v_0} = \frac{0{,}125}{v_0}. \tag{21a}$$

Praktisch interessiert meist nur die Größe von E/E_0. Liegt der Empfänger im Schattenraum, so sinkt die Intensität nach Bild 30.6

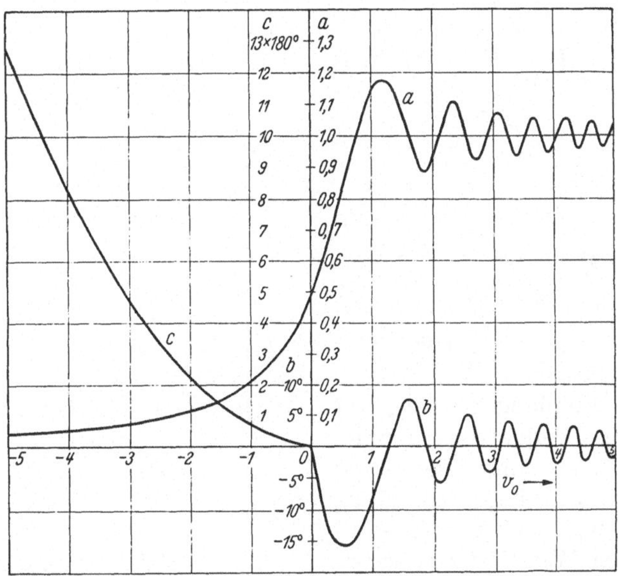

Bild 30.6. Absolutwert a und Phase b und c des Schwächungsfaktors als Funktion von v_0.

ständig ab, liegt der Empfänger höher, so schwankt die Intensität wellenförmig um den Wert 1. Bei bestimmten Empfängerhöhen kann die Feldstärke größer als bei freier Ausbreitung (Maximalwert 1,17) sein, was in gebirgigen Gegenden mitunter durch geeignete Empfängerhöhe praktisch ausgenutzt werden kann. Die Erhöhung erklärt sich aus dem Ausblenden der gegenphasigen Anteile der abgedeckten FRESNEL-Zonen.

Als Beispiel für die Berechnung der Abschirmung betrachten wir den Fall $\lambda = 5$ m, $d = 80$ km, $d_1 = 20$ km, $h_1 = 300$ m, $h_2 = 100$ m und $h = 50$ bzw. 300 m. Nach den angegebenen Gl. (12 u. 14) wird bei einem äquivalenten Erdradius von $\frac{4}{3}a$ $h_3 = 250$ m, $h_E = 71$ m, mithin nach (15) $H_0 = 129$ m bzw. -121 m. Nach Gl. (17) wird dann $v_0 = 0{,}66$ bzw. $-0{,}625$ und mithin nach Bild 30.6 der Schwächungsfaktor, mit dem die normale Feldstärke ohne Berg zu multiplizieren ist, 0,92 bzw. 0,27.

Wir hatten bisher nur die Schwächung des direkten Strahles berechnet, also angenommen, daß der Boden diffus reflektiert (Kriterium für diffuse Reflexion in Kap. 25.3). Ist die Reflexion des Bodens nicht zu vernachlässigen, so ist das Spiegelbild von Sender und Empfänger zu berücksichtigen. Die Gesamtfeldstärke in P setzt sich dann nach Bild 30.7 aus 4 Teilen zusammen, von denen jeder nach Gl. (20) zu berechnen ist, und zwar wird

$$\boldsymbol{E} = \boldsymbol{E}_1 - \boldsymbol{E}_2 - \boldsymbol{E}_3 + \boldsymbol{E}_4 . \quad (22)$$

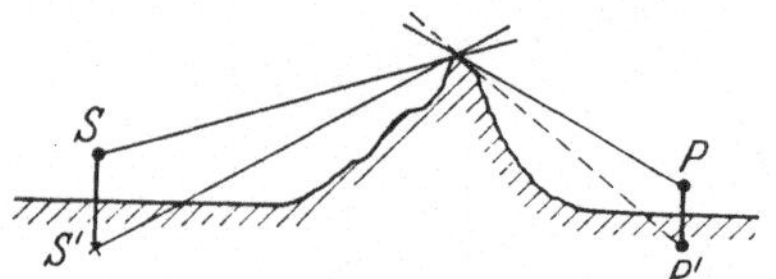

Bild 30.7. Berücksichtigung von Reflexionen.

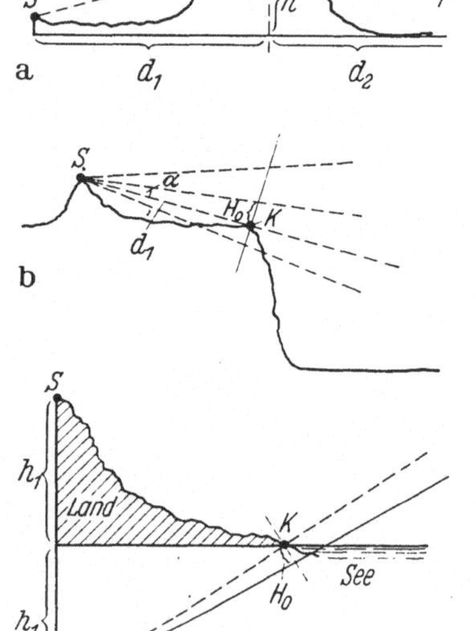

Bild 30.8. Einige Anwendungsbeispiele. a mehrere Hügelketten, b Bergkante, c Steilküste.

Dabei entspricht $\boldsymbol{E}_1$ der direkten Verbindung SP, $\boldsymbol{E}_2$ der Verbindung Spiegelbild S' des Senders zum Empfänger P, $\boldsymbol{E}_3$ der Verbindung Sender S zum Spiegelbild P' des Empfängers und schließlich $\boldsymbol{E}_4$ der Verbindung zwischen den beiden Spiegelbildern. Jeder Wert hat ein besonderes v_0. Bei der Zusammensetzung der einzelnen Feldstärken sind die Richtungen und Phasenverschiebungen zu berücksichtigen.

Die angegebene Methode wird praktisch nicht nur bei einzelnen Bergen, sondern in zahlreichen ähnlichen Fällen benutzt. Bild 30.8 zeigt einige Beispiele. Sind mehrere Hügelketten hintereinander vorhanden, so wird man bei nahe benachbarten Hügeln eine den jeweiligen Verhältnissen angepaßte Ersatzhöhe einführen, vgl. Bild 30.8a, bei weiter auseinanderliegenden nimmt man besser zwei getrennte Schwächungsfaktoren. Steht der Sender auf einem frei abfallenden Berge, Bild 30.8b, so kann man die Schwächung der einzelnen Strahlen durch die Bergkante K nach derselben Methode berechnen, wobei bei der Berechnung von v_0 in Gl. (17) für große Entfernungen oder für die Berechnung der Richtcharakteristik $1/d_2$ gegen $1/d_1$ vernachlässigt werden kann. Steht der Sender auf einer erhöhten diffus reflektierenden Küste, Bild 30.8c, so ergibt sich die Strahlung in einem Punkt über der See als Summe des direkten und reflektierten Wertes wie bei der normalen Zusammensetzung in Kap. 26, nur daß die Größe des vom Spiegelbild S' herrührenden reflektierten Wertes nach Gl. (20) zu berechnen ist, wobei die Küste K als Schirmrand anzusehen ist.

Das HUYGENSsche Prinzip ist eine Näherungsmethode, so daß die angegebene Methode gewisse Grenzen hat. Die Lösung versagt, wenn das Hindernis in die Größenordnung der Wellenlänge kommt sowie in der Nähe der brechenden Kante. Weiter muß die Entfernung nach der obigen Ableitung groß gegen die Höhe des Hindernisses sein. Schließlich ist noch die Polarisation zu beachten. Die Werte der Gl. (20) gelten nur, wenn die Winkel α_1 und α_2 in Bild 30.5 klein (wenige Grad) sind. Bei größeren Winkeln treten Abweichungen ein, wobei die Werte im Schatten etwas kleiner als die nach (20) berechneten Werte werden, wenn der elektrische Vektor parallel zur brechenden Kante liegt, dagegen größer (bei großen Winkeln mehreremal größer), wenn der elektrische Vektor senkrecht zur beugenden Kante liegt. Im Bereich über der Sichtlinie werden die Werte umgekehrt kleiner bei senkrechter, größer bei horizontaler Polarisation. Trotz dieser Einschränkungen ist die Methode für die meisten praktischen Fälle brauchbar.

Durch die verschiedenen Abschattungen und Bodenreflexionen werden die Feldstärken in hügeligem Gelände bei gleichen Entfernungen vom Sender örtlich verschieden. Trägt man die Abweichungen der an verschiedenen Orten in gleicher Entfernung beobachteten Mittelwerte von dem zu erwartenden oder gemessenen gesamten Mittelwert über dem Prozentsatz der Orte auf, für den die Abweichung überschritten wird, so erhält man im Gegensatz zu den zeitlichen Wahrscheinlichkeitskurven von Kap. 29.4 statistische Kurven der Ortswahrscheinlichkeit; vgl. die *FCC*-Kurven (auszugsweise in der Arbeit von GRESSMANN und KALTBEITZER). Derartige Kurven haben z. B. für Fernsehplanungen Bedeutung.

5. Rückstrahlung.

Als Beispiel für die Rückstrahlung an beliebigen Hindernissen betrachten wir die Reflexion einer ebenen Welle an einer metallischen rechteckigen Fläche. Die einfallende Welle pflanze sich in x-Richtung fort und habe einen HERTZschen Vektor in z-Richtung und damit nach Kap. 4.1 eine elektrische Feldstärke $E_z = E_0$ und eine magnetische Feldstärke $H_y = -E_0/Z_0$. In $x = 0$ befinde sich eine beliebige ebene Fläche, deren Lage durch die Winkel ϑ_0, ψ_0 der in das Innere des Strahlungsraumes, also nach dem Reflexionsraum weisenden Normalen $\boldsymbol{n}$ festgelegt sei; vgl. Bild 30.9. Die Normale im Nullpunkt bilde gleichzeitig die x'-Achse eines $x'y'z'$-Systems, dessen z'-Achse in der

$x'z$-Ebene liegt und daher nach Bild 30.9 den Winkel $\vartheta_0' = \pi/2 - \vartheta_0$ bzw. bei $\vartheta_0 > \pi/2$ den Winkel $\vartheta_0' = \vartheta_0 - \pi/2$ mit der z-Achse bildet. Die y'-Achse liegt in der xy-Ebene um ψ_0 gegen die y-Achse gedreht. Im Reflexionsfall liegt ψ_0 zwischen $\pi/2$ und $3\pi/2$.

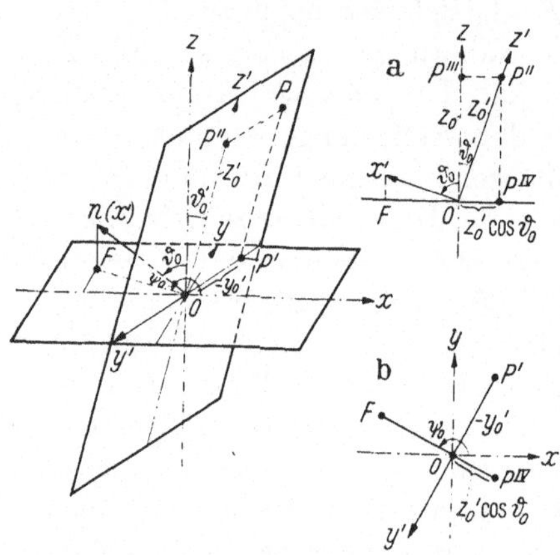

Bild 30.9. Zur Reflexion an einer ebenen Fläche. a, b: Projektionen auf die $x'zz'$- bzw. xyy'-Ebene.

Ein Punkt P der reflektierenden Ebene mit den Koordinaten y_0', z_0' hat im ursprünglichen System für beliebiges ϑ, wie aus Bild 30.9a u. b hervorgeht, die Koordinaten

$$z_0 = z_0' \sin\vartheta_0, \tag{23}$$

$$x_0 = -y_0' \sin\psi_0 - z_0' \cos\vartheta_0 \cos\psi_0,$$

$$y_0 = y_0' \cos\psi_0 - z_0' \cos\vartheta_0 \sin\psi_0.$$

x_0 ist der Wegunterschied der einfallenden Welle für die verschiedenen Punkte der Ebene, wobei der erste Teil dem Wegunterschied in der xy-Ebene, der zweite Teil dem zusätzlichen Wegunterschied infolge der Neigung der reflektierenden Ebene in z-Richtung entspricht. Die primären Feldstärken in P sind daher

$$E_{z0} = -Z_0 H_{y0} = E_0 e^{-ik_0 x_0} = E_0 e^{ik_0(y_0' \sin\psi_0 + z_0' \cos\vartheta_0 \cos\psi_0)}. \tag{24}$$

Diese Feldstärken liefern, vgl. Bild 30.9, die in die Ebene fallenden tangentialen Komponenten

$$E_{z0}' = E_{z0} \sin\vartheta_0, \qquad H_{y0}' = H_{y0} \cos\psi_0. \tag{25}$$

Aus diesen Feldstärken ist das gesuchte Feld nach dem Kirchhoff-Huygensschen Prinzip entsprechend den allgemeinen Angaben in Kap. 5.3 u. 5.4 zu berechnen. Da es sich um ein reflektiertes Feld handelt, entsprechen den Feldstärken (25) die Flächenströme (5.23). Da die Normale $\boldsymbol{n}$ die x'-Richtung hat und die Feldstärken (25) die primären Werte H_{0p} und E_{0p} in Gl. (5.23) bedeuten, werden die Ersatzströme

$$J_f = J_{z'f} = H_{y_0} \cos\psi_0, \qquad J_{mf} = J_{my'f} = E_{z0} \sin\vartheta_0. \tag{26}$$

Aus diesen Ersatzströmen folgt das gesuchte Feld genau wie bei der Hohlleiterantenne in Kap. 22.1. Die Ströme (26) ergeben ein Feld, das bei Beschränkung auf das Fernfeld durch die Strahlungspotentiale (22.2) gegeben ist. In den Gl. (22.2) ist $r_F - r$ der Wegunterschied zwischen einem beliebigen Flächenpunkt und dem Mittelpunkt der

Fläche. In den Kordinaten x', y', z' ist daher

$$
\begin{aligned}
r_F - r = r'_F - r' &= \sqrt{x'^2 + (y' - y'_0)^2 + (z' - z'_0)^2} - r' \\
&\approx -\frac{y'}{r'} y'_0 - \frac{z'}{r'} z'_0 .
\end{aligned}
\tag{27}
$$

Betrachten wir als reflektierende Fläche ein Rechteck mit den Seiten $2a$ und $2b$ und rechnen in den rechtwinkligen Koordinaten x', y', z', so liefern daher die Gl. (22.2) mit Einsetzen von (27, 26 u. 24) die Strahlungspotentiale

$$
\begin{aligned}
P_{z'} &= -\frac{1}{4\pi \mathrm{i}\, \omega \varepsilon_0} \frac{E_0}{Z_0} \frac{e^{-\mathrm{i} k_0 r'}}{r'} J \cos\psi_0 , \\
Q_{y'} &= -\frac{E_0}{4\pi \mathrm{i}\, \omega \mu_0} \frac{e^{-\mathrm{i} k_0 r'}}{r'} J \sin\vartheta_0
\end{aligned}
\tag{28}
$$

mit

$$
\begin{aligned}
J &= \int_{-a}^{a} \int_{-b}^{b} e^{\mathrm{i} k_0 y'_0 \left(\frac{y'}{r'} + \sin\psi_0\right)} e^{\mathrm{i} k_0 z'_0 \left(\frac{z'}{r'} + \cos\vartheta_0 \cos\psi_0\right)} \mathrm{d} y'_0 \, \mathrm{d} z'_0 \\
&= 4ab \frac{\sin\left[k_0 a \left(\frac{y'}{r'} + \sin\psi_0\right)\right]}{k_0 a \left(\frac{y'}{r'} + \sin\psi_0\right)} \frac{\sin\left[k_0 b \left(\frac{z'}{r'} + \cos\vartheta_0 \cos\psi_0\right)\right]}{k_0 b \left(\frac{z'}{r'} + \cos\vartheta_0 \cos\psi_0\right)} .
\end{aligned}
\tag{28a}
$$

Die durch (28a) gegebene Richtcharakteristik entspricht dem 1. Glied von Gl. (22.12) bei den Hohlleiterantennen.

Mit den Strahlungspotentialen sind sämtliche Feldstärken bekannt. Die elektrische Feldstärke E'_z ergibt sich z. B. unmittelbar aus Gl. (22.3), die übrigen Feldstärken durch entsprechende Koordinatenvertauschung, wie im Anschluß an (22.3) angegeben. Die elektrischen Feldstärken werden hiernach bei Beschränkung auf das Fernfeld, also mit Berücksichtigung von Gl. (22.4) für die Ableitungen,

$$
\begin{aligned}
E_{z'} &= -\omega \mu_0 k_0 \frac{x'}{r'} Q_{y'} + k_0^2 \left(1 - \frac{z'^2}{r'^2}\right) P_{z'} , \\
E_{x'} &= \omega \mu_0 k_0 \frac{z'}{r'} Q_{y'} - k_0^2 \frac{x' z'}{r'^2} P_{z'} , \qquad E_{y'} = -k_0^2 \frac{y' z'}{r'^2} P_{z'} .
\end{aligned}
\tag{29}
$$

Setzt man für $Q_{y'}$ und $P_{z'}$ die Werte (28) unter Berücksichtigung von $\omega \varepsilon_0 Z_0 = k_0$ nach Gl. (4.5a) ein und berechnet das Quadrat der Gesamtfeldstärke $|E|^2 = |E_{x'}|^2 + |E_{y'}|^2 + |E_{z'}|^2$, so erhält man für die mittlere Leistungsdichte den Wert

$$
\begin{aligned}
S &= \frac{1}{2} \frac{|E|^2}{Z_0} = \frac{1}{2} \frac{|E_0|^2}{Z_0} \frac{J^2 k_0^2}{(4\pi)^2 r'^2} \\
&\cdot \left[\left(1 - \frac{z'^2}{r'^2}\right) \cos^2\psi_0 + \left(1 - \frac{y'^2}{r'^2}\right) \sin^2\vartheta_0 - 2 \frac{x'}{r'} \cos\psi_0 \sin\vartheta_0\right] .
\end{aligned}
\tag{30}
$$

Das Maximum von J und damit sämtlicher Feldstärken und der Leistungsdichte liegt vor, wenn die Argumente in Gl. (28a) 0 sind, also für

$$\frac{y'}{r'} = -\sin\psi_0, \quad \frac{z'}{r'} = -\cos\psi_0\cos\vartheta_0 \tag{31}$$

und mithin

$$\frac{x'}{r'} = -\cos\psi_0\sin\vartheta_0.$$

Für x'/r' ist die negative Wurzel genommen, da bei der Reflexion x' positiv sein muß. Der durch (31) definierte Winkel entspricht den normalen Reflexionsgesetzen. Das Einsetzen von (31) in (28a) und (30) liefert für die maximale Leistungsdichte

$$S_{\max} = \frac{1}{2}\frac{|E_0|^2}{Z_0}\frac{F^2}{4\lambda^2 r'^2}[(1-\cos^2\psi_0\cos^2\vartheta_0)\cos^2\psi_0 + 3\cos^2\psi_0\sin^2\vartheta_0]. \tag{32}$$

Für die Anwendung interessiert bei der Rückstrahlung entweder die in der negativen x-Achse, also in der Rückstrahlrichtung, erzeugte Leistungsdichte, z. B. für alle elektrischen Ortsbestimmungen (Radar-Verfahren), oder die in der Hauptreflexionsrichtung erzeugte Leistungsdichte, z. B. für alle Umlenkantennen, die den von einer tiefer gelegenen Geräteantenne kommenden Strahl in die eigentliche Senderichtung bzw. umgekehrt umlenken. Für den zweiten Fall ergibt sich die Richtung der Umlenkung aus Gl. (31) in Übereinstimmung mit dem Reflexionsgesetz, die erzeugte Leistungsdichte und damit die durch die Reflexion hervorgerufene Schwächung aus (32). Dabei ist zu beachten, daß Gl. (32) wegen der Benutzung von Gl. (24) mit konstantem E_0 nur bei größerer Entfernung zwischen Umlenkantenne und Geräteantenne, gleichmäßiger Ausleuchtung und ebener Antennenfläche gilt. Bei kleiner Entfernung, ungleicher Ausleuchtung der Antennenfläche oder bei anderen als ebenen Flächen ist eine besondere Rechnung entsprechend Kap. 23 durchzuführen. Durch einen Umlenkspiegel können ebenso wie bei der Beugung an Hindernissen in Bild 30.6 gleiche oder durch Ausblendung gegenphasiger Anteile sogar etwas größere Feldstärken als bei direkter Abstrahlung ohne Umlenkspiegel entstehen.

Für die Berechnung des ersten Falles gilt für einen Punkt der negativen Achse nach Bild 30.9

$$\frac{y'}{x} = \frac{y'}{r'} = \sin\psi_0, \quad \frac{x'}{r'} = -\cos\psi_0\sin\vartheta_0, \quad \frac{z'}{r'} = \cos\psi_0\cos\vartheta_0. \tag{33}$$

Mithin wird die Leistungsdichte S_R in der negativen x-Achse, also in der Rückstrahlrichtung, nach Gl. (30), wenn man noch für J den Wert (28a) und für die Richtungen die Werte (33) einsetzt und die

Fläche $4ab = F$ einführt,

$$S_R = \frac{1}{2}\frac{|E_0|^2}{Z_0}\frac{F^2}{4\lambda^2 r^2}\left[\frac{\sin(2k_0 a\sin\psi_0)}{2k_0 a\sin\psi_0}\,\frac{\sin(2k_0 b\cos\psi_0\cos\vartheta_0)}{2k_0 b\cos\psi_0\cos\vartheta_0}\right]^2 \cdot [(1-\cos^2\psi_0\cos^2\vartheta_0)\cos^2\psi_0 + 3\cos^2\psi_0\sin^2\vartheta_0]. \tag{34}$$

Für $\vartheta_0 = \pi/2$ und $\psi_0 = 0$ oder π, also für senkrechten Einfall der Welle, erhält man die maximal mögliche Leistungsdichte

$$S_{R\,\mathrm{opt}} = \frac{1}{2}\frac{|E_0|^2}{Z_0}\frac{F^2}{\lambda^2 r^2}. \tag{35}$$

Da die Feldstärke E_0 am Ort des Hindernisses bei freier Raumausbreitung mit $1/r$ abnimmt, nimmt die reflektierte Leistungsdichte mit der 4. Potenz der Entfernung ab.

Hat die Empfangsantenne die Absorptionsfläche A_2, so ist die empfangene Rückstrahlleistung $S_R A_2$. Ersetzt man in S_R noch die vom Sender an der Stelle der reflektierenden Fläche erzeugte Leistungsdichte durch die Sendeleistung P_1 und die Absorptionsfläche A_1 der Sendeantenne nach Gl. (25.13), so wird die Empfangsleistung

$$P_2 = P_1\frac{A_1 A_2 A_R^2}{\lambda^4 r^4}. \tag{36}$$

Bei Benutzung derselben Antenne für Senden und Empfang ist $A_2 = A_1$. Die in (36) eingeführte, die Reflexionseigenschaft kennzeichnende Reflexionsfläche A_R ist für eine senkrechte metallene Fläche nach Gl. (35) gleich der geometrischen Fläche F, während für eine schräge Fläche als Reflexionsfläche A_R der Wert zu setzen ist, der in (34) an der Stelle von F in (35) steht. Auf gleiche Weise lassen sich für andere mathematisch definierte Flächen die Reflexionsflächen berechnen, während für allgemein reflektierende Gegenstände, wie Schiffe oder Flugzeuge, experimentell ermittelte Reflexionsflächen einzusetzen sind. An Stelle von A_R werden auch andere die Reflexion kennzeichnende Größen benutzt, z. B. der Wert $\sigma = 4\pi A_R^2/\lambda^2$.

Gl. (36) ähnelt Gl. (25.16) für freie Ausbreitung, nur daß bei der Reflexion die 4. Potenzen an Stelle der 2. Potenzen stehen.

Gl. (36) setzte für Hin- und Rückweg freie Raumausbreitung voraus. Ist bei anderen Ausbreitungsverhältnissen die Feldstärke der Übertragung zwischen Sender und Reflexionsstelle um den Faktor s schwächer, so ist der Wert (36) mit s^4 zu multiplizieren. Ist s und A_R bekannt und P_{20} die kleinste am Empfänger feststellbare Leistung, so gibt die Auflösung von (36) nach r die maximale Entfernung, in der das reflektierende Hindernis noch festgestellt werden kann.

Umrechnung auf andere Maßsysteme.

Umrechnungstabelle.

Größe	Zeichen	GIORGI-System Einheit	Gemischtes CGS-System GAUSS x	Gemischtes CGS-System rationell x	Elektromagn. System x	Elektrost. System x
Länge	l	m	10^{-2}	10^{-2}	10^{-2}	10^{-2}
Leistung	P	W	10^{-7}	10^{-7}	10^{-7}	10^{-7}
Leistungsdichte	$\boldsymbol{S}$	W/m²	10^{-3}	10^{-3}	10^{-3}	10^{-3}
Energiedichte	W	Ws/m³	10^{-1}	10^{-1}	10^{-1}	10^{-1}
Spannung	U	V	$c \cdot 10^{-8}$	$\sqrt{4\pi}c \cdot 10^{-8}$	10^{-8}	$c \cdot 10^{-8}$
Elektr. Feldstärke	$\boldsymbol{E}$	V/m	$c \cdot 10^{-6}$	$\sqrt{4\pi}c \cdot 10^{-6}$	10^{-6}	$c \cdot 10^{-6}$
HERTZscher Vektor	$\boldsymbol{P}$	Vm	$c \cdot 10^{-10}$	$\sqrt{4\pi}c \cdot 10^{-10}$	10^{-10}	$c \cdot 10^{-10}$
Magn. Fluß	Φ	Vs	10^{-8}	$\sqrt{4\pi} \cdot 10^{-8}$	10^{-8}	$c \cdot 10^{-8}$
Induktion	$\boldsymbol{B}$	Vs/m²	10^{-4}	$\sqrt{4\pi} \cdot 10^{-4}$	10^{-4}	$c \cdot 10^{-4}$
Strom, Ladung	I, Q	A, As	$10/c$	$10/\sqrt{4\pi}c$	10	$10/c$
Stromdichte	$\boldsymbol{J}$	A/m²	$10^5/c$	$10^5/\sqrt{4\pi}c$	10^5	$10^5/c$
El. Verschiebung	$\boldsymbol{D}$	As/m²	$10^5/4\pi c$	$10^5/\sqrt{4\pi}c$	$10^5/4\pi$	$10^5/4\pi c$
Magn. Feldstärke	$\boldsymbol{H}$	A/m	$10^3/4\pi$	$10^3/\sqrt{4\pi}$	$10^3/4\pi$	$10^3/4\pi c$
FITZGERALDscher Vektor	$\boldsymbol{Q}$	Am	$10^{-1}/4\pi$	$10^{-1}/\sqrt{4\pi}$	$10^{-1}/4\pi$	$10^{-1}/4\pi c$
Widerstand	R	V/A	$c^2 \cdot 10^{-9}$	$4\pi c^2 \cdot 10^{-9}$	10^{-9}	$c^2 \cdot 10^{-9}$
Induktivität	L	Vs/A	10^{-9}	$4\pi \cdot 10^{-9}$	10^{-9}	$c^2 \cdot 10^{-9}$
Permeabilität	μ	Vs/Am	$4\pi \cdot 10^{-7}$	$4\pi \cdot 10^{-7}$	$4\pi \cdot 10^{-7}$	$4\pi c^2 \cdot 10^{-7}$
Leitwert, Kapazität	G, C	A/V, As/V	$10^9/c^2$	$10^9/4\pi c^2$	10^9	$10^9/c^2$
Leitfähigkeit	σ	A/Vm	$10^{11}/c^2$	$10^{11}/4\pi c^2$	10^{11}	$10^{11}/c^2$
Dielektrizitätskonst.	ε	As/Vm	$10^{11}/4\pi c^2$	$10^{11}/4\pi c^2$	$10^{11}/4\pi$	$10^{11}/4\pi c^2$

$$c = 2{,}9978 \cdot 10^{10}\,\mathrm{cm\,s^{-1}} \approx 3 \cdot 10^{10}\,\mathrm{cm\,s^{-1}}.$$

In der Tabelle bedeutet, wenn $\{x\}$ der Zahlenwert oder die Maßzahl von x ist:

$$1 \text{ GIORGI-Einheit} = \frac{1}{\{x\}} \text{ CGS-Einheit,} \qquad \text{z.B. } 1\,\mathrm{V} = \frac{1}{300} \text{ elst. Spannungseinh.} \tag{a}$$

oder umgekehrt: GIORGI-Maßzahl $= \{x\}$ CGS-Maßzahl. (b)

Da die im Buch benutzten Größengleichungen dem GIORGIschen Maßsystem angepaßt sind, also gleichzeitig Zahlenwertgleichungen im GIORGI-System sind, liefert Gl. (b) die Umrechnung der Zahlenwertgleichungen. Setzt man x mit Dimension ein, so erhält man die zugehörige Größengleichung. Beim Einsetzen ist zu beachten, daß die Differentialoperatoren grad, div, rot die Dimension l^{-1} und damit den Umrechnungswert $x = 10^2$ haben, entsprechend grad div $= \Delta$ den Wert $x = 10^4$.

Danach ergibt z. B. die Umrechnung der 1. MAXWELLschen Gleichung (1.11a) rot $\boldsymbol{H} = \sigma \boldsymbol{E} + \varepsilon \frac{\partial \boldsymbol{E}}{\partial t}$ auf das GAUSSsche Maßsystem

$$\text{rot}\, \boldsymbol{H}\, 10^2 \frac{10^3}{4\pi} = \sigma \frac{10^{11}}{c^2} \cdot \boldsymbol{E}\, c\, 10^{-6} + \varepsilon \frac{10^{11}}{4\pi c^2} \cdot \frac{\partial \boldsymbol{E}}{\partial t} c\, 10^{-6},$$

also nach Division durch $10^5/4\pi$

$$\text{rot}\, \boldsymbol{H} = \frac{4\pi}{c} \sigma \boldsymbol{E} + \frac{\varepsilon}{c} \frac{\partial \boldsymbol{E}}{\partial t}.$$

oder die Umrechnung der Wellengleichung (3.13) $\Delta \boldsymbol{P} + k^2 \boldsymbol{P} = 0$ wegen $k^2 = \omega^2 \varepsilon \mu$

$$\Delta \boldsymbol{P}\, 10^4 c 10^{-10} + \omega^2 \cdot \varepsilon \frac{10^{11}}{4\pi c^2} \cdot \mu\, 4\pi\, 10^{-7} \cdot \boldsymbol{P} c 10^{-10} = 0,$$

also
$$\Delta \boldsymbol{P} + \frac{\omega^2 \varepsilon \mu}{c^2} \boldsymbol{P} = 0.$$

Literaturverzeichnis.

Mathematische Bücher.

COURANT, R., u. D. HILBERT: Methoden der mathematischen Physik, Bd. I u. II. Berlin: Springer 1924 u. 1937.

FRANK, PH., u. R. v. MISES: Die Differentialgleichungen der Mechanik und Physik, Bd. I. 2. Aufl. Braunschweig: Vieweg 1930.

GANS, R.: Vektoranalysis. 7. Aufl. Leipzig: Teubner 1950.

HAYASHI, K.: Fünfstellige Funktionentafeln. Berlin: Springer 1930.

HOBSON, E. W.: The Theory of Spherical and Ellipsoidal Harmonics. University Press, Cambridge, 1931.

JAHNKE, E., u. F. EMDE: Tafeln höherer Funktionen. 5. Aufl. Leipzig: Teubner 1952.

MAGNUS, W., u. F. OBERHETTINGER: Formeln und Sätze für die speziellen Funktionen der mathematischen Physik. 2. Aufl. Berlin: Springer 1948.

STRUTT, M. J. O.: Laméscne, Mathieusche und verwandte Funktionen in Physik und Technik. Berlin: Springer 1932.

WATSON, G. N.: Theory of Bessel Functions. 2. Aufl. New York: Macmillan 1945.

WEYRICH, R.: Die Zylinderfunktionen und ihre Anwendungen. Leipzig: Teubner 1937.

Tables of Generalized Sine- and Cosine-Integral Functions I u. II. Harvard Univ. Press, Cambridge, Massachusetts, 1949.

Physikalische und technische Bücher.

BECKER, R.: Theorie der Elektrizität, Bd. I. 14. Aufl. Leipzig: Teubner 1949.

BECKMANN, R.: Die Ausbreitung der elektromagnetischen Wellen. Leipzig: Akad. Verlagsges. 1940.

BERGMANN, L., u. H. LASSEN: Ausstrahlung, Ausbreitung und Aufnahme elektromagnetischer Wellen. Berlin: Springer 1940.

BREMMER, H.: Terrestrial Radio Waves. New York/Amsterdam: Elsevier 1949.

BRÜCKMANN, H.: Antennen, ihre Theorie und Technik. Leipzig: Hirzel 1939.

BURROWS, CH. R., u. ST. S. ATTWOOD (Herausgeber): Radio Wave Propagation. New York: Academic Press 1949.

GUNDLACH, F. W.: Grundlagen der Höchstfrequenztechnik. Berlin/Göttingen/Heidelberg: Springer u. München: J. F. Bergmann 1950.

JOOS, G.: Lehrbuch der theoretischen Physik. 5. Aufl. Leipzig: Akad. Verlagsges. 1943.

KERR, D. E. (Herausgeber): Propagation of Short Radio Waves. New York: McGraw Hill 1951.

KING, R. W. P., H. R. MIMNO u. A. H. WING: Transmission Lines, Antennas and Wave Guides. New York: McGraw Hill 1945.

KRAUS, J. D.: Antennas. New York: McGraw Hill 1950.

LEWIN, L.: Advanced Theory of Waveguides. London: Iliffe 1951.

MEINKE, H. H.: Felder und Wellen in Hohlleitern. München: Oldenbourg 1949.

OLLENDORFF, F.: Die Grundlagen der Hochfrequenztechnik. Berlin: Springer 1926.

SCHELKUNOFF, S. A.: Electromagnetic Waves. New York: D. van Nostrand 1943.
SCHUMANN, W. O.: Elektrische Wellen. München: Hanser 1948.
SILVER, S. (Herausgeber): Microwave Antenna Theory and Design. New York: McGraw Hill 1949.
SOMMERFELD, A.: Elektromagnetische Schwingungen. In: FRANK-MISES Bd. II. 2. Aufl. Braunschweig: Vieweg 1935.
SOMMERFELD, A.: Vorlesungen über theoretische Physik. III. Elektrodynamik. Leipzig: Akad. Verlagsges. 1949.
VILBIG, F., u. J. ZENNECK (Herausgeber): Fortschritte der Hochfrequenztechnik, Bd. I. Leipzig: Akad. Verlagsges. 1941.

Einzelarbeiten[1].

KÖNIG, H., M. KRONDL u. M. LANDOLT: Zur Einführung des Giorgi-Systems. Bull. Schweiz. Elektrotechn. Ver. **40**, 462 (1949).
BOUWKAMP, C. J.: A note on singularities occurring at sharp edges in electromagnetic diffraction theory. Physica **12**, 467 (1946).
MEIXNER, J.: Strenge Theorie der Beugung elektromagnetischer Wellen an der vollkommen leitenden Kreisscheibe. Z. f. Naturforschung 3a, **506** (1948). — Die Kantenbedingung in der Theorie der Beugung elektromagnetischer Wellen an vollkommen leitenden ebenen Schirmen. Ann. Physik (6) **6**, 2 (1949).
KOTTLER, F.: Zur Theorie der Beugung an schwarzen Schirmen. Ann. Phys. (4). **70**, 405 (1923). — Elektromagnetische Theorie der Beugung an schwarzen Schirmen. Ann. Phys. (4), **71**, 457 (1923).
STRATTON, J. A., u. L. J. CHU: Diffraction theory of electromagnetic waves. Phys. Rev. **56**, 99 (1939).
SOMMERFELD, A.: Über die Fortpflanzung elektrodynamischer Wellen längs eines Drahtes. Wied. Ann. **67**, 233 (1899).
HARMS, F.: Elektromagnetische Wellen an einem Draht mit isolierender zylindrischer Hülle. Ann. Phys. (4) **23**, 44 (1907).
GOUBAU, G.: Surface waves and their application to transmission lines. J. Appl. Phys. **21**, 1119 (1950).
KADEN, H.: Eine allgemeine Theorie des Wendelleiters. Arch. elektr. Übertr. **5**, 534 (1951).
MIE, G.: Elektrische Wellen an zwei parallelen Drähten. Ann. Phys. (4) **2**, 201 (1900).
CARSON, J. R.: The rigorous and approximate theories of electrical transmission along wires. Bell. Syst. Tech. J. **7**, 11 u. 268 (1928).
RAYLEIGH, Lord: On the passage of electric waves through tubes, or the vibrations of dielectric cylinders. Phil. Mag. **43**, 125 (1897).
HONDROS, D., u. P. DEBYE: Elektromagnetische Wellen an dielektrischen Drähten. Ann. Phys. (4), **32**, 465 (1910).
SOUTHWORTH, G. C.: Hyper-frequency wave guides. General considerations and experimental results. Bell. Syst. Tech. J. **15**, 284 (1936).
CARSON, J. R., S. P. MEAD u. S. A. SCHELKUNOFF: Hyper-frequency wave guides. Mathematical theory. Bell. Syst. Tech. J. **15**, 310 (1936).
BARROW, W. L.: Transmission of electromagnetic waves in hollow tubes of metal. Proc. J. R. E. **24**, 1298 (1936).
BRILLOUIN, L.: Propagation d'ondes électromagnétiques dans un tuyau. Revue générale de l'électricité **40**, 227 (1936).
SCHELKUNOFF, S. A.: Transmission theory of plane electromagnetic waves. Proc. J. R. E. **25**, 1457 (1937).

[1] Anordnung in der Reihenfolge des Buches.

RIEDEL, H.: Die Ausbreitung elektromagnetischer Wellen in metallischen Hohlleitern. Europ. Fernsprechdienst **51**, 56 (1939).

BUCHHOLZ, H.: Der Einfluß der Krümmung von rechteckigen Hohlleitern auf das Phasenmaß ultrakurzer Wellen. Elektr. Nachrichtentechn. **16**, 73 (1939).

BORGNIS, F.: Elektromagnetische Eigenschwingungen dielektrischer Hohlräume. Ann. Phys. (5), **35**, 359 (1939).

BALLANTINE, ST.: Reciprocity in electromagnetic, mechanical, acoustical and interconnected systems. Proc. J. R. E. **17**, 929 (1929).

KING, R.: Antennas and open-wire lines. Part. I. Theory and summary of measurements. J. Appl. Phys. **20**, 832 (1949).

WHINNERY, J. R.: The effect of input configuration on antenna impedance. J. Appl. Phys. **21**, 945 (1950).

HERTZ, H.: Die Kräfte elektrischer Schwingungen, behandelt nach der Maxwellschen Theorie. Wied. Ann. **36**, 1 (1888) u. Gesammelte Werke, Bd. 2. Leipzig: Barth 1914.

CASPAR, P.: Über die Kreisgebiete im elektromagnetischen Felde eines Hertzschen und eines Abrahamschen Erregers. Ann. Phys. (4) **51**, 649 (1916).

RÜDENBERG, R.: Der Empfang elektrischer Wellen in der drahtlosen Telegraphie. Jb. drahtl. Telegr. **6**, 170 (1912).

DIECKMANN, M.: Beitrag zur Beschreibung des Interferenzgebietes in der Nähe von Empfangsantennen. Jb. drahtl. Telegr. **33**, 161 (1929).

LEITNER, A., u. R. D. SPENCE: Effect of a circular groundplane on antenna radiation. J. Appl. Phys. **21**, 1001 (1950).

VAN DER POL, B.: Über die Wellenlängen und Strahlung mit Kapazität und Selbstinduktion beschwerter Antennen. Jb. drahtl. Telegr. **13**, 217 (1918).

SIEGEL, E., u. J. LABUS: Scheinwiderstand von Antennen. Z. Hochfrequenztechn. **43**, 166 (1934).

BRÜCKMANN, H.: Über Antennen, insbesondere selbstschwingende Maste. Telefunken Mitt. **83**, 20 (1940).

WIECHOWSKI, W.: Dämpfungsberechnung bei Sendeantennen. Hochfrequ. u. Elektroak. **53**, 50 (1939).

KAUFMANN, H.: Der Eingangswiderstand der Dipolantennen. Hochfrequ. u. Elektroak. **60**, 160 (1942).

ZINKE, O: Über die Verteilung des Strahlungswiderstandes längs einer stabförmigen Antenne (Die Antenne als Spulenleitung mit Transformatorkopplung). Funk u. Ton **5**, 393 (1951).

GUERTLER, R.: Impedance transformation in folded dipoles. Proc. J. R. E. **36**, 1042 (1950).

SIEGEL, E., u. J. LABUS: Feldverteilung und Energiemission von Richtantennen. Z. Hochfrequenztechn. **39**, 86 (1932).

HÖRSCHELMANN, H. v.: Wirkungsweise des geknickten Marconischen Senders. Jb. drahtl. Telegr. **5**. 14 (1911).

HARA, G.: Radiation and line constants of linear conductor systems and applications to antenna problems. Mem. Ryojun Coll. Eng. **9**, 121 (1936). — Strahlungsleistung und Stromverteilung einer geraden Antenne. Hochfrequ. u. Elektroak. **44**, 185 (1934).

HALLÉN, E.: Theoretical investigations into the transmitting and receiving qualities of antennae. Nova Acta Regiae Societatis Scientiarum Upsaliensis **11**, 1 (1938).

BOUWKAMP, C. J.: Hallens theory for a straight perfectly conducting wire, used as a transmitting or receiving aerial. Physica **9**, 609 (1943).

KING, R., u. F. G. BLAKE: The self-impedance of a asymmetrical antenna. Proc. J. R. E. **30**, 335 (1942).

GRAY, M. C.: A modification of Hallén's solution of the antenna problem. J. Appl. Phys. **15**, 61 (1944).

KING, R., u. D. MIDDLETON: The cylindrical antenna; current and impedance. Quart. Appl. Math. **3**, 302 (1946). — Ergänzungen: **4**, 199 (1946) u. **6**, 192 (1948).

MIDDLETON, D. u. R. KING: The thin cylindrical antenna: A comparison of theories. J. Appl. Phys. **17**, 273 (1946).

KING, R.: Asymmetrically driven antennas and the sleeve dipole. Proc. J. R. E. **38**, 1154 (1950).

TAI, C. T.: Coupled antennas. Proc. J. R. E. **36**, 487 (1948).

KING, R.: Theory of collinear antennas. J. Appl. Phys. **21**, 1232 (1950). — Theory of V-antennas. J. Appl. Phys. **22**, 1111 (1951).

STORER, J.E., u. R. KING: Radiation resistance of a two-wire line. Proc. J. R. E. **39**, 1408 (1951).

ZUHRT, H.: Eine strenge Berechnung der Dipolantennen mit rohrförmigem Querschnitt. Frequenz **4**, 135 u. 178 (1950).

ABRAHAM, M.: Die elektrischen Schwingungen um einen stabförmigen Leiter, behandelt nach der Maxwellschen Theorie. Wied. Ann. **66**, 435 (1898).

MACLAURIN, R. C.: On the solutions of the equation $(\nabla^2 + A^2)\ \varphi = 0$ in elliptic co-ordinates and their physical applications. Trans. Camb. Phil. Soc. **17**, 75 (1898).

HACK, F.: Das elektromagnetische Feld in der Umgebung eines linearen Oszillators. Ann. Phys. (4) **14**, 539 (1904).

PAGE, L., u. N. I. ADAMS: The electrical oscillations of a prolate spheroid. Part 1. Phys. Rev. **53**, 819 (1938). — PAGE, L.: II u. III. Phys. Rev. **65**, 98 (1944).

CHU, L. J., u. J. A. STRATTON: Forced oscillations of a prolate spheroid. J. Appl. Phys. **12**, 241 (1941). — Elliptic and spheroidal wave functions. J. Math. and Phys. **20**, 259 (1941).

SCHELKUNOFF, S. A.: Theory od antennas of arbitrary size and shape. Proc. J. R. E. **29**, 493 (1941).

TAI, C. T.: Application of a variational principle to biconical antennas. J. Appl. Phys. **20**, 1076 (1949).

BOOKER, H. G.: Slot aerials and their relation to complementary wire aerials (Babinet's principle). Journ. I. E. E. **93** III A, 620 (1946).

BEGOVICH, N. A.: Slot Radiators. Proc. J. R. E. **38**, 803 (1950).

FRÄNZ, K.: Übersicht über die Dimensionierungsgrundlagen von Richtantennen. Arch. elektr. Übertr. **1**, 205 (1947).

HEILMANN, A.: Technische Antennenformen für kürzeste Wellen. Der Fernmelde-Ingenieur **5**, Heft 1 u. 2 (1951).

CHU, L. J.: Physical limitations of omni-directional antennas. J. Appl. Phys. **19**, 1163 (1948).

YARU, N.: A note on super-gain antenna arrays. Proc. J. R. E. **39**, 1081 (1951).

FOSTER, R. M.: Directive diagrams of antenna arrays. Bell Syst. Tech. J. **5**, 292 (1926).

SOUTHWORTH, G. C.: Certain factors affecting the gain of directive antennas. Proc. J. R. E. **18**, 1502 (1930) u. Bell. Syst. Tech. J. **10**, 63 (1931).

KÖRNER, H., u. W. STÖHR: Breitbandantenne für UKW-Richtfunkverbindungen. Frequenz **6**, 154 (1952).

BERNDT, W.: Amplituden-, Abstands- und Phasenbedingungen bei Antennenkombinationen. Z. Hochfrequenztechn. **44**, 23 (1934).

DOLPH, C. L.: A current distribution for broadside arrays which optimizes the relationship between beam width and side-lobe level. Proc. J. R. E. **34**, 335 (1946).

PISTOLKORS, A. A.: The radiation resistance of beam antennas. Proc. J. R. E. **17**, 562 (1929).

BECHMANN, R.: Berechnung der Strahlungscharakteristiken und Strahlungswiderstände von Antennensystemen. Z. Hochfrequenztechn. **36**, 182 u. 201 (1930).

BROWN, G. H.: Directional antennas. Proc. J. R. E. **25**, 78 (1937).

MALLACH, P.: Dielektrische Richtstrahler. Fernmeldetechn. Z. **2**, 33 (1949) u. **3**, 325 (1950).

KRAUS, J. D.: The helical antenna. Proc. J. R. E. **37**, 263 (1949).

BRUCE, E., A. C. BECK u. L. R. LOWRY: Horizontal rhombic antennas. Proc. J. R. E. **23**, 24 (1935).

HARPER, A. E.: Rhombic antenna design. New York: D. van Nostrand 1941.

BUCHHOLZ, H.: Die Abstrahlung einer Hohlleiterwelle aus einem kreisförmigen Hohlrohr mit angesetztem ebenem Schirm. Arch. Elektrotechn. **37**, 22, 87 u. 145 (1943).

LEVINE, H., u. J. SCHWINGER: On the radiation of sound from an unflanged circular pipe. Phys. Rev. **73**, 383 (1948). — On the theory of diffraction by an aperture in an infinite plane screen. Phys. Rev. **74**, 958 (1948) u. **75**, 1423 (1949).

CHU, L. J.: Calculation of the radiation properties of hollow pipes and horns. J. Appl. Phys. **11**, 603 (1940).

STEVENSON, A. F.: Theory of slots in rectangular wave-guides. J. Appl. Phys. **19**, 24 (1948).

HAYCOCK, O. C., u. F. L. WILEY: Radiation patterns and conductance of slotted-cylinder antennas. Proc. J. R. E. **40**, 349 (1952).

ZUHRT, H.: Über die Anwendung des Kirchhoff-Huygensschen Prinzips auf elektromagnetische Strahlungsfelder mit Beispielen. Frequenz **1**, 33 u. 63 (1947) u. **2**, 6 (1948).

KOCK, W. E.: Metal-lens antennas. Proc. J. R. E. **34**, 828 (1946). — Metallic delay lenses. Bell. Syst. Tech. J. **27**, 58 (1948). — Path-length microwave lenses. Proc. J. R. E. **37**, 852 (1949).

SIMON, J. C.: Étude de la diffraction des écrans plans et application aux lentilles Hertziennes. Ann. de Radioeléctr. **6**, 205 (1951).

BURROWS, CH. R.: Radio propagation over plane earth. Field strength curves. Bell. Syst. Tech. J. **16**, 45 (1937).

MCPETRIE, J. S.: The reflection coefficient of the earth's surface for radio waves. Journ. I. E. E. **82**, 214 (1938) u. **87**, 135 (1940).

HANDEL, P. v., u. W. PFISTER: Untersuchungen über das Strahlungsfeld von Ultrakurzwellen-Antennen. Hochfrequ. u. Elektroak. **46**, 8 (1935).

STRUTT, M. J. O.: Strahlung von Antennen unter dem Einfluß der Erdbodeneigenschaften. Ann. Phys. (5) **1**, 721 u. 751 (1929).

ZENNECK, J.: Über die Fortpflanzung ebener elektromagnetischer Wellen längs einer ebenen Leiterfläche und ihre Beziehung zur drahtlosen Telegraphie. Ann. Phys. (4) **23**, 846 (1907).

SOMMERFELD, A.: Über die Ausbreitung der Wellen in der drahtlosen Telegraphie. Ann. Phys. (4) **28**, 665 (1909) und (4) **81**, 1135 (1926) sowie FRANK-MISES, Bd. II.

WEYL, H.: Ausbreitung elektromagnetischer Wellen über einen ebenen Leiter. Ann. Phys. (4) **60**, 481 (1919).

VAN DER POL, B., u. K. F. NIESSEN: Über die Ausbreitung elektromagnetischer Wellen über eine ebene Erde. Ann. Phys. (5) **6**, 273 (1930). — Über die Raumwellen von einem vertikalen Dipolsender auf ebener Erde. Ann. Phys. (5) **10**, 485 (1931).

NOETHER, F.: Ausbreitung elektrischer Wellen über der Erde. In: ROTHE-OLLENDORFF-POHLHAUSEN: Funktionentheorie und ihre Anwendung in der Technik. Berlin: Springer 1931.

NORTON, K. A.: The propagation of radio waves over the surface of the earth and in the upper atmosphere. Proc. J. R. E. **24**, 1367 (1936) u. **25**, 1203 (1937).

WATSON, G. N.: The diffraction of electric waves by the earth. Proc. Roy. Soc. London (A) **95**, 83 (1918).

LAPORTE, O.: Zur Theorie der Ausbreitung elektromagnetischer Wellen auf der Erdkugel. Ann. Phys. (4) **70**, 595 (1923).

VAN DER POL, B., u. H. BREMMER: The diffraction of electromagnetic waves from an electrical point source round a finitely conducting sphere, with applications to radiotelegraphy and the theory of the rainbow. Phil. Mag. **24**, 141 u. 825 (1937). — The propagation of radio waves over a finitely conducting spherical earth. Phil. Mag. **25**, 817 (1938). — Further note on the propagation of radio waves over a finitely conducting spherical earth. Phil. Mag. **27**, 261 (1939). — Ergebnisse einer Theorie über die Fortpflanzung elektromagnetischer Wellen über eine Kugel endlicher Leitfähigkeit. Hochfrequ. u. Elektroak. **51**, 181 (1938).

ECKERSLEY, T. L., u. G. MILLINGTON: Application of the phase integral method to the analysis of the diffraction and refraction of wireless waves round the earth. Philos. Trans. Roy. Soc. London (A) **237**, 273 (1938). — The diffraction of wireless waves round the earth. Phil. Mag. **27**, 517 (1939).

BURROWS, Ch. R., u. MARION C. GRAY: The effect of the earth's curvature on ground-wave propagation. Proc. J. R. E. **29**, 16 (1941).

NORTON, K. A.: The calculation of ground-wave field intensity over a finitely conducting spherical earth. Proc. J. R. E. **29**, 623 (1941).

CALLENDAR, M. V.: Range of low-power radiocommunication. Journ. I. E. E. **95** III, 425 (1948).

KIRKE, H. L.: Calculation of ground-wave field strength over a composite land and sea path. Proc. J. R. E. **37**, 489 (1949).

HÖLLER, P.: Zur Ausbreitung elektromagnetischer Wellen von Land nach See und umgekehrt (Teil I). Z. f. angewandte Phys. **3**, 424 (1951).

ECKARDT, G., u. H. PLENDL: Die Überwindung der Erdkrümmung bei Ultrakurzwellen durch die Strahlenbrechung in der Atmosphäre. Hochfrequ. u. Elektroak. **52**, 44 (1938).

SCHELLENG, J. C., C. R. BURROWS u. E. B. FERRELL: Ultra short wave propagation. Proc. J. R. E. **21**, 427 (1933) u. Bell Syst. Tech. J. **12**, 125 (1933).

ENGLUND, C. R., A. B. CRAWFORD u. W. W. MUMFORD: Further Results of a study of ultra-short-wave transmission phenomena. Bell Syst. Tech. J. **14**, 369 (1935).

PEKERIS, C. L.: Wave theoretical interpretation of propagation of 10 cm and 3 cm waves in low-level ocean ducts. Proc. J. R. E. **35**, 453 (1947).

BOOKER, H. G., u. W. E. GORDON: A theory of radio scattering in the troposphere. Proc. J. R. E. **38**, 401 (1950).

SAXTON, J. A.: The propagation of metre radio waves beyond the normal horizon. Part. I. Some theoretical considerations, with particular reference to propagation over land. Journ. J. E. E. **98** III, 360 (1951).

Report of the Ad Hoc Committee: For the evaluation of the radio propagation factors concerning the television and frequency modulation broadcasting services in the frequency range between 50 and 250 Mc. May 31, 1949 u. July 7, 1950, Federal Communication Commission, Washington D.C.

GRESSMANN, R., u. K. H. KALTBEITZER: Vereinfachte Verfahren zur Bestimmung der Versorgungswahrscheinlichkeit und deren Anwendung auf UKW-Netzplanung. Techn. Hausmitteilungen des Nordwestdeutschen Rundfunks. Sonderheft 1952.

MUELLER, G. E.: Propagation of 6 mm waves. Proc. J. R. E. **34**, 181 (1946).

UNGER, H. G.: Ebene Spiegel zur Strahlumlenkung bei Richtantennen. Frequenz **6**, 272 (1952).

Namen- und Sachverzeichnis.

(*Namen, die nur im Literaturverzeichnis vorkommen, sind nicht aufgeführt.*)